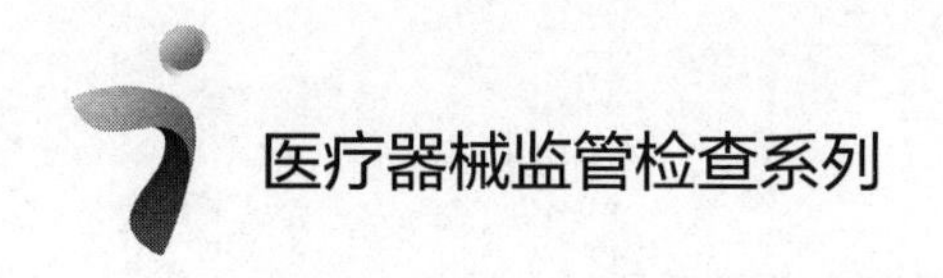

Compilation of FDA

Warning Letters for Medical Device Inspectin

美国 FDA 医疗器械检查警告信汇编

（2015~2020）

国家药品监督管理局食品药品审核查验中心　组织编译

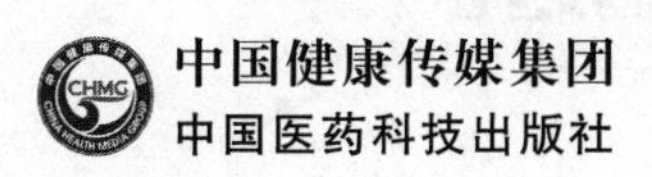

内容提要

确保医疗器械质量管理体系合规运行是保障器械安全有效的重要手段，也是各国监管机构进行监督检查的重点。本书共收集了2015年1月至2020年2月期间由CDRH等机构发布的292封医疗器械警告信，按照产品类别分为无源医疗器械、有源医疗器械、体外诊断试剂及其他医疗器械四部分，各部分按照警告信的发布日期从近到远排列。警告信的主要内容包括被检查对象的信息、违规行为、违反的相关法规条款、对检查对象书面回复的评论，以及相关时限和后果声明等信息。

本书系《医疗器械监管检查系列》丛书之一，有助于相关监管机构和企业了解美国FDA对医疗器械生产企业质量管理体系的监管理念和检查重点，对提升我国医疗器械质量管理体系的整体水平具有重要参考价值。本书可供我国各级医疗器械监管和审评检查机构、医疗器械研发及生产企业相关人员使用，是医疗器械质量管理体系合规性检查不可多得的参考书。

图书在版编目（CIP）数据

美国FDA医疗器械检查警告信汇编. 2015~2020 / 国家药品监督管理局食品药品审核查验中心组织编译 .—北京：中国医药科技出版社，2022.10

ISBN 978-7-5214-3051-6

Ⅰ.①美…　Ⅱ.①国…　Ⅲ.①医疗器械—产品质量—汇编—美国—2015-2020　Ⅳ.①TH77

中国版本图书馆CIP数据核字（2022）第017866号

责任编辑　高雨濛　张睿
美术编辑　陈君杞
版式设计　锋尚设计

出版　中国医药科技出版社
地址　北京市海淀区文慧园北路甲22号
邮编　100082
电话　发行：010-62227427　邮购：010-62236938
网址　www.cmstp.com
规格　880×1230mm　1/16
印张　53 1/4
字数　1686千字
版次　2022年10月第1版
印次　2022年10月第1次印刷
印刷　三河市万龙印装有限公司
经销　全国各地新华书店
书号　ISBN 978-7-5067-3051-6
定价　288.00元

获取新书信息、投稿、为图书纠错，请扫码联系我们。

编委会

前　言
Foreword

质量是企业的生命、质量是品牌的基础、质量是企业的生存奠基石，发展的金钥匙。2015年7月，习近平总书记在吉林考察时指出：创新是企业的动力之源，质量是企业的立身之本，管理是企业的生存之基，必须抓好创新、质量、管理，在激烈的市场竞争中始终掌握主动。党的十八大以来，药品监管改革深入推进，创新、质量、效率持续提升，医疗器械产业快速健康发展，人民群众用械需求得到进一步满足。2021年5月，国务院办公厅印发《关于全面加强药品监管能力建设的实施意见》，持续推进监管创新，完善检查体系，创新检查方式，加快建立健全科学、高效、权威的监管体系，推动我国从制械大国向制械强国跨越。持续提升医疗器械产品质量，保障用械安全，促进人民群众身体健康是国之大者，是医疗器械从业者的应有之义。

质量管理体系是医疗器械产品质量安全的基本保障，是贯穿医疗器械整个生命周期的制度保证，是医疗器械注册人、备案人履行产品质量承诺的根本体现，是对医疗器械注册人、备案人最核心的要求。医疗器械生产质量管理规范是强化国家对医疗器械生产监督管理的重要举措，也是促进我国医疗器械生产企业建立与国际标准接轨的质量管理体系、保证上市医疗器械走向国际市场的关键因素，更是我国医疗器械产业健康发展的技术保证。为落实党中央“四个最严”的要求，近年来国家药品监督管理局坚持问题导向，每年选取一定数量的生产企业开展飞行检查，持续加强医疗器械监管。从检查结果来看，少数企业的质量管理体系存在较为严重的问题，直接影响相关产品的安全性和有效性，国家药品监督管理局对相关情况及时进行了处置并将检查结果在官网公开。业内也非常关注检查中发现的问题和情况，更有部分企业将检查通告内容作为内审自查的比照标准，逐步形成了政府监管、行业自律、社会共治互为支撑的协同监管格局。

“子云相如，同工异曲”。美国食品药品管理局（简称美国FDA）下设的器械与放射健康中心（CDRH）负责医疗器械质量安全监管，包括对生产企业实施现场检查等。当现场检查中发现企业存在较为严重的问题，且企业对检查发现问题清单（FDA 483表）的回复被认为是不充分的情况下美国FDA会签发警告信。警告信是美国FDA通知企业有违规行为，以实现快速、自愿改正的主要手段，是其落实立法、检查、评判、改进政策链条上的重要工具，也是美国FDA作为监管机构履行信息公开职能的重要体现之一。由于警告信不仅寄送被检查的相关方，还在美国FDA网站的数据库中全文公布供社会各界查询，因此对违规的被检查单位或相关人员构成了很大的威慑及警示作用。同时，这些警告信也成为了各国监管机构和企业了解美国FDA检查重点和发现问题的信息资源。

国家药品监督管理局食品药品审核查验中心会同中国医疗器械行业协会，组织部分企业对2015年至2020年初美国FDA网站上公布的涉及医疗器械检查方面的警告信进行了收集、翻译、整理和分析研究。通过系统研究美国FDA医疗器械警告信案例，分析其在现场检查中发现的主要问题和缺陷情况，有助于更深入了解美国FDA对医疗器械生产企业质量管理体系的监管理念和检查重点，从而为完善我国医疗器械监管法规、提升监管行为的科学性和有效性提供借鉴。展现在各位读者面前的本书就是该课题的主要成果之一。

本书作为《医疗器械监管检查系列》丛书之一，收集了美国FDA官方自2015年1月至2020年2月期间由CDRH等机构发布的共292封医疗器械警告信中译文和英文原文。由于美国FDA官网采取动态公布的形式，截至本书出版前该网站仅能查找到2017年至今近五年的警告信全文，因此本书收集整理的2015~2016年间共202封警告信就具有了更为重要的历史参考价值。为方便读者参阅，本书将全部警告信按照产品类别分成无源医疗器械、有源医疗器械、体外诊断试剂及其他医疗器械四部分，各部分按照警告信的发布日期从近到远排列。在编译时，对原文中涉及姓名的部分统一用大写首字母代替，因保密需要使用的代码、用语不统一、序号不连贯等情况基本按原文保留；对个别明显的拼写错误给予了更正。为了节省篇幅，中译文中每封警告信正文前后的通讯信息及格式化内容均予省略，英文原文以二维码形式放在每篇中译文标题旁，需要的读者可扫码查阅原文。

本书是医疗器械质量管理体系合规性检查不可多得的参考书，可供我国各级医疗器械监管机构、审评检查机构、医疗器械研发及生产企业相关人员参考。

参与本书翻译、审校工作的同志来自国家药品监督管理局食品药品审核查验中心、中国医疗器械行业协会，以及部分国家级医疗器械检查员和业界的专业人士。这些同志在完成紧张的本职工作的同时，为本书的翻译和出版投入了大量精力，同时也得到了所在单位和部门领导的大力支持，在此一并表示诚挚的感谢！

限于编者水平，书中疏漏之处在所难免，恳请同行专家和广大读者不吝指正。

编译者

2022年8月

目 录
Contents

第一部分

无源医疗器械

第1封 给Biomedix WAI的警告信

生产质量管理规范/质量体系法规/医疗器械/伪劣

CMS # 598171

2020年2月12日

尊敬的N先生：

2019年10月21日至2019年10月31日，美国食品药品管理局（FDA）对你公司3895 W Vernal Pike, Bloomington, IN的医疗器械进行了检查，确定你公司是SELEC-3重力静脉给药装置和延长管医疗器械（ELEC-3 gravity I.V. administration sets and extension sets medical devices）的制造商。根据《联邦食品、药品和化妆品法案》（以下简称《法案》）第201（h）节，［21 U.S.C.§ 321（h）］，凡是用于诊断疾病或其他症状，或者对疾病有治愈、缓解、治疗或预防作用，或是可以影响人体结构或功能的器械，均为医疗器械。故你公司的上述产品为医疗器械。

该检查表明，根据《法案》第501（h）节［21 U.S.C.§ 351（h）］的规定，这些器械掺假，因为其生产、包装、储存或安装中使用的方法或设施或控制措施不符合21 CFR 820质量体系法规的现行生产质量管理规范（cGMP）要求。FDA检查员将观察记录标注于FDA 483表上，并于2019年10月31日将检查发现问题清单（FDA 483）发送至你公司。FDA已收到你公司于2019年11月19日、2019年12月31日和2020年1月31日的回复。在2019年11月19日的回复中，针对每一条标注的违规行为，FDA将回复一一对应地列在下方。这些违规行为包括但不限于以下内容：

1．未能按照21 CFR 820.90要求，建立并维护控制产品的程序，以确保符合规格要求，包括确定调查的必要性和调查的文件。

此项为2013年警告信的重复观察。

例如：

a）对你公司2018年6月6日至2019年10月23日的（b）（4）测试结果（F-8025-1 修订版4）进行审查后发现，在（b）（4）记录的测试文件中，有233项异常或明显不合格，测试结果未经确认。在233项测试结果中，有151项是因为直接符合SOP 8025中定义的失效标准，而在151项中，其中14项与Biomedix应用密封元件有关。

b）因不合格产品未能按照既定的程序进行评价和调查，不合格材料处理程序（8038 修订版6，2015年12月22日生效）不充分。该程序的第3.3节定义了“（b）（4）”。对13个随机选择的器械历史记录进行了审查，结果表明，其中有11个记录了一个或多个（b）（4）实例，在生产中存在单个缺陷类型。在这11个器械历史记录（DHR）中，未含有记录事件编号或评估，以确定是否有必要进行调查。例如：

i. B76-102批次904976记录了23个缺陷类型为“粘结”的不合格品，138个缺陷类型为“Biomedix损坏”的不合格品，以及7个缺陷类型为“胶水流动、坑洼”的不合格品。

ii. B72-102批次923172记录了55个缺陷类型为“胶水流动、坑洼”的不合格品，33个缺陷类型为“包埋材料”的不合格品，5个缺陷类型为“污损”的不合格品，13个缺陷类型为“粘结”的不合格品和20个缺陷类型为“其他（请描述）”的不合格品。值得注意的是，没有记录其他缺陷的描述。

iii. B72-102批次914472记录了24个缺陷类型为“！！涂料斑点”的不合格品，35个缺陷类型为“粘结”的不合格品，123个缺陷类型为“Biomedix损坏”的不合格品，8个缺陷类型为“弹起”的不合格品和7个缺陷类型为“胶水流动”的不合格品。

FDA已审查你公司的回复，并确定该回复不充分。关于此项的a）部分，您在回复中表示，你公司将使用（b）（4）新型密封袋，实施新（b）（4）测试，将结果与既定设置、设备手册中建议的设置以及从（b）（4）获得的结果进行比较。请提供此研究的文件，包括证明其可以解决上述a）部分所述缺陷的原因的证据。关于b）部分，你公司的回复指出，将修订SOP 8038（不合格材料）的定义，如不合格材料的警报限制和操作限制，包括根据缺陷类型和原因因素进行趋势跟踪。您的回复并未对器械历史记录进行回顾性审查，以确定是否需要对记录的不合格项进行调查。请提供修订后的程序，并证明您已对上述i, ii和Ⅲ中所述的不符合项进行了调查，并对器械历史记录的文档进行了回顾性审查。

2．未能按照21 CFR 820.75（a）的要求，确认其过程，后续检查和测试也不能完全验证其结果。这是2013年警告信和2018年监管会议的重复观察。例如，在检查期间，FDA发现：

a）热封机（b）（4）操作鉴定（OQ）方案和报告（第1版，日期：2019年5月13日），以及Biomedix-WAI包装的过程鉴定（PQ）方案和报告（第1版，日期2019年5月15日）未包含密封完整性测试，只有（b）（4）和视觉缺陷。此外，（b）（4）测试器械的校准范围不包括用于验证研究的全部范围。

b）Biomedix-WAI包装的过程鉴定（PQ）方案和报告（第1版，日期：2019年5月15日）显示，方案要求的样品数量未用于研究，没有记录任何偏差。此外，用于研究的样品数量并未反映出包装破损和封口不完整的高风险。

c）Biomedix-WAI包装的过程鉴定（PQ）方案和报告（第1版，日期：2019年5月15日）中要求进行（b）（4）测试，该测试使用的抽样计划，其AQL（接收质量限）与B10 设计FMEA，修订版1中所列的某些高风险故障不相符。

FDA已审查你公司的回复，并确定该回复不充分。尽管你公司在回复中指出，将修订你公司的过程验证程序，并重新验证此过程，但它未能解决其他验证问题。请提供新的和经过修订的过程验证程序，包括抽样计划及其基本原理，分别选择了何种AQL（接收质量限）；以及你公司完成的重新验证报告。此外，你公司还应提供证据证明，您已经审查了其他验证，包括是否进行所有所需的测试，校准用于每项研究的所有器械的使用范围，按要求使用样本数量以及抽样计划的充分性。

3．未能按照21 CFR 820.75（b）的要求，建立和维护程序，来监测和控制过程参数，以确保其符合要求。这是2018年监管会议的重复观察。例如，在检查期间，FDA发现：

a）过程验证程序8045（修订版0，日期：2013年11月4日）提供了"（b）（4）"的定义。从2018年6月8日到2019年10月23日，你公司没有记录"过程参数趋势或已验证过程的测试结果"。

b）日常制造操作的监测中没有执行密封完整性测试。仅有对（b）（4）测试和目视检查进行测试的程序。

FDA已审查你公司的回复，并确定该回复不充分。请提供关于a）部分的证据，证明你公司的新监测程序已经实施，包括相关的文档信息，说明你公司的过程监测结果正在定期审查趋势，以及您已经使用了适当的统计方法，建立了上限和下限控制，并正在根据这些限制审查测试数据。关于b）部分，请提供您的记录过程监测程序，以确保包装过程在常规操作过程中处于可控状态，且在既定参数范围内，始终产生指定的过程输出，以确保密封完整性。

4．未能按照21 CFR 820.80（c）要求，建立并维护接收程序，以确保半成品满足规格要求。

检查期间FDA发现，在使用检验器械之前，器械设置没有按照SOP 8025，（b）（4）测试器操作手册（修订版003，2019年8月19日生效）的要求进行验证。在2019年10月24日审查你公司的生产操作期间，发现（b）（4）测试器的设置是：（b）（4）和（b）（4）。根据你公司的（b）（4）测试结果表格F8025-1和Biomedix-WAI包装的过程鉴定（PQ）方案和报告（第1版，日期：2019年5月15日）显示，产品设置应为：（b）（4）和（b）（4）。你公司尚未评估此设置更改对确认过程的影响。因（b）（4）测试器的设置在使用前未经验证和记录，你公司无法确定设置更改的时间。

FDA已审查你公司的回复，并确定该回复不充分。你公司的回复中提及，为获取"（b）（4）"，进行了一项（b）（4）测试分析研究。作为对本警告信的回复，你公司应提供本研究的完整文件（在本警告信第1项中也提到过），包括说明如何显示所需和实际的机器设置值，以提供等效的测试结果。还请你公司提供回复中所述的新（b）（4）机器的资格证明文件。

5．未能按照21 CFR 820.30（i）的要求，建立并维护程序，用于在启动之前，鉴定、记录、确认或在适当情况下进行验证、审查和设计变更批准。例如，在检查期间，FDA发现：

a）你公司的设计控制程序8033（修订版003，2018年9月7日生效），其中包含有关设计变更的规定，该规定参考了你公司的文档管理和变更控制程序8003（修订版003，2018年9月7日生效），但是其标题中引用了你公司的变更控制程序8040（修订版006，2018年5月3日生效），此程序不涉及验证和/或确认设计变更的问题。

b）在实施之前，尚未验证和/或确认影响器械设计的变更。设计变更记录为文档变更。例如，文档变更指令D100-00，DCR# QA-2018-051（日期：2018年8月6日），Extruded Tubing-PVC Drawing（PVC延长管图纸）显示了Ⅱ类器械SELEC-3产品的部件编号100-04和100-06的（b）（4）修订版。该文档的变更图纸是唯一的变更文档。

FDA已审查你公司的回复，并确定该回复不充分。虽然你公司已经更新了设计控制程序，但你公司的回复并未提及如何评估上述本项目b）部分中确定的设计更改，也未提及对所有设计变更进行回顾性审查，以确定其是否已完成验证，或在何时应当完成验证。请提供证据，证明这一审查已经完成，对所有的设计变更，包括上文b）中确定的变更对设计的影响，进行了评价、验证和/或确认、审查，并记录了这些活动。

你公司应立即采取措施纠正本信函所述的违规行为。如若未能及时纠正这些违规行为，可能导致FDA在没有进一步通知的情况下启动监管措施。监管措施包括但不限于没收、禁令和民事罚款。此外，联邦机构会得知关于器械的警告信，以便在签订合同时考虑上述信息。此外，如果FDA确定您违反了质量体系条例，且这些违规行为与Ⅲ类器械的上市前批准申请有合理关系，则在纠正这些违规行为之前，将不会批准此类器械。同时，如果FDA确定您的器械不符合法案的要求，则不会批准出口证明（Certificates to Foreign Governments，CFG）的申请。更多有关被拒绝CFG者的流程信息，可在网址上找到。如您认为你公司产品没有违反该法案，请回复FDA有关你公司的原因与任何证明信息，以供FDA参考。

FDA要求你公司按以下时间表向本办公室提交一份由外部专家顾问出具的证明，证明他/她根据器械质量体系条例（21 CFR 820）的要求，对你公司的制造和质量保证体系进行相关的审计。你公司还应提交一份顾问报告的副本，并由企业首席执行官（如不是您本人）证明他/她已审查顾问报告，且你公司已开始或完成报告中要求的所有纠正措施。审计和纠正的初步认证、更新审计和纠正的后续认证（如有需要），应在以下日期之前提交至本办公室：

顾问和企业的初始认证– 2020年8月15日。

后续认证– 2021年8月15日。

请在收到本函之日起15个工作日内将你公司为纠正上述违规行为所采取的具体步骤书面通知本办公室，并说明你公司计划如何防止此类违规行为或类似违规行为再次发生。包括你公司已经采取的纠正措施（必须解决系统问题）的文件材料。如果你公司计划采取的纠正措施将逐渐开展，请提供实施这些活动的时间表。如果无法在15个工作日内完成纠正，请说明延迟的原因以及完成这些活动的时间。你公司的回复应全面，并解决此警告信中所包括的所有违规行为。

最后，请注意本信函非你公司工厂全部违规行为清单。你公司有责任确保遵守FDA管理的适用法律和法规。本信函和检查结束时发布的检查结果FDA 483中记录的具体违规行为可能表明你公司制造和质量管理体系中存在严重问题。你公司应调查并确定违规的原因，并立即采取措施纠正违规并使产品合规。

第2封　给Conformis Inc.的警告信

生产质量管理规范/质量体系法规/医疗器械/伪劣

CMS # 596362

2019年12月10日

尊敬的A先生：

美国食品药品管理局（FDA）于2019年9月16日至2019年9月20日，在600 Research Dr., Wilmington, MA 01887，对你公司的医疗器械进行了检查。检查期间，FDA检查员确定你公司是Ⅱ类无菌骨科植入物的制造商，如iTotal后方稳定型（PS）和iTotal后交叉韧带（CR）膝关节置换系统与iTotal髋关节置换系统。根据《联邦食品、药品和化妆品法案》（以下简称《法案》）第201（h）节［21 U.S.C.§ 321（h）］，凡是用于诊断疾病或其他症状，对疾病有治愈、缓解、治疗或预防作用，或是可以影响人体结构或功能的器械，均为医疗器械。故你公司涉及检查的产品为医疗器械。

本次检查表明，这些医疗器械的生产、包装、储存或安装中使用的方法、设施或控制不符合21 CFR 820质量体系法规（以下简称QSR/21 CFR 820）的现行生产质量管理规范（以下简称cGMP）要求，根据《法案》第501（h）节［21 U.S.C.§ 351（h）］的规定，属于伪劣产品。

FDA检查员将观察记录标注于FDA 483表格，并于2019年9月20日将检查发现问题清单（FDA 483）发送至你公司。FDA于2019年10月8日和11月25日收到了质量和监管事务高级副总裁Emmanuel O.Nyakako的回复。FDA在下文就每一项记录的违规行为做出回复。这些违规行为包括但不限于以下内容：

未能按照21 CFR 820，100（a）（3）规定，建立并维护实施纠正和预防措施的程序，确定纠正和防止不合格品以及其他质量问题再次发生所需的措施。

你公司未明确纠正和防止（b）（4）Ⅱ类膝关节植入物复发所需的措施。例如，根据CAPA 18-032（于2018年10月26日启动），确定通过供应商进行预防性维护和（b）（4）维修，以减少（b）（4）事件的纠正措施，但此纠正措施并未解决该问题，因为直到2019年6月5日，你公司仍发生过（b）（4）问题。

2019年10月8日，你公司回复将此问题的长期纠正措施更改为FDA的（b）（4）510（k）批准。2019年11月25日，你公司回复称，你公司于2019年11月6日，根据510（k）K193105，向FDA提交了（b）（4）批准申请。然而，这些回复并未解决当前的问题，你公司持续依靠（b）（4），以确保产品发行的无菌性，而不是在验证状态下确认运行过程。此外，无客观证据证明（b）（4），是以（b）（4）所述的有效方式运作的。你公司可能有客观证据，证明你公司的灭菌过程能够保证产品在常规操作条件下，始终符合既定的无菌水平。

对于此警告信，你公司应该说明你公司计划如何防止当前（b）（4）510（k）批准的复发，以及提供客观证据，以证明这些灭菌器能够保证产品在常规操作条件下通过验证。

你公司应立即采取措施纠正本信函所述的违规行为。如若未能及时纠正这些违规行为，可能导致FDA在没有进一步通知的情况下启动监管措施。监管措施包括但不限于没收、禁令和民事罚款。此外，联邦机构会得知关于器械的警告信，以便在签订合同时考虑上述信息。此外，如果FDA确定您违反了质量体系法规，且这些违规行为与Ⅲ类器械的上市前批准申请有关联，则在纠正这些违规行为之前，将不会批准此类器械。同时，如果FDA确定你公司的器械不符合法案的要求，则不会批准出口证明（Certificates to Foreign Governments，CFG）的申请。更多有关被拒绝CFG的流程信息，见FDA网站。如你公司认为上述产品没有违反该法案，请回复FDA说明原因并提供相关证明材料以供参考。

请在收到本信函之日起15个工作日内将你公司为纠正上述违规行为所采取的具体步骤书面通知本办公

室，并说明你公司计划如何防止此类违规行为或类似违规行为再次发生。包括你公司已经采取的纠正措施（必须解决系统问题）的文件材料。如果你公司的计划采取的纠正措施将逐渐开展，请提供实施这些活动的时间表。如果无法在15个工作日内完成纠正，请说明延迟的原因以及完成这些活动的时间。你公司的回复应全面，并解决此警告信中所包括的所有违规行为。

最后，请注意本信函未完全包括你公司全部违规行为。你公司有责任遵守FDA所有的法律和法规。本信函和检查结束时签发的检查结果FDA 483表中记录的具体违规行为可能表明你公司制造和质量管理体系中存在严重问题。你公司应查明违规原因并及时采取纠正措施，确保产品合规。

第3封　给International Hospital Products, Inc. 的警告信

CMS # 579332

2019年5月29日

尊敬的M女士：

2019年3月15日至19日，美国食品药品管理局（FDA）对你公司位于2783 W Long Drive, Unit B, in Littleton, CO的医疗器械进行了检查。检查期间，FDA检查员确认你公司为用于空肠造口术和肠管减压术所使用的II类Baker空肠造口管和减压管的制造商。根据《联邦食品、药品和化妆品法案》（该法案）第201（h）节［21 U.S.C.§ 321（h）］，凡是用于诊断疾病或其他症状，对疾病有治愈、缓解、治疗或预防作用，或是可以影响人体结构或功能的器械，均为医疗器械。故你公司涉及检查的产品为医疗器械。

本次检查表明，这些医疗器械的生产、包装、储存或安装中使用的方法、设施或控制不符合21CFR第820部分质量体系法规（以下简称QSR/21 CFR § 820）的现行生产质量管理规范（以下简称cGMP）要求，根据《法案》第501（h）节［21 U.S.C.§ 351（h）］的规定，属于伪劣产品。FDA于2019年3月25日收到你公司针对2019年3月19日发给你公司的FDA 483表格《检查发现问题清单》的回复。你公司回复称，FDA可能会在90天内再次收到另一个回复，提供其他信息或纠正的证明文件。由于未客观证据来验证纠正措施，你公司的回复是不充分的。根据21 CFR 第820.3（k）部分的要求，FDA将“建立”定义为“定义、记录（书面或电子形式）和实施”，以供你公司参考。这些违规行为包括但不限于以下内容：

1．未能按照21 CFR 820.75（a）的要求，对过程验证活动和结果进行充分记录和批准。

在FDA检查期间，你公司外包了II类Baker空肠造口管和减压管的装配、密封袋和（b）（4）灭菌。根据你公司的IFU，这些器械用于对肠管减压，可在减压后在肠管内放置7-10天。你公司的产品贴有无菌标签。但未能按照21 CFR 第820.75部分的要求，提供有关过程验证的记录程序。

FDA检查员要求提供文档，证明你公司已针对（b）（4）灭菌过程进行了过程验证。你公司提供了一份灭菌器间的等效性研究的证明文件，用以验证2003年使用的新灭菌器，与2000年经过验证的老灭菌器相比，其灭菌效果相当。该文件无法证明对整个（b）（4）过程的验证，只是对比了两个灭菌器的灭菌效果。你公司告诉FDA的检查员，那时，您还不知道要对产品进行其他灭菌验证。

此外，本研究中列出的关键参数并不都与2003年10月27日签署的“灭菌周期参数表”中列出的参数，或与2018年1月18日签署的灭菌批次（b）（4）的灭菌运行记录一致，此灭菌记录涵盖了在（b）（4）下，IHP批次（b）（4）和（b）（4）。研究期间发现，测试的（b）（4）与批准的规范之间似乎存在差异。对其生物负载水平进行了评估，但在研究期间，这些器械是由不同的供应商制造的。因此，使用新的合同装配供应商时，不能假定这些级别是正确的，而且每次供应商变更，均需要重新进行评估。此外，根据备忘录记录，本研究的（b）（4）数据中至少有一部分因断电而丢失。

包装是无菌产品的保护屏障，对于无菌产品至关重要。FDA检查员要求提供文件证明，你公司对无菌产品的包装密封进行了过程确认。你公司提供的文件包括一些数据图表，但没有显示根据预先批准的方案（含验收标准、测试数据或验证密封过程）对包装过程、保持产品的无菌性进行确认。

你公司提供的文件不能证明对（b）（4）灭菌或包装过程进行了高质量的确认。请按照21 CFR第820.75

部分的要求，提供相关信息，说明你公司将如何对在售的、将来发售的产品进行菌，以及如何维持无菌屏障。FDA还要求你公司进行程序审查以确保其符合要求，执行这些程序，并保留适用的记录。请向FDA办公室提供一个时间表（说明何时可以完成该流程）、一份程序副本（如果已更新）以及诸如最终报告之类的记录，显示每次验证的结果。

2．未能按照21 CFR第820.80（d）部分的要求，制定成品器械验收程序。

检查过程中，FDA检查员得知，你公司对输入器械进行目视检查，但是无相关流程涵盖您要检查的缺陷种类，说明你公司没有记录此目视检查。FDA检查员查看了现场的其他记录，发现你公司没有记录确认当前发售器械批次的无菌性，该器械可以在肠管减压后留在肠道内7-10天。

这些文件不足以证明你公司器械的验收程序符合21 CFR第820.80部分的要求。FDA要求你公司根据本章节，建立满足要求的程序，并执行这些程序，保留适用的记录。请向FDA办公室提供一个时间表（说明何时可以完成该流程）、一份程序副本（如果已更新）以及显示每次验证结果的诸如最终报告之类的记录。

3．未按照21 CFR第820.50部分的要求建立确保所有采购的或以其他方式收到的产品和服务符合规定要求的程序。

在FDA的检查过程中，你公司没有建立一个程序来评价你公司标记为无菌II类空肠造口术和肠管的合同制造或灭菌的供应商。你公司声称，自2017年5月以来，你公司一直在使用合同制造商，但除打印供应商ISO证书外，对该供应商无其他书面审查。你公司一直使用合同灭菌商，在该供应商2013年搬迁前，你公司还曾考察过对方的工厂，但是考察时没做记录，当时也不了解其质量体系要求。因此，你公司称还未对该合同供应商进行评估。

此外，在FDA检查（b）（4）时，你公司提供了三个产品编号的“废止”规范。还提供了六个产品编号（b）（4）的“现行”规范，这些产品编号未注明审查或批准。审查完这些文件后，你公司与合同供应商联系，获取其最新版本的生产图纸。FDA审查了从合同供应商处获取的合格证书，发现证书上列出的修订项与当前相应的规范图纸上的修订项不一致，因为合同供应商在生产中一直在使用之前的图纸。有关采购部分法规包括一份潜在的协议，供应商（例如合同制造商）必须在实施变更之前告知你公司。在这种情况下，这样的协议可能是有益的。

FDA要求你公司根据21 CFR第820.50部分的要求建立程序，以确保其符合要求，执行这些程序，并保留适用的记录。请在审查本节内容时注意，该规则也适用于顾问。请向FDA办公室提供一个时间表（说明何时可以完成该流程）、一份程序副本（如果已更新）以及诸如最终报告之类的记录，显示每次验证的结果。

4．未能按照21CFR第820.181部分的要求，维护器械主记录。

检查期间，你公司未能提供II类空肠造口管和肠管减压管的器械主记录（DMR）。器械主记录（DMR）是设计、生产、质量保证、包装等规范的汇编。DMR有助于保障医疗器械按照最新的规范和适用程序制造。

根据上述第3项的讨论，检验期间，你公司提供的合同制造商使用的规格，不是最新的规格。一个适当的DMR可以提供器械当前的所有规范，且随着各种规范的更新，本文档也会进行更新。FDA要求你公司根据21 CFR 第 820.181的要求，提供DMR的副本，显示完整的规范列表，但不一定是所有相关文档。FDA会在下次检查时，对这些文件进行审核。

5．未能根据21 CFR Part 820.30（i）的要求，建立设计变更程序。

在FDA检查期间，你公司告诉FDA的检查员，没有用于管理II类空肠造口术和肠管设计变更的程序。虽然这些是正当上市的器械，但在器械的整个生命周期内，仍会发生变更，应在变更实施之前，对其进行控制和记录，并进行验证和/或确认、审查和批准。21 CFR 第 820部分的序言中提到“自1984年初以来，FDA已经确定缺乏设计控制是器械召回的主要原因之一……应通过设计控制过程来控制设计变更，以判断变更是否适当，且该器械将继续按预期的方式运行…这些变更的记录创造了设计演变的历史，对于故障调查和促进未来类似产品的设计，具有不可估量的价值。此类记录可以防止错误重演，避免不安全的或无效设计的开发。

评估和文档应与变更的意义成正比。”

此外，如第3项所述，你公司的合同制造商没有你公司当前所述的规格。因此，应当根据21CFR第820.30部分的要求，审查你公司的设计转化程序，以确保其得到充分的建立。

FDA提供了一份题为“医疗器械制造商的设计控制指南”的FDA指南文件，以帮助你公司进行纠正。FDA要求你公司仔细研究本指南以及21CFR第820.30部分，建立符合要求的程序，并实施这些程序，包括保留适用的记录。请向FDA办公室提供一个时间表（说明何时可以完成该流程）、一份程序副本（如果已更新）以及诸如最终报告之类的记录，显示每次验证的结果。

6．未能按照21 CFR第820.198部分的要求，建立指定的单位接收、审查和评价投诉的程序。

检查期间，你公司表示没有既定的投诉处理程序，也从未收到过投诉。根据21CFR 第820.3（b）部分，机构对投诉进行了定义，以供参考。你公司应审查这一定义，并根据21 CFR第820.198部分的要求，建立一个程序来满足这些监管要求。本程序建立后，你公司应通知FDA办公室，并提供一份该程序的副本以及一些示例，说明你公司是如何实施本程序的。该程序应包括如何组织投诉文件，以便下次检查时可以随时查阅。

7．未能按照21 CFR第820.184部分的要求，维护器械历史记录。

检查过程中，你公司无法提供一个既定的程序，用以管理和维护器械历史记录（DHR），也不能证明器械是按照你公司器械主记录（DMR）中列出的当前规范制造的（根据本函第4项，你公司也没有针对产品的规范）。你公司仅提供了一些记录，包括合格证和灭菌记录，以备审查。如上所述，一些符合性记录所列出的规格修订与你们发布这些产品时所记录的不同。此外，现有的灭菌记录是不完整的，每个项目都有不同的规格，且在灭菌运行时不包括产品项目编号。

FDA要求你公司查阅21 CFR第820.184部分的要求，并制定程序满足这些要求。请在本程序实施后通知FDA办公室，并提供一份副本和一份完整的DHR示例。

8．未能安装21 CFR第820.90部分的规定，建立控制产品符合其要求的程序。

检查其间，你公司称未建立不合格品的控制程序。

不合格定义见21 CFR第820.3（q）部分。要求你公司审查该定义，并根21 CFR第820.90部分的所有要求，制定相应程序。要求你公司在程序完全实施时，通知FDA办公室，并适当记录不合格记录。请提供一份新程序的副本，并举例说明该程序是如何实施的。

9．未按照21 CFR 第820.22部分的要求，制定质量审核程序。

检查期间，你公司称未建立质量审核程序，且未对公司的质量体系进行任何质量审核。

21 CFR第820部分的前言中提到，质量“审核可分阶段进行，某些领域需要比其他领域更频繁的审核，且每次审核无需审查整个系统。内部质量审核的频率应与活动的重要性、活动的难度和发现的问题相对应……如果适当地进行内部质量审核，可以防止重大问题的发生，并为管理评审提供坚实基础……”

FDA要求你公司根据 21 CFR 第820.22部分的要求，制定一个符合所有监管要求的程序。请向FDA提供一份新程序的副本、第一次审查完成的日期和证据，并准备在下次检查中展示审查证据（不是结果），以及整体审查计划。

你公司应立即采取措施纠正本函所述的违规行为。如若未能及时纠正这些违规行为，可能导致FDA在没有进一步通知的情况下启动监管措施。监管措施包括但不限于没收、禁令和民事罚款。此外，联邦机构会得知关于器械的警告信，以便在签订合同时考虑到上述信息。而且，在违规行为未得到纠正之前，将不予批准与质量体系监管违规行为合理相关的Ⅲ类器械上市前批准申请。在与该器械有关的违规行为未得到纠正之前，不得向外国政府提出申请证明书。

请在收到本信函之日起15个工作日内将你公司为纠正上述违规行为所采取的具体步骤书面通知本办公室，并说明你公司计划如何防止此类违规行为或类似违规行为再次发生。包括你公司已经采取的纠正和/或纠正措施（必须解决系统问题）的文件材料。如果你公司的计划纠正和/或纠正措施将逐渐开展，请提供实施这些活动的时间表。如果无法在15个工作日内完成纠正和/或纠正措施，请说明延迟的原因以及完成这些活动的时间。你公司的回复应全面，并解决此警告信中所包括的所有违规行为。

最后，请注意本信函未完全包括你公司全部违规行为。你公司有责任遵守FDA所有的法律和法规。本信函和检查结束时签发的检查结果FDA 483表中记录的具体违规行为可能表明你公司制造和质量管理体系中存在严重问题。你公司应查明违规原因并及时采取纠正措施，确保产品合规。

第4封　给Orchid Orthopedic Solutions, LLC. 的警告信

生产质量管理规范/质量体系法规/医疗器械/伪劣

CMS # 580112

2019年5月13日

尊敬的J先生：

美国食品药品管理局（FDA）于2019年2月4日至15日对你公司位于23149 Commerce Dr. Farmington Hills, MI的医疗器械进行了检查。检查期间，FDA检查员认定你公司是一家医疗器械制造商，生产具有促进骨长入功能的骨科植入物涂层。根据《联邦食品、药品和化妆品法案》（以下简称《法案》）第201（h）节［21 U.S.C.§ 321（h）］，凡是用于诊断疾病或其他症状，对疾病有治愈、缓解、治疗或预防作用，或是可以影响人体结构或功能的器械，均为医疗器械。故你公司涉及检查的产品为医疗器械。

本次检查表明，这些医疗器械的生产、包装、储存或安装中使用的方法、设施或控制不符合21 CFR 820质量体系法规（以下简称QSR/21 CFR 820）的现行生产质量管理规范（以下简称cGMP）要求，根据《法案》第501（h）节［21 U.S.C.§ 351（h）］的规定，属于伪劣产品。

2019年3月11日和4月12日，FDA收到你公司总经理Jason W.对于2019年2月15日签发给你公司的FDA-483上所载检查结果的答复。FDA对你公司于2019年3月11日发来的答复处理如下。

违规项包括但不限于：

1．未能按照21 CFR 820.90（a）的规定要求，建立和维护不符合特殊要求的产品的控制程序。

你公司程序QP-8.3QUA-01：不合格产品（NCP）控制，未规定在不合格报告（NCR）中记录返工信息。另外，作业指导（WI-8.3.4QAU-01、WI-7.5PRD-89、WI-7.5PRD-63、WI-7.5ENG-02、WI-7.5PRD-26、WI-75PRD-24、WI-7.4PUR-03、WI-7.5PRD-02）也未规定在NCR中记录返工、缺陷或试验失效。例如：

- 不合格产品的返工未例行记录于NCR或与NCR相关联。例如，自2016年3月10日至2019年2月4日之间有（b）（4）返工订单，然而（b）（4）的NCR仅记录不合格项，如涂层剥脱、划痕、磨屑等。
- 返工，如在清洗后使用（b）（4）清除胶带磨屑的步骤，未记录为NCP。
- （b）（4）水平缺陷未记录为NCP，如需（b）（4）返工消除密封区空泡。
- 未通过（b）（4）涂层拉伸强度验收标准的（b）（4）试样（模拟产品）未记录为NCP。
- 尽管（b）（4）允许，但你公司供应商的（b）（4）粉末或（b）（4）粉末的拉伸强度复试未记录为NCP。
- （b）（4）粗糙度试验失败未记录为NCP。

FDA已审核了你公司于2019年3月11日发来的答复，经评定认为其无法通过本次评估。你公司虽承诺更新程序和作业指导（QP-8.3QUA-01、WI-8.3.4QAU-01、WI-7.5PRD-89、WI-7.5PRD-63、WI-7.5ENG-02、WI-7.5PRD-26、WI-75PRD-24、WI-7.4PUR-03、WI-7.5PRD-02），但尚未提供文件以供评价。

2．未能按照21 CFR 820.75（b）的规定对于已确认的过程所采用的过程参数建立和维护监测和控制程序，以确保已确认的过程持续符合规定要求。

你公司未充分建立和/或遵循器械清洁过程所用（b）（4）水的质量监测程序［WI-6.4.2ENG-01：（b）（4）用水试验］和器械清洁过程监测程序［WI-7.5PRD-95：（b）（4）清洁监测］。例如：

- 程序WI-6.4.2ENG-01规定，发生细菌内毒素超标［（b）（4）EU/ml］时，需对（b）（4）用水系统进行卫生处理；自2018年7月2日至2019年1月31日间发生了（b）（4）次超标，然而只对用水系统进行了（b）（4）次卫生处理。
- 程序WI-6.4.2ENG-01规定针对总有机碳（TOC）执行（b）（4）试验，但实际并未在2018年11月期间执行此项试验。
- 程序WI-6.4.2ENG-01规定，发生超标时，需将生物负载或TOC试验由（b）（4）升至（b）（4），尽管于2018年9月得出的生物负载试验结果是“不计其数”，且于2019年11月检测出（b）（4）mg/L的TOC超标，现有试验仍是（b）（4）。
- 你公司洁净室内的手动清洁过程监测所用的特别指导书是非受控文件。
- 程序WI-7.5PRD-95指导书内容不明确，缺乏统计学依据，未规定监测所用试验类型。

FDA已审核了你公司于2019年3月11日发来的答复，经评定认为其无法通过本次评估。你公司虽承诺更新程序，如WI-6.4.2ENG-01、WI-7.5PRD-95等，但尚未提供文件以供评价。

3．未能按照21 CFR 820.100（a）的规定建立和维护执行纠正和预防措施的程序。

你公司程序QP-8.5QAU-01：未提供对于已批准的纠正和预防措施（CAPA）方案的变更的处理和合理依据，并缺少供应商纠正行动申请（SCAR）处理相关规定。例如：

- 你公司用于开发（b）（4）用水系统和（b）（4）用水监测程序的CAPA 18-024纠正措施的变更未记录于你公司内部CAPA表。
- 未充分建立针对识别NC产品的现有和潜在根本原因所用质量数据来源的分析程序。例如，自2016年3月至2019年2月间派发了（b）（4）返工订单。FDA检查员发现，你公司并未对返工订单进行例行分析，未将其用作调查潜在频发质量问题的质量数据来源。你公司数据分析管理程序QP-8.4QAU-01和CAPA程序QP-8.5QAU-01未充分规定或建立CAPA系统的数据输入，如返工分析要求。

FDA已审核了你公司于2019年3月11日发来的答复，经评定认为其所含内容并不充分；你公司答复并未说明在分析返工时，你公司是否通过执行回顾性调查来决定是否需要启动CAPA。另外，你公司虽承诺更新程序（QP-8.4QAU-01和你公司CAPA程序QP-8.5QAU-01），但尚未提供更新后的程序以供评价。

4．未能按照21 CFR 820.75（a）的规定，当程序不能由后续检查和试验验证时，建立程序确认过程。

（b）（4）植入物的手动清洁过程未经充分确认。例如，检查员审核确认VAL-114-075后发现：

- 未提供使用含（b）（4）生产代表性器械的（b）（4）证明手动清洁过程确认的合理依据。
- 未规定完成清洁过程器械上可存在的磨屑限值。
- 无法证明器械是在标准还是最差操作条件下处理的。
- 未记录确认期间的浸泡时间。
- 未针对（b）（4）过程确认执行工艺评定。

FDA已审核了你公司于2019年3月11日发来的答复，经评定认为其所含内容并不充分；你公司虽承诺更新程序，如QP-7.5.6PRD-01、WI-7.5PRD-95和WI-7.5PRD-02，增加每批（b）（4）样本的试验频率，并针对（b）（4）过程执行过程鉴定，但尚未提供更新后的程序以供评价。另外，你公司未提供证明文件证明为每批（b）（4）样本增加的试验频率符合统计方法学。答复本信函时，你公司应提供证据证明你公司拟定的纠正措施恰当有效。FDA将在再检查期间验证这些纠正措施。

5．未能按照21 CFR 820.198（a）的规定建立由正式指定部门接收、审核和评价投诉的程序。

你公司程序QP-8.2.2.2QUA-01：客户反馈和投诉未规定须及时处理客户投诉。例如：

- 于2018年9月4日收到投诉#18-079，投诉原因是“涂层污染”，经评定需启动调查。直至2019年2月4日，无调查记录相关证明（历时153天）。
- 于2018年7月24日收到投诉#18-065，投诉原因是“拉伸试验失效”。2019年2月4日，关闭评价投诉，经评定认为无需进行调查（历时195天）。

- 于2018年5月24日收到投诉#18-054，投诉原因是“涂层不均匀”。经证明，于2018年10月29日完成了评价和调查活动（历时158天）。

你公司于2019年3月11日发来的答复无法通过此次审核。FDA虽然接受了你公司所作声明，如弃用程序QP-8.2.2.2QUA-01、实施公司程序SP004，并建立程序WI-8.2.2QAU-01处理违规项，但FDA仍需在再检查期间验证这些纠正措施。

6．未能按照21 CFR 820.22的规定充分建立质量审查程序。

- 你公司程序QP-8.2.4QUA-01：内部审查规定“内部质量审查人员须是合格人员”，须“持有合格证书”或接受过“工作培训”。你公司于2019年1月审查期间负责审查生产和过程控制（PPC）子系统的质量技术员培训范围仅限于审核你公司质量审查程序。
- 你公司2018内部审查计划规定，2019年1月的PPC子系统审查应纳入过程确认；但2019年1月并未审查过程确认。

你公司于2019年3月11日发来的答复无法通过此次审核。你公司虽承诺更新程序（QP-8.2.4QAU-01）和审查报告（F239），但尚未提供更新后的程序和审查报告以供评价。

你公司应立即采取措施纠正本函所述的违规行为。如若未能及时纠正这些违规行为，可能导致FDA在没有进一步通知的情况下启动监管措施。监管措施包括但不限于没收、禁令和民事罚款。此外，联邦机构会得知关于器械的警告信，以便在签订合同时考虑上述信息。此外，如果FDA确定您违反了质量体系法规，且这些违规行为与Ⅲ类器械的上市前批准申请有关联，则在纠正这些违规行为之前，将不会批准此类器械。在与相关品种有关的违规行为得到纠正之前，不会批准出口证明。请在收到本信函之日起15个工作日内将你公司为纠正上述违规行为所采取的具体步骤书面通知本办公室，并说明你公司计划如何防止此类违规行为或类似违规行为再次发生。包括你公司已经采取的纠正和/或纠正措施（必须解决系统问题）的文件材料。如果你公司的计划纠正和/或纠正措施将逐渐开展，请提供实施这些活动的时间表。如果无法在15个工作日内完成纠正和/或纠正措施，请说明延迟的原因以及完成这些活动的时间。你公司的回复应全面，并解决此警告信中所包括的所有违规行为。

如果您对本信中的任何问题有疑问，请致电215-717-3075或邮件richard.cherry@fda.hhs.gov与合规官Richard Cherry联系。请将您的回复以电子方式发送给gina.brackett@fda.hhs.gov合规处主任Gina Brackett。

最后，请注意本信函未完全包括你公司全部违规行为。你公司有责任遵守FDA所有的法律和法规。本信函和检查结束时签发的检查结果FDA 483表中记录的具体违规行为可能表明你公司制造和质量管理体系中存在严重问题。你公司应查明违规原因并及时采取纠正措施，确保产品合规。

第5封　给Surgisil，LLP的警告信

试验器械豁免（IDE）/上市前批准申请（PMA）

CMS # 567886

2019年4月15日

尊敬的R博士：

美国食品药品管理局（FDA）于2018年9月20日至25日，在6020 W. Plano Parkway, Plano, TX 75093，对你公司的医疗器械进行了检查。在检查期间，FDA检查员确定你公司是Perma面部植入物的制造商。根据《联邦食品、药品和化妆品法案》（以下简称《法案》）第201（h）节［21 U.S.C.§ 321（h）］，凡是用于诊断疾病或其他症状，对疾病有治愈、缓解、治疗或预防作用，或是可以影响人体结构或功能的器械，均为医疗器械。故你公司涉及检查的产品为医疗器械。

FDA对检查期间收集的材料进行了检查和审查，根据《法案》第501（f）（1）（B）节［21 U.S.C.§ 351（f）（1）（B）］的规定，Perma面部植入物是掺假的，因为你公司未按照《法案》第515（a）节［21 U.S.C.§ 360e（a）］的规定，通过上市前许可（PMA）申请，或根据《法案》第520（g）节［21 U.S.C.§ 360j（g）］的规定，通过器械临床试验豁免（IDM）申请。

你公司已通过了Perma面部植入物的 510（k）许可，“该植入物用于整形和面部重建手术。可用于面部（包括鼻、颏和颊部等区域）进行美容和矫正”（K071823）。根据21 CFR 878.3500的要求，适用的分类规定指出，此类型器械“用于颏、下颌、鼻或眼或耳周的骨或组织的手术期间进行植入”。然而，在对你公司的指导视频和培训材料进行检查和审查时发现，你公司在售的Perma面部植入物，还用于丰唇，这构成了未经批准，对预期用途的重大变更/调整。例如：

Perma™ 面部植入物指导视频：

- 这是一个3分钟的教学视频，标题为“Perma™面部植入物教学视频”，内容涉及在丰唇中使用Perma面部种植体的材料和过程。这些图像显示并描述了Perma面部植入物在活体患者的上下唇中的植入情况。

SurgiSil™外科医生培训清单，医疗主管/外科医生电话培训清单：

- 这是一个包含12个项目的清单，记录了向医疗主管和外科医生提供的有关Perma面部植入物使用的培训。培训清单中描述了将Perma 面部植入物植入唇部的过程。例如，培训清单中的第5项，“向上卷起唇部，在解剖过程中，干湿边界朝着天花板”以帮助外科医生不偏离干湿边界。

唇部在生理和解剖学上不同于鼻子、下巴和脸颊，包括其血管分布、高移动性和骨支持情况。使用Perma面部植入物进行丰唇，可能导致种植体的移位或突出。由于唇部缺乏骨结构，与其他器官的植入相比，植入物可以“自由浮动”，从而引起移位和突出。此外，由于唇部使用频率极高，植入物的自由浮动性质加剧了其挤压等风险，一旦发生，可能需要手术切除，并进行大量皮肤修复。移位和突出也会增加患者的其他风险，如感染和慢性疼痛。丰唇是对预期用途的重大变更或修改，不属于Perma 面部植入物当前的许可范围。

你公司（b）（4）继续销售Perma面部植入物用以丰唇。

此外，根据21 CFR 807.97的规定，通过对你公司网站（www.surgisil.com/us/）进行审查，结果表明，该器械的标签（即其促销材料）包含误导性的陈述，因为器械通过了上市前许可审批，网站上的声明会给人以官方认可的印象。具体来说，你公司网站上的“产品”页面指出：“Perma Facial Implant™是经FDA批准的

专利产品，设计用于面部组织增强，并且已经过广泛的临床测试，以确保其安全性和有效性。”Perma 面部植入物未经FDA批准，但在《法案》第513（i）（1）（A）部分［21 U.S.C.§ 360c（i）（1）（A）］的定义中，确定为基本相同。FDA要求你公司删除网站上“FDA批准该器械”的声明。

通过对您公司网站（www.surgisil.com/us/）进行审查，FDA还注意到，你公司目前正在销售未经批准的器械PermaLip植入物。具体来说，在公司网站的“活动”页面上，提及你公司将出席2019年美学会议和2019年拉斯维加斯美容手术会议，并展出“大家好，请进一步了解FDA的旗舰产品-PermaLip和Perma面部植入物。”FDA并未批准PermaLip植入物在美国的销售。

截至发出本信函之日，FDA尚未收到对检查的任何书面回复。

FDA要求你公司立即停PermaLip植入物的虚假标记或掺假的活动，如上述用途的器械的商业销售。

你公司应立即采取措施纠正本函所述的违规行为。如若未能及时纠正这些违规行为，可能导致FDA在没有进一步通知的情况下启动监管措施。监管措施包括但不限于没收、禁令和民事罚款。此外，联邦机构会得知关于器械的警告信，以便在签订合同时考虑上述信息。

请在收到本信函之日起15个工作日内将你公司为纠正上述违规行为所采取的具体步骤书面通知本办公室，并说明你公司计划如何防止此类违规行为或类似违规行为再次发生。包括你公司已经采取的纠正和/或纠正措施（必须解决系统问题）的文件材料。如果你公司的计划纠正和/或纠正措施将逐渐开展，请提供实施这些活动的时间表。如果无法在15个工作日内完成纠正和/或纠正措施，请说明延迟的原因以及完成这些活动的时间。你公司的回复应全面，并解决此警告信中所包括的所有违规行为。如果您有证据或信息证明您的产品没有违反FD&C法案，请将该证据或信息纳入我们的考虑范围。

贵公司的回复应通过电子邮件发送至: 美国食品和药物管理局，第3部/西区，医疗器械和放射卫生操作办公室，ORADevices3FirmResponse@fda.hhs.gov。请使用FEI 3006007116确认您的回复。如果您对这封信的内容有任何疑问，请联系合规官Jeff R.Wooley，电话: 214-253-5251，或通过电子邮件发送至Jeffrey.wooley@fda.hhs.gov。

最后，请注意本信函未完全包括你公司全部违规行为。你公司有责任遵守FDA所有的法律和法规。本信函和检查结束时签发的检查结果FDA 483表中记录的具体违规行为可能表明你公司制造和质量管理体系中存在严重问题。你公司应查明违规原因并及时采取纠正措施，确保产品合规。

第6封 给TEI Biosciences, Inc.的警告信

生产质量管理规范/质量体系法规/医疗器械/伪劣

CMS # 573474

2019年3月6日

尊敬的A先生:

2018年10月9日至11月2日，美国食品药品管理局（FDA）对Integra LifeSciences下属公司TEI Biosciences, Inc（7 Elkins Street, Boston, MA）的医疗器械业务进行了检查。检查期间，FDA检查员确定你公司为一家胶原基医疗器械制造商，产品用于伤口护理、软组织修复和重建手术，包括Xenform软组织修复基质，产品代码为830-241（2cm × 7cm）和830-243（4cm × 7cm）。这些器械先前已通过K060984和K051190获得FDA的上市许可。

根据《联邦食品、药品和化妆品法案》(以下简称《法案》)第201（h）节［21 U.S.C.§ 321（h）］，凡是用于诊断疾病或其他症状，对疾病有治愈、缓解、治疗或预防作用，或是可以影响人体结构或功能的器械，均为医疗器械。故你公司涉及检查的产品为医疗器械。

本次检查表明，这些医疗器械的生产、包装、储存或安装中使用的方法、设施或控制不符合21 CFR 820质量体系法规（以下简称QSR/21 CFR 820）的现行生产质量管理规范（以下简称cGMP）要求，根据《法案》第501（h）节［21 U.S.C.§ 351（h）］的规定，属于伪劣产品。

在2018年11月27日、2018年12月27日、2019年1月31日和2019年2月28日，FDA收到了你公司（Integra LifeSciences 公司）质量保证部资深总监John Giantsidis针对FDA 483表（检查发现问题清单）作出的回复。该列表于2018年11月2日发送你公司。2018年12月7日，FDA也在纠正措施落实期间，确认了（b）(4)，并且，正在针对你公司库存中的所有成品进行内毒素测试。FDA对您2018年11月27日的回复提出下述意见:

违规事项包括但不限于以下内容:

1．检查期间，FDA发现你公司未能保证高质量的确认过程，过程的结果无法通过后续检查和检测得到充分验证，不符合21 CFR 820.75（a）的要求。

- 你公司未能充分确认用于制造牛细胞外基质（EBM）医疗器械（包括Xenform 软组织修复基质）的（b）(4）过程。例如:
  - 你公司2013年12月13日的确认方案（VP）-147最终报告，第1.1节规定，“皮肤遵照最新的（b）(4)（VP-134）进行加工。”在检查期间，经TEI工作人员确认，所有EBM医疗器械，包括Xenform软组织修复基质，目前正在使用（b）(4）的前一个版本。
  - 你公司2013年11月16日的确认方案（VP-147）第10.4.1节规定，“如果满足（b）(4)，则视为本批次可接受”。然而，检查期间，FDA发现你公司现行程序允许（b）(4)。
- 你公司没有任何数据能够证明EBM医疗器械（包括XeFrand软组织修复基质）的细菌内毒素检测已经得到充分确认。例如，将你公司当前的程序QCP-055-（b）(4）质量控制程序的执行与你公司之前的（b）(4）EBM过程确认进行比较，可以发现以下缺陷:
  - 在（b）(4）细菌内毒素验证研究中，你公司未能将具有最大表面积的医疗器械作为“最恶劣情况”进行取样。Xenform软组织修复基质，产品代码830-247，尺寸8cm × 12cm，表面积96cm²。根据公司

的程序（b）（4）第8.8节（内毒素样品准备）的记录这一面积大于该“（b）（4）”的样本面积。

- QCP-055第05版的修订历史表明，2017年3月，你公司修改了（b）（4）常规样品的运行说明。具体而言，第8.10.2.1节和第8.10.2.2节中删除了对（b）（4）的说明。你公司没有任何数据证明该步骤不会对已完成的测试结果造成影响。

2．未能根据21 CFR 820.70（e），建立并维护相关程序，防止合理预期下可能对产品质量产生不良影响的物质对设备或产品造成污染。例如：

- 你公司没有任何数据能够证明，用于制造（b）（4）EBM（牛细胞外基质）医疗器械（包括Xenform软组织修复基质）的（b）（4）水系统包含了细菌内毒素检查。经TEI工作人员确认，认为你公司并未定期对从公司（b）（4）水系统中回收的生物负载进行微生物鉴定，从而识别革兰阴性菌和潜在细菌内毒素污染的存在。

FDA审查了你公司对FDA 483发现事项1～3（上述警告信第1条和第2条）的回复，认为该回复不足以解决上述违规事项。FDA认为，在本次检查之后，针对你公司（b）（4）的所有产品，你公司可以抽样个别批次进行内毒素检测。FDA还了解到，你公司为解决FDA的上述发现还展开了其他的CAPA（纠正和预防措施），并且正在实施一些纠正措施来解决这些问题。然而，FDA在检验中发现的上述缺陷属于重大事项，表明你公司的质量体系存在系统性失效。如您所知，成品测试并不能替代对你公司制造过程的全面确认。针对本警告信，您应确认你公司已评估了你公司的所有业务操作和产品，以确保成功完成了所有必要的确认。FDA将需要进行一次重新检查，以验证所有承诺的纠正措施都得到了适当的实施。

3．未能建立和维护可充分控制环境条件的程序，无法合理预测可能对产品质量产生不良影响的环境条件，不符合21 CFR 820.70（c）的要求。例如：

- 自2017年3月以来，在ISO 7洁净室中尚未使用杀孢子消毒剂。FDA了解你公司的EBM医疗器械，包括Xenform软组织修复基质，均在ISO 7洁净室中制造生产。FDA知道，你公司曾在常规的Xenform软组织修复基质生物负载检测中发现过产孢细菌和真菌生物体，如苏云金芽孢杆菌和耐热枝孢菌（*Cladosporium halotoerans*）。
- ISO 7洁净室防护服的可重复使用次数尚未确定。TEI的工作人员表示，防护服会被重复使用，直至“明显变脏”之后会放入防护服清洗箱中等待清洗。
- 当人员从ISO 7洁净室中污染程度较高的制造车间中出来后，没有采取任何措施限制人员进入洁净程度更高的制造车间。在2018年10月10日对ISO 7洁净室的巡视中，FDA观察到有人员从EBM（b）（4）制造区域进入洁净程度更高的区域，如（b）（4）制造工作间。
- 在你公司“洁净室清洁FCP-001”这一程序中，对清洁频率或程序的描述不够详细，因而未能充分说明你公司是如何防止清洁过程中不同区域交叉污染的。

FDA审查了你公司的回复，认为你公司的回复不充分。你公司表示为弥补以上缺陷，已展开多项CAPA：18-009、18-010和18-011，并正在实施纠正措施。在对本警告信的回复中，您应当提供证明文件来证明你公司拟议的纠正措施的适当性和有效性。FDA将在FDA再次检查期间对这些纠正措施进行验证。

4．未能根据21 CFR 820.100（a）（4），建立和维持可以验证或确认所有纠正和预防措施的程序，来确保该措施在作为有效解决方案的同时，不会对成品器械造成不利影响。例如：

- 在检查期间，FDA审查了日期为2017年8月4日的CAPA 17-004。这项CAPA 17-004（日期：2017年8月4日）针对19份接受冻干处理时，（b）（4）袋撕裂的不合格材料报告展开。你公司于2017年11月30日实施了纠正措施。CAPA验证步骤表明，如果在一个（b）（4）月内未发现撕裂情况，则此纠正措施通过验证，视为有效措施。根据FDA的观察，即使你公司在此期间还曾发现6袋出现撕裂，但你公司仍然在2018年3月结束了此项CAPA。

FDA审查了你公司的回复，认为该回复不充分。你公司表示正在重新评估上述CAPA措施。此外，你公司还表示，在最近修订的CAPA流程中，CAPA在时效性和成熟程度方面有了实质性的改进。在对本警告信的回复中，您应说明你公司针对CAPA 17-004所采取的所有其他措施，以及你公司在CAPA重新评估过程中进行的所有回顾性审查的结果。您还须提供证据，证明你公司将采用一项有效且可持续的CAPA系统。

你公司应立即采取措施纠正本信函所述的违规行为。如若未能及时纠正这些违规行为，可能导致FDA在没有进一步通知的情况下启动监管措施。监管措施包括但不限于没收、禁令和民事罚款。此外，联邦机构会得知关于器械的警告信，以便在签订合同时考虑上述信息。此外，如果FDA确定你公司违反了质量体系法规，且这些违规行为与Ⅲ类器械的上市前批准申请有关联，则在纠正这些违规行为之前，将不会批准此类器械。同时，如果FDA确定您的器械不符合法规要求，则不会批准出口证明（Certificates to ForeignGovernments，CFG）的申请。

请在收到本信函之日起15个工作日内将你公司为纠正上述违规行为所采取的具体步骤书面通知本办公室，并说明你公司计划如何防止此类违规行为或类似违规行为再次发生。包括你公司已经采取的纠正措施（必须解决系统问题）的文件材料。如果你公司计划采取的纠正措施将逐渐开展，请提供实施这些活动的时间表。如果无法在15个工作日内完成纠正，请说明延迟的原因以及完成这些活动的时间。你公司的回复应全面，并解决此警告信中所包括的所有违规行为。

最后，请注意本信函未完全包括你公司全部违规行为。你公司有责任遵守FDA所有的法律和法规。本信函和检查结束时签发的检查结果FDA 483表中记录的具体违规行为可能表明你公司制造和质量管理体系中存在严重问题。你公司应查明违规原因并及时采取纠正措施，确保产品合规。

第7封　给Total Thermal Imaging, Inc. 的警告信

不良事件报告/标识不当

美国食品药品管理局（FDA）于2018年10月9日至2018年11月2日，对你公司位于7 Elkins Street, Boston，MA的医疗设备运营TEI生物科学公司（Integra Lifesciences Corporation）的医疗器械进行了检查，检查期间，FDA检查员确定你公司是一家胶原基医疗器械制造商，用于伤口护理、软组织修复和重建手术，包括Xenform软组织修复基质，产品代码830-241（2cm × 7cm）和830-243（4cm × 7cm）。这些器械先前已通过K060984和K051190获得FDA的批准。根据《联邦食品、药品和化妆品法案》（该法案）第201（h）节［21 U.S.C.§ 321（h）］，凡是用于诊断疾病或其他症状，对疾病有治愈、缓解、治疗或预防作用，或是可以影响人体结构或功能的器械，均为医疗器械。故你公司涉及检查的产品为医疗器械。

本次检查表明，这些医疗器械的生产、包装、储存或安装中使用的方法、设施或控制不符合21 CFR第820部分质量体系法规（以下简称QSR/21 CFR § 820）的现行生产质量管理规范（以下简称cGMP）要求，根据《法案》第501（h）节［21 U.S.C.§351（h）］的规定，属于伪劣产品。

FDA于2018年11月27日、2018年12月27日、2019年1月31日和2019年2月28日收到了Integra Lifesciences Corporation公司质量保证部高级主管John Giantsidis针对2018年11月2日发给你公司的FDA 483表格《检查发现问题清单》的回复。2018年12月7日，FDA办公室还确认在采取纠正措施的同时，（b）（4）正在对你公司库存的所有成品进行内毒素检测。FDA将针对2018年11月27日的回复，进行如下说明。

这些违规行为包括但不限于以下内容：

1．未能按照21 CFR第820.75（a）部分的要求，对特殊过程进行有效的验证，该过程的结果无法通过后续检查和测试来充分验证。在检查中FDA观察到了：

- 你公司未能充分验证用于制造细胞外牛基质（EBM）医疗器械（包括Xenform软组织修复基质）的（b）（4）过程。例如：
  - 你公司的验证方案（VP）-147的最终报告（日期：2013年12月13日）的第1.1节中规定，“皮肤处理到（b）（4）（VP-134）。”检查期间，TEI人员确认所有EBM医疗器械，包括Xenform软组织修复基质，目前在（b）（4）之前使用一个（b）（4）。
  - 你公司的验证方案（VP-147）（日期：2013年11月16日）的第10.4.1节规定“如果（b）（4），则视为批可接受”。然而，在检验过程中，FDA发现你公司现行程序允许（b）（4）。
- 你公司没有任何数据证明包括Xenform软组织修复基质在内的EBM医疗器械的细菌内毒素检测已经得到充分确认。例如，将当前的程序QCP-055-（b）（4）的性能质量控制程序，与你公司之前的（b）（4）EBM过程确认程序进行比较，发现以下差异：
  - 你公司未能使用表面积最大的医疗器械作为（b）（4）细菌内毒素验证研究的“最坏情况”样本。Xenform软组织修复基质，产品代码830-247，尺寸为8 cm × 12 cm，表面积为96 cm^2。按照公司程序（b）（4）的第8.8节“内毒素样品的制备”，其表面积为（b）（4），超过了“（b）（4）”的采样大小。
  - 修订版：05的QCP-055文件，显示在2017年3月，你公司修改了（b）（4）指令以运行常规样本。具体来说，“第8.10.2.1节和第8.10.2.2节删除了（b）（4）的说明。你公司没有任何数据证明此步骤不会

影响最终的测试结果。

2．未能按照21 CFR 第820.70（e）部分的要求，建立和维护程序，以防止器械或产品被对产品质量产生不利影响的物质污染。例如：

- 你公司没有任何数据可以证明你公司用于制造（b）（4）EBM（细胞外牛基质）医疗器械，包括Xenform软组织修复基质，包括细菌内毒素测试的（b）（4）水系统的有效性。TEI人员确认你公司没有例行地对从公司（b）（4）供水系统中回收的生物负载进行微生物鉴定，这将确定是否存在革兰阴性菌和潜在的细菌内毒素污染。

FDA审查了你公司对FDA 483观察1-3项的回复（警告信上面引用1和2），并得出结论，认为它们不足以解决上述违规行为。FDA确认，经过检查后，你公司所有产品的（b）（4）可以测试单个批次中的内毒素。FDA还了解到，你公司为解决FDA的上述问题，而启动了另外的CAPA，且正在采取纠正措施来解决这些缺陷，但是，FDA检查期间发现的上述缺陷非常严重，说明你公司的质量体系存在系统性缺陷。如您所知，成品测试不能代替对制造过程的全面确认。响应此警告信，你公司应该确认已经评估了公司的所有产品和操作，以确保完成所有必要的验证。FDA需要进行重新检查，以验证所有承诺的纠正措施均已正确实施。

3．未能按照21 CFR第820.70（c）部分的要求，建立和维持适当的环境条件控制程序，以环境条件对产品质量产生的不利影响。例如：

- 自2017年3月以来，在ISO 7洁净室未使用过杀菌消毒剂。FDA得知，你公司的EBM医疗器械（包括Xenform软组织修复基质）是在ISO 7洁净室中制造的。了解到你公司在常规Xenform软组织修复基质生物负载测试中，鉴定出了形成孢子的细菌和真菌生物（例如苏云金芽孢杆菌和嗜盐枝芽孢菌）。
- 尚未确定可重复使用ISO 7洁净室洁净服的次数。TEI人员表示，洁净服要重复使用，直到“明显变脏”，将其放入洁净服清洗桶中进行清洗。
- 未禁止从ISO 7洁净室内进行污染较高的制造活动的人员进入洁净室。在2018年10月10日，进入ISO 7洁净室期间，FDA观察到，人员从EBM（b）（4）制造区域进入清洁区域，例如制造（b）（4）室。
- 你公司的洁净室清洁程序（FCP-001）没有详细描述其清洁频率或过程，以防止在清洁过程中各个区域交叉污染。

FDA审查了你公司的回复，认为这些回复不充分。你公司表示已启动CAPA的18-009、18-010和18-011来解决这些缺陷，且正在实施纠正措施。响应此警告信，你公司应确认这些建议的纠正措施是适当且有效的。FDA需在FDA重新检查期间，验证这些纠正措施。

4．未能按照21 CFR第820.100（a）（4）的要求，建立和维护用于验证或确认纠正和预防措施的程序，以确保此类措施有效且不会对成品器械产生不利影响。例如，

- 检查期间，FDA审查了2017年8月4日的CAPA 17-004。此CAPA 17-004（日期：8/4/17）已启动，用以解决与冻干过程中（b）（4）袋上发现的撕裂有关的19份不合格材料报告。你公司在2017年11月30日采取了纠正措施。CAPA验证步骤表明，如果在（b）（4）个月内未发现撕裂，则纠正措施将被验证为有效。FDA观察到你公司在2018年3月关闭了CAPA，即使在此期间内你公司发现了另外6条撕裂。

FDA已审查你公司的回复，认为其不够充分。你公司称正在重新评估上述CAPA。你公司还认为，最近修订的CAPA流程已证明CAPA的及时性和时效得到了显著改善。针对本警告信，应当描述你公司为CAPA 17-004采取的任何其他措施，以及你公司在CAPA重新评估过程中进行的任何回顾性审查的结果。还应当提供证据证明，你公司将实施有效且可持续的CAPA系统。

你公司应立即采取措施纠正本函所述的违规行为。如若未能及时纠正这些违规行为，可能导致FDA在没有进一步通知的情况下启动监管措施。监管措施包括但不限于没收、禁令和民事罚款。此外，联邦机构会得知关于器械的警告信，以便在签订合同时考虑到上述信息。而且，在违规行为未得到纠正之前，将不予批准与质量体系监管违规行为合理相关的Ⅲ类器械上市前批准申请。在与主题器械有关的违规行为未得到纠正之前，不得向外国政府提出申请证明书。

请在收到本信函之日起15个工作日内将你公司为纠正上述违规行为所采取的具体步骤书面通知本办公室，并说明你公司计划如何防止此类违规行为或类似违规行为再次发生。包括你公司已经采取的纠正和/或纠正措施（必须解决系统问题）的文件材料。如果你公司的计划纠正和/或纠正措施将逐渐开展，请提供实施这些活动的时间表。如果无法在15个工作日内完成纠正和/或纠正措施，请说明延迟的原因以及完成这些活动的时间。你公司的回复应全面，并解决此警告信中所包括的所有违规行为。

最后，请注意本信函未完全包括你公司全部违规行为。你公司有责任遵守FDA所有的法律和法规。本信函和检查结束时签发的检查结果FDA 483表中记录的具体违规行为可能表明你公司制造和质量管理体系中存在严重问题。你公司应查明违规原因并及时采取纠正措施，确保产品合规。

第8封　给Mark Berman, M. D.的警告信

医疗器械/伪劣/标识不当/缺少上市前批准（PMA）和/或510（k）

CMS # 562321

2019年2月13日

美国食品药品管理局（FDA）于2018年7月9日至13日，对位于Dr., Ste.300, Beverly Hills, CA的你公司进行了医疗器械检查。现已明确，你公司是Pocket Protector的制造商，Pocket Protector是一种由（b）（4）的膨胀聚四氟乙烯与（b）（4）黏合在一起的囊袋，在隆胸手术中用来衬在胸袋内侧的填充物。根据《联邦食品、药品和化妆品法案》（以下简称《法案》）第201（h）节［21 U.S.C.§ 321（h）］，凡是用于诊断疾病或其他症状，对疾病有治愈、缓解、治疗或预防作用，或是可以影响人体结构或功能的器械，均为医疗器械。故你公司涉及检查的产品为医疗器械。

FDA已经审查了你公司的网站（www.markbermanmd.com），该网站显示你公司正在销售Pocket Protector，其标示和声明包括但不限于以下内容（强调部分加下划线）：

丰胸网页

- “最终，Dr.Berman为他的病人提供了Pocket Protector®，这是他发明的一种专利器械，可以用来修复囊性挛缩的乳房，甚至可以用于首次隆胸。”
- “Pocket Protector®采用与Gore-Tex® e-PTFE（膨化聚四氟乙烯）相同的材料制成，并成形为一个囊状物。它被放在乳房或肌肉（即囊袋）下面，用以填充空间，防止瘢痕回到自身上，且在植入物周围收缩。虽然这种材料已经在普通外科和血管外科中应用多年，但它于1983年（由我本人）首次引入美容/整形外科，至今仍被广泛使用。这种材料是微孔的，实际上身体的血管和结缔组织会生长到材料中，但不会在材料周围形成瘢痕（除严重的组织损伤外）。在三个月内，这种材料不会对组织产生反应，它可以作为一种合成瘢痕安全地融入人体。在经历过多次失败的手术后，很多患者使用Pocket Protector®进行治疗成功了。”

与医学博士Mark Berman合拍的“健康时刻”视频

- “……一旦他们（人们）发现Pocket Protector后，就会意识到这是一种保险。它让她们拥有一个非常柔软的自然乳房。它可以放入任何光滑的凝胶或光滑的盐水植入物。它感觉更柔软自然。它可以停留在肌肉的顶部，这样患者就无需进行痛苦的手术，把植入物植入肌肉下面了。它［Pocket Protector］让他们有条件在未来拥有［um］一份相对的保险单。……”（9：42~10：10）

新闻发布室网页

- “虽然Pocket Protector（截至2003年）被认为是一种相对较新的器械，但这种材料实际上，自1986年以来，已经被Dr.Berman用于几十个女性乳房上，没有任何不良反应。第一个Pocket Protector的原型，在1995年4月完成植入，现在仍然保持完全的功能。人类使用的e-PTFE材料已经进行了数百次临床和实验室研究评价。……”（健康新闻摘要文章）
- “多年来，生产Pocket Protector所用的材料一直用于其他医疗产品和器械，安全且与人体非常相容。通过内衬乳腺组织，瘢痕形成的风险降低，囊袋保持打开，减少了包膜挛缩的风险。……”（健康新

闻摘要文章）

- Pocket Protector允许组织生长在上面，且不会生成瘢痕。乳房植入物，植入在囊袋中，外观上自由流动，更加自然。更重要的是，Berman博士称这种器械使植入物更安全。”（the bakers fieldchannel.com文章）
- “用于Pocket Protector的Gore-Tex材料已获得FDA的批准，且用于各种手术中。Berman博士正等待FDA批准将Pocket Protector用作乳房植入器械。现在，Berman博士是国内唯一使用该器械的医生。”（the bakers fieldchannel.com文章）
- Mark Berman，医学博士，一位来自加利福尼亚的整容医生，开发了一种能够减少植入手术的一些潜在并发症的器械。他把他的发明称为“Pocket Protector”。Pocket Protector是一种用于乳腺腔的衬垫。（Medstar Television, Inc.）

FDA认为你公司是非法销售这种可用于乳房植入的植入产品。因此，FDA已确定你公司的器械需要作为第Ⅲ类器械进行上市前批准。根据《法案》第501（f）（1）（B）节［21 U.S.C.§ 351（f）（1）（B）］的规定，Pocket Protector构成掺假，因为你公司未按照《法案》第515（a）节［21 U.S.C.§ 360e（a）］的规定，通过上市前许可（PMA）申请，或根据《法案》第520（g）节［21 U.S.C.§ 360j（g）］的规定，通过器械临床试验豁免（IDM）申请。根据《法案》第502（o）部分［21 U.S.C.§ 352（o）］的定义，Pocket Protector出现了虚假标记，因为你公司未根据《法案》第510（k）部分［21 U.S.C.§ 360（k）］和21 CFR 807.81（a）（3）（i）的要求，在没有FDA通知的情况下，发售该器械。FDA承认，你公司根据《法案》第520（g）节［21 U.S.C.§ 360j（g）］，提交了关于Pocket Protector的IDE申请。本机构于2017年7月28日驳回您的申请，原因包括（b）（4）。

FDA于2018年7月14日收到你公司回复，对发给你公司的FDA 483表（检查发现问题清单）做出了回复，并声称Pocket Protector符合《法案》第520（b）部分［21 U.S.C.§ 360j（b）］所述的器械豁免。根据《法案》的第514、515部分［21 U.S.C.§ 360d，360e］的定义，因患者的医疗状况或医生的特殊需求稀少、上市前审查要求和性能标准，这项豁免只适用于狭窄类别的器械，因此是不切实际的。FDA不赞成你公司关于Pocket Protector符合自定义器械豁免资格的说法。《法案》第520（b）条要求，除其他事项外，只有满足以下所有限制条件，才适用自定义器械豁免：①该器械用于治疗“足够罕见的状况，因此对该器械进行临床研究是不切实际的”；②器械的生产必须“限于每年不超过五个单位的特定装置类型”；③制造商就其提供的定制器械向FDA提交年度报告。根据检查期间的观察结果，以及你公司在2018年7月14日对这些观察结果所作的声明，Pocket Protector不符合自定义器械豁免的条件。例如，你公司没有为您提供的器械（包括您承认提供给其他医生的器械）向FDA提交年度报告，且在某些年份中生产了超过五个单位的Pocket Protector。此外，您没有遵守适用于自定义器械的其他法律和法规要求。例如，定制器械不能免除包括设计控制（21 CFR 820）在内的质量体系法规的要求；医疗器械报告（21 CFR 803）；标签（21 CFR 第801部分）；纠正和删除（21 CFR 806）；以及注册和列示（21 CFR 807）。

该检查表明，根据《法案》第501（h）节［21 U.S.C.§ 351（h）］的规定，Pocket Protector器械掺假，因为其生产、包装、储存或安装中使用的方法或设施或控制不符合21 CFR 820质量体系法规的现行生产质量管理规范要求。这些违规行为包括但不限于以下内容：

1．未能按照21 CFR 820.30的规定，建立和维护控制器械设计的程序，确保其满足设计要求。

例如，你公司未建立设计控制程序。此外，你公司还未对Pocket Protector器械执行所需的设计控制措施，如设计输入和设计输出的开发；设计评审的执行；设计验证；设计确认，包括风险分析；设计移交；设计变更控制；以及设计历史文件的建立。

2．未能按照21 CFR 820.50的要求建立并维护规程，以确保所有采购或收到的产品和服务符合规定要求。

例如，你公司从供应商（b）（4）处收到了（b）（4）批ePTFE表（b）（4）；但是，没有记录证明该供应商经过评估，或收到的材料可用于预期用途。

3．未能按照21 CFR 820.70（a）的要求，开发、执行、控制和监测生产过程，以确保器械符合其规范。例如：

i．检查期间未发现洁净室或其他合格的生产环境。

ii．你公司使用（b）（4）（位于“无菌室”），对手术过程中使用的器械进行灭菌。（b）（4）还用于容纳成品和包装的Pocket Protector，以及容纳折叠Pocket Protector的可重复使用注射器。检查发现没有器械校准或验证记录。

iii．你公司采用（b）（4）周期，用以确保器械在灭菌环境下。根据你公司的“（b）（4）”程序，（b）（4）。例如：

-“（b）（4）”程序不要求记录检查步骤。

- 无资料记录证明在2014年1月至2018年7月期间［根据（b）（4）记录表］灭菌的（b）（4），对Pocket Protector的蒸汽指示条和包装进行了检查。

-（b）（4）记录表没有注明已灭菌的器械，也没有保存其他记录，以证明每个器械均已灭菌。例如，未能提供任何记录证明植入（b）（4）患者（2014年至2018年）的器械已灭菌。

4．未能按照21 CFR 820.75（a）的要求，确保当过程的结果无法通过后续检查和测试的完全验证时，应以高度保证和认可的方式对过程进行确认。例如：

i．你公司使用a（b）（4）对Pocket Protector进行灭菌。但是，灭菌过程尚未经过确认。

ii．你公司将成品Pocket Protector包装在（b）（4）灭菌袋中。但是，包装过程尚经过确认。

iii．Pocket Protector的制造包括（b）（4）黏合过程。但是，黏合过程尚经过确认。

5．未能按照21 CFR 820.80（a）的要求，建立验收活动程序。例如：

i．没有保存两批聚四氟乙烯片材［批号#s（b）（4）和（b）（4）］的验收记录，这两批片材接收并用于制造植入两名患者的袖珍保护器。

ii．没有保存2014年至2018年之间为患者制造和植入的（b）（4）Pocket Protector器械验收记录。

6．未能按照21 CFR 820.90（a）的要求建立并维护规程，以控制不符合规定要求的产品。例如：您的诊所/机构中没有解决任何不合格产品或偏离所需产品参数产品的方案。

7．未能按照21 CFR 820.100（a）的要求建立并维护实施纠正和预防措施的规程。例如：你公司尚未制定纠正和预防措施（CAPA）的程序，或尚未执行相关的CAPA活动。

8．未能按照21 CFR 820.198（a）的要求建立并维护规程，以由正式指定单位接收、审查和评价投诉。例如：你公司尚未建立投诉处理程序或进行相关的投诉处理活动。

9．未能按照21 CFR 820.184的要求，建立和维护程序，以确保每批、批次或个器械历史记录（DHR）被维护，以证明器械是按照规定的器械主记录（DMR）制造的。例如，你公司没有为DHR制定程序，也没有维护任何DHR。

10．未能按照21 CFR 820.181要求，维护器械主记录。例如，你公司没有为Protector器械维护器械主记录。

11．未能按照21 CFR 820.150（a）的要求，建立和维护控制产品储存区域和储存室的程序，以防止在使用或发售之前发生混淆、损坏、变质、污染或其他不利影响。例如，你公司没有建立控制储存的程序。

12．未能按照21 CFR 820.20的要求，建立管理评审程序。例如，你公司尚未建立由执行管理层对质量体系的适当性和有效性进行评价的程序。此外，未记录并维护管理审查文件。

13．未能按照21 CFR 820.22的要求，建立质量审核程序。例如，你公司未建立任何内部质量审查程序，也没有进行任何质量审查。

14．未能按照21 CFR 820.25（b）的要求，建立确定培训需求的程序，并确保所有人员接受培训，以充分履行其指定的职责。例如，你公司无明确的培训程序或要求，也没有保存培训记录。

最后，根据《法案》第502（t）（2）部分［21 U.S.C.§ 352（t）（2）］的规定，你公司的Pocket Protector

器械出现了虚假标记，因为你公司未能或拒绝按照《法案》第519节（21 U.S.C.360i）部分和21 CFR 803中医疗器械报告要求，提供器械相关材料或信息。观察到的重大违规行为包括但不限于未能按照21 CFR 803.17的要求，开发、维护和实施书面医疗器械报告（MDR）程序。你公司没有及时建立有效识别、沟通和评估可报告事件的程序；没有及时向FDA发送医疗器械报告；没有建立符合适用文件和记录保存要求的程序。

FDA已经审查了你公司2018年7月14日对调查意见的回复，并得出结论认为其不充分。回复承认没有为Pocket Protector器械建立质量体系程序，并提出你公司不知道适用于该器械的MDR要求。尽管回复中还指出，一旦获得IDE批准，将建立质量体系程序，并承认了解适用的报告要求，但你公司没有提供证据证明，正在采取纠正措施，以解决FDA 483表中指出的违规行为。

你公司应立即停止发售Pocket Protector，并立即采取措施，纠正本信函所述违规行为。如若未能及时纠正这些违规行为，可能导致FDA在没有进一步通知的情况下启动监管措施。监管措施包括但不限于没收、禁令和民事罚款。此外，联邦机构会得知关于器械的警告信，以便在签订合同时考虑上述信息。而且，在违规行为未得到纠正之前，将不予批准与质量体系监管违规行为合理相关的Ⅲ类器械上市前批准申请。在与主题器械有关的违规行为未得到纠正之前，不得向外国政府提出申请证明书。

请在收到本信函之日起15个工作日内将你公司为纠正上述违规行为所采取的具体步骤书面通知本办公室，并说明你公司计划如何防止此类违规行为或类似违规行为再次发生。包括你公司已经采取的纠正措施（必须解决系统问题）的文件材料。如果你公司计划采取的纠正措施将逐渐开展，请提供实施这些活动的时间表。如果无法在15个工作日内完成纠正，请说明延迟的原因以及完成这些活动的时间。你公司的回复应全面，并解决此警告信中所包括的所有违规行为。

最后，请注意本信函未完全包括你公司全部违规行为。你公司有责任遵守FDA所有的法律和法规。本信函和检查结束时签发的检查结果FDA 483表中记录的具体违规行为可能表明你公司制造和质量管理体系中存在严重问题。你公司应查明违规原因并及时采取纠正措施，确保产品合规。

第9封 给LC Medical Concepts, Inc.的警告信

生产质量管理规范/质量体系法规/医疗器械/伪劣

CMS # 571232

2019年1月31日

尊敬的L女士:

美国食品药品管理局（FDA）于2018年10月16日至10月23日对你公司位于 320 N Washington St, Ste 105, Rochester, NY的LC Medical Concepts公司的医疗器械进行了检查。检查期间，FDA检查员确定你公司是一家医疗器械制造商，生产负压伤口治疗包。根据《联邦食品、药品和化妆品法案》(以下简称《法案》)第201（h）节［21 U.S.C.§ 321（h）］，凡是用于诊断疾病或其他症状，对疾病有治愈、缓解、治疗或预防作用，或是可以影响人体结构或功能的器械，均为医疗器械。故你公司涉及检查的产品为医疗器械。

该检查表明，根据《法案》第501（h）节［ 21 U.S.C.§ 351（h）］的规定，属于伪劣产品，因为其生产、包装、储存或安装中使用的方法或设施或控制措施不符合21 CFR 820质量体系法规的现行生产质量管理规范（cGMP）要求。FDA于2018年11月12日收到你公司的回复，2018年10月23日发给你公司的FDA 483表（检查发现问题清单）做出了回复。针对每一条标注的不符合项，FDA将回复一一对应地列在下方。这些违规行为包括但不限于以下内容：

1．未能按照21 CFR 820.75（a）的要求，高度肯定地进行验证，该过程的结果无法通过后续检查和测试来充分验证。检查期间，观察到你公司的灭菌操作未经过充分确认，以保证产品的无菌性。例如:

- 在您先前的公司Blue Ocean Medical Products关闭之后，您将制造活动转移到了新公司LC Medical Concepts的所在地。制造设施不仅在不同的建筑物中，而且制造条件也不同。尽管合同灭菌商没有改变，但制造条件已经发生变化，可能会引起生物负载和颗粒负载的明显不同。你公司没有评估这些变化可能对灭菌过程产生的影响。
- 没有对灭菌过程进行定期剂量审核。然而需要对灭菌过程进行定期剂量审核，以确保经过验证的灭菌过程，仍足以保障其充分减少生物负载。

FDA已审查你公司的回复，认为其不够充分。你公司表示已经安排了剂量审核，且已将样品发送到了合同灭菌商处。您在回复中随附了一个表格，用于记录提交给合同灭菌商的样品；但是没有在表格上注明样品类型。你公司回复称，没有程序纳入任何灭菌验证和剂量审核的要求。并表示将对程序进行修订，以明确描述灭菌验证和剂量审核的要求。但是，你公司的回复并未涉及对上述设施变更的回顾性评估，以评估重新验证的必要性。此外，由于尚未针对新的生产设施验证其灭菌过程，因此已审核的剂量是在旧设施中确定的剂量。作为对本警告信的回复，你公司应提供有关产品和/或过程变更，对灭菌过程的适当性影响的书面评估报告的摘要，以及用于重新验证灭菌过程的任何计划，包括方案和验收标准。

2．未能按照21 CFR 820.80（c）的要求，建立和维护程序，以验收过程中的产品。例如:

- 你公司未能遵守自己建立的MP-0015程序“灭菌袋装测试过程详细信息”中规定的抽样计划，该计划要求（b）(4)。但是，2018年5月23日的密封测试记录显示，仅测试了灭菌袋中当天生产的（b）(4）灭菌袋总量，而不是所需的（b）(4)。此外，没有证据证明该抽样计划是基于统计学上有效性的依据。

FDA已审查你公司的回复，认为其不够充分。你公司表示已经选择进行了两个密封完整性测试，一个

是过程中测试，另一个是成品测试。你公司指出，染料渗透测试的抽样计划将测试（b）（4）。为响应此警告信，你公司应提供用于过程中和成品测试的书面程序和抽样计划，包括这些抽样计划背后的统计有效依据。如果抽样计划背后没有统计依据，则应基于有效的统计依据，建立并提供抽样计划的文件。

3．未能按照21 CFR 820.72（a）的要求，确保对用于制造、检验和/或测试的器械进行例行校准。

检查期间，FDA发现用于制造和/或测试你公司产品的器械没有按照校准时间表进行校准，也没有校准时间表。例如，用于测试包装密封强度的拉力测试仪、用于进料验收的卡尺和用于密封包装的连续封带机从未被校准过，你公司的“器械校准标准操作规程（文件编号7.3，版本/发行 1）”，未注明日期，确实包含每一件器械的校准时间表。

FDA已审查你公司的回复，认为其不够充分。你公司提供了需校准的器械清单、校准时间表和校准证书。然而，校准证书没有说明器械被校准的每个测量范围。针对本警告信，你公司应提供每件校准器械使用范围的书面证据，以及每件器械已针对该使用范围进行校准的文件证明。

4．未能按照21 CFR 820.100（a）的要求，验证或确认纠正和预防措施，以确保这些措施是有效的，且不会对已完成的器械产生不利影响。例如：

- 审查的三个CAPA中有两个不包括CAPA有效性的验证或确认。两个CAPA在启动当天关闭，没有进行有效性检查。这两个CAPA是（b）（4），日期为2018年5月25日，涉及从供应商收到的破损消毒铺巾；以及（b）（4），日期为2018年5月23日，涉及在套件组装过程中掉落在地板上的泡沫包装件。

FDA已审查你公司的回复，认为其不够充分。你公司回复中不包括验证或确认FDA 483中引用的两个CAPA的有效性。针对本警告信的回复，你公司应提供将如何验证和/或确认这两个引用的CAPA有效性的文件。此外，您在第28页上的回复中声明，将适当更新的工作说明，以纳入采购和供应商管理的工作责任。这似乎与本项目的主题无关。在您对本警告信的回复中，请释义该声明与CAPA主题的相关性。

你公司应立即采取措施纠正本信函所述的违规行为。如若未能及时纠正这些违规行为，可能导致FDA在没有进一步通知的情况下启动监管措施。监管措施包括但不限于没收、禁令和民事罚款。此外，联邦机构会得知关于器械的警告信，以便在签订合同时考虑上述信息。而且，在违规行为未得到纠正之前，将不予批准与质量体系监管违规行为合理相关的Ⅲ类器械上市前批准申请。在与主题器械有关的违规行为未得到纠正之前，不得向外国政府提出申请证明书。

请在收到本信函之日起15个工作日内将你公司为纠正上述违规行为所采取的具体步骤书面通知本办公室，并说明你公司计划如何防止此类违规行为或类似违规行为再次发生。包括你公司已经采取的纠正措施（必须解决系统问题）的文件材料。如果你公司计划采取的纠正措施将逐渐开展，请提供实施这些活动的时间表。如果无法在15个工作日内完成纠正，请说明延迟的原因以及完成这些活动的时间。你公司的回复应全面，并解决此警告信中所包括的所有违规行为。

最后，请注意本信函未完全包括你公司全部违规行为。你公司有责任遵守FDA所有的法律和法规。本信函和检查结束时签发的检查结果FDA 483表中记录的具体违规行为可能表明你公司制造和质量管理体系中存在严重问题。你公司应查明违规原因并及时采取纠正措施，确保产品合规。

第10封 给American Contract Systems的警告信

生产质量管理规范/质量体系法规/医疗器械/伪劣

CMS # 568066

2018年11月6日

尊敬的T先生:

美国食品药品管理局（FDA）于2018年9月18日至10月2日对Jackson’s Pointe Commerce Park, 4050 Jackson Pointe Court, Building 4000, Zelienople, PA的American Contract Systems（ACS）公司的医疗器械进行了检查。检查期间，FDA检查员确定你公司是一家医疗器械制造商和各种手术托盘/套件（供医院使用）的合同灭菌商。根据《联邦食品、药品和化妆品法案》（以下简称《法案》）第201（h）节［21 U.S.C.§ 321（h）］，凡是用于诊断疾病或其他症状，对疾病有治愈、缓解、治疗或预防作用，或是可以影响人体结构或功能的器械，均为医疗器械。故你公司涉及检查的产品为医疗器械。

该检查表明，根据《法案》第501（h）节［21 U.S.C.§ 351（h）］的规定，属于伪劣产品，因为其生产、包装、储存或安装中使用的方法或设施或控制措施不符合21 CFR 820质量体系法规的现行生产质量管理规范（cGMP）要求。

FDA于2018年10月17日收到了ACS质量保证经理Tina Bakke的回复，该回复对FDA 483表（2018年10月2日发给你公司的检查发现问题清单）做出了回复。针对每一条标注的不符合项，FDA将回复一一对应地列在下方。这些违规行为包括但不限于以下内容：

1．未能按照21 CFR 820.75（a）的要求，高度肯定地进行验证，该过程的结果无法通过后续检查和测试来充分验证。检查期间，FDA发现你公司的灭菌操作未得到充分验证，以证明所有部件材料、尺寸、溶液、类型等，均可以经受和承受（b）（4）灭菌过程。例如：

- 你公司无法证明以下产品按要求灭菌：由你公司2017年2月的验证报告中的产品系列代表，如骨蜡、（b）（4）自粘泡沫、带泡沫垫的防雾溶液、aquasonic凝胶、心脏起搏线和（b）（4）Custom Heart Cath Angio Kit（自定义心导管血管套件）。
- 你公司也无法证明最近的确认中包含某些包装配置。FDA观察到你公司制造了几个手术托盘，其中将指定的组件热密封到（b）（4）包装中。然后，将大约（b）（4）个托盘中的（b）（4）个放入一个尺寸（b）（4）的灭菌袋中，然后使用你公司独特的（b）（4）流程进行灭菌。这种特定的包装配置未在2017年2月的验证中体现。
- 另外，你公司最新的确认文档还没有充分评估实际使用条件。例如，你公司2017年2月的验证报告中指出，（b）（4）是灭菌过程的关键参数，且您已确定每个尺寸灭菌袋的最大值（b）（4）。但是，您尚未验证此过程的最低（b）（4）。

FDA已审查你公司的回复，认为其不够充分。你公司称，直到2019年3月31日，才会对器械组件进行独立审查。此时间表是不可接受的。针对此警告信，你公司应当提供计划，以确保当前正在灭菌的所有组件均具有证明数据，以满足其无菌要求。你公司还应该说明所采取的特定步骤，用以解决可能需要额外纠正的产品。

2．未能按照21 CFR 820.75（b）的要求，建立和维护程序，来监测和控制过程参数，以确保其符合要

求。例如：

- 你公司没有任何用于监测和控制关键过程参数的程序，例如：在常规灭菌操作过程中的灭菌袋真空等级；（b）（4）克数；塑料袋序号；塑料袋尺寸；密封瓦数；蒸发温度或（b）（4）PSI。
- 你公司未对每个灭菌过程的上述过程参数进行监测。检查期间，你公司代表指出，这些灭菌处理记录并未作为公司器械历史记录的一部分进行维护，且在未经审查和批准这些参数的情况下，进行了产品的发售和分销。

FDA已审查你公司的回复，认为其不够充分。你公司表示将在2019年3月31日之前评估不同的机制，并实施新的程序来审查这些关键参数。此时间范围是不可接受的。在回复此警告信时，你公司应当基于回顾性审查提供证据，证明你公司分销的所有批次产品均符合你公司规定的过程参数，以及计划如何监测这些参数。

3．未能按照21 CFR 820.70（a）的要求开发、执行、控制和监测生产过程，以确保器械符合其规格。例如：

- 你公司不会定期监测正在灭菌的产品（b）（4）。你公司最近的验证确认报告表明，产品（b）（4）是灭菌过程的关键参数。对10个器械历史记录（DHR）的进行审查，结果显示，有4个DHR记录的生产单位（b）（4），比要求的（b）（4）/每灭菌袋多，且有2个DHR记录不包括任何（b）（4）。
- 如上所述，你公司也不会监测过程参数，例如：在常规灭菌操作过程中的灭菌袋真空等级；（b）（4）克数；塑料袋序号；塑料袋尺寸；密封瓦数；蒸发温度或（b）（4）PSI。

FDA已审查你公司的回复，认为其不够充分。你公司表示，将在2019年3月31日之前修改并实施新程序。此时间范围是不可接受的。响应此警告信，FDA要求你公司制定时间表以明确何时实施修订程序，确保符合21 CFR 820.70（a）的要求。FDA还希望你公司能够相应地修改器械主记录（DMR），以确保它们纳入或引用21 CFR 820.181（a）所要求的所有器械规范、组件规范和生产工艺规范（包括灭菌袋尺寸）的位置。

4．未能按照21 CFR 820.70（b）的要求，建立并维护规范、方法和过程的变更程序。在实施之前，应当对这些变更进行验证或根据21 CFR 820.75的要求，进行适当的确认，并记录这些活动。变更应根据21 CFR 820.40批准。

- 在检查与批号87181和托盘#WXMI14F灭菌有关的记录时，FDA发现，你公司使用（b）（4）灭菌袋尺寸而不是规定的（b）（4）灭菌袋尺寸。你公司代表表示，灭菌袋的尺寸可以在生产过程中进行更改，且此更改不需要任何文档。FDA认为灭菌袋的尺寸是灭菌的关键参数，它将影响灭菌袋中可用的（b）（4）数量。

FDA已审查你公司的回复，认为其不够充分。你公司表示将在DMR中纳入包括灭菌袋的尺寸要求，以及变更灭菌袋尺寸的文档。在回复此警告信时，请说明你公司将如何确保将来进行的任何变更，均符合21 CFR 820.75的要求。

5．未能按照CFR 820.20（b）的要求，建立并保持适当的组织架构，以确保器械的设计和生产按照规范要求进行。例如：

- 你公司没有提供完整的组织结构，包括指派一名专职人员负责监督该地点的日常质量操作。

你公司应立即采取措施纠正本信函所述的违规行为。如若未能及时纠正这些违规行为，可能导致FDA在没有进一步通知的情况下启动监管措施。监管措施包括但不限于没收、禁令和民事罚款。此外，联邦机构会得知关于器械的警告信，以便在签订合同时考虑上述信息。而且，在违规行为未得到纠正之前，将不予批准与质量体系监管违规行为合理相关的Ⅲ类器械上市前批准申请。在与主题器械有关的违规行为未得到纠正之前，不得向外国政府提出申请证明书。

请在收到本信函之日起15个工作日内将你公司为纠正上述违规行为所采取的具体步骤书面通知本办公室，并说明你公司计划如何防止此类违规行为或类似违规行为再次发生。包括你公司已经采取的纠正措施（必须解决系统问题）的文件材料。如果你公司计划采取的纠正措施将逐渐开展，请提供实施这些活动的时

间表。如果无法在15个工作日内完成纠正，请说明延迟的原因以及完成这些活动的时间。你公司的回复应全面，并解决此警告信中所包括的所有违规行为。

最后，请注意本信函未完全包括你公司全部违规行为。你公司有责任遵守FDA所有的法律和法规。本信函和检查结束时签发的检查结果FDA 483表中记录的具体违规行为可能表明你公司制造和质量管理体系中存在严重问题。你公司应查明违规原因并及时采取纠正措施，确保产品合规。

第11封 给Becton Dickinson Medical Systems的警告信

生产质量管理规范/质量体系法规/医疗器械/伪劣

CMS # 563754

2018年9月14日

尊敬的F先生：

2018年5月16日至2018年8月1日，FDA检查员在对位于威斯康星州富兰克林第54大街南9630号（9630 S. 54th., Franklin, Wisconsin）的Becton Dickinson（BD）Medical Systems公司检查中认定，Becton Dickinson（BD）Medical Systems公司制造预充式肝素锁定冲洗注射器和预充式0.9%氯化钠锁定冲洗注射器。根据《联邦食品、药品和化妆品法案》（以下简称《法案》）第201（h）节［21 U.S.C.§ 321（h）］，凡是用于诊断疾病或其他症状，对疾病有治愈、缓解、治疗或预防作用，或是可以影响人体结构或功能的器械，均为医疗器械。故你公司涉及检查的产品为医疗器械。

本次检查表明，这些医疗器械的生产、包装、储存或安装中使用的方法、设施或控制不符合21 CFR 820质量体系法规（以下简称QSR/21 CFR 820）的现行生产质量管理规范（以下简称cGMP）要求，根据《法案》第501（h）节［21 U.S.C.§ 351（h）］的规定，属于伪劣产品。

FDA已于2018年8月21日收到你公司针对FDA检查员在2018年8月1日签发FDA 483表（检查发现问题清单）的回复。以下是FDA对于你公司与各违规事项相关回复的回应，包括：

1．未能按照21 CFR 820.70（c）的要求充分建立相应的规章程序来管控环境条件。

具体而言，作为（b）（4）和（b）（4）清洁和消毒溶液组成部分的市政自来水被用于10 000级洁净室和100级层流罩的表面，其中注射器用0.9%氯化钠/肝素溶液无菌填充。FDA取样发现市政自来水属于潜在的微生物污染源。你公司没有定期监测市政自来水的微生物负载来确保稀释液对清洁和环境卫生有效。在FDA于2018年6月4日从门卫室水龙头收集的水样INV 1042751（Sub cold 1~3）中发现了桥石短芽孢杆菌。此外，FDA于2018年6月4日通过环境样本INV 1042748（Sub 11）在洁净室A的层流罩H5044内表面（右后侧）还发现了千叶短芽孢杆菌，通过环境样本NV 1042747（Sub 5）在更衣室的扶手1（洁净工作台）上也发现了该物质。

FDA审查了你公司对FDA 483的回复，并确认你公司立即作出的纠正措施包括：①停止使用自来水和使用“即用”无菌消毒剂（b）（4）注射用无菌水稀释的溶液或浓缩液（WFI）；②暂时停止生产作业；③从门卫室内永久性地移走水龙头和水槽。FDA也确认你公司承诺通过基于以下方面的全面风险评估经BD Franklin确认并制定修订后的清洁计划：①对生产过程中常见微生物菌群的扩展评估；②对用于灭活的消毒剂/（b）（4）的评价，包括浓度有效性和旋转频率；③对何时何地使用清洁剂的程序的评估，以及重新评估这些活动的频率。你公司的回复看似充分；但你公司的一些行动仍在进行中，FDA的后续检查仍有必要用于验证合规性。

2．未能按照21 CFR 820.70（e）的要求，充分建立程序，防止可能对产品质量产生不利影响的物质污染设备或产品。

具体而言，你公司没有建立足够的程序来清洁或控制用于盐水/肝素注射器无菌填充的10000级洁净室和100级层流罩。例如：

A.（b）（4）在关键加工区和直接支持区使用的NPD清洗和消毒溶液用非无菌自来水制成，并按照清洗程序（FRAN-SOP002）保存在非无菌瓶子中（b）（4）。

B. 观察到10 000级洁净室的操作者触摸100级层流罩外的衣服和其他物体，并将佩戴手套的手放回100级层流罩内，而没有对佩戴手套的手的整个表面进行消毒，在进行盐水/肝素注射器的无菌填充时，不遵循程序洁净室行为和实践（RAN-SOP068）。此外，在洁净室中观察到多个操作者的快速移动，而FRAN-SOP068要求洁净室操作者缓慢而有意识地移动。

C. FDA于2018年6月4日在100级层流罩内表面采集的环境拭子样本中分离出以下细菌：

样本INV 1042748	洁净室A
Sub 7藤黄微球菌 表面，右 耳炎差异球菌	H5094水平
Sub 10环状芽孢杆菌 表面，左后	H5044垂直
Sub 11克劳芽孢杆菌 表面，右后 桥石短芽孢杆菌	H5044垂直

样本INV 1042749	洁净室B
Sub 2莱拉微球菌 表面，右后	H5088垂直
Sub 14人葡萄球菌 表面，左 人葡萄球菌人亚种	H5092水平
Sub 15 坚强芽孢杆菌 表面，右	H5092水平
Sub 18 坚强芽孢杆菌 表面，右后 纺锤形赖氨酸芽孢杆菌	H5112垂直
Sub 22克氏库克菌 表面，左 微杆菌属（液化莫拉菌、甜菜内生微杆菌、氧化微杆菌、沙氏微细菌、黄体微杆菌）	H5112水平
Sub 23克氏库克菌 表面，右 微杆菌属（液化莫拉菌、甜菜内生微杆菌、氧化微杆菌、沙氏微细菌、黄体微杆菌）	H5112水平
Sub 35玫瑰考克菌 表面，右	H5403水平
Sub 43玫瑰考克菌 表面，右侧	H5089垂直
Sub 45白色葡萄球菌 强芽孢杆菌	H5089扶手和挂钩
Sub 46白色葡萄球菌 表面，左 路邓葡萄球菌	H5089水平
Sub 47玫瑰考克菌 表面，右	H5089水平
Sub 55 坚强芽孢杆菌 表面，右后	H5089垂直

样本INV 1042750	洁净室C
Sub 4 酶生嗜热杆菌 表面，右 堆肥地芽孢杆菌	H5425垂直
Sub 24 坚强芽孢杆菌、infatus芽孢杆菌 表面，左	H5091水平

FDA审查了你公司对FDA 483的回复并确认你公司已立即采取了纠正措施：①停止使用自来水并使用"即用"无菌消毒剂（b）（4）注射用无菌水（WFI）稀释的溶液或浓缩液；②暂时停止生产操作；③停止使用用于存放清洁和消毒溶液的非无菌喷雾瓶。FDA也确认你公司承诺：①实施程序修订，包括仅使用无菌喷雾瓶盛放清洁和消毒溶液；②确认清洁过程；③修订程序并对员工进行适当的清洁行为和实践的再培训；④环境监测计划的评价。你公司的回复看似充分；但你公司的一些行动仍在进行中，FDA的后续检查仍有必要进行合规性验证。

3．未能充分建立并维护相应的程序，以识别建立、控制和验证21 CFR 820.250（a）要求的过程能力和产品特性可接受性所需的有效统计技术。具体而言，你公司没有充分建立无菌检测样本计划或环境监测的报警/行动水平。例如：

A．由（b）（4）个单元组成的一批具有代表性的无菌盐水填充注射器（ASP-05-10，批号700411B，01/04/2017）在（b）（4）个班次上无菌填充（b）（4）个不同层流罩。根据FRAN-SOP015进行无菌取样时，每批生理盐水/肝素注射器只需要（b）（4）个注射器进行无菌检测。尽管此处可以认定属于（b）（4）USP 71推荐的无菌检测量，但你公司尚未确定在（b）（4）个班次和层流罩的过程中从批次中取样的量是否构成建立、控制所需的有效统计技术，验证工艺能力和产品特性的可接受性。无菌检测样本为（b）（4）。因此，用于无菌检测的（b）（4）单元可能不代表所有层流罩和操作条件的制造能力。

B．环境监测计划（FRAN-SOP010）要求重新评价其适用范围的报警和行动水平（b）（4）。你公司人员没有充分执行或记录（b）（4）重新评价可行报警和行动水平的适当性。

FDA审查了你公司对FDA 483的回复，并确认你公司承诺：①修订FRAN-SOP015第29版"注射器取样以确定放行标准"，并增加批次取样，以要求从每批生产中使用的每台灌装机至少抽取（b）（4）个注射器；②修订FRAN-SOP033第04版"用于设置环境监测报警和行动限值的计算方法"，和程序FRAN-SOP010第40版，环境监测程序，包括计算、建立和更新可行报警和行动限值的统计方法。你公司的回复看似充分；但你公司的一些行动仍在进行中，FDA的后续检查仍有必要进行合规性验证。

4．未能充分确认流程，而流程的结果无法根据21 CFR 820.75（a）的要求通过基于既定程序的后续检查进行充分验证。例如：

A．用于无菌生理盐水/肝素填充注射器的（b）（4）无菌填充的（b）（4）100级层流罩单向气流未经确认。

B．你公司在生产无菌盐水/肝素注射器的10 000级洁净室和100级层流罩的（b）（4）清洁和消毒过程中制备和使用（b）（4）溶液的行为尚未得到确认。

C．在100级层流罩中，消毒和清洁溶液残留物的充分清除尚未得到确认。

FDA审查了你公司对FDA 483的回复，并确认你公司承诺：①对（b）（4）先前存在的（b）（4）100级层流罩和100级层流罩（b）（4）进行单向烟雾研究，通过执行静态和动态干预烟雾剖面图来确定单向气流的有效性；②制定并实施Franklin, WI工厂的标准操作规程，该程序将为100级层流罩或10 000级洁净室何时需要确认/重新确认提供明确指导，包括何时实施新的监管或行业标准；③审查所有Franklin, WI工厂制造现场设备，以根据现有的BD程序CPR-069，过程确认程序确认状态，并解决确定的差距；④对于观察4B和4C，根据观察#1描述纠正行动。你公司的回复看似充分；但你公司的一些行动仍在进行中，FDA的后续检查仍有必要进行合规性验证。

5．未能按照21 CFR 820.70（a）的要求监控生产过程以确保设备符合其技术规范。例如：

A．你公司对100级层流罩和10 000级洁净室（用于盐水/肝素注射器的无菌填充）的压差进行了监测（b）（4）。层流罩/洁净室没有集成报警系统，以提醒操作者HEPA过滤空气中的损失，也没有用于罩/洁净室的不间断电源系统。此外，你公司对洁净室工艺的失效模式和效应分析并未将压差损失列为污染风险，也未确定缓解措施。

B．你公司的环境监测计划（FRAN-SOP010）不要求对位于10 000级洁净区的10 000级门卫室和更衣室进行监测，以生产无菌盐水/肝素注射器。这两个洁净室在所有生产工作日都有使用。

C．你公司的环境监测计划（FRAN-SOP010）不要求按照ISO 13408的规定对注射器进行无菌灌装的所有洁净室操作者戴手套的手指进行日常监测，该计划要求对直接支持区和/或关键处理区的人员佩戴手套的指纹进行每日监测。

FDA审查了你公司对FDA 483的回复，并确认你公司承诺：①在100级层流罩和10 000级洁净室安装并确认连续监测设备，实施压差连续监测过程；②实施FRAN-SOP010第40版环境监测程序，包括10 000级门卫室和预更衣室的监测以及出口和紧急出口室；③修改并实施FRAN-SOP010，包括对所有洁净室操作者的取样，并且频率增加到（b）（4）来确保每个操作者佩戴的手套都取样（b）（4）。你公司的回复看似充分；但你公司的一些行动仍在进行中，FDA的后续检查仍有必要进行合规性验证。

请在收到本信函之日起15个工作日内将你公司为纠正上述违规行为所采取的具体步骤书面通知本办公室，并说明你公司计划如何防止此类违规行为或类似违规行为再次发生。包括你公司已经采取的纠正措施（必须解决系统问题）的文件材料。如果你公司计划采取的纠正措施将逐渐开展，请提供实施这些活动的时间表。如果无法在15个工作日内完成纠正，请说明延迟的原因以及完成这些活动的时间。你公司的回复应全面，并解决此警告信中所包括的所有违规行为。

最后，请注意本信函未完全包括你公司全部违规行为。你公司有责任遵守FDA所有的法律和法规。本信函和检查结束时签发的检查结果FDA 483表中记录的具体违规行为可能表明你公司制造和质量管理体系中存在严重问题。你公司应查明违规原因并及时采取纠正措施，确保产品合规。

第12封　给ITG-Medev Inc.的警告信

生产质量管理规范/质量体系法规/医疗器械/伪劣

CMS # 562975

2018年9月7日

尊敬的D先生：

2018年6月1日至6月6日，FDA检查员在对位于加州旧金山的你公司检查中认定，你公司制造Omiderm伤口护理产品。根据《联邦食品、药品和化妆品法案》（以下简称《法案》）第201（h）节［21 U.S.C.§ 321（h）］，凡是用于诊断疾病或其他症状，对疾病有治愈、缓解、治疗或预防作用，或是可以影响人体结构或功能的器械，均为医疗器械。故你公司涉及检查的产品为医疗器械。

本次检查表明，这些医疗器械的生产、包装、储存或安装中使用的方法、设施或控制不符合21 CFR 820的cGMP要求，根据《法案》第501（h）节［21 U.S.C.§ 351（h）］的规定，属于伪劣产品。

2018年6月11日，FDA收到你公司针对FDA 483表（检查发现问题清单）的回复。FDA针对回复，处理如下。这些违规事项包括但不限于以下内容：

1．对于结果无法通过后续的检验和测试充分验证的过程，你公司未能根据21 CFR 820.75（a）的要求，确保其按照已建立的程序进行确认。

2018年2月，你公司开始委托新的灭菌服务提供商对你公司产品无菌Omiderm伤口护理产品进行灭菌。你公司的新灭菌服务提供商采用的灭菌工艺是通过××达到××，而你公司之前的灭菌服务提供商采用的灭菌工艺是通过××达到同样的××。你公司告诉检查员该灭菌服务提供商无法开展确认研究，以高度可靠地确保该灭菌工艺持续符合你公司的规范。

FDA审查了你公司2018年6月11日的回复，收到你公司承诺请第三方实验室代表你公司灭菌服务提供商开展灭菌确认。你公司的回复中提到将提供确认结果，然而至今FDA并没有收到任何关于纠正措施的回复。另外，你们的回复没有说明如何确保第三方实验室能够在不同的工厂进行灭菌过程确认。例如，你们的回复没有说明该第三方实验室是实际开展对灭菌服务提供商的确认活动，还是仅仅评审测试结果。你们的回复也没有说明哪一方会确保设备正确安装和校准，哪一方会确定过程参数，例如××和时间，哪一方来确定需要重复多少批次或挑战以保证结果持续符合你们的规格。

2．未能按照21 CFR 820.80（e）的要求记录接收活动。

在最近的检查中，你们向检查员提供了“成品接收标准作业程序”（QA.SOP.004，版本 1，2003-4-15），此程序规定了Omiderm 无菌创伤护理产品的接收和放行。此程序所要求的活动包括评审器械主文档，成品样品的检验，以及评审质量控制数据。你公司同时也提供了“Omiderm 成品接收政策”（POL.006，版本2，2004-12-17）。此程序要求你们评审器械制造文档，包括灭菌记录以及“成品主放行表”。然而，你们并未实施这些程序，也没有保持成品接收或放行的记录。你们对检查员解释称，你们开展了成品的进货检验，但你们并未保持检验记录。

你们对检查员的解释是，这些程序是你公司自行生产时建立的，现在你们已经将产品生产外包，很多程序已经不再适用于现在的运营过程。按照21 CFR 820.80（d）的要求建立最终接收活动时，你们必须按照21 CFR 820.80（e）的要求记录这些活动。

FDA审查了你公司2018年6月11日的回复，收到你公司已创建的成品器械接收表单“Omiderm 产品接收批准卡”。但是这个新的文档没有包含21 CFR 820.40所要求的批准人签名和日期，且你们未提供相应的成品接收程序，因此FDA目前无法评价你公司纠正措施的合规性。

3．未能按照21 CFR 820.100（a）的要求建立实施纠正预防措施的程序。

具体来说，你公司的“纠正和预防措施政策”（POL.007，版本 4，2006年6月1日）声称你公司将记录纠正预防措施，以确保措施有效性以及对成品不造成负面影响，包括调查和实施纠正和预防措施。你公司未能实施该程序，因为你们没有记录应对不合格产品所采取的纠正预防活动。你们在审核时告诉检查员，过去收到了至少3票Omiderm 无菌伤口护理产品不符合规格，经过调查认定你们的灭菌服务提供商导致了这些不合格。因此你们与2018年2月更换了灭菌服务提供商。但是，你们未记录调查过程以及后续所采取的纠正预防措施。

FDA审查了你公司2018年6月11日的回复，收到你公司声明将建立一个新的纠正和预防措施程序。你们的回复还声称，你们一直遵守纠正和预防措施程序，只是没有形成书面记录。此回复并不充分。根据质量体系法规子部分J，纠正和预防措施，要求生产企业建立和保持实施纠正和预防措施的程序，包括调查不合格的根本原因，识别防止不合格产品再次产生所需的纠正和预防措施，以及实施必要的程序以纠正预防所识别出来的质量问题。根据21 CFR 820.100（b）要求，所有上述活动都必须记录。

4．未能按照21 CFR 820.90（a）的要求对不合格产品建立控制程序。

你们在审核时告诉检查员，过去收到了至少3票Omiderm 无菌伤口护理产品不符合规格。FDA检查员在现场观察到了有毛边的产品，以及比标签声称尺寸偏小的产品。你们提供了“Omiderm 产品不符合调查和处置标准作业程序”（QA.SOP.005，版本 2，生效日期2007年3月6日）。根据此程序，你公司应调查不合格产生的原因，评审调查结果以及记录所有的活动。你们告诉FDA检查员，你们开展了调查但未作记录。

5．未能按照21 CFR 820.50的要求，建立程序以确保所有采购或以其他方式获得的产品和服务符合规定的要求。

你公司的“Omiderm 采购控制政策”（POL.004，版本 2，2004年12月17日）称，“应评价供应商过往提供符合接受准则的物料和组件的表现。如果没有历史数据，则根据物料、组件或产品的技术知识进行评价。”然而，你公司并没有记录对包括合约制造商与灭菌服务商在内的供应商和外包商的评价结果。在检查期间，你们声称选择当前的合约制造商的理由是“是FDA所能找到的唯一能从事此合约制造的公司”。类似的，你们选择之前的灭菌服务商的理由是“我能找到的唯一符合要求的灭菌商”。检查期间你们未能提供供应商和承包商是否有能力满足规定要求的评价记录，你们也未建立合格供应商和承包商的记录，例如合格供应商一览表或质量协议等。

FDA审查了你公司2018年6月11日的回复，你公司建立了一份合格供应商清单，以及将建立相关程序。然而你们提供的合格供应商清单没有按照21 CFR 820.40的要求，包含文件的批准人签名、批准日期。另外，直至今日FDA依然没有收到你们的采购控制程序，因此FDA目前无法评估你公司纠正措施的合规性。

6．未能按照21 CFR 820.198（a）要求保持投诉资料。

你公司的程序“客户投诉/产品失效调查标准作业程序”（QA.SOP.006，版本 1，2003年4月16日）要求在“投诉调查报告”中记录所有的客户投诉，包含如投诉内容、日期、调查结果以及纠正措施等在内的数据。在最近的检查中，你们向检查员描述了两起客户投诉，但都没有记录。

a．你们描述收到一位医生的投诉，声称一位病人在使用Omiderm后遭受了感染。你们解释称，去现场观察得知该医生在使用Omiderm前没有对病人伤口进行清洗，因此导致感染。你们没有记录此投诉中的产品是什么批号，是否追查过产品的批记录以及调查的结果是什么。

b．你们描述的第二例客户投诉，声称Omiderm在使用时解体。你们向检查员解释，将同批次的Omiderm在自己身上使用时可以正常发挥功能。然而，你们未记录收到此投诉、产品的批号、是否追查过产品的批记录，以及调查的结果是什么。

FDA评审了你公司2018年6月11日的回复，认定你们的回复不充分。特别是在你们的回复中声称“自从2001年7月此设施投入使用以来，我从未收到过来自任何客户的任何投诉”。而如上所述，在最近的检查中，你向检查员描述了两起未能记录的投诉。在回复中，你们声称将建立投诉表单、程序和投诉文档。然而至今你们未能提供已经创建了这些文件的证据。

7. 未能按照21 CFR 820.22的要求建立并保持质量审核程序，以及开展质量审核以保证质量体系符合要求，并确定质量体系的有效性。

你公司的“质量手册目录”（QA.DOC.005，版本 2，2005年3月18日）第2.0节称将开展质量审核×××××。当2001年你收购了这家公司并开始生产和销售Omiderm以来至今，没有任何证据表明开展了质量审核。

FDA评审了你公司2018年6月11日的回复，认同你们联系第三方开展必要的审核。你们还声称将于8月完成。至今FDA没有收到任何纠正的额外证据，因此无法评价你们回复的充分性。

你公司应立即采取措施纠正本信函所述的违规行为。如若未能及时纠正这些违规行为，可能导致FDA在没有进一步通知的情况下启动监管措施。监管措施包括但不限于没收、禁令和民事罚款。此外，联邦机构会得知关于器械的警告信，以便在签订合同时考虑上述信息。此外，如果FDA确定您违反了质量体系法规，且这些违规行为与Ⅲ类器械的上市前批准申请有关联，则在纠正这些违规行为之前，将不会批准此类器械。同时，如果FDA确定你公司的器械不符合法案的要求，则不会批准出口证明（Certificates to Foreign Governments，CFG）的申请。更多有关被拒绝CFG的流程信息，见FDA网站。如你公司认为上述产品没有违反法案要求，请回复FDA说明原因并提供相关证明材料以供参考。

请在收到本信函之日起15个工作日内将你公司为纠正上述违规行为所采取的具体步骤书面通知本办公室，并说明你公司计划如何防止此类违规行为或类似违规行为再次发生。包括你公司已经采取的纠正措施（必须解决系统问题）的文件材料。如果你公司计划采取的纠正措施将逐渐开展，请提供实施这些活动的时间表。如果无法在15个工作日内完成纠正，请说明延迟的原因以及完成这些活动的时间。你公司的回复应全面，并解决此警告信中所包括的所有违规行为。

最后，请注意本信函未完全包括你公司全部违规行为。你公司有责任遵守FDA所有的法律和法规。本信函和检查结束时签发的检查结果FDA 483表中记录的具体违规行为可能表明你公司制造和质量管理体系中存在严重问题。你公司应查明违规原因并及时采取纠正措施，确保产品合规。

第13封　给Leventon S. A. U.的警告信

生产质量管理规范/质量体系法规/医疗器械/伪劣/标识不当

CMS # 560534

2018年9月5日

尊敬的C先生：

2018年3月19日至2018年3月22日，美国食品药品管理局（FDA）的一名检查员对位于Barcelona, Spain的你公司进行检查，确认你公司生产Dosi Flow弹性输液泵和Dosi Flow管理装置。根据《联邦食品、药品和化妆品法案》（以下简称《法案》）第201（h）节［21 U.S.C.§ 321（h）］，凡是用于诊断疾病或其他症状，对疾病有治愈、缓解、治疗或预防作用，或是可以影响人体结构或功能的器械，均为医疗器械。故你公司涉及检查的产品为医疗器械。

本次检查表明，这些医疗器械的生产、包装、储存或安装中使用的方法、设施或控制不符合21 CFR 820质量体系法规（以下简称21 CFR 820）的现行生产质量管理规范（以下简称cGMP）要求，根据《法案》第501（h）节［21 U.S.C.§ 351（h）］的规定，属于伪劣产品。

FDA收到了你公司针对2018年4月10日和2018年5月23日出具的FDA 483表（检查发现问题清单）的回复。FDA针对回复，处理如下。违规行为包括但不限于：

1．未能按照21 CFR 820.75（a）的要求充分确保当过程结果不能为其后的检验和试验充分验证时，过程应以高度的把握予以确认，并按已确定的程序批准。

例如，你公司未确认毛细管焊接过程。

你公司的回复（日期为2018年4月10日和2018年5月23日）是不充分的。你公司声明将对整个毛细管限流器生产工艺进行确认。然而，你公司表示该确认将在2018年12月12日之前完成，并且你公司未声明将不会在该过程确认之前生产产品。此外，你公司尚未确定无法通过后续检查和测试完全验证的所有过程，以及确定这些过程是否进行所要求的确认。

2．未能按照21 CFR 820.70（a）的要求，建立、实施、控制并监视生产过程，以确保器械符合其规范。

例如，你公司生产用于Dosi Fuser器械的××，以提供预期流速。然而没有关于如何使用××的程序。

你公司的回复（日期为2018年4月10日和2018年5月23日）是不充分的。你公司称将建立程序来说明如何使用××。但是，你公司未声明计划就新程序对相关员工进行培训。你公司没有提供新程序的副本或回顾性审查的证据，以确定先前产品的生产是否适当。

3．在实施设计变更前，未能按照21 CFR 820.30（i）的要求建立和保持对设计更改的识别、形成文件、确认或（适当时）验证、评审，以及在实施前批准的程序。

例如，变更文件××总结了为美国市场增加的××产品。设计确认记录××表明，该器械不符合目标交付时间为××小时的要求。结果比预期长××。你公司表示变更了管路长度以纠正输液时间，但是此调整的变更记录中未包含文件记录。

你公司的回复（日期为2018年4月10日和2018年5月23日）是不充分的。你公司审查了××报告，对用于证明“使用××输液泵生产××是可行的”标准进行了说明，并说明了××中包括具体的设计变更验证。你公司更新了“变更文件表”，以确定必须在计划期间执行的任务。最后，你公司更新了表××。但是，你公司没有解释为何接受将××输液泵更改为××，即使超出了预期的交付时间范围。你公司未提供证据证明将对××的设计变更进行回顾性审查。你公司未提供证据证明你公司考虑了系统性纠正措施，包括对所有设计控制程序的回顾性审查，以确保所有设计控制活动按要求完成。

4．未能建立和保持验收程序（如适用），以确保符合21 CFR 820.80（c）规定的关于过程中产品的要求。

例如，对20支毛细管进行了测试，以确定焊接压力是否合适，并用表格“HOJA FABRICACION PREVIA CAPILARES”报告。对于确定为OK或NOK的评估，未规定可接受标准。

你公司的回复（日期为2018年4月10日和2018年5月23日）是不充分的。你公司声明，你公司的员工已了解你公司的接受标准程序；但在任何指令中均未说明该程序。你公司表示，你公司将创建一个“PILOT/PREVIA”，作为具有接受标准的质量体系说明。但是，你公司没有提供你公司的程序或规定的接受标准的副本。此外，你公司没有提供证据证明考虑了系统性纠正措施，例如确定是否需要正式编写员工已知的其他程序。

FDA的检查还发现，根据《法案》第502（t）（2）节［21 U.S.C.§ 352（t）（2）］规定，你公司的Dosi Flow弹性输液泵和Dosi Flow管理装置贴错标签，因为你公司未能或拒绝提供《法案》第519节（21 U.S.C.§ 360i）和21 CFR 803要求的关于该器械的材料或信息-医疗器械报告。重大违规行为包括但不限于：

5．未能按照21 CFR 803.50（a）（2）的要求，在你公司收到或以其他方式获悉任何来源的信息后30个自然日内向FDA提交报告，这合理表明你公司销售的器械出现故障，且如果故障再次发生，你公司销售的该器械或类似器械可能导致死亡或严重损伤。

例如，MedWatch报告（编号5062546）中包含的信息描述了14名患者中有6名使用你公司的Dosi Fuser提前完成输液的事件。该报告指出，医院确认正确准备和使用Dosi Fuser，并指出存在对患者的潜在伤害，并且认为这种伤害非常显著。报告所载信息表明，器械出现了故障（即提前完成输液或过度输液），如果器械再次出现此类故障，可能会导致死亡或严重损伤。

你公司在检查前（截止日期：2018年3月22日）知悉上述MedWatch报告，并提交了一份故障MDR报告（编号9611707-2018-00012），其中涉及六个事件。FDA于2018年5月29日收到该MDR，但已超出规定的30天期限。此外，还应提交MedWatch报告中涉及的每个MDR可报告事件的MDR。因此，你公司还应提交共五份额外MDR。

目前尚无法确定你公司2018年4月10日和2018年5月28日的回复是否充分。你公司声明，你公司更新了标题为“警戒系统-美国”××的程序，纳入了对MAUDE报告的系统性审查。此外，你公司声明，你公司对MAUDE数据库中过去三年所有报告进行了回顾性审查（参考文件CAPA PCAPA-18-00011/ACO-18-009）。但是，你公司没有提供纠正和纠正措施的文件或证据，包括回顾性审查和更新的MDR程序。由于没有这些文件，FDA无法对其充分性进行评估。

鉴于违反《法案》行为的严重性，《法案》第801（a）节［21 U.S.C.§ 381（a）］规定，你公司生产的Dosi Flow弹性输液泵和Dosi Flow管理装置涉嫌掺假，禁止进入美国境内。因此，FDA正在采取措施，在这些违规行为得到纠正之前，拒绝这些“未经物理检查而扣留”的器械进入美国。为将这些器械从扣留清单中移除，你公司应按照如下所述对本警告信作出书面回复，并纠正本警告信中所述的违规行为。FDA将通知您有关你公司的回复是否充分，以及是否需要重新检查你公司的设施，以验证是否已采取适当的纠正措施。

同时，美国联邦机构可能会收到相关器械的警告信，以便他们在签订合同时，考虑以上信息。此外，对于与质量体系法规偏离合理相关的Ⅲ类器械的上市前批准申请，在违规行为得到纠正之前将不予批准。

请在收到本信函之日起15个工作日内将你公司为纠正上述违规行为所采取的具体步骤书面通知本办公室，并说明你公司计划如何防止此类违规行为或类似违规行为再次发生。包括你公司已经采取的纠正措施（必须解决系统问题）的文件材料。如果你公司计划采取的纠正措施将逐渐开展，请提供实施这些活动的时间表。如果无法在15个工作日内完成纠正，请说明延迟的原因以及完成这些活动的时间。你公司的回复应全面，并解决此警告信中所包括的所有违规行为。

最后，请注意本信函未完全包括你公司全部违规行为。你公司有责任遵守FDA所有的法律和法规。本信函和检查结束时签发的检查结果FDA 483表中记录的具体违规行为可能表明你公司制造和质量管理体系中存在严重问题。你公司应查明违规原因并及时采取纠正措施，确保产品合规。

第14封　给Zimmer Biomet, Inc.的警告信

生产质量管理规范/质量体系法规/医疗器械/伪劣

CMS # 558176

2018年8月24日

尊敬的H先生：

2018年4月9日至24日，美国食品药品管理局（FDA）对你公司位于56 East Bell Drive, Warsaw, IN的Zimmer, Biomet, Inc. 的医疗器械开展了检查。检查期间，FDA检查员已确认你公司是骨科植入物的生产制造商。根据《联邦食品、药品和化妆品法案》（以下简称《法案》）第201（h）节［21 U.S.C.§ 321（h）］，凡是用于诊断疾病或其他症状，对疾病有治愈、缓解、治疗或预防作用，或是可以影响人体结构或功能的器械，均为医疗器械。故你公司涉及检查的产品为医疗器械。

本次检查表明，这些医疗器械的生产、包装、储存或安装中使用的方法、设施或控制不符合21 CFR 820质量体系法规（以下简称21 CFR 820）的现行生产质量管理规范（以下简称cGMP）要求，根据《法案》第501（h）节［21 U.S.C.§ 351（h）］的规定，属于伪劣产品。

FDA确认，在2017年4月27日的监管会议上，Zimmer Biomet讨论了"（b）（4）"，一个旨在解决FDA 2016年检查发现事项的补救项目。FDA还知道你公司实施了许多临时控制措施，作为立即遏制和缓解措施，包括在补救活动进行期间加强对已确认过程的过程监控。但FDA最近的检查显示你公司仍有严重违反质量体系规定的行为。

2018年5月15日，FDA收到你公司针对2018年4月24日出具的FDA 483表（检查发现问题清单）的回复。FDA也收到你公司2018年7月31日的最新状态。FDA在下文就每一项记录的违规事项做出回复。这些违规事项包括但不限于以下内容：

1．未能按照21 CFR 820.100（a）（4）的要求建立并保持验证或确认纠正和预防措施的程序，以确保该措施有效且不会对成品器械造成不利影响。

在检查过程中，对三个单独的CAPA的审查表明，你公司未能证明你公司采取的纠正和预防措施在确保所分发的设备符合所有成品技术规范方面是有效的。

- CAPA CA-03092于2016年12月1日启用，以解决在前一次检查中发现的过程中和最终清洁操作的过程确认和过程控制程序不充分的问题。在检查过程中，FDA注意到你公司正在通过要求进行（b）（4）（即清洁度测试）来监控你公司临时清洁过程。你公司CAPA审查委员会负责监控这些数据来确保其符合你公司预先制定的技术规范。但在检查过程中，FDA观察到你公司自己的数据无法证明你公司清洁过程能够满足（b）（4）组设备的既定清洁技术规范。例如，（b）（4）的过程性能指标（Ppk's）分别为（b）（4）和（b）（4），时间分别为2018年1月28日至2018年3月30日和2017年12月16日至2018年3月20日，远远低于你公司在28.0.0.1（b）（4）中要求的（b）（4）技术规范。

FDA担心你公司在中期过程中没有发现错误时，没有能力验证本CAPA中所包含的纠正措施的有效性。

针对这封警告信，你公司应该说明为解决可能需要额外补救的产品而采取的具体步骤。你公司还应该说明后续计划如何监督你公司CAPA计划实施来确保你公司采取的所有纠正措施都是有效的。

2．未能按照21 CFR 820.75（a）的要求充分确保当过程结果不能为其后的检验和试验充分验证时，过程

应以高度的把握予以确认，并按已确定的程序批准。

- 你公司尚未确定（b）（4）中的（b）（4）对（b）（4）构成比（b）（4）或（b）（4）更大的挑战。具体而言，在你公司2018年4月18日的Zimmer Biomet“总结报告”中，第（b）（4）页第8.4.2.2.2节规定：
- （b）（4）

但尚不清楚单独建立（b）（4）是否具有等效过程杀灭力。（b）（4）可在调节和暴露阶段建立，但有效（b）（4）仅在暴露阶段发生。与（b）（4）相比,（b）（4）中的（b）（4）是否对过程杀灭力进行了充分评价，目前尚不清楚。这尤其值得关注，因为（b）（4）在结构上被描述为固体；通常是指（b）（4）。

FDA担心你公司是否有能力评价（b）（4）中的（b）（4）与（b）（4）相比是否具有过程杀灭力，因为不清楚是否有理由将这些（b）（4）排除在测试之外。

针对这封警告信，你公司应该说明你公司正在采取的针对目前正在销售的产品的具体措施，这些措施可能需要额外的补救措施。你公司还应该说明你公司计划如何监督灭菌确认计划的实施以确保你公司确信采取的所有纠正措施全部有效。

- 关于灭菌周期（b）（4），不清楚（b）（4）中的（b）（4）是否还可能妨碍（b）（4）中的（b）（4）。具体而言，在周期（b）（4）的协议中“加载配置”第2节规定：“（b）（4）。”这描绘了由（b）（4）组成的负载配置；全部由（b）（4）组成。这表示（b）（4）和（b）（4），质量为（b）（4）。（b）（4）中的产品可能会将此作为额外的（b）（4）挑战。

FDA对你公司进行微生物挑战性试验的能力感到担忧。不清楚（b）（4）内和（b）（4）间的哪个位置构成灭菌负载配置的最差情况挑战。

针对这封警告信，你公司应该说明你公司正在采取的针对目前正在销售的产品的具体措施，这些措施可能需要额外的补救措施。你公司还应该说明你公司计划如何监督灭菌确认计划的实施以确保你公司确信采取的所有纠正措施全部有效。

3．未能按照21 CFR 820.70（a）（2）的要求，建立、实施、控制并监视生产过程，以确保器械符合其规范，包括在生产中对过程参数以及部件和器械特性进行监视和控制。

检查期间，FDA观察到五种不同的操作，其中生产线上的员工没有充分遵守生产程序。例如：

- 2018年4月9日，观察到（b）（4）人工清洁区的一名员工正在用尼龙刷清洁（b）（4）。该人员表示，他们在清洁程序，WCLN017-清洁作业指导书-（b）（4）-步骤（b）（4）上。该员工已经（b）（4）并且正在用尼龙刷清除设备上的碎片。作业指导书指出，应使用（b）（4）和钢丝刷清除碎屑。在工作站没有发现钢丝刷。该员工说使用尼龙刷而非钢丝刷是因为钢丝刷会划伤抛光表面［抛光表面先前覆盖有（b）（4）］。
- 2018年4月17日，一名员工被观察到测量第（b）（4）部分的技术规范（b）（4），作为其线路清关活动的一部分。根据图纸（b）（4），技术规范（b）（4）的上限应为（b）（4）公差（b）（4）。员工测量了规格（b）（4），第一部分为（b）（4），第二部分为（b）（4），并表示该部分是“良好的”。直到操作员被直接询问规格是什么以及零件是否合格，这些测量才被确定为不合格。
- 2018年4月9日，（b）（4）包装区的一名员工被观察到包装完成（b）（4）。他们用（b）（4）“量规”测量金属包装区的托盘密封。你公司的包装要求- I00051.3规定，密封宽度托盘的最窄密封宽度“不小于（b）（4）”。你公司的员工表示在她的岗位上唯一的量规是（b）（4）“量规”。
- 2018年4月9日，观察无菌密封过程。一名员工正在使用（b）（4）密封剂进行密封操作。该员工无法演示如何根据你公司包装要求使用量规测量密封宽度-I00051.3。操作者错误地测量了泡罩包装密封件外部的区域。
- 2018年4月11日，FDA使用密封剂（b）（4）观察无菌包装操作。该封闭剂被确定为传统封闭剂，其过程确认被发现不充分。你公司一直依赖于适当的过程监控来证明继续使用这种密封剂是合理的。

（b）（4）封口机的热封参数表（HSPS）提供了总共（b）（4）个样本用于过程监控测试的说明和SOP 28.0.3无菌包装封口机监控步骤（b）（4），表明应提交样本，以证明在无菌包装设备使用期间获得了测试结果操作。但在检查过程中，质量技术员声明，他只对（b）（4）中的样本进行密封完整性测试，并只对（b）（4）中的样本进行密封强度测试。

上述示例在检查期间被讨论为未能建立足够的培训程序，因此你公司回复没有涉及上述违规事项。FDA清楚，通过（b）（4）。但这一时限是不够的。针对本警告信，你公司应提供详细说明，说明如何确保所有员工目前按照要求的程序和21 CFR 820.70执行常规制造操作。

4．未能按照21 CFR 820.30（g）的要求建立和保持器械的设计确认程序来确保完成适当的风险分析。例如：

- 在检查过程中，FDA审查了一份日期为2017年11月2日的过程失效模式效应和关键性分析（PFMECA）–PF0700，作为你公司肩关节植入物综合设计历史文档的一部分（产品：XL–115363）。该审查确认了设计审查期间确定的危害的潜在严重度等级分配不一致。例如，对于不同的潜在失效模式，“产品无菌性损害”的失效效应的严重度为“（b）（4）”（需要轻微的医疗干预）或“（b）（4）”（导致身体功能永久性损害或身体结构损害/需要手术干预）。在本PFMECA中，（b）（4）行项目的无菌失效效应被指定为“（b）（4）”级，而（b）（4）行项目的无菌失效效应被指定为“（b）（4）”级。对于所有失效模式下的产品无菌失效效应，使用“（b）（4）”的严重程度将导致（b）（4）条危害线超过（b）（4）的可接受水平，这将需要你公司进一步的缓解措施。

你公司回复不足以解决上述违规事项。你公司回复表明你公司意识到在Zimmer Biomet的失效模式严重度评分分配中存在历史上的不一致。FDA知道，你公司于2016年7月打开了CAPA 02719，以修正Zimmer的所有设计历史文档（DHF），作为你公司（b）（4）的一部分。FDA确认你公司于2018年2月7日打开了CAPA CA04257，以更新风险管理文档，并且此CAPA包括一项计划，以通过（b）（4）修正和修订（b）（4）项下的所有现有PFMECA。在之前的信函（2018年3月29日）中，你公司还指出，植入物和器械的所有设计历史文档都将进行评价，并按照当前设计控制标准进行修正，或由（b）（4）合理化和废弃。但到目前为止，还没有对设计历史文档进行过彻底的修正。（见CAPA 02179时间表）

FDA担心你公司最近在（b）（4）项下进行的设计审查继续显示不一致。正如FDA 483第1.C项中所讨论的,FDA还注意到，在进行设备性能审查时，作为设计审查的一部分，你公司并没有采取完全的“基于风险”的方法。针对本警告信，你公司应提供计划来确保（b）（4）目前正在执行的设计历史工作是一致的，并能够提供所需的保证，确保设计历史审查是符合要求的。

5．若有理由预期环境条件会对产品质量产生不利影响时，未能按照21 CFR 820.70（c）的要求，建立和保持程序，以充分控制这些条件。例如：

- 在检查过程中，FDA发现，自2017年3月17日以来，至少有40份不符合报告（NCR）已针对控制区域内的微生物环境行动限值偏离启动。其中22项NCR不包括对超出行动水平时偏离原因的调查。例如，2017年10月20日的NCR 12185873指出，微生物表面板超过了作用极限。NCR没有任何关于潜在原因的调查，包括进一步确认该微生物。你公司SOP 9.5.15——环境控制区域的环境监测，要求在超过行动水平时立即进行调查。
- 此外，在2018年4月9日，FDA观察了肩杯植入物［项目编号TI-115310，在（b）（4）末尾的ISO 8级罩下］的检查。FDA观察到，用于（b）（4）工艺运输工作指令单的机架和托架（邮筒）未经消毒，尽管机架和托架经常通过通道从不受控制的环境送回防护罩。SOP 9.5.17-环境控制区：洁净室和工作环境规范要求在将所有设备放入环境控制罩之前应对其进行消毒。公司人员表示，邮筒被无限期地重复使用，并进入了罩环境，但没有任何证据表明邮筒曾被消毒过。

你公司回复表明你公司已经更新了程序来确保对此情况得到了调查并有适当的记录。你公司还指出，你公司已停止使用邮筒，并打开了CAPA CA-04521，以解决这方面的员工做法。FDA需要在再次检查时验证这

些措施在确保环境条件得到适当控制方面是有效的

6. 未能按照21 CFR 820.100（a）（1）的要求建立和保持实施纠正及预防措施的程序，对过程、操作工序、让步接收、质量审核报告、质量记录、服务记录、投诉、返回产品和质量信息的其他来源进行分析，以识别不合格品或引发其他质量问题的已存在和潜在原因。例如：

- 在2018年1月和2月期间，你公司未按照作业指导书WI070002-NCR质量趋势的要求，将共因返工（CCR）数据作为质量数据源进行审查。此外，你公司其他程序（CP01602、SOP016001和SOP070001）未将CCR作为质量度量审查过程的一部分。
- FDA发现，至少有四份不合格报告（NCR）只分配了一个缺陷代码，这些报告被确定为在一个记录中记录了多个缺陷。例如，NCR12197758、NCR12226291、NCR12220917和NCR12177720。

目前无法评估你公司纠正行动。你公司回复表明，你公司将修订标准操作规程和工作说明来确保CCR数据得到审查。FDA还了解到，你公司正在更新（b）（4）系统，以提高使用多个缺陷代码对NCR进行趋势分析的能力。针对本警告信，请提供修改后的标准操作规程和作业指导书。

你公司应立即采取措施纠正本信函所述的违规行为。如若未能及时纠正这些违规行为，可能导致FDA在没有进一步通知的情况下启动监管措施。监管措施包括但不限于没收、禁令和民事罚款。此外，联邦机构会得知关于器械的警告信，以便在签订合同时考虑上述信息。此外，如果FDA确定您违反了质量体系法规，且这些违规行为与Ⅲ类器械的上市前批准申请有关联，则在纠正这些违规行为之前，将不会批准此类器械。同时，如果FDA确定你公司的器械不符合法案的要求，则不会批准出口证明（Certificates to Foreign Governments，CFG）的申请。更多有关被拒绝CFG的流程信息，见FDA网站。如你公司认为上述产品没有违反法案要求，请回复FDA说明原因并提供相关证明材料以供参考。

请在收到本信函之日起15个工作日内将你公司为纠正上述违规行为所采取的具体步骤书面通知本办公室，并说明你公司计划如何防止此类违规行为或类似违规行为再次发生。包括你公司已经采取的纠正措施（必须解决系统问题）的文件材料。如果你公司计划采取的纠正措施将逐渐开展，请提供实施这些活动的时间表。如果无法在15个工作日内完成纠正，请说明延迟的原因以及完成这些活动的时间。你公司的回复应全面，并解决此警告信中所包括的所有违规行为。

FDA提议召开一次监管会议来讨论最近的检查情况。在这次会议上，你公司应充分说明关于你公司提出的纠正措施的实施情况。关于具体时间安排，请与FDA办公室联系。

最后，请注意本信函未完全包括你公司全部违规行为。你公司有责任遵守FDA所有的法律和法规。本信函和检查结束时签发的检查结果FDA 483表中记录的具体违规行为可能表明你公司制造和质量管理体系中存在严重问题。你公司应查明违规原因并及时采取纠正措施，确保产品合规。

第15封 给Anigan，Inc. 的警告信

生产质量管理规范/质量体系法规/医疗器械/伪劣

CMS # 557163

2018年7月25日

尊敬的T女士：

2018年4月16日至19日，美国食品药品管理局（FDA）对你公司位于6550 Bennington Way, San Ramon, CA的医疗器械进行了检查。检查期间，FDA检查员已确认你公司为Ⅱ类Super Jennie和EvaCup可重复使用月经杯的生产制造商。根据《联邦食品、药品和化妆品法案》（以下简称《法案》）第201（h）节［21 U.S.C.§ 321（h）］，凡是用于诊断疾病或其他症状，对疾病有治愈、缓解、治疗或预防作用，或是可以影响人体结构或功能的器械，均为医疗器械。故你公司涉及检查的产品为医疗器械。

本次检查表明，这些医疗器械的生产、包装、储存或安装中使用的方法、设施或控制不符合21 CFR 820质量体系法规（以下简称21 CFR 820）的现行生产质量管理规范（以下简称cGMP）要求，根据《法案》第501（h）节［21 U.S.C.§ 351（h）］的规定，属于伪劣产品。

FDA已于2018年5月4日和6月2日收到你们针对FDA检查员在2018年4月19日出具的FDA 483表（检查发现问题清单）的回复。FDA针对回复，处理如下。为便于你公司参考，FDA将21 CFR 820.3（k）部分当中的“建立”定义为“制定、记录（书面或电子）和执行实施”。这些违规事项包括但不限于以下内容：

1．目前无法确定你公司的回复是否充分，因为未能按照21 CFR 820.30（a）的要求建立设计控制程序。

你公司提供了设计控制程序QMP-001（版本：新版设计计划记录，QMP-001-01），在FDA最近的检查中。本程序未注明任何生效日期或实施日期，也未注明任何已审查或批准的证据。你公司告诉FDA检查员，该部分于2018年4月6日生效，在此之前，你公司还没有为你公司2014年以来分发的月经杯建立设计控制。当FDA检查员要求设计计划时，你公司提供的一页文件是一份尺寸和其他技术规范的清单，而你公司程序要求设计计划描述每个活动所需的活动和责任，以及设计过程中每个阶段的审查和更新。所提供的设计控制程序还要求已建立的设计输入（记录、审查和批准）以及设计输出（包括验收标准的定义）能够满足关键输出。此外，还要求设计验证证明设计输出满足设计输入，设计验证提供客观证据。此处规定设计确认必须在运行条件下进行，并证明设备满足用户需求。在检查过程中，没有提供足够的证据证明你公司已满足法规或你公司自己的程序要求，对你公司自2014年开始销售的Super Jennie或EvaCup月经杯的初始设计、设计转让或任何后续设计变更进行设计控制。

你公司5月4日的回复称，你公司已聘请了一名顾问，并将在2018年6月30日前制定一份计划，以追溯完成设计控制，然后将在2018年9月30日前对Super Jennie和EvaCups月经杯实施该计划。迄今为止，你公司尚未提供任何纠正措施的客观证据，因此无法确定你公司的回复是否充分。你公司已经在没有设计控制的情况下销售这些设备大约四年了，仅在2017年就至少有（b）（4）个Super Jennie月经杯和（b）（4）个EvaCups月经杯。此外，由于未正确定义或记录设计控制，你公司尚未说明如何确保从现在到2018年9月30日之间分发的产品符合用户需求和适用范围。

FDA提供了一份名为“医疗器械制造商设计控制”的FDA指导文件，以帮助你公司采取纠正措施。FDA要求你公司审查本文件和21 CFR 820.30，并在你公司认为这些产品的设计控制完全符合你公司程序的要求时，提供一份你公司与这些产品的设计控制相关的纠正措施摘要。这些将作为下次检查的一部分进行审查。

2．未能按照21 CFR 820.30（g）的要求建立设计确认程序。

如上所述，设计控制程序QMP-001（修订版：全新的），第4.5.2节规定，必须在运行条件下进行设计确认，并证明设备满足用户需求。本程序不涉及设计中的风险分析。本程序也未注明任何生效日期或实施日期，或任何已审查或批准的证据，但你公司告知FDA检查员，本程序于2018年4月6日生效。

EvaCup月经杯

当被问及设计确认时，你公司提供了一份与EvaCup月经杯相关的文档，内容涉及“EvaCup月经杯设计背后的原因”，其中涉及了（b）（4）特征等因素。本文件有一些书面说明，但不包括任何试验结果或设计验证的其他证据。此处也没有定义使用的术语，如“（b）（4）”或月经杯如何选择将满足（b）（4）。

你公司提供了EvaCup月经杯的使用说明，说明可以使用长达12小时，并应在一壶沸水中清洁5~8分钟。在FDA的检查过程中，你公司还提供了网站www.anigan.com上的打印件，显示EvaCup月经杯也应在沸水中初步灭菌10~15分钟。检查后审查你公司网站发现，EvaCup月经杯应该在最初灭菌5~10分钟。当FDA检查员询问时，无法提供证据证明：进行设计确认来确保设备符合用户需求和适用范围；显示测试是在实际模拟使用条件下进行的；或进行风险分析。这些活动是必要的，以确认适用范围，如使用杯子长达12小时，清洗方法或时间范围建议在沸水中，以及处理超过10年使用寿命的月经杯材料的能力（如所列的EvaCup月经杯包装）。你公司网站www.anigan.com也提到EvaCup月经杯可以“持续12年”，但也没有提供文件证据来支持这一说法。

Super Jennie月经杯

你公司提供了Super Jennie月经杯的使用说明，说明可以连续使用长达12小时，并在“额外提示”部分建议将杯子浸泡在过氧化氢和水的混合物中。在FDA的检查过程中，你公司还提供了从你公司网站www.Super Jennie.com上打印的“如何使用”说明，你公司Super Jennie月经杯说明在首次使用前和每个月经周期结束时，应在一壶沸水中清洁10~15分钟。审查你公司网站后发现，目前清洁说明说要煮5~10分钟。当被问及设计确认时，没有为你公司Super Jennie月经杯提供任何文件，也没有证据表明：进行设计确认来确保设备符合用户需求和适用范围；显示测试是在实际模拟使用条件下进行的；或进行风险分析。这些活动是必要的，以确认适用范围，如使用杯子长达12小时，清洁方法或时间范围建议在沸水或过氧化氢溶液中，以及处理超过10年使用寿命的月经杯材料的能力（如你公司www.superjennie.com网站所列）。

你公司5月4日的回复称，你公司已删除了将月经杯浸泡在过氧化氢溶液中的参考，但没有提供任何证据证明此纠正措施，也没有提及可能保留在库存中以供潜在使用的标签数量。该回复还指出，你公司计划在2018年7月1日前启动“可接受的测试实验室”的生物测试和灭菌确认，但未提供额外的细节或证据；因此，无法评价该回复的充分性。

风险分析

此外，你公司还告诉FDA的检查员，你公司销售的两种型号的月经杯都没有进行风险分析。这些月经杯被标记为最多可使用12小时，并且在此期间对用户的潜在风险尚未记录在案或得到缓解（如有必要）。其他潜在风险考虑因素，如：用户无法取出该装置；放置不正确；与宫内节育器一起使用；婴儿出生后使用；在阴道内使用有色硅胶；硅胶的材料特性用于生物相容性和必要的“（b）（4）”或柔韧性；为便于在你公司网站（www.anigan.com）上插入而推荐的硅胶与润滑剂的相容性；为用户使用合适的尺寸；材料在沸水中的热稳定性；材料在过氧化物溶液中的稳定性（根据Super Jennie IFU）；或其他可能影响用户的潜在风险尚未考虑。FDA在第2节中纳入了FDA的指导文件，标题为“将人为因素和可用性工程应用于医疗器械”，为设计阶段的风险分析考虑提供了额外的指导。在考虑你公司纠正措施时，这可能很有用。

你公司5月4日回复称，你公司计划在2018年6月30日前制定风险分析程序，在2018年7月15日前制定风险分析计划，并在2018年7月30日前完成两款月经杯的风险分析报告。迄今为止，你公司尚未提供任何纠正措施的客观证据，因此无法确定你公司的回复是否充分。此外，由于没有进行设计确认，你公司还没有说明如何确保从现在到2018年7月30日之间分发的产品符合用户需求和预期用途。

你公司自2014年开始分销的Super Jennie或EvaCup月经杯的初始设计确认或任何潜在的后续设计变更，均未满足法规或你公司自身的程序要求。设计确认在FDA的医疗器械制造商设计控制指导文件的G节中进行了讨论，除了人为因素指导之外，FDA还附上了该指导文件，供你公司在进行纠正时参考。FDA要求你公司审查这些文件和21 CFR 820.30，当你公司提供本信函第1项下要求的设计控制文件摘要时，这也有助于FDA理解你公司对该项的纠正措施。设计控制和设计确认将作为下次检查的一部分进行审查。

3．未能按照21 CFR 820.198的要求建立正式指定单位接收、评审和评价投诉的程序。

在FDA的近期检查中，你公司提供了一个投诉和医疗器械报告和拆除程序,QMP-015，修订版：全新的。本程序未注明任何生效日期或实施日期，也未注明任何已审查或批准的证据，但你公司告知FDA检查员，本程序于2018年4月6日生效，而在此之前，你公司自2014年以来一直没有为你公司分销的月经杯建立投诉处理程序，尽管自那时以来，你公司每名总裁收到大约60份投诉。该程序要求记录投诉、可报告性评估、调查评价和记录细节（如有必要），并记录任何相应的CAPA记录识别号。

在FDA近期的检查中，除了一个示例之外，你公司没有任何投诉记录可以提供给FDA检查员。提供的示例不包括21 CFR 820.198中要求的信息，投诉记录中也没有记录投诉本身。相反，模板语言仍保留在应记录投诉问题的地方，投诉问题仅在投诉日志中记录。FDA注意到你公司2018年5月4日的回复中包含了此投诉的最新记录。

你公司5月4日回复还指出，你公司计划在2018年5月7日前重新审查投诉处理程序，并计划在2018年8月15日前准备摘要文件和评价2018年4月6日前收到的所有投诉。你公司6月2日的回复提到你公司已经雇用了一名质量系统顾问，但没有其他与此观察相关的更新包含在回复中。目前无法确定你公司的回复是否充分，因为迄今为止，你公司尚未提供任何客观的纠正措施证据。

你公司应审查21 CFR 820.198的要求，并确保你公司的程序符合这些实施监管要求。请你公司在第一次回复中说明计划纠正措施完成后通知FDA。投诉处理将作为下次检查的一部分进行审查。

4．未能按照21 CFR 820.80（d）的要求建立成品器械验收程序。

你公司的“验收活动”程序QMP-006（修订版：全新的）4.3.3.1节要求你公司确保“包装按照DMR中的包装规范进行。”然而，你公司提供给FDA检查员的每个器械主记录（DMR）和主文档列表（MDL）表明，你公司还没有建立起规范的包装和标签，如Super Jennie 1和Super Jennie 2零售盒规格，因此不能确保你完成设备满足指定的需求。此外，你公司向FDA的检查员声明，你公司在2014年开始分销的任何月经杯都没有成品器械验收记录，其中至少包括（b）（4）Super Jennie月经杯和（b）（4）EvaCup月经杯（仅在2017年）。

你公司5月4日的回复称，你公司正在修订程序，以减少标签混淆的可能性，并将在2018年7月30日前澄清验收活动和产品发布的流程和要求。你公司6月2日的回复没有提供关于此项目的任何具体更新。因此，FDA目前无法评价你公司的回复和计划的纠正措施是否充分，因为你公司迄今尚未提供纠正措施的客观证据，如与验收活动相关的修订程序或记录。

FDA要求你公司审查21 CFR 820.80，并在相应程序和技术规范（包括这些程序的实施）完全确立后通知FDA办公室。FDA还要求你公司在信函中说明你公司Super Jennie和EvaCup零售盒技术规范与Super Jennie和EvaCup在线盒技术规范之间的差异，这两种技术规范均列为你公司DMR中的包装和标签技术规范。

5．未能按照21 CFR 820.22的要求建立质量审核程序。

你公司提供了质量体系检查程序QMP-013（修订版：全新的），说明你公司将建立一个检查时间表以确保按一定的周期对质量体系进行检查（第4.1.1节），并在完成时保留检查记录（第4.3.1节和第5.0节）。你公司的检查日志为空，且未提供检查记录，以表明自2014年开始生产和分销月经杯以来，已进行过一次内部检查。当检查结果要求采取纠正措施时，本程序也不要求重新检查。此外，本程序未注明任何生效日期或实施日期，也未注明已审查或批准的其他证据，即使你公司向FDA检查员声明，本程序于2018年4月6日生效。

你公司5月4日的回复承诺你公司在2018年5月15日前选定一名外聘审计员，并且你公司将确保不迟于2018年5月22日对所有质量体系进行检查；但你公司6月2日的回复未提供任何关于该项目的具体更新。因此，

FDA目前无法评价你公司的回复和计划纠正措施是否充分，因为你公司迄今尚未提供客观证据证明已作出纠正措施。

FDA要求你公司审查21 CFR 820.22来确保你公司程序符合所有监管要求。请提供第一次检查完成的日期，并准备在下次检查时出示检查证据（但不是结果）。

6．未能按照21 CFR 820.20（c）的要求，负有行政职责的管理层审查质量体系的适宜性和有效性。

你公司提供了管理审查程序QMP-012（修订版：全新的）第4.1节，规定你公司将进行管理审查（b）（4）。本程序未注明任何生效日期或实施日期，也未注明任何已审查或批准的证据，但你公司告知FDA检查员，本程序已于2018年4月6日生效。在FDA检查期间，没有提供在此日期之前的相关程序。你公司正在分销医疗器械，但从2014年至2017年未进行管理审查，以满足21 CFR 820.20的要求。

你公司5月4日的回复称，你公司将在2018年6月15日前修订"质量计划"，要求至少进行（b）（4）项管理审查（b）（4）来确保质量体系的充分性和适宜性。你公司6月2日的回复未提供关于此项目的任何具体更新。因此，FDA目前无法评价你公司的回复和计划纠正措施是否充分，因为你公司迄今尚未提供客观证据证明已作出纠正措施。

FDA要求你公司审查21 CFR 820.20，并提供你公司纠正措施的摘要，包括（b）（4）审查时间表（确定的），以及完成第一次审查的证据。

7．未能按照21 CFR 820.40的要求充分建立和保持文件控制程序。

你公司提供了文件控制程序QMP-002（修订版：全新未实施）；在近期检查中提供的任何程序都不包括文件化的生效日期或程序经过审查和批准的证据。例如：

a．你公司没有生效日期的文件控制程序QMP-002，要求在需要新文件或修订现有文件时启动文件变更单（DCO）。根据本程序，DCO需要在实施前进行审查和批准。在检查期间提供的两个DCO之一，文件编号"QMS文档"，你公司解释为所有文件实施的初步批准，已于2018年4月11日审查和批准。但在整个检查过程中，你公司向FDA检查员声明，QMP-002等程序于2018年4月6日生效。

b．程序QMP-002第4.2.1.1节还要求DCO识别DCO中受影响的文件，并包括所做变更的说明。DCO"QMS文档"未识别受影响的文档。

c．程序QMP-002第4.1.2节和第4.1.3节还要求一份主文档列表（MDL），用于记录受控文件，包括文件编号、文件标题、当前版本和生效日期。检查期间提供的MDL没有列出任何生效日期。

d．程序QMP-002第4.1.1.1节要求对受控文件进行修订控制来确保仅使用当前版本。但月经杯的标签，包括使用说明书（IFU），没有文档控制编号。MDL上的所有其他文档只有"NEW（全新）"作为修订号。

你公司5月4日的回复称，你公司将纠正MDL，并开始发布标签控制编号，并使用DCO表纠正你公司实施质量管理的文件。在你公司回复中，你公司承诺在2018年6月30日之前做出这些纠正措施。你公司6月2日的回复没有提供关于此项目的任何具体更新。FDA目前无法评价你公司的回复和计划纠正措施是否充分，因为你公司迄今尚未提供客观证据证明已作出纠正措施。

FDA要求你公司审查21 CFR 820.40来确保你公司程序符合所有监管要求，并提供你公司MDL被纠正的证据，以及你公司有效实施文件控制程序的证据。

你公司应立即采取措施纠正本信函所述的违规行为。如若未能及时纠正这些违规行为，可能导致FDA在没有进一步通知的情况下启动监管措施。监管措施包括但不限于没收、禁令和民事罚款。此外，联邦机构会得知关于器械的警告信，以便在签订合同时考虑上述信息。如果FDA确定您违反了质量体系法规，且这些违规行为与Ⅲ类器械的上市前批准申请有关联，则在纠正这些违规行为之前，将不会批准此类器械。同时，如果FDA确定你公司的器械不符合法案的要求，则不会批准出口证明（Certificates to Foreign Governments，CFG）的申请。

此外，你公司2018年5月4日的回复还包括你公司采取纠正措施动的证明文件，以应对你公司对供应商和审计员的评价中发现的缺陷，如FDA 483（检查发现问题清单）中观察7所述。除了你公司采购控制程序

QMP-003（修订版：全新的，没有生效日期）。根据本程序，"关键"供应商应签署供应商质量协议，或代替协议，你公司程序表明可能需要定期对供应商进行检查。根据目前的程序，尚不清楚你公司是否要求你公司的任何关键供应商签订质量协议，或者你公司是否要求你公司对关键供应商进行定期检查。请于回复中澄清你公司的意图。

请在收到本信函之日起15个工作日内将你公司为纠正上述违规行为所采取的具体步骤书面通知本办公室，并说明你公司计划如何防止此类违规行为或类似违规行为再次发生。包括你公司已经采取的纠正措施（必须解决系统问题）的文件材料。如果你公司计划采取的纠正措施将逐渐开展，请提供实施这些活动的时间表。如果无法在15个工作日内完成纠正，请说明延迟的原因以及完成这些活动的时间。你公司的回复应全面，并解决此警告信中所包括的所有违规行为。

最后，请注意本信函未完全包括你公司全部违规行为。你公司有责任遵守FDA所有的法律和法规。本信函和检查结束时签发的检查结果FDA 483表中记录的具体违规行为可能表明你公司制造和质量管理体系中存在严重问题。你公司应查明违规原因并及时采取纠正措施，确保产品合规。

第16封　给Gaeltec Devices LTD的警告信

生产质量管理规范/质量体系法规/医疗器械/伪劣

CMS # 554344

2018年7月2日

尊敬的A先生：

美国食品药品管理局（FDA）于2017年12月4日至2017年12月7日，对位于Dunvegan, United Kingdom的你公司的医疗器械进行了检查。检查期间，FDA检查员已确认你公司为导管尖端压力传感器的生产制造商。根据《联邦食品、药品和化妆品法案》（以下简称《法案》）第201（h）节［21 U.S.C.§ 321（h）］，凡是用于诊断疾病或其他症状，对疾病有治愈、缓解、治疗或预防作用，或是可以影响人体结构或功能的器械，均为医疗器械。故你公司涉及检查的产品为医疗器械。

本次检查表明，这些医疗器械的生产、包装、储存或安装中使用的方法、设施或控制不符合21 CFR 820质量体系法规（以下简称21 CFR 820）的现行生产质量管理规范（以下简称cGMP）要求，根据《法案》第501（h）节［21 U.S.C.§ 351（h）］的规定，属于伪劣产品。

此类违规现象包括但不限于以下内容：

1．未能按照21 CFR 820.75（a）的要求，当过程结果不能为其后的检验和试验充分验证时，过程应以高度的把握予以确认，并按已确定的程序批准。

例如，你公司并未制订建立工艺过程确认规程。此外，2014年你公司新增“（b）（4）”作为压力传感器的新灭菌方法，但却未对该灭菌方法予以确认。

2．未能按照21 CFR 820.100（a）的要求建立和保持实施纠正和预防措施的程序。

尤其是你公司的规程“QMS纠正措施规程（b）（4）（日期2017年11月8日）和（b）（4）（2012年3月21日）”当中并未包含以下要求：

a．纠正措施的有效性验证。例如：对以下CAPA的评审发现你公司并未执行CAPA有效性验证。

i．因示波器缺少校准规程而于2017年7月20日启动CAPA编号154。在纠正措施当中，你公司制定了校准规程并将该规程添加到了你公司的质量体系当中。该CAPA于2017年7月20日关闭却没有验证该纠正措施的有效性。

ii．因Gaeltec导管生产所用的硅胶管被标记为“仅供体外使用”而于2016年12月8日启动CAPA编号149。在预防措施当中，你公司指出要定期检查材料和供应商是否持续符合质量标准。该CAPA于2016年12月8日关闭却没有验证该预防措施的有效性。

b．关于你公司启动的预防措施如何进行操作处理的说明。

3．未能按照21 CFR 820.198（a）的要求保持投诉文档并建立和保持由正式指定的部门接收、评审和评价投诉的程序。

尤其是你公司的规程“客户投诉（b）（4）（2011年7月29日第3期）”，以及“警戒规程（b）（4）（2014年12月12日第7期和2017年11月7日第8期）”当中并没有确保客户投诉能够得到充分的处理。例如：

a．关于超出你公司一年质保期的问题均未被记录成投诉事项，相反只通过你公司的退货系统予以处理，客户对此表示关切。例如：2017年5月3日因“Ch1 Red & Black和Ch2 Black上的钢丝标签套管和MC接头之间出现钢丝疲劳”而启动的退货编号（b）（4）并未添加到你公司的客户投诉系统当中。

b. 投诉编号（b）（4）（客户发现噪音）和（b）（4）（器械失灵）分别于2016年10月24日和2017年5月3日启动。你公司并未评价这些投诉，以根据医疗器械报告要求（21 CFR 803）来判定这些事件是否应当向FDA报告。

4. 未能按照21 CFR 820.70（g）的要求确保在制造过程中使用的所有设备满足规定要求，并正确设计、制造、放置和安装，便于维护、调整、清洁和使用。

例如：你公司未能确保传感器生产所使用的全部设备都依照“校准测试和测量设备（b）（4）”，1998年3月16日第2期当中的要求获得维护。例如：你公司在生产过程中所使用的超声清洁器并未包含于保持计划当中并且没有任何维护记录。

5. 未能按照21 CFR 820.184的要求确保对于每一批次或单件的器械历史记录的保持，以证实器械是按照器械主记录（DMR）和本部分要求制造的。

例如：你公司的规程“生产作业日常规程（b）（4）”，2016年12月12日第4期当中并没有确保全部要求的信息都能在其作业登记卡［等同于DHR］当中得到妥善的维护。3张接受审查的作业登记卡全部都没有包含一级识别标签和各生产单元所使用的标签。

FDA检查期间还发现，你公司所生产的导管尖端压力传感器存在法案第501（f）（1）（B）节［21 U.S.C.§ 351（f）（1）（B）］当中所指的伪劣产品，因为你公司并未按照法案第515（a）［21 U.S.C.§ 360e（a）］的规定取得上市前审批（PMA）申请的批准，也未能按照法案第520（g）条［21 U.S.C.§ 360j（g）］的规定取得研究器械豁免申请的批准。这些器械还存在法案第502（o）条［21 U.S.C.§ 352（o）］当中所指的虚假贴标现象，因为你公司没有就你公司希望将器械投入商业销售的意图明确告知FDA，即未能按照《法案》第510（k）节［21 U.S.C.§ 360（k）］和21 CFR 807.81（a）（3）（i）当中的要求就此类器械的改进向FDA提供任何通知或其他信息声明。尤其是你公司对导管尖端压力传感器（批准编号K801757）进行了改造，其变更内容如下：

- 增加使用Sterrad灭菌方法。
- 导管管腔尺寸和材料均有变更，从2.2mm直径硅胶管材料变更为7mm直径搭配6 Fr 2mm直径的聚四氟乙烯（PTFE）管。
- K801757当中批准1~4枚传感器沿整根导管分布；但你公司随后又按照客户要求在导管上再增加了4枚传感器，这部分并未包含于原已批准的510（k）申请当中。

这些变更需要提出新的510（k）申请，因为这些变更会显著影响到器械的安全性或有效性。例如：

- 你公司可重复使用器械的灭菌方法变更会给患者带来感染风险并增加患者交叉感染的风险。
- 管腔大小、材料和传感器数量的变更改进让器械变得明显不同于K801757当中原已批准的器械，因此可能会带来额外的安全性和有效性问题。

对于需要上市前批准的器械，当其PMA申请仍有待FDA审批时，提交第510（k）款当中要求的通知即可满足监管要求［21 CFR 807.81（b）］。为了取得器械的批准或许可，你公司需要提交的信息类型可查询以下网址中的描述说明http://www.fda.gov/MedicalDevices/DeviceRegulationandGuidance/HowtoMarketYourDevice/default.htm。FDA将评价你公司提交的信息并决定产品是否可以合法上市销售。

考虑到违规后果的严重性，现依照《法案》第801（a）节［21 U.S.C.§ 381（a）］的规定已拒绝你公司所生产的导管尖端压力传感器上市，因该类器械属于伪劣产品。因此，FDA现已采取措施，拒绝此类器械入境美国，即执行所谓的“无需实物检查即可扣留”措施直至此类违规行为得到纠正为止。如需解除当局对器械的扣留，你公司应按以下所述内容就本警告信提出书面回复并纠正本警告信中所述的违规现象。FDA将就你公司回复的充分性通知贵方，同时需要重新对你公司实施查验以检查确认适当的更正和/或纠正措施已经落实到位。

另外，美国联邦机构同样已获悉此次器械警告信的出具，因此有关部门在考虑签约事宜时也会将该信息一并考虑在内。此外，在违规现象得到整改更正之前，与质量体系规定偏差合理相关的Ⅲ类器械PMA申请也将不予批复。

请在收到本信函之日起15个工作日内将你公司为纠正上述违规行为所采取的具体步骤书面通知本办公室，并说明你公司计划如何防止此类违规行为或类似违规行为再次发生。包括你公司已经采取的纠正措施（必须解决系统问题）的文件材料。如果你公司计划采取的纠正措施将逐渐开展，请提供实施这些活动的时间表。如果无法在15个工作日内完成纠正，请说明延迟的原因以及完成这些活动的时间。你公司的回复应全面，并解决此警告信中所包括的所有违规行为。请提供非英文版文件资料的翻译件以便于FDA审查。

最后，请注意本信函未完全包括你公司全部违规行为。你公司有责任遵守FDA所有的法律和法规。本信函和检查结束时签发的检查结果FDA 483表中记录的具体违规行为可能表明你公司制造和质量管理体系中存在严重问题。你公司应查明违规原因并及时采取纠正措施，确保产品合规。

第17封　给Becton Dickinson & Company的警告信

医疗器械/伪劣/标识不当/缺少上市前批准（PMA）和/或510（k）

CMS # 535770

2018年1月11日

尊敬的G女士:

美国食品药品管理局（FDA）于2017年5月15日至2017年7月6日，对你公司位于Franlin Lakes, New Jersey的医疗器械进行了检查。检查期间，FDA检查员已确认你公司为BD Vacutainer采血管，包括BD Vacutainer塑料管配K2EDTA抗凝剂（“BD Vacutainer K2EDTA采血管”）的生产制造商。根据《联邦食品、药品和化妆品法案》(以下简称《法案》)第201（h）节［21 U.S.C.§ 321（h）］，凡是用于诊断疾病或其他症状，对疾病有治愈、缓解、治疗或预防作用，或是可以影响人体结构或功能的器械，均为医疗器械。故你公司涉及检查的产品为医疗器械。

检查发现你公司的BD Vacutainer K2EDTA 采血管批注为k953463、k971449和k981013，根据《法案》第501（f）(1)(B）节［21 U.S.C.§ 351（f）(1)(B）］的规定属于伪劣产品，因为你公司未能按照《法案》第515（a）节［21 U.S.C.§ 360e（a）］的规定就应用批准获得有效的上市前批准（PMA)，或者依照第520（g）节［21 U.S.C.§ 360j（g）］的规定就应用批准获得研究器械豁免。BD Vacutainer K2EDTA采血管按照《法案》第502（o）节［21 U.S.C.§ 352（o）］属于伪劣产品，因为你公司没有就器械的商业销售意图通知FDA，有关器械改造的通知或其他信息没有按照《法案》第510（k）节［21 U.S.C.§ 360（k）］和21 CFR§ 807.81（a)(3）的规定提供给FDA。例如：

你公司对用于BD Vacutainer K2EDTA管的橡胶塞的配方进行了重大变更，这些变更可能会严重影响器械的安全性或有效性。例如，你公司在2013年变更了这些器械的橡皮塞（b)(4）中的（b)(4）和总（b)(4)。这些对橡皮塞成分的改变可能会对在采血管中采集的血液进行实验室测试造成新的干扰，并且由于改进后的橡皮塞的化学物质通过放气或直接接触患者样本来改变血液样本而产生偏差。橡胶塞配方的变更可能会严重影响器械的安全性或有效性，并要求提交新的上市前通知［510（k）]。你公司为评价变更而进行的（b)(4）测试不足以评估修改后的器械的临床性能，包括对塞棒材料的修改是否会干扰临床实验室测试。例如，(b)(4）试验没有分析某些潜在的干扰化合物。你公司将改进的BD Vacutainer K2EDTA管引入商业销售之前没有通知FDA这一重大变更，并且FDA至今还没有收到这些改良器械的新510（k)。

FDA还注意到，在检查过程中收集到的证据表明，上述BD Vacutainer K2EDTA管橡胶塞配方的变更影响了BD的其他产品。你公司应评估是否需要就这些产品提交新的510（k）报告，并在必要时向FDA提交额外的报告。

对于需要上市前批准的器械，当PMA在代理机构面前悬而未决时，视为满足510（k）要求的通知。你公司需要提交的信息类型，以获得批准或许可的器械是在互联网上的网址url进行描述。FDA将评估你公司提交的信息，并决定该产品是否可以合法销售。

检查还发现你公司的BD Vacutainer K2EDTA管根据《法案》第501（h）节［21 U.S.C.§ 351（h）］属于伪劣产品，因为用于器械制造、包装、储存或安装的方法、场所或控制手段不符合质量体系法规（21 CFR 820）对于生产质量管理规范（生产质量管理规范）的要求。

FDA收到了你公司全球总裁Richard Byrd和全球质量管理副总裁Elizabeth Gaipa于2017年7月27日针对FDA检查员就BD Life Sciences和Preanalytical Systems发给你公司的FDA 483（检查发现问题清单）所作的回复。FDA在下文就每一项记录的违规事项做出回复。FDA收到了你公司2017年9月15日、2017年11月14日和2018年1月5日的其他回复，FDA将评估这些回复以及针对此信函所述违规事项提供的任何其他书面材料。这些违规事项包括但不限于以下内容：

1．设计确认未能确保器械符合规定的使用者需要和预期用途，也未能包括根据21 CFR 820.30（g）在实际或模拟使用条件下对生产装置进行的测试。例如：

a．你公司在未进行临床试验的情况下，使用（b）(4）试验作为对BD Vacutainer K2EDTA采血管设计变更的确认活动的一部分；但你公司尚未证明（b）(4）试验可准确可靠预测此类变更对BD Vacutainer K2EDTA采血管临床性能的影响。对用于BD Vacutainer K2EDTA采血管的管道或橡皮塞进行（b）(4）试验，以批准/支持设计变更而不进行临床试验的设计变更示例包括但不限于以下项目：（b）(4)。

b．(b）(4）测试被用来支持你公司的声明，即从（b）(4）开始发生的产品设计变更，包括上述在实例1.a中确定的变更，不会影响BD Vacutainer K2EDTA采血管的性能。但你公司作为这些变更确认活动的一部分进行的（b）(4）研究没有利用/收集采血管中的患者血液，你公司也没有进行包括对采血管中采集的血液样本进行任何临床测量的测试。

c．与（b）(4）相关的最终过程确认报告，日期为（b）(4)，涉及（b）(4）多种橡胶塞化合物的变更。确认报告确定了几个橡胶塞（b）(4）/批次未通过（b）(4）测试，因为数据超出了你公司预先确定的控制限值。你公司确认报告指出，将在橡胶（b）(4）批次的固定架上附加临时质量报警，并提醒（b）(4）操作者在（b）(4）阶段可能需要对胶塞进行过程变更。但你公司的过程确认最终报告编号（b）(4）并未记录随着时间的推移，失效可能如何影响橡胶塞的整体性能和验收标准。本过程确认报告包含在（b）(4）中，该报告是为了（b）(4）橡胶塞配方而进行的设计变更的一部分。

FDA审查了你公司的回复，认为回复不充分。你公司2017年7月27日的回复称，（b）(4）测试足以支持器械变更的批准，（b）(4）测试旨在证明采血管的任何变更预计不会影响管道的适用范围。但如果没有临床试验证明这些设计变更不影响采血管的性能，或者没有证据表明（b）(4）试验可准确可靠地预测临床性能，你公司就没有进行充分的设计确认。你公司回复还指出，在你公司对其（b）(4）试验方法进行确认研究后，你公司计划通过评估用于将这些变更与当前确认方法进行比较的试验方法，来确认（b）(4）试验中对采血管所做变更的结果是适当的。你公司回复进一步指出，你公司将制定新的程序来审查（b）(4）数据，并解释与临床表现有关的数据。此外，你公司回复指出，橡胶塞生产确认研究中的所有批次均符合规范限值，但将加强过程确认和设计程序，以便更清楚地定义控制限值和规范限值的使用。你公司还制定了新的程序来记录（b）(4）所需的行动。但你公司的回复并未提供其所有计划纠正和/或纠正措施的证明文件，如106252项和106257项的已完成CAPA调查结果，包括支持数据和所有修订程序。

2．未能充分记录21 CFR 820.30（c）要求的设计输入要求。

例如，你公司未定义并记录与（b）(4）变更相关的清晰、适当的设计输入要求。具体来说，（b）(4）的设计输入要求和可追溯性（DIR）矩阵Rev 02，包括“（b）(4)”的设计输入要求。本设计输入要求的“（b）(4)”验收标准列示为“（b）(4)”。此外，DIR矩阵（b）(4）的Rev 02，包括设计输入要求“（b）(4)”。本设计输入要求的“（b）(4)”验收标准列示为“（b）(4)”。然而，BD临床事务/CPD并没有在2013年11月20日的DIR矩阵Rev 02或在该DIR矩阵中引用的2013年8月23日的临床备忘录中为这两个设计输入要求定义（b）(4）验收标准。

FDA审查了你公司2017年7月27日的回复，认为目前无法确定是否充分。你公司回复确认，可以进一步澄清设计输入，以便更好地定义可测量的标准，BD-PAS已经制定了补救计划，以审查和确保与现有产品的设计变更相关的活动项目具有清晰、可测量和明确的设计输入。你公司回复还指出，将对可能产生功能影响的活动项目的设计输入需求进行审查，以确保需求得到适当定义和验证，并将VO8-832《设计输入需求管理和可追溯性》修订为要求（b）（4）。请提供你公司已完成的106269项CAPA调查的结果，包括支持性证据，因为数据是可用的。没有这些文件，FDA就无法对其充分性进行评估。

3．未能按照21 CFR 820.198（a）的规定，建立和保持由正式指定的部门接收、评审和评价投诉的程序。例如：

a．2015年5月，Becton Dickinson收到来自Magellan Diagnostics Inc.（"Magellan"）的投诉，称在使用BD Vacutainer K2EDTA管收集的血液时，Magellan的设备检测结果出现了负偏置。你公司未将此信息输入其投诉系统，未对投诉进行评估以确定其是否代表MDR可报告事件，也未对投诉展开调查。

b．标准操作规程，全球投诉管理，1501-092-000-SWI，版本03，未能将（b）（4）查询呼叫日志识别为投诉审查的数据源。此外，（b）（4）技术服务部门对该日志的检查未能评估和识别产品投诉条目，也未能评估其潜在的MDR可报告性。登录（b）（4）但未被视为投诉的条目包括但不限于以下查询：儿科血液样本在采血管中凝结；实验室报告K+结果大于10；离心时瓶盖脱落。

c．文件号CTS-003，版本02，BD技术服务呼叫日志（b）（4），作为BD技术服务部接收的呼叫、传真和电子邮件的初始接收工作说明，其中可以包括投诉信息。但该文件未能就如何将调查确定和评价为投诉提供指导。

d．在检查过程中，你公司负责质量管理的全球副总裁解释说，你公司没有使用（b）（4）的书面程序。此软件自2014年12月起由你公司销售代表使用，用于记录和报告投诉和产品事故报告。（b）（4）软件还用于收集潜在器械投诉、失效和MDR可报告事件的信息。

FDA审查了你公司2017年7月27日的回复，认为目前无法确定是否充分。FDA确认你公司已提交了一份更新的标准操作规程，以确定（b）（4）通话记录作为投诉审查的数据来源，并提交了一份修订的工作说明，用于评价和处理投诉信息。你公司回复还指出，BD PAS对2013年1月1日至2017年5月22日期间收到的BD PAS技术服务呼叫日志条目进行了回顾性审查，内容涉及BD Vacutainer EDTA系列产品和所有BD Microtainer采血管，此次审查确定了430个条目，这些条目现已作为投诉输入你公司BD PAS投诉数据库中，（b）（4），以前未作为投诉进行评估或输入。FDA也确认，你公司回复指出，自2015年1月1日起，你公司将对所有其他BDPAS产品系列的PAS技术服务呼叫日志条目进行额外的回顾性审查，以确定进入（b）（4）的其他投诉。你公司回复进一步指出，一旦新发现的投诉被调查，BDPAS将利用完整的数据集重新进行趋势分析。此外，你公司回复确认，你公司没有将Magellan的通信视为投诉信息，该通信描述了在使用BD真空采血管时采用其铅检测器械获得的不准确结果，但你公司已于2017年7月12日将投诉信息输入（b）（4）。但你公司没有提供证明文件，说明发现的其他投诉或相关趋势结果、所有修订程序的副本或已完成的CAPA调查的文件。

4．未能按照21 CFR 820.70（i）的要求，当计算机或自动信息处理系统用作生产或质量体系的一部分时，按已建立的规程确认计算机软件符合其预期的使用要求。

例如，在检查期间，你公司负责质量管理的全球副总裁解释说，你公司没有书面程序来确认（b）（4）的使用，该程序自2014年12月以来一直由你公司的销售代表用于记录和报告投诉和产品事故报告（PIR）。

FDA审查了你公司2017年7月27日的回复，认为目前无法确定回复是否充分。回复指出，你公司已确定（b）（4）的PIR申请应得到确认。你公司的回复进一步声明，你公司将对（b）（4）中的PIR部分进行确认。但回复中没有包括确认（b）（4）投诉处理软件的文件。

5．未能按照21 CFR 820.198（c）的要求，充分评审、评价和调查涉及器械可能达不到其规范要求的投诉。

例如，2013年7月2日收到的投诉#000029473A与墨盒错误有关，该错误延迟了结果，并在使用带i-STAT便携式临床分析仪的BD Vacutainer采血管（#366664，批号3032032）检测血液中肌钙蛋白水平时发生，用于心肌梗死（心脏病发作）的诊断和治疗。投诉者还报告说，在添加血液后打开BD真空采血管时，有一股硫黄味。投诉文件#000029473A没有记录作为你公司调查的一部分进行的测试中是否使用了i-STAT分析仪，也没有记录你公司对所报告的硫黄气味的任何调查。

FDA审查了你公司2017年7月27日的回复，认为目前无法确定回复是否充分。你公司回复指出，由于无法复制该问题，因此未确定任何根本原因。FDA确认，你公司回复表明你公司已经更新了#00029473A的投诉文件，并且你公司已经修订了VO8-886指定投诉处理单元程序，以更明确地定义投诉调查的所有支持文件都包含在投诉记录中，以及用于相关测试的仪器将投诉调查确定为投诉文件的一部分。你公司的回复还表明，你公司将进一步修订本程序，以包括针对某些投诉涉及医疗事务的上报模式。请提供支持所有这些纠正措施和/或纠正行动的文件，包括最新的投诉文件和你公司已完成的106292项CAPA调查的结果，其中应包括支持证据，因为数据是可用的。没有这些信息，FDA无法确定你公司回复是否充分。

FDA经检查还发现，根据《法案》第502（t）（2）节［21 U.S.C.§ 352（t）（2）］，你公司的一氧化碳监测仪属于“伪标”产品，因为你公司未能或拒绝提供《法案》第519节（21 U.S.C.§ 360i）和21 CFR 803-医疗器械报告（MDR）所要求的与器械相关的材料或信息。重大违规事项包括但不限于：

1．未能按照21 CFR 803.50（a）（2）的要求在收到或知道信息的30个自然日内向FDA提交报告，信息表明你公司销售的器械发生失效，且如果失效再次发生，你公司销售的器械或类似器械可能导致或促成死亡或严重伤害。

例如：

投诉PR ID73958、PR ID78514和PR ID71551中包含的信息描述了你公司器械的失效，包括胶塞从采血管中拔出和血液泄漏或溢出。对应以上各项参考投诉的MDR（分别为MDR 1917413-2017-00018、MDR 1917413-2017-00019和MDR 1917413-2017-00013）均已在规定的30个自然日时间范围之外被FDA收到。

目前无法确定你公司2017年7月27日的回复是否充分。FDA确认你公司提交了上述投诉的MDR，你公司声明将根据修订后的MDR程序对其投诉进行两年的回顾性审查。虽然你公司对每一个相应的投诉都提交了MDR，但你公司的回复并未包括其回顾性审查的结果。

2．未能根据21 CFR 803.17充分制定、维护和实施书面MDR程序。以下文件是在FDA检查期间收集的，并作为你公司的MDR程序进行了集体审查：

- 标题为“美国电子医疗器械报告（eMDR）/不良药物经验报告（ADE）/不良事件报告（AER）程序”的文件，CPR-051，版本04，生效日期：2017年4月28日，截止日期：2018年12月31日。
- 标题为“医疗器械和不良事件DT”的文件，CPR-119，修订版本01，生效日期：2017年4月28日，截止日期：2018年12月31日。
- 标题为“医疗器械报告（MDR）审查和报告（b）（4）”的文件，NASSC-AEG-001，修订版本04，生效日期：2017年4月28日，截止日期：2017年5月15日。
- 标题为“医疗器械报告（MDR）”的文件；制定FDAMDR报告决策关键考虑因素的BD指南和解释，文件编号：07-05，版本07。

在审查你公司的MDR程序后，注意到以下缺陷：

1）该程序没有建立内部系统，以便按照21 CFR 803.17（a）（1）的要求，及时有效地识别、沟通和评价可能受MDR要求约束的事件。例如：

a．根据你公司NASSC-AEG-001号文件第4.1.2节，修订级别04，规定“（b）（4）”。本文件对“不良事件”的定义如下：“（b）（4）。”可报告的事件不限于“在患者中”使用设备时发生的事件。例如，无论该设备是否用于患者，如果该设备的故障“可能导致或导致死亡或严重伤害，如果该故障再次发生”，则该设备的故障可能需要报告。遵循你公司的程序可能会导致未能收集公司合理知晓的所有信息，以及未能识别可报告事件。

2）该程序未建立内部系统，规定标准化审查程序，以确定事件何时符合21 CFR 803.17（a）（2）要求的本部分报告标准。例如：

a．公司文件CPR-119，01级修订版的附件A（即决策树）包括以下问题“（b）（4）”。你公司的程序没有以符合21 CFR 803的方式定义“合格人员”，并且你公司程序中的此声明可能导致审查者对于此活动作出不正确的可报告性决定。根据21 CFR 803.20（c）（2），制造商不必提交MDR的情况为，如果其拥有的信息导致有资格做出医疗判断的人员得出合理地结论，器械没有导致或促成MDR可报告事件；有资格做出医疗判断的人员包括医师、护士、风险经理和生物医学工程师。

目前无法确定你公司2017年7月27日回复的充分性。FDA确认你公司在2017年7月27日的回复中包含一份文件，标题为医疗器械和不良事件DT, CPR-119，修订版本02，其删除了上述示例2）a中引用的声明。FDA进一步确认，你公司2017年7月27日的回复称，你公司将对投诉进行追溯审查，并对其MDR程序进行额外修订。但你公司的回复并未包括所有完整的文件，以支持这些纠正和纠正措施。

你公司应立即采取措施纠正本信函所述的违规行为。如若未能及时纠正这些违规行为，可能导致FDA在没有进一步通知的情况下启动监管措施。监管措施包括但不限于没收、禁令和民事罚款。此外，联邦机构会得知关于器械的警告信，以便在签订合同时考虑上述信息。此外，如果FDA确定您违反了质量体系法规，且这些违规行为与Ⅲ类器械的上市前批准申请有关联，则在纠正这些违规行为之前，将不会批准此类器械。同时，如果FDA确定你公司的器械不符合法案的要求，则不会批准出口证明（Certificates to Foreign Governments，CFG）的申请。

请在收到本信函之日起15个工作日内将你公司为纠正上述违规行为所采取的具体步骤书面通知本办公室，并说明你公司计划如何防止此类违规行为或类似违规行为再次发生。包括你公司已经采取的纠正措施（必须解决系统问题）的文件材料。如果你公司计划采取的纠正措施将逐渐开展，请提供实施这些活动的时间表。如果无法在15个工作日内完成纠正，请说明延迟的原因以及完成这些活动的时间。你公司的回复应全面，并解决此警告信中所包括的所有违规行为。

最后，请注意本信函未完全包括你公司全部违规行为。你公司有责任遵守FDA所有的法律和法规。本信函和检查结束时签发的检查结果FDA 483表中记录的具体违规行为可能表明你公司制造和质量管理体系中存在严重问题。你公司应查明违规原因并及时采取纠正措施，确保产品合规。

第18封　给Vilex in Tennessee, Inc. 的警告信

生产质量管理规范/质量体系法规/医疗器械/伪劣

CMS # 543749

2018年1月9日

尊敬的S女士：

美国食品药品管理局（FDA）于2017年8月16日至2017年8月25日，对你公司位于McMinnville, Tennessee的医疗器械进行了检查。检查期间，FDA检查员已确认你公司为规范开发商和二次贴标/再包装厂商，同时为Ⅰ类和Ⅱ类矫形外科植入物及工具开展有限的制造业务。根据《联邦食品、药品和化妆品法案》（以下简称《法案》）第201（h）节［21 U.S.C.§ 321（h）］，凡是用于诊断疾病或其他症状，对疾病有治愈、缓解、治疗或预防作用，或是可以影响人体结构或功能的器械，均为医疗器械。故你公司涉及检查的产品为医疗器械。

本次检查表明，这些医疗器械的生产、包装、储存或安装中使用的方法、设施或控制不符合21 CFR 820质量体系法规（以下简称21 CFR 820）的现行生产质量管理规范（以下简称cGMP）要求，根据《法案》第501（h）节［21 U.S.C.§ 351（h）］的规定，属于伪劣产品。你公司可通过FDA主页www.fda.gov链接查询相关法案和FDA法规。

2017年9月18日，FDA收到你公司针对2017年8月25日出具的FDA 483表（检查发现问题清单）的回复。FDA针对回复，处理如下。这些违规事项包括但不限于以下内容：

1．未能按照21 CFR 820.30（j）的要求建立设计历史文档。

具体而言，你公司没有充分记录以下Ⅱ类医疗器械的设计历史文件：

A．金属头植入物（K070052）

B．Vilex骨板系统（K041287）

C．Vilex距骨（TOV）（K041289）

D．空心半趾种植体（K023684）

E．双螺纹骨螺钉（K014154）

F．拉力螺钉-钛/不锈钢（K991151）

G．不锈钢拉力螺钉（K991197）

H．空心半趾植入物-羟基磷灰石涂层（K973309）

FDA审查了你公司的回复，并确认你公司承诺采取纠正措施以纠正最近一次检查中发现的所有违规事项。此外，你公司还说明，你公司一些器械可能具有510（k）文档中的设计历史文档所需的所有文档。但你公司回复是不充分的，因为你公司没有指出哪些器械可能具有510（k）文档中的文档，哪些现有文档实际上是，或提供此类文档的列表。此外，你公司还指出，设计历史文档应在2018年1月1日之前或最迟在2018年3月15日之前编制；但你公司尚未提供这些设计历史文档是否完整以及随后是否关闭纠正和预防措施（CAPA）的更新。在下一次检查中，将审查为记录纠正措施而展开的每个CAPA的评估，以及对计划纠正措施实施情况的评估。

2．未能按照21 CFR 820.30（g）的要求充分建立设计确认程序。FDA的设计验证与确认（QSP5.5，E版）

程序没有得到充分实施。例如：

A．本程序要求根据批准的设计确认计划和预先批准的书面协议进行设计确认。Orthex外固定系统设计确认方案日期为2017年1月17日。设计确认活动于2014年12月26日至2015年4月14日期间完成，即确认方案批准前两年。

B．该程序要求确认结果包括设计的标识，修订级别、生产阶段和/或型号（如指定）。用于设计确认的硬件的图纸版本和批号未记录在Orthex外固定系统设计确认报告中。此外，报告中错误地将产品代码R065-155标识为R100-065，将产品代码AS137-295标识为AST135-295。

FDA审查了你公司的回复，并确认你公司承诺采取纠正措施以纠正最近一次检查中发现的所有违规事项。此外，你公司声明将对设计验证与设计确认过程进行更新。你公司还声明，员工将接受有关新表格的培训，以及AAMI培训。所有先前和当前开发项目的设计历史文档将根据新的程序要求进行适当的审查和更新。但你公司回复是不够充分的，因为你公司没有提供更新的程序、培训的证据或你公司对既往和当前设计历史文档的审查结果。在下一次检查中，将审查为记录纠正措施而打开的每个纠正和预防措施（CAPA）的评估，以及对计划纠正措施实施情况的评估。

3．未能按照21 CFR 820.50的要求建立程序，确保所有采购或以其他方式收到的产品和服务满足规定的要求。

具体来说，你公司的采购程序（QSP6.1，版本I）是不充分的。该程序不能确保对无法验证关键工艺［如灭菌、钝化和羟基磷灰石（HA）涂层］的供应商进行评估，以确定其满足规定要求的能力。你公司仅根据ISO认证对供应商进行资格认证，并没有充分证明每个供应商都能按照指定规范持续生产器械。

FDA审查了你公司的回复，并确认你公司承诺采取纠正措施以纠正最近一次检查中发现的所有违规事项。此外，你公司已承诺更新多个程序（即供应商变更协议、采购和设计转让），以及与这些程序一起使用的表格。你公司回复表明，所有供应商文件将在2017年11月1日前更新，以包含检查报告、调查、NDA或供应商质量协议。追溯控制计划将在2017年12月1日前添加到每个设计历史文档中。但你公司回复是不够充分的，因为你公司没有解决与更新的程序和表格有关的培训要求。在下一次检查中，将审查为记录纠正措施而打开的每个纠正和预防措施（CAPA）的评估，以及对计划纠正措施实施情况的评估。

4．未能按照21 CFR 820.30（g）的要求充分记录设计风险分析的结果。

具体而言，你公司没有实施危害分析和风险评定程序（QSP 5.2，D版）。根据本程序，通过将a（b）(4)［由（b）(4）计算］与QSF5.2-5中的风险指数表上的值进行比较，确定每个已识别危险的风险缓解需求。Ultima半销式和锤式引信设计历史文档中已完成和批准的风险评定使用系统，其中风险优先数（RPN）(b）(4）计算。在检查期间，你公司无法确定计算出的RPN与之相比，是否有必要降低风险。

FDA审查了你公司的回复，并确认你公司承诺采取纠正措施以纠正最近一次检查中发现的所有违规事项。此外，你公司回复表明，将在2017年10月15日前完成对多个程序（即风险管理、文件变更控制和设计转让）的更新以及所有要求的培训。你公司回复还表明，将在2018年1月1日前完成对所有现有设计历史文档的审查，以确保符合新程序。但你公司回复是不够充分的，因为没有提供文件变更控制和设计转移的最新程序供审查。此外，尚未提供你公司对所有现有设计历史文档的审查结果以供审查。在下一次检查中，将审查为记录纠正措施而打开的每个纠正和预防措施（CAPA）的评估，以及对计划纠正措施实施情况的评估。

5．未能按照21 CFR 820.90（b）(2）的要求在器械历史记录中记录返工和再评价活动。

具体来说，NCR #15-011被打开以记录产品的（b）(4）项。报告说这些作品是由（b）(4）重新制作的。但器械历史记录（DHR）中没有记录该返工的文件，包括返工后不合格产品的重新测试和重新评估，以确保产品符合当前批准的规范，以及确定返工对产品的任何不利影响。

FDA审查了你公司的回复，并确认你公司承诺采取纠正措施以纠正最近一次检查中发现的所有违规事项。此外，你公司已经更新了程序和表格（即不符合程序、工单程序和工单表格）以响应此观察结果。此外，所有人员都接受了更新程序的培训，并于2017年9月5日填写了表格。但你公司回复不够充分，因为虽然你公司解决了这个特定情况，但你公司还没有指出系统的审查以及其他潜在的返工产品是否已有计划。在下一次检查中，将审查为记录纠正措施而打开的每个纠正和预防措施（CAPA）的评估，以及对计划纠正措施实施情况的评估。

你公司应立即采取措施纠正本信函所述的违规行为。如若未能及时纠正这些违规行为，可能导致FDA在没有进一步通知的情况下启动监管措施。监管措施包括但不限于没收、禁令和民事罚款。此外，联邦机构会得知关于器械的警告信，以便在签订合同时考虑上述信息。此外，如果FDA确定您违反了质量体系法规，且这些违规行为与Ⅲ类器械的上市前批准申请有关联，则在纠正这些违规行为之前，将不会批准此类器械。同时，如果FDA确定你公司的器械不符合法案的要求，则不会批准出口证明（Certificates to Foreign Governments，CFG）的申请。

请在收到本信函之日起15个工作日内将你公司为纠正上述违规行为所采取的具体步骤书面通知本办公室，并说明你公司计划如何防止此类违规行为或类似违规行为再次发生。包括你公司已经采取的纠正措施（必须解决系统问题）的文件材料。如果你公司计划采取的纠正措施将逐渐开展，请提供实施这些活动的时间表。如果无法在15个工作日内完成纠正，请说明延迟的原因以及完成这些活动的时间。你公司的回复应全面，并解决此警告信中所包括的所有违规行为。

最后，请注意本信函未完全包括你公司全部违规行为。你公司有责任遵守FDA所有的法律和法规。本信函和检查结束时签发的检查结果FDA 483表中记录的具体违规行为可能表明你公司制造和质量管理体系中存在严重问题。你公司应查明违规原因并及时采取纠正措施，确保产品合规。

第19封 给Hand Biomechanics Lab Inc. 的警告信

不良事件报告/伪劣

CMS # 534495

2017年11月16日

尊敬的A博士：

美国食品药品管理局（FDA）于2017年6月22日至7月5日对位于Sacramento, California的你公司开展检查，检查中认定，你公司生产骨骼固定紧固系统。根据《联邦食品、药品和化妆品法案》(以下简称《法案》）第201（h）节［21 U.S.C.§ 321（h）］，凡是用于诊断疾病或其他症状，对疾病有治愈、缓解、治疗或预防作用，或是可以影响人体结构或功能的器械，均为医疗器械。故你公司涉及检查的产品为医疗器械。

医疗器械报告

FDA检查发现你公司产品依照《法案》第502（t）（2）节［21 U.S.C.§ 352（t）（2）］的规定属于伪劣产品，因为你公司没有或者拒绝提供《法案》第519节（21 U.S.C.§ 360i）和21 CFR 803-医疗器械报告当中所要求的器械材料或器械信息。显著偏离包括但不限于以下内容：

1．未能按照21 CFR 803.50（a）（1）规定，在你公司收到或以任何其他方式了解到你公司未能上市的设备可能导致或促成死亡或严重伤害的信息后30个自然日内向FDA报告。

例如：C060416、C110116和C061915描述了患者在接受Digit Widget器械治疗时发生针位感染，需要使用规定的抗生素。投诉C030117描述了患者进行手指小部件器械的手术切除中遭受感染。上述事件涉及进行医疗干预的伤害。FDA认为，以防止身体功能的永久性损害或身体结构的永久性损害，医疗干预是必要的。对于以上提到的每一项投诉，都应提交严重伤害MDR。

FDA审查了你公司于2017年7月24日做出的回复，认为回复不充分。尽管你公司启动了纠正行动计划（CAR 114-015），并声明其有资格作出医疗判断，但没有提供有关其决策过程的信息，该决策过程用于确定事件不符合21 CFR 803.3规定的可报告重伤定义。此外，你公司没有就投诉C030117、C060416、C110116、C061915和C091115提交单独的MDR。

2．未能按照21 CFR 803.17的要求充分制定、维护和实施书面MDR程序。

例如：在审查了你公司2016年4月27日题为“MDR提交文件SOP046、114-011”的MDR程序后，注意到以下问题：

a．程序未建立对可能符合MDR要求的事件进行及时有效识别、沟通和评价的内部系统。例如：

i．根据21 CFR 803，你公司目前尚未对报告事件进行定义。

未对21 CFR 803.3中术语“知悉”“引起或促成”“失效”“MDR应报告事件”和“严重损伤”，以及在803.20（c）（1）中术语“合理表明”进行的定义，可能导致你公司在评价符合21 CFR 803.50（a）规定的报告标准的投诉时做出错误的报告决定。

b．程序没有建立规定标准化审查程序的内部系统，以确定事件何时符合本部分规定的报告标准。例如：

i．未提供对每例事件进行完整调查和评价事件原因的说明。

ii．书面程序未规定由谁决定向FDA报告事件。

c．该程序没有建立内部系统来及时传送完整的医疗器械报告。具体而言，未解决以下问题：

i. 你公司必须提交最初30天和5天报告的情况以及此类报告的要求。

d. 本程序并未说明你公司处理文件和记录保存的要求，包括：

i. 记录用于确定事件是否应报告的评价信息。

ii. 记录用于确定器械相关死亡、严重损伤或故障是否需要报告的审议和决策过程。

iii. 系统应确保获得信息，以便FDA及时跟踪检查。

如果你公司希望讨论MDR报告标准或安排进一步的沟通，您可以通过电子邮件ReportabilityReviewTeam@fda.hhs.gov联系报告审查团队。

质量体系法规

此次检查发现该医疗器械根据《法案》第501（h）节［21 U.S.C.§ 351（h）］属于伪劣产品，因为用于器械制造、包装、储存或安装的方法、场所或控制手段不符合质量体系法规（见21 CFR 820）对于现行生产质量管理规范的要求。

FDA已于2017年7月24日收到Dr.Thomas D.Lei 针对FDA检查员出具的FDA 483表（检查发现问题清单）的回复。FDA在下文就每一项记录的违规事项做出回复。这些违规事项包括但不限于以下内容：

1. 未能按照21 CFR 820.100（a）的要求建立并维护实施纠正及预防措施的程序。

具体而言，在2015年2月24日至2017年2月3日期间，你公司十次未能遵循“纠正和预防措施”（CAPA）的CAPA程序，在这种情况下，你公司发现无菌器械包装完成后出现了爆裂试验失败。CAPA记录115-003、115-005、115-009、115-012、116-002、116-003、116-004、116-006、116-011和117-001缺乏调查、纠正行动或预防措施。

FDA审查了你公司的回复，其中你公司确认未遵守既定的CAPA程序，并声明你公司使用的CAPA SOP超出了（b）（4）的规定范围。你公司在回复中还指出，你们对CAPA中确定的每个不合格生产批次的两个单元进行了额外的（b）（4）测试。你公司的部分回复不充分，因为你公司未能调查导致造成每个CAPA中标识的不合格密封包装生产控制失误的原因，也未对每个批次中的剩余产品进行评估，并且两个包装的附加测试在统计学上没有显著性。你公司回复还不够充分，没有解决未遵守书面程序的问题。

2. 如果不能通过21 CFR 820.75要求的后续检查和试验验证，则不能以高度保证的方式验证该过程。

具体而言，例如：

a. 你公司还未能证明规定的密封工艺参数可进行可重复和可复制的密封，能够在产品运输和储存期间的整个保质期内保持密封的完整性。

b. 你公司未能按照Fx3（FC-400）托盘密封确认程序要求对Fx3（FC-400）托盘密封和DWD-232、CAPA 112-007进行确认，未对包装密封强度确认中的通道和其他缺陷的黏合剂转移进行评估。

c. 你公司在“带盖托盘密封优化报告”“Fx3（FC-400）托盘密封确认”和“DWD-232，CAPA 112-007，包装密封强度确认”中用于计算三个托盘样本大小的公式不是用于确定未定义预期制造条件的样本大小的有效统计公式。因此，你公司对三个密封件的生产和评估并不代表你公司包装密封过程。

d. 为每个确认性能而生产的三个托盘单元不是实际的或模拟的产品，因为其不是在正常生产参数下生产的。

FDA审查了你公司的回复，认为部分内容不充分，我们也无法确定部分是否充分。你公司声明，你公司可以通过目测检查验证托盘密封过程结果，并且你公司100%对每个器械进行两次检查；但在你公司回复中，此声明与你公司带盖托盘密封优化报告、Fx3（FC-400）托盘密封确认以及DWD-232、CAPA 112-007相矛盾，包装密封强度确认，说明需要对密封过程进行确认，这些研究试图完成此类确认。此外，你公司回复未包括支持你公司对所有密封件进行100%检查声明的文件。FDA不清楚你公司回复中所述的（b）（4）、（b）（6）和（b）（4），考虑到建议（b）（4），（b）（3）（A）完整评估和确认不完整封条和通道的方法。

你公司应尽快采取措施纠正此信函中所涉及的违规事项。如若未能及时纠正这些违规事项将导致FDA采取法律措施且不会事先通知。这些措施包括但不限于：查封、禁令、民事罚款。此外，联邦机构可能会被告知关于设备的警告信，因此他们在授予合同时可能会考虑这些信息。另外，由于存在相关的质量体系法规偏差，除非这些违规事项得到纠正，否则Ⅲ类医疗器械上市前审批申请不会通过。在与有关器械相关的违规事项没有完成纠正前，致外国政府的证明申请将不予批准。

请你公司在收到本警告信后15个工作日内书面通知本办公室，具体告知你公司为整改所述违规行为所采取的纠正措施，包括解释你公司计划如何杜绝这些违规行为或者类似违规行为的再次发生。包括你公司已经采取的纠正和/或纠正措施（必须解决系统问题）的文件材料。如果你公司计划采取的纠正和/或纠正措施将逐渐开展，请提供实施这些活动的时间表。如果无法在15个工作日内完成纠正，请说明延迟的原因以及完成这些活动的时间。请提供非英文版文件资料翻译件以便于FDA审查。

最后，请注意本信函未完全包括你公司全部违规行为。你公司有责任遵守FDA所有的法律和法规。本信函和检查结束时签发的FDA 483表（检查发现问题清单）中记录的具体违规行为可能表明你公司制造和质量管理体系中存在严重问题。你公司应查明违规原因并及时采取纠正措施，确保产品合规。

第20封　给GPC Medical Ltd. 的警告信

生产质量管理规范/质量体系法规/医疗器械/伪劣

CMS # 536145

2017年10月20日

尊敬的N先生：

美国食品药品管理局（FDA）在2017年6月19日至2017年6月22日对你公司位于印度新德里（New Delhi, India）的公司进行检查，检查确定你公司制造GPC接骨板、GPC骨螺钉、GPC髓内钉系统及GPC非颈椎椎弓根螺钉脊柱后路内固定系统。根据《联邦食品、药品和化妆品法案》（以下简称《法案》）第201（h）节［21 U.S.C.§ 321（h）］，凡是用于诊断疾病或其他症状，对疾病有治愈、缓解、治疗或预防作用，或是可以影响人体结构或功能的器械，均为医疗器械。故你公司涉及检查的产品为医疗器械。

此次检查发现，按照《法案》第501（h）节［21 U.S.C.§ 351（h）］的规定，这些器械存在造假现象，即其制造、包装、储存或安装所用方法或设备或控制措施不符合21 CFR 820中质量体系法规制定的现行质量生产管理规范。

FDA收到了你公司于2017年8月1日发来的回复，内容是对FDA发至你公司的FDA 483表（检查发现问题清单）所列内容的答复。FDA对你公司关于所涉违规项的答复作出如下处理。这些违规项包括但不限于：

1．未能按照21 CFR 820.75（a）的要求，当某个过程的结果不能通过后续的检验和试验进行充分的验证时，按照规程的程序对该过程进行充分的确认和批准。

例如，你公司的（b）（4）过程确认不充分，包括：于2017年1月1日进行的（b）（4）确认，于2017年1月5日进行的（b）（4）确认，于2017年6月1日进行的（b）（4）及于2017年1月2日进行的（b）（4）。这些确认缺少下列信息：经确认设备的最终操作参数、产品选择依据（如最具清洁挑战性）、抽样验收标准或清洁有效性验证。

另外，（b）（4）程序及（b）（4）包括超出所执行确认范围的处理参数规范与批量。

FDA审核了你公司发来的答复，经评定认为其所含内容并不充分。你公司答复称将采取纠正措施，但未提供措施方案或证明已完成纠正措施的证明文件。

2．未能按照21 CFR 820.80（d）的要求充分制定成品器械验收程序。

具体而言，你公司未充分记录成品器械抽样程序。成品试验方案（b）（4）和DHR规定需对尺寸进行100%验收检查。但成品试验报告仅列出1~5件样本的尺寸测量值，未记录与100%检查的偏离依据。

FDA审核了你公司发来的答复，经评定认为其所含内容并不充分。你公司答复称将采取纠正措施，但未提供措施方案或证明已完成纠正措施的证明文件。

3．未能按照21 CFR 820.120的规定充分制定贴标活动控制程序。

具体而言，你公司器械历史记录缺少标签责任，且缺失每一批次内各种尺寸标签副本，如批次（b）（4）内含（b）（4）件具有（b）（4）不同长度的产品。DHR仅包含批次内单个尺寸标签副本。

FDA审核了你公司发来的答复，经评定认为其所含内容并不充分。你公司答复称将采取纠正措施，但未提供措施方案或证明已完成纠正措施的证明文件。

4．未能按照21 CFR 820.184的规定建立和维护程序，以确保保持和维护了每一批次、批号或单元的器械历史记录，从而证明器械的制造过程符合器械主记录的要求。

例如，皮质骨螺钉批次（b）（4）的器械历史记录缺少关于在组件制造过程中完成（b）（4）的证明文件。

该检查观察结果未列入FDA 483表。你公司在答复其他检查观察结果时未提及该项。

美国联邦机构会得知关于器械警告信，以便在签订合同时考虑上述信息，另外，这些违规行为与Ⅲ类医疗器械的上市前批准申请关联，在纠正这些违规行为之前，将不会批准此类器械。

请你公司在收到本警告信后15个工作日内书面通知本办公室，具体告知你公司为整改所述违规行为所采取的纠正措施，包括解释你公司计划如何杜绝这些违规行为或者类似违规行为的再次发生。包括你公司已经采取的纠正和/或纠正措施（必须解决系统问题）的文件材料。如果你公司计划采取的纠正和/或纠正措施将逐渐开展，请提供实施这些活动的时间表。如果无法在15个工作日内完成纠正，请说明延迟的原因以及完成这些活动的时间。请提供非英文版文件资料翻译件以便于FDA审查。

最后，请注意本信函未完全包括你公司全部违规行为。你公司有责任遵守FDA所有的法律和法规。本信函和检查结束时签发的FDA 483表（检查发现问题清单）中记录的具体违规行为可能表明你公司制造和质量管理体系中存在严重问题。你公司应查明违规原因并及时采取纠正措施，确保产品合规。

第21封 给Kelyniam Global, Inc. 的警告信

生产质量管理规范/质量体系法规/医疗器械/伪劣

CMS # 527408

2017年10月5日

尊敬的A先生：

2017年5月10日至2017年5月30日，FDA检查员在对位于肯塔基州康顿（Canton, Connecticut）的你公司检查中认定，你公司制造患者专用颅骨植入物和颌面植入物。根据《联邦食品、药品和化妆品法案》（以下简称《法案》）第201（h）节［21 U.S.C.§ 321（h）］，凡是用于诊断疾病或其他症状，对疾病有治愈、缓解、治疗或预防作用，或是可以影响人体结构或功能的器械，均为医疗器械。故你公司涉及检查的产品为医疗器械。

此次检查表明，根据《法案》第501（h）节［21 U.S.C.§ 351（h）］规定，该医疗器械属于伪劣产品，因为用于器械制造、包装、储存或安装的方法、场所或控制手段不符合质量体系法规（21 CFR 820）对于现行生产质量管理规范的要求。

FDA于2017年6月20日收到Dr. Mark V. Smith, Director针对FDA检查员出具的FDA 483表（检查发现问题清单）的回复。FDA在下文就每一项记录的违规事项做出回复。这些违规事项包括但不限于以下内容：

1．未能按照21 CFR 820.30（i）要求建立和维护设计变更程序。例如，你公司未能对下列重大设计变更进行设计确认：

a．实施的一项产品改进，在颅骨植入物中增加了一项新的植入物功能，即临时缝合系统（TSS），该系统是根据2014年3月7日开放的入院申请001292申请的。改进包括增加了一种先进的缝合/灌注孔模式，这是一系列交替的孔设计和一种用于将颞区肌肉缝合到Kelyniam PEEK颅骨植入物的缝合方案。初步申请表明，你公司已经按照要求在患者植入物上制作了这些孔型。此外，你公司使用说明已于2016年10月1日修改为包括TSS。

b．集成的固定系统作为一种选择添加到你公司植入物使用，其中包括替代的利用标签与颅骨植入物固定方法以及固定方案。该系统还包括使用兼容螺钉类型的建议，你公司未确保标签指定了兼容螺钉的要求。

c．2014年，综合固定系统改变为包括埋头直孔到埋头孔的设计，直到2016年，这一变更才反映在你公司使用说明中。

d．2016年，综合固定系统推荐的螺钉规格发生了变更，至今尚未完成确认/验证。

FDA审查了你公司的回复，认为回复不充分。虽然你公司提供了预计完成纠正措施的时间表，包括对核心程序、工作说明和表格/模板的差距分析，但你公司并未提供任何支持性文件。例如，你公司回复表明你公司将创建CAPA并评价相关的设计控制文档。你公司回复还指出，你公司将实施标签变更，包括删除对颞部缝合系统的任何引用，但未提供任何证据。

2．未能按照21 CFR 820.198（a）（3）和21 CFR 803医疗器械报告的要求对投诉进行评价，以确定该投诉是否为需要向FDA报告的事件。例如：

a．你公司未能调查自2015年以来重新订购医疗器械的原因。一份PEEK-IM1004植入物的重新订单（b）（4）涉及患者感染，你公司未能进一步调查此事，包括MDR报告性评价。

b. 投诉调查不需要评价手术中是否存在相关伤害、死亡、感染或延期。医疗器械报告表QF-85-01-1也没有用于评价投诉。未填写表格的投诉示例包括：接收请求1408（针对植入物配合问题）；接收请求1416（针对植入物配合问题）；接收请求1452（针对一些灌注孔缺失和放置不正确问题）。

FDA审查了你公司的回复，认为回复不充分。虽然你公司提供了预计完成纠正措施的时间表，包括对核心程序、工作说明和表格/模板的差距分析，但你公司并未提供任何证明文件来证明你公司已回顾性地审查了重新订购和接收以便进行投诉调查，或评价MDR的可报告性。你公司答复表明，你公司将创建CAPA并评价相关的投诉/MDR程序，但没有提供证据。

3. 未能证明器械是按照21 CFR 820.184器械主记录制造的。

例如，（b）（4），A10CSI-4-60，解释了（b）（4）和（b）（4）。但关于颅骨植入物和颌面部植入物的（b）（4）未记录在器械历史记录（DHR）中。此测试未包含的DHR示例包括：CSI020317-JB1、CSI1010517-JH1、CSI031317-RW1、CSI042617-BW1、CSI032217-BG1、CSI041417-KK1、CSI020217-GL1、CSI032817-MB1和CSI022117-HM1。

FDA审查了你公司的回复，认为回复不充分。虽然你公司提供了预计完成纠正措施的时间表，包括对核心程序、工作说明和表格/模板的差距分析，但你公司并未提供任何支持性文件。例如，你公司答复指出，你公司将创建CAPA以便审查与DHR相关的文档，但没有提供任何证据。

4. 未能按照21 CFR 820.75（a）的规定对不能通过后续检查和试验全面验证的过程进行确认。例如：

a. 定制颅骨植入物的（b）（4）灭菌确认是使用（b）（4）进行的，该（b）（4）未经历完整的生产工艺。此外，管理层未审查和批准本报告。

b. 除了与CNC设备一起用于颅颌面部植入物加工的夹具外，没有对使用CNC设备制造颅植入物的工艺确认。

c. 植入物的清洁确认由（b）（4）测试报告组成，该报告未确定受试的特定产品。此外，你公司没有审查和批准这些报告，也没有解释试验结果是可接受的。

FDA审查了你公司的回复，认为回复不充分。虽然你公司提供了预计完成纠正措施的时间表，包括对核心程序、工作说明和表格/模板的差距分析，但你公司并未提供任何支持性文件。你公司回复指出，你公司将创建CAPA并评价相关的确认文档，但没有提供任何证据。

5. 未能按照21 CFR 820.80（b）建立来料验收程序。例如：

a. 因植入物制造中使用的PEEK而变更供应商，但你公司PEEK材料变更文件A10CSI-0-20不要求新材料的性能符合标准或规定的一组规范。

b. PEEK的来料检验标签要求有合格证书（COC），但没有规定COC应与之进行比较的规范。采购规程QOP-74要求对具有合格证书（COC）的器械进行"完整性"检查，但没有规定必须满足的标准。

FDA审查了你公司的回复，认为回复不充分。虽然你公司提供了预估完成纠正措施的时间表，包括对核心程序、工作说明和表格/模板的差距分析，但你公司并未提供任何支持性文件。你公司回复称，你公司将创建CAPA并评价相关的验收标准文档，包括确定标准和预定的PEEK验收规范，但没有提供任何证据。

6. 负有执行责任的管理层未按照21 CFR 820.20（c）要求审查质量体系的适合性和有效性。

例如，自2016年1月11日起未曾执行管理评审，但你公司管理评审程序QOP-56要求每年至少召开两次会议。

FDA审查了你公司的回复，认为回复不充分。虽然你公司提供了预计完成纠正措施的时间表，包括对核心程序、工作说明和表格/模板的差距分析，但你公司并未提供任何支持性文件。你公司回复表明，你公司将创建CAPA并评价相关的管理评审流程和文件，但未提供任何证据。

7. 未能按照21 CFR 820.100（a）建立和维护设计变更程序。

例如，于2016年2月10日提出的针对不完整的培训记录的不合格品接收请求001488，未包括所有员工接受过有重大变化的程序培训的验证。由于纠正措施无效，观察到用于从聚合物聚醚醚酮加工植入物的计算机数控（CNC）器械的操作员没有接受日期为2015年10月16日的最新修订版（b）（4）、A10CSI-3-10 Rev A4的培训，培训内容为数控器械中夹具的设置。

FDA审查了你公司的回复，认为回复不充分。虽然你公司提供了预估完成纠正措施的时间表，包括对核心程序、工作说明和表格/模板的差距分析，但你公司并未提供任何支持性文件。你公司回复表明，你公司将创建CAPA并评价文件/变更控制记录、培训、不合格材料记录和CAPA程序，但未提供证据。

FDA的检查还发现，Kelyniam定制的颅骨/颅面植入物根据《法案》第501（f）（1）（B）节［21 U.S.C.§ 351（f）（1）（B）］的规定属于掺假产品，因为你公司没有根据《法案》第515（a）节［21 U.S.C.§ 360e（a）］就批准上市前审批取得应用批准（PMA），或者根据《法案》第520（g）节［21 U.S.C.§ 360j（g）］的规定取得研究器械豁免的批准应用。根据《法案》第502（o）节［21 U.S.C.§ 352（o）］的规定，这些器械也属于假冒伪劣产品，因为没有按照《法案》第510（k）节［21 U.S.C.360（k）］和21 CFR 807.81（a）（3）（i）的要求向FDA提供有关器械修改的通知或其他信息。你公司为获得器械批准或许可而需要提交的信息详见互联网https://www.fda.gov/上的描述。FDA将评估你公司提交的信息，并决定该产品是否可以合法销售。

具体来说，你公司对这些器械进行了重大的设计变更，但并未提交510（k）。例如，你公司修改了综合固定系统。使用（b）（4）将Kelyniam Custom颅骨植入物（CSI）固定在天然骨上的骨螺钉（如最大螺钉扭矩、螺钉保持力）的性能受骨螺钉和骨板设计特征的影响。从使用骨板和骨螺钉的CSI固定到使用（b）（4）的综合固定系统的CSI固定的变更是工作原理变更，导致需提交510（k）。此外，Kelyniam Custom颅骨植入物（CSI）配有直径为0.125″的减压孔，在植入物轮廓上等距分布，中心线间距为0.625″，边缘最小为0.500″。Kelyniam销售和营销文档描述了CSI（b）（4），而不是整个植入物上的减压孔。TSS植入物的无（b）（4）的固体面积大于清除的CSI，可能会导致安全性和有效性问题，即由于固定植入物下的液体收集导致颅内压升高。CSI选项#2暂时缝合系统是工作原理变更，导致需提交510（k）。请参阅标题为“决定何时提交510（k）以更改现有器械”的指导文件以获得进一步的了解。

你公司应尽快采取措施纠正此信函中所涉及的违规事项。如若未能及时纠正这些违规事项将导致FDA采取法律措施且不会事先通知。这些措施包括但不限于：查封、禁令、民事罚款。此外，联邦机构可能会被告知关于器械的警告信，因此他们在授予合同时可能会考虑这些信息。如果信函中包含质量体系规定的OAI费用，包括：另外，由于存在相关的质量体系法规偏差，除非这些违规事项得到纠正，否则Ⅲ类医疗器械上市前审批申请不会通过。在与有关器械相关的违规事项没有完成纠正前，出口证明的申请将不予批准。

请于收到此信函的15个工作日内，将你公司已经采取的具体整改措施，以及你公司准备如何防止这些违规事项或类似行为再次发生的计划，书面回复本办公室。回复中应包括你公司已经采取的纠正措施和/或能系统性解决问题的纠正行动相关文档。如果你公司需要一段时间来实施这些纠正措施，请提供一个实施的时间表。如果纠正和/或纠正措施不能在15个工作日内完成，请说明理由和能够完成的时间。你公司的回复应完整并解决警告信中包含的所有违规事项。

最后，请注意该信函并未完全包括你公司违规事项的完整清单。你公司负有遵守法律和FDA法规的主体责任。检查结束时发布的本信函和检查发现问题清单FDA 483中记录的具体违规事项可能表明你公司生产和质量管理体系中存在严重问题。你公司应调查并确定这些违规事项的原因，迅速采取措施纠正违规事项并重新使产品合规。

第22封　给Diasol Inc.的警告信

生产质量管理规范/质量体系法规/医疗器械/伪劣

CMS # 535886

2017年9月28日

尊敬的A女士：

2017 年5月8日至2017 年6月15日，FDA检查员在对位于Phillipsburg，NJ的你公司检查中认定，你公司制造Dryasol酸性浓缩液和Dryasol粉末混合物，同时还重新包装CitriSol浓缩液、Diasol酸性浓缩液以及液态和粉末状碳酸氢钠。根据《联邦食品、药品和化妆品法案》（以下简称《法案》）第201（h）节［21 U.S.C.§ 321（h）］，凡是用于诊断疾病或其他症状，对疾病有治愈、缓解、治疗或预防作用，或是可以影响人体结构或功能的器械，均为医疗器械。故你公司涉及检查的产品为医疗器械。

该检查表明，根据《法案》第501（h）节［21 U.S.C.§ 351（h）］的规定，这些器械掺假，因为其生产、包装、储存或安装中使用的方法或设施或控制不符合21 CFR 820质量体系法规的现行生产质量管理规范要求。FDA已于2017 年7月5日和2017年8月7日收到你们针对FDA检查员于2017年6月15日出具的FDA 483表（检查发现问题清单）的回复。FDA在下文就每一项记录的违规事项做出回复。这些违规事项包括但不限于以下内容：

1．未能建立和维护成品器械验收程序以确保每个生产运行，每批次的成品器械符合验收标准，以及未能按照21 CFR 820.80（d）和（e）的要求记录验收活动，以包括结果记录。

具体为，程序QOP-80-04，版本，No. 4（最终验收检验、批量放行标准和试验）于2017年3月28日生效，分别在第14项和最终验收（3）项下声明："未经最终测试不得放行批次" 和 "所有验证均已审核，且最终放行文件已由质量控制部门签署和批准后，即可放行批次"。此外，程序90.001，版本2（最终验收测试）在第4.2节中还规定，应审查每个验收测试是否符合客户规范和公司规范，验收测试记录应包含测试结果或观察值和测试完成日期。但在完成最终检验文件之前，已将Diasol 酸性浓缩液批次#1114（批号#NJG01051）；Diasol批次#1119、配方#1002225-10-DEX100、批号#NJG01101；Diasol批次#1150、配方#100230-75-DEX100、批号#NJG03171和Diasol批次#D49（批号#NJGDA1171）运送给客户。例如：

a）Dryasol批次#D49，配方#45225-75-DEX100X16.5，批号#NJGDA101171，包装日期：2017年1月18日，由总裁于2017年1月19日发布并于2017年1月31日在（b）（4）中发送给客户。2017年1月31日的实验室测试结果表明，该批次的钠含量过高。最终检验文件留空，截至2017年5月17日尚未完成。

b）Diasol批次#1119，配方#1002225-10-DEX100，批号#NJG01101于2017年1月13日在（b）（4）装运至客户。两（2）份日期为2017年1月20日的实验室测试结果表明，产品不符合要求（钠浓度过高），一（1）份标记为"不予放行"。截至2017年5月17日，最终检验文件尚未完成。

c）Diasol批次#1150，配方#100230-75-DEX100，批号#NJG03171于2017年4月11日和2017年5月1日在（b）（4）装运至客户。Diasol批次#1150也于2017年3月29日和2017年5月4日左右在（b）（4）中装运给客户。四（4）份日期为2017年3月22日的实验室测试结果表明，产品不符合要求（镁浓度过高），所有四份均标有"不予放行"。截至2017年5月17日，最终检验文件尚未完成。

d）液态Diasol 酸性浓缩液加标产品批次#1114，配方#100230-10-DEX100，批号#NJG01051于2017年5月1日或前后于（b）（4）装运至客户。公司位于San Fernando CA的质量保证经理于2017年1月16日签署了通过实验室测试的结果。

你公司在2017年6月30日和2017年7月31日的回复不充分。你公司回复表明，你公司已经更新了最终发布程序（更新的程序未包含在审查中），通过采取预防措施增加产品库存和预测客户需求，未经测试产品的紧急发布需求显著减少。未经测试的产品的大量减少被认为是你公司未能建立和维护成品器械验收程序以确保每个生产运行、批次或成品批次满足规定的要求。在质量计划和/或文件化程序中规定的所有活动均圆满完成，相关数据和文件可用并获得授权之前，不得发送任何产品。

2．未能按照21 CFR 820.90的要求建立并维护规程对不合格品的控制。

具体为，你公司未能遵守（实施）自2017年2月27日起生效的程序100.008，版本：2，“不合格产品”，描述如下：“本程序旨在确保不合格品得到识别和控制，以防止其非预期使用或发送给客户”；“本程序包括不合格品的管理，不合格品在发行分配前被检测到”；“当检测到不合格品时，记录在《产品不合格报告》（PNR）中”；“包括不合格品的返工”。例如：

a）Diasol批次#1125/批号#NJG01181的生产记录中，4号桶的实验室测试结果不符合规定（钙透析液过低）。本产品于2017年1月26日在本次检验中被标记为可接受，且标记不完整（通过勾选标记画出并草签），但未发布产品不合格报告以记录不合格产品的最终处置情况。另外，Diasol 批次#1168/批号#NJG04211的生产记录中，1号桶（透析液钠太高）、2号桶（透析液钠太高）、3号桶（透析液钠太高）、4号桶（透析液钠太高）的实验室检测结果不合格，但未发布产品不合格报告来记录不合格品的最终处置（最终检验指示页上的检验者和日期留空）。因此，质量保证经理未能确定是否需要采取更正或预防措施来调查原因并通知负责不合格的人员或组织（通常是供应商或分包商）。

b）对于在（b）（4）、#1161、1162和1163范围内生产的三（3）批连续Diasol 酸性浓缩液产品，初始实验室测试结果和重新测试结果均不符合高钠含量的要求。最终产品检验结果经验收并签字，但未出具产品不合格报告，以记录不合格产品的最终处置情况。你公司于（b）（4）将#1161批货物运至客户处。

c）你公司未能在器械历史记录中记录返工和重新评价活动，包括确定返工对产品的任何不利影响。例如：四（4）个试验桶的产品批次#1141的实验室试验结果均不符合规范。实验室结果标记为“不予放行”。（b）（4）将产品批次#1141返工为产品批次#1158/批号#NJG03231。批次#1158/批号#NJG03231的批生产记录不包括返工文件。

d）检验过程中提供的产品不合格报告未按你公司“不合格品”程序完成。具体来说，产品不合格报告15~18无处置决定，报告16~18没有任何批准签字。

你公司在2017年6月30日和2017年7月31日的回复不充分。例如，你公司对FDA 483检查发现2 A（i）的回复称，你公司放行（QA）是基于几乎所有的加标处理都有结果不合格的桶，2或3个桶符合你公司验收标准。你公司必须遵循（实施）要求，你公司通过识别、记录、评价、隔离和确定所有不合格产品的最终处置来控制不合格产品的程序。你公司评价需要包括确定调查的必要性以及如何对不符合项进行趋势分析和/或监控。

3．未能确保其结果无法通过后续检查和试验进行充分验证的过程已根据21 CFR 820.75（a）要求的既定程序得到充分确认。

具体为，你公司未能对新泽西州的工厂进行确认研究包括你公司的Diasol酸性浓缩液加标混合时间和（b）（4）操作的清洁活动。例如：

a）程序QOP-71-01，修订版3，（Diasol桶）自2017年3月27日起生效，在第8项下规定“混合时间至少为（b）（4）”。但另外的Diasol桶加标程序（2017年3月，修订版4）要求根据混合的产品（b）（4）为（b）（4）混合每个桶。对于上述你公司New Jersey场地的不同混合次数，未进行确认研究。

b）为控制微生物生长和化学交叉污染，在New Jersey现场未对你公司（b）（4）进行清洁确认，因为（b）（4）在使用后是脏的，在使用前是用（b）（4）清洁的。

4．未能按照21 CFR 820.70（f）的要求确保建筑物具有适当的设计以执行必要操作。例如：

a）据观察，收发室的仓库门不适合开口，因为其间隙较大，会导致害虫进入。收发室与所执行的（b）

（4）相邻。

b）在你公司（b）（4）区域的正上方，在敞开的原料制品箱上方，观察到绝缘材料过度填充墙腔并从墙和天花板之间的间隙露出来。

你公司在2017年6月30日和2017年7月31日的回复似乎很充分。你公司更正和预防措施将需要在下一次FDA检查时进行验证。

5．未能按照21 CFR 820.90的要求充分控制不合格品。

具体为，在2017年5月8日和2017年5月9日，FDA检查员见证了被拒绝和未被拒绝的生产材料，这些材料与同样包含非生产材料的储存室中的过期和未过期材料混合存放（未隔离）。在储藏室观察到的材料如下：保留样品；甲醛溶液；（b）（4），有效期2014年5月7日；碳酸氢盐透析用一水硬脂醇浓缩液（批号#NJF11211，有效期2019年11月）；干混干粉浓缩液（批号#NJEDA1051，有效期2019年10月20日）；（b）（4）消毒（b）（4）清洁和（b）（4），有效期2014年5月7日；新的和使用的卡车轮胎；加工设备；工具、建筑材料；建筑垃圾；空桶。

你公司在2017年6月30日和2017年7月31日的回复不充分。例如，不合格品/废品程序WI90.003，版本No. 2，自2017年6月29日起生效，声明“不合格品应始终清楚地贴上标签，如果空间允许，应储存在指定的隔离区”。你公司必须根据处置决定控制（例如，通过物理隔离）不合格产品的移动、储存和后续处理。

6．未能按照21 CFR 820.40（a）的要求建立和维护控制所有文件批准和分发的程序。

具体为，为满足21 CFR 820.40的要求而建立的文件并非在所有指定、使用或其他必要的地点都可用。例如：

a）文件和数据控制程序100.00A，版本号2，生效日期2017年2月27日，声明“管理层确保在要求的地点只提供最新版本的文件”。指定用于你公司Phillipsburg NJ工厂的质量文件在必要的地方无法使用。尤其是，

- 在检查的第二天，包含批准、签署和发布的你公司Phillipsburg NJ地区公司标准操作规程的活页夹不可供审查。这些文件是连夜从你公司San Fernando CA的总部邮寄到Phillipsburg NJ的，并在检查第三天到达。
- 在执行此类操作的工作站上，你公司三（3）个“干粉、碳酸氢钠和Dryasol制造”“桶膜加料”和（b）（4）程序（均在同一文件QOP-71-01下指定）均不可用。

你公司在2017年6月30日和2017年7月31日的回复似乎很充分。你公司更正和预防措施将需要在下一次FDA检查时进行验证。

你公司应尽快采取措施纠正此信函中所涉及的违规事项。如未能及时纠正这些违规事项将导致FDA采取法律措施且不会事先通知。这些措施包括但不限于查封、禁令和/或民事罚款。此外，联邦机构可能会得知关于器械的警告信，以便在签订合同时考虑上述信息。另外，由于存在相关的质量体系法规偏差，除非这些违规事项得到纠正，否则Ⅲ类医疗器械上市前审批申请不会通过。在与有关器械相关的违规事项没有完成纠正前，出口证明申请将不予批准。

请于收到此信函的15个工作日内，将你公司已经采取的具体整改措施，以及你公司准备如何防止这些违规事项或类似行为再次发生的计划，书面回复本办公室。包括你公司所采取的纠正措施文件。如果你公司需要一段时间来实施这些纠正和/或纠正措施，请提供一个实施的时间表。如果纠正措施无法在15个工作日内完成，请说明延迟的原因和完成纠正措施的时间。

最后，请注意该警告信并非旨在罗列你公司违规事项的完整清单。你公司负有遵守法律和FDA法规的主体责任。信函中以及检查结束时FDA 483表上所列具体的违规事项，可能只是你公司制造和质量管理体系中所存在严重问题的表象。单位应调查并确定这些违规事项的原因，迅速采取措施纠正违规事项并重新使产品合规。

第23封　给Diasol Inc. 的警告信

生产质量管理规范/质量体系法规/医疗器械/伪劣

CMS # 535734

2017年9月25日

尊敬的A女士：

2017年6月6日至21日，FDA检查员在对位于1110 Arroyo Street, San Fernando, CA的你公司的检查中认定，你公司制造血液透析系统用液态与粉末状透析液浓缩产品以及粉末状碳酸氢钠。根据《联邦食品、药品和化妆品法案》（以下简称《法案》）第201（h）节［21 U.S.C.§ 321（h）］，凡是用于诊断疾病或其他症状，对疾病有治愈、缓解、治疗或预防作用，或是可以影响人体结构或功能的器械，均为医疗器械。故你公司涉及检查的产品为医疗器械。

此次检查发现，根据《法案》第501（h）节［21 U.S.C.§ 351（h）］规定，该医疗器械属于伪劣产品，因为用于器械制造、包装、储存或安装的方法、场所或控制手段不符合质量体系法规（21 CFR 820）对于现行生产质量管理规范的要求。相关法规可查询www.fda.gov。

FDA已于2017年7月5日收到你公司针对FDA检查员出具的FDA 483表（检查发现问题清单）的回复。总体而言，FDA认定你公司回复不可接受；FDA就各项违规内容再次强调并回复。这些违规行为包括但不限于以下内容：

1．未能按照21 CFR 820.70（a）的要求，建立、实施、控制和监视生产过程以确保器械符合其规范。具体情况如下：

i．你公司（b）（4）水系统、（b）（4）和（b）（4）的样本分别超过了你公司（b）（4）菌落形成单位（CFU）对2017年3月20日（b）（4）（CFU）和2017年1月13日（5 CFU）样本的作用限值。未按照你公司程序要求，“（b）（4）”（文件#QOP-71-01，版本19，日期2017年2月23日）和“（b）（4）”（文件#WI40.003，版本1，日期2017年5月1日）对系统进行消毒。这些天的水分别用于生产批次号#8508和#8401的酸浓缩物。

ii．为提高浓缩物中一个或多个现有离子的浓度而加入添加剂或“加标”的浓缩物批次据称采用了含有（b）（4）的（b）（4）过滤器（或更细的过滤器）来进行制造。但“（b）（4）”程序（文件WI60.004，版本1和版本2，日期2017年5月1日和2017年6月14日）未包括过滤步骤的程序，以及所用过滤器的规范。

iii．据称，从每个水系统［（b）（4）和（b）（4）］收集样本“（b）（4）”以提交给外部实验室；但尚未制定和实施该测试的程序。

FDA已经审查了你公司2017年7月5日的回复并确认了你公司程序的修订，“（b）（4）”（WI40.003，版本3，2017年6月26日）和“（b）（4）”（WI60.004，版本3，2017年6月26日），关于在加标产品中使用过滤器和由外部实验室对你公司（b）（4）水进行定期（b）（4）测试。FDA注意到，你公司修订的“（b）（4）”程序不包括任何流量或压力的范围或限制以确保过滤器完整性得到维护；但FDA将在未来的检查中评价这些纠正措施，以充分评价其合理性。

FDA认为你公司对微生物计数的作用限值的回复是不可接受的。尽管你公司的WI40.003，Rev.3程序确实表明了已对系统的定期消毒，也要求“（b）（4）”。在2017年3月20日（b）（4）日或2017年1月13日（b）（4）日观察到的菌落生长超出你公司的行动限度后，没有对系统进行消毒，这与你的程序相矛盾。此外，你公司回复得出结论，这两种情况都是由于采样期间或生长读数期间的操作员错误所造成。这些结论没有文件调查的支持。此外，由于微生物污染的不均匀性，依靠过去的阴性结果来否定当前的阳性结果是不可接受的。

2．未能按照21 CFR 820.30（j）的要求建立和维护每种类型器械的设计历史文档（DHF）。

具体为，Citrisol酸浓缩物的设计历史文档未能证明设计是按照21 CFR 820.30的要求制定的。未提供任何记录证明你公司：①制定设计计划、完成设计输入和设计输出；②进行完整的设计验证、设计确认、风险分析和设计评审；③正确地将设计转化为生产规范。

FDA已经审阅了你公司2017年7月5日的回复并认定不可接受。检查认为你公司不了解设计控制的要求。随你公司回复提供的文件“Citrisol–设计控制”，SOP120.002，第1版（2017年6月26日），实际上与检查期间编制并提供给检查员的文件“设计控制–Citrisol”，SOP 60.007B，第1版，2017年6月15日相同。该概述文件不符合21 CFR 820.30的要求。此外，上述两份Citrisol文件均引用了Diasol浓缩物的生产历史记录作为缺乏完整Citrisol设计历史文档的理由。但由于你公司没有Diasol浓缩物产品的完整DHF，因此不能引用与Citrisol有关的未记录信息。

此外，FDA认为“Citrisol设计控制/风险分析”文件［表SOP120.002，版本1（2017年6月）］不充分。基于文件中的有限信息，考虑发生的可能性和潜在危害的严重性，你公司似乎不熟悉评定与器械使用相关的风险的过程。

3．未能建立和保持器械设计验证程序，以确认设计输出符合21 CFR 820.30（f）要求的设计输入要求。

具体为，2008年4月18日的稳定性研究报告#SOP 110.001或2017年6月15日的#SOP 110.001均未按照批准的方案进行，包括预先制定的验收标准、方法（包括储存条件）和取样计划。这些报告证明了“（b）（4）”（2008年4月18日）和（b）（4）”（2017年6月15日）之后的酸性浓缩物产品的稳定性。未定义的研究标准导致你公司在2008年4月18日的报告（#SOP 110.001）中的不确定性的说明，例如“在不同时间对多个批次进行了测试，所有测试结果都接近原始结果”；这并不能证明产品在整个期间都保持稳定。

FDA已经审阅了你公司2017年7月5日的回复并认定不充分。你公司回复是，“我单位已经建立了明确定义的稳定性研究方案……”；但你公司没有提供任何此类文件供FDA评价。

在检查过程中审查的研究报告，报告#SOP110.001，版本4，2008年4月18日，不足以证明你公司酸浓缩物产品“（b）（4）”的稳定性并且没有提供额外的信息供审查，FDA认为你公司回复不可接受。此外，当2008年4月18日的报告指出不同的时间框架时，FDA不理解你公司的回复中指出的产品是“（b）（4）”的稳定期。你公司随后的稳定性报告#SOP 110.001，版本4，2017年6月15日也认定不充分，而结论却是产品稳定“（b）（4）”。你公司回复令人困惑，因为其中表明了“（b）（4）”的稳定性，但你最终得出了你公司“（b）（4）”。

FDA要求你公司澄清所有产品的标签有效期。此外，如果任何产品被贴上了到期日的标签，而到期日随后被缩短，则FDA要求提供所有产品和批次的信息，包括在市场上任何产品的有效期是否更长。同样，如果任何产品的有效期延长，FDA要求提供完整的产品和批次清单、原始有效期、新的有效期以及变更生效的时间。

如果你公司有任何数据证明你公司已经通过批准的协议对你公司产品进行了评定，从而可确定你公司当前所述的（b）（4）到期日，你公司应将信息与你公司回复一起提交。批准的方案应包含预先确定的验收标准、方法、取样计划、储存条件等信息。

4．未能按照21 CFR 820.30（a）的要求建立器械设计的程序，以确保满足规定的设计要求。

具体为，“设计控制”程序（文件#60.007，日期：2017年2月27日）未能包含足够的细节，以确保满足21 CFR 820.30的所有设计控制要素和要求。

FDA已经审阅了你公司2017年7月5日的回复并认定不充分。提交的修订程序（文件#60.007版本3）与检查期间审查的程序（文件#60.007版本2，日期：2017年2月27日）基本相同。这两个修订版都缺少21 CFR 820.30和FDA 483表中规定的具体内容。

5．未能按照21 CFR 820.181的要求保存完整的器械主记录（DMR）。

例如，在你公司生产的五种酸浓缩液产品中，液体酸浓缩液DMR未能包括（b）（4）的可接受范围，特别是产品代码：80025-10_36.83X0.0K，2.5CA；100325-10-DEX10_45X 3.0K，2.5CA 1.0MG；100225-10-DEX100_45X 2.0K，2.5CA 1.0MG；100230-75-DEX100（加标）；和100325-10-DEX100。此外，液体酸浓缩物DMR不包括任何酸浓缩物产品的（b）（4）含量的可接受范围，而是仅列出标记量。

在你公司2017年7月5日的回复中，关于验收程序，你公司声明你公司已经更新了DMR以包括所有产品的“可接受性”标准。因为你公司没有为你公司所陈述的行动提供任何支持性文件，你公司也没有说明DMR中葡萄糖含量的接受范围，FDA无法评价纠正措施，因此目前对回复不满意。你公司在最终验收检查-批量放行标准和试验程序WI90.001中包含了一般最终放行标准，包括“（b）（4）”的（b）（4）范围；但所有DMR中也必须包含最终验收标准。

6．未能建立和维护成品器械验收程序以确保每个生产周期或每个批次的成品器械符合21 CFR 820.80（d）要求的验收标准。

发现你公司最终验收程序、最终验收检查批放行标准和测试程序#WI90.001，版本1（日期：2017年5月1日）不充分，在液体酸浓缩液批、液体碳酸氢盐批和碳酸氢钠粉末批历史记录中未能证明所有产品批符合验收标准。例如：

液体酸浓缩物：

Ⅰ．2017年4月25日至5月8日期间制造的批次的（b）（4）DHR表明，成品测试报告中钙和镁的测量单位不同于2017年4月25日器械主记录（DMR）中这些部件的测量单位。未解释要完成的计算/转换，DHR中也没有证据表明在批量验收之前已经完成了适当的转换，且结果符合验收标准。此外，负责审批放行的质量保证经理确认，他不知道如何解释结果。

Ⅱ．DHR未能包括要添加的原材料的可接受重量的特定范围；其中只包括“可接受性”的百分比［即（b）（4）］，而且没有证据表明员工进行任何计算以核实原材料在所列“可接受性”的百分比内。

iii．DMR规定“产品必须符合最终测试的验收标准”，包括葡萄糖含量的测试；但在（b）（4）个含葡萄糖的批次中，有七个批次没有测量葡萄糖含量。

液体碳酸氢盐：

Ⅰ．2017年2月25日至4月19日期间制造的批次的（b）（4）DHR显示该批次已“验收”并放行以供分发（例如，批次号PLSB02151、PLSB02161和PLSB04191）；但DHR不包括为（b）（4）执行的所需最终测试的验收标准。

碳酸氢钠粉：

Ⅰ．2017年5月22日至6月7日期间制造的批次的（b）（4）DHR显示批次已放行以供分发（例如，批次号3796、3794和3786）；但DHR未能证明批次符合验收标准。干粉、碳酸氢钠和干燥剂程序（文件#WI60.008，日期：2017年5月1日）规定必须“检查”（b）（4）；但提供的可接受范围列为“（b）（4）”。DHR未包含可接受（b）（4）的特定范围，并且没有证据表明员工进行任何计算以验证（b）（4）是在作业指导书（#WI160.008）中列出的“（b）（4）”范围内。此外，DHR不包括记录样本（b）（4）的字段，操作员在DHR上使用附加注释。

FDA确认，你公司已修订了“最终验收检验-批量放行标准和试验”SOP WI190.001，版本3（2017年6月26日）以包括换算系数；但你公司未提供DMR或DHR的任何修订版本，以包括这些换算系数或在DMR和DHR中均未注明的可接受范围。因此，FDA不能认为你公司的回复是充分的，因为FDA无法审查你公司提出的纠正措施。此外，你公司审查和批准流程似乎不充分，因为DMR和DHR是在没有关键信息的情况下批准使用的。

FDA也强烈反对你公司只测量（b）（4）产品（b）（4）含量的做法。你公司不能保证你公司产品符合所有标签要求，并且在没有测试所有组件以进行最终产品验收的情况下符合规范。FDA注意到，你公司没有提供DMR或DHR中（b）（4）含量可接受范围的信息。

关于你公司液体碳酸氢盐产品，FDA确认你公司提供了一份修订的作业指导书，WI160.006，版本3

（2017年6月24日），其中包括一些引用的成品验收测试的可接受范围。但你公司修订版中未包含（b）（4）的可接受范围，也没有包含成品中（b）（4）的（b）（4）测试的特定范围。关于（b）（4），请参考ANSI/AAMI 13958：2014，但ANSI/AAMI文件不包括（b）（4）的最终可接受成品限值。尽管你公司提交了修订后的作业指导书，但你公司尚未提供修订后的DHR，其中还包括批准的成品验收标准。

对于你公司碳酸氢钠干粉产品，FDA确认你公司提供了WI60.008–（b）（4）（版本1，2017年6月）表格。FDA将在以后的检查中评价该表的使用及其在DHR中的包含情况；但FDA注意到重量验证表不包括可接受的（b）（4）。你公司作业指导书，WI60.008，第1版（2017年5月1日），“干粉、碳酸氢钠和干燥剂”程序表明，作为称重的一部分“（b）（4）”。本规范不明确，其中还要求你公司员工在计算（b）（4）时（b）（4）（哪些员工目前没有记录），而不是在验证表上打印明确确定的可接受范围。

7. 未能确保制造过程中使用的所有设备符合规定要求，且设计、构造、放置和安装适当以便于维护、调整、清洁和使用，以及未能建立和维护调整、清洁的时间表以及其他设备的维护，以确保满足21 CFR 820.70（g）和（g）（1）的要求。例如：

Ⅰ.（b）（4）水系统（b）（4）日志［用于记录（b）（4）维护检查］显示以下超差（OOT）值：

（b）（4）系统：

2016：审查的50（b）（4）份日志中有50份包含过滤器前后压力的OOT值。

2017：审查的23（b）（4）份日志中有23份包含过滤器前后压力的OOT值。

（b）（4）系统：

2016：审查的48（b）（4）份日志中有34份包含废品压力和/或产品流的OOT值。

2017：审查的23（b）（4）份日志中有19份包含废品压力和/或产品流的OOT值。

没有记录可证明已采取措施处理这些OOT值。

Ⅱ. 上述（b）（4）水系统（b）（4）日志还显示，你公司尚未确定以下操作标准的可接受范围:（b）（4）系统：水压循环、城市水压、进料总溶解固体、废品百分比（%）、废品流量、产品流量和（b）（4）水pH（b）（4）系统：设定点百分比（%）、废品率（%）、进料电导率和水温、产品温度、流速和（b）（4）水的pH值。

Ⅲ. 尚未制定制造设备的维护计划，例如，（b）（4）和（b）（4）机器，（b）（4）灌装机和压盖机以及（b）（4）。此外，没有记录证明对上述制造设备进行了维护活动。

Ⅳ.（b）（4）注水和配水管道系统尚未得到维护。FDA检查员发现你公司的管道系统有一处破裂（泄漏），导致与（b）（4）产品（b）（4）相连的阀门上积盐。

FDA认为你公司2017年7月5日的回复不充分。具体地说，你公司的回复未能解决你公司（b）（4）系统［（b）（4）］的任何超差（OOT）值，也未能解决允许OOT值未解决的人员培训和实践。此外，你公司的回复指出“（b）（4）”的可接受范围在你公司的“（b）（4）”，WI40.002（2017年5月1日）中有详细说明；但FDA审查了随你公司回复一起提交的作业指导书并注意到，无论是检查员指出的项目，还是你公司回复中指出的有限数量都不包含可接受范围，除了（b）（4）之外。

FDA确认你公司提交了设施、厂房和设备维护，WI30.003，版本1，2017年6月26日以及表SOP40.007A，设备清单和维护计划，表SOP40.007B，设备维护日志。FDA注意到，你公司没有提供任何关于如何确定维护计划和要求的信息。FDA也注意到你公司已表示将拆除各种秤进行常规清洗，但没有规定秤在重新组装后必须通过校准才能返回使用。FDA将在以后的检查中评价你公司设备维护计划。

你公司对管道和水系统问题的回复是令人担忧的，因为其中表明你公司系统经历了突然的压力增加并且管道系统的维护不足以防止系统破裂。说明你公司水系统在没有（b）（4）的情况下运行，也不清楚为什么你公司会出现这种压力增加的变化，从而导致你公司管道系统泄漏。如果你公司在回复中有任何其他信息支持该声明，FDA要求你公司将其提交给FDA审查。

检查员在泄漏现场观察到的泄漏和积聚似乎有一段时间没有得到解决，原因是积聚的数量太大，直到检查员指出，你公司才予以解决。此时，FDA无法确定你公司回复是否充分；你公司所述的纠正措施将在以后的检查中对其进行详细审查。

8．未能按照21 CFR 820.100（a）的要求建立并维护实施纠正和预防措施的规程。

具体为，纠正和预防措施规程（SOP#90.005）规定，客户投诉为“（b）（4）”。但在对客户投诉进行评价后，没有实施完整的纠正措施。例如：

Ⅰ．根据2016年11月18日的投诉#59，在一袋碳酸氢钠粉末中发现了塑料碎片。纠正措施之一是在（b）（4）的（b）（4）处对（b）（4）进行纠正；但在检查期间，检查员注意到（b）（4）未在使用中并且至少有一批碳酸氢钠（批次#3785）在（b）（4）未到位的情况下进行了填充。

Ⅱ．根据2016年12月28日的投诉#61，数加仑的酸浓缩液被错误地标注了不正确的钙含量。纠正措施之一是在使用前让质量保证部门（QA）批准标签；但标签责任和控制（作业指导书WI70.002，日期2017年5月1日）不包括标签的质量保证批准要求。

FDA认为你公司2017年7月5日的回复不充分。在检查过程中，你公司和你公司质量保证经理均声明（b）（4）不在（b）（4）上。你公司质量保证经理也表示该部分样本于2017年6月6日被移除，因为样本已损坏，当时他正陪同FDA的一名检查员前往该地区查看（b）（4）。你公司在2017年7月5日提交的回复中指出（b）（4）是因投诉而安装的，但由于其位置原因，根本看不到。对这种相互矛盾的信息不进行有意义的评价。如果你公司已修复并重新安装（b）（4），你公司可以提交照片以证明你公司采取纠正措施。

FDA要求澄清标签责任和控制WI70.002（第1版）与标签控制记录和区域批准WI60.001（第9版）之间的关系，因为它们与产品标签的控制和批准有关。尽管你公司修订表WI60.001包括质量保证批准，但WI70.002不包括标签质量保证批准的任何程序信息。另外，请澄清WI70.002标签核对部分中提到的“工作表”是什么以及实际是否为WI60.001表。

你公司回复表明，你公司要求QA检查San Farnando工厂的标签，但你公司声明，假冒伪劣行为并非发生在San Farnando工厂。但你公司未提供任何关于你公司Watertown, TN工厂在这方面的纠正措施信息。FDA知道，你公司的质量保证经理和管理代表对你公司的其他工厂负有一定的责任，如2017年3月对Watertown, TN工厂（b）（4）位置进行检查期间所述。FDA提醒你公司，你公司有责任确保所有地点都符合要求。请提供用于Diasol，批号TNA12123的DHR，包括所有质量保证批准，这是关于标签上钙含量不正确的投诉#61（参考上文）的主要内容。

9．未能按照21 CFR 820.198的要求建立并维护规程以确保由正式指定部门负责接收、审查和评价投诉。

Ⅰ．你公司程序符合“投诉［sic］文件程序”SOP#100.007，版本2（日期：2017年2月27日）未能包括具体细节以确保满足21 CFR 820.198（a）的要求。

Ⅱ．你公司投诉程序也未能确保根据21 CFR 820.198（c）的要求，对涉及器械、标签或包装可能不符合其任何规范的投诉进行审查、评价和调查。具体为，投诉#60（日期：2016年11月23日）报告了发送给客户的“短期日期”Citrisol酸液。档案不包括证明进行了调查的记录或资料。记录显示标签已“更新”，但没有解释不合格的原因或是否已将过期产品运送给客户。此外，“最终验收检验-批量放行标准和测试”程序（#WI90.001，日期：2017年5月1日）不包括验证有效期或产品标签的要求。

FDA已经审查了你公司2017年7月5日回复时提供的修订版“投诉文件程序”程序，#100.007，版本3（2017年6月4日）。与检查期间审查的先前版本相比，新版本的程序有很小的变更。值得注意的是，本一般性声明“（b）（4）”项下的唯一修订并未满足21 CFR 820.198中规定的所有程序要求，这些程序要求旨在确保所有投诉都能得到满意的记录、评价和调查（视情况而定）。

你公司对“短期日期”Citrisol酸液事件的解释还不清楚。你公司在第（b）（4）部分中声明，这似乎表明你公司有库存产品，随后延长了产品的有效期并打算重新标记库存产品，但没有这样做。请说明这是否是对情况的准确理解。如果是，FDA要求提供以下信息：①确定投诉产品的批号（未在提供给检查员的投诉表中列出）；②投诉批次的制造日期；③有效期正式延长的日期；④投诉批次的装运日期；⑤任何可能存在的重新标记指示和工作指令，包括质量部门对重新标记操作的审查和批准。

FDA确认你公司已在标签控制记录和区域批准表WI60.001（第9版）中添加了有效期的验证检查；但你公司的回复清楚地表明，产品包装上的标签正确。虽然更新你公司作业指导书可能会有所帮助，但并没有解答投诉文件中缺少调查文件的问题。

10．未能按照21 CFR 820.90（a）的要求建立并维护规程以对不合格品进行控制。

具体为，不合格品程序（文件#100.008，版本2，日期2017年2月27日）不包括对每项不合格进行评价的要求，包括确定是否需要进行21 CFR 820.90（a）中规定的调查。例如，（b）（4）不合格报告［（b）（4）］于2017年1月25日至1月30日针对（b）（4）批用不正确原材料制造的（b）（4）。这些报告都标记为无需采取纠正措施，也无需进行调查，但均未包括不需要调查的任何理由；即使在成品测试不合格之前未注意到差异，但在进货检验期间，原材料被错误地标记为可接受，而且你公司没有既定的原材料规范。

FDA确认，你公司提供了一份与你公司2017年7月5日的回复一致的产品不合格修订表；但FDA目前无法确定纠正措施的合理性。你公司未提供经修订的不合格程序以证明符合21 CFR 820.90中规定的要求。此外，你公司没有解答你公司未能建立原材料规范的问题，如FDA 483表中所述，你公司也没有提供任何关于在材料接收和验收期间采用的任何额外审查或批准的信息，以确保原材料在验收和批准使用前经过彻底和准确的审查。FDA要求你公司提供关于三份（b）（4）批产品（包括所有成品验收测试）所采用的经批准、确认的返工程序的附加文件。FDA还要求提供有关剩余（b）（4）批产品的完整文件，以证明这些产品是按照特定批准的DHR制造的并符合重新标记为（b）（4）产品的所有最终产品规范。

11．未能按照21 CFR 820.50（a）（1）的要求，根据潜在供应商、承包商和顾问满足规定要求（包括质量要求）的能力进行评价并保留评价文件。例如：

Ⅰ．没有记录证明用于包装碳酸氢钠粉末的透明聚乙烯袋供应商符合既定标准。尽管缺乏文件，但供应商仍被列入核准供应商名单。

Ⅱ．据报道，供应商评价包括对供应商的（b）（4）评价；但（b）（4）对用于制造你公司透析液产品的三种成分（氯化钠、碳酸氢钠和葡萄糖）的供应商进行了评价。

FDA已经审阅了你公司回复，但FDA无法根据提供的信息全面评价你公司所陈述的纠正措施。尽管你公司为一家塑料袋供应商提供了一份（b）（4），但与检查时所述的供应商不同。你公司认可的供应商名单显示一家（b）（4）聚乙烯袋供应商，（b）（4），但该公司没有供应商资格。FDA要求确认你公司是否曾使用（b）（4）作为供应商。如果是，FDA将继续要求提供供应商资格证明；如果不是，则检查期间提供的经批准的供应商名单不准确。如果你公司已经更新了经批准的供应商名单，FDA要求提供一份副本。

FDA确认，你公司2017年7月5日的回复包括（b）（4）检查期间讨论的三个部件供应商的回复。FDA注意到，表格上没有关于填写日期的规定，其中至少有一份表格根本没有日期，而其他表格是通过不同的机制填写的（如电子邮件日期、手写日期等）。FDA建议你公司填写表格的日期以便帮助你公司定期更新供应商文件。

12．未能建立和维护程序以确保按照21 CFR 820.72（a）的要求对设备进行例行校准、检查、检验和维护。具体如下：

Ⅰ．据报道，你公司用于测试你公司产品的pH计需要由外部校准实验室进行（b）（4）校准；但你公司校准项目程序（SOP#40.002）中没有记录此要求，也没有要求确保按照要求进行此（b）（4）校准。例如，最近三次（b）（4）对带有序列#（b）（4）的pH计的校准显示，该pH计在（b）（4）上校准，没有任何外部校准的记录可用于（b）（4）并且仅在25个月后由外部校准实验室在（b）（4）上校准。

Ⅱ．校准项目程序未要求用于检验、测量和试验设备的标准可追溯至21 CFR 820.72（b）（1）规定的国家或国际标准。例如，称重天平校准日志不能证明所使用的标准（校准砝码）可追溯到国家或国际标准。（b）（4）校准在（b）（4）用于称量制造原料的天平上进行。此外，刻度校准日志不包括为明确证明刻度符合规范而获得的公差范围或实际重量测量值。

FDA已经审查了你公司2017年7月5日的回复，但无法完全评估你公司所述纠正措施的合理性，因为你公司没有提供修订后的校准程序（SOP40.002）的副本。你公司回复表明该程序已修订，包括由外部公司进行的（b）（4）校准。在以后的检查中，将对该程序以及你公司遵循该程序的能力进行评价。

尽管你公司提供了pH计（b）（4）的校准证书，但除了2017年5月26日对（b）（4）的校准外，提供的所有证书与检查期间提供给检查员的相同。此外，FDA还需要进一步澄清你公司声明，即你公司“在上述（b）（4）期间使用了备用校准仪表”。目前尚不清楚你公司所引用的（b）（4）周期以及你公司如何确定校准范围内的pH计是当时唯一使用的仪表。你公司所作的观察与使用序列#（b）（4）校准pH计有关，根据你公司现有的文件，该仪器在25个月内未由外部实验室校准。

FDA确认你公司对秤校准日志的修订并将在以后的检查中审查这些日志。你公司的回复没有提及，也没有提供任何关于校准标准与国家或国际标准可追溯性的信息；因此，FDA认为你公司对这部分检查的回复是不完整的。

13．未能按照21 CFR 820.25（b）的要求建立程序，以确定培训需求并确保所有人员都经过培训并可充分履行其分配的职责并保存培训文件。

具体为，培训计划程序（文件#SOP20.007，版本1，日期2017年5月18日）没有涉及法规中规定的要求，包括确定所有员工的培训需求，确保人员接受培训以充分履行其分配的职责并确保培训记录在案。例如，没有为你公司任何员工建立培训需求，也没有为你公司的指定管理代表保留培训记录。

FDA已经审阅了你公司回复中提供的信息，但认为这还不够充分。你公司没有说明你公司培训计划程序，SOP20.007，版本1（日期2017年5月18日）是否已经修订。检查期间生效的程序版本缺乏关于每个职位具体培训需求的信息，包括适用于某些职位的特殊程序。此外，在检查过程中，检查员注意到你公司经理（同时也是你公司管理层代表）没有培训记录。你公司当时的回复是，管理层代表“很长一段时间”都在你公司工作，所以不需要培训。你公司回复表明，管理者代表在任职期间参加了各种培训，但你公司没有提供任何培训的证据或任何培训的具体内容的信息。鉴于你公司在检查期间的回复与你公司书面回复存在冲突，且没有任何培训文件，FDA认为你公司回复是不可接受的。

14．未能按照21 CFR 820.40的要求建立并保持文件控制程序。例如：

Ⅰ．未经批准的图表用于确定你公司酸浓缩产品（b）（4）和你公司碳酸氢盐产品（b）（4）的产品可接受性，该图表在你公司测试实验室使用。

Ⅱ．2017年2~4月，在（b）（4）批液态碳酸氢盐产品的生产和灌装过程中使用了未经批准的（b）（4）程序并将其纳入DHR。

你公司2017年7月5日的回复称，在你公司实验室观察到的产品可接受性图表并非针对你公司；但（b）（4）和（b）（4）的图表列出了与你公司产品特别对应的零件号和序列号。由于你公司未提供任何此类文件及你公司的回复，因此无法确定你公司声明的修订带有批准、签字和日期的图表的纠正措施；因此，FDA无法评价你公司声明的纠正措施。此外，FDA认为你公司对（b）（4）程序，WI#60.005的回复不充分，因为所提供的修订版（版本2，日期：2017年6月9日）未包括液态碳酸氢盐的（b）（4）程序。WI#60.005，版本2仅包括Diasol酸性浓缩物（b）（4）和（b）（4）生产线维护部分。此外，你公司回复并不能保证“操作员简短版本”已从你公司“批记录”（即器械历史记录）中删除。根据观察到的未经批准程序的使用情况，你公司没有提供任何信息来说明你公司已采取措施调查未经批准的程序是如何被允许使用的，为什么会有未经批准的“简短版本”，或者你公司将采取何种措施防止此类问题再次发生。

此外，FDA注意到，你公司似乎没有对根据（b）（4）程序的“简短版本”制造的（b）（4）批液态碳酸氢盐进行任何审查或评估，即使向FDA检查员提供的经批准的（b）（4）程序QOP-71-01，第13版（日期：2017年2月7日）和未经批准的“短版本”（b）（4）程序［在2017年2~4月期间，在液态碳酸氢盐批次的生产（b）（4）中使用］之间存在一些差异。潜在的显著差异包括（b）（4）（QOP-71-01，版本13）指令与“简短版本”中的（b）（4）指令相比。FDA未提及你公司回复中包含的作业指导书WI#60.005（版本2）的修订，因为其不包含（b）（4）液体碳酸氢盐说明，如上所述。

15．未能按照21 CFR 820.22（a）的要求建立质量审核程序。

具体为，你公司尚未按照内部质量审核程序#90.006（日期：2017年3月27日）的要求制定2017年度审核计划。

FDA已经审阅了你公司2017年7月5日的回复并确认你公司打算于2017年7月10日开始审核的声明。在以后的检查中，将评价这一措施以及你公司今后遵守程序的能力。

FDA的检查（还）表明，你公司的器械根据《法案》第502（t）（2）节［21 U.S.C.§ 352（t）（2）］的定义属于假冒伪劣产品，因为你公司未能或拒绝提供《法案》第519节（21 U.S.C.§ 360i）和21 CFR 803 - 医疗器械报告中要求的器械相关材料或信息。重大违规事项包括但不限于以下内容：

未能按照21 CFR 803.17的要求制定、维护和执行书面MDR规程。具体为，MDR［医疗器械报告］程序未包括对评价信息的文件和记录保存要求，以确定事件是否可报告。FDA检查员审查了五份投诉记录中的五份投诉记录［投诉#58~62，日期（b）（4）］被标记为“MDR可报告事件……编号”；但档案中没有任何信息证明这一决定是正确的。例如，投诉#58报告在1加仑浓缩液中发现1只昆虫；投诉#59报告在1袋粉末碳酸氢盐中发现1块塑料；投诉#61报告1加仑浓缩液中钙浓度不正确。但你公司没有对患者的风险进行评价，记录中也没有说明这些事件未予报告的原因。

在审查你公司2017年7月5日的回复后，FDA认为你公司纠正措施力度不够。具体为，你公司的纠正措施是提交一份你公司对客户投诉记录的细微修改（表格100.007A，版本3）。修订后的表格没有说明你公司MDR程序，SOP 90.007，版本3（日期：2015年8月3日），该程序未能按照21 CFR 803.17的要求纳入用于评价和确定事故是否可报告的要求。如果不审查修订后的程序并评价该程序的执行情况，FDA认为你公司回复是不能接受的。

你公司在2010年收到了一封警告信（WL35-10），内容涉及San Fernando, CA和Phoenix, AZ工厂。在这封警告信之后，2011年在洛杉矶地区办事处召开了一次监管会议，发现你公司对警告信的回复不充分。最近，你公司收到了一封警告信#522511-01（2017年7月12日），关于你公司位于Watertown, TN的Diasol East公司。对你公司Diasol, Inc. 公司Phillipsburg, NJ的工厂进行检查，时间为2017年5月8日至6月15日，同样得出了10项FDA 483检查发现问题清单。根据你公司的监管历史记录和最近观察到的普遍缺陷，FDA担心你公司是否有能力在整个公司范围内采取适当的、系统的、可持续的纠正措施。

你公司应尽快采取措施纠正此信函中所涉及的违规事项。如若未能及时纠正这些违规事项将导致FDA采取法律措施且不会事先通知。这些措施包括但不限于：查封、禁令、民事罚款。此外，联邦机构可能会被告知关于器械的警告信，因此他们在考虑授予合同时可能会考虑这些信息。另外，由于存在相关的质量体系法规偏差，除非这些违规事项得到纠正，否则Ⅲ类医疗器械上市前审批申请不会通过。在与有关器械相关的违规事项没有完成纠正前，出口销售证明的申请将不予批准。

请于收到此信函的15个工作日内，将你公司已经采取的具体整改措施，以及你公司准备如何防止这些违规事项或类似行为再次发生的计划，书面回复本办公室。回复中应包括你公司已经采取的纠正措施和/或能系统性解决问题的纠正行动相关文档。如果你公司需要一段时间来实施这些纠正和/或纠正措施，请提供一个实施的时间表。如果纠正和/或纠正措施不能在15个工作日内完成，请说明理由和能够完成的时间。你公司的回复应完整并解决警告信中包含的所有违规事项。

最后，请注意该警告信并非旨在罗列你公司违规事项的完整清单。你公司负有遵守法律和FDA法规的主体责任。检查结束时发布的本信函和检查发现问题清单（FDA 483）中记录的具体违规事项可能表明你公司生产和质量管理体系中存在严重问题。你公司应调查并确定这些违规事项的原因，迅速采取措施纠正违规事项并重新使产品合规。

第24封　给Curasan AG，Frankfurt Facility的警告信

生产质量管理规范/质量体系法规/医疗器械/伪劣/标识不当

CMS # 534581

2017年8月23日

尊敬的M先生：

美国食品药品管理局（FDA）于2017年5月8日至2017年5月11日，对你公司位于德国Frankfurt，的医疗器械进行了检查。检查期间，FDA检查员已确认你公司为Cerasorb Dental、Cerasorb M Dental、Cerasorb Perio、Revios Implant System、Ingenios HA（Osbone DENTAL）、IngeniOs Beta-TCP Bioactive（Ceracell DENTAL）以及Cerasorb Ortho Foam的生产制造商。根据《联邦食品、药品和化妆品法案》（以下简称《法案》）第201（h）节［21 U.S.C.§ 321（h）］，凡是用于诊断疾病或其他症状，对疾病有治愈、缓解、治疗或预防作用，或是可以影响人体结构或功能的器械，均为医疗器械。故你公司涉及检查的产品为医疗器械。

本次检查表明，这些医疗器械的生产、包装、储存或安装中使用的方法、设施或控制不符合质量体系法规（21 CFR 820）对现行生产质量管理规范（cGMP）要求，根据《法案》第501（h）节［21 U.S.C.§ 351（h）］的规定，属于伪劣产品。2017年7月11日，FDA收到了质量管理代表Dirk Büschgens就FDA检查员在FDA 483表（检查发现问题清单）的回复。FDA针对回复，处理如下。这些违规事项包括但不限于以下内容：

1．未能根据21 CFR 820.30（g）建立和维持器械设计的确认程序。

具体而言，在你公司的《设计控制程序》（文件编号FEI.102，第2版）中，将开发确认描述为为了确保产品满足已知预期用途的要求而进行的活动。对Osbone Dental的设计历史文档（DHF）进行的审查显示，该DHF于2009年7月完成，但并未进行任何设计确认。

FDA审查了你公司的回复，认为该回复不充分。这些纠正措施涉及文档的修订和人员的培训；然而，并未说明你公司现有产品接受过系统审查以保证实施了充分的设计确认程序。此外，并未对纠正措施（包括最新程序）的有效性进行验证。

2．未能按照21 CFR 820.70（a）的要求开发、实施、控制并监控生产过程，以确保器械符合其技术要求。

具体而言，在Ingenios-HA合成骨颗粒的生产中，你公司尚未针对（b）（4）制定相应生产程序，并据此生产（b）（4）。

FDA审查了你公司的回复，认为其不充分。这些纠正事项包括对SOP P3.229［（b）（4）］进行修订，检查其他程序、扩充器械主记录规范，以及培训相关人员。然而，这些纠正事项并未包括对这些程序和培训更新的有效性验证，也不包括对因缺乏生产程序而导致的潜在不良事件的审查。

3．未能建立和维持一项由正式指定单位接收、审查和评估投诉事项的程序，不符合21 CFR 820.198（a）的要求。

具体而言，你公司的《如何处理投诉程序》（文件#QM3.102，第1版）并未要求通过评估来确定是否应将其作为医疗器械报告（MDR）提交给FDA。从2016年1月至2017年5月的记录中抽取的11份投诉中，有11份缺乏MDR评估。

FDA审查了你公司的回复，认为其不充分。你公司提供了最新的投诉处理程序和投诉处理表。为评估有效性，你公司已确认所有程序均已更新，但是，你公司并未评价更新后的程序在评估MDR可报告性的投诉的有效性。

FDA的检查显示，你公司的器械存在贴错标签情况，因为你公司未能或拒绝提供《法案》第519节［21 U.S.C.§ 360（i）］和21 CFR 803“医疗器械报告”所要求的器械相关材料或信息，不符合《法案》第502（t）（2）节、［21 U.S.C.§ 352（t）（2）］的规定。重大违规事项包括但不限于以下内容：

你公司未能制定、维护和实施21 CFR 803.17要求的书面的MDR程序。例如，在对你公司的检查中，你公司承认并没有书面的MDR程序。

FDA审查了你公司2017年7月11日的回复，认为其不充分。

例如：在审查了你公司2017年6月1日题为“医疗器械警戒和报告系统QM3.103-01”的MDR程序后，FDA注意到以下问题：

1．本程序并未建立能够及时有效地识别、沟通和评估可能受MDR要求监管的事件的内部体系。例如：

a．本程序包括对21 CFR 803.3中术语“MDR可报告事件”和“严重伤害”的定义。本程序省略了对21 CFR 803.3中术语“获知”和“引起或促成”的定义。程序中将这些术语的定义排除在外，可能会导致你公司在评估可能符合21 CFR 803.50（a）报告标准的投诉时，无法正确判断其可报告性。

b．术语“故障”和“严重伤害”的定义以及术语“合理建议”的定义分别与21 CFR 803.3节和21 CFR 803.20（c）（1）中术语的定义不一致，这将使你公司无法正确地将投诉确定为可报告事件。

2．本程序没有为及时传送完整的医疗器械报告建立内部系统。具体而言，未涉及以下内容：

a．尽管程序中提到了30天和5天报告，但并未说明是按日历日还是工作日计算。

3．本程序并未说明你公司将如何处理文档，也未说明记录保存要求，包括：

a．不良事件相关信息文档，保存为MDR事件文件。

b．确定事件是否为可报告事件而进行的评估信息。

c．用来确定与器械相关的死亡、严重伤害或故障是否为可报告事件的全部审议意见和决策过程的文档。

d．获取信息的系统有助于FDA及时跟进和检查。

联邦机构会得知关于器械的警告信，以便在签订合同时考虑上述信息。此外，如果FDA确定您违反了质量体系法规，且这些违规行为与Ⅲ类器械的上市前批准申请有关联，则在纠正这些违规行为之前，将不会批准此类器械。请在收到本信函之日起15个工作日内将你公司为纠正上述违规行为所采取的具体步骤书面通知本办公室，并说明你公司计划如何防止此类违规行为或类似违规行为再次发生。包括你公司已经采取的纠正措施（必须解决系统问题）的文件材料。如果你公司计划采取的纠正措施将逐渐开展，请提供实施这些活动的时间表。如果无法在15个工作日内完成纠正，请说明延迟的原因以及完成这些活动的时间。如有非英文文档，请提供一份翻译件，以方便FDA审查。FDA将通知你公司有关回复是否充分，以及是否需要重新检查你公司的工厂，验证你公司是否已采取了适当的纠正措施。

最后，请注意本信函未完全包括你公司全部违规行为。你公司有责任遵守FDA所有的法律和法规。本信函和检查结束时签发的FDA 483表（检查发现问题清单）中记录的具体违规行为可能表明你公司制造和质量管理体系中存在严重问题。你公司应查明违规原因并及时采取纠正措施，确保产品合规。

第25封　给Preservation Solutions, Inc. 的警告信

生产质量管理规范/质量体系法规/医疗器械/伪劣

CMS # 535013

2017年8月21日

尊敬的S先生：

美国食品药品管理局（FDA）于2017年4月21日至2017年5月19日，对位于Elkhorn, Wisconsin的你公司进行了检查，FDA检查员已确认你公司为器官移植保存液的生产制造商，根据《联邦食品、药品和化妆品法案》（以下简称《法案》）第201（h）节［21 U.S.C.§ 321（h）］，凡是用于诊断疾病或其他症状，对疾病有治愈、缓解、治疗或预防作用，或是可以影响人体结构或功能的器械，均为医疗器械。故你公司涉及检查的产品为医疗器械。

本次检查表明，这些医疗器械的生产、包装、储存或安装中使用的方法、设施或控制不符合质量体系法规（21 CFR 820）对现行生产质量管理规范（cGMP）的要求，根据《法案》第501（h）节［21 U.S.C.§ 351（h）］的规定，属于伪劣产品。你公司可通过FDA主页www.fda.gov的链接找到《联邦食品、药品和化妆品法案》和FDA法规。

2017年6月12日，FDA 收到你公司针对FDA检查员出具的FDA 483表（检查发现问题清单）的回复。FDA针对你公司的回复，处理如下。这些违规事项包括但不限于以下内容：

1．未能按照21 CFR 820.75（a）的要求，基于已确立的程序充分确认工艺，其结果无法完全得到后续检验和测试的验证。

尤其是，对介质灌装、稳定性、设备、洁净间和工艺的确认尚未完成和/或未能遵循书面确认方案/程序，而且证实不符合要求。例如：

A．对于介质灌装，尚未根据“通过无菌加工生产的无菌药品”（引用为已遵守）充分制定“无菌过程确认的灌装方案–0.5L、1L和2L袋”（PS509）。例如：

i．你公司尚未定义以下各项：

（1）常规和非常规干预；

（2）与加工线上的最长允许运行相关的因素可能会造成污染风险；

（3）无菌加工操作的正常灌装时间或持续时间，因此不清楚介质灌装是否代表常规或最恶劣情况下的生产活动；

（4）洁净间中允许的人员数量、换班次数以及要执行的活动；

（5）机制已落实到位，用于跟踪所有在生产期间获授权进入特定无菌加工室的人员，以确保他们（b）（4）符合你公司的方案；

（6）正常生产速度。

ii．A．未根据参考指南的要求，将洁净间中HEPA过滤器的HEPA过滤器效率试验包括在内。

B．于2016年9月20日在洁净间套房3执行的介质灌装确认#FVK092016缺乏支持符合研究设计或确认方案要求的客观证据。例如：在开始灌装过程之前，介质灌装计算未按要求经过QA审查；并且开始/结束时间未记录在支持（b）（4）的“（b）（4）试验记录”中。

C．旨在支持2年储存期的2L袋装冷藏移植溶液的“（b）（4）两（2）年等效性的加速老化研究”缺少：

i．支持将渗透压技术规范从（b）（4）改为（b）（4）的理由；2010年1月18日的基线结果为（b）（4）mOsm/kg。

ii．无理由在2010年4月20日、2010年4月3日、2010年4月11~13日、2010年5月24日、2010年5月25日、2010年5月31日和2010年6月27日接受温度和/或相对湿度要求超出技术规范的结果。

iii．在2011年1月26日接受未能符合（b）（4）实际结果验收标准的（b）（4）袋子的（b）（4）的（b）（4）检查结果的理由。

iv．由Preservation Solutions, Inc.审查和批准。

D．针对实时储存的“稳定性研究（b）（4）CoStorSol冷藏溶液”缺少：

i．接受不符合（b）（4）技术规范的温度和相对湿度结果的（b）（4）记录中的（b）（4）的理由。

ii．由Preservation Solutions, Inc.审查和批准。

E．对于设备合格：

i．未遵循程序“设备合格计划”（SP1077）。步骤（b）（4）要求如下：EDQ（设计合格）将在进入IQ之前执行；将在设备的整个寿命周期内定期执行PQ，如部门负责人所决定。然而，无证据证明在生产器官移植保存液中使用的泵、秤和密封器的EDQ或PQ。

ii．“安装合格记录”缺少说明是否符合以下各项的设备要求（包括环境条件）的回复：（b）（4）泵［设备ID（b）（4）］；（b）（4）密封器［设备ID（b）（4）］；和（b）（4）天平［设备ID（b）（4）］。此外，未针对泵或密封器指定生产商的环境要求。这些记录在未识别这些缺陷的情况下获得批准。

F．未能符合“洁净间确认方案”（PS513）步骤（b）（4）中针对以下各项规定的验收限值：

i．（b）（4）试验：无证据证明（b）（4）试验与（b）（4）一起执行。

ii．未提供支持洁净间根据SOP PS513中引用的SO14644-3提供（b）（4）的客观证据。

iii．“洁净间清洁程序”（SP1068）允许进行“局部”清洁，其中包含（b）（4）。然而，尚未确认这种类型的清洁，以证明这种方法充分或可接受。

FDA审查了你公司的答复，发现其并不充分。你公司在回复中表示，将会更新PS509，以包括上述1.A.i.（1）~（6）中提到的缺陷的具体定义或列表；然而，未提供更新程序以供审查。此外，你公司未描述或承诺系统纠正措施，例如审查所有确认程序、方案和报告，以确保不存在其他违规事项。

2．未能按照21 CFR 820.198（a）的要求充分建立和维护由正式指定单位接收、审查和评估投诉事项的程序。

具体为，在你公司自2017年1月11日以来收到的四起投诉中，全部未能遵循程序“投诉/产品相关反馈处理计划”（SP1051）；所有四起投诉均报告有缺陷或不符合技术规范。例如：

A．据报告，这四起投诉均为口头收到，未填写这四起投诉的“客户反馈记录表”（步骤（b）（4））。

B．未将投诉输入纠正措施系统中（步骤（b）（4））。

C．这类投诉识别为“白色”投诉，将这些类型的投诉描述为非应报告的事件，且未指出针对缺陷的指控（（b）（4）；所有这些投诉均报告了某种类型的缺陷或不符合技术规范。

D．无记录在案的QA审查和批准用于回复投诉，也无支持将投诉传达给责任人的客观证据，或者QA人员核实PSI对客户/投诉人的回复是适当的（步骤（b）（4））。

FDA审查了你公司的答复，发现其并不充分。尽管你公司已承诺将在观察事项中识别的四起投诉输入纠正措施系统中，如你公司的程序中所述，但你公司并未说明是否已完成回顾性审查，以确保已正确地将其他投诉输入纠正措施系统中以供审查和评价。

3．未能按照21 CFR 820.70（c）的要求，充分制定控制环境条件的程序。

具体为，你公司未能符合“无菌操作洁净间实践”（SP1044）中描述的要求。步骤（b）（4）规定：“必须在用于无菌生产的洁净间中维持严格的环境控制：洁净间内的所有表面在使用前均必须经过灭菌，并监测环境因素，如空气流速和压力、无活性颗粒、温度、湿度和微生物的存在情况。”例如：

A．未监测洁净间的湿度。

B．未频繁监测洁净间内的压差；已检查压力（b）（4）。

此外，洁净间压力在2016年5月9日记录为（b）（4）；在2016年5月12日记录为（b）（4）；以及在2016年5月18日记录为（b）（4）；技术规范为（b）（4）和（b）（4）。在审查单位的记录时未识别这些超出技术规范的结果。

FDA审查了你公司的答复，发现其并不充分。FDA注意到，你公司对2016年5月9日、2016年5月12日和2016年5月18日记录的超出技术规范（OOS）的压力读数的回复，并未说明为什么在审查文件时未识别这些OOS结果。此外，你公司在已安装经过确认的湿度监测系统时才说明存放在设施中的成品的储存条件。

4．你公司未能按照21 CFR 820.80（b）的要求充分建立外来产品验收程序。例如：

A．未遵守“生产时使用的化学品的接收和处理质量保证程序-化学成分试验限值”（PS410），因为不符合多种化学品的分析要求和/或试验限值。“原材料编号程序”（SP1038）和描述需要符合的要求的相关表格经常不同于PS410程序要求。接收和接收材料的人员使用该表格。上述缺陷以及在检查期间注意到的缺陷示例见下文。

B．程序PS410缺乏用于生产CoStorSol和MaPerSol器官移植保存液的注射用水的技术规范。

FDA审查了你公司的答复，发现其并不充分。你公司承诺更新你们的程序，以确保发现并解决任何不一致之处。然而，你公司尚未提供更新后的程序以供审查。另外，FDA承认你们更新注射用水技术规范以符合《美国药典》和《欧洲药典》的定义；但除审查供应商的分析证书之外，你们的回复未说明已开展哪些附加试验来确保所购买注射用水符合这些技术规范。

5．未能按照21 CFR 820.100（a）的要求充分建立和维护实施纠正和预防措施的程序。例如：

A．未能按照“纠正及预防措施”（SP1015）步骤（b）（4）中所载要求，启动“纠正措施报告（CAR）”以调查现有或潜在不合格项和纠正措施。该程序规定，每当收到以下信息时填写一份CAR：客户投诉、中间材料拒收、成品拒收和其他产品相关不合格项。

i．投诉69、70、71和72无CAR。

ii．以下过程不符合项无CAR：

1．（b）（4）。

2．（b）（4）。

3．（b）（4）。

4．（b）（4）。

B．步骤（b）（4）规定“预防措施将通过质量数据（涉及潜在不符合项及其原因）跟踪和趋势分析进行识别。”没有证据支持将“环境不合格项检查表”包括为趋势数据的一部分。

C．不利趋势数据未提供正确识别潜在趋势所需的信息（例如，器械类型或尺寸、工作人员或其在活动执行期间的班次）。

FDA审查了你公司的答复，发现其并不充分。尽管你们单独说明了每项观察结果，但你们并未描述或承诺执行CAPA系统的任何系统性纠正措施或回顾性审查，从而确保不存在其他违规事项。

你公司应尽快采取措施纠正本信函中所述的违规行为。如若未能及时纠正这些违规行为，可能导致FDA在没有进一步通知的情况下启动监管措施。监管措施包括但不限于：没收、禁令和民事罚款。此外，联邦机构会得知关于器械的警告信，以便在签订合同时考虑上述信息。此外，如果FDA确定您违反了质量体系法规，且这些违规行为与Ⅲ类器械的上市前批准申请有关联，则在纠正这些违规行为之前，将不会批准此类器械。同时，如果FDA确定你公司的器械不符合法案的要求，则不会批准出口证明（Certificates to Foreign Governments，CFG）的申请。请在收到本信函的15个工作日内将你公司为纠正上述违规行为所采取的具体步骤书面通知本办公室，并说明你公司计划如何防止此类违规行为或类似违规行为再次发生。包括你公司已经采取的纠正措施（必须解决系统问题）的文件材料。如果无法在15个工作日内完成纠正，请说明延迟的原因以及完成这些活动的时间。你公司的回复应全面，并解决此警告信中所包括的所有违规行为。

最后，请注意本信函未完全包括你公司全部违规行为。你公司有责任遵守FDA所有的法律和法规。本信函和检查结束时签发的FDA 483表（检查发现问题清单）中记录的具体违规行为可能表明你公司制造和质量管理体系中存在严重问题。你公司应查明违规原因并及时采取纠正措施，确保产品合规。

第26封 给MB Industria Cirurgica Ltda的警告信

生产质量管理规范/质量体系法规/医疗器械/伪劣

CMS # 532799

2017年8月4日

尊敬的M先生：

美国食品药品管理局（FDA）于2017年3月13日至2017年3月16日，对你公司位于巴西保利斯塔（Paulista）的工厂进行了检查。检查期间，FDA检查员已确认你公司为伤口敷料的生产制造商。根据《联邦食品、药品和化妆品法》（以下简称《法案》）第201（h）节［21 U.S.C.§ 321（h）］，凡是用于诊断疾病或其他症状，对疾病有治愈、缓解、治疗或预防作用，或是可以影响人体结构或功能的器械，均为医疗器械。故你公司涉及检查的产品为医疗器械。本次检查结果表明，这些医疗器械的生产、包装、储存或安装中使用的方法、设施或控制不符合质量体系法规（21 CFR 820）对现行生产质量管理规范（cGMP）要求，根据《法案》第501（h）节［21 U.S.C.§ 351（h）］的规定，属于伪劣产品。这些违规事项包括但不限于以下内容：

1．当过程结果无法通过后续的检查和检测得到充分验证时，你公司未能确保在高级别保证下对该过程进行确认，并按照既定程序进行批准，不符合21 CFR 820.75（a）的要求。

例如，你公司尚未对（b）（4）器械的下列制造过程进行确认：

a．确保同质，以及（b）（4）和（b）（4）同时运转的（b）（4）。

b．确保（b）（4）能够保证器械为（b）（4）的（b）（4）。

c．可确保袋子均匀密封以及灭菌后产品保持无菌的包装过程。

2．当合理预期环境条件会对产品质量产生不良影响时，你公司未能确保建立并维护相应的程序，对环境条件进行充分控制，不符合21 CFR 820.70（c）的要求。例如：

a．根据“洁净间规范和要求标准操作程序，MFG.SOP.009”的规定，你公司没有文档证明洁净间的安装、测试和符合ISO 14644要求的批准。

b．你公司未遵循器械主记录中（b）（4）过程对洁净间环境的要求。洁净间环境要求根据ISO 14644中对100000级（ISO 7级）和温度（b）（4）的规定，明确了须在受控区域内进行的生产活动。但是，用于生产过程（b）（4）的洁净间每年仅进行一次ISO 8级洁净间认证，并且在（b）（4）室内的标牌上观察到当前的温度要求（b）（4）。

c．2017年5月1日、2017年9月1日、2017年11月1日、2017年12月1日和2017年2月2日记录的温度读数均高于器械主记录中规定的温度限值（b）（4）。你公司未记录任何针对这些偏移展开的评估活动，未确定其是否对产品有任何影响。

d．在#050916批次的生产记录上看到一份手写的说明，显示了在2016年9月19日当日，（b）（4）持续约四小时，在上午影响了（b）（4）室和洁净间。在（b）（4）关闭数日后，你公司没有为洁净间的（b）（4）条件制定相关程序。

e．你公司没有制定一项环境控制计划来充分地监测清洁度和生物污染水平。

3．未能按照21 CFR 820.100（a）的要求建立和维护实施纠正和预防措施的程序。

例如，你公司的纠正和预防措施程序（“处理不合格及纠正和预防措施的程序”，PQ 1-3，第09版，日期2016年8月1日）有待完善，包括：

a．本程序未要求对质量数据进行分析。质量数据分析是识别现有质量问题、潜在质量问题或经常出现的质量问题的手段。对投诉数据的分析表明，你公司收到与（b）（4）相关的投诉数量有所增加（从2015年的36例到2016年的46例），其中约50%的投诉与泄漏有关。但是，你公司并未对此进行评价，并根据评价结果决定是否需要采取行动。

b．本程序未要求将与质量问题或不合格品有关的信息传递给直接负责保证产品质量或预防相关问题的人员；也未对已发现的质量问题提交相关信息，以及采取纠正和预防措施，以供管理人员评审。

4．未能按照21 CFR 820.198（a）的要求建立和维护由正式指定单位接收、审查和评价投诉事项的程序，例如：

a．投诉处理程序（“产品信息和投诉客户服务程序”，PRD 8-1，第08版，日期：2016年8月10日）有待完善，因为该文件缺乏以下要求：

i．必须及时处理所有投诉；

ii．口头投诉应在收到后记录在案；

iii．对投诉进行评价，以确定该投诉是否属于21 CFR 803“医疗器械报告”要求向FDA报告的事件。

b．你公司尚未实施投诉处理调查程序（“产品信息和投诉客户服务程序”，PRD 8-1，第08版，日期2016年8月10日，以及“处理不合格及纠正和预防措施的程序”，PQ 1-3，第09版，日期2016年8月1日），因为相关调查和调查结果并未按照这些程序的要求记录在案。

5．未能建立和维持能够确定审查责任和不合格品的处理权限的相关程序，不符合21 CFR 820.90（b）（1）的要求。例如：

a．在不合格程序（“处理不合格及纠正和预防措施的程序”，PQ 1-3，第09版，日期2016年8月1日）确定和记录不合格品处置的要求，以及当授权使用不合格品时，可以使用的理由和授权使用不合格品的人员签名。

b．你公司尚未实施不合格程序（“处理不合格及纠正和预防措施的程序”，PQ 1-3，第09版，日期2016年8月1日），因为质量部声明在生产记录中记录了在制造区域发现的不合格产品，但并未根据需要进行评估和调查。

6．未能建立和维护成品器械验收相关程序，以确保每次生产运行、每个批次的成品器械均符合验收标准，不符合21 CFR 820.80（d）的要求。

例如，你公司尚未实施大规模放行（b）（4）进行分销的程序批次发布程序（b）（4），第03版，日期2016年10月31日，第5.2节“质量控制部将发送一份备忘录，其中包含检测的批号并发布给生产主管”。对11份器械历史记录（DHR）的审查显示，记录中不存在任何此类备忘录。与这些DHR相关的产品批次已放行，但未经质量控制部门审查。

7．未能建立和维护相关程序，以确保对设备进行常规校准、检查、检验和维护，不符合21 CFR 820.72（a）的要求。

例如，你公司尚未实施其设备校准程序“控制程序及控制设备管理，用于检验和测试测量”，PQ 1-11，第8版。日期2016年9月20日，因为（b）（4）的（b）（4）设备从未校准。

8．未能建立完善的程序来确定培训需求，并确保所有人员都接受了培训，以充分履行其规定的职责，不符合21 CFR 820.25（b）的要求。例如：

a．你公司的管理代表和质量小组表示并不了解质量体系法规的要求，未意识到其需要满足（b）（4）出口到美国的相关要求。

b．题为“招聘、选拔和培训程序”的培训程序（PRH 9-1，第11版，日期2016年9月30日）有待完善，因为在更新程序以确保公司人员能够按照最新版程序的要求充分履行其指定职责时，你公司并未确定、执行和记录人员的培训。两名员工使用了已经作废版本的不合格品报告单“纠正和预防措施的程序”（PQ 1-3，第2版，日期2016年5月19日）。本表单已于2015年12月15日修订为第3版。使用此表单错误版本的管理人员代表表示，他并未意识到此不合格品报告单的变化。

9．未能建立适当的质量审核程序并进行此类审核以确保质量体系符合已建立的质量体系要求及有效性，不符合21 CFR 820.22的要求。

例如，你公司未实施内部质量审核程序“内部质量审核程序”（PQ 1-1，第3版，日期2016年8月1日），第4.2节“应定期（至少每6个月一次）进行内部审核”和第4.3.1节“公司的审核范围——质量管理、生产、人力资源、采购、质量控制、储存、销售、行政机构、实验室和灭菌部。”你公司未按要求至少每六个月进行一次内部质量审核以确保质量体系符合质量体系的要求。最近一次的内部质量审核是在7个月前，2016年8月18~19日进行的，在此之前的审核是在2015年12月3~29日进行的，从上一次审核开始时间也超过了6个月。此外，2015年12月3~29日的审核未涵盖实验室。

FDA的检查还显示，你公司的器械存在标识错误，因为你公司未能或拒绝提供《法案》第519节（21 U.S.C.§ 360i）和21 CFR 803“医疗器械报告”所要求的器械相关材料或信息，不符合《法案》第502（t）（2）节［21 U.S.C.§ 352（t）（2）］的规定。重大违规事项包括但不限于以下内容：

10．没有制定、维护和实施书面医疗器械报告（MDR）程序，不符合21 CFR 803.17的要求。

例如，你公司尚未制定相关程序，以确保及时有效地识别、沟通和评价可能属于医疗器械报告要求监管的事件；确定事件是否满足报告标准的标准化审查过程；及时向US代理人传输完整的医疗器械报告；以及文档和记录保存要求。

联邦机构会得知关于器械的警告信，以便在签订合同时考虑上述信息。此外，如果FDA确定您违反了质量体系法规，且这些违规行为与Ⅲ类器械的上市前批准申请有关联，则在纠正这些违规行为之前，将不会批准此类器械。

请在收到本信函之日起15个工作日内将你公司为纠正上述违规行为所采取的具体步骤书面通知本办公室，并说明你公司计划如何防止此类违规行为或类似违规行为再次发生。包括你公司已采取的纠正措施（必须解决系统性问题）的文件材料。如果你公司计划采取的纠正措施将逐渐开展，请提供实施这些活动的时间表。如果无法在15个工作日内完成纠正，请说明延迟的原因以及完成这些活动的时间。如有非英文文档，请提供一份翻译件以方便FDA审查。FDA将通知你公司有关回复是否充分以及是否需要重新检查你公司的工厂，以验证你公司是否已采取了适当的纠正和/或纠正措施。

最后，请注意本信函未完全包括你公司全部违规行为。你公司有责任遵守FDA所有的法律和法规。本信函和在检查结束时签发的FDA 483表中记录的具体违规行为可能表明你公司的制造和质量管理体系中存在严重问题。你公司应查明违规原因，并及时采取纠正，确保产品合规。

第27封　给Steiner Laboratories的警告信

试验器械豁免（IDE）/上市前批准申请（PMA）

CMS # 518625

2017年7月21日

尊敬的S博士：

美国食品药品管理局（FDA）于2016年12月12日至2016年12月16日对你公司进行检查时，发现你公司存在一些违规项。此次检查的目的是调查你公司在关于Ridge Graft和Skeletal Graft的重大风险（SR）临床研究中作为申办者和研究者所采取的活动和程序是否符合适用联邦法规要求。根据《联邦食品、药品和化妆品法案》(以下简称《法案》）第201（h）节［21 U.S.C.§ 321（h）］，凡是用于诊断疾病或其他症状，对疾病有治愈、缓解、治疗或预防作用，或是可以影响人体结构或功能的器械，均为医疗器械。故你公司涉及检查的产品为医疗器械。本信函要求你公司立即采取纠正行动，以解决所述违规问题并讨论你公司于2017年1月31日对FDA 483表所述观察结果做出的书面回复。

此次检查属于一项保证程序，该程序旨在确保试验用器械豁免（IDE）申请、上市前批准申请与上市前通知［510（k）］中所含数据和信息科学有效且准确无误。该程序的另一目的是保证人类受试者在科学研究期间免受危险或风险。

FDA审核了地区办公室编制的检查报告，发现你公司严重违反了21 CFR 812-试验用器械豁免和21 CFR 50-人类受试者的保护，以及《法案》第520（g）节［21 U.S.C.§ 360j（g）］规定的相关要求。检查结束时，FDA检查员出具了一份检查发现问题清单FDA 483供你公司审核，并与你公司商讨了表中所列检查观察结果。表FDA 483所列偏离项、你公司书面答复及FDA对检查报告的后续审核讨论如下：

1．在接受人类受试者参与研究前，未向FDA提交IDE申请，未获得FDA与机构审查委员会（以下简称IRB）对IDE的批准。［21 CFR 812.20（a）（1）和（a）（2）、21 CFR 812.40、21 CFR 812.42和21 CFR 812.110（a）］

Ridge Graft和Skeletal Graft均未获得FDA批准或许可。尽管Ridge Graft和Skeletal Graft均是由之前已获批的两款器械Socket Graft（K113049）和OsseoConduct（K101718）组成的，但这两种器械构成了一种显著变更或修改，需要申请新的510（k）［参见21 CFR 807.81（a）（3）］。例如，变更材料和化学成分（如不同的磷酸钙矿物和颗粒大小）会改变器械的再吸收性，从而显著影响器械的安全性或有效性［参见21 CFR 807.81（a）（3）（i）］。因此，你公司为每款器械申请新510（k）的行为是正确的。

经FDA评定，你公司的行动属于21 CFR 812.3（h）定义的研究范围，因为你公司正在计划一位或多位人类受试者来测定器械的安全性或有效性。另外，FDA评定你公司的研究对象是SR器械，因为这些设备是植入物，会对21 CFR 812.3（m）（1）中定义的受试者的健康、安全或生命构成严重威胁。

根据21 CFR 812.3（o）的定义，作为申办者和研究者，你公司有权同时担任申办者与实施和监测研究的临床研究者。申办者必须向FDA提交SR器械的IDE申请（21 CFR 812.40），在未同时获得IRB和FDA对IDE申请相关补充申请的批准前，不得启动研究［21 CFR 812.20（a）（1），812.20（a）（2）和812.42］。作为研究者，你公司可以事先确定潜在受试者是否有兴趣参与研究过程，但在未获得IRB和FDA批准前，不得允许任何受试者参与研究［21 CFR 812.110（a）］。

FDA需你公司从FDA的既往通讯中获知这些要求。FDA器械和放射卫生中心的器械评价办公室（以下简称ODE）已于2011年12月9日通过电子邮件告知你公司关于Socket Graft（K113049）的研究需符合21 CFR 812的要求。另外，在2011年12月14日进行的一次电话回忆中，ODE代表详细阐述了这些要求。

正如你公司在2016年12月16日签署的宣誓书及对表FDA 483作出的书面答复中称，你公司尚未获得FDA关于IDE申请的批准，且在启动这些研究前仍未获得IRB批准。这些违规项的具体表现包括但不限于以下内容：

a．你公司在2016年12月16日签署的宣誓书及对表FDA 483作出的书面答复中称，你公司在未获得IRB批准之前便已开始实施临床研究，并收集了之后提交至FDA的数据。

b．（b）（4）。

c．（b）（4）。

未遵循（b）（4）节的规定。

你公司的书面答复内容不充分。你公司声称未实施此项研究，因此“并未做出任何需要接受监管或IRB审核的行为”。FDA不认同这一言论。（b）（4）。

你公司在研究Ridge Graft和／或Skeletal Graft以测定这些器械的安全性和有效性时，FDA重申你公司需事先取得获批IDE。

2．未维持与你公司研究活动相关的准确、完整及最新记录。［21 CFR 812.140（a）］

作为研究者，你公司有责任维持与你公司研究活动相关的准确、完整及最新记录，包括每位受试者的各种病史记录［21 CFR 812.140（a）（3）］。你公司未做到这一点。此类违规的具体表现包括但不限于以下情况：

a．未能保留你公司研究的相关方案。

b．未能保留准确、完整和最新的临床研究记录，例如：受试者入组日志和记录、入选／排除标准或已签署的知情同意书。

你公司在书面答复中声称“并未做出任何需要接受监管或IRB审核的行为”。但鉴于上述原因，你公司是临床研究的申办者和研究者，需遵循包括但不限于本函所列法规要求。

3．未按照保护人类受试者的法规要求取得知情同意，且未遵循知情同意规定。［21 CFR 50.27（a），21 CFR 50.25和21 CFR 812.100］

按照21 CFR 50和21 CFR 812.100的规定，在接受受试者参与临床研究前，研究方应负责确保已获得每位受试者签署的IRB批准的知情同意书。除非已从受试者或受试者法定授权代表处获得合法有效的知情同意，否则任何研究方不得使用人类受试者进行研究（21 CFR 50.20）。另外，研究者应使用由IRB批准且经受试者或受试者法定授权代表在同意时签字并标注日期的书面同意书记录受试者的知情同意［21 CFR 50.27（a）］。

且知情同意书必须包括21 CFR 50.25规定的所有基本要素。知情同意书中必须包括的基本要素有：

- 声明本研究包括具体研究活动、研究目的及受试者预期参与时间说明、待采取程序描述与所有实验性程序识别。
- 描述对受试者造成的所有合理可预见风险或不适。
- 描述研究可能会对受试者或其他人员产生的合理受益。
- 说明可能有利于受试者的适当替代程序或治疗疗程（如有）。
- 声明受试者识别记录的保密程度（如有），并说明FDA检查这些记录的可能性。
- 当研究风险超过最低风险时，说明是否具有补偿措施，或说明是否会采取医疗手段治疗受试者损伤，若有，请描述具体内容，并指示详细信息源。
- 指定研究和研究受试者权益相关问题的解答人员，及受试者发生研究相关损伤时的联系对象。
- 声明受试者属于自愿参与，若受试者拒绝参与，不会受到任何处罚或损失其在其他方面享有的合法受益，并声明受试者可随时终止参与，若受试者终止参与，亦不会受到任何处罚或损失其在其他方面享有的合法受益。

你公司属于研究者，因为按照21 CFR 812.3（i）的规定，你公司是临床研究的实施主体。因此，你公司应负责确保已按照21 CFR 50的规定获取知情同意。你公司未确保按照联邦法规的规定获取受试者的知情同意。此类违规的具体表现包括但不限于以下情况：

a. 你公司临床研究所用知情同意书未包括21 CFR 50.25针对知情同意规定的所有必要基本要素。

b. 按照21 CFR 50.27（a）的规定，你公司用于临床研究的知情同意书未经IRB批准。

你公司在答复中称，在未来申请监管上市时，将不再使用历史数据证明安全性和有效性。FDA还未完全确定答复内容，但FDA担心，你公司想继续实施研究活动，且未打算事先获得必需IDE批准和确保取得知情同意。FDA规定需采取合法有效的知情同意过程，以保证研究受试者了解参与研究方案的风险，并给予受试者充足的时间来作出参与或不参与研究的知情决策。你公司所用知情同意书未提供试验用器械相关风险等重要信息，但研究受试者在参与研究前必须获知此类信息。你公司在接受受试者参与器械临床研究前，若未通过正当途径使用完整的且经IRB批准的知情同意书取得受试者的知情同意，便无法充分保障这些人类受试者的权益和安全。

若你公司在未来计划实施受FDA监管的临床研究，则必须取得参与研究的所有人类受试者的适当知情同意。

上述违规项并非你公司临床研究中存在的所有问题。作为研究申办者和研究者，你公司需保证遵循《法案》及适用法规的要求。

请在收到本信函之日起15个工作日内将你公司为纠正上述违规行为所采取的具体步骤书面通知本办公室，并说明你公司计划如何防止此类违规行为或类似违规行为再次发生。包括你公司已经采取的纠正措施（必须解决系统问题）的文件材料。如果你公司计划采取的纠正措施将逐渐开展，请提供实施这些活动的时间表。如果无法在15个工作日内完成纠正，请说明延迟的原因以及完成这些活动的时间。你公司的回复应全面，并解决此警告信中所包括的所有违规行为。

第28封　给HOSPIMED的警告信

医疗器械/伪劣/标识不当/缺少上市前批准（PMA）和/或510（k）

CMS # 510526

2017年7月20日

尊敬的A先生：

美国食品药品管理局（FDA）已经了解到，你公司QLRAD Netherlands（QLRAD）在未获得上市许可或批准的情况下在美国上市销售RectalPro Endorectal Balloon（ERB），这一行为违反了《联邦食品、药品和化妆品法案》（以下简称《法案》）的规定，按照《法案》第201（h）节［21 U.S.C.§ 321（h）］的规定，凡是用于诊断疾病或其他症状，对疾病有治愈、缓解、治疗或预防作用，或是可以影响人体结构或功能的器械，均为医疗器械。故你公司涉及检查的产品为医疗器械。

FDA审评了你公司的网站（http://qlrad.com/products/endo-rectal-balloon/），以及你公司在德克萨斯州圣安东尼奥市（2015年）和马萨诸塞州的波士顿（2016年）举行的美国放射肿瘤学会（ASTRO）会议上分发的此类医疗器械的手册。FDA已确定，由于你公司未获得《法案》第515（a）节［21 U.S.C.§ 360e（a）］规定的有效上市前批准（PMA），且未获得《法案》第520（g）节［21 U.S.C.§ 360j（g）］规定的试验用器械豁免申请批准，因此按照《法案》第501（f）（1）（B）节［21 U.S.C.§ 351（f）（1）（B）］针对所述和市售器械的规定，你公司制造的Rectal Pro Endorectal Balloon器械存在造假现象。根据《联邦食品、药品和化妆品法案》第502（o）节［21 U.S.C.§ 352（o）］的规定，RectalPro Endorectal Balloon器械也属于贴错标签的医疗器械，因为在将医疗器械投放市场或进入州际贸易进行上市销售之前，你公司未能按照法案第510（k）节［21 U.S.C.§ 360（k）］要求向FDA提交新的上市前通告。

为了响应《联邦食品、药品和化妆品法案》第513（f）（2）节规定的重新分类申请，FDA已于2014年将用于前列腺定位的直肠球囊分类为Ⅱ类，必须遵守特殊管理和510（k）上市前通告要求（参见https://www.accessdata.fda.gov/cdrh_docs/pdf13/K132194.pdf）。FDA尚未在CFR中对该指令进行编码，但是另有其他的医疗器械已经通过实质等同于重新分类申请中的器械获得510（k）许可（参见https://www.accessdata.fda.gov/cdrh_docs/pdf15/K150234.pdf）。为了合法上市销售，这一类型的医疗器械必须既符合特殊管理要求，又必须实质等同于同类型的已合法上市的同品种器械。

虽然可以依照21 CFR 876.4730的规定豁免手动肠胃泌尿外科手术设备和配件的510（k）要求，但你公司医疗器械的预期用途与同类已合法上市器械不同，因此不得予以豁免。这一类型的器械预期用于胃肠外科和泌尿外科手术。但是，基于截至2017年7月20日从你公司的网站和手册获得的证据，你公司正在将RectalPro直肠内球囊用于不同的预期用途，即在接受放疗的患者中进行前列腺固定具体而言，你公司的网站和手册指出，球囊旨在用于“固定前列腺，可有利于降低临床目标体积余量、减少输送至正常组织的剂量……并使直肠侧面和后壁移位远离高剂量区域”，从而远离放射治疗区域。预期用于更加“一致定位［］前列腺［并且］［避免］……移位”，以便“准确靶向前列腺并减少对直肠的辐射剂量。”正常组织移位的目的是降低不必要的辐射暴露风险，并限制放射治疗引起的副作用。因此，在外部射束的前列腺放疗期间使用QLRAD RectalPro直肠内球囊定位前列腺时，在高剂量、高风险的放疗过程中，球囊已成为治疗前准备和靶向装置的主要组成部分。新的预期用途引起了一系列与肛门直肠毒性、组织损伤、直肠穿孔、健康组织辐射和患者不耐受相关的新的安全性问题。由于有证据表明RectalPro直肠内球囊的预期用途与依照21 CFR 876.4730分类的已合法上市器械不同，因此超出了21 CFR 876.9（a）所述限制，从而不得豁免上市前通告。

在就提交RectalPro直肠内医疗器械的510（k）申请与FDA进行沟通时，你公司已于在2014年12月26日发给FDA的信函中指出“（b）（4）”。你公司2016年1月20日的电子邮件中包含（b）（4）。你公司2016年9月27日的电子邮件中包含（b）（4）。你公司2016年12月22日的电子邮件中包含（b）（4）。但是，截至（b）（4）。此外，你公司于2015年2月12日发给FDA的电子邮件中指出，该产品已存在于美国，但尚未上市销售。但是，基于FDA采集到的证据，你公司正在积极上市销售RectalPro直肠内医疗器械用于放射治疗。

为了获得所述医疗器械的批准和许可，你公司需要提交的信息类型可参见http://www.fda.gov/MedicalDevices/DeviceRegulationandGuidance/HowtoMarket YourDevice/default.htm。FDA评价你公司提交的信息后，将评定你公司产品是否可合法上市。

FDA要求QLRAD立即停止上市销售未经FDA许可或批准的上述用途的此类医疗器械，否则将导致伪劣产品和贴错标签的情况。

鉴于违反法案的严重性质，按照《法案》第801（a）节［21 U.S.C.§ 381（a）］规定由于RetalalPro直肠内球囊属于伪劣产品，因此将被拒绝入境。因此，FDA正采取措施禁止此类器械在美国境内上市，即所谓的“无需检验直接扣押”，直至违规项得到解决。为了解除器械的扣押状态，你公司应如下所述提供针对本警告信的书面答复，并纠正本信函所列违规项。

请在收到本信函之日起15个工作日内将你公司为纠正上述违规行为所采取的具体步骤书面通知本办公室，并说明你公司计划如何防止此类违规行为或类似违规行为再次发生。包括你公司已经采取的纠正措施（必须解决系统问题）的文件材料。如果你公司计划采取的纠正措施动将逐渐开展，请提供实施这些活动的时间表。如果无法在15个工作日内完成这些纠正，请说明延迟的原因及完成这些活动的时间。你公司的回复应全面，并解决本警告信中所包括的所有违规行为。

最后，请注意，本信函未完全包括你公司全部违规行为。你公司有责任遵守FDA所有的法律和法规。

第29封 给Diasol East, Inc.的警告信

生产质量管理规范/质量体系法规/医疗器械/伪劣

CMS # 522511-01

2017年7月12日

尊敬的A女士：

美国食品药品管理局（FDA）于2017年2月21日至3月17日，对你公司位于200 Tennessee Boulevard, Watertown, TN 37184的医疗器械进行了检查，FDA检查员已确认你公司为血液透析用液体和粉末透析液浓缩物的生产制造商。根据《联邦食品、药品和化妆品法案》（以下简称《法案》）第201（h）节［21 U.S.C.§ 321（h）］，凡是用于诊断疾病或其他症状，对疾病有治愈、缓解、治疗或预防作用，或是可以影响人体结构或功能的器械，均为医疗器械。故你公司涉及检查的产品为医疗器械。

本次检查表明，这些医疗器械的生产、包装、储存或安装中使用的方法、设施或控制不符合质量体系法规（21 CFR 820）对现行生产质量管理规范（cGMP）的要求，根据《法案》第501（h）节［21 U.S.C.§ 351（h）］的规定，属于伪劣产品。这些法规见www.fda.gov。

2017年3月29日，FDA收到你公司针对2017年3月17日FDA检查员出具的FDA 483表（检查发现问题清单）的回复，以及于2017年4月26日发出的后续回复。FDA针对回复，处理如下。这些违规事项包括但不限于以下内容：

1．未能按照21 CFR 820.70（a）的要求建立和保持器械设计控制程序，以确保满足规定的设计要求。例如，工作人员用于生产Diasol液体酸浓缩物的以下程序未充分描述你公司实行的生产工艺：

a．你公司人员未能遵守程序（b）(4)。

i．根据程序（b）(4)。尽管后续试验也导致（b）(4)，但你公司继续使用本（b）(4）中的水生产产品。

ii．该程序要求为（b）(4)，至少为（b）(4）执行（b）(4)。在2016年4月18日至2016年9月1日期间，没有完成（b）(4）的文件记录。

b．你公司的最终验收程序，即批放行标准和试验（b）(4)，要求对一批Diasol液体酸浓缩物（b）(4）进行分析。检查期间，你公司声明在检查之前，你公司没有分析此工厂所生产任何批次中的（b）(4)。

c．生产工作人员可使用的几个程序参考了你公司在California和Arizona场地使用的生产工艺和设备，但没有描述你公司在Tennessee工厂使用的工艺和设备。例如：

i．你公司的程序（b）(4）描述了California和Arizona的Diasol液体酸浓缩物生产工艺，但没有描述Tennessee的生产工艺。

ii．你公司的程序（b）(4）描述了为成品分配批号的过程。该程序仅描述了California、New Jersey和Arizona的批号分配系统。

iii．生产文件保存在DHR，是Diasol液体酸浓缩物生产工作人员使用的主要说明，指导工作人员使用（b）(4)。

d．生产文件将混合时间确定为（b）(4)。检查期间，生产工作人员解释称根据批次大小，产品混合用于（b）(4)。

FDA已审查你们对此违规事项的回复，该回复提供了你们正在采取以解决上述每个问题的步骤，包括：更新批次记录表，以确保在开始批次之前已执行（b）(4）试验；（b）(4)。这些纠正的实施情况将在未来检

查中进行审查。

你公司对此违规事项的回复也说明了你公司计划对生产工艺控制实施的改进，但缺少如何控制工艺重要部分的详细说明。例如，你公司于2017年4月28日发出的回复（见“（b）（4）”）描述了如何（b）（4）。

尽管此声明似乎证明了为（b）（4）而控制此工艺（（b）（4））的必要性，但并未提供任何信息来说明如何控制和监测工艺以确保此（（b）（4））不会发生。另外，由于未提供任何文件记录以表明在执行确认过程之前，已确立并记录具有具体过程步骤以遵循的确认方案和验收标准，因此提供的（b）（4）似乎存在缺陷。

2．未能根据21 CFR 820.80（d）建立和维护成品器械验收相关程序，以确保每次生产运行、每个批次的成品器械均符合验收标准。

例如，调查发现你公司的最终验收程序，即最终验收检查批放行标准和试验（b）（4），因以下原因而不充分：

a．该程序未充分确立放行成品至分销的过程。该程序未规定最终放行负责人或此放行的记录方式。（b）（4）的器械历史记录（DHR）审查发现，审查的4/6个已放行批次在DHR中没有最终检查签名（（b）（4））2/6份DHR有放行签名，但未注明日期（b）（4）。

b．该程序将Diasol液体酸浓缩物中（b）（4）的最终浓度的放行标准定为（b）（4），以较大浓度者为准。钠的最终浓度须为（b）（4）。在接受放行批次审查的六个DHR中，（b）（4）至少有20次超出可接受限度。

c．该程序没有充分描述最终验收、检查和测试方法，其证据如下：

i．在整个程序中，诸如“（b）（4）”这样的术语用于描述最终验收实验室测试的（b）（4）的体积。该程序没有定义这些术语，你公司无法证明这些量记录可供实验室人员参考。

ii．为确定（b）（4），程序指示实验室人员将（b）（4）混合。该程序规定了（b）（4）的可接受范围。在检查过程中，你公司解释说，在实际操作中，实验室人员将（b）（4）混合并记录（b）（4）的可接受范围。

iii．在检查过程中，你公司解释说有时（b）（4）样品会送到在California的单位。该程序没有描述这个过程。

d．该程序规定，“（b）（4）”批次的每桶必须进行放行前测试，相同的放行标准适用于“（b）（4）”批次。（b）（4）的放行标准。你公司回复称这个标准没有经过测试，因为从桶中取出的量太（b）（4）。没有记录不执行此验收活动的理由。

FDA审查了你公司对此违规事项的回复，其中指出你公司存在（b）（4）。在未来的检查中，将进一步评估该纠正措施的实施情况，确认其是否已得到充分实施，并充分解决FDA在检查中提到的问题。

3．未能根据21 CFR 820.90（a）建立和维护相关程序，以确保对不合格产品的控制。例如：

a．在检查开始前，你公司没有不合格品控制程序，不合格品保存在仓库隔离区，没有产品识别、评估、隔离和处置的文件。

b.（b）（4）。

c.（b）（4）。

d.（b）（4）。

e.（b）（4）。

FDA审查了你公司对此违规事项的回复。FDA承认你公司对（b）（4）的计划。在未来的检查中，将进一步评估该纠正措施的实施情况，确定其是否得到充分实施，并充分解决FDA在检查中提到的问题。

4．未能按照21 CFR 820.100（a）的要求建立和维护实施纠正和预防措施的程序。例如：

a．你公司的CAPA程序“纠正和预防措施（b）（4）”没有充分描述如何识别、纠正和防止不合格产品和其他质量问题重现。程序（b）（4）。

b.（b）（4）。

FDA审查了你公司对此违规事项的回复，表明你公司存在（b）（4）。你们的回复不充分，因为没有说明任何解决（b）（4）的信息。

5．未能按照21 CFR 820.22的要求建立质量检查程序。

例如，你公司未充分定义和记录质量检查程序。你们的内部检查程序、产品和系统（b）（4）的质量保证检查，未确保质量体系符合质量体系法规（QSR）的所有适用要求。

FDA审查了你公司对此违规事项的回复，表明你公司存在（b）（4）。在未来的检查中，将进一步评估该纠正措施的实施情况，确定其是否得到充分实施，并充分解决FDA在检查中提到的问题。

6．未能按照21 CFR 820.40的要求建立和维护所有所需文档的控制程序。

例如，你公司的文件控制程序“文件和数据控制（b）（4）”不充分，证明如下：

a．在检查开始时，现场维护的质量操作手册程序均未按要求获得（b）（4）的批准。

b．在使用中观察到几个不受控制的文件，包括（b）（4）。

FDA审查了你公司对此违规事项的回复，其中指出你公司存在（b）（4）。在未来的检查中，将进一步评估该纠正措施的实施情况，确定其是否得到充分实施，并充分解决FDA在检查中提到的问题。

你公司应立即采取措施纠正本信函所述的违规行为。如若未能及时纠正这些违规行为，可能导致FDA在没有进一步通知的情况下启动监管措施。监管措施包括但不限于没收、禁令和民事罚款。此外，联邦机构会得知关于器械的警告信，以便在签订合同时考虑上述信息。另外，由于存在相关的质量体系法规偏差，除非这些违规事项得到纠正，否则Ⅲ类医疗器械上市前审批申请不会通过。在与有关器械相关的违规事项没有完成纠正前，则不会批准出口证明（Certificates to Foreign Governments，CFG）的申请。

请在收到本信函的15个工作日内将你公司为纠正上述违规行为所采取的具体步骤书面通知本办公室，并说明你公司计划如何防止此类违规行为或类似违规行为再次发生。包括你公司已经采取的纠正措施（必须解决系统问题）的文件材料。如果你公司计划采取的纠正措施将逐渐开展，请提供实施这些活动的时间表。如果无法在15个工作日内完成纠正，请说明延迟的原因以及完成这些活动的时间。你公司的回复应全面，并解决此警告信中所包括的所有违规行为。

最后，请注意本信函未完全包括你公司全部违规行为。你公司有责任遵守FDA所有的法律和法规。本信函和检查结束时签发的FDA 483表（检查发现问题清单）中记录的具体违规行为可能表明你公司制造和质量管理体系中存在严重问题。你公司应查明违规原因并及时采取纠正措施，确保产品合规。

第30封 给Pacific Hospital Supply Co.，Ltd. 的警告信

生产质量管理规范/质量体系法规/医疗器械/伪劣

CMS # 522616

2017年5月26日

尊敬的L先生：

美国食品药品管理局（FDA）于2017年2月20日至2017年2月22日对你公司位于中国台湾苗栗的工厂进行了检查。检查期间，FDA检查员已确认你公司为生产导管、套管、管件和吸引器的一次性医疗用品的生产制造商。根据《联邦食品、药品和化妆品法案》（以下简称《法案》）第201（h）节［21 U.S.C.§ 321（h）］，凡是用于诊断疾病或其他症状，对疾病有治愈、缓解、治疗或预防作用，或是可以影响人体结构或功能的器械，均为医疗器械。故你公司涉及检查的产品为医疗器械。

本次检查表明，这些医疗器械的生产、包装、储存或安装中使用的方法、设施或控制不符合质量体系法规（21 CFR 820）对现行生产质量管理规范（cGMP）要求，根据《法案》第501（h）节［21 U.S.C.§ 351（h）］的规定，属于伪劣产品。

2017年3月3日，FDA收到了你公司总裁Jin Chung先生针对FDA 483表（检查发现问题清单）的回复。FDA针对回复，处理如下。

这些违规事项包括但不限于以下内容：

1．当过程结果无法通过后续的检查和检测得到充分验证时，你公司未能确保对该过程进行确认，并按照既定程序进行批准，不符合21 CFR 820.75（a）的要求。

例如，用于制造（b）（4）的（b）（4）过程，零件号（b）（4），使用（b）（4）号（b）（4）未经验证。这是之前FDA 483表中的一项发现事项。

目前还不能确定你公司的回复是否充分。你公司声明，公司将审查先前（b）（4）过程批次记录以确定参数是否可接受，并重新进行验证。你公司应审查其他流程以确保它们得到充分验证。你公司应提供文档证明补救措施已完成，包括验证有效性文件。你公司还应提供文档证明操作人员接受过正确验证参数的培训。

2．未能建立和维护确保符合规范要求的过程控制程序，不符合21 CFR 820.70（a）的要求。例如：

a．你公司（b）（4）中的（b）（4）是在温度和（b）（4）速度参数设置下运行的，这些参数设置与表格MF4046.Q（包含参数规范限值）中规定的（b）（4）、零件号（b）（4）（见下表）的设置不同。你公司表示这些设置是根据产品首件检验的结果来选择的，其中包括目视检验和（b）（4）测量。然而，观察到的操作参数与表格MF4046.Q中规定的参数存在以下偏差：

（b）（4）	温度（℃）					（b）（4）
	（b）（4）	（b）（4）	（b）（4）	（b）（4）	（b）（4）	
表格MF4046.Q中规定的操作参数	（b）（4）	（b）（4）	（b）（4）	（b）（4）	（b）（4）	（b）（4）
观察到的操作参数	（b）（4）	（b）（4）	（b）（4）	（b）（4）	（b）（4）	（b）（4）

b．你公司尚未针对用于（b）（4）的（b）（4）建立过程控制程序（如（b）（4）温度的控制）。

这是之前FDA 483表中的一项检查发现事项。

目前还不能确定你公司的回复是否充分。你公司声明将审查先前的（b）（4）批次记录，以验证制造参数是否可接受，并为（b）（4）安装温度计。你公司还声明，公司正在修改过程说明，在出现过程偏差后，增加有关后续调查和/或再验证过程的措施。你公司声明公司将在温度计安装后的前两周记录相关结果，并在评价后，在其现行标准操作程序中设定（b）（4）范围的规范。你公司应提供文档证明CAPA已完成，包括验证有效性、新版SOP以及相关文件。你公司还应提供文档证明操作人员接受过正确验证参数的培训。

3．未能按照21 CFR 820.100（a）的要求建立和维护实施纠正和预防措施的程序。

例如，验证或确认纠正措施有效性的程序尚未充分建立。因抽吸导管阀门（b）（4）检测（b）（4）不合格，于“2016年10月12日”启动CAPA #CP1050022。你公司确定了两个根本原因：

a．在（b）（4）中，用于（b）（4）连接器和阀体部件的（b）（4）不足；

b．接头和阀体部件之间匹配不充分。

就此确定的相应纠正措施为改变（b）（4）过程，以增加（b）（4）用于（b）（4）部件的数量，并重新设计阀体部件以更好地与接头匹配。CAPA于“2017年1月19日”关闭。然而，在本次检查时，供应商的部件重新设计仍在（b）（4）中。此外，直到“2017年2月7日”，过程变更的再验证才完成。

目前还不能确定你公司的回复是否充分。你公司声明，公司将跟进未完成的CAPA #CP1050022以重新设计（b）（4）和产品设计变更。你公司应提供文档证明CAPA已完成，包括验证设计变更实施的有效性，以及（b）（4）过程的再验证。你公司还应提供文档证明操作人员接受过正确验证参数的培训。

你公司应立即采取措施纠正本信函所述的违规行为。如若未能及时纠正这些违规行为，可能导致FDA在没有进一步通知的情况下启动监管措施。监管措施包括但不限于没收、禁令和民事罚款。此外，联邦机构会得知关于器械的警告信，以便在签订合同时考虑上述信息。此外，如果FDA确定您违反了质量体系法规，且这些违规行为与Ⅲ类器械的上市前批准申请有关联，则在纠正这些违规行为之前，将不会批准此类器械。同时，如果FDA确定你公司的器械不符合法案的要求，则不会批准出口证明（Certificates to Foreign Governments，CFG）的申请。

请在收到本信函之日起15个工作日内将你公司为纠正上述违规行为所采取的具体步骤书面通知本办公室，并说明你公司计划如何防止此类违规行为或类似违规行为再次发生。包括你公司已经采取的纠正措施（必须解决系统问题）的文件材料。如果你公司计划采取的纠正措施将逐渐开展，请提供实施这些活动的时间表。如果无法在15个工作日内完成纠正，请说明延迟的原因以及完成这些活动的时间。你公司的回复应全面，并解决此警告信中所包括的所有违规行为。

最后，请注意本信函未完全包括你公司全部违规行为。你公司有责任遵守FDA所有的法律和法规。本信函和检查结束时签发的FDA 483表（检查发现问题清单）中记录的具体违规行为可能表明你公司制造和质量管理体系中存在严重问题。你公司应查明违规原因并及时采取纠正措施，确保产品合规。

第31封　给Nurse Assist, Inc. 的警告信

生产质量管理规范/质量体系法规/医疗器械/伪劣

CMS # 524298

2017年5月8日

尊敬的K先生：

美国食品药品管理局（FDA）于2016年10月12日至2016年11月23日对你公司位于Haltom, Texas的Nurse Assist, Inc的医疗器械进行了检查，检查期间，FDA检查员已确认你公司为制造无菌静脉生理盐水冲洗注射器的生产制造商。根据《联邦食品、药品和化妆品法案》（以下简称《法案》）第201（h）节［21 U.S.C.§ 321（h）］，凡是用于诊断疾病或其他症状，对疾病有治愈、缓解、治疗或预防作用，或是可以影响人体结构或功能的器械，均为医疗器械。故你公司涉及检查的产品为医疗器械。

本次检查表明，这些医疗器械的生产、包装、储存或安装中使用的方法、设施或控制不符合质量体系法规（21 CFR 820）对现行生产质量管理规范（cGMP）的要求，根据《法案》第501（h）节［21 U.S.C.§ 351（h）］的规定，属于伪劣产品。

2019年11月19日，FDA收到你公司针对2019年10月29日出具的FDA 483表（检查发现问题清单）的回复。FDA针对回复，处理如下。

2016年12月8日，FDA收到你公司针对FDA 483表（检查发现问题清单）的回复，还收到了你公司2017年1月9日的事件报告，其中讨论了（b）（4）中报告的关于静脉生理盐水冲洗注射器（批次（b）（4））的内毒素超标结果，FDA针对回复，处理如下。

违规事项包括但不限于以下内容：

1．未能根据21 CFR 820.184的要求建立和维护程序，确保各个批次或每台器械的器械历史记录（DHR）得到维护，从而证明该器械的制造符合设备主要记录。

具体来说，你公司未能充分维护DHR。例如：

a．零件1210-BP（10ml静脉生理盐水冲洗注射器）（批次（b）（4））的车间订单未能记录经审核、批准并分销的无菌静脉生理盐水冲洗注射器的最终数量。该批次的车间订单显示，（b）（4）生产了4箱的静脉生理盐水冲洗注射器，但只有（b）（4）箱进行了灭菌处理。你公司没有检查该批次生产、接受或拒绝、灭菌和分销的数量与总数量是否相符。2016年10月4日，你公司主动召回了所有3ml、5ml、10ml无菌静脉生理盐水冲洗注射器，原因是出现了存在洋葱伯克霍尔德菌感染的报告。

b．2014年8月26日，（b）（4）车间订单获准分销（b）（4）批次（b）（4）箱10ml冲洗注射器。2014年8月26日的灭菌放行表（F-037，修订版10）记录了根据标准操作程序WI047，从这些箱子中抽取（b）（4）个样品进行内毒素测试。你公司未记录处置情况，也未记录是否因内毒素检测结果高于（b）（4）Eu/ml而导致任何产品报废的情况。

c．2014年8月21日，（b）（4）车间订单获准放行（b）（4）批次（b）（4）箱 30ml冲洗式注射器。2014年8月21日的灭菌放行表（F-037，修订版10）记录了根据标准操作程序WI047，从这些箱子中抽取（b）（4）个样品进行内毒素测试。你公司未记录处置情况，也未记录是否因内毒素检测结果高于（b）（4）Eu/ml而导致任何产品报废的情况。

d．未在产品放行前，对两个批次的无菌生理盐水冲洗注射器（批次（b）（4））和（批次（b）（4））的内毒素报告进行验证。例如，你公司批次（b）（4）的最终放行日期为2016年9月22日，但内毒素检测结果直

到（b）（4）才得到验证。

你公司表示你们已实施新的或修订的程序，以改进对所有测试结果的验证，并核对生产、接受或拒绝、灭菌和投放市场的成品器械的数量。但是，基于以下考虑，你公司的回复不够充分：

- 你公司未提供解释说明关于你们的灭菌承包商未收到（b）（4）批（b）（4）箱静脉冲水注射器的处置情况。
- 你公司尚未解决将（b）（4）分成几天生产的做法，以及你公司在获得单个（b）（4）后如何核对和批准、接受或拒绝最终产品数量。FDA注意到你们的灭菌放行表（F-037，修订版10）将产品批号记录为（b）（4）。这在确定批次还是批次中（b）（4）的内毒素测试失败时会造成混淆。在2016年12月8日的回复中，你们提交了经修订的标准操作程序WI019（修订版3，2016年11月23日），“灭菌前产品准备”和经修订的标准操作程序WI020（修订版13，2016年11月23日），“灭菌后产品测试及放行”，但并未明确说明你公司是否以及如何根据内毒素和生物负荷测试结果从某一批次中接受或拒绝一项（b）（4）。
- 你公司应该说明是否已经或将要对你公司生产的其他医疗器械产品采取全球纠正措施，以确保充分验证、验收结果、生产、拒收和放行的产品数量，以及确保对不合格产品进行处置。

2．未能按照21 CFR 820.100（a）的要求充分建立、维护、实施纠正和预防措施（CAPA）的程序。纠正和预防措施（CAPA）程序应包括以下要求：①分析过程、工作操作、质量审计报告、质量记录、服务记录、投诉、退货和其他质量数据来源，以识别不合格产品或其他质量问题的现有和潜在原因；②调查与产品、工艺有关的不合格原因，建立质量体系，以确定纠正和预防不合格产品和其他质量问题再次发生所需采取的措施。例如：

a．你公司未能调查（b）（4）和（b）（4）之间生产的（b）（4）批次的水和生理盐水产品（瓶、杯和注射器）中每一种不合格（OOS）内毒素测试结果，以便根据2011年11月18日发布的标准操作程序 Wl047内毒素检测说明（修订版4）确定污染的来源和水平，以及纠正措施。

b．你公司未调查（b）（4）和（b）（4）之间生产的生产批次中生物负荷样品的读数是否超过2015年12月13日的WI042生物负荷测试说明（修订版8）需行动的水平。这导致了纠正措施的延迟，即对填充物（b）（4）进行额外的消毒，更换（b）（4），替换（b）（4）和（b）（4）以及实施（b）（4）水净化系统处理，以减少净水系统和填充管线中的生物负荷水平，直到（b）（4）为止。

c．在2014年8月和9月，材料审查委员会（MRB）拒绝了（b）（4）批次的静脉生理盐水冲洗注射器（批号（b）（4）），原因是内毒素水平高于（b）（4）Eu/ml，而未对不合格产品进行全面检查。例如，材料审查委员会记录了“检查并确认生物负荷水平低于需行动水平”，但没有记录在每个批次的生产日期检查的生物负荷水平，以及在2014年8月和9月期间进行生物负荷水平分析的频率。

你公司的回复不充分。你公司尚未完成并提交有关2016年7月12日开始的内毒素升高和生物负荷测试结果的根本原因调查。

3．未能按照21 CFR 820.120的要求建立和充分维护贴标活动控制程序。生产商应控制标识和包装操作，防止标识混淆；每个生产单元、批次或分批使用的标签和标识应记录在器械历史记录中。

具体为，你公司2016年8月15日（b）（4）批的车间订单记录了使用（b）（4）箱标签时报废为零，但仅有（b）（4）箱是在（b）（4）之间生产的。车间订单未核对使用、废弃及退回仓库的标签的正确数量。

目前还不能确定你的答复是否充分。在2016年12月8日的回复中，你们提交了经修订的F-242解决方案过程检查表（修订版20），其中要求对打印、生产、报废的标签数量进行验证和记录。但是，该表格并未说明你公司如何核对给定批次的单个（b）（4）记录中已使用和报废的标签数量。

你公司应该说明是否已经采取或将要采取全球纠正措施，以确保对你公司生产的所有医疗器械产品使用、拒绝或召回的标签负责。

你公司应尽快采取措施纠正此信函中所涉及的违规事项。如未能及时纠正这些违规事项将导致FDA 采取法律措施且不会事先通知。这些措施包括但不限于没收、禁令、民事罚款。联邦机构在授予合同时可能会考虑此警告信。另外，由于存在相关的质量体系法规偏差，除非这些违规事项得到纠正，否则Ⅲ类医疗器械上市前审批申请不会通过。在与有关器械相关的违规事项没有完成纠正前，外国政府认证申请将不予批准。

此外，FDA审核了你公司的回复，并就你公司的质量体系的其他方面提出了以下意见。请在本警告信的回复中解决这些问题。

21 CFR 820. 100（a）规定的纠正和预防措施：

- 你公司在2016年1月19日的WI034纠正措施报告（修订版5）中未建立数据源、数据分析频率和统计方法，以识别现有或潜在质量问题。

  你公司在2016年7月13日的期中报告中未记录内毒素读数高于（b）(4）Eu/ml的实际值，以确定你们的水净化系统中的微生物污染水平。

  你公司在2017年1月9日的静脉冲水注射器样品874204事件报告中，描述了你公司承包商在（b）(4）对水净化系统进行了（b）(4）消毒处理，并在（b）(4）开始了（b）(4）批次的生产。你公司描述了批次（b）(4）在（b）(4）CFU之间的生物负荷结果小于基于（b）(4）孵育的（b）(4）CFU行动水平。应当阐述以下内容：

  - 你公司的标准操作程序 W1042生物负荷测试说明（修订版8，2015年12月13日）未包含对CFU读数进行微生物鉴定的原因，尤其是自你公司在2016年7月13日的期中报告中提到洋葱伯克霍尔德菌和其他革兰阴性微生物可以升高内毒素水平。
  - 期中报告中所描述的（b）(4）CFU的行动水平高于你公司的标准操作程序WI042 生物负荷测试说明中所定义的注射器填充管线（b）(4）CFU行动水平的原因。
  - 批次（b）(4）的“F-204 生物负荷测试结果（b）(4）”表中记录的生物负载结果的平均CFU为（b）(4）读取的（b）(4）已于（b）(4）由你公司质量保证签名，但未进行任何检查也未提供任何理由。（b）(4）CFU的读数高于注射器填充管线的（b）(4）CFU的行动水平。

21 CFR 820. 80规定的验收活动：

- 说明你公司是否已建立完善的成品器械验收程序。例如，你公司的标准操作程序 WI047内毒素试验说明（修订版4，2011年11月18日）和标准操作程序 WI042生物负荷测试说明（修订版8，2015年12月13日）未定义当产品样品超过确定的内毒素限值（b）(4）Eu/ml和/或（b）(4）CFU确定的生物负荷行动水平时，接受或拒绝生产批次的明确标准。

21 CFR 820. 75规定的工艺验证：

- FDA注意到，对你公司的水净化系统进行（b）(4）消毒的时间间隔存在冲突（2016年7月13日的期中报告中描述的（b）(4）与（b）(4）或根据2017年1月9日事件报告的需要）。你公司应进行清洁验证，以确保（b）(4）消毒过程充分性和消毒频率的适当性。
- 在对此作出的回复中，请提供你公司（b）(4）验证的当前评估结果，以说明远远高于2016年7月13日期中报告中所述行动水平的生物负荷读数。你公司的（b）(4）验证应确定从生物负荷样品中分离出来的生物。

稽查证明

当前检查所发现的你公司的纠正和预防措施以及接受活动存在偏差，与FDA在2011年6月21日检查结束时向你公司出具的FDA 483中所述的偏差类似。

为确保你公司生产的所有医疗器械产品均具有有效的质量管理体系，FDA要求你公司按以下时间表向本办公室提交由外部专家顾问根据医疗器械质量体系规定（21 CFR 820）的要求，对你公司所有医疗器械产品的生产和质量保证体系进行检查的证明。

还应提交顾问报告的副本，以及编制机构首席执行官（如非你本人）已审阅顾问报告且编制机构已发起或完成该报告所要求的所有纠正措施的证明。检查和纠正的初步证明以及随后的最新审查和纠正证明应在下列日期之前提交本办公室：

- 顾问和编制机构首席执行官的初步证明应于（b）（4）之前提供，即本警告信发出后约6个月内。
- 顾问和编制机构首席执行官的进一步证明应于（b）（4）和（b）（4）之前提供。FDA可以在（b）（2）之间的任何时间进行跟踪检查。

请在收到本信函之日起15个工作日内将你公司为纠正上述违规行为所采取的具体步骤书面通知本办公室，并说明你公司计划如何防止此类违规行为或类似违规行为再次发生。包括你公司已经采取的纠正措施（必须解决系统问题）的文件材料。如果你公司计划采取的纠正措施将逐渐开展，请提供实施这些活动的时间表。如果无法在15个工作日内完成纠正和/或纠正措施，请说明延迟的原因以及完成这些活动的时间。你公司的回复应全面，并解决此警告信中所包括的所有违规行为。

最后，请注意本信函未完全包括你公司全部违规行为。你公司有责任遵守FDA所有的法律和法规。本信函和检查结束时签发的FDA 483表（检查发现问题清单）中记录的具体违规行为可能表明你公司制造和质量管理体系中存在严重问题。你公司应查明违规原因并及时采取纠正措施，确保产品合规。

第32封 给International Medsurg Connection, Inc. 的警告信

生产质量管理规范/质量体系法规/医疗器械/伪劣

CMS # 511426

2017年5月8日

尊敬的B先生：

美国食品药品管理局（FDA）于2016年8月16日至9月16日对你公司位于Schaumburg, Illinois 的International Medsurg Connection, Inc. 的医疗器械进行了检查。检查期间，FDA检查员已确认你公司为医用皮下注射器的生产制造商。该注射器由带刻度的空心外套和可移动的芯杆组成，用于向体内注射液体，或将液体从体内抽出。根据《联邦食品、药品和化妆品法案》（以下简称《法案》）第201（h）节［21 U.S.C.§ 321（h）］，凡是用于诊断疾病或其他症状，对疾病有治愈、缓解、治疗或预防作用，或是可以影响人体结构或功能的器械，均为医疗器械。故你公司涉及检查的产品为医疗器械。

本次检查表明，这些医疗器械的生产、包装、储存或安装中使用的方法、设施或控制不符合质量体系法规（21 CFR 820）对现行生产质量管理规范（cGMP）的要求，根据《法案》第501（h）节［21 U.S.C.§ 351（h）］的规定，属于伪劣产品。可以通过FDA主页上的url链接访问该法案和FDA的法规。

2016年9月29日，FDA收到你公司运营执行副总裁Manoj Gupta针对2016年9月16日出具的FDA 483表（检查发现问题清单）的回复，FDA针对回复，处理如下。

违规事项包括但不限于以下内容：

1．未能按照21 CFR 820. 80（d）的要求充分建立成品器械验收程序。

A．例如，你公司没有确保皮下注射用LL/LS注射器（b）(4）符合器械技术规范的验收要求。

FDA审查了你公司2016年9月29日的回复，发现其并不充分。回复称，皮下注射器是使用经过验证的（b）(4）进行灭菌的，但是回复没有提供证据来确保医疗器械符合规定的灭菌参数。

B．例如，皮下注射用LL/LS注射器的放行未执行要求中的（b）(4）和（b）(4)。

FDA审查了你公司2016年9月29日的回复，发现其并不充分。你们的回复并未说明未执行所需测试和放行的皮下注射用LL/LS注射器的批次。

C．例如，你公司在未对适当的样本量执行所需测试的情况下即放行了皮下注射器。

FDA审查了你公司2016年9月29日的回复，发现其并不充分。回复说新程序（b）(4）提供了（b）(4)。你们的回复未说明受影响的分销产品的范围。特别是所分销的医疗器械的产品质量，以及未对该批次的代表性样品执行最终放行测试以确保任何潜在影响产品的因素符合规定要求。

2．未能按照21 CFR 820. 50（a）的要求充分建立供应商和承包商必须满足的要求。

例如，你公司未包括（b）(4）器械的成品器械验收要求。灭菌要求未包括在皮下注射器技术规范和检验程序（b）(4）中。此外，向检查员提供的灭菌记录也不完整。这些记录是你公司用来接收皮下用LL/LS注射器的。

FDA审查了你公司2016年9月29日的回复，发现其并不充分。你公司的回复未说明因遗漏该要求而受到影响的注射器的所有批次。该修订包括规定产品应使用指定的确认方案进行灭菌的要求。但是，此仍没有证明表明你们的供应商是否已使用指定的条件处理器械以确保无菌。

根据回复，技术规范也作了修订以包括（b）（4）。由于没有提供进一步的信息，因此没有迹象表明这些技术规范是什么。

3．未能按照21 CFR 820. 100（a）的要求充分建立纠正和预防措施的程序。

例如，你公司的纠正和预防措施程序（b）（4）未能确保纠正和预防措施是有效的，且不会对成品器械产生不利影响。在检查过程中，检查员确定23个所审查的CAR/SCAR中有11个已实施，并在当天验证了其有效性。

FDA审查了你公司2016年9月29日的回复，发现其并不充分。回复解释说，由于质量人员缺乏识别需要跟踪验证其有效性的CAR/SCAR的程序，因此未对某些纠正和预防措施的有效性进行验证。你公司尚未说明是否在实施纠正措施的当天该措施被认为是有效的纠正和预防措施。你公司在纠正和预防措施程序第2.7.3节中规定，在有客观证据支持的情况下，纠正措施将被视为有效，但纠正和预防措施未包含这些措施结束的客观证据。并且未提供进一步信息。

FDA的检查还显示，根据《法案》第502（t）（2）节［21 U.S.C.§ 352（t）（2）］，你公司的活塞注射器存在贴错标签的情况，因为你公司未能或拒绝提供《法案》第519节（21 U.S.C.§ 360i）和21 CFR 803“不良事件报告”所要求的器械相关材料或信息。显著偏离项包括但不限于以下内容：

你公司未能按照21 CFR 803.17制定、维护和实施不良事件报告程序。例如：检查期间，你公司承认没有不良事件报告程序。

如果你公司希望讨论上述不良事件报告相关问题，请通过电子邮件联系应报告事件审查小组，邮箱：ReportabilityReviewTeam@fda.hhs.gov。

2014年2月13日发布了要求制造商和报告者向FDA提交电子不良事件报告（eMDR）的最终规定。最终规定的要求于2015年8月14日生效。如果你公司目前没有提交电子版报告，FDA鼓励你们访问以下网页链接获取有关电子报告要求的其他信息。

url

如果你公司希望讨论不良事件报告的应报告事件标准或希望安排进一步的沟通，您可以联系应报告事件审查小组，邮箱：ReportabilityReviewTeam@fda.hhs.gov。

你公司应尽快采取措施纠正此信函中所涉及的违规事项。如未能及时纠正这些违规事项将导致FDA 采取法律措施且不会事先通知。这些措施包括但不限于没收、禁令、民事罚款。联邦机构在授予合同时可能会考虑此警告信。另外，由于存在相关的质量体系法规偏差，除非这些违规事项得到纠正，否则Ⅲ类医疗器械上市前审批申请不会通过。在与有关器械相关的违规事项没有完成纠正前，外国政府认证申请将不予批准。

最后，请注意该警告信并非旨在罗列你公司违规事项的完整清单。你公司负有遵守法律和FDA法规的主体责任。信中以及检查结束时FDA 483表上所列具体的违规事项，可能只是你公司制造和质量管理体系中所存在严重问题的表象。你公司应调查并确定这些违规事项的原因，迅速采取措施纠正违规事项并重新使产品合规。

请在收到本信函之日起15个工作日内将你公司为纠正上述违规行为所采取的具体步骤书面通知本办公室，并说明你公司计划如何防止此类违规行为或类似违规行为再次发生。包括你公司已经采取的纠正措施（必须解决系统问题）的文件材料。如果你公司计划采取的纠正措施将逐渐开展，请提供实施这些活动的时间表。如果无法在15个工作日内完成纠正，请说明延迟的原因以及完成这些活动的时间。你公司的回复应全面，并解决此警告信中所包括的所有违规行为。

第33封　给Oxford Performance Materials，Inc. 的警告信

生产质量管理规范/质量体系法规/医疗器械/伪劣

CMS # 523250

2017年5月1日

尊敬的D先生：

美国食品药品管理局（FDA）于2017年3月28日至2017年4月7日对你公司位于30 S. Satellite Rd.，S. Windsor, CT 06074-3445的医疗器械进行了检查。检查期间，FDA检查员已确认你公司为制造Osteofab® 3D打印颅颌面植入物，包括HTR-PEKK（硬组织替换聚醚酮酮）颅骨移植物的生产制造商。根据《联邦食品、药品和化妆品法案》（以下简称《法案》）第201（h）节［21 U.S.C.§ 321（h）］，凡是用于诊断疾病或其他症状，对疾病有治愈、缓解、治疗或预防作用，或是可以影响人体结构或功能的器械，均为医疗器械。故你公司涉及检查的产品为医疗器械。

本次检查表明，这些医疗器械的生产、包装、储存或安装中使用的方法、设施或控制不符合质量体系法规（21 CFR 820）对现行生产质量管理规范（cGMP）的要求，根据《法案》第501（h）节［21 U.S.C.§ 351（h）］的规定，属于伪劣产品。

2017年4月21日和2017年4月28日分别收到你公司针对2017年4月7日出具的FDA 483 表（检查发现问题清单）的回复。FDA针对回复，处理如下。

你公司的重大违规事项如下：

1．未能根据21 CFR 820.75（a）的要求在高度保证的情况下确认，其结果无法通过后续检查和检测的完全验证。例如：

a．你公司未对HTR-PEKK颅骨植入物进行清洁确认，以确保（b）（4）和（b）（4）可有效清洁这些医疗器械。你公司的颅骨植入物贴有“干净并可灭菌”的标签，且你公司根据（b）（4）发布此类植入物。此外，你公司确认收到一项由于清洗不完全而残留PEKK粉末的分销颅骨植入物的投诉。

b．你公司未能充分记录HTK-PEKK植入物的预真空灭菌。例如，未识别确认过程中使用的器械，且你公司从未审查和批准第三方确认报告。

你公司的回答不充分。你公司在对1.a的回复中承诺执行清洁确认并提供了方案。FDA需在复检过程中验证确认过程是否完成，以证明你公司现行清洁过程的健全性和有效性。你公司应确保该方案包括具体和预先建立的验收标准。关于1.b，类似的确认文件问题此前已在检查你公司设施的过程中讨论过。记录确认过程中使用的器械，对于在实施变更前评估是否需重新确认至关重要。你公司在回复中承诺增强程序以确保审查和批准将来的第三方确认。你公司的回答不充分，因你公司未能就现有确认过程进行回顾性审查。此外，你公司对在预真空灭菌确认过程中使用的设备如何识别未进行解释。

2．未能根据21 CFR 820.70（h）的要求，建立、维护使用和移除制造材料的适当程序，来确保将其移除或限制在不影响器械质量的范围内。例如：

2017年3月31日，发现一个（b）（4）被撕开，并用胶带封装。检查发现，该材料被归类为“非库存”材料，不符合验收标准，且已通过验收但无检查记录。FDA检查员还注意到，你公司储存了此类（b）（4）。此类（b）（4）与颅骨植入物直接接触并用于清洁颅骨植入物。

在你公司的回复中，你公司承诺针对此类（b）（4）的接收、储存和处理制定一项程序。但由于该程序尚未提交审查，因此FDA无法对其充分性进行评估。

此外，FDA检查员在检查中注意到，你公司已在后续的颅骨植入对已回收的PEKK材料进行回收利用。FDA承认你公司拟在清洁确认方案中评估回收材料对器械生物负荷的影响。你公司的纠正措施应当完全评估回收利用对器械质量可能会造成的影响。

3．未能根据21 CFR 820.70（c）建立和维护相应程序，以充分控制经合理预期可能对产品质量存在不良影响的环境条件。

例如：在2015年3月21日的备忘录中，你公司声称已停止对PEKK材料进行生物负荷测试，并将通过对生产、清洁和包装颅骨植入物的区域进行可存活与不可存活环境监测以降低该风险。但在检查时，发现并未实施这些程序。

你公司回复得很充分。你公司在回复中提供了关于可存活和不可存活微粒、表面监测温度、湿度和压差以及压缩空气维持的程序、验收标准以及处置界限。FDA承认，你公司已于2017年4月27日聘请第三方对你公司的设施进行环境监测。FDA对你公司的最终报告和抽样计划很感兴趣以确保可解决所有忧患。

4．未能根据21 CFR 820.70（g）（1）中的生产技术规范建立、维护设备的调整、清洁和其他设备维护计划。例如：

FDA检查员注意到，自2015年12月至2017年2月，你公司在19周内未记录（b）（4）和相关（b）（4）清洁信息。该区域为颅骨植入物（b）（4）的存放处。

你公司在回复中称已执行清洁工作，但未记录在案。另外，你公司已提供更新后的清洁日志和程序，并承诺在（b）（4）基础上审查清洁记录。但该清洁程序没有参考（b）（4）记录审查来维持此项清洁计划。

你公司应立即采取措施纠正本信函所述的违规行为。如若未能及时纠正这些违规行为，可能导致FDA在没有进一步通知的情况下启动监管措施。监管措施包括但不限于没收、禁令和民事罚款。此外，联邦机构会得知关于器械的警告信，以便在签订合同时考虑上述信息。如果FDA确定您违反了质量体系法规，且这些违规行为与Ⅲ类器械的上市前批准申请有关联，则在纠正这些违规行为之前，将不会批准此类器械。同时，如果FDA确定你公司的器械不符合法案的要求，则不会批准出口证明（Certificates to Foreign Governments，CFG）的申请。

请在收到本信函之日起15个工作日内将你公司为纠正上述违规行为所采取的具体步骤书面通知本办公室，并说明你公司计划如何防止此类违规行为或类似违规行为再次发生。包括你公司已经采取的纠正措施（必须解决系统问题）的文件材料。如果你公司计划采取的纠正措施将逐渐开展，请提供实施这些活动的时间表。如果无法在15个工作日内完成纠正，请说明延迟的原因以及完成这些活动的时间。你公司的回复应全面，并解决此警告信中所包括的所有违规行为。

最后，请注意本信函未完全包括你公司全部违规行为。你公司有责任遵守FDA所有的法律和法规。本信函和检查结束时签发的FDA 483表（检查发现问题清单）中记录的具体违规行为可能表明你公司制造和质量管理体系中存在严重问题。你公司应查明违规原因并及时采取纠正措施，确保产品合规。

第34封　给Organ Recovery Systems, Inc. 的警告信

生产质量管理规范/质量体系法规/医疗器械/伪劣

CMS # 519572

2017年4月20日

尊敬的K先生：

美国食品药品管理局（FDA）于2017年1月17日至2月10日，对你公司位于Itasca, Illinois的医疗器械进行了检查。检查期间，FDA检查员已确认你公司为Ⅱ级医疗器械，包括肾脏灌注液、静态保存液、肾脏运输器和一次性灌注套件的开发商和生产制造商。SPS-1 静态保存液®的预期用途是在从供体中取出器官时冲洗和冷藏肾脏、肝脏和胰腺器官，为储存、运输和最终移植到受体中做准备。根据《联邦食品、药品和化妆品法案》（以下简称《法案》）第201（h）节［21 U.S.C.§ 321（h）］，凡是用于诊断疾病或其他症状，对疾病有治愈、缓解、治疗或预防作用，或是可以影响人体结构或功能的器械，均为医疗器械。故你公司涉及检查的产品为医疗器械。

本次检查表明，这些医疗器械的生产、包装、储存或安装中使用的方法、设施或控制不符合质量体系法规（21 CFR 820）对现行生产质量管理规范（cGMP）的要求，根据《法案》第501（h）节［21 U.S.C.§ 351（h）］的规定，属于伪劣产品。可以通过FDA主页www.fda.gov上的链接找到该法案和FDA的法规。

FDA检查员在2017年2月10日检查结束时向你公司出具FDA 483表（检查发现问题清单）。FDA已于2017年3月1日收到你公司总裁兼首席执行官David C. Kravitz针对FDA 483表（检查发现问题清单）的回复。FDA针对回复，处理如下。

1．未能按照21 CFR 820.30（g）的要求，设计确认的结果（包括设计的标识、方法、日期和执行确认的个人）并充分记录在设计历史文档中。

具体为，你公司并未在规定操作条件下使用初始生产产品或其等同产品对SPS-1（UW溶液）静态保存液进行设计确认。

A．你公司依赖于产品的公共领域配方，并引用公开可用的期刊文章进行验证/确认活动。例如,（b）（4）《SPS-1设计与生产历史》（b）（4）指出，"Organ Recovery Systems, Inc.（ORS）销售的Wisconsin大学器官保存液（UW溶液）作为静态保存液（SPS-1）是Wisconsin大学历时15年开发的复合溶液"。

FDA审查了你的回复，发现并不充分。FDA认为，配方本身并不能构成整个器械设计。你公司《SPS-1设计与生产历史记录》中包含的设计确认并不充分，且不符合21 CFR 820.30（g）中规定的（b）（4）要求。必须进行设计确认，以确保适当的总体设计控制和设计转换。

B．你公司关于静态保存液SPS-1的溶液运输确认研究（b）（4）并不充分。这项研究旨在验证当前的包装/运输方法提供的保护足够，以及运输过程中的预期（b）（4）变化不会影响产品满足功能技术要求的能力。对退回溶液袋的评价包括（b）（4）的（b）（4）检验。这项研究已获得批准，但未采取足够的措施来评价溶液的（b）（4）分析。此外，（b）（4）检验不能充分评价溶液的功能技术规范（b）（4）。

FDA审查了你对此违规事项的回复，发现并不充分。关于你公司对溶液运输确认研究（b）（4）的回复，说明这项研究旨在评价运输损坏的可能性，并确认在不损害产品的情况下使用（b）（4）载体运输SPS-1所需的过程和程序。FDA不同意确认研究中进行的（b）（4）检查和（b）（4）测试可证明你公司所采用运输

程序的充分性。具体而言，你公司并未提供足够的证据来证明仅通过（b）（4）检查可以识别容器完整性缺陷。（b）（4）为确保静态保存液（“SPS-1”）容器中无泄漏而执行的（b）（4）测试也是如此。此外，FDA认为，运输确认研究（b）（4）应考虑产品运输后的功能技术规范。（b）（4）检查不足以支持器械本身的功能。

2．未能按照21 CFR 820.50的要求建立和保持相关程序，以确保所有购买或以其他方式收到的产品和服务满足规定的要求。

A．你公司并未验证用于生产SPS-1（1L和2L）和KPS-1（1L）包装袋的（b）（4）确认过程。2016年，用于灌装器官保存液的（b）（4）包装袋为（b）（4）。

FDA审查了你公司对此违规事项的回复，发现并不充分。你公司的回复说明（b）（4）。你公司并未提供证据来证明容器密封完整性可以通过（b）（4）检查进行验证。

B．你公司并未验证用于SPS-1（1L和2L）和KPS-1（1L）包装袋灭菌的（b）（4）确认。在2016年，你公司（b）（4）包装袋用于生产器官保存液。

你公司的回复并不充分，因为其并未提供证据来证明各种SPS-1和KPS-1包装袋符合（b）（4）和无菌技术规范。

3．未能按照21 CFR 820.160（a）的要求，建立成品器械的控制和分销程序。

具体而言，你公司并未充分确定SPS-1的储存温度要求。存在以下不一致之处：

A．器械主记录识别了（b）（4）的储存要求。

B．SPS-1稳定性研究（（b）（4））识别了（b）（4）的储存要求。

C．Organ Recovery Systems, Inc.与（b）（4）之间的质量协议识别了（b）（4）的储存要求。

D．你公司的（b）（4）管理标准操作程序识别了（b）（4）的储存要求。

你公司的回复并不充分，因为其并未识别器械明确的储存要求。你公司的回复未对FDA的审查提供修订文件，也未解决+25℃以上产品长期储存的任何潜在影响。

4．未能按照21 CFR 820.75（a）的要求制定程序，以对结果不能通过后续的检验和试验充分验证的过程进行确认。

具体而言，你公司通过在（b）（4）仓库使用（b）（4）来监测产品储存温度（包括SPS-1和KPS-1）。该系统旨在为你公司提供（b）（4）。此工艺尚未验证。

你公司的回复并不充分，因为其并未说明在此期间正在做什么，而是对（b）（4）进行确认。你公司的回复并未说明发现事项3中识别的不一致的储存要求是否影响成品的仓库环境控制。在检查期间，FDA发现（b）（4）的（b）（4）周期性温度偏移超过（b）（4）的既定储存条件。

5．未能按照21 CFR 820.100（a）的要求，充分建立纠正和预防措施程序。

具体而言，（b）（4）纠正和预防措施（b）（4）没有包括足够的要求来纠正已识别的质量问题。你公司于2015年5月5日对SPS-1和KPS-1（b）（4）识别的密封过程确认不充分。（b）（4）。直到2016年6月21日，你公司才审查或批准了已实施的确认；在此期间，你公司继续分销产品。此外，你公司并未验证或确认由（b）（4）实施的密封确认是否有效，且不会对成品器械产生不利影响。

你公司的回复并不充分，因为其未解决发现事项，以确保CAPA程序充分建立，以及纠正已识别的质量问题。你公司的回复说明，最终密封已进行（b）（4）检查是否有泄漏/密封失效，且发现的失效均已记录在（b）（4）的（b）（4）中。根据你公司的回复，（b）（4）使用了（b）（4）试验来进行（b）（4）检查。你公司并未提供证据证明此过程合格，以确保（b）（4）检查能够始终如一地识别所有潜在缺陷。你公司声称，每次运输产品时附带的使用说明（IFU）是一项充分的控制措施，可确保在使用前丢弃泄漏产品。根据你公司的回复，IFU指示用户“用力挤压容器，检查每个包装袋是否泄漏。如果发现泄漏，则丢弃溶液容器”。这不是一种缓解措施，因为并未在灌装后对SPS-1和KPS-1包装袋密封性进行确认，以确保无菌医疗器械容器密封的完整性。

6．器械主记录未能按照21 CFR 820.181的要求得到充分保持。

具体而言，你公司的器械主记录索引DMR-000002（用于SPS-1保存液）未包括或提及以下信息的位置：

A．器械规范，包括适用的图纸、成分、配方和部件规范；

B．生产过程规范，包括适当的设备规范、生产方法、生产规程和生产环境规范；

C．质量保证程序和规范，包括验收标准和使用的质量保证设备；

D．包装和标签规范，包括使用的方法和过程；

你公司应立即采取措施纠正本信函所述的违规行为。如若未能及时纠正这些违规行为，可能导致FDA在没有进一步通知的情况下启动监管措施。监管措施包括但不限于没收、禁令和民事罚款。此外，联邦机构会得知关于器械的警告信，以便在签订合同时考虑上述信息。此外，在违规行为得到纠正之前，违反质量体系法规的Ⅲ类设备的上市前批准申请不会得到批准。在与有关器械相关的违规事项没有完成纠正前，出口证明（Certificates to Foreign Governments，CFG）的申请将不予批准。

最后，请注意本信函未完全包括你公司全部违规行为。你公司有责任遵守FDA所有的法律和法规。本信函和检查结束时签发的FDA 483表（检查发现问题清单）中记录的具体违规行为可能表明你公司制造和质量管理体系中存在严重问题。你公司应查明违规原因并及时采取纠正措施，确保产品合规。

请在收到本信函之日起15个工作日内将你公司为纠正上述违规行为所采取的具体步骤书面通知本办公室，并说明你公司计划如何防止此类违规行为或类似违规行为再次发生。包括你公司已经采取的纠正措施（必须解决系统问题）的文件材料。如果你公司计划采取的纠正措施将逐渐开展，请提供实施这些活动的时间表。如果无法在15个工作日内完成纠正，请说明延迟的原因以及完成这些活动的时间。你公司的回复应全面，并解决此警告信中所包括的所有违规行为。

第35封　给Bebe Toys Manufactory Ltd.的警告信

生产质量管理规范/质量体系法规/医疗器械/伪劣

CMS # 512794

2017年4月6日

尊敬的K先生：

美国食品药品管理局（FDA）于2016年9月19日至2016年9月22日，对你公司位于中国东莞的工厂进行了检查。检查期间，FDA检查员已确认你公司为充水磨牙器的生产制造商。根据《联邦食品、药品和化妆品法案》（以下简称《法案》）第201（h）节［21 U.S.C.§ 321（h）］，凡是用于诊断疾病或其他症状，对疾病有治愈、缓解、治疗或预防作用，或是可以影响人体结构或功能的器械，均为医疗器械。故你公司涉及检查的产品为医疗器械。

本次检查表明，这些医疗器械的生产、包装、储存或安装中使用的方法、设施或控制不符合质量体系法规（21 CFR 820）对现行生产质量管理规范（cGMP）的要求，根据《法案》第501（h）节［21 U.S.C.§ 351（h）］的规定，属于伪劣产品。这些违规事项包括但不限于以下内容：

1．当过程结果无法通过后续的检查和检测得到充分验证时，你公司未能确保在高级别保证下对该过程进行确认，并按照既定程序进行批准，不符合21 CFR 820.75（a）的要求。

例如，帝儿宝（Baby King）充液磨牙器的制造过程尚未得到确认，包括但不限于以下内容：

A．你公司尚未对帝儿宝磨牙器的灭菌过程进行确认研究。你公司的生产过程包括通过合同灭菌机构对器械进行（b）（4）；然而，你公司尚未确定无菌保证水平（SAL）、生物负荷研究、负荷配置、最小和最大曝光时间，以及在不影响磨牙器质量的情况下达到所需SAL的强度。

B．你公司尚未对用于制造帝儿宝磨牙器的（b）（4）机器进行确认研究，研究包括但不限于确定最小和最大工艺参数（（b）（4）），以确保始终符合产品质量标准。

C．你公司尚未对（b）（4）进行确认研究，研究包括但不限于确定帝儿宝充水磨牙器所用成品水的质量标准和理论依据。

2．未能按照21 CFR 820.70（e）的要求，建立和保持程序，以防止被合理预期会对产品质量产生不利影响的物质污染。

例如，员工用裸手在几分钟内用蘸水的同一块布擦拭许多摇铃，从而清除摇铃和磨牙器上的可见杂物。你公司没有这一步骤的相关程序，也没有在将产品直接倒在桌子上之前，对桌面进行消毒，以及没有提供洗手台或洗手液。本步骤发生在（b）（4）之后，最终包装之前。

3．未能按照21 CFR 820.70（g）的要求，确保生产过程中使用的所有设备均符合规定的要求，且并未确认是否对所有设备进行了适当的设计、建造、放置和安装，来维护、调整、清洁和使用。

例如，你公司的（b）（4）系统流程（b）（4）预期用于填充帝儿宝磨牙器。有多个（b）（4）与（b）（4）相关，这可能导致（b）（4）的污染，包括但不限于以下内容：

A．一个大致的（b）（4）连接在（b）（4）的源头附近和水泥地板上未加盖松开的一端之间。

B．（b）（4），大致的（b）（4），连接到（b）（4），离水泥地面（b）（4）。

C．一个大致的（b）（4）有一端与（b）（4）的末端相连，其余的（b）（4）在地板上，包括（b）

（4）端。

D.（b）（4）介于各种（b）（4）和（b）（4）之间；但是，这些（b）（4）都没有（b）（4）防护装置，以防止意外的（b）（4）。

4．未能按照21 CFR 820.30（a）的要求，充分建立和保持控制器械设计并确保特定设计要求得到满足的相关程序。

例如，你公司未能为其充液磨牙器建立设计控制程序、设计输入和输出、验收标准以及设计确认。

5．未能按照21 CFR 820.100（a）的要求，建立和保持实施纠正和预防措施（CAPA）的程序。

例如，你公司未遵循“不合格品控制程序#BB-PM-09”的CAPA程序的第3.9节（日期2012年8月）的规定，未充分记录CAPA的有效性验证。此外，所审查四项CAPA中，有两项缺乏有效性验证的完整文档，两项缺乏充分的检查：

A．2015年11月27日的NC #1501是外部审核的结果。该项审核发现供应商的收货记录中列出了一个错误的到期日期。该NC报告缺乏纠正措施的有效性验证文档，无法确保来料和部件记录的准确性。

B．2015年11月27日的NC #1502是外部审核的结果。该审核发现办公室没有向仓库分发更新后的程序手册。该NC报告缺乏足够的初步调查文件，包括确定是否向其他（b）（4）部门发布了正确的程序手册的记录。报告缺乏纠正措施的有效性验证文档，无法确保当前的程序手册分发到整个工厂。

6．未能按照21 CFR 820.50（a）（3）的要求建立和保持合格供应商的相关记录。

例如，你公司缺少合同实验室（位于（b）（4））的供应商资格证明文件，该实验室负责对成品磨牙器中的水样品进行（b）（4）检测。

7．未能按照21 CFR 820.181的要求保存器械主记录（DMR）。

例如，你公司没有维护DMR，未对公司大约90个品种的充液磨牙器进行记录。

8．未能按照21 CFR 184的要求保存器械历史记录（DHR）。

例如，你公司没有维护DHR，未对公司大约90个品种的充液磨牙器的批号/批次进行记录。

FDA或通知美国联邦机构已对相关器械发送警告信，作为机构在考虑授予合同时的参考。此外，对于Ⅲ类医疗器械，如经合理推断，认为该器械涉及质量体系法规违规事项，则在违规事项得到纠正之前，其上市前批准申请将不予批准。

请在收到本信函之日起15个工作日内，将你公司为纠正上述违规事项所采取的具体措施以书面形式通知本办公室，并说明你公司计划如何防止此类违规事项或类似违规事项再次发生。包括你公司已采取的纠正措施（必须解决系统性问题）的文件。如果你公司计划采取的纠正措施将在不同时段内逐项实施，请一并发送这些活动实施的时间表。如果在15个工作日内无法完成纠正，请说明延迟的原因和完成这些活动的时间。如有非英文文档，请提供一份翻译件，以方便FDA审查。FDA将通知你公司回复是否充分，以及是否需要重新检查你公司的工厂以验证你公司是否已采取了相应的纠正措施。

最后，请注意本信函未完全包括你公司全部违规行为。你公司有责任遵守FDA所有的法律和法规。本信函和检查结束时签发的FDA 483表（检查发现问题清单）中记录的具体违规行为可能表明你公司制造和质量管理体系中存在严重问题。你公司应查明违规原因并及时采取纠正措施，确保产品合规。

第36封　给X12 Co., LTD. 的警告信

生产质量管理规范/质量体系法规/医疗器械/伪劣

CMS # 518581

2017年3月23日

尊敬的J先生：

2016年9月5日至2016年9月7日，美国食品药品管理局（FDA）对你公司位于Sofia, Bulgaria（保加利亚索非亚）的工厂进行了检查。经FDA检查员确认，你公司生产无菌反光标记球。根据《联邦食品、药品和化妆品法案》（以下简称《法案》）第201（h）节［21 U.S.C.§ 321（h）］，凡是用于诊断疾病或其他症状，对疾病有治愈、缓解、治疗或预防作用，或是可以影响人体结构或功能的器械，均为医疗器械。

本次检查表明，这些医疗器械的生产、包装、储存或安装中使用的方法、设施或控制不符合质量体系法规（21 CFR 820）对现行生产质量管理规范（cGMP）的要求，根据《法案》第501（h）节［21 U.S.C.§ 351（h）］的规定，属于伪劣产品。

FDA收到你公司于2016年10月23日针对FDA检查员出具的FDA 483表（检查发现问题清单）所作的回复。以下是FDA就各违规事项作出的回复。这些违规事项包括但不限于以下内容：

1．未能按照21 CFR 820.30的要求，建立和保持器械设计的程序，以确保满足规定的设计要求。

例如，在回顾无菌反射标记球的设计活动时，观察到以下缺陷：

a．尚未充分确立针对器械预期用途的设计要求。

b．你公司没有设计输出文档，无法评价是否符合设计输入要求。

c．你公司没有设计评审文档。你公司声称没有举行设计评审会议。

d．你公司没有设计验证记录。你公司声称不存在设计验证记录。

e．你公司没有任何文档表明进行了有效期研究，以支持24个月的有效期标签。

f．你公司没有任何文档表明器械设计已正确地转换为生产规范。

FDA审查了你公司的回复，认为这些回复并不充分。你公司应提交设计输入和输出、设计验证记录、有效期研究，以及器械设计已转化为生产规范的证据。

2．当过程结果无法通过后续的检查和检测得到充分验证时，你公司未能确保在高级别保证下对该过程进行确认，并根据既定程序进行批准，不符合21 CFR 820.75（a）的要求。

例如，你公司未确认（b）（4）灭菌过程、袋密封过程、箔黏合过程或用于制造和储存反光标记球的包装。

FDA审查了你公司的回复，认为这些回复并不充分。你公司应提交灭菌过程、袋密封过程、箔黏合过程和包装验证的验证总结报告及方案，以供审查。

3．未能按照21 CFR 820.70（c）的要求建立和保持控制可合理预期对产品质量产生不利影响的环境条件的程序。例如：

a．在生产区域打开无屏蔽的窗口。因此，原材料、半成品和成品均暴露在室外条件下。

b．生产、包装和储存区域的墙壁状况不佳。例如：观察到生产区域的墙壁出现油漆剥落、脏污和孔洞。

c．生产、包装和储存区域的地板脏污。还观察到损坏的地板。

FDA审查了你公司的回复，认为这些回复并不充分。你公司应提供生产和储存区域清洁和修理的程序及记录，以及墙壁上的孔洞、剥落的油漆和损坏的地板已得到修理和解决的证据。

4．未能按照21 CFR 820.70（e）的要求建立和保持相关程序，以防止设备或产品被合理预期会对产品质量产生不良影响的物质所污染。例如：

a．对用于存放在制和成品器械的储存容器，没有采取控制措施来确保其适用于预期用途。例如，聚苯乙烯泡沫塑料托盘、塑料容器和铝盘被反复用于在制和成品器械的储存。然而，在生产区还发现使用脏污的塑料容器存放器械部件。此外，在生产过程中，在重复使用前没有方便清洗这些托盘、容器的设施。

b．生产中使用的工作台面、（b）（4）机器和测试设备不洁净。在表面发现黑色或灰色油脂。

FDA审查了你公司的回复，认为这些回复并不充分。你公司应提供清洁工作台面、（b）（4）机器和测试设备的程序和记录，并提供描述必要控制措施的程序，以确保用于存放在制和成品器械的储存容器适用于其预期用途。

5．未能按照21 CFR 820.198的要求建立和保持由正式指定单位接收、审查和评估投诉的程序。例如：

a．你公司的投诉处理程序WIS 01-01中未包括确保以下各项的要求：

i．统一、及时地处理投诉。

ii．对投诉进行医疗器械报告（MDR）评价。所审查的五份投诉记录中，均未包含MDR可报告性评估的文件。

b．你公司的投诉处理程序未包含对以下调查记录的要求（包括但不限于）：使用的任何器械标识和控制编号；投诉人的姓名、地址和电话号码；调查日期和结果；以及对投诉人的所有回复。例如：

i．2013年1月的投诉# 2，涉及无菌袋太容易打开。投诉记录没有包含器械标识、调查结果或对投诉人的回复。

ii．2013年4月的投诉# 3，涉及无菌袋难以打开。投诉记录没有包含投诉人的地址和电话号码、调查结果、器械标识和对投诉人的回复。

c．你公司的程序未包含MDR调查记录要求，包括：

i．器械是否不符合质量标准。

ii．器械是否用于治疗或诊断。

iii．器械与报告的事故或不良事件的关系（如有）。

FDA审查了你公司的回复，认为这些回复并不充分。你公司应提供一份修订后的满足21 CFR 820.198要求的投诉处理程序。

6．未能按照21 CFR 820.80（b）的要求建立和保持进货验收程序。

例如，你公司没有对生产Ⅱ类器械所用的进厂原材料和部件建立进货验收要求。没有对任何部件进行既定的检验、审查或测试，以验证它们是否适用于生产，你公司也没有确认供应商是否对这些部件和原材料进行了完整的测试。

FDA审查了你公司的回复，认为这些回复并不充分。你公司应对需要建立进货检验标准的部件和原材料进行分类和记录；记录验收标准规范；并修订适用程序，以规定必要的检验、所需的测试或其他适当的验证方法，以在用于生产之前证明原材料和部件的适用性。你公司还应提供完成这些纠正措施的证据。

7．未能按照21 CFR 820.100（a）的要求建立和保持实施纠正和预防措施（CAPA）的程序。例如：

a．你公司的CAPA程序QP8 04“纠正和预防措施”不包括以下规定：

i．验证或确认纠正措施和预防措施，以确保措施有效并且不会对成品器械造成不良影响。

ii．确保将与质量问题或不合格品有关的信息传达给负责保证产品质量或预防问题的个人。

b．CAPA活动的不足之处在于其未包含调查详细信息以及验证和/或确认活动，以确保此类措施有效并且不会对成品器械造成不良影响。

FDA审查了你公司的回复，认为这些回复并不充分。你公司应提供修订后的程序，以描述验证或确认CAPA的要求，并向员工传播有关质量问题的信息。你公司还应提供回复中所述纠正措施已经落实的证明。

8．未能能按照21 CFR 820.70（g）的要求，确保制造过程中使用的所有设备符合规定要求，也未能对其

进行适当的设计、建造、放置和安装，以便于维护、调整、清洁和使用。例如：

a．在地板上泄漏不明物质的生产设备尚未得到修复，反而使用塑料购物袋进行堵漏。

b．你公司确认，（b）（4）和（b）（4）的预防性维护活动（如更改（b）（4））没有记录在案。

FDA审查了你公司的回复，认为这些回复并不充分。你公司应提供证据证明，将不明物质泄漏在地板上的生产设备已得到修复。

9．未能按照21 CFR 820.70（a）的要求开发、实施、控制和监测生产过程，以确保器械符合其技术规范。

例如，你公司没有为将（b）（4）箔粘合到（b）（4）所用黏合剂的制备、使用和测试建立相应程序。

目前还不能确定你公司的回复是否充分。你公司的回复表明，将为（b）（4）和黏合剂的使用制定方案。你公司应提供这些纠正措施已得到落实的证据。

10．未能按照21 CFR 820.80（d）的要求建立和保持成品器械验收程序，以确保每次生产运行、每个批次的成品器械均符合验收标准。

例如，你公司没有充分建立适当的最终产品测试来验证Tyvek/塑料袋密封性。仅基于对密封情况的目视检查对袋子进行放行。

目前还不能确定你公司的回复是否充分。你公司在回复中表示，将制定有关包装及其执行方式的方案，并将包括对每批密封袋的强度测试。你公司应提供这些纠正措施已经得到落实的证据。

11．未能按照21 CFR 820.50（a）（1）的要求，依据其满足指定要求（包括质量要求）的能力来评价和选择潜在的供应商、承包商和顾问，并且没有记录评价结果。

例如，你公司没有文档支持对箔材和（b）（4）供应商进行的评价，而最初的供应商评价是在2011年进行的。此外，没有文件表明（b）（4）供应商已被你公司认可。

FDA审查了你公司的回复，认为这些回复并不充分。你公司应提供其“采购货物和供应品”程序QP7 03，以供审查；并提供已批准的供应商列表和已对所列供应商进行了供应商评价的证明文档。

12．未能按照21 CFR 820.184的要求建立和保持适当的程序，以确保每批次或单元的器械历史记录（DHR）均能得到保持，以证明器械是按照器械主记录（DMR）和本部分的要求进行制造的。

例如，对三份DHR进行的审查表明，它们均未包括：

a．验收记录，包括执行的验收活动和结果。你公司仅记录了验收合格器械和不合格品的数量。

b．主要识别标签和标记。

c．进行标签检查的人员的签字日期和签名。

d．生产中使用的设备。

e．用于过程中产品和成品器械测试的仪器。

f．器械生产中使用的原材料和部件的标识。

FDA审查了你公司的回复，认为这些回复并不充分。你公司的回复没有涉及在DHR中记录进行标签检查的人员的签字日期和签名，以及用于过程品和成品器械测试的仪器。你公司应提供已完成回复中所述纠正措施的证据。

13．未能按照21 CFR 820.60的要求，在接收、生产、分销和安装的所有阶段建立和保持用于产品识别的相关程序，以防止混淆。例如：

a．在器械生产过程中用于（b）（4）的（b）（4）出现了贴标错误。你公司已确认（b）（4）中的（b）（4）不是标签（b）（4）所示的内容。

b．你公司的程序QP7 05“在制器械的识别和跟踪”没有充分描述用于识别材料的系统。你公司的CEO表示程序中的信息已经过期。此外，经检查发现生产中的原材料、部件、在制品和成品（灭菌前）也没有识别标签。

FDA审查了你公司的回复，认为这些回复并不充分。你公司应提供一份修订后的程序，以说明用于识别材料及其状态（包括部件、制造材料、组件、成品器械、包装和标签）的当前控制措施和系统，并提供程序实施的证据。你公司还应提供回复中所述纠正措施已经得到落实的证据。

14．未能按照21 CFR 820.72（a）的要求，建立和保持以确保设备得到定期校准、检验、检查和维护的程序，并包括设备的搬运、保存和储存规定，以保持其准确性和适用性，并且确保设备适用于其预期用途以及能够产生符合预期的有效结果。例如：

a．你公司尚未建立以确保相关设备得到定期校准、检验、检查和维护的校准程序，并包括设备的搬运、保存和储存规定，以保持其准确性和适用性。

b．你公司自2011年起未校准下列测试和测量仪器：（b）（4）。

此外，也没有对在制品或成品检验测量/测试设备进行校准，例如（b）（4）其他仪器，因为根据你公司首席执行官的说法，“不需要校准，因为这些仪器的准确度足以满足你公司的用途。”

c．没有针对内部制造的检验或测量工具的要求，（b）（4），你公司没有要求其接受测量系统分析以确认其对预期用途的适用性和提供一致有效结果的能力。

FDA审查了你公司的回复，认为这些回复不充分。由于缺乏设计信息，目前还不清楚以前校准过的仪器现在是否足够适合公司的过程要求。你公司应提供其校准程序，所有检验、测试和测量设备（包括气枪和成型机压力计）的校准时间表，以及所有检验、测试和测量设备进行过校准的证据，以供审查。

15．未能按照21 CFR 820.72（b）的要求建立和维持校准程序，包括准确度和精密度的具体说明和限制，当不满足准确度和精密度限值时，公司应有补救措施的规定，以重新建立相关限值，并评估是否对器械质量有任何不良影响。

例如，你公司尚未建立校准程序：

a．包括准确度和精密度的具体说明和限值。当不满足准确度和精密度限值时，公司应有相关补救措施的规定，以重新建立相关限值，并评估是否对器械质量有任何不良影响。

b．确保用于检验、测量和测试设备的校准标准可追溯至国家或国际标准，如果不可行或不可用，则确保使用独立的可重复标准。

FDA审查了你公司的回复，认为这些回复是不充分的。你公司应提供校准程序，并提供证据证明所使用的校准标准可追溯至国家或国际标准，以供审查。

16．未能按照21 CFR 820.90（a）的要求建立和保持相应的程序来控制不符合规定要求的产品。

例如，你公司的不合格品程序QP8 01“不合格品管理”要求用红色标签标识不合格品并将其转移到相应场所。然而，在生产车间的纸板箱中发现了未贴标签的不合格品。

FDA审查了你公司的回复，认为这些回复是不充分的。你公司应提供证明文档，证明已用红色标签对每个不合格品进行了标识。

17．未能建立和保持质量审核程序并进行此类审核，无法确保质量体系符合已建立的质量体系要求，且无法确定质量体系的有效性，不符合21 CFR 820.22的要求。

例如，你公司的“测量、分析和改进”程序QP803缺乏确保审核员对其审核领域不承担直接责任的要求。此外，在2015年和2016年的内部审核期间，进行审核的个人直接对被审计的事项负责。

FDA审查了你公司的回复，认为这些回复是不充分的。你公司的回复没有说明是否会修订该程序，以及是否会对审核文件进行回顾性审查，以确保遵从公司修订后的程序。

18．你公司管理层未能遵循既定程序，按规定的时间间隔、以足够的频次对质量体系的适用性和有效性进行评审，无法确保质量体系满足本部分的要求和既定的质量方针和目标，不符合21 CFR 820.20（c）的要求。

例如，你公司的“管理责任管理职务”程序QPS 01内包含每年进行一次管理评审的要求，如需要，可以更频繁地进行评审。但是，2012年、2013年、2014年和2016年并未进行管理审查。

FDA审查了你公司的回复，认为这些回复是不充分的。在回复中，你公司并未给出针对2012年、2013年、2014年和2016年管理评审中的问题所制定的回顾性解决方案。

19．未能建立相关程序，无法确保所有人员都可通过相应培训来充分履行其职责，也未建立确定培训需

求的程序，不符合21 CFR 820.25（b）的要求。

例如，你公司的“包装作业指导书”程序WIS 02-01包括员工在入职时接受培训以及此后每年接受一次培训的要求。但是，未提供所要求的年度员工培训记录。

FDA审查了你公司的回复，认为这些回复是不充分的。你公司在回复中未提供所述纠正措施已实施的证据。

20．未能建立和保持产品储存区和储存室的控制程序，无法防止在使用或分销之前出现混淆、损坏、变质、污染或其他不利影响，并无法确保没有使用或分销过时、不合格或变质的产品，不符合21 CFR 820.150（a）的要求。

例如，成品无菌器械被存放在无菌储藏室地板上的开口装运箱中。房间的地板状况不佳，窗户旁边似乎有水渍。

你公司对这一检查发现事项的回复应当充分。

FDA的检查还显示，根据《法案》第502（t）（2）节［21 U.S.C§ 352（t）（2）］，你公司的器械存在标识错误，因为你公司未能或拒绝提供《法案》第519节［21 U.S.C§ 352（t）（2）］和21 CFR 803“医疗器械报告”所要求的器械相关材料或信息。重大违规事项包括但不限于以下内容：

21．未能按照21 CFR 803.17的要求制定、维护和实施书面的医疗器械报告（MDR）程序。

例如，你公司承认尚未建立MDR程序。

FDA审查了你公司的回复，认为这些回复不充分。经过审查，你公司提交的MDR程序（标题“测量、分析和改进：售后服务、投诉登记和处理以及事故通知”，WIS 01-01，修订版：02，日期：2016年9月20日）存在问题。具体而言：WIS 01-01（修订版：02）没有建立内部系统，无法及时有效地识别、沟通和评估可能受MDR要求监管的事件。例如：

a．你公司没有对21 CFR 803中规定的可报告事件进行定义。排除了21 CFR 803.3中“获知”“导致或促成”“故障”“MDR可报告事件”和“严重伤害”的定义，以及S03.20（c）（1）中“合理建议”的定义，可能导致你公司在按照21 CFR S03.50（a）评估可能符合报告标准的投诉时，无法对可报告性作出正确判断。

b．WIS 01-01，修订版：02，未建立内部系统，未规定标准化审查流程，无法确定事件何时符合本部分下的报告标准。例如：

i．没有对各个事件进行全面调查并评估事件原因的说明。

ii．没有说明你公司为及时作出MDR可报告性决定所采取的评估方法的信息。

c．WIS 01-01，修订版：02，未建立内部系统，无法及时传输完整的医疗器械报告。具体而言，未涉及以下内容：

i．必须提交初始30天报告、补充报告或后续报告、5天报告的情况以及对此类报告的要求。

ii．该程序没有包含使用强制性3500A或同等电子设备提交MDR可报告事件的参考。

iii．你公司将如何提交各个事件的所有合理已知信息。具体而言，3500A中的哪些部分需要填写，才能包括你公司掌握的所有信息，以及在你公司内部进行合理跟进后获得的任何信息。

d．WIS 01-01，修订版：02，未说明你公司将如何处理文件和保存记录的要求，包括：

i．作为MDR事件文件保存的不良事件相关信息的文件记录。

ii．确定事件是否可报告而进行的评估信息。

iii．用来确定与器械相关的死亡、严重伤害或故障是否应报告的任何审议意见和决策过程的文件。

iv．确保获取便于FDA及时随访和检查的信息系统。

你公司应根据2014年2月14日发布在《联邦公报》上的电子版医疗器械不良事件报告（eMDR）最终规定，调整MDR程序，纳入以电子方式提交MDR的流程。此外，你公司应建立eMDR账户，以便以电子方式提交MDR。有关eMDR的最终规则和eMDR设置过程的信息，请访问FDA网站：http://www.fda.gov/MedicalDevices/DeviceRegulationandGuidance/PostmarketRequirements/ReportingAdverseEvents/eMDR%E2%80

%93ElectronicMedicalDeviceReporting/default.htm

如果你公司希望讨论上述MDR相关问题，请通过电子邮件联系可报告性审查小组，邮箱：ReportabilityReviewTeam@fda.hhs.gov

违反《法案》属于严重违规事项，你公司生产的无菌反光标记球存在质量问题。根据《法案》第801（a）节［21 U.S.C.§ 381（a）］，该产品被拒绝入境。因此，在这些违规事项得到纠正之前，FDA会持续采取相应措施，禁止这些器械进口至美国，该项措施名为"无需查验分析即可被直接扣押"。为了解除这些器械的扣押状态，你公司应对本警告信作出书面回复，并纠正本警告信中所述的违规事项。FDA将通知有关你公司的回复是否充分，以及是否需要重新检查你公司的设施，验证你公司是否已采取了适当的纠正措施。

此外，美国联邦机构已对相关器械发送警告信，作为机构在考虑授予合同时的参考。此外，对于Ⅲ类医疗器械，如经合理推断，认为该器械涉及质量体系法规违规事项，则在违规事项得到纠正之前，其上市前批准申请将不予批准。

请在收到本信函之日起15个工作日内，将你公司为纠正上述违规事项所采取的具体措施以书面形式通知本办公室，并说明你公司计划如何防止此类违规事项或类似违规事项再次发生。包括你公司已采取的纠正措施（必须解决系统性问题）的文件。如果你公司计划采取的纠正措施将在不同时段内逐项实施，请一并发送这些活动实施的时间表。如果在15个工作日内无法完成纠正，请说明延迟的原因和完成这些活动的时间。如有非英文文档，请提供一份翻译件，以方便FDA审查。

最后，请注意本信函未完全包括你公司全部违规行为。你公司有责任遵守FDA所有的法律和法规。本信函和检查结束时签发的FDA 483表（检查发现问题清单）中记录的具体违规行为可能表明你公司制造和质量管理体系中存在严重问题。你公司应查明违规原因并及时采取纠正措施，确保产品合规。

第37封　给The See Clear Company的警告信

生产质量管理规范/质量体系法规/医疗器械/伪劣

CMS # 515476

2017年2月14日

尊敬的K女士:

美国食品药品管理局（FDA）于2016年10月21日至2016年11月4日，对位于Norcross, Georgia的你公司进行了检查。检查期间，FDA检查员已确认你公司为Circle Collection、Diamond、Fierce、Fright、Ambition、See Clear、See Clear Color和Lunatic等品牌系列日戴型软性隐形眼镜的生产制造商。根据《联邦食品、药品和化妆品法案》（以下简称《法案》）第201（h）节［21 U.S.C.§ 321（h）］，凡是用于诊断疾病或其他症状，对疾病有治愈、缓解、治疗或预防作用，或是可以影响人体结构或功能的器械，均为医疗器械。故你公司涉及检查的产品为医疗器械。

本次检查表明，这些医疗器械的生产、包装、储存或安装中使用的方法、设施或控制不符合质量体系法规（21 CFR 820）对现行生产质量管理规范（cGMP）的要求，根据《法案》第501（h）节［21 U.S.C.§ 351（h）］的规定，属于伪劣产品。

2016年11月25日，FDA收到你公司针对FDA 483表（检查发现问题清单）的回复，该回复包括一份叙述性文件，附有完成纠正以解决检查发现事项的计划，但不包括完成此类纠正的文件或证据。以下是FDA对于你公司各违规事项相关回复的回应。这些违规事项包括但不限于以下内容：

1．未能按照21 CFR 820.100（a）的要求建立和保持实施纠正和预防措施的程序。

具体而言，你的无标题（CAPA）程序（b）（4）不包括验证或确认纠正和预防措施，以及实施和记录方法和程序中的变化。

FDA已审查你公司的回复，其中声明你公司将修订公司的CAPA程序，以包括验证或确认纠正和预防措施，实施和记录方法和程序中的变化，此外，还对公司的CAPA程序进行系统性（即全系统）审查，以识别可能存在的其他CAPA程序不符合项。

但是，目前尚无法确定你公司的答复和/或拟议的措施是否充分。你的回复不包括证明已完成纠正的支持文件。在没有支持文件的情况下，无法评估这些计划实施的措施。

2．未能按照21 CFR 820.198（a）的要求建立和保持由正式指定单位接收、审查和评估投诉事项的程序。

具体而言，你公司的程序“顾客满意程序（b）（4）”描述了一个顾客调查，即（b）（4）顾客对公司及其产品的评价。但是，该文件不包括接收、审查和评估客户投诉的程序，也不包括确定何时有必要进行检查的程序；也未涉及适当的客户投诉处理和投诉文件维护内容。

FDA审查了你公司的回应，确认你公司将更新投诉处理程序以符合既定的法规要求，并将对你公司的投诉处理程序进行系统性（即全系统）审查，以识别可能存在的其他投诉处理程序不符合项。

目前尚无法确定你公司的答复和/或拟议的措施是否充分。你的回复不包括证明已完成纠正的支持文件。在没有支持文件的情况下，无法评估这些计划实施的措施。

3．未能按照21 CFR 820.80（b）的要求建立来料产品验收程序。

具体而言，你公司并无接受来料（隐形眼镜）的既定程序，亦无接收和拒收来料的文件。

FDA审查了你公司的回复，并得出结论，目前尚不能够确定其充分性。作为对该违规事项的回复，你公司声明将按照规定建立（定义、记录和实施）验收程序。但是，你公司的回复并未包含评估你公司拟议纠正的支持文件。

4．未能按照21 CFR 820.160（b）的要求维护分销记录。

具体而言，你公司无法提供包括或提及以下内容的分销记录：①初收货人的名称和地址；②发货器械的标识和数量；③发货日期；④使用的任何控制号。

FDA已审查你公司的回复，并得出结论，目前无法确定你公司的回复和/或拟议措施的充分性。在你的回复中，声明公司将建立（定义、记录和实施）程序，其中包括记录保存，以便按照规定进行分销控制。但你公司的回复并不包括证明已完成纠正的支持文件。

5．未能按照21 CFR 820.50（a）（2）的要求明确规定对承包商实施控制的范围类型。

具体来说，你公司与合同制造商之间关于日戴型软性隐形眼镜的协议不包括承包商必须满足的质量要求的描述。此外，你公司无法提供证明符合21 CFR 820.50的审核程序或文件。

FDA承认，你公司正在计划：①制定一份质量协议，明确你公司与合同制造商之间的角色和责任；②制定足够的监督你公司合同制造商的文件，如有必要，包括对合同制造商的重新评价；③审查并在必要时明确规定对你公司所有其他承包商实施控制的类型和范；④制定文件以监督你公司其他承包商。

但是，目前尚无法确定你公司拟议的措施是否充分。你公司的书面回复不包括证明纠正已完成的支持文件。

6．未能按照21 CFR 820.90（a）的要求，充分建立不符合规定要求的产品控制程序。

具体来说，你公司处理不合格产品的程序（b）（4）没有反映不合格产品发生时正在进行的活动。例如，你们的程序声称，“不合格产品已被搬回到暂存区域，并记载在器械报废历史记录中。”检查期间，你公司的管理层说，所有器械历史记录放在了你们的合同制造商那里，你公司无法随时获得。

FDA审查了你公司的回复，并确认回复声称你公司将修订处理不合格产品的程序，以便包括记录、评价、隔离和处理不合格产品的程序。此外，你公司将对你们的不合格产品程序进行系统（即全系统）审查，以确定可能存在的其他程序不符合项。但是，目前尚无法确定你公司拟议的措施是否充分。你的回复不包括证明已完成纠正的支持文件。

7．未能按照21 CFR 820.184的要求充分维护器械历史记录。

具体来说，你公司无法提供完整的Diamond Brand隐形眼镜（批号E28Hjwf）的器械历史记录。

FDA承认你公司计划对合同制造商目前正在进行的任何工作的DHR进行完整性审查，并在产品发布前批准。但是，目前尚无法确定你公司的回复和/或拟议的措施是否充分。你的回复不包括证明已完成纠正的支持文件。

8．未能按照21 CFR 820.22的要求记录质量审核日期。

具体来说，你公司无法提供2014年、2015年和2016年的质量审核的日期。

FDA审查了你公司的回复，并确认你公司的回复声称你公司将执行并记录质量审核，还将审查并在必要时修订书面质量审核程序，以确保未来质量审核的统一执行和记录。

目前尚无法确定你公司的回复和/或拟议的措施是否充分。你的回复不包括证明已完成纠正的支持文件。

9．拥有行政职责的管理层未能按照21 CFR 820.20（c）的要求在规定的时间间隔内审查质量体系的适用性和有效性。

具体来说，你公司管理层无法提供2014年和2015年管理评审会议的日期、议程和出席记录。

FDA审查了你公司的回复，并确认回复声称你公司将执行并记录管理评审，还将审查并在必要时修订管理评审程序，以确保未来管理评审的统一执行和记录。

但是，目前尚无法确定你公司的回复和/或拟议的措施是否充分。你们的书面回复不包括证明纠正已完成的支持文件。

10．未能按照21 CFR 820.25（b）的要求记录人员培训。

具体来说，你公司无法提供员工培训记录。

FDA承认你公司正计划：①确定人员培训需求，并制定相应的培训计划，以确保人员得到必要的培训；②按照上述培训计划完成并记录人员培训；③将审查并在必要时修改人员培训的程序文件，以确保未来人员培训的统一记录。

但是，目前尚无法确定你公司的答复和/或拟议的措施是否充分。你的回复不包括证明已完成纠正的支持文件。

11．未能按照21 CFR 820.40（a）的要求记录文件的批准、批准日期和批准人员的签名。

具体来说，在检查中发现审查的几项质量程序没有批准日期和批准人员的签名。

FDA审查了你公司的回复，你公司计划将：①记录所有需要控制的质量体系文件的批准日期和批准人员的签名；②审查并在必要时修订书面的文件控制程序，以确保未来文件批准的统一执行和记录。但是，目前尚无法确定你公司的答复和/或拟议的措施是否充分。你的回复不包括证明已完成纠正的支持文件。

此外，FDA承认你们的回复声称，你公司已聘请外部承包商来评价你公司的质量体系并实施纠正措施，而且你公司已启动纠正措施，以减轻可能代表销售产品的健康风险。你们的回复将被存档，以作为你公司纠正检查员指出的缺陷所作的努力的记录。在下次检查你们的器械时，将对所采取措施的有效性进行全面评价。

你公司应立即采取措施纠正本信函所述的违规行为。如若未能及时纠正这些违规行为，可能导致FDA在没有进一步通知的情况下启动监管措施。监管措施包括但不限于没收、禁令和民事罚款。此外，联邦机构会得知关于器械的警告信，以便在签订合同时考虑上述信息。此外，如果FDA确定您违反了质量体系法规，且这些违规行为与Ⅲ类器械的上市前批准申请有关联，则在纠正这些违规行为之前，将不会批准此类器械。同时，如果FDA确定你公司的器械不符合法案的要求，则不会批准出口证明（Certificates to Foreign Governments，CFG）的申请。

请在收到本信函之日起15个工作日内将你公司为纠正上述违规行为所采取的具体步骤书面通知本办公室，并说明你公司计划如何防止此类违规行为或类似违规行为再次发生。包括你公司已经采取的纠正措施（必须解决系统问题）的文件材料。如果你公司计划采取的纠正措施将逐渐开展，请提供实施这些活动的时间表。如果无法在15个工作日内完成纠正，请说明延迟的原因以及完成这些活动的时间。你公司的回复应全面，并解决此警告信中所包括的所有违规行为。

最后，请注意本信函未完全包括你公司全部违规行为。你公司有责任遵守FDA所有的法律和法规。本信函和检查结束时签发的FDA 483表（检查发现问题清单）中记录的具体违规行为可能表明你公司制造和质量管理体系中存在严重问题。你公司应查明违规原因并及时采取纠正措施，确保产品合规。

第38封　给Nomax Inc. 的警告信

医疗器械/伪劣/质量体系法规

CMS # 512566

2016年12月15日

尊敬的V先生：

2016年10月18日至27日，FDA检查员对位于St. Louis, MO的你公司进行检查，认定你公司是药品、器械、食品和其他产品的制造商/重新包装商。具体而言，你公司生产/重新包装器械，例如：隐形眼镜盒（Ⅱ类器械）和Red Cote Disclosing tablets（Ⅱ类器械）。根据《联邦食品、药品和化妆品法案》（以下简称《法案》）第201（h）节［21 U.S.C.§ 321（h）］，凡是用于诊断疾病或其他症状，对疾病有治愈、缓解、治疗或预防作用，或是可以影响人体结构或功能的器械，均为医疗器械。故你公司涉及检查的产品为医疗器械。

本次检查表明，这些医疗器械的生产、包装、储存或安装中使用的方法、设施或控制不符合21 CFR 820质量体系法规（以下简称QSR/21 CFR 820）的现行生产质量管理规范（以下简称cGMP）要求，根据《法案》第501（h）节［21 U.S.C.§ 351（h）］的规定，属于伪劣产品。你公司可以通过FDA网站（www.fda.gov）主页上的链接找到该法案及其实施法规。

检查显示以下重大违规行为，包括：

1．根据21 CFR 820.198（c）的要求，投诉涉及器械、标记或包装可能达不到其规范要求时，应进行评审、评价和调查。

尤其是：

A．你公司未能审查、评估和调查涉及Ⅱ类器械（粉色和绿色FlatPack：一种用于在化学消毒和储存过程中使用的软性、透气性和硬性隐形眼镜盒的容器）渗入隐形眼镜（使隐形眼镜变色）的质量投诉。

B．客户关系经理（CRM）（b）（4）Ⅱ类器械的质量投诉报告并非由你的质量部门审查。

2．纠正和预防措施活动和/或结果均未根据21 CFR 820.100（b）的要求进行充分记录。

尤其是，你公司未能验证或确认纠正和预防措施，以确保此类措施有效且不对成品产生不利影响。2016年6月，你公司（b）（4）Red Cote Disclosing 溶液，当10140批次产品的pH值超出技术规范时，对此没有文件记录充分有效的验证。

3．管理审查的结果和/或日期未根据21 CFR 820.20（c）的要求记录。

你公司未能在规定的时间间隔内审查和记录质量体系的适宜性和有效性。从2015年1月到2016年9月的管理审查会议的日期和结果（包括与会者清单和质量趋势分析审查）均未记录在案。

4．验收活动未根据21 CFR 820.80（e）的要求进行充分记录。

你公司未能记录Ⅱ类器械FlatPack的验收活动：一种用于在化学消毒和储存过程中使用的软性、透气性和硬性隐形眼镜的容器，批号为A-01410，于2016年10月10日收到。未记录器械技术规范的结果，例如杯宽度、深度和杯直径，以确认器械符合技术规范。

5．器械历史记录未根据21 CFR 820.184条的要求进行维护。

你公司未能保持FlatPack的器械历史记录（DHR）：一种用于在化学消毒和储存过程中使用的软性、透气性和硬性隐形眼镜的容器。

6．潜在供应商未根据21 CFR 820.50（a）（1）的要求，基于其满足规定要求的能力进行评估。

FlatPack的供应商：一种用于在化学消毒和储存过程中使用的软性、透气性和硬性隐形眼镜的容器，是一种Ⅱ类器械，对其尚未评估以确保供应商符合质量要求。

FDA已于2016年11月17日收到你公司针对FDA检查员在检查结束时出具的FDA 483表（检查发现问题清单）的回复。你公司的回复将作为你公司纠正检查员指出的缺陷所作的努力的记录存档。在下次检查你公司的设施时，将对所采取措施的有效性进行全面评价。FDA对关键人员培训的及时性、对你公司的FlatPack产品的差距分析以及对本厂址生产和销售的产品的全面检查表示担忧。

你公司应立即采取措施纠正本信函所述的违规行为。如若未能及时纠正这些违规行为，可能导致FDA在没有进一步通知的情况下启动监管措施。监管措施包括但不限于没收、禁令和民事罚款。此外，联邦机构会得知关于器械的警告信，以便在签订合同时考虑上述信息。另外，由于存在相关的质量体系法规偏差，除非这些违规事项得到纠正，否则Ⅱ类医疗器械上市前审批申请不会通过。在与有关器械相关的违规事项没有完成纠正前，外国政府出口证明的申请将不予批准。

请于收到此信函的15个工作日内，将你公司已经采取的具体整改措施，以及你公司准备如何防止这些违规事项或类似行为再次发生的计划，书面回复本办公室。回复中应包括你公司已经采取的纠正措施（必须解决系统问题）的文件材料。如果你公司需要一段时间来实施这些纠正措施，请提供一个实施的时间表。如果不能在15个工作日内完成纠正，请说明理由和能够完成的时间。你公司的回复应全面，并解决此警告信中所包括的所有违规行为。

第39封 给United Contact Lens, Inc. 的警告信

生产质量管理规范/不良事件报告/伪劣/标识不当

CMS # 510092

2016年11月30日

尊敬的C先生：

2016年10月4日至2016年10月12日，FDA检查员在对位于Arlington, Washington的你公司进行检查，确认你公司为United 55（UCL 55）、SonicView、TreSoft的日戴型软性隐形眼镜的生产制造商。根据《联邦食品、药品和化妆品法案》（以下简称《法案》）第201（h）节［21 U.S.C.§ 321（h）］，凡是用于诊断疾病或其他症状，对疾病有治愈、缓解、治疗或预防作用，或是可以影响人体结构或功能的器械，均为医疗器械。故你公司涉及检查的产品为医疗器械。

本次检查表明，这些医疗器械的生产、包装、储存或安装中使用的方法、设施或控制不符合21 CFR 820质量体系法规（以下简称QSR/21 CFR 820）的现行生产质量管理规范（以下简称cGMP）要求，根据《法案》第501（h）节［21 U.S.C.§ 351（h）］的规定，属于伪劣产品。

FDA已于2016年11月1日收到你公司针对FDA检查员出具的FDA 483表（检查发现问题清单）的回复。你公司的回复包括处理“检查发现事项”的表格和程序，但不包括描述提供文件的叙述性回复信。以下是FDA对于你公司对各违规事项相关回复的回应。这些违规事项包括但不限于以下内容：

1．未能按照21 CFR 820.50的要求建立和保持相关程序，确保所有采购或以其他方式接收的产品和服务满足规定的要求。

具体而言，你公司尚未建立评估供应商、承包商和顾问的采购控制程序。这是FDA在2013年检查中再次发现的事项。

FDA审查了你公司的答复，认为其并不充分。你公司提交了书面程序“采购PM104”，作为对检查的回复，该程序概括描述供应商批准标准。你公司的回复不充分，因为根据21 CFR 820.50（a）（1）的要求，你们未描述将如何根据潜在供应商、承包商、顾问满足规定要求（包括质量要求）的能力，记录你公司对他们的评估和选择。此外，你公司未控制供应商、承包商和顾问，以保证你公司得知所有产品或服务的变更，以便你公司可评估这些变更对你公司的成品器械质量的影响。加之，你公司提交的表格和程序未说明如何对现有的供应商、承包商和顾问实施此新程序。

2．未能按照21 CFR 820.198（a）的要求建立和保持由正式指定的部门接收、评审和评价投诉事项的程序。

具体而言，你公司的程序“客户投诉PM-802”规定，将决定是否必须提交不良事件报告（MDR），以及在客户投诉表上记录措施的细节。但自2015年1月起收到的15起投诉均未记录是否需要提交MDR的评估。

FDA审查了你公司的回复，除一份空白的“客户投诉报告”外，未发现任何回复性材料，因此，你们的回复不充分。

3．未能按照21 CFR 820.80（e）的要求记录所执行的验收活动。

具体而言，你公司的程序“（b）（4）检查PM-501B”指示操作员确定直径是否符合相应工作单通知表上要求的技术规范。

此外，你公司的程序“（b）（4）检查PM-502”指示操作员比较，功率读数是否符合工作单通知表上的

要求。但是，自2016年8月开始审查的37份工作单未记录这些验收活动的执行情况。

FDA审查了你公司的答复，认为其并不充分。你公司提交了一份修订的“工作单通知”，作为对检查的回应，该“工作单通知”包括表格底部的“（b）（4）检查”“（b）（4）检查/”框。但是，如果没有附带叙述说明，FDA将不清楚你们如何实施修改的文件。

4．根据21 CFR 820.72（a），你公司未能建立和保持相关程序，以确保对装置进行常规校准、检验、检查和维护。

具体而言，根据21 CFR 820.72（b）（1）的要求，你公司的程序“校准PM-1101A”没有要求使用可溯源到国家或国际标准的校准标准来进行校准，自2014年1月起你们也无法提供任何文件证明，其用于进行校准的校准标准可溯源到国家或国际标准。此外，你们的程序要求在校准表上记录校准结果。但是，自2014年1月起，你公司所有校准器械的校准表仅包括检查标记或“X”，而非校准结果。

FDA审查了你公司的答复，认为其并不充分。你们修订了“校准器械列表”（参考Cal-002），且你们修订的器械校准表列出了器械校准频率。但是，你们未能就未使用可溯源到国家或国际标准的校准标准的问题进行回复。此外，你公司的回复未解决自2014年1月起未记录的任何器械的校准结果；因此，FDA发现你们的回复不充分。

5．未能按照21 CFR 820.100（a）的要求建立和维护实施纠正和预防措施/行动的程序。

具体而言，你公司的程序“纠正和预防措施PM100B”未规定作为潜在纠正措施输入必须被分析的质量数据。此外，根据21 CFR 820.100（a）（4）的要求，该程序未包括纠正和预防措施的验证或确认要求，以保证这些措施不会对成品器械产生不利影响。

FDA审查了你公司的答复，认为其并不充分。FDA确认你公司已提交一份修订的程序“纠正和预防措施PM100B”。但是，该修订程序未规定作为潜在纠正措施的输入必须分析的质量数据。此外，该修订程序未要求验证或确认纠正和预防措施，以保证这些措施不会对成品器械产生不利影响。

6．未能根据21 CFR 820.22建立适当的质量审核程序并进行此类审核，以确保质量体系符合已建立的质量体系要求，判定质量体系的有效性。

具体而言，你公司的程序“质量控制程序”（日期为1990年6月18日）未得到充分实施。该程序要求检查每项（b）（4）。你公司无法提供任何文件证明自1990年以来是否检查过这些质量体系。这是FDA在2013年检查中已经发现过的违规事项。

FDA审查了你公司的答复，认为其并不充分。FDA确认你公司已提交“质量控制程序”（日期为1990年6月18日）。但是，第Ⅲ节“GMP检查程序”仍不完整，因为其未包括谁负责进行质量控制体系检查、哪些经理将审查这些检查结果、谁将协调会议，以及谁负责编写总结报告。FDA还收到了一份完整的United Contact Lens GMP检查核对表，首页日期为2016年10月17日。核对表剩余几页只反映了程序的批准日期，即1990年6月18日。因此，不确定第2~6页的完成日期。而且，检查核对表没有描述检查期间审查了哪些文件。此外，检查核对表并未确定完成检查的人，也未确定检查核对表报告是否得到审核，或者未确定审核该报告的人。请注意，21 CFR 820.22要求应由与被审核事项无直接责任的人员进行质量检查。

FDA的检查还显示，根据《法案》第502（t）（2）节［21 U.S.C.§ 352（t）（2）］，你公司的器械存在标识错误的问题，因为你公司未能或拒绝提供《法案》第519节（21 U.S.C.§ 360i）和21 CFR 803“不良事件报告”所要求的器械相关材料或信息。重大违规事项包括但不限于以下内容：

7．未能按照21 CFR 803.17的要求制定、维护和实施书面不良事件报告（MDR）程序。

具体来说，尚未制定书面不良事件报告程序。

FDA审查了你公司的答复，认为其并不充分。FDA承认你公司提供不良事件报告项目PM803A的书面程序，该程序概括描述了你公司的不良事件报告程序。然而，该程序并未描述识别和传达不良事件报告的时间框架，也未描述你公司如何确保提交补充报告（如适用），如21 CFR 803所述。此外，该程序并未明确规定客服人员应以何种形式记录他们在分析客户投诉后是否需要进行不良事件报告的决定。

你公司的不良事件报告程序也没有提供电子格式的不良事件报告报告信息。自2015年8月14日起，不良事件报告应以电子格式提交给FDA, FDA可以对其进行处理、审查和存档。除非有FDA指示的特殊情况，否则不接受书面形式的提交。你公司应根据2014年2月14日发布在《联邦公报》上的电子版医疗器械不良事件报告（eMDR）最终规则，相应修订其MDR程序，包括以电子方式提交MDR的流程。此外，你公司需建立eMDR账户，以便以电子方式提交MDR。有关eMDR的最终规则和eMDR设置过程的信息，请访问FDA网站：url

你公司应立即采取措施纠正本信函所述的违规行为。如若未能及时纠正这些违规行为，可能导致FDA在没有进一步通知的情况下启动监管措施。监管措施包括但不限于没收、禁令和民事罚款。此外，联邦机构会得知关于器械的警告信，以便在签订合同时考虑上述信息。此外，如果FDA确定你违反了质量体系法规，且这些违规行为与Ⅲ类器械的上市前批准申请有关联，则在纠正这些违规行为之前，将不会批准此类器械。在与有关器械相关的违规事项没有完成纠正前，外国政府出口证明的申请将不予批准。

请在收到本信函之日起15个工作日内将你公司为纠正上述违规行为所采取的具体步骤书面通知本办公室，并说明你公司计划如何防止此类违规行为或类似违规行为再次发生。包括你公司已经采取的纠正措施（必须解决系统问题）的文件材料。如果你公司计划采取的纠正措施将逐渐开展，请提供实施这些活动的时间表。如果无法在15个工作日内完成纠正，请说明延迟的原因以及完成这些活动的时间。你公司的回复应全面，并解决此警告信中所包括的所有违规行为。

最后，请注意本信函未完全包括你公司全部违规行为。你公司有责任遵守FDA所有的法律和法规。本信函和检查结束时签发的FDA 483表（检查发现问题清单）中记录的具体违规行为可能表明你公司制造和质量管理体系中存在严重问题。你公司应查明违规原因并及时采取纠正措施，确保产品合规。

第 40 封　给 Alseal 的警告信

生产质量管理规范/质量体系法规/医疗器械/伪劣

CMS # 507073

2016年11月10日

尊敬的D先生：

2016年6月6日至2016年6月9日，美国食品药品管理局（FDA）对你公司位于2 Rue Paul Millert, Besancon, France的场所进行了检查。通过检查，FDA检查员确定你公司制造导管导入器。根据《联邦食品、药品和化妆品法案》（以下简称《法案》）第201（h）节［21 U.S.C.§ 321（h）］，凡是用于诊断疾病或其他症状，对疾病有治愈、缓解、治疗或预防作用，或是可以影响人体结构或功能的器械，均为医疗器械。故你公司涉及检查的产品为医疗器械。

FDA收到并审查了你公司在2016年7月7日和2016年7月27日针对检查员出具的FDA 483表（检查发现问题清单）的回复，该针对回复的报告已发给你公司。

你公司于2016年10月31日对FDA 483表作出的答复尚未予以审查；此答复将与针对本警告信中所述违规行为提供的任何其他书面材料一起进行评估。此类违规行为包括但不限于下述各项：

1．未能按照21 CFR 820.30（c）的要求建立和保持程序，以确保与器械相关的设计要求是适宜的，并且反映了包括使用者和患者需求的器械预期用途。例如：

a．你公司的设计控制程序PRO CONC-01“产品设计与研发”和相关程序PRO AFR-02“将器械投放市场（CE标志）”未包含用于确保设计输入要求由指定人员记录、审查和批准的充分要求。

b．直到设计项目结束时，（b）（4）的设计输入规范才获批。在完成设计项目之前，你公司没有证明（b）（4）的设计输入已获批的记录，包括在设计早期阶段批准要求的人员的签字日期和签名。

FDA审查你公司的答复后确定，该答复还不够充分。你公司进行了一次差距评估，以确保充分制定设计控制要求。你公司还修订了设计控制程序PRO CONC-01，以明确规定设计输入要求，并对相关员工进行了有关经修订程序的培训。但是，你公司还应评估设计控制程序的变更是否适用于设计（b）（4）器械的确认/验证。

2．未能按照21 CFR 820.30（f）的要求建立和保持器械的设计验证程序，以确认设计输出满足设计输入要求。

例如，（b）（4）设计项目的设计历史文档没有按检测计划（b）（4）和（b）（4）的要求记录设计确定情况、所用方法、设计验证检测的日期以及执行验证检测的人员。

FDA审查你公司的答复后确定，该答复还不够充分。你公司进行了一次差距评估，以确保充分制定设计验证要求。你公司还实施了一个新的说明和模板，其中提供了执行和记录验证活动的说明。但是，你公司还应评估是否应使用新制定的设计验证说明对（b）（4）器械的设计进行再验证。

3．未能按照21 CFR 820.100（a）的要求建立和保持纠正和预防措施的实施程序。例如：

a．你公司的CAPA程序PRO M-04 7“不合规项（NC）、让步接收与纠正和预防措施（CAPA）管理”未包括关于以下方面的充分要求：

i．对各项流程、工作操作、让步接收、质量审计报告、质量记录、服务记录、投诉、退货产品和其他质量数据来源进行分析，以确定导致产生不合格产品或其他质量问题的现有和潜在原因；

ii．必要时采用适当的统计方法，以发现反复出现的质量问题；

iii. 对纠正和预防措施进行验证或确认，以确保该项措施不会对成品器械产生不利影响；

iv. 将与质量问题或不合格产品有关的信息传达给直接负责保证该等产品的质量或防止该等问题出现的人员。

b. 两个CAPA文件（16/010和15/031）未按照你公司CAPA程序的要求记录所有活动及其结果，包括记录根本原因调查情况。

FDA审查你公司的答复后确定，该答复还不够充分。你公司进行了一次差距评估，以确保充分制定CAPA法规要求。你公司还修订了CAPA程序PRO M-04和ENR M-22，以纳入上述程序要求，并对相关员工进行有关经修订CAPA程序的培训。但是，你公司还应评估以前的CAPA文件，以确保缺少程序要求不会导致放行不合格产品，并采取措施减轻对使用者造成的任何不良健康后果（如适用）。

4. 未能按照21 CFR 820.75（a）的规定，当过程结果不能为其后的检验和试验充分验证时，过程应以高度的把握予以确认，并按已确定的程序批准。例如：

a. 你公司尚未为任何一个流程（包括（b）（4）流程）制定流程确认程序。

b. 在（b）（4）器械的操作和流程（OQ/PQ）确认方面存在缺陷。例如：

i. 你公司尚未进行检测，以确定（b）（4）的（b）（4）。仅（b）（4）用于开展操作确认。

ii. 公司未在可变条件（例如，不同操作员、日期和生产批次）下进行PQ和OQ检测，以证明（b）（4）可始终生产出符合预定质量标准的器械。

FDA审查你公司的答复后确定，该答复还不够充分。你公司进行了一次差距评估，以解决程序缺陷。另外，你公司还实施了一项描述流程确认要求的程序PRO CONC-03，并对相关员工进行了程序培训。你公司也计划对器械（包括HQS导入器和XCath）进行分析，以验证是否妥善记录了流程确认活动。基于该分析，你公司将确定哪些流程需要再确认。此外，该答复还表明，你公司希望对向美国市场经销的产品进行流程确认。但是，你公司还应证明，已进行了一次评估，以确定缺少程序和流程确认是否会导致在经销中放行不合格产品，并采取措施减轻对使用者造成的任何不良健康后果（如适用）。

5. 未能按照21 CFR 820.90（b）（1）的要求制定和维护确定不合格产品审查职责和处置权限的程序。例如：

a. 你公司的不合规项处理程序PRO M-04“不合规项（NC）、让步接收与纠正和预防措施（CAPA）管理”没有：

i. 阐述不合格产品的审查和处置流程；

ii. 确保对不合格产品的处置予以记录，并且文件应包括使用不合格产品的理由和授权使用该等产品的人员的签名。

b. 在评估和处置不合格产品方面存在缺陷。例如：

i. 发起不合规项（b）（4），以便对来自批次15/3339的损坏（b）（4）的HQS导入器的（b）（4）进行返工。你公司没有评估记录表明返工对器械的影响。

ii. 不合规项（b）（4）是在具有（b）（4）挑战时发起的。你公司尚未评估与该不合规项相关的风险；但建议按原样使用该器械。

FDA审查你公司的答复后确定，该答复还不够充分。你公司进行了一次差距评估，以确保充分制定不合格产品处理的法规要求。你公司还修订了不合格产品处理程序和表格，以解决上述程序缺陷，并对相关员工进行了有关修订程序和表格的培训。但是，你公司还应阐明如何解决几个不合规项记录存在的缺陷。你公司还应证明对以前的不合规项记录进行了审查，以确定对不合格产品的处置缺少充分评估是否会导致在经销中放行缺陷产品，并采取措施减轻对使用者造成的任何不良健康后果（如适用）。

6. 未能按照21 CFR 820.250（a）的要求建立和保持程序，以识别建立、控制过程能力和产品特征，以及验证其可接受性所要求的有效的统计技术。

例如，你公司尚未制定验证流程能力和产品特性的可接受性所需的有效统计技术的确定程序，以针对

（b）（4）检测计划（b）（4）进行验证检测。检测计划中确定的检测样本数量并非基于有效的统计依据。

FDA审查你公司的答复后确定，该答复还不够充分。你公司进行了一次差距评估，以确保制定统计方法程序。你公司还修订了程序PRO CONC-04，该程序确定了统计技术，以证明在进行设计验证、流程确认和来料检验时使用的抽样计划合理，并对相关员工进行了有关修订程序的培训。但是，你公司还应证明对所有流程和检测方法进行审查，以确保按照经修订的程序PRO CONC-04应用统计技术。

7．21 CFR 820.198确定的正式指定单位根据21 CFR 820.198的规定进行调查时，未按照21 CFR 820.198（e）的要求保存调查记录。

例如，投诉调查的记录未包括要求的信息。与HQS导管导入器护套破裂、阀漏及XCath破裂有关的11份投诉文件（例如，RC 15/036、RC 15/046、RC 15/054及其他8份）均未包括投诉接收日期、投诉人的地址及电话号码、调查日期及对投诉人作出的任何答复。

你公司对该缺陷的答复似乎很充分。

FDA经检查还发现，根据《法案》第502（t）（2）节［21 U.S.C.§ 352（t）（2）］的规定，你公司的器械标签标识错误，原因在于你公司未能或拒绝提供《法案》第519节（21 U.S.C.§ 360i）和21 CFR 803“医疗器械报告”规定的有关该等器械的材料或信息。重大违规行为包括但不限于下述各项：

8．未能按照21 CFR 820.803.50（a）（2）的要求在收到或以其他方式获悉来自任何来源的、合理表明所销售的某器械出现故障以及你公司销售的该器械或类似器械可能会导致或造成死亡或严重伤害（如果该故障再次发生）的信息后30个日历日内上报。

例如，你公司获悉了一个事件，即投诉15/051，其中描述了手术过程中HQS导入器断裂，并且外科医生无法找到器械的缺失部分。虽然未对患者造成伤害，但是，你公司没有提供任何关于尝试获取该患者任何相关额外信息的随访信息。此外，你公司还发起了受影响批次的纠正和移除行动。但是，你公司未按照21 CFR 820.803.50（a）（2）的要求报告可能导致或造成严重伤害的器械故障。

你公司对该缺陷的答复似乎很充分。

FDA经检查还发现，根据《法案》第502（t）（2）节［21 U.S.C.§ 352（t）（2）］的规定，你公司的HQS导入器18F-26F器械标识错误，原因在于你公司未能或拒绝提供《法案》第519节（21 U.S.C.§ 360i）和21 CFR 820.806“医疗器械；纠正和移除报告”规定的有关该等器械的材料或信息。重大违规行为包括但不限于下述各项：

9．未能按照21 CFR 820.806.10的要求在此类纠正或移除行动后的10个日历日内提交纠正或移除报告。

例如：你公司表示，分别在2015年11月和2016年1月收到了涉及HOS导入器护套剥落或破损的两宗投诉。在检测并注意到同样的故障后，你公司确定了哪些批次受到了影响，并起草了一份现场安全通知，分发给所有受影响的国家。你公司对可能受器械缺陷影响的产品实施了现场安全措施，并且所有Alseal相关客户均收到了通知。但是，你公司尚未向FDA提交纠正和移除的书面报告。

目前尚不能确定你公司的答复是否充分。你公司的答复没有解决该问题。你公司应更新程序，以遵守21 CFR 820.806的要求以及21 CFR 820.7.40“召回政策”提供的指导，进而确保向FDA提供所有要求的信息。你公司还应按照21 CFR 820.806.20中对健康风险的定义进行健康风险评估，以支持今后医疗器械纠正或移除的报告决定。

鉴于你公司严重违反了《法案》规定，根据《法案》第801（a）条［21 U.S.C.§ 381（a）］的规定，由于你公司制造的导管导入器为伪劣产品，所以被拒入境。因此，FDA正在采取措施，以拒绝此类医疗器械进入美国（称为“自动扣押”），直到此类违规行为得到纠正。为了解除医疗器械的扣留状态，你公司应按下列说明对本“警告函”作出书面答复，并对其中所述的违规行为予以纠正。FDA会告知你公司的答复是否充分，以及是否需要重新检查你公司的场所，以验证是否已实施相关纠正和/或纠正措施。

另外，联邦机构会得知关于器械的警告信，以便在签订合同时考虑上述信息。此外，如果FDA确定你违反了质量体系法规，且这些违规行为与Ⅲ类器械的上市前批准申请有关联，则在纠正这些违规行为之前，将不会批准此类器械。

请在收到本信函之日起15个工作日内将你公司为纠正上述违规行为所采取的具体步骤书面通知本办公室，并说明你公司计划如何防止此类违规行为或类似违规行为再次发生。包括你公司已经采取的纠正措施（必须解决系统问题）的文件材料。如果你公司计划采取的纠正措施将逐渐开展，请提供实施这些活动的时间表。如果无法在15个工作日内完成纠正，请说明延迟的原因以及完成这些活动的时间。你公司的回复应全面，并解决此警告信中所包括的所有违规行为。

最后，请注意本信函未完全包括你公司全部违规行为。你公司有责任遵守FDA所有的法律和法规。本信函和检查结束时签发的FDA 483表（检查发现问题清单）中记录的具体违规行为可能表明你公司制造和质量管理体系中存在严重问题。你公司应查明违规原因并及时采取纠正措施，确保产品合规。

第41封　给Implant Dental Technology Co.，Ltd. 的警告信

生产质量管理规范/质量体系法规/医疗器械/伪劣/标识不当

CMS # 506873

2016年10月25日

尊敬的L先生：

2016年6月27日至2016年6月30日期间，美国食品药品管理局（FDA）的检查员对位于中国广东的你公司进行检查，确认你公司生产瓷熔合金属修复体、瓷修复体、局部义齿和全口义齿。根据《联邦食品、药品和化妆品法案》（以下简称《法案》）第201（h）节［21 U.S.C.§ 321（h）］，凡是用于诊断疾病或其他症状，对疾病有治愈、缓解、治疗或预防作用，或是可以影响人体结构或功能的器械，均为医疗器械。故你公司涉及检查的产品为医疗器械。

本次检查表明，这些医疗器械的生产、包装、储存或安装中使用的方法、设施或控制不符合21 CFR 820质量体系法规（以下简称QSR/21 CFR 820）的现行生产质量管理规范（以下简称cGMP）要求，根据《法案》第501（h）节［21 U.S.C.§ 351（h）］的规定，属于伪劣产品。违规行为包括但不限于：

1．未能按照21 CFR 820.70（e）的要求，建立和维护程序，以防止设备或产品受到可能对产品质量产生不利影响的物质的污染。

例如，四个××蒸汽清洁器，位于××洁净室，并在整个制造过程中用于蒸汽清洁牙种植体，其水箱内有未识别的绿色/棕色微粒积聚。另外，你公司声明××是用于此过程，而不是××水。

2．未能按照21 CFR 820.70（a）的要求，开发、实施、控制和监视生产过程，以确保设备符合其规范。

例如，你公司的××程序缺少使用熔炉加工××金属和加工用于牙种植体的各种瓷器的说明。此外，你公司未记录这些过程的时间和温度。

3．未能按照21 CFR 820.72（a）的要求，建立和维护程序，以确保设备进行例行校准、审查、检查和维护。

例如，未按照你公司校准程序××，第6.44节和第6.5节的要求，对用于测量陶瓷牙齿的壁厚的××进行标识，表明校准状态。

4．未能按照21 CFR 820.86的要求，通过适当的方式标识产品的验收状态，以指示产品是否符合验收标准。

例如，你公司的不合格生产程序××（修订版A 1）是不完整的，正在进行来料检验的产品在生产过程中未标识出临时储存或者使用的验收状态。

5．未能按照21 CFR 820.100（a）（1）的要求，建立和维护实施纠正和预防措施（CAPA）的程序，以包括分析质量数据来源的要求，来识别现有和潜在的不合格产品或其他质量问题的原因。

例如，在2013年、2014年和2015年期间，你公司没有评估质量数据来源，以确定开展CAPA的需要。你公司没有将所有质量数据来源，如在制品和供应商不符合项输入CAPA系统。

6．未能按照21 CFR 820.40的要求，建立和维护控制所有文件的程序。

例如，你公司的程序缺少批准签名和日期。此外，你公司没有保存变更记录，其中包括变更说明、受影

响文件的标识、批准个人的签名、批准日期以及变更生效的时间。

FDA的检查还发现，根据《法案》第502（t）（2）节［21 U.S.C.§ 352（t）（2）］，你公司的金属烤瓷修复体、烤瓷修复体、部分义齿和全口义齿标识错误，因为你公司未能或拒绝提供《法案》第519节（21 U.S.C.§ 360i）和21 CFR 803要求的关于该器械的材料或信息-医疗器械报告。重大违规行为包括但不限于以下内容：

未能按照21 CFR 803.17的要求，开发、维护和实施书面MDR程序。

例如，检查员收集了一个投诉示例，该投诉不包含对MDR审查的引用。此外，你公司的客户满意度控制程序IDTQP-012（修订版A 1）没有参考MDR审查。

鉴于违反《法案》行为的严重性，根据《法案》第801（a）节［21 U.S.C.§ 381（a）］规定，你公司生产的金属烤瓷修复体、烤瓷修复体、部分义齿和全口义齿属于伪劣产品，禁止进入美国境内。因此，FDA正在采取措施，在这些违规行为得到纠正之前，拒绝这些“自动扣押”状态的器械进入美国。为将这些器械从扣留清单中移除，你公司应按照如下所述对本警告信作出书面回复，并纠正本警告信中所述的违规行为。FDA将通知你公司的回复是否充分，以及是否需要重新检查你公司的设施，以验证是否已采取了适当的纠正措施。

同时，联邦机构会得知关于器械的警告信，以便在签订合同时考虑上述信息。此外，如果FDA确定你公司违反了质量体系法规，且这些违规行为与Ⅲ类器械的上市前批准申请有关联，则在纠正这些违规行为之前，将不会批准此类器械。

请在收到本信函之日起15个工作日内将你公司为纠正上述违规行为所采取的具体步骤书面通知本办公室，并说明你公司计划如何防止此类违规行为或类似违规行为再次发生。包括你公司已经采取的纠正措施（必须解决系统问题）的文件材料。如果你公司计划采取的纠正措施将逐渐开展，请提供实施这些活动的时间表。如果无法在15个工作日内完成纠正，请说明延迟的原因以及完成这些活动的时间。请提供非英文文件的翻译文本，以便FDA审查。

最后，请注意本信函未完全包括你公司全部违规行为。你公司有责任遵守FDA所有的法律和法规。本信函和检查结束时签发的FDA 483表（检查发现问题清单）中记录的具体违规行为可能表明你公司制造和质量管理体系中存在严重问题。你公司应查明违规原因并及时采取纠正措施，确保产品合规。

第42封 给Hubei Hongkang Protective Products Co. 的警告信

生产质量管理规范/质量体系法规/医疗器械/伪劣

CMS # 506228

2016年9月15日

尊敬的Z先生：

2016年6月13日至2016年6月15日，美国食品药品管理局（FDA）对你公司位于中国湖北省黄冈市的场所进行了检查。通过检查，FDA检查员确定，你公司制造医用口罩、导电鞋和鞋套、检查服、手术套装、手术服、手术帽、换气口罩、一次性医用被褥、手术服配件、非手术隔离服和不透水非手术隔离服。根据《联邦食品、药品和化妆品法案》（以下简称《法案》）第201（h）节［21 U.S.C.§ 321（h）］，凡是用于诊断疾病或其他症状，对疾病有治愈、缓解、治疗或预防作用，或是可以影响人体结构或功能的器械，均为医疗器械。故你公司涉及检查的产品为医疗器械。

本次检查表明，这些医疗器械的生产、包装、储存或安装中使用的方法、设施或控制不符合21 CFR 820质量体系法规（以下简称QSR/21 CFR 820）的现行生产质量管理规范（以下简称cGMP）要求，根据《法案》第501（h）节［21 U.S.C.§ 351（h）］的规定，属于伪劣产品。此类违规行为包括但不限于下述各项：

1．未允许FDA完成对你公司场所的检查，以确定是否符合21 CFR 820的规定。不允许FDA进行检查属于违反21 CFR 820.1（d）规定的行为。

鉴于你公司严重违反了《法案》规定，根据《法案》第801（a）条［21 U.S.C.§ 381（a）］的规定，由于你公司制造的器械为伪劣产品，所以被拒入境。因此，FDA正在采取措施，以拒绝此类医疗器械进入美国（称为"自动扣押"），直到此类违规行为得到纠正。为了解除医疗器械的扣留状态，你公司应按下列说明对本"警告信"作出书面答复，并对其中所述的违规行为予以纠正。FDA会告知你公司的答复是否充分，以及是否需要重新检查你公司的场所，以验证是否已实施相关纠正行动和／或纠正措施。

另外，美国各联邦机构可能会收到关于发送医疗器械"警告信"的通知，供其在达成合同时考虑此类信息。

请在收到本信函之日起15个工作日内，以书面形式将你公司为纠正上述违规行为而采取的具体措施通知本办公室，其中应说明你公司计划如何避免再次发生该等违规行为或类似违规行为。应提供你公司已实施的纠正和/或纠正措施（须解决系统问题）的文件。如果你公司计划采取的纠正措施的实施需要一段时间，请提供实施此类活动的时间表。如果无法在15个工作日内完成纠正，则应说明延迟原因和完成此类活动所需的时间。请提供非英文文件的英文译文，以便于FDA进行审查。

最后，请注意本信函未完全包括你公司全部违规行为。你公司有责任遵守FDA所有的法律和法规。本信函和检查结束时签发的检查结果FDA 483表（检查发现问题清单）中记录的具体违规行为可能表明你公司制造和质量管理体系中存在严重问题。你公司应查明违规原因并及时采取纠正措施，确保产品合规。

第43封 给Neo Vision Co., Ltd.的警告信

生产质量管理规范/质量体系法规/医疗器械/伪劣

CMS # 506797

2016年9月14日

尊敬的M先生：

2016年5月9日至2016年5月12日，美国食品药品管理局（FDA）对你公司位于Wonju-Si, Gangwon-Do, Republic of Korea的场所进行了检查。通过检查，FDA检查员确定你公司制造日戴型软性接触镜。根据《联邦食品、药品和化妆品法案》（以下简称《法案》）第201（h）节［21 U.S.C.§ 321（h）］，凡是用于诊断疾病或其他症状，对疾病有治愈、缓解、治疗或预防作用，或是可以影响人体结构或功能的器械，均为医疗器械。故你公司涉及检查的产品为医疗器械。

本次检查表明，这些医疗器械的生产、包装、储存或安装中使用的方法、设施或控制不符合21 CFR 820质量体系法规（以下简称QSR/21 CFR 820）的现行生产质量管理规范（以下简称cGMP）要求，根据《法案》第501（h）节［21 U.S.C.§ 351（h）］的规定，属于伪劣产品。

FDA收到并审查了你公司于2016年5月25日和5月27日发出的针对FDA检查员出具的FDA 483表（检查发现问题清单）作出的答复。

你公司于2016年6月27日、2016年7月14日和2016年8月15日对FDA 483表作出的答复尚未予以审查，原因为该等答复不是在FDA 483表发出后15个工作日内收到的。此答复将与针对本警告信中所述违规行为提供的任何其他书面材料一起进行评估。此类违规行为包括但不限于下述各项：

1．未能按照21 CFR 820.30（a）的要求建立和保持器械设计控制程序，以确保满足规定的设计要求。

例如，你公司拥有设计控制程序“规划和研发管理程序”（文件编号：NVQP-730，第0版，2008年9月1日；第1版，2014年2月3日）。但是，你公司未针对Neo Cosmo（聚甲基丙烯酸羟乙酯）软性（亲水）接触镜［于2014年10月7日根据510（k）（编号：K142275）获得许可］实施设计控制。你公司未对该等器械进行设计验证/确认。你公司也未编制Neo Cosmo软性接触镜的设计历史文档（DHF）。

FDA审查你公司的答复后确定，该等答复还不够充分。该等答复表明，在FDA尚未实施质量体系（QS）法规之前，你公司于1993年实施了接触镜的设计控制。该等答复表明，你公司之前不了解质量体系法规的设计控制要求，并且会制定设计控制程序、进行员工培训和编制Neo Cosmo软性接触镜的设计历史文档。但是，你公司还应检查其他器械，并评估是否需要采取类似的纠正措施。此外，还应进行评估，以确定缺少设计控制是否会导致放行不合格产品。如果是，应采取纠正措施，以减轻对最终使用者造成的任何不利影响（如适用）。

2．未能按照21 CFR 820.70（a）的要求建立、实施、控制并监视生产过程，以确保器械符合其规范，例如：

a．你公司的流程控制程序“质控流程图”（文件编号：NVQI-110，第3版）要求对每批产品进行（b）（4），并将检测结果记录在表格（编号：NVQP-830-2）中。但是，经对你公司2015年至2016年期间关于为美国市场制造的软性接触镜的11份器械历史记录（DHR）（例如，编号分别为863150629、863151211、864160406的DHR和8项其他记录）进行审查发现，你公司没有记录证明开展了所要求的检测的数据。

b．（b）（4）根据“原材料作业指导书”（文件编号：NVQI-210，第2版），需要进行（b）（4），以便进行成批生产。仅当（b）（4）的（b）（4）成功完成时，方可批准相关批次。但是，你公司的作业指导书未要求（b）（4）。你公司也没有制定程序，以验证（b）（4）。

FDA审查你公司的答复后确定，该等答复还不够充分。该等答复表明，缺少关于编号为NVQP-830-2的表格的培训是缺少文件的根本原因。你公司针对该表格对员工进行了培训，并提供了培训记录。但是，你公司还应进行评估，以确定缺少关于所要求的检测结果的培训/文件是否会导致放行不合格产品。如果是，应采取纠正措施，以减轻对最终使用者造成的任何不利影响（如适用）。此外，你公司应评估员工是否接受了其他适用形式的适当培训。

关于（b）（4）原材料，该等答复表明，你公司持续开展了（b）（4）检测。但是，该流程未在书面程序中作出描述。你公司提供了一份作业指导书（NVQP-830）（其中包括（b）（4）检查的所有方面），以及有关该作业指导书的员工培训记录。作业指导书包括眼镜材料的（b）（4）确认。但是，你公司还应提供确认结果的总结。你公司应进行评估，以确定缺少书面程序是否会导致放行不合格产品。如果是，应采取纠正措施，以减轻对最终使用者造成的任何不利影响（如适用）。

3．未能按照21 CFR 820.184的规定建立和保持程序，确保对应于每一批次或单件的器械历史记录的保持，以证实器械是按照器械主记录（DMR）和本部分要求制造的。

例如，你公司未制定器械历史记录（DHR）程序。你公司2015年至2016年期间的11份DHR均不完整（关于为美国市场制造的软性接触镜）。此外，11份器械历史记录（例如，编号分别为863150629、863151211、864160406的DHR和8项其他记录）中没有一份包括或提及主要标识标签的位置和每个生产单位使用的标签。

FDA审查你公司的答复后确定，该等答复还不够充分。该等答复表明，该等DHR是与其他接触镜的DHR一起编制的。因此，该等记录位于不同的位置，用于特定的阶段。你公司提供了要求为美国产品创建单独DHR的程序（NVQI-640）。但是，你公司还应包括有关程序的员工培训。此外，你公司应指出是否已针对在美国销售的产品实施了程序并建立了DHR。

FDA经检查还发现，根据《法案》第502（t）（2）节［21 U.S.C.§ 352（t）（2）］的规定，你公司的器械标识错误，原因在于你公司未能或拒绝提供《法案》第519条（21 U.S.C.§ 360i）和21 CFR 803“医疗器械报告”规定的有关该等器械的材料或信息。重大违规行为包括但不限于下述各项：

4．未能按照21 CFR 803.17的要求制定、维护和实施书面MDR程序。

例如，你公司的MDR程序“索赔控制程序”（文件编号：NVQP-810，第1版，2016年5月6日）没有以下内容：

a．建立内部系统，以便及时有效地识别、沟通和评估可能受 MDR 要求约束的事件。例如，根据21 CFR 803规定，你公司没有对应报告事件的事件进行定义。排除21 CFR 803.3中的术语“获悉”“导致或造成”“故障”“MDR应报告事件”和“严重伤害”的定义以及21 CFR 803.20（c）（1）中的术语“合理表明”的定义可能导致你公司在评估可能符合21 CFR 803.50（a）所述报告标准的投诉时做出不正确的应报告性决定。

b．建立提供标准化审查流程的内部系统，以确定事件何时符合该部分的报告标准。例如：

i．缺少关于对每个事件进行全面调查及评估事件发生原因的说明。

ii．按照书面规定，该程序并未指定由谁决定向FDA报告事件。

iii．缺少关于你公司如何评估事件信息，以便及时作出MDR应报告性决定的说明。

c．建立及时发送完整医疗器械报告的内部系统。具体而言，未涉及以下内容：

i．你公司须提交最初30天、补充或后续报告、5天报告的情况及对此类报告的要求。

ii．该程序不包括使用强制性3500A或同等电子文件提交MDR应报告事件的参考。

iii．尽管该程序提到了30天报告、5天报告，但并未分别指定日历天数和工作日。

d. 说明将如何满足文件和记录保存要求，包括：

i. 记录为不良事件相关信息的文档，这些信息作为MDR事件文件维护。

ii. 经过评估以确定事件是否可报告的信息。

iii. 用于确定是否应报告与设备有关的死亡，严重伤害或故障的讨论和决策过程的文档。

iv. 确保能够访问信息的系统，有助于FDA及时进行跟进和检查。FDA审查你公司的答复后确定，该等答复还不够充分。你公司的经修订MDR程序“质量管理程序-医疗器械报告”（文件编号：NVQI-650，第0版，2016年7月12日）没有涉及第4（a）项、第4（b）（ii）项及第4（c）（Ⅲ）项下提到的缺陷。

根据2014年2月14日在《联邦公报》中公布的电子医疗器械报告（eMDR）最终规则，你公司应调整MDR程序，包括以电子方式提交MDR的流程。此外，你公司应创建eMDR账户，以便以电子方式提交MDR。关于eMDR最终规则及eMDR创建流程的信息，详见FDA网站：http://www.fda.gov/MedicalDevices/DeviceRegulationandGuidance/PostmarketRequirements/ReportingAdverseEvents/eMDR%E2%80%93ElectronicMedicalDeviceReporting/default.htm

如果你公司希望讨论上述MDR相关问题，请通过发送电子邮件联系可报告性审查小组（邮箱：ReportabilityReviewTeam@fda.hhs.gov）。

鉴于你公司严重违反了《法案》规定，根据《法案》第801（a）条［21 U.S.C.§ 381（a）］的规定，由于你公司制造的日戴型软性接触镜为伪劣产品，所以被拒入境。因此，FDA正在采取措施，以拒绝此类医疗器械进入美国（称为“自动扣押”），直到此类违规行为得到纠正。为了解除医疗器械的扣留状态，你公司应按下列说明对本“警告信”作出书面答复，并对其中所述的违规行为予以纠正。FDA会告知你公司的答复是否充分，以及是否需要重新检查你公司的场所，以验证是否已实施相关纠正措施。

此外，联邦机构会得知关于器械的警告信，以便在签订合同时考虑上述信息。如果FDA确定你违反了质量体系法规，且这些违规行为与Ⅲ类器械的上市前批准申请有关联，则在纠正这些违规行为之前，将不会批准此类器械。

请在收到本信函之日起15个工作日内，以书面形式将你公司为纠正上述违规行为而采取的具体措施告知本办公室，其中应说明你公司计划如何避免该等违规行为或类似违规行为再次发生。应提供你公司已实施的纠正措施（须解决系统问题）的文件。如果你公司计划采取的纠正措施的实施需要一段时间，请提供实施此类活动的时间表。如果无法在15个工作日内完成纠正，则应说明延迟原因和完成此类活动所需的时间。请提供非英文文件的英文译文，以便于FDA进行审查。

最后，请注意本信函未完全包括你公司全部违规行为。你公司有责任遵守FDA所有的法律和法规。本信函和检查结束时签发的检查结果FDA 483表（检查发现问题清单）中记录的具体违规行为可能表明你公司制造和质量管理体系中存在严重问题。你公司应查明违规原因并及时采取纠正措施，确保产品合规。

第44封 给Shina Corporation的警告信

生产质量管理规范/质量体系法规/医疗器械/伪劣/标识不当

CMS # 501643

2016年8月23日

尊敬的B先生：

2016年5月2日至2016年5月5日，美国食品药品管理局（FDA）的检查员对位于韩国Gong–Ju的你公司进行检查，确认你公司生产皮下注射器、活塞式注射器和抗蜱剂注射器。根据《联邦食品、药品和化妆品法案》（以下简称《法案》）第201（h）节［21 U.S.C.§ 321（h）]，凡是用于诊断疾病或其他症状，对疾病有治愈、缓解、治疗或预防作用，或是可以影响人体结构或功能的器械，均为医疗器械。故你公司涉及检查的产品为医疗器械。

本次检查表明，这些医疗器械的生产、包装、储存或安装中使用的方法、设施或控制不符合21 CFR 820质量体系法规（以下简称QSR/21 CFR 820）的现行生产质量管理规范（以下简称cGMP）要求，根据《法案》第501（h）节［21 U.S.C.§ 351（h）］的规定，属于伪劣产品。

FDA于2016年5月26日收到了你公司总裁针对检查员在FDA 483表——即发予你公司的“检查发现问题清单”中注明的缺陷的回复。FDA针对回复，处理如下，违规行为包括但不限于以下内容：

1．未能按照21 CFR 820.100（a）的要求建立和保持实施纠正和预防措施的程序。例如：

a．你公司在收到关于0.5cc垫圈上白色黏性残留物的投诉后，开启了CAPA QA-15-11-01。你公司未对调查进行记录以鉴别残留物。此外，你公司未记录所采取纠正措施的有效性验证。

b．由于发现注射器破损，你公司开启了CAPA QA-16-01-02。调查确定注射器筒体中的硅油没有得到充分应用。纠正措施说明了硅油量的管理，但没有解释如何实现。

c．CAPA程序SQP-14-01和相关表格不要求将与质量问题相关的信息发送给直接负责确保此类产品质量或预防此类问题的人员。

FDA审查了你公司的回复，并认为这是不充分的。该回复表示将修订CAPA程序和表格，并针对修订后的程序对工作人员进行培训。然而，该回复未说明具体的纠正措施，以解决检查期间观察到的问题。此外，该回复未表明：

a．你公司是否会对使用有残留物问题的垫圈的成品器械进行风险分析。

b．如何控制注射器筒体中的硅油。

c．你公司是否会评估先前的CAPA，以便对纠正措施的有效性和文件记录进行充分的调查和验证。

d．你公司是否将评估先前的CAPA，以确保CAPA信息得到充分传播。

2．未能按照21 CFR 820.30（h）的要求建立和保持程序，以确保器械设计正确转化为生产规范。

例如：设计控制××没有说明如何控制设计转移。

3．未能按照21 CFR 820.30（g）的要求建立和保持器械的设计确认程序。

例如：设计控制××未说明设计确认应包括在实际或模拟使用条件下对生产单元进行的测试，以确保器械符合用户要求和预期用途。

4．未能按照21 CFR 820.30（e）的要求建立和保持程序，以确保对设计结果安排正式和形成文件的评审，并在器械设计开发的适宜阶段加以实施。

例如：设计控制××未要求设计评审包括独立于所审查的设计阶段的个人。

FDA审查了你公司的回复，并认为这是不充分的。该回复表示，将更新设计控制××，以纳入对如何进行设计转移的说明；要求使用生产单元进行设计确认；以及纳入要求独立于所审查的设计阶段的个人进行设计评审。但是，该回复并未表明你公司是否会实施：

- 关于违规行为2：对设计转移进行回顾性审查，以确保器械设计充分转移到生产规范中。
- 关于违规行为3：对设计确认进行回顾性审查，以确保在实际或模拟使用条件下对生产单元进行测试，并证明满足用户需求和预期用途要求。
- 关于违规行为4：对当前设计评审活动进行评估，以确保有独立的个人在场进行审查，并在必要时进行补救。

5．未能按照21 CFR 820.75（b）的要求建立和维护对已确认的过程的参数进行监视和控制，以确保继续满足规定的要求。

例如：用于安全注射器批次60215的××在该过程中为××。根据确认要求，××。

FDA审查了你公司的回复，并认为这是不充分的。该回复表示你公司将修订××（修订版5）和程序SQP-090-05（版本3），并针对修订后的程序对人员进行培训。该回复表示你公司将调查修改××以便实施××的可能性。但是，回复中未对使用不符合规范××灭菌的产品进行风险评估。此外，你公司未对已确认的过程进行回顾性审查，以确定它们是否在经过确认的范围内运行。

6．未能按照21 CFR 820.30（j）的要求对每一类型的器械建立和保持一套设计历史文档（DHF）。

例如：胰岛素注射笔产品（K113186）没有DHF。

目前尚无法确定你公司此时的回复是否充分。该回复显示你公司将修订“设计控制程序”SQP-07-02（修订版0），以纳入DHF的适当内容，并针对修订后的程序对人员进行培训。该回复还表明，你公司将回顾性审查胰岛素注射笔的DHF。你公司将对所有产品进行审查，以确保其具有DHF，并在必要时进行补救。但是，你公司未提交任何文件供FDA审查。

FDA检查还发现，根据《法案》第502（t）（2）节［21 U.S.C.§ 352（t）（2）］，你公司的皮下注射器、活塞式注射器和抗蜱剂注射器标识错误，因为你公司未能或拒绝提供《法案》第519节（21 U.S.C.§ 360i）和21 CFR 803要求的关于该器械的材料或信息-医疗器械报告。重大偏离包括但不限于以下内容：

7．未能按照21 CFR 803.17的要求建立、维护和实施书面MDR程序。

例如，审查你公司的MDR程序后，对于标题为“质量程序，MDR, DOC.”的No. SQP-01-05（修订版0，修订日期：2013年1月10日），指出了以下问题：

a．“质量程序”（修订版0）未建立内部系统，以便及时有效地鉴别、沟通和评估可能需要符合MDR要求的事件。例如：该程序遗漏了21 CFR 803.3中“获悉”“导致或促成”和“MDR可报告事件”等术语的定义。未将这些术语的定义纳入程序中可能会导致你公司在评估可能符合21 CFR 803.50（a）中报告标准的投诉时做出不正确的可报告性决定。

b．“质量程序”（修订版0）未建立内部系统，规定标准化审查过程，以确定事件何时符合该部分规定的报告标准。例如：你公司未能按照21 CFR 803.17（a）（1）的要求，在程序中的流程图上说明确定为MDR的事件的调查流程，以确保在要求的报告时限内将MDR提交给FDA。

c．“质量程序”（修订版0）未建立内部系统，以及时传输完整的医疗器械报告。例如：尽管该程序包括对30天和5天报告的说明，但未分别指定是日历日还是工作日。

d．“质量程序”（修订版0）未说明你公司将如何处理文件和记录保存要求，包括：

i．用于确定器械相关死亡、严重损伤或故障是否可报告的审议和决策过程的文件。

ii．确保获取信息的系统，以便FDA及时跟进和检查。

你公司的程序包括对基线报告和年度认证的说明。由于不再要求基线报告和年度认证，FDA建议从你公司的MDR程序中删除对基线报告和年度认证的所有说明（分别参见：《联邦公报》第73卷53686页通知，日期2008年9月17日；《联邦公报》第4号通知，日期1997年3月20日：医疗器械报告；年度认证；最终规定）。

你公司的程序包括使用以下地址向FDA提交MDR的说明：FDA, CDRH，医疗器械报告，邮政信箱3002，Rockville, MD 20847-3002。请注意，从2015年8月14日起，MDR必须以电子方式提交，不接受纸质提交，FDA指示的特殊情况除外。你公司应根据2014年2月14日《联邦公报》上发布的电子医疗器械报告（eMDR）的最终规定，相应调整MDR程序，包括以电子方式提交MDR的流程。此外，你公司应创建eMDR账户，以便以电子方式提交MDR。有关eMDR的最终规定和eMDR设置流程的信息，请访问FDA网站：http://www.fda.gov/MedicalDevices/DeviceRegulationandGuidance/PostmarketRequirements/ReportingAdverseEvents/eMDR%E2%80%93ElectronicMedicalDeviceReporting/default.htm

目前尚无法确定你公司2016年5月27日的回复是否充分。你公司承诺修改MDR程序，以解决FDA 483表中列出的缺陷项，并将措施完成日期定为2016年7月30日。但是，尚未收到该文件以供审查。如果没有这些文件，FDA无法对充分性进行评估。

鉴于违反《法案》行为的严重性，《法案》第801（a）节［21 U.S.C.§ 381（a）］规定，你公司生产的皮下注射器、活塞式注射器和抗蜱剂注射器属于伪劣产品，禁止进入美国境内。因此，FDA正在采取措施，在这些违规行为得到纠正之前，拒绝这些“未经物理检查而扣留”的器械进入美国。为将这些器械从扣留清单中移除，你公司应按照如下所述对本警告信作出书面回复，并纠正本警告信中所述的违规行为。FDA将通知你公司的回复是否充分，以及是否需要重新检查你公司的设施，以验证是否已采取适当的纠正措施。

同时，联邦机构会得知关于器械的警告信，以便在签订合同时考虑上述信息。此外，如果FDA确定你公司违反了质量体系法规，且这些违规行为与Ⅲ类器械的上市前批准申请有关联，则在纠正这些违规行为之前，将不会批准此类器械。

请在收到本警告信之日起15个工作日内以书面形式向本办公室告知你公司为纠正上述违规行为所采取的具体措施，包括解释你公司计划如何防止此类违规行为或类似违规行为再次发生。同时，你公司已采取的纠正措施（必须解决系统性问题）应当以文件的形式包含在回信内。如果你公司计划采取的纠正措施需要一定的时间，请将实施这些活动的时间表包含在内。如果在15个工作日内无法完成纠正，请说明延迟的原因和完成这些活动的时间。请提供非英文文件的英文译本，以方便FDA审查。FDA将通知你公司的回复是否充分，以及是否需要重新检查你公司的设施，以验证是否已采取适当的纠正措施。

最后，请注意本信函未完全包括你公司全部违规行为。你公司有责任遵守FDA所有的法律和法规。本信函和检查结束时签发的FDA 483表（检查发现问题清单）中记录的具体违规行为可能表明你公司制造和质量管理体系中存在严重问题。你公司应查明违规原因并及时采取纠正措施，确保产品合规。

第45封 给W & R Investments, LLC的警告信

生产质量管理规范/质量体系法规/医疗器械/伪劣

CMS # 495980

2016年8月5日

尊敬的W先生：

2016年4月5日至13日检查位于113 Cedar Street, Milford, MA的W & R Investments, LLC dba Laser Engineering你公司之后，美国食品药品管理局（FDA）检查员确定你公司是一家UltraLaser柔性二氧化碳激光器波导管制造商；该产品是一种2级无菌医疗器械，与二氧化碳激光系统配合使用，用于普通和整形外科手术。根据《联邦食品、药品和化妆品法案》（以下简称《法案》）第201（h）节［21 U.S.C.§ 321（h）］，凡是用于诊断疾病或其他症状，对疾病有治愈、缓解、治疗或预防作用，或是可以影响人体结构或功能的器械，均为医疗器械。故你公司涉及检查的产品为医疗器械。

本次检查表明，这些医疗器械的生产、包装、储存或安装中使用的方法、设施或控制不符合21 CFR 820质量体系法规（以下简称QSR/21 CFR 820）的现行生产质量管理规范（以下简称cGMP）要求，根据《法案》第501（h）节［21 U.S.C.§ 351（h）］的规定，属于伪劣产品。FDA确认你公司于2016年4月28日针对FDA 483作出回复。FDA检查了你公司的回复函，发现材料不充足。FDA在下方列出了你公司对于各个违规事项的相关回复。这些违规事项包括但不限于：

1．未能制定和维护21 CFR 820.30（g）中规定的器械设计验证程序。

具体如下：

a．没有UltraLaser柔性二氧化碳激光器波导管的灭菌后产品性能试验文件。

b．无法追溯2013年2月的灭菌验证报告中的UltraLaser柔性二氧化碳激光器波导管的空心玻璃波导管批号。因此，FDA检查员无法确定在灭菌验证过程中的纤维涂层材料和纤维处理工艺。

FDA已审查你公司的回复函，发现材料不充足。你公司并未提供你公司计划采取的测试程序的相关文件，也并未提供变更有效性文件。未来，将会进行后续检查，以便确保你公司已采取适宜的纠正措施。

2．未能制定和维护器械设计验证程序。根据21 CFR 820.30（f），设计验证活动应确保设计输出符合设计输入要求。

例如，你公司的波导管设计验证试验记录的标注日期为2012年10月17日，早于在2013年1月25~26日进行的（b）（4）灭菌验证周期。

FDA已审查你公司的回复函，发现材料不充足。请提供相关文件，验证已采取纠正措施。未来，将会进行后续检查，以便确保你公司已采取适宜的纠正措施。

3．未能按照21 CFR 820.184的要求保留器械历史记录。

具体为，与UltraLaser柔性二氧化碳激光器波导管（与你公司的外科二氧化碳激光系统配合使用）中所用空心玻璃波导管纤维相关的历史记录：

a．请勿包含2015年8月之前制造的纤维（b）（4）制造记录；2015年4月14日测试的32个纤维的制造记录和2013年4月10日测试的8个纤维的制造记录。

b．请勿包括自2015年8月13日开始的12个生产批次中11个批次（52个批次记录中的48个）的（b）（4）

批号。

c．请勿包括生产中所用原材料纤维的批号。

d．包括已制造部件数量与已分销部件数量之间的数量差异。

FDA已审查你公司的回复函，发现材料不充足。请提供相关文件，验证已采取纠正措施。未来，将会进行后续检查，以便确保你公司已采取适宜的纠正措施。

4．未能按照21 CFR 820.181的要求保留器械主记录。

具体为，空心玻璃波导管（b）（4）工艺的温度规范不一致。你公司试验记录中的规范低于你公司实验室标准操作程序中的规范或具有更广的范围。在检查期间审查的所有52个批次记录（时间范围：2015年8月13日至2016年3月10日）包括至少2/4的温度超出你所使用的规范范围。

FDA已审查你公司的回复函，发现材料不充足。请提供相关文件，验证已采取纠正措施。未来，将会进行后续检查，以便确保你公司已采取适宜的纠正措施。

5．未能按照21 CFR 820.50（a）制定和维护相关要求，包括供应商、承包商和顾问必须满足的质量要求。

具体如下：

a．自2015年8月31日以来，（b）（4）、3个批次（b）（4）供应商（用于（b）（4）空心纤维）未能满足你公司的供应商资格鉴定要求。并未证明该供应商通过ISO 9000认证，没有证明已根据你公司的采购程序对硝酸银进行工程设计评估的文件。3个批次的产品不包括批号或任何可追溯性标识符。

b．并未确保由你公司的合同制造商提供的灭菌验证活动符合规定要求。

FDA已审查你公司的回复函，发现材料不充足。请提供相关文件，验证已采取纠正措施。未来，将会进行后续检查，以便确保已你公司采取适宜的纠正措施。

6．未能按照21 CFR 820.90（a）制定和维护不符合规定要求的产品的控制程序。

具体为，没有未通过（b）（4）测试的空心玻璃波导管的处置文件。从2015年9月至2016年3月，在6个批次中，至少有28个纤维未能通过该测试。

FDA已审查你公司的回复函，发现材料似乎充足。未来，将会进行后续检查，以便确保你公司已采取适宜的纠正措施。

你公司应立即采取措施纠正本信函所述的违规行为。如若未能及时纠正这些违规行为，可能导致FDA在没有进一步通知的情况下启动监管措施。监管措施包括但不限于没收、禁令和民事罚款。此外，联邦机构会得知关于器械的警告信，以便在签订合同时考虑上述信息。此外，如果FDA确定您违反了质量体系法规，且这些违规行为与Ⅲ类器械的上市前批准申请有关联，则在纠正这些违规行为之前，将不会批准此类器械。将不会批准出口证明的申请，直到与受试器械相关的违规事项被纠正。

电子产品辐射控制检查与医疗期限质量体系检查同步进行。除了“医疗器械”之外，你公司的激光产品还属于须符合本法案子章节C“电子产品辐射控制”要求（21 CFR 1000-1005）和21 CFR 1040.10性能标准以及1040.11要求的“电子产品”。发现未能符合与报告和记录保留（和/或导入）相关的规定：

未能根据21 CFR 1040.10（a）（3）提交激光部件登记和清单报告。例如，FDA器械和放射健康中心数据库表明，你公司并未提供部件登记和清单报告。

请在收到本信函之日起15个工作日内将你公司为纠正上述违规行为所采取的具体步骤书面通知本办公室，并说明你公司计划如何防止此类违规行为或类似违规行为再次发生。包括你公司已经采取的纠正措施（必须解决系统问题）的文件材料。如果你公司计划采取的纠正措施将逐渐开展，请提供实施这些活动的时间表。如果无法在15个工作日内完成纠正，请说明延迟的原因以及完成这些活动的时间。你公司的回复应全面，并解决此警告信中所包括的所有违规行为。

最后，请注意本信函未完全包括你公司全部违规行为。你公司有责任遵守FDA所有的法律和法规。本信函和检查结束时签发的FDA 483表（检查发现问题清单）中记录的具体违规行为可能表明你公司制造和质量管理体系中存在严重问题。你公司应查明违规原因并及时采取纠正措施，确保产品合规。

第46封　给A. R. C. O. S. Srl的警告信

生产质量管理规范/质量体系法规/医疗器械/伪劣

CMS # 500510

2016年8月3日

尊敬的C先生：

2016年4月4日至2016年4月6日，美国食品药品管理局（FDA）针对位于意大利Travagliato, Brescia的你公司进行了检查，FDA检查员确定你公司为压缩袜生产制造商。根据《联邦食品、药品和化妆品法案》（以下简称《法案》）第201（h）节［21 U.S.C.§ 321（h）］，凡是用于诊断疾病或其他症状，对疾病有治愈、缓解、治疗或预防作用，或是可以影响人体结构或功能的器械，均为医疗器械。故你公司涉及检查的产品为医疗器械。

本次检查表明，这些医疗器械的生产、包装、储存或安装中使用的方法、设施或控制不符合21 CFR 820质量体系法规（以下简称QSR/21 CFR 820）的现行生产质量管理规范（以下简称cGMP）要求，根据《法案》第501（h）节［21 U.S.C.§ 351（h）］的规定，属于伪劣产品。

FDA于2016年4月22日收到了你公司针对FDA检查员出具给你公司的FDA 483表（检查发现问题清单）的观察结果的回复。FDA针对每一项发现的违规行为进行了回复。这些违规行为包括但不限于下列各项：

1．未能按照21 CFR 820.30（a）的要求，建立和保持控制医疗器械设计的程序，以确保满足规定的设计要求。

例如，你的公司没有书面的设计控制程序，也没有对各种型号的压缩袜（包括TRAVELSOX、euro、CARESOX和VITALSOX）进行和记录设计控制活动。

FDA审阅了你公司的答复，认为其不够充分。你公司表示将创建设计控制程序和设计历史文档。然而，没有迹象表明你公司计划评估缺乏对以前的分布式设备的设计控制的潜在影响。

2．未能按照21 CFR 820.198（a）的要求，建立和保持正式指定部门接收、评审和评价投诉的程序。

例如，你公司没有书面投诉处理程序，也没有对直接收到或由你公司美国代理收到的投诉进行调查。

FDA审阅了你公司的答复，认为其不够充分。你公司表示将为其投诉处理部门和投诉处理程序创建电子邮件地址。但是，没有迹象表明你公司计划对以前的分布式设备的任何投诉文件进行评估。

3．未能按照21 CFR 820.90（a）的要求，建立和保持控制不符合规定要求的产品的程序。

例如，你公司没有书面的不合格产品程序。

FDA审阅了你公司的答复，认为其不够充分。你公司表示将制定不合格产品程序。然而，没有迹象表明你公司计划评估先前发布的不合格产品的潜在影响。

4．未能按照21 CFR 820.70（a）的要求，建立、实施、控制并监视生产过程，以确保器械符合其规范。

例如，你公司没有定义和控制各种型号的压缩袜（包括TRAVELSOX、euro、CARESOX和VITALSOX）的制造过程的书面程序。

FDA审阅了你公司的答复，认为其不够充分。你公司表示将制定制造工艺流程。然而，没有迹象表明你公司计划评估缺乏过程控制对以前的分布式设备的潜在影响。

5．未能按照21 CFR 820.80（a）的要求建立和保持验收活动的程序。

例如，你公司没有建立接收、过程中和最终验收活动的书面程序。另外，作为最终验收的一部分，你公司对压缩袜进行压力测试。压力测试由不同的小腿和大腿前周长来进行，而不是根据设备制造商制定的说明。但是，没有记录对测试过程进行如此更改的理由。

FDA审阅了你公司的答复，认为其不够充分。你公司表示将制定程序，并以说明中未指定的方式与设备制造商（b）（4）联系。但是，没有迹象表明你公司计划评估以前分布式设备未充分记录的验收活动的潜在影响。

6．管理与执行职责未能在已建立的程序规定下，按照指定的间隔和足够的频率检查质量体系的适宜性和有效性，确保质量体系满足21 CFR 820的要求和制造商的质量方针和目标。

根据21 CFR 820.20（c）规定，例如，你公司没有书面的管理评审程序，也没有管理评审的文档。

目前还不能确定你公司的答复是否适当。你公司表示将建立管理评审程序并进行管理评审。但是，没有提供这些纠正行动的文件供审查。

7．未能建立和保持程序，以确保所有购买或以其他方式接收的产品和服务符合21 CFR 820.50的规定要求。

例如，你公司没有书面的采购控制程序。

FDA审阅了你公司的答复，认为其不够充分。你公司表示将建立采购控制程序。然而，没有迹象表明你公司计划评估缺乏供应商控制对以前的分布式设备的潜在影响。

8．未能按照21 CFR 820.100（a）的要求建立和保持实施纠正和预防措施（CAPA）的程序。

例如，你公司没有书面的CAPA程序，也没有保存CAPA记录。

FDA审阅了你公司的答复，认为其不够充分。你公司表示将建立CAPA程序。然而，没有迹象表明你公司计划使用新的CAPA程序来评估任何现有的质量数据。

9．未能按照21 CFR 820.22的要求建立质量审核程序并进行此类审核，以确保质量体系符合已建立的质量体系要求，并确定质量体系的有效性。

例如，你公司没有书面的内部质量审核程序，也没有进行内部质量审核。

目前还不能确定你公司的答复是否适当。你公司表示将建立内部质量审核程序并进行内部质量审核。但是，没有提供这些纠正行动的文件供审查。

10．未能按照21 CFR 820.250（a）的要求，建立和保持程序以识别建立、控制和验证过程能力和产品特性的可接受性所需的有效统计技术。

例如，作为最终验收的一部分，你公司对压缩短袜进行压力测试。进行测试（b）（4）。然而，抽样并未基于有效的统计原理。

FDA审阅了你公司的答复，认为其不够充分。你公司表示将建立程序。但是，没有迹象表明你公司计划根据有效的统计原理制定抽样计划，以便进行验收活动。

FDA的审查也表明你公司的设备未能遵守《法案》第502（t）（2）节［21 U.S.C.§ 352（t）（2）］，因为你公司未能或拒绝提供所需设备的信息或材料，根据《法案》519节（21 U.S.C.§ 360i）和21 CFR 803-医疗器械上报（MDR）。重大违规行为包括但不限于以下内容：

11．未能按照21 CFR 803.17的要求开发、维护和实施书面MDR程序。

例如，没有管理不良事件报告的程序。

目前还不能确定你公司的答复是否适当。你公司表示将创建一个程序和一个电子MDR账户。但是，没有提供这些纠正行动的文件供审查。

鉴于违反该《法案》的性质严重，你公司生产的设备，包括压缩袜，违反了《法案》第801（a）节［21 U.S.C.§ 381（a）］。因此，FDA正在采取措施拒绝这些设备进入美国，即所谓的“未经物理检查的拘留”，直到这些违规行为得到纠正。为了将这些设备从拘留的状态中解除，你公司应按照以下所述对这封警告信做出书面答复，并纠正这封警告信中所述的违规行为。FDA将通知你公司的回应是否足够，以及是否需要重新检查你公司的设施，以验证你公司是否已经采取了适当的纠正措施。

此外，联邦机构会得知关于器械的警告信，以便在签订合同时考虑上述信息。如果FDA确定您违反了质量体系法规，且这些违规行为与Ⅲ类器械的上市前批准申请有关联，则在纠正这些违规行为之前，将不会批准此类器械。

请在收到本信函之日起15个工作日内，将你公司为纠正上述违规行为所采取的具体措施书面通知本办公室，并说明你公司计划如何防止此类违规行为或类似违规行为再次发生。包括你公司已经采取的纠正措施（必须解决系统问题）的文档。如果你公司计划采取的纠正措施将逐渐开展，请提供实施这些活动的时间表。如果纠正不能在15个工作日内完成，请说明延迟的原因和这些活动完成的时间。请提供非英文文件的翻译，以便FDA审核。

最后，请注意本信函未完全包括你公司全部违规行为。你公司有责任遵守FDA所有的法律和法规。本信函和检查结束时签发的FDA 483表（检查发现问题清单）中记录的具体违规行为可能表明你公司制造和质量管理体系中存在严重问题。你公司应查明违规原因并及时采取纠正措施，确保产品合规。

第47封　给Trimed Inc.的警告信

生产质量管理规范/质量体系法规/医疗器械/伪劣

CMS # 494255

2016年7月30日

尊敬的M先生：

美国食品药品管理局（FDA）于2016年3月7日至3月18日，对你公司位于Santa Clarita, California的TriMed, Inc.的医疗器械进行了检查。检查期间，FDA检查员已确认你公司为植入式骨固定系统，包括用于治疗四肢骨折接骨板、接骨接骨螺钉、骨针和扎丝，以及在手术期间用于植入这些产品的手术器械和钻头的生产制造商。根据《联邦食品、药品和化妆品法案》(以下简称《法案》）第201（h）节［21 U.S.C.§ 321（h）］，凡是用于诊断疾病或其他症状，对疾病有治愈、缓解、治疗或预防作用，或是可以影响人体结构或功能的器械，均为医疗器械。故你公司涉及检查的产品为医疗器械。

本次检查表明，这些医疗器械的生产、包装、储存或安装中使用的方法、设施或控制不符合21 CFR 820质量体系法规中现行生产质量管理规范（以下简称cGMP）的要求，根据《法案》第501（h）节［21 U.S.C.§ 351（h）］的规定，属于伪劣产品。

FDA检查员在2016年3月18日检查总结时向你公司发布了FDA 483表（检查发现问题清单）。2016年4月7日，FDA收到了你公司QA/RA 经理Michael Capellan针对上述 FDA 483表中所列问题的回复。FDA针对回复，处理如下。

你公司存在重大违规行为，具体如下：

1．未能按照21 CFR 820.198（c）的要求对涉及器械、标签或包装可能达不到其技术规范要求的投诉进行评审、评价和调查。

例如，你公司保持着一个涉及器械、标签或包装可能达不到其技术规范要求的退货授权（RGAs）的错误日志，如以下RGA编号：0915-94、0915-48、0216-480、0216-431、0216-432、0216-434、0216-172、0116-315、0116-296、0116-279、0116-215、0116-180、0116-42、0116-45和1215-354，这些没有作为投诉被记录，也没有进行调查。此外，你公司曾发现17个外周接骨板（零件号WHV-4）的螺纹孔过大，这可能会使非锁定接骨螺钉直接穿过接骨板。你公司至少收到过1例在临床环境中出现这种情况的通报，而且你公司也启动了投诉处理程序。

FDA已审查你公司2016年4月7日的回复，认为其不够充分。你公司尚未完成该回复中说明的纠正措施，也未提供完成这些措施的时间表。此外，在对FDA 483表发现问题9的回复中，你公司称将针对关于外周接骨板（零件号WHV-4）螺纹孔过大的MRB#0121启动投诉处理程序，但是你公司未证明实施此项纠正措施。

2．未能按照21 CFR 820.30（g）的要求对产品进行风险分析。

例如，未将手术中非锁定接骨螺钉直接穿过接骨板孔的失效模式记录在髁上肘关节植入系统产品的风险分析中。

FDA审查了你公司2016年4月7日的回复，认为其不够充分。Capellan先生在回复中称你公司将更新所有接骨板的风险分析，以解决锁定和非锁定接骨螺钉可能穿过板孔的问题。你公司尚未完成此项纠正措施，也未提供完成此项措施的时间表。

3．未能按照21 CFR 820.100（a）的要求建立和保持纠正和预防措施程序。

例如，你公司的CAPA程序（文件号QOP8502，修订版D，发布日期2012年5月16日）不包含分析质量数据来源的要求，如错误日志中记录的投诉、进货验收组日志中记录的不符合项和退货授权日志中记录的退货产品，以识别不合格产品或其他质量问题现有和潜在的原因。

此外，CAPA 0293于2015年9月29日启动，以解决关于非锁定SMTP-10接骨螺钉直接穿过SMTP-10板孔的问题。相关CAPA于2015年10月2日实施，并于2016年2月9日生效；但是没有证明已实施修改螺纹孔尺寸的纠正措施的文件记录。此外，你公司“纠正措施（计划）”提到，使用相同螺纹孔的其他接骨板可能会受到同一问题的影响，但CAPA 0293并未提及受影响的产品，也没有文件表明你公司已对所有受影响的产品采取了已实施的纠正措施。

FDA审查了你公司2016年4月7日的回复，认为其不够充分。该回复指出，你公司将更新程序文件QOP8502增加分析所有质量数据来源的要求，但未明确要包含哪些特定来源，也未提供实施这些纠正措施的时间表。你公司称将开展CAPA 0293的有效性验证，并形成证明所有受影响产品均已实施纠正措施的文件记录，但你公司尚未完成这些措施，也未提供完成这些措施的时间表。

4．未能按照21 CFR 820.90（a）的要求建立不合格品控制程序。

例如，你公司的不合格品控制程序（文件号QOP8301，修订版B）未规定应对不合格品进行评价以确定是否需要进行调查，并且未规定所有调查应形成文件。进货验收组返工记录，未对MRB 0107、0108、0109、0110、0113、0114、0115、0116、0117、0118、0120、0121、0123、0124、0125、0126和0127的不符合情况进行评价以确定是否需要开展调查，并记录于报告中。如果开展了某些调查，也没有形成调查记录。

FDA审查了你公司2016年4月7日的回复，认为其不够充分。该回复指出，你公司将评审和修订不合格品控制程序和流程，以符合FDA法规要求，并且将对MRB文档进行再评价，以确定是否需要进一步调查的文件。你公司称将针对MRB 121启动产品投诉处置程序。你公司尚未完成这些措施，也未提供完成的时间表。

5．未能按照21 CFR 820.80（d）的要求建立器械历史记录程序。

例如，列明在发货清单（b）(4）上发给客户的成品，包括腕固定系统、腕骨融合系统和尺骨截骨术系统，没有提供器械主记录中所要求的活动业已完成的记录。FDA审查了你公司于2016年4月7日出具的回复，认为其不够充分。该回复指出，你公司将评审和修订械历史记录程序，以满足FDA的要求。你公司尚未完成这些措施，也未提供完成的时间表。

6．未能按照21 CFR 803.50（a）(1）的要求在30日内向FDA报告你公司收到或意识到的上市器械不良事件，这些事件合理表明上市器械可能已经导致或引起死亡或严重伤害。

根据投诉#027的信息，2015年2月19日你公司意识到一起植入的固定板在患者体内损坏的不良事件，该患者需要进行手术以撤回损坏的器械。你公司尚未提交上述事件的MDR。

你公司2016年4月7日的回复内容不够充分。你公司尚未针对投诉#027相关事件提交MDR，回复材料也无法证明已实施纠正措施能确保你公司将来按时提交不良事件的MDR报告。

7．未能按照21 CFR 803.50（a）(2）的要求在30日内向FDA报告你公司收到或意识到的上市器械不良事件，这些事件合理表明上市器械发生故障，并且上市器械或同类器械再次发生故障，很可能导致或引起死亡或严重伤害。

例如，根据投诉#028和#029的信息，在2015年5月11日和2015年9月10日你公司分别意识到这两起事件，与你公司生产的骨科器械和板钉的故障有关系。长期植入医疗器械发生故障应当报告，现有证据无法判断当再次发生上述故障时是否会导致或引起死亡或严重伤害。你公司未在收到或意识到上市器械不良事件30日内向FDA报告。

你公司2016年4月7日的回复内容不够充分。你公司尚未针对投诉#028和#029相关事件提交MDR，回复材料也无法证明已实施纠正措施能确保你公司将来按时提交不良事件的MDR报告。

8．未能按照21 CFR 803.17的要求执行MDR书面报告程序。

在审查了你公司文件名为《医疗器械报告》的MDR程序（文件号QOP8504，修订版B，发布日期2012年3月16日）后，发现存在以下缺陷：

a．文件QOP8504（修订版B）并未建立内部体系，用于及时有效的识别、沟通和评价可按MDR规定报告的事件。例如：

i．你公司的程序依据803.20（c）（1）规定的术语描述了“导致或引起”“故障”“MDR应报告事件”“严重伤害”的定义和“合理地表明”的定义，但该程序省略了21 CFR 803.3中术语“意识到”的定义。由于在程序没有“意识到”的定义，可能会使你公司在评价投诉是否符合21 CFR 803.50（a）规定的报告标准时做出错误的报告决定。

b．文件QOP8504（修订版B）并未建立内部体系，用于及时传输完整的医疗器械报告。具体存在以下问题：

i．你公司必须提交补充或跟进报告的情形和要求。

ii．你公司提交每个事件合理已知的所有信息的方法。特别是，需要完成FDA表3500A的哪些部分，从而包括你公司掌握的所有信息以及由于你公司进行合理跟进而获得的任何信息。

c．文件QOP8504（修订版B）未规定你公司满足文件和记录保存要求的方法，包括：

i．按 MDR事件文件要求对不良事件相关信息进行管理的文件记录。

ii．用于评价并确定事件是否应报告的信息。

iii．用于确定与器械有关的死亡、严重伤害或故障是否应报告的讨论和决策过程的文件记录。

iv．确保获取信息以便于FDA进行及时跟进和检查的系统。

请注意你公司的MDR程序未明确有关电子格式MDR报告的要求。自2015年8月14日起，MDR报告应以FDA可以处理、审查和存档的电子格式提交给FDA。除非在FDA要求的特殊情形下,FDA不再接受纸质文件。你公司应修订MDR程序，文件应包括2014年2月14日在《联邦公报》上发布的电子医疗器械报告（eMDR）最终规则以电子方式提交MDR报告的过程。此外，你公司需要建立一个eMDR账户，以便以电子方式提交MDR。有关eMDR最终规则和eMDR设置过程的信息见FDA网站，网址如下：url。

你公司2016年4月7日的回复内容是否充分无法确定。你公司计划解决现有MDR程序中存在的问题，但你公司未提供更新后的MDR程序以供FDA审查，所以你公司的本次回复内容是否充分还无法确定。

9．未能按照21 CFR 806.10的要求向FDA书面报告用于补救存在违规问题医疗器械所采取的纠正或撤回措施，上述器械可能对健康造成风险。

例如，你公司启动了CAPA 0293，启动时间2015年9月29日，它指出非锁定半管形板钉接骨螺钉穿过了半管形接骨板（零件号SMTP-10）的孔，从而导致接骨螺钉直接穿过接骨板。在2015年9月1日到2015年9月28日期间，你公司收到了来自现场的SMTP-10板。你公司未按照21 CFR 806.10的要求向FDA书面报告采取撤回措施。

FDA审查了你公司2016年4月7日的回复，认为其不够充分。你公司称将提出理由证明这些撤回不需要召回。但CDRH对类似接骨螺钉穿过了骨板系统中孔的召回情形进行了规定，其中，截至2016年6月7日，还未收到你公司向FDA提交纠正或撤回报告的记录。

你公司应立即采取措施纠正本信函所述的违规行为。如若未能及时纠正这些违规行为，可能导致FDA在没有进一步通知的情况下启动监管措施。监管措施包括但不限于没收、禁令和民事罚款。此外，联邦机构会得知关于器械的警告信，以便在签订合同时考虑上述信息。如果FDA确定你公司违反了质量体系法规，且这些违规行为与Ⅲ类器械的上市前批准申请有关联，则在纠正这些违规行为之前，将不会批准此类器械。同时，如果FDA确定你公司的器械不符合法案的要求，则不会批准出口证明（Certificates to Foreign Governments，CFG）的申请。

请在收到本信函之日起15个工作日内将你公司为纠正上述违规行为所采取的具体步骤书面通知本办公

室，并说明你公司计划如何防止此类违规行为或类似违规行为再次发生。包括你公司已经采取的纠正措施（必须解决系统问题）的文件材料。如果你公司计划采取的纠正措施将逐渐开展，请提供实施这些活动的时间表。如果无法在15个工作日内完成纠正，请说明延迟的原因以及完成这些活动的时间。你公司的回复应全面，并解决此警告信中所包括的所有违规行为。

最后，请注意本信函未完全包括你公司全部违规行为。你公司有责任遵守FDA所有的法律和法规。本信函和检查结束时签发的FDA 483表（检查发现问题清单）中记录的具体违规行为可能表明你公司制造和质量管理体系中存在严重问题。你公司应查明违规原因并及时采取纠正措施，确保产品合规。

第48封　给Novastep的警告信

生产质量管理规范/质量体系法规/医疗器械/伪劣/标识不当

CMS # 499206

2016年7月28日

尊敬的G先生：

美国食品药品管理局（FDA）检查员于2016年2月1日至2016年2月4日期间检查你公司位于Saint Gre'oire, Franceon（法国圣格雷戈里）的工厂，确定你公司生产钉、螺钉、接骨板和髓内植入物。根据《联邦食品、药品和化妆品法案》（以下简称《法案》）第201（h）节［21 U.S.C.§ 321（h）］，凡是用于诊断疾病或其他症状，对疾病有治愈、缓解、治疗或预防作用，或是可以影响人体结构或功能的器械，均为医疗器械。故你公司涉及检查的产品为医疗器械。

本次检查表明，这些医疗器械的生产、包装、储存或安装中使用的方法、设施或控制不符合21 CFR 820质量体系法规（以下简称QSR/21 CFR 820）的现行生产质量管理规范（以下简称cGMP）要求，根据《法案》第501（h）节［21 U.S.C.§ 351（h）］的规定，属于伪劣产品。

FDA收到了你公司Gilles Audic先生于2016年2月15日针对FDA发至你公司的FDA 483表（检查发现问题清单）的答复。FDA对你公司所涉每项违规项的答复作出如下处理。这些违规项包括但不限于以下内容：

1．未按照21 CFR 820.50（a）（2）的规定根据评价结果定义针对产品、服务、供应商、合同商和咨询顾问控制类型和程度。

例如，你公司程序（b）（4）规定“你公司供应商须具有关于已购买产品（b）（4）的（b）（4）”。但你公司未提供证据证明你公司合同制造商执行的下列验证过程：（b）（4）

FDA审核了你公司发来的答复，经评定认为其所含内容并不充分。你公司声明将：

a.（b）（4）。

b.（b）（4）。

c.（b）（4）。

d.（b）（4）。

e.（b）（4）。

f.（b）（4）。

g.（b）（4）。

h.（b）（4）。

但你公司未评价正在经销的不合格产品的潜在风险及不合格产品经销后需采取的控制行动。

2．未能按照21 CFR 820.90（b）（2）的规定建立和保持返工程序，包括对不合格品返工后的再次试验和再次评价，以确保产品满足现今经批准的规范。

例如，你公司程序“（b）（4）”未规定在返工后复试和再评价不合格产品来确保这些产品符合其当前获批规范。据你公司记录，2014年和2015年间（b）（4）供应商在形状、尺寸、贴标和激光打标方面不符合规定，进而导致（b）（4）产品返工。但未提供返工（b）（4）产品接受复试和再评价的证明文件。

FDA审核了你公司发来的答复，经评定认为其所含内容并不充分。你公司声明：

a.（b）（4）。

b.（b）（4）。

c.（b）（4）。

d.（b）（4）。

e.（b）（4）。

f.（b）（4）。

g.（b）（4）。

但你公司未评价正在经销的不合格产品的潜在风险及不合格产品经销后需采取的控制行动。

3．未能按照21 CFR 820.40的规定建立和保持适用的程序来控制21 CFR 820要求的所有文件。

例如，你公司名为“过程鉴定和确认”（过程确认（b）（4））的SOP文件尚未获批。该SOP目前还是“草案”版。

FDA审核了你公司发来的答复，经评定认为其所含内容并不充分。你公司答复称将于2016年2月底前批准确认程序草案；但你公司未说明是否将审核正在使用的质量系统程序来确定其他程序是否仍未获批。

FDA检查还发现，由于你公司未提供或拒绝提供《法案》第519节（21 U.S.C.§ 360i）和21 CFR 803-医疗器械报告（MDR）规定的器械材料或信息，因此按照《法案》第502（t）（2）节［21 U.S.C.§ 352（t）（2）］的规定，你公司制造的Express Compressive缝钉存在商标造假现象。严重违背包括但不限于以下内容：

4．未能按照21 CFR 803.50（a）（1）的规定，在收到信息或通过任何途径获知上市器械可能导致或促成死亡或严重伤害信息后的30个自然日内向FDA提交报告。

例如，2015年7月27日，你公司获知了一起事件，外科医生在基底楔形截骨术期间打入Express钉时造成患者骨折。该事件记录为患者“骨质不良”造成骨折。投诉文档未记录外科医生采取了哪些后续措施，但进行手术干预来减缓截骨范围和新骨折是必需的。因此，该事件符合须上报性严重伤害的报告标准。你公司确实提交了与该事件相关的MDR（MDR 3010673777-2015-00001，FDA接收于2015年9月23日）。但该MDR的提交日期已超出了规定的30个日历日。

FDA审核了你公司发来的答复，经评定认为其所含内容并不充分。FDA证明，你公司于2016年5月26日获批开始生产（b）（4）。

5．未能按照21 CFR 803.17的规定适当建立、实施和维护书面MDR程序。

例如，你公司于2015年2月24日发来的MDR程序“医疗器械报告和警戒”，（b）（4），修订版A缺少下列要求：

a．可及时有效地识别、沟通和评价需遵循MDR要求的事件的内部系统。例如，程序缺少关于21 CFR 803.3所述术语“获知”“导致或者可能导致”及“MDR须上报事件”的定义。程序中缺少这些术语定义可能会导致你公司在评价某件投诉事件是否符合21 CFR 803.50（a）报告标准时做出错误的须上报性决定。

b．建立内部系统以标准化评估程序，该评估程序用以决定哪种事件符合21 CFR 803.50（a）规定的报告标准。例如：

i．未针对完整调查每项事件及评价事件根本原因制定说明指导。

ii．未说明你公司如何评价事件相关信息，以便及时做出MDR须上报性决定。

c．建立内部系统，以便及时递交完整的医疗器械报告。具体而言，程序未说明下列内容：你公司必须提交初始的30天报告、补充或后续报告及5天报告的情况及此类报告的要求。

d．你公司处理证明文件及保存记录的要求，包括：

i．将不良事件相关信息证明文件确定为MDR事件文档。

ii．为确定事件是否为须上报事件的评估信息。

iii．用以确定器械相关死亡、严重伤害或故障是否为须上报事件的审议结果和决策过程相关证明文件。

iv．可帮助FDA获取信息以进行及时追踪和检查的系统。

此次评估评定你公司于2016年2月15日发来的答复内容并不充分。你公司答复称计划采取纠正措施，但你公司并未提供这些纠正措施的证明文件或证据。没有证明文件，FDA无法评估答复内容的充分性。

FDA建议你公司完善MDR程序，纳入识别和评价且可能会上报至FDA的美国境外事件。(b)(4)，修订版A第4页（共7页）称该程序适用于在美国境内上市。21 CFR 803.50和21 CFR 803.53规定，若不考虑发生于美国境外的事件，便无法识别和评价潜在的须上报MDR，从而无法做出MDR须上报性决定并将其提交至FDA。

联邦机构会得知关于器械的警告信，以便在签订合同时考虑上述信息。此外，如果FDA确定您违反了质量体系法规，且这些违规行为与Ⅲ类器械的上市前批准申请有关联，则在纠正这些违规行为之前，将不会批准此类器械。

请于收到本信函后的15个工作日内，将你公司针对上述违规项所采取的纠正措施书面告知本办公室，并阐明为避免这些违规项或类似违规项再次发生制定的预防方案。提供你公司所采取的纠正和/或纠正措施（必须能解决系统问题）的文档。若你公司拟定的纠正和/或纠正措施分阶段进行，请提供实施这些活动的时间表。若无法在30个工作日内完成这些纠正，请说明延迟原因及这些活动的完成日期。非英文文件应提供英文翻译件，以便于FDA进行审查。

最后，请注意本信函未完全包括你公司全部违规行为。你公司有责任遵守FDA所有的法律和法规。本信函和检查结束时签发的FDA 483表（检查发现问题清单）中记录的具体违规行为可能表明你公司制造和质量管理体系中存在严重问题。你公司应查明违规原因并及时采取纠正措施，确保产品合规。

第49封 给Beyond Technology Corporation Nanchang的警告信

生产质量管理规范/质量体系法规/医疗器械/伪劣

CMS # 497078

2016年7月19日

尊敬的T先生：

美国食品药品管理局（FDA）检查员于2015年11月9日至2015年11月11日对你公司位于中国南昌市的经营场所进行驻厂检查，确定你公司生产的是牙齿美白器械和牙线。根据《联邦食品、药品和化妆品法案》（以下简称《法案》）第201（h）节［21 U.S.C.§ 321（h）］，凡是用于诊断疾病或其他症状，对疾病有治愈、缓解、治疗或预防作用，或是可以影响人体结构或功能的器械，均为医疗器械。故你公司涉及检查的产品为医疗器械。

此次驻厂检查发现，这些医疗器械的生产、包装、储存或安装中使用的方法、设施或控制不符合21 CFR 820质量体系法规（以下简称QSR/21 CFR 820）的现行生产质量管理规范（以下简称cGMP）要求，根据《法案》第501（h）节［21 U.S.C.§ 351（h）］的规定，属于伪劣产品。

FDA收到你公司2015年11月23日发出的针对FDA检查员在FDA 483表（检查发现问题清单）上所记录的观察事项的回复。FDA针对你公司为每一项违规行为作出回复进行说明。这些违规事项包括但不限于以下内容：

1．未能按照21 CFR 820.70（e）的要求建立和保持程序，以防设备或产品被合理预期会对产品质量产生不利影响的物质污染。

例如：生产工艺执行所在的厂房内鼠满为患。原料包装袋和（b）(4）车间的窗沿上都观察到新鲜的排泄物。

FDA审阅了你公司的回复并总结认定其中的做法还不够充分。你公司的回复并未提供英文版的记录资料副本或汇总。

2．未能按照21 CFR 820.90（a）的要求建立和保持程序，以控制不符合规定要求的产品。

例如：没有相关书面的规程用于记录或调查生产偏差或者超规范的结果。生产偏差或者超规范的结果没有得到调查，因为没有相应的规程或要求用于指导这些事件的记录。

FDA审阅了你公司的回复并总结认定其中的做法还不够充分。你公司的回复并未提供英文版的记录资料副本或汇总。

3．未能按照21 CFR 820.25（b）的要求建立确定培训需求的程序，并确保所有员工接受培训，以胜任其指定的职责。

例如：没有书面的培训规程可界定与生产操作工的工作具体相关的培训要求。完整的培训记录缺少对工作相关培训的具体详细说明。没有提供GMP培训记录。

FDA审阅了你公司的回复并总结认定其中的做法还不够充分。你公司的回复并未提供英文版的记录资料副本或汇总。

考虑到违规后果的严重性，依照《法案》第801（a）节［21 U.S.C.§ 381（a）］的规定已拒绝认可由你公司所生产的器械，因该器械属于伪劣产品。因此，FDA现已采取措施，拒绝此类器械入境美国，即执行所谓的“自动扣押”措施直至此类违规行为得到纠正为止。如需解除当局对器械的扣留，你公司应按以下所述内容就本警告信提出书面回复并纠正本警告信中所述的违规现象。FDA将就你公司的回复充分性通知你公司，同时需要重新对你公司实施查验以检查确认适当的更正和/或纠正措施已经落实到位。

另外，联邦机构会得知关于器械的警告信，以便在签订合同时考虑上述信息。如果FDA确定你公司违反了质量体系法规，且这些违规行为与Ⅲ类器械的上市前批准申请有关联，则在纠正这些违规行为之前，将不会批准此类器械。

请你公司在收到本警告信后15个工作日内书面通知本办公室，具体告知你公司为整改所述违规行为所采取的纠正措施，包括解释你公司计划如何杜绝这些违规行为或者类似违规行为的再次发生。包括你公司已经采取的纠正和/或纠正措施（必须解决系统问题）的文件材料。如果你公司计划采取的纠正和/或纠正措施将逐渐开展，请提供实施这些活动的时间表。如果无法在15个工作日内完成纠正，请说明延迟的原因以及完成这些活动的时间。请提供非英文版文件资料翻译件以便于FDA审查。

最后，请注意本信函未完全包括你公司全部违规行为。你公司有责任遵守FDA所有的法律和法规。本信函和检查结束时签发的FDA 483表（检查发现问题清单）中记录的具体违规行为可能表明你公司制造和质量管理体系中存在严重问题。你公司应查明违规原因并及时采取纠正措施，确保产品合规。

第50封　给TYRX Inc. 的警告信

生产质量管理规范/质量体系法规/医疗器械/伪劣

CMS # 497549

2016年7月2日

尊敬的S女士：

美国食品药品管理局（FDA）于2015年11月30日至2016年2月12日，对位于Deerpark Drive Suite G, Monmouth Junction, New Jersey的你公司的医疗器械进行了检查。检查期间，FDA检查员已确认你公司为TYRX抗菌封套、TYRX抗菌可吸收封套和TYRX Neuro抗菌可吸收封套的生产制造商。根据《联邦食品、药品和化妆品法案》（以下简称《法案》）第201（h）节［21 U.S.C.§ 321（h）］，凡是用于诊断疾病或其他症状，对疾病有治愈、缓解、治疗或预防作用，或是可以影响人体结构或功能的器械，均为医疗器械。故你公司涉及检查的产品为医疗器械。

本次检查表明，这些医疗器械的生产、包装、储存或安装中使用的方法、设施或控制不符合21 CFR 820质量体系法规中现行生产质量管理规范的要求，根据《法案》第501（h）节［21 U.S.C.§ 351（h）］的规定，属于伪劣产品。2016年3月7日和5月6日，FDA分别收到你公司针对2016年2月12日出具的FDA 483表（检查发现问题清单）的书面回复。FDA针对回复，处理如下。

你公司存在的违规事项包括但不限于以下内容：

1．未能按照21 CFR 820.75（a）的要求，对结果不能为其后的检验和试验充分验证的过程按已确定的程序以高度的把握予以确认。

具体为，你公司未能充分确认用于大TYRX抗菌（AIGIS大型器械）封套的（b）（4）、用于干燥聚芳香酯聚合物生成程序（b）（4）的（b）（4）、用于将（b）（4）用于公司抗菌封套的（b）（4）。例如：

A）大TYRX（AIGIS大型器械）封套的性能验证并未记录在制造期间执行（b）（4）所需（b）（4）的（b）（4）。

B）并未进行（b）（4）的性能验证（PQ），以便测试和确认以下和上述（b）（4），以便在TYRX抗菌封套的（b）（4）之前满足（b）（4）要求。

C）用于确认TYRX抗菌封套的聚合物生产过程的批记录，与批记录中的说明存在偏差。具体如下：

- 批次FP12J10011未能符合含水量要求，因为试验表明，该批次超出批次FP12B27010材料（b）（4）规范要求（混合（b）（4）），而批次记录说明中表示须混合该材料，以便获得（b）（4）。
- 批次FP12J17012记录了（b）（4）偏差，即聚合物制造批次记录（（b）（4））中记录的（b）（4）与（b）（4）；批次FP12J17012的批次记录记录着，出现（b）（4）泄漏，而（b）（4）被延伸，以便弥补泄漏探测和维修时间。

D）执行了（b）（4）的过程验证方案，以便证明（b）（4）可以满足抗菌封套（b）（4）要求。根据经批准方案生产的TYRX可吸收生产批次14D10437未能符合米诺环素含量均匀性要求；其中，（b）（4）器械超出L1的（b）（4）标签声明要求，而（b）（4）器械超出L2的（b）（4）标签声明要求。过程验证报告（日期：2014年5月15日）在批次处置（9.1 节）中表示，所有（b）（4）批次获准商业入库，且（b）（4）通过TYRX系列产品的（b）（4）验证要求。然而，批次14D10437于2014年8月14日被记录为拒收件，不得用于商业用途。

FDA已审查你公司的回复，认为其不够充分。具体为，你公司的书面回复中为大TYRX抗菌（AIGIS大型器械）封套的（b）（4）、（b）（4）生产过程之后的（b）（4）和（b）（4）机器进行不完整的过程确认。例如：仅对TYRX封套生产工艺的（b）（4）部分执行变更指令CO10173144（日期：2016年4月4日）；并未执行确定（b）（4）的（b）（4），以便在设定为（b）（4）的（b）（4）目标值时保留（b）（4）（因为你公司的2016年5月6日回复中表明仍尚未完成（b）（4）的IQ, OQ和PQ）；你公司的2016年5月6日回复中表明尚未完成你公司聚合物生产工艺和（b）（4）机器的确认。

2．未能按照21 CFR 820.100（a）的要求建立纠正和预防措施的程序。

具体为，你公司未能确定已销售或未销售疑似潜在的不合规器械的控制程序和相应措施。例如：

A）CAPA # 262121（日期：2015年10月19日）记录了七个批次不符合药物含量规范（OOS）的（14M19556、15C19582、15D10588、15E09591、15E17594、15F25611和15F26612）TYRX抗菌封套，CAPA已结束，但并未采取相应措施，因为“怀疑3 OOS有常见根本原因”。“根据SOP 10213183DOC TYRX CAPA数据源监控（b）（4）”。你公司的CAPA委员会同意关闭该CAPA，因为“这不被视为一个质量问题，因为它不满足CAPA趋势SOP 10213183DOC中规定的要求”。

B）不合规程序（NCR）SOP-13-001（版本1A，2.9节）表明：应在CAPA系统内开启CAPA之后或在NCR表中将其记录之后执行任何未完成任务；然而，你公司的NCR表不包括任何CAPA（记录为NCR表的一部分）有效性的验证或确认要求。例如，因计算错误导致（b）（4），于2015年5月19日打开NCR 15-026。此外，（b）（4）增加了（b）（4），由于（b）（4）不合规、须由制造操作员变更为新（b）（4）。并未验证纠正措施（通过再培训制造操作员）的有效性，并于2015年5月28日关闭该NCR。

C）不合格调查SOP-13-004（版本1A，4.15节）表明：“质量保证部门启动纠正和预防措施，以便纠正和减少CRDM CAPA程序中规定的未来事件”。然而，由于超出你公司（b）（4）规范的不纯/相关物质（b）（4）结果（24%）和无法确定可能的根本原因，批次15L12665的OOS编号15-017（日期：2015年11月25日）被打开，“无确定的实验室错误”，你公司根据新色谱分析整合措施（信噪比降低）重新整合和重新计算了在2015年11月25和30日进行的所有重新试验分析信息。由于重新整合，所有重新试验结果位于规范范围内，且你公司的调查结论为“由于色谱分析整合变动，原始数据是错误的根源”。你公司的质量保证处置方式是无需额外调查和在初始故障根本原因未知的情况下结束OOS调查。此外，并未验证你公司的纠正措施（减少未来事件）的有效性，以便查看通过更新试验方法ATM-0442是否可以减少不纯/相关物质故障的发生几率。

D）未能依照SOP 10050491DOC（版本1H，纠正措施和预防措施、有效性和关闭）第3节的要求，即“CAPA有效性阶段收集相应证据，以便确定所采取措施是否有助于消除已确定的原因”。“（b）（4）。”（b）（4）包括检查已确定原因的重复发生/发生情形，在完成措施之后是否有收集证据或数据证明该措施可以有效消除原因。

例如，由于酪氨酸聚合物的分子量较低，于2014年2月19日打开CAPA 18664，因为这会对产品产生潜在的直接影响（会导致更高的药物洗脱（b）（4））。你公司评价的根本原因是延长了（b）（4）暴露，和两个因素的综合作用对分子量产生不利影响。在供应商方面（从供应商收到的在分子量规范范围（b）（4）内的（b）（4）），你公司的纠正措施是在他们的（（b）（4））过程期间分不同步骤控制材料处理过程，从而实现更好的控制（b）（4）。你公司的有效性总结中表示：“在供应商变更之后测量分子量是消除相应原因的纠正措施”，并“有效”。

该CAPA被关闭；然而，因为酪氨酸聚合物较低的分子量，其他两个CAPA 206563（日期：2014年8月6日）和214737（日期：2014年10月14日）启动。CAPA 206563表明：根本原因是（b）（4）不纯、（b）（4）和（b）（4）聚合物程序的不一致性。CAPA 214737表明：已根据CAPA 206563调查较低的分子量。在不采取任何措施的情况下，关闭了CAPA 214737；在进行检查时，CAPA 206563仍为待解决状态。

E）CAPA 241704（日期：2015年5月14日）记录了TYRX可吸收抗菌封套项目设计矩阵（DCP-2009-09，版本9）的不符合性；其中，设计矩阵中引用的验证/确认证据并未确认设计输出满足设计输入和用户要求。CAPA还表明，所引用的研究项目仅符合一些设计输入和规范要求，却不符合另外一些要求。设计验证和确认方面本应包括更多参考资料，以便支持所有输入和规范要求。你公司未能通过审查和修改你公司的项目设计（以便在设计矩阵文件中包含适宜的验证和确认参考资料）来验证纠正和预防措施的有效性。FDA检查结束时，该CAPA仍未被解决。

FDA已审查你公司的回复，认为其不够充分。具体为，你公司并未提供可证明你公司已充分的确定纠正和预防TYRX抗菌封套因药物含量和酪氨酸聚合物低分子量再次不合规所需的措施。你公司需要控制已销售或未销售的疑似潜在的不合规器械，并对其采取相应措施。

3．未能按照21 CFR 820.75的要求建立和保持控制程序，以确保技术规范、方法、过程或程序变更实施前应进行验证，或适当时进行确认。

具体为，未执行确认活动，以便支持可从（b）（4）变更聚合物分子量规范的TRX可吸收抗菌封套的DMR偏离TC10002270（日期：2015年6月17日），因为已通过（b）（4）进行分子量分析（非你公司的ATM-0401试验方法中规定的（b）（4））。因此，（b）（4）具有低于（b）（4）的分子量，且（b）（4）具有低于你公司的（b）（4）下限的分子量。分子量要求与移植之后的药物洗脱率、制造期间（b）（4）的（b）（4）封套转化能力有关。

FDA已审查你公司的回复，认为其不够充分。具体来说，你公司的回复未能按照21 CFR 820.70（b）要求，当生产和过程变更（技术规范发生变更）时根据21 CFR 820.75的要求实施验证，或适当时进行确认，并记录这些活动。

你公司应立即采取措施纠正本信函所述的违规行为。如若未能及时纠正这些违规行为，可能导致FDA在没有进一步通知的情况下启动监管措施。监管措施包括但不限于没收、禁令和民事罚款。此外，联邦机构会得知关于器械的警告信，以便在签订合同时考虑上述信息。此外，如果FDA确定你公司违反了质量体系法规，且这些违规行为与Ⅲ类器械的上市前批准申请有关联，则在纠正这些违规行为之前，将不会批准此类器械。同时，如果FDA确定你公司的器械不符合法案的要求，则不会批准出口证明（Certificates to Foreign Governments，CFG）的申请。

请在收到本信函之日起15个工作日内将你公司为纠正上述违规行为所采取的具体步骤书面通知本办公室，并说明你公司计划如何防止此类违规行为或类似违规行为再次发生。包括你公司已经采取的纠正措施（必须解决系统问题）的文件材料。如果你公司计划采取的纠正措施将逐渐开展，请提供实施这些活动的时间表。如果无法在15个工作日内完成纠正，请说明延迟的原因以及完成这些活动的时间。你公司的回复应全面，并解决此警告信中所包括的所有违规行为。

最后，请注意本信函未完全包括你公司全部违规行为。你公司有责任遵守FDA所有的法律和法规。本信函和检查结束时签发的FDA 483表（检查发现问题清单）中记录的具体违规行为可能表明你公司制造和质量管理体系中存在严重问题。你公司应查明违规原因并及时采取纠正措施，确保产品合规。

第51封　给Orthosoft，Inc. dba Zimmer CAS的警告信

生产质量管理规范/质量体系法规/医疗器械/伪劣/标识不当

CMS # 496307

2016年5月27日

尊敬的D先生：

美国食品药品管理局（FDA）于2016年1月25日至2016年1月28日，对位于75 Queen Street #3300，Montreal, Quebec, Canada的你公司的医疗器械进行了检查。检查期间，FDA检查员已确认你公司为iAssist膝关节系统、Zimmer PSI肩关节系统、Zimmer PSI膝关节系统和Navitrack系统的生产制造商。根据《联邦食品、药品和化妆品法案》（以下简称《法案》）第201（h）节［21 U.S.C.§ 321（h）］，凡是用于诊断疾病或其他症状，对疾病有治愈、缓解、治疗或预防作用，或是可以影响人体结构或功能的器械，均为医疗器械。故你公司涉及检查的产品为医疗器械。

本次检查表明，这些医疗器械的生产、包装、储存或安装中使用的方法、设施或控制不符合21 CFR 820质量体系法规中现行生产质量管理规范的要求，根据《法案》第501（h）节［21 U.S.C.§ 351（h）］的规定，属于伪劣产品。

2016年2月19日，FDA收到你公司副总裁兼总经理Louis-Philippe Amiot针对FDA 483表（检查发现问题清单）的回复。由于你公司2016年3月31日的回复已超过FDA 483表发布后15个工作日，因此FDA未对上述回复进行审查。针对上述回复与就本警告信中所述违规事项提供的其他书面材料一并评价。你公司存在的违规事项包括但不限于以下内容：

1．未能按照21 CFR 820.100（a）的要求建立和保持实施纠正和预防措施的程序。

例如，发现你公司的纠正和预防措施程序（b）(4)（版本：0）存在以下不足：

a．该程序没有说明如何分析数据以发现反复出现的质量问题；哪些质量数据来源是进行分析所必需的，且不需要使用相关统计方法来发现反复出现的质量问题。

b．该程序不包括为确保纠正和预防措施有效并在适用情况下不会对成品器械产生不利影响而确认或验证纠正和预防措施的要求。

c．该程序不确保将与质量问题和不合格产品有关的信息传达给直接负责确保该等产品质量或防止出现该等问题的人员。

d．该程序不包括提交关于已查明质量问题及纠正和预防措施的相关信息供管理层审查的要求。

你公司的回复没有解决这一不足。

2．未能按照21 CFR 820.198（a）的要求建立和保持由正式指定的部门接收、评审和评价投诉的程序。

例如，2015财年调查员审查的14起投诉中，有8起未包括确定MDR。此外，你公司的程序不包括确保及时评价投诉进而确保符合MDR报告时间表的要求。例如：

a．2015年8月1日的第13902号投诉，描述了住院医师将iASSIST膝关节器械验证工具嵌入远端股骨时，该工具部分断裂的情况。直到2015年10月16日才确定了MDR。

b．2005年9月10日的第13955号投诉，描述了外科医生将iASSIST膝关节器械验证工具嵌入胫骨内时，该工具部分的一个销断裂的情况。直到2015年10月14日才确定了MDR。

c．2005年9月22日的第13966号投诉，描述了一名医生面临股骨切开确认的问题。直到2015年11月6日才确定了MDR。

d．2015年10月14日的第13981号投诉，描述了外科医生嵌入iASSIST膝关节器械验证工具时该工具部分断裂的情况。直到2015年11月28日才确定了MDR。

你公司的回复内容是否充分无法确定。你公司的回复表明，你公司正在实施（b）（4）过程（b）（4），计划于2016年5月31实施。一旦过程实施完成，MDR应报告性决策将符合（b）（4）。你公司的回复还指出，这些公司程序包括确保及时和统一处理投诉和MDR评价的方法。但是，你公司应完成调查，并提交纠正措施实施和有效性确认的证据，以及对投诉文件进行回顾性审查的结果。

3．未能按照21 CFR 820.50的要求建立和保持程序，确保所有采购或以其他方式收到的产品和服务满足规定的要求。

例如，你公司的程序（b）（4）“采购”，需要（b）（4）。

可是你公司表示其采购控制程序没有列出审核标准。你公司尚未确定供应商审核将如何确保公司根据其满足指定要求（包括质量要求）的能力对潜在供应商、承包商、顾问进行评价。

你公司的回复内容是否充分无法确定。你公司应完成调查，并提交纠正措施实施和有效性确认的证据，以及对供应商审核文件进行回顾性审查的结果。

4．未能按照21 CFR 820.181的要求保持器械主记录（DMR）。

例如，你公司尚未为创建iASSIST膝关节器械的DMR，以包括或提述以下文件的位置：器械质量标准；生产过程规范；质保程序和规范；包装和标签规范；iASSIST膝关节器械的安装、维护和维修程序和方法。

你公司的回复内容是否充分无法确定。你公司应完成调查，并提交纠正措施实施和有效性确认的证据。

5．未能按照21 CFR 820.72（a）的要求建立和保持程序，确保装置得到常规的校准、检验、检查和维护。程序应包括对装置搬运、防护、储存的规定，以便保持其精度和使用适宜性。

例如，你公司的校准程序（b）（4）“校准”（版本：14），不包括处理、保存和储存设备的规定，以便保持其准确性和适用性。

你公司的回复没有解决这一问题。

6．未能按照21 CFR 820.22的要求建立质量审核的程序并进行审核，以确保质量体系符合已建立的质量体系要求，并确定质量体系的有效性。

具体为，你公司的程序（b）（4）“内部审核”（版本：12），不包括重新审核发现有缺陷的方面的要求（视情况而定）。

你公司的回复内容是否充分无法确定。你公司应完成调查，并提交纠正措施实施和有效性确认的证据，以及对以前内部审核文件进行回顾性审查的结果。

本次检查还表明，根据《法案》第502（t）（2）节［21 U.S.C.§ 352（t）（2）］，你公司的iASSIST膝关节系统贴错标签，因为你公司未能或拒绝提供《法案》第519节（21 U.S.C.§ 360i）和21 CFR 803“医疗器械报告”规定的此类器械的相关资料或信息。此类违规事项包括但不仅限于以下内容：

7．未能按照21 CFR 803.17的要求编制、维护和实施书面医疗器械报告（MDR）程序。

例如，在审查了你公司2016年1月22日名为“投诉管理”（b）（4）（版本：21）的MDR程序（附表10）和2014年11月27日“器械警戒-美国应向FDA报告事件的声明”（b）（4）（版本：3）后，发现了以下问题：

a．你公司的MDR程序没有建立能够及时有效确定、传达和评价可能受MDR要求约束的事件的内部系统。该程序遗漏了21 CFR 803.3中术语“意识到”“导致或促使”的定义以及803.20（c）（1）中“合理表明”一词的定义。将这些术语的定义排除在程序之外可能会导致你公司在评价可能符合21 CFR 803.50（a）项下报告标准的投诉时做出不正确的应报告性决定。

b．你公司的MDR程序没有建立能够及时传输医疗器械报告的内部系统。具体而言，未涉及以下内容：

i．你公司必须提交最初30天报告、补充或后续报告、五日报告及该等报告要求的情况。

ii. 该程序不包括使用强制3500A或同等电子文件提交MDR应报告事件的参考。

iii. 你公司将提交其所知的每一事件所有信息的方式。具体为，需要完成3500A的哪些部分，以涵盖你公司掌握的所有信息以及由于你公司合理采取后续措施而获得的任何信息。

c. 你公司的MDR程序没有描述将如何满足文件记录和记录保存要求，包括确保方便FDA及时进行跟踪和检查所需信息的查阅系统。

你公司应相应调整MDR程序，以涵盖根据2014年2月14日在《联邦公报》中公布的电子医疗器械报告（eMDR）最终规则以电子方式提交MDR的过程。此外，你公司应创建eMDR账户，以便以电子方式提交MDR。

FDA已审查你公司2016年2月19日的回复，认为其不够充分。你公司的回复中没有包括经修订的MDR程序。

如果你公司希望讨论MDR应报告性标准或安排进一步的沟通，请发送电子邮件联系应报告性审查小组，邮件地址为ReportabilityReviewTeam@fda.hhs.gov。

本次检查还表明，根据《法案》第502（t）（2）节［21 U.S.C.§ 352（t）（2）］，你公司的iASSIST膝关节系统贴错标签，因为你公司未能或拒绝提供《法案》第519节（21 U.S.C.§ 360i）和21 CFR 806“医疗器械纠正和撤回报告”规定的此类器械的相关资料或信息。此类严重违规事项包括但不仅限于以下内容：

8．未能按照21 CFR 806.10的要求，针对降低健康风险或补救对健康构成威胁的器械造成的不符合法案的行为而采取的医疗器械纠正或撤回措施，提交纠正或撤回报告。例如：

a. 有关右/左膝关节选择问题、伸屈间隙评价问题以及SKS偏移参数值不正确的投诉，于2007年11月和2008年5月26日，你公司对“Orthosoft Knee通用CAS软件2.3.2”进行了纠正。虽然你公司对这些器械进行了纠正或撤回，但是，在启动这一纠正后的10个工作日内，没有向FDA提交任何报告。

b. 2008年6月，你公司开始撤回现场的Sesamoid Plasty CAS工作站/底座和柱组件52 1.025，因为如果在未事先撤回相机和手臂的情况下尝试折叠工作站，则该工作站可能会倒塌并落在用户身上。虽然你公司撤回了这些器械，但是，在开始撤回后的10个工作日内，没有向FDA提交任何报告。

c. 2008年，你公司开始撤回现场的Unicondylar数字化仪108.098仪器，因为外科医生反馈说，新修改的软件应用程序与Uncompdylar数字化仪不兼容，造成了偏离量程外的误差较大。虽然你公司撤回了这些器械，但是，在开始撤回后的10个工作日内，没有向FDA提交任何报告。

d. 与前皮质数字化、植入物耐受性解释问题和软件问题有关的投诉，于2008年7月和8月，你公司开始纠正磁偏移板（Magnetic Offset Paddle）108.117。虽然你公司纠正了这些器械，但是，在开始纠正后的10个工作日内，没有向FDA提交任何报告。

e. 2010年10月，你公司开始撤回NDI P7位置传感器，因为传感器的相机部件可能出现故障，导致CAS系统中断，并导致手术期间位置数据显示停止。虽然你公司撤回了这些器械，但是，在开始撤回后的10个工作日内，没有向FDA提交任何报告。

f. 2011年12月，你公司对Orthosoft Knee通用CAS软件2.3.2进行了纠正，原因是软件可能发生故障，导致通用支撑平台在术前校准过程中停止，进而导致手术延迟或需要使用常规手术技术完成手术。虽然你公司纠正了这些器械，但是，在开始纠正后的10个工作日内，没有向FDA提交任何报告。

你公司的回复没有解决这一不足。

9．未能按照21 CFR 806.20的要求保存不向FDA报告纠正或撤回措施的原因记录，该记录应包含结论和任何后续工作，并由指定人员进行评审和评价。

例如：你公司于2008年6月发起召回，原因是发生了以下投诉，即用于将跟踪摄像机固定到工作站上的男性支架-女性支架组件521.158和521.159有“明显的”空转情况，使摄像机难以使用。但是，所提供的记录不包含未提交报告的理由，也不包含作为证据证明记录是由指定人员审查和评价的签字。你公司未按照21 CFR 806.20的要求，保存一份包含有关未向FDA报告纠正或撤回措施的理由的记录，该记录应包含结论和任何后续工作，并由指定人员进行审查和评价。

你公司的回复没有解决这一问题。

你公司应更新其程序，遵循21 CFR 806“医疗器械；纠正和撤回报告”的要求以及21 CFR 7“召回政策”提供的指导，以确保提供或记录所有所需信息。此外，你公司应参考CDRH召回分类，评价以后的器械纠正和撤回措施，从而使其保持健康危害评价的一致性及遵守报告要求。此外，你公司应按照21 CFR 806.2（j）中对健康风险的定义进行健康风险评价，以支持今后医疗器械纠正或撤回的报告决定。

各联邦机构会得知关于器械的警告信，以便在签订合同时考虑上述信息。此外，如果FDA确定你公司违反了质量体系法规，且这些违规行为与Ⅲ类器械的上市前批准申请有关联，则在纠正这些违规行为之前，将不会批准此类器械。

请在收到本信函之日起15个工作日内将你公司为纠正上述违规行为所采取的具体步骤书面通知本办公室，并说明你公司计划如何防止此类违规行为或类似违规行为再次发生。包括你公司已经采取的纠正措施（必须解决系统问题）的文件材料。如果你公司计划采取的纠正措施将逐渐开展，请提供实施这些活动的时间表。如果无法在15个工作日内完成纠正，请说明延迟的原因以及完成这些活动的时间。请提供非英文文件的英文译文，以便于FDA进行审查。FDA将告知你公司的回复是否充分，以及是否需要重新检查你公司的设施，以核实是否已实施适当的纠正和/或纠正措施。

最后，请注意本信函未完全包括你公司全部违规行为。你公司有责任遵守FDA所有的法律和法规。本信函和检查结束时签发的FDA 483表（检查发现问题清单）中记录的具体违规行为可能表明你公司制造和质量管理体系中存在严重问题。你公司应查明违规原因并及时采取纠正措施，确保产品合规。

第52封　给Spectranetics Corporation的警告信

生产质量管理规范/质量体系法规/医疗器械/伪劣

CMS # 491979

2016年5月23日

尊敬的M先生：

美国食品药品管理局（FDA）于2015年11月30日至2016年1月21日，对位于9965 Federal Dr., Colorado Springs, Colorado的你公司的医疗器械进行了检查。检查期间，FDA检查员已确认你公司为导线管理用一次性导管线包括激光鞘管产品的生产制造商，明确来说，是GlideLight和SLS Ⅱ鞘管。根据《联邦食品、药品和化妆品法案》（以下简称《法案》）第201（h）节［21 U.S.C.§ 321（h）］，凡是用于诊断疾病或其他症状，对疾病有治愈、缓解、治疗或预防作用，或是可以影响人体结构或功能的器械，均为医疗器械。故你公司涉及检查的产品为医疗器械。

本次检查期间，FDA检查了PMA P960042中涵盖的Ⅲ类医疗器械SLS Ⅱ和GlideLight激光鞘管。这些器械包含Ⅳ级激光器。

本次检查表明，这些医疗器械的生产、包装、储存或安装中使用的方法、设施或控制不符合21 CFR 820质量体系法规中现行生产质量管理规范要求，根据《法案》第501（h）节［21 U.S.C.§ 351（h）］的规定，属于伪劣产品。

2016年2月10日，FDA收到你公司针对2016年1月21日出具的FDA 483表（检查发现问题清单）的回复。FDA也收到了你公司2016年3月31日的回复。FDA将会在下次检查期间验证你公司纠正措施的执行情况和有效性，针对回复，FDA处理如下。

你公司在本次检查中发现的问题包括但不限于以下内容：

1．未能按照21 CFR 820.75的要求对结果不能为其后的检验和试验充分验证的过程进行确认。

A．你公司并未确认用于制造你公司的Ⅲ类GlideLight和SLS鞘管成品（尺寸：12F、14F和16F）（b）（4）外部护套部件和用于配合准分子激光系统取出心脏起搏器和除颤器导线的（b）（4）过程。该激光系统包括一个Ⅳ类激光器，而外部护套的部分功能是容纳激光器。已上报的故障投诉包括外部护套开裂、分离和破损，以及/或穿过外部护套的火花和可见激光。

你公司向FDA检查员提供了之前向CDRH提交的“ELCA冠状冠状动脉斑块消融术导管和SLS Spectranetics激光鞘管（PMA P910001和PMA P960042）备选挤出设备30天通知”的相关信息。该提交资料指示，挤出部件将进行（b）（4）验证，因为（b）（4）不能被确认。而且，在检查期间你公司告知检查员，你公司每次（b）（4）过程生产的挤出部件都会根据（b）（4）进行检查 。必须明确的是：（b）（4）不能等效于（b）（4）验证。

FDA已审查你公司2016年2月10日的回复，认为其不够充分。你公司回复表示，你公司计划确认美国Kuhne挤出系统（b）（4）的（b）（4）过程。你公司至今为止的回复仅描述（b）（4），不描述（b）（4）如何确认实际（b）（4）过程。

此外，你公司的回复不够充分，因为回复并未指出你公司将会如何通过（b）（4）之前的（b）（4）系统制造的部件确保产品的符合性。你公司的第二封回复并未描述变更和/或证明预期完全实施日期的合理性。

B．你公司的Ⅲ类GlideLight和SLS激光鞘管成品的（b）（4）的（b）（4）过程的过程确认不充分，因为并未根据你公司的试验方法要求包含（b）（4）。

此外，你公司通过（b）（4）检查这些器械的阻塞情况（b）（4）。通过（b）（4）过程确认，发现在通过（b）（4）进行测试之后（b）（4）缺失。出现过程偏差时，应评价该过程，并需要在适宜时重新确认。并未评价因（b）（4）导致的（b）（4）上（b）（4），以便确定是否需要重新确认或（b）（4）的使用会如何影响成品。该试验方法被用作这些器械装配期间的一般检查程序。

本次检查还发现你公司在（b）（4）初始方案获批之后更改了两个（b）（4）。应在确认之前清晰定义验收标准，以便确保高可信度的验证；应评价任何偏差，并应提供验收的正当理由。评价过程和相关偏差时，可能需要重新确认。此外，在编写方案和执行方案的时间间隔内，（b）（4）出现变化。FDA审查并未发现有关（b）（4）变化将如何影响成品的评价。

你公司在2016年2月10日的回复指出，你公司将会执行（b）（4），例如（b）（4），以便证明（b）（4）。你公司的回复中还承诺证明（b）（4）的影响。已为这些目标设定了（b）（4）纠正截止日期。你公司的第二封回复指出，你公司将会在根本原因调查中验证雇员的（b）（4）执行情况和培训情况，并将作为验证计划的一部分。你公司的回复不充分，因为回复并未指出你公司将会如何通过（b）（4）之前（b）（4）制造的部件确保产品的符合性。

此外，你公司于2016年3月31日的回复的附录4中所列运行/性能鉴定协议中推荐的验收标准中并未提供（b）（4）验收所需的统计学显著差异实际值。也并未提供为何将（b）（4）设置为当前值的相关信息。试验方法（b）（4）并未证明这是实际使用时的最劣情形。

C．你公司的制造和供应链高级主管描述了SLS和GlideLight激光鞘管（b）（4）的加工和装配信息。你公司使用了（b）（4），并做出上述表述。根据你公司的采购规范表（日期：2001年3月20日），你公司确定的采购规范是（b）（4）。你公司接受了原材料批次（b）（4）。

你公司2016年2月10日的回复指出，（b）（4）符合（b）（4）供应商规范；然而，你公司的该参数规范之前是（b）（4）。你公司的回复阐明，无需通过正式CAPA来纠正该问题（由于（b）（4））。

你公司的回复不充分，因为该回复并未评价或证明原本是（b）（4）（根据初始（b）（4）规范）的该（b）（4），也未提供该（b）（4）对器械所产生潜在影响的相关信息。

2．未能按照21 CFR 820.30的要求记录风险分析信息。

具体来说，你公司的风险管理概述程序表明，获得新信息包括来自（b）（4）的信息时，应持续审查和更新风险管理文件。该程序未被正确执行。

例如：

A．自2014年8月开始，共报道至少（b）（4）例与GlideLight激光鞘管和SLS器械相关的死亡事件。已根据适用风险评价库评价这些死亡事件，而投诉中所列的危险与（b）（4）相关。尽管已至少出现（b）（4）例死亡和多例上述投诉，风险分析文件中列出最高的适用风险严重等级，即（b）（4）级，而非（b）（4）级。

FDA已审查你公司的回复，认为其不够充分。下方列出了一些特例，但这并不包括FDA对你公司的回复的所有关注点。你公司于2016年2月10日的回复提供了经更新的风险分析文件，并将严重性更改为FDA 483表中提及的（b）（4）例死亡。该更新信息更改了多个（b）（4）示例。并未讨论之后将会进行的调查或其他步骤，以便确保适宜缓解这些风险。

你公司于2016年3月31日的回复中包含的CAPA表明，有一个审查（b）（4）的有效性计划，但是鉴于（b）（4）等时间表，并未证明该时间表为何具有合理性。

你公司于2016年2月10日的回复表示，通过你公司的医疗审查发现，（b）（4）的严重性等级适宜。根据你公司的程序，获得额外上市后数据时，应持续评审风险，所以将会在下次检查期间进行评价。

B．你公司的“附录Ⅱ：投诉数据审查指南”中规定的你公司的（b）（4）的（b）（4）审查未被正确执行，不能准确反映上述项目A中所述的发生和严重性概率。你公司拥有可供参考的多项风险分析文件，以便根据本规范确定由故障导致的风险等级；然而，并没有用于评价故障模式和确保为不同风险分析文件中各个风险指定统一概率的确定方法。

FDA已审查你公司的回复，认为其可能已充分整改。后续FDA需要进行检查以验证纠正措施，但是仍需按要求发送更新文件。

3．未能按照21 CFR 820.100的要求建立和保持实施纠正和预防措施（CAPA）的程序。

具体如下：

A．于2015年8月31日执行的纠正和预防措施程序（文件7000-0766-21）并未包含以下要求：①验证或确认纠正或预防措施，以便确保这些措施具有有效性且不会对器械成品产生负面影响；②确保已将与质量问题或不合规产品相关的信息发送至直接负责保证该产品质量或防止相关问题的人员。由于这些程序缺陷，数个CAPA记录材料不充分。

FDA已审查你公司的回复，认为其已充分整改。FDA将会在下次检查期间进行全面评价，包括执行情况的审查。

B．于2015年8月28日执行的纠正和预防措施程序D021471的质量体系趋势分析/数据分析材料不充分，因为它并未根据风险评价来确定所采用纠正措施的等级。

FDA已审查你公司的回复，发现这些回复中包含新的和被取消版本的CAPA、问题和趋势分析程序。FDA不清楚，达到（b）（4）的风险等级在你公司的（b）（4）文件中被称作什么，因为趋势分析程序中并未定义这些信息。需要对这一点进行澄清，以便理解你公司的纠正措施。参见序言备注159，查看CAPA措施风险评价要求的更多相关信息。

C．你公司于2015年8月28日执行的质量体系趋势分析/数据分析材料不充分，因为它并未要求分析不合规程序和确保这些质量数据源被用于确定和防止再次出现不合规产品。

例如，你公司识别的多个不符项包括但不仅限于与你公司（b）（4）内的（b）（4）相关的（b）（4），与（b）（4）过程的潜在原因有共同原因表述。你公司并未进一步调查这些质量数据源和分析共同程序，以便确定、评价和防止未来的不符合性。

FDA已审查你公司的回复；该回复表明已为CAPA程序更新你公司的质量体系趋势分析/数据分析，以便在生产活动中重复出现NCR时启动潜在CAPA措施的调查和评价。你公司的计划和程序更新似乎材料充分；FDA将会在下次检查期间评价相应的执行情况。

4．未能根据21 CFR 820.22执行质量重新审核。

具体来说，你公司并未能在2013年如期完成上市后有因监督审核（再审核），理由是FDA在2013年3月开展了“投诉处理专项”检查。

FDA已审查你公司对于观察事项的回复，发现该回复似乎材料充分。将会在下次检查期间对程序更新情况进行评价。

电子产品辐射控制

注：下方电子产品辐射控制信息仅包括对于2016年2月10日回复的评价。

除了“器械”之外，Spectranetics外科激光系统还属于须符合该法案子章节C“电子产品辐射控制”要求（21 CFR 1000-1005）和21 CFR 1010的1040.10、1040.11性能标准要求的“电子产品”。你公司未能符合与产品安全性、报告和记录保留相关的规定。

1．未能按照21 CFR 1010.2（c）的要求符合认证规定。

例如，质量控制试验计划不足以防止因（b）（4）导致的不必要辐射暴露。

你公司2016年2月10日的回复不充分，因为你公司表示需要提交激光部件登记表，并于2016年3月22日提交相应资料（登记编号16R0020）。该登记表并未描述你公司成品质量控制试验计划的有效性，而产品认证则基于上述要求。“SLS/GlideLight激光试验”文件中你公司的成品（b）（4）试验计划可能是充分的，可以确保导管在销售时符合21 CFR 1040.10（f）（1）要求。然而，你公司并未证明你公司拥有一个用于根据激光产品性能标准进行测试和表明认证标签应表明内容的整体质量控制试验计划。

2．未能按照21 CFR 1002.20的要求提交意外辐射事件（ARO）报告。

例如，对于收到的纤维导管鞘管外部护套受损并导致可见光、火花和轻微烧伤的投诉，你公司并未提交ARO报告。FDA检查员确定本应被上报为ARO的（b）（4）投诉记录。

你公司于2016年2月10日的回复已充分整改，因为器械和放射健康中心（CDRH）收到相关（b）（4）ARO（所有的日期都为2016年3月22日）。

3．未能按照21 CFR 1002.11的要求提交新的或经修改型号的附属报告。

例如，你公司并未提交CVX-300-P型Excimer激光系统的附属报告。

你公司2016年2月10日的回复未描述此项要求。

CDRH并未收到该附属报告；你公司的一名代表表示，CVX-300-P（b）（4）仅包括（b）（4）；因此，它需要第50号激光通知中规定的一个经修改认证标签。《法案》第538（a）节［21 U.S.C.§ 360oo（a）］禁止制造商认证或商用那些不符合适用标准要求的电子产品。本章节还禁止制造商舍弃或拒绝制定和保留规定记录或提交规定报告。如果未能提交本信函的回复，则被视为违反《法案》第538（a）（4）节［21 U.S.C. 360oo（a）（4）］的要求。如果你公司未能满足这些要求，FDA准备启用相应管制措施。这些措施包括根据《法案》第539节［21 U.S.C.§ 360pp］实施禁令和/或民事罚款。在FDA不另行通知的情况下，违反《法案》第538节的人员每次违反将被处以最高1 100美元和累计最高375 000美元的民事罚款。如果外国制造商未能回复，则对进口商处以罚款。

根据21 C.F.R. 1003.11（b），你公司须立即向FDA提供书面回复并标注已生产参考产品的数量和已离开制造场所的产品数量。

你公司完成为确保未来器械合规性而进行的生产变更，并提交规定报告和报告附属资料之后，你公司可以继续销售上述产品。

如果你公司存在与本信函中EPRC内容相关的疑问或评论，请通过电话301-796-5869或电子邮箱Corinne.Tylka@fda.hhs.gov联系CDRH的Cory Tylka。在任何书面形式的后续回复中，请清晰引用CDRH参考号COR16000104和CMS #491979。

你公司应立即采取措施纠正本信函所述的违规行为。如若未能及时纠正这些违规行为，可能导致FDA在没有进一步通知的情况下启动监管措施。监管措施包括但不限于没收、禁令和民事罚款。此外，联邦机构会得知关于器械的警告信，以便在签订合同时考虑上述信息。如果FDA确定你公司违反了质量体系法规，且这些违规行为与Ⅲ类器械的上市前批准申请有关联，则在纠正这些违规行为之前，将不会批准此类器械。同时，如果FDA确定你公司的器械不符合法案的要求，则不会批准出口证明（Certificates to Foreign Governments，CFG）的申请。

请在收到本信函之日起15个工作日内将你公司为纠正上述违规行为所采取的具体步骤书面通知本办公室，并说明你公司计划如何防止此类违规行为或类似违规行为再次发生。包括你公司已经采取的纠正措施（必须解决系统问题）的文件材料。如果你公司计划采取的纠正措施将逐渐开展，请提供实施这些活动的时间表。如果无法在15个工作日内完成纠正，请说明延迟的原因以及完成这些活动的时间。

最后，请注意本信函未完全包括你公司全部违规行为。你公司有责任遵守FDA所有的法律和法规。本信函和检查结束时签发的FDA 483表（检查发现问题清单）中记录的具体违规行为可能表明你公司制造和质量管理体系中存在严重问题。你公司应查明违规原因并及时采取纠正措施，确保产品合规。

第53封　给Hindustan Syringes & Medical Devices Ltd. 的警告信

生产质量管理规范/质量体系法规/医疗器械/伪劣

CMS # 494040

2016年5月13日

尊敬的N先生：

美国食品药品管理局（FDA）于2016年1月11日至2016年1月14日，对你公司位于印度哈里亚纳邦巴拉噶合（Ballabgarh, Haryana）的公司的医疗器械进行了检查。检查期间，FDA检查员已确认你公司为导管和一次性注射器的生产制造商。根据《联邦食品、药品和化妆品法案》（以下简称《法案》）第201（h）节［21 U.S.C.§ 321（h）］，凡是用于诊断疾病或其他症状，对疾病有治愈、缓解、治疗或预防作用，或是可以影响人体结构或功能的器械，均为医疗器械。故你公司涉及检查的产品为医疗器械。

本次检查表明，这些医疗器械的生产、包装、储存或安装中使用的方法、设施或控制不符合21 CFR 820质量体系法规中现行生产质量管理规范（cGMP）要求，根据《法案》第501（h）节［21 U.S.C.§ 351（h）］的规定，属于伪劣产品。2016年1月21日，FDA收到你公司针对FDA检查员出具的FDA 483表（检查发现问题清单）的回复。FDA针对回复，处理如下。违规行为包括但不限于以下内容：

1．未能确保在无法通过后续检查和试验充分验证过程结果的情况下，按照21 CFR 820.75（a）的要求，以高度保证的方式对过程进行验证，并根据既定程序进行批准。

例如，你公司的工艺验证程序——“过程/设备验证指南” QS 07 02 00 93修订版2（日期2015年3月24日），要求运行鉴定（OQ）纳入在最坏情况下确定关键参数的依据并加以证明，包括运行次数的选择理由。然而，为了验证（b）（4），贵公司尚未进行OQ以确定一系列操作参数。

FDA审查了你公司的回复，认为不充分。你公司的回复没有包括（b）（4）项（b）（4）的验证报告。此外，你公司的回复未包含对其他需要验证的过程的审查，以确保按照21 CFR 820.75的要求进行验证。

2．未能按照21 CFR 820.100（a）的要求建立和维护实施纠正和预防措施的程序（CAPA）。

例如，你公司的CAPA程序——“C1.8测量、分析和改进” QS 08 02 00 04修订版2（日期2014年12月8日）不充分，因为它不包含以下要素：

a．验证或确认CAPA的要求，以确保此类措施有效且不会对成品器械产生不良影响；

b．纠正和预防已确认的质量问题所需方法和程序进行变更的实施和记录要求；

c．确保与质量问题或不合格产品有关的信息传递给直接负责保证该类产品质量或预防此类问题的人员的要求。

FDA审查了你公司的回复，认为不充分。该回复包括修订版的CAPA程序——“C1.8测量、分析和改进” QS 08 02 00 04修订版03（日期2016年1月21日），包括了上述缺失要素。你公司的回复未包含对先前CAPA的审查，以确保按照21 CFR 820.100的要求进行处理。此外，你公司的回复未包括修订版程序的培训记录。

3．未能按照21 CFR 820.198（a）的要求保存投诉文件，并建立和维护由正式指定单位接收、审查和评估投诉的程序。

例如，你公司的投诉处理程序——“市场投诉处理程序，上市后监督和警戒系统” QS 08 07 00 21修订版

07（日期2014年10月16日），不能确保统一和及时处理投诉，并对投诉进行了MDR可报告性评估。

FDA审查了你公司的回复，认为不充分。该回复未包含修订版的投诉处理程序，以处理上述缺失的要素和相应的培训记录。而且，你公司的回复中没有对过去的投诉进行审查，以确保对其进行MDR可报告性评估。

4．未能按照21 CFR 820.198（d）的要求，及时审查、评估和调查关于根据21 CFR 803“医疗器械报告”向FDA报告的事件的投诉。

例如，你公司的投诉处理程序——“市场投诉处理程序，上市后监督和警戒系统”QS 08 07 00 21修订版07（日期2014年10月16日），未要求保证将MDR可报告事件在投诉文件的单独部分维护或以其他方式明确标识。

FDA审查了你公司的回复，认为不充分。该回复未包含修订的投诉处理程序，以处理上述缺失的要素和相应的培训记录。

此外，联邦机构会得知关于器械的警告信，以便在签订合同时考虑上述信息。如果FDA确定您违反了质量体系法规，且这些违规行为与Ⅲ类器械的上市前批准申请有关联，则在纠正这些违规行为之前，将不会批准此类器械。

请在收到本信函之日起15个工作日内将你公司为纠正上述违规行为所采取的具体步骤书面通知本办公室，并说明你公司计划如何防止此类违规行为或类似违规行为再次发生。包括你公司已经采取的纠正措施（必须解决系统问题）的文件材料。如果你公司计划采取的纠正措施将逐渐开展，请提供实施这些活动的时间表。如果无法在15个工作日内完成纠正，请说明延迟的原因以及完成这些活动的时间。你公司的回复应全面，并解决此警告信中所包括的所有违规行为。

最后，请注意本信函未完全包括你公司全部违规行为。你公司有责任遵守FDA所有的法律和法规。本信函和检查结束时签发的FDA 483表（检查发现问题清单）中记录的具体违规行为可能表明你公司制造和质量管理体系中存在严重问题。你公司应查明违规原因并及时采取纠正措施，确保产品合规。

第54封　给Spot On Sciences, Inc. 的警告信

试验器械豁免（IDE）/上市前批准申请（PMA）

CMS # 487059

2016年4月12日

尊敬的H博士：

美国食品药品管理局（FDA）获悉，你公司在未经上市许可或批准的情况下，在美国销售血点采血系列产品、干血点采血器械，违反《联邦食品、药品和化妆品法案》（以下简称《法案》）。器械和放射健康中心（CDRH）体外诊断和放射健康办公室（OIR）在查看你公司网站www.spotonsciences.com和www.elevatemyhealth.com（链接自www.spotonsciences.com）时获悉此销售情况。

根据《法案》第201（h）节［21 U.S.C.§ 321（h）］，凡是用于诊断疾病或其他症状，对疾病有治愈、缓解、治疗或预防作用，或是可以影响人体结构或功能的器械，均为医疗器械。故你公司涉及检查的产品为医疗器械。根据《法案》第501（f）（1）（B）节［21 U.S.C.§ 351（f）（1）（B）］，血点采血器械和血点SE器械存在掺假，因为对于所述和销售的器械，你公司没有按照《法案》第515（a）节［21 U.S.C.§ 360e（a）］的规定获得上市前批准（PMA）的申请批准，或按照《法案》第520（g）节［21 U.S.C.§ 360j（g）］的规定获得研究性器械豁免（IDE）的申请批准。根据《法案》第502（o）节［21 U.S.C.§ 352（o）］，这些器械还贴上了错误的标签，因为你公司在没有按照《法案》第510（k）节［21 U.S.C.§ 360（k）］和21 CFR 807.81（a）（3）（ii）的要求向FDA提交新的上市前通告的情况下，将这些器械引入或交付州际贸易进行商业销售。本次检查表明，这些医疗器械的生产、包装、储存或安装中使用的方法、设施或控制不符合21 CFR 820质量体系法规中现行生产质量管理规范（cGMP）要求，根据《法案》第501（h）节［21 U.S.C.§ 351（h）］的规定，属于伪劣产品。

具体如下：

根据2014年4月24日与你公司的电话会议，FDA/CDRH/OIR为你公司概述了三个选项，以确保其符合FDA有关血液采集器械的法律法规。这些选项包括：提交一份针对此类器械的510（k），将器械标记为“仅限于研究使用（RUO）”，或将器械标记为“仅供研究使用”。

你公司同意在2014年5月29日前使标签符合21 CFR 809.10（c）（2）（i）的要求，并实施“认证计划”，使用户证明他们不会将产品用于研究之外的用途。你公司还同意完全删除网站上不符合RUO规定的声明，并同意在2015年6月11日之前进行更改。

此外，你公司在网站www.spotonsciences.com上以及2014年4月25日提供给FDA/CDRH/OIR的信函中声明，血点采血器械仅限于研究使用，不用于诊断程序。然而，你公司的www.spotonsciences.com网站上一份日期为2014年3月10日的新闻稿，其中包含你公司与Coremedica Laboratories合作，使用血点采血器械为各种医疗状况提供直接面向消费者的诊断检测。该新闻稿链接到网站www.elevatemyhealth.com。点击www.ElevateMyHealth.com链接，用户可以直接访问Elevate My Health网站，在该网站上，消费者可以通过在线支付服务直接订购采血器械。

此外，上述网站上的声明还表明，干血点采血器械拟用于诊断检测。该声明包括但不限于以下内容：

- Spot On Sciences的创始人兼首席执行官Jeanette Hill博士说：“与CoreMedica合作，可以轻松简便地

采集血液样本，并进行质量检测。”“通过让每个人随时随地采集血样，人们可以自由地跟踪自己的健康状况。”（http://www.spotonsciences.com/news/coremedica-and-spot-on-sciences-launch-new-site-for-home-based-blood-tests/）

- “Spot-on-sciences, Inc.开发和销售创新器械，彻底改变了医学研究和测试中生物液体的采集和储存。总部位于德克萨斯州奥斯汀（Austin），初始产品HemaForm™和HemaSpot™支持远程采集血样，为多个市场提供解决方案，包括临床试验、生物库、家庭健康测试、军事领域医学和人群研究。”（http://www.spotonsciences.com/background/）
- 通过启用远程血液采样，HemaSpot™在健康和医学研究方面有许多应用。我们一直在与此领域的专家交流，并获得了越来越多的荣誉。用一位心血管内科医生的话说，HemaSpot™将“……彻底改变临床科学的实施方式。”一位医学协会官员这样说：“HemaSpot™将彻底改变血液取样。”（http://www.spotonsciences.com/hemaspot/）
- “价值：大大增加慢性病医学检测的机会，减少服务不足和资源有限人群的健康差距。那些行动不便或居住在偏远农村地区的人有时因缺乏交通条件而无法进行例行体检。此外，还有一些人员不能请假，从而很难去实验室抽血。HemaSpot™使个人无论在家还是在工作时都可以用手指针刺采集自己的样本，并将血样邮寄到检测实验室。这种简单的采样方法可以大大改善发达国家和发展中国家资源稀缺和服务欠佳的人群，包括边远地区、无法离开家和社会经济状况不佳的患者，获得医学检测的机会。”（http://www.spotonsciences.com/applications/）
- “没有什么比健康更重要，健康状况检查应该是每个人的“待办事项”。我们为您提供在家采血的便利性和隐私性，以及来自专业和国家认可实验室的可靠性和准确性，以便随时了解您当前的健康状况。”（https://www.elevatemyhealth.com/）
- “我们的使命是通过基本的临床实验室检测，让个人在安全、方便、低侵入性的条件下了解自己的健康状况，从而提高健康意识和疾病管理水平。”（https://www.elevatemyhealth.com/）
- “血点采血器械和血点SE器械是一种容易使用的器械，任何人都可以随时随地采集血样。我们的采集工具套件包括所有用于正确采集样本进行实验室分析的用品。我们还提供已付邮资的回邮信封。”（https://www.elevatemyhealth.com/dbs-collection.html）
- “由经验丰富的医学科学家在严格的质量标准下使用最先进的机器人仪器进行分析，以确保结果准确可靠。结果在收到样品后24~36小时内报告，并在综合解释报告中公布，供需要有关其目前健康状况的基本医学信息的个人参考。”（https://www.elevatemyhealth.com/reliable-results.html）

FDA办公室要求你公司立即停止导致HemaSpot采血器械和HemaSpot SE器械掺假和贴标错误的行为，如上述用途器械的商业销售。

你公司应立即采取措施纠正本信函所述的违规行为。如若未能及时纠正这些违规行为，可能导致FDA在没有进一步通知的情况下启动监管措施。监管措施包括但不限于没收、禁令和民事罚款。此外，联邦机构会得知关于器械的警告信，以便在签订合同时考虑上述信息。

请在收到本信函之日起15个工作日内将你公司为纠正上述违规行为所采取的具体步骤书面通知本办公室，并说明你公司计划如何防止此类违规行为或类似违规行为再次发生。包括你公司已经采取的纠正措施（必须解决系统问题）的文件材料。如果你公司计划采取的纠正措施将逐渐开展，请提供实施这些活动的时间表。如果无法在15个工作日内完成纠正，请说明延迟的原因以及完成这些活动的时间。你公司的回复应全面，并解决此警告信中所包括的所有违规行为。

最后，请注意本信函未完全包括你公司全部违规行为。你公司有责任遵守FDA所有的法律和法规。

第55封 给Advanced Vision Science Inc. 的警告信

生产质量管理规范/质量体系法规/医疗器械/伪劣

CMS # 480893

2016年4月6日

尊敬的B女士：

美国食品药品管理局（FDA）于2015年7月27日至2015年8月3日对位于加利福尼亚州戈利塔（Goleta）的你公司进行了检查。检查期间，FDA检查员已确认你公司是人工晶状体（人工晶体）器械的制造商和分销商，包括但不限于3片和单片晶状体。根据《联邦食品、药品和化妆品法案》（以下简称《法案》）第201（h）节［21 U.S.C.§ 321（h）］，凡是用于诊断疾病或其他症状，对疾病有治愈、缓解、治疗或预防作用，或是可以影响人体结构或功能的器械，均为医疗器械。故你公司涉及检查的产品为医疗器械。

本检查表明，这些医疗器械的生产、包装、储存或安装中使用的方法、设施或控制不符合21 CFR 820质量体系法规中的现行生产质量管理规范（cGMP）要求，根据《法案》第501（h）节［21 U.S.C.§ 351（h）］的规定，属于伪劣产品。

FDA收到你公司针对FDA 483表（检查发现问题清单）的回复，FDA检查员对观察结果的答复已于2015年8月24日通过电子邮件发送给你公司。该答复涉及以下各项违规，记录的违规包括但不限于以下内容：

1．未能按照21 CFR 820.198（a）（3）的要求建立用于接收、审查和评估医疗器械报告投诉的程序。

例如，你公司的投诉处理程序缺乏关于如何评估医疗器械报告投诉的详细信息。你公司的答复不充分，因为答复表明你公司将要审查质量和投诉处理系统，但并未提供该审查的结果。

2．未能按照21 CFR 820.80（d）的要求建立成品装置验收程序。

例如，你公司没有维护处理客户的验收标准或你公司自己验收标准的程序［例如工具标记］。你公司的答复不充分，因为你公司声明已停止在美国配送人工晶体，并正在考虑人道主义装置豁免［HDE］。但并未提供你公司对HDE的考虑结果。

3．设计历史文档未能证明设计是根据批准的设计计划进行的，且未能证明设计是根据21 CFR 820.30（j）的要求进行的。

例如，你公司的设计历史文档没有设计文档的位置或你公司对（b）（4）晶体所做的更改。你公司的答复不充分，你公司声明在将PMA转让给博士伦后不再保留设计记录。你公司的答复还表明你公司已停止在美国配送人工晶体，并正在考虑人道主义器械豁免。但并未提供你公司对HDE的考虑结果。

FDA的检查还表明，（b）（4）人工晶体是《法案》第501（f）（1）（B）节［21 U.S.C.§ 351（f）（1）（B）］中定义的伪劣产品，因为你公司没有根据《法案》第515（a）节［21 U.S.C.§ 360e（a）］中针对所述及所售器械的规定获批上市前批准（PMA）申请或《法案》第520（g）节［21 U.S.C.§ 360j（g）］中规定的获批试验器械豁免（IDE）申请。

具体来说，现场核查报告（EIR）指出，你公司在2009年3月转让（出售）了PMA，并将所有开发、制造和营销的许可转让给了另一家除日本以外所有地区的公司。但是，检查发现，尽管你公司声称只在日本销售人工晶体，但有证据表明，自2008年和2012年以来，你公司分别向美国分销了（b）（4）和（b）（4）人工晶体。即根据验收标准可能会被拒绝的日本市场晶体将退还给Advanced Vision Science（AVS），并捐赠/分销给州际贸易机构以进一步销售。

对FDA上市前批准（PMA）数据库的审查显示，在你公司于2009年3月转让（出售）PMA P830033之后，AVS在美国市场上没有任何批准的PMA。对于需要上市前批准的器械，根据21 CFR 807.81（b）机构即将获得PMA时，则视为满足《法案》第510（k）节［21 U.S.C.§ 360（k）］中规定的通知要求。你公司获得器械批准所需提交的信息已被记录在互联网的以下网址内：url。FDA将会评估你公司提交的信息，并决定该产品是否可以依法上市。

你公司在2016年2月16日提交的书面答复中指出，自2015年8月3日起，你公司将停止在美国境内销售所有人工晶体。FDA办公室要求AVS继续停止活动，以免导致人工晶体贴错标签或掺假，例如供上述用途的器械的商业销售。

你公司应立即采取措施纠正本信函所述的违规行为。如若未能及时纠正这些违规行为，可能导致FDA在没有进一步通知的情况下启动监管措施。监管措施包括但不限于没收、禁令和民事罚款。此外，联邦机构会得知关于器械的警告信，以便在签订合同时考虑上述信息。

请在收到本信函之日起15个工作日内将你公司为纠正上述违规行为所采取的具体步骤书面通知本办公室，并说明你公司计划如何防止此类违规行为或类似违规行为再次发生。包括你公司已经采取的纠正措施（必须解决系统问题）的文件材料。如果你公司计划采取的纠正措施将逐渐开展，请提供实施这些活动的时间表。如果无法在15个工作日内完成纠正，请说明延迟的原因以及完成这些活动的时间。你公司的回复应全面，并解决此警告信中所包括的所有违规行为。

最后，请注意本信函未完全包括你公司全部违规行为。你公司有责任遵守FDA所有的法律和法规。

第56封　给Grams Medical Inc. 的警告信

生产质量管理规范/质量体系法规/医疗器械/伪劣

CMS # 482761

2016年3月17日

尊敬的G先生：

美国食品药品管理局（FDA）于2015年9月14日至9月25日，对位于加州科斯塔梅萨（Costa Mesa）的你公司Grams Medical Products, Inc.进行了检查，检查期间，FDA检查员已确认你公司为Grams Aspirator S-300的生产制造商。根据《联邦食品、药品和化妆品法案》（以下简称《法案》）第201（h）节［21 U.S.C.§ 321（h）］，凡是用于诊断疾病或其他症状，对疾病有治愈、缓解、治疗或预防作用，或是可以影响人体结构或功能的器械，均为医疗器械。故你公司涉及检查的产品为医疗器械。

本次检查表明，这些医疗器械的生产、包装、储存或安装中使用的方法、设施或控制不符合21 CFR 820质量体系法规中对现行生产质量管理规范（cGMP）要求，根据《法案》第501（h）节［21 U.S.C.§ 351（h）］的规定，属于伪劣产品。FDA检查员于2015年9月25日检查结束时，向你公司发出了FDA 483表，即检查发现问题清单。FDA 483表中列出的违规行为包括但不限于以下内容：

1．未能按照21 CFR 820.75（a）的要求充分验证，其结果无法通过后续检查和试验性工艺验证。

例如，你公司尚未对可重复使用的套管尖端（与Grams Aspirator S-300结合使用）的清洗和灭菌过程进行验证。这些套管尖端均储存在包装和发货室内的一个打开的箱子中，并未完成包装。目前仍未建立这些套管尖端的基线生物负荷、未进行任何研究，以确保特定的灭菌过程不会对这些尖端产生不利影响，以及对清洗或灭菌过程进行验证、未确保这些尖端在手术环境的使用前、使用后以及在再次使用前的无菌性。

2．未能按照21 CFR 820.181的要求充分保存器械主记录。

例如，你公司并未建立Grams Aspirator S-300及其配件的维护设备规范、组件规格、生产工艺规范、生产方法和程序、生产环境规范、质量保证设备、程序和规范文件，包括验收标准、包装和标签说明。

3．未能按照21 CFR 820.184的要求建立器械历史记录程序。

例如，你公司并未建立程序维护器械历史记录，以证明设备是根据已建立的设备主记录和21 CFR 820制造的。

4．按照21 CFR 820.20（c）的要求，具有执行责任的管理层未能按照规定的时间间隔和足够的频率审查质量体系的适宜性和有效性。

例如，你公司的质量手册FSP-14（A版）要求每年对质量体系进行管理评审。但你公司并未进行任何管理评审。

5．未能按照21 CFR 820.22的要求，以规定的时间间隔和足够的频率进行质量审核，以确定质量体系活动和结果是否符合质量体系程序。

例如，你公司质量手册FSP-14（A版），引用了要进行和记录内部审计的内容。未定义频率和/或间隔，且你公司未执行任何质量审核。

FDA检查还发现，根据《法案》第502（t）（2）节［21 U.S.C.§ 352（t）（2）］，Grams Aspirator S-300器械贴错了商标，即你公司未能或拒绝提供《法案》第519节（21 U.S.C.§ 360i）和21 CFR 803-医疗器械报告

中规定的有关器械的材料或信息。重大违规包括但不限于以下内容：

6．未能按照21 CFR 803.17的要求制定、维护和实施书面MDR程序。你公司尚未制定MDR程序。

2014年2月13日发布了要求制造商和进口商向FDA提交电子医疗器械报告（eMDR）的eMDR最终规则。本最终规则要求于2015年8月14日起生效。如果你公司目前并未以电子方式提交报告，FDA建议您访问以下网址，获取有关电子报告要求的更多信息：网址：url。

如果你公司希望讨论MDR可报告标准或安排进一步沟通，可通过电子邮件ReportabilityReviewTeam@fda.hhs.gov联系可报告审查小组。

你公司应立即采取措施纠正本信函所述的违规行为。如若未能及时纠正这些违规行为，可能导致FDA在没有进一步通知的情况下启动监管措施。监管措施包括但不限于没收、禁令和民事罚款。此外，联邦机构会得知关于器械的警告信，以便在签订合同时考虑上述信息。如果FDA确定你公司违反了质量体系法规，且这些违规行为与Ⅲ类器械的上市前批准申请有关联，则在纠正这些违规行为之前，将不会批准此类器械。

请在收到本信函之日起15个工作日内将你公司为纠正上述违规行为所采取的具体步骤书面通知本办公室，并说明你公司计划如何防止此类违规行为或类似违规行为再次发生。包括你公司已经采取的纠正措施（必须解决系统问题）的文件材料。如果你公司计划采取的纠正措施将逐渐开展，请提供实施这些活动的时间表。你公司的回复应全面，并解决本警告信中所包括的所有违规行为。

最后，请注意本信函未完全包括你公司全部违规行为。你公司有责任遵守FDA所有的法律和法规。本信函和检查结束时签发的FDA 483表（检查发现问题清单）中记录的具体违规行为可能表明你公司制造和质量管理体系中存在严重问题。你公司应查明违规原因并及时采取纠正措施，确保产品合规。

第57封 给Terumo Medical Corporation的警告信

生产质量管理规范/质量体系法规/医疗器械/伪劣

CMS # 483231

2016年3月17日

尊敬的R先生：

美国食品药品管理局（FDA）于2015年10月19日至2015年10月23日对你公司位于Elkton, Maryland的医疗器械进行了检查。检查期间，FDA检查员已确认你公司为肾脏、颈动脉和末梢区域用导引鞘的生产制造商。根据《联邦食品、药品和化妆品法案》(以下简称《法案》）第201（h）节［21 U.S.C.§ 321（h）］，凡是用于诊断疾病或其他症状，对疾病有治愈、缓解、治疗或预防作用，或是可以影响人体结构或功能的器械，均为医疗器械。故你公司涉及检查的产品为医疗器械。

本次检查表明，这些医疗器械的生产、包装、储存或安装中使用的方法、设施或控制不符合21 CFR 820质量体系法规中对现行生产质量管理规范（cGMP）要求，根据《法案》第501（h）节［21 U.S.C.§ 351（h）］的规定，属于伪劣产品。

2015年11月10日、2016年1月7日、2016年2月5日和2016年3月7日，FDA收到你公司针对2015年10月23日出具的FDA 483表（检查发现问题清单）的回复。FDA针对回复，处理如下：

1．未能按照21 CFR 820.90（a）建立和保持不合格产品控制程序。

例如：2015年6月17日有一个不合格项（b）(4)。这是因为肾脏导引鞘（b）(4）的留样未通过（b）(4）测试（设备缺少（b）(4））。你公司未遵循产品纠正和移除/召回程序（程序编号GA149，版本号17）执行，并通过健康危害评估来评估这种情况。

经审查，FDA认为你公司针对上述问题的回复不够充分。尽管回复描述了从与偏差相关的批次中解决分销产品的活动，并包含对程序的变更，但未包括其他现有产品以确定是否有其他无（b）(4）的已分销批次。此外，你公司并未提供所有已识别纠正措施的实施情况和有效性的证据。

2．未能按照21 CFR 820.90（b）的要求，建立和维护规定审查责任和处置不合格产品权限的程序。

例如：在2014年11月19日和2014年11月20日，用于涂覆肾脏鞘管的两瓶（b）(4)（产品（b）(4)，批号01298）。产品（b）(4）的技术规范中（b）(4）是（b）(4)。这两瓶于2014年11月18日进行了测试,（b）(4）值分别为8.05%和8.23%。两瓶再次进行了测试：一个是在2014年11月20日，DC%值为8.54%；另一个是在2014年11月21日，（b）(4）值为9.00%。该批次中的一部分（具体量未知）被涂覆不合格的（b）(4)，而没有提供不合格产品的合理理由。

经审查，FDA认为你公司针对上述问题的回复不够充分。尽管你公司在回复中描述了确保生产中使用的溶液瓶是合格品采取的几种措施，但是未提供有关处理不合格材料（包括未通过（b）(4）试验的瓶子）的相关信息。你公司未表明他们正在建立确保识别和隔离不合格材料的控制措施，也没有建立足够的流程来确保正确判定处置不合格材料以及妥善处置不合格材料的证明和记录。

3．未能按照21 CFR 820.70（a）的要求，开发、实施、控制和监视生产过程，确保器械符合其规范。

例如：（b）(4）操作、维护和校准程序（文件编号QA164；版本号7）未被正确执行。该程序规定使用（b）(4）时将对（b）(4）进行测试。没有按照流程要求在2014年11月19日使用（b）(4）后或2014年11月20

日使用（b）（4）之前进行测试。

经审查，FDA认为你公司的回复不够充分。尽管已识别纠正措施，但是并未提供执行纠正措施的证据。此外，该回复函并未表明是否计划对之前的生产文件进行回顾性审查，以确定在使用前未经正确测试的材料是否构成潜在风险，并确定是否对现有产品采取相应措施以降低这些风险。

4．未能按照21 CFR 820.30（f）中要求建立和保持器械的设计验证程序。

例如：并未根据试验方法验证程序（文件编号QS050；版本号3）验证以下两个设计验证试验：

1）（b）（4）-用于检测导引鞘上是否有（b）（4）的试验；

2）（b）（4）测量（b）（4）鞘管的（b）（4）。

经审查，FDA认为你公司的回复不够充分。你公司的回复不包括计划评估的设计验证中使用的其他测试方法，无法确定其他测试方法是否按照程序进行了验证。此外，你公司未提供证据证明已采取措施进行纠正，以确保今后不会发生或再次发生类似问题。

5．未能按照21 CFR 820.30（g）中规定，建立和保持器械的设计确认程序。

例如：已对颈动脉导引鞘导引套件（尺寸6 & 7 Fr.）进行设计验证（项目编号993103；日期2003年1月10日）。测试结果和原始数据丢失。

目前，还不能确定你公司的回复是否充分，你公司没有提供实施纠正措施的证据。

6．未能按照21 CFR 820.75（a）进行过程确认：当过程结果不能为其后的检验和试验充分验证时，过程应充分予以确认，并按已确定的程序批准。

例如：工艺验证中用于（b）（4）测试的样本量不充分。

- （b）（4）用于在工艺验证过程中（b）（4）测试，因为（b）（4）存在/和适当的（b）（4）被视为外观缺陷。该公司的文件“肾脏导引鞘产品风险分析表”（日期2015年7月13日）确定了与缺乏（b）（4）相关的非外观风险，包括：
- （b）（4）

从MDW IK生产区移至MDE生产区（2007年1月25日）对于工艺验证期间的（b）（4）试验，因为判定临界值很低（表上指示的最低风险），而使用了（b）（4）的总体置信度。未定义各种级别的临界值水平（低、中和高）。此外，文件“肾脏导引鞘产品风险分析表”（日期2015年7月13日）识别了似乎与低临界值相符的风险。

目前，无法确定你公司的回复是否充分。你公司并未提供证据证明执行所有计划实施的措施。此外，你公司所提出的新统计方法需进行评估后才具有有效性。

7．未能按照21 CFR 820.75（b）的要求为已经确认的过程参数进行监视和控制建立和保持程序，以确保规定的要求持续得到满足。

例如：未正确执行你公司的“验证程序”（文件编号GP028；版本号36）。该程序要求对（b）（4）的TMC验证编号清单上所列的工艺验证进行全面审查 ，但是该程序未被执行。没有书面证据证明你公司导引鞘生产过程中使用的经过验证的工艺参数受到了监控。

FDA已审查你公司的回复，认为其不够充分。你公司未能提供实施所有拟采取纠正措施的证据。

你公司应立即采取措施纠正本信函所述的违规行为。如若未能及时纠正这些违规行为，可能导致FDA在没有进一步通知的情况下启动监管措施。监管措施包括但不限于没收、禁令和民事罚款。此外，联邦机构会得知关于器械的警告信，以便在签订合同时考虑上述信息。此外，如果FDA确定您违反了质量体系法规，且这些违规行为与Ⅲ类器械的上市前批准申请有关联，则在纠正这些违规行为之前，将不会批准此类器械。同时，如果FDA确定你公司的器械不符合法案的要求，则不会批准出口证明（Certificates to Foreign Governments，CFG）的申请。

请在收到本信函之日起15个工作日内将你公司为纠正上述违规行为所采取的具体步骤书面通知本办公室，并说明你公司计划如何防止此类违规行为或类似违规行为再次发生。包括你公司已经采取的纠正措施

（必须解决系统问题）的文件材料。如果你公司计划采取的纠正措施将逐渐开展，请提供实施这些活动的时间表。如果无法在15个工作日内完成纠正，请说明延迟的原因以及完成这些活动的时间。你公司的回复应全面，并解决此警告信中所包括的所有违规行为。

最后，请注意本信函未完全包括你公司全部违规行为。你公司有责任遵守FDA所有的法律和法规。本信函和检查结束时签发的FDA 483表（检查发现问题清单）中记录的具体违规行为可能表明你公司制造和质量管理体系中存在严重问题。你公司应查明违规原因并及时采取纠正措施，确保产品合规。

第58封　给DMP Ltd. 的警告信

生产质量管理规范/质量体系法规/医疗器械/伪劣

CMS # 102517

2016年3月4日

尊敬的P先生：

美国食品药品管理局（FDA）于2015年10月5日至2015年10月8日对你公司位于希腊马可波罗（Markopoulo）的医疗器械进行了检查，检查期间，FDA检查员已确认你公司为牙科印模材料和复合树脂的生产制造商。根据《联邦食品、药品和化妆品法案》（以下简称《法案》）第201（h）节［21 U.S.C.§ 321（h）］，凡是用于诊断疾病或其他症状，对疾病有治愈、缓解、治疗或预防作用，或是可以影响人体结构或功能的器械，均为医疗器械。

本次检查表明，这些医疗器械生产、包装、储存或安装中使用的方法、设施或控制不符合21 CFR 820质量体系法规中的现行生产质量管理规范（cGMP）要求，根据《法案》第501（h）节［21 U.S.C.§ 351（h）］的规定，属于伪劣产品。

2015年10月30日，FDA收到了你公司总经理Dimitris Prantsidis针对FDA 483表（检查发现问题清单）的回复。FDA针对回复，处理如下：

1．未能按照21 CFR 820.198（a）的要求建立和保持由正式制定的部门接收、评审和评价投诉的程序。

例如，你公司的投诉处理程序，“客户投诉程序”（ SOP-15）没有以下要求：

a）口头投诉在收到时形成文件。

b）应按照“医疗器械报告”（MDR）的要求对投诉进行评价。

c）当作出不调查投诉的决定时，对不进行调查的人员和理由应在投诉记录中形成记录文件。

经审查，FDA认为你公司的回复不够充分。回复显示你公司修订了投诉文件SOP-15、表15-1和表15-2。此外，回复中指出你公司已制定了新的医疗器械报告SOP和“不良事件确定表”表15-3。最后，该回复表明你公司的管理层代表已经接受了针对修订版SOP-15的培训，但未说明你公司计划如何在收到投诉后进行记录。此外，也未说明你公司计划如何确定培训适用于该培训的员工。

2．未能按照21 CFR 820.100（a）的要求建立和保持实施纠正和预防措施的程序。

例如，你公司的程序“纠正和预防措施”SOP-12，不包括以下方面的充分要求：

a）分析质量数据，必要时使用适当的统计方法来确定不合格产品或其他质量问题的原因。

b）验证或确认纠正和预防措施，以确保它们不会对成品产生不良影响。

经审查，FDA认为你公司的回复不够充分。该回复表明你公司修订了SOP-12、“CAPA表”12-1、“CAPA日志”12-2和“产品查询/投诉表”15-2。此外，表明你公司创建了“5个为什么表”12-3。最后，表明管理层代表已经接受了针对修订版SOP-12的培训。然而，回复中并没说明你公司将如何对可能存在潜在质量问题的不符合项进行调查。此外，你公司尚未说明是否计划对以前的质量数据进行回顾性审查，以确定是否存在以前没有发现的需要采取纠正措施的情况。此外，该回复表明你公司是否计划对该岗位的员工进行定岗和培训。

3．未能按照21 CFR 820.75的（a）要求，当过程结果不能为其后的检验和试验充分验证时，过程应以高度的把握予以确认。

例如，未对用于灌装成品的自动灌装机进行验证并进行记录。你公司未对自动灌装机安装或性能进行验证确认。

经审查，FDA认为你公司的回复不够充分。该回复显示你公司制定了“过程确认”SOP-22和自动灌装机的确认计划。此外，该回复表示你公司的管理层代表已接受针对SOP-22的培训。然而，回复中并没有说明你公司打算如何在使用新程序验证之前使用灌装机所带来的风险，并采取适当的补救措施。此外，该回复并未说明你公司计划如何对该岗位的员工进行定岗和培训。

4．未能按照21 CFR 820.72（a）的要求建立和保持程序，包括机械的、自动的，或电子式的所有检验、测量和试验装置适合于其预期和目的，并能产生有效结果。例如，未能确保：

a）你公司的程序，“所用设备和仪器的校准”SOP-（b）（4）

i）所有检验、测量和测试设备均适用于其预期用途和目的，并能产生有效结果。

ii）校准、检验、检查和保持活动，包括设备标识、校准日期、执行每次校准的人员和下一次校准日期的文件记录。

iii）校准标准可根据国家或国际标准追踪，校准记录在设备上或设备附近显示，或便于使用设备的人员获得。

b）（b）（4）备有校准记录。但此处的（b）（4）从未按照适用的国家或国际标准进行校准。

经审查，FDA认为该回复不够充分。回复显示你公司已修订设备校准SOP-（b）（4）。此外，该回复显示你公司校准了（b）（4）并对该问题的根本原因进行了分析。然而，回复并未说明你公司计划如何评估检验、测量和试验设备可能超出校准范围的情况所带来的风险，并在适当情况下采取补救措施。此外，回复表明你公司正在审查其他设备的校准。

5．未能按照21 CFR 820.30（f）的要求建立和保持器械的设计验证程序。

例如：你公司的程序“设计控制”SOP-××，设计验证未确认设计输出满足设计输入要求。设计的结果，包括设计内容说明、验证的方法、验证日期和参加验证的人员，应形成文件，归入设计历史文档（DHF）。经审查，FDA认为你公司的回复不够充分。回复显示你公司修订了SOP-（b）（4）。回复显示你公司已创建“设计验证主表”表-（b）（4），且你公司的管理层代表已接受针对该表的培训。然而，该回复并未说明你公司计划如何对该岗位的员工进行定岗和培训。

6．未能按照21 CFR 820.30（g）的要求建立和保持器械的设计确认程序。

例如，你公司的程序“设计控制”SOP-（b）（4），不包括以下方面的充分要求：

a）设计确认应确保器械符合规定的用户需求和预期用途。

b）在执行确认活动前建立接受标准。

c）确保设计确认的结果，包括设计内容说明、确认方法、确认日期和确认人员，应形成文件，归入设计历史文档（DHF）。

经审查，FDA认为你公司的回复不够充分。回复显示你公司修订了SOP-（b）（4）。此外，回复显示你公司已创建了“设计确认母表”表-（b）（4）。最后，回复表示你公司的管理层代表已经接受了针对修订版SOP-（b）（4）的培训。然而，该回复并未说明你公司计划如何对该岗位的员工进行定岗和培训。

7．未能按照21 CFR 820.250的要求建立和保持程序，以识别建立、控制过程能力和产品特征，以及验证其可接受性所要求的有效的统计技术。例如：

a）未建立程序以识别建立、控制过程能力和产品特征，以及验证其可接受性所要求的有效的统计技术。

b）未建立程序以确保抽样计划是基于有效的统计原理。

经审查，FDA认为你公司的回复不够充分。回复显示你公司创建了“测量和分析”SOP-（b）（4）。此外，回复表示你公司的管理层代表已经接受了针对SOP-（b）（4）的培训。然而，回复并未说明你公司计划如何对该岗位的员工进行定岗和培训。

8．未能按照21 CFR 820.30（e）的要求建立和保持程序，以确保对设计结果安排正式和形成文件的评审，并在器械设计开发的适宜阶段加以实施。例如：

a）你公司的设计评审程序“设计控制”SOP-（b）（4），未包括规定关于何时必须进行正式设计评审的要求。

b）你公司的（b）（4）设计评审会议记录（包括设计识别和评审人员）未在DHF中充分记录。此外，未审查所有的设计评审会议记录，包括与被评审的设计阶段有关的所有职能部门的代表。会议记录未确定对评审的设计阶段无直接责任的个人。

经审查，FDA认为你公司的回复不够充分。回复显示你公司修订了SOP-（b）(4)，并创建了“设计评审表”表-（b）(4)。此外，回复表示你公司的管理层代表已经接受了针对SOP-（b）(4）的培训。然而，回复并未说明你公司计划如何对该岗位的员工进行定岗和培训。

9．未能按照21 CFR 820.30（c）的要求建立和保持程序，以确保与器械相关的设计要求是适宜的，并且反映了包括使用者和患者需求的器械预期用途。

例如，你公司的设计输入程序“设计控制”SOP-（b）(4）未由指定的人员评审和批准。

经审查，FDA认为你公司的回复不够充分。回复显示你公司修订了SOP-（b）(4)，并创建了“设计输入/设计输出表”表（b）(4)。此外，回复表示你公司的管理层代表已经接受了针对SOP-（b）(4）的培训。然而，回复并未说明你公司计划如何对该岗位的员工进行定岗和培训。

10．未能按照21 CFR 820.22的要求建立和保持质量审核的程序并进行审核，以确保质量体系符合已建立的质量体系要求，并确定质量体系的有效性。

例如，你公司的程序“内部审核”SOP-（b）(4)，要求质量经理指定独立于被审核部门或过程的审核员。但是，执行2014年和2015年质量审核的人员直接负责被审核文件控制和投诉处理活动。

经审查，FDA认为你公司的回复不够充分。回复显示你公司已修订SOP-（b）(4）和组织结构图，以明确职责。此外，回复表示你公司的管理层代表已经接受了针对修订版SOP-（b）(4）的培训。最后，使用新的SOP计划下一次内部审核。然而，回复并未说明你公司计划如何对该岗位的员工进行定岗和培训。

11．未能按照21 CFR 820.184节的要求建立和保持程序，以确保每一批次或单件的器械历史记录的保持，以证实器械是按照器械主记录（DMR）和本章节要求制造的。

例如，DMR程序未包括以下文件记录：

a）制造日期

b）制造数量

c）放行分销的数量

d）证明器械按照器械主记录（DMR）制造的验收记录

e）用于每生产单元主要标识的标签和标记

f）任何器械所用的识别和控制号

经审查，FDA认为你公司的回复不够充分。回复显示你公司创建了一个新程序，“器械历史记录”SOP-（b）(4)。此外，回复表示你公司的管理层代表已经接受了针对SOP-（b）(4）的培训。但是，回复未说明使用什么文件来生成更新后的记录。此外，未提供信息说明如何处理DMR不足的情况。最后，回复未说明你公司计划如何对该岗位的员工进行定岗和培训。

同时，美国联邦机构可能会收到相关器械的警告信，以便他们在签订合同时考虑上述信息。此外，对于与质量体系法规偏离合理相关的Ⅲ类器械的上市前批准申请，在违规行为得到纠正之前将不予批准。

请在收到本信函之日起15个工作日内将你公司为纠正上述违规行为所采取的具体步骤书面通知本办公室，并说明你公司计划如何防止此类违规行为或类似违规行为再次发生。包括你公司已经采取的纠正措施（必须解决系统问题）的文件材料。如果你公司计划采取的纠正措施将逐渐开展，请提供实施这些活动的时间表。如果无法在15个工作日内完成纠正，请说明延迟的原因以及完成这些活动的时间。你公司的回复应全面，并解决此警告信中所包括的所有违规行为。请提供非英文文件的英文译本，以方便FDA的审查。FDA将通知你公司回复是否充分，以及是否需要重新检查你公司的设施，以验证是否已采取适当的纠正措施。

最后，请注意本信函未完全包括你公司全部违规行为。你公司有责任遵守FDA所有的法律和法规。本信函和检查结束时签发的FDA 483表（检查发现问题清单）中记录的具体违规行为可能表明你公司制造和质量管理体系中存在严重问题。你公司应查明违规原因并及时采取纠正措施，确保产品合规。

第59封 给SureTek Medical的警告信

生产质量管理规范/质量体系法规/医疗器械/伪劣

CMS # 491438

2016年3月3日

尊敬的S先生：

美国食品药品管理局（FDA）于2016年10月26日至2016年11月10日，对你公司位于SureTek Medical, 25-B Maple Creek Circle, Greenville, South Carolina的医疗器械进行了检查。检查期间，FDA检查员已确认你公司为矫形仪器、腹腔镜仪器等医疗器械的生产制造商。根据《联邦食品、药品和化妆品法案》（以下简称《法案》）第201（h）节［21 U.S.C.§ 321（h）］，凡是用于诊断疾病或其他症状，对疾病有治愈、缓解、治疗或预防作用，或是可以影响人体结构或功能的器械，均为医疗器械。故你公司涉及检查的产品为医疗器械。本次检查表明，这些医疗器械的生产、包装、储存或安装中使用的方法、设施或控制不符合21 CFR 820质量体系法规中对现行生产质量管理规范（cGMP）要求，根据《法案》第501（h）节［21 U.S.C.§ 351（h）］的规定，属于伪劣产品。

FDA收到你公司于2015年12月2日、2015年12月23日和2016年2月8日针对FDA检查员出具的FDA 483表（检查发现问题清单）的回复函。FDA针对回复，处理如下：

1．未能按照21 CFR 820.75（b）的要求为已经确认的过程参数进行监视和控制建立和保持程序。

对你公司的设施进行检查期间，FDA发现了以下违规事项：

a．并未定期对经过验证的清洗过程进行监控，以评估一次性器械再加工过程的污染水平。最近的一次污染评估执行于2012年，是压缩套管清洁验证程序（方案编号12019；用于血红蛋白和生物负载）以及矫形、ENT和腹腔镜仪器清洁验证程序（方案编号12020-A；用于血红蛋白和蛋白质）的一部分。然而，你公司的程序（名为EO灭菌产品、设备和工艺验证，QAP008-附录C；版本1）表明，通过清洁程序控制产品生物负载并定期（每个季度一次）监视产品生物负载。在当前检查期间，并未提供书面证据来支持该项程序要求。

FDA收到你公司于2015年12月2日、2015年12月23日和2016年2月8日发送的有关该调查结果的回复函。在2016年2月8日的回复函中你公司表明计划在2016年3月测试2016年第1季度的生物负载试样（位于（b）（4））。FDA要求你公司提交一份测试结果复本以供FDA审查。

你公司于2015年12月23日的回复函表明将会确认（b）（4），以便监视你公司的清洁程序。你公司于2016年2月8日的回复函表明将会执行（b）（4），以便监视你公司的清洁程序。FDA要求你公司提交一份（b）（4）确认文件以供FDA审查。

b．你公司未能充分识别灭菌程序确认过程中所用的典型性产品。2014年和2013年灭菌程序性能鉴定文件均在项目2中表明："负载范围内的（b）（4）器械将构成生物负载挑战"。在FDA审查灭菌记录期间，灭菌批次记录（SBR）#782表明，（b）（4）器械在该负载中灭菌的数量超过验证中使用的（b）（4）器械。

你公司于2015年12月2日、2015年12月23日和2016年2月8日的回复函并未明确阐述该违规事项。具体来为，2015年12月2日的回复函指出，（b）（4）（PQ009-2015，SBR # 798）的年度灭菌验证结果表明：最差情况负载的配置可被灭菌至无菌保证等级>10^{-6}。FDA要求你公司向FDA办公室提交一份灭菌验证文件PQ009-2015，SBR # 798，以供审查。

c．清洁确认研究中选用的样本数量并非基于有效的统计技术。

你公司的回复函未能明确阐述由你公司进行的清洁验证研究期间，用于选择试验样本数量时所用统计技术的有效性。

FDA已知悉你公司已执行的关于本信函中未讨论的FDA 483表中观察项的纠正措施。这些纠正措施充分解决了FDA 483表中识别的观察项，但是FDA需要在下次检查你公司时进行验证。

你公司应立即采取措施纠正本信函所述的违规行为。如若未能及时纠正这些违规行为，可能导致FDA在没有进一步通知的情况下启动监管措施。监管措施包括但不限于没收、禁令和民事罚款。此外，联邦机构会得知关于器械的警告信，以便在签订合同时考虑上述信息。如果FDA确定你公司违反了质量体系法规，且这些违规行为与Ⅲ类器械的上市前批准申请有关联，则在纠正这些违规行为之前，将不会批准此类器械。同时，如果FDA确定你公司的器械不符合法案的要求，则不会批准出口证明（Certificates to Foreign Governments，CFG）的申请。

请在收到本信函之日起15个工作日内将你公司为纠正上述违规行为所采取的具体步骤书面通知本办公室，并说明你公司计划如何防止此类违规行为或类似违规行为再次发生。包括你公司已经采取的纠正措施（必须解决系统问题）的文件材料。如果你公司计划采取的纠正措施将逐渐开展，请提供实施这些活动的时间表。如果无法在15个工作日内完成纠正，请说明延迟的原因以及完成这些活动的时间。你公司的回复应全面，并解决此警告信中所包括的所有违规行为。

最后，请注意本信函未完全包括你公司全部违规行为。你公司有责任遵守FDA所有的法律和法规。本信函和检查结束时签发的FDA 483表（检查发现问题清单）中记录的具体违规行为可能表明你公司制造和质量管理体系中存在严重问题。你公司应查明违规原因并及时采取纠正措施，确保产品合规。

第60封 给Innovative Sterlization Technologies LLC. 的警告信

生产质量管理规范/质量体系法规/医疗器械/伪劣

CMS # 485178

2016年3月2日

尊敬的C先生:

美国食品药品管理局（FDA）于2015年8月4日至13日和2015年10月6日至11月4日对你公司位于俄亥俄州代顿市（Dayton, Ohio）的工厂进行了检查，检查期间，FDA检查员已确认你公司为ONE TRAY Sealed灭菌容器的技术规范开发商。根据《联邦食品、药品和化妆品法案》(以下简称《法案》）第201（h）节［21 U.S.C.§ 321（h）］，凡是用于诊断疾病或其他症状，对疾病有治愈、缓解、治疗或预防作用，或是可以影响人体结构或功能的器械，均为医疗器械。故你公司涉及检查的产品为医疗器械。本次检查表明，这些医疗器械的生产、包装、储存或安装中使用的方法、设施或控制不符合21 CFR 820质量体系法规中对现行生产质量管理规范（cGMP）要求，根据《法案》第501（h）节［21 U.S.C.§ 351（h）］的规定，属于伪劣产品。

2015年8月19日，FDA收到你公司针对2015年8月13日FDA检查员出具的FDA 483表（检查发现问题清单）的回复。以及你公司2015年11月10日针对2015年11月4日FDA检查员出具的FDA 483表的回复。FDA针对回复，处理如下。

1．未能按照21 CFR 820.100（a）的要求，建立和保持实施纠正和预防措施的程序。

具体为，你公司2014年12月22日提出的“纠正措施”和“预防措施”程序存在以下不足：

a．其中并未对过程、操作工序、让步接收、质量审核报告、质量记录、服务记录、投诉、返回产品和质量信息的其他来源进行分析，以识别不合格品或其他质量问题已存在的和潜在原因。需要时，应用适当的统计方法探查重复发生的质量问题；此外，你公司还没有确定数据源，也并未进行数据分析。

b．你公司并未充分实施相关程序，并未确认和验证纠正措施，确保措施有效且对成品器械无不利影响。

例如，CA05-2015声明由于“过滤器盖上的滑条在使用后可能会搁置……”，你公司合同制造商将在内部进行过滤器盖的制造过程。“验证和实际结果”部分说明“在最终检查时进行功能检查”。你公司没有描述功能检验的文档，没有显示该操作纠正了问题的验证测试数据，也没有显示文件说明更改的有效性得到验证。

你公司于2015年8月19日发送的回复函内容不充分。你公司提出的纠正和预防措施程序（修订版02）并未涉及用于分析数据源的统计方法。此外，你公司并未对这些数据源进行回顾性审查，并未确定不合格产品或其他未确定质量问题的现有和潜在原因。同样，你公司也并未对纠正和预防措施进行回顾性审查以确定是否必须完成验证/确认和有效性检查。

2．未能按照21 CFR 820.30（a）（1）的要求，建立和保持器械设计控制程序，并未确保满足规定的设计要求。

具体为，你公司于2014年12月开始执行设计控制责任并开始对ONE TRAY密封灭菌容器（ONE TRAY）进行设计变更。你公司并未确定以下设计控制措施：

a．未能按照21 CFR 820.30（j）的规定，为每种类型的装置建立和维护设计历史文档（DHF），以证明该装置是根据批准的设计计划和21 CFR 820.30的要求开发的。具体来说，ONE TRAY的DHF是不完整的，因为其中并未包含或引用以下记录：设计计划、风险分析、设计评审、设计验证和设计转换文件。

b．未能按照21 CFR 820.30（i）的要求，在设计变更实施之前，为每种类型的装置建立和维护设计历史文档（DHF），以证明该装置是根据批准的设计计划和21 CFR 820.30的要求开发的。具体为，你公司并未执行SOP 7.3.7“工程变更通知”，并未执行确认和/或验证活动。

例如，2015年3月30日的ECN-007更改了滤片上键孔宽度和半径，以便更好地对准滤片，减少桥架导轨内的侧向移动。2015年5月1日的验证13文件并未说明测试的设计方法、测试日期、实际测试结果以及执行测试的个人。唯一记录的验证是“验证活动”部分，其中声明“滑条的物理运动”以及“验证活动结果”部分（“滑块移动更少，且过滤器螺钉的对准/啮合有所改进”）。

c．未能按照21 CFR 820.30（e）的要求在器械设计开发阶段建立和维护程序，以确保在装置设计开发的适当阶段规划和执行设计结果的正式书面审查。

d．未能按照21 CFR 820.30（a）的要求，制定和维护用于验证器械设计的程序。

e．未能按照21 CFR 820.30（h）的要求建立和维护程序，未能确保器械设计正确转化为生产规范。

你公司于2015年8月19日发送的回复函内容不充分。你公司声明将对ECN-007和008进行回顾性审核记录确认和/或验证过程，以表明设计更改不会对器械产生不利影响。你公司应对所有更改进行回顾性审查，确保变更得到确认和/或验证。

对你公司2015年11月10日的回复目前无法评估。你公司回复声明正在为设计验证、风险分析、设计转移和设计评审制定设计程序。其中还声明你公司已向510（k）持有人请求验证数据。请提供这些纠正措施的最新进展。

3．未能按照21 CFR 820.198（a）的要求，制定和维护由正式指定部门接收、审查、评估、调查投诉的程序。具体如下：

您公司并未按照投诉程序记录并调查保修中的“IST客户投诉程序/工作指导书”（2.16.15第4版）。2014年1月27日至2015年3月8日期间收到的134次保修并未被评估为潜在投诉。例如，2015年2月17日的保修（RTM#20150213）声明在“损坏或保修工作描述”一节中，外盖垫片/水道填料松动。在“修理或解决方案和测试部分说明”中，说明更换了外盖垫圈/水通道填料并检查了托盘。并未对保修维修进行审查，以确定其是否符合投诉的定义，也未记录任何故障调查。

对你公司2015年8月19日的回复目前无法评估。你公司的回复声明，将重新审核所有保修并进行回顾性审查，确定其符合投诉定义。如果符合投诉定义，则将添加到你公司的投诉文件中。请提供这些纠正措施的最新进展。

4．未能按照21 CFR 820.70（b）的要求，制定和维护规范、过程或程序的变更程序。具体如下：

在2014年12月5日的回复中，你公司合同制造商从使用计算机数控工艺改为液压成形工艺来制造单托盘。你公司并未建立过程变更程序，也没有记录和验证/确认这一变更过程。

对你公司2015年11月10日的回复目前无法评估。你公司的回复声明将全面记录验证活动，支持新的制造过程；也将更新你公司与合同制造商的协议，解决工艺变更问题。请提供这些纠正措施的最新进展。

5．并未按照21 CFR 820.50的要求，制定和维护程序，确保所有购买或以其他方式收到的产品和服务均符合相关要求。具体如下：

你公司2014年12月19日发布的“供应商选择流程，修订版（1）”和2014年6月6日发布的“IST供应商订单流程，修订版（0）”并未说明服务在使用前已得到评估和批准。例如，合同规定验证一个托盘的保质期和无菌结果的公司未在你公司的采购控制下进行评估或批准。

你公司2015年8月19日的回复中提出的纠正措施较为充分。

FDA检查还发现，根据《法案》第502（t）（2）节［21 U.S.C.§ 352（t）（2）］，你公司的ONE TRAY密封灭菌容器贴错了标签，即你公司未能或拒绝提供《法案》第519节（21 U.S.C.§ 360i）和21 CFR 806 – 纠正和撤回报告中规定的有关器械的材料或其他信息。重大偏差包括但不限于以下内容：

未按照21 CFR 806.10的要求，向FDA提交关于你公司对ONE TRAY密封灭菌容器所做变更的书面报告。2014年1月，由于重力循环标签输入错误，你公司为所有客户的One Tray器械重新贴标。该循环应为17~34分钟，但规定时间为10~34分钟。该纠正措施旨在纠正该器械可能对健康造成危险的违规行为。

你公司2015年8月19日的回复内容较为充分。

你公司应立即采取措施纠正本信函所述的违规行为。如若未能及时纠正这些违规行为，可能导致FDA在没有进一步通知的情况下启动监管措施。监管措施包括但不限于没收、禁令和民事罚款。此外，联邦机构会得知关于器械的警告信，以便在签订合同时考虑上述信息。如果FDA确定你公司违反了质量体系法规，且这些违规行为与Ⅲ类器械的上市前批准申请有关联，则在纠正这些违规行为之前，将不会批准此类器械。同时，如果FDA确定你公司的器械不符合法案的要求，则不会批准出口证明（Certificates to Foreign Governments，CFG）的申请。

请在收到本信函之日起15个工作日内将你公司为纠正上述违规行为所采取的具体步骤书面通知本办公室，并说明你公司计划如何防止此类违规行为或类似违规行为再次发生。包括你公司已经采取的纠正措施（必须解决系统问题）的文件材料。如果你公司计划采取的纠正措施将逐渐开展，请提供实施这些活动的时间表。如果无法在15个工作日内完成纠正，请说明延迟的原因以及完成这些活动的时间。你公司的回复应全面，并解决此警告信中所包括的所有违规行为。

最后，请注意本信函未完全包括你公司全部违规行为。你公司有责任遵守FDA所有的法律和法规。本信函和检查结束时签发的FDA 483表（检查发现问题清单）中记录的具体违规行为可能表明你公司制造和质量管理体系中存在严重问题。你公司应查明违规原因并及时采取纠正措施，确保产品合规。

第61封　给C World KSG Corporation的警告信

生产质量管理规范/质量体系法规/医疗器械/伪劣/标识不当

CMS # 486278

2016年2月18日

尊敬的K先生：

美国食品药品管理局（FDA）于2015年10月26日至2015年10月29日，对你公司位于菲律宾卡莫纳（Carmona, Philippines）的场所进行了检查。检查期间，FDA检查员已确认你公司为隐形眼镜生产制造商。根据《联邦食品、药品和化妆品法案》(以下简称《法案》）第201（h）节［21 U.S.C.§ 321（h）]，凡是用于诊断疾病或其他症状，对疾病有治愈、缓解、治疗或预防作用，或是可以影响人体结构或功能的器械，均为医疗器械。故你公司涉及检查的产品为医疗器械。

本次检查表明，这些医疗器械的生产、包装、储存或安装中使用的方法、设施或控制不符合21 CFR 820质量体系法规中对现行生产质量管理规范（cGMP）要求，根据《法案》第501（h）节［21 U.S.C.§ 351（h）］的规定，属于伪劣产品。FDA收到你公司首席运营官Da Young Kim女士于2015年11月18日针对FDA检查员出具的FDA 483表（检查发现问题清单）的回复。FDA针对回复，处理如下。

1．未能按照21 CFR 820.30（a）的要求对已验证过的参数进行监控和控制，建立和维护程序以确保满足规定的要求。例如：

a．你公司经确认的（b）(4）流程确定了以下参数：

i.（b）(4）;

ii.（b）(4）;

iii.（b）(4）。

但是，对于在（b）(4）制造并发运至美国客户的（b）(4）批次的隐形眼镜不符合要求的工艺参数。

b．你公司的（b）(4）要求每一灭菌批次均需进行（b）(4）。但是，你公司并没有按照要求进行（b）(4）检测。

FDA审查你公司的答复后确定，该答复还不充分。该答复表明，你公司会再次确认（b）(4）灭菌流程，以确保该流程能够始终生产出符合质量标准的产品。将会对包装流程进行确认，以确保包装材料能够承受灭菌暴露。该答复还表明，你公司会对（b）(4）进行检测并用其他方法进行审查，以确保验证的充分，并会对人员进行培训。但是，该答复并没有提供更新后的验证文件以供审查。此外，你公司的答复没有包括对未按照指定参数制造的产品进行风险评估。

2．未能按照21 CFR 820.100（a）的要求建立和维护实施纠正和预防措施（CAPA）的程序。

例如：你公司的CAPA程序（b）(4）未包括验证或验证CAPA的要求，以确保此类措施有效且不会对成品器械产生不利影响。(b）(4）已关闭；但是，这些CAPA均不包含表明CAPA有效的文件。此外，你公司还提供了CAPA日志，显示2014年启动并关闭了八项CAPA。但是，你公司并没有这八项CAPA的文件。

目前尚不能确定你公司的答复是否充分。你公司更新了（b）(4)，包括验证或确认CAPA的要求，以确保此类措施有效且不会对成品设备产生不利影响。该答复表明，你公司会进行培训和审查，以确保充分执行CAPA验证有效性并记录CAPA活动。但是，你公司未提供这些纠正措施的文件。

3．未能按照21 CFR 820.198（a）的要求建立和维护由正式指定单位接收、审查和评估投诉的程序。

例如：你公司的“产品投诉和不良反应处理程序”（b）（4）只处理有关不良影响的投诉。你公司没有制定处理其他类型投诉的程序。

FDA审查你公司的答复后确定，该答复还不够充分。该答复表明，你公司会修订（b）（4），以纳入投诉的所有法规要求，并提供经修订程序的相关培训。但是，答复没有包括确保按照修订后的程序对过去的投诉进行适当评估和维护的计划。

4．未能按照21 CFR 820.22的要求建立质量审核程序，并进行此类审核以确保质量体系符合已建立的质量体系要求，以确定质量体系的有效性。

例如：你公司的“内部质量审计程序”（b）（4）指出，必须在（b）（4）中进行内部审核，且审核必须记录在审核检查表和审核报告中。但是，在（b）（4）中进行的内部质量审核没有按照（b）（4）的要求进行记录。

FDA审查你公司的答复后确定，该答复还不够充分。该答复表明，你公司会纠正（b）（4）内部审计发现的缺陷。但是，该答复并没有说明，你公司将评估审核发现质量问题时放行不合格产品的风险。

鉴于你公司严重违反了《法案》规定，根据21 CFR 820.22的规定，由你公司制造的隐形眼镜为伪劣产品，所以被拒入境。因此，FDA正在采取措施，以拒绝此类医疗器械进入美国（称为“自动扣留”），直到此类违规行为得到纠正。为了解除医疗器械的扣留状态，你公司应按下列说明对本“警告信”做出书面答复，并对其中所述的违规行为予以纠正。FDA会告知你公司的答复是否充分，以及是否需要重新检查你公司的设施，以验证是否已实施相关纠正行动和/或纠正措施。

另外，美国各联邦机构可能会收到关于发送医疗器械“警告信”的通知，以便其在签订合同时考虑此类信息。此外，如果Ⅲ类器械与质量体系法规违规相关时，则在未纠正违规行为之前，医疗器械的上市前批准申请不予批准。

请在收到本信函之日起15个工作日内将你公司为纠正上述违规行为所采取的具体步骤书面通知本办公室，并说明你公司计划如何防止此类违规行为或类似违规行为再次发生。包括你公司已经采取的纠正措施（必须解决系统问题）的文件材料。如果你公司计划采取的纠正措施将逐渐开展，请提供实施这些活动的时间表。如果无法在15个工作日内完成纠正，请说明延迟的原因以及完成这些活动的时间。你公司的回复应全面，并解决此警告信中所包括的所有违规行为。

最后，请注意本信函未完全包括你公司全部违规行为。你公司有责任遵守FDA所有的法律和法规。本信函和检查结束时签发的FDA 483表（检查发现问题清单）中记录的具体违规行为可能表明你公司制造和质量管理体系中存在严重问题。你公司应查明违规原因并及时采取纠正措施，确保产品合规。

第62封　给Implants International Ltd. 的警告信

生产质量管理规范/质量体系法规/医疗器械/伪劣

CMS # 482877

2016年2月18日

尊敬的E先生：

美国食品药品管理局（FDA）于2015年8月24日至2015年8月27日对你公司位于英国克利夫兰（Cleveland）的工厂的医疗器械进行了检查。检查期间，FDA检查员已确认你公司为骨科植入物的生产制造商。根据《联邦食品、药品和化妆品法案》（以下简称《法案》）第201（h）节［21 U.S.C.§ 321（h）］，凡是用于诊断疾病或其他症状，对疾病有治愈、缓解、治疗或预防作用，或是可以影响人体结构或功能的器械，均为医疗器械。故你公司涉及检查的产品为医疗器械。

本次检查表明，这些医疗器械的生产、包装、储存或安装中使用的方法、设施或控制不符合21 CFR 820质量体系法规中对现行生产质量管理规范（cGMP）要求，根据《法案》第501（h）节［21 U.S.C.§ 351（h）］的规定，属于伪劣产品。

2015年9月15日，FDA收到了你公司针对FDA检查员出具的FDA 483表（检查发现问题清单）的回复。FDA针对回复，处理如下。这些违规行为包括但不限于以下内容：

1．未能按照21 CFR 820.100（a）的规定，建立和维护实施纠正和预防措施（CAPA）的适当程序。例如：

a．你公司CAPA程序仅要求每（b）（4）天对不符合项进行审查。然而，该程序不要求分析质量数据，包括质量记录、投诉和退回产品，以确定潜在的CAPA。

b．你公司收到了与植入物产品Cer-Met Ⅲ髋臼杯50mm和XLP垫片相关的髋关节脱位投诉。你公司的CAPA程序不要求对潜在CAPA的质量问题（如这些投诉）进行分析。

经审查，FDA认为你公司的回复不够充分。回复包括修订版的CAPA程序（b）（4）。但该回复未说明相关人员是否就修订程序接受过培训。另外，该程序未说明你公司是否执行了相关评价，以确保分析质量数据，识别不合格产品的现有和潜在原因，并酌情通过CAPA解决这些情况。

2．未能充分按照21 CFR 820.75（a）的规定，确保当某一过程的结果无法通过随后的检查和试验充分验证时，该过程仍能按照21 CFR 820.75（a）的要求，以高度保证的方式进行验证，并根据既定程序进行批准。例如：

a．确保SLK Evo全膝关节系统胫骨插入物（b）（4）的（b）（4）过程尚未得到验证。

b．未提供关于SLK Evo全膝关节系统股骨假体所用（b）（4）过程的验证文件。

经审查，FDA认为你公司的回复不够充分。该回复未涉及（b）（4）验证的纠正措施。你公司提交了一份（b）（4）验证报告（b）（4）。我们对该报告的审查发现了以下缺陷：

验证过程未包括使用有效统计学方法分析数据，包括对确定的受控操作条件（如时间）进行评估（b）（4）。当前验证报告以较早者为准；然而，没有提供任何文件证明该频率是合适的。

此外，回复没有说明你公司是否对其他流程进行了审查并记录验证行为，以确保其得到充分验证。

3．未能按照21 CFR 820.90（a）的规定要求，建立和维护适当的程序来控制不符合规定要求的产品。

例如，胫骨垫片（b）（4）的尺寸测试表明测试结果不符合规范。但你公司未记录接受这些批次的合理依据。

经审查，FDA认为你公司的回复不够充分。回复表明，你公司就性能和尺寸问题执行了（b）（4）。另外，你公司计划通过（b）（4）审核解决上述不合格问题。但回复未提供证据证明（b）（4）足以识别和控制不合格产品。回复还未说明你公司是否对不符合项记录进行了审查，以确保这些记录得到适当处理和实施纠正措施。

4．未能按照21 CFR 820.30（c）的规定建立和维护适当的程序，以确保记录设计输入要求。

例如，你公司的设计历史文档（DHF）缺少Ring Lok髋关节系统的所有设计输入。具体如下：

a．Ring Lok髋关节系统具有三种尺寸，（b）（4）只适用于小型和大型，而不包括中型。

b．DHF包括针对活动范围进行的计算机辅助设计（CAD）测试；但没有记录运动范围的设计输入。

c．DHF包括拔出实验；但没有关于拔出强度的设计输入文件。

FDA审核了你公司发来的回复，经评定认为内容不充分。回复未提供证明考虑了所有设计输入。另外，你公司未评价缺少设计输入是否会导致不合格产品放行，并酌情采取纠正措施。

5．未能按照21 CFR 820.181的规定充分保存设备主记录（DMR）。

例如，你公司胫骨（b）（4）未针对（b）（4）规定（b）（4）要求。你公司没有（b）（4）成品规范。

经审查，FDA认为你公司的回复不够充分。回复表明已修订DMR来解决上述问题。但回复未提供对DMR所作更改的摘要。另外，回复未说明你公司是否审核了其他DMR来保证已记录设计规范。同时，回复还未说明缺乏DMR证明文件是否会导致放行不合格产品及你公司采取的风险缓解措施。

FDA检查还发现，由于你公司未提供或拒绝提供《法案》第519节（21 U.S.C.§ 360i）和21 CFR 803-医疗器械报告（MDR）规定的器械材料或信息，根据《法案》第502（t）（2）节［21 U.S.C.§ 352（t）（2）］的规定，你公司制造的骨科植入物存在商标造假现象。严重偏差包括但不限于以下内容：

6．未能按照21 CFR 803.17的规定建立、维护和实施书面MDR程序。

例如，经鉴定，你公司于2014年7月1日发布的第13版《警戒程序》（b）（4），不符合MDR程序的要求。该程序包括一份FDA 3500A表格的副本，但未提供MDR法规21 CFR 803规定的其他信息。该程序参考的是FDA网站www.fda.gov，但该网站并没有列出任何法规或FDA关于MDR的要求。

经审查，FDA认为你公司的回复不够充分。你公司发来的回复包括一套于2015年8月28日发布的第14版修订《警戒程序》（b）（4）。该修订程序存在下列不足：

a．程序未建立内部系统，以便及时有效地识别、沟通和评价需遵循MDR要求的事件。例如：

i．程序包括关于21 CFR 803.3所述术语“严重伤害”和“故障”的定义，但缺少关于21 CFR 803.3所述术语“获知”“导致或可能导致”及“MDR须上报事件”的定义。程序中缺少这些术语定义可能会导致你公司在评价某件投诉事件是否符合21 CFR 803.50（a）报告标准时做出错误的上报决定。

ii．程序未建立可供标准化审查流程的内部系统，该过程用以判定事件是否符合21 CFR 803.50（a）的规定。例如：

（1）没有关于对每个事件进行全面调查和评估事件原因的说明。

（2）书面程序未规定由谁决定向FDA报告事件。

（3）未说明你公司如何评价事件相关信息，以便及时确定MDR可上报的说明。

b．本程序未建立及时传输完整医疗器械报告的内部系统。具体为，未解决下列问题：

i．你公司必须提交补充报告和后续报告的情况及此类报告的要求。

ii．尽管程序规定了30天和5天报告，但未规定是日历日还是工作日。

iii．你公司如何提交关于每项事件的所有已知信息。

c．程序未说明你公司将如何满足文件和记录保存要求，包括：

i．将不良事件相关信息的记录作为MDR事件文件保存。

ii. 为确定事件是否为须上报事件而评估的信息。

iii. 用以确定与器械相关的死亡、重伤或故障是否为须上报事件的审议和决策过程的文件。

iv. 便于FDA获取信息以进行及时追踪和检查的系统。

联邦机构会得知关于器械的警告信，以便在签订合同时考虑上述信息。另外，除非与质量体系法规的违规项已得以纠正，否则涉及违规项的Ⅲ类器械无法通过上市前批准申请。

按照《法案》第801（a）节［21 U.S.C.§ 381（a）］的规定，你公司制造的骨科植入物存在造假现象，鉴于此类违规性质的严重性，FDA决定拒绝批准你公司器械上市。因此，FDA正采取措施禁止此类器械在美国境内上市，即所谓的“无需检验自动扣留”，直至违规项得到解决。为了解除器械的扣押状态，你公司应如下所述提供针对本警告信的书面回复，并纠正本信函所列违规项。FDA将通知你公司回复内容是否充分，及是否需再检查你公司以验证你公司是否已采取适当的纠正措施和／或纠正行动。

请在收到本信函之日起15个工作日内将你公司为纠正上述违规行为所采取的具体步骤书面通知本办公室，并说明你公司计划如何防止此类违规行为或类似违规行为再次发生。包括你公司已经采取的纠正措施（必须解决系统问题）的文件材料。如果你公司计划采取的纠正措施将逐渐开展，请提供实施这些活动的时间表。如果无法在15个工作日内完成纠正，请说明延迟的原因以及完成这些活动的时间。你公司的回复应全面，并解决此警告信中所包括的所有违规行为。

最后，请注意本信函未完全包括你公司全部违规行为。你公司有责任遵守FDA所有的法律和法规。本信函和检查结束时签发的FDA 483表（检查发现问题清单）中记录的具体违规行为可能表明你公司制造和质量管理体系中存在严重问题。你公司应查明违规原因并及时采取纠正措施，确保产品合规。

第 63 封　给 DiamoDent 的警告信

生产质量管理规范/质量体系法规/医疗器械/伪劣

CMS # 474517

2016年1月5日

尊敬的R先生：

美国食品药品管理局（FDA）于2015年6月17日至2015年6月22日，对你公司位于Anaheim, CA 的医疗器械进行了检查。检查期间，FDA检查员已确认你公司为Ⅱ类牙体修复永久性和临时性种植体和基台的生产制造商。根据《联邦食品、药品和化妆品法案》(以下简称《法案》) 第201（h）节［21 U.S.C.§ 321（h）］，凡是用于诊断疾病或其他症状，对疾病有治愈、缓解、治疗或预防作用，或是可以影响人体结构或功能的器械，均为医疗器械。故你公司涉及检查的产品为医疗器械。

本次检查表明，这些医疗器械的生产、包装、储存或安装中使用的方法、设施或控制不符合21 CFR 820质量体系法规中对现行生产质量管理规范（cGMP）要求，根据《法案》第501（h）节［21 U.S.C.§ 351（h）］的规定，属于伪劣产品。2019年11月19日，FDA收到你公司针对2015年7月14日FDA检查员出具的FDA 483表（检查发现问题清单）的回复。FDA针对回复，处理如下。此类违规行为包括但不限于下述各项：

1．未能按照21 CFR 820.30（f）的要求，在设计验证时确认设计输出满足设计输入要求。

具体为，你公司的“1)（b)（4）2)（b)（4）”设计历史文档未包含或未参照任何设计验证活动，以确保设计输出满足设计输入要求。《Cement-onPOST在此处翻译成帽不合适，POST在牙科有桩基的意思，个人认为是带有桩基的基台，已将该产品在官网的图片下载放在文章最后，请斟酌，这个单词后面多次出现，以“A1”标识》(021) 文件引用了钛基台用于胶合剂修复过程，要求你公司满足设计输入规范和设计规范，其中包括的设备能力有：1）满足（b)（4）与各种品牌植入系统（即（b)（4））的兼容性；2）满足功能规范，包括在（b)（4）扭矩下承受（b)（4）力。但是，无文档证明上述验证活动已经进行。

FDA审查你公司的回复，认为其不充分，因为关于纠正措施的文档，你公司未能完成。FDA了解到你公司正在实施《设计控制》SOP-15，修订版B，并拟定于2015年11月5日前完成设计验证和确认活动。针对本警告信，你公司应向FDA提供上述活动的最新情况，包括所涉及特定器械的详细信息［如名称、尺寸、510（k）编号］。你公司还应评估所有制造和分销的器械是否都满足设计验证要求。

2．未能按照21 CFR 820.75（a）要求，当过程结果不能为其后的检验和试验充分验证时，按已确定的程序予以确认。

具体为，你公司未能实施《过程验证》SOP-25，修订版A。自2012年以来，你公司安装并操作（b)（4）机器来制造器械，但未能执行过程验证以确保（b)（4）机器符合要求，并确保所制造的器械始终符合所有预定质量标准。所制造的器械包括Cement-On帽（A1）HEXED、TiteFit（零件号：13347）、Cement-On帽（A1）4mm COLLAR、4.5mm剖面（零件号：13040）和种植体铝替代体（零件号：11013-01）。

FDA审查你公司的回复，认为其不充分，因为你公司未提供完整的纠正行动文档。FDA了解到你公司正在实施《过程验证》SOP-25，修订版B，并拟定在2015年10月30日前完成过程验证活动。针对本警告信，你公司应向FDA提供上述活动的最新情况，包括所涉及特定器械的详细信息［如名称、尺寸、510（k）编号］。

3．未能按照21 CFR 820.70（i）的要求，当计算机用作生产或质量体系的一部分时，按已建立的规程确认计算机软件符合其预期的使用要求。

具体为，你公司未能验证用于制造所有产品的（b)（4）机器的任何软件程序。每名员工都拥有数百项工具程序来制作产品目录中指定的数百种的器械部件。示例包括但不限于以下器械的软件和工具程序：Cement-On帽（A1）HEXED、TiteFit（零件号：13347）、Cement-On帽（A1）4mm COLLAR、4.5 mm剖面（零件号：13040）和种植体铝替代体（零件号：11013-01）。

FDA审查你公司的回复，认为其不充分，因为你公司未提供完整的纠正措施文档，也未提交建议性纠正措施的充分详情，供FDA审查，例如：软件验证的范围以及软件验证涵盖的器械。FDA了解到你公司正在实施《过程验证》SOP-25，修订版B，并拟定在2015年10月30日前完成软件验证。针对本警告信，你公司应向FDA提供上述活动的最新情况，包括所涉及特定器械的详细信息。

4．根据21 CFR 820.198（c）的要求，当任何投诉涉及器械、标记或包装可能达不到其规范要求时，必要时，应进行评审、评价和调查。

具体为，你公司未能调查以下投诉：

a．投诉14-01（2014年4月22日）：客户报告基台（零件号：AD910；批号：011524）与客户使用的植入系统不兼容。你公司向FDA调查员称，你公司经常根据电话订单获得的植入体信息向客户寄送基台。投诉所含的信息很少，同时，在未获得客户关于如何销售、使用错误基台的信息，且不知是否需要进一步评估和实施纠正措施的情况下，你公司直接认定无需开展调查。

b．投诉14-02（2014年10月5日）：客户报告称，Cement-On钛帽（A1）（零件号：AA515）在基台内存在毛刺。你公司确定无需开展调查，因为客户已将毛刺去除。投诉所含的信息极少，你公司未能获得额外的器械信息，以评估不合格项是否与你公司的制造和质控操作有关，并确定是否有必要对其他批次进行调查。上述调查有助于确定是否需要采取CAPA，以防问题再次出现。

c．投诉14-03（2014年10月9日）：客户报告称，UCLA塑料基台断裂（型号：AB200、AA200和P200；批号：011941、011869和012044）。投诉所含的信息极少，且未包含有关扭矩规格、客户所施扭矩或器械断裂总数或断裂频率的信息。但是，你公司认为无需开展调查，因为“螺丝拧紧过度时，确实会导致断裂”。你公司未调查器械故障并确定其他批次是否受影响，以及是否要作进一步调查或采取纠正措施。

FDA审查你公司的回复，认为其不充分。你公司纠正措施包括对员工进行处理、解决此类投诉的再度培训。但是，上述投诉已于2014年关闭，你公司未能提供额外证据，证明已对上述投诉作了充分调查。

5．未能按照21 CFR 820.30（e）的要求建立和保持审计评审的程序。

具体为，你公司的“1）（b）（4）Cement-On帽”设计历史文档未包含或引用任何设计评审文件。

FDA审查你公司的回复，认为其不充分，因为关于纠正措施的文档未能完成。FDA了解到你公司正在执行《设计评审表》FRM-15-04，修订版A，且纠正措施正在进行中。针对本警告信，你公司应向FDA提供上述活动的最新情况，包括所涉及特定器械的详细信息［如名称、尺寸、510（k）编号］。

检查期间还发现你公司正在销售用于牙科植入系统器械，而该用途未在你公司产品的适应证中明确列出。你公司的牙科义齿基台和植入物510（k）已获FDA批准的“适应证”，其中列出了数量有限的特定制造商的植入系统，具有指定的尺寸，可搭配你公司的器械使用。但是，你公司的目录和网站声称“兼容”，且你公司器械“完全兼容”其他不在你公司器械受许510（k）范围内的植入系统。FDA尚不清楚以上关于兼容性的声明有何科学依据。检查未显示任何兼容性数据，且你公司已告知FDA，你公司缺乏关于器械兼容性、器械规范和功能规范的验证或确认。以上关于兼容性的声明可能会对人们产生误导。

兼容性对器械的安全性和有效性至关重要，因为种植体与基台的界面尤为关键。即使微小变动，也可能导致植入失败，需要移除植入体。因此，在产品的适应证中新增可兼容的植入系统，属于预期用途的重大变更，需要重新申请510（k）。因此，根据《法案》第501（f）（1）（B）节［21 U.S.C.§ 351（f）（1）（B）］的规定，你公司器械为伪劣产品，原因在于你公司没有根据《法案》第515（a）节（21 U.S.C.§ 360e）的规定获得批准的上市前批准申请（PMA），也没有根据《法案》第520（g）节［21 U.S.C.§ 360j（g）］的规定未获得批准的研究用器械豁免申请。根据《法案》第502（o）节［21 U.S.C.§ 352（o）］的规定，你公司的器械错贴标签，原因在于你公司没有按照《法案》第510（k）节［21 U.S.C.§ 360（k）］的要求，将启动器械商业销售的意图通知FDA。对于需要获得上市前批准的器械，在PMA等待管理局审批时，第510（k）要求的通知视为已满足要求［21 CFR 807.81（b）条］。你公司为获得批准需提交的信息类型可见网址：url。

FDA将评估你公司提交的信息，并决定你公司的产品是否合法上市。

你公司应立即采取措施纠正本信函所述的违规行为。如若未能及时纠正这些违规行为，可能导致FDA在没有进一步通知的情况下启动监管措施。监管措施包括但不限于没收、禁令和民事罚款。此外，联邦机构会得知关于器械的警告信，以便在签订合同时考虑上述信息。如果FDA确定你公司违反了质量体系法规，且这些违规行为与Ⅲ类器械的上市前批准申请有关联，则在纠正这些违规行为之前，将不会批准此类器械。同时，如果FDA确定你公司的器械不符合法案的要求，则不会批准出口证明（Certificates to Foreign Governments，CFG）的申请。

请在收到本信函之日起15个工作日内将你公司为纠正上述违规行为所采取的具体步骤书面通知本办公室，并说明你公司计划如何防止此类违规行为或类似违规行为再次发生。包括你公司已经采取的纠正措施（必须解决系统问题）的文件材料。如果你公司计划采取的纠正措施将逐渐开展，请提供实施这些活动的时间表。如果无法在15个工作日内完成纠正，请说明延迟的原因以及完成这些活动的时间。你公司的回复应全面，并解决此警告信中所包括的所有违规行为。

最后，请注意本信函未完全包括你公司全部违规行为。你公司有责任遵守FDA所有的法律和法规。本信函和检查结束时签发的FDA 483表（检查发现问题清单）中记录的具体违规行为可能表明你公司制造和质量管理体系中存在严重问题。你公司应查明违规原因并及时采取纠正措施，确保产品合规。

第64封　给ARB Medical，LLC.的警告信

生产质量管理规范/质量体系法规/医疗器械/伪劣

CMS # 482215

2015年12月22日

尊敬的A先生：

2015年8月5日至8月11日，美国食品药品管理局（FDA）对位于5929 Baker Road, Suite 470, Minnetonka, Minnesota的你公司进行了检查。通过检查，FDA检查员确定你公司生产聚合物外科网片。根据《联邦食品、药品和化妆品法案》（以下简称《法案》）第201（h）节［21 U.S.C.§ 321（h）］，凡是用于诊断疾病或其他症状，对疾病有治愈、缓解、治疗或预防作用，或是可以影响人体结构或功能的器械，均为医疗器械。故你公司涉及检查的产品为医疗器械。

本次检查表明，此类医疗器械的生产、包装、储存或安装中使用的方法、设施或控制不符合21 CFR 820质量体系法规（以下简称QSR/21 CFR 820）的现行生产质量管理规范（以下简称cGMP）要求，根据《法案》第501（h）节［21 U.S.C.§ 351（h）］的规定，属于伪劣产品。在该项检查中发现的违规行为包括但不限于以下内容：

1．根据21 CFR 820.75（a）的规定，未能按照既定规程对无法通过后续检验和试验来全面验证的某一过程进行充分验证。

具体为，未对用于（b）(4）的（b）(4）操作进行过程验证。此外，由（b）(4）供应商进行的资格研究不改变（b）(4）过程的参数，而是涉及（b）(4）。

2．未能按照21 CFR 820.30（d）的要求在发布前评审并批准设计输出。

具体为，聚丙烯和聚四氟乙烯（PTFE）外科网片的关键产品特性在发布前未经审查和批准。此类外科网片分别用于HRD和HRD-V装置。例如：在成品器械装运之前，你公司未对外科网片的关键特性，如网片厚度、网片编织特性、孔径、网片密度、拉伸强度、装置刚度、缝线拉出强度、爆裂强度和抗撕裂性进行测试。

3．设计确认未能确保器械符合21 CFR 820.30（g）中规定的用户需求和预期用途。

具体为，未进行测试以表明器械满足设计输入要求，包括对外科网片至关重要的特性，如网片厚度、网片编织特性、孔径、网片密度、拉伸强度、装置刚度、缝线拉出强度和抗撕裂性。

4．未能按照21 CFR 820.80（b）的要求充分建立进货产品的验收程序。

具体为，供应商协议中包含的聚丙烯和聚四氟乙烯网片部件的规格与外科网片关键特性的设计输出要求不匹配，即网片厚度、网片编织特性、孔径、网片密度、拉伸强度、装置刚度、缝线拉出强度、爆裂强度和抗撕裂性。

5．未能按照21 CFR 820.198（a）的要求建立由正式指定的部门接收、评审和评估投诉的适当程序。

具体为，你公司的投诉处理程序（SOP#026，修订版D）要求，当你公司收到任何涉及器械可能无法满足其性能规范、潜在严重伤害或可能导致严重伤害的故障报告时，需进行投诉调查。此外，你公司的程序规定，须注意确保表格上所有信息正确、真实、易读，并应记录尽可能多的数据。此外，QA应审查FER，以确定是否需要将事件报告给FDA，审查结果将记录在FER表的监管部分。但是，未按照你公司的程序进行调查，投诉表上也无记录信息。例如：

a．投诉FER-010于2015年4月28日收到，表格在目录字段中填写“未知”。此信息包含在投诉文件的其余部分中，但未按照你公司的程序进行记录。此外，关于为何没有按照你公司的程序提交不良事件报告，缺乏理由说明。

b．投诉FER-009于2014年9月26日收到，有患者报告引发疼痛。未曾进行调查。投诉调查部分称“无需进行调查”，理由是“未收到任何其他信息”，尽管原始电子邮件中包含有关拆除断裂环末端刺穿肌肉的镍钛合金丝末端的手术的相关信息。此外，关于为何没有按照你公司的程序提交不良事件报告，缺乏理由说明。

c．投诉FER-008于2012年10月26日收到，投诉患者植入后约8个月出现不适。医师取出了装置，并在取出后发现装置电缆已断。你公司未对该起投诉进行调查。

6．未能按照21 CFR 820.100（a）的要求建立适当的纠正和预防措施的程序。

具体为，你公司的纠正和预防措施程序（SOP#015，修订版E）将纠正措施定义为纠正缺陷所采取的措施，其中缺陷是指产品未达到既定质量标准的情况。但是，针对投诉记录FER-004所述的装置镍钛合金电缆分离，未曾启动CAPA来记录为纠正并防止该问题所采取的措施。措施包括（b）（4）。此外，对于（b）（4）的决定，包括（b）（4）的原因，没有在任何其他系统中记录（例如：变更控制或不合格材料报告）。

FDA检查还表明，根据《法案》第502（t）（2）节［21 U.S.C.§ 352（t）（2）］的规定，你公司的Rebound HRD 网片标记不当，原因在于你公司未能或拒绝提供《法案》第519节（21 U.S.C.§ 360i）和21 CFR 803“不良事件报告”规定的此类器械的相关资料或信息。重大偏离包括但不限于以下内容：

7．未能按照21 CFR 803.50（a）（2）的要求在收到或以其他方式获悉来自任何来源的、合理表明所销售的某器械出现故障以及你公司销售的该器械或类似器械可能会导致或造成死亡或严重伤害（如果该故障再次发生）的信息后30个自然日内上报FDA。

例如：投诉FER-10、FER-008和FER-006描述了你公司长期可植入装置的故障。由于出现故障，患者必须接受翻修手术，从而拆除整个或部分装置。你公司应就上述每一项投诉提交不良事件报告。

8．未能按照21 CFR 803.17（a）（1）的要求适当制定、保持和实施书面不良事件报告程序。

例如：你公司的不良事件报告程序，“美国FDA不良事件报告程序”，SOP #028，修订版C，未能建立能够及时有效确定、传达和评估可能受不良事件报告要求约束事件的内部系统。例如：该规程省略了21 CFR 803.20（c）（1）中“合理建议”一词的定义。将该术语的定义排除在程序之外可能会导致你公司在评估可能符合21 CFR 803.50（a）项下报告标准的投诉时做出不正确的应报告性决定。

请注意，SOP#028（修订版C）第6页中称不良事件报告通过邮件或传真发送至FDA。自2015年8月14日起，不良事件报告应以电子格式提交给FDA，以便其进行处理、审查和存档。除非在特殊情况下受FDA指示，否则纸质提交不予受理。你公司应相应调整不良事件报告程序，以涵盖根据2014年2月14日在联邦公报中公布的电子不良事件报告（eMDR）最终规则以电子方式提交不良事件报告的过程。此外，你公司应创建eMDR账户，以便以电子方式提交不良事件报告。有关eMDR最终规则和eMDR设置过程的信息，请访问FDA网站。

此外，SOP#028（修订版C）包含对基线报告的引用。不再需要基线报告，建议从你公司的MDR规程中删除对基线报告的所有引用（参见：73联邦注册公告53686，日期：2008年9月17日）。

你公司应立即采取措施纠正本信函所述的违规行为。如若未能及时纠正这些违规行为，可能导致FDA在没有进一步通知的情况下启动监管措施。监管措施包括但不限于没收、禁令和/或民事罚款。此外，联邦机构会得知关于器械的警告信，以便在签订合同时考虑上述信息。如果FDA确定你公司违反了质量体系法规，且这些违规行为与Ⅲ类器械的上市前批准申请有关联，则在纠正这些违规行为之前，将不会批准此类器械。同时，如果FDA确定你公司的器械不符合法案的要求，则不会批准出口证明（Certificates to Foreign Governments，CFG）的申请。

请在收到本信函之日起15个工作日内将你公司为纠正上述违规行为所采取的具体步骤书面通知本办公室，并说明你公司计划如何防止此类违规行为或类似违规行为再次发生。包括你公司已经采取的纠正措施（必须解决系统问题）的文件材料。如果你公司计划采取的纠正措施将逐渐开展，请提供实施这些活动的时间表。如果无法在15个工作日内完成纠正，请说明延迟的原因以及完成这些活动的时间。

最后，请注意本信函未完全包括你公司全部违规行为。你公司有责任遵守FDA所有的法律和法规。本信函和检查结束时签发的FDA 483表（检查发现问题清单）中记录的具体违规行为可能表明你公司制造和质量管理体系中存在严重问题。你公司应查明违规原因并及时采取纠正措施，确保产品合规。

第65封 给TFS Manufacturing Pty Ltd. 的警告信

生产质量管理规范/质量体系法规/医疗器械/伪劣

CMS # 480653

2015年12月21日

尊敬的Z先生：

2015年8月17日至2015年8月20日，美国食品药品管理局（FDA）对位于澳大利亚艾伦比花园（Allenby Gardens）的你公司进行了检查。通过检查，FDA检查员确定你公司生产无菌网片植入物。根据《联邦食品、药品和化妆品法案》（以下简称《法案》）第201（h）节［21 U.S.C.§ 321（h）］，凡是用于诊断疾病或其他症状，对疾病有治愈、缓解、治疗或预防作用，或是可以影响人体结构或功能的器械，均为医疗器械。故你公司涉及检查的产品为医疗器械。

本次检查表明，该类医疗器械的生产、包装、储存或安装中使用的方法、设施或控制不符合21 CFR 820质量体系法规（以下简称QSR/21 CFR 820）的现行生产质量管理规范（以下简称cGMP）要求，根据《法案》第501（h）节［21 U.S.C.§ 351（h）］的规定，属于伪劣产品。

2015年9月9日，FDA收到你公司针对FDA检查员出具的FDA 483表（检查发现问题清单）的回复。FDA针对回复，处理如下。此类违规行为包括但不限于下述各项：

1．未能按照21 CFR 820.30（f）的要求，建立和保持器械的设计验证程序，并在设计历史文档（DHF）中记录设计验证的结果，包括设计内容说明、验证的方法、验证日期和参加验证的人员。例如：

a．你公司尚未制定聚丙烯网片植入物的设计验证方案和设计验证验收标准；

b．你公司于2015年7月3日发布的《聚丙烯网片植入物机械测试》设计验证报告未包含测试日期、测试人员姓名和测试设备的校准状态。

FDA审查你公司的回复后确定，该回复尚不充分。你公司回复称，设计验证测试的方法和方案是非正式记录的。回复还指出，设计规程和设计文件将适时进行重新评价和更新。你公司提交了聚丙烯网片植入物机械测试报告的附录。但是，报告未能确定或参照可接受标准。

2．未能按照21 CFR 820.100（a）的要求建立和保持实施纠正和预防措施（CAPA）的程序。例如：

a．你公司的CAPA规程SOP（b）（4）未包含以下要求：

i．对过程、操作工序、让步接受、质量审核报告、质量记录、服务记录、投诉、返回产品和质量信息的其他来源进行分析，以识别不合格品或其他质量问题已存在的和潜在原因；

ii．必要时，建立适当的统计方法，以发现重复发生的质量问题；

iii．验证或确认纠正和预防措施，确保措施有效并对成品器械无不利影响。

b．你公司启动的CAPA 008旨在针对TFS001无菌植入物，处理未经有效期再验证而实施的无菌包装过程的变更。但是，你公司的CAPA报告未能记录CAPA调查结果。

c．你公司启动的CAPA 006旨在解决与合同灭菌器相关的五个不符合项，包括未能记录与环氧乙烷（EtO）灭菌验证相关的所有活动和关键参数。作为CAPA活动的一部分，你公司重新验证了EtO灭菌过程，并确定了（b）（4）灭菌周期而非一个周期的要求。但是，你公司的CAPA报告缺少以下内容：

i．对需要新灭菌验证的原因进行调查的记录；

ii. 为解决五个不符合项而采取的措施的记录；

iii. 暴露于（b）（4）灭菌周期的包装有效期验证。

FDA审查你公司的答复后确定，该答复尚不充分。你公司修订了CAPA规程和表格，以解决上述规程缺陷。你公司已就修订版规程进行了培训，并答复称，正在对既往的CAPA进行回顾性评审。但是，针对未经验证的灭菌周期后放行的产品，你公司的答复并未评估相关风险，也未在必要时采取缓解措施。此外，你公司的答复未包含修订版CAPA规程和表格上的人员培训记录。

3．未能按照21 CFR 820.30、21 CFR 820.198（a）的要求建立和保持由正式指定的部门接收、评审和评价投诉的程序。例如：

a．你公司的投诉处理程序未能规定相关时限，以确定投诉是否属于须根据21 CFR 803“不良事件报告（MDR）”向FDA报告的事件。

b．你公司尚未对（b）（4）投诉进行评估，以确定各起投诉是否属于须向FDA报告的事件。上述投诉称，尿失禁和装置通过阴道壁腐蚀导致出血和疼痛反应。

目前尚不能确定你公司的答复是否充分。你公司更新了投诉处理程序，以解决上述程序缺陷。你公司已就修订版程序开展了人员培训。答复显示你公司将对MDR应报告性投诉作回顾性评审。但是，你公司的答复中未提供此次审查的结果。一经完成，FDA将对你公司此次回顾性评审的结果进行总结。

4．未能按照21 CFR 820.50（a）（2）的要求，根据评估结果确定对产品、服务、供应商、承包商和顾问控制的类型和程度。

例如：你公司的采购控制程序《供应商和分包商评估》，SOP编号（b）（4），修订版4，未规定当供应商的年度评估结果为“差”（即不可接受）时应采取的措施。

目前尚不能确定你公司的答复是否充分。答复表明，你公司将更新你公司供应商控制程序，以解决上述程序缺陷。但是，你公司的答复未曾提供更新版程序。FDA将审查你公司实施纠正措施的证据，包括你公司的修订版供应商控制程序和培训文件。

5．未能按照21 CFR 820.22的要求建立质量审核的程序并进行审核，以确保质量体系符合已建立的质量体系要求，并确定质量体系的有效性。例如：

a．你公司的质量审核程序《内部审核》，SOP编号（b）（4），未要求质量审核由与被审核事项无直接责任的人员执行。

b．你公司2013年7月18日和2014年12月9日的文件控制审核均由负责文件控制领域的人员进行。

FDA审查你公司的答复后确定，该答复尚不充分。你公司的答复包含更新版质量审核程序，该程序充分解决了上述程序缺陷。你公司就修订版程序开展了人员培训。但是，你公司的答复并未说明，如何优先考虑既往充分性存疑的审核工作，或给予额外的评审，以确保审核工作得到充分的执行。

鉴于你公司严重违反了法案规定，根据《法案》第801（a）节［21 U.S.C.§ 381（a）］的规定，由于你公司制造的器械为伪劣产品，所以被拒绝入境。因此，FDA正在采取措施，以拒绝此类医疗器械进入美国（称为“自动扣押”），直到此类违规行为得到纠正。为了解除医疗器械的扣押状态，你公司应按下列说明对本“警告信”作出书面答复，并对其中所述的违规行为予以纠正。FDA随后将通知你公司：你公司的回复是否充分，以及是否需要重新检查你公司的生产场所来验证你公司是否采取适当的纠正措施。

此外，美国联邦机构会得知关于器械的警告信，以便在签订合同时考虑上述信息。如果FDA确定你公司违反了质量体系法规，且这些违规行为与Ⅲ类器械的上市前批准申请有关联，则在纠正这些违规行为之前，将不会批准此类器械。

请在收到本信函之日起15个工作日内将你公司为纠正上述违规行为所采取的具体步骤书面通知本办公室，并说明你公司计划如何防止此类违规行为或类似违规行为再次发生。包括你公司已经采取的纠正措施（必须解决系统问题）的文件材料。如果你公司计划采取的纠正措施将逐渐开展，请提供实施这些活动的时间表。如果无法在15个工作日内完成纠正，请说明延迟的原因以及完成这些活动的时间。请提供非英文文件的英文译本，以便于FDA进行审查。FDA随后将通知你公司：你公司的回复是否充分，以及是否需要重新检查你公司的生产场所来验证已采取适当的纠正和/或纠正措施。

最后，请注意本信函未完全包括你公司全部违规行为。你公司有责任遵守FDA所有的法律和法规。本信函和检查结束时签发的FDA 483表（检查发现问题清单）中记录的具体违规行为可能表明你公司制造和质量管理体系中存在严重问题。你公司应查明违规原因并及时采取纠正措施，确保产品合规。

第66封　给LAR MFG.，LLC的警告信

生产质量管理规范/质量体系法规/医疗器械/伪劣

CMS # 484773

2015年12月9日

尊敬的W女士：

2015年8月31日至9月1日，美国食品药品管理局（FDA）对位于佛罗里达州里奇港口（Port Richey）的你公司进行了检查，确定你公司制造陶瓷牙科托槽。根据《联邦食品、药品和化妆品法案》（以下简称《法案》）第201（h）节［21 U.S.C.§ 321（h）］，凡是用于诊断疾病或其他症状，对疾病有治愈、缓解、治疗或预防作用，或是可以影响人体结构或功能的器械，均为医疗器械。故你公司涉及检查的产品为医疗器械。

本次检查表明，该类医疗器械的生产、包装、储存或安装中使用的方法、设施或控制不符合21 CFR 820质量体系法规（以下简称QSR/21 CFR 820）的现行生产质量管理规范（以下简称cGMP）要求，根据《法案》第501（h）节［21 U.S.C.§ 351（h）］的规定，属于伪劣产品。

FDA于2015年10月5日收到你公司针对FDA检查员出具的FDA 483表（检查发现问题清单）的书面回复。在你公司的答复中，未说明针对每项问题将要采取的具体步骤，以建立、遵循书面规程和政策，并遵守当前FDA法规；你公司的答复不充分。

违规行为包括但不限于下述各项：

1．未能在高度保证下验证生产工艺，且未按已确定的程序批准，生产工艺无法通过后续检验和试验作充分验证，以确保该过程继续符合21 CFR 820.75（a）的要求。

例如：你公司尚未验证以下陶瓷正畸托槽的生产工艺：

a）托槽的（b）（4）使用（b）（4）物质、95%的氧化铝球和水。

b）托槽涂层处理“（b）（4）”和“（b）（4）”。两种涂层工艺都需要（b）（4）清洁、加热和混合步骤。

2．未能按照21 CFR 820.100（a）的要求建立纠正和预防措施（CAPA）程序。

例如：你公司未能为下列要求建立程序：

a）对过程、操作工序、让步接受、质量审核报告、质量记录、服务记录、投诉、返回产品和质量信息的其他来源进行分析，以识别不合格品或其他质量问题已存在的和潜在原因；

b）调查与产品、过程和质量体系有关的不合格原因；

c）识别纠正和预防不合格品和其他质量问题再次发生所需要采取的措施；

d）验证或确认CAPA，以确保措施有效并且对成品器械无不利影响；

e）实施和记录为纠正和预防已识别的质量问题而所需要的方法和程序更改；

f）确保将质量问题或不合格品的信息传递给直接负责产品质量保证或预防此类问题的人员；

g）将已识别的质量问题及CAPA的信息提交管理评审。

3．未能建立程序，以按照21 CFR 820.72（a）的要求确保器械进行定期校准、检验、检查和维护。

例如：你公司未能为生产和检查陶瓷正畸托槽时使用的光学比较仪、千分尺和卡尺建立规程或校准频率。此外，你公司缺乏文件证明该设备经过校准，以确保其符合预期用途，并能产生有效结果。

4．未能建立并保持21 CFR 820.80（a）要求的验收活动程序，包括检查、测试或其他验证活动。

例如：你公司缺乏相关规程来验收你公司用于制造陶瓷正畸牙齿托槽的来料原始成分，即Lucalox氧化铝陶瓷。此外，未保持关于来料部件验收的记录。

5．未能按照21 CFR 820.184的要求建立和保持程序，确保保持每一批次或每一个器械的历史记录，以证实器械的制造符合器械主记录（DMR）和21 CFR 820的要求。

例如：你公司未保持定义器械历史记录内容的过程。此外，你公司未能记录、检查或验证生产步骤，也未提供任何文档来确认质量标准是否得到遵守。

6．未能按照21 CFR 820.70（a）的要求，建立、实施、控制和监视生产过程，以确保器械符合其规范。制造过程若可能产生对器械规范的偏离，则制造商应建立并保持过程控制程序，描述必须对过程进行的控制，确保符合法规。过程控制应包括以下几项：

a）对生产方式做出规定和控制的、形成文件的指导书、标准操作程序（SOP）和方法。

b）在生产中对过程参数以及部件和器械特性进行监视和控制；

c）符合规定的参照标准或法规；

d）对过程和过程设备的批准；

e）以形成文件的标准，或经识别和批准代表性样件表达的工艺准则。

例如：在陶瓷正畸托槽的生产过程中，并无任何文件化的说明或制造程序涵盖你公司工厂执行的制造过程。

7．未能按照21 CFR 820.22的要求建立质量审核程序并进行审核。

例如：缺乏开展质量审核程序，而最近开展的设施质量审核是在2013年1月12日。

此外，FDA对检查证据进行了审查，包括你公司向FDA检查员提供的信息，发现了以下违规行为：

8．未能按照21 CFR 820.20（e）的要求建立质量体系程序和指导书。

例如：除前文提到的程序缺乏之外，你公司还未建立书面的质量体系程序和以下指导书：

a）采购控制（21 CFR 820.50）；

b）不合格品［21 CFR 820.90（a）］；

c）管理评审［21 CFR 820.20（c）］；

d）文件控制（21 CFR 820.40条）。

你公司应立即采取措施纠正本函所述的违规行为。如若未能及时纠正这些违规行为，可能导致FDA在没有进一步通知的情况下启动监管措施。监管措施包括但不限于没收、禁令和民事罚款。此外，联邦机构会得知关于器械的警告信，以便在签订合同时考虑上述信息。如果FDA确定你公司违反了质量体系法规，且这些违规行为与Ⅲ类器械的上市前批准申请有关联，则在纠正这些违规行为之前，将不会批准此类器械。同时，如果FDA确定你公司的器械不符合法案的要求，则不会批准出口证明（Certificates to Foreign Governments，CFG）的申请。

请在收到本信函之日起15个工作日内将你公司为纠正上述违规行为所采取的具体步骤书面通知本办公室，并说明你公司计划如何防止此类违规行为或类似违规行为再次发生。包括你公司已经采取的纠正措施的文件材料。如果你公司计划采取的纠正措施将逐渐开展，请提供实施这些活动的时间表。如果无法在15个工作日内完成纠正，请说明延迟的原因以及完成这些活动的时间。你公司的回复应全面，并解决此警告信中所包括的所有违规行为。

最后，请注意本信函未完全包括你公司全部违规行为。你公司有责任遵守FDA所有的法律和法规。本信函和检查结束时签发的FDA 483表（检查发现问题清单）中记录的具体违规行为可能表明你公司制造和质量管理体系中存在严重问题。你公司应查明违规原因并及时采取纠正措施，确保产品合规。

第67封　给Xiantao Tongda Non-woven Products Co.，Ltd.的警告信

生产质量管理规范/质量体系法规/医疗器械/伪劣/标识不当

CMS # 483752

2015年11月25日

尊敬的X先生：

2015年7月25日至2015年7月26日，美国食品药品管理局（FDA）对位于中国仙桃市彭场大道18号的你公司进行了检查。通过检查，FDA检查员确定你公司生产无菌手术衣和口罩。根据《联邦食品、药品和化妆品法案》（以下简称《法案》）第201（h）节［21 U.S.C.§ 321（h）］，凡是用于诊断疾病或其他症状，对疾病有治愈、缓解、治疗或预防作用，或是可以影响人体结构或功能的器械，均为医疗器械。故你公司涉及检查的产品为医疗器械。

本次检查表明，该类医疗器械的生产、包装、储存或安装中使用的方法、设施或控制不符合21 CFR 820质量体系法规（以下简称QSR/21 CFR 820）的现行生产质量管理规范（以下简称cGMP）要求，根据《法案》第501（h）节［21 U.S.C.§ 351（h）］的规定，属于伪劣产品。2015年8月6日，FDA收到了徐超针对FDA检查员出具的FDA 483表（检查发现问题清单）的回复。FDA针对回复，处理如下。此类违规行为包括但不限于下述各项：

1．未能按照21 CFR 820.70（c）的要求建立和保持程序，以控制对产品质量产生不利影响的环境条件。例如：

a）你公司的清洁程序《环境和卫生清洁控制程序》（b）（4），第A/0版，要求（b）（4）。但是，你公司没有防止（b）（4）污染的控制措施。

b）（b）（4）描述了清洁工作区域、清洁空调过滤器和记录清洁活动的程序。但是，你公司未能保持清洁活动的文档。此外：

i．整个设施的地板都被垃圾、污垢和碎屑覆盖，导致织物和产品暴露在地板和敞开的外门道的灰尘和碎屑中。观察到生产和储存区域的材料卷沾染污垢；

ii．瓷砖地板上的孔洞中充满了垃圾。

c）（b）（4）的墙壁上存在孔洞，使内部工作区暴露在建筑物外部条件下。

d）仓库和（b）（4）的门中间和底部都存在孔洞。上述大门位于（b）（4），并向建筑外部打开，导致原材料、在制品和成品暴露在非受控条件下。

FDA审查你公司的答复后确定，该答复尚不充分。你公司的答复称，该工厂正在进行维修，新工厂正在建设中，你公司已承诺提供资源用于生产区域的地板清洁。但是，你公司的答复并未说明，上述已启动和承诺的纠正行动将如何防止违规行为再次发生；你公司的答复也并未说明，拟议的纠正措施将如何得到充分验证和监测，以防问题以后再次发生。此外，你公司的答复未包含纠正措施实施的文档。

2．未能按照21 CFR 820.150（a）的要求建立和保持对产品储存区和库房的控制程序，防止在使用或分销前发生混淆、损坏、变质、污染，或受到其他不利影响，同时应确保过期、拒收或变质的产品不被使用或分销。例如：

a）用于制造手术衣的（b）（4）卷材置于建筑外。

b）衣物的部件存放在未经表面处理的木桌上，桌上覆盖着脏纸板箱。

c）用于储存制品和成品的塑料箱不清洁，观察到里面似乎还有积水。

d）在（b）（4）生产区使用的三卷材料存在大量水渍，而且沾染了污垢。

e）外科口罩和其他产品的内、外纸箱直接存放在地板上，并与建筑物外部的一扇敞开的门相邻。

FDA审查你公司的答复后确定，该答复尚不充分。你公司的答复未包含相关评估，以确定导致织物染色、沾污，以及储物箱肮脏的原因，并确定解决该问题所需的纠正和预防措施。你公司的答复未说明包装材料的储存要求将如何得到执行。此外，你公司的答复并未说明，如何验证拟议的纠正措施是否充分，并对其进行监测，以防问题再次发生。你公司的答复也未包含纠正措施实施的文档。

3．未能按照21 CFR 820.70（e）的要求建立和保持程序，以防设备或产品被合理预期会对产品质量产生不利影响的物质污染。

例如：你公司的《环境和卫生清洁控制程序》（b）（4）第A/0版规定了外科口罩和手术衣制造环境的着装要求和员工操作规程，如下所示：

- （b）（4）。
- （b）（4）。
- （b）（4）。
- （b）（4）。

但是，你公司未能执行该规程的要求。例如：在你公司的生产和办公区域内观察到以下情况：

a）员工在生产区穿着露趾鞋和凉鞋；（b）（4）生产区有一名员工赤脚；

b）员工未戴口罩；

c）非操作性的洗手池位于外科口罩生产区入口处；

d）员工洗手后消毒不符合要求。

此外，在你公司的生产和办公区域还观察到以下情况：

e）员工缺乏合适的着装，具体为：员工在生产区穿着短裤、短袖衬衫、无袖衬衫，致使折叠时与隔离服裸露皮肤接触；

f）非操作性的电动干手器位于洗手池旁，用于干手的脏毛巾挂在办公区卫生间洗手池旁边的架子上；致使需用手接触产品的受控生产区域的员工卫生不当。

FDA审查你公司的答复后确定，该答复尚不充分。你公司的答复未包含评估上述偏差对先前分销产品的潜在影响。你公司的答复也未涉及如何实施新版员工着装要求和员工限制。你公司的答复并未说明，如何验证拟议的纠正措施是否有效，并对其进行监测，以防问题再次发生。此外，你公司的答复未包含纠正措施实施的文档。

4．未能按照21 CFR 820.90（a）的要求适当建立并保持程序，以控制不符合要求的产品。

例如：你公司的不合格品程序《缺陷产品》，（b）（4）（第A/0版）要求对生产过程中产生的不合格品进行标识，并储存在（b）（4）中。但是，发现有缺陷的外科口罩被丢弃在生产线下的纸板箱中，缺少不合格标识。

FDA审查你公司的答复后确定，该答复尚不充分。你公司的答复未包含对生产记录的分析，以确定不合格品管理不充分是否导致了不合格品的分销。虽然你公司的答复确定了纠正措施，以解决发现的不符合项，但是，你公司的答复并未说明，如何验证拟议的纠正措施是否有效，并对其进行监测，以防问题日后再次发生。此外，你公司的答复未包含纠正措施实施的文档。

5．未能按照21 CFR 820.72（a）的要求建立和保持程序，确保设备得到常规的校准、检验、检查和维护。

例如：你公司的校准程序《监测和测量控制》（b）（4）（第A/0版）要求对用于测量和/或测试的仪器进行标识，并标注校准有效期。但是，（b）（4）区域未包含标识校准状态的标识。

FDA审查你公司的答复后确定，该答复尚不充分。你公司的答复未包含鉴定所有检验、测量和试验装置的评估，包括需要校准的机械的、自动的或电子式的所有检验、测量和试验装置。你公司也未评估超出校准时使用的仪器是否对设备质量有任何不利影响。此外，虽然你公司确定了纠正措施，以解决所指出的不符合项，但是，你公司的答复并未说明，如何验证拟议的纠正措施是否有效，并对其进行监测，以防问题再次发生。最后，你公司并未提供任何纠正措施实施的文档。

根据《法案》第510节（21 U.S.C.§ 360），医疗器械制造商必须每年向FDA登记。2007年9月，经2007年《食品药品监督管理局修正案法》（公法110-85）修订的《法案》第510条要求国内外器械企业在每年的10月1日至12月31日期间，通过电子方式向FDA提交其年度机构注册和器械上市信息［《法案》第510（p）节（21 U.S.C.§ 360（p）］。FDA的记录表明，你公司未满足2015财年的年度注册和上市要求。

你公司制造、准备、传播、复合或加工的产品未根据《法案》第510条（21 U.S.C.§ 360）正式注册，并且未列入《法案》第510（j）［21 U.S.C.§ 360（j）］要求的清单中。因此，根据《法案》第502（o）节［21 U.S.C.§ 352（o）］的规定，你公司的所有产品都属于标记错误。

你公司须尽快完成必要的企业注册程序。请按照FDA《安全与创新法案》的要求缴纳注册用户年费，再进行仙桃公司注册，并列出生产的器械。你公司可从网络获得有关如何支付注册用户年费的信息。一旦你公司支付了费用并获得了付款识别号和付款确认号，请访问FDA统一注册和上市系统，提交你公司的注册和上市信息。有关如何注册你公司企业的说明，请访问FDA网站。

鉴于你公司严重违反了法案规定，根据《法案》第801（a）节［21 U.S.C.§ 381（a）］的规定，由于你公司制造的医疗器械为伪劣产品，所以被拒绝入境。因此，FDA正在采取措施，以拒绝此类医疗器械进入美国（称为“自动扣押”），直到此类违规行为得到纠正。为了解除医疗器械的扣押状态，你公司应按下列说明对本“警告信”作出书面答复，并对其中所述的违规行为予以纠正。FDA随后将通知你公司：你公司的回复是否充分，以及是否需要重新检查你公司的生产场所来验证是否已采取适当的纠正和/或纠正措施。

此外，美国各联邦机构可能会得知关于器械的警告信，以便在签订合同时考虑上述信息。如果FDA确定你公司违反了质量体系法规，且这些违规行为与Ⅲ类器械的上市前批准申请有关联，则在纠正这些违规行为之前，将不会批准此类器械。

请在收到本信函之日起15个工作日内将你公司为纠正上述违规行为所采取的具体步骤书面通知本办公室，并说明你公司计划如何防止此类违规行为或类似违规行为再次发生。包括你公司已经采取的纠正措施（必须解决系统问题）的文件材料。如果你公司计划采取的纠正措施将逐渐开展，请提供实施这些活动的时间表。如果无法在15个工作日内完成纠正，请说明延迟的原因以及完成这些活动的时间。请提供非英文文件的英文译本，以便于FDA进行审查。

最后，请注意本信函未完全包括你公司全部违规行为。你公司有责任遵守FDA所有的法律和法规。本信函和检查结束时签发的FDA 483表（检查发现问题清单）中记录的具体违规行为可能表明你公司制造和质量管理体系中存在严重问题。你公司应查明违规原因并及时采取纠正措施，确保产品合规。

第68封　给Sagami Rubber Industries Co.，Ltd. 的警告信

不良事件报告/标识不当

CMS # 481765

2015年11月24日

尊敬的O先生：

2015年7月21日至2015年7月24日，美国食品药品管理局（FDA）对位于日本厚木的你公司进行了检查。通过检查，FDA检查员确定你公司生产天然橡胶胶乳避孕套。根据《联邦食品、药品和化妆品法案》（以下简称《法案》）第201（h）节［21 U.S.C.§ 321（h）］，凡是用于诊断疾病或其他症状，对疾病有治愈、缓解、治疗或预防作用，或是可以影响人体结构或功能的器械，均为医疗器械。故你公司涉及检查的产品为医疗器械。

FDA检查表明，你公司未能或拒绝提供《法案》第519节（21 U.S.C.§ 360i）和21 CFR 803“不良事件报告”规定的此类器械的相关资料或信息，根据《法案》第502（t）（2）节［21 U.S.C.§ 352（t）（2）］的规定，你公司的避孕套标记不当。

2015年8月7日，FDA收到了你公司卫生保健产品部经理Shigeo Tadenuma针对FDA检查员出具的FDA 483表（检查发现问题清单）的回复。FDA针对回复，处理如下。FDA对你公司于2015年10月9日、2015年11月2日和2015年11月18日对FDA 483表作出的回复尚未予以审查，原因是该等回复不是在FDA 483表出具后15个工作日内收到的。此回复将与针对本警告信中所述违规行为提供的其他书面材料一起评估。重大偏离包括但不限于以下内容：

未能按照21 CFR 803.17的要求制定、维护和实施书面不良事件报告规程。具体为，你公司的规程《纠正和预防措施规则》H-151（第20版）不属于不良事件报告规程。文件的范围规定，“（b）（4）”。除了在第19至30页和第5天报告中的简要参考之外，该文件未包含相关信息，表明其是根据21 CFR 803.17的要求创建的不良事件报告规程。

目前尚不能确定你公司的答复是否充分。你公司的答复称，你公司正在修订规程《纠正措施和预防措施规则》（H-1，51/1721）。但是，你公司的答复未包含修订版规程；缺乏该文档，FDA无法就其充分性进行评估。

美国各联邦机构可能会得知关于器械的警告信，以便在签订合同时考虑上述信息。

请在收到本信函之日起15个工作日内将你公司为纠正上述违规行为所采取的具体步骤书面通知本办公室，并说明你公司计划如何防止此类违规行为或类似违规行为再次发生。包括你公司已经采取的纠正措施（必须解决系统问题）的文件材料。如果你公司计划采取的纠正措施将逐渐开展，请提供实施这些活动的时间表。如果无法在15个工作日内完成纠正，请说明延迟的原因以及完成这些活动的时间。请提供非英文文件的英文译本，以便于FDA进行审查。

最后，请注意本信函未完全包括你公司全部违规行为。你公司有责任遵守FDA所有的法律和法规。本信函和检查结束时签发的FDA 483表（检查发现问题清单）中记录的具体违规行为可能表明你公司制造和质量管理体系中存在严重问题。你公司应查明违规原因并及时采取纠正措施，确保产品合规。

第69封 给Herniamesh S.r.l的警告信

生产质量管理规范/质量体系法规/医疗器械/伪劣

CMS # 480085

2015年11月23日

尊敬的T女士:

2015年7月20日至2015年7月23日，美国食品药品管理局（FDA）对位于意大利基瓦索（Chivasso）的你公司进行了检查。通过检查，FDA检查员确定你公司生产聚合物外科网片。根据《联邦食品、药品和化妆品法案》（以下简称《法案》）第201（h）节［21 U.S.C.§ 321（h）］，凡是用于诊断疾病或其他症状，对疾病有治愈、缓解、治疗或预防作用，或是可以影响人体结构或功能的器械，均为医疗器械。故你公司涉及检查的产品为医疗器械。

本次检查表明，该类医疗器械的生产、包装、储存或安装中使用的方法、设施或控制不符合21 CFR 820质量体系法规（以下简称QSR/21 CFR 820）的现行生产质量管理规范（以下简称cGMP）要求，根据《法案》第501（h）节［21 U.S.C.§ 351（h）］的规定，属于伪劣产品。

2015年7月30日，FDA收到了Selanna Martorana博士关于FDA检查员出具的FDA 483表（检查发现问题清单）的回复。FDA针对回复，处理如下。此类违规行为包括但不限于下述各项：

1．未能按照21 CFR 820.198（a）的要求建立和保持由正式指定的部门接收、评审和评价投诉的程序。例如:

a．你公司于2015年7月8日发布的投诉处理程序《Genstione Dell不合格》（修订版G）未作以下要求：

i．收到口头投诉后进行记录。

ii．对投诉进行评估，以确定该投诉是否属于须根据21 CFR 803“不良事件报告（MDR）”向FDA报告的事件。

iii．进行调查时，投诉调查记录须包含以下信息：

1）投诉人的姓名、地址和电话；

2）调查日期和结果；

3）向投诉人做出的任何答复。

b．对T型吊索装置的投诉（包括投诉15/033、投诉15/015、投诉14/053和投诉14/066）未进行不良事件报告评估。

FDA审查你公司的答复后确定，该答复尚不充分。你公司称，正在审查已查明的投诉，以便提交不良事件报告。但是，并未对其他投诉记录进行回顾性评审，以确保其文档记录完整，并适当完成对MDR应报告性的评估。此外，你公司的答复称，已更新投诉处理规程，以包含21 CFR 820.198中缺失的要求；但是，并未提供该规程。

2．未能按照21 CFR 820.75（a）的规定充分地确保，当过程结果不能为其后的检验和试验充分验证时，过程应以高度的把握予以确认，并按已确定的程序批准。

例如：你公司的Tyvek（b）（4）过程，采用了（b）（4），并未得到充分验证。你公司生产多种外科网片，采用了不同的Tyvek包装尺寸。但是，你公司仅对一种Tyvek包装尺寸的（b）（4）进行了验证。此外，你公司未记录本次验证使用的医疗器械和包装尺寸。

FDA审查你公司的答复后确定，该答复尚不充分。你公司的答复称，将对（b）（4）过程进行验证，并建立验证过程的监测规程。但是，你公司的答复未包含风险分析，以确定未经验证的过程对器械的潜在影响。此外，你公司的答复未包含对投诉的回顾性评审，以确定器械是否会因控制不当而出现故障。

3．未能按照21 CFR 820.75（b）的要求制定和保持已经确认的过程参数的监视和控制程序，以确保规定要求持续得到满足。

例如：你公司已确定（b）（4）灭菌，（b）（4）过程需要进行验证。但是，你公司没有已验证过程的监测规程，也未确定待监控的数据、控制限值或如何审查、分析监测已验证过程时产生的数据。

FDA审查你公司的答复后确定，该答复尚不充分。你公司的答复称，将对（b）（4）过程进行验证，并建立验证过程的监测规程。但是，你公司的答复未包含风险分析，以确定不充分（b）（4）对你公司器械的安全性和有效性的潜在影响。此外，你公司的答复未包含对投诉进行的回顾性评审，以确定是否有任何投诉是由于过程控制不当导致的。

4．未能按照21 CFR 820.80（b）的要求建立和保持进货产品的验收程序。例如：

a．你公司关于（b）（4）验收的作业指导，“IDL003”，修订版H，日期为2008年（b）（4），缺乏21 CFR 250（b）要求的取样统计依据。该规程要求（b）（4）目视检查，（b）（4）进行相对密度测试。（b）（4）的平均（b）（4）面积约为（b）（4）平方米。

b．你公司关于Tyvek验收的作业指导，“IDL006”，修订版D，日期2007年（b）（4），缺乏21 CFR 250（b）要求的取样统计依据。该规程要求对（b）（4）单位/批次的（b）（4）和（b）（4）测试进行取样，其中批次是（b）（4）单位的平均值。

FDA审查你公司的答复后确定，该答复尚不充分。你公司的答复称，正拟建立一套规程，来证明验收活动的取样标准是正确的。但是，关于在成品器械中使用不合格材料或部件的潜在影响，你公司的答复未包含相关的风险分析/评估。此外，你公司的答复未包含对投诉进行的回顾性评审，以确定不充分的验收活动是否可能导致投诉。

5．未能按照21 CFR 820.70（i）的要求，当计算机软件用作生产或质量体系的一部分时，按照已建立的规程，确认其符合预期用途。例如：

a．你公司未确认“（b）（4）”软件在质量体系中的预期用途。该软件用于记录标识清单；仪器设备制造管理；校准计划和记录；供应商清单和评估；不合格品管理和（b）（4）。

b．你公司未确认“（b）（4）”软件在质量体系中的预期用途。该软件负责采购、物流和生产，包括物料清单和批记录。

FDA审查你公司的答复后确定，该答复尚不充分。你公司的答复称，将在下次管理评审前对软件进行回顾性验证。但是，你公司的答复未包含对生产或质量系统软件的回顾性评审，以确定其他软件是否得到了适当的验证。

6．未能按照21 CFR 820.72（b）的要求建立包括具体的指南和准确度、精密度极限的校准程序。

例如：使用（b）（4）的指示范围是（b）（4）。但是，你公司的（b）（4）是在（b）（4）范围内校准的。

FDA审查你公司的答复后确定，该答复尚不充分。你公司的答复称，由于初始限制不正确，正在更新设备要求，以指定（b）（4）范围。但是，你公司的答复未包含对你公司设备校准记录的回顾性评审，以表明器械已作适当校准。

FDA检查还表明，你公司未能或拒绝提供《法案》第519节（21 U.S.C.§ 360i）和21 CFR 803“不良事件报告”规定的此类器械的相关资料或信息，根据《法案》第502（t）（2）节［21 U.S.C.§ 352（t）（2）］的规定，你公司的聚合物外科网片属于标记不当。重大偏离包括但不限于以下内容：

7．未能按照21 CFR 803.50（a）（1）的要求在你公司收到或以其他方式从任何来源获悉合理表明你公司销售的器械可能造成或促成了死亡或重伤的信息之日后，不迟于30个自然日向FDA报告该等信息。

例如：

a．投诉14/053称，患者受到伤害，出现尿失禁、尿潴留和尿路感染复发，以上症状均经处方药治疗。上述信息合理表明，该装置可能已经造成或促成了特定伤害，需通过医疗干预，以防出现身体功能或身体结构的永久损害。

b．投诉14/066称，患者出现大量阴道出血和直肠脱垂。对阴道大出血予以止血，并对直肠脱垂予以治疗。上述信息合理表明，该装置可能已经造成或促成了特定伤害，需通过医疗干预，以防出现身体功能或身体结构的永久损害。

8．未能按照21 CFR 803.17（a）的要求，适当制定、维护和实施书面不良事件报告规程。在审查了你公司的不良事件报告规程《不良事件报告》PRO026（修订版B）后，注意到以下问题：

a．（b）（4）（修订版B）未制定及时有效识别、沟通和评估需遵守不良事件报告要求的事件的内部系统。例如：该规程省略了21 CFR 803.20（c）（1）中“合理表明”一词的定义。将该术语的定义排除在程序之外，可能会导致你公司在评估可能符合21 CFR 803.50（a）项下报告标准的投诉时做出不正确的应报告性决定。

b．（b）（4）（修订版B）未制定及时发送完整不良事件报告的内部系统。具体为，你公司没有说明你公司必须提交补充报告或后续报告的情况以及此类报告的要求。

FDA审查你公司的答复后确定，该答复尚不充分。你公司的答复称，将重新分析2012年至2014年期间收到的Medwatch报告，并审查不良事件报告规程，以确保符合21 CFR 803的监管要求。但是，你公司并没有提供该等审查的文件。

鉴于你公司严重违反了法案规定，根据《法案》第801（a）节［21 U.S.C.§ 381（a）］的规定，你公司制造的聚合物外科网片为伪劣产品，所以被拒绝入境。因此，FDA正在采取措施，以拒绝此类医疗器械进入美国（称为“自动扣押”），直到此类违规行为得到纠正。为了解除医疗器械的扣押状态，你公司应按下列说明对本“警告信”作出书面答复，并对其中所述的违规行为予以纠正。FDA将告知你公司的答复是否充分，以及是否需要重新检查你公司场所以核实是否已实施适当的纠正和/或纠正措施。

联邦机构会得知关于器械的警告信，以便在签订合同时考虑上述信息。此外，如果FDA确你公司违反了质量体系法规，且这些违规行为与Ⅲ类器械的上市前批准申请有关联，则在纠正这些违规行为之前，将不会批准此类器械。

请在收到本信函之日起15个工作日内将你公司为纠正上述违规行为所采取的具体步骤书面通知本办公室，并说明你公司计划如何防止此类违规行为或类似违规行为再次发生。包括你公司已经采取的纠正措施（必须解决系统问题）的文件材料。如果你公司计划采取的纠正措施将逐渐开展，请提供实施这些活动的时间表。如果无法在15个工作日内完成纠正，请说明延迟的原因以及完成这些活动的时间。请提供非英文文件的英文译本，以便于FDA进行审查。

最后，请注意本信函未完全包括你公司全部违规行为。你公司有责任遵守FDA所有的法律和法规。本信函和检查结束时签发的FDA 483表（检查发现问题清单）中记录的具体违规行为可能表明你公司制造和质量管理体系中存在严重问题。你公司应查明违规原因并及时采取纠正措施，确保产品合规。

第70封 给Okamoto Industries, Inc.的警告信

生产质量管理规范/质量体系法规/医疗器械/伪劣

CMS # 480261

2015年11月23日

尊敬的T博士:

2015年7月20日至2015年7月23日，美国食品药品管理局（FDA）对位于日本茨城县龙崎市的你公司进行了检查。通过检查,FDA检查员确定你公司生产天然橡胶胶乳避孕套。根据《联邦食品、药品和化妆品法案》（以下简称《法案》）第201（h）节［21 U.S.C.§ 321（h）］，凡是用于诊断疾病或其他症状，对疾病有治愈、缓解、治疗或预防作用，或是可以影响人体结构或功能的器械，均为医疗器械。故你公司涉及检查的产品为医疗器械。

FDA检查发现，此类器械属于《法案》第501（h）节［21 U.S.C.§ 351（h）］所述的伪劣产品，原因在于其生产、包装、储存或安装中使用的方法、设施或控制不符合21 CFR 820所述的质量体系法规的现行生产质量管理规范要求。

2015年8月12日，FDA收到你公司针对FDA检查员出具的FDA 483表（检查发现问题清单）的回复。FDA针对回复，处理如下。FDA尚未审查你公司于2015年9月18日和2015年10月20日针对FDA 483表作出的回复，因为该等回复不是在FDA 483表出具后15个工作日内收到的。此回复将与针对本警告信中所述违规行为提供的其他书面材料一起进行评估。此类违规行为包括但不限于下述各项：

1．未能按照21 CFR 820.30（g）的要求制定和保持设计确认程序，确保器械符合规定的使用者需要和预期用途，并应包括在实际和模拟使用条件下对生产单件进行试验。例如:

a．你公司的设计控制规程文件（b）（4）第4版未要求对初始生产单元、批、批次或其等效物进行设计验证，以确保最终器械符合规定的用户需求和预期用途。

b．你公司自2010年开始生产和销售冈本超薄型男性天然乳胶避孕套（JN-N42）；但是，你公司尚未对JN-N42的设计进行验证，以确保满足规定的用户需求和预期用途。

目前尚不能确定你公司的答复是否充分。你公司的答复称，拟修订设计控制规程，以包括对初始批次进行设计验证的要求，并对JN-N42开展设计验证。此外，你公司的答复还称，拟对设计文件进行回顾性评审，以确保其他器械的设计验证充分建立。但是，你公司2015年8月12日的答复中并未包含拟议纠正措施的实施记录。

2．未能按照21 CFR 820.75（a）的规定确保，当过程结果不能为其后的检验和试验充分验证时，过程应以高度的把握予以确认，并按已确定的程序批准。

例如：你公司使用（b）（4）混合罐来混合并生产（b）（4）复合乳胶，以生产LS型避孕套。但是，你公司尚未验证使用（b）（4）混合罐的混合过程。

目前尚不能确定你公司的答复是否充分。你公司的答复称，拟修订工艺验证规程“文件C-QP-0012”，并对（b）（4）化合物混合工艺进行再验证。此外，你公司的答复还称，拟审查可能需要验证的其他过程。但是，你公司2015年8月12日的答复中并未包含拟议纠正措施的实施记录。

3．未能按照21 CFR 820.100（a）的要求建立和保持实施纠正和预防措施（CAPA）的程序。

例如：你公司的CAPA规程“文件（b）(4)”（第10版）未要求使用适当的统计方法（如有必要）来分析质量数据，以确定不合格品或其他质量问题的现有和潜在原因。此外，你公司并未分析质量数据，以确定不合格品或其他质量问题的现有的和潜在原因。

目前尚不能确定你公司的答复是否充分。答复称，将修订CAPA规程，以说明将根据质量数据分析额外启动CAPA。此外，答复还称，将针对修订版CAPA规程开展人员培训。但是，你公司2015年8月12日的答复中并未包含拟议纠正措施的实施记录。

4．未能按照21 CFR 820.70（c）的要求建立并保持相关程序，以控制合理预期对产品质量产生不利影响的环境条件，未能定期检查环境控制系统，以验证该系统是否适宜且运行是否正常。

例如：使用脏抹布控制（b）(4)之间管接头处的水状液体泄漏。

目前尚不能确定你公司的答复是否充分。你公司的答复称，将根据需要对下水管道进行重新评估，以解决缺陷。答复还称，你公司将建立一套及时检查并维护管道的系统，以防发现的缺陷再次发生。但是，你公司2015年8月12日的答复中并未包含拟议纠正措施的实施记录。

5．未能按照21 CFR 820.70（a）的要求，建立、实施、控制并监视生产过程，以确保器械符合其规范。

例如：你公司的生产工作标准“文件（b）(4)”要求，按（b）(4)溶液批次重量计，（b）(4)用于生产（b）(4) LS型避孕套用复合乳胶。但是，你公司的记录显示，按（b）(4)溶液批次重量计，（b）(4)用于（b）(4)复合乳胶批次#1675N2UC。

目前尚不能确定你公司的答复是否充分。答复称，采用（b）(4)批次重量的（b）(4)溶液是正确的。你公司的答复称，将（b）(4)批次重量的（b）(4)溶液用于其他产品，而在（b）(4)复合乳胶的产品工作标准中无意中使用了该编号。你公司的答复包含修订版产品工作标准“文件（b）(4)”，以反映正确的数据和人员培训记录。你公司的答复称，将对器械主记录进行回顾性评审。但是，你公司2015年8月12日的答复中并未包含拟议纠正措施的实施记录。

请在收到本信函之日起15个工作日内将你公司为纠正上述违规行为所采取的具体步骤书面通知本办公室，并说明你公司计划如何防止此类违规行为或类似违规行为再次发生。包括你公司已经采取的纠正措施（必须解决系统问题）的文件材料。如果你公司计划采取的纠正措施将逐渐开展，请提供实施这些活动的时间表。如果无法在15个工作日内完成纠正，请说明延迟的原因以及完成这些活动的时间。请提供非英文文件的英文译本，以便于FDA进行审查。FDA随后将通知你公司：你公司的回复是否充分，以及是否需要重新检查你公司的生产场所来验证已采取适当的纠正和/或纠正措施。

最后，请注意本信函未完全包括你公司全部违规行为。你公司有责任遵守FDA所有的法律和法规。本信函和检查结束时签发的FDA 483表（检查发现问题清单）中记录的具体违规行为可能表明你公司制造和质量管理体系中存在严重问题。你公司应查明违规原因并及时采取纠正措施，确保产品合规。

第71封　给Shanghai Neo-Medical Import & Export Co.，Ltd. 的警告信

生产质量管理规范/质量体系法规/医疗器械/伪劣/标识不当

CMS # 477444

2015年11月2日

尊敬的Z先生：

2015年7月20日至2015年7月22日，美国食品药品管理局（FDA）对位于中国上海市的你公司进行了检查。通过检查,FDA检查员确定你公司生产外科口罩。根据《联邦食品、药品和化妆品法案》(以下简称《法案》)第201（h）节［21 U.S.C.§ 321（h）］，凡是用于诊断疾病或其他症状，对疾病有治愈、缓解、治疗或预防作用，或是可以影响人体结构或功能的器械，均为医疗器械。故你公司涉及检查的产品为医疗器械。

本次检查表明，该类医疗器械的生产、包装、储存或安装中使用的方法、设施或控制不符合21 CFR 820质量体系法规（以下简称QSR/21 CFR 820）的现行生产质量管理规范（以下简称cGMP）要求，根据《法案》第501（h）节［21 U.S.C.§ 351（h）］的规定，属于伪劣产品。

2015年8月4日，FDA收到你公司出口经理Lu Ru针对FDA检查员出具的FDA 483表（检查发现问题清单）的回复。FDA针对回复，处理如下。此类违规行为包括但不限于下述各项：

1．未能按照21 CFR 820.100（a）的要求建立和保持实施纠正和预防措施（CAPA）的程序。

例如：纠正和预防措施的办理和处理有两个规程。但是，这两套规程对以下事项都未作要求：

a．分析所有质量数据源，以确定不合格品或其他质量问题的现有和潜在原因。

b．计划的纠正和预防措施的验证或确认文件，以确保该等措施不会对成品器械产生不利影响。

c．提交CAPA供管理评审。

FDA审查你公司的答复后确定，该答复尚不充分。虽然你公司称，将修订你公司规程，但是，答复并未说明何时修订。你公司的答复并未包含确保按照新的规程对既往CAPA进行充分的评估和维护的计划。此外，答复也未包含培训人员执行新版规程的计划。

2．未能按照21 CFR 820.198（a）的要求建立和保持投诉文档的程序。

例如：文件NMITS201410《客户投诉和反馈控制系统》对以下事项未作要求：

a．在规定的时间内对各起投诉进行评估，以确定是否需要根据21 CFR 803要求将不良事件报告（MDR）向FDA报告。

b．保存所需信息的调查记录，包括：器械名称；投诉人姓名、地址和电话；投诉调查的日期和结果；针对投诉采取了哪些纠正措施；以及是否对投诉人作出了任何答复。

FDA审查你公司的答复后确定，该答复尚不充分。虽然你公司称，将修订你公司规程，但是，答复并未说明何时修订。你公司的答复并未包含确保按照新的规程对既往投诉进行充分的评估和维护的计划。此外，答复也未包含培训人员执行新版规程的计划。

3．未能按照21 CFR 820.50的要求建立和保持程序，确保所有采购或以其他方式收到的产品和服务满足规定的要求。例如：《采购控制程序》（文件TC-QP06）对以下事项未作要求：

a．潜在供应商、承包商和顾问的评估文档。

b．对产品、服务、供应商、承包商和顾问的控制的类型和程度。

c．保留合格供应商、承包商和顾问的记录。

FDA审查你公司的答复后确定，该答复尚不充分。答复中未包含回顾性评审，以确定是否对与供应商的现行协议进行审查，以确定供应商/承包商和顾问之间是否有必要订立新的协议，以遵守修订版规程。此外，答复中并未说明何时修订规程以及何时培训人员执行新版规程。

4．未能按照21 CFR 820.181的要求建立和保持器械主记录（DMR）。

例如：你公司没有为外科口罩制定器械主记录。

FDA审查你公司的答复后确定，该答复尚不充分。你公司的答复称，将为外科口罩创建器械主记录；但是，不清楚是否将对其他适用器械的文档进行审查，以确定此类器械是否需要器械历史记录。

FDA检查还表明，根据《法案》第502（t）（2）节［21 U.S.C.§ 352（t）（2）］的规定，你公司的外科口罩标记不当，原因在于你公司未能或拒绝提供《法案》第519节（21 U.S.C.§ 360i）和21 CFR 803“不良事件报告”规定的有关此类器械的材料或信息。重大违规行为包括但不限于下述各项：

5．未能按照21 CFR 803.17的要求建立、保持和实施书面不良事件报告规程。例如：你公司缺乏向美国FDA报告不良事件的不良事件报告规程。

FDA审查你公司的答复后确定，该答复尚不充分。你公司的答复中未提供不良事件报告规程。

美国联邦机构会得知关于器械的警告信，以便在签订合同时考虑上述信息。此外，如果FDA确定你公司违反了质量体系法规，且这些违规行为与Ⅲ类器械的上市前批准申请有关联，则在纠正这些违规行为之前，将不会批准此类器械。

请在收到本信函之日起15个工作日内将你公司为纠正上述违规行为所采取的具体步骤书面通知本办公室，并说明你公司计划如何防止此类违规行为或类似违规行为再次发生。包括你公司已经采取的纠正措施（必须解决系统问题）的文件材料。如果你公司计划采取的纠正措施将逐渐开展，请提供实施这些活动的时间表。如果无法在15个工作日内完成纠正，请说明延迟的原因以及完成这些活动的时间。请提供非英文文件的英文译本，以便于FDA进行审查。FDA随后将通知你公司：你公司的回复是否充分，以及是否需要重新检查你公司的生产场所来验证你公司是否已采取适当的纠正和/或纠正措施。

最后，请注意本信函未完全包括你公司全部违规行为。你公司有责任遵守FDA所有的法律和法规。本信函和检查结束时签发的FDA 483表（检查发现问题清单）中记录的具体违规行为可能表明你公司制造和质量管理体系中存在严重问题。你公司应查明违规原因并及时采取纠正措施，确保产品合规。

第72封　给Prodimed SAS的警告信

生产质量管理规范/质量体系法规/医疗器械/伪劣

CMS # 481475

2015年11月2日

尊敬的C先生：

2015年6月29日至2015年7月2日，美国食品药品管理局（FDA）检查员对位于法国Neuilly En Theile的你公司进行了检查，确定你公司生产子宫内膜取样器、胚胎移植导管、受精导管和卵母穿刺系统。根据《联邦食品、药品和化妆品法案》（以下简称《法案》）第201（h）节［21 U.S.C.§ 321（h）］，凡是用于诊断疾病或其他症状，对疾病有治愈、缓解、治疗或预防作用，或是可以影响人体结构或功能的器械，均为医疗器械。故你公司涉及检查的产品为医疗器械。

本次检查表明，该类医疗器械的生产、包装、储存或安装中使用的方法、设施或控制不符合21 CFR 820质量体系法规（以下简称QSR/21 CFR 820）的现行生产质量管理规范（以下简称cGMP）要求，根据《法案》第501（h）节［21 U.S.C.§ 351（h）］的规定，属于伪劣产品。

2015年7月21日，FDA收到了你公司针对FDA检查员出具的FDA 483表（检查发现问题清单）的回复。FDA针对回复，处理如下。此类违规行为包括但不限于下述各项：

1．未能按照21 CFR 820.80（d）的要求建立和保持程序，确保每次和每批次生产的成品器械满足验收准则。例如：

a．你公司的内毒素检测规程《细菌内毒素LAL检测剂量》（b）（4），要求各灭菌系列每（b）（4）个月至少对（b）（4）批次作一次检查。但是，对于包括卵母细胞穿刺系统在内的灭菌系列3a，在2014年2月至10月期间未开展LAL检测。在此期间，来自灭菌系列3a的超过（b）（4）台装置已分销。

b．卵母细胞穿刺系统热原检测的取样计划要求不论（b）（4）个月期间生产的批数，各灭菌系列至少每（b）（4）个月对（b）（4）批进行LAL取样。但是，你公司尚未建立每（b）（4）个月取样（b）（4）批次的统计依据。

不能确定你公司的答复是否充分。你公司的答复包含审查批量放行测试的取样计划，并更新批量放行规程和相关表格，以符合ANSI/AAMI/ST-72标准要求。你公司的答复称，拟修订你公司标准操作规程（b）（4）《细菌内毒素LAL剂量检测》，以符合ANSI/AAMI/ST-72标准。你公司的答复称，拟对所有在美国分销的批次进行LAL检测。此外，你公司的答复还称，拟对已在美国分销的所有批次进行内毒素剂量测试。你公司的答复未包含完成以上活动的文档。

2．未能按照21 CFR 820.75（a）的规定，当过程结果不能为其后的检验和试验充分验证时，过程应以高度的把握予以确认，并按已确定的程序批准。

例如：作业指导书（b）（4）要求在（b）（4）的（b）（4）和（b）（4）的压力下进行管道和配件的（b）（4）。但是，你公司并未对（b）（4）进行验证。

FDA审查你公司的答复后确定，该答复尚不充分。你公司的答复称，拟对（b）（4）进行鉴定，并验证（b）（4）。此外，你公司的答复还称，将进行额外的测试，以控制与此过程相关的产品的安全性和有效性，如穿刺针上的（b）（4）。另外，你公司的答复称，将审查其他未经验证的过程。但是，你公司的答复缺乏风险评估来确定已分销的器械是否合格。你公司的答复未包含完成此处所列活动的文档。

3．未能按照21 CFR 820.70（c）的要求，制定和保持程序，充分控制合理预期环境条件会对产品质量产

生的不利影响。

例如：你公司未在装配卵母细胞穿刺系统的（b）(4）中充分建立控制温度和生物污染的规程。例如：

a．说明书《ZAC环境控制》(b）(4）参考了文献（b）(4)，但是，未规定监测的频率和方法，包括（b）(4)。

b．《温度记录》表（b）(4）要求（b）(4）中的温度为（b）(4）℃±（b）(4）℃。但是，在2015年（b）(4）的生产过程中，(b）(4)。此外，(b）(4)。

c．作业指导书（b）(4）要求微生物主管为（b）(4）装配工进行生物污染测试取样。但是，并未定义取样的频率和操作员的选择。

FDA审查你公司的答复后确定，该答复尚不充分。你公司的答复称，拟审查并修订规程（b）(4）和相关表格（b）(4)，以要求记录（b）(4)。你公司的答复称，已对你公司SOP（b）(4)《预处理频率》(取样频率）作了审查，以说明选择操作员和操作员取样的频率。但是，你公司的答复未能评估与缺乏足够的（b）(4）相关的风险，也未评估拟定如何减少与先前分销产品相关的风险。

此外，你公司的答复称，已对操作员作了卫生规则方面的再培训，并要求员工签署与卫生规则相关的承诺书。你公司的答复未包含完成以上活动的文档。

4．未能按照21 CFR 820.100（a）的要求建立和保持实施纠正和预防措施（CAPA）的程序。

例如：你公司未能展示关于纠正措施有效性的验证/确认。具体如下：

a．CAPA 14/015因贴签有效期错误而启动。“验证措施有效性”称新表已到位；但是，CAPA并未说明该表是否能够有效防止错误贴签的再次发生。

b．由于（b）(4）中生产的卵母细胞穿刺系统的生物负荷不合格，故而启动CAPA 14/062。2014年9月26日，一项纠正措施要求提高手部卫生执行频率到每30分钟一次。但是，观察到你公司（b）(4）中的生产员工在1小时内并未落实手部卫生。

不能确定你公司的答复是否充分。你公司的答复称，已启动不合格NC 15/190，以验证CAPA 14/015中纠正措施的有效性。此外，你公司的答复称，自贴签表实施以来，已对内部不符合项和客户投诉进行了审查，并确定错误贴签不会再次发生。你公司的答复称，CAPA规程已确定无效。请描述你公司的计划，以便对先前的CAPA作回顾性评审，从而确定其是否得到了有效执行，并在无效处执行补救措施。你公司的答复包含拟在2年内对CAPA过程作两次审计。你公司的答复未包含完成以上活动的文档。

鉴于你公司严重违反了法案规定，根据《法案》第801（a）节［21 U.S.C.§ 381（a）］的规定，由于你公司制造的全部器械为伪劣产品，所以被拒绝入境。因此，FDA正在采取措施，以拒绝此类医疗器械进入美国（称为“自动扣押”)，直到此类违规行为得到纠正。为了解除医疗器械的扣押状态，你公司应按下列说明对本“警告信”作出书面答复，并对其中所述的违规行为予以纠正。FDA随后将通知你公司：你公司的回复是否充分，以及是否需要重新检查你公司的生产场所来验证已采取适当的纠正和/或纠正措施。

此外，美国各联邦机构可能会收到关于发送医疗器械“警告函”的通知，供其在签订合同时考虑此类信息。

请在收到本信函之日起15个工作日内，以书面形式将你公司为纠正上述违规行为而采取的具体步骤告知本办公室，并解释说明你公司计划如何避免再次发生违规行为或类似违规行为。应提供你公司已实施的纠正和/或纠正措施（须解决系统问题）的文件。如果你公司计划采取的纠正行动和/或纠正措施的实施需要一段时间，请提供实施此类活动的时间表。如果无法在15个工作日内完成纠正，则应说明延迟原因和完成此类活动所需的时间。请提供非英文文件的英文译本，以便于FDA进行审查。

最后，请注意本信函未完全包括你公司全部违规行为。你公司有责任遵守FDA所有的法律和法规。本信函和检查结束时签发的FDA 483表（检查发现问题清单）中记录的具体违规行为可能表明你公司制造和质量管理体系中存在严重问题。你公司应查明违规原因并及时采取纠正措施，确保产品合规。

第73封　给CrystalBraces，LLC. 的警告信

生产质量管理规范/质量体系法规/医疗器械/伪劣

CMS # 482239

2015年10月30日

尊敬的T博士：

2015年9月16日至9月23日，FDA检查员在对位于2515 McKinney Avenue, Dallas, Texas and 3211 W.Northwest Highway, Suite 200, Dallas, Texas的你公司检查中认定，你公司制造、销售并经销CrystalBraces牙科矫正器。根据《联邦食品、药品和化妆品法案》（以下简称《法案》）第201（h）节［21 U.S.C.§ 321（h）］，凡是用于诊断疾病或其他症状，对疾病有治愈、缓解、治疗或预防作用，或是可以影响人体结构或功能的器械，均为医疗器械。故你公司涉及检查的产品为医疗器械。

本次检查表明，该医疗器械的生产、包装、储存或安装中使用的方法、设施或控制不符合21 CFR 820质量体系法规（以下简称QSR/21 CFR 820）的现行生产质量管理规范（以下简称cGMP）要求，根据《法案》第501（h）节［21 U.S.C.§ 351（h）］的规定，属于伪劣产品。2015年10月14日，FDA收到你公司针对FDA检查员出具的FDA 483表（检查发现问题清单）的回复声称，将在2015年10月30日前提供完整的回复。因为该回复不是在FDA 483表出具后15个工作日内收到的，因此将该回复与针对本警告信中所述违规行为提供的其他书面材料一起评估。这些违规行为包括但不限于以下内容：

1．未能按照21 CFR 820.30（a）的要求建立并保持器械设计控制程序以确保满足规定的设计要求。

你公司已编写并批准了若干设计控制程序用以建立并记录设计输入、设计输出、设计评审、设计验证、设计确认和设计转换。这些程序的生效日期均为2015年6月18日。但在检查期间，你公司不能提供任何记录来证明这些程序已经实施。你公司尚未记录CrystalBraces牙科矫正器的设计输入、输出、评审、验证、确认或设计转换。

2．当计算机或自动信息处理系统作为生产或质量体系的一部分时，未能按照21 CFR 820.70（i）的要求按已建立的规程验证计算机软件的预期用途。

a．你公司使用“（b）（4）”和“（b）（4）”对患者的牙齿进行（b）（4）测量并确定所需的移动模式来制作牙科矫正器。你公司尚未对本软件可作为预期用途的组成部分进行验证。

b．你公司使用“（b）（4）”和“（b）（4）”将患者印模（b）（4）转换为与造牙科矫正器模具（b）（4）生产所兼容的文件类型。你公司尚未验证这些软件程序的预期用途。

3．未能按照21 CFR 820.70（a）的要求建立、实施、控制并监视生产过程以确保器械符合其规范。

你公司尚未建立程序来控制用于为牙科矫正器创建模具的工艺过程（b）（4）或用于成型和硬化成品器械的工艺过程（b）（4）。你公司没有任何程序对控制点的生产方法提供指导。

4．无法确保按照21 CFR 820.75（a）的要求，当过程结果不能为其后的检验和试验充分验证时，过程应以高度的把握予以确认，并按已确定的程序批准。

你公司使用（b）（4）在（b）（4）模具上通过（b）（4）牙科塑料制造牙科矫正器。你公司尚未对该程序进行验证。

5．未能保存器械主记录（DMR），未能确保每个DMR均按照21 CFR 820.181的要求按照21 CFR 820.40

编制和批准。

你公司尚未就你公司CrystalBraces牙科矫正器制定DMR；DMR应至少包含或引用器械规范、生产工艺规范、质量保证程序或包装和标签规范。

6．未能按照21 CFR 820.50的要求建立和保持程序，确保所有采购或以其他方式收到的产品和服务满足规定的要求。

a．你公司于2015年6月18日发布的PPC-107-01第1版“采购”程序中规定，你公司将根据供应商资格认证程序生成许可供应商名单。但你公司尚未建立供应商资格认证程序或生成许可供应商名单。

b．你公司没有记录任何供应商资格。你公司所采购的牙科矫正器制造用牙科塑料供应商为一家关键供应商，但未对该供应商进行任何资质审核以确保其能够提供满足你公司的产品要求。

c．你公司尚未建立供应商协议，要求供应商将其提供的产品的任何变更通知你公司。

7．未能按照21 CFR 820.184的要求建立和保持程序，确保对应于每一批次或单件的器械历史记录的保持，以证实器械是按照器械主记录（DMR）和本部分要求制造的。

你公司于2015年6月18日发布的“器械历史记录”程序DOC-108-01第1版当中要求对器械进行检查、测试、不合格项、最终检查、所有测量或测试器械的标识或最终QA批准。但你公司尚未建立或保持任何用于你公司CrystalBraces医疗器械的DHR。

8．未能按照21 CFR 820.80（b）的要求建立并保持进货产品的验收程序。

你公司2015年6月18日发布的“采购”程序PPC-107-01第1版规定，收到的产品必须按照“进货检验程序”进行检验。但你公司没有“进货检验程序”，也没有对器械生产过程中使用的任何进货部件进行任何检验或测试并记录。

需要进行后续检查以确保采取的纠正和/或纠正措施的充分性。

你公司应立即采取措施纠正本信函所述的违规行为。如若未能及时纠正这些违规行为，可能导致FDA在没有进一步通知的情况下启动监管措施。监管措施包括但不限于没收、禁令和民事罚款。此外，联邦机构会得知关于器械的警告信，以便在签订合同时考虑上述信息。如果FDA确定你公司违反了质量体系法规，且这些违规行为与Ⅲ类器械的上市前批准申请有关联，则在纠正这些违规行为之前，将不会批准此类器械。

此外，FDA提醒你公司，按照FDA于2015年9月16日向你公司发出的确认函所述，在你公司收到FDA许可相关做法之前不得将CrystalBraces牙科矫正器投入商业销售。

请在收到本信函之日起15个工作日内将你公司为纠正上述违规行为所采取的具体步骤书面通知本办公室，并说明你公司计划如何防止此类违规行为或类似违规行为再次发生。包括你公司已经采取的纠正措施（必须解决系统问题）的文件材料。如果你公司计划采取的纠正措施将逐渐开展，请提供实施这些活动的时间表。如果无法在15个工作日内完成纠正，请说明延迟的原因以及完成这些活动的时间。你公司的回复应全面，并解决此警告信中所包括的所有违规行为。

最后，请注意本信函未完全包括你公司全部违规行为。你公司有责任遵守FDA所有的法律和法规。本信函和检查结束时签发的FDA 483表（检查发现问题清单）中记录的具体违规行为可能表明你公司制造和质量管理体系中存在严重问题。你公司应查明违规原因并及时采取纠正措施，重新确保产品合规。

第74封　给Somnowell, Inc.的警告信

生产质量管理规范/质量体系法规/医疗器械/伪劣

CMS # 481365

2015年10月27日

尊敬的T先生：

美国食品药品管理局（FDA）于2016年2月11日至3月10日，对你公司位于Bellevue, Tennessee的公司的医疗器械进行了检查。检查期间，FDA检查员已确认你公司为止鼾/防睡眠呼吸中止症器械的生产制造商。根据《联邦食品、药品和化妆品法案》（以下简称《法案》）第201（h）节［21 U.S.C.§ 321（h）］，凡是用于诊断疾病或其他症状，对疾病有治愈、缓解、治疗或预防作用，或是可以影响人体结构或功能的器械，均为医疗器械。故你公司涉及检查的产品为医疗器械。

本次检查表明，这些医疗器械的生产、包装、储存或安装中使用的方法、设施或控制不符合21 CFR 820质量体系法规中对现行生产质量管理规范（cGMP）要求，根据《法案》第501（h）节［21 U.S.C.§ 351（h）］的规定，属于伪劣产品。这些规定已被记录在www.fda.gov中。这些违规事项包括但不限于以下内容：

1．未能根据21 CFR 820.22的要求建立和维护质量管理体系检查程序，也未能执行质量检查，以便确保质量管理体系符合已建立的质量管理体系要求和确定质量管理体系的有效性。

具体为，未建立质量管理体系的审查程序，且你公司未进行任何质量审查。

2．未能根据21 CFR 820.20（c）的要求建立和维护管理评审程序，未进行管理评审检查。

具体为，未建立管理评审程序，且你公司未进行任何管理评审。

3．未能按照21 CFR 820.50的要求建立和维护程序，以确保所有购买或以其他方式接收的产品和服务符合规定的要求。

具体为，你公司未建立评估供应商、承包商、顾问和采购数据的程序。这些程序应包括但不仅限于合同制造商对“Somnowell”防鼾/睡眠呼吸暂停装置的责任和要求。

4．未能按照21 CFR 820.30中规定的设计控制要求，建立和维护设计历史文档，以便证明你公司的Somnowe Ⅱ止鼾/防睡眠呼吸中止症器械的设计和开发符合其获批设计计划的要求，以及21 CFR 820.30（j）中所述的设计控制开发要求。

具体为，你的公司未建立Somnowell器械的设计历史文档，该器械是用于治疗打鼾和呼吸睡眠暂停综合征的Ⅱ级医疗器械。

5．未能根据21 CFR 820.30（i）的要求，在设计变更实施前，建立和维护识别、记录、验证或适当验证、审查和批准程序。

具体为，你公司未建立和维护设计变更程序。

6．未能根据21 CFR 820.100（a）要求建立和维护纠正和预防措施执行程序。

具体为，你公司并未建立和维护纠正和预防措施执行程序。

7．未能依照21 CFR 820.198（a）要求，建立和维护接收、审查和评估投诉的程序，包括但不仅限于评估投诉是否代表根据医疗器械报告（MDR）要求需要向FDA报告的事件，按照21 CFR 820.198（a）的要求，由正式指定的单位进行。

具体为，你公司没有保存投诉文件，也未建立和维护投诉处理程序。你公司没有用于确定收到的投诉是否属于MDR要求向FDA报告的事件的程序。

8．未能根据21 CFR 820.40建立和维护文件控制程序，包括的所有受控文件的批准和必要文件的分发以及这些文件变更的批准和分发。

具体为，你公司并未建立文件控制程序。

你公司应立即采取措施纠正本信函所述的违规行为。如若未能及时纠正这些违规行为，可能导致FDA在没有进一步通知的情况下启动监管措施。监管措施包括但不限于没收、禁令和民事罚款。此外，联邦机构会得知关于器械的警告信，以便在签订合同时考虑上述信息。此外，如果FDA确定你公司违反了质量体系法规，且这些违规行为与Ⅲ类器械的上市前批准申请有关联，则在纠正这些违规行为之前，将不会批准此类器械。同时，如果FDA确定你公司的器械不符合法案的要求，则不会批准出口证明（Certificates to Foreign Governments，CFG）的申请。

请在收到本信函之日起15个工作日内将你公司为纠正上述违规行为所采取的具体步骤书面通知本办公室，并说明你公司计划如何防止此类违规行为或类似违规行为再次发生。包括你公司已经采取的纠正措施（必须解决系统问题）的文件材料。如果你公司计划采取的纠正措施将逐渐开展，请提供实施这些活动的时间表。如果无法在15个工作日内完成纠正，请说明延迟的原因以及完成这些活动的时间。你公司的回复应全面，并解决此警告信中所包括的所有违规行为。

最后，请注意本信函未完全包括你公司全部违规行为。你公司有责任遵守FDA所有的法律和法规。本信函和检查结束时签发的FDA 483表（检查发现问题清单）中记录的具体违规行为可能表明你公司制造和质量管理体系中存在严重问题。你公司应查明违规原因并及时采取纠正措施，确保产品合规。

第75封　给Master And Frank Ent. Co.，Ltd. 的警告信

生产质量管理规范/质量体系法规/医疗器械/伪劣

CMS # 481365

2015年10月27日

尊敬的H先生：

2016年4月5日，美国食品药品管理局（FDA）对你公司针对FAD检查员出具的违规行为（CMS # 481365，2015年10月27日）采取的纠正措施进行评估（CMS # 481365）。FDA的答复如下，上述违规行为包括但不限于以下内容：

1．未能按照21 CFR 820.80（c）的要求，在适当情况下建立和维护验收程序，以确保满足过程中产品的规定要求。

FDA审查了你公司的答复，认为不充分。你公司提交了一份关于外科手术窗帘和手术服的FMEA风险分析。本FMEA考虑了由于生产和过程控制措施失效（包括对不合格品的不当处理，以及对不符合规范的产品进行商业销售）所导致的严重情况以及相关的临床风险和临床影响。你公司确定，这些产品可能发生的严重问题主要与潜在接触产品上或产品内部的传染性物质和异物有关。

但是，你公司所提供的FMEA并不充分，因为你公司没有考虑所有潜在的危险。例如，对可能嵌入或附着在手术服和窗帘织物材料上的潜在化学、生物和物理污染物没有正确的表述。此外，FMEA没有处理可能从手术窗帘和手术服引入或转移到手术环境和手术场所的生物有害物质和物理污染物的潜在问题。这些污染物可能对手术环境中的人员和患者构成健康风险。

你公司还对自2011年FDA检查（2011年8月）至今的所有来料、过程和最终验收活动中发现的所有不合格产品进行了回顾性审查，并对不合格产品过程进行了风险分析。所提供的风险分析和回顾性审查是充分的。对于评审的不合格记录是否完整，以及是否有必要对不合格记录进行补救，在回应中没有充分说明；此外，如果在流程中和FQC过程中发现不合格项，需要进行调查并采取纠正措施。

2．未能按照21 CFR 820.100的要求建立和维护实施纠正和预防措施（CAPA）的程序。

FDA审查了你公司的答复，认为不充分。你公司提交了CAPA 2015-004的验证文件，该文件是由于客户投诉“异物Ⅱ（如头发或微粒）”而发起的。你公司指出，2015年上半年，由于这种严重的缺陷类型，Master和Frank每百万投诉率（CPM）为2.85。你公司提供了一份CAPA调查和纠正措施的总结，包括培训记录，生产实施中的缺陷样品，以及正确穿戴服装的培训流程图。你公司还指出，在采取了这些纠正措施后，进行了统计分析以验证其有效性。该验证分析2015年下半年的投诉趋势，结果显示，客户投诉CPM降至0.55，下降135%，说明纠正措施是有效的。

然而，你公司应提供其调查结果，确定异物出现的原因、异物的识别和来源；也需提供必要的纠正和预防措施，包括其实施和有效性验证，以证明不合格产品减少的原因。你公司还应提供一份相关的环境和污染控制程序的副本，经修订的清洁程序的证据，以及相应的清洁时间表和实施的证据。

此外，你公司还应该在你的下一次回应中，解决其向美国市场投放的带有潜在“异物”的手术窗帘和手术服的问题。

3．未能按照21 CFR 820.30（h）的要求，充分建立和维护程序，以确保设备设计正确地转化为生产规范。

目前无法确定你公司在2016年4月5日的回复是否充分。你公司提供了三种外科手术服关键规格的设计跟踪矩阵。为了方便FDA对设计跟踪矩阵进行有效评估，以确定设计转移的充分性，请在下一次回应中提供以下内容以供审查：

Medline手术袍的关键设计属性	满足设计属性的M&F过程	FDA的提问
（b）（4）	（b）（4）	（b）（4）第五页描述的完整长袍尺寸（b）（4）
（b）（4）	（b）（4）	相关信息尚不清楚。如果第（b）（4）条结束，请提供任何额外的制造指令，以确保第（b）（4）条的要求
透气性，（b）（4）	（b）（4）	请提供验收测试活动的总结，以确保制造材料符合这一要求

4．未能按照21 CFR 820.90（a）的要求，充分建立和维护控制不符合规定要求的产品的程序。

FDA审阅了你公司的答复，认为其不够充分。请参照违反模式Ⅰ的说明。

此外，你公司的答复表明，已采取了系统的方法纠正FDA所指出的缺陷，并在全球范围内预防其他缺陷。但是，你公司的回复并没有讨论在Master和Frank所有位置执行的操作。

请注意，你公司有责任确保遵守《联邦食品、药品和化妆品法案》及其实施条例或其他相关权威法律。

你公司的补充回复应发送至×××（省略）。回复时应参考CMS # 481365。

最后，请注意本信函未完全包括你公司全部违规行为。你公司有责任遵守FDA所有的法律和法规。本信函和检查结束时签发的检查结果FDA 483表中记录的具体违规行为可能表明你公司制造和质量管理体系中存在严重问题。你公司应查明违规原因并及时采取纠正措施，确保产品合规。

第76封 给Fehling Instruments GmbH & Co. KG的警告信

生产质量管理规范/质量体系法规/医疗器械/伪劣/标识不当

尊敬的L女士：

2015年6月15日至6月18日，FDA检查员在对位于Hanauer Landstrasse 7A, Karlstein, Germany的你公司检查中认定，你公司制造心脏活检器械、咬骨钳、骨打孔器和手术剪器械。根据《联邦食品、药品和化妆品法案》（以下简称《法案》）第201（h）节［21 U.S.C.§ 321（h）］，凡是用于诊断疾病或其他症状，对疾病有治愈、缓解、治疗或预防作用，或是可以影响人体结构或功能的器械，均为医疗器械。故你公司涉及检查的产品为医疗器械。

本次检查表明，该医疗器械的生产、包装、储存或安装中使用的方法、设施或控制不符合21 CFR 820质量体系法规（以下简称QSR/21 CFR 820）对现行生产质量管理规范（以下简称cGMP）要求，根据《法案》第501（h）节［21 U.S.C.§ 351（h）］的规定，属于伪劣产品。

2015年7月10日，FDA收到你公司针对FDA检查员出具的FDA 483表（检查发现问题清单）的回复。你公司于2015年7月30日日对FDA 483表的回复超过了15个工作日，FDA尚未审查是否符合21 CFR 820的要求。此回复将与针对本警告信中所述违规行为提供的其他书面材料一起进行评估。FDA针对回复，处理如下。这些违规事项包括但不限于以下内容：

1．未能按照21 CFR 820.100的要求建立并保持实施纠正和预防措施的程序。例如：

a）你公司的纠正和预防措施（CAPA）程序没有包含以下要求：

i．分析质量信息以确定不合格品或其他质量问题已存在的和潜在的原因，必要时使用适当的统计方法。

ii．验证或确认纠正和预防措施，以确保措施有效并对成品器械无不利影响。

iii．传递与质量问题和不合格品有关的信息。

iv．确保向管理评审提交相关信息。

v．所有CAPA活动的文件。

b）你公司的CAPA记录（b）（4）和CAPA（b）（4）不完整。启动CAPA M14-012是为了解决器械维修时间过长的问题。启动CAPA M14-002是为了解决运输和包装作业指导说明不明确的问题。这些CAPA关闭时未：

i．验证或确认纠正措施以确保此类措施有效且不会对成品器械产生不利影响。

ii．向负责人员传达与质量问题有关的信息。

iii．记录接受培训的时间。

FDA审查了你公司的回复并认定内容不够充分。你公司表示，将对2014年1月至2015年6月的CAPA进行回顾性评审以确保符合修订后的程序。但你公司的回复并未涉及回顾性评审的结果、纠正CAPA文件的时间表以及短期行动的实施和有效性验证（b）（4）。你公司的回复没有包括执行订正程序的文件，例如培训记录和文件。

2．未能按照21 CFR 820.198的要求建立和保持由正式指定的部门接收、评审和评价投诉的程序。例如：

a）你公司的投诉处理程序没有包含确保：

i．记录收到的口头投诉。

ii．正式指定的部门接收、评审和评价投诉。

iii．投诉处理统一、及时。

iv．对投诉进行MDR可报告性评价。

v．符合MDR可报告性标准的投诉将由指定的个人迅速审查、评估和调查，并保存在投诉文件的单独部分或以其他方式明确识别。

b）你公司的投诉处理程序没有包含确保需要的调查记录，包括：

i．当报告的事件发生时，器械用于治疗或诊断。

ii．收到投诉的日期。

iii．投诉者的姓名、地址和电话。

iv．投诉的性质和细节。

v．调查的日期和结果。

vi．对投诉者的答复。

FDA审查了你公司的回复并认定内容不够充分。你公司表示将对2014年1月至2015年6月的投诉进行回顾性评审以确保遵守修订后的程序。但你公司回复没有提到回顾性评审的结果、补救投诉文件的时间表、短期行动的执行情况和有效性核查（b）(4)。你公司的回复没有说明何时培训员工及你公司修订后的投诉处理、作业指导说明和相关投诉表。此外，你公司还没有提供文件证明你公司拟议行动的实施。

3．未能按照21 CFR 820.30（c）的要求建立和保持程序，以确保与器械相关的设计要求是适宜的，并且反映了包括使用者和患者需求的器械预期用途。例如：

a）你公司的设计控制程序没有包含确保设计输入要求由指定人员审查和批准。

b）没有关于批准设计项目（b）(4）设计输入要求的个人的日期和签名的文件。

FDA审查了你公司的回复并认定内容不够充分。你公司的回复没有包含对先前设计输入规范的回顾性评审，以确保审查和批准被正确记录或缺失，或者因此需要采取的额外的纠正措施。此外，你公司的回复没有说明何时对你公司修订的设计控制程序、作业指导说明和相关设计输入表进行人员培训。你公司还没有提供文件证明你公司拟议行动的实施。

4．未能按照21 CFR 820.30（f）的要求建立和保持器械设计控制程序。例如：

a）你公司的设计控制程序没有包含确保设计验证结果（包括设计标识、方法、日期和执行验证的人员）在设计历史文档（DHF）中得到充分记录。

b）没有关于项目（b）(4）的设计验证结果的文件，包括设计、方法、日期和执行验证的人员的标识。

FDA审查了你公司的答复并认定内容不够充分。你公司的回复没有包含对设计历史文档的回顾性评审，以确保设计验证被正确记录或缺失，或者因此需要采取额外的纠正措施。此外，你公司的回复没有说明何时对你公司修订的设计控制程序、作业指导说明和相关设计测试表进行人员培训。此外，你公司还没有提供文件证明你公司拟议行动的实施。

5．未能按照21 CFR 820.30（e）的要求建立和保持程序，以确保对设计结果安排正式和形成文件的评审。例如：

a）你公司的设计控制程序没有包含确保：

i．与所评审的设计阶段有关的所有职能部门的代表，与所评审的设计阶段无直接责任的人员。

ii．每次设计评审的结果，包括设计内容说明、评审日期和参加评审的人员，应形成文件，归入设计历史文档（DHF）。

b）没有设计评审结果的文件，包括设计的识别、日期和执行项目（b）(4）评审的人员。

FDA审查了你公司的回复并认定内容不够充分。你公司的回复没有包含对设计历史文档的回顾性评审以确保设计审查得到适当记录。此外，你公司回复没有说明何时将对你公司修订的设计控制程序、作业指导说明和相关设计审查表进行员工培训。此外，你公司还没有提供文件证明你公司拟议行动的实施。

6．未能确保按照21 CFR 820.90（b）（2）的要求，在器械历史记录（DHR）中记录返工和再次评价活动，包括确定返工是否对产品有任何不利影响。例如：

a）你公司的不合规产品和返工程序没有包含确保将返工包括确定返工对产品有任何不利影响记录在DHR当中。

b）DHR中没有记录（b）（4）需要返工的Ceramo Tradition X器械文件。

FDA审查了你公司的回复并认定内容不够充分。你公司的回复表明，你公司将启动CAPA以修订不合规产品和返工程序以满足CFR要求。但你公司回复没有包括：修订程序；实施文件，如培训记录；以及根据修订程序发起和处理的返工文件。此外，你公司没有对返工记录进行回顾性评审来确保符合你公司修订的程序以及返工是否对器械质量和患者安全产生任何不利影响。

7．未能确保按照21 CFR 820.72（a）的要求建立和保持程序，确保装置得到常规的校准、检验、检查和维护。

例如，你公司的校准程序要求（b）（4）每三年校准一次。但从2012年5月到2015年5月，（b）（4）没有校准。

FDA审查了你公司的回复并认定内容不够充分。你公司的回复没有包含对校准记录的回顾性评审以确保在规定的时间内进行校准；并评估未校准时可能使用的仪器的器械质量是否有任何不利影响。

FDA检查还表明，因为没有根据《法案》第515（a）节［21 U.S.C.§ 360e（a）］规定生效的经批准的PMA申请，或根据21 U.S.C.§ 360第520（g）节批准的研究器械豁免申请，根据《法案》第351（f）（1）（B）条［21 U.S.C.§ 501（f）（1）（B）］的规定，你公司的骨打孔器属于伪劣产品。且你公司没有按照《法案》第360（k）条［21 U.S.C.§ 510（k）］的要求通知监管当局将该器械引入商业销售的意图，根据《法案》第352（o）条［21 U.S.C.§ 502（o）］，该器械属于标记不当。对于需要上市前批准的器械，当PMA在监管当局之前待批准时，视为满足第510（k）节要求的通知［21 CFR 807.81（b）］。你公司需要提交的信息类型参见url，以获得批准。FDA将对你公司提交的信息进行评估并决定该产品是否可以合法销售。

FDA检查还表明，你公司未能或拒绝提供21 U.S.C.§ 360i要求的器械的材料或信息以及21 CFR 803-不良事件报告，根据《法案》第352（t）（2）条［21 U.S.C.§ 502（t）（2）］，心脏活检仪器存在标记不当。重大偏差包括但不限于以下内容：

8．未能按照21 CFR 803.17的要求充分制定、维护和实施书面MDR程序。

例如，在审查了公司名为“第4.3.1号‘市场监督；事件和投诉程序’”的MDR程序（修订版8）后，注意到以下问题：

a）你公司的MDR程序没有建立内部系统来及时有效地识别、沟通并评价可能受MDR要求约束的事件。例如：根据21 CFR 803，你公司目前尚无应报告事件的定义。排除21 CFR 803.3中“知悉”“引起或导致”“故障”“MDR可报告事件”和“严重伤害”的定义以及“合理建议”的定义，“发现于21 CFR 803.20（c）（1）可能导致你公司在评估可能符合21 CFR 803.50（a）项下报告标准的投诉时做出不正确的可报告性决定”。

b）你公司的MDR程序没有建立内部系统来实现审查流程的标准化，以此确定事件何时符合本部分规定的报告标准。例如，没有说明你公司如何评估有关事件的信息以便及时作出MDR可报告性决定。

c）你公司的MDR程序没有建立内部系统以便及时传输完整的不良事件报告。具体为，未解决以下问题：

i．如何获取和填写FDA 3500A表格的说明。

ii．该程序没有包含FDA 3500A表格和相应FDA网站的说明链接。FDA建议包含以下链接：

填写FDA表格3500A的说明位于：url。FDA表格3500A位于：url。

iii．你公司必须在30天内提交初始报告、补充报告或后续报告和5天报告的情况以及此类报告的要求。

iv. 关于你公司将如何提交每一事件的所有合理已知信息的说明。

d）你公司的MDR程序并未说明如何满足文件和记录保存要求，包括：

i. 不良事件相关信息的记录作为MDR事件文件保存。

ii. 用于确定事件是否应报告的评价信息。

iii. 记录用于确定器械相关死亡、严重损伤或故障是否需要报告的审议和决策过程。

iv. 确保获取信息的系统，有助于FDA及时跟进和检查。

FDA审查了你公司的回复并认定内容不够充分。你公司提交了一份修订版的MDR程序，“第4.3.1号，市场监管；事故和投诉程序”，修订版9。其余不足之处如下：

a）你公司修订的MDR程序并未建立内部系统来及时传输完整的不良事件报告。具体为，你公司认定属于21 CFR 803中的可报告事件并无相关定义。21 CFR 803.3中排除了“引起或导致”“故障”和“严重伤害”的定义以及“合理建议”的定义，“发现于803.20（c）（1）可能导致公司在评估可能符合21 CFR 803.50（a）项下报告标准的投诉时做出不正确的可报告性决定。

b）你公司修订的MDR程序并未建立内部系统以便及时传输完整的不良事件报告。具体为，未涉及以下内容：

i. 尽管该过程包括对30天和5天报告的引用，但没有分别指定日历日和工作日。

ii. 关于你公司将如何提交每一事件的所有合理已知信息的说明。

c）你公司的MDR程序并未说明如何满足文件和记录保存要求，包括：

i. 不良事件相关信息的记录作为MDR事件文件保存。

ii. 用于确定事件是否应报告的评价信息。

iii. 记录用于确定器械相关死亡、严重损伤或故障是否需要报告的审议和决策过程。

iv. 确保获取信息的系统，有助于FDA及时跟进和检查。

要求制造商和进口商向FDA提交电子不良事件报告（eMDR）的eMDR最终规则于2014年2月13日公布。本最终规则的要求将于2015年8月14日生效。如果你公司目前没有以电子方式提交报告，FDA建议你公司访问以下网站链接以获取有关电子报告要求的其他信息：url。

如果你公司希望讨论MDR可报告性标准或安排进一步的沟通，可以通过电子邮箱ReporabilityReviewTeam@fda.hhs.gov联系可报告性审查小组

鉴于违反法案的严重性，器械可能属于伪劣产品，根据《法案》第801（a）节［21 U.S.C.§ 381（a）］，拒绝你公司所生产未经上市前许可的情况下出售的骨打孔器入境。因此，FDA正在采取措施，在违规行为得到纠正之前，拒绝这些“未经检查而扣押”的器械进入美国。要解除对器械的扣押，你公司应按下述方式对本警告信做出书面回复并纠正本信函中描述的违规行为。FDA将通知你公司，有关你公司的回复是否充分以及是否需要重新检查你公司的设施以验证是否已进行了适当的纠正和/或纠正措施。

此外，联邦机构会得知关于器械的警告信，以便在签订合同时考虑上述信息。如果FDA确定你公司违反了质量体系法规，且这些违规行为与Ⅲ类器械的上市前批准申请有关联，则在纠正这些违规行为之前，将不会批准此类器械。

请在收到本信函之日起15个工作日内将你公司为纠正上述违规行为所采取的具体步骤书面通知本办公室，并说明你公司计划如何防止此类违规行为或类似违规行为再次发生。包括你公司已经采取的纠正措施（必须解决系统问题）的文件材料。如果你公司计划采取的纠正措施将逐渐开展，请提供实施这些活动的时间表。如果无法在15个工作日内完成纠正，请说明延迟的原因以及完成这些活动的时间。非英文文件请提供英文译本以方便FDA审查。

最后，请注意本信函未完全包括你公司全部违规行为。你公司有责任遵守FDA所有的法律和法规。本信函和检查结束时签发的FDA 483表（检查发现问题清单）中记录的具体违规行为可能表明你公司制造和质量管理体系中存在严重问题。你公司应查明违规原因并及时采取纠正措施，重新确保产品合规。

第 77 封　给 Gentell 的警告信

生产质量管理规范/质量体系法规/医疗器械/伪劣

CMS # 479251

2015年10月5日

尊敬的B先生：

2015年7月29日至2015年8月25日，FDA检查员对位于宾夕法尼亚州Bristol的你公司的检查中认定，你公司制造各种伤口敷料和纱布。根据《联邦食品、药品和化妆品法案》（以下简称《法案》）第201（h）节［21 U.S.C.§ 321（h）］，凡是用于诊断疾病或其他症状，对疾病有治愈、缓解、治疗或预防作用，或是可以影响人体结构或功能的器械，均为医疗器械。故你公司涉及检查的产品为医疗器械。

本次检查表明，这些医疗器械的生产、包装、储存或安装中使用的方法、设施或控制不符合21 CFR 820质量体系法规（以下简称QSR/21 CFR 820）的现行生产质量管理规范（以下简称cGMP）要求，根据《法案》第501（h）节［21 U.S.C.§ 351（h）］的规定，属于伪劣产品。

2018年9月15日，FDA收到你公司针对2015年8月25日FDA检查员出具的FDA 483表（检查发现问题清单）的回复。FDA针对回复，处理如下。这些违规事项包括但不限于以下内容：

1．未能按照21 CFR 820.20的要求充分建立并保持组织结构以生产器械。

你公司未充分证明受过必要教育和培训的适当人员有权评估你公司制造和/或分销的医疗器械（如纱布、凝胶和伤口敷料）的质量。

例如，你公司目前的组织结构没有确定组织单位和/或管理者代表，而组织单位和/或管理者代表有权力和责任确保积极建立和实现质量体系要求，并保持、评审、审核和遵守该体系，将任何偏差/不足点报告给管理层，通过管理评审过程使产品符合质量体系规定。

这一点在检查期间得到了证实，在回复检查员关于你公司是否有监督医疗器械（即纱布、凝胶和伤口敷料）制造的质量体系的询问时，你公司代表表示自己不了解质量体系，也不熟悉医疗器械的相关规定。这也解释了在检查期间提供给检查员的一些记录和标准操作程序不适用于Gentell组织。此外，公司的管理层还没有指定对医疗器械质量予以监督的管理者代表。而且你公司没有进行生产审查，也没有关于如何进行管理评审的书面程序。

此外，你公司自2007年以来就没有开展过质量审核，没有人接受过有关FDA医疗器械制造要求的培训，你公司也没有受到任何外部公司的审核，也没有雇用外部承包商。

你公司于2015年9月15日的回复（作为修订和最终确定2015年7月29日至2015年8月25日FDA报告的会议）以及报告所附信息说明如下：“Gentell, Inc.的管理层现在知悉他们有责任指派管理者代表来负责质量体系的工作。”此外，你公司还指派了（b）(4）来监督质量体系要求，保持并报告质量体系的执行情况。“这一要求将反映在质量体系要求下具有管理责任的书面程序中。附组织机构图。正在为质量体系的实施和控制编制质量体系负责人的职责清单。”

你公司回复称：“Gentell, Inc.已了解管理评审程序及其在第三方审核质量体系成功方面所起的关键作用。将召开包括投诉、纠正和预防措施在内的整个质量体系年度评审会议，并将其反映在质量体系要求下的管理责任书面程序中。”

你公司的回复进一步指出：“Gentell, Inc.现在知悉质量控制人员有责任定期进行内部审核并正在对质量体系实施季度审核，该审核将反映在质量体系要求下的书面程序中。”

但你公司提交的书面回复表明，作为公司高层，你公司没有签署这些拟议的变更；拟议的纠正措施缺乏完成这些变更的具体时间框架并且没有提供客观的文件供FDA审查以验证拟议的变更是否得到实施。此外，只有在下一次定期检查中才能真正评价和验证你公司的回复是否充分。

2．未能按照21 CFR 820.100（a）的要求建立纠正和预防措施程序。

你公司的管理层尚未分析其医疗器械的开发、制造、存储和分销，确定质量数据的来源以确定质量问题。尚未建立识别、调查和纠正/预防质量问题的程序。

具体为，在检查期间提供了SOP，但记录中没有SOP涉及已建立的CAPA系统。

你公司2015年9月15日的回复称，“经第三方审计后，Gentell的管理层认识到‘纠正和预防措施’的重要性。虽然已经建立基本的投诉制度，目前没有对纠正和预防措施程序进行评估或跟进的程序；但纠正和预防措施控制程序将立即实施并反映在书面程序中。”

但你公司提交的回复显示，公司高层没有签署这些拟议的变更；并且没有提供客观的文件供FDA审查以核实拟议的变更。

FDA了解到你公司的回复只是为了让公司通过合规审查，回复的充分性只能在FDA下次定期检查时进行真正的评价和验证。

3．未能按照21 CFR 820.198（a）的要求建立由正式指定的部门接收、评审和评价投诉的程序。

你公司管理层尚未建立文件化流程，用于接收、评审、调查（如有必要）因器械可能出现故障而引起的产品投诉；特别是缺乏评估和/或上报投诉所需的基本要素，而这些投诉可能作为不良事件报告。

FDA了解到你公司的回复只是为了让公司通过合规审查，回复的充分性只能在FDA下次定期检查时进行真正的评价和验证。

4．结果无法通过后续检验和试验充分验证的过程，未能按照21 CFR 820.75（a）要求的既定程序进行验证。

a.（b）（4）管的生产工艺尚未得到验证以确保该工艺始终生产出符合既定规范的成品。例如，成品中的银含量没有规定。此外，还没有对原料的添加、混合时间和温度建立工艺控制文件。

b. 没有证据表明（b）（4）敷料的γ灭菌过程已得到确认。

c.（b）（4）的包装密封尚未进行验证以确保过程控制参数能满足密封要求。

FDA了解到你公司的回复只是为了让公司通过合规审查，你公司回复的充分性只能在FDA下次定期检查时进行真正的评价和验证。

5．未能按照21 CFR 820.181的要求保存器械主记录。

你公司管理层尚未建立（b）（4）伤口敷料生产的经批准的器械主记录（DMR）。此外，没有证据表明器械、生产方法、部件、生产环境、配方、包装和标签的规格已获批准。

FDA了解到你公司的回复只是为了让公司通过合规审查，你公司回复的充分性只能在FDA下次定期检查时进行真正的评价和验证。

6．未能按照21 CFR 820.184的要求保存器械历史记录。

大量器械历史记录（DHR），批号：（b）（4）管路，不包含验证器械是否按照批准的器械主记录制造的记录。DHR没有包含使用的标签和/或用过的标签，也没有包含检查和放行器械标签的书面程序。此外，没有描述器械历史记录的书面程序。

FDA了解到你公司的回复只是为了让公司通过合规审查，你公司回复的充分性只能在FDA下次定期检查时进行真正的评价和验证。

7．未能按照21 CFR 820.25（a）的要求评估和培训员工执行医疗器械制造商的必要任务。

你公司负责医疗器械开发、制造、储存和销售的员工未接受与其工作责任相关的既定质量目标方面的培训。此外，还没有制定符合cGMP要求的书面操作程序以确保对员工进行适当的培训，使其能够履行其职责。

FDA了解到你公司的回复只是为了让公司通过合规审查，你公司回复的充分性只能在FDA下次定期检查时进行真正的评价和验证。

8．此外，请澄清“NDC”一词及其在各种器械产品标签上使用的理由。

最后，尽管FDA确认你公司努力做到主动合规，但对你公司的纠正措施未充分评价，除非你公司能够通过随后的报告和客观文件向FDA证明，在FDA下一次检查中，纠正措施已经实施和遵循并且足以让公司保持在质量体系规定的受控状态。

你公司应立即采取措施纠正本信函所述的违规行为。如若未能及时纠正这些违规行为，可能导致FDA在没有进一步通知的情况下启动监管措施。监管措施包括但不限于没收、禁令和民事罚款。此外，联邦机构会得知关于器械的警告信，以便在签订合同时考虑上述信息。

如果这些违规行为与Ⅲ类器械的上市前批准申请有关联，则在纠正这些违规行为之前，将不会批准此类器械。

请在收到本信函之日起15个工作日内将你公司为纠正上述违规行为所采取的具体步骤书面通知本办公室，并说明你公司计划如何防止此类违规行为或类似违规行为再次发生。包括你公司已经采取的纠正措施（包括任何系统性纠正措施）的文件材料。如果你公司计划采取的纠正措施将逐渐开展，请提供实施这些活动的时间表。如果无法在15个工作日内完成纠正，请说明延迟的原因以及完成这些活动的时间。你公司的回复应全面，并解决此警告信中所包括的所有违规行为。

最后，请注意本信函未完全包括你公司全部违规行为。你公司有责任遵守FDA所有的法律和法规。本信函和检查结束时签发的FDA 483表（检查发现问题清单）中记录的具体违规行为可能表明你公司制造和质量管理体系中存在严重问题。你公司应查明违规原因并及时采取纠正措施，确保产品合规。

第78封　给Hubei Weikang Protective Products Co.，Ltd. 的警告信

生产质量管理规范/质量体系法规/医疗器械/伪劣/标识不当

CMS # 478690

2015年10月2日

尊敬的Y先生：

美国食品药品管理局（FDA）于2015年6月1日至2015年6月4日，对你公司位于中国湖北省仙桃市的维康防护用品有限公司的医疗器械进行了检查。检查期间，FDA检查员已确认你公司生产制造外科手术服，导电鞋和鞋套，手术服附件，含淀粉共聚物、甘油和表面活性剂护理垫的聚氨酯垫，非手术隔离服，手术帽，清洁口罩，手术室鞋套，手术服装。

根据《联邦食品药品和化妆品法案》(以下简称《法案》）第201（h）节［21 U.S.C.§ 321（h）］的规定，凡是用于诊断疾病或其他症状，对疾病有治愈、缓解、治疗或预防作用，或是可以影响人体结构或功能的器械，均为医疗器械。故你公司涉及检查的产品为医疗器械。

本次检查表明，这些医疗器械的生产、包装、储存或安装中使用的方法、设施或控制不符合质量体系法规（参见21 CFR 820）对于生产质量管理规范的要求，根据《法案》第501（h）节［21 U.S.C.§ 351（h）］的规定，属于伪劣产品。

2015年6月17日，FDA收到你公司针对FDA检查员于2013年8月12日出具的FDA 483表（检查发现问题清单）的回复。FDA针对回复，处理如下。你公司的违规事项包括但不限于以下内容：

1．未能按照21 CFR 820.100（a）的要求建立并维护纠正和预防措施（CAPA）的实施程序。

例如，2014年5月1日的客户投诉#140120报告收到的成品中有小绒毛球。要求（b）(4）所记录的结果纠正措施。但你公司的文件“清洁管理计划”(b）(4）没有将这种清洁方法作为一项要求。

FDA审查了你公司的回复并认定内容不够充分。你公司没有提供证明CAPA内部审计的文件来确保CAPA符合程序和质量体系要求。

2．未能按照21 CFR 820.50的要求建立并维护相应的程序来确保所有采购或收到的产品和服务符合规定要求。例如：

a．你公司不具备第4.3节第（b）(4）项的部件供应商资格。

b．你公司没有记录（b）(4）部分材料来源变更的审查和评价。

FDA审查了你公司的回复并认定内容不够充分。你公司没有提供文件证明你公司对部件供应商进行了内部审计来确保其符合规定的要求。

鉴于违规行为的严重性，由你公司制造的手术服，导电鞋和鞋套，手术服附件，含淀粉共聚物、甘油和表面活性剂的聚氨酯垫，非手术隔离服，手术帽，清洁口罩，手术室鞋套，手术服等，根据《法案》第801（a）节［21 U.S.C.§ 381（a）］的规定可能会被拒绝入境，因为产品基本属于伪劣产品。因此，FDA正在采取措施，在这些违规行为得到纠正之前拒绝这些“未经检查而扣押”的器械进入美国。要解除对器械的扣押，你公司应按下述方式对本警告信做出书面回复并纠正本信函中描述的违规行为。FDA将通知你公司，有关你公司的回复是否充分以及是否需要再次检查你公司的设施，以验证是否已落实适当的纠正和/或纠正措施。

美国联邦机构可能会获悉关于器械的警告信，以便在签订合同时考虑这些信息。此外，如果FDA确定你公司违反了质量体系法规，且这些违规行为与Ⅲ类器械的上市前批准申请有关联，则在纠正这些违规行为之前，将不会批准此类器械。

请在收到本信函之日起15个工作日内将你公司为纠正上述违规行为所采取的具体步骤书面通知本办公室，并说明你公司计划如何防止此类违规行为或类似违规行为再次发生。包括你公司已经采取的纠正措施（必须解决系统问题）的文件材料。如果你公司计划采取的纠正措施将逐渐开展，请提供实施这些活动的时间表。如果无法在15个工作日内完成纠正，请说明延迟的原因以及完成这些活动的时间。非英文文件请提供英文译本以方便FDA审查。FDA将通知你公司，有关你公司的回复是否充分以及是否需要重新检查你公司的设施，以验证你公司是否已采取了适当纠正措施。

最后，请注意本信函未完全包括你公司全部违规行为。你公司有责任遵守FDA所有的法律和法规。本信函和检查结束时签发的FDA 483表（检查发现问题清单）中记录的具体违规行为可能表明你公司制造和质量管理体系中存在严重问题。你公司应查明违规原因并及时采取纠正措施，确保产品合规。

第79封　给GeoTec，Inc.的警告信

生产质量管理规范/质量体系法规/医疗器械/伪劣

CMS # 480160

2015年9月30日

尊敬的J先生：

2015年8月11日至24日，美国食品药品管理局（FDA）对位于89 Bellows Street, Warwick, RI的你公司进行了检查。FDA调查员在检查中认定你公司制造高频插管（RFC）电极和腹腔镜套管和套管针。根据《联邦食品、药品和化妆品法案》（以下简称《法案》）第201（h）节［21 U.S.C.§ 321（h）］，凡是用于诊断疾病或其他症状，对疾病有治愈、缓解、治疗或预防作用，或是可以影响人体结构或功能的器械，均为医疗器械。故你公司涉及检查的产品为医疗器械。

本次检查表明，这些医疗器械的生产、包装、储存或安装中使用的方法、设施或控制不符合21 CFR 820质量体系法规对现行生产质量管理规范（cGMP）要求，根据《法案》第501（h）节［21 U.S.C.§ 351（h）］的规定，属于伪劣产品。

FDA已于2015年9月11日收到你公司质量经理Tammy A. Healey针对2015年8月24日FDA检查员出具的FDA 483表（检查发现问题清单）的回复。FDA针对回复，处理如下。你公司重大违规行为如下：

1. 未能在高度保证的情况下充分验证过程，其结果不能通过21 CFR 820.75（a）要求的后续检验和试验完全验证。

例如，你公司没有充分验证你公司生产的Banyan套管/套管针组合包。对两份确认报告的审查发现了以下不足之处：

- 关于2013年2月28日签署的题为“根据GeoTec协议170004-01对Banyan Medical套管/套管针新产品、加速老化产品和实时老化产品进行的物理台架试验研究”的报告：
  - ○ 你公司没有列出可接受的技术规范的批准协议，以证明成品符合你公司批准的标准。
  - ○ FDA观察到同一份报告的两个不同版本（B），日期均为2013年2月28日。其中一个版本包括失败的弯曲测试结果。第二个版本没有包含失败的数据，也没有对失败的结果提供任何解释。
  - ○ 对于在套管上进行的压缩试验，选取试验套管之间的各种差异进行研究是没有依据的；例如，试验套管的数量（（b）（4）与（b）（4）），长度（（b）（4）与（b）（4）），套管是否有侧口，样品是否在试验前灭菌或者套管是否经历了加速老化。
  - ○ 对于在套管针上进行的机械拉伸试验，选取套管针之间的各种差异进行研究是没有合理依据的；例如，试验器械的数量（（b）（4）与（b）（4）），长度（（b）（4）与（b）（4）），尖端类型（（b）（4）与（b）（4）），或老化（（b）（4）-加速老化年份vs.制造日期）。
  - ○ 对于在套管针上进行的机械穿刺试验，选取套管针之间的各种差异进行研究没有合理依据；例如，试验数量的差异（（b）（4）与（b）（4）），长度的差异（（b）（4）与（b）（4）），尖端类型的差异（（b）（4）与（b）（4）），或者在测试前是否对样品进行了灭菌。
  - ○ 没有将特定组的结果与另一组的结果进行比较，来证明结果处于可接受的范围内（即测试成功或失败）。
  - ○ 套管针机械刺穿试验一组（批号10040531）测试的部件，找不到进货检验报告。
- 关于题为“2013年2月4日Banyan Medical一次性套管/套管针加速实时老化分析报告”的报告：
  - ○ 对于三次无菌包装剥离强度试验失败没有提供任何解释。

○ 你公司尚未按本报告要求的在2015年6月14日前对Banyan Medical套管/套管针开展实时老化研究。目前该测试尚未启动。

你公司回复尚不足以澄清此项违规事实。你公司虽然已经对FDA 483表中的不尽责行为予以合理论证，但是没有提供文件证明上述器械已经过适当的确认测试和实时稳定性测试。在对警告信的回复当中，你公司应向FDA说明为纠正此违规行为而采取的措施，包括确认和稳定性测试。

2．未能按照21 CFR 820.184的要求保持足够的器械历史记录（DHR），包括证明器械的生产符合器械主记录的验收记录。例如：

- 在审查NeuroTherm RFC电极批次M0070815-21的DHR期间，（b）（4）个单元未通过初步检查并进行再加工；但DHR中没有记录返工的文件。
- 两条DHR审查记录操作早于必要组件的制造和/或发布日期。例如，2014年7月29日拣配了批次140721成品子组件，但直到10天后2014年8月8日才发布零件。2014年7月21日拣配了批次140707制成品的组件，但直到次日2014年7月22日的才发布零件。
- 在审查DHR的过程中，FDA观察到两种不同的产品具有相同的批号，MO070114-03。你公司的工作人员说明批号应只使用一次。

你公司的回复尚不足以澄清此项违规事实。例如，你公司已表明将在DHR上记录批次M0070815-21的返工步骤。请注意数据应与操作同时记录。FDA还担忧你公司的质量审查程序不足以检测出可能导致发布和装运伪劣医疗器械的错误。在警告信的回复当中，你公司应向FDA说明为纠正这一违规行为而采取的步骤，并收录对以前DHR的回顾性审查，以确保以前的器械已正确制造且符合你公司器械主记录。

3．未能21 CFR 820.100（a）（4）的要求建立并维护验证或确认纠正和预防措施的程序来确保此类措施有效，且不会对成品器械造成不利影响，例如：

- 2015年2月10日，纠正和预防措施（CAPA）1154启动，旨在解决内窥镜一次性刀具的退货问题。CAPA称客户收到3批灭菌点指示器不正确的器械，产品上贴了环氧乙烷灭菌点，而不是伽玛灭菌点。你公司建议的纠正措施是将受影响的批次返工。该CAPA随后于2015年2月12日关闭，但并未验证所有纠正措施是否完成。例如，CAPA中的文档表明，只有两个批次被重新加工，但没有提供有关剩余批次的描述（150106）。

你公司的回复尚不足以澄清此项违规事实。在随后对与本CAPA相关的记录审查期间，FDA发现其中一个批次（150108）的DHR显示批次R13030237伽马灭菌点使用了不正确的成分，但你公司质量审查并未发现此差异。鉴于上述DHR不足点，你公司对本警告信的回复应说明你公司为防止类似违规行为再次发生而采取的措施，包括你公司为确保所有验收活动正确进行而对质量审查行动进行的修改，并提供证据证明所有CAPA验证活动都是针对以前关闭的CAPA进行的。

你公司应立即采取措施纠正本信函所述的违规行为。如若未能及时纠正这些违规行为，可能导致FDA在没有进一步通知的情况下启动监管措施。监管措施包括但不限于没收、禁令和民事罚款。此外，联邦机构会得知关于器械的警告信，以便在签订合同时考虑上述信息。如果FDA确定你公司违反了质量体系法规，且这些违规行为与Ⅲ类器械的上市前批准申请有关联，则在纠正这些违规行为之前，将不会批准此类器械。同时，如果FDA确定你公司的器械不符合法案的要求，则不会批准出口证明（Certificates to Foreign Governments，CFG）的申请。

请在收到本信函之日起15个工作日内将你公司为纠正上述违规行为所采取的具体步骤书面通知本办公室，并说明你公司计划如何防止此类违规行为或类似违规行为再次发生。包括你公司已经采取的纠正措施（必须解决系统问题）的文件材料。如果你公司计划采取的纠正措施将逐渐开展，请提供实施这些活动的时间表。如果无法在15个工作日内完成纠正，请说明延迟的原因以及完成这些活动的时间。你公司的回复应全面，并解决此警告信中所包括的所有违规行为。

最后，请注意本信函未完全包括你公司全部违规行为。你公司有责任遵守FDA所有的法律和法规。本信函和检查结束时签发的FDA 483表（检查发现问题清单）中记录的具体违规行为可能表明你公司制造和质量管理体系中存在严重问题。你公司应查明违规原因并及时采取纠正措施，确保产品合规。

第80封　给Banyan Medical, LLC. 的警告信

生产质量管理规范/质量体系法规/医疗器械/伪劣

CMS # 480163
2015年9月30日

尊敬的J先生：

美国食品药品管理局（FDA）于2015年8月11日至24日对位于89 Bellows Street, Warwick, RI的你公司的医疗器械进行了检查。检查期间，FDA已确认你公司为腹腔镜套管及套管针的技术规范制定者。根据《联邦食品、药品和化妆品法案》（以下简称《法案》）第201（h）节［21 U.S.C.§ 321（h）］的规定，凡是用于诊断疾病或其他症状，对疾病有治愈、缓解、治疗或预防作用，或是可以影响人体结构或功能的器械，均属于医疗器械。故你公司涉及检查的产品均为医疗器械。

本次检查表明，这些医疗器械的生产、包装、储存或安装中使用的方法、设施或控制不符合21 CFR 820质量体系法规对现行生产质量管理规范（cGMP）要求，根据《法案》第501（h）节［21 U.S.C.§ 351（h）］的规定，属于伪劣产品。

2015年9月11日，FDA收到你公司质量经理Tammy A. Healey针对2015年8月24日FDA检查员出具的FDA 483表（检查发现问题清单）的回复。FDA针对你方回复，处理如下。你公司存在重大违规行为，具体如下：

1．未能按照21 CFR 820.30（g）的要求建立和保持器械设计验证程序，以确保器械符合规定的用户需求和预期用途，从而确保设计验证的结果，包括设计的标识、方法、日期和执行确认的个人均被记录在设计历史文档中。例如，对你公司Banyan Medical套管/套管针包进行的设计确认研究发现了以下缺陷：

- 关于题为"根据GeoTec协议170004-01对Banyan Medical套管/套管针新产品、加速老化和实时老化产品进行的物理台架试验研究"的报告（出具于2013年2月28日）：
  - 你公司没有列出可接受的规格标准的核准协议，以证明成品符合你公司批准的标准；
  - FDA注意到出具日期均为2013年2月28日的同一份报告的两个不同版本（B），其中一个版本包括失败的弯曲测试结果；第二个版本则没有包含失败的数据，也没有对失败的结果提供任何解释；
  - 对于在套管上进行的压缩试验，作为本研究的一部分，试验套管之间的各种差异没有任何合理论证；例如，试验套管的数量（（b）（4）与（b）（4）），测试长度（（b）（4）与（b）（4）），套管是否有侧口，样品在试验前是否灭菌或者套管是否经历了加速老化；
  - 对于在套管针上进行的机械拉伸试验，作为本研究的一部分，套管针之间的各种差异没有任何合理论证；例如，试验器械的数量（（b）（4）与（b）（4）），试验长度（（b）（4）与（b）（4）），尖端类型（（b）（4）与（b）（4）），或老化（（b）（4）-加速老化年份vs.制造日期）；
  - 对于在套管针上进行的机械穿刺试验，套管针之间的各种差异没有任何合理论证；例如，试验数量的差异（（b）（4）与（b）（4）），测试长度的差异［（b）（4）与（b）（4）），尖端类型的差异（（b）（4）与（b）（4）），或者在测试前是否对样品进行了灭菌；
  - 没有将特定组的结果与另一个组的结果进行比较以显示结果是否在可接受的范围内（即测试成功或失败）。

- 关于题为“Banyan Medical一次性套管/套管针加速实时老化分析报告”的报告（出具于2013年2月4日）：
  - 没有对三次无菌包装剥离强度试验失败提供任何解释；
  - 你公司尚未按该报告要求对Banyan Medical套管/套管针开展实时老化研究。报告总结显示，实时老化研究应在2015年6月14日前完成；然而，该测试目前尚未启动。

你公司回复尚不足以澄清此项违规事实。你公司虽然已经对FDA 483表上的不合格项予以合理论证，但没有提供文件证明上述器械已经过适当的设计验证试验，也没有提供任何实时稳定性试验文件。在警告信的回复当中，你公司应向FDA说明你公司为纠正此违规行为而采取的措施，包括最近为纠正此违规行为而进行的任何验证和稳定性试验。

你公司应立即采取措施纠正本信函所述的违规行为。如若未能及时纠正这些违规行为，可能导致FDA在没有进一步通知的情况下启动监管措施。监管措施包括但不限于没收、禁令和民事罚款。此外，联邦机构会得知关于器械的警告信，以便在签订合同时考虑上述信息。如果FDA确定你公司违反了质量体系法规，且这些违规行为与Ⅲ类器械的上市前批准申请有关联，则在纠正这些违规行为之前，将不会批准此类器械。同时，在违规行为未得到纠正之前，FDA不会批准相关器械的出口证明（Certificates to Foreign Governments，CFG）申请。

请在收到本信函之日起15个工作日内将你公司为纠正上述违规行为所采取的具体步骤书面通知本办公室，并说明你公司计划如何防止此类违规行为或类似违规行为再次发生。包括你公司已经采取的纠正措施（必须解决系统问题）的文件材料。如果你公司计划采取的纠正措施将逐渐开展，请提供实施这些活动的时间表。如果无法在15个工作日内完成纠正，请说明延迟的原因以及完成这些活动的时间。你公司的回复应全面，并解决此警告信中所包括的所有违规行为。

最后，请注意本信函未完全包括你公司全部违规行为。你公司有责任遵守FDA所有的法律和法规。本信函和检查结束时签发的FDA 483表（检查发现问题清单）中记录的具体违规行为可能表明你公司制造和质量管理体系中存在严重问题。你公司应查明违规原因并及时采取纠正措施，确保产品合规。

第81封 给Aros Surgical Instruments Corporation的警告信

生产质量管理规范/质量体系法规/医疗器械/伪劣

CMS # 452629
2015年9月25日

尊敬的P先生：

美国食品药品管理局（FDA）于2015年2月2日至2月6日对位于加州Newport Beach的你公司的检查中认定，你公司制造外科手术缝合线和微小吻合钳。根据《联邦食品、药品和化妆品法案》（以下简称《法案》）第201（h）节［21 U.S.C.§ 321（h）］的规定，凡是用于诊断疾病或其他症状，对疾病有治愈、缓解、治疗或预防作用，或是可以影响人体结构或功能的器械，均属于医疗器械。故你公司涉及检查的产品均为医疗器械。

本次检查表明，这些医疗器械的生产、包装、储存或安装中使用的方法、设施或控制不符合21 CFR 820质量体系法规对现行生产质量管理规范（cGMP）要求，根据《法案》第501（h）节［21 U.S.C.§ 351（h）］的规定，属于伪劣产品。

FDA收到了你公司于2015年2月20日提交的针对FDA检查员出具的FDA 483表（检查发现问题清单）的回复。以下是FDA对于你公司各违规事项相关回复的意见。这些违规事项包括但不限于以下内容：

1．未能建立并保持器械设计的控制程序来确保满足21 CFR 820.30（a）（1）的设计要求。

例如，你公司没有为外科手术缝合线的设计保留设计控制文档。FDA已审查你公司回复并认定回复内容不够充分。FDA无法核实你公司SOP 73-01设计控制程序（生效日期为2015年2月6日）的执行情况。在此回复中，你公司提交了一份外科手术缝合线的回顾性设计历史文档。你公司手术缝线的设计文档不够充分，FDA在本信函第（5）项的讨论中对此进行了说明。

你公司也没有解决基本的缺陷或缺乏适当的设计控制过程和程序，这些过程和程序本应在这些器械投入州际贸易之前就已经到位。

2．未能按照21 CFR 820.30（i）的要求，在设计变更实施前，建立并保持设计变更的识别、文件编制、确认或适当的验证、审查和批准程序。

例如，你公司在未遵循既定程序的情况下对医疗器械进行了以下设计变更：

- 改变灭菌方法：微小吻合钳应采用（b）（4）灭菌方法，外科手术缝合线则由（b）（4）变更为电子束灭菌；
- 微小吻合钳进行铰链销和弹簧的材料（b）（4）发生变更；
- 增加弯曲型微小吻合钳，型号为HK-1和HK-2；
- 增加不同闭合力（15g和120g）的微小吻合钳。

当FDA检查员提出要求时，你公司无法提供任何有关灭菌方法变更的文件且提供的上述其他设计变更的文件也不完整。

FDA经过审查，认为你公司的回复不够充分。你公司提供了SOP73-01设计控制程序，但本程序不需要确认或在适当情况下验证设计变更。关于你公司的外科手术缝合线和微小吻合钳，你公司没有确定任何一种器械（b）（4）的灭菌方法的变更，你公司没有保存这些变更的文件，也没有审查和批准这些变更。灭菌方法变更的确认见（b）（4）；因此，FDA不能对其充分性发表评论。此外，微小吻合钳的“设计溯源”文件参考了“购买前对（b）（4）的目视检查”，作为铰链销和弹簧材料变更，增加弯型以及增加15g至120g闭合力的微小吻合钳的验证方法。这种验证方法不足以确保这些变更得到确认，从而保证所生产的器械符合既定的用户需求和预期用途。

3．未能建立程序以确保所有采购或以其他方式收到的产品和服务符合21 CFR 820.50的要求。

具体为，你公司没有制定采购控制程序来确保供应商、承包商和顾问满足规定的质量要求。FDA已经审查了你公司的回复并认为其不够充分。你公司提供了SOPs 74-03收货、74-02采购和74-01供应商评价。FDA无法核实这些程序的执行情况。

4．未能建立并保持相应的数据，清楚描述或提及所采购或以其他方式接收产品和服务的规定要求（包括质量要求），还有未能根据21 CFR 820.50（b）的要求与供应商和承包商达成协议，要求其产品或服务发生变更时通知你公司。

例如，你公司未保留清楚描述或提交指定要求的记录，包括你公司外科手术缝合线和微小吻合钳的代工厂必须满足的质量要求。此外，你公司与该代工厂没有制定需要通知你公司代工的产品发生变更的协议。FDA的检查显示，你公司微小吻合钳的灭菌方法（b）（4）发生改变，你公司外科手术缝合线的灭菌方法由（b）（4）变为电子束。FDA已经审查了你公司的回复，认为其不够充分。你公司提供了SOP 74-02采购程序，但没有展示其实施情况。

5．未能按照21 CFR 820.30（j）的要求建立设计历史文档。

例如，你公司没有建立并保持外科手术缝合线的设计历史文档，也没有保持记录微小吻合钳设计变更的设计历史文档。FDA已经审查了你公司的回复，认为其不够充分。你公司为外科手术缝合线和微小吻合钳提供了SOP 73-01，设计控制和“设计输入/输出表”。你公司微小吻合钳的“设计输入/输出表”未提及关于灭菌方法（b）（4）变更的批准。此外，本表在（b）（4）处规定了微小管吻合钳“符合ISO 11137的辐射”，但未规定这是伽马射线、电子束还是X射线。关于外科手术缝合线的“设计输入/输出表”参考文献（b）（4），FDA的检查发现，你公司现在都是采用电子束辐射对这些器械灭菌。此外，你公司“设计输入/输出表”引用“灭菌确认”作为产品的无菌验证方法，并且如本信函之前引用的，你公司没有证明任何器械的灭菌方法已经得到确认。

6．未能按照21 CFR 820.40（b）的要求充分保持文件变更记录。

例如，你公司对“文件变更表”作了如下修改：

- “内部重新贴标签的操作已从规程中移除。因此，必须更改表格以在来料检验中显示这些更改”，批准日期2010年1月18日；
- “在新的标签中更新盒子标签规范”，批准日期：2010年1月18日；
- “因附加产品编号而更改制造商缝合线材料编号表”，批准日期：2010年5月25日；
- “在（b）（4）内部审核后更新质量体系并更新新的监管要求”，批准日期：2010年7月22日。

你公司变更记录没有包括变更说明和受影响文件的标识。FDA已经审查了你公司的回复，认为其不够充分。你公司提供了SOP42-01文件控制程序，但尚未证实其实施情况。

7．未能按照21 CFR 820.181的要求保存器械主记录。

例如，你公司未保存根据21 CFR 820.40编制并获批的器械主记录。你公司器械主记录不完整，因为该记录没有引用完整的器械规范、生产工艺规范、质量保证程序和技术规范以及包装和标签规范。

FDA已经审查了你公司的回复，并认为其不够充分。你公司提供了SOP42-02，器械主记录。此程序尚未完全执行。你公司回复中包含的器械主记录包括完整的器械技术规范；没有提及生产工艺规范、质量保证程序和技术规范以及包装和标签技术规范。

8．未能按照21 CFR 820.22的要求确保进行质量审核的个人对被审核的事项不承担直接责任。

例如，在检查过程中，你公司向FDA检查员提供了文件，其中提到（b）（4）在（b）（4）对AroSurgical

Instruments质量体系进行了审查。FDA已经审查了你公司的回复，并认为其不够充分。你公司提供了SOP 82-02-内部质量审核程序，然而，此程序尚未完全执行。此外，你公司回复提供的信息与提供给FDA检查员的信息不一致。此回复提及（b）(4）在相同日期进行的审查封面资料。

根据《法案》第501（f）(1）(B）节［21 U.S.C.§ 351（f）(1）(B）]，FDA结合近期检查中收集到的信息，认定微小吻合钳属于伪劣产品。因为根据《法案》第515（a）节［21 U.S.C.§ 360e（a）]，你公司的上市前批准（PMA）申请没有获批，或者根据《法案》第520（g）节［21 U.S.C.§ 360j（g）]，你公司的试验器械豁免（IDE）申请没有获批。根据《法案》第502（o）节［21 U.S.C.§ 352（o）］的规定，你公司的微小吻合钳存在标签虚假行为，因为你公司引进或交付用于州际商业销售的该器械，发生了可能会严重影响产品的安全性或有效性的变更或修改，例如未按照《法案》第510（k）节［21 U.S.C.§ 360（k）］和21 CFR 807.81（a）(3）(i）的要求向FDA提交新的上市前通知的情况下，对设计、材料、化学成分、能源或制造工艺进行重大变更或修改。你公司已经根据K961100的批准修改了微血管吻合钳，具体如下所示：

- 更改灭菌方法（b）(4)；
- 更改微小吻合钳的组成材料（b）(4)；
- 更改微小吻合钳的闭合力；
- 将微小吻合钳的设计由直线型改为弯曲型。

灭菌方法的改变和材料的变更可能会影响器械的生物相容性。材料（b）(4）的变化、弯曲设计的增加和夹钳闭合力的改变无需任何测试都明显会显著影响器械的安全性和有效性。因此，这些变更需要再一次证实满足510（k）。

需要根据《法案》第510（k）节［21 U.S.C.§ 360（k）］的要求进行上市前批准、通知的器械，当PMA申请到达监管当局处待批准期间，视为已符合要求。21 CFR 807.81（b）。为获得上市前批准，你公司需要提交的信息类型参见url。FDA将对你公司提交的信息进行评估并确定你公司产品是否为合法销售。FDA的检查还发现，你公司未按照《法案》第510（k）条［21 U.S.C.§ 360（k）］的要求，通知监管当局你公司打算将微小吻合钳进行商业销售的情况下，对你公司微小吻合钳进行了设计变更。

FDA要求AROSurgical Instruments Corporation立即停止导致上述外科手术缝合线和微小吻合钳成为伪劣商品或定义为标签虚假的行为，例如将这些器械用于上述用途的商业销售。

你公司应立即采取措施纠正本信函所述的违规行为。如若未能及时纠正这些违规行为，可能导致FDA在没有进一步通知的情况下启动监管措施。监管措施包括但不限于没收、禁令和民事罚款。此外，联邦机构会得知关于器械的警告信，以便在签订合同时考虑上述信息。如果FDA确定你公司违反了质量体系法规，且这些违规行为与Ⅲ类器械的上市前批准申请有关联，则在纠正这些违规行为之前，将不会批准此类器械。同时，在违规行为未得到纠正之前，FDA不会批准相关器械的出口证明（Certificates to Foreign Governments，CFG）申请。

请在收到本信函之日起15个工作日内将你公司为纠正上述违规行为所采取的具体步骤书面通知本办公室，并说明你公司计划如何防止此类违规行为或类似违规行为再次发生。包括你公司已经采取的纠正措施（必须解决系统问题）的文件材料。如果你公司计划采取的纠正措施将逐渐开展，请提供实施这些活动的时间表。如果无法在15个工作日内完成纠正，请说明延迟的原因以及完成这些活动的时间。你公司的回复应全面，并解决此警告信中所包括的所有违规行为。

最后，请注意本信函未完全包括你公司全部违规行为。你公司有责任遵守FDA所有的法律和法规。本信函和检查结束时签发的FDA 483表（检查发现问题清单）中记录的具体违规行为可能表明你公司制造和质量管理体系中存在严重问题。你公司应查明违规原因并及时采取纠正措施，确保产品合规。

第 82 封　给 Medsource，Inc. 的警告信

生产质量管理规范/质量体系法规/医疗器械/伪劣

CMS # 460224

2015年9月24日

尊敬的B先生：

美国食品药品管理局（FDA）于2015年3月26日至31日对位于罗得岛州蒂弗顿主干道548号Medsource，Inc.的医疗器械进行了检查。FDA检查员在检查中认定你公司制造并销售医疗器械，包括骨科手术器械托盘。根据《联邦食品、药品和化妆品法案》（以下简称《法案》）第201（h）节［21 U.S.C.§ 321（h）］的规定，凡是用于诊断疾病或其他症状，对疾病有治愈、缓解、治疗或预防作用，或是可以影响人体结构或功能的器械，均属于医疗器械。故你公司涉及检查的产品均为医疗器械。

本次检查表明，这些医疗器械的生产、包装、储存或安装中使用的方法、设施或控制不符合21 CFR 820质量体系法规对现行生产质量管理规范（cGMP）要求，根据《法案》第501（h）节［21 U.S.C.§ 351（h）］的规定，属于伪劣产品。

FDA收到你公司于2015年4月13日提交的针对FDA检查员于2015年3月31日出具的FDA 483表（检查发现问题清单）的回复。FDA对你公司回复的充分性的评论如下。你公司重大违规行为如下：

1．未能按照21 CFR 820.150（a）的要求建立并保持产品储存区和储存室的控制程序以防止在使用或分销之前出现混淆、损坏、变质、污染或其他不利影响，并确保未使用或分销废弃品、不合规品或变质品。

需要特别提出的是，当检查员进行检查时，你公司没能提供医疗器械的储存程序。

此外，检查员还发现，等待出库的骨科托盘的暂时存放区域也用于对手术使用后退货至你公司的骨科器械托盘实施检查。同时，检查员还发现在骨科器械托盘和其他器械托盘旁边放置了一个装有汽油的容器。

2．未能按照21 CFR 820.80（a）的要求为你公司的骨科器械托盘制造进行验收。

尤其是当FDA检查员进行检查时，你公司未能提供任何实施验收活动的证据，甚至退货至你公司工厂做进一步分配的器械也没有相应的验收活动。

3．未能按照21 CFR 820.100（a）的要求建立并保持纠正和预防措施（CAPA）的验证或确认程序。

尤其是当FDA检查员进行检查时，你公司没能提供任何CAPA程序。

4．未能建立程序以确保具有执行责任的管理层会在规定的时间间隔和以足够的频率审查质量体系的合适性和有效性，以确保质量体系满足21 CFR 820.20的要求。

具体为，你公司没有管理评审和/或质量体系的程序，没有制定质量计划和/或质量政策，也没有开展管理评审。

你公司对上述违规行为的回复还不够充分。你公司回复中确实包含了所承诺的对上述项目实施的一些纠正措施，但没有包含适当的文档来确保这些项目得到纠正。

21 CFR 807.20要求从事生产、制备、传送、复合、组装或加工供人类使用的器械的任何机构需注册并提交商业销售这些器械的清单信息。由于你公司正在变更手术器械托盘并且该产品在变更后不会保持与原来一致，而是成为新的器械（在手术器械托盘中放置其他医疗器械），因此你公司将被视为制造商需要注册并备案你公司机构。根据《法案》第502（o）节［21 U.S.C.§ 352（o）］在未根据第510节正式注册的机构中生产、制备、传送、复合或加工的器械均视为标签虚假产品。

请注意，对作为骨科器械系统（如骨科手术器械托盘）一部分提供的仪器和/或标签进行重大更改可能

会改变器械的预期用途，根据《法案》第502（o）节［21 U.S.C.§ 352（o）］，这将导致你公司经销的器械被定为标签虚假产品，同时根据《法案》第501（f）（1）（B）节［21 U.S.C.§ 351（f）（1）（B）］被定为伪劣产品，因为你公司在未按照《法案》第510（k）节［21 U.S.C.§ 360（k）］和21 CFR 807.81（a）（3）（ii）的要求向FDA提交新的上市前申请的情况下，会在对预期用途进行重大更改或修改的情况下将器械引入或交付州际商业销售；又由于产品按照《法案》第513（f）节［21 U.S.C.§ 360c（f）］的规定可能会归为Ⅲ类器械，而且根据《法案》第515（a）节［21 U.S.C.§ 360e（a）］可能无法获批上市前申请，或者根据《法案》第520（g）节［21 U.S.C.§ 360j（g）］取得研究器械豁免的申请批准。

另外，请注意你公司经销的产品Optercure+CCC（同种异体脱钙骨基质+CCC）是一种医疗器械。该产品预期用途是诊断疾病或其他症状，或用于治疗、缓解、治愈或预防疾病，或影响身体结构或功能，根据《法案》第201（h）节［21 U.S.C.§ 321（h）］的规定，该产品属于医疗器械。脱钙骨基质（DBM）不与任何其他成分（如透明质酸钠、甘油或磷酸钙）结合时，根据《公共卫生服务法》第361节规定，作为人体细胞、组织、细胞和组织制品（HCT/P）进行调节。但当脱钙骨基质与骨空隙填充物结合时，结合产物被认定为医疗器械。作为医疗器械，本器械受21 U.S.C.§ 351（h）的管辖约束，因为器械制造、包装、储存或安装所使用的方法或设施或控制器械应符合21 U.S.C.§ 360j（f）（1）（A）以及21 CFR 820质量体系法规中所要求的现行生产质量管理规范的规定。未能满足这些规定将违反《法案》第501（h）节［21 U.S.C.§ 351（h）］的要求。

你公司应立即采取措施纠正本信函所述的违规行为。如若未能及时纠正这些违规行为，可能导致FDA在没有进一步通知的情况下启动监管措施。监管措施包括但不限于没收、禁令和民事罚款。此外，联邦机构会得知关于器械的警告信，以便在签订合同时考虑上述信息。如果FDA确定你公司违反了质量体系法规，且这些违规行为与Ⅲ类器械的上市前批准申请有关联，则在纠正这些违规行为之前，将不会批准此类器械。同时，在违规行为未得到纠正之前，FDA不会批准相关器械的出口证明（Certificates to Foreign Governments，CFG）申请。

请在收到本信函之日起15个工作日内将你公司为纠正上述违规行为所采取的具体步骤书面通知本办公室，并说明你公司计划如何防止此类违规行为或类似违规行为再次发生。包括你公司已经采取的纠正措施（必须解决系统问题）的文件材料。如果你公司计划采取的纠正措施将逐渐开展，请提供实施这些活动的时间表。如果无法在15个工作日内完成纠正，请说明延迟的原因以及完成这些活动的时间。你公司的回复应全面，并解决此警告信中所包括的所有违规行为。

最后，请注意本信函未完全包括你公司全部违规行为。你公司有责任遵守FDA所有的法律和法规。本信函和检查结束时签发的FDA 483表（检查发现问题清单）中记录的具体违规行为可能表明你公司制造和质量管理体系中存在严重问题。你公司应查明违规原因并及时采取纠正措施，确保产品合规。

第83封 给International Medical Development Corporation的警告信

试验器械豁免（IDE）/上市前批准申请（PMA）

CMS # 456906

2015年9月17日

尊敬的Z先生：

美国食品药品管理局（FDA）于2015年3月16日至2015年3月19日，对位于Huntsville, UT 84317的你公司的医疗器械进行了检查。检查期间，FDA检查员已确认你公司为Tuohy、Quincke和Pencil Point 针头的生产制造商，并使用商标Gertie Marx进行销售（“Gertie Marx针头”）。根据《联邦食品、药品和化妆品法案》（以下简称《法案》）第201（h）节［21 U.S.C.§ 321（h）］，凡是用于诊断疾病或其他症状，对疾病有治愈、缓解、治疗或预防作用，或是可以影响人体结构或功能的器械，均为医疗器械。故你公司涉及检查的产品为医疗器械。

经FDA对你公司提供的证明材料审核，包括包装材料、你公司网站（url）和其他宣传材料，根据《法案》第501（f）（1）（B）节［21 U.S.C.§ 351（f）（1）（B）］规定，Gertie Marx针属于伪劣产品。因为你公司没有根据《法案》第515（a）节［21 U.S.C.§ 360e（a）］的规定提交有效的上市前批准（PMA）申请，也没有根据《法案》第520（g）节［21 U.S.C.§ 360j（g）］的规定对所描述和销售的器械提交有效的试验器械豁免（IDE）批准申请。根据《法案》第502（o）节［21 U.S.C.§ 352（o）］，Gertie Marx针存在错贴标签行为，因为你公司引进或交付这些器械用于州际商业销售，但未按照《法案》第510（k）节［21 U.S.C.§ 360（k）］和21 CFR 807.81（a）（3）（ii）的要求向FDA提交新的上市前通知。

具体为，Gertie-Marx针头经K070354许可，准予用于暂时性的麻醉剂输送，从而提供局部麻醉或促进成人硬膜外麻醉导管置入。但你公司的器械推广资料显示该器械可用于腰椎穿刺、脊髓造影和儿科，属于预期用途的重大改变或修改，而你公司对此并未获取许可或批准。例如：

- 你公司网站上的一份声明称：“用于腰椎穿刺的Gertie Marx小儿脊椎麻醉注射针系列是一种非常实用的工具。……儿科麻醉师和神经科医生。”
- 包含声明的宣传材料：“用于腰椎穿刺和脊髓造影的新型Gertie Marx®针头。”
- 包含声明的外包装材料：“儿童用新型Gertie Marx®针头。”
- 包含声明的宣传材料：“新的Gertie Marx®儿童针头麻醉为帮助儿童提供了更多选择。”

对于需要上市前需要获取批准的器械，在监管当局PMA批准之前，视产品以满足《法案》第510（k）节［21 U.S.C.§ 360（k）］所要求的通告要求。21 CFR 807.81（b）。为获得市场准入，请参见url提交相关资料。FDA将对你公司提交的资料进行评估并决定该产品是否可以合法销售。

你公司应立即停止导致Gertie Marx针用于上述用途的器械商业销售以及错贴标签或生产伪劣产品等行为。

如若未能及时纠正这些违规行为，可能导致FDA在没有进一步通知的情况下启动监管措施。监管措施包括但不限于没收、禁令、民事罚款。此外，联邦机构会得知关于器械的警告信，以便在签订合同时考虑上述信息。

请在收到本信函之日起15个工作日内将你公司为纠正上述违规行为所采取的具体步骤书面通知本办公

室，并说明你公司计划如何防止此类违规行为或类似违规行为再次发生。包括你公司已经采取的纠正措施（必须解决系统问题）的文件材料。如果你公司计划采取的纠正措施将逐渐开展，请提供实施这些活动的时间表。如果无法在15个工作日内完成纠正，请说明延迟的原因以及完成这些活动的时间。你公司的回复应全面，并解决此警告信中所包括的所有违规行为。

此外，FDA还注意到与《法案》第501（h）节［21 U.S.C.§ 351（h）］有关的不合规项，这些不合规项是你公司质量体系中与21 CFR 820中质量体系法规中规定的现行生产质量管理规范有关的缺陷。

FDA已收到你公司于2015年4月6日、2015年5月9日和2015年6月24日就FDA调查人员在发给你公司的FDA 483表中的观察结果所作的回复，以下是FDA对于你公司针对各违规事项相关回复的响应。这些不符合项目包括但不限于以下内容：

1．未能建立并维护控制不符合21 CFR 820.90（a）要求的产品的程序。

具体为，FDA针对你公司“不合格品控制记录”的审查表明，你公司未记录任何不合格品，但调查人员审查的（b）（4）器械历史记录（DHR）中有九项被发现（b）（4）之间存在标签错误或差异。例如，DHR（b）（4）在“工作订单上”列出（b）（4）；但你公司用于最终质量控制（QC）检查的（b）（4）上只有（b）（4）被列为最终数量。没有关于（b）（4）的文件。根据你公司对检查人员口头陈述了（b）（4）；但没有文件记录或调查该不合格项，也没有关于（b）（4）处置的文件。

目前，FDA无法确定你公司的回复是否充分。你公司2015年4月6日的回复表明，你公司将修改DHR文件并包括（b）（4），但你公司尚未提供修改后的DHR供FDA审查。根据你公司2015年5月9日和6月24日的回复，你公司正在与你公司供应商签订质量协议，该协议将成为你公司的（b）（4）文档；但在这些协议完成并提交给FDA审查之前，FDA无法评价纠正。

2．未能按照21 CFR 820.50（a）（3）的要求建立可接受的供应商、承包商和顾问的记录。具体如下：

a．FDA对你公司前三大供应商的“供应商审计报告”进行了审查，发现记录不完整，包括但不限于为多项质量体系法规要求的内容填写栏均为空白或者“N/A”。

b．你公司程序，501《供应商资格/审核计划（修订版）》（2011年10月18日发布），声明“质量保证部应建立并维护合格供应商及其关键性的清单”。但你公司未提供任何关于合格供应商及其重要程度的记录，或对供应商的控制类型及程度。

FDA审查了你公司的回复并认为其尚不充分。尽管FDA调查人员告知你公司的管理层，你公司的供应商资格评定程序需要修订，但你公司的回复并未提及修订该程序的任何计划，FDA也未收到该程序的修订版本以供审查。此外，你公司于2015年6月24日的回复中称，你公司已编制了“经批准的供应商清单”并就其重要性和控制程序拟定了排序，但你公司尚未提供该清单的副本供FDA审查。

3．未能按照21 CFR 820.80（a）和21 CFR 820.80（e）的要求记录并建立及维护验收活动程序。例如：

a．你公司未能遵循DHR（b）（4）首次发布产品抽样程序。你公司的程序801：《产品/部件接收和检验》初版（2011年10月18日发布）当中规定：应根据文件（b）（4）实施产品检验。根据你公司的程序1501：《抽样计划》（2011年10月18日（b）（4）发布）初版，其中要求样本量为（b）（4）；DHR（b）（4）记录文件表明仅对每个批次的（b）（4）进行了抽样。

b．包含批次18776包装和标签的最终质量控制检查的表格不完整，尽管该批次已被放行待销售。该表格没有记录最终复核审查，没有最终批准签字，也没有记录产品数量。

FDA目前无法确定你公司的回复是否充分，因为你公司尚未详细说明将采取的纠正措施以供FDA审查。此外，尽管你公司的管理层承认未按已建立的程序文件实施管理，但你公司的回复中并未提及如何确保程序文件在未来得到遵照和执行的相关内容。

4．未能按照21 CFR 820.184的要求充分维护保管器械历史记录。

具体为，在FDA检查人员审查的（b）（4）DHR中没有包含或提及21 CFR 820.184或你公司程序1302器械历史记录（DHR）初版（2011年10月18日发布）所要求的所有要素：如接收/验收记录、标签、贴签和放行销数数量的文件。

FDA目前无法确定你公司的回复是否充分。你公司在2015年4月6日的回复中表示，你公司将修改其DHR以解决此不合规项，但你公司尚未提供修改后的DHR供FDA审查。你公司2015年4月6日的回复还表明，你公司将与供应商合作以确保（b）(4)。但你公司并未提供实施纠正措施的详细计划或具体时间表。你公司2015年5月9日的回复显示你公司正在修订SOP1302器械历史记录；但你公司尚未提供修订后程序供FDA审查。此外，你公司回复表明你公司有（b）(4)，并且（b）(4）将要求审查和使用以前未使用的标准操作规程。但你公司没有提供任何关于将使用哪些程序的细节或对这些程序的任何修订以供FDA审查。

5．未能按照21 CFR 820.181的要求充分维护保管器械主记录。具体如下：

a．你公司提交给调查人员的Gertie Marx Needs的器械主记录（DMR）并不完整，未按21 CFR 820.181要求提及所有元件的位置。例如，DMR没有包含或提及至少一部分器械规范（即图纸和组件规范）、生产工艺规范、质量保证程序和规范、包装和标签规范、安装、维护和维修程序和方法。

b．你公司程序文件1301：器械主记录（DMR）初版（2011年10月18日发布）未能按21 CFR 820.181的要求罗列所有要素，如生产工艺规范、质量保证程序和规范、包装和标签规范、安装、维护和维修程序和方法。

c．根据21 CFR 820.181的要求，未根据21 CFR 820.40编制和批准正式的DMR。

FDA审查了你公司的回复，认为这些回复还不够充分，因为这些回复中根本没有提到这一不合规项。

最后，请注意本信函未完全包括你公司全部违规行为。你公司有责任遵守FDA所有法律和法规。本信函和检查结束签发的FDA 483表（检查发现问题清单）中记录的具体违规行为可能表明你公司制造和质量管理体系中存在严重问题。你公司应查明违规原因并及时采取纠正措施，确保产品合规。

第84封　给Ferrosan Medical Devices A/s的警告信

生产质量管理规范/质量体系法规/医疗器械/伪劣/标识不当

CMS # 474404

2015年9月16日

尊敬的K先生：

美国食品药品管理局（FDA）于2015年4月27日至2015年4月30日，对位于丹麦Soeborg的你公司Ferrosan Medical Devices A/S的医疗器械进行了检查。检查期间，FDA检查员已确认你公司为Surgiolo止血基质的生产制造商，一种可吸收止血胶原器械。根据《联邦食品、药品和化妆品法案》（以下简称《法案》）第201（h）节［21 U.S.C.§ 321（h）］的规定，凡是用于诊断疾病或其他症状，对疾病有治疗、缓解、治愈或预防作用，或是可影响人体结构或功能的器械均为医疗器械，故你公司涉及检查的产品为医疗器械。

本次检查表明，根据《法案》第502（t）（2）节［21 U.S.C.§ 352（t）（2）］的规定，你公司的可吸收止血胶原器械存在错贴标签违规行为。因为你公司未能或拒绝提供《法案》第519节（21 U.S.C.§ 360i）和21 CFR 803 – 医疗器械报告要求的器械相关材料或信息。

FDA已于2015年5月7日收到你公司针对FDA检查员出具的FDA 483表（检查发现问题清单）的回复。以下是FDA对于你公司与各违规事项相关回复的意见。重大违规行为包括但不限于以下内容：

未能按照21 CFR 803.50（a）（1）的要求，于30天内向FDA提交你公司收到的或以其他方式获悉任何来源表明销售的器械可能导致死亡或严重伤害的报告。

例如，投诉#200062395提出了关于你公司的Surgiflo器械可能与导致或促使患者死亡的事件相关。因此，应在30个日历日内提交MDR。你公司于2012年8月29日得知此事。截至你公司回复之时，FDA尚未收到相关事件的MDR。

FDA审查了你公司回复并认定内容不充分。FDA尚未收到投诉#200062395中提及的MDR报告。此外，你公司修订的MDR程序“医疗器械报告”（编号10880，发布日期：2015年4月28日）还不够充分。经审查你公司的MDR程序后注意到以下问题：

1．你公司的程序没有建立内部系统以便及时有效地识别、沟通并评价与MDR相关的事件。例如：

a．该程序省略了21 CFR 803.20（c）（1）中“合理建议”一词的定义。将该术语的定义排除在程序之外可能导致你公司在评估可能符合21 CFR 803.50（a）项下报告标准的投诉时做出不正确的可报告性决定。

b．该程序规定“（b）（4）。”你公司应为涉及该事件的每个患者和每个单独事件提交一份报告。

2．你公司未建立内部控制制度体系，没有规定标准化的审查程序来确定事件是否符合本部分规定的报告标准。

例如，没有关于对每个事件进行全面调查和评估事件原因的说明。

3．你公司未建立及时传输完整的医疗器械报告的内部控制体系。

具体为，未解决以下问题：

a．该程序包括FDA 3500A参考表格和说明，但没有链接到适当的FDA参考网站。FDA建议包含以下链接：

填写FDA表格3500A的说明，地址：ms/UCM387002.pdfhttp://www.fda.gov/downloads/Safetv/MedWatch/HowToReport/DownloadFor

FDA表格3500A位于：url

b. 程序没有包含提交MDR报告的地址：FDA, CDRH，不良事件报告，P.O. Box 3002，Rockville, MD 20847-3002。

要求制造商和进口商向FDA提交电子医疗器械报告（eMDR）的eMDR最终规则，并于2014年2月13日公布。此项最终规则于2015年8月14日生效。如果你公司目前没有以电子方式提交报告，FDA建议你公司访问以下网站链接以获取有关电子报告要求的其他信息：url

如果你公司有意向参与讨论MDR可报告性标准或进一步沟通，可以通过电子邮箱ReporabilityReviewTeam@fda.hhs.gov联系可报告性审查小组。

美国联邦机构可能会悉知关于器械的警告信，以便在考虑授予合同时考虑这些信息。

请于收到此信函的15个工作日内，将你公司已经采取的具体纠正措施，以及你公司准备如何防止这些违规事项或类似行为再次发生的计划书面回复本办公室。回复中应包括你公司已经采取的纠正措施（能系统性解决问题）的相关材料。如果你公司计划采取的纠正措施将逐渐开展，请提供相应的实施时间表。如果采取的纠正措施不能在15个工作日内完成，请说明理由和能够完成的时间。非英文文件请提供英文译本以方便FDA审查。FDA将通知有关你公司的回复是否充分，是否需要重新现场检查以验证你公司是否已采取了适当的纠正措施。

最后，请注意该警告信并非旨在罗列你公司全部违规事项。你公司负有遵守法律和FDA法规的主体责任。信中以及检查结束时FDA 483表上所列具体的违规事项，可能只是你公司制造和质量管理体系中所存在严重问题的表象。你公司应查明违规原因并及时采取纠正措施，确保产品合规。

第85封　给Thai Nippon Rubber Industry Co.，Ltd. 的警告信

生产质量管理规范/质量体系法规/医疗器械/伪劣/标识不当

CMS # 476825

2015年9月14日

尊敬的C先生：

美国食品药品管理局（FDA）于2015年5月11日至2015年5月14日期间，对你公司（位于Nongkham Sriracha, Chonburi，泰国）进行了检查，检查期间，检查员确认你公司生产避孕套。根据《联邦食品、药品和化妆品法案》（以下简称《法案》）第201（h）节［21 U.S.C.§ 321（h）］，凡是用于诊断疾病或其他症状，对疾病有治愈、缓解、治疗或预防作用，或是可以影响人体结构或功能的器械，均为医疗器械。故你公司涉及检查的产品为医疗器械。

检查结果表明，这些器械的生产、包装、储存或安装所用的方法或设施或控制措施不符合21 CFR 820中现行质量体系法规的生产质量管理规范要求。根据《法案》第501（h）节［21 U.S.C.§ 351（h）］的规定，属于伪劣产品。

FDA于2015年6月4日收到了质量保证经理兼高级质量管理者代表Tossaporn Nilkhamhang先生的回复，该回复涉及FDA检查员在FDA 483表——即发予你公司的《检查发现问题清单》中注明的发现事项。FDA处理了你公司针对指出的每一起违规事项做出的回复，具体如下。违规事项包括但不限于以下内容：

1．未能按照21 CFR 820.75（a）的要求，确保当某过程的结果不能通过后续的检查和测试充分验证时，根据已建立的程序文件，对此过程进行确认和批准。

例如，你公司未确认（b）（4）中避孕套生产使用的化学品、添加剂和（b）（4）乳胶的（b）（4）过程。

经审查，FDA认为上述问题的回复不够充分。你公司表示将进行（b）（4）过程确认。但是，你公司并未描述任何纠正措施，以确保（b）（4）工艺或其他生产工艺经过确认。

2．未能确保当变更或过程偏离发生时，制造商按照21 CFR 820.75（c）的要求，审查和评价过程，并在适当时进行再确认。

例如，你公司变更了乳胶（b）（4）生产线（b）（4），包括缩小（b）（4）的规模、减少（b）（4）的数量及加入中间体（b）（4）。但是，你公司未进行（b）（4）再确认。

FDA审查了你公司的回复，并认为这是不充分的。你公司表示将对乳胶（b）（4）进行再确认。但是，你公司并未描述任何纠正措施，以确保乳胶（b）（4）或其他生产工艺的变更将引起再确认需要的评价。

3．未能确保当合理预计环境条件可能对产品质量产生不良影响时，制造商应按照21 CFR 820.70（c）的要求，建立和维护充分控制这些环境条件的程序。例如（b）（4）。

FDA审查了你公司的回复，并认为这是不充分的。你公司表示将建立和维护（b）（4）。但是，你公司并未描述任何纠正措施，以确保以后不会出现类似问题，也未对其他环境控制系统进行评价以确保其正常运行。

4．未能按照21 CFR 820.100（a）的要求建立和维护实施纠正和预防措施的程序。

例如，你公司于2012年4月17日采取的纠正和预防措施（CAPA）程序（b）（4），不包括验证或确认CAPA的要求，以确保此类措施有效且不会对成品器械产生不良影响，包括为解决电子测试未能识别避孕套

上的针孔而采取的CAPA。此外，该程序不包括确保与质量问题或不合格产品有关的信息传递给直接负责保证该类产品质量或预防此类问题的人员的要求。

目前尚无法确定你公司的回复是否充分。你公司表示将修订（b）（4），以包括对纠正措施的验证/确认以及信息传递的要求。但是，有关程序及其实施文件并未提供给FDA进行审查。

FDA的检查还发现，根据《法案》502（t）节［21 U.S.C.§ 352（t）（2）］，你公司的避孕套贴错标签，因为按照《法案》第519节（21 U.S.C.§ 360i）和21 CFR 803——不良事件报告（MDR）的要求，你公司未能或拒绝提供关于该器械的材料或信息。重大违规事项包括但不限于以下内容：

5. 未能按照21 CFR 803.17的要求，制定、维护和实施书面MDR程序。

例如，对你公司标题为“医疗器械不良事件报告，上市后监督和警戒系统，（b）（4）”的MDR程序（版本01—修订版04，2015年4月1日）进行审查后，发现如下问题：

a.（b）（4）未建立能够及时有效地识别、沟通和评价可能符合MDR要求的不良事件的内部系统。例如，本程序遗漏了21 CFR 803.3中“获悉”“导致或促成”“故障”和“MDR应报告事件”等术语的定义，以及21 CFR 803.20（c）（1）中“合理建议”术语的定义。未将这些术语的定义纳入程序中可能会导致你公司在评价可能符合21 CFR 803.50（a）中报告标准的投诉时做出不正确的应报告性决定。

b.（b）（4）未建立规定标准化审查过程的内部系统，以确定事件在什么条件下符合21 CFR 803规定的报告标准。例如：

i. 未针对每起事件进行全面调查和针对事件原因评价进行说明。

ii. 尽管该程序包含有关你公司将如何评价事件相关信息以确定MDR应报告性的说明，但其并未包含有关及时做出决定的说明。

c.（b）（4）未建立及时传输完整的MDR的内部系统。具体而言，是下列问题未得到解决：

i. 你公司在何种情况下必须提交最初30天、补充或后续报告和5天报告以及此类报告的要求。

ii. 该程序的第3页提到了10天的报告。该报告时间表与MDR规定定义的制造商报告的报告时间表不一致，应删除。强制性报告时间表和有关制造商要求的其他信息可以在FDA网站上的21 CFR 803“不良事件报告”子部分E中找到，网址：url。

iii. 你公司将如何为每起事件提交其通过合理方式了解的所有信息。

d.（b）（4）未说明你公司将如何应对文件和记录保存要求，包括：

i. 作为MDR事件文件保存的不良事件相关信息的文件记录；

ii. 为确定事件是否应报告而评价的信息；

iii. 用于确定器械相关的死亡、严重伤害或故障是否应报告或不报告的审议和决策过程的文件；

iv. 确保获取信息的系统，以便FDA及时跟进和检查。

目前尚无法确定你公司的回复是否充分。你公司提供了一项行动计划，其中包括修订MDR程序，以解决2015年6月30日发现事项所列问题。但是，尚未提供文件以供FDA审查。

2014年2月13日公布了eMDR最终规定，要求制造商和进口商向FDA提交电子不良事件报告（eMDR）。该最终规定的要求已于2015年8月14日生效。如果你公司目前尚未提交电子报告，建议访问以下网站链接，获取关于电子报告要求的相关补充信息：url.

如果你公司希望讨论MDR应报告性标准或计划进一步的交流，可通过电子邮件联系应报告性审查小组，邮箱地址：ReportabilityReviewTeam@fda.hhs.gov。

你公司生产的避孕套将不被许可，因其严重违反《法案》第801（a）节［21 U.S.C.§ 381（a）］的规定，似乎属于伪劣产品。因此，FDA正在采取措施，在这些违规事项得到纠正之前，拒绝这些“未经物理检查而扣留”的器械进入美国。为将这些器械从扣留列表中移除，你公司应按照如下所述对本警告信作出书面回复，并纠正本警告信中所述的违规事项。FDA将通知你公司，关于你公司的回复是否充分，以及是否需要重新检查你公司的设施，以验证你公司是否已采取了适当的纠正和/或纠正措施。

同时，联邦机构可能会悉知关于器械的警告信，以便在签订合同时考虑上述信息。此外，若Ⅲ类器械的上市前批准申请与质量体系法规偏离合理相关则在纠正违规事项之前，将不予批准此类器械。

请在收到本警告信之日起15个工作日内以书面形式向本办公室告知你公司为纠正上述违规事项所采取的具体措施，包括解释你公司计划如何防止此类违规事项或类似违规事项再次发生。回复中应包括你公司已经采取的纠正措施（必须解决系统问题）的文件材料。如果你公司计划采取的纠正措施将逐渐开展，请提供实施这些活动的时间表。如果无法在15个工作日内完成纠正，请说明延迟的原因和能够完成这些活动的时间。请提供非英文文件的英文译本，以方便FDA审查。

最后，请注意本信函未完全包括你公司全部违规行为。你公司有责任遵守FDA适用的法律法规。本警告信和在检查结束时签发的FDA 483表（检查发现问题清单）中指出的具体违规事项可能表明你公司制造和质量管理体系方面存在严重问题。你公司应查明违规事项原因，并及时采取纠正措施，确保产品合规。

第86封 给Corin Ltd.的警告信

生产质量管理规范/质量体系法规/医疗器械/伪劣

CMS # 461343

2015年9月14日

尊敬的A先生：

美国食品药品管理局（FDA）于2015年3月2日至2015年3月5日期间，对你公司（位于Cirencester，英国）进行了检查，检查期间，检查员确认你公司生产膝关节假体系统，根据《联邦食品、药品和化妆品法案》（以下简称《法案》）第201（h）节［21 U.S.C.§ 321（h）］，凡是用于诊断疾病或其他症状，对疾病有治愈、缓解、治疗或预防作用，或是可以影响人体结构或功能的器械，均为医疗器械。故你公司涉及检查的产品为医疗器械。

检查结果表明，这些医疗器械的生产、包装、储存或安装所用的方法或设施或控制措施不符合21 CFR 820的cGMP要求。根据《法案》第501（h）节［21 U.S.C.§ 351（h）］的规定，属于伪劣产品。

2015年3月26日，FDA收到了质量保证经理Barry Taylor先生针对FDA检查员出具的FDA 483表（检查发现问题清单）的回复。FDA针对回复，处理如下。违规行为包括但不限于以下内容：

1．未能按照21 CFR 820.100（a）的要求建立和维护实施纠正和预防措施的程序。

例如，源自生产的3项CAPA记录未包括纠正措施有效性的验证或纠正措施对成品器械无不良影响的验证。

目前尚无法确定你公司的回复是否充分。你公司更新了CAPA 相关程序/表格，并表示将进行培训。你公司表示将对先前的CAPA调查进行回顾性审查，以识别纠正措施有效性验证的任何其他不完整或不充分情况，并确认对成品器械无不良影响。但是，在未对这些活动文件进行审查的情况下，无法确定充分性。

2．未能按照21 CFR 820.80（d）的规定，建立和维护成品器械验收程序，以确保每一次生产、批次或一批成品器械符合验收标准。

例如，你公司对Unity Knee CR Femur Part No . 112.001.14抛光表面粗糙程度进行的100%目视检查。但是，在未使用表面检测设备的情况下，不能确保“目视检查验收标准指南”STM 04对Unity Knee CR Femur产品表面缺陷的识别是否充分。

目前尚无法确定你公司的回复是否充分。你公司表示，按照ISO 72072-2011标准制定并执行了植入物表面粗糙度确认方案。但是，在未对这些活动文件进行审查的情况下，无法确定其充分性。

3．未能确保：当某过程的结果不能通过后续检查和测试充分验证时，应按照21 CFR 820.75（a）的要求，以高度保证的方式对过程进行验证，并根据既定程序进行批准。

例如，（b）（4）尺寸符合规定要求。

目前尚无法确定你公司的回复是否充分。你公司表示，已针对目前未进行100%验证的尺寸特征制定工艺验证方案，包括（b）（4）Unity嵌入物。但是，在未对这些活动文件材料进行审查的情况下，无法确定充分性。

4．未能按照21 CFR 820.90（b）的要求，充分建立和维护定义审查责任和不合格产品处置权限的程序。

例如，在编号13426工程变更申请相关的尺寸检查过程中，发现测量的3个尺寸超出公差。该产品是基于“（b）（4）”的技术审查而被接受和发布的。你公司的声明不构成使用不合格产品的充分证明，因为记录的证明没有包括充分的评估，以确保超出公差的尺寸不会影响器械功能。

FDA已审查你公司的回复，并认为其不够充分。你公司进行了FMEA风险审查，以评估机器（b）(4)的安全性和有效性。你公司表示将更新程序/表格，以明确应用风险审查和操作培训的结构。但是，你公司并未对先前的“工程变更申请”和其他不合格产品表格进行评估，在适用的情况下确保不合格产品使用理由的合理性。此外，你公司未提供所有纠正措施的证据供审查

5．未能按照21 CFR 820.80（e）的要求记录验收活动。

例如，按照第4.4.4 节“采购规范”CPS 053的要求，Unity Knee股骨和胫骨（b）(4）的进货记录未包括文件（b）(4)。

目前尚无法确定你公司的回复是否充分。你公司已进行回顾性审查，并联系了供应商，以确认所有收到的批次（b）(4）已成功完成。你公司表示，将比较采购规范检测要求、合格证要求和进货检查验证要求，以识别任何差异。但是，如果没有这些活动的文档记录，无法评估充分性。

6．未能按照21 CFR 820.30（f）的要求，建立和维护验证器械设计的程序。

例如，在无验收标准的情况下，对Unity Knee进行了以下设计验证：

a．获批报告编号541 记录的检测（b）(4)；

b．获批报告编号543记录的（b）(4)。

FDA审查了你公司的回复，并认为其不充分。你公司完成了获批报告编号541和编号543的补充报告。你公司更新了设计控制程序，并表示将进行培训。但是，未提供对设计验证检测报告的回顾性审查，以确保所有报告包含定性和定量验收标准。

FDA的检查还发现，你公司未能或拒绝提供《法案》第519节（21 U.S.C.§ 360i）和21 CFR 803要求的关于该器械的材料或信息-医疗器械报告（MDR）。根据《法案》第502（t）(2）节［21 U.S.C.§ 352（t）(2）]，你公司的膝关节假体系统贴错标签。违规事项包括但不限于以下内容：

7．未能按照21 CFR 803.50（a）(2）的要求，在你公司收到或以其他方式获悉任何来源的信息后30个日历日内向FDA提交报告，这些信息合理表明你公司销售的器械出现故障，且如果故障再次发生，你公司销售的该器械或类似器械可能造成或导致死亡或严重伤害。

例如，投诉编号826和编号986 描述了你公司长期植入物的故障。你公司未排除此类情况：如果再次发生此类故障，不太可能会造成或导致死亡或严重伤害。因此，对于提及的每种投诉，都应提交MDR。

FDA已审查你公司的回复，并认为其不够充分。你公司未就上述投诉提交相应的MDR。

2014年2月13日FDA公布了eMDR最终规定，要求制造商和进口商向FDA提交电子医疗器械报告（eMDR）。该最终规定的要求将于2015年8月14日生效。如果你公司目前尚未提交电子报告，建议访问以下网站链接，获取有关电子报告要求的更多信息：url。

如果你公司希望讨论MDR可报告准则或安排进一步的交流，可通过电子邮件联系可报告性审查小组，邮箱地址：ReportabilityReviewTeam@fda.hhs.gov。

请在收到本信函之日起15个工作日内将你公司为纠正上述违规行为所采取的具体措施以书面形式告知本办公室，并说明你公司计划如何防止此类违规行为或类似违规行为再次发生。包括你公司已采取的纠正措施（必须解决系统性问题）的文件材料。如果你公司计划采取的纠正措施将逐渐开展，请提供实施这些活动的时间表。如果无法在30个工作日内完成纠正，请说明延迟的原因和完成这些活动的时间。请提供非英文文件的英文译本，以方便FDA的审查。FDA将通知您有关你公司的回复是否充分，以及是否需要重新检查你公司的设施，以验证你公司是否已采取了适当的纠正和/或纠正措施。

最后，请注意本信函未完全包括你公司全部违规行为。你公司有责任遵守FDA所有的法律法规。本信函和在检查结束时签发的检查结果FDA 483表（检查发现问题清单）中记录的具体违规行为可能表明你公司制造和质量管理体系方面存在严重问题。你公司应查明违规原因，并及时采取纠正措施，确保产品合规。

第87封 给CMP Industries, LLC.的警告信

生产质量管理规范/质量体系法规/医疗器械/伪劣

CMS # 471709

2015年9月9日

尊敬的H先生：

美国食品药品管理局（FDA）于2015年4月16日至2015年5月29日期间，对你公司（位于Albany, NY）进行了检查，检查期间，检查员确认你公司为一家医疗器械制造商，生产Impak弹性丙烯酸树脂液和Impak修复用丙烯酸树脂，适用于重衬义齿表面（含组织）、修复断裂义齿或塑造新的义齿基托。根据《联邦食品、药品和化妆品法案》（以下简称《法案》）第201（h）节［21 U.S.C.§ 321（h）］，凡是用于诊断疾病或其他症状，对疾病有治愈、缓解、治疗或预防作用，或是可影响人体结构或功能的器械，均为医疗器械。故你公司涉及检查的产品为医疗器械。

质量体系违规事项

检查结果表明，这些医疗器械的生产、包装、储存或安装所用的方法或设施或控制措施不符合21 CFR 820的cGMP要求。根据《法案》第501（h）节［21 U.S.C.§ 351（h）］的规定，属于伪劣产品。2015年6月5日和2015年6月30日，FDA收到了你公司针对FDA检查员出具的FDA 483表（检查发现问题清单）的回复。FDA针对回复，处理如下。违规事项包括但不限于以下内容：

1．未能按照21 CFR 820.30（a）的要求建立和维护器械设计控制程序，以确保满足规定的设计要求。

具体为，你公司未实施控制你公司Impak修复性丙烯酸树脂液（部件编号（b）（4））设计的设计控制程序，以确保符合规定的设计要求。例如，你公司未进行和/或记录设计和开发计划、设计输入、设计输出、设计评审、设计验证、设计确认、设计交付和/或设计变更活动。此外，未建立或维护针对你公司Impak修复性丙烯酸树脂液（部件编号（b）（4））的设计历史文档。

你公司对该发现事项做出的回复是不充分的。你公司于2015年6月5日中的回复表示，你公司尚未意识到你公司Impak修复性丙烯酸树脂液的设计历史文档是不完整的，你公司将在未来30天内制定回顾性设计历史文档。你公司还表示将审查任何其他要求设计历史文档的器械。FDA获悉你公司的后续回复包括该产品的设计方案，但是，该产品的设计文档仍不完整。你公司的回复不包括对设计控制程序和/或相关附加质量体系程序的任何审查和/或修订，以防止此类违规事项再次发生。

2．未能按照21 CFR 820.100（a）的要求建立纠正和预防措施程序。

具体为，你公司的纠正和预防措施（CAPA）程序不能确保对产品不合格原因进行充分调查；未识别不合格产品再次出现需要采取的纠正和预防措施；且未通过验证或确认确保纠正和预防措施有效，并且不会对成品器械产生不良影响，这可通过CAPA #69审查中发现的下列示例得到证明：

a）由于你公司的CAPA调查发现用于生产成品器械的原材料增塑剂#（b）（4）（批号（b）（4））中存在污染，因此从市场上撤回Impak弹性丙烯酸树脂液（批号（b）（4））。但是，你公司仍未对生产中加入增塑剂 #（b）（4）（批号（b）（4））的Impak弹性丙烯酸树脂液（批号（b）（4））采取任何纠正措施。

b）你公司的CAPA未能充分调查不合格的根本原因。经实验室分析确认，你公司判定原材料增塑剂（b）（4）污染的根本原因是，储存增塑剂 #（b）（4）（批号（b）（4））的包装桶分解出的锈类物质。你公

司的CAPA调查并未审查和评价相似包装桶中的其他批次原材料增塑剂#（b）(4)，以确保识别所有受影响的包装桶/批次。你公司的CAPA调查并未确定原材料增塑剂#（b）(4)中发现的污染是否和你公司的散装Impak弹性丙烯酸树脂液CMP（部件编号（b）(4)）中发现的污染相同。你公司的CAPA调查未能包括对Impak弹性丙烯酸树脂液（批号（b）(4)）的投诉538“液体中存在锈斑”的审查，以确定投诉是否与调查的问题有关。你公司认为该投诉是类纤维材料受到污染的结果，但是无任何成分或物理检测以支持该投诉的结论。你公司的CAPA程序，QA.PRO.15，修订版6，要求将客户投诉作为CAPA的一部分进行审查。

c）你公司的CAPA不足以防止此类情况再次发生。你公司的纠正措施包括要求你公司的增塑剂#（b）(4)供应商来货时使用新包装桶装运原材料，以防止包装桶再利用时分解产生的锈类污染。但是，检查发现你公司重复使用增塑剂#（b）(4)的空包装桶来生产散装Impak弹性丙烯酸树脂液CMP（部件编号（b）(4)）。你公司的CAPA未确保你公司工厂的生产操作中重复使用包装桶不会导致桶分解或造成成品污染。

d）你公司的CAPA未验证或确认CAPA有效且不会影响成品器械。你公司未对新包装桶中的增塑剂#（b）(4)来货进行成分或物理分析，以验证纠正措施是否消除了铁和/或其他金属等生锈材料的污染，从而避免其渗入组件并加工成你公司的成品器械。根据你公司的CAPA #69 第1页，b）部分根本原因“收到材料时，无法通过对包装桶内部进行目视检查发现锈迹”。因此，如果缺少对增塑剂#（b）(4)或成品器械的某种实验室分析，就无法验证纠正措施在识别和消除污染源方面是否有效。

FDA已经审查了你公司于2015年6月5日和2015年6月30日对此发现事项的回复，并认为回复不充分。你公司的回复并未表示将对使用污染的增塑剂#（b）(4)（批号（b）(4)）生产且仍在销售的Impak弹性丙烯酸树脂液（批号（b）(4)）采取任何措施。虽然你公司的回复承认你公司在CAPA调查、CAPA和CAPA验证活动中指出的问题，并承诺采取一些纠正措施，包括修订投诉程序和部分生产程序，但并未提供客观证据以证明你公司的声明。尽管你公司的CAPA程序存在一些问题，这一点可以从CAPA#69的例子中得到证明，但你公司在回复中并未承诺对CAPA程序或CAPA#69进行审查或修订。

纠正和消除违规事项

FDA的检查还发现，你公司未能或拒绝提供《法案》第519节［21 U.S.C.§ 360（i）］和21 CFR 806要求的关于该器械的材料或信息-医疗器械（纠正措施和消除措施报告）。根据《法案》第502（t）(2)节［21 U.S.C.§ 352（t）(2)］，你公司的Impak弹性丙烯酸树脂液贴错标签。重大违规事项包括但不限于以下情况：

3．未能按照21 CFR 806.10的规定提交书面报告，报告应说明你公司出于以下目的而采取的任何器械纠正或消除情况：降低器械造成的健康风险，或纠正由可能导致健康风险的器械所造成的违反《法案》事项。

具体为，2013年11月18日，你公司联系客户，并要求他们退回Impak弹性丙烯酸树脂液（部件编号（b）(4)，批号（b）(4)）。你公司在分发信件抬头上表示“我们发现，我们的一项工艺可以交付一种通过质量控制测试的材料，但可能会将异物引入液体中”和“客服代表将与您联系安排产品退回事宜”。该问题于2013年11月15日在生产工艺中发现并开始消除，因为你公司调查发现成品可能被用于生产Impak弹性丙烯酸树脂液体零件号（b）(4)、批号（b）(4)的其中一种成分增塑剂（b）(4) CMP零件#（b）(4)的金属污染。

你公司未将医疗器械的纠正或消除报告FDA，且未提供21 CFR 806.10要求的材料。你公司的措施已经由FDA审查，确定符合召回的定义，且应向该机构报告。

FDA已经审查了你公司于2015年6月5日和2015年6月30日对此发现事项的回复，并认为回复不充分。你公司的回复并未表示你公司将来会报告这种医疗器械的纠正或消除，或类似的措施。你公司的回复未包含可证明已提出纠正措施或已采取纠正和消除程序防止此类违规行为再次发生的客观证据。

你公司应立即采取措施纠正本信函所述的违规事项。如果不及时纠正这些违规行为，可能会导致FDA在不另行通知的情况下采取监管措施。这些措施包括但不限于没收、禁令和民事罚款。同时，美国联邦机构可能会收到关于器械的警告信，以便在签订合同时可以考虑上述信息。此外，如果FDA确定你公司违反了质量体系法规，且这些违规行为与Ⅲ类器械的上市前批准申请有关联，则在纠正这些违规行为之前，将不会批准此类器械。同时，如果FDA确定你公司的器械不符合法案的要求，则不会批准出口证明（Certificates to Foreign Governments，CFG）的申请。

请在收到本信函之日起15个工作日内将你公司为纠正上述违规行为所采取的具体步骤书面通知本办公室，并说明你公司计划如何防止此类违规行为或类似违规行为再次发生。包括你公司已采取的纠正措施（必须解决系统性问题）的文件材料。如果你公司计划采取的纠正措施将逐渐开展，请提供实施这些活动的时间表。如果无法在15个工作日内完成纠正，请说明延迟的原因和完成这些活动的时间。你公司的回复应全面，并解决本警告信中包含的所有违规行为。

最后，请注意本信函未完全包括你公司全部违规行为。你公司有责任遵守FDA所有的法律法规。本信函和在检查结束时签发的检查结果FDA 483表（检查发现问题清单）中记录的具体违规行为可能表明你公司制造和质量管理体系方面存在严重问题。你公司应查明违规原因，并及时采取纠正措施，确保产品合规。

第88封 给Vertebral Technologies, Inc. 的警告信

不良事件报告/标识不当

CMS # 453675

2015年9月4日

尊敬的F博士：

美国食品药品管理局（FDA）于2015年1月28日至2015年2月2日期间，对你公司（位于Minnetonka, Minnesota）进行了检查，检查期间，FDA检查员确认你公司生产各种型号的椎间融合器，包括InterFuse L、S、和T椎间融合器。根据《联邦食品、药品和化妆品法案》（以下简称《法案》）第201（h）节［21 U.S.C.§ 321（h）］，凡是用于诊断疾病或其他症状，对疾病有治愈、缓解、治疗或预防疾病，或是可以影响人体结构或功能的器械，均为医疗器械。故你公司涉及检查的产品为医疗器械。

FDA的检查发现，你公司未能或拒绝提供《法案》第519节（21 U.S.C.§ 360i）和21 CFR 803要求的关于该器械的材料或信息-医疗器械报告。根据《法案》第502（t）（2）节［21 U.S.C.§ 352（t）（2）］，你公司的InterFuse S椎间融合器贴错标签。重大偏差包括但不限于以下内容：

1．未能按照21 CFR 803.50（a）（2）的要求，在你公司从任何来源收到或以其他方式获悉信息后30个日历日内向FDA提交报告，这些信息合理表明你公司销售的器械出现故障，且如果故障再次发生，你公司销售的该器械或类似器械可能造成或导致死亡或严重伤害。

例如，投诉CIR编号2011-001、2011-002、2011-003、2011-007 和2009-006描述了你公司的器械在植入后发生故障的事件。投诉文件中无信息证明，如果长期植入式器械再次故障，将不太可能造成或促成应报告的死亡或严重伤害。对于提及的每种投诉，都应提交不良事件报告。

2．未能按照21 CFR 803.17（a）的要求制定、维护和实施书面不良事件报告程序。

在审查你公司的不良事件报告程序“SOP 024，投诉处理”（修订版：D, DCO：2009-030，2009年3月19日，检查时采集）后，发现如下问题：

A．SOP 024，投诉处理，修订版：D，未建立内部系统，以便及时有效地识别、沟通和评估可能符合不良事件报告要求的事件。例如：该程序遗漏了21 CFR 803.3中“获悉”和“导致或促成”等术语的定义。未将这些术语的定义纳入程序中可能会导致你公司在评估可能符合21 CFR 803.50（a）中报告标准的投诉时做出错误的可报告性决定。

B．SOP 024，投诉处理，修订版：D，未建立及时传输完整的医疗器械报告的内部系统。具体为下列问题未得到解决：

（1）本程序未包含或涉及如何获取和填写FDA 3500A表格的说明。

（2）你公司必须提交补充报告或后续报告的情况以及对此类报告的要求。

（3）该程序的第7页提到10天报告。此报告时间表不适用于不良事件报告，应删除。你公司应查阅21 CFR 803“医疗器械报告”E部分，以参照制造商的强制性报告时间表，网址：url。

（4）该程序未包括提交不良事件报告的地址：FDA, CDRH，医疗器械报告，邮政信箱3002，Rockville, MD 20847-3002。

你公司的程序包括对基线报告的参考。由于不再要求基线报告，FDA建议从你公司的MDR程序中删除

对基线报告的所有参考（参见：联邦注册公告第73卷第53686号，2008年9月17日）。

2014年2月13日公布了eMDR最终规定，要求制造商和进口商向FDA提交电子医疗器械报告（eMDR）。该最终规定的要求于2015年8月14日生效。如果你公司目前尚未提交电子报告，建议访问以下网站链接，获取有关电子报告要求的补充信息：url。

如果你公司希望讨论不良事件报告可报告准则或安排进一步的交流，可通过电子邮件联系应报告性审查小组，邮箱地址：ReportabilityReviewTeam@fda.hhs.gov。

你公司应立即采取措施纠正本信函所述的违规行为。如果不及时纠正这些违规行为，可能会导致FDA在没另行通知的情况下采取监管措施。这些措施包括但不限于没收、禁令和民事罚款。同时，美国联邦机构可能会收到相关器械的信函，以便在签订合同时可以考虑上述信息。

请在收到本信函之日起15个工作日内将你公司为纠正上述违规行为所采取的具体步骤书面通知本办公室，并说明你公司计划如何防止此类违规行为或类似违规行为再次发生。包括你公司已采取的纠正措施（必须解决系统性问题）的文件材料。如果你公司计划的采取的纠正措施将逐渐开展，请提供实施这些活动的时间表。如果无法在15个工作日内完成纠正，请说明延迟的原因和完成这些活动的时间。你公司的回复应全面，并解决本警告信中包含的所有违规行为。

最后，请注意本信函未完全包括你公司全部违规行为。你公司有责任遵守FDA所有的法律法规。本信函和在检查结束时签发的检查结果FDA 483表（检查发现问题清单）中记录的具体违规行为可能表明你公司在生产制造和质量管理体系方面存在严重问题。你公司应查明违规原因，并及时采取纠正措施，确保产品合规。

第89封 给Troy Innovative Instruments Inc. 的警告信

生产质量管理规范/质量体系法规/医疗器械/伪劣

CMS # 477968

2015年9月1日

尊敬的J先生：

美国食品药品管理局（FDA）于2015年6月5日至2015年6月30日，对你公司位于Middlefield, OH的医疗器械进行了检查。检查期间，FDA检查员已确认你公司为各种工具和植入式骨科器械（包括套管针、腰椎骨螺钉、钉棒、螺母、钢板）的合约制造商。根据《联邦食品、药品和化妆品法案》（以下简称《法案》）第201（h）节［21 U.S.C.§ 321（h）］，凡是用于诊断疾病或其他症状，对疾病有治愈、缓解、治疗或预防作用，或是可以影响人体结构或功能的器械，均为医疗器械。故你公司涉及检查的产品为医疗器械。

本次检查表明，这些医疗器械的生产、包装、储存或安装中使用的方法、设施或控制不符合21 CFR 820的cGMP要求，根据《法案》第501（h）节［21 U.S.C.§ 351（h）］的规定，属于伪劣产品。

2015年7月14日，FDA收到你公司针对FDA检查员出具的FDA 483表（检查发现问题清单）的回复。FDA针对回复，处理如下。

违规事项包括但不限于以下内容：

1．未能确保：当过程结果不能为其后的检验和试验充分验证时，根据按照21 CFR 820.75（a）的要求以高度的把握予以确认过程。具体如下：

a）用于在植入式器械和骨科工具上蚀刻批号的激光蚀刻过程的确认研究，未包括检测激光蚀刻过程是否会在处理后的金属疲劳方面对器械造成不良影响。

b）对氮钝化过程的确认研究并未检测负载大小的最坏情况场景。在钝化过程中，通常要处理总计300件器械。而确认研究只处理了190件试验样品。

c）用于生产多种医疗仪器的TIG焊接过程的确认研究未包括焊缝的强度检测。此外，你公司无数据支持你公司达到任何部分焊接点在热处理后的拉伸强度检测要求。

d）你公司尚未确认你公司的滚筒抛光过程，这可能会产生毛刺，影响器械性能，甚至可能会去除无法检测的关键尺寸的边。

e）对医疗器械电解抛光（EPI）的确认研究未使用最坏情况场景进行检测。

f）医疗器械的手动/声波清洗的确认研究，涉及使用ASTM标准7.2.1作为加工油类和残留物的目视检查标准，未包括证明在该标准要求的目视检查过程中使用了辅助照明或管道镜的证据。

2．未能按照21 CFR 820.90（b）（2）的要求，记录返工是否对产品有任何不利影响的决定。具体如下：

你公司尚未进行检测或分析，以表明重新经历确认过程（如重新钝化、重新清洁和重新抛光）的不合格产品不会受到不良影响。

3．未能按照21 CFR 820.90（a）的要求，建立和保持程序，以控制不符合规定要求的产品。

具体为，你公司于2015年3月25日发布的“不合格品控制”程序（DOC # WI 8.3，修订版J）是不充分的，原因如下：

a）在检查的所有2个生产工作站上没有对不合格产品作出说明。①FM803日志中记录了部件编号012.1408/批号18935产品的7个报废部件，但是FDA调查员在报废箱中发现20个部件。②FM803日志中记录了部件编号ISB-000-000/批号18856产品的84个报废部件，但是FDA调查员在报废箱中发现95个部件。

b）所有不合格均未记录。按照你公司程序WI 8.3的要求，当不合格项报告给主管时，主管对产品进行重新检测和测量，后续结果为产品通过检测；无原始不合格或原始失效的根本原因的记录。

4．未能按照21 CFR 820.50的要求，建立和保持程序，确保所有采购或以其他方式收到的产品和服务满足规定的要求。

具体为，你公司2014年1月6日发布的“供应商资质”程序（Doc #QMP 7.4.2，修订版F）是不充分的，原因如下：

你公司未评价和监测供应商满足要求的能力，包括质量要求。①在没有对供应商使用的工艺（如钝化、热处理和电镀）是否经过确认、监测和/或可接受的审查进行记录的情况下，批准供应商继续使用该工艺。②你公司的年度审查未包括对供应商满足规定要求（包括质量要求）的能力的审查；未包括对不属于正式供应商纠正措施一部分的不合格项的审查。因为你公司的程序表明你公司将通过交易量每年评价前4名原材料供应商和前4名分包商，以及随机抽取的一家供应商，所以FDA认为你公司的程序是不充分的。此外，年度审查仅基于延迟交货、拒收款和对已采取的纠正措施的回应对供应商进行评级。

5．未能按照21 CFR 820.80（c）的要求，记录过程中检查、检测或其他验证活动和批准情况。具体如下：

根据2013年8月28日发布的“过程中检查”程序（WI 7.5.1-2，修订版J），你公司要基于既定采样计划对规定的关键尺寸进行过程检查。这些检查未被记录。

目前尚无法确定你公司的回复是否充分。你公司的回复表明，你公司已经启动了几项CAPA，以解决FDA 483表中列出的发现事项，但是这些CAPA和其他支持文件的副本并未随附在你公司的回复中。此外，你公司的回复表示，你公司将修订过程确认和程序；同客户一道检查表面处理过程，以确保过程操作窗口经过确认；修订报废记录相关程序；解决不合格产品控制问题；修订供应商资质审核程序；制定滚筒抛光过程工作说明；确认滚筒抛光过程并修订过程中验收活动的程序。请按如下描述提供你公司采取的纠正措施的详细信息。

你公司应立即采取措施纠正本信函所述的违规行为。如若未能及时纠正这些违规行为，可能导致FDA在没有进一步通知的情况下启动监管措施。监管措施包括但不限于没收、禁令和民事罚款。此外，联邦机构会得知关于器械的警告信，以便在签订合同时考虑上述信息。如果FDA确定你公司违反了质量体系法规，且这些违规行为与Ⅲ类器械的上市前批准申请有关联，则在纠正这些违规行为之前，将不会批准此类器械。同时，如果FDA确定你公司的器械不符合法案的要求，则不会批准出口证明（Certificates to Foreign Governments，CFG）的申请。

FDA要求你公司按照以下时间表向本办公室提交由外部专家顾问出具的专业认证，证明他/她已经根据器械QS法规（21 CFR 820）的要求对你公司的生产和质量保证体系进行了审核。你公司还应提交该顾问报告的副本，以及你公司的首席执行官（如果非本人）审查顾问报告后出具的专业认证，且你公司已经采取或完成了报告中要求的所有纠正措施。审核和纠正措施的初始专业认证以及后续更新的审核和纠正措施的专业认证（如需要）应按下列日期提交至本办公室：

- 顾问和公司出具的初始专业认证——2016年3月1日
- 后续专业认证——2017年3月1日

请在收到本信函之日起15个工作日内将你公司为纠正上述违规行为所采取的具体步骤书面通知本办公室，并说明你公司计划如何防止此类违规行为或类似违规行为再次发生。包括你公司已经采取的纠正措施

（必须解决系统问题）的文件材料。如果你公司计划采取的纠正措施将逐渐开展，请提供实施这些活动的时间表。如果无法在15个工作日内完成纠正，请说明延迟的原因以及完成这些活动的时间。你公司的回复应全面，并解决此警告信中所包括的所有违规行为。

最后，请注意本信函未完全包括你公司全部违规行为。你公司有责任遵守FDA所有的法律和法规。本信函和检查结束时签发的检查结果FDA 483表（检查发现问题清单）中记录的具体违规行为可能表明你公司制造和质量管理体系中存在严重问题。你公司应查明违规原因并及时采取纠正措施，确保产品合规。

第 90 封　给 Global Medical Production Co.，Ltd. 的警告信

生产质量管理规范/质量体系法规/医疗器械/伪劣

CMS # 475365

2015年8月28日

尊敬的D先生：

美国食品药品管理局（FDA）于2015年4月27日至2015年4月30日，对你公司位于中国浙江省的医疗器械进行了检查。检查期间，FDA检查员已确认你公司为腹腔镜仪器的生产制造商。根据《联邦食品、药品和化妆品法案》（以下简称《法案》）第201（h）节［21 U.S.C.§ 321（h）］，凡是用于诊断疾病或其他症状，对疾病有治愈、缓解、治疗或预防作用，或是可以影响人体结构或功能的器械，均为医疗器械。故你公司涉及检查的产品为医疗器械。

本次检查表明，这些医疗器械的生产、包装、储存或安装中使用的方法、设施或控制不符合21 CFR 820的cGMP要求，根据《法案》第501（h）节［21 U.S.C.§ 351（h）］的规定，属于伪劣产品。

2015年5月20日，FDA收到了你公司针对FDA检查员出具的FDA 483表（检查发现问题清单）的回复。FDA针对回复，处理如下。违规事项包括但不限于以下内容：

1．未能确保：当过程结果不能为其后的检验和试验充分验证时，按照21 CFR 820.75（a）的要求以高度的把握予以确认过程。例如：

a．你公司的包装确认程序（文件34205，修订版1）要求（b）（4）和用于无菌Ⅱ类器械的Tyvek包装（b）（4）的（b）（4）。但是，你公司并未记录（b）（4）的（b）（4）。此外，（b）（4）并未建立验收标准。

b．用于生产腹腔镜不锈钢仪器的（b）（4）尚未确认。

FDA审查了你公司的回复，并认为这是不充分的。你公司的回复表明，计划根据既定标准对（b）（4）进行重新确认。但是，未明确你公司是否评价了其他生产工艺，以评估进行了充分的确认。此外，你公司的回复并未解决其未能确认超声波清洗过程的问题。

2．未能按照21 CFR 820.100（a）的要求建立和保持实施纠正和预防措施的程序。

具体为，你公司的纠正和预防措施（CAPA）程序（文件28501，修订版1）未作如下要求：

a．质量数据分析，包括过程、工作操作、特许权、质量审核报告、质量记录、投诉、退货，以识别不合格产品或其他质量问题的现有和潜在的原因。

b．必要时使用适当的统计方法以检测再次发生的质量问题。

c．验证或确认纠正和预防措施，以确保这些措施是有效的，且不会对成品器械产生不良影响。

d．确保与质量问题或不合格产品有关的信息传递给直接负责保证该类产品质量或防止此类问题的人员。

FDA审查了你公司的回复，认为这是不充分的。你公司的回复表示，CAPA程序已修改，以纳入缺失的要素，且正在将该程序翻译成英文。但是，你公司的回复并未包括实施该程序的计划，也未对以前的CAPA进行回顾性审查，以确保充分评价和实施纠正和预防措施。

3．未能建立和维护明确描述或引用规定要求的数据，包括采购或以其他方式收到的产品和服务的质量要求。根据21 CFR 820.50（b）的要求，采购文件应（在可能的情况下）包括一份供方、承包方和顾问同意将其产品或服务的变更通知制造商的协议书，以使制造商能确定这些变更是否会影响成品器械的质量。

例如，你公司的采购控制程序文件 #27401修订版1没有以下内容：

a．建立和维护明确描述或引用规定要求的数据，包括采购或以其他方式收到的产品和服务的质量要求。

b．要求与供应商和承包商达成协议，以告知可能影响成品器械质量的产品或服务的变更。

FDA审查了你公司的回复，认为这是不充分的。你公司回复表示已修改了采购订单表，并规定如果在接受订单前出现了变更，承包商同意告知产品或服务的变更。你公司尚未证明这些变更的实施。此外，未明确是否进行了回顾性审查，以确保先前的变更未对成品器械的质量产生影响。

4．根据21 CFR 820.30（e）的要求，未能建立和保持程序，以确保对设计结果安排正式和形成文件的评审，并在器械设计开发的适宜阶段加以实施。程序应确保每次设计评审的参加者包括：与所评审的设计阶段有关的所有职能部门的代表，与所评审的设计阶段无直接责任的人员，以及所需的专家。

例如，你公司的设计控制程序文件# 27301修订版1未确保设计评审包括以下内容：

a．审查的设计阶段涉及的所有职能代表；

b．审查的设计阶段涉及的非直接负责人员；

c．专家，如有需要。

目前尚无法确定你公司的回复是否充分。你公司的回复表示，已修改设计控制程序，以纳入每次设计评审的参与者，包括审查的设计阶段涉及的所有职能代表以及非直接负责人员。但是，你公司尚未提供其实施证明文件。

鉴于违反《法案》行为的严重性《法案》第801（a）节［21 U.S.C.§ 381（a）］规定，你公司生产的腹腔镜器械涉嫌伪劣产品，将被拒收。因此，FDA正在采取措施，在这些违规事项得到纠正之前，拒绝这些“未经物理检查而扣留”的器械进入美国。为将这些器械从扣留列表中移除，你公司应按照如下所述对本警告信作出书面回复，并纠正本警告信中所述的违规事项。FDA将通知你公司，有关你公司的回复是否充分，以及是否需要重新检查你公司的设施，以验证你公司是否已采取了适当的纠正措施。

联邦机构会得知关于器械的警告信，以便在签订合同时考虑上述信息。此外，如果FDA确定你公司违反了质量体系法规，且这些违规行为与Ⅲ类器械的上市前批准申请有关联，则在纠正这些违规行为之前，将不会批准此类器械。

请在收到本信函之日起15个工作日内将你公司为纠正上述违规行为所采取的具体步骤书面通知本办公室，并说明你公司计划如何防止此类违规行为或类似违规行为再次发生。包括你公司已经采取的纠正措施（必须解决系统问题）的文件材料。如果你公司计划采取的纠正措施将逐渐开展，请提供实施这些活动的时间表。如果无法在15个工作日内完成纠正，请说明延迟的原因以及完成这些活动的时间。你公司的回复应全面，并解决此警告信中所包括的所有违规行为。请提供非英文文件的英文译本，以方便FDA审查。

最后，请注意本信函未完全包括你公司全部违规行为。你公司有责任遵守FDA所有的法律和法规。本信函和检查结束时签发的检查结果FDA 483表（检查发现问题清单）中记录的具体违规行为可能表明你公司制造和质量管理体系中存在严重问题。你公司应查明违规原因并及时采取纠正措施，确保产品合规。

第91封　给Tecres S.p.A.的警告信

生产质量管理规范/质量体系法规/医疗器械/伪劣

CMS # 459252

2015年8月14日

尊敬的F先生：

美国食品药品管理局（FDA）于2015年2月2日至2015年2月5日，对你公司位于意大利Sommacampagna的医疗器械进行了检查。检查期间，FDA检查员已确认你公司为骨水泥装置和抗生素，含适用于膝盖、臀部和肩膀的临时间隔器的生产制造商。根据《联邦食品、药品和化妆品法案》（以下简称《法案》）第201（h）节［21 U.S.C.§ 321（h）］，凡是用于诊断疾病或其他症状，对疾病有治愈、缓解、治疗或预防作用，或是可以影响人体结构或功能的器械，均为医疗器械。故你公司涉及检查的产品为医疗器械。

本次检查表明，这些医疗器械的生产、包装、储存或安装中使用的方法、设施或控制不符合21 CFR 820的cGMP要求，根据《法案》第501（h）节［21 U.S.C.§ 351（h）］的规定，属于伪劣产品。

2015年2月20日，FDA收到你公司QA经理Francesca Girardi针对FDA 483表（检查发现问题清单）的回复。FDA针对回复，处理如下。

由于你公司于2015年3月13日、2015年3月17日、2015年3月20日、2015年3月27日和2015年4月2日对FDA 483表做出的回复已超出FDA 483表发布后15个工作日，因此FDA未对此回复进行审查。以上回复将与针对本警告信中所述违规事项提供的任何其他书面材料一起进行评价。违规事项包括但不限于以下内容：

1．未能确保：当过程结果不能为其后的检验和试验充分验证时，按照21 CFR 820.75（a）的要求以高度的把握予以确认过程。

例如，你公司未能对制造临时膝关节（间隔器K）和髋关节植入物（间隔器G）所用的（b）（4）成型和精加工工艺进行鉴定。

目前尚无法确定你公司的回复是否充分。你公司确定了根本原因和纠正措施计划。你公司声明，计划发布一个确认方案并进行过程确认；然而，未包括完成此纠正措施的证明文件。

2．未能按照21 CFR 820.30（g）的要求建立和保持器械的设计确认程序，设计确认应确保器械符合规定的使用者需要和预期用途。

例如，你公司未确认设计确认中使用的Excel工作表。具体为，以下Excel工作表未经确认：

a.（b）（4）；

b.（b）（4）。

目前尚无法确定你公司的回复是否充分。你公司确定了根本原因和纠正措施计划。你公司声明，计划确认Excel工作表；然而，未包括完成此纠正措施的证明文件。

3．未能按照21 CFR 820.80（d）的要求为成品器械的验收建立和保持程序，确保每次和每批次生产的成品器械满足验收准则。

例如，你公司的成品器械验收程序参考风险分析将严重和关键风险归因于制造和控制过程中的工艺和生产错误、人为错误和无效过程。一些用于最终目视检查的关键属性包括在器械上或器械中识别出的孔洞、凹坑、裂缝和异物。然而，这些器械属性没有记录的验收标准。

你公司的回复未解决这一违规问题。

FDA的检查还发现，根据《法案》第502（t）（2）节［21 U.S.C.§ 352（t）（2）］，你公司的器械贴错标签，因为你公司未能或拒绝按照《法案》第519节（21 U.S.C.§ 360i）和21 CFR 803-不良事件报告要求提供关于该器械的材料或信息。重大偏离包括但不限于以下内容：

4．未能按照21 CFR 803.17的要求制定、维护和实施书面MDR程序。例如，你公司命名为“客户满意度反馈信息—上市后警戒”的文件P06修订版06，-18/12/14并非MDR程序。如第1节所述，该程序旨在分析反馈信息，从而评价产品的符合性和客户满意度并定义职责和方式。

目前尚无法确定你公司2015年2月20日的回复是否充分。你公司确定了根本原因和纠正措施计划；然而，该计划未涉及发现事项，你公司的回复中也未包含MDR程序。

2014年2月13日公布了eMDR最终规定，要求制造商和进口商向FDA提交电子不良事件报告（eMDR）。本最终规定的要求将于2015年8月14日生效。如果你公司目前没有以电子方式提交报告，FDA建议你公司访问以下网站链接，以获取有关电子报告要求的其他信息：url。

如果你公司希望讨论MDR应报告性标准或安排深入交流，可通过电子邮件联系应报告性审查小组，邮箱地址：ReportabilityReviewTeam@fda.hhs.gov

联邦机构会得知关于器械的警告信，以便在签订合同时考虑上述信息。此外，如果FDA确定你公司违反了质量体系法规，且这些违规行为与Ⅲ类器械的上市前批准申请有关联，则在纠正这些违规行为之前，将不会批准此类器械。

请在收到本信函之日起15个工作日内将你公司为纠正上述违规行为所采取的具体步骤书面通知本办公室，并说明你公司计划如何防止此类违规行为或类似违规行为再次发生。包括你公司已经采取的纠正措施（必须解决系统问题）的文件材料。如果你公司计划采取的纠正措施将逐渐开展，请提供实施这些活动的时间表。如果无法在15个工作日内完成纠正，请说明延迟的原因以及完成这些活动的时间。你公司的回复应全面，并解决此警告信中所包括的所有违规行为。请提供非英文文件的英文译本，以方便FDA审查。FDA将通知你公司，有关你公司的回复是否充分，以及是否需要重新检查你公司的设施，以验证你公司是否已采取了适当的纠正措施。

最后，请注意本信函未完全包括你公司全部违规行为。你公司有责任遵守FDA所有的法律和法规。本信函和检查结束时签发的检查结果FDA 483表中记录的具体违规行为可能表明你公司制造和质量管理体系中存在严重问题。你公司应查明违规原因并及时采取纠正措施，确保产品合规。

第92封　给Guilin Zizhu Latex Co., Ltd. 的警告信

生产质量管理规范/质量体系法规/医疗器械/伪劣

CMS # 455114

2015年8月14日

尊敬的T先生：

美国食品药品管理局（FDA）于2015年3月2日至2015年3月7日对你公司位于中国桂林的医疗器械进行了检查。检查期间，FDA检查员已确认你公司为天然乳胶橡胶避孕套的生产制造商。根据《联邦食品、药品和化妆品法案》（以下简称《法案》）第201（h）节［21 U.S.C.§ 321（h）］，凡是用于诊断疾病或其他症状，对疾病有治愈、缓解、治疗或预防作用，或是可以影响人体结构或功能的器械，均为医疗器械。故你公司涉及检查的产品为医疗器械。本次检查表明，这些医疗器械的生产、包装、储存或安装中使用的方法、设施或控制不符合21 CFR 820的cGMP要求，根据《法案》第501（h）节［21 U.S.C.§ 351（h）］的规定，属于伪劣产品。

2015年3月25日，FDA收到你公司针对FDA检查员出具的FDA 483表（检查发现问题清单）的回复。FDA针对回复，处理如下。

你公司存在重大违规行为，具体如下：

1．未能确保：当某过程的结果不能通过后续检查和测试充分验证时，应高度保证按照21 CFR 820.75（a）的要求建立的程序对过程进行确认和批准。例如：

a．未对（b）（4）活跃的避孕套生产（b）（4）进行确认。此外，未对（b）（4）进行性能鉴定（PQ）。

b．未对（b）（4）和（b）（4）进行PQ。

FDA已审查你公司的回复，认为其不够充分。你公司的回复称，将在2015年6月前对员工进行培训，修订过程确认程序，并确认（b）（4），且将在2015年7月至11月期间确认（b）（4）。然而，尚不清楚是否对其他过程进行了回顾性审查，以确定其是否需要确认。此外，你公司未打算进行回顾性分析，以确保之前生产的避孕套是否会因不充分的过程确认而不合格，以及是否需要采取补救措施。

2．未能按照21 CFR 820.72（a）的要求确保所有检查、测量和检测设备（包括机械、自动或电子检查和检测设备）适用于其预期用途，并能够产生有效结果。

例如，你公司未能确认（b）（4）和成品检测，以证明检测设备能够产生有效结果。

FDA已审查你公司的回复，认为其不够充分。你公司的回复未说明将确保自动避孕套（b）（4）能产生（b）（4）检测结果。

3．未能按照21 CFR 820.70（i）的要求，当计算机或自动数据处理系统作为生产或质量系统的一部分使用时，根据既定方案确认计算机软件的预期用途。

例如，你公司使用（b）（4）机器（b）（4）开发了（b）（4）避孕套。然而，你公司未确认软件满足其预期用途。

FDA已审查你公司的回复，认为其不够充分。你公司声明，打算对软件开发工程师进行确认培训，创建确认检测设备软件和软件维护的程序，并对（b）（4）以及包含内部开发软件的其他检测设备进行软件确认。然而，未进行回顾性审查以确定生产中使用的其他软件是否需要确认。此外，你公司未打算进行回顾性分析，以确认之前生产的避孕套是否因软件确认不充分而不合格，以及是否需要采取补救措施。

4．未能按照21 CFR 820.70（e）的要求，建立和维护相应程序，以防止设备或产品受到经合理预计可能对产品质量产生不良影响的物质的污染。

例如，FDA检查员观察到，你公司在使用海绵地板拖把清除（b）（4）避孕套上残留的清洗液。你公司声明海绵每年更换一次；然而，你公司尚未评价海绵的使用情况，包括去除清洗液的效果，以及海绵使用对乳胶溶液和成品避孕套完整性的影响。

你公司的回复中未解决这一违规问题。

5．未能按照21 CFR 820.30（a）的要求建立和维护器械设计控制程序，以确保满足规定的设计要求。

例如，在设计和开发控制程序（b）（4）（2013A版本，2013年1月10日）和风险管理程序（b）（4）（2013A版本，2013年1月10日）中，你公司尚未建立和实施以下各项：

a．设计方案

b．设计输入

c．设计评审

d．设计验证

e．设计确认（包括风险分析）

f．设计转移

g．设计历史文档

目前尚无法确定你公司的回复是否充分。你公司的回复表明你公司计划建立以上设计控制要素。你公司的回复未包括采取纠正措施的证明文件。此外，你公司回复将进行避孕套有效期研究，并重新确认所有类型避孕套的生产。

6．未能按照21 CFR 820.90（a）的要求，建立和维护控制不符合规定要求的产品的适当程序。

例如，程序“不合格品控制程序”中（b）（4）要求识别、隔离和评审不合格品。但发现下列产品未标识不合格状态或处置情况：

a．（b）（4）避孕套（b）（4），位于（b）（4）区域的不合格区域。

b．在（b）（4）的不合格区域内装有成品盒装避孕套的两个纸箱。

FDA已审查你公司的回复，认为其不够充分。你公司声明，计划修改其不合格品控制程序，以要求标识不合格状态和处置情况；创建标签以识别不合格产品；并对相关人员进行修订程序的培训。然而，你公司未进行回顾性分析，以确定缺乏不合格产品的识别是否导致不合格产品的不正确处置或分配。

鉴于违反《法案》行为的严重性，《法案》第801（a）节［21 U.S.C.§ 381（a）］规定，你公司生产的天然乳胶橡胶避孕套涉嫌伪劣，将被拒收。因此，FDA正在采取措施，在这些违规事项得到纠正之前，拒绝这些“未经物理检查而扣留”的器械进入美国。若要将这些器械从扣留列表中移除，你公司应按照如下所述对本警告信作出书面回复，并纠正本警告信中所述的违规事项。FDA将通知你公司，有关你公司的回复是否充分，以及是否需要重新检查你公司的设施，以验证是否已采取适当的纠正措施。

同时，美国联邦机构可能会收到相关器械的警告信，以便在签订合同时考虑到此信息。此外，对于与质量体系法规偏离合理相关的Ⅲ类器械的上市前批准申请，在违规事项得到纠正之前将不予批准。

请在收到本信函之日起15个工作日内将你公司为纠正上述违规行为所采取的具体步骤书面通知本办公室，并说明你公司计划如何防止此类违规行为或类似违规行为再次发生。包括你公司已经采取的纠正措施（必须解决系统问题）的文件材料。如果你公司计划采取的纠正措施将逐渐开展，请提供实施这些活动的时间表。如果无法在15个工作日内完成纠正，请说明延迟的原因以及完成这些活动的时间。你公司的回复应全面，并解决此警告信中所包括的所有违规行为。

最后，请注意本信函未完全包括你公司全部违规行为。你公司有责任遵守FDA所有的法律和法规。本信函和检查结束时签发的检查结果FDA 483表中记录的具体违规行为可能表明你公司制造和质量管理体系中存在严重问题。你公司应查明违规原因并及时采取纠正措施，确保产品合规。

第93封　给Stat Medical Devices, Inc. 的警告信

生产质量管理规范/质量体系法规/医疗器械/伪劣

CMS # 473754

2015年7月23日

尊敬的S先生：

美国食品药品管理局（FDA）检查员于2015年2月18日至2015年2月20日对你公司位于佛罗里达州北迈阿密海滩的医疗器械进行了检查。检查期间，FDA检查员已确认你公司为采血针的生产制造商。根据《联邦食品、药品和化妆品法案》（以下简称《法案》）第201（h）节［21 U.S.C.§ 321（h）］，凡是用于诊断疾病或其他症状，对疾病有治愈、缓解、治疗或预防作用，或是可以影响人体结构或功能的器械，均为医疗器械。故你公司涉及检查的产品为医疗器械。

本次检查表明，这些医疗器械的生产、包装、储存或安装中使用的方法、设施或控制不符合21 CFR 820的cGMP要求，根据《法案》第501（h）节［21 U.S.C.§ 351（h）］的规定，属于伪劣产品。

2015年3月12日，FDA收到你公司针对2015年2月20日FDA检查员出具的FDA 483表（检查发现问题清单）的回复。FDA针对回复，处理如下。

你公司存在重大违规行为，具体如下：

1．未能确保按照21 CFR 820.100（b）的要求记录21 CFR 820.100所要求的所有活动及其结果。

例如，因涉及针杆、针脱落和故障MDR提交的采血器不合格而分别启动CAR#14-013、CAR#14-015和CAR#14-016。"满意"的答复见各CAR的C部分。你公司的纠正和预防措施规程，SOP8.5-1，修订版12，步骤9，要求在确定纠正措施实际消除缺陷（步骤10）后，记录结果是否满意，且预防措施将防止不良事件的发生（步骤11）。但是：

a）你公司的质保／法规事务部经理曾向FDA检查员确认，CAR当时正处于DMAIC［定义、测量、分析、改进和检查］过程的"分析"阶段。具体为，在记录"满意"的答复前，根据你公司的规程，SOP8.5-1，步骤8的要求，CAR缺乏B部分中关于根本原因、对材料和／或成品器械的影响以及纠正或预防措施的文档。

b）根据你公司的规程，SOP8.5-1，步骤10~11的要求，CAR未包括CAR的B部分中的纠正措施或预防措施。CAR仅报告称"DMAIC过程中的任何潜在改进将作为预防措施实施"。

c）根据你公司的规程，SOP8.5-1，步骤9~11的要求，CAR的C部分未包括确定有效性的方法。

FDA审查你公司的答复后确定，该答复尚不充分。你公司的答复称"针对本次检查意见的纠正和预防措施将于2015年6月30日前完成"。但是，你公司未提供支持性证据，证明参考的纠正措施和计划的行动方案已得到充分实施。

2．尽管未列入FDA 483表，但合规部门的进一步审查显示，根据21 CFR 820.75（a）的要求，未能高度保证实施验证，过程的结果无法通过后续检查和试验得到充分核实，同时，未就已验证过程的工艺参数建立并维护监测和控制规程，从而确保21 CFR 820.75（b）的要求得到持续满足。例如：

a）你公司未保存灭菌验证文档，以证明你公司当前（b）（4）灭菌过程的充分性，且不会对成品器械及其包装造成不利影响。

b）你公司未按既定频率保存其（b）（4）灭菌过程复鉴评估的文档。

你公司关于（b）（4）灭菌处理的答复指出："由于所有批次都具备灭菌证书，因而无菌采血针产品不存在风险"。目前尚不清楚你公司是如何得出这一结论的，因为你公司并没有为各个国外分包灭菌场所进行的所有灭菌过程保存验证文档和复鉴评估文档，以确保你公司收到的任何"灭菌证书"都准确有效。

3．未能按照21 CFR 820.50的要求制定适当规程，以确保所有购买或以其他方式收到的产品和服务符合指定要求。例如：

a）你公司未曾执行规程，SOP7.4-1，采购，修订版11，第7.0条，步骤2，以根据供应商入选经核准供应商名单的情况，核实供应商是否已获得提供服务的资格和批准。尽管（b）（4）、国外（b）（4）辐照服务商（b）（4）出现在你公司的经核准供应商名单上，但你公司并未保存相关文档，以证明供应商已获得提供服务的资格和批准。你公司多次向FDA检查员声明，Stat Medical依赖其合同制造商来管控你公司"无菌"标记的采血针的（b）（4）辐照处理。

b）你公司未执行《供应商资格及其产品或服务》规程，SOP7.4-3，修订版6，第7.0条，步骤1。该规程将灭菌器厂家确定为"关键供应商"，并要求关键供应商签订质量协议。此外，你公司的经核准供应商名单还确定了（b）（4）、国外（b）（4）辐照服务商（b）（4），按"关键供应商"的"风险水平"，对你公司的采血针进行了（b）（4）灭菌处理。但是，你公司未与各（b）（4）辐照服务商维持质量协议。

c）你公司未保存向国外合同制造商（b）（4）提供的书面同意书文档，根据你公司与国外合同制造商签订的质量合同（供货协议）的要求，同意对（b）（4）辐照服务分包给你公司的采血针实施（b）（4）消毒处理。

目前尚不能评价你公司的答复是否充分。你公司的答复称"针对本次检查意见的纠正和预防措施将于2015年9月31日前完成"。你公司的答复未提供支持性证据，证明参考的纠正措施和计划的行动方案已得到充分实施。

4．未能按照21 CFR 820.198（a）的要求制定和维护由正式指定单位接收、审查和评估投诉的适当规程。例如：

你公司的《客户投诉和顾虑》规程，SOP8.2-2，修订版6不够充分，原因如下：

a）该规程第7.0条的步骤6要求对每一起投诉进行评估，以确定其是否代表根据21 CFR 803"医疗器械报告（MDR）"的要求向FDA报告的事件。你公司未曾执行公司规程的这一部分，因为MDR决定未记录在投诉#14-047所提及的所有七（7）起投诉中。

b）该规程未要求调查记录纳入21 CFR 820.198（e）（3）所要求的任何唯一器械标识（UDI）或通用产品代码（UPC），以及所用的任何其他设备标识和控制编号。例如，2014年10月17日收到的投诉#14-047，报告称你公司无法确定与产品质量不合格相关的六件Stat Ultimate采血器的批号或采购订单号（用于分销时限），包括盖帽脱落装置、击发时未抽血和装置未能正确紧持采血针。

c）你公司未充分执行公司投诉规程SOP8.2-2第7.0条步骤10，因为你公司未提供客观证据，证明在无法确定批号和时限的情况下，审查一年的记录即可。关于盖帽脱落装置的投诉调查得出以下结论：所有因盖帽松动而退回的样品均显示卡环磨损，与正常磨损一致（超过4000次循环）。你公司选择审查器械历史记录（DHR），时间跨度为1年，当时已知在3000次循环的卡环磨损相当于DHR的2年跨度。

FDA审查你公司的答复后确定，该答复尚不充分。你公司的答复称"针对本次检查意见的纠正和预防措施将于2015年6月30日前完成"。但是，你公司未提供支持性证据，证明参考的纠正措施和计划的行动方案已得到充分实施。

你公司应立即采取措施纠正本信函所述的违规行为。如若未能及时纠正这些违规行为，可能导致FDA在没有进一步通知的情况下启动监管措施。监管措施包括但不限于没收、禁令和民事罚款。此外，联邦机构会得知关于器械的警告信，以便在签订合同时考虑上述信息。此外，如果FDA确定你公司违反了质量体系法规，且这些违规行为与Ⅲ类器械的上市前批准申请有关联，则在纠正这些违规行为之前，将不会批准此类器械。同时，如果FDA确定你公司的器械不符合《法案》的要求，则不会批准出口证明（Certificates to Foreign

Governments，CFG）的申请。

请在收到本信函之日起15个工作日内将你公司为纠正上述违规行为所采取的具体步骤书面通知本办公室，并说明你公司计划如何防止此类违规行为或类似违规行为再次发生。包括你公司已经采取的纠正措施（必须解决系统问题）的文件材料。如果你公司计划采取的纠正措施将逐渐开展，请提供实施这些活动的时间表。如果无法在15个工作日内完成纠正，请说明延迟的原因以及完成这些活动的时间。你公司的回复应全面，并解决此警告信中所包括的所有违规行为。

最后，请注意本信函未完全包括你公司全部违规行为。你公司有责任遵守FDA所有的法律和法规。本信函和检查结束时签发的检查结果FDA 483表中记录的具体违规行为可能表明你公司制造和质量管理体系中存在严重问题。你公司应查明违规原因并及时采取纠正措施，确保产品合规。

第94封　给Alphatec Spine, Inc.的警告信

生产质量管理规范/质量体系法规/医疗器械/伪劣

CMS # 461526

2015年7月16日

尊敬的C先生：

美国食品药品管理局（FDA）于2015年2月4日至2015年3月13日，对你公司位于加利福尼亚州卡尔斯巴德的医疗器械进行了检查。检查期间，FDA检查员已确认你公司为无菌椎弓根螺钉植入物和植入过程中使用的不锈钢器械的生产制造商。根据《联邦食品、药品和化妆品法案》（以下简称《法案》）第201（h）节［21 U.S.C.§ 321（h）］，凡是用于诊断疾病或其他症状，对疾病有治愈、缓解、治疗或预防作用，或是可以影响人体结构或功能的器械，均为医疗器械。故你公司涉及检查的产品为医疗器械。

本次检查表明，这些医疗器械的生产、包装、储存或安装中使用的方法、设施或控制不符合21 CFR 820的cGMP要求，根据《法案》第501（h）节［21 U.S.C.§ 351（h）］的规定，属于伪劣产品。

2015年4月2日、4月30日、5月29日，FDA收到你公司针对2015年3月13日FDA检查员出具的FDA 483表（检查发现问题清单）的回复。FDA针对回复，处理如下。

你公司存在重大违规行为，具体如下：

1．未能按照21 CFR 820.30（g）的要求，在实际或模拟使用条件下验证设计。

具体为，第09~196号变更单（CO），发布日期为2009年5月18日至2009年8月5日，你公司根据第TR-419号验证报告，将ILICO MIS螺钉延长件（SE）系统作为第07~021号设计历史文档（DHF）《Illico SE后路固定系统的设计验证和模拟使用实验室》修订版A的一部分实施。2011年11月17日，根据变更单编号（b）（4），你公司发布了第（b）（4）号零件，可与第（b）（4）号零件（Illico复位螺钉延长件）搭配使用。（b）（4）设计未经验证，因为第（b）（4）号变更单表明“无需核实和验证。所有已验证的相同机制均在使用中”，此声明引用第TR-419号验证报告。你公司声明无效，因为（b）（4）设计（零件号：（b）（4））不是第TR-419号验证报告相关设计的一部分。此外，在第（b）（4）号变更单发布后，大约从2013年5月到2014年4月25日，共有28份投诉报告存档，均为MDR应报告事件。

FDA审查了你公司的答复，目前无法确定你公司的答复是否充分，因为你公司的目标完成日期为2015年6月13日。

2．未能按照21 CFR 820.30（j）的要求建立设计历史文档。

具体为，你公司的（b）（4）（脊柱植入装置）是在（b）（4）时或其前后从另一家医疗器械公司收购的。你公司缺乏（b）（4）之前（b）（4）的设计历史文档（DHF）（即第（b）（4）号图纸，修订版D），且仅有1个DHF记录岗（b）（4）（即第（b）（4）-（b）（4）号图纸，修订版R，发布日期2009年8月3日）。此外，若你公司需进行故障调查、实施产品召回或提交（b）（4）的MDR报告，则你公司将在调查／分析中遭遇缺口，因为包含器械规格的DHF将无法进行审查。

FDA审查了你公司的答复，目前无法确定你公司的答复是否充分。你公司2015年4月30日的答复承诺在2015年5月13日之前进行更新，以纳入你公司的内部规程，从而防止未来在收购医疗器械资产时发生事故；同时还会提供文件和规程，如质量记录、器械主记录（DMR）、设计历史文档（DHF）、图纸、规范、规程、

召回信息、投诉文件、医疗器械报告（MDR）、确认报告以及验证报告等。你公司尚未提供上述任何文件和规程。

3．未能按照21 CFR 820.184要求保存器械历史记录。

具体为，你公司的（b）（4）（脊柱植入装置）是在（b）（4）时或其前后从另一家医疗器械公司收购的。你公司存档的唯一设计历史文档（DHF）是第（b）（4）–（b）（4）号零件、总装，（b）（4），修订版B ／第（b）（4）号目录，日期为（b）（4）和（b）（4），而（b）（4）号零件／第（b）（4）号目录的修订版C，日期为（b）（4）和（b）（4）。此外，在购买（b）（4）器械后，FDA收到了关于（b）（4）根据产品召回制造和分销（b）（4）器械的通知。针对（b）（4）器械，你公司负责开展故障调查、实施程序召回或提交MDR报告（如有必要）。然而，你公司缺乏DHR，这将导致故障调查不充分，因为DHR数据可能会有缺口，无法进行审查。

FDA审查了你公司的答复，目前无法确定你公司的答复是否充分。你公司2015年4月30日的答复承诺在2015年5月13日之前进行更新，以纳入你公司的内部规程，从而防止未来在收购医疗器械资产时发生事故；同时还会提供文件和规程，如质量记录、器械主记录（DMR）、设计历史文档（DHF）、图纸、规范、规程、召回信息、投诉文件、医疗器械报告（MDR）、确认报告以及验证报告等。你公司尚未提供上述任何文件和规程。

4．未能按照21 CFR 820.100（b）的要求充分记录纠正和预防措施活动和／或结果。

具体为，你公司的（b）（4）（脊柱植入装置）是在（b）（4）时或其前后从另一家医疗器械公司收购的。先前，（b）（4）器械在（b）（4）时被召回，但是你公司未对召回／纠正和移除情况进行记录，以纳入退回装置的接收和最终处置情况，也无任何为防止问题再次发生而采取的预防措施相关的记录。

FDA审查了你公司的答复，目前无法确定你公司的答复是否充分。你公司2015年4月30日的答复承诺在2015年5月13日之前进行更新，以纳入你公司的内部规程，从而防止未来在收购医疗器械资产时发生事故；同时还会提供文件和规程，如质量记录、器械主记录（DMR）、设计历史文档（DHF）、图纸、规范、规程、召回信息、投诉文件、医疗器械报告（MDR）、确认报告以及验证报告等。你公司尚未提供上述任何文件和规程。

5．未能按照21 CFR 820.20（e）的要求建立质量体系规程和说明。

具体为，你公司的（b）（4）（脊柱植入装置）是在（b）（4）时或其前后从另一家医疗器械公司收购的。你公司缺乏既定规程来确保在收购时收到所购器械相关的质量体系记录（包括器械历史记录、图纸、规范和规程等）。

FDA审查了你公司的答复，目前无法确定你公司的答复是否充分。你公司2015年4月30日的答复承诺在2015年5月13日之前进行更新，以纳入你公司的内部规程，从而防止未来在收购医疗器械资产时发生事故；同时还会提供文件和规程，如质量记录、器械主记录（DMR）、设计历史文档（DHF）、图纸、规范、规程、召回信息、投诉文件、医疗器械报告（MDR）、确认报告以及验证报告等。你公司尚未提供上述任何文件和规程。

6．未能按照21 CFR 820.100（a）的要求建立纠正和预防措施规程。例如：

A．你公司的第SOP-025号规程，《纠正和预防措施（CAPA）系统》，修订版L，未提供（b）（4）投诉趋势数据的操作或警报级别的说明或链接，在（b）（4）趋势审查会议上进行审查。具体为，你公司按产品线划分的（b）（4）投诉率由（b）（4）决定。你公司确定其显示单位以百分比表示。你公司尚未建立警报和/或操作水平，以满足第6.1.1条规定的SOP-025规程阈值。你公司在第6.1.1条中的操作为“（b）（4）”。

B．你公司第SOP-025号规程，《纠正和预防措施（CAPA）系统》，修订版L，并不具体，原因在于第6.2.1.1条中列出的《频率表》（事件发生的频率）没有为（b）（4）、（b）（4）、（b）（4）相关的定量估算公式提供定义。

FDA审查你公司的答复后确定，该答复尚不充分。你公司未能对所有质量记录（例如：健康危害评估、月度趋势报告等）作回顾性审查，以确保先前的记录符合新建立的操作和警报级别。

7．未能按照21 CFR 820.30（g）的要求建立设计验证规程。

具体为，你公司的第PRO-000003号规程，《风险管理》，修订版F，未作定义，因为表2-（b）（4）。

FDA审查你公司的答复后确定，该答复尚不充分。你公司未能对风险文件作回顾性审查，以确定根据你公司新修订的规程确定的风险文件是否充分。

8．未能按照21 CFR 820.80（a）的要求建立验收规程。

具体为，你公司第QCP-042号规程，《供应材料检验》，修订版J，未作充分定义，因为第6.9.8.1条提供指示，"（b）（4）"。但是，你公司的指示并未规定在（b）（4）的何处（即开始、期间、结束）进行测量。例如，你公司在（b）（4）时收到的第（b）（4）号部件／批号（b）（4），即（b）（4）库存，用于你公司脊柱植入装置的加工／制造，你公司的指示并未规定在（b）（4）的何处进行测量。

FDA审查了你公司的答复，目前无法确定你公司的答复是否充分。FDA审查了第6.9.8.2条中的第QCP-042号规程，《供应材料检验》，现需要一份（b）（4），同时其结果记录在第（b）（4）–（b）（4）号表格QIR库存／OSP收据中。FDA对批号（b）（4）和（b）（4）的第（b）（4）–（b）（4）号表格的审查并不充分，因为你公司记录了（b）（4）的测试结果。FDA无法确定，检查员是否按照第QCP-042号规程的要求，取用全部的（b）（4）。相反，FDA建议修改你公司的规程，以允许报告（b）（4）。

你公司应立即采取措施纠正本信函所述的违规行为。如若未能及时纠正这些违规行为，可能导致FDA在没有进一步通知的情况下启动监管措施。监管措施包括但不限于没收、禁令和民事罚款。此外，联邦机构会得知关于器械的警告信，以便在签订合同时考虑上述信息。此外，如果FDA确定你公司违反了质量体系法规，且这些违规行为与Ⅲ类器械的上市前批准申请有关联，则在纠正这些违规行为之前，将不会批准此类器械。同时，如果FDA确定你公司的器械不符合《法案》的要求，则不会批准出口证明（Certificates to Foreign Governments，CFG）的申请。

请在收到本信函之日起15个工作日内将你公司为纠正上述违规行为所采取的具体步骤书面通知本办公室，并说明你公司计划如何防止此类违规行为或类似违规行为再次发生。包括你公司已经采取的纠正措施（必须解决系统问题）的文件材料。如果你公司计划采取的纠正措施将逐渐开展，请提供实施这些活动的时间表。如果无法在15个工作日内完成纠正，请说明延迟的原因以及完成这些活动的时间。你公司的回复应全面，并解决此警告信中所包括的所有违规行为。

最后，请注意本信函未完全包括你公司全部违规行为。你公司有责任遵守FDA所有的法律和法规。本信函和检查结束时签发的检查结果FDA 483表中记录的具体违规行为可能表明你公司制造和质量管理体系中存在严重问题。你公司应查明违规原因并及时采取纠正措施，确保产品合规。

第 95 封　给 Medica Outlet 的警告信

医疗器械/伪劣/标识不当

CMS # 460334

2015年6月1日

致www.medicaoutlet.com的拥有人

美国食品药品管理局（FDA）获悉，你公司未经市场许可或批准在美国销售各种真皮填充剂，这违反了《联邦食品、药品和化妆品法案》（以下简称《法案》）。

根据《法案》第201（h）节［21 U.S.C.§ 321（h）］的规定，凡是用于诊断疾病或其他症状，对疾病有治愈、缓解、治疗或预防作用，或是可以影响人体结构或功能的器械，均为医疗器械。故你公司涉及的产品为医疗器械。

Teosyal

FDA对网站www.medicaoutlet.com审查后，确定你公司生产的各种Teosyal配方正作为透明质酸真皮填充剂上市，用于诸如治疗皱纹、增加面部特征轮廓、增厚嘴唇和消除老化现象。

对FDA记录进行审查后发现，你公司在向美国出售器械之前未获得许可或批准，此行为属于违法行为。因此，根据《法案》第501（f）(1)(B）节［21 U.S.C.§ 351（f）(1)(B）］的规定，Teosyal产品线为伪劣产品线，原因在于你公司没有根据《法案》第515（a）节［21 U.S.C.§ 360e（a）］的规定获得批准的上市前批准申请（PMA），也没有根据《法案》第520（g）节［21 U.S.C.§ 360j（g）］的规定获得批准的研究器械豁免申请。根据《法案》第502（o）节［21 U.S.C.§ 352（o）］的规定，该器械也标记不当，原因在于你公司没有按照《法案》第510（k）节［21 U.S.C.§ 360（k）］的要求，将启动器械商业销售的意图通知FDA。对于需要获得上市前批准的器械，在PMA等待FDA审批时，第510（k）节要求的通知视为已满足要求。21 CFR 807.81（b）

你公司可通过FDA网站获取更多需提交的信息。FDA将评估你公司提交的信息，并决定你公司的产品是否可合法上市。

鉴于你公司严重违反了《法案》规定，根据《法案》第801（a）节［21 U.S.C.§ 381（a）］的规定，由于你公司出售的真皮填充剂为伪劣产品，所以被拒绝入境。因此，FDA将会采取措施，以拒绝此类产品（称为“毋需检验即予扣留”），直到此类违规行为得到纠正。为了解除医疗器械的扣留状态，你公司应按下列说明对本警告信作出书面回复，并对其中所述的违规行为予以纠正。

请在收到本信函之日起15个工作日内将你公司为纠正上述违规行为所采取的具体步骤书面通知本办公室，并说明你公司计划如何防止此类违规行为或类似违规行为再次发生。包括你公司已经采取的纠正措施（必须解决系统问题）的文件材料。如果你公司计划采取的纠正措施将逐渐开展，请提供实施这些活动的时间表。如果无法在15个工作日内完成纠正，请说明延迟的原因以及完成这些活动的时间。你公司的回复应全面，并解决此警告信中所包括的所有违规行为。

最后，请注意本信函未完全包括你公司全部违规行为。你公司有责任遵守FDA所有的法律和法规。

第96封　给LifeCell Corporation的警告信

医疗器械/伪劣/标识不当

CMS # 459704

2015年6月1日

尊敬的H女士：

美国食品药品管理局（FDA）获悉，你公司在美国销售Strattice重建组织基质，该产品未经市场许可或批准，此行为违反了《联邦食品、药品和化妆品法案》（以下简称《法案》）。

根据《法案》第201（h）节［21 U.S.C.§ 321（h）］的规定，凡是用于诊断疾病或其他症状，对疾病有治愈、缓解、治疗或预防作用，或是可以影响人体结构或功能的器械，均为医疗器械。故你公司涉及的产品为医疗器械。

根据《法案》第501（f）(1）(B）节［21 U.S.C.§ 351（f）(1）(B）］的规定，FDA已审查你公司网站并确定Strattice重建组织基质为伪劣产品，原因在于对于所描述和销售的器械，你公司没有根据《法案》第515（a）节［21 U.S.C.§ 360e（a）］的规定通过上市前批准申请（PMA），也没有根据《法案》第520（g）节［21 U.S.C.§ 360j（g）］的规定通过研究器械豁免申请。根据《法案》第502（o）节［21 U.S.C.§ 352（o）］的规定，Strattice重建组织基质存在标识不当的情况，因为你公司在州际贸易中引进或交付用于商业分销的器械，其预期用途发生了重大变更或修改，却未按《法案》第510（k）节［21 U.S.C.§ 360（k）］和21 CFR 807.81（a）(3）(ii）的要求向FDA提交新版上市前通知。

具体而言，在K082176下，Stratice重建组织基质作为“LTM-BPS手术网片”批准用作软组织补片，以加固存在缺陷的软组织，并用于损伤或破裂的软组织膜的外科修复，此类软组织膜需要使用补强材料或桥接材料来获得所需的外科手术结果。该植入物预期用于整形和重建手术中以加固软组织。LTM-BPS仅适用于一名患者，供一次性使用。

但是，你公司提供的Strattice重建组织基质推广材料表明，该器械预期用于乳房再造手术，这是对器械预期用途作出的重大变更或修改，而对此，你公司并未获得批准或许可。例如：

乳房重建选项卡

“Strattice组织基质被外科医生用于软组织修复，包括用于现有组织薄弱或不足的乳房重建”。

“Stratice组织基质可协助外科医生在所需位置支撑并定位乳房”。

“Stratice组织基质如何提供协助”的演示文稿，包含“紧胸袋”的演示文稿，Stratice“提供了更大、更具弹性的胸袋”。

乳房整形手术

“Stratice组织基质”是一种工具，可协助外科医生解决在乳房固定术中遇到的因乳房组织薄弱或不足问题。通过强化薄/弱组织，Stratice可通过以下方式协助外科医生：

- 在所需位置支撑并定位乳房
- 囊膜切除术后提供额外的组织支持
- 通过从下方或侧面支持折叠修复来重新定义折叠位置
- 为内侧修复提供支持，便于外科医生控制胸袋的大小和位置

该适应证不在Strattice重建组织基质的预期用途范围内，因为手术网片尚未获得许可或批准用于乳房重建手术。根据21 CFR 878.3300的规定，对于按一般软组织强化适应证受许的手术网片，其特定的乳房重建

手术适应证是指该网片预期用途的重大变更。

对于需要获得上市前批准的器械，在PMA等待FDA审批时，《法案》第510（k）节［21 U.S.C.§ 360（k）］要求的通知视为已满足。你公司可通过FDA网站查看更多 21 CFR 807.81（b）所述的获得批准需提交的信息。FDA将评估你公司提交的资料，并决定你公司的产品是否可合法上市。

FDA办公室要求你公司立即停止可致Strattice重建组织基质标识错误或不合规的活动（例如：为上述用途进行器械的商业营销）。

你公司应立即采取措施纠正本信函所述的违规行为。如若未能及时纠正这些违规行为，可能导致FDA在没有进一步通知的情况下启动监管措施。监管措施包括但不限于没收、禁令和民事罚款。此外，联邦机构会得知关于器械的警告信，以便在签订合同时考虑上述信息。

请在收到本信函之日起15个工作日内将你公司为纠正上述违规行为所采取的具体步骤书面通知本办公室，并说明你公司计划如何防止此类违规行为或类似违规行为再次发生。包括你公司已经采取的纠正措施（必须解决系统问题）的文件材料。如果你公司计划采取的纠正措施将逐渐开展，请提供实施这些活动的时间表。如果无法在15个工作日内完成纠正，请说明延迟的原因以及完成这些活动的时间。你公司的回复应全面，并解决此警告信中所包括的所有违规行为。

最后，请注意本信函未完全包括你公司全部违规行为。你公司有责任遵守FDA所有的法律和法规。

第97封　给Allergen Medical的警告信

医疗器械/伪劣/标识不当

CMS # 459702

2015年5月29日

尊敬的P先生：

美国食品药品管理局（FDA）获悉，你公司在美国销售的SERI手术支架未获上市许可或批准，违反了《联邦食品、药品和化妆品法案》(以下简称《法案》)。

根据《法案》第201（h）节［21 U.S.C.§ 321（h）］的规定，凡是用于诊断疾病或其他症状，对疾病有治愈、缓解、治疗或预防作用，或是可以影响人体结构或功能的器械，均为医疗器械。故你公司涉及的产品为医疗器械。

根据《法案》第501（f）(1)(B）节［21 U.S.C.§ 351（f）(1)(B）］的规定，FDA已审查你公司网站并确定SERI手术支架为伪劣产品，原因在于对于所描述和销售的器械，你公司没有根据《法案》第515（a）节［21 U.S.C.§ 360e（a）］的规定通过上市前批准申请（PMA)，也没有根据《法案》第520（g）节［21 U.S.C.§ 360j（g）］的规定通过研究器械豁免申请。根据《法案》第502（o）节［21 U.S.C.§ 352（o）］的规定，SERI手术支架存在标记不当的情况，因为你公司在州际贸易中引进或交付用于商业分销的器械，其预期用途发生重大变更或修改，却未按《法案》第510（k）节［21 U.S.C.§ 360（k）］和21 CFR 807.81（a）(3)(ii）的要求向FDA提交新的上市前批准申请。

具体而言，SERI手术支架按照K123128获准上市，用作软组织支持和修复的临时支架，以加强存在缺陷或空隙的部位，此类缺陷需添加材料以获得预期的手术结果。这包括在整形和重建手术中加强软组织，以及一般软组织重建。但是，你公司提供的该器械推广资料表明，其预期用于乳房手术，这是对器械原预期用途作出的重大变更或修改，而对此，你公司并未获得批准或许可。例如：

使用SERI手术支架进行软组织支持和修复的具体流程包括：

- 乳房修复手术
- 隆胸或不隆胸
- 乳房缩小
- 肌肉皮瓣强化

以上适应证不属于你公司产品的预期用途，因为手术网片尚未批准用于使用组织扩张器或植入物的乳房重建术。此外，根据21 CFR 878.3300的规定，对于按一般软组织强化适应证批准的手术网片，其特定的乳房重建手术适应证是指该网片预期用途的重大变更。

对于需要获得上市前批准的器械，在PMA等待FDA审批时，《法案》第510（k）节［21 U.S.C.§ 360（k）］要求的通知视为已满足。你公司可通过FDA网站查看更多 21 CFR 807.81（b）所述的获得批准需提交的信息。FDA将评估你公司提交的资料，并决定你公司的产品是否可合法上市。

FDA办公室要求你公司立即停止可致SERI手术支架标记不当或不合规的活动（例如：为上述用途进行器械的商业营销活动）。

你公司应立即采取措施纠正本信函所述的违规行为。如若未能及时纠正这些违规行为，可能导致FDA在没有进一步通知的情况下启动监管措施。监管措施包括但不限于没收、禁令和民事罚款。此外，联邦机构会得知关于器械的警告信，以便在签订合同时考虑上述信息。

请在收到本信函之日起15个工作日内将你公司为纠正上述违规行为所采取的具体步骤书面通知本办公室，并说明你公司计划如何防止此类违规行为或类似违规行为再次发生。包括你公司已经采取的纠正措施（必须解决系统问题）的文件材料。如果你公司计划采取的纠正措施将逐渐开展，请提供实施这些活动的时间表。如果无法在15个工作日内完成纠正，请说明延迟的原因以及完成这些活动的时间。你公司的回复应全面，并解决此警告信中所包括的所有违规行为。

最后，请注意本信函未完全包括你公司全部违规行为。你公司有责任遵守FDA所有的法律和法规。

第98封 给Dr. Hettie Morgan的警告信

医疗器械/伪劣/标识不当

CMS # 460239

2015年5月29日

尊敬的M博士：

美国食品药品管理局（FDA）获悉，你公司在美国销售的由100%聚丙烯酰胺构成的lnterfall水凝胶注射剂未获上市许可或批准，这违反了《联邦食品、药品和化妆品法案》(以下简称《法案》)。

根据《法案》第201（h）节［21 U.S.C.§ 321（h）］的规定，凡是用于诊断疾病或其他症状，对疾病有治愈、缓解、治疗或预防作用，或是可以影响人体结构或功能的器械，均为医疗器械。故你公司涉及的产品为医疗器械。

FDA审查你公司网站（www.hydrigelinjections.com）后，确定lnterfall水凝胶注射剂作为软组织填充剂在市场上的用途是“用于面部、嘴唇和臀部，以增大其尺寸，使其更美观”，以及用于乳房、生殖器和整个身体的塑造。

对FDA记录进行审查后发现，你公司在向美国出售器械之前未获得许可或批准，此行为属于违法行为。因此，根据《法案》第501（f）(1)(B）节［21 U.S.C.§ 351（f）(1)(B）］的规定，lnterfall水凝胶注射剂为伪劣产品，原因在于你公司没有根据《法案》第515（a）节［21 U.S.C.§ 360e（a）］的规定通过上市前批准申请（PMA)，也没有根据《法案》第520（g）节［21 U.S.C.§ 360j（g）］的规定通过研究器械豁免申请。根据《法案》第502（o）节［21 U.S.C.§ 352（o）］的规定，该器械也标记不当，原因在于你公司没有按照《法案》第510（k）节［21 U.S.C.§ 360（k）］的要求，将启动器械商业销售的意图通知FDA。对于需要获得上市前批准的器械，在PMA等待FDA审批时，《法案》第510（k）节要求的通知视为已满足要求。你公司可通过FDA获得更多21 CFR 807.81（b）所述的你公司为获得批准需提交的信息。FDA将评估你公司提交的资料，并决定你公司的产品是否可合法上市。

请在收到本信函之日起15个工作日内将你公司为纠正上述违规行为所采取的具体步骤书面通知本办公室，并说明你公司计划如何防止此类违规行为或类似违规行为再次发生。包括你公司已经采取的纠正措施（必须解决系统问题）的文件材料。如果你公司计划采取的纠正措施将逐渐开展，请提供实施这些活动的时间表。如果无法在15个工作日内完成纠正，请说明延迟的原因以及完成这些活动的时间。你公司的回复应全面，并解决此警告信中所包括的所有违规行为。

最后，你公司应知悉，本信函并未包含你公司所有违规行为。你公司有责任遵守FDA所有的法律和法规。

第99封 给Dr. Ashley Minas的警告信

医疗器械/伪劣/标识不当

CMS # 460244

2015年5月29日

尊敬的M博士：

美国食品药品管理局（FDA）获悉，你公司在美国销售由100%聚丙烯酰胺构成的lnterfall水凝胶注射剂和由交联和未交联透明质酸构成的Teosyal产品未经上市许可或批准，此行为违反了《联邦食品、药品和化妆品法案》(以下简称《法案》)。

根据《法案》第201（h）节［21 U.S.C.§ 321（h）］的规定，凡是用于诊断疾病或其他症状，对疾病有治愈、缓解、治疗或预防作用，或是可以影响人体结构或功能的器械，均为医疗器械。故你公司涉及的产品为医疗器械。

FDA审查网站（www.consultdrminas.com）后，确定lnterfall水凝胶产品作为真皮填充剂正在市场上销售，用于塑造面部、生殖器、乳腺和臀部；用于消除深部变形疤痕；以及用于喉麻痹性狭窄的声带内假体以及其他一些适应证。此外，Teosyal作为美容药正在市场上销售，是“当今世界三大填充剂之一”。

对FDA记录进行审查后发现，你公司在向美国出售器械之前未获得许可或批准，此行为属于违法行为。因此，根据《法案》第501（f）(1)(B）节［21 U.S.C.§ 351（f）(1)(B）］的规定，lnterfall水凝胶产品和Teosyal产品为伪劣产品，原因在于你公司没有根据《法案》第515（a）节［21 U.S.C.§ 360e（a）］的规定通过上市前批准申请（PMA），也没有根据《法案》第520（g）节［21 U.S.C.§ 360j（g）］的规定通过研究器械豁免申请。根据《法案》第502（o）节［21 U.S.C.§ 352（o）］的规定，该器械也标记不当，原因在于你公司没有按照《法案》第510（k）节［21 U.S.C.§ 360（k）］的要求，将启动器械商业销售的意图通知FDA。对于需要获得上市前批准的器械，在PMA等待FDA审批时，《法案》第510（k）节要求的通知视为已满足要求。你公司可通过FDA网站获得批准需提交的信息。FDA将评估你公司提交的资料，并决定你公司的产品是否可合法上市。

鉴于你公司严重违反了《法案》规定，根据《法案》第801（a）节［21 U.S.C.§ 381（a）］的规定，你公司销售的lnterfall水凝胶产品和Teosyal产品为伪劣产品，所以被拒绝入境。因此，FDA正在采取措施，以拒绝此类医疗器械进入美国（称为“自动扣押”)，直到此类违规行为得到纠正。为了解除医疗器械的扣留状态，你公司应按下列说明对本警告信作出书面回复，并对其中所述的违规行为予以纠正。

请在收到本信函之日起15个工作日内将你公司为纠正上述违规行为所采取的具体步骤书面通知本办公室，并说明你公司计划如何防止此类违规行为或类似违规行为再次发生。包括你公司已经采取的纠正措施（必须解决系统问题）的文件材料。如果你公司计划采取的纠正措施将逐渐开展，请提供实施这些活动的时间表。如果无法在15个工作日内完成纠正，请说明延迟的原因以及完成这些活动的时间。你公司的回复应全面，并解决此警告信中所包括的所有违规行为。

最后，请注意本信函未完全包括你公司全部违规行为。你公司有责任遵守FDA所有的法律和法规。

第100封　给Jian Peng Zhou的警告信

医疗器械/伪劣/标识不当

CMS # 460153
2015年5月29日

尊敬的Z先生：

美国食品药品管理局（FDA）获悉，你公司在未获得许可和批准的情况下，在美国销售透明质酸凝胶真皮填充剂，违反了《联邦食品、药品和化妆品法案》（以下简称《法案》）。

根据《法案》第201（h）节［21 U.S.C.§ 321（h）］，凡是用于诊断疾病或其他症状，对疾病有治愈、缓解、治疗或预防作用，或是可以影响人体结构或功能的器械，均为医疗器械。

FDA已对www.beautyticstore.com网站进行审核，确定透明质酸凝胶是作为治疗皱纹以及丰唇、丰臀、隆胸的皮肤填充剂（Dermafil）进行销售的（以下简称透明质酸凝胶产品）。

FDA审查发现，你公司在美国销售透明质酸凝胶产品前并未获得许可或批准，属于违法行为。由于你公司没有根据《法案》第515（a）节［21 U.S.C.§ 360e（a）］，获得上市前批准申请（PMA），或根据《法案》第520（g）节［21 U.S.C.§ 360j（g）］获得试验器械豁免申请批准，根据《法案》第501（f）（1）（B）节［21 U.S.C.§ 351（f）（1）（B）］，透明质酸凝胶产品属于伪劣产品。此外，依据《法案》第502（o）节［21 U.S.C.§ 352（o）］，该器械所贴标签为虚假标签，因为你公司并没有依据《法案》第510（k）节［21 U.S.C.§ 360（k）］和21 CFR 807.81（a）（3）（i）的要求告知FDA上述产品意图在美国进行商业销售。根据21 CFR 807.81（b），对于需要上市前批准的器械，在器械处于正在等待FDA批准的状态时，《法案》第510（k）节所要求的通告要求可视作被满足。你可以在url.网站上找到获得器械批准或许可所需要的相关信息。FDA将评估你公司提交的信息，并决定你公司产品是否可以合法销售。

鉴于违反该《法案》的严重性质，依据第801（a）条［21 U.S.C.§ 381（a）］，你公司销售的透明质酸凝胶产品属于伪劣产品，将不被准许进入美国市场。当前FDA官方正采取措施，拒绝这些器械进入美国，即“无需查验分析即可被直接扣押”，直到你公司的违规行为得到纠正。如果想要解除器械的扣押，你公司应提供对本警告信的书面回复，包含针对本警告信中违规行为所采取的措施。FDA将通知你公司回复的充分性以及是否需要重新审查你公司的生产设施，以验证是否已采取适当的纠正措施。

请在收到本信函之日起15个工作日内将你公司为纠正上述违规行为所采取的具体步骤书面通知本办公室，并说明你公司计划如何防止此类违规行为或类似违规行为再次发生。包括你公司已经采取的纠正措施（必须解决系统问题）的文件材料。如果你公司计划采取的纠正措施将逐渐开展，请提供实施这些活动的时间表。如果无法在15个工作日内完成纠正，请说明延迟的原因以及完成这些活动的时间。你公司的回复应全面，并解决此警告信中所包括的所有违规行为。

最后，请注意本信函未完全包括你公司全部违规行为。你公司有责任遵守FDA所有的法律和法规。

第101封 给TEI Biosciences的警告信

医疗器械/伪劣/标识不当

CMS # 459703

2015年5月29日

尊敬的B先生：

美国食品药品管理局（FDA）获悉，你公司在美国销售的SurgiMend未经许可或批准，违反了《联邦食品、药品和化妆品法案》(以下简称《法案》)。

根据《法案》第201（h）节［21 U.S.C.§ 321（h）］，凡是用于诊断疾病或其他症状，对疾病有治愈、缓解、治疗或预防作用，或是可以影响人体结构或功能的器械，均为医疗器械。

FDA已对你公司的网站http://www.teibio.com/products/by-brand/surgimend-prs进行了审查，根据《法案》第501（f）(1)(B）节，该产品属于伪劣产品，因为你公司没有根据《法案》第515（a）节［21 U.S.C.§ 360e（a）］，获得上市前批准申请（PMA），或根据《法案》第520（g）节［21 U.S.C.§ 360j（g）］获得试验器械豁免申请批准。此外，依据《法案》第502（o）节［21 U.S.C.§ 352（o）］，该器械所贴标签为虚假标签，因为你公司并没有依据《法案》第510（k）节［21 U.S.C.§ 360（k）］和21 CFR 807.81（a）(3)(i）的要求告知FDA州际贸易引入了上述产品在美国进行商业销售，并且该器械对预期用途进行了重大更改，但未按照《法案》第510（k）节［21 U.S.C.§ 360（k）］和21 CFR 807.81（a）(3)(ii）的要求向FDA提交新的上市前通知申请。

具体为，K号为K083898的SurgiMend预期用途为：SurgiMen用于植入软组织薄弱处，加固软组织，用于手术修复受损或破裂的软组织膜。

SurgiMend特别适用于：

- 整形和重建手术
- 肌皮瓣加固
- 疝修补，包括腹疝、腹股沟疝、股疝、膈疝、阴囊疝、脐疝和切口疝

然而，在你公司对该器械的推广中，该器械被宣传为可用于乳房手术，这已构成对其预期用途的重大改变或修改，而你公司对此并没有获得许可或批准。例如：

- “乳房手术患者可用的优越生物基质”

该适应证超出了你公司的预期用途，因为疝修补片尚未被许可或被批准用于使用组织扩张器或植入物进行的乳房重建。此外，这种特定的乳房重建手术适应证改变了21 CFR 878.3300规定的一般软组织强化适应证许可的疝修补片的预期用途。

FDA要求你公司立即停止导致SurgiMend虚假标签或伪劣产品的活动，如上述用途器械的销售活动。

你公司应立即采取措施纠正本信函所述的违规行为。如若未能及时纠正这些违规行为，可能导致FDA在没有进一步通知的情况下启动监管措施。监管措施包括但不限于没收、禁令和民事罚款。此外，联邦机构会得知关于器械的警告信，以便在签订合同时考虑上述信息。

请在收到本信函之日起15个工作日内将你公司为纠正上述违规行为所采取的具体步骤书面通知本办公

室，并说明你公司计划如何防止此类违规行为或类似违规行为再次发生。包括你公司已经采取的纠正措施（必须解决系统问题）的文件材料。如果你公司计划采取的纠正措施将逐渐开展，请提供实施这些活动的时间表。如果无法在15个工作日内完成纠正，请说明延迟的原因以及完成这些活动的时间。你公司的回复应全面，并解决此警告信中所包括的所有违规行为。

最后，请注意本信函未完全包括你公司全部违规行为。你公司有责任遵守FDA所有的法律和法规。

第102封　给Insightra Medical Inc.的警告信

生产质量管理规范/质量体系法规/医疗器械/伪劣

CMS # 455892

2015年5月21日

尊敬的S先生：

2015年2月19日至2月24日，FDA检查员在对你公司位于加州欧文的工厂审查中认定，你公司生产主动脉内球囊导管和腹股沟疝植入物，根据《联邦食品、药品和化妆品法案》（以下简称《法案》）第201（h）节[21 U.S.C.§ 321（h）]，该类产品用于诊断疾病或其他症状，对疾病有治愈、缓解、治疗或预防作用，或是可以影响人体结构或功能，均为医疗器械。

本次检查表明，这些医疗器械的生产、包装、储存或安装中使用的方法、设施或控制不符合21 CFR 820的cGMP要求，根据《法案》第501（h）节[21 U.S.C.§ 351（h）]的规定，属于伪劣产品。

FDA已于2015年3月12日收到来自QA/RA专家的回复信，即你公司针对FDA检查员出具的FDA 483表（检查发现问题清单）的回复。以下是FDA对于你公司各违规事项相关回复的回应。这些违规事项包括但不限于以下内容：

1．未能按照21 CFR 820.198（a）的要求，充分建立由正式指定部门受理、审查和评估投诉的程序。

具体为，产品投诉处理和上市后监督程序（RA2-0007 Rev 15）：

a）第7.1.5条对投诉的评估和调查规定："QA应协调对所有投诉的审查和评估，以确定必要的调查级别。"该程序既没有描述调查的不同层次，也没有描述调查的程序。

b）第7.1.5条规定："调查应以满足所有监管要求的方式进行。"对12项投诉的审查表明，4项投诉没有得到充分的评估和调查来确定器械故障的根本原因，如投诉编号（b）(4)。

- (b)(4) -产品投诉报告-调查摘要中写到"患者信息不可用；因此，不能确定正确的导管通径"。然而，你公司收到的产品投诉表格中确实包含了患者的年龄、性别、体重、身高和体重指数等信息。此外，投诉信表明（b）(4) 提供了两个录像带；然而在调查摘要中并没有讨论这些视频是作为调查的一部分被审查的。
- (b)(4) -该投诉涉及一名患者死亡。《产品投诉报告》第7条中所列的投诉调查摘要指出："对该事件的调查是与分销商（b）(4) 一起进行的"；然而，主动脉内球囊导管不能用于评估，也不能得出进一步的结论。
- (b)(4) -产品投诉报告第7节中所列的投诉调查摘要陈述了"关于患者和事件提供的非常有限的信息"。与分销商（b）(4) 一起对事件进行了调查；然而，主动脉内球囊导管不能用于调查，也没有进一步的结论。
- (b)(4) -产品投诉报告第7节中所列的投诉调查摘要声明"产品未被退回，且无法进行调查投诉"。所有的Insightra IAB在生产过程中都经过了100%的循环测试。

如你公司的分销商未能提供完成调查所需的资料，你公司应尝试直接联络最终用户（即投诉人）；最终用户的联系信息包含在投诉报告中（b）(4)，并且未记录试图直接联系他们。此外，当被投诉的产品无法获得或没有被退回时，FDA建议你公司的调查包括其他步骤，如：检测被投诉器械制造期间制造的任何备用样品或产品；检查器械的历史记录；分析相关服务记录；并分析与受试者器械相关的任何纠正和预防措施和不合格数据。你公司的投诉调查报告（b）(4）并无证据显示你公司曾采取任何上述行动。

c）第7.4条投诉文件的关闭要求“QA将在30个工作日内关闭该投诉”。当需要额外时间来完成一项调查时，该程序并不提供宽限时间。

目前还不能确定你公司的答复是否适当，因为你公司正在整改中。你公司的回应表明，你公司的投诉处理程序将会重新修订，包括以下内容：投诉类别的分类，以及每一类投诉的最低调查准则；包括终端用户联系方式和联系次数要求；包括用来记录和总结投诉活动的投诉日志和投诉文件，并更新澄清关闭和解决投诉日期为30天是内部目标；如果为了完成调查而需要延迟是允许的。预计完成日期为2015年6月30日。

FDA的检查还显示，依据《法案》第502（t）(2）节［21 U.S.C.§ 352（t）(2）］，产品标签错误，因为你公司未能或拒绝提供《法案》第519节（21 U.S.C.§ 360i）和21 CFR 803《医疗器械；纠正和移除报告》规定提供的有关器械的材料或其他信息。重大违规行为包括但不限于以下内容：

未能按照21 CFR 803.17的要求，充分建立、维护和实施书面MDR程序。

例如，2014年5月13日在审查了你公司修订版15，修订名为“RA2-0007产品投诉处理和市场监督”的MDR程序后，注意到以下问题：

1．该程序没有建立内部系统，以便及时有效地识别、沟通和评估可能符合MDR要求的事件。例如：

a．本程序遗漏了21 CFR 803.3中关于“意识”和“引起或促成”的定义，以及21 CFR 803.20（c）(1）中关于“合理建议”的定义。对这些术语的遗漏可能会导致你公司在评估符合21 CFR 803.50（a）规定的报告标准的投诉时做出错误的报告决定。

2．该程序没有建立及时传递完整医疗器械报告的内部系统。具体来说，下列问题没有得到解决：

a．程序未包含或索引如何填写FDA 3500A表格的说明。

b．程序未包含你公司在何种情况下必须提交补充或跟踪报告、5天报告以及此类报告的要求。

c．程序未包含提交MDR报告的地址：FDA、CDRH、医疗器械报告、Rockville、MD 20847-3002。

3．该程序没有描述你公司将如何处理文件和记录保存要求，包括：

a．作为MDR事件文件保存的不良事件相关信息的文档。

b．为确定某一事件是否应报告而评估的信息。

c．用于确定与器械相关的死亡、严重伤害或故障是否应报告或不应报告的审议和决策过程的文件。

d．确保获得信息的系统，以便FDA及时跟踪和检查。

你公司的程序包括对基线报告的引用。因为基线报告不再需要，FDA建议从你公司的MDR程序中删除所有对基线报告的引用（参见：73联邦公报公告53686，日期为2008年9月17日）。

2014年2月13日《电子不良事件报告的最终规则》发布，要求制造商和进口商应向FDA提交电子不良事件报告（eMDRs）。本最终规则于2015年8月14日生效。若你公司当前未提供电子报告，FDA建议你从以下网页链接中获取更多提供电子报告要求的信息。网址：url

若你公司希望讨论不良事件上报规则或想安排进一步沟通，可以通过ReportabilityReviewTeam@fda.hhs.gov邮件联系可报告性审核小组。

你公司应立即采取措施纠正本信函所述的违规行为。如若未能及时纠正这些违规行为，可能导致FDA在没有进一步通知的情况下启动监管措施。监管措施包括但不限于没收、禁令和民事罚款。此外，联邦机构会得知关于器械的警告信，以便在签订合同时考虑上述信息。如果FDA确定你公司违反了质量体系法规，且这些违规行为与Ⅲ类器械的上市前批准申请有关联，则在纠正这些违规行为之前，将不会批准此类器械。同时，如果FDA确定你公司的器械不符合《法案》的要求，则不会批准出口证明（Certificates to Foreign Governments，CFG）的申请。

请在收到本信函之日起15个工作日内将你公司为纠正上述违规行为所采取的具体步骤书面通知本办公室，并说明你公司计划如何防止此类违规行为或类似违规行为再次发生。包括你公司已经采取的纠正措施

（必须解决系统问题）的文件材料。如果你公司计划采取的纠正措施将逐渐开展，请提供实施这些活动的时间表。如果无法在15个工作日内完成纠正，请说明延迟的原因以及完成这些活动的时间。你公司的回复应全面，并解决此警告信中所包括的所有违规行为。

最后，请注意本信函未完全包括你公司全部违规行为。你公司有责任遵守FDA所有的法律和法规。本信函和检查结束时签发的检查结果FDA 483表中记录的具体违规行为可能表明你公司制造和质量管理体系中存在严重问题。你公司应查明违规原因并及时采取纠正措施，确保产品合规。

第103封　给9mm Special Effects的警告信

生产质量管理规范/质量体系法规/医疗器械/伪劣/标识不当

CMS # 443368

2015年5月19日

尊敬的C先生：

2014年9月8日至9月30日，FDA检查员在对你公司位于夏威夷的工厂的检查中认定，你公司生产修饰性软性亲水角膜接触镜，根据《联邦食品、药品和化妆品法案》（以下简称《法案》）第201（h）节［21 U.S.C.§ 321（h）］，该产品用于诊断疾病或其他症状，对疾病有治愈、缓解、治疗或预防作用，或是可以影响人体结构或功能，均为医疗器械。

未经批准的器械

《法案》要求，非豁免器械的制造商在出售产品之前，必须获得FDA对其产品的上市批准或许可。这有助于保护公众健康，确保新器械是安全和有效的，或与在美国已经合法销售、无需审批的其他器械实质等同。

检查结果显示，你公司在开始销售产品之前，没有获得上市批准或许可，这是违法的。具体地说，按照《法案》第501（f）（1）（B）节你公司的装饰性隐形眼镜是伪劣产品，因为你公司没有根据《法案》第515（a）节［21 U.S.C.§ 360e（a）］，获得上市前批准申请（PMA），或根据《法案》第520（g）节［21 U.S.C.§ 360j（g）］获得试验器械豁免申请批准。

此外，依据《法案》第502（o）节［21 U.S.C.§ 352（o）］，该器械所贴标签为虚假标签，因为你公司并没有依据《法案》第510（k）节［21 U.S.C.§ 360（k）］和21 CFR 807.81（a）（3）（i）的要求告知FDA上述产品将在美国进行商业销售，并且该器械对预期用途进行了重大更改，但未按照《法案》第510（k）节、［21 U.S.C.§ 360（k）］和21 CFR 807.81（a）（3）（ii）的要求向FDA提交新的上市前通知申请。根据21 CFR 807.81（b），对于需要上市前批准的器械，在器械处于正在等待FDA批准的状态时，《法案》第510（k）节所要求的通告要求可视作被满足。你可以在url.网站上找到获得器械批准或许可所需要的相关信息。FDA将评估你公司提交的信息，并决定你公司产品是否可以合法销售。

质量体系法规

本次检查表明，这些医疗器械的生产、包装、储存或安装中使用的方法、设施或控制不符合21 CFR§ 820的cGMP要求，根据《法案》第501（h）节［21 U.S.C.§ 351（h）］的规定，属于伪劣产品。

这些违反行为包括但不限于下列各项：

（1）未能按照21 CFR 820.100的要求建立和维护实施纠正和预防措施的程序。

（2）未能建立和维护控制器械设计的程序，以确保满足21 CFR 820.30（a）的规定要求。

（3）未能确保当过程结果不能被后续的检验和测试完全验证时，该过程应在高度保证的情况下进行验证，并按照21 CFR 820.75（a）要求的既定程序进行批准。

（4）未能按照21 CFR 820.70（a）的要求，开发、实施、控制和监视生产过程，以确保器械符合其规范。

（5）未能按照21 CFR 820.20（e）的要求建立质量体系程序和说明。

（6）未能建立和维护程序，以确保所有购买或以其他方式接收的产品和服务符合21 CFR 820.50的规定要求。

（7）未能按照21 CFR 820.140的要求建立和维护程序，以确保在操作过程中不会发生混合、损坏、变质、污染或对产品的其他不利影响。

医疗器械报告

FDA的检查也表明按《法案》的第502（t）（2）节［21 U.S.C.§ 352（t）（2）］的要求，你公司的产品贴错标签，你公司未能提供或拒绝提供《法案》第519节（21 U.S.C.§ 360i）和21 CFR 803部分-医疗器械报告要求的器械的材料或其他信息。重大违规行为包括但不限于以下内容：

未能按照21 CFR 803.17的要求开发、维护和实施书面不良事件报告程序。例如，你公司尚未开发出以下各项：

1．提供以下服务的内部系统：

a．及时有效地识别、沟通和评估可能符合医疗器械报告要求的事件；

b．一套标准的评审流程/程序，以确定事件何时符合21 CFR 803提出报告的准则；

c．及时向FDA递交完整的医疗器械报告。

2．文件和记录保存要求：

a．为确定某一事件是否应上报而进行评估的信息；

b．所有提交给FDA和制造商的医疗器械报告和信息；

c．为准备提交年度报告而进行评估的任何信息

d．确保能够获得信息的系统，便于FDA及时的跟踪和检查。

在检查期间你公司确认没有建立MDR程序，并且您不知道你公司需要这样做。

质量、纯度、强度

此次检查发现该医疗器械根据《法案》第501（c）节［21 U.S.C.§ 351（c）］属于伪劣产品，因为其强度、纯度，或质量不同于或低于其声称的拥有的质量。

具体为，修饰性软性亲水角膜接触镜被标为“无菌”；然而，你公司无法保证产品的无菌性，FDA对从你公司的缓冲液、水、盐水和生产环境中获得的样品进行了分析，发现有微生物污染，包括假单胞菌、芽孢杆菌、未知革兰阳性菌、未知革兰阴性菌和霉菌。另外，镜片上标明含有0.9%氯化钠食品级过氧化氢溶液，用碳酸氢钠食品级过氧化氢缓冲，但你公司生产的镜片不含食品级过氧化氢成分。

使用不安全的颜色

检查发现，这些器械在《法案》第501（a）（4）（A）节［21 U.S.C.§ 351（a）（4）（A）］规定的范围内掺假，因为在《法案》第721（a）节规定的范围内，用于隐形眼镜着色的染料是不安全的。根据《法案》，颜色添加剂及其使用必须符合21 CFR 73和21 CFR 74的上市规定。

具体为，您告诉FDA检查员，您从（b）（4）美术供应商获得（b）（4）织物染料，您不知道染料是否包含用于隐形眼镜的安全颜色。染料标签的制造商，销售用于染色纺织品的染料。此外，FDA分析了下列（b）（4）染色样本，发现它们不适合用于隐形眼镜染色：（b）（4）绿色染料，（b）（4）染料，（b）（4）红色染料，（b）（4）蓝色染料，（b）（4）蓝色染料，（b）（4）绿色染料，（b）（4）黑色染料，（b）（4）紫色染料。

注册和上市

根据《法案》第510（b）（2）节［21 U.S.C.§ 360（b）（2）］的规定，你公司还需要为你公司拥有或经营的从事器械制造、制备、繁殖、配制或加工的每个工厂提交年度注册。此外，根据《法案》第510（j）（2）节［21 U.S.C.§ 360（j）（2）］除了其他信息外，你公司还需要每年报告一份用于商业销售的每种器械的清单，这些器械之前没有包括在你公司向FDA提交的任何清单中。你公司须在10月1日至12月31日期间提交年度注册和上市信息［《法案》第510（b）（2）和（j）（2）节］。2014财年的年度注册和上市信息需要在2013年12月3日前完成。FDA的记录显示，你公司尚未完成2014财年的年度注册和上市要求。

因此按照《法案》第502（o）节［21 U.S.C.§ 352（o）］，你公司贴错标签，因为这些器械是在未按照

《法案》第510节［21 U.S.C.§ 360］的要求在非正式注册的工厂中制造、准备、传播、复合或加工，并且没有被列入《法案》第510（j）节［21 U.S.C.§ 360（j）］要求的名单。

虚假和误导性

这次检查发现，按照《法案》第502（a）节［21 U.S.C.§ 352（a）］的定义，这些器械标示错误或具有误导性。具体为，隐形眼镜标签上写无菌，然而从贮水冷却器和其他溶液中收集的环境样品的实验室检查，可发现微生物污染，例如，身份不明的模具、恶臭假单胞菌、无色反硝化菌、无色杆菌、阿罗莫巴特鲁姆菌、沙普罗希蒂斯葡萄球菌、嗜麦芽寡养单胞菌、皮氏罗尔斯顿菌、不明肠杆菌、不明葡萄球菌、不明芽孢杆菌、不明无色杆菌、不明革兰阳性杆菌、不明革兰阳性过氧化氢酶阴性杆菌、不明革兰阳性多形性球菌。此外，隐形眼镜在佩戴前并未经过微生物减少控制或灭菌处理。

你公司应立即采取措施纠正本信函所述的违规行为。如若未能及时纠正这些违规行为，可能导致FDA在没有进一步通知的情况下启动监管措施。监管措施包括但不限于没收、禁令和民事罚款。此外，联邦机构会得知关于器械的警告信，以便在签订合同时考虑上述信息。

请在收到本信函之日起15个工作日内将你公司为纠正上述违规行为所采取的具体步骤书面通知本办公室，并说明你公司计划如何防止此类违规行为或类似违规行为再次发生。包括你公司已经采取的纠正措施（必须解决系统问题）的文件材料。如果你公司计划采取的纠正措施将逐渐开展，请提供实施这些活动的时间表。如果无法在15个工作日内完成纠正，请说明延迟的原因以及完成这些活动的时间。你公司的回复应全面，并解决此警告信中所包括的所有违规行为。

最后，请注意本信函未完全包括你公司全部违规行为。你公司有责任遵守FDA所有的法律和法规。本信函和检查结束时签发的检查结果FDA 483表中记录的具体违规行为可能表明你公司制造和质量管理体系中存在严重问题。你公司应查明违规原因并及时采取纠正措施，确保产品合规。

第104封　给HanChuan FuMo Plastics Co., Ltd.的警告信

生产质量管理规范/质量体系法规/医疗器械/伪劣/标识不当

CMS # 453627

2015年5月13日

尊敬的F先生：

2015年1月12日至1月14日，FDA检查员在对位于中国湖北省汉川市城隍正街56号你公司的检查中认定，你公司生产非手术防护服，根据《联邦食品、药品和化妆品法案》（以下简称《法案》）第201（h）节［21 U.S.C.§ 321（h）］，凡是用于诊断疾病或其他症状，对疾病有治愈、缓解、治疗或预防作用，或是可以影响人体结构或功能的器械，均为医疗器械。

本次检查表明，这些医疗器械的生产、包装、储存或安装中使用的方法、设施或控制不符合21 CFR 820的cGMP要求，根据《法案》第501（h）节［21 U.S.C.§ 351（h）］的规定，属于伪劣产品。

FDA已于2015年2月2日收到你公司针对FDA检查员在FDA 483表（检查发现问题清单）上记载的观察事项以及开出的检查发现事项的回复。以下是FDA对于你公司与各违规事项相关回复的回应。这些违规事项包括但不限于以下内容：

1．未能建立和维护程序，以确保所有购买或以其他方式接收的产品和服务符合21 CFR 820.50的规定要求。

例如，你公司的外包生产防护服。然而，你公司并没有根据防护服供应商的能力来评估他们是否符合你公司的要求。

FDA审查了你公司的答复，认为不够充分。你公司修订了采购控制程序，包括质量控制要求。然而，你公司并没有表示将重新审核其供应商，以确保供应商符合质量控制要求。另外，你公司没有提供修改后的采购控制程序的人员培训记录。

2．未能按照21 CFR 820.80（b）的要求建立和维护进货验收程序。

例如，你公司对防护服的来料检验没有遵循既定的抽样计划。

你公司的答复没有提到这一点。

3．未能按照21 CFR 820.100的要求建立和维护实施纠正和预防措施的程序。

例如，你公司的纠正和预防措施（CAPA）程序不包括以下要求：

a．分析质量数据的来源，以确定存在的和潜在的不合格产品或其他质量问题的原因，并使用适当的统计方法来发现反复出现的质量问题；

b．验证或确认纠正和预防措施，以确保这些措施是有效的，不会对成品器械产生不利影响；

c．将有关质量问题或不合格产品的信息传递给直接负责保证产品质量或防止问题发生的人员。

FDA审查了你公司的答复，认为不够充分。你公司修改了CAPA程序，将上述要求包括在内。然而，你公司并没有对质量数据的来源进行回顾性审查，以确保对其进行充分评估以确定质量问题。你公司也没有对其CAPA进行回顾性审查，以确保CAPA活动得到充分开展。另外，你公司没有提供修改后的CAPA程序文件的人员培训记录。

4．未能按照21 CFR 820.198（a）的要求，建立和维持由正式指定单位接收、审查和评估投诉的程序。

例如，你公司的客户投诉处理程序并不要求：

a．对投诉进行评估，以确定投诉是否属于根据《不良事件报告（MDR）》（21 CFR 803）要求向FDA报告的事件；

b．对投诉进行评估，以决定是否需要进行调查；

c．投诉得到统一和及时的处理。

FDA审查了你公司的答复，认为不够充分。你公司修改了《客户投诉处理程序》和《售后服务程序规定》。然而，你公司修订的程序并没有描述如何对投诉进行MDR可报告性评估，也没有对投诉进行回顾性审查以确定它们是否应向FDA报告。另外，你公司没有提供关于修改程序的人员培训记录。

5．未能按照21 CFR 820.22的要求建立质量审核程序。

例如，你公司没有规定内部审核程序：

a．质量体系的哪些要素将被审核；

b．何时对有缺陷的事项进行重新审核；

c．质量审核需要由与被审核事项没有直接责任关系的个人执行。

FDA审查了你公司的答复，认为不够充分。你公司修改了内部审核程序，将上述要求包括在内。但是你公司没有提供修改过的程序文件的人员培训记录。此外，你公司没有对过去的审核进行回顾性审查，以确保符合21 CFR 820.22。

此次检查发现，根据《法案》第502（t）节，该医疗器械贴错标签疑似伪劣产品。你公司无法或拒绝提供相应的材料或信息，以证明符合《法案》第519节（21 U.S.C.§ 360i）和21 CFR 803（医疗器械报告）的要求，这些违规事项包括但不限于以下内容。重大违规行为包括但不限于：

6．未能按照21 CFR 803.17的要求制定、保持并实施书面的不良事件报告（MDR）程序。

例如，你们公司没有书面的 MDR 程序文件。

FDA审查了你公司的答复，认为不够充分。你公司提供了MDR程序。但是，这个程序并没有：

a．建立内部系统，及时有效地识别、沟通和评估可能符合MDR要求的事件。例如，该程序不包括在21 CFR 803.3中找到的“意识到”和“引起或促成”的定义，以及在803.20（c）（1）中找到的“合理建议”的定义。将这些术语的定义排除在程序之外可能会导致你公司在评估可能符合21 CFR 803.50（a）规定的报告标准的投诉时做出错误的报告决定。

b．建立内部体系，及时传送完整的医疗器械报告。具体为，下列问题没有得到解决：

i．本程序不包含或参考如何获取和填写FDA 3500A表格的说明；

ii．公司必须按照21 CFR 803.56的要求提交补充报告或后续报告的情况；

iii．你公司将如何为每个事件提交所有合理的已知信息。

此外，你公司的MDR程序包括参考基准报告。目前已经不再需要基准报告，FDA建议从你公司的MDR程序中删除所有对基准报告的引用（参见：73联邦公报公告53686，日期为2008年9月17日）。

2014年2月13日《电子不良事件报告的最终规则》发布，要求制造商和进口商应向FDA提交电子不良事件报告（eMDR）。本最终规则将于2015年8月14日生效。若你公司当前未提供电子报告，FDA建议你公司从以下网页链接中获取更多电子报告的要求信息。网址：url

若你公司希望讨论不良事件上报规则或想安排进一步沟通，可以通过ReportabilityReviewTeam@fda.hhs.gov邮件联系可报告性审核小组。

鉴于违反《法案》的严重性质，你公司销售的器械，包括非手术防护服根据《法案》第801（a）节［21 U.S.C.§ 381（a）］要求被拒绝进入，因为它们看起来是虚假的。因此，FDA正采取措施，拒绝这些器械进入美国，称为“直接扣押”，直到这些违规行为得到纠正。为解除器械的扣押，你公司应提供对本警告信的书面回复，包含针对本信中违规行为所采取的措施。FDA将通知你公司回复的充分性以及是否需要重新检查你公司的生产设施，以验证你公司是否已采取适当的纠正或纠正措施.

联邦机构会得知关于器械的警告信，以便在签订合同时考虑上述信息。此外，如果FDA确定你公司违反了质量体系法规，且这些违规行为与Ⅲ类器械的上市前批准申请有关联，则在纠正这些违规行为之前，将不会批准此类器械。

请在收到本信函之日起15个工作日内将你公司为纠正上述违规行为所采取的具体步骤书面通知本办公室，并说明你公司计划如何防止此类违规行为或类似违规行为再次发生。包括你公司已经采取的纠正措施（必须解决系统问题）的文件材料。如果你公司计划采取的纠正措施将逐渐开展，请提供实施这些活动的时间表。如果无法在15个工作日内完成纠正，请说明延迟的原因以及完成这些活动的时间。请提供非英文文件的翻译，以便FDA审核。

最后，请注意本信函未完全包括你公司全部违规行为。你公司有责任遵守FDA所有的法律和法规。本信函和检查结束时签发的检查结果FDA 483表中记录的具体违规行为可能表明你公司制造和质量管理体系中存在严重问题。你公司应查明违规原因并及时采取纠正措施，确保产品合规。

第105封　给Renovis Surgical Technologies，Inc. 的警告信

生产质量管理规范/质量体系法规/医疗器械/伪劣

2015年5月5日

尊敬的S先生：

2015年1月26日至2015年2月13日期间，美国食品药品管理局（FDA）检查员对位于加利福尼亚州雷德兰兹（Redlands）的Renovis Surgical Technologies, Inc. 进行了检查。FDA检查员确定你公司是医疗产品的设计开发和投诉文件处理机构，包括脊柱内固定器（椎体置换物保持架）、椎弓根螺钉系统、主要的髋关节和膝关节置换系统以及手术器械。根据《联邦食品、药品和化妆品法案》（以下简称《法案》）第201（h）节［21 U.S.C.§ 321（h）］，凡是用于诊断疾病或其他症状，对疾病有治愈、缓解、治疗或预防作用，或是可以影响人体结构或功能的器械，均为医疗器械。故你公司涉及检查的产品为医疗器械。

本次检查表明，这些医疗器械的生产、包装、储存或安装中使用的方法、设施或控制不符合21 CFR 820质量体系法规中对现行生产质量管理规范（cGMP）要求，根据《法案》第501（h）节［21 U.S.C.§ 351（h）］的规定，属于伪劣产品。

FDA收到你公司总裁兼CEO John C. Steinmann博士和质量保证副总裁Anthony DeBenedictis先生分别于2015年3月2日和2015年4月1日出具的针对FDA 483表（检查发现问题清单）的回复。FDA针对回复，处理如下。

你公司存在重大违规行为，具体如下：

1．你公司未能按照21 CFR 820.30（f）的要求在设计验证过程中确认设计输出符合设计输入要求。

具体为，你公司RenovisTM TeseraTM Trabecular Technology无菌钛制独立型前路椎间融合（ALIF）保持架的设计历史文档（编号DHR-SPN-（b）(4)）不包含或没有参考支持你公司结论的文件，即设计验证活动确认设计输出满足设计输入要求。

A．产品开发要求6.6.1项规定了要验证包装及其无菌性。你公司设计团队认为已满足此要求，但没有任何文件证明已对该产品进行了（b）(4）灭菌周期（（b）(4））验证。

FDA已审查你公司的答复，并得出结论认为此答复不充分。根据附件1，你公司承包商（PT）工艺验证协议文件，编号50059，“（b）(4）灭菌验证，（b）(4)，无菌植入物”，第2版，批准日期：“2015年1月28日”，产品列表包括主零件号1501-07、零件号1501-151-044_066，“Teresa Trabecular Technologies无孔髋臼外壳”。工艺验证报告文件编号50177，“（b）(4）灭菌确认，（b）(4）无菌植入物，第3版，批准日期：2015年1月28日”，包括另外两（2）个系列代表，包括零件号为1501-07的“Teresa Trabecular Technology（T3）外壳”。零件号1501-07代表工艺验证报告中的批次编号9432416，并且在（b）(4）器械上进行了生物负荷测定。尚无文件证明你公司承包商（PT）将零件号1501-07、批次编号9432416中的样品送至消毒合同商处（S）进行（b）(4）消毒。

B．产品开发要求6.5.2规定，成品植入物必须具有生物相容性，并且制造工艺不得对生物相容性产生负面影响。因此，设计输出需要使用经过验证的工艺清洁植入物。该输出设计将由你公司的设计团队通过制造审查和清洁工艺进行工艺验证。你公司的验证结果表明，可以确保满足规范要求，但设计文件中并未包含或引用使用的清洁方法、清洁剂或参数的文件。

FDA已审查你公司的答复，得出结论认为此答复不充分。你公司并未提供你公司员工使用的原版的清洁程序和员工用于确认输出符合输入的清洁文件。

C．产品开发要求6.2.1规定，保持架应根据材料规格（MS）（b）（4）（修订版B）在顶面和底面具有（b）（4）。尚无文件表明零件的制造和测试的设计输入符合设计输出。

FDA已审查你公司的答复，并得出结论认为此答复不充分。你公司未在文件中说明该项内容，以表明零件的制造和测试的设计输入符合设计输出。

D．产品开发要求项目6.4.1规定，保持架应根据MS #（b）（4）在顶部和底部具有（b）（4）和（b）（4）表面特有的（b）（4）表面。按图纸文件编号1131-302-611/619（版本C，日期："2014年10月23日"），保持架表面应为（b）（4），但尚无文件说明任何器械的制造和测试都符合规范。

FDA已审查你公司的答复，并得出结论认为此答复不充分。你公司备忘录主题标题为"T3 ALIF表面［b4］验证－第6.4节：输入、输出和验证文件"（日期：2015年2月18日），其参考附件说明进行了目视检查，但你公司并未提供目视检查和验收标准的测试程序。

E．与产品安全和警告要求有关的产品开发要求8.4规定成品器械的系统标签必须为非无菌的。设计输出包括标签编号043、044和045。你公司员工记录的验证结果确保可通过审查这些标签来满足规范要求，但是，每个标签都指定该产品是无菌的。

FDA已审查你公司的答复，并得出结论认为此答复不充分。你公司未能提交以下文件以供审查：IFU 4128-005（Surgical Technique 4128-002版本B）和所有与CO 1053相关的标签。

并且，你公司的回复不包括任何有关系统性纠正措施的信息，如对其他产品的回顾性审查，以确保设计控制按要求记录和完成。

2．你公司未能按照21 CFR 820.30（g）的要求进行风险分析。

具体为，RenovisTM无菌TeseraTM小梁技术钛独立式腰椎前路椎间融合（ALIF）病例（设计历史文档编号DHF-SPN-（b）（4））的设计计划要求完成风险活动，包括核心风险评估。

A．核心风险工作表（文件编号：CR-SPN-006，修订日期：2013年12月20日，版本A）确定了手术时（b）（4）产品会导致病人感染的潜在风险危害，编号为（b）（4）。DHF-SPN-（b）（4）并未包括或参考支持该产品的清洁和灭菌验证研究。

FDA已审查你公司的答复，并得出结论认为此答复不充分。请参考警告信第1A和1B条中FDA对你公司FDA 483表答复的评估。

你公司应立即采取措施纠正本信函所述的违规行为。如若未能及时纠正这些违规行为，可能导致FDA在没有进一步通知的情况下启动监管措施。监管措施包括但不限于没收、禁令和民事罚款。此外，联邦机构会得知关于器械的警告信，以便在签订合同时考虑上述信息。如果FDA确定你公司违反了质量体系法规，且这些违规行为与Ⅲ类器械的上市前批准申请有关联，则在纠正这些违规行为之前，将不会批准此类器械。

请在收到本信函之日起15个工作日内将你公司为纠正上述违规行为所采取的具体步骤书面通知本办公室，并说明你公司计划如何防止此类违规行为或类似违规行为再次发生。包括你公司已经采取的纠正措施（必须解决系统问题）的文件材料。如果你公司计划采取的纠正措施将逐渐开展，请提供实施这些活动的时间表。如果无法在15个工作日内完成纠正，请说明延迟的原因以及完成这些活动的时间。你公司的回复应全面，并解决此警告信中所包括的所有违规行为。

最后，请注意本信函未完全包括你公司全部违规行为。你公司有责任遵守FDA所有的法律和法规。本信函和检查结束时签发的FDA 483表（检查发现问题清单）中记录的具体违规行为可能表明你公司制造和质量管理体系中存在严重问题。你公司应查明违规原因并及时采取纠正措施，确保产品合规。

第 106 封　给 Applied Medical Resources 的警告信

生产质量管理规范/质量体系法规/生产/包装/储存/安装/伪劣

CMS # 448370

2015年4月10日

尊敬的H先生：

美国食品药品管理局（FDA）于2014年11月3日至12月16日，对你公司位于加利福尼亚州圣玛格丽塔牧场的医疗器械进行了检查，FDA检查员已确认你公司生产的医疗器械用于微创手术，腹腔镜检查，心血管/血管，泌尿外科和普通外科手术。根据《联邦食品、药品及化妆品法案》（以下简称《法案》）第321（h）节［21 U.S.C.§ 321（h）］，该产品预期用途是诊断疾病或其他症状，对疾病有治愈、缓解、治疗或预防作用，或是可以影响人体结构或功能的器械，均为医疗器械。

此次检查发现，根据《法案》第501（h）节［21 U.S.C.§ 351（h）］，该医疗器械属于伪劣产品，因为这些器械的制造、包装、储存或安装的方法、场所或控制手段不符合质量体系法规（参见21 CFR 820）对于现行生产质量管理规范的要求。

FDA于2014年12月30日收到你公司针对FDA检查员出具的FDA 483表（检查发现问题清单）的回复，以下是FDA对你公司回复的回应。

你公司存在重大违规行为，这些违规事项包括但不限于以下内容：

1．未能按照21 CFR 820.100（a）（3）的要求，实施纠正和预防措施。

具体为，质量数据没有得到充分的分析，以识别不合格的原因，并确定纠正和预防措施。例如：

吸/冲洗器

2014年，你公司收到94起关于蓝色和红色的吸引/灌溉按钮卡住，无法关闭的投诉。这导致了持续的吸引、组织损伤和/或不固定的冲洗。

Kii 套管针

你公司收到有关刀片未返回套管针，套管针破损，成型缺陷和堵塞/密封问题的投诉。

你公司对这些投诉的审查未能充分评估和调查不符合项。你公司未实施、验证和确认纠正和预防措施来解决器械不合格引起的所有缺陷。你公司的回复不充分。

2．未能按照21 CFR 820.198（c）的要求，对涉及器械不合格的投诉进行审核、评估和调查。

具体为，你公司未能评估和调查设备故障的根本原因，以及设备未达到预期用途的原因。

Kii Shield Bladed系统

事件（b）(4)：这把刀未返回套管针且切断了动脉。医生不得不给病人开刀止血，但病人失血很多，几天后死亡。

事件（b）(4)：套管针插入时髂动脉受伤，需要二次手术和输血，导致患者死亡。

Epix通用夹

事件（b）(4)：胆囊动脉上的夹子脱落，出血，需要开腹手术。

事件（b）(4)：第一个夹子没有从施药器中脱出，而第二个夹子导致胆囊动脉撕裂和出血。

吸/冲洗器

事件（b）（4）：排烟器停留在卡住的位置，吸进了肠中。

事件（b）（4）：手动吸入和持续吸入没有反应，导致消化道表面损伤。

你公司未能充分评估和调查投诉，因为你公司没有完全记录投诉评估/调查中使用的测试方法，包括测试设备如何在手术中复制临床状况。你公司没有提供调查的原始数据测试结果，确定根本原因，或对多种重复出现的投诉类型进行趋势分析。你公司的回复不充分。

3．设计开发和设计验证未按照21 CFR 820.30（f）的要求，验证设计输出满足设计输入要求。

具体为，未进行充分的设计验证，以验证设计输出结果是否满足设计输入。

Kii Shield Bladed系统

设计验证报告（编号为DHF：××，日期：2008年3月7日，2008年3月28日和2008年4月18日）在计算负载力时缺乏所需的原始数据及使用安全系数的理由。设计报告（日期2008年2月11日，2008年3月7日和2008年3月28日）缺乏研究和生产样品的伽马辐射周期不同的理由。你公司未解释为什么帽/闭孔物的验收标准由××磅更改为××磅。研究××中未说明为什么只记录Cap/Dislodgement测试一半样本的数据。

你公司在回复中表明，你公司为解决某些原始记录缺失的问题已经更新了程序并提供了培训。但是，你公司没有提供有关程序变更、培训或发起CAPA的证据。你公司的回复不充分。

4．未能按照21 CFR 820.30（c）的要求充分建立设计输入程序。

具体为，设计验证报告UBD（b）（4）日期2012年11月27日，（b）（4）日期2008年3月7日和2008年3月28日；（b）（4）日期2008年4月18日，你公司的测试验收标准没有在测试方案和测试目的中定义。你公司还表示，可以无理由接受刀片尖端损坏。你公司的（b）（4）组的结果未与对照组进行比对，但你公司认为结果可以接受。你公司没有证据却把盖/底座脱落归咎于用户错误。

你公司在答复中表明，将在数据记录和统计方法方面进行加强和改进。你公司也指出发起了一个纠正行动报告。但是，你公司的回复没有提供程序文件或纠正行动报告。你公司也继续声明，在测试过程中，刀尖损坏是可以接受的且没有证据和理由声称用户错误导致盖/底座脱落。你公司的回复不充分。

5．未能按照21 CFR 820.30（g）的要求在规定条件下进行设计确认。

具体为，“UBD报告11/12mm Kii Shield Bladed系统3年”中货架期的使用日期并没有包含所有样品的温度数据。FDA检查员在检查期间要求你公司提供数据，但你公司未提供。

你公司在回复中提供了温度记录并说明了你公司发起了关于数据日志的纠正行动报告。但是，你公司在回复中没有提供纠正行动报告。你公司正式的研究方案中无验收标准，仅依赖于工程报告/项目。你公司的回复不充分。

你公司应立即采取措施纠正此信函中提到涉及的违规行为。如果不能及时纠正这些违规行为，可能导致FDA在没有进一步通知的情况下采取监管行为。这些行为包括但不限于没收、禁令和/或民事罚款。另外，应告知联邦机构有关设备的所有警告信，以便他们在授予合同时可以考虑这些信息。

请在收到本信函后的15个工作日内以书面形式通知本办公室，说明你公司已采取的纠正上述违规行为的具体步骤，包括说明如何计划防止这些违规行为或类似违规行为再次发生。包括有关你公司已采取的纠正措施的文档。如果你公司计划采取的纠正措施将逐渐开展，请附上实施这些纠正的时间表。如未能在15个工作日内完成纠正措施，请说明延误的原因及完成纠正的时间。

此外，FDA还注意到不符合《法案》502（t）（2）节［21 U.S.C.§ 352（t）（2）］的规定，即与21 CFR 803中的医疗器械MDR报告（MDR）规定相关的缺陷。这些不符合包括但不限于以下内容：

1．未能按照CFR 803.50（a）（1）的要求，在你公司收到信息或者意识到，从任何来源，合理地表明一种设备可能造成或导致死亡或严重伤害的30个日历日内向FDA报告。

例如，投诉#（b）（4）指患者小肠受伤需要修复的事件。在30个日历日之后，FDA收到了严重伤害MDR#2027111-2014-00294。

FDA审查了你公司2014年12月30日的回复，认为是充分的。你公司有合理理由迟报MDR#2027111-2014-00294相对应的投诉#（b）(4)。你公司也描述了针对类似情况采取的纠正和预防措施计划。

2．未能按照21 CFR 803.17（a）的要求，制定、维护和实施书面MDR程序。

例如，在审核了你公司《医疗器械报告要求SOP》3-8002，版本. M，生效日期2013年9月24日的程序后，发现以下问题：

a．没有按照21 CFR 803.17（a）(1）的要求建立内部系统，来及时有效地识别、沟通和评估可能符合MDR要求的事件。例如：

i．你公司未按照21 CFR 803的要求，定义需考虑上报的事件。排除定义从21 CFR 803.3“意识到”“造成或贡献”“故障”“MDR可报告的事件”和“严重伤害”及“合理建议，”803.20（c）(1）中“合理建议”一词的定义在评估符合21 CFR 803.50（a）的投诉时，可能会导致你公司对于可报告性方面做出不正确的决定。

b．版本. M，未建立内部系统，及时上传完整的不良事件报告。具体来说，未规定：

i．获取FDA 3500A表。

ii．该程序不包括提交MDR报告的地址：FDA、CDRH、医疗器械报告、邮政信箱3002、Rockville、MD 20847-3002。

2014年2月13日，要求制造商和进口商向FDA提交电子医疗设备报告（eMDR）的eMDR最终规则发布。本最终规则要求于2015年8月14日生效。如果你公司目前没有以电子方式提交报告，FDA建议你公司访问以下网址链接，以获取有关电子报告要求的更多信息：url。

第 107 封　给 Martech Mdi Inc. 的警告信

生产质量管理规范/质量体系法规/医疗器械/伪劣

CMS # 455619

2015年4月10日

尊敬的S先生：

美国食品药品管理局（FDA）于2015年2月4日至2015年2月12日，对你公司位于宾夕法尼亚州哈雷斯维尔市的医疗器械进行了检查，检查期间，FDA检查员已确认你们公司生产的××器械，根据《联邦食品、药品和化妆品法案》（以下简称《法案》）第201（h）节［21 U.S.C.§ 321（h）］，该产品预期用途是诊断疾病或其他症状，或用于治愈、缓解、治疗或预防疾病，或影响人体结构或功能，属于医疗器械。

此次检查发现，根据《法案》第501（h）节［21 U.S.C.§ 351（h）］，该医疗器械属于伪劣产品，因为用于器械制造、包装、储存或安装的方法、场所或控制手段不符合质量体系法规（见21 CFR 820）对现行生产质量管理规范的要求。

你公司存在重大违规行为，具体如下：

1．纠正和预防措施的活动和/或结果没有按照21 CFR 820.100（b）的要求得到充分记录。

具体为，你公司并未针对××项所报告的不合格投诉事件采取纠正或预防措施（CAPA）。投诉报告××显示，在导管插入过程中，患者的穿刺器套管“断裂”和“破裂”。

此外，通过规避你公司CAPA系统，实施的设计变更都没有受到CAPA和召回管理程序的严格要求：对患者群体风险、适当的控制、调查、纠正措施，验证和有效性检查。

2．按照21 CFR 820.198（a）的规定，投诉程序缺乏或不充分。

具体为，你公司的投诉处理程序缺乏评估或升级投诉所需的基本要素，以便你公司或你公司的开发人员评估可能涉及不良事件报告的投诉。

FDA已经收到你公司2015年3月6日的书面回复，关于针对FDA 483表（检查发现问题清单）中所列事项的纠正措施陈述。虽然FDA承认你公司试图自愿合规，但FDA无法对纠正措施进行全面评估，直到你公司在下一次检查中能够向FDA证明这些纠正措施已经实施和遵循，且足以保持质量体系法规的持续符合。

你公司应尽快采取措施纠正此信中所涉及的违规事项。如未能及时纠正这些违规事项将导致FDA 采取法律措施且不会事先通知。这些措施包括但不限于：没收、禁令、民事罚款。联邦机构在授予合同时可能会考虑此警告信。另外，由于存在相关的质量体系法规偏差，除非这些违规事项得到纠正，否则Ⅲ类医疗器械上市前审批申请不会通过。

请于收到本信函之日起15个工作日内，将你公司为纠正上述违规行为所采取的具体步骤书面通知本办公室，以及你公司准备如何防止这些违规事项或类似行为再次发生的计划。回复中应包括你公司已经采取的纠正和/或能系统性解决问题的纠正措施相关文档。如果你公司需要一段时间来实施这些纠正和/或纠正措施，请提供具体实施的时间表。如果不能在15个工作日内完成纠正，请说明理由和能够完成的时间。你公司的回复应完整并解决警告信中包含的所有违规事项。

最后，请注意该警告信未完全包括你公司全部违规行为。你公司有责任遵守法律和FDA法规。信中以及检查结束时签发的检查结果FDA 483表中所列具体的违规事项，可能表明你公司制造和质量管理体系中存在严重问题。你公司应调查并确定这些违规事项的原因，并及时采取措施纠正违规事项，确保产品合规。

第108封　给Better Health Systems, Inc. 的警告信

生产质量管理规范/质量体系法规/医疗器械/伪劣

CMS # 447084

2015年4月7日

尊敬的B先生:

美国食品药品管理局（FDA）于2014年12月10日至12月12日，对你公司位于科罗拉多州纪念碑公园的医疗器械进行了检查，检查期间，FDA检查员已确认你公司开发及包装的Bio-Soft Oraliner（Self-Cure and Heat-Cure）器械，根据《联邦食品、药品和化妆品法案》（以下简称《法案》）第201（h）节［21 U.S.C.§ 321（h）］，该产品预期用途是诊断疾病或其他症状，或用于治愈、缓解、治疗或预防疾病，或影响人体结构或功能，属于医疗器械。

此次检查发现，根据《法案》第501（h）节［21 U.S.C.§ 351（h）］，该医疗器械属于伪劣产品，因为用于器械制造、包装、储存或安装的方法、场所或控制手段不符合质量体系法规（见21 CFR 820）对于现行生产质量管理规范的要求。

你公司存在重大违规行为，具体如下：

1．未能按照21 CFR 820.198（a）的要求，建立接收、审查和评估投诉的程序。

具体为，没有程序来处理、记录和评估投诉，或确定投诉是否需要进行医疗器械报告（MDR）。

2．未能按照21 CFR 803.17的要求，制定和实施医疗器械报告（MDR），包括以下要求的程序。

a．及时有效的识别、沟通和评估可能符合MDR要求的事件。

b．判定事件符合报告标准的标准化审查过程。

c．及时向FDA提交报告。

d．文件和记录保存程序，包括得到的评价、文件化报告和/或年度报告。

3．未能按照21 CFR 820.70（g）的要求，建立描述任何必要的过程控制程序以确保产品符合规格。

具体为，你公司无法提供任何说明、标准操作程序或其他旨在定义和控制Bio-Soft口腔喷剂设备包装和标签的方法。

4．未能按照21 CFR 820.184的要求，建立器械主记录要求的程序，以确保每批Bio-Soft的器械历史记录得到维护从而证明器械的制造符合要求。

5．未能按照21 CFR 820.50的要求，建立确保所有采购或以其他方式接收的产品符合要求的程序。这一要求包括评估你的供应商，为每个来料部件建立质量要求，以及根据评估结果定义对产品、服务、供应商等的控制类型和范围。

6．未能按照21 CFR 820.80（b）的要求，建立接收或拒收产品的程序，未保存接收或拒收来料的记录。

例如，你公司从供应商处收到××和××大约××。21 CFR 820.80（b）要求来料产品经检验、测试或以其他方式验证符合规定要求；然而，你公司没有任何检验、测试或其他验证记录来证明所有的组件装运符合其指定的要求。尽管你告知检查员，你公司过去拒绝了一批 ××来料，但你公司没有与此事件相关的记录。

7．未能按照21 CFR 820.90（a）的要求，建立控制不符合规定要求的产品的程序。这些程序应处理不合格产品的识别、记录、评价、隔离和处置，并记录调查的需要和对不合格负责的组织的任何通知。

8．未能按照21 CFR 820.100的要求，建立和保持实施纠正和预防措施程序，包括各项规定的程序，例如：

a．确定质量问题的来源，以确保所有潜在的质量问题得到识别；

b．分析质量数据的来源，以识别存在的或潜在的质量问题；

c．与产品、过程和质量体系相关的不合格原因的调查；

d．纠正和预防措施的验证或确认，以确保这些措施是有效的，不会对成品器械产生不利影响。

9．未能按照21 CFR 820.22的要求，建立质量审核程序，进行质量审核并形成文档。

你公司没有进行质量审核以确保质量体系符合已建立的质量体系要求，并确定质量体系的有效性。

到目前为止，FDA还没收到你公司针对检查结束时发出的FDA 483表上的观察事项的书面回复。

FDA的检查还显示，依据《法案》第351（f）（1）（B）节［21 U.S.C.§ 501（f）（1）（B）］，Bio-Soft Oraliner（自我治愈和热固化）也属于伪劣产品，因为你公司没有获批《法案》第515（a）节［21 U.S.C.§ 360e（a）］规定的上市前批准申请（PMA），或《法案》第520（g）节［21 U.S.C.§ 360j（g）］规定的试验器械豁免申请。

根据《法案》第352（o）节［21 U.S.C.§ 502（o）］，该器械也有贴错标贴，因为你公司没有按照《法案》第510（k）节［21 U.S.C.§ 360（k）］的要求，通知FDA将该器械引入商业分销的意图。对于需要上市前批准的器械，当PMA在FDA待批时，《法案》第510（k）节要求的通告将被视为满足［21 CFR 807.81（b）］。为了获得医疗器械批准或许可，你公司需要提交的信息在网站url有描述。FDA会评估你公司提交的信息，并决定该产品是否可以合法销售。

根据《法案》第510节（21 U.S.C.§ 360）的规定，医疗器械制造商每年都必须向FDA登记。FDA的记录显示，你公司没有完成2015财年的年度注册和列名的要求。

因此，根据《法案》第352（o）节［21 U.S.C.§ 502（o）］的规定，你公司的所有器械均为贴错标贴，因为器械在一家没有按照《法案》第510节（21 U.S.C.§ 360）的要求进行注册的企业进行生产、制备、传送、混合或加工。

你公司应尽快采取措施纠正此信函中所涉及的违规事项。如未能及时纠正这些违规事项将导致FDA 采取法律措施且不会事先通知。这些措施包括但不限于：没收、禁令、民事罚款。联邦机构在授予合同时可能会考虑此警告信。

请于收到本信函之日起15个工作日内，将你公司为纠正上述违规行为所采取的具体步骤书面通知本办公室，以及你公司准备如何防止这些违规事项或类似行为再次发生。回复中应包括你公司已经采取的纠正和/或能系统性解决问题的纠正措施相关文档。如果你公司需要一段时间来实施这些纠正和/或纠正措施，请提供具体实施的时间表。如果无法在15个工作日内完成纠正，请说明理由和能够完成的时间。

最后，请注意本信函并未完全包括你公司设施的全部违规行为。你公司有责任遵守由FDA所有的法律和法规。本信函以及检查结束时签发的检查结果FDA 483表中指出的具体违规行为，可能表明你公司制造和质量管理体系中存在严重问题。你公司应调查并确定违规原因，并及时采取措施纠正违规行为，确保产品符合规定。

第109封 给Visionary Contact Lens dba Visionary的警告信

生产质量管理规范/质量体系法规/医疗器械/伪劣

CMS # 454832

2015年4月3日

尊敬的B先生：

美国食品药品管理局（FDA）于2015年1月27日至2月26日，对你公司位于加州安纳海姆的医疗器械进行了检查，检查期间，FDA检查员已确认你公司制造透气性强的硬性隐形眼镜，根据《联邦食品、药品和化妆品法案》（以下简称《法案》）第201（h）节［21 U.S.C.§ 321（h）］，该产品预期用途是诊断疾病或其他症状，或用于治愈、缓解、治愈或预防疾病，或影响人体结构或功能，属于医疗器械。

此次检查发现，根据《法案》第501（h）节［21 U.S.C.§ 351（h）］，该医疗器械属于伪劣产品，因为用于器械制造、包装、储存或安装的方法、场所或控制手段不符合质量体系法规（见21 CFR 820）对于现行生产质量管理规范的要求。

FDA未收到你公司针对FDA检查员出具的FDA 483表（检查发现问题清单）的回复。

你公司存在重大违规行为，具体如下：

1．未能按照21 CFR 820.70（i）的要求，对用于生产和质量系统的软件，按照已建立的方案对其预期用途进行确认。

具体为，你公司没有对用于制造和标签的数控车床和MAS 90软件分别进行确认。

2．未能按照21 CFR 820.70（g）的要求，确保所有在制造过程中使用的设备符合规定的要求，并妥善放置和安装以方便使用。

具体为，你公司没有记录DAC车床#1和DAC车床#2的安装验证的性能。

3．未能按照21 CFR 820.100（a）（4）的要求，建立验证或确认纠正和预防措施的程序，以确保此类措施有效且不会对成品器械造成不良影响。

具体为，你公司的纠正和预防措施（CAPA）程序不包括验证或确认活动。

4．未能按照21 CFR 820.100（a）（2）的要求，建立和保持实施纠正和预防措施程序，包括调查与产品、过程和质量体系有关的不合格原因；也未能按照21 CFR 820.100（a）（3）的要求，识别纠正和预防不合格产品和其他质量问题再次发生所需要的措施。

具体为，你公司于2014年3月12日、2014年12月29日和2015年1月21日发布的最终检查/微调报告（不合格品报告）不包含调查或纠正和预防措施的证据。

5．未能按照21 CFR 820.22的要求建立质量审核程序。

具体为，你公司在2011年、2012年、2013年和2014年没有进行内审。

6．未能按照21 CFR 820.25（b）的要求充分建立培训程序。

具体为，检查的几份培训记录反映了员工没有接受良好制造规范、质量、CAPA和制造设备程序方面的培训。

你公司应尽快采取措施纠正此信函中所涉及的违规事项。如未能及时纠正这些违规事项将导致FDA 采取法律措施且不会事先通知。这些措施包括但不限于：没收、禁令、民事罚款。联邦机构在授予合同时可能会考虑此警告信。

请于收到本信函之日起15个工作日内，将你公司为纠正上述违规行为所采取的具体步骤书面通知本办公室，以及你公司准备如何防止这些违规事项或类似行为再次发生。回复中应包括你公司已经采取的纠正和/或能系统性解决问题的纠正措施相关文档。如果你公司需要一段时间来实施这些纠正和/或纠正措施，请提供具体实施的时间表。如果不能在15个工作日内完成纠正，请说明理由和能够完成的时间。

第110封 给Medical Components, Inc. dba MedComp的警告信

生产质量管理规范/质量体系法规/医疗器械/伪劣

CMS # 454607

2015年4月2日

尊敬的S先生:

美国食品药品管理局（FDA）于2015年1月13日至2015年2月12日，对你公司位于宾夕法尼亚州Harleysville的医疗器械进行了检查，检查期间，FDA检查员已确认你公司制造××透析尿液管产品，根据《联邦食品、药品和化妆品法案》（以下简称《法案》）第201（h）节［21 U.S.C.§ 321（h）］，该产品预期用途是诊断疾病或其他症状，或用于治愈、缓解、治疗或预防疾病，或影响人体的结构和功能，属于医疗器械。

此次检查发现，根据《法案》第501（h）节［21 U.S.C.§ 351（h）］，该医疗器械属于伪劣产品，因为用于器械制造、包装、储存或安装的方法、场所或控制手段不符合质量体系法规（见21 CFR 820）对于现行生产质量管理规范要求。

你公司存在重大违规行为，具体如下：

1．按照21 CFR 820.100的要求，纠正和预防措施和/或结果没有充分文件化。

具体为，关于乙烷终端灭菌后，生物指示剂（BI）失效的2个不符合项记录，显示BI失效问题没有上升到CAPA系统，以确定失效的根本原因，和采取必要的纠正措施去预防这些失效再次发生。

此外，有2个（××）CAPA超过410天没有关闭，关于（××）透析导管持续性能的相关问题，仍未确定根本原因。已经有33个（××）导管投诉，即关于管腔到管毂连接处有孔洞的不合格问题，以及27个（××）导管投诉，即关于硅胶延长管上出现孔洞的不合格问题。

最后，2个××CAPA分别超过410天和409天没有关闭，且从需求变更到器械设计，没有确定适当的纠正措施以防止销售。××导管是一个带袖口设计的产品，根据墨西哥Martech医疗器械公司发布的未经批准的AMV（授权制造差异），对设计进行了修改以消除袖口。没有提供文档来确认如何接受差异和变更执行。这导致设计变更评审和批准生产了27根导管。

2．按照21 CFR 820.75的要求，不能被后续检验和测试得到充分验证的过程，没有按照程序要求进行过程确认。

具体为，Sterigenics灭菌柜过程等同最终报告（归档日期2009年10月22日）中，记录了在犹他州盐湖市Sterigenics的2号灭菌柜完成的环氧乙烷灭菌过程确认的性能验证。该报告反映了对灭菌柜的验证，没有对生物指示剂（BI）无菌测试报告（日期2009年12月15日）的微生物明显增长问题进行调查。另外，对日期为2010年1月22日的BI不孕症检测数据显示，在被检测的7天中，有5天阳性“增长”，每天报告2例阳性，但结果显示“无增长”。因此，用于对产品进行灭菌的2号灭菌柜，在确认报告要求的10-6无菌保证水平方面上存在缺陷。此外，用于2009灭菌柜资质的等同协议（VP-SL-006-09）也用于2011年7月对2号灭菌柜进行的后续再确认，没有提到以前的灭菌失效。此外，该协议缺乏批准签名，并且缺乏详细的最终报告，它所需验收标准要符合协议VP-SL-006-09，版本 0第7条的定义。

3．按照21 CFR 820.70的要求，过程控制程序是不充分的，以确保任何必要性的过程控制符合其规范。

2014年，在新泽西州富兰克林NASP，用环氧乙烷对45批（××）进行最终的灭菌，其中11批的灭菌文件

显示，托盘内容日志和过程总结报告没有定义所有当前灭菌确认的工艺参数。因此，依据QA-1-400《无菌产品放行分配程序》第6.0节的要求，用于对这些批放行的评审没有得到充分评估。

FDA已于2015年3月26日收到你公司的书面回复，以及你公司针对FDA 483表（检查发现问题清单）的纠正措施的回复。FDA承认你公司试图自愿合规，但FDA无法对纠正措施进行全面评估，直到你公司在下一次检查中能够向FDA证明这些纠正措施已经实施和遵循，并且足以保持质量体系法规的持续符合。

你公司应尽快采取措施纠正此信函中所涉及的违规事项。如未能及时纠正这些违规事项将导致FDA 采取法律措施且不会事先通知。这些措施包括但不限于：没收、禁令、民事罚款。联邦机构在授予合同时可能会考虑此警告信。另外，由于存在相关的质量体系法规偏差，除非这些违规事项得到纠正，否则Ⅲ类医疗器械上市前审批申请不会通过。

请于收到本信函之日起15个工作日内，将你公司为纠正上述违规行为所采取的具体步骤书面通知本办公室，以及你公司准备如何防止这些违规事项或类似行为再次发生。回复中应包括你公司已经采取的能系统性解决问题的纠正和/或预防措施。如果你公司需要一段时间来实施这些纠正预防措施，请提供具体实施的时间表。如果不能在15个工作日内完成纠正，请说明理由和能够完成的时间。你公司的回复应完整并解决警告信中包含的所有违规事项。

最后，请注意本警告信并未完全包括你公司全部违规事项。你公司负有遵守法律和FDA法规的主体责任。信中以及检查结束时签发的检查结果FDA 483表中所列具体的违规事项，可能表明你公司制造和质量管理体系中存在严重问题。你公司应调查并确定这些违规事项的原因，并及时采取措施纠正违规事项，确保产品合规。

第111封　给Lac-Mac Limited的警告信

生产质量管理规范/质量体系法规/医疗器械/伪劣

CMS # 446956

2015年4月1日

尊敬的G先生：

美国食品药品管理局（FDA）于2014年11月3日至2014年11月6日，对你公司位于安大略省伦敦2号的医疗器械进行了检查，检查期间，FDA检查员已确认你公司制造外科手术服、灭菌服和外科手术纱布，根据《联邦食品、药品和化妆品法案》(以下简称《法案》）第201（h）节［21 U.S.C.§ 321（h）］，该类产品的预期用途是诊断疾病或其他症状，或用于治愈、缓解、治疗或预防疾病，或影响人体结构或功能，属于医疗器械。

此次检查发现，根据《法案》第501（h）节［21 U.S.C.§ 351（h）］，该类医疗器械属于伪劣产品，因为用于器械制造、包装、储存或安装的方法、场所或控制手段不符合质量体系法规（见21 CFR 820）对现行生产质量管理规范的要求。

FDA已于2014年11月25日收到你公司针对FDA检查员出具的FDA 483表（检查发现问题清单）的回复。以下是FDA对于你公司与各违规事项相关回复的回应。

你公司存在重大违规行为，具体如下：

1．未能按照21 CFR 820.30（a）的要求，建立和保持器械的设计控制程序，以确保满足产品设计规格。

例如：你公司的设计控制程序未确保设计输入和输出、设计验证和确认、设计评审、设计更改和设计转换活动的实施，并保持记录。你公司的设计历史记录文件（DHF）未包含或提供此类信息的索引。

经审查，FDA认为你公司的回复不够充分，你公司提供了修订后的设计控制程序及该修订程序的人员培训记录，但未对相应的DHF文件进行回顾性审查以确保设计控制活动得到充分的实施和记录。

2．未能按照21 CFR 820.100（a）的要求，建立和保持适宜的实施纠正和预防措施程序（CAPA程序）。例如：

1）你公司的CAPA程序未包含以下要求：

a．分析质量数据，以识别不合格品或其他质量问题存在和潜在的原因。

b．调查与产品、过程和质量体系有关的不合格的原因。

c．识别需要采取的纠正措施，以防止不合格品或其他质量问题的再次发生。

d．纠正和预防措施的验证和确认。

e．实施并记录更改，以纠正和预防已识别的质量问题。

f．质量问题和不合格品相关的信息传递给直接负责产品质量保证的人员。

g．针对已识别的质量问题，提交相关信息及纠正和预防措施至管理评审。

h．记录所有的纠正预防活动。

2）你公司的CAPA记录，编号137#、138#、143#和144#未记录调查结果、纠正措施的确认，及措施的实施日期。

3）你公司的CAPA记录，编号138#涉及多起有关条形码错误放置的投诉，未包含纠正措施的文件。

a．应包含纠正和预防措施的验证和确认，以确保措施的有效性。

b．纠正措施的文件。

经审查，FDA认为你公司的回复不够充分，你公司提供了为解决程序不足而进行修订后的CAPA程序及该修订程序的人员培训记录。但是，没有对相关的CAPA进行回顾性审查，以确定CAPA活动是否得到了充分验证和确认。

3．未能按照21 CFR 820.75（a）的要求，确保当过程确认不能被后续的检验和实验过程得以充分验证时，则应按照规定的程序对该过程进行充分的确认和高度保证。例如：

a．你公司未保留与（b）（4）相关的确认活动和确认条件的文件。

b．你公司未评估对安装在生产线上的（b）（4）进行再次确认的必要性。

经审查，FDA认为你公司的回复不够充分，你公司提供了修订后的过程确认程序及该修订程序的人员培训记录。但是，你公司没有对其生产工艺进行回顾性审查，以确定现有过程和设备是否得到了充分确认。

4．未能按照21 CFR 820.90（b）的要求，建立和保持定义不合格品评审和处置权限的程序。

例如，你公司的不合格品程序未描述评审和记录处置过程的要求，包括使用不合格品的理由和授权使用不合格品人员的签名。

经审查，FDA认为你公司的回复不够充分，你公司提供了修订后的不合格品程序及该修订程序的人员培训记录。但是，你公司没有对不合格品记录进行回顾性审查，以确定不合格品是否得到了合适的处置。

5．未能按照21 CFR 820.184的要求建立和保持程序，以确保维护每个批次、批或单元的器械历史记录文档（DHR），并证明器械是按照器械主记录（DMR）的要求制造的。例如：

a．你公司未建立保持器械历史记录文档（DHR）的程序。

b．你公司的外科手术服、灭菌服和外科手术纱布（b）（4）的批次记录未包含过程和成品检验记录。

经审查，FDA认为你公司的回复不够充分，你公司提供了一份DHR程序及该程序的人员培训记录。但是，你公司未对有类似缺陷的产品器械历史记录文档（DHR）进行回顾性审查。

6．未能按照21 CFR 820.72（a）的要求，充分建立并保持程序，确保对设备进行常规校准、检定、检查和维护，以确保所有检验、测量和测试设备，包括机械设备、自动化设备、电子检验和测试设备，都能满足其预期用途并产生有效结果。例如：

1）你们公司的校准程序未包含相关要求以确保：

a．所有检验、测量和测试设备均能满足其预期用途并能够产生有效结果。

b．设备的搬运、防护和贮存的规定，以使其精确性和使用的适应性得到保持。

c．记录设备的校准、检定、检查和维护活动。

d．校准标准可追溯到国家或国际标准，或在必要时可追溯为独立、可复用的标准。

e．记录设备标识、校准日期、执行每个校准的人员以及下一个校准日期。

f．校准记录应在设备上显示或跟随设备附件，使用设备的人员或负责校准设备的人员能方便获取。

g．包含准确度和精确度的明确指导和极限。

h．未满足准确度和精确度极限时的补救措施规定，以及这些补救措施的记录文件。

2）你公司无××的校准记录。

经审查，FDA认为你公司的回复不够充分，你公司提供了修订后的设备校准程序、操作指导及要求校准的设备的文档图表。但是，你公司未提供这些修订文件的人员培训记录。另外，你公司未评估缺乏适当的校准程序是否会导致不合格品的流出。

鉴于严重违反《法案》第801（a）节，你公司制造的器械，包括外科手术服、灭菌服和外科手术纱布被视为伪劣产品并拒绝入院。因此，FDA官方正采取措施，拒绝这些器械进入美国，称为“直接扣押”，直到这些违规行为得到纠正。为解除器械的扣押，你公司应提供对本警告信的书面回复，包含针对本信中违规行为所采取的措施。FDA将通知有关你公司回复的充分性以及是否需要重新检查你公司的生产设施，以验证你公司是否已采取适当的纠正或纠正措施。

同时，联邦机构在授予合同时可能会考虑此警告信。另外，由于存在相关的质量体系法规偏差，除非这些违规事项得到纠正，否则Ⅲ类医疗器械上市前审批申请不会通过。

请于收到本信函之日起15个工作日内，将你公司为纠正上述违规行为所采取的具体步骤书面通知本办公室，以及你公司准备如何防止这些违规事项或类似行为再次发生。回复中应包括你公司已经采取的纠正和/或能系统性解决问题的纠正措施相关文档。如果你公司需要一段时间来实施这些纠正和/或纠正措施，请提供具体实施的时间表。如果不能在15个工作日内完成纠正，请说明理由和能够完成的时间。请提供非英文文档的翻译稿，以方便FDA进行审阅。

第112封 给Molteno Ophthalmic Limited的警告信

医疗器械/伪劣/标识不当/缺少上市前批准和/或510（k）

CMS # 450427

2015年2月27日

尊敬的M女士：

美国食品药品管理局（FDA）于2014年10月28日至2014年10月30日期间，对位于新西兰达尼丁市Frederick街152号（邮编9016）的你公司进行了现场检查。你公司生产s系列和g系列青光眼引流植入物，根据《联邦食品、药品和化妆品法案》（以下简称《法案》）第201（h）节［21 U.S.C.§ 321（h）］的规定，凡是用于诊断疾病或其他症状，对疾病有治愈、缓解、治疗或预防作用，或是可以影响人体结构或功能的器械，均属于医疗器械。故你公司涉及检查的产品均为医疗器械。

FDA的检查发现，按照《法案》第501（f）（1）（B）节［21 U.S.C.§ 351（f）（1）（B）］的要求，你公司的s系列青光眼引流植入物属于伪劣产品，因为你公司没有按照《法案》第501（f）（1）（B）节［21 U.S.C.§ 351（f）（1）（B）］进行上市前批准（PMA）的申请，或者按照《法案》第520（g）节［21 U.S.C.§ 360j（g）］进行试验器械豁免申请。同时，按照《法案》第510（k）节［21 U.S.C.§ 360（k）］的要求，你公司医疗器械标识错误，因为你公司没有通知FDA将该医疗器械引进到商业销售。具体为，根据K062252的声称，你公司变更g系列青光眼引流植入物，通过设计变更，包括降低压力脊和顶部的高度、增加板的表面积，以及将缝合孔重新定位到更靠近引流管的位置。考虑平板的功能是启动形成气泡，平板的变化将影响含水液体从眼睛排出的阈值。因此，这些修改可能会影响设备的性能、安全性和有效性，需要新的510（k）。

对于需要上市前批准的医疗器械，在等待上市前批准（PMA）时，510（k）要求的通知被视为满足［21 CFR 807.81（b）］。为了获得医疗器械批准或许可，你公司需要提交的信息在网站url有描述。FDA将评估你公司提交的信息，并决定该产品是否可以合法销售。

此外，此次检查还发现与《法案》第501（h）节［21 U.S.C.§ 351（h）］有关的不合格，这些不合格是按照21 CFR 820质量体系下现行生产质量管理规范要求的与公司质量体系有关的缺陷。

FDA已于2014年11月21日收到你公司针对FDA检查员出具的FDA 483表（检查发现问题清单）的回复。以下是FDA对于你公司与各违规事项相关回复的回应。这些违规事项包括但不限于以下内容：

1．未能按照21 CFR 820.30（i）的要求，在设计变更实施前，建立和维护识别、记录、确认或适当时验证、评审和批准的程序。

例如，你公司在2011年对g系列青光眼引流植入物进行了设计更改。然而，你公司未按照设计和开发计划程序的要求进行确认或验证该设计更改。

FDA审查了你公司的回复，认为不够充分。你公司没有进行设计确认，以确保g系列青光眼引流植入物的设计变更持续维持其预期使用。你公司的热原测试没有评估与前房接触的植入物（如管）部分的内毒素水平。此外，你公司没有对设计变更进行回顾评审，以确保在变更实施之前对设计变更进行了充分的确认或验证。

2．未建立和维持质量审核程序，未执行此审核以确保质量体系符合已建立的质量体系要求，并确定质量体系的有效性。这些质量审核应由对被审核事项不直接负责的个人按照21 CFR 820.22的要求开展。

例如，你公司的内部审核程序没有规定，应由对所审核事项不直接负责的个人进行质量审核。在2014年的内部审核中，你公司的总经理对其直接负责的领域进行了审核。

你公司对这一发现的回复是充分的。

鉴于对《法案》的违反性质严重，根据《法案》第801（a）节［21 U.S.C.§ 381（a）］，你公司生产的医疗器械，包括g系列和s系列青光眼引流植入物，涉嫌伪劣产品而被拒绝承认。因此，FDA正在采取措施，拒绝这些医疗器械进入美国，即所谓的“未经检查不得放行”，直到这些违规事项得到纠正。为了将这些设备从扣押中移除，你公司应当对上述警告信做出书面回应，并纠正本警告信中所述的违规行为。FDA将通知您有关你公司的回复是否足够，以及是否需要重新检查你公司的场地，以验证是否已经做出了适当的纠正和/或纠正措施。联邦机构在授予合同时可能会考虑此警告信。

请在收到本信函之日起15个工作日内将你公司为纠正上述违规行为所采取的具体步骤书面通知本办公室，并说明你公司计划如何防止此类违规行为或类似违规行为再次发生。包括你公司已经采取的纠正措施（必须解决系统问题）的文件材料。如果你公司计划采取的纠正措施将逐渐开展，请提供实施这些活动的时间表。如果无法在15个工作日内完成纠正，请说明延迟的原因以及完成这些活动的时间。你公司的回复应全面，并解决此警告信中所包括的所有违规行为。

最后，请注意本信函未完全包括你公司全部违规行为。你公司有责任遵守FDA所有的法律和法规。本信函和检查结束时签发的检查结果FDA 483表中记录的具体违规行为可能表明你公司制造和质量管理体系中存在严重问题。你公司应查明违规原因并及时采取纠正措施，确保产品合规。

第113封　给Encompas Unlimited, Inc. 的警告信

生产质量管理规范/质量体系法规/医疗器械/伪劣

2015年2月20日

尊敬的M女士：

美国食品药品管理局（FDA）于2014年11月10日至18日，对你公司位于佛罗里达州萨拉索塔市的医疗器械进行了检查。检查期间，FDA检查员已确认你公司为50内窥镜清洗系统、成人咬合块、异型性上内窥镜头枕和一种内窥镜楔的生产制造商。根据《联邦食品、药品和化妆品法案》（以下简称《法案》）第201（h）节［21 U.S.C.§ 321（h）］，凡是用于诊断疾病或其他症状，对疾病有治愈、缓解、治疗或预防作用，或是可以影响人体结构或功能的器械，均为医疗器械。故你公司涉及检查的产品为医疗器械。

本次检查表明，这些医疗器械的生产、包装、储存或安装中使用的方法、设施或控制不符合21 CFR 820的cGMP要求，根据《法案》第501（h）节［21 U.S.C.§ 351（h）］的规定，属于伪劣产品。

FDA分别于2014年12月2日和2014年12月5日收到了副总裁Marybeth D. Flynn针对FDA 483表（检查发现问题清单）的回复。FDA针对回复，处理如下。这些违规事项包括但不限于以下内容：

1．未能按照21 CFR 820.100（a）的要求，充分建立和保持实施纠正和预防措施（CAPA）的程序。例如：

a．你公司当前的CAPA程序没有定义在实施之前核准和/或验证操作的要求。此外，你公司还没有核准和/或验证在2014年9月9日发起的与ST-94咬块设备的额外接收处理和过程中测试相关的操作。

b．你公司没有执行现有的CAPA程序，通过调查来识别问题的潜在原因。你公司在2014年9月30日在SE-94咬块设备的（b）（4）上启动了一个新的（b）（4）。然而，你公司没有确定这些力规格的充分性以证明完成的装置符合建立的具体要求。

这是FDA 483表中的重复观察结果，该表于2011年3月3日发给你公司（观察1）。

FDA审查了你公司的答复，认为不够充分。不包括你公司破坏性试验中（b）（4）规格负载的依据。

2．未能按照21 CFR 820.198（a）的要求，保持投诉文档并建立和保持由正式指定的部门接收、评审和评价投诉的程序。

具体为，你公司当前的客户投诉程序不包括确保对投诉进行评估以确定投诉是否代表需要作为医疗设备报告向机构报告的事件的要求。

目前无法确定你公司的答复是否充分。你公司的回复没有包含已实现所引用的过程的支持文档。

3．未能按照21 CFR 820.80的要求建立和保持进货产品的验收程序。

具体为，你公司没有为ES-50 Endo擦洗装置的海绵部件的接收检验制定足够的程序。你公司没有建立抽样计划以确保收到的全部货物为有代表性的抽样。

这是FDA 483表中的重复观察结果，该表于2011年3月3日发给你公司（观察3）。

你公司对这一观察的回应似乎是充分的，你公司的纠正措施将在下次检查中被确认。

4．未能按照21 CFR 820.90（a）的要求建立和保持程序，以控制不符合规定要求的产品。

具体为，在接收和过程检查期间，你公司没有充分定义ES-50 Endo擦洗装置控制不合格的程序。例如：你公司在2003年7月18日至2007年7月14日及2007年2月21日至10月30日期间对生产设备用海绵进行的过程检

验记录中，并没有列出被拒收产品的不合格之处。

目前还不能确定你公司的答复是否充分，你公司的回复没有包含已实现所引用的过程的支持文档。

5．未能按照21 CFR 820.50的要求建立和保持程序，确保所有采购或以其他方式收到的产品和服务满足规定的要求。

具体为，你公司当前的采购控制程序并没有根据评估结果确定对供应商和/或产品的控制类型和范围。

FDA审查了你公司的答复，认为其不够充分。你公司修订的程序没有根据供应商满足你公司要求的能力来界定控制的类型/范围，所提供的程序似乎侧重于你公司供应商的资格。虽然看起来你公司已经延长了你公司的长期供应商，但你公司还没有充分建立一个批准的供应商名单或建立你公司的潜在关键供应商的标准。

6．未能按照21 CFR 820.184的要求保持器械历史记录（DHR）并建立和保持相关程序。

具体为，你公司没有书面程序来证明设备是按照既定的规范和当前的良好制造实践为你公司的ES-50 Endo磨砂设备制造的。例如：你公司在2003年7月18日至2007年7月14日及2007年2月21日至10月30日期间的设备在制检验和生产记录中，并没有列出这些成品设备的批号或生产代码。

这是FDA 483表中的重复观察结果，该表已于2011年3月3日发给你公司（观察4）。

FDA审查了你公司的答复，认为其不够充分。所提供的程序不要求对返工后的不合格品进行复验/重估。

FDA的检查也表明你公司的设备未能遵守《法案》第502（t）（2）节，在你公司并未或拒绝根据《法案》第519节，和21 CFR 803 -医疗器械上报（MDR）提供信息或材料。重大违规行为包括但不限于以下内容：

未能按照21 CFR 803.17的要求制定、维护和实施书面MDR程序。例如，你公司没有用于确定某个事件何时符合MDR标准的标准化审查流程或程序的书面MDR流程，也没有用于确定某个事件是否应报告的评估信息的文档。

这是FDA 483表中的重复观察结果，该表已于2011年3月3日发给你公司（观察5）。

FDA审查了你公司的答复，认为其不够充分。你公司的MDR决策树似乎没有提供足够的问题序列来做出适当的MDR归档决策。请参阅21 CFR 803.10（c）。

2014年2月13日，要求制造商和进口商向FDA提交电子医疗设备报告（eMDR）的eMDR最终规则发布。本最终规则的要求于2015年8月14日生效。如果你公司目前没有以电子方式提交报告，FDA建议你公司访问以下web链接以获取关于电子报告要求的更多信息：url

如果你公司希望讨论MDR可移植性标准或安排进一步的沟通，可以通过电子邮件ReportabilityReviewTeam@fda.hhs.gov联系上报审查小组。

你公司应立即采取措施纠正本信函所述的违规行为。如若未能及时纠正这些违规行为，可能导致FDA在没有进一步通知的情况下启动监管措施。监管措施包括但不限于没收、禁令和民事罚款。此外，联邦机构会得知关于器械的警告信，以便在签订合同时考虑上述信息。如果FDA确定你公司违反了质量体系法规，且这些违规行为与Ⅲ类器械的上市前批准申请有关联，则在纠正这些违规行为之前，将不会批准此类器械。同时，如果FDA确定你公司的器械不符合《法案》的要求，则不会批准出口证明（Certificates to Foreign Governments，CFG）的申请。

请在收到本信函之日起15个工作日内将你公司为纠正上述违规行为所采取的具体步骤书面通知本办公室，并说明你公司计划如何防止此类违规行为或类似违规行为再次发生。包括你公司已经采取的纠正措施（必须解决系统问题）的文件材料。如果你公司计划采取的纠正措施将逐渐开展，请提供实施这些活动的时间表。如果无法在15个工作日内完成纠正，请说明延迟的原因以及完成这些活动的时间。你公司的回复应全面，并解决此警告信中所包括的所有违规行为。

最后，请注意本信函未完全包括你公司全部违规行为。你公司有责任遵守FDA所有的法律和法规。本信函和检查结束时签发的检查结果FDA 483表中记录的具体违规行为可能表明你公司制造和质量管理体系中存在严重问题。你公司应查明违规原因并及时采取纠正措施，确保产品合规。

第114封　给Rodo Medical, Inc. 的警告信

试验用器械豁免（IDE）/上市前批准申请（PMA）

CMS # 441076
2015年2月20日

尊敬的D博士：

本警告信旨在告知您，2014年7月29日至2014年8月1日期间，美国食品药品管理局（FDA）旧金山地区办公室的一名检查员对你公司检查中发现的不良情况。本次检查的目的是确定作为临床可行性研究“（b）（4）”的发起者，在提交研究性装置豁免（IDE）之前进行的活动是否符合适用的联邦法规。根据《联邦食品、药品和化妆品法案》（以下简称《法案》）第201（h）节［21 U.S.C.§ 321（h）］，凡是用于诊断疾病或其他症状，对疾病有治愈、缓解、治疗或预防作用，或是可以影响人体结构或功能的器械，均为医疗器械。故你公司涉及检查的产品为医疗器械。此信还要求立即采取纠正措施来处理所提到的违规行为，并讨论你公司在2014年8月21日对所提到的违规行为的书面回复。

检查是在一项计划下进行的，该计划旨在确保研究设备豁免（IDE）请求、上市前批准申请和上市前通知提交［510（k）］中包含的数据和信息是科学有效和准确的。该计划的另一个目标是确保人体受试者在科学调查过程中免受不应有的危险或风险。

FDA对地区办公室准备的检查报告进行了审查，发现有几项违反21 CFR 812—调查设备豁免的规定，该规定涉及《法案》第520（g）节［21 U.S.C.§ 360j（g）］规定的要求。在检查结束时，FDA检查员向你公司提交了一份FDA 483表（检查发现问题清单），并与你讨论了表中列出的观察结果。FDA 483表上的偏差、你公司的书面回复以及FDA随后对建立检验报告的审查，讨论如下：

1．在允许受试者参与调查之前，未向FDA提交申请并获得FDA批准。［21 CFR 812.40，21 CFR 812.42和21 CFR 812.20（a）（1）］

在允许受试者参与重大风险装置的临床研究之前，主办方需要向FDA提交IDE申请并获得批准。你公司未能遵守上述规定，并且在没有获得FDA批准的IDE的情况下对9名受试者治疗。失败的例子包括但不限于以下几点：

你公司的临床可行性研究题为“（b）（4）”，由临床研究员（CI）库马尔·沙阿博士（Dr. Kumar Shah - UCLA School of Dentistry）于2011年8月21日至2013年3月1日在单一临床地点进行。在此期间，所有9名受试者均被纳入研究。根据你公司的研究方案，本研究的目的是测试罗多牙基台系统（研究装置）的可行性，以保持种植体的修复和稳定性。具体为，你公司的研究在没有获得FDA批准的情况下，对9名受试者使用了研究装置。

在2011年8月12日向FDA提交前的一次会议上，在你公司的研究中登记任何受试者之前，FDA通知您，Rodo Medical需要解决牙冠和基牙之间区域的细菌入侵问题。FDA建议在美国进行一项IDE临床研究。这种基台设计的微生物学评价是至关重要的，因为它有可能对研究对象的健康、安全或福利造成严重风险，特别是内部污染，可能导致严重的不良口腔后遗症。

你公司在2010年10月26日致加州大学洛杉矶分校医学机构审查委员会（IRB）的信中表示，你公司打算通过510（k）机制对你公司的设备进行审查。你公司参考并提供了一份FDA特殊控制文件的副本，该文件题

为“行业和FDA工作人员指南-Ⅱ类特殊控制指南文件：根状骨内种植体和骨内种植体基台”（2004）。本指导文件第12节规定如下：如果需要进行临床研究以证明实质等同，即在获得装置510（k）许可之前进行，研究必须按照《调查装置豁免（IDE）条例》（21 CFR 812）进行。FDA认为该装置是21 CFR 812.3（m）（4）中定义的一种重大风险（SR）装置，因此，涉及这些装置的研究不符合21 CFR 812.2（b）的简短IDE要求。

如果在受试者登记和治疗之前没有获得FDA对IDE的批准，可能会使研究对象面临更高的伤害和严重疾病风险。FDA批准的IDE应用程序有助于确保受试者的安全性，并将与设备和研究程序相关的风险降至最低。

你公司的答复不充分，解释称“根据21 CFR 812.20（a）的规定，FDA没有要求批准申请的通知，而且参考的调查是出于善意开始的。”在你公司的检查期间收集的证据和上述讨论表明，你公司知道FDA的立场，关于你公司设备的风险确定为重大风险，需要进行IDE。

虽然你公司确认将在批准的IDE下进行调查，但你公司未向FDA保证了解设备风险确定的过程，以及向伦理委员会适当披露以前与FDA互动信息，以及需要对你公司设备进行研究的建议。这对在临床试验中为受试者提供适当的保护是很重要的。

请向FDA提供你公司已经通知加州大学洛杉矶分校医学伦理委员会有关FDA对你公司的研究装置进行风险评估的文件，并且对该装置未来进行研究需要FDA批准的IDE申请。FDA建议你公司在开始任何新的研究之前，先阅读21 CFR 812关于主办方责任的规定。

2．未能在精简的“非重大风险”（NSR）研究规定下妥善监察调查。［21 CFR 812.2（b）（1）Ⅳ）］

21 CFR 812.2（b）（1）（Ⅳ）项下的规定略述，规定申办者必须遵守21 CFR 812.46关于监测调查的规定。根据21 CFR 812.46，主办方发现研究者不遵守已签署的协议时，必须立即确保其遵守，或停止向研究者运送设备，并终止研究者参与调查。

你公司未能进行适当的监测，未能确保临床研究员（CI）遵守已签署的协议，特别是关于UCLA医学IRB研究方案和知情同意文件的批准。Rodo Medical和临床研究员Kumar Shah博士之间的临床研究协议在3.1节中规定了以下内容；“主要研究者和/或机构应向主办方提供所有此类批准的证据。”

临床研究者没有向你公司提供IRB批准该方案的证据，也没有提供在Rodo研究中使用的三份知情同意文件中的两份。在你公司的回复中，你公司声明“在未来，将维护所有已批准的协议的文档，并将确保监视人员验证CI是否符合要求”。这是不够的，因为你公司没有提供任何纠正或预防措施，如标准操作程序（SOP）和培训文件来描述你公司计划如何防止这种情况在未来的研究中再次发生。

3．未能按照有关设备不良影响（无论预期或未预期）和投诉的简短要求保持记录。［21 CFR 812.2（b）（1）（Ⅴ）］

21 CFR 812.2（b）（1）（Ⅴ）项下规定了申办者必须保留21 CFR 812.140（b）（5）项下的记录，其中包括关于不良设备影响（无论预期或未预期）和投诉的记录。你公司没有保存足够的不利设备影响的文件。例如，（b）（4）临床站点报告了接受你公司的研究装置的一名研究对象（R09）发生了意外的牙冠骨折。CI在2012年11月20日以及之后的可行性研究总结报告中通知，该事件是桥台系统的意外并发症。在你公司向UCLA IRB提交的最终报告中，指出“没有任何入选患者出现研究设备故障和不良事件。”

保存有关设备不良影响的记录是很重要的，因为这些记录使研究对象对危险和风险有了认识。例如，牙冠骨折会导致包括细菌在内的体液进入口腔。牙冠骨折也可能危及骨内种植体结构，并伴有疼痛、不适和不能有效进食。

在你公司的回复中表示，在牙种植体和常规的牙冠和桥接实验室技术的牙冠修复过程中会发生烤瓷骨折，且与Rodo设备无关，而与实验室的牙冠制造过程有关。你公司还声明，未来研究方案将包括作为预期事件的牙冠骨折和所有不良事件将被适当记录。此回复是不充分的，因为你没有提供任何纠正或预防措施，例如，不良事件报告和文件的SOP。

在你公司的回复中，请提供你公司制定的政策和程序的副本，以确保在未来的研究中报告不良的设备影响（预期的和未预期的）。

上述违规行为并不是你公司的临床研究可能存在的所有问题。作为研究发起者，你公司有责任确保遵守法案和适用的法规。

除了上述违规情况外，FDA检查员还与你讨论了由合格的研究监督员进行适当的研究监测的重要性。没有任何文件表明研究监测是为了确保数据完整性和人体受试者的保护而进行的。你告诉FDA检查员CI和IRB负责监控可行性研究。然而，没有制定监测计划来确保CI符合调查计划，并且在研究过程中出现了多个协议偏差。

不充分的监控会使受试者处于危险之中，因为监控有助于识别研究过程中出现的问题或偏差。这些包括：设备及其性能的潜在缺陷；可能影响受试者安全的不良事件；以及可能影响受试者安全和数据完整性的协议偏差。此外，不充分的监督削弱了你作为担保人有效监督临床研究的能力，并妨碍你决定是否需要额外的临床培训。

请在收到本信函之日起15个工作日内将你公司为纠正上述违规行为所采取的具体步骤书面通知本办公室，并说明你公司计划如何防止此类违规行为或类似违规行为再次发生。包括你公司已经采取的纠正措施（必须解决系统问题）的文件材料。如果你公司计划采取的纠正措施将逐渐开展，请提供实施这些活动的时间表。如果无法在15个工作日内完成纠正，请说明延迟的原因以及完成这些活动的时间。你公司的回复应全面，并解决此警告信中所包括的所有违规行为。

第115封　给Multimedical S.R.L.的警告信

生产质量管理规范/质量体系法规/医疗器械/伪劣/标识不当

CMS # 444772

2015年2月13日

尊敬的G先生：

美国食品药品管理局（FDA）于2014年10月20日至10月23日，对你公司位于Via G Rossa, 71, Zona Ind. Gerbolina, Viadana, Italy的医疗器械进行了检查。检查期间，FDA检查员已确认你公司为静脉输液器（输液）、输液针头、血液透析血线、血管内扩张线和输注附件的生产制造商。根据《联邦食品、药品和化妆品法案》（以下简称《法案》）第201（h）节［21 U.S.C.§ 321（h）］，凡是用于诊断疾病或其他症状，对疾病有治愈、缓解、治疗或预防作用，或是可以影响人体结构或功能的器械，均为医疗器械。故你公司涉及检查的产品为医疗器械。

本次检查表明，这些医疗器械的生产、包装、储存或安装中使用的方法、设施或控制不符合21 CFR 820的cGMP要求，根据《法案》第501（h）节［21 U.S.C.§ 351（h）］的规定，属于伪劣产品。

2014年11月11日，FDA收到你公司质量总监Alessandra Cesari针对FDA 483表（检查发现问题清单）的回复。FDA针对回复，处理如下。这些违规行为包括但不限于以下内容：

1．未能按照21 CFR 820.100（a）的要求建立和保持实施纠正和预防措施的程序。

a．你公司纠正和预防措施（CAPA）程序没有：

i．要求分析质量数据的来源，以确定存在的和潜在的不合格产品或其他质量问题的原因。

ii．需要使用适当的统计方法来检测反复出现的质量问题。

iii．包括验证或确认纠正和预防措施的要求，以确保这些措施不会对成品产生不利影响。

b．你公司成品放行规范中对于排气后的环氧乙烷（EtO）的要求为（b）（4）。然而，你公司的投诉趋势表明，EtO排气的问题会导致灭菌产品的EtO残留。你公司尚未评估此质量问题，以确定是否有必要采取纠正或预防措施。

FDA审查了你公司的答复，认为其是不充分的。你公司计划审查质量体系数据，包括不符合的趋势、过去的CAPA和生物负载的结果，并实施必要的纠正措施。你公司提交了一份CAPA程序，PSQ12/A4 Em 00 版本01；但是，这个程序并没有解决上述程序上的缺陷。另外，你公司也没有评估与器械相关的风险，这些器械可能已经释放出不可接受的EtO残留物。

2．未能按照21 CFR 820.50的要求建立和保持程序，确保所有采购或以其他方式收到的产品和服务满足规定的要求。例如：

a．你公司的质量审核程序要求对关键供应商的审核至少每三年进行一次。然而，你公司重要的原材料和服务供应商已经超过三年没有接受过审核。

b．你公司与其子装配合同制造商之间的书面合同，并不要求合同制造商通知你公司任何可能影响成品质量的产品或服务的变更。

FDA审查了你公司的答复，认为其不够充分。你公司没有审查其目前的供应商资格记录，以评估是否存在或潜在的缺陷可能导致不合格产品。另外，你公司没有证明供应商审核已经完成。此外，你公司没有评审供应商协议，以收集未经通知而做出的变更信息，并评估这些变更是如何影响产品质量的。

3．未能按照21 CFR 820.70（i）的要求，当计算机或自动信息处理系统用作生产或质量体系的一部分时，制造商应按已建立的规程，确认计算机软件符合其预期的使用要求。

例如，你公司在2007年安装了（b）（4），但尚未对软件的预期用途进行验证。

FDA审查了你公司的答复，认为其是不充分的。你公司声称将通知其软件供应商实施软件系统验证。但是你公司没有提供关于如何验证软件的具体信息，例如用于验证的方案和程序。你公司没有表明将如何确保软件需求得到满足。

FDA检查还揭示了，你公司错贴标签，不符合《法案》第502（t）（2）节［21 U.S.C.§ 352（t）（2）］的要求。根据《法案》第519节（21 U.S.C.§ 360i），和21 CFR 803 – 医疗器械报告（MDR）的要求，你公司未能或拒绝提供材料或器械相关的信息。重要的违规行为包括但不限于以下内容：

4．未能按照21 CFR 803.17（a）（1）的要求，充分开发、维护和实施书面MDR程序。

例如，你公司的MDR过程没有：

a．按照21 CFR 803.17（a）（1）的要求建立内部系统，及时有效地识别、沟通和评估可能符合MDR要求的事件。例如，根据21 CFR 803，你公司对认为应报告的事件缺少定义。

排除21 CFR 803.3中的定义“开始意识”“造成或导致”“MDR可报告的事件”“严重伤害”，可以在21 CFR 803.20（c）（1）中找到的这些定义，当评估投诉可能符合21 CFR 803.50（a）的标准时，可能导致你公司做出不正确的上报决定。

b．建立内部系统，及时传送完整的医疗器械报告。具体为，有关以下内容没有提到：

i．如何获得和完成FDA 3500A表的说明；

ii．你公司必须提交补充报告的情况和报告的要求；

iii．虽然该程序包括对30天报告的引用，但它没有指名是日历日。

c．描述你公司将如何处理文件和记录要求，包括：

i．以MDR事件的形式保存不良事件相关信息的文件。

ii．确保获得信息的系统，便于FDA及时的跟踪和检查。

FDA审查了你公司的答复，认为其是不充分的。你公司修改的程序并没有解决上述程序的缺陷。2014年2月13日电子医疗器械报告（eMDR）最终规则发布，要求制造商和进口商应向FDA提交eMDR。本最终规则的要求于2015年8月14日生效。如果你公司目前没有以电子方式提交报告，FDA建议你公司访问以下web链接以获取有关电子报告要求的更多信息：url。

如果你公司希望讨论MDR上报标准或安排进一步的沟通，可以通过电子邮件ReportabilityReviewTeam@fda.hhs.gov联系可上报审查小组。

考虑到违反行为的性质严重，你公司生产的器械，包括输液输液器、输液针头、血液透析血线、输血集、血管内灌注的扩展线及配件，根据《法案》第801（a）节［21 U.S.C.§ 381（a）］会被拒绝接受，因为它们似乎有掺假现象。因此，FDA正在采取措施，拒绝这些器械进入美国，即未经检查的扣留，直到这些违规行为得到纠正。为了将这些器械从扣留中移出，你公司应按照以下所述对这封警告信作出书面答复，并纠正这封警告信中所述的违规行为。FDA将通知你公司回复是否充分，以及是否需要重新检查你公司的设施，以验证是否采取了适当的纠正和/或纠正措施。

此外，联邦机构会得知关于器械的警告信，以便在签订合同时考虑上述信息。如果FDA确定你公司违反了质量体系法规，且这些违规行为与Ⅲ类器械的上市前批准申请有关联，则在纠正这些违规行为之前，将不会批准此类器械。

请在收到本信函之日起15个工作日内将你公司为纠正上述违规行为所采取的具体步骤书面通知本办公室，并说明你公司计划如何防止此类违规行为或类似违规行为再次发生。包括你公司已经采取的纠正措施（必须解决系统问题）的文件材料。如果你公司计划采取的纠正措施将逐渐开展，请提供实施这些活动的时

间表。如果无法在15个工作日内完成纠正，请说明延迟的原因以及完成这些活动的时间。你公司的回复应全面，并解决此警告信中所包括的所有违规行为。

最后，请注意本信函未完全包括你公司全部违规行为。你公司有责任遵守FDA所有的法律和法规。本信函和检查结束时签发的检查结果FDA 483表中记录的具体违规行为可能表明你公司制造和质量管理体系中存在严重问题。你公司应查明违规原因并及时采取纠正措施，确保产品合规。

[illegible]
[illegible]

[illegible]
[illegible]
[illegible]

第二部分

有源医疗器械

FDA

第116封　给Unetixs Vascular, Inc. 的警告信

生产质量管理规范/质量体系法规/医疗器械/伪劣

CMS # 598016

2020年2月4日

尊敬的J先生：

FDA于2019年9月17日至2019年10月29日，对位于125 Commerce Park Road, North Kingstown, RI的你公司Unetixs Vascular Inc.的医疗器械进行了检查。检查期间，FDA检查员已确认你公司为血管超声诊断系统MultiLab®系列器械（vascular diagnostic ultrasound systems, such as your MultiLab® Series of devices）的生产制造商。根据《联邦食品、药品和化妆品法案》（以下简称《法案》）第201（h）节［21 U.S.C.§ 321（h）］，凡是用于诊断疾病或其他症状，对疾病有治愈、缓解、治疗或预防作用，或是可以影响人体结构或功能的器械，均为医疗器械。故你公司涉及检查的产品为医疗器械。

在另函中，CDRH计划与您联系，以收集有关MultiLab 系列 ROODRA血管诊断器械的技术特性和预期用途的其他信息。FDA需要这些信息来确定该器械适宜的调整方式。

本次检查表明，这些医疗器械的生产、包装、储存或安装中使用的方法、设施或控制不符合21 CFR 820质量体系法规（以下简称QSR/21 CFR 820）的现行生产质量管理规范（以下简称cGMP）要求，根据《法案》第501（h）节［21 U.S.C.§ 351（h）］的规定，属于伪劣产品。

2019年11月19日，FDA收到你公司针对2019年10月29日出具的FDA 483表（检查发现问题清单）的回复。FDA针对回复，处理如下。

你公司存在重大违规行为，具体如下：

1．未能按照21 CFR 820.30（a）的要求，建立及维护相关程序，控制器械设计，以确保满足规定的设计要求。自2018年9月28日起发行的MultiLab®系列ROODRA（ROODRA），在开发过程中，存在以下设计控制缺陷：

未能按照21 CFR 820.30（b）的要求建立设计和开发计划。

未能按照21 CFR 820.30（c）的要求建立设计输入。

未能按照21 CFR 820.30（d）的要求建立设计输出。

未能按照21 CFR 820.30（e）的要求审核设计。

未能按照21 CFR 820.30（f）的要求验证设计。

检查期间，你公司表示，自2018年9月以来，Unetixs就已制造并分销（b）（4）ROODRA 血管诊断器械。在建立符合上述FDA设计控制要求的设计历史文档（DHF）之前，已开始分销该器械。

2．未能开发、执行、控制并监测生产过程，以确保器械符合技术要求。根据21 CFR 820.70（a）要求，如果制造过程可能导致产品偏离指标要求，则制造商应建立并维护相关程序，并说明必要的过程控制，确保满足产品技术要求。

例如，你公司尚未就Unetixs生产ROODRA产品制定任何经批准的程序，确保此器械的漏电、声输出、电磁兼容性（EMC）和电气安全等指标符合产品技术要求。

经审查，FDA认为上述两个问题的回复不够充分。FDA知悉，你公司已停止运送所有ROODRA器械，

启动纠正和预防措施（CAPA）的1437条和1439条，并开始进行其他测试（电气安全标准60601、SW等）。然而，你公司的回复未能说明将如何解决这些系统缺陷。你公司应提供最新的CAPA调查结果的摘要，并描述将如何防止此类缺陷再次发生，以作为对本警告信的回复。

3．未能按照21 CFR 820.80（a）的要求，建立并维护验收活动的相关程序，包括检查、测试或其他验证活动。

例如，在检查期间，FDA审查了两年来Revo主板（部件12921-0000-01）的进货检验记录，该主板为你公司血管诊断器械的关键组件。这项审查发现，你公司接收了四批在验收测试期间电压输出不合格的主板。

这是在FDA 2017年警告信中出现过的重复缺陷。

FDA已审查你公司的回复，认为其不够充分。你公司应描述防止此缺陷再次发生所采取的措施，以作为对本警告信的回复。

4．未能按照21 CFR 820.100（a）要求，建立并维护纠正和预防措施的相关程序。抽查纠正和预防措施（CAPA）发现：

2017年3月29日，CAPA 1364启动，以解决来料产品接收程序不足问题，并记录为2019年4月23日结束。本次检查中发现，不合格的主板已作为批准材料被接收，用于成品医疗器械中，并发送至仓储区和客户。

2018年7月27日，CAPA 1411启动，以解决MultiLab®Series II LHS中PVR（脉搏容积记录仪）的波形传感器故障。你公司持续收到关于此问题的投诉，包括2019年5月6日U75145投诉。此项CAPA在检查期间保持开启状态，尚未描述任何现有或潜在的不合格原因，也未明确纠正和防止该问题再次发生所需的任何措施。

这是在FDA 2017年警告信中出现过的重复缺陷。

FDA已审查你公司的回复，认为其不够充分。你公司表明，已启动一系列的CAPA，以解决检查期间发现的违规情况，且正在实施纠正措施。然而，你公司未能提供足够详细的信息，以确保采取的纠正措施可以解决此类违规情况，包括重大的、持续的CAPA违规情况。你公司应确认你公司的CAPA系统能够收集和分析信息，识别和调查现有和潜在的产品和质量问题，并采取适当、有效且全面的纠正和预防措施，以防止问题的再次发生，以作为对本警告信的回复。

5．未能按照21 CFR 820.198（c）要求，审查、评价和调查所有可能无法满足其规格要求的投诉，包括器械、标签或包装。

例如，检查期间，所审查的20份投诉中有9份表明，你公司既未调查器械可能无法满足其规格要求的缺陷，也未记录不调查的理由。

这是在FDA 2017年警告信中出现过的重复缺陷。

FDA已审查你公司的回复，认为其不够充分。你公司表明，已启动CAPA 1446，以解决持续投诉的缺陷。然而，你公司的回复未说明将如何解决这一持续的、系统性的缺陷。FDA还担心你公司的CAPA系统不够强大，无法确保上述CAPA可以纠正潜在的问题。

你公司应立即采取措施纠正本信函所述的违规行为。如若未能及时纠正这些违规行为，可能导致FDA在没有进一步通知的情况下启动监管措施。监管措施包括但不限于没收、禁令和民事罚款。此外，联邦机构会得知关于器械的警告信，以便在签订合同时考虑上述信息。此外，如果FDA确定你公司违反了质量体系法规，且这些违规行为与Ⅲ类器械的上市前批准申请有关联，则在纠正这些违规行为之前，将不会批准此类器械。同时，如果FDA确定你公司的器械不符合《法案》的要求，则不会批准出口证明（Certificates to Foreign Governments，CFG）的申请。更多有关被拒绝CFG的流程信息，见FDA网站。如你公司认为上述产品没有违反《法案》，请回复FDA说明原因并提供相关证明以供参考。

FDA要求你公司按以下时间表向本办公室提交一份由外部专家顾问出具的证明材料，证明根据器械质量体系法规（21 CFR 820）的要求，对你公司的制造和质量保证体系进行相关的审计。你公司还应提交一份顾问报告的副本，并由企业首席执行官证明顾问报告已审查，且你公司已开始或完成报告中要求的所有纠正措施。审计和纠正的初步认证、更新审计和纠正的后续认证（如有需要），应在以下日期之前提交至本办公室：

首次证明材料及相关材料，由顾问和企业提供 – 2020年8月7日。

后续证明材料 – 2021年8月7日和2022年8月7日。

请在收到本信函之日起15个工作日内将你公司为纠正上述违规行为所采取的具体步骤书面通知本办公室，并说明你公司计划如何防止此类违规行为或类似违规行为再次发生。包括你公司已经采取的纠正措施（必须解决系统问题）的文件材料。如果你公司计划采取的纠正措施将逐渐开展，请提供实施这些活动的时间表。如果无法在15个工作日内完成纠正，请说明延迟的原因以及完成这些活动的时间。你公司的回复应全面，并解决此警告信中所包括的所有违规行为。

最后，请注意本信函未完全包括你公司全部违规行为。你公司有责任遵守FDA所有适用的法律和法规。本信函和检查结束时签发的检查结果FDA 483表中记录的具体违规行为可能表明你公司制造和质量管理体系中存在严重问题。你公司应查明违规原因并及时采取纠正措施，确保产品合规。

第117封 给Denterprise International, Inc. 的警告信

生产质量管理规范/质量体系法规/医疗器械/伪劣

CMS # 586932

2019年10月9日

尊敬的B先生:

美国食品药品管理局（FDA）于2019年5月1日至2019年5月6日，对位于100 E.Granada Blvd.Ste.219, Ormond Beach, Florida的你公司的医疗器械进行了检查。检查期间，FDA检查员已确定你公司为FlashRay牙科X射线传感器、MobileX（T-100型）和牙科X射线系统的规范开发商和生产制造商。根据《联邦食品、药品和化妆品法案》(以下简称《法案》) 第201（h）节［21 U.S.C.§ 321（h）］，凡是用于诊断疾病或其他症状，对疾病有治愈、缓解、治疗或预防作用，或是可以影响人体结构或功能的器械，均为医疗器械。故你公司涉及检查的产品为医疗器械。

本次检查表明，这些医疗器械的生产、包装、储存或安装中使用的方法、设施或控制不符合21 CFR 820质量体系法规（以下简称QSR/21 CFR 820）的现行生产质量管理规范（以下简称cGMP）要求，根据《法案》第501（h）节［21 U.S.C.§ 351（h）］的规定，属于伪劣产品。

FDA于2019年6月3日收到你公司质量管理体系代表W.Lee Strong, Jr.的回复，对2019年5月6日发给你公司的FDA 483表（检查发现问题清单）做出了回复。FDA在下文就每一项记录的违规行为做出回复。这些违规行为包括但不限于以下内容:

1. 尽管未出现在FDA 483表上，但你公司未能按照21 CFR 820.30（a）的要求，建立设计控制程序。

具体为，你公司未建立和维护程序，控制FlashRay牙科X射线传感器器械的设计，以确保满足指定的设计要求。例如:

A. 未能按照21 CFR 820.30（c）的要求，建立设计输入程序，包括确保适宜的设计要求、满足器械预期用途（包括用户和患者的需求）的程序。

B. 未能按照21 CFR 820.30（d）的要求，建立设计输出程序，包括验收标准和器械正常运行所必需的设计输出的程序。

C. 未能按照21 CFR 820.30（e）的要求，建立设计审查程序。

D. 未能按照21 CFR 820.30（f）的要求，建立设计验证程序。

E. 未能按照21 CFR 820.30（g）的要求，建立包含风险分析的设计验证程序，以识别在正常和故障条件下，与器械设计相关的潜在风险。

F. 未能按照21 CFR 820.30（h）的要求，建立设计移交程序。

G. 未能按照21 CFR 820.30（i）的要求，建立设计变更程序。

H. 未能按照21 CFR 820.30的要求，建立并维护每类器械的设计历史文档（DHF）。

FlashRay牙科X射线传感器装置包括：①一个口内检测器，通过USB端口（（b）（4））连接到PC端；②图像管理软件包（（b）（4））。按照21 CFR 820.30的要求，Denterprise International 公司没有设计历史文档，用以证明器械设计是根据已批准的设计计划开发的。

FDA已于2018年8月8日和2018年7月12日的信函中告知Denterprise International公司这一缺陷。

FDA提供了一份名为“医疗器械制造商设计控制”的FDA指导文件，以帮助你公司进行纠正。FDA要求你公司回顾本文件和 21 CFR 820.30，并在你公司认为这些产品的设计控制完全符合程序要求时，提供一份与这些产品的设计控制相关的纠正总结。这些将作为下次审查的一部分，进行进一步检查。

2．未能按照21 CFR 820.50（b）要求，充分建立程序，以确保所有购买或以其他方式得到的产品和服务符合要求。

例如，你公司的供应商授权计划程序PROCPD-002第0.01版，用以确保对供应商符合质量要求的能力进行评估，尚未充分建立和维护。2018年4月4日，你公司收到了MobileX T-100型X射线诊断系统的上市前许可证，510（k），编号为Kl 80561。本器械由Remedi 公司设计制造。在FDA对你公司进行检查期间，你公司未能按照21 CFR 820.30的要求，向FDA检查员提供MobileX T-100型诊断X射线系统的设计历史文档。此外，你公司还未能根据评估结果，对供应商和其他途径接收到的产品和服务的控制类型和范围进行定义。

在FDA检查过程中，你公司的质量系统经理/产品经理承认，你公司没有执行当前供应商授权计划程序的要求，以对Remedi公司进行评估，Remedi公司是MobileX T-100型牙科X射线系统的设计和制造商。Denterprise International公司于2018年夏季开始，在美国销售MobileX T-100型牙科X射线系统。

FDA已经审查了你公司的回复，发现其不充分。你公司的回复中提及对供应商授权计划程序的修订，包括用于评估供应商的供应商特定标准。你公司未能提供证据证明，是否已实施了修订后的采购控制措施，包括对你公司现有供应商的评估。

先前在2018年3月7日至12日的FDA检查期间，以及在2018年8月8日的无标题信函中，就已向你公司列出此缺陷。

3．未能按照21 CFR 820.198（e）要求，在投诉记录中纳入所需信息。例如：

A．你公司的投诉记录没有纳入投诉类型，无足够的细节来充分支持你公司的调查结果和采取的应对措施。例如，你公司的投诉记录无法准确形容人员是否因器械故障而受到额外辐射。检查期间，经审查投诉记录，发现了形容额外辐射发生的器械故障。然而，这些并没有作为意外辐射发生（ARO）向FDA报告。

B．你公司的投诉记录并不总是记录投诉调查的日期和结果。例如，投诉记录审查了已查明的投诉，但并不总是记录调查的日期和细节。

FDA已经审查了你公司的回复，发现其不充分。根据你公司的回复，对每个投诉案件进行了审查和修订，用以改进记录和原因。你公司的回复声称，你公司已经修改了投诉（（b）（4））逻辑的程序，以评估字段“意外发生”和“其他发生次数”的一致性。你公司尚未对先前输入的投诉进行审查，以确保它们包含足够的细节，充分支持你公司的调查结果，这可能会影响你公司是否向FDA提交报告的决定。

这是FDA在2016年7月25日至29日与2018年3月7日至12日进行的检查中的重复缺陷，同时，在2018年8月8日的无标题信函中也曾提及。

4．未能按照21 CFR 820.22的要求，充分建立质量审核程序。

例如，你公司还未实施当前的内部审计政策和程序，PROC-QA-007，以确定你公司质量体系的有效性。检查期间，FDA检查员注意到，你公司没有按照你公司内部审计政策和程序要求的频率进行内部质量审计。该程序并不能确保你公司质量体系的所有领域均经审计。

FDA已经审查了你公司的回复，发现其不充分。你公司的回复称，QMS审计将于2019年7月31日前完成。此外，你公司修订了内部审计计划PROC-QA-007，包括QMS的审计目标。修订后的内部审计程序，不能确保对你公司质量体系的所有领域均进行审计，以保障其有效性。

这是FDA在2016年7月25日至29日与2018年3月7日至12日进行的检查中的重复缺陷，同时，在2018年8月8日的无标题信函中也曾提及。

5．未能按照21 CFR 820.80（a）的要求，充分建立并维护验收活动程序。

例如，你公司未充分定义、记录和实施MobileX，T-100型诊断X射线系统以及FlashRay、QuickRay和UniRay牙科X射线传感器的成品器械验收活动。

A．没有针对MobileX, T-100型诊断X射线系统的书面的成品器械验收测试程序。

B．验收测试-传感器程序（PROC-TS-004，Issue No.1.02）中所述的验收标准，未定义什么是“行或列损坏”。该程序用于验收和发行FlashRay、QuickRay和UniRay牙科X射线传感器。

FDA已经审查了你公司的回复，在未提供文件供审查的情况下，FDA无法确定其是否充分。FDA确认的更正包括：新PROC-TS-007验收测试-MobileX，每个单元需要填写相应的日志记录；修订后的PROC-TS-004验收测试传感器程序，解释了“行或列损坏”；修订后的PROC-SR验收程序，验证了标签。如果没有提供文件以供审核，FDA将无法确定你公司纠正措施的执行情况。FDA必须进行后续检查，以验证其合规性。

这是FDA在2016年7月25日至29日与2018年3月7日至12日进行的检查中的重复缺陷，同时，在2018年8月8日的无标题信函中也曾提及。

6．未能按照21 CFR 820.184（e）的要求，建立和维护器械历史记录的程序。

例如，你公司没有书面程序来维护保存器械历史记录，这些记录涵盖了工厂生产的每个MobileX, T-100型X射线牙科系统。包括包装记录文件和标签记录文件的维护，这些记录涵盖了每个器械的主要标签、使用说明和标签、包装使用情况。

FDA已经审查你公司的回复，在未提供文件供审查的情况下，认为不够充分。FDA确认的更正包括：新PROC-TS-007验收测试-MobileX程序；提交供应商实施的标签变更；修订后的PROC-QA-002文件控制，在USB卡上描述用户手册的版本控制；修订后的PROC-SR-007产品包装，说明每个单元发送的USB卡记录。如果没有提供文件以供审核，FDA将无法确定你公司纠正措施的执行情况。此外，还有一些措施仍在进行中，或尚未提供最新的回复，FDA必须进行后续检查，以核实遵守情况。

这是FDA在2016年7月25日至29日与2018年3月7日至12日进行的检查中的重复缺陷，同时，在2018年8月8日的无标题信函中也曾提及。

你公司应立即采取措施纠正本信函所述的违规行为。如若未能及时纠正这些违规行为，可能导致FDA在没有进一步通知的情况下启动监管措施。监管措施包括但不限于没收、禁令和民事罚款。此外，联邦机构会得知关于器械的警告信，以便在签订合同时考虑上述信息。而且，在违规行为未得到纠正之前，将不予批准与质量体系监管违规行为合理相关的Ⅲ类器械上市前批准申请。在与主题器械有关的违规行为未得到纠正之前，不得向外国政府提出申请证明。

FDA的检查还发现21 CFR第1章第J分章“放射健康”项下的缺陷。重大偏差包括但不限于以下内容：

涉及产品引进或引入商业时，未能按照21 CFR 1002.20（a）的要求，将报告至你公司或通过其他方式知悉的意外辐射事件立即报告至CDRH, FDA主任。特别是：

A．你公司编号00010291的投诉记录，于2018年9月18日开放，据投诉人声称，使用QuickRay HD牙科X射线传感器导致程序停止运行且未保存数据，同时列出了16次已确认的意外辐射发生事件，其中12例患者与此声称问题相关，但你公司未向该机构报告有关此意外辐射发生的信息。

B．你公司编号000099的投诉记录，于2018年6月18日开放，据投诉人声称，使用QuickRay HD牙科X射线传感器导致捕捉的图像模糊，同时表明有4个已确认的意外辐射发生事件与此声称问题相关，但你公司未向该机构报告有关此意外辐射发生的信息。

C．你公司编号00010369的投诉记录，已于2018年10月18日开放，据投诉人声称，使用QuickRay HD牙科X射线传感器导致捕捉白色图像，同时表明有2个已确认的意外辐射发生事件与此声称问题相关，但你公司未向该机构报告有关此意外辐射发生（ARO）的信息。

FDA审查了你公司2019年5月29日的回复，认为其不充分。你公司的回复声称，上述“A”项下的投诉符合你公司对每例患者10次接触的最低报告要求，并且你公司已为其提交了FDA 3649表。你公司表明，已修订ARO报告程序，包括每周审查口头投诉，并审查口头投诉的流程，以解释ARO的条件和报告时间。你公司表明，已经提高了潜在伤害性接触的阈值，确定人员审查每一项投诉，并在发生30天内完成ARO报告。**但是，根据21 CFR 1002.20的规定，你公司必须将报告至你公司或通过其他方式知悉所有的意外辐射事件报**

告，包括因制造、测试或使用你公司引入或打算引入商业的任何产品。请你公司确保对所有意外辐射事件进行回顾性审查，并按照规定报告ARO。

请在收到本信函之日起15个工作日内将你公司为纠正上述违规行为所采取的具体步骤书面通知本办公室，并说明你公司计划如何防止此类违规行为或类似违规行为再次发生。包括你公司已经采取的纠正措施（必须解决系统问题）的文件材料。如果你公司计划采取的纠正措施将逐渐开展，请提供实施这些活动的时间表。如果无法在15个工作日内完成纠正，请说明延迟的原因以及完成这些活动的时间。你公司的回复应全面，并解决此警告信中所包括的所有违规行为。

最后，请注意本信函未完全包括你公司全部违规行为。你公司有责任遵守FDA所有的法律和法规。本信函和检查结束时签发的检查结果FDA 483表中记录的具体违规行为可能表明你公司制造和质量管理体系中存在严重问题。你公司应查明违规原因并及时采取纠正措施，确保产品合规。

第118封 给Won Industry Co. Ltd.的警告信

生产质量管理规范/质量体系法规/医疗器械/伪劣

CMS # 582071

2019年8月29日

尊敬的Y先生：

美国食品药品管理局（FDA）于2019年4月8日至2019年4月11日，对位于韩国Siheung-si的你公司进行检查，确定你公司为Morning Life肢体压力治疗仪的制造商。根据《联邦食品、药品和化妆品法案》（以下简称《法案》）第201（h）节［21 U.S.C.§ 321（h）］，凡是用于诊断疾病或其他症状，对疾病有治愈、缓解、治疗或预防作用，或是可以影响人体结构或功能的器械，均为医疗器械。故你公司涉及检查的产品为医疗器械。

本次检查为2015年10月12日至2015年10月15日进行的检查的后续行动，结果表明，这些医疗器械的生产、包装、储存或安装中使用的方法、设施或控制不符合21 CFR 820质量体系法规（以下简称QSR/21 CFR 820）的现行生产质量管理规范（以下简称cGMP）要求，根据《法案》第501（h）节［21 U.S.C.§ 351（h）］的规定，属于伪劣产品。

FDA检查员将观察记录标注于FDA 483表（检查发现问题清单）中，并发送至你公司。FDA已于2019年5月16日收到你公司海外业务部代表Min Seo的回复。针对每一条标注的不符合项，FDA将回复一一对应地列在下方。这些违规行为包括但不限于以下内容：

1．未能按照21 CFR 820.100（a）要求，建立并维护充分的纠正和预防措施的相关程序。

你公司未在纠正和预防措施（CAPA）程序、设计验证程序、医疗器械报告程序、投诉处理程序、器械历史记录程序和其他质量体系中调查所有缺陷的根本原因，这些缺陷在2015年10月15日向你公司管理层发布的FDA 483表中有所提及。

并非对所有的发行产品、投诉、CAPA、其他潜在的受质量系统缺陷影响的质量系统问题都进行了分析，以确定不合格产品现有的和潜在的原因，或其他质量问题。例如，（b）（4），你公司的CAPA程序，包括第三方机构鉴定的纠正措施数据源的不符合项。然而，你公司尚未调查先前FDA 483表中确定的所有缺陷和不合格项。

此外，你公司尚未对2017年3月20日的CAPA和2017年3月21日的CAPA进行验证或确认，该验证或确认是为禁止无效510（k）的Ⅱ类医疗器械在美国进行分销而开展的。

此缺陷为之前检查出现的重复缺陷。

FDA已审查你公司的回复，认为不够充分。你公司声称，为符合FDA对CAPA的要求，你公司修订了指南，并提供了一份修订后的CAPA报告，包括以下输入和评估部分：检测到不合格、初始NC_CA、原因、风险评估、纠正措施、验证确认结果、实施、实施后报告。你公司还提供了CAPA报告，以解决本次检查中发现的问题，还提供了一份2015年10月检查中，对观察1A 的CAPA报告，其中包括针对特定CAPA进行的验证与确认的信息。但是，你公司没有提供证据证明你公司对2015年检查中发现的所有缺陷进行了调查、验证或确认，确保采取的措施有效。此外，你公司未提出任何计划，对先前检查的每个观察结果相关的其他潜在不合格项进行回顾性分析。

2．未能按照21 CFR 820.198（a）的要求充分建立并维护规程，以由正式指定单位接收、审查和评价投诉。

例如，根据 21 CFR 803，你公司的投诉处理程序，（b）（4），不要求评估医疗器械报告的投诉。此外，（b）（4）不要求在投诉调查记录中记录唯一的器械编号或投诉人的电话号码和地址。

此缺陷为之前检查出现的重复缺陷。

FDA已审查你公司的回复，认为其不够充分。你公司对（b）（4）进行了修订，内有一份声明，声称销售经理将使用（b）（4）进行核对，以确定是否需要向FDA报告投诉。然而，你公司没有在投诉调查记录中涵盖所需信息的说明。此外，你公司未提及任何计划，对其他投诉进行回顾性分析，以确定是否存在其他投诉未得到适当审查的情况，以评估医疗器械报告（MDR）的可报告性。

3．未能按照 21 CFR 820.184的要求，充分建立和维护程序，以确保记录每批、每组或每台器械的器械历史记录（DHR），证明器械是根据器械主记录（DMR）和本部分的要求制造的。

例如，你公司声明无书面的DHR程序。此外，在对（b）（4）和（b）（4）型Morning Life肢体压力治疗仪的DHR进行审查后，发现你公司无成品器械的主要标识标签或医疗器械唯一标识（UDI）。

此缺陷是之前检查出现的重复缺陷。

FDA已审查你公司的回复，认为其不够充分。你公司对文件（b）（4）记录管理进行了修订，将保留主要识别标签和成品器械UDI，作为DMR的一部分；但是，未提供完整的程序以供审查。此外，你公司未提及对其他DHR进行回顾性分析的计划，以确定是否存在其他DHR没有得到妥善维护的情况。

FDA的检查还发现，根据《法案》第502（t）（2）部分［21 U.S.C.§ 352（t）（2）］的规定，你公司的Morning Life肢体压力治疗仪出现虚假标记的情况，根据《法案》第519部分（21 U.S.C.§ 360i），和 21 CFR 803的要求，你公司未能或拒绝提供所需器械的相关材料或资料信息。对于重大违规行为，未能按照21 CFR 803.17要求，制定、维护和实施书面医疗器械报告（MDR）。例如，你公司没有及时建立有效识别、沟通和评估可报告事件的程序；没有及时向FDA发送医疗器械报告；没有建立符合适用文件和记录保存要求的程序。

此观察为上次检查的重复观察。

FDA已审查你公司的回复，认为其不够充分。你公司表示，你公司修订了文件（b）（4），监测系统（b）（4），以涵盖FDA的MDR要求；但是，未提供完整的程序以供审查。此外，FDA在审查了所提供的资料后，注意到以下问题：

1）根据21 CFR 803的规定，你公司对可报告的事件没有定义。排除 21 CFR 803.3 中“意识到”“引起或促成”“故障”和“严重伤害”等术语的定义，以及21 CFR 803.20（c）（1）中“合理建议”的定义，按照21 CFR 803.50（a）的规定，在评估可能符合报告标准的投诉时，可能会致使你公司作出不正确的报告决定。

2）（b）（4），监测系统（b）（4），没有建立内部系统，以及时传送完整的医疗器械报告。具体为，你公司必须提交30天的初始报告、补充报告和后续报告以及5天报告，此类报告的要求没有得到解决。

3）（b）（4），监测系统（b）（4），未说明你公司将如何满足文件和记录的保存要求，包括：

a．不良事件相关信息的记录作为MDR事件文件保存。

b．确保获得信息系统，便于FDA及时跟进和检查。

请注意（b）（4），监测系统（b）（4），没有提及MDR 电子格式的提交。从2015年8月14日起，MDR应以电子格式提交给FDA，便于FDA进行处理、审查和存档。除非在特殊情况下FDA指示，FDA不接受书面格式提交。你公司应根据2014年2月14日发布在《联邦纪事》（Federal Register）上的电子医疗器械报告（eMDR）最终规则，对MDR程序进行相应的调整，包括以电子方式提交MDR的流程。此外，你公司需要建立一个eMDR账户，以便以电子方式提交MDR。有关eMDR最终规则和eMDR设置过程的信息，请访问FDA网站：url。

鉴于违反《法案》的严重性，根据《法案》第801（a）部分［21 U.S.C.§ 381（a）］的规定，你公司生产的Morning Life肢体压力治疗仪器械可能会被拒绝，因为其涉嫌“掺假”。因此，未能纠正这些违规行为的，FDA将采取管制措施，拒绝这些器械进入美国，亦称为“未经检查，不得放行”。由于2016年12月16日向你公司发出的警告信中所述的违规行为，你公司被列入第89-08号进口警报“未经PMA或IDE批准的器械，无实质等效性或无510（k）的其他器械，未经检查，不得放行”。由于FDA 2019年对你公司的检查导致重复观察，你公司被列入第89-04号进口警报“不满足器械质量体系要求的公司的器械，未经检查，不得放行”。为解除对器械的扣押，你公司应按下述方式对本警告信做出书面回复，并纠正本信函中描述的违规行为。FDA将通知有关你公司的回复是否充分，以及是否需要重新检查你公司的器械，以核实是否采取适当的纠正措施。

此外，联邦机构会得知关于器械的警告信，以便在签订合同时考虑上述信息。此外，与质量体系法规偏离合理相关的Ⅲ类器械的上市前批准申请将在纠正违规行为后获得批准。

请在收到本信函之日起15个工作日内将你公司为纠正上述违规行为所采取的具体步骤书面通知本办公室，并说明你公司计划如何防止此类违规行为或类似违规行为再次发生。包括你公司已经采取的纠正措施（必须解决系统问题）的文件材料。如果你公司计划采取的纠正措施将逐渐开展，请提供实施这些活动的时间表。如果无法在15个工作日内完成纠正，请说明延迟的原因以及完成这些活动的时间。你公司的回复应全面，并解决此警告信中所包括的所有违规行为。

最后，请注意本信函未完全包括你公司全部违规行为。你公司有责任遵守FDA所有的法律和法规。本信函和检查结束时签发的检查结果FDA 483表中记录的具体违规行为可能表明你公司制造和质量管理体系中存在严重问题。你公司应查明违规原因并及时采取纠正措施，确保产品合规。

第119封　给TALON, an S & S Technology Company的警告信

生产质量管理规范/质量体系法规/医疗器械/伪劣

CMS # 580417

2019年8月2日

尊敬的S博士：

美国食品药品管理局（FDA）于2019年3月11日至28日，对位于Houston, TX的TALON（一家S&S的科技公司）的医疗器械进行了检查。检查期间，FDA检查员确定你公司是一家医疗器械制造商，提供各类Ⅰ类和Ⅱ类医疗器械、医疗保健用品以及用于普通外科和整形外科手术的辐射产品。根据《联邦食品、药品和化妆品法案》（以下简称《法案》）第201（h）节［21 U.S.C.§ 321（h）］，凡是用于诊断疾病或其他症状，对疾病有治愈、缓解、治疗或预防作用，或是可以影响人体结构或功能的器械，均为医疗器械。故你公司涉及检查的产品为医疗器械。

本次检查表明，这些医疗器械的生产、包装、储存或安装中使用的方法、设施或控制不符合21 CFR 820质量体系法规（以下简称QSR/21 CFR 820）的现行生产质量管理规范（以下简称cGMP）要求，根据《法案》第501（h）节［21 U.S.C.§ 351（h）］的规定，属于伪劣产品。

FDA于2019年4月24日收到了你公司质量保证经理的回复，对2019年3月28日发给你公司的FDA 483表（检查发现问题清单）做出了回复。针对你公司的回复，FDA将回复一一对应地列在下方。这些违规行为包括但不限于以下内容：

1．未能按照21 CFR 820.100（b）的要求，记录纠正和预防措施的行动和/或结果。

在检查期间，FDA观察到你公司的纠正和预防措施（CAPA）报告未能提供书面证据，证明在结束CAPA之前已验证和/或实施了纠正措施。例如：

a．在CAPA（b）（4）（dtd.11.21.17）中发现未提供内部审计证据，以证明你公司使用了审计原则。无适当的重新审核计划或审核时间表可以证明审核计划和审核效果的有效性。在制定纠正措施之前，CAPA已于2018年2月23日结束。

b．在CAPA（b）（4）（dtd.11.21.17）中发现未进行风险分析。你公司建议的纠正措施是对包括FMEA的风险分析（针对工程项目（b）（4））进行全面审查，并对员工进行相关程序的培训，例如：测量、分析和改进（SS-001-002）；风险管理过程（SS-004-003）；风险管理计划（SS-009-008）。在2018年2月23日结束CAPA之前，未提供任何文件来证明你公司已完成工程项目、已评估风险分析或已创建FMEA。

c．在CAPA（b）（4）（dtd.11.21.17）中发现，未能为当前职位创建员工职责说明。你公司建议的纠正措施是更新所有员工的员工职责说明。FDA检查员要求审查质量保证经理、装配主管、质量技术员、电气/机械装配工和库存主管的员工职责说明。CAPA指出，所有职位描述均已更新，以反映其当前职能。但是，在提交新表格之前，CAPA已于2018年2月15日结束，且未经你公司质量经理验证为关闭。

FDA审核了你公司的回复，认为此回复不充分。你公司的回复表明，为符合21 CFR 820.100的要求，你公司正在进行CAPA系统的重新开发。正在进行新程序、新CAPA表和新数据库的修订，作为你公司重新开发的一部分，于2019年8月完成。目前尚未明确你公司是否对观察结果进行了审查，以确定CAPA示例和回顾性审查是否在缺乏验证和/或证实CAPA的情况下进行，以确保此类措施有效，且不会对成品器械造成不利

影响。针对本警告信的回复，你公司应提供证明文件的示例，以证明你公司的更正措施是否充分。

2．未能按照21 CFR 820.30（i）的要求，建立设计变更程序。例如：

a．你公司尚未建立设计变更程序，在实施变更前，提供鉴定、记录、确认或在适当情况下进行验证、审查和设计变更批准。在验证可实施前，设计变更已经得到批准、实施和发布。

b．没有文件可以证明Ⅱ类VAC-FIX系统（b）（4）的设计变更在实施前经过测试和验证。（b）（4）验证你公司（b）（4）的器械最终验收测试发行标准，通过或未通过。此外，设计变更还明确了，在Ⅱ类VAC-FIX系统的运输箱中，增加内部衬垫，以尽量减少运输过程中的损坏。对Ⅱ类VAC-FIX系统的（b）（4）也进行了设计变更，且在变更得到验证之前实施。对ECN #的（b）（4）进行了审查，发现这些设计变更在实施前，未经过验证。

FDA审核了你公司的回复，认为此回复不充分。你公司表示，根据21 CFR 820.30的要求，你公司的ECN流程是无效的。为符合此部分要求，所有的设计和开发程序都将重新编制，将于2019年8月前完成。目前尚未明确是否对上述设计变更进行了审查，以判断其是否经过了适当验证。你公司的回复中并未提及将建立设计变更程序，以提供验证和/或证明设计变更的具体说明。针对本警告信的回复，你公司应提供证明文件的示例，以证明你公司的更正措施是否充分。

3．未能按照21 CFR 820.90（a）的要求，充分建立程序，以控制不符合规格要求的产品。

检查期间，FDA观察到你公司的不合格品程序控制（SOP#SS-013）未记录你公司将评估不合格品，并确定调查。评估和任何调查均应记录在案。例如：

a．NCMR#（b）（4）是在Ⅱ类VAC-FIX系统（WO #（b）（4），2019年2月6日）的组装过程中发行的。（b）（4）组件（（b）（4））中的2个无效，因此报废。尚未对调查作出决定，处理决定于2019年3月5日完成。

b．NCMR#（b）（4）是在Ⅱ类VAC-FIX系统（WO #（b）（4），2018年7月19日）的组装过程中发行的。（b）（4）组件（（b）（4））从库存中提取无效，因此报废。尚未对调查作出决定，处理决定于2019年1月10日完成。

c．NCMR#（b）（4）是在Ⅱ类VAC-FIX系统（WO #（b）（4），2017年12月26日）的组装过程中发行的。（b）（4）个（b）（4）组件（（b）（4））中的1个无效，因此报废。尚未对调查作出决定。处置于2019年1月10日完成。NCM表格显示其需要一个CAR，但没有证据证明其已启动。

FDA审核了你公司的回复，并认为此回复不充分。你公司的回复表明，根据21 CFR 820.90的要求，你公司的不合格品系统是无效的。为符合此部分要求，不合格品系统正在重新开发。你公司回复称，正在进行新程序、新合格品规定以及新数据库的修订，作为重新开发的一部分，将于2019年8月完成。目前尚未明确你公司是否参照了NCMR，以及是否进行了回顾性审查，以确定不合格产品是否需要调查和处理。针对本警告信的回复，你公司应提供证明文件的示例，以证明你公司的更正措施是否充分。

这是针对FDA先前在2011年3月15日至23日间进行的检查的重复观察。

4．未能按照21 CFR 820.184的要求，充分维护器械历史记录。例如：

a．你公司未对Ⅱ类VAC-FIX系统的批次记录进行维护。你公司质量保证经理表示，无器械历史记录，也未记录VF-PUMP适用子组件的批号/批次号。因此，制造部门和质量保证部门需要为该装置分配一个序列号，该序列号可追溯到工单。销售订单和发货日期可追溯至公司的（b）（4）数据库中。

b．自上次检查以来，大约已经制造出（b）（4）Ⅱ类VAC-FIX系统，每个在售和分销的器械，大约都没有UDI编号。无文件证明你公司可以控制Ⅱ类医疗器械的生产历史。

FDA审核了你公司的回复，并认为此回复不充分。你公司的回复表明，你公司的DHR要求存在程序系统故障。根据21 CFR 820.184对Ⅱ类医疗器械的要求，你公司计划重新编制和设计程序，作为纠正措施的一部分。你公司的回复称，正在制定工作指令，建立定义器械历史记录文件的程序，并承诺于2019年8月前更正此问题。尚未明确，自上次检查以来，已经采取了哪些措施来解决（b）（4）VAC-FIX器械没有制造历史记录的问题。针对本警告信的回复，你公司应提供证明文件的示例，以证明你公司的更正措施是否充分。

5．未能按照21 CFR 820.80（b）的要求，记录产品验收的通过或未通过。

检查期间，FDA观察到一些示例，验收部件中有“%”前缀的部件，表示需通知验收部门的质量控制提醒，必须进行目视检查或尺寸检查。例如：

a．（b）（4）2019年2月20日收到了 radio cassette bins部件（部件编号#08-AMI028-1 GY），但未能保存所收到部件的技术图纸，证明其测量数据符合规格要求。你公司没有部件的规格要求，也没有来料检测的标准。

b．（b）（4）2018年6月6日，收到了LEXAN CVR LBC DRWR 的部件（部件编号 #LBC-28），但没有书面文件证明，你公司MRP系统中所有的部件样品（根据（b）（4）的接收质量限）的测量数据均符合LBC-28图纸的规格要求。

FDA审核了你公司的回复，认为此回复不充分。你公司回复表明，你公司接收、生产和成品器械的验收过程和适用程序需要释义。为符合21 CFR 820.80的要求，正在重新编制接收检查的适用程序，作为重新编制质量管理系统的一部分。你公司承诺在2019年8月前纠正这一观察结果。FDA无法明确，你公司是否对观察中已确认的示例进行了处理，以及当前的接收验收措施是否与FDA 483表中所列的缺陷相似。针对本警告信的回复，你公司应提供证明文件的示例，以证明你公司的更正措施是否充分。

这是针对FDA先前在2011年3月15日至23日间进行的检查的重复观察。

6．未能按照21 CFR 820.200（a）的要求，建立程序或指令，执行维护措施，并验证该维护符合规定要求。例如：

a．你公司尚未建立维护程序。检查发现，你公司的维护记录未能证明使用Ⅱ类VAC-Fix系统（VF-Pump）的质量检查标准（QIC）表格，在维修器械放行前，记录其是否符合内部和最终验收测试标准。

b．与Ⅱ类VAC-FIX系统相关的维护报告是无效的，在发生故障或造成泵和保险丝故障时，并未使用QIC表格来确定器械是否仍然符合当前的设计规范，且不影响器械性能。你公司表示，在产品发回给客户前，需明确维护维修符合发布标准，但该文档尚未完成。对RMA #的（b）（4）进行审查，包括维护问题及其QIC表格。

FDA审核了你公司的回复，并认为此回复不充分。你公司的回复表明，维护措施正在执行中，但尚不能明确其是否适宜，以及是否得到有效实施。为满足21 CFR 820.200的要求，正在重新编制维护过程。你公司回复称，正在进行新程序、新服务表格和新数据库的开发，作为重新开发的一部分，将于2019年8月完成。FDA无法明确你公司是否已解决了观察中已确定的示例，以及你公司当前是否正在使用QIC表格和维护报告，用以记录经维护后的产品在放行之前，是否符合内部和最终验收测试标准。针对本警告信的回复，你公司应提供证明文件的示例，以证明你公司的更正措施是否充分。

7．未能按照21 CFR 820.50（a）（3）的要求，充分建立供应商、承包商和顾问的验收记录。例如：

- FDA对你公司关键组件的供应商（用于Ⅱ类VAC-FJX系统）进行了审查，结果显示，供应商没有按照你公司的指定要求和规格，对组件进行评估，也没有根据你公司提供的产品或服务的类型和性质对其进行监测。自1990年以来，你公司产品关键组件（继电器、泵和接线）的供应商（b）（4）一直在提供产品和/或服务。无任何书面材料表明，你公司按照采购程序（SOP#SS-006），对所有新的或现有的供应商（b）（4）进行了监测。

FDA审核了你公司的回复，认为此回复不充分。你公司回复称，正在对供应商进行评估，但其有效性有所降低。你公司回复称，为符合21 CFR 820.50的要求，所有采购控制程序均已重新编制。

你公司回复称，正在进行新程序、新批准的供应商清单表格、新供应商调查表格和新供应商批准数据库的制定。这并不能说明，你公司已承诺在目标到期日之前纠正此缺陷。FDA无法明确你公司是否已解决观察中已确定的示例。针对本警告信的回复，你公司应提供证明文件的示例，以证明你公司的更正措施是否充分。

8．未能按照21 CFR 820.20（c）的要求，让具有执行责任的管理层按照规定的间隔和足够的频率，评审

质量体系的适宜性和有效性。例如：

- 在检查期间，质量保证经理Clifton Wall表示，最近一次的管理审查会议是在2015年召开的。然而，2011年、2012年、2013年、2014年、2016年、2017年和2018年均没有召开过管理审查会议。

FDA审核了你公司的回复，认为此回复不充分。你公司回复称，正在进行管理审查，但是效率降低，且需求定义不明确。为符合满足21 CFR 820.20的要求，正在重新编制管理审查会议程序（SS-001-001）。你公司回复称，正在进行新程序、新管理评审标准和结果表格以及新管理评审输出表格的制定。你公司承诺在2019年8月前纠正这一缺陷。FDA无法明确，你公司是否已经开展或计划在规定的时间间隔内召开管理评审会议，以保障质量体系的适宜性和有效性，确保质量体系满足本部分的要求。针对本警告信的回复，你公司应提供证明文件的示例，以证明你公司的更正措施是否充分。

这是FDA先前于2011年3月15日至23日间进行的检查的重复观察。

9．未能按照21 CFR 820.22的要求，以规定的时间间隔和足够的频率进行质量审核，以判断质量体系的措施和结果是否符合质量体系程序。例如：

a．在检查期间，质量保证经理Clifton Wall表示，仅在（b）（4）中进行了内部审计。自上次检查以来，你公司未在2011年、2013年、2014年、2015年和2018年进行内部审计。你公司没有按照内部审计程序（SS-017）的要求，制定待审查（b）（4）的项目（b）（4）的内部审计时间表或计划。FDA检查员发现，文件程序和公司当前的审计实践之间的差异。该程序显示，已创建审核计划和时间表（b）（4），但是无证据表明，该审核计划是2003年以来就已创建的。

b．在CAPA（b）（4）（dtd.11121117）中发现，未有证据证明ISO的审核结果采用了审计原则。无适当的审核计划或时间表可以证明审核计划和执行的有效性。

FDA审核了你公司的回复，认为此回复不充分。你公司回复称，正在执行质量审核，但效率降低，且要求定义不清。为满足21 CFR 820.22的要求，正在重新编制你公司的内部审计程序。你公司回复称，正在进行新程序、新内部审核计划和审核清单的开发。你公司承诺在2019年8月前纠正这一观察结果。FDA无法明确，你公司是否已执行或计划执行内部审核，确保你公司的质量体系符合要求。针对本警告信的回复，你公司应提供证明文件的示例，以证明你公司的更正措施是否充分。

这是针对FDA先前在2011年3月15日至23日间进行的检查的重复观察。

10．未能按照21 CFR 820.25（b）的要求，充分建立培训程序，确定培训需求。例如：

a．FDA研究人员审查了你公司制造Ⅱ类VAC-FIX系统的组装主管、库存主管、质量技术员和电气/机械装配员的培训记录。根据你公司的培训程序（SS-018），应按照管理层制定的时间间隔，进行复习培训，保证工作能力。该培训记录在SS-018-002表格中。审查你公司的员工培训记录后发现，你公司未完成（b）（4）复习培训，且培训程序与当前的实践不匹配。

b．你公司的（b）（4）设备培训程序（日期：2016年6月11日），指出已获取资格并被授权执行（b）（4）测试的人员，必须每（b）（4）重新获取资格。无书面证据证明，培训电气/机械装配工的质量技术员，每（b）（4）都接受过（b）（4）测试的培训。

FDA审核了你公司的回复，认为此回复不充分。你公司回复称，正在进行培训中，但由于要求不明确，其有效性降低。为符合21 CFR 820.25的要求，你公司正在重新编制HR程序。你公司回复称，正在进行新程序、培训表、新员工核对表和绩效审查表的制定。你公司承诺在2019年8月前纠正这一观察结果。FDA无法明确，是否对有资格并被授权执行（b）（4）测试的人员进行了再培训。针对本警告信的回复，你公司应提供证明文件的示例，以证明你公司的更正措施是否充分。

这是针对FDA先前在2011年3月15日至23日间进行的检查的重复观察。

11．未能按照21 CFR 820.40（b）的要求，充分维护文件的变更记录。例如：

a．下表显示了质量体系程序的当前在线修订版以及最新审批（签名）的修订版，但未匹配日期。你公司表示，当前带日期限制的版本，仅可在线使用。

程序	文件编号	在线版本	最新审批的版本
质量控制	SS-002	2015年10月15日	2015年6月12日
器械主记录	SS-004-004	2016年6月21日	2010年6月19日
文件控制	SS-005	2016年6月21日	2015年8月31日
工程变更控制	SS-005-004	2016年6月21日	2006年7月12日
器械历史记录	SS-005-008	2017年6月2日	2016年6月21日

此外，由于文件修改，下列质量体系程序没有得到充分维护：

b．文件控制程序（SS-005）指出，修订文件将按字母数字标识（例如，ABC1234）。但是，你公司仅记录了审批程序中的审查日期和修改日期。

c．根据你公司的培训程序（SS-018）的要求，使用培训计划表代替培训评估表。

d．质量检验标准（QIC）表格，用于VAC-FIX最终验收测试表，在线显示的是当前版本，而非生产（装配）时所使用的版本。

FDA审核了你公司的回复，认为此回复不充分。你公司回复称，正在进行文档控制程序，但是效率降低，且要求定义不明确。为满足21 CFR 820.40的要求，正在重新编制文件控制程序。你公司正在进行几种程序和表格的制定。且承诺在2019年8月之前更正此问题。针对本警告信的回复，你公司应提供证明文件的示例，以证明你公司的更正措施是否充分。

医疗器械清单

此外，FDA检查员还发现，你公司制造软件控制的药品柜和小推车，用于安全便捷地获取药品和医疗用品，占你公司业务的（b）（4）%。按照21 CFR 868.6100-产品代码BRY的要求，对你公司Talon Med.Key和Med.Key Lite的软件文献进行审查，发现 Med.Key Lite可在Anesthesia Carts上使用，属于Ⅰ类豁免器械。基于此信息，你公司应根据相应的法规注册并列出此软件。

根据《法案》第510部分（21 U.S.C.§ 360）要求，医疗器械制造商必须每年向FDA注册。2007年9月，《法案》第510部分由2007年食品药品管理局修正案（P.L.110-85）进行了修订，要求国内外器械企业，在每年10月1日至12月31日期间，通过电子方式向FDA提交其年度企业注册和器械清单信息［《法案》第510（p）部分，（21 U.S.C.§ 360（p））］。FDA的记录表明，你公司不满足MedKey Lite软件2019财年的年度器械清单要求。

此外，在你公司的软件文献中称，MedKey Lite的优点之一，是该软件已获得FDA批准。在审查了FDA的注册和清单数据库以及售前通知510（k）数据库后，FDA无法查找到任何与该产品相关的上市前提交资料。如果该器械不受上市前通知的限制，FDA无法找到任何信息证明，你公司已通过代理公司将Med KeyLite软件列入清单。因此，FDA不同意制造商在公司网站和/或产品文献上宣传FDA的批准声明，除非其能够提供获得此批准的证明材料。

需要进行后续检查，以明确纠正和/或调整措施是否充分。

你公司应立即采取措施纠正本信函所述的违规行为。如若未能及时纠正这些违规行为，可能导致FDA在没有进一步通知的情况下启动监管措施。监管措施包括但不限于没收、禁令和民事罚款。此外，联邦机构会得知关于器械的警告信，以便在签订合同时考虑上述信息。而且，在违规行为未得到纠正之前，将不予批准与质量体系监管违规行为合理相关的Ⅲ类器械上市前批准申请。在与主题器械有关的违规行为未得到纠正之前，不得向外国政府提出申请证明书。

请在收到本信函之日起15个工作日内将你公司为纠正上述违规行为所采取的具体步骤书面通知本办公室，并说明你公司计划如何防止此类违规行为或类似违规行为再次发生。包括你公司已经采取的纠正措施（必须解决系统问题）的文件材料。如果你公司计划采取的纠正措施将逐渐开展，请提供实施这些活动的时间表。如果无法在15个工作日内完成纠正，请说明延迟的原因以及完成这些活动的时间。你公司的回复应全

面，并解决此警告信中所包括的所有违规行为。

最后，请注意本信函未完全包括你公司全部违规行为。你公司有责任遵守FDA所有的法律和法规。本信函和检查结束时签发的检查结果FDA 483表中记录的具体违规行为可能表明你公司制造和质量管理体系中存在严重问题。你公司应查明违规原因并及时采取纠正措施，确保产品合规。

第120封　给Clinicon Corp.的警告信

生产质量管理规范/质量体系法规/医疗器械/伪劣

CMS # 582801

2019年6月20日

尊敬的B先生：

美国食品药品管理局（FDA）于2019年4月3日至4日，在3025 Industry St., Ste.A对你公司的医疗器械进行了检查。检查期间，FDA检查员已确定你公司是SureProbe Ⅱ类一次性使用无菌激光辅助探针（以下简称SureProbe器械）的制造商（规范制定者），该器械的市场目标是“提供CO_2激光能量，用于软组织的切割、切除、汽化、消融、凝固或烧灼…”。你公司的网站销售这些探针，用于ENT、“Neuro”和脊柱手术。根据《联邦食品、药品和化妆品法案》（以下简称《法案》）第201（h）节［21 U.S.C.§ 321（h）］，凡是用于诊断疾病或其他症状，对疾病有治愈、缓解、治疗或预防作用，或是可以影响人体结构或功能的器械，均为医疗器械。故你公司涉及检查的产品为医疗器械。

本次检查表明，这些医疗器械的生产、包装、储存或安装中使用的方法、设施或控制不符合21 CFR 820质量体系法规（以下简称QSR/21 CFR 820）的现行生产质量管理规范（以下简称cGMP）要求，根据《法案》第501（h）节［21 U.S.C.§ 351（h）］的规定，属于伪劣产品。

FDA于2019年4月12日收到你公司的回复，对2019年4月4日发给你公司的FDA 483表（检查发现问题清单）做出了回复。你公司回复称，机构可能会在90天内再次回复，且未提供其他信息或纠正的证明文件。无客观证据来验证纠正措施，你公司的回复是不充分的。根据21 CFR 820.3（k）的要求，FDA将“建立”定义为“（书面或电子形式）定义、记录和实施”，以供你公司参考。这些违规行为包括但不限于以下内容：

1．按照21 CFR 820.75（a）的要求，你公司的过程验证措施和结果未得到充分记录和充分批准。

在FDA检查期间，你公司未提供有关SureProbe器械包装过程的确认文档。此外，你公司称自2015年以来，未对（b）（4）灭菌过程进行任何重新验证或重新评估。

SureProbe器械的初始（b）（4）验证是由你公司的合同灭菌商于2015年5月进行的。根据（b）（4）的要求进行验证。本标准要求进行（b）（4）正式评估。此外，验证报告指出：“应在大约（b）（4）时进行再鉴定，以检测任何无意的过程变更，并证明初始验证的有效性。任何对产品设计、制造设施的位置、包装、（b）（4）或灭菌器器械或过程的变动，都应加以解决，判断这些变动对初始确认有效性的影响”。SureProbe器械自2012年开始销售，仅提供了2015年5月的确认信息。另外，请在你公司的书面回复中提供适用于无菌产品包装的两年有效期的理由。

包装是无菌产品的保护屏障，对于无菌产品至关重要。FDA检查员要求提供文件证明，你公司已对无菌产品的包装密封情况进行了过程确认。所提供的文件包括密封程序（版本A，2011年6月13日），其中说明了密封的具体时间和温度，并要求在（b）（4）下，对“泄漏”进行目视检查。还提供了一份进一步密封指导的报告，包括照片，“（b）（4）”和“（b）（4）”等标准。该文档引用了（b）（4），并指出需要一个过程验证程序，以“验证所有灭菌和包装过程的有效性和可重复性，并必须记录该验证。”FDA检查员得知，你公司没有进行包装的完整性测试，且无法提供证据证明，如何根据预先批准的方案（含验收标准、测试数据或验证密封过程），制定包装程序，保持产品的无菌性。此外，你公司提供的密封程序说明，在（b）（4）和240mm SureProbe器械上，将SureProbe器械从包装中取出使用时，会在波导纤维（WaveGuide Fiber）端添加一块（b）（4）以防止损坏。你公司的书面回复中，应说明2015年的灭菌验证中是否考虑到包装期间使用的这种附加管的情况。

关于其他过程验证，请以书面形式通知本办公室，说明是否对毛细管溶液涂层的（b）（4）涂层过程进行过验证。

你公司保存的文件无法证明（b）（4）过程已得到验证，或包装过程已得到验证。请根据21 CFR 820.75的要求，提供相关信息，说明你公司的在售的、将来发售的产品，将如何灭菌，如何维持无菌屏障。FDA还要求你公司进行程序审查，以确保其符合要求，执行这些程序，保留适用的记录。请向FDA办公室提供一个时间表（说明何时可以完成该流程）、一份程序副本（如果已更新）以及诸如最终报告之类的记录，显示每次验证的结果。

2．未能按照21 CFR 820.72（a）的要求，采取器械校准、检查、确认和维护措施。

除了第1项中阐明的关于缺乏包装确认的问题外，你公司还告诉FDA检查员，你公司没有校准或维护气动热封器，气动热封器用于在激光探针上形成无菌屏障。该器械包括数字温度控制器、数字定时器、气压表（b）（4）等，且说明书中注明，如果（b）（4），则可能导致温度控制不准确。

你公司提供了一份检验测量和试验器械程序（版本C，日期：2010年6月2日），该程序中要求遵循“器械制造商或行业标准对特定类型器械推荐的程序……”，除非适用特殊要求。密封操作说明中建议（b）（4）校准。你公司称，先前有一名职员负责诸多质量体系方面的工作，一年前该职员离职后，这类文件就很难找到了。作为器械制造商，你公司需对你公司发售的医疗器械的质量负责。

请查看21 CFR 820.72的要求，提供充分的程序，并在你公司的书面回复中说明，将如何解决此密封器的维护问题。

3．未能按照21 CFR 820.50（a）的要求，记录对潜在供应商和承包商的评估。

在FDA检查过程中，你公司提供了一份供应商评估和资格认证程序（修订版C，日期：2010年6月2日），该程序要求供应商必须是合格的，且需在批准前，将其评估情况记录在案。例如，对产品安全可靠运行至关重要的“关键”材料，需要通过多项选择进行评估，后经由质量保证部门、采购部门等进行审核，以确定供应商是否符合要求。选择供应商后，该程序还需要根据供应商的“级别”决定评估频率，并留存相关记录。自2012年SureProbe器械发售以来，你公司未能提供原材料供应商的评估或批准。该程序还要求对“其活动可能对产品质量产生影响”的服务供应商进行书面评估，在FDA的检查过程中，你公司（b）（4）无法提供此类文件。

另外，该程序由不同部门制定，并明确了具体职责。复查此程序，并根据你公司现有的人员状况进行更新，可能会有所帮助。

FDA要求你公司按照21 CFR 820.50的要求，更新并实施程序，保留适用的记录。请在审查本节内容时注意，该条例也适用于顾问。请以书面形式通知本办公室完成此项工作的时间框架，程序完成时，请提供一份程序副本（如有更新），并提供证明新程序已充分纠正此问题的记录示例。

4．未能按照21 CFR 820.184的要求，维护器械历史记录。

在FDA的检查中，你公司无法提供一个已建成的程序，说明如何维护器械历史记录（DHR）。你公司向FDA检查员介绍了SureProbe 器械的制造过程，并提供了一份测试程序，但没有提供相关记录，证明你公司的产品已执行了这些措施。此外，无法提供最近发售的批次的灭菌记录。

FDA要求你公司查阅21 CFR 820.184的要求，并制定程序以满足这些要求。请在本程序实施后通知FDA办公室，并提供一份副本和一份完整的DHR示例。

你公司应立即采取措施纠正本信函所述的违规行为。如若未能及时纠正这些违规行为，可能导致FDA在没有进一步通知的情况下启动监管措施。监管措施包括但不限于没收、禁令和民事罚款。此外，联邦机构会得知关于器械的警告信，以便在签订合同时考虑上述信息。而且，在违规行为未得到纠正之前，将不予批准与质量体系监管违规行为合理相关的Ⅲ类器械上市前批准申请。在与主题器械有关的违规行为未得到纠正之前，不得向外国政府提出申请证明书。

请在收到本信函之日起15个工作日内将你公司为纠正上述违规行为所采取的具体步骤书面通知本办公室，并说明你公司计划如何防止此类违规行为或类似违规行为再次发生。包括你公司已经采取的纠正措施（必须解决系统问题）的文件材料。如果你公司计划采取的纠正措施将逐渐开展，请提供实施这些活动的时间表。如果无法在15个工作日内完成纠正，请说明延迟的原因以及完成这些活动的时间。你公司的回复应全面，并解决此警告信中所包括的所有违规行为。

最后，请注意本信函未完全包括你公司全部违规行为。你公司有责任遵守FDA所有的法律和法规。本信函和检查结束时签发的检查结果FDA 483表中记录的具体违规行为可能表明你公司制造和质量管理体系中存在严重问题。你公司应查明违规原因并及时采取纠正措施，确保产品合规。

第121封 给Innovative Sterilization Technologies LLC. 的警告信

试验器械豁免（IDE）/上市前批准申请（PMA）

CMS # 524761

2019年3月20日

尊敬的C先生：

美国食品药品管理局（FDA）获悉，你公司Innovative Sterilizations Technologies, LLC正在美国销售One Tray 密封灭菌容器（后称One Tray），根据21 CFR 880.6850的规定，这是一种刚性的可重复使用的灭菌容器，在美国未经市场许可或批准，违反了《联邦食品、药品和化妆品法案》（以下简称《法案》）。One Tray 用于存放可重复使用的医疗器械，同时可对其进行快速灭菌以供立即使用。然而，如下文所述，你公司在其初始许可的用途之外，还有两种不同的预期用途：终端无菌储存和终端无菌储存保留水分。这些预期用途存在其初始许可未解决的安全性和有效性的新问题，包括但不限于增加微生物污染的风险。例如，在One Tray中存放医疗器械，并最终保留有水分，该医疗器械可能会在手术中使用，如果被污染或未正确灭菌，可能会导致患者患病、受伤或死亡。你公司尚未向FDA提供证据证明这些用途的安全性和有效性，且FDA目前尚未发现任何数据或文献来支持你公司有关保留水分的终端存储的安全性和有效性的主张。此外，到目前为止，FDA尚未审核或批准可重复使用的刚性灭菌容器，该容器预期用于保留水分的终端无菌存储。因为市场营销产生了一种误导性印象，即FDA已经评估了One Tray在这些新用途中的安全性和有效性，缺乏证据和潜在的风险增加引发了公众健康问题。

《法案》第201（h）节［21 U.S.C.§ 321（h）］，凡是用于诊断疾病或其他症状，或者对疾病有治愈、缓解、治疗或预防作用，或是可以影响人体结构或功能的器械，均为医疗器械。故你公司涉及检查的产品为医疗器械。

FDA审查了你公司的网站（url）[1]，并确定根据《法案》第501（f）（1）（B）节［21 U.S.C.§ 351（f）（1）（B）］的规定，One Tray构成掺假，因为你公司未按照《法案》第515（a）节［21 U.S.C.§ 360e（a）］的规定，通过上市前许可（PMA）申请，或根据《法案》第520（g）节［21 U.S.C.§ 360j（g）］的规定，通过器械临床试验豁免（IDM）申请。根据《法案》第502（o）部分［21 U.S.C.§ 352（o）］的定义，One Tray出现了虚假标记，因为你公司未根据《法案》第510（k）部分［21 U.S.C.§ 360（k）］和21 CFR 807.81（a）（3）（ii）的要求，在未提交新的上市前通知的情况下，对预期用途进行了重大更改或修改，且由你公司引进并移交，进行了产品洲际分销。

具体来说，One Tray 已按照K052567的规定，进行了快速灭菌处理，可立即用于以下用途：

- “ONETRAY®密封灭菌容器是一种用于存放耐温医疗器械、外科用品、单个工具、多个工具，或在快速灭菌后立即使用的仪器。”
- “经过灭菌后，ONE TRAY可以在安全运输并保证交货后，即刻随附使用……”
- “ONE TRAY密封灭菌容器的性能和预期用途应始终与灭菌器械的制造商推荐的使用方法和快速灭菌准则一致，AAMI（美国医疗器械促进协会），AORN（围手术期注册护士协会）。……”

此许可将“One Tray”描述为一种灭菌包装，旨在对器械进行快速灭菌，被称为“快速压力蒸汽灭菌（法）”，或者最近称为“即用蒸汽灭菌”。在快速压力蒸汽灭菌和即用蒸汽灭菌时，仪器会经蒸汽灭菌以立即使用，且不进行存储。但是，如下所述，你公司目前对One Tray的推广大大超出了其许可范围，并提供的证据表明，预期用于终端无菌存储和保留水分的终端无菌存储（灭菌后内装物可保持湿润，并可储存在容器内），构成对One Tray的预期用途的重大更改或修改，而你公司没有对此项内容的许可或批准。

终端无菌存储

例如，你公司网站上的语言描述表明，One Tray适用于终端无菌储存，而不适用于即刻使用快速压力蒸汽灭菌。例如：

- "ONE TRAY®是一种终端灭菌容器，而不是即刻用蒸汽灭菌（IUSS）容器。""提供了一种即刻用蒸汽灭菌的选择。"
- "保质期为30天，18天和365天的……性能测试。"

保留水分的终端无菌存储

你公司网站上的语言描述表明，当One Tray用于终端无菌储存时，灭菌后的干燥时间是不必要的，这不是One Tray的明确预期用途的一部分。尽管快速压力蒸汽灭菌周期可能会导致残留水分，但水分不太可能造成污染，因为 One Tray内容物会立即使用，而不是储存。相比之下，当蒸汽灭菌后，内容物残留水分且最终储存时，污染的可能性增加了，因为湿屏障表面可能大大增强微生物进入的风险。这种语言描述的例子包括：

- "消除干燥时间，无需干燥时间或冷却时间。"
- "ONE TRAY®突破性的处理能力是通过创新的设计特点和性能优势实现的，其中包括消除干燥时间。"
- "解决残留水分问题。"

上述你公司网站上的声明提供了证据，证明你公司对器械的预期用途进行了重大更改或修改，需要提交新的上市前报告，因为这些更改或修改可能会严重影响器械的安全性或有效性［见21 CFR 807.81（a）(3)（ii）］。特别是：

- 灭菌包装与刚性灭菌容器（如One Tray），除已明确规定的用途外，还规定了使用的灭菌周期和灭菌保证的持续时间（保质期）。One Tray仅用于快速压力蒸汽灭菌周期，这意味着其内容物应在灭菌后立即使用（例如，在对内容物进行灭菌后，在特定的程序中使用）。但是，你公司网站上的上述语言表明，One Tray可以在终端灭菌周期中使用，其内容可以存储到—例如，上至365天—而不是在灭菌后立即使用。无菌储存可能使内容物更容易受到污染，且你公司没有提供证据证明，包装在整个无菌储存期内的阻隔性能。
- 类似地，One Tray明确为快速压力蒸汽灭菌后即刻使用，且内容物中可能保留了水分。然而，你公司网站上的语言表明，One Tray可用于保留水分的无菌终端储存。终端蒸汽灭菌周期结束后，残留的水分大大增加了微生物通过过滤材料和包装界面进入的风险。这不适用于快速压力蒸汽灭菌/即刻用灭菌周期，因为其内容物是预期立即使用的，且通常不期望刚性可重复使用的灭菌容器在较长时间内，保持内容物的无菌性。残留水分，也称为"湿负载"，在终端蒸汽灭菌后可能被视为灭菌过程故障[2]，并且，根据某些行业指南，应重复终端灭菌，直到没有残留水分为止。根据某些专业协会公认的共识标准，保留水分对于保持无菌也是不可接受的。

你公司网站上所提及的，与One Tray的终端储存或具有保留水分能力的终端储存有关的任何语言描述，均不受原始报告K052567的支持。此外，FDA注意到你公司知道One Tray的许可证不支持终端存储或终端存储保留水分的使用。在FDA 2015年11月的检查中，FDA检查员通知你公司，这些声明代表了新的预期用途，你公司需要提交一份上市前报告，以便FDA评估你公司的器械用于这些用途时的安全性和有效性。你公司（b）(4)，在FDA 2016年3月3日发出警告信之前发售。你公司（b）(4)，在FDA 2017年4月的检查中，你公司（b）(4)。因此，你公司已知悉，终端无菌储存和终端无菌储存（保留水分）均代表One Tray明确预期用途的重大变化或修改，如上文所述，可能会严重影响器械的安全性或有效性，因此，需要提交新的上市前许可。到目前为止，你公司仍未提交这些预期用途的上市前许可。尽管如此，正如你公司网站上的声明所述，在未获得FDA的上市许可批准前，继续为这些新的预期用途推广 One Tray，违反了《法案》规定。

对于需要进行上市前审批的器械，当PMA在代理商之前待审时，视为满足第510（k）节［21 U.S.C.§ 360（k）］要求的通知。根据21 CFR 807.81（b）的要求，为通过器械批准或许可，你公司需提交的信息，可访问互联网进行查找：url。FDA将评估你公司提交的信息，并决定产品是否可以合法销售。

FDA办公室要求你公司立即停止造成One Tray虚假标记或掺假的活动，例如上述用途的器械的商业销售。

你公司应立即采取措施纠正本信函所述的违规行为。如若未能及时纠正这些违规行为，可能导致FDA在没有进一步通知的情况下启动监管措施。监管措施包括但不限于没收、禁令和民事罚款。此外，联邦机构会得知关于器械的警告信，以便在签订合同时考虑上述信息。

请在收到本信函之日起15个工作日内将你公司为纠正上述违规行为所采取的具体步骤书面通知本办公室，并说明你公司计划如何防止此类违规行为或类似违规行为再次发生。包括你公司已经采取的纠正措施（必须解决系统问题）的文件材料。如果你公司计划采取的纠正措施将逐渐开展，请提供实施这些活动的时间表。如果无法在15个工作日内完成纠正，请说明延迟的原因以及完成这些活动的时间。你公司的回复应全面，并解决此警告信中所包括的所有违规行为。

最后，请注意本信函未完全包括你公司全部违规行为。你公司有责任遵守FDA所有的法律和法规。本信函和检查结束时签发的检查结果FDA 483表中记录的具体违规行为可能表明你公司制造和质量管理体系中存在严重问题。你公司应查明违规原因并及时采取纠正措施，确保产品合规。

第122封　给Datascope Corp.的警告信

生产质量管理规范/质量体系法规/医疗器械/伪劣

CMS # 573566

2019年2月6日

尊敬的F先生：

美国食品药品管理局（FDA）于2018年7月30日至2018年10月3日期间在1300 Macarthur Blvd.，Mahwah，NJ对你公司的医疗器械运行了检查。检查期间，FDA检查员确定你公司是主动脉内球囊反搏泵（IABP）和主动脉内球囊反搏泵（商品名：Cardiosave）（复合和救援器械）的制造商。根据《联邦食品、药品和化妆品法案》（以下简称《法案》）第201（h）节［21 U.S.C.§ 321（h）］，凡是用于诊断疾病或其他症状，对疾病有治愈、缓解、治疗或预防作用，或是可以影响人体结构或功能的器械，均为医疗器械。故你公司涉及检查的产品为医疗器械。

本次检查表明，这些医疗器械的生产、包装、储存或安装中使用的方法、设施或控制不符合21 CFR 820质量体系法规（以下简称QSR/21 CFR 820）的现行生产质量管理规范（以下简称cGMP）要求，根据《法案》第501（h）节［21 U.S.C.§ 351（h）］的规定，属于伪劣产品。

FDA于2018年10月25日收到你公司对FDA检查员在2018年10月3日出具的FDA 483表（检查发现问题清单）所作结论的回复。FDA在下文就每一项记录的违规行为做出答复。这些违规行为包括但不限于以下情况：

1．未能按照21 CFR 820.30（g）的要求，在实际或模拟使用条件下对生产装置进行测试，以确保器械符合定义的用户需求和预期用途。

具体为，没有根据变更通知156251（日期为2018年1月26日）和163569（日期为2018年3月27日）对生产过程中安装顶部护罩和在供应商现场组装进行设计验证，以证明该变更满足用户需求和预期用途。例如：

- 你公司未能为Cardiosave采取合适的测试方法来验证组装新顶部护罩可防止盐水进入，以确保器械的安全性和有效性。具体来说，你公司的测试验证（方案-01432修订版A）要求在“（b）（4）”处发生盐水泄漏，泄漏到系统上的液体量将为“（b）（4）”。但是，你公司在完成泄漏测试后于2018年8月13日收到一起投诉（176399）（事件发生之前已经安装了顶部护罩），Cardiosave作为混合器械在医院推车中使用时，发生生理盐水溢出，导致在设备内部发现“结晶盐”，从而导致医院更换电源插槽接口；顶部护罩阻止了生理盐水溶液进入Cardiosave的顶部，但是液体“从电池下的PIM流向了器械，并进入了电源插槽接口板”。
- 你公司也未能证明Cardiosave器械通过了适当的绝缘强度、泄漏电流测试，同时测试也未证明未绝缘电气部件是否未显示润湿迹象，而这些未绝缘电气部件在正常情况下会导致基本安全或基本性能的损失。

你公司的答复不充分，也没有解决上述违规情况。具体为，你公司没有评估用户需求，也未计划使用上述方案缓解上文第1项中描述的设计变更可能带来的潜在危险。你公司的答复也没有提供任何文档材料说明，为防止液体进入安装顶部护罩后，Cardiosave器械是否通过适当的绝缘强度和泄漏电流测试，虽然未绝缘电气部件或电气部件绝缘未出现润湿迹象，但是是否会在标准（EN 606011-1:2006+A12:2014，医用电气设备-第1部分：基本安全和基本性能一般要求，第11.6.3节ME设备和ME系统上的泄漏）要求的正常状态下或与单一故障状态相结合时，导致基本安全或基本性能的损失。

2．未能按照21 CFR 820.100（a）的要求建立和维护纠正和预防措施的实施程序。

具体为，CAPA规程01-028（修订版AE）分别在第6.6.3.3节和第6.6.2.3.1节中规定“（b）（4）”和“（b）（4）”。此外，第6.6.3.4节也规定了“（b）（4）”。而且，第6.64节（Ⅳ段-有效性验证）也规定了“（b）（4）”。你公司未能确定纠正和预防不合格品和其他质量问题再次发生采取的措施。例如：

A）供应商纠正措施要求（17-M-SCAR-209，日期为2017年8月1日），（b）（4）不符合你公司的规范，规范规定所有自动化流程都必须经过验证。供应商在（b）（4）处执行的焊接工艺未进行验证，由于供应商不了解焊接工艺需要验证，因此供应商在处理每项作业前未对所有设备进行验证。未对公司纠正措施的有效性进行验证。

B）你公司未能验证实施的纠正措施是否有效。具体为，启动CAPA申请表CRF-MAH-2017-009旨在解决在CS100、CS100i和CS300主动脉内球囊反搏泵中，电池无法满足（b）（4）的最小运行时间的问题。CAPA的评估部分指出，发生了（b）（4）事件（投诉），电池持续时间少于（b）（4）的规定、电池电量低报警（b）（4）和器械无警告停机故障（b）（4）。

立即纠正/控制部分指出，通过CN 138938发布了设计用于跟踪和警告用户维护间隔和电池状态的软件增强功能。该部分还说明，正在通过CN 129070和CN 138881更新操作说明，以便在软件更新中包含新的警告和报警消息。CAPA决策部分指出，未启动CAPA，理由是通过CN 138938、CN 129070和CN 138881发布了新的软件和使用说明，以防止电池运行时间短的故障，同时不需要CAPA。CAPA申请表格于2017年8月4日关闭。

你公司的答复不充分，也没有解决上述违规。具体为，你公司上述A项是文件问题（规程问题），而不是供应商提供的产品不符合你公司规格的问题。你公司的有效性检查将在稍后进行，没有证据表明你公司将选择符合你公司规范的供应商。此外，你公司对上述B项的答复似乎确定该缺陷属于规程问题，而不是通过验证CN 138938、CN 129070和CN 138881发布的新软件和使用说明的有效性，从而在你公司的CAPA子系统中采取纠正措施来防止电池运行时间短的故障。

3．未能按照21 CFR 820.50（a）（1）规定的特定要求（包括质量要求），根据其能力评估和选择潜在供应商、承包商和顾问。

具体为，供应商管理部门、已批准的供应商列表标准和维护程序、0002040005（修订版AM）在类别和要求部分声明，高ASL风险水平的供应商需要满足质量协议、审计、条款和条件以及行为准则的要求。没有文件材料显示，在将高风险供应商添加到批准的供应商列表之前，已经完成高ASL风险水平的所有要求。例如：

A）供应商（b）（4），供应商行为准则（b）（4），于2017年3月20日批准为（b）（4）的高ASL风险水平供应商。直到2017年4月18日才完成供应商审核工作。直到2018年3月14日才完成供应商质量协议。

B）供应商（b）（4），供应商行为准则（b）（4），于2017年2月10日被批准为（b）（4）的高ASL风险水平供应商。直到2018年6月12日才完成供应商审核工作。直到2018年5月24日才完成供应商质量协议。

C）供应商（b）（4），供应商行为准则（b）（4），于2017年2月10日被批准为（b）（4）的高ASL风险水平供应商。供应商审核未完成。直到2018年3月6日才完成供应商质量协议。

D）供应商（b）（4），供应商行为准则（b）（4），于2017年3月31日被批准为（b）（4）的高ASL风险水平供应商。直到2018年8月2日才完成供应商审核。供应商不同意该行为准则。

E）供应商（b）（4），供应商行为准则（b）（4）于2017年3月31日被批准为（b）（4）的高ASL风险水平供应商。直到2018年6月11日才完成供应商审核。

F）供应商（b）（4），供应商行为准则（b）（4），于2017年2月10日被批准为（b）（4）的高ASL风险水平供应商。直到2018年6月21日才完成供应商审核。

G）供应商（b）（4），供应商行为准则（b）（4），于2017年3月31日被批准为（b）（4）的高ASL风险水平供应商。供应商审核未完成。直到2018年5月29日才完成供应商质量协议。

你公司的答复不充分，也没有解决上述违规。具体为，你公司只考察了7家供应商，没有确定其他供应商的符合性，也没有确定其他供应商是否满足你公司的特定要求。

你公司应立即采取措施纠正本信函所述的违规行为。如若未能及时纠正这些违规行为，可能导致FDA在没有进一步通知的情况下启动监管行动。这些措施包括但不限于没收、禁令和民事罚款。此外，联邦机构可能会得知关于器械的警告函，以便在签订合同时考虑上述信息。而且，在违规行为未得到纠正之前，将不予批准与质量体系监管违规行为合理相关的Ⅲ类器械上市前批准申请。在与主题器械有关的违规行为未得到纠正之前，不得向外国政府提出申请证明书。

请在收到本信函之日起15个工作日内将你公司为纠正上述违规行为所采取的具体措施书面通知本办公室，并说明你公司计划如何防止此类违规行为或类似违规行为再次发生。包括你公司已经采取的纠正措施（必须解决系统问题）的文件材料。如果你公司计划采取的纠正措施将随时间推移而发生变化，请随附执行这些活动的时间表。如果在15个工作日内无法完成纠正，请说明延迟的原因以及将在何时完成这些活动。你公司的答复应全面，并解决此警告信中所包括的所有违规行为。

FDA提议召开一次监管会议来讨论最近的检查情况。在这次会议上，你公司应充分说明关于你公司提出的纠正措施的进度情况。关于具体时间安排，请与FDA办公室联系。

最后，请注意本信函未完全包括你公司全部违规行为。你公司有责任遵守FDA所有的法律和法规。本信函和检查结束时签发的检查结果FDA 483表中记录的具体违规行为可能表明你公司制造和质量管理体系中存在严重问题。你公司应查明违规原因并及时采取纠正措施，确保产品合规。

第123封 给OriGen Biomedical, Inc. 的警告信

生产质量管理规范/质量体系法规/医疗器械/伪劣

CMS # 569074

2018年12月20日

尊敬的M先生：

美国食品药品管理局（FDA）于2018年6月11日至7月5日对位于located in Austin, TX的你公司进行了医疗器械检查。检查中，FDA检查员确定，你公司是双腔导管（包括增强型双腔ECMO导管）的制造商。根据《联邦食品、药品和化妆品法案》（以下简称《法案》）第201（h）节［21 U.S.C.§ 321（h）］，凡是用于诊断疾病或其他症状，对疾病有治愈、缓解、治疗或预防作用，或是可以影响人体结构或功能的器械，均为医疗器械。故你公司涉及检查的产品为医疗器械。

你公司可以在FDA主页上找到《法案》和FDA的规定。

FDA检查员于2018年7月5日向你公司签发了FDA 483表（检查发现问题清单）。FDA确认于2018年8月3日召开的会议，你公司于2018年7月19日、9月17日和10月15日就FDA检查员签发给你公司的FDA 483表作出书面回复。FDA将针对所指出的不符合项，在下文进行回复。这些违规行为包括但不限于以下内容：

1．未能按照21 CFR 820.90（a）的要求，建立程序进行产品控制、返工以及重新评估活动的文件记录，根据21 CFR 820.90（b）（2）的要求，不包括确定返工是否会对产品产生任何不利影响。

例如，2015年对N18687批次的VV13F双腔导管进行重新返工。导管未通过内毒素检查，但已发售并分销。返工还需要进行第二次EO灭菌，没有文件可以证明，这一额外的灭菌没有对导管产生不利影响。

你公司回复称，无法提供公司正在采取的具体步骤，以确保仅分销符合验收标准的产品。此外，你公司在回复中未能提供已验证纠正措施有效的文档。FDA知悉你公司自愿召回N18687批货物。

2．未能按照21 CFR 820.40的要求，建立和维护所有文件的程序。例如：

a．你公司所有尺寸导管的生产图纸不包括制造导管所用树脂中包含（b）（4）的要求。

b．图纸（b）（4）在导管尖端存在错误的尺寸标记。

你公司的回复中未能提供已验证纠正措施有效的文档。FDA知悉你公司自愿召回了相关导管。

在检查中发现，根据《法案》第502（t）（2）节［21 U.S.C.§ 352（t）（2）］的规定，你公司的加强型双腔ECMO导管和部件出现了虚假标记，因为你公司未能或拒绝按照《法案》第519节（21 U.S.C.360i）和21 CFR 803-医疗器械报告中要求，提供器械相关材料或信息。重大偏差包括但不限于以下情况：

1．未能按照21 CFR 803.50（a）（1）的要求，在你公司以任意形式知悉事件后的30个日历日内，向FDA提交报告，这合理地表明，你公司销售的器械出现了故障，如果故障再次发生，则该器械或市场上的类似器械可能引发或导致死亡或重伤。例如：

a．投诉PCR-No.（b）（4）中的信息，描述了患者在使用你公司导管后的死亡情况。你公司的投诉文件中无任何相关信息证明该器械不会导致或引发死亡。因此，投诉满足可报告性标准。你公司于2016年8月1日获悉到此事件，但并未提交相关事件的MDR。

b．投诉（b）（4）中的信息，合理地说明了患者在使用你公司的导管后遭受了严重伤害（如心房穿孔）的情况，需要进行医疗或外科干预，以排除对身体功能或身体结构的永久损害。你公司的投诉文件中无任何

相关信息证明该器械可能未导致或引发所提及的严重伤害。你公司于2014年9月12日获悉（b）（4）所述事件，于2017年5月30日获悉（b）（4）所述事件。但未提交每个事件的MDR。

你公司于2018年7月19日的回复是不充分的。你公司在回复中称，你公司计划开发其投诉流程，以便更好地定义MDR报告要求。但是，其没有提供充分纠正措施的证据，包括对相关不良事件进行回顾性审查，使其与修订后的MDR程序一致。

你公司于2018年9月17日的回复是不充分的。你公司在回复中称，计划制定单独的MDR程序QP65，相应的MDR已于2018年8月15日通过挂号信提交至FDA。你公司没有提供充分纠正措施的证据，包括对相关不良事件进行回顾性审查，使其与修订后的MDR程序一致，以及对应的可报告事件的电子报告。请注意，根据2014年的eMDR规则（url），制造商必须以电子方式向FDA提交MDR。

你公司于2018年10月15日的回复是不充分的。你公司表示，其顾问不知道电子方式提交的要求，并计划于2018年10月30日之前，以电子方式提交相关MDR。但是，你公司没有提供相关纠正措施的证据，包括根据修订后的MDR流程对所有不良事件进行回顾性审查。

2．未能按照21 CFR 803.50（a）（2）的要求，在你公司以任意形式知悉事件后的30个日历日内，向FDA提交报告，这合理地表明，你公司销售的器械出现了故障，如果故障再次发生，则该器械或市场上的类似器械可能引发或导致死亡或重伤。

例如，投诉（b）（4）中的信息，合理地表明，你公司的导管在使用过程中出现了故障（例如，导管断开）。根据1995年《联邦公告》前言，如果由于器械或其他类似器械的故障而导致制造商根据FD&C第518或519（g）节的要求，采取或将要采取措施，则应报告故障［参见1995年《联邦公告》第60卷第237号第63585页。请注意，前言参考是第519（f）节，但由于FD&C法案经过修订，该节当前的名称是第519（g）节］。FDA确定你公司对同一导管器械进行现场操作Z-1456-2015，符合1995《联邦公告》前言中的标准。投诉中没有任何信息可以证明，如故障再次发生，不太可能导致或引发死亡或重伤。你公司于2015年4月2日获悉到此事件，但并未提交相关事件的MDR。

你公司于2018年7月19日的回复是不充分的。你公司计划开发其投诉流程，以更好地定义MDR报告要求。但是，你公司没有提供相关纠正措施的证据，包括根据修订后的MDR流程对所有不良事件进行回顾性审查。

你公司于2018年9月17日的回复是不充分的。你公司声明计划制定单独的MDR程序QP65，相应的MDR已于2018年8月15日通过挂号信提交给FDA。但是，你公司没有提供相关纠正措施的证据，包括根据修订后的MDR流程对所有不良事件进行回顾性审查。此外，请注意，制造商必须以电子方式向FDA提交MDR，除非他们已收到FDA的豁免，允许他们在特定时间内继续使用纸质表格。

你公司于2018年10月15日的回复是不充分的。你公司表示其顾问不知道电子提交要求，并计划在2018年10月30日前以电子方式重新提交参考MDR。但是，你公司没有提供充分纠正措施的证据，包括根据修订后的MDR程序对相关不良事件进行回顾性审查，以及证明你公司实施了向FDA提交电子MDR可报告事件的程序。

3．未能按照21 CFR 803.17的要求充分制定、维护和实施书面MDR程序。

例如，在审查了你公司名为"（b）（4）QP64"的MDR程序（第1版，未注明日期）后，发现以下缺陷：

a．没有证据表明QP64（版本1）已经实施。例如，你公司的MDR程序没有生效日期。

b．按照21 CFR 803.17（a）（1）的规定，QP64（版本1）程序未建立内部系统，以根据MDR的要求，有效识别、沟通和评估可报告事件。例如，该程序省略了21 CFR 803.3中"合理建议"的定义。将这些术语的定义排除在程序之外，可能会导致你公司在评估可能符合21 CFR 803.50（a）中报告标准的投诉时，做出不正确的可报告性决定。

c．按照21 CFR 803.17（a）（3）的规定，QP64（版本1）程序，没有建立内部系统，以及时传输完整的医疗器械报告。具体为，未解决以下问题：

（1）尽管该程序中援引了“30天报告”的说法，但未指定是日历日。

（2）根据2014年2月14日发布在《联邦纪事》（Federal Register）上的电子医疗器械报告（eMDR）最终规则，该程序未包括以电子方式提交MDR的流程。有关eMDR最终规则和eMDR设置过程的信息，请访问FDA网站：url。

d. 按照21 CFR 803.17（b）的规定，QP64（版本1）程序，未说明你公司将如何记录文件和记录保存要求，包括：

（1）记录用于确定器械相关死亡、严重损伤或故障是否需要报告的审议和决策过程。

（2）确保获得信息的系统，便于FDA及时跟进和检查。

你公司于2018年7月19日、2018年9月17日和2018年10月15日的回复中未提及上述缺陷。

此外，检查结果显示，根据《法案》第502（t）（2）节［21 U.S.C.§ 352（t）（2）］的规定，你公司的双腔导管出现了虚假标记，因为你公司未能或拒绝按照《法案》第519节（21 U.S.C.360i）和21 CFR 803-医疗器械报告更正和删除报告中要求，提供器械相关材料或信息重大违规行为，包括但不限于以下内容：

1. 根据21 CFR 806.10的要求，未在10个工作日内，向FDA提交书面报告，说明该制造商正在进行器械的纠正或删除，以减少器械对健康造成的风险或纠正器械制造商可能存在的违规的行为。例如：

a.《医疗器械市场退出》（日期2015年4月1日）建议，停止使用N18394批次的所有OriGen VV19F增强型双腔ECMO导管。该文件指出“由于与此次召回有关的故障模式，可能会造成严重伤害。”因此，《医疗器械市场退出》符合更正或删除的条件，根据21 CFR 806的要求，你公司于2015年4月1日发起召回，但直到2018年8月2日才提交此召回报告。

b. 你公司于2015年7月发送了1411号技术公告，通知客户，不同尺寸的特定批次的增强型双腔ECMO导管，未能按照规范使用硫酸钡添加剂制造。1411号技术公告符合21 CFR 806中规定的修正或删除标准。然而，直到2018年8月2日，才向FDA发送这一召回报告。虽然2018年的召回中包括了1411号技术公告中未包含的额外尺寸和批次，但2018年的召回中未包括N18447-1B批次的VV19F。

c. 2017年1月，你公司发送了17.01号技术公告，通知客户称，发现了一种可能会对所有批次的OriGen增强型双腔导管造成损坏的潜在机制。公告指出，在卡箍就位时，用力旋转卡箍可能会导致透明管立即断开，或导致随后的黏合疲劳失效，从而使透明管从轮毂上断开。你公司已通知FDA关于2015年4月14日VV13F批次N18549、2017年8月14日VV28F批次N18487和N18487-1以及VV19F批次N18394的召回。但是，尚未报告VV16F、VV23F和VV32F增强型双腔导管的召回情况。

你公司于2018年7月19日、2018年9月17日和2018年10月15日的回复不充分。你公司的回复指出，已经回顾了观察1中提到的所有项目。你公司于2018年8月11日提交了一份关于缺少硫酸钡的召回通知（Z-0179-2019 – Z-0184-2019），该召回中不包括同样缺少硫酸钡的批次N18447-1B，这在1411号技术公告中已提及。此外，你公司还提交了3份召回（Z-1456-2015，Z-0021-2018，Z-0269-2019），与透明延长管与轮毂分开的潜在风险相关，涉及批次有VV13F批次N18549（2015年4月14日）、VV28F批次N18487、N18487-1（2017年8月14日）和VV19F批次N18394。但是，技术公告17.01表明所有OriGen增强双腔导管均受到影响，并且尚未提交有关你公司的VV16F、VV23F和VV32F导管的召回通知。另外，你公司修订了程序，但是修订后的程序并未在采取此类行动后10天内，向FDA报告更正或删除。此外，根据21 CFR 806的要求，这些回复中未提供采取适当纠正措施的证据，包括对相关技术公告的回顾性审查以及与客户沟通的依据，以确定事件的可报告性。

你公司应立即采取措施纠正本信函所述的违规行为。如若未能及时纠正这些违规行为，可能导致FDA在没有进一步通知的情况下启动监管措施。监管措施包括但不限于没收、禁令和民事罚款。此外，联邦机构会得知关于器械的警告信，以便在签订合同时考虑上述信息。而且，在违规行为未得到纠正之前，将不予批准与质量体系监管违规行为合理相关的Ⅲ类器械上市前批准申请。在与主题器械有关的违规行为未得到纠正之前，不得向外国政府提出申请证明书。

请在收到本信函之日起15个工作日内将你公司为纠正上述违规行为所采取的具体步骤书面通知本办公室，并说明你公司计划如何防止此类违规行为或类似违规行为再次发生。包括你公司已经采取的纠正措施（必须解决系统问题）的文件材料。如果你公司计划采取的纠正措施将逐渐开展，请提供实施这些活动的时间表。如果无法在15个工作日内完成纠正，请说明延迟的原因以及完成这些活动的时间。你公司的回复应全面，并解决此警告信中所包括的所有违规行为。

最后，请注意本信函未完全包括你公司全部违规行为。你公司有责任遵守FDA所有的法律和法规。本信函和检查结束时签发的检查结果FDA 483表中记录的具体违规行为可能表明你公司制造和质量管理体系中存在严重问题。你公司应查明违规原因并及时采取纠正措施，确保产品合规。

第124封 给Mibo Medical Group的警告信

生产质量管理规范/质量体系法规/医疗器械/伪劣

CMS # 558900

2018年11月20日

尊敬的W先生：

美国食品药品管理局（FDA）于2018年5月7日至2018年5月10日，对位于 Dallas, Texas的你公司进行了医疗器械检查，FDA检查员确定你公司是生产MiBo Thermoflo 的制造商，根据《联邦食品、药品和化妆品法案》（以下简称《法案》）第201（h）节［21 U.S.C.§ 321（h）］，凡是用于诊断疾病或其他症状，对疾病有治愈、缓解、治疗或预防作用，或是可以影响人体结构或功能的器械，均为医疗器械。故你公司涉及检查的产品为医疗器械。

该检查表明，根据《法案》第501（h）节［21 U.S.C.§ 351（h）］的规定，涉及检查的产品掺假，因为其生产、包装、储存或安装中使用的方法或设施或控制不符合21 CFR 820质量体系法规的现行生产质量管理规范要求。FDA于2018年5月15日和2018年10月9日收到了你公司对FDA 483表的回复。FDA已经审查了你公司的回复，并已知悉你公司开始制定程序；但是，到目前为止，你公司尚未提供纠正后的客观证据，因此，FDA目前无法评估你公司的回复是否充分。

1．未能按照21 CFR 820.30的要求，建立设计控制程序。

具体为，你公司尚未建立和维护程序，以控制Ⅱ类MiBo Thermoflo器械的设计，确保其满足指定的设计要求。例如：

a．根据21 CFR 820.30（c）的要求，未建立设计输入程序。你公司提供了一个标题为“First mock up prototypes”的文档，手写的日期为“2012年12月12日”，其中包括器械的粗略草图和手写注释。本文档不描述或引用设计或开发活动，也不定义实施责任。你公司还提供了一个标题为“Reports + Studies”的文档，该文档是2014年以来的电子邮件链，其中你公司通过电子邮件向身份不明的收件人发送了由不同作者研究（b）（4）对眼睑的影响的若干摘要。这两份文件均未包含确保设计要求适当和确认器械预期用途（包括用户和患者的需求）的程序。

b．未能按照21 CFR 820.30（d）的要求，建立设计输出程序，包括包含验收标准和器械正常运行所必需的设计输出程序。

c．未能按照21 CFR 820.30（f）的要求，建立设计验证程序。在检查期间，你公司提供了“MiBo Thermoflo的临床温度数据”文件（日期：2017年8月31日），该文件是对MiBo Thermoflo器械的临床评估。据称这项研究证明了该器械的温度可为患者的眼睑提供治疗水平的热量，且不会使患者暴露于非治疗温度下，并引用了（b）（4）°-（b）（4）°F。这项研究还指出，“当安全措施……失效时”，该器械的绝对最高温度为（b）（4）℉。你公司还提供了“可用性工程文件”（修订版1C，日期：2018年3月6日），该文件指示患者身上的器械温度将达到“（b）（4）空气/（b）（4）皮肤”的最高温度。相反，你公司的《 MiBo Thermoflo用户手册》指出“系统会将温度控制在108℉”，而你公司的“最终检验报告”（修订版1.2H，日期：2017年2月2日）指出，你公司在修订历史中已更新了器械在2016年10月7日将“默认高温设为（b）（4）℉”。你公司无法提供证据证明已验证设计输出满足设计输入要求，包括器械默认的最高温度。

d．根据21 CFR 820.30（g）的要求，尚未建立用于设计验证的程序。你公司提供了标题为“（b）（4）研究”的文档，无生效日期、研究日期或修订号，似乎是一项设计验证。在审查本文件时，尚不清楚验证是否在初始生产装置上进行，且该文件不包含规定的操作条件，例如是否按照用户手册的要求在受试者身上使用超声波凝胶，或每例受试者的治疗次数。你公司的“可用性工程文件”中提出，应为（b）（4）的患者接受（b）（4）的治疗，而MiBo Thermoflo产品手册则建议，相隔两周进行三次治疗。此设计验证无法进行软件确认，以确保软件按预期运行，且不会阻止用户的安全操作。

e．你公司未能按照“风险管理计划”文档B9001500001（修订版B）进行风险分析。根据你公司的程序，风险管理计划应在设计初期完成，且风险管理将在产品的整个生命周期中继续进行。目前为止，你公司尚未进行风险分析，以确定在正常和故障情况下，与器械设计相关的潜在危险。

f．未能按照21 CFR 820.30（j）的要求，为每种类型的器械建立和维护设计历史文档（DHF）。具体为，你公司尚未为MiBo Thermoflo器械建立DHF，证明该设计是根据21 CFR 820.30的要求开发的。你公司未能提供记录文件：①建立设计计划，完成设计输入和设计输出；②进行设计验证、风险分析或设计审查；③正确地将设计转化为产品规格。

检查期间发现，自你公司器械MiBo Thermoflo于2014年发售以来，没有足够的证据证明你公司已满足初始设计、设计输入和设计输出、设计转移、设计验证和/或验证的设计控制规定，或任何后续的设计变更，包括软件变更。

2．未能按照21 CFR 820.100的要求，制定纠正和预防措施的程序。

具体为，检查期间，你公司称没有意识到纠正和预防措施（CAPA）程序的要求，且公司无CAPA程序。你公司必须建立CAPA程序，至少包括以下要求：

a．根据21 CFR 820.100（a）（1）的要求，分析质量数据的来源，以鉴定不合格产品现有的和潜在的原因。

b．根据21 CFR 820.100（a）（2）的要求，调查与产品、过程和质量体系相关的不符合项的原因。

c．根据21 CFR 820.100（a）（3）的要求，确定纠正和防止不合格产品再发生和其他质量问题所需采取的措施。

d．根据21 CFR 820.100（a）（4）的要求，验证或明确纠正和预防措施，以确保此类措施有效且不会对器械造成不利影响。

e．根据21 CFR 820.100（a）（5）的要求，实施必要的变更，以纠正和预防已识别的质量问题。

3．未能按照21 CFR 820.50的规定，建立程序，确保所有购买或以其他方式收到的产品和服务都符合要求。

你公司在当前检查中称，MiBo Medical负责购买MiBo Thermoflo器械的组件，然后将这些组件分发给你公司的合同制造商以组装成成品器械，但你公司尚未建立对这些供应商、承包商和顾问的评估程序，以满足规定要求的能力。

检查期间，你公司提供了“批准的供应商清单”和“关键组件清单”，两者均未包含记录的生效日期或审查和批准的证据。在比较这两个记录时，FDA注意到你公司的两个关键组件是由未经批准的供应商提供的。

a．你公司的“关键组件清单”列出（b）（4）作为部件号3931090的交流电源线的制造商/供应商；但是，（b）（4）未列在你公司的“批准的供应商清单”中，该部件号也未列出。

b．根据你公司的“关键组件清单”，部件后面板（b）（4）的供应商为（b）（4），部件编码3931021；而在“批准的供应商清单”，只有（b）（4）才被批准，部件号 3931021。

一旦你公司建立了所需的程序，并根据供应商满足你公司指定要求的能力，对其进行评估，你公司必须按照21 CFR 820.50（a）（2）的要求，根据你公司的评估结果，定义所应用的控制类型和范围。

4．未能按照21 CFR 820.80（d）的要求，建立最终器械验收程序。

检查期间，你公司描述了器械的发售过程，包括在发售给客户之前进行的温度测试（b）（4）。器械的温度测试被描述为，将“（b）（4）”与（b）（4）的温度进行比较，以确保目镜所达到的温度与合同制造商的最终检查温度相匹配。例如，你公司提供了“最终检查与测试”（日期：2018年2月6日）记录的副本，其序列号为（b）（4）；根据该记录，合同制造商的最终检查温度为（b）（4）℉。你公司在此记录上用于最终检查温度的手写笔记为（b）（4）℉，高于合同制造商记录的温度和用户手册指定的器械将达到的最高温度（108℉）。你公司尚未建立成品器械的验收程序或方案或验收标准，以确保器械满足验收标准，也未针对该测试方法，验证其预期用途。

5．未能按照21 CFR 820.198（a）的要求，建立接收、审查和评价投诉的程序，该程序由正式指定的单位制定。

在FDA最近的检查中，你公司没有投诉处理程序；但是你公司称，检查期间，收到了关于患者接受治疗后眼睛肿胀的投诉，但该患者的问题与器械无关。然而，没有创建投诉记录，也没有文档可以评估此投诉，以确定是否有必要进行进一步调查。在检查期间，你公司称应当对所有客户的投诉负责；但是，自2014年MiBo Thermoflo器械发售以来，你公司尚未建立投诉处理程序或记录任何投诉。

6．未能按照21 CFR 803.17的要求，开发、维护和实施书面医疗器械报告（MDR）程序。

具体为，你公司尚未制定任何MDR程序。

7．未能按照21 CFR 820.181的要求，建立器械主记录。

具体为，你公司未能建立和维护MiBo Thermoflo器械的器械主记录（DMR），该记录包括或引用了所有器械的位置、质量、生产过程、包装和标签。自2014年以来，你公司一直在分销此器械。

8．未能按照21 CFR 820.22对质量体系有效性的要求，建立和维护质量审核程序，并进行此类审核，以确保质量体系符合既定的质量体系要求。

你公司于2014年开始制造和分销MiBo Thermoflo器械，但你公司尚未进行任何内部审核。

9．管理层未能按照21 CFR 820.20的要求，履行行政职责，建立质量政策和目标，并对质量做出承诺。

具体为，检查期间，没有任何质量政策可供审查，包括21 CFR 820.20（b）所要求的公司的组织结构，以确保按照质量体系规定设计和生产器械。检查期间，没有提供证据表明，具有执行责任的管理层已审查了质量体系，以确保质量体系符合法规的要求。

你公司应立即采取措施纠正本信函所述的违规行为。如若未能及时纠正这些违规行为，可能导致FDA在没有进一步通知的情况下启动监管措施。监管措施包括但不限于没收、禁令和民事罚款。另外，可能会通知联邦机构相关器械的警告信，便于其在考虑授予合同时，可以参考此信息。此外，与质量体系法规偏离合理相关的Ⅲ类器械的上市前批准申请将在纠正违规行为后获得批准。在与主题器械有关的违规行为未得到纠正之前，不得向外国政府提出申请证明书。

请在收到本信函之日起15个工作日内将你公司为纠正上述违规行为所采取的具体步骤书面通知本办公室，并说明你公司计划如何防止此类违规行为或类似违规行为再次发生。包括你公司已经采取的纠正措施（必须解决系统问题）的文件材料。如果你公司计划采取的纠正措施将逐渐开展，请提供实施这些活动的时间表。如果无法在15个工作日内完成纠正，请说明延迟的原因以及完成这些活动的时间。你公司的回复应全面，并解决此警告信中所包括的所有违规行为。

最后，请注意本信函未完全包括你公司全部违规行为。你公司有责任遵守FDA所有的法律和法规。本信函和检查结束时签发的检查结果FDA 483表中记录的具体违规行为可能表明你公司制造和质量管理体系中存在严重问题。你公司应查明违规原因并及时采取纠正措施，确保产品合规。

第125封 给Medtronic Puerto Rico Operations Co. 的警告信

生产质量管理规范/质量体系法规/医疗器械/伪劣

CMS # 562437

2018年8月23日

尊敬的I先生：

美国食品药品管理局（FDA）于2018年4月23日至5月15日，对位于 Ceiba Norte Industrial Park, 50 Road 31, Km 24.4, Juncos, Puerto Rico的Medtronic波多黎各运营公司（MPROC）的医疗器械进行了检查。检查期间，FDA检查员已确认Medtronic MPROC Juncos为植入式起搏器、植入式心脏复律除颤器、心脏再同步器械以及其他相关产品的生产制造商。根据《联邦食品、药品和化妆品法案》(以下简称《法案》)第201（h）节［21 U.S.C.§ 321（h）］，凡是用于诊断疾病或其他症状，对疾病有治愈、缓解、治疗或预防作用，或是可以影响人体结构或功能的器械，均为医疗器械。故你公司涉及检查的产品为医疗器械。

本次检查表明，这些医疗器械的生产、包装、储存或安装中使用的方法、设施或控制不符合21 CFR 820的cGMP要求，根据《法案》第501（h）节［21 U.S.C.§ 351（h）］的规定，属于伪劣产品。你公司可通过FDA主页www.fda.gov查询相关法案和FDA法规。

FDA已于2018年6月6日和7月13日收到你公司针对FDA检查员在2018年5月15日出具的FDA 483表（检查发现问题清单）的回复。FDA针对回复，处理如下：

1．未能根据21 CFR 820.75（a）的要求，当过程结果不能为其后的检验和试验充分验证时，过程应以高度的把握予以确认，并按已确定的程序批准。

具体为，(b)(4) 过程（b)(4) 在Blackwell植入式心脏除颤器（ICD）上没有得到确认。ICD中的这些（b)(4) 过程（b)(4) 由于高压电弧而失效。导致你公司召回Z-0582/9-2018。

FDA审查了你公司对FDA 483表的回复，并确认你公司承诺：①（b)(4) 过程步骤（b)(4)；②更新过程确认的补充材料，以澄清在过程确认期间必须对每个（b)(4) 进行评估和质疑；③更新变更控制过程，以包括如何评估（b)(4) 的风险或意外后果的说明；④评估（b)(4) ICD的过程，以确定其是否得到适当确认、是否有足够的过程控制；⑤对Blackwell ICD的过程确认进行评估，以评价是否根据过程确认和设计转移要求对适用的产品技术规范提出质疑。你公司回复似乎是充分的；但你公司的几项行动仍在进行中，FDA后续检查是必要的，以验证合规性。

2．未能按照21 CFR 820.90（b)(2) 的要求在设备历史记录（DHR）中记录（b)(4) 项活动。

具体为，(b)(4) 植入式心脏除颤器（ICD）没有记录在设备历史记录中。

FDA审查了你公司对FDA 483表的回复，并确认你公司承诺：①（b)(4) 过程；②更新产品标识和可追溯性程序，以明确（b)(4) 必须记录在案；③更新对新员工和制造人员的培训；④评估生产区域，以识别是否在其他地方发生类似行为；⑤建立更可靠的设备和/或程序控制在制造过程中使用的有助于防止未记录发生的ICD设备（b)(4)。你公司回复似乎是充分的；但你公司的几项行动仍在进行中，FDA后续检查将是必要的，以验证合规性。

你公司应立即采取措施纠正本信函所述的违规行为。如若未能及时纠正这些违规行为，可能导致FDA在没有进一步通知的情况下启动监管措施。监管措施包括但不限于没收、禁令和民事罚款。此外，联邦机构会

得知关于器械的警告信，以便在签订合同时考虑上述信息。此外，如果FDA确定你公司违反了质量体系法规，且这些违规行为与Ⅲ类器械的上市前批准申请有关联，则在纠正这些违规行为之前，将不会批准此类器械。同时，如果FDA确定你公司的器械不符合《法案》的要求，则不会批准出口证明（Certificates to Foreign Governments，CFG）的申请。

请在收到本信函之日起15个工作日内将你公司为纠正上述违规行为所采取的具体步骤书面通知本办公室，并说明你公司计划如何防止此类违规行为或类似违规行为再次发生。包括你公司已经采取的纠正措施（必须解决系统问题）的文件材料。如果你公司计划采取的纠正措施将逐渐开展，请提供实施这些活动的时间表。如果无法在15个工作日内完成纠正，请说明延迟的原因以及完成这些活动的时间。你公司的回复应全面，并解决此警告信中所包括的所有违规行为。

此外，FDA检查员还引用了FDA 483表在纠正及预防措施（21 CFR 820.100）、验收活动（21 CFR 820.80）、统计技术（21 CFR 820.250）以及检查、测量和试验设备（21 CFR 820.72）方面的意见。你公司的回复似乎充分说明了这些意见。在后续检查期间，将评价纠正行动的实施和有效性。

最后，请注意本信函未完全包括你公司全部违规行为。你公司有责任遵守FDA所有的法律和法规。本信函和检查结束时签发的检查结果FDA 483表中记录的具体违规行为可能表明你公司制造和质量管理体系中存在严重问题。你公司应查明违规原因并及时采取纠正措施，确保产品合规。

第126封 给Medtronic Inc., Cardiac Rhythm and Heart Failure（CRHF）的警告信

生产质量管理规范/质量体系法规/医疗器械/伪劣

CMS # 560736

2018年7月30日

尊敬的I先生：

2018年4月23日至5月14日，美国食品药品管理局（FDA）对位于8200 Coral Sea Street NE, Mounds View, Minnesota的Medtronic心脏节律和心衰疾病管理部门（CRHF）的医疗器械进行了检查。检查期间，FDA检查员已确认Medtronic CRHF为植入式起搏器、植入式心脏复律除颤器、心脏再同步器械、心脏消融导管系统、心脏监护和诊断器械以及其他相关产品的生产制造商。根据《联邦食品、药品和化妆品法案》（以下简称《法案》）第201（h）节［21 U.S.C.§ 321（h）］，凡是用于诊断疾病或其他症状，对疾病有治愈、缓解、治疗或预防作用，或是可以影响人体结构或功能的器械，均为医疗器械。故你公司涉及检查的产品为医疗器械。

本次检查表明，这些医疗器械的生产、包装、储存或安装中使用的方法、设施或控制不符合21 CFR 820的cGMP要求，根据《法案》第501（h）节［21 U.S.C.§ 351（h）］的规定，属于伪劣产品。你公司可通过FDA主页www.fda.gov链接查询相关法案和FDA法规。

FDA已于2018年6月5日和7月13日收到你公司针对FDA检查员在2018年5月14日出具的FDA 483表（检查发现问题清单）的回复。FDA针对回复，处理如下：

1．未能按照21 CFR 820.30（h）的要求建立适当的设计转换程序。

特别是，在（b）（4）过程合格之前，Blackwell植入式心脏除颤器（ICD）的设计转让已获得批准。尽管从未进行过资格认证，但Medtronic Juncos Campus（MJC）的制造工厂实施了（b）（4）工艺（b）（4）。ICD中的（b）（4）工艺（b）（4）由于高压电弧而失效。这导致你公司召回Z-0582/9-2018。

FDA审查了你公司对FDA 483表的回复，并确认你公司承诺：①审查所有Blackwell生产工艺以识别任何其他（b）（4）工艺，同时确保予以适当的合格或确认；②评估（b）（4）所有当前植入式治疗和诊断设备的工艺，以评价任何（b）（4）未经100%验证的工艺的确认状态；③对CRHF设计转移程序进行全面审查，以识别是否需要改进，并采取其他步骤解决所引用的缺陷。你公司回复似乎是充分的；但你公司的几项行动仍在进行中，FDA后续再检查将是必要的，以验证合规性。

2．未能按照21 CFR 820.70（b）的要求建立生产工艺变更的适当程序。

具体为，MJC在未经Medtronic CRHF批准的情况下完成了对（b）（4）工艺（b）（4）的变更，这是你公司程序所要求的。此外，由于MJC未能将工艺变更通知CRHF，因此变更未经监管审查。

FDA审查了你公司的回复，并确认你公司承诺：①审查去年与现场CRHF产品相关的纠正和预防措施（CAPA）中的纠正行动，以确定变更是否适当升级至CRHF进行审查；②审查来自内部供应商机构的CRHF产品变更控制工作表具有统计意义的样本，该样本导致不需要业务部门审查和批准的决定；③修改变更控制程序，以简化和澄清通知要求，并采取其他步骤解决引用的缺陷。你公司回复似乎是充分的；但你公司的几

项行动仍在进行中，FDA后续再检查将是必要的，以验证合规性。

你公司应立即采取措施纠正本信函所述的违规行为。如若未能及时纠正这些违规行为，可能导致FDA在没有进一步通知的情况下启动监管措施。监管措施包括但不限于没收、禁令和民事罚款。此外，联邦机构会得知关于器械的警告信，以便在签订合同时考虑上述信息。如果FDA确定你公司违反了质量体系法规，且这些违规行为与Ⅲ类器械的上市前批准申请有关联，则在纠正这些违规行为之前，将不会批准此类器械。同时，如果FDA确定你公司的器械不符合法案的要求，则不会批准出口证明（Certificates to Foreign Governments，CFG）的申请。

请在收到本信函之日起15个工作日内将你公司为纠正上述违规行为所采取的具体步骤书面通知本办公室，并说明你公司计划如何防止此类违规行为或类似违规行为再次发生。包括你公司已经采取的纠正措施（必须解决系统问题）的文件材料。如果你公司计划采取的纠正措施将逐渐开展，请提供实施这些活动的时间表。如果无法在15个工作日内完成纠正，请说明延迟的原因以及完成这些活动的时间。你公司的回复应全面，并解决此警告信中所包括的所有违规行为。

此外，在FDA 483表观察结果3中，FDA的检查员注意到你公司关于CAPA 358912（b）（4）的行为与风险不相称，或按照CRHF的CAPA程序进行。FDA审查了你公司的回复，并确认你公司承诺改善对CAPA调查的监督，并促进及时做出与相关风险相称的现场纠正行动决定。在后续检查期间将评价纠正行动的有效性。

最后，请注意本信函未完全包括你公司全部违规行为。你公司有责任遵守FDA所有的法律和法规。本信函和检查结束时签发的检查结果FDA 483表中记录的具体违规行为可能表明你公司制造和质量管理体系中存在严重问题。你公司应查明违规原因并及时采取纠正措施，确保产品合规。

第127封　给US Vascular LLC.的警告信

生产质量管理规范/质量体系法规/医疗器械/伪劣

CMS # 554761

2018年6月7日

尊敬的S先生：

美国食品药品管理局（FDA）于2018年3月26日至30日期间对你公司位于15246 NW Greenbrier Pkwy, Beaverton, OR的医疗器械进行了检查。检查期间，FDA检查员已确认你公司为血管病理学用Ⅱ类VascuLab的生产制造商。根据《联邦食品、药品和化妆品法案》（以下简称《法案》）第201（h）节［21 U.S.C.§ 321（h）］，凡是用于诊断疾病或其他症状，对疾病有治愈、缓解、治疗或预防作用，或是可以影响人体结构或功能的器械，均为医疗器械。故你公司涉及检查的产品为医疗器械。

本次检查表明，这些医疗器械的生产、包装、储存或安装中使用的方法、设施或控制不符合21 CFR 820的cGMP要求，根据《法案》第501（h）节［21 U.S.C.§ 351（h）］的规定，属于伪劣产品。

2018年4月13日，FDA收到你公司针对2018年3月30日出具的FDA 483表（检查发现问题清单）的回复。一直以来，你公司都承诺会进行整改，但迄今为止仍未观察到任何充分整改的迹象，即便在你公司对外购买了相关的规程以后，这套规程一直以来也从未获得过完全的落实。另外还注意到，你公司在最近一次驻厂查验所收到的12项引述内容当中竟然有11项完全重复了2017年4月驻厂查验时的引述内容。而你公司在最近一次驻厂查验中收到的8项引述内容竟然也完全重复了2016年3月驻厂查验时的引述内容。FDA现针对以下每一项违规行为提出对你公司回复的说明。为便于你公司参考，FDA在21 CFR 820.3（k）当中对“建立”一词的定义为“定义、记录（书面记录或电子记录）并落实执行”。这些违规事项包括但不限于以下内容：

1．未能按照21 CFR 820.30的要求建立和保持器械设计控制程序。

你公司在FDA近期的驻厂查验中提供了一份设计与研发规程，SOP-03，修订版 1。此项规程并未注明任何生效日期或执行日期，也没有任何证据可证明该规程已经通过审查或批准，但你公司竟向FDA检查员表示该规程已于2018年3月26日生效并且目前正在执行当中。此项规程要求通过设计验证来证实设计输出成果满足设计输入依据，而且设计验证能够提供客观证据。另外还要求通过设计确认来证实器械能够满足用户需求并且能够提供客观证据。

你公司还为（b）（4）提供了“（b）（4）”。该文件上并未载明生效日期，唯一注明的日期仅显示“截至：2018年3月27日9：20 PM”，或者FDA查验的第二天日期。该文件显示至少有13项设计输入依据缺失设计输出结果，包括（b）（4）的功能和器械的（b）（4）。另外还发现，至少（b）（4）的输入依据没有进行输出结果的验证或确认，包括与该血管病理学超声器械相关的（b）（4）。

你公司近期的回复中声明你公司将评审设计规程和（b）（4）并执行DHF上的缺口分析以期更新所有缺失的文件。你公司提供的预估完成日期为2018年7月31日；但目前来看你公司回复的充分性尚无法获得确定，因为你公司至今都没有提供整改更正的任何客观证据。你公司在2017年4月FDA 483表的注释当中还承诺更正类似的观察结果，而且还进一步声明在你公司2017年8月22日的法规监管会议之后2个月内就能完成整改。你公司的回复当中同样未能指出经FDA多次提请你公司注意（见FDA日期为2016年11月17日、2016年5月31日的警告信，日期为2016年3月28日的FDA 483表以及日期为2013年8月22日的FDA附加信息要求）以后，你公司为何依然无法纠正此项违规问题的原因。FDA至今未能收到相关充分的整改措施。

FDA现要求你公司仔细了解21 CFR 820.30当中的规定并在缺口分析完成后立即提供可证明（b）（4）已

更新的书面文件记录，同时告知FDA办公室所有此类事项何时能够得到纠正以及何时能够确保合规。在你公司的下一次驻厂查验当中，该部分将再次予以审查。

2．未能按照21 CFR 820.198的要求建立和保持由正式指定的部门接收、评审和评价投诉的程序。

在FDA近期的查验当中，有关投诉处理的规程未能提供；但你公司仍通过电子邮件收取投诉信息。这些投诉记录同样未能提供给FDA检查员，期间只提供了1例投诉举例。而所提供的该投诉举例也没有包含21 CFR 820.198当中所要求的信息，投诉内容本身也不清楚，因为仅提供了电子邮件的内容，而你公司也没有进一步的书面记录来满足法规要求。

你公司在近期的回复中声明，你公司计划在2018年5月31日前部署落实一套投诉处理的规程并对投诉事项予以必要的评价。但目前来看你公司回复的充分性尚无法获得确定，因为你公司至今都没有提供整改更正的任何客观证据。此项要求在过去3次的驻厂查验中已经通过FDA 483表的引述内容向你公司发出了明确的通知。你公司在2017年4月FDA 483表的注释当中也承诺要整改该项观察问题，而在你公司2017年8月22日的法规监管会议上对这一点提出讨论时，你公司又声明你公司希望将投诉处理整合到你公司的CAPA系统当中，但也没有提供整改更正的潜在时间范围。FDA至今未能收到相关充分的整改措施。

你公司应仔细了解21 CFR 820.198中的要求并建立一套相应的规程来满足法规监管要求。FDA要求你公司在该套规程建立并落实执行之时通知FDA办公室并提供规程的副本材料。你公司规程应包含你公司将如何保持投诉文件的有序组织以便在下一次驻厂查验时随时提供调阅。待你公司制定了该套规程后，FDA会在驻厂查验期间要求你公司利用该规程来向FDA办公室提供已收集到的各项投诉的进一步解释。请就（b）（4）问题事项及你公司调查情况提供全面彻底的解释，同时说明其中的修复工作是针对投诉人的单一器械还是针对实地现场的全部器械，以及修复处理如何得以落实（软件更新、物理硬件更换等）。

3．未能按照21 CFR 820.100的要求建立和保持实施纠正和预防措施的程序。

在FDA近期查验过程中，你公司提供了纠正和预防措施SOP-11，修订版 1。但和你公司所提供的其他规程相类似，该规程并未注明任何生效日期或执行日期，也没有评审或批准的证据，但你公司仍告知FDA检查员该规程于2018年3月26日生效。你公司还告知FDA检查员，该规程尚未执行。在FDA驻厂查验之时，你公司自上一次查验以来一直没有启动过任何CAPA。

对所提供的规程进行评审发现了解决项（b）（4）。规程未能解决更正或预防措施的验证或确认要求，无法确保措施不会对成品器械造成不利影响。FDA要求你公司评审该套规程以确保其满足21 CFR 820.100中的全部要求，同时确保你公司已经配备相关所需的人员来满足你公司要求（或者更新此类要求以满足你公司现阶段的经营）。

你公司近期的回复当中声明你公司计划在2018年4月30日以后正式落实执行CAPA规程，同时启动并完成必要的CAPA措施。但目前来看你公司回复的充分性尚无法获得确定，因为你公司至今都没有提供整改更正的任何客观证据。此项要求已经通过FDA 483表的引述内容在过去3次的驻厂查验中向你公司发出了明确的通知。你公司在2017年4月FDA 483表的注释当中也承诺要整改该项观察问题，而在你公司2017年8月22日的法规监管会议上对这一点提出讨论时，你公司又声明你公司拟计划整改更正（b）（4），但也没有提供整改更正的潜在时间范围。FDA至今未能收到相关充分的整改措施。

FDA现要求你公司仔细了解21 CFR 820.100中的要求并在你公司规程已满足全部要求且已经落实到位之时通知FDA办公室。CAPA规程和记录将在你公司的下一次驻厂查验中予以审查。

4．未能按照21 CFR 820.30（i）的要求建立设计变更的程序。

如第1条所讨论，你公司在FDA 2018年3月的驻厂查验中提供了设计与研发规程，SOP-03，修订版 1。该规程需要对设计变更予以评审（b）（4）。

在FDA近期的驻厂查验当中，你公司告知FDA检查员，用于控制VascuLab器械的（b）（4）已经进行了（b）（4）的变更。你公司指出这些变更包含了（b）（4）用于更正初始模拟设计的错误。在此次驻厂查验期间，你公司无法提供任何书面记录的变更评价、变更潜在影响以及验证测试的书面记录等。

你公司在近期的回复中声明你公司计划在2018年6月30日前更新规程并评价既往设计变更。但目前来看你公司回复的充分性尚无法获得确定，因为你公司至今都没有提供整改更正的任何客观证据。此外，你公司的回复中也没有解决实地现场当中存在（b）(4）等初始设计差异的产品。待你公司依照法规监管要求回顾评审了你公司规程后，请评估此类变更的影响并向FDA办公室详细说明这些实地现场当中存在（b）(4）等初始设计差异的产品是否会导致器械故障失效。

你公司在2017年4月FDA 483表的注释当中也承诺过要整改该项观察问题，此外在你公司2017年8月22日的法规监管会议上对这一点提出讨论时，你公司又声明你公司不确定该项何时能够得到整改，也许是在2个月内。FDA至今未能收到相关充分的整改措施。FDA已随附提供了一份标题为“医疗器械制造商设计变更指南”的FDA指南以协助你公司进行整改。

FDA要求你公司仔细了解21 CFR 820.30中的要求并告知FDA设计变更依照法规能够要求予以书面记录的日期。该部分内容将在你公司的下一次驻厂查验中予以审查。

5．未能按照21 CFR 820.50的要求建立和保持程序，确保所有采购或以其他方式收到的产品和服务满足规定的要求。

你公司在FDA驻厂查验期间提供了供应商评价规程SOP-05，修订版 1。此项规程并未注明任何生效日期或执行日期，也没有证明该规程已经通过审查或批准，但你公司竟向FDA检查员表示该规程于FDA驻厂查验开始当天生效，即2018年3月26日。该规程要求对影响产品质量的货物和服务供应商予以资质审查、评价和监督，同时指出许可供应商应当在你公司的（b）(4）当中予以维护。

在FDA近期的驻厂查验当中，你公司无法提供能够证明你公司（b）(4）的供应商或者VascuLab器械的任何其他供应商已经通过评价或批准许可的书面证明材料。你公司表示目前正在制定（b）(4)，因此还无法向FDA检查员提供。

你公司在近期的回复中声明你公司计划落实相应的规程、对供应商文件予以评审和更新并在2018年6月30日之前执行你公司的（b）(4）。但目前来看你公司回复的充分性尚无法获得确定，因为你公司至今都没有提供整改更正的任何客观证据。此项要求已经通过FDA 483表的引述内容在过去3次的驻厂查验中向你公司发出了明确的通知。你公司在2017年4月FDA 483表的注释当中也承诺过要整改该项观察问题，而在你公司2017年8月22日的法规监管会议上对这一点提出讨论时，你公司又表示需要就此事与顾问协商讨论。FDA至今未能收到相关充分的整改措施。

请务必知悉，在你公司查阅了解21 CFR 820.50时会发现该法规同样适用于顾问。FDA要求你公司仔细了解该部分内容并通知FDA办公室，你公司的（b）(4）以及对应的评价和书面记录能够完成并满足法规监管要求。该部分内容将在你公司的下一次驻厂查验中予以审查。

6．未能按照21 CFR 820.80的要求建立和保持验收活动的程序。

在FDA近期的驻厂评审期间，你公司提供了VascuLab器械的（b）(4）实例；但你公司表示你公司还没有制定任何用于管理此类测试执行方式的成文规程。其结果包含了（b）(4)。

你公司告知FDA检查员，自你公司上一次驻厂查验以来，已有大约（b）(4）套的VascuLab血管病理学超声探头对外销售。你公司在近期的回复中表示你公司计划在2018年5月31日之前部署落实收货检验规程、建立采样计划并建立测试和成品发布规程。但目前来看你公司回复的充分性尚无法获得确定，因为你公司至今都没有提供整改更正的任何客观证据。你公司的历史记录表明，你公司在过去2份FDA 483表当中已经收到了此项引述内容，而你公司在这两份表单当中都注释了“承诺整改”该问题。在你公司2017年8月22日的法规监管会议上，你公司表示会在大约1个月内纠正此项不足点。FDA至今未能收到相关充分的整改措施。

FDA要求你公司仔细了解21 CFR 820.80的内容并在对应的规程已经全面建立（部署执行已收录于你公司记录当中）之时通知FDA办公室。该部分内容将在你公司的下一次驻厂查验中予以审查。

7．未能按照21 CFR 820.90的要求建立和保持程序，以控制不符合规定要求的产品。

在近期的驻厂查验过程中，FDA检查员在隔离区内观察到了你公司所述的不合规VascuLab组件，但你公司无法提供任何不合规记录来证明其中的不合规类型、任何对应的调查情况或者此类物品的处置情况。你公司向FDA检查员提供了一份不合规材料规程SOP-10，修订版 1。但和你公司所提供的其他规程相类似，该规程并未注明任何生效日期或执行日期，也没有评审或批准的证据，但你公司仍告知FDA检查员该规程于2018年3月26日生效。你公司还告知FDA检查员，该规程尚未落实执行。

你公司在近期的回复中表示你公司计划在2018年5月31日前部署执行不合规材料的规程并评价所有未决的不合规事项。但目前来看你公司回复的充分性尚无法获得确定，因为你公司至今都没有提供整改更正的任何客观证据。此项要求已经通过FDA 483表的引述内容在过去3次的驻厂查验中向你公司发出了明确的通知。你公司在2017年4月FDA 483表的注释当中也承诺过要整改该项观察问题，而在你公司2017年8月22日的法规监管会议上对这一点提出讨论时，你公司回复估计会在2个月内完成整改。FDA至今未能收到相关充分的整改措施。

对你公司不合规材料规程SOP-10，修订版 1进行评审后发现该规程要求（b）(4)。FDA要求你公司仔细审查该规程以确保规程满足21 CFR 820.90中的全部要求，同时确保你公司已经配备相关所需的人员来满足你公司的要求（或者更新此类要求以满足你公司现阶段的经营）。FDA要求你公司在对应的规程已经全面建立（包括不合规事项的记录）之时通知FDA办公室。该部分内容将在你公司的下一次驻厂查验中予以审查。

8．未能按照21 CFR 820.181的要求维护器械主记录。

在FDA近期的驻厂查验当中，你公司无法提供VascuLab器械的器械主记录（DMR），而且你公司甚至提问FDA检查员DMR是什么。经FDA检查员的一番解释后，你公司提供了标题为器械主记录的规程SOP-09，修订版 1，同时表示该规程于2018年3月26日生效。但和你公司所提供的其他规程相类似，该规程并未注明任何生效日期或执行日期，也没有评审或批准的证据。你公司还告知FDA检查员，此项规程还没有正式执行，但将会用于编制未来的DMR。

你公司在近期的回复中表示计划在2018年6月30日前落实执行你公司的DMR规程。但目前来看你公司回复的充分性尚无法获得确定，因为你公司至今都没有提供整改更正的任何客观证据。此项要求已经通过FDA 483表的引述内容在过去3次的驻厂查验中向你公司发出了明确的通知。你公司在2017年4月FDA 483表的注释当中也承诺过要整改该项观察问题，而在你公司2017年8月22日的法规监管会议上对这一点提出讨论时，你公司估计会在2个月内完成整改。FDA至今未能收到相关充分的整改措施。

FDA要求你公司仔细了解21 CFR 820.181中的要求以确保你公司的规程能够满足全部要求，并在规程已经全面部署执行且DMR已经完整的情况下再通知FDA办公室。该部分内容将在你公司的下一次驻厂查验中予以审查。

9．未能按照21 CFR 820.40的要求建立文件控制作业程序。

在FDA近期的驻厂查验当中，你公司所提供的规程（包括SOP 1、2、3、5、10、11和14）都没有包含书面记载的生效日期，也没有规程通过评审和批准的证据。你公司表示这些规程在2018年3月26日生效，即FDA开始驻厂查验的当天。

对所提供的文件控制与记录管理规程SOP-01，修订版1进行评审后发现相关责任义务已有描述（b）(4)。文件中还指出你公司将利用你公司的（b）(4) 来进行文件管理，同时会收录正式的评审和批准流程来保存好文件批准人的记录并公布修订历史。此外，规程中指出（b）(4) 并没有在规程中予以定义。在驻厂查验期间所提供的规程并没有遵循你公司文件控制规程中的要求。

你公司在近期的回复中表示计划在2018年4月30日之前落实执行文件控制规程并在2018年5月31日前开展其他规程的评审和批准工作。但目前来看你公司回复的充分性尚无法获得确定，因为你公司至今都没有提供整改更正的任何客观证据。此项要求已经通过FDA 483表的引述内容在过去3次的驻厂查验中向你公司发出了明确的通知。你公司在2017年4月FDA 483表的注释当中也承诺过要整改该项观察问题，而在你公司2017年8月22日的法规监管会议上对这一点提出讨论时，你公司表示整改工作正在进行当中，整改完成的时间还不得而知。FDA至今未能收到相关充分的整改措施。

FDA要求你公司仔细了解21 CFR 820.40对应你公司规程的相关要求以确保全部要求且你公司的规程可以在你公司组织的现有人员配置之下予以编制执行（或者予以必要的更新以体现你公司的经营情况）。请在你公司规程已经通过全面评审、已收录书面批准并获得执行之时通知FDA办公室，以便在下一次驻厂查验期间对这些规程予以审查。

10．未能按照21 CFR 820.184的要求建立器械历史记录的作业程序。

在FDA近期的驻厂查验当中，你公司无法提供器械历史记录（DHR）如何予以维护的成文规程；但你公司确实留存有一部分的测试记录以及血管病理学用Ⅱ类VascuLab器械的标签复制品。所留存的记录未能满足21 CFR 820.184的要求。

你公司在近期的回复中表示你公司也清楚需要制订一套DHR规程并计划在2018年5月31日前予以落实。但目前来看你公司回复的充分性尚无法获得确定，因为你公司至今都没有提供整改更正的任何客观证据。此项要求已经通过FDA 483表的引述内容在过去3次的驻厂查验中向你公司发出了明确的通知。你公司在2017年4月FDA 483表的注释当中也承诺过要整改该项观察问题，而在你公司2017年8月22日的法规监管会议上对这一点提出讨论时，你公司表示仍需进一步研究其中的要求。FDA至今未能收到相关充分的整改措施。

FDA要求你公司仔细了解21 CFR 820.184的要求并建立一套相应的规程来满足这些要求。在该规程已经部署落实时请通知FDA办公室；完整的DHR记录将在下一次驻厂查验期间予以审查。

11．未能按照21 CFR 820.22的要求建立质量审核作业程序。

在FDA近期的驻厂查验当中，你公司提供了内部审计规程SOP-22，修订版 1。但和你公司所提供的其他规程相类似，该规程并未注明任何生效日期或执行日期，也没有可证明该规程已通过评审或批准的书面证据，但你公司仍告知FDA检查员该规程于2018年3月26日生效。对该规程的评审发现规程要求（b）(4)。你公司告知FDA检查员，该规程尚未部署执行，迄今为止还没有开展过任何内部审计。

你公司在近期的回复中表示，计划在2018年4月30日前部署落实你公司的规程并开展质量审核工作，同时在2018年8月31日前根据设计发现的要求落实质量体系的相关后续更新。但目前来看你公司回复的充分性尚无法获得确定，因为你公司至今都没有提供整改更正的任何客观证据。此项要求已经通过FDA 483表的引述内容在过去3次的驻厂查验中向你公司发出了明确的通知。你公司在2017年4月FDA 483表的注释当中也承诺过要整改该项观察问题，而在你公司2017年8月22日的法规监管会议上对这一点提出讨论时，你公司表示会委托外部顾问来开展内部审计，但并没有提供相应的时间期限。FDA至今未能收到相关充分的整改措施。

FDA要求你公司仔细了解21 CFR 820.22中的要求以确保你公司的规程满足全部法规监管要求，而且还要审查你公司的规程以确保你公司已经配备相关所需的人员来满足你公司的要求（或者更新此类要求以满足你公司现阶段的经营）。请向FDA提供你公司完成首次审计的日期并在下一次驻厂查验期间随时准备好提供审计证据（但不用提供审计结果）。

FDA驻厂查验还发现你公司在血管病理学器械中所使用的Ⅱ类VascuLab器械存在《法案》第502（t）（2）节［21 U.S.C.§ 352（t）（2）］当中所述的虚假贴标现象，即你公司未能提供或者拒绝提供《法案》第519节（21 U.S.C.§ 360i）以及21 CFR 803 – 医疗器械报告当中所要求的器械相关材料或信息。重大违规问题包括但不限于以下内容：

1．未能按照21 CFR 803.17的要求建立书面MDR规程。

在FDA近期的驻厂查验当中，你公司提供了不良事件报告规程SOP-14，修订版 1和（b）(4)，这两项规程都没有书面的生效时期或已通过评审或批准的证据。你公司告知FDA检查员这些规程于2018年3月26日生效，而且两项规程都已经在FDA的驻厂查验前落实执行。在FDA驻厂查验期间所审查的投诉当中并没有包含21 CFR 803或21 CFR 820.198当中所规定的医疗器械报告。

你公司近期的回复当中并没有解决此次驻厂查验结束时所签发的FDA 483表当中提出的该观察问题。此项要求已经通过FDA 483表的引述内容在过去3次的驻厂查验中向你公司发出了明确的通知。你公司在2017年4月FDA 483表的注释当中也承诺过要整改该项观察问题，而在你公司2017年8月22日的法规监管会议上对这一点提出讨论时，你公司表示正在寻求软件来处理医疗器械报告，但并没有提供相应的时间安排。FDA至今未能收到相关充分的整改措施。

FDA要求你公司仔细了解21 CFR 803中的要求并确保你公司的规程完全符合要求。待投诉问题开始依照医疗器械报告来进行评价时请通知FDA办公室，以便在你公司下一次的驻厂查验中对该部分内容予以审查。

你公司应立即采取措施纠正本信函所述的违规行为。如若未能及时纠正这些违规行为，可能导致FDA在没有进一步通知的情况下启动监管措施。监管措施包括但不限于没收、禁令和民事罚款。此外，联邦机构会得知关于器械的警告信，以便在签订合同时考虑上述信息。此外，如果FDA确定你公司违反了质量体系法规，且这些违规行为与Ⅲ类器械的上市前批准申请有关联，则在纠正这些违规行为之前，将不会批准此类器械。同时，如果FDA确定你公司的器械不符合《法案》的要求，则不会批准出口证明（Certificates to Foreign Governments，CFG）的申请。

请在收到本信函之日起15个工作日内将你公司为纠正上述违规行为所采取的具体步骤书面通知本办公室，并说明你公司计划如何防止此类违规行为或类似违规行为再次发生。包括你公司已经采取的纠正措施（必须解决系统问题）的文件材料。如果你公司计划采取的纠正措施将逐渐开展，请提供实施这些活动的时间表。如果无法在15个工作日内完成纠正，请说明延迟的原因以及完成这些活动的时间。你公司的回复应全面，并解决此警告信中所包括的所有违规行为。

最后，请注意本信函未完全包括你公司全部违规行为。你公司有责任遵守FDA所有的法律和法规。本信函和检查结束时签发的检查结果FDA 483表中记录的具体违规行为可能表明你公司制造和质量管理体系中存在严重问题。你公司应查明违规原因并及时采取纠正措施，确保产品合规。

第128封 给Westcoast Radiology, Ltd.的警告信

乳房X线检查质量标准

CMS # 554972

2018年5月23日

尊敬的R女士：

2017年9月18日，美国食品药品管理局（FDA）检查员检查了你公司。这次检查发现你公司的乳腺X线摄影系统存在严重问题。根据《美国法典》（USC）第42篇第263b节中引用的1992年乳腺X射线检查质量标准法案（MQSA），你公司必须满足进行乳腺X线检查的特定要求。这些要求有助于保护妇女的健康，确保设施可以进行高质量的乳腺X线检查。

检查时发现你公司有违反MQSA法案的行为。在MQSA设施检查报告的“关于MQSA检查的重要信息”中记录了这些违规。这些违规项具体如下：

一级：没有建立系统以及时提交医疗报告。[参见21 CFR 900.12（c）(3)（i）(ii）]

一级：没有建立系统以及时提交总结。

一级：没有建立系统以快速沟通严重或高度预示的病例。[参见21 CFR 900.12（c）(3)（ii）]

你公司未能按照2017年10月25日发送的“关于MQSA检查的重要信息”文件的要求回复MQSA设施检查报告。

由于持续未能解决这些违规问题可能意味着（你公司）存在严重潜在问题，将影响乳腺X线摄影系统质量控制，FDA可能会采取额外措施，包括但不限于以下措施：

- 要求你公司接受乳腺X线摄影系统的额外的审查
- 将你公司列入纠正措施监控指导计划之下
- 对你公司收取现场监控费用
- 要求你公司通知接受你公司乳腺X线摄影检查的患者及相关指导医师，告知缺陷，以及缺陷可能造成的危害，应采取的适当补救措施以及其他相关信息
- 由于未能符合MQSA法案的每一项或者每一天而可能收到最高达1.1万美元民事罚款
- 可能暂停或撤销你公司的FDA证书
- 法院可能对你公司发出禁令

[参见42 USC 263b（h）-（j）和21 CFR 900.12（j）]

FDA可能会执行一个合规的后续检查，以确定你公司的每个问题都已经得到了纠正。

你公司应该在收到本信函后15个工作日内向FDA作出书面答复。你公司应针对以上发现回复，并包括以下内容：

1．已采取或将采取的具体措施步骤，以纠正本信函中所述的所有违规行为，包括计划实施这些步骤的预计时间；

2．已经或将要采取的具体措施步骤，以防止类似违规事件再次发生，包括实施这些措施的预计时间；

3．证明正确的样本记录保存程序。注意：患者姓名或其他可能暴露患者身份的信息可以从递交的任何记录副本中删除。

第129封　给SynCardia Systems LLC.的警告信

不良事件报告/伪劣

CMS # 537226

2018年4月3日

尊敬的G先生：

美国食品药品管理局（FDA）于2017年8月14日至8月18日，对你公司位于亚利桑那州图森市（Tuczon，Az）的医疗器械进行了检查。检查期间，FDA检查员已确认你公司为SynCardia临时全人工心脏（TAH-t）系统的生产制造商。根据《联邦食品、药品和化妆品法案》（以下简称《法案》）第201（h）节［21 U.S.C.§ 321（h）］，凡是用于诊断疾病或其他症状，对疾病有治愈、缓解、治疗或预防作用，或是可以影响人体结构或功能的器械，均为医疗器械。故你公司涉及检查的产品为医疗器械。

FDA检查发现，根据《法案》第502（t）（2）节［21 U.S.C.§ 352（t）（2）］，你公司的SynCardia临时全人工心脏（TAH-t）系统属于伪劣产品，因你公司未能或者拒绝提供《法案》第519节（21 U.S.C.§ 360i）和21 CFR 803 – 医疗器械报告当中所规定的器械材料或信息。显著偏离包括但不限于以下内容：

1．未能在你公司收到或以任何其他方式了解到的其他来源的信息后30个自然日内向FDA报告，该信息合理地表明你公司上市的设备可能导致或促成了21 CFR 803.50（a）（1）规定的死亡或严重伤害。

例如，你公司SynCardia TAH-t批准后研究发现，1例患者（ID（b）（4））的死亡原因被列为设备故障。男性患者年龄在60～69岁之间，植入日期为2016年1月，死亡时间为1个月后。但是，你公司尚未就2016年3月发生的事件提交MDR。你公司的回复指出还需要依靠客户来提供与你公司设备相关的患者死亡报告。此处还不够充分。作为制造商，你公司负责评价每个设备相关事件的可报告性，并相应地在30个自然日内提交报告。此外，你公司未能提供证明其已尽适当努力获取有关设备相关事件的更多信息的文件。

FDA审查了你公司2017年9月11日和2017年10月10日的回复，以及2017年10月16日和24日发送给FDA 483的电子邮件，认为目前无法确定你公司回复的充分性。例如，你公司提供了标题为"客户体验程序（b）（4），发布日期为2017年9月22日"和"电子医疗器械报告程序（b）（4），发布日期为2017年9月22日"的修订程序的证据，其中包括识别和评价在没有可能向FDA报告的客户投诉的情况下发生的不良事件的过程。此外，你公司没有提供实施纠正行动的文件或证据，以确保按照要求适当处理所有不良事件。

2．未能按照21 CFR 803.17的要求充分制定、维护和实施书面MDR程序。

例如，在审查了你公司名为"电子医疗器械报告程序"（b）（4）的MDR程序（无发布日期）后，注意到以下问题：

（1）没有证据表明你公司的MDR程序已经实施。例如，MDR程序没有生效日期或发布日期。

（2）你公司的MDR程序没有建立内部系统，以便及时有效地识别、沟通和评价可能受MDR要求约束的事件。例如，你公司程序未涉及识别和评价不良事件的流程，该类事件没有向FDA可能报告的客户投诉。

（3）你公司的MDR程序并未说明如何处理文件和记录保存要求，包括用于确定设备相关死亡、重伤或故障是否可报告的审议和决策过程的文件。例如，你公司在2016年3月发现一例男性患者（ID（b）（4））死亡，并且未能提交MDR报告。此外，你公司没有提供任何文件说明为什么没有向FDA提交MDR报告。

FDA审查了你公司2017年9月11日和2017年10月10日的回复，以及2017年10月16日和24日针对FDA 483

表发送的电子邮件，认为目前无法确定你公司回复的充分性。例如，你公司提供了名为“电子医疗器械报告程序（b）（4），发布日期2017年9月22日”的修订版MDR程序以及培训文件的证据。但是，你公司没有提供不良事件回顾性审查的证据，因为该纠正行动计划于2017年12月1日完成。根据所提交的资料，上文第2（2）和第2（3）项下指出的问题仍然值得注意。

如果你公司希望讨论MDR 报告标准或安排进一步的沟通，可以通过电子邮件ReportabilityReviewTeam@fda.hhs.gov联系报告审查团队。

你公司应立即采取措施纠正本信函所述的违规行为。如若未能及时纠正这些违规行为，可能导致FDA在没有进一步通知的情况下启动监管措施。监管措施包括但不限于没收、禁令和民事罚款。此外，联邦机构会得知关于器械的警告信，以便在签订合同时考虑上述信息。如果FDA确定你公司违反了质量体系法规，且这些违规行为与Ⅲ类器械的上市前批准申请有关联，则在纠正这些违规行为之前，将不会批准此类器械。同时，如果FDA确定你公司的器械不符合《法案》的要求，则不会批准出口证明（Certificates to Foreign Governments，CFG）的申请。

请在收到本信函之日起15个工作日内将你公司为纠正上述违规行为所采取的具体步骤书面通知本办公室，并说明你公司计划如何防止此类违规行为或类似违规行为再次发生。包括你公司已经采取的纠正措施（必须解决系统问题）的文件材料。如果你公司计划采取的纠正措施将逐渐开展，请提供实施这些活动的时间表。如果无法在15个工作日内完成纠正，请说明延迟的原因以及完成这些活动的时间。你公司的回复应全面，并解决此警告信中所包括的所有违规行为。

最后，请注意本信函未完全包括你公司全部违规行为。你公司有责任遵守FDA所有的法律和法规。本信函和检查结束时签发的检查结果FDA 483表中记录的具体违规行为可能表明你公司制造和质量管理体系中存在严重问题。你公司应查明违规原因并及时采取纠正措施，确保产品合规。

第130封　给Hoya Corporation-Pentax Life Division的警告信

不良事件报告/标识不当

CMS # 546991

2018年3月9日

尊敬的W先生：

美国食品药品管理局（FDA）特发本警告信告知您Pentax of America, Inc.未遵守《美国联邦食品、药品和化妆品法案》（以下简称《法案》）第522节（21 U.S.C.§ 360i），以及21 CFR 822的规定。2015年10月5日，FDA下令你公司对ED-3490TK型十二指肠镜进行上市后监管。

FDA发出上市后监管命令（PS150004）（"522号令"），原因是这些器械的故障将很可能在接受内镜逆行胰胆管造影术的患者中引起感染甚至可能导致死亡，其符合21 CFR 822.3（k）节中"严重不良健康后果"的定义。确切地讲，你公司被命令执行产品上市后监管，以解决有关在实际环境中如何重新处理十二指肠镜的三个问题，问题如下：

1．你公司的十二指肠镜标签和使用说明中包含的用户材料是否足以确保用户遵守你公司的重新处理说明？（注意：用户材料包括提供给重新处理人员的用户手册、小册子和制造商提供的快速参考指南）（人因研究）

2．使用贴标的重新处理说明后，临床使用的十二指肠镜受到活菌污染的百分比是多少？（抽样与培养研究）

3．对于使用你公司贴标的重新处理说明后仍被污染的器械，哪些因素导致了微生物污染，并且需要采取什么步骤对器械进行充分消毒？（抽样与培养研究）

通过在针对中期报告的决定函中纳入建议，FDA分别向你公司传达了这些研究的数据要求。

522号令建议你公司分两个阶段执行抽样与培养研究，开始阶段为试验阶段，在此期间，你公司开始从临床使用和重新处理过的十二指肠镜收集培养样品，以便在研究的第二阶段继续收集样品。522号令指出："FDA希望你公司在上市后监管命令发布之日起15个月内开始第二阶段的数据收集。"《法案》第522节要求公司"开始监管……不迟于秘书处根据本条发布命令之日后的15个月。"然而，在522号令发布后的15个月内，你公司未能提供开始收集的足够的数据。

"抽样与培养研究"的研究计划于2016年12月8日获得批准。根据该计划，你公司需要进行第一阶段和第二阶段研究，总共要收集850个样品。根据第一阶段的研究，你公司被要求在2017年5月之前注册2个研究中心并收集85个样品。然而，截至2018年2月2日，你公司仅在2个注册的研究中心收集了20个用于第一阶段研究的样品。2017年11月27日，FDA与你公司举行了电话会议，概述你公司未满足522号令的要求以及确立研究中心注册和样品收集时间表，并指出你公司的研究状态将被更改为"不合规"。FDA于2017年2月22日、2017年4月20日、2017年6月8日、2017年9月7日、2017年11月9日和2018年1月31日向你公司发出了决定函，函件中警告称你公司未达到约定的研究计划和时间表中的里程碑。

人因研究的研究计划于2017年8月10日获得批准。按照批准的研究时间表，该研究预计将在2017年8月前招募第一名测试参与者，每月招募6名测试参与者，并在2018年1月之前完成数据收集。然而，截至2018年2月2日的中期报告，你公司招募了0名参与者，并且人因测试尚未开始。决定函已于2018年1月6日发送至你公司，函中警告称你公司未达到约定的计划和时间表中的里程碑。

根据21 U.S.C.§ 301（q）（1）（C）节，制造商不遵守《法案》第522节的要求（包括21 CFR 822规定的要求）中规定的禁止行为。此外，不遵守《法案》第522节的要求还会导致器械按照《法案》第502（t）（3）节［21 U.S.C.§ 352（t）（3）］被判定为贴错标签。

根据《法案》第301（q）（1）（C）节，由于你公司违反了《法案》第522节规定的禁止行为，而且你公司的ED-3490TK型十二指肠镜目前按照《法案》第502（t）（3）节的规定被判定为贴错标签。

你公司应立即采取措施纠正这种违规行为。未能及时纠正此违规行为可能导致FDA在不另行通知的情况下采取监管措施。这些措施包括但不限于扣押、禁令和/或民事罚款。请注意，应告知联邦机构有关器械的所有警告信，以便他们在授予合同时可以考虑这些信息。

在你公司收到本信函之日起的15个工作日内，应提交一份计划，概述以下里程碑的实现方式：

抽样与培养研究

- 在2018年8月31日前处理50%的所有样品
- 在2018年12月31日前处理100%的所有样品

人因研究

- 在2018年5月31日前完成50%的人因测试
- 在2018年6月30日前完成100%的人因测试

你公司应书面通知本办公室你公司为纠正上述违规行为所采取的具体步骤，包括有关你公司采取的纠正措施的文件。如果你公司计划采取的纠正措施将逐渐开展，请提供实施这些活动的时间表。如果纠正措施无法在15个工作日内完成，请说明延迟的原因以及完成纠正的时间。

最后，你公司应该了解FDA有许多与器械制造和销售相关的要求。本信函仅涉及受2015年10月5日发布的522号令约束的器械的上市后监管要求，并不一定涉及你公司依法承担的其他义务。

第131封　给Fujifilm的警告信

不良事件报告/标识不当

CMS # 546987

2018年3月9日

尊敬的U先生：

美国食品药品管理局（FDA）特发本警告信告知您Fujifilm Medical System USA, Inc.未遵守《美国联邦食品、药品和化妆品法案》（以下简称《法案》）第522节（21 U.S.C.§ 360i），以及21 CFR 822的规定。2015年10月5日，FDA下令你公司对ED-530XT型十二指肠镜进行上市后监管。

FDA发出上市后监管命令（PS150002）（“522号令”），原因是这些器械的故障将很可能在接受内镜逆行胰胆管造影术的患者中引起感染甚至可能导致死亡，符合21 CFR 822.3（k）中“严重不良健康后果”的定义。确切地讲，你公司被命令执行上市后监管，以解决有关在实际环境中如何重新处理十二指肠镜的三个问题，问题如下：

1．你公司的十二指肠镜标签和使用说明中包含的用户材料是否足以确保用户遵守你公司的重新处理说明？（注意：用户材料包括提供给重新处理人员的用户手册、小册子和制造商提供的快速参考指南）（人因研究）

2．使用贴标的重新处理说明后，临床使用的十二指肠镜受到活菌污染的百分比是多少？（抽样与培养研究）

3．对于使用你公司贴标的重新处理说明后仍被污染的器械，哪些因素导致了微生物污染，并且需要采取什么步骤对器械进行充分消毒？（抽样与培养研究）

通过在针对中期报告的决定函中纳入建议，FDA分别向你公司传达了这些研究的数据要求。

522号令建议你公司分两个阶段执行抽样与培养研究，开始阶段为试验阶段，在此期间，你公司开始从临床使用和重新处理过的十二指肠镜收集培养样品，以便在研究的第二阶段继续收集样品。522号令指出：“FDA希望你公司在上市后监管命令发布之日起15个月内开始第二阶段的数据收集。”《法案》第522节要求公司“开始监测……不迟于秘书处（Secretary）根据本条发布命令之日后的15个月。”然而，在522号令发布后的15个月内，你公司未能提供开始收集的足够的数据。

“抽样与培养研究”的研究计划于2016年12月21日获得批准。根据该计划，你公司需要进行第一阶段和第二阶段研究，总共要收集826个样品。根据第一阶段的研究，你公司被要求在2017年2月之前注册1～3个研究中心并收集85个样品。然而，截至2018年1月16日，仅有2个研究中心收集分析了17个样品。2017年11月27日，FDA与你公司举行了电话会议，概述你公司未满足522号令的要求以及确立研究中心注册和样品收集时间表，并指出你公司的研究状态将被更改为“不合规”。FDA于2017年2月22日、2017年4月20日、2017年6月14日、2017年11月15日和2018年2月5日向你公司发出了决定函，函件中警告称你公司未达到约定的研究计划和时间表中的里程碑。

人因研究的研究计划于2017年7月31日获得批准。截至2018年1月26日的中期报告，已经有16名测试参与者完成了人因测试，预计到2018年3月将完成研究（所有30名测试参与者）。你公司的研究正在按照批准的研究时间表进行，基于此，FDA希望在2018年3月31日前所有30名测试参与者都完成人因测试。

根据21 U.S.C.§ 301（q）（1）（C），制造商不遵守《法案》第522节的要求（包括21 CFR 822规定的要求）中规定的禁止行为。此外，不遵守《法案》第522节的要求还会导致器械按照《法案》第502（t）（3）

节［21 U.S.C.§ 352（t）（3）］被判定为贴错标签。

根据《法案》第301（q）（1）（C）节，由于你公司违反了《法案》第522节规定的禁止行为，而且你公司的ED-530XT型十二指肠镜型号目前按照《法案》第502（t）（3）节的规定被判定为贴错标签。

你公司应立即采取措施纠正这种违规行为。未能及时纠正此违规行为可能导致FDA在不另行通知的情况下采取监管措施。这些措施包括但不限于扣押、禁令和/或民事罚款。请注意，应告知联邦机构有关器械的所有警告信，以便他们在授予合同时可以考虑这些信息。

在你公司收到本信函之日起的15个工作日内，提交一份计划，概述以下里程碑的实现方式：

抽样与培养研究

- 在2018年8月31日前处理50%的所有样品
- 在2018年12月31日前处理100%的所有样品

你公司应书面通知本办公室你公司为纠正上述违规行为所采取的具体步骤，包括有关你公司采取的纠正措施的文件。如果你公司计划采取的纠正措施将逐渐开展，请提供实施这些活动的时间表。如果纠正措施无法在15个工作日内完成，请说明延迟的原因以及将完成纠正的时间。

最后，你公司应该了解FDA有许多与器械制造和销售相关的要求。本信函仅涉及受2015年10月5日发布的522号令约束的器械的上市后监管要求，并不一定涉及你公司依法承担的其他义务。

第132封　给Olympus Medical Systems Corporation的警告信

不良事件报告/标识不当

CMS # 546986

2018年3月9日

尊敬的A先生：

美国食品药品管理局（FDA）特发本警告信告知你公司未遵守《联邦食品、药品和化妆品法案》（以下简称《法案》）第522条（21 U.S.C.§ 360i），以及21 CFR 822的规定。2015年10月5日，FDA下令你公司对下列器械执行上市后监管：JF-140F、PJF-160、TJF-160F、TJF-160VF和TJF-Q180V型十二指肠镜。

FDA发出上市后监管命令（PS150003）（"522号令"），原因是这些器械的故障很可能对接受内镜逆行胰胆管造影术的患者引发感染甚至可能导致死亡，其符合21 CFR 822.3（k）中"严重不良健康后果"的定义。确切地讲，你公司被命令执行产品上市后监管，以解决有关在实际环境中如何重新处理十二指肠镜的三个问题，问题如下：

（1）你公司的十二指肠镜标签和使用说明中包含的用户材料是否足以确保用户遵守你公司的重新处理说明？（注意：用户材料包括提供给重新处理人员的用户手册、小册子和制造商提供的快速参考指南）（人因研究）

（2）使用贴标的重新处理说明后，临床使用的十二指肠镜受到活菌污染的百分比是多少？（抽样与培养研究）

（3）对于使用你公司贴标的重新处理说明后仍被污染的器械，哪些因素导致了微生物污染，并且需要采取何种措施对器械进行充分消毒？（抽样与培养研究）

通过在针对中期报告的决定函中纳入建议，FDA分别向你公司传达了这些研究的数据要求。

522号令建议你公司分两个阶段执行抽样与培养研究，开始阶段为试验阶段，在此期间，你公司开始从临床使用和重新处理过的十二指肠镜收集培养样品，以便在研究的第二阶段继续收集样品。522号令指出："FDA希望你公司在上市后监管命令发布之日起15个月内开始第二阶段的数据收集。"522号令要求公司"开始监管……不迟于秘书处根据本条发布命令之日后的15个月。"然而，在522号令发布后的15个月内，你公司未能提供开始收集的足够的数据。

"抽样与培养研究"的研究计划于2016年12月22日获得批准。根据该计划，研究期间你公司需要收集总共1736个样品。在第一阶段的研究，要求你公司在2017年4月之前注册4个研究中心并收集176个样品。然而，截至2018年2月20日，你公司注册了0个研究中心，并且尚未开始取样和培养。2017年11月28日，FDA与你公司举行了电话会议，概述你公司未满足522号令的要求以及确立的研究中心注册和样品收集时间表，并指出你公司的研究状态将被更改为"不合规"。FDA于2017年2月6日、2017年4月20日、2017年6月16日、2017年8月31日和2018年1月16日向你公司发出了决定函，函件中警告称你公司未达到约定的研究计划和时间表中的里程碑。

人因研究的研究计划于2017年9月1日获得批准。按照批准的研究时间，该研究预计于2017年10月开始，每月有5名测试参与者参加，将于2018年4月完成数据收集。截至2017年12月30日的中期报告，你公司招募了零（0）名参与者，并且人因测试尚未开始。决定函已于2018年2月22日发送至你公司，函中警告称你公司未达到约定的计划和时间表中的里程碑。

根据21 U.S.C.§ 301（q）（1）（C），制造商未遵守《法案》第522节（包括21 CFR 822规定的要求）中规定的禁止行为。此外，未遵守《法案》第522节的要求还会导致器械按照《法案》第502（t）（3）节［21 U.S.C.§ 352（t）（3）］的规定被判定为贴错标签。

根据《法案》第301（q）（1）（C）节，由于你公司违反了《法案》第522节规定的禁止行为，而且你公司的器械（JF-140F、PJF-160、TJF-160F、TJF-160VF和TJF-Q180V型十二指肠镜）按照《法案》第502（t）（3）节的规定被判定为贴错标签。

你公司应立即采取措施纠正这种违规行为。未能及时纠正此违规行为可能导致FDA在不另行通知的情况下采取监管措施。这些措施包括但不限于扣押、禁令和/或民事罚款。请注意，应告知联邦机构有关器械的所有警告信，以便他们在授予合同时可以考虑这些信息。

在你公司收到本信函之日起15个工作日内，请提交一份计划，概述以下里程碑的实现方式：

抽样与培养研究

- 在2018年8月31日前处理50%的所有样品
- 在2018年12月31日前处理100%的所有样品

人因研究

- 在2018年5月31日前完成50%的人因测试（每个型号的十二指肠镜有30名参与者）
- 在2018年6月30日前完成100%的人因测试（每个型号的十二指肠镜有30名参与者）

你公司应书面通知本办公室你公司为纠正上述违规行为所采取的具体步骤，包括有关你公司采取的纠正措施的文件。如果你公司计划采取的纠正措施将逐渐开展，请提供实施这些纠正措施的时间表。如果纠正措施无法在15个工作日内完成，请说明延迟的原因以及完成纠正的时间。

最后，你公司应该了解FDA有许多与器械制造和销售相关的要求。本信函仅涉及受2015年10月5日发布的522号令约束的器械的上市后监管要求，并不一定涉及你公司依法承担的其他义务。

第133封 给Laser Dental Innovations的警告信

生产质量管理规范/质量体系法规/医疗器械/伪劣

CMS # 546341

2018年2月27日

尊敬的F先生：

2017年12月4日至12月14日，美国食品药品管理局（FDA）对你公司位于1219 Quail Creek Circle, San Jose, California的医疗器械进行了检查。检查期间，FDA检查员已确认你公司为牙科手机及激光光纤手术器械的生产制造商。根据《联邦食品、药品和化妆品法案》（以下简称《法案》）第201（h）节［21 U.S.C.§ 321（h）］，凡是用于诊断疾病或其他症状，对疾病有治愈、缓解、治疗或预防作用，或是可以影响人体结构或功能的器械，均为医疗器械。故你公司涉及检查的产品为医疗器械。

本次检查表明，这些医疗器械的生产、包装、储存或安装中使用的方法、设施或控制不符合21 CFR 820的cGMP要求，根据《法案》第501（h）节［21 U.S.C.§ 351（h）］的规定，属于伪劣产品。

2017年12月22日，FDA收到你公司针对2017年12月14日FDA检查员出具的FDA 483表（检查发现问题清单）的回复。FDA针对回复，处理如下。这些违规事项包括但不限于以下内容：

1．未能按照21 CFR 820.100（a）的要求建立和保持实施纠正和预防措施的程序。

你公司2006年12月20日的“纠正与预防措施（CAPA）”，文件SOP028A规定，你公司将在纠正行动表（FRM 017）上记录你公司CAPA活动，包括调查的细节、根本原因分析、采取的纠正行动、受影响记录的列表，以及验证纠正行动有效性的适当方法。

a．你公司没有在纠正行动表上记录CAPA（b）（4）或（b）（4）。此外，记录这些CAPA的记录不包括你公司CAPA程序要求的根本原因分析或调查细节。

b．你公司CAPA（b）（4）和（b）（4）纠正行动表不包括完整的具体纠正行动或与纠正措施相关的文件，也不包括验证这些纠正行动有效性的方法。

FDA已经审查了你公司2017年12月22日的回复，确定其不充分。你公司的回复不包括为补救CAPA（b）（4）而采取的行动。此外，你公司回复称，CAPA SOP 028将更新为“最能反映业务需求”；但你公司回复并未涉及为确保符合21 CFR 820.100要求而实施的具体变更。

2．未能按照21 CFR 820.198（a）的要求保持投诉文档并建立和保持由正式指定的部门接收、评审和评价投诉的程序。

你公司于2008年1月28日制定的《客户沟通与投诉处理程序》（SOP019B）确定了你公司的投诉处理程序。它在第6.1节中说明：“所有关于投诉或问题的通信都将记录在案并加以调查。”你公司表示在检查过程中，你公司的CAPA（b）（4）被启动，以回应与LiteSaber手机壳损坏或功能不正常有关的多项投诉。你公司没有任何记录表明21 CFR 820.198要求保留的信息。

FDA已经审查了你公司的回复并确定其不够不充分。尽管你公司回复表明你公司将开始遵循“客户沟通和投诉处理”程序，但你公司回复不包括任何回顾性评价，以确定收到未记录的其他投诉。

3．未能按照21 CFR 820.30的要求建立和保持器械设计控制程序，以确保满足规定的设计要求。例如：

a．你公司2007年7月19日的“风险管理”程序，SOP008A，规定进行风险分析，包括（b）（4）。但你公司没有为你公司的LiteSaber 10mm机头或StarLite光纤设备进行这些活动。

b．你公司的LiteSaber 10mm机头和StarLite光纤设备的设计历史文档不包括设计确认或设计验证的记录，并且你公司声明这些记录不存在。

FDA已经审查了你公司的回复并确定其不够充分。你公司回复声明，你公司将应用设计控制活动的新设计和设计变更。尽管在进行最初的设计活动时，你公司的设计控制程序尚未到位，但你公司仍需遵守21 CFR 820.30的要求。在可能的情况下，你公司应回顾并记录这些活动。

4．未能按照21 CFR 820.50的要求建立和保持程序，确保所有采购或以其他方式收到的产品和服务满足规定的要求。

你公司2006年12月20日发布的“采购、供应商质量、进货检查”程序SOP023A第2.1节“激光牙科创新设计和/或制造（D&M）合同商的采购控制要求在其供应商合同中定义”。但你公司没有为合同供应商建立任何供应商合同。此外，你公司没有对供应商进行评价，以确保其能够满足规定的要求。

FDA已经审查了你公司的回复并确定其不够充分。你公司回复表明，你公司将为（b）（4）个关键供应商生成供应商文件和合同；但你公司没有定义你公司如何确定供应商为关键供应商。此外，你公司的回复并没有说明你公司将如何对所有供应商实施采购控制。

5．未能建立程序以确保每批或每台设备的器械历史记录（DHR）得到保持，以证明设备是按照21 CFR 820.184要求的器械主记录（DMR）制造的。

a．你公司对LiteSaber机头第700批产品的DHR不包括放行分销的产品数量、表明产品符合DMR的验收记录或主要标识标签。

b．你公司的Starlite光纤设备17-03-7105批次的DHR不包括放行分销的产品数量、表明产品符合DMR的验收记录或主要标识标签。

c．你公司的Starlite光纤设备17-03-7106批次的DHR不包括放行分销的产品数量、表明产品符合DMR的验收记录或主要标识标签。

FDA已经审查了你公司回复，并确定回复不充分。尽管你公司回复称将执行DHR程序SOP 018；但你公司回复不包括对你公司生产产品的任何回顾性审查，以确定额外批次的DHR是否存在缺陷。此外，你公司的回复没有提到你公司将如何补救FDA 483表中发现的缺陷DHR。

6．未能按照21 CFR 820.22的要求建立质量审核的程序并进行审核，以确保质量体系符合已建立的质量体系要求，并确定质量体系的有效性。

你公司2007年8月7日制定的“内部质量体系检查”程序SOP027B规定，你公司至少每年应进行一次内部质量检查。你公司自2011年以来未进行过内部审计。

FDA已经审查了你公司的回复并确定其不够充分。你公司的回复称，你公司打算修改你公司的程序，要求每（b）（4）次进行外部质量审核。你公司的回复不清楚该外部质量审核是否是作为年度内部审计的补充或替代。此外，你公司的回复没有说明你公司将如何确保进行年度内部审计，以确保进行审计的个人不对被审计的领域直接负责。

你公司应立即采取措施纠正本信函所述的违规行为。如若未能及时纠正这些违规行为，可能导致FDA在没有进一步通知的情况下启动监管措施。监管措施包括但不限于没收、禁令和民事罚款。此外，联邦机构会得知关于器械的警告信，以便在签订合同时考虑上述信息。如果FDA确定你公司违反了质量体系法规，且这些违规行为与Ⅲ类器械的上市前批准申请有关联，则在纠正这些违规行为之前，将不会批准此类器械。同时，如果FDA确定你公司的器械不符合《法案》的要求，则不会批准出口证明（Certificates to Foreign Governments，CFG）的申请。

请在收到本信函之日起15个工作日内将你公司为纠正上述违规行为所采取的具体步骤书面通知本办公室，并说明你公司计划如何防止此类违规行为或类似违规行为再次发生。包括你公司已经采取的纠正措施（必须解决系统问题）的文件材料。如果你公司计划采取的纠正措施将逐渐开展，请提供实施这些活动的时

间表。如果无法在15个工作日内完成纠正，请说明延迟的原因以及完成这些活动的时间。你公司的回复应全面，并解决此警告信中所包括的所有违规行为。

最后，请注意本信函未完全包括你公司全部违规行为。你公司有责任遵守FDA所有的法律和法规。本信函和检查结束时签发的检查结果FDA 483表中记录的具体违规行为可能表明你公司制造和质量管理体系中存在严重问题。你公司应查明违规原因并及时采取纠正措施，确保产品合规。

第134封　给Dexcowin Co. Ltd.的警告信

生产质量管理规范/质量体系法规/医疗器械/伪劣

CMS # 545388

2018年2月20日

尊敬的R先生：

美国食品药品管理局（FDA）于2017年8月28日至2017年8月31日对你公司位于韩国首尔的医疗器械进行了检查。检查期间，FDA检查员已确认你公司为便携式牙科诊断X射线设备的生产制造商。根据《联邦食品、药品和化妆品法案》（以下简称《法案》）第201（h）节［21 U.S.C.§ 321（h）］，凡是用于诊断疾病或其他症状，对疾病有治愈、缓解、治疗或预防作用，或是可以影响人体结构或功能的器械，均为医疗器械。故你公司涉及检查的产品为医疗器械。

本次检查表明，这些医疗器械的生产、包装、储存或安装中使用的方法、设施或控制不符合21 CFR 820的cGMP要求，根据《法案》第501（h）节［21 U.S.C.§ 351（h）］的规定，属于伪劣产品。

FDA于 2017 年 9 月 18 日、2017 年 10 月 24 日和 2017 年 11 月 27 日分别收到了你公司针对FDA 483表（检查发现问题清单）的回复。FDA针对每一项已检查出的违规项作出以下答复。

你公司于 2018 年 1 月 31 日对 FDA 483表的答复尚未经审核，相关回应将与针对本警告信中提到的违规行为所提供的任何其他书面材料一起进行评估。这些违规行为包括但不限于以下内容：

1．未能按照 21 CFR 820.100（a）的要求建立和保持实施纠正和预防措施的程序，具体如下：

a．你公司2014年9月25日QP-806《纠正和预防措施》第1版的CAPA程序，没有要求验证或确认纠正和预防措施，以确保这些措施是有效的，不会对成品设备产生不利影响。在2017年审查的12份纠正措施报告中，没有纠正和预防措施的验证或确认文件，以确保这些措施是有效的，不会对成品设备产生不利影响。

b．由于大量的针对电池的投诉，你公司更换了电池供应商。然而，你公司并没有通过CAPA系统处理这一纠正措施。

c．你公司的CAPA程序，QP-806《纠正和预防措施》，2014年9月25日第1版，第4.1.4节规定，质量管理代表有责任“将采取措施的结果作为管理评审议程上报CEO”。然而，在2015年处理的7个CAPA中，有2个CAPA没有在管理评审中报告，你公司没有其他正当理由。

FDA审查了你公司的答复，认为不够充分。答复称，你公司计划修改其CAPA程序，使其符合21 CFR 820.100的要求，并进行相应的培训。关于电池投诉，你公司计划启动CAPA。此外，你公司的回复包括计划检查上述12个CAPA的有效性。你公司的回复显示，计划将2017年的所有CAPA纳入你公司即将进行的管理评审。然而，你公司的回复不包括对CAPA相关的回顾审查，以确保它们按照你公司的程序和规定进行，而不只仅限于有效性检查的验证。

2．未能按照21 CFR 820.30（g）的要求建立和保持器械的设计确认程序。具体为，设计确认没有预定义的方法、操作条件、验收标准，以确保设备符合定义的用户需求和预期用途，体现在以下方面：

a．公司没有进行确认，以确保X光球管符合定义的用户需求。

b．每次电池充电造成的 X 射线曝光：公司的确认并没有考虑最坏的情况，即考虑因电池有最大消耗的相关技术因素下的曝光。

c. 远程控制功能：公司的确认包括测试（b）(4）仅在（b）(4）曝光。

d. X射线场直径：(b）(4)；公司的确认包括测试（b）(4）仅在（b）(4）曝光。

FDA审查了你公司的答复，认为其不够充分。回复表明你公司计划重新确认设计。然而，你公司的答复并不包括对所有设计的回顾审查，以确保设备符合定义的用户需求和预期的用途。

3．未能按照21 CFR 820.30（i）的要求建立和保持对设计更改的识别、形成文件、确认或（适当时）验证、评审，以及在实施前批准的程序。

例如，2015年8月21日的“(b）(4）功能评估报告”，对（b）(4）的设计变更进行的验证（b）(4):

根据报告第1.1节，功率输入测试在（b）(4）的曝光时间进行；但是，没有文档证明这次是最高功率下的最坏情况。

根据报告第3.1节，在曝光时测试了曝光时间的准确性。根据你公司的首席执行官 Raymond Ryu的说法，测试标准（报告中未提及）要求在最短曝光时间内测试设备。但是，测试却记录了（b）(4）进行的（b）(4)，设备的最大曝光时间。

该报告没有提及测试遵循的标准。

你公司没有维护为支持设计变更而进行的测试的结果。

报告未说明用于测试的设备。

FDA评审了你公司的答复，认为其不够充分。你公司回复表明将计划重新确认设计，确保测试符合参考标准IEC 60601。你公司的答复不包含对其他设计变更的回顾性评审，以确保这些变更得到了恰当的确认，或在适当的情况下得到了确认。

4．未能按照21 CFR 820.72（a）的要求确保，机械的、自动的或电子式的所有检验、测量和试验装置适合其预期的目的，并能产生有效结果。

具体为，你公司没有任何文件证明（b）(4）项测试设备符合相关标准的预期用途。

FDA审查了你公司的答复，认为其不够充分。你公司回复表明将计划对测试设备进行资格认证。但是，你公司的答复中并未包含防止问题再次发生的纠正措施的计划。

5．未能按照21 CFR 820.50（b）的要求建立和保持清晰描述或引用采购和以其他方式收到的产品和服务的规定要求的资料，包括质量要求资料。

例如，批准的供应商名单记录了每个供应商的“(b）(4)”等级；首席执行官 Raymond Ryu无法为每个供应商相同的评级和评估提供理由。

FDA评审了该公司的答复，并得出结论，这些答复不够充分。答复指出，公司计划修改“QP-803”，并纳入正在进行的供应商评估，创建事后评估表。该公司的答复包括未翻译的文件06）AS程序和07）AS报告表格，但并不包括这些文件的英文翻译。

此外，答复不包括对所有当前供应商评估的回顾性评审，以确保在可能的情况下达成书面协议，使供应商将产品或服务的变更及时通知公司，以便公司确定变更是否会影响成品设备的质量。

6．未能按照21 CFR 820.70（i）的要求，当计算机或自动信息处理系统用作生产或质量体系的一部分时，制造商按已建立的规程，确认计算机软件符合其预期的使用要求。

具体为，你公司利用（b）(4）记录其设备历史记录（DHR）。但是，根据既定的测试要求，未充分确认该软件用于设备记录时的更改。例如，观察到一名技术人员能够在相同的测试中点击“通过”和“失败”而没有错误提示。

FDA审查了你公司的答复，认为其不够充分。你公司的答复表明，你公司计划确认（b）(4）方案以供DHR使用，并进行相应的培训。但是，你公司的答复中不包括对其他自动化过程的回顾性评审，以确保对这些过程的预期用途进行了充分的确认。

7．未能按照21 CFR 820.184的要求保持器械历史记录（DHR）并建立和保持程序、确保对应于每一批次或单件的器械历史记录的保持。

具体为，你公司2014年9月25日QP-704《材料/产品管理》第1版第3.3.3节规定检验员应把标签记录在DHR中。但是，设备（b）(4）的 DHR 不包括设备标签。此外，你公司的程序没有包括21 CFR 820.184规定的对DHR的其他要求，如生产日期、生产数量、发运数量、验收记录和UDI。

FDA审查了你公司的答复，认为不够充分。你公司的答复表明，你公司计划将缺少的DHR信息要求添加到其程序中；但是答复中未包含所指程序。你公司的回复有一个DHR表单，其中包含设备标签一栏；但是表单中缺少关于生产日期、生产数量和发运数量的信息。

8．未能按照21 CFR 820.40（b）的要求，确保对文件的变更进行评审和批准，并保留更改记录，应包括更改描述、受影响文件的识别、批准人的签字、批准日期以及更改生效的时间。

具体为，你公司2017年7月31日颁布的QP-401《文件控制》第5版第6.2.5节和第6.2.6节规定，在修订或补发质量文件时，应将变更历史记录在《质量文件管理书》中，以便了解和管理变更历史。变更记录应包括变更的内容、变更文件的标识、签名及批准日期、变更生效日期。但是你公司在许多情况下更新了程序，没有记录更新程序日期和指定人的签字批准。

FDA审查了你公司的答复，认为不够充分。答复表明，你公司已根据QP-401“文件控制”程序将指定签字人从首席执行官变更为首席研发总监。你公司的答复包含一份未翻译的文件，文件名为（QP-401）document Control_REV6.pdf。你公司的回复不包含该文件的英文翻译。此外，回复不包含对所有质量体系程序的回顾（英文），以确保按照你公司自己的程序和21 CFR 820.40进行文件控制。

9．未能按照21 CFR 820.25（b）的要求充分建立确定培训需求的程序，并确保所有员工接受培训，以胜任其指定的职责。具体如下：

a．你公司于2017年8月29日发布的QP-601《教育与培训手册》第7版第4.2.1节规定：“各班组长应确定[ ] 对 [ ] 成员进行教育和培训的需求，以使其有效地完成 [ ] 任务。”然而，你公司没有形成相关（b）(4）程序的培训需求或记录，包括但不仅限于，QP-804不合格品管理、QP-803测量和监视管理、QP-707生产和检验设备管理、QP-706过程确认、QP-705过程控制、QP-702设计管理、QP-404副作用和安全管理。

b．你公司于2017年8月29日发布的QP-601《教育与培训手册》第7版第4.5.2节规定，质量审核员必须接受以下培训：“完成ISO 13485和4小时以上的公司内部质量审核员教育课程；有外部/公司内部审计师的经验；一年以上质量检验工作经验，并由公司总经理委派。”尽管你公司在2015年和2016年分别进行了质量审核，但你公司没有任何满足程序中规定的培训要求的员工的文件。

FDA评审了你公司的答复，认为不够充分。答复指出，公司计划开发员工特定的培训表以及培训报告。并且公司的答复还确定了使培训要求更加严格的计划（例如，需要 8 小时以上的必要教育）。你公司的答复包含一份未翻译的文件，文件名为教育和培训报告（QP-703）.pdf；教育与培训报告（QP-709）.pdf；教育和培训（QP-601）(第7版）.pdf；及内部审核员教育申请表.pdf。你公司的答复不包含这些文件的英文翻译。此外，答复不包括（用英文）对所有培训要求的回顾性评审，以确保人员具有必要的教育、背景、培训和经验。

10．执行职责的管理层未能按照21 CFR 820.20（c）的要求，在规定的时间间隔内评审质量体系的适宜性和有效性。

具体为，你公司2014年9月25日发布的QP-502《管理评审》(第3版）规定，CEO、管理代表和各班组长有责任参加管理评审。然而，你公司没有他们出席会议的记录。

目前尚不能确定你公司的回答是否充分。你公司回复表明将计划修改管理评审报告表单，增加参会者一栏。同时，你公司回复表明将计划重新记录2015年和2016年的管理评审。回复表明你公司计划按照新计划进行2017年管理评审。但是，你公司的答复并不包含这方面的证明文件。

FDA检查还发现你公司的设备不符合《法案》第502（t）(2）节［21 U.S.C.§ 352（t）(2）］，你公司无法或者拒绝按照《法案》第519节（21 U.S.C.§ 360i），21 CFR 803-医疗器械报告提供相关信息。重大违规行为包括但不限于以下内容：

11．未能按照21 CFR 803.17的要求制定、维护和实施书面医疗器械报告（MDR）程序。

FDA审查了你公司的答复，认为不够充分。你公司的答复表明，你公司计划建立新的程序QP-407来处理MDR和ARO报告。然而，你公司的答复不包括MDR程序。此外，你公司的答复不包含为确保MDR报告而对投诉进行的回顾性评审。

你公司的设备也是电子产品，必须符合美国《电子产品辐射控制法案》C分章的规定，以及符合21 CFR 1000-1005的要求，符合21 CFR 1010、1040.10和1040.11的性能标准。你公司没有符合相关的报告和记录保存的法规要求。

12．未能按照21 CFR 1002.30（a）（2）的要求，建立和保存电子产品辐射安全测试结果的充分记录，包括此类测试中使用的方法、设备和程序。

具体为，产品检验标准（文件#FI-02，第7版，生效日期为2017年4月19日）规定了测试每个DX3000便携式X光系统的要求，以确保设备符合性能标准21 CFR 1020；但该操作文件未能提供关于如何执行和记录测试的完整说明。

目前无法确定你公司的答复是否充分。你公司的答复计划在FI-02和DHR中增加辐射泄漏测试方法，以及计划给相关工作人员进行培训。但答复不包含改正后的文件和提出的相关培训记录的样本。

13．未能按照21 CFR 1002.20（a）的要求，立即向CDRH、FDA局长或以其他方式报告涉及你公司已经上市或拟上市的产品相关的意外辐射事件。

具体为，你公司收到了以下两项投诉，并在收到退回的设备后确定其操作正确。但你公司没有提交意外辐射发生报告（ARO），尽管你公司承认，患者很有可能因为以下投诉而受到意外辐射：

•（b）（4），日期为2016年5月25日，其中提到“未生成X射线”

•（b）（4），日期为2016年7月11日，其中提到“X射线未曝光”

FDA审核了你公司的答复，认为不够充分。你公司答复计划建立新程序（QP-407），其中包括ARO程序、管理与每个报告相关的文档，以及培训与工作相关的员工。这些答复是不够的，因为它们未包含对过去投诉记录的回顾性评审，以确定是否有报告其他的意外辐射事件。此外，（b）（4）项所述的两项应报告事件仍未报告。这些答复未包含对投诉记录的回顾性评审和任何意外辐射事件报告，至少应包括所看到的16个投诉中确定的两起事故。如果回顾性评审不包括所有的投诉记录，则应注明这次回顾性评审范围的理由。

鉴于违反《法案》事件的性质严重，你公司生产的便携式牙科诊断X射线设备根据《法案》第801（a）节［21 U.S.C.§ 381（a）］的规定不予管理，因为它们涉及掺假。并且，FDA正采取措施禁止这些设备进入美国，即所谓的“未经检查不得放行”，直到这些违规行为得到纠正。你公司如想将这些设备从扣押处移出，应按照以下所述对本警告信作出书面答复，并纠正这封警告信中所述的违规行为。FDA将通知你公司的回应是否充分，以及是否需要重新检查你公司的设施，以验证纠正和/或纠正措施是否恰当。

此外，可能会告知美国联邦机构发布相关设备的警告信，以便他们在签订合同时可以考虑此信息。此外，在违规行为得到纠正之前，与该有缺陷的质量体系可能有关的Ⅲ类设备的上市前批准申请将不予批准。

请在收到本信函之日起15个工作日内将你公司为纠正上述违规行为所采取的具体步骤书面通知本办公室，并说明你公司计划如何防止此类违规行为或类似违规行为再次发生。包括你公司已经采取的纠正措施（必须解决系统问题）的文件材料。如果你公司计划采取的纠正措施将逐渐开展，请提供实施这些活动的时间表。如果无法在15个工作日内完成纠正，请说明延迟的原因以及完成这些活动的时间。非英文文件请提供翻译，以便FDA审查。

最后，请注意本信函未完全包括你公司全部违规行为。你公司有责任遵守FDA所有的法律和法规。本信函和检查结束时签发的检查结果FDA 483表中记录的具体违规行为可能表明你公司制造和质量管理体系中存在严重问题。你公司应查明违规原因并及时采取纠正措施，确保产品合规。

第135封　给Light Age, Inc.的警告信

生产质量管理规范/质量体系法规/医疗器械/伪劣

CMS # 544047

2018年1月24日

尊敬的D博士：

美国食品药品管理局（FDA）于2017年10月21日至2017年11月17日，对你公司位于新泽西州萨摩赛特（Somerset）的医疗器械进行了检查。检查期间，FDA检查员已确认你公司为Ⅱ类医用激光设备，包括但不限于EpiCare和Q-Clear的生产制造商。根据《联邦食品、药品和化妆品法案》（以下简称《法案》）第201（h）节［21 U.S.C.§ 321（h）］，凡是用于诊断疾病或其他症状，对疾病有治愈、缓解、治疗或预防作用，或是可以影响人体结构或功能的器械，均为医疗器械。故你公司涉及检查的产品为医疗器械。

本次检查表明，这些医疗器械的生产、包装、储存或安装中使用的方法、设施或控制不符合21 CFR 820的cGMP要求，根据《法案》第501（h）节［21 U.S.C.§ 351（h）］的规定，属于伪劣产品。

2017年12月8日，FDA收到你公司针对FDA 483表（检查发现问题清单）的回复。FDA针对回复，处理如下。这些违规事项包括但不限于以下内容：

1．未能按照21 CFR 820.90（a）的要求建立和保持程序，以控制不符合规定要求的产品。程序应涉及不合格品的识别、文件形成、评价、隔离和处置。

具体为，你公司没有执行不符合程序，QSP-830-000，版本2，生效日期：2016年6月13日。

a．第6.7.1节要求记录所有不符合项。

（1）在从不合格指数中审查的（b）（4）项不合格项（NC）中，有4项NC（＃NC00029、NC00020、NC00015、NC00007）在检查过程中找不到。

（2）根据质量经理的说法，自2016年8月以来，未记录不符合项。

b．第6.9.1节要求对NC记录进行审查；并监控每个NC的行动和结束进展。但你公司无法提供文档来证明每个NC都经过了审查。示例包括但不限于：NC#00026、#00025和#00022。

c．第6.5节要求进行调查以确定根本原因或潜在根本原因；第6.6节要求对每个NC进行风险评定。你公司无法提供文件证明对以下NC进行了调查或风险评定，这些NC的设备已经装运：

（1）NC#00026，于2016年6月16日开启，涉及Q-Clear，序列号#701-16-525，序列号错误，电压错误。没有评价/调查记录。

（2）NC#00025，于2016年2月3日开启，涉及EpiCare Duo-C，序列号#502-16-663-Duo-C，在最终的质量保证测试中两次出现快门故障，并且其他装置在现场报告有故障。没有记录调查、根本原因、评估、风险水平或风险理由。

（3）NC#00022，于2015年11月22日开启，涉及EpiCare Duo，序列号#502-15-661-Duo-C，缺少适当的手持设备状态指示，进出校准端口。没有评价/调查、根本原因、评估、风险水平，也没有记录风险理由

FDA审查了你公司的回复，认为回复不充分。你公司采取的纠正行动不包括对所有不合格项进行回顾性审查，以确保所有不合格项均已得到调查。同时回复中也不包括对器械历史记录的回顾性审查，以确保对自2016年8月以来记录在DHR中并记录在不合格项表中的所有不符合结果进行调查。此外，你公司未提供任何文件证明已对上述不合格项进行了充分调查，并采取了适当的纠正行动。你公司回复指出，你公司NC程序需要对适当的人员进行更多的精简和强制性培训，但你公司没有提供更新的SOP或相关培训记录。请提供证

明文件，证明你公司已清楚了解如何调查和记录NC，以确保不合格产品不被分销。

2．未能按照21 CFR 820.198（a）的要求保持投诉文档，建立和保持由正式指定的部门接收、评审和评价投诉的程序。

具体为，投诉调查程序，QSP-919-000，版本：1，日期为2015年7月1日，未在以下情况下实施：

a．第6.1.2条规定，除非已进行调查，否则投诉须进行根本原因调查；6.1.2.2节要求如果没有进行根本原因调查，则应包括基本原理。不包括根本原因调查或不进行调查的理由的投诉用例包括但不限于：用例#00012，#00094，#00118。

b．在检查期间审查的（b）（4）项投诉中，你公司无法提供或找到其中的三项，包括：用例#00070、#00077和#00107。

FDA审查了你公司的回复，认为回复不充分。你公司没有提供文件证明你公司对投诉进行了回顾性审查，或者你公司已经修改了投诉处理系统，以确保投诉得到充分的识别和调查。你公司回复指出，产品实现，客户沟通程序，QSP-723-000，版本：H。另外，该程序还包括投诉，规定销售和服务部门负责处理客户投诉。你公司回复也没有提供在检查期间无法找到的投诉或对缺乏记录的解释。此外，你公司还声明，对于用例＃00012和＃00118，这些不是投诉，而是客户的信息请求。请注意，投诉是指器械放行分销后用于宣称器械标识、质量、耐用性、可靠性、安全性、有效性或性能相关缺陷的所有书面、电子或口头沟通。

3．未能按照21 CFR 820.100（a）的要求建立和保持实施纠正与预防措施（CAPA）的程序。

具体为，你公司的纠正与预防措施程序，QSP-852-000，第1版，生效日期2015年7月15日未能充分实施；

a．你公司程序的第6.5节要求，对任何先前批准的CAPA行动计划的修改都需要理由。你公司的CAPA指数包括（b）（4）CAPA，该指数从2015年1月开始生效，到目前为止，你公司取消了这些CAPA中的（b）（4），但没有记录任何理由，也没有采取任何行动。

b．第6.5节还要求记录CAPA行动计划和有效性计划，目标不超过（b）（4）天的CAPA启动时间。但（b）（4）个已启动的CAPA中的（b）（4）个没有执行任何操作。示例包括但不限于CAPA 1255（开启时间：2016年8月16日）和1258（开启时间：2016年9月7日）。

c．你公司程序第6.11节要求CAPA审查委员会定期召开会议，但你公司无法提供证明会议自2015年以来召开的文件。

FDA审查了你公司的回复，认为目前无法确定纠正行动的充分性。你公司回复称，你公司已开启与此问题相关的CAPA，以确定根本原因分析和有效性检查，虽然你公司已提供了日期为2017年10月30日的CAPA 1263，但该报告缺乏关于分配给谁的CAPA、根本原因或调查的信息。

此外，你公司回复指出，CAPA程序和表格正在简化和修订中，并且培训将与何时启动CAPA相关。但你公司尚未提供修订后的SOP或相关培训记录。请提供此文件以及任何其他支持文件，以证明你公司了解何时应启动CAPA，以及如何调查每个CAPA，并在分配适当有效性检查的情况下及时关闭CAPA。

4．未能按照21 CFR 820.100（a）（1）的要求对过程、操作工序、让步接收、质量审核报告、质量记录、服务记录、投诉、返回产品和质量信息的其他来源进行分析，以识别不合格品或其他质量问题的已存在的和潜在原因。具体如下：

a．投诉调查程序，QSP-919-000，版本：1，日期为2015年7月1日，第6.1.3.2.1节要求每隔（b）（4）的时间段对投诉趋势的分析进行持续监控和正式审查，但你公司无法提供投诉趋势的文件。

b．投诉调查程序，QSP-919-000，版本：1，日期为2015年7月1日，第6.5节要求持续改进委员会在（b）（4）的基础上维护和正式审查投诉指标。但你公司无法提供这些投诉度量审查的文档。

FDA审查了你公司的回复，认为目前无法确定纠正行动的充分性。FDA确认你公司提供了2016年4月至2017年3月收到的投诉数量图表，但2017年3月之后没有数据，也没有迹象表明投诉指标由持续改进委员会审查。此外，你公司回复指出，产品运营总监根据销售反馈对与产品相关的投诉进行趋势分析，并将调查结果报告给执行管理层（b）（4），但你公司没有提供任何证明文件来证明这一趋势数据。此外，不清楚销售人员是否接受过识别投诉/MDR的培训，也不清楚质量部门是否参与了这一过程。

5．未能按照21 CFR 820.198（c）的要求评审、评价和调查涉及设备可能不符合其规范的投诉。

具体为，咨询通知和召回程序，QSP-915-000，版本：F，2014年1月16日，要求管理者代表对收到的每一项投诉进行审查，以了解可能的医疗器械报告和不良事件行动或召回。但你公司客户投诉表中有以下情况，其中包括可能的伤害、用例#00012（瘢痕疙瘩）、#00094（烧伤）和#00118（皮疹），缺少足够的文件证明已进行此项审查。

FDA审查了你公司的回复，认为回复不充分。虽然你公司回复提供了你公司对这些投诉的调查，但并没有涉及对所有投诉进行回顾性审查以评估可能的伤害，也没有涉及你公司已修改投诉处理系统以确保涉及可能受伤的投诉得到充分的识别和调查。请提供证明文件，证明你公司投诉处理程序和流程已经过评价和修订，以确保接受过投诉处理和MDR报告要求培训的人员能够充分识别和调查投诉。

6．未能按照21 CFR 820.20（c）的要求，负有行政职责的管理层按已建立程序所规定的时间间隔和足够的频次，评审质量体系的适宜性和有效性，以确保质量体系满足要求。

具体为，你公司管理审查程序，QSP-561-000，第2版，日期为2017年4月25日，要求管理审查会议每年至少召开一次。但2015年和2016年没有管理审查记录。

FDA审查了你公司的回复，认为目前无法确定纠正行动的充分性。虽然你公司回复提供了一份日期为2015年2月3日的培训记录，说明如何进行有效的管理评审，但除了2016年4月12日的管理审查出勤记录外，你公司质量经理在检查期间未能提供与这些会议相关的信息。

7．未能按照21 CFR 820.22的要求，建立质量审核的程序并进行审核，以确保质量体系符合已建立的质量体系要求，并确定质量体系的有效性。

具体为，2016年6月30日发布的《内部审计程序》（QSP-822-00，G版）要求按照计划的时间间隔进行内部审计，但未定义频率。此外，你公司未能提供文件证明自2015年以来你公司对质量体系进行了内部审计。

FDA审查了你公司的回复，认为回复不充分。虽然FDA确认你公司于2017年10月30日开设了CAPA 1262，以解决缺乏内部审计文件和频率的问题，但CAPA报告缺乏关于CAPA被分配给谁、根本原因和调查的信息。此外，你公司声明，内部审计是在2015年、2016年和2017年进行的，但你公司没有提供证明文件，证明这些检查是由对被检查区域不负责任的个人进行的。例如，你公司回复称，质量总监在2016年对质量体系进行了高级检查。请提供证明文件，证明管理层已确保由适当人员以规定的频率对质量体系的充分性进行充分评估。

8．未能按照21 CFR 820.181的要求保存器械主记录（DMR）。

具体来说，你公司未能建立和保持EpiCare Zenith设备的器械主记录，该记录包括或提及所有设备的位置、质量、生产和工艺、包装、标签和安装规范。

FDA审查了你公司的回复，认为回复不充分。你公司回复称，在检查期间正在审查更新的DMR，但EpiCare Zenith至少已于2012年开始上市，并且你公司尚未对此设备维护经批准的DMR。此外，虽然你公司已经为EpiCare Zenith提供了更新的DMR，但该记录并没有引用该设备的标签位置。请提供证明文件，证明你公司按照已分销并即将分销的EpiCare Zenith设备的既定规范制造了此设备。

9．未能建立和保持程序，以确保设备按照21 CFR 820.72（a）的要求进行常规的校准、检验、检查和维护。

具体为，你公司没有校准或维护以下校准记录，包括但不限于以下内容：

a.（b）（4），序列号#（b）（4），型号：（b）（4）。该测试装置用于EpiCare Zenith系列504-17-718 ZTH的生产。（b）（4）序列号#（b）（4）需要（b）（4）校准，但2014年、2015年和2016年没有校准记录。

b.（b）（4），序列号#（b）（4），用于生产EpiCare Zenith，序列号504-17-718 ZTH。（b）（4）序列号#（b）（4）需要（b）（4）校准，但2015年和2016年没有校准记录。

FDA审查了你公司的回复，认为回复不充分。虽然你公司回复中包括2014年、2015年和2016年（b）（4）序列号#（b）（4）的校准证书，但你公司在检查期间未能出示这些记录。此外，你公司回复提供了2016年

（b）（4）、序列号#（b）（4）的校准证书，但你公司无法找到2015年的证书。此外，你公司回复不包括修订的校准标准操作规程，也不表明你公司是否回顾性地审查了所有测试设备，以确保校准是最新的，并保留了相关的校准证书。

10．未能保存器械历史记录以证明设备是按照21 CFR 820制造的，符合21 CFR 820.184的要求。

例如，以下DHR缺乏关键的制造和设备已经分销记录，包括但不限于以下内容：

a．EpiCare Zenith，序列号#504-17-718-ZTH

（1）光学模块最终测试报告缺乏既定的断电前后和校准检查规范；未完成或审查最终老化测试；未审查最终系统图片；未计算ALEX 755nm和YAG 1064nm百分比的总效率；以及未包括头部空间轮廓的测量直径。

（2）用户模式测试和检查在没有任何理由的情况下改变了输出功率前/后、泵室老化测试和设置脉冲率。

b．EpiCare，序列号#504-17-719-ZTH

（1）光学模块最终测试报告在光学测量部分列出了两个不同的值，分别是ALEX泵腔压力值；缺少ALEX 755nm和YAG 1064nm速率规范的既定规范；未审查最终老化测试；未审查最终系统图片。

（2）在激光设置15mm和仪表设置755nm时，用户模式测试和检查的最大通量（LPX和DUO）低于20J/cm^2 ~ 40J/cm^{2}的有效通量范围。此外，相关的质量保证检查表未完成，因此，未经质量保证批准就放行了设备。

c．EpiCare，序列号#504-17-721-ZTH

（1）光学模块最终测试报告缺少既定的脉冲率规范；未计算ALEX百分比的总体效率；最终老化测试和击发次数未完成。

（2）用户模式测试和检查的ALEX pd/校准值超出校准结果。

（3）准备包装部分没有完成文件的最终检查、质量保证审查和装运批准授权。

FDA审查了你公司的回复，认为回复不充分。你公司回复指出，为了解决DHR中的任何剩余不合格项，质量部门与参与完成DHR的部门人员会面，以确定在哪些方面可以简化当前流程以提高效率。但你公司还没有为上面列出的示例提供完整的DHR。此外，你公司回复并未表明你公司是否已对市场上的所有DHR进行了回顾性审查，以确保其完整性，并对不合格结果进行了充分调查。

11．未能按照21 CFR 820.30（i）的要求，建立和保持对设计更改的识别、形成文件、确认或（适当时）验证、评审，以及在实施前批准的程序。

具体为，你公司实施了日期为2011年1月17日的工程变更通知（ECN）11-006，其中变更了（b）（4）中的（b）（4）项，并出于EpiCare系列设备的安全原因变更了（b）（4）。没有文件证明该设计变更已得到验证或确认，也没有迹象表明设备是根据修订版（b）（4）制造的。

FDA审查了你公司的回复，认为回复不充分。你公司回复称，为符合国际和美国标准，你公司制定了（b）（4）条，而你公司的工程变更通知（ECN）称，你公司出于安全原因进行了设计变更。虽然你公司回复提供了带有更新（b）（4）的单元的示例图片，但你公司没有提供此设计变更的确认或验证测试的证据。

FDA的检查还显示，你公司的EpiCare LPX根据《法案》第502（t）（2）节［21 U.S.C.§ 352（t）（2）］的规定被打上了错误的标签，因为你公司未能或拒绝提供《法案》第519节（21 U.S.C.§ 360i）和21 CFR 803《医疗器械报告》要求的器械相关材料或信息。显著偏离包括但不限于以下内容：

12．未能按照21 CFR 803.17的要求充分制定、维护和实施书面MDR程序。

例如，在审查了你公司名为“评估和报告可报告性投诉”，QSP-918-000，第1版，日期为2015年7月1日，注意到以下缺陷：

a．该程序未建立内部系统，规定标准化审查程序，以确定事件何时符合21 CFR 803.17（a）（2）要求的报告标准。例如：

（1）未提供对每例事件进行完整调查和评价事件原因的说明。

（2）书面程序未规定由谁决定向FDA报告事件。

b．该程序没有建立内部系统，以便按照21 CFR 803.17（a）（3）的要求及时发送完整的医疗器械报告。具体为，未解决以下问题：

（1）你公司必须提交补充报告的情况和此类报告的要求。

（2）本程序未提及使用强制性3500A或电子等效物提交MDR应报告事件。

（3）你公司将如何提交每个事件的所有合理已知信息。具体为，需要填写3500A的哪些部分，以纳入公司掌握的所有信息以及公司内部合理跟踪后获得的任何信息。

c．本程序未说明你公司将如何满足21 CFR 803.17（b）要求的文件和记录保存要求，包括：

（1）不良事件相关信息的记录作为MDR事件文件保存。

（2）用于确定事件是否应报告的评价信息。

（3）记录用于确定器械相关死亡、严重损伤或故障是否需要报告的审议和决策过程。

（4）系统应确保获得信息，以便FDA及时跟踪检查。

FDA审查了你公司的回复，认为回复不充分。你公司回复没有提供MDR程序的更新。如你公司要讨论上述MDR相关问题，请联系应报告性审查团队发送电子邮件至：ReportabilityReviewTeam@fda.hhs.gov。

你公司应立即采取措施纠正本信函所述的违规行为。如若未能及时纠正这些违规行为，可能导致FDA在没有进一步通知的情况下启动监管措施。监管措施包括但不限于没收、禁令和民事罚款。此外，联邦机构会得知关于器械的警告信，以便在签订合同时考虑上述信息。此外，如果FDA确定你公司违反了质量体系法规，且这些违规行为与Ⅲ类器械的上市前批准申请有关联，则在纠正这些违规行为之前，将不会批准此类器械。同时，如果FDA确定你公司的器械不符合《法案》的要求，则不会批准出口证明（Certificates to Foreign Governments，CFG）的申请。

请在收到本信函之日起15个工作日内将你公司为纠正上述违规行为所采取的具体步骤书面通知本办公室，并说明你公司计划如何防止此类违规行为或类似违规行为再次发生。包括你公司已经采取的纠正措施（必须解决系统问题）的文件材料。如果你公司计划采取的纠正措施将逐渐开展，请提供实施这些活动的时间表。如果无法在15个工作日内完成纠正，请说明延迟的原因以及完成这些活动的时间。你公司的回复应全面，并解决此警告信中所包括的所有违规行为。

最后，请注意本信函未完全包括你公司全部违规行为。你公司有责任遵守FDA所有的法律和法规。本信函和检查结束时签发的检查结果FDA 483表中记录的具体违规行为可能表明你公司制造和质量管理体系中存在严重问题。你公司应查明违规原因并及时采取纠正措施，确保产品合规。

第136封　给Centro Mas Salud Dr. Gualberto Rabell-Fernandez的警告信

乳腺X线影像质量标准

CMS # 537596

2017年12月21日

尊敬的A先生：

2017年7月14日，官方部门代表与美国食品药品管理局（FDA）取得联系后，在2名FDA检查员的陪同下对你公司进行了检查。检查表明你公司工厂生产的乳腺X线影像存在严重问题。根据《美国法典》（42 U.S.C.§ 236b）中编纂的1992年《乳腺影像质量标准法》（MQSA），你公司必须满足乳腺影像的具体要求，确保产品能够执行高质量的乳腺影像程序，从而保护妇女健康。

检查发现你公司违反了MQSA。这些违规事项记录在MQSA企业检查报告和名称为“关于你公司MQSA检查的重要信息”的文件中，检查员于2017年7月31日通过传真向你公司提供了这些信息。

违规事项再次确认如下：

等级1：未能及时提供医疗报告的制度。［见21 CFR 900.12（c）（3）（i），（ii）］

等级1：未能及时提供布局摘要的系统。［见21 CFR 900.12（c）（2）（i），（ii）］

等级1：目前还没有系统能够尽快通报严重或具有高度暗示性的用例。［见21 CFR 900.12（c）（3）（ii）］

等级1：未能出示文件证明医学博士Gilberto Ramos Pesquera在1999年4月28日之前获得FDA批准委员会的相应专业认证，或在乳腺X线影像解释方面接受了2个月的初步培训。［见21 CFR 900.12（a）（1）］

你公司在2017年8月11日的信函中对报告中指出的不合格项作出了回复。但回复是不充分的，因为无法保证在乳腺X线影像后30天内，将所有患者的医疗报告已经或即将提供给转诊医师，并给患者写摘要信。患者不应负责获取医疗报告或非正式信函的副本，也不应负责将其交给转诊医师。只要乳腺X线影像已经由MQSA合格的医师进行解释，可以在乳腺X线影像时直接向患者发送摘要信。此外，所述程序没有明确规定，在获得乳腺X线影像后30天内阅读所有的乳腺X线影像，并尽快通报评估为“疑似”或“高度疑似恶性肿瘤”的乳腺X线影像。

关于你公司执行的程序，MQSA允许工厂开发或使用最适合的程序和跟踪系统。公司应监测其系统，以确保其政策和程序得到遵守。FDA支持使用计算机跟踪和纸质或患者日志系统，以协助跟踪及时发布的医疗报告和摘要。某些放射计算机报告系统可以跟踪单个报告并生成摘要报告，指示乳腺X线影像报告或简明摘要于何时发布或是否过期。通过定期检查这些摘要报告，工厂可以确保及时发布所有乳腺摄影结果。FDA鼓励工厂：①与他们的计算机支持供应商核实，以确定他们的软件是否能够生成这些类型的报告；②定期评估他们的系统，以确保这些系统在规定的时间内可一致地记录下发布乳腺X线片的摘要和报告给所有患者及其转诊医疗提供者。

通过传真或电子邮件发送医疗报告和/或病历摘要的机构应制定政策和程序，以确保在任何传真或电子邮件报告为“交付失败”时，及时重新发送报告和病历摘要。

此外，你公司应按照以下规定负责乳腺X线影像和报告的维护：

记录保存［21 CFR 900.12（c）（4）］每个进行乳腺X线影像的机构：

（i）［除本节第（c）（4）（ii）款规定的情况外］应将乳腺X线影像和报告保存在患者的永久医疗记录中，

保存期不少于5年；如果不在机构中对患者进行额外的乳腺X线影像，保存期不少于10年；如果州或地方法律有规定，保存期可更长。

向患者提供影像和/或医疗记录的副本，并要求他们签署一份文件，使他们对不符合上述法规监管要求的记录负责，但上述段落中排除的内容除外，其内容如下：

900.12（c）(4）(ii）—应患者或其代表的要求，永久或临时将患者的乳腺X线影像原件和报告副本转移至医疗机构，或患者的医师或医疗服务提供者，或直接转移至患者。

本条例旨在确保所有患者能够持续访问你公司需要维护的记录，除非患者、患者代表或医疗服务提供者要求转移这些记录以确保患者护理的可持续性，如21 CFR 900.12（c）(4）(i）部分所述。你公司不能机械地将这个责任分配给患者。此外，你公司应删除其政策、程序和医疗记录发布文件，文件表明FDA要求患者从你公司乳腺X线影像机构获取他们的乳腺X线影像记录。如上所述，MQSA规定的医疗记录保留责任由机构承担；患者无需对其医疗记录承担责任。

关于提供的Gilberto Ramos Pesquera医学博士的文件，没有按照MQSA暂行条例的要求提供独立阅读或解释乳腺X线影像之前两个月的乳腺X线影像培训记录（对于在1999年4月28日之后接受初始培训的医师，进行为期3个月的培训）。FDA已经审查了FDA的检查记录，并确定Dr. Pesquera的初始培训文件在先前的多个MQSA检查期间被接受。FDA将继续接受波多黎各大学医学院于1994年7月12日发出的，由医学博士Gladys Perez Kraft签署的Dr. Pesquera住院医生实习信，尽管信中没有特别提到Dr. Pesquera接受乳腺X线影像培训的时间。在未来的MQSA检查期间，Dr. Pesquera可能会向MQSA检查人员出示其1994年7月12日的居住证和2009年11月20日签署的证明信，以支持其在MQSA的初始培训。这将传达给当地检查员和FDA。

最后，制造商推荐的质量控制（QC）必须按照制造商推荐的要求频率进行，并确定结果符合制造商概述和法规要求。你公司技术人员表示，他每周进行一次体模影像质量控制测试，但让一名顾问平均每两周来审查和评估你公司质量控制测试结果，不足以确保你公司乳腺X线影像程序符合影像接收器制造商的质量控制程序，以及MQSA法规。当发现某些质量控制测试结果不合格时，要求机构在对其他患者成像之前立即采取纠正行动。FFDM、打印机和放射科医师检查工作站（RWS）制造商提供的QC手册中描述了所需的QC测试和纠正行动的适当时机。你公司质量控制过程可能会导致对这些类型的质量控制测试失败结果的延迟响应。在检查过程中，质量控制的记录似乎是一次性完成的，因为墨水、质量控制编辑或纠正行动没有任何变更，这在监控和执行建议的质量保证活动中被认为是司空见惯的。此外，技术专家报告说，约每两周来一次并收集相关的质量控制测试后，聘请的顾问执行预期的质量控制图表，可能导致无法立即识别任何质量控制失败的问题。

根据MQSA，机构需要生成持续符合设施认证机构制定的临床影像质量标准的临床影像［21 CFR 900.12（i）］。每个乳腺X线影像机构必须建立并维持质量保证计划，确保在该机构进行的乳腺X线影像服务的安全性、可靠性、清晰度和准确性［21 CFR 900.12（d）］。

由于这种持续的不合规可能表明存在严重的潜在问题，可能会影响你公司的乳腺X线影像质量，FDA可能会采取其他措施，包括但不限于以下内容：

- 要求你公司接受额外的乳腺X线影像（AMR）。
- 将你公司置于定向纠正措施计划（DPC）下。
- 向你公司收取现场监测费用。
- 要求你公司通知在你公司接受乳腺X线影像的患者及其转诊医师，这些缺陷、此类缺陷可能造成的危害、适当的补救措施和其他相关信息。
- 要求对每一次或每一天实质上不符合MQSA标准处以最高1.1万美元的民事罚款。
- 要求暂停或撤销你公司的FDA证书。
- 要求法院对你公司发出禁令。

具体详见42 USC 263b（h）-（j）和21 CFR 900.12（j）。

FDA可能需要进行合规性跟踪检查，以确定你公司机构的每个问题都已得到纠正措施。

你公司应在收到此信函之日起15个工作日内以书面形式回复FDA。你公司回复应涉及上述发现的违规事项，并包括：

（1）你公司已采取或将采取的具体整改措施，以纠正此信函所述的所有违规事项，包括实施这些整改措施的预计时间表；

（2）你公司已采取或将采取的具体整改措施，以预防此信函所述的所有违规事项再次发生，包括实施这些整改措施的预计时间表；

（3）证明适当记录保存程序的样本记录。

最后，你公司应明白，乳腺X线摄影手术有很多要求。本警告信仅涉及最近对你公司进行检查的有关违规事项，不一定涵盖你公司根据法律应承担的其他义务。

第137封　给TELEMED的警告信

生产质量管理规范/质量体系法规/医疗器械/伪劣

CMS # 540646

2017年11月14日

尊敬的D先生：

2017年7月31日至8月3日，美国食品药品管理局（FDA）检查员对位于立陶宛共和国首都维尔纽斯（Vilnius, Lithuaniaon）的你公司进行检查，确认你公司生产超声诊断系统。根据《联邦食品、药品和化妆品法案》（以下简称《法案》）第201（h）节［21 U.S.C.§ 321（h）］，凡是用于诊断疾病或其他症状，对疾病有治愈、缓解、治疗或预防作用，或是可以影响人体结构或功能的器械，均为医疗器械。故你公司涉及检查的产品为医疗器械。

检查结果表明，这些器械涉及《法案》第501（h）节［21 U.S.C.§ 351（h）］所指的掺假，其生产、包装、储存或安装所用的方法或设施或控制措施不符合质量体系法规（以下简称QSR/21 CFR 820）对现行生产质量管理规范的要求。

FDA于2017年8月24日收到了总裁Dmitry Novikov的回复，该回复涉及检查员在FDA 483表中说明的缺陷，即发给你公司的《检查发现问题清单》。请注意：你公司于2017年9月29日和2017年10月31日的回复没有作为本警告信的一部分进行审查，因为并没有在FDA 483表发布后的15个工作日内收到。你公司的回复将与针对本警告信中所述违规行为提供的任何其他书面材料一起进行评估。FDA就指出你公司2017年8月24日的回复中的每一项违规行为，将回复相应地列在下面。违规行为包括但不限于以下内容：

1．未能按照21 CFR 820.30（b）的要求，建立和维护足够的设计计划，来描述或引用设计和开发活动，并定义实施责任。

例如：你公司没有按照QP-73-01设计控制程序（修订版F）的要求为2013～2015年进行的MicrUS超声成像系统设计开发项目，建立和维护一个设计计划。FDA检查员被告知，由于信息的机密性，设计计划没有形成文件。此外，你公司通过让设计控制人员逐渐构建不同的原型来进行设计控制活动，以确定哪些是有效的，哪些是无效的。

你公司2017年8月24日的回复是不充分的。你公司确认设计计划模板应按照修改后的设计控制程序创建。但是，你公司没有提供要创建的设计计划模板的相关信息，以及这些模板可以纠正哪些问题和如何纠正这些问题。此外，你公司没有提供设计计划程序以供审查，也没有说明计划如何实施修订。

2．未能按照21 CFR 820.30（c）的要求，建立和维护足够的设计输入程序。

例如：设计输入在设计验证活动之前没有正式的文档记录。此外，你公司的MicrUS超声成像系统的设计输入是模糊且不完整的。例如，文件QD-73-01-3规定了某些设计输入"与以前设计的器械相同的要求"。此外，在同一文件的安全性与可靠性要求中，规定"器械的设计符合本文件附录I中所述的安全性、EMC、生物兼容性要求。"但是，附录I中没有这些安全性与可靠性要求。

你公司2017年8月24日的回复是不充分的。你公司承认这一失误，并声明QP73-01设计控制表应完全更新，使用基于现有510（k）的追溯设计历史文档（DHF），并为设计阶段创建必要的模板。然而，你公司并没有提供修订后的设计控制程序，也没有说明如何实施修订以确保设计输入不会不完整或含糊不清。另外，你公司没有提供更新后的QP73-01设计控制表。

3．未能按照21 CFR 820.30（d）的要求，建立和维护足够的设计输出程序。

例如：缺乏文件证明你公司评估了设计输出与输入要求的一致性。你公司QD-73-01设计控制（修订版F、修订版E）第3节，程序要求设计输出与设计输入相一致。

你公司2017年8月24日的回复是不充分的。你公司承认这一问题，并声明QP73-01设计控制表应修改并完全更新，使用基于现有510（k）的追溯DHF，并为设计阶段创建必要的模板。但是，你公司没有提供修订的设计控制程序以供审查，也没有说明计划如何实施修订。

4．未能按照21 CFR 820.30（e）的要求，建立和维护足够的设计评审程序。

例如：你公司没有对MicrUS超声成像系统进行充分的设计评审，在整个器械设计开发过程中，你公司仅偶尔进行设计评审，没有指明所涉阶段或所涉信息，也没有涵盖对所涉阶段的直接责任人。

具体为，FDA检查员注意到，设计评审并没有在设计项目的适当阶段进行正式的计划，也没有对评审阶段进行标识或对评审信息进行描述。相反，文档化的设计评审提到了接下来需要完成的工作。另外，你公司的QA经理确认你公司在设计评审阶段没有独立的评审人员。

你公司2017年8月24日的回复是不充分的。你公司确认设计评审模板应按照修改后的设计控制程序创建。但是，你公司没有提供要创建的设计评审模板的具体信息，以及这些模板如何纠正这些问题。你公司没有提供修订的设计评审程序以供审查，也没有说明计划如何实施修订。

5．未能按照21 CFR 820.30（f）的要求，建立和维护设计验证程序，以确认设计输出符合设计输入要求。例如：

A）你公司的MicrUS超声成像系统设计验证活动没有以确保设计输出满足设计输入的方式记录在案。具体为，在××系统上进行的测试表明，设计验证活动总结在一个表中，表中包含了对测试的模糊描述、测试报告参考编号、进行测试的实验室以及每个条目旁边的“通过”一词。此外，你公司的QA经理确认，进行性能测试的样本缺乏有效的统计原理支撑。

B）你公司没有对超声系统在设计验证活动的过程和最终测试中使用的测试体模（××）进行验证，以确保它们符合你公司的预期目的，并能够产生有效的结果。FDA检查员被告知在使用前没有对体模进行任何测试。

C）在MicrUS、××和××超声系统的设计验证活动中，你公司没有对用于进行声学测试的声学测量系统（AMS）进行验证。你公司的QA经理确认没有安装验证文件来确保AMS系统适合其预期用途。

你公司2017年8月24日的回复是不充分的。在提交的CAPA Plan 22/2017（QD-85-04-2）中，列出了讨论（场景）和解决此问题的措施的摘要。确定了每项措施的负责人和截止日期。同时，也声明会提供使用你公司测试体模的依据。但是，没有提供设计验证过程以供审查，也没有说明如何实现每项措施。

6．未能建立和维护足够的程序来确认器械设计。设计确认应按照21 CFR 820.30（g）的要求，应在首次生产单件、批次件或其同等物在规定的操作条件下进行。

例如：你公司未按照QP-73-01设计控制程序（修订版F）的要求，执行设计确认MicrUS超声成像系统。你公司的QA经理解释称，没有执行设计确认MicrUS系统是因为其预期用途与之前申请的回声爆破器（K102253）相比并未发生改变。他进一步解释说，由于这两种器械具有相同的临床评估、预期用途和分类（pro code MDD），“历史证据表明，以前器械中使用的类似设计和材料在临床上是安全的。”

你公司2017年8月24日的回复是不充分的。在提交的CAPA Plan 22/2017（QD-85-04-2）中，总结了讨论（场景）和解决此问题的措施。确定了每项措施的负责人和截止日期。但是，没有提供确认器械设计的评审过程，也没有说明如何实现各项措施。

7．未能按照21 CFR 820.30（h）的要求，建立和维护设计转化程序，以确保器械设计正确转化为生产规范。

例如：你公司没有建立设计转化程序，也没有对MicrUS超声成像系统进行设计转化，以确保器械设计正确转化为生产规范。具体为，设计控制程序QP-73-01未包含设计转化的要求。

你公司2017年8月24日的回复是不充分的。你公司承认设计转化程序应该建立并添加到设计控制程序中，公司应该创建必要的表格。但是，你公司没有提供修订的设计控制程序以供审查，也没有说明计划如何实施修订。

8．未能按照21 CFR 820.198（a）的要求，建立和维护足够的接收、评审和评估投诉程序。

具体为：

A）你公司的投诉处理程序QP-85-03客户投诉（修订版D）存在以下缺陷：

（1）未包括调查记录的部分要素，包括但不限于FDA的调查结果和对投诉人的任何答复。你公司的副总裁/电脑系统管理员说他收到了所有客户的电话/电子邮件，其中一些是投诉。下一步是执行远程诊断，以确定问题是否与用户、软件或硬件相关。如果投诉是通过电话解决的，除了在非受控的电话/电子邮件列表上的一个记录外，没有完成其他记录。此外，所审查的投诉记录均未包含对投诉者的回复。

（2）未包括被视为投诉的定义。

（3）未要求医疗器械报告确定的投诉。你公司QA经理确认，从未对任何投诉进行过MDR测试。

（4）未提到如何记录投诉。目前，非受控的电子记录被用来记录某些投诉。

B）FDA对2016年4月至2017年5月期间的12项投诉记录进行了审查，发现：

（1）没有对收到的任何投诉进行MDR判定。

（2）在某些情况下，投诉记录不完整（如#1168：无投诉描述/未填写不合格的原因；#1182：未填写不合格的原因）。

（3）这些记录未包括完整的调查细节。

（4）所有记录均未包括对投诉人的回复。

C）检查时没有发现#1196和#1219投诉记录。

你公司2017年8月24日的回复是不充分的。你公司修订了投诉处理程序QP-85-03，客户投诉，包括器械投诉、一般投诉和应报告投诉的定义。增加了对客户投诉的受理和记录、投诉的分类、器械投诉的评估和调查、应报告投诉的处理、一般投诉的处理、纠正和预防措施的实施、投诉记录的保存等程序。你公司还计划购买××进行记录管理。但是，未提供执行修订程序的证据。

9．未能按照21 CFR 820.80（b）的要求，建立和维护进货验收活动程序。

例如：购入的组件（如电源、印刷电路板、印刷电路板组件、电阻等）在接收阶段没有经过检查、测试或以其他方式显示符合任何规格要求。你公司的QA经理确认你公司没有既定的程序来保证购入组件的验收或既定的购入组件规格说明。他进一步指出，当组件到达时，组件通过电子记录并放在架子上。同时，这些组件的验收状态并未标识。

你公司2017年8月24日的回复是不充分的。你公司在回复中表示，将创建一个基于组件、子组件、部件等的关键性的进货检验程序，并将提供21 CFR 820.80范围内的验收标准和方法、标识和可追溯性要求。但是，未提供进货检验程序，也未说明组件的关键性。此外，你公司没有提供验收标准和方法、标识和可追溯性要求。缺乏执行纠正和纠正措施的证据。

10．未能按照21 CFR 820.80（d）的要求，建立和维护程序保证最终验收活动。

例如：你公司尚未建立完整的器械验收程序，以确保每个器械单元都符合验收标准。你公司QA经理确认，你公司既没有最终验收程序，也没有指定的人员来放行要交付给客户的成品器械。

你公司2017年8月24日的回复是不充分的。在CAPA计划 21/2017（QD-85-04-2）中，你公司确定的讨论结果/计划包括指定负责人；正确的DHF；正确的器械主文件（增加最终验收）；审查和更新QP-72-01订单处理程序；审查和更新管理组织结构图。但是，你公司没有提供最终验收活动的审查程序，也没有说明如何实施这些程序。

11．未能按照21 CFR 820.100 的要求，建立和维护实施纠正和预防措施的程序。例如：

A）你公司没有遵循其CAPA程序，QP-85-04，纠正和预防措施（修订版D）第6.6节，因为你公司没有分析数据源（如投诉和不合格项）来确认不合格产品或质量问题的潜在原因。相反，你公司使用外部审计或供应商的反馈来识别问题，并在需要时启动CAPA。自2011年5月以来，共收到了277起投诉。此外，你公司未能按照CAPA程序第6.6节的要求进行沟通或就变化对个体的影响进行培训。

B）CAPA没有以适当的方式进行或记录，证据如下：

（1）CAPA #15-2017的启动是为了解决关于过程验证程序需要验证适当性的外部审计缺陷。记录的根本原因是“缺乏过程验证”，纠正措施是验证生产过程中执行的××测试，并对印刷电路板组件供应商进行外部审计。然而，此CAPA不包括以下内容：是否存在其他潜在过程的评估没有验证，有效性检查，没有记录的证据表明将CAPA传给直接负责人来保证产品的质量和预防问题。

（2）CAPA #14-2017的启动是为了解决市场监督程序完整性的审查需要的外部审计缺陷。纠正措施是建立一个新的上市后监督程序。尽管CAPA记录中提到纠正措施已经确认并结束，但该程序仍处于草案状态，且没有文档更改控制。此外，受影响的员工没有接受培训，也没有记录有效性检查。

（3）CAPA #16-2017的启动是为了解决关于交叉污染产品的清洗和消毒要求方面的外部审计缺陷，这些交叉污染产品被退回进行修理或维护时存在不足。纠正措施是更新退回器械的程序和退回产品表单。此CAPA不包括对受影响的员工进行新程序版本QP-83-02，退货控制（修订版B）和退货表（QD-85-01-4）的培训。此外，缺少有效性检查或文档化的变更控制。

你公司2017年8月24日的回复是不充分的。在回复中承认，程序QP-85-04纠正和预防措施应该修改和更新。你公司也认识到，你公司2017年的CAPA应与必要措施计划（如培训）一起进行审查；同时，2017年的CAPA应形成文件，作为CAPA表格修订输入。但是，你公司没有提供修订的纠正和预防措施以供审查，也没有说明你公司计划如何实施修订。回顾性审查2017年的CAPA是不够的，因为你公司没有分析数据来源（如投诉和不合格项）来确定不合格产品或质量问题的潜在原因。

12．未能按照21 CFR 820.50的要求，建立和维护足够的采购控制程序，以确保所有采购或以其他方式收到的产品和服务符合特定要求。例如：

A）你公司的采购控制程序QP-74-01 供应商选择和评估（修订版E）存在不足之处，因为对重点供应商或非重点供应商没有规定要求，年度评估将根据质量/质量管理体系等标准进行；该程序没有说明如何评估质量。

此外，你公司没有遵守采购控制程序。具体为，你公司的采购控制程序的第二节提到了选择潜在的供应商是基于技术和操作能力、物流、质量和技术风险。此外，同一程序的第四节提到了对供应商进行年度评估的要求。你公司QA经理说，你公司根据与客户和经销商的讨论结果来评估质量；然而，这并没有被记录下来。

B）××公司的××供应商仅凭其ISO和/或RoHS证书被认为合格。没有书面证据表明该供应商的能力满足质量要求。此外，还存在××其他未取得供应资格的供应商；但是，它们被认为是经批准的供应商列入“接受供应商”名单。

C）你公司未按照程序QP-74-01 供应商选择与评估（修订版E）进行，即供应商在年度考核时未填写“QD-74-02-2 供应商考核问卷”。没有文件证明你公司曾经发出和收到供应商的供应商考核问卷。

你公司2017年8月24日的回复是不充分的。在回复中表示，将根据关键性标准更新程序QP-74-01，更新后的QD-74-02-2供应商检查问卷（修订版B）将发送给所有供应商，并根据审核结果更新“接受供应商”名单。但是，你公司没有提供设计验证过程以供审查，也没有说明如何实现每项措施。你公司没有说明QP-74-01中更新的项目，也没有说明关键性标准。此外，没有说明更新后的问卷（QD-74-02-2）中的变化，也没有提供已向其发送问卷的供应商名单。因此，缺乏执行纠正和纠正措施的证据。

13．未能按照21 CFR 820.70（a）的要求，建立和维护足够的过程控制程序，以确保器械符合其规范。

例如：对于包括MicrUS超声成像系统在内的超声系统的人工组装产品，没有工作说明。此外，你公司的工作人员在没有任何指示的情况下，根据未经批准的图纸进行组装工作。这些图纸不包括任何关于如何组装系统的说明，也不包括以何种顺序组装的说明。

你公司2017年8月24日的回复是不充分的。在××回复中包括了已批准的图纸和双语装配说明。然而，FDA从检查中取样的××图纸没有被批准，也不包括任何装配说明。你公司没有提供修订的设计审查程序以供审查，也没有说明你公司计划如何实施修订。

14．未能按照21 CFR 820.70（c）的要求，建立和维护控制环境条件的程序。例如：

A）你公司没有建立静电放电（ESD）程序，也没有对生产区域内的ESD防护垫进行任何维护，这些防静电垫是处理过的ESD敏感元件，如印刷电路板组件。

B）你公司没有对生产区域的温度进行监视或控制，在生产区域，根据用户指南，体模会受到温度变化的影响，并被用于日常测试活动。此外，××测试区域和××软件测试区域的体模温度读数存在差异。你公司的××体模和Doppler Flow体模的用户手册均包含以下声明："…××"没有文件可供审查，以确定在高于室温的条件下使用体模是否会对测试结果产生不利影响。

你公司2017年8月24日的回复是不充分的。你公司确认应该建立ESD维护说明，并提供一份措施项目清单，以纠正由于缺乏ESD保护而导致的故障。你公司还提供了解决缺乏温度控制问题的措施项目。然而，并没有在回复中提及是否会全面审查环境条件，以建立适当的程序来控制设施的环境条件。你公司没有通过适当控制温度来解决测试现场体模温度差异的问题，而是计划在工作温度范围内证明声学测试的允许误差。此外，没有提供审查ESD控制程序，也没有说明你公司计划如何实施该程序。

15．未能按照21 CFR 820.90（a）的要求，建立和维护足够的程序来控制不合格品。例如：

A）你公司的不合格记录（NRC）是不充分的，因为××审查记录中未包括你公司的文件不合格产品控制（修订版D&E）-程序QP-83-01中要求的调查判定。

B）在审查过程中未发现与最终测试中发现的不合格项相关的NCR。你公司的质量技术员确认他已经在××测试中与你公司的生产经理沟通了不合格项。然而，在审查过程中缺少这些NCR。

你公司2017年8月24日的回复是不充分的。在回复中表示，你公司将审查和纠正相关文件的不合格项，并将开展人员培训，以指导如何使用公司的不合格报告（QD-83-01-1）表格和不合格产品注册（QD-83-01-2）来发现、评估和记录不合格项。但是，你公司没有提供不合格产品程序修订以供审查，也没有说明你公司计划如何实施修订。也未说明你公司在不合格项的发现、评估和记录方面的培训。

16．未能按照21 CFR 820.25（a）的要求，建立和维护足够的培训程序并识别培训需求。

例如：你公司未能遵循程序QP-62-01，能力，意识和培训（修订版C）的要求，尚未制定所需的年度培训计划。你公司QA经理确认，培训需求从未操作人员或其他质量体系监管中的工作人员（如投诉和不合格项）进行评估；没有培训记录显示员工接受了培训，以发现可能由于工作表现不当而遇到的缺陷；内部审核人员未接受如何进行审核的培训；没有对在PCB上进行焊接活动的员工进行书面培训；而且你公司没有人接受过FDA质量体系规定的培训。此外，你公司没有提供培训记录表明员工接受了质量体系操作程序或工作指令的培训。

你公司2017年8月24日的回复是不充分的。你公司承认应根据内部审核结果制定年度培训计划。但是，你公司没有提供任何有关审核的信息，也没有提供审核如何为年度培训计划的制定提供输入。你公司没有提交任何文件来证明你公司已执行了纠正。在回复中表示应该监控FDA质量体系对QA经理的培训，但没有进一步的说明或文档记录。

17．未能按照21 CFR 820.40（a）的要求，建立和维护足够的文件控制程序。

例如：程序QP-42-01文件控制，要求对文件进行审查/批准，并要求作废文件从使用点移走，但该程序未得到遵守，证据如下：

A）程序第5节要求文件更改请求（QD 73-01-02）形成文件，以更新程序。然而，你公司并没有利用变更请求表格来记录任何质量体系操作程序的变更。

B）FDA在车间发现了××产品验证的过时版本（版本3，日期2015年12月25日）。本文件包括对MicrUS器械进行测试活动的说明。MicrUS器械的主文件的当前版本是修订版4。

你公司2017年8月24日的回复是不充分的。你公司承认文件控制程序不完善，并声明将购买一个文件控制和质量系统管理软件，以支持通过电子签名进行文件控制。虽然你公司称这些纠正已经开始进行，但没有提供关于纠正的其他资料，也没有说明你公司计划如何实施这些纠正。

18．未能按照21 CFR 820.22 的要求，建立和维护足够的质量审核程序。

例如：你公司尚未建立审核标准，以确保对质量体系的评估及符合质量体系要求。你公司在内部审核时没有评估质量体系是否符合21 CFR 820 的要求。此外，你公司2014年内部审计计划中没有审核列出的所有领域。

你公司2017年8月24日的回复是不充分的。你公司承认了这一问题，并声明你公司将提供“按照ISO 13485：2016和21 CFR 820 的要求完成内部审核”，根据审核结果更新QMS时，并未表述清楚。但是，你公司没有提供质量审计程序以供审查，也没有说明你公司计划如何实施修订。

同时，美国联邦机构可能会收到相关器械的警告信，这样在签订合同时，可能将这些信息考虑在内。此外，对于与质量体系法规偏离合理相关的Ⅲ类器械的上市前批准申请，在违规行为得到纠正之前将不予批准。向外国政府提出的证书申请，在与申报器械相关的违规行为得到纠正之前将不予批准。

请在收到本警告信之日起15个工作日内，以书面形式向本办公室告知你公司为纠正上述违规行为所采取的具体措施，并说明你公司计划如何防止此类违规行为或类似违规行为再次发生。包括你公司已采取的纠正和/或纠正措施（必须解决系统性问题）的文档。如果你公司计划采取的纠正措施将逐渐开展，请提供实施这些活动的时间表。如果在15个工作日内无法完成纠正，请说明延迟的原因和完成这些活动的时间。请提供非英文文件的翻译文本，以便FDA审查。

此外，FDA还注意到与《法案》第502（t）（2）节［21 U.S.C.§ 352（t）（2）］的不符合项，这是你公司在《医疗器械报告条例》21 CFR 803中规定的不良事件报告要求中的一个不符合项。此不符合项如下：

未能按照21 CFR 803.11（a）的要求，建立和维护足够的医疗器械报告（MDR）程序以包括eMDR账户。具体为，你公司没有eMDR账户。自2014年2月14日起，制造商必须进行电子报告。

最后，你公司应当知晓，本警告信并不代表你公司所有违规行为。你公司有责任确保遵守适用的FDA法律法规。本警告信和在检查结束时发布的FDA 483表中指出的具体违规行为，可能表明你公司在生产制造和质量管理体系方面存在严重问题。你公司应查明违规原因，并迅速采取措施纠正违规行为，确保产品符合要求。

第138封 给ProSun International，LLC. 的警告信

生产质量管理规范/质量体系法规/医疗器械/伪劣

CMS # 539273

2017年10月25日

尊敬的H先生：

美国食品药品管理局（FDA）于2017年8月1日至2017年8月4日，对位于佛罗里达州圣匹兹堡的你公司进行了检查，检查确认你公司制造太阳灯/日光浴床，包括ProSun SunDream日光浴床。你公司的日光浴床已根据产品代码LEJ日晒器械归类为Ⅱ类医疗器械（原为Ⅰ类）并且需要取得上市前批准。根据《联邦食品、药品和化妆品法案》（以下简称《法案》）第201（h）节［21 U.S.C.§ 321（h）］，凡是用于诊断疾病或其他症状，对疾病有治愈、缓解、治疗或预防作用，或是可以影响人体结构或功能的器械，均为医疗器械。故你公司涉及检查的产品为医疗器械。

此次检查发现，根据《法案》第501（h）节［21 U.S.C.§ 351（h）］，该医疗器械属于伪劣产品，因为用于器械制造、包装、储存或安装的方法、场所或控制手段不符合质量体系法规（见21 CFR 820）对于现行生产质量管理规范的要求。你公司可以在FDA主页的https://www.fda.gov上找到《法案》和FDA的规定。

FDA检查员于2017年8月4日向你公司的运营副总裁Stanley G.David先生签发了FDA 483表（检查发现问题清单）。FDA于2017年8月21日收到了Stanley G.David针对FDA检查员发给你公司的FDA 483表的回复。FDA在下文就每一项记录的违规事项做出回复。这些违规事项包括但不限于以下内容：

1．未能按照21 CFR 820.80（d）的要求建立成品器械验收程序。例如：

A．你公司尚未建立用（b）（4）辐射计测量的UVA+UVB辐照度读数与供应商为证明其当前最大定时器设置和曝光时间表的适用性而进行的（b）（4）测量之间的相关性。你公司已确定了“U.V. 读数”在最终测试期间测量的“最大”规格；但据报道，这些最大规格是基于每个不同型号/器械配置的历史平均读数，而不是（b）（4）测量值。“U.V. 读数”的“最大”规格在所有的质量控制检查表上均未识别。此外，你公司“最大”规格不考虑其（b）（4）精度规格。

FDA已经审查了书面回复，并确定其不充分。尽管回复中指出，你公司已采购并收到（b）（4），且已对你公司所有日光浴器械的（b）（4）读数进行了认证和校准。你公司尚未提供从你公司日光浴床供应商处获得的UVA+UVB（b）（4）读数与你公司（b）（4）读数之间的相关性。你公司也没有为你公司日光浴器械和与新仪表相关的测试/质量控制检查表提供高限和低限。根据你公司的回复，你公司将继续使用现有的质量控制表和仪表，直到这些转换完成。

B．你公司“100%定时器和紫外线暴露试验程序”不要求在日光浴床的工作台上进行与床上丙烯酸接触的测量，因为你公司程序表明所有测量均在丙烯酸的（b）（4）范围内进行。

FDA已经审查了书面回复，并确定其不充分。尽管回复指出，程序Q31 0-002，版本0正在修订和重新发布，以显示与新（b）（4）的测量距离，新（b）（4）将丙烯酸树脂制成工作台的顶盖或工作间设置为（b）（4）。你公司的回复并未说明你公司将如何确保在（b）（4）处进行准确和可重复的测量（即使用夹具或工具），并避免在你公司工厂进行检查时所观察到的视觉估算。

C．成品器械功能测试记录不充分，具体如下：

（1）PROSUN Onyx装置（SIN：UN032SLI2W0022）没有紫外线读数。

（2）未记录aX7装置（SIN：UNX7SLIC1W0179）的定时循环测试。

（3）PROSUN Onyx装置（SIN：UN032SLII2W0020）未记录定时循环测试。

（4）PROSUN Onyx装置（SIN：UN032SLIJW0011）未记录定时循环测试。

（5）未记录ProSun V3装置（SIN：UN42HV3C2W0354）的定时循环测试。

（6）标记为12分钟最大床（SIN：UNX7LSLIC4U001 0）的X7装置的定时循环测试记录为15:06。该装置的DHR识别出顶盖的紫外线读数为"（b）（4）"，工作台的紫外线读数为"（b）（4）"。你公司对本规范的最大公差报告为"（b）（4）"。

（7）对于XJO装置（SIN：IPX10SLIC2W0035），DHR中报告紫外线读数为"39"。你公司对本规范的最大公差报告为"（b）（4）"。

（8）标记为10分钟床的ProSun V3装置（SIN：UN42HV3C2W0344）的定时循环测试记录为12:01。

（9）ProSun ATF V3装置（SIN·UN42R2AHV3C2W0080）的定时循环测试记录为10:00，标记为12分钟最大床。

（10）标记为10分钟床的Luxura X3装置（SIN：UNX336II W0006）的定时循环测试记录为9:00。

FDA已经审查了书面回复，并确定其不充分。虽然你公司回复声明对上述第1~5项进行了测量，但你公司并未提供这些成品器械功能测试测量的客观证据。关于第6项，你公司回复说，由于（b）（4）读数为42，该装置被拒绝，但没有提供任何文件表明这一点。在检查过程中收集的最终质量控制检查表显示其未通过紫外识别并于2015年6月11日打包。关于第7项，你公司的回复称，39的读数已被接受，并在（b）（4）的可接受公差范围内。但该值不在你公司程序100%定时器和紫外线暴露试验Q310-002中规定的限值内，因为最大读数为（b）（4）。关于第8~10项，你公司声明，尽管日光浴时间从12分钟减少到（b）（4）单位符合最大紫外线暴露水平。你公司的回复并未说明这些器械不符合你公司程序中规定的、作为21 CFR 820.80（d）要求的既定发布标准。

2．未能按照21 CFR 820.100（a）的要求建立纠正及预防措施控制程序。

例如，你公司的"纠正和预防措施程序"（Q214-002，版本0，日期为2000年4月24日）在以下方面不充分：

A．不包括为识别不合格品和其他质量问题的现有和潜在原因而对质量数据进行分析的要求。

FDA已经审查了你公司的书面回复，并确定其不充分。你公司提供了纠正和预防措施程序Q214-002，但未确定根据21 CFR 820.100（a）（1）的要求分析哪些质量数据或如何进行分析（即统计方法）。

B．此处不包括验证或确认纠正和预防措施以确保该措施不会对成品器械产生不利影响的要求。此外，你公司程序说明在随后的内部质量体系审计中验证有效性。

FDA已经审查了你公司的书面回复，并确定其不充分。你公司的回复继续表明，纠正和预防措施的有效性将在内部质量体系审计期间执行。但没有提供足够的指导，说明何时进行这些有效性检查以及如何进行检查。此外，你公司的纠正和预防措施程序Q214-002没有规定为纠正及预防不合格或其他质量问题而采取的措施将如何被视为有效。包括建立有效性标准，用以通过客观证据确定为纠正及预防不合格品和其他质量问题再次发生而采取的措施是有效的。此外，你公司的回复中没有客观证据支持关闭CAPA以纠正最近一次检查中发现的并被视为有效的观察结果。

C．不确定纠正及预防不合格品和其他质量问题再次发生所需采取的措施。

（1）你公司没有按照"纠正和预防措施程序"（2000年4月24日，版本0）记录针对2015年9月16日收到的警告信而实施的纠正措施。你公司针对给SunDream日光浴床的警告信采取了纠正行动，该警告信被标记为20分钟或30分钟最大床，涉及设计变更和现场纠正措施，其中向大约（b）（4）名客户发送了更新的旋钮和更新的贴标。但你公司未能纠正警告信中指出的问题，该警告信涉及标示的30分钟最大建议暴露时间（MRET），该建议暴露时间高出FDA对该日光浴床建议暴露时间的3倍。据报道，已向大约（b）（4）家使用该产品的客户提供了一份30分钟床位的更新用户手册，称为"2015年12月11日修订版"，本手册中的MRET

时间仍为30分钟。

FDA已经审查了书面回复，并确定其不充分。你公司的回复尚未确定纠正和预防问题再次发生的措施。如上所述，已确定不符合规范且满足最大建议暴露时间（MRET）的日光浴床已分发并继续可用。

3．未能按照21 CFR 820.40的要求建立文件控制程序。例如：

A．你公司未执行文件控制程序（Q205-001，版本1，日期为2003年3月10日）中的要求：

（1）你公司程序需要维护主程序和表单日志。你公司未维护此日志。

（2）对于每种日光浴床型号/配置，你公司的“Q.C.检查清单”都有不同的变化，这些文件没有按照你公司的程序要求标明“程序编号和修订级别”。此外，这些文件还包括“修订日期”，该日期被确定为打印文件的日期，与文件的修订无关。

（3）V3 160W 230V日光浴床的制造程序是一份非受控文件。

B．你公司未执行文件变更申请程序（Q305-003，版本0，日期为2000年4月24日）中的要求：

（1）你公司于2017年7月27日对SunDream日光浴床的“Q.C.检查清单”所做的变更未记录在DCR记录中。

（2）于2016年10月26日对ProSun V3日光浴床“Q.C.检查清单”所做的变更未记录在DCR记录中。

FDA已经审查了你公司的回复，FDA无法确定你公司回复的充分性，因为你公司未提供修订后的文件控制程序Q205-001（第2版）供审查。此外，你公司尚未确定完整和适当的纠正行动，以弥补检查期间发现的缺陷。这包括在你公司工厂使用的非受控程序的处置。

4．未能按照21 CFR 820.198（a）的要求建立程序，以由正式指定单位对投诉进行接收、审查和评价。

例如，你公司的“客户投诉处理程序”（S214-001，版本3，日期为2012年4月4日）在以下方面不合理：

A．缺乏对投诉进行评估以确定投诉是否为事件的要求，根据21 CFR 803要求，该时间必须向FDA报告。此外，你公司未评估MDR可报告性的投诉。

B．缺乏投诉的定义来确保对投诉的正确识别。

FDA无法确定你公司的回复是否充分，因为你公司所述的《客户投诉处理程序》S214-001（版本3）将在2017年8月31日前修订为第Q214-001（版本4），并没有提供审查。此外，你公司回复称“要求此项目在完成后关闭……”；但没有提供任何客观证据表明这些纠正行动已经实施。

5．未能按照21 CFR 820.70（c）的要求建立环境条件的控制程序。

例如，你公司在生产过程中没有控制电路板组装过程中静电放电（ESD）的程序。

FDA无法确定你公司的回复是否充分。尽管你公司声明你公司已购买ESD设备，且正在编制作业指导书，但你公司并未提供客观证据证明已实施了这些纠正行动。

6．未能按照21 CFR 820.181的要求保存器械主记录。例如：

A．你公司的组装说明包含在你公司SunDream器械DMR中，用荷兰语书写。

B．DMR中未维护SunDream产品贴标的当前版本。

C．你公司没有为你公司日光浴床维护当前的图表，以指定贴标的位置。没有图表指定直立式日光浴床贴标的位置。

FDA无法确定你公司的回复是否充分。尽管你公司声明已为每台器械创建了器械主记录，但你公司并未提供客观证据证明已实施了这些纠正行动。

7．未能按照21 CFR 820.22的要求建立质量检查程序。

例如，你公司的“内部质量体系审计计划和程序”（Q217-001，版本0，日期为2000年4月24日）不充分，因为检查标准是基于ISO 9001要求的，而不特定于满足21 CFR 820的具体要求。

FDA无法确定你公司的回复是否充分。尽管你公司声明，内部质量体系审计计划程序Q217-001，版本O已修订为Q217-001，版本1，其中现在包括对21 CFR 820要求的参考，但你公司并未提供审查程序。此外，你公司没有提供客观证据证明你公司的回复中确定的纠正行动已经实施。

FDA的检查发现ProSun SunDream日光浴床根据《法案》第502（t）（2）节［21 U.S.C.§ 352（t）（2）］的规定被打上了伪劣产品的商标，因为你公司未能或拒绝提供《法案》第519节（21 U.S.C.§ 360i）和21 CFR 806-医疗器械要求的或根据该节要求的器械相关材料或信息；纠正措施和删除报告。重大违规事项包括但不限于以下内容：

未能按照21 CFR 806.10的要求，向FDA提交医疗器械纠正措施或移除的纠正措施或书面报告，以降低健康风险或补救由该器械引起的违反《法案》的违规事项，这可能会对健康造成风险。例如，你公司对SunDream住宅床位进行了现场校正，该床位的最大暴露时间标记为30分钟，几乎是FDA建议的最大暴露时间的3倍，如CDRH 1986年8月21日的信中回复：有关日光灯产品的最大计时器间隔和暴露计划的策略。已于2015年2月21日向SunDream日光浴床的所有客户发送了一封客户信函。信中指出，对客户的SunDream日光浴床进行了以下变更：

a．将提供新的定时器旋钮，供客户安装在其器械上。先前的计时器旋钮设计不允许用户看到准确的分钟数，因为旋钮太大，掩盖了拨号盘上的数字。新的旋钮更小，可以显示器械上已有的数字。这些数字最初是作为贴纸/贴标使用的。贴纸/贴标上的数字与分钟对应，没有变化。因此，进一步证实了原来30分钟最大床位仍为30分钟最大床位。

b．提供了更新的危险和警告贴标，该贴标先前被确定为含有法规中不正确的措辞。

c．提供了新的贴标，规定18岁以下的人不得使用日光浴设备。

d．提供了更新的暴露贴标，以识别与器械一起使用的兼容灯。在2015年9月16日的警告信中，Winchester工程分析中心（WEAC）取样的SunDream包括在暴露贴纸/贴标上未识别的兼容灯。

e．提供了一份更新的手册，其中包括按上述要求修改的所需贴标的副本。

现场有（b）（4）个受影响的SunDream器械。（b）（4）张床最多30分钟，（b）（4）张床最多20分钟，所有客户都是该器械的住宅用户。

你公司在抽样和发布SunDream器械警告信后针对FDA的调查结果采取的纠正行动不充分，因为30分钟最大暴露时间的问题没有得到解决。你公司没有按照21 CFR 806的要求向FDA提交书面报告，也没有纠正过度暴露的问题。

你公司应尽快采取措施纠正此信函中所涉及的违规事项。如若未能及时纠正这些违规事项将导致FDA采取法律措施且不会事先通知。这些措施包括但不限于：查封、禁令、民事罚款。此外，联邦机构可能会被告知关于器械的警告信，以便在签订合同时可能会考虑这些信息。另外，由于存在相关的质量体系法规偏差，除非这些违规事项得到纠正，否则Ⅲ类医疗器械上市前审批申请不会通过。在与有关器械相关的违规事项没有完成纠正前，出口的证明申请将不予批准。

请于收到此信函的15个工作日内，将你公司已经采取的具体整改措施，以及你公司准备如何防止这些违规事项或类似行为再次发生的计划，书面回复本办公室。包括你公司已采取的纠正措施和/或纠正行动（包括任何系统性纠正行动）的文件。如果你公司需要一段时间来实施这些纠正和/或纠正措施，请提供具体实施的时间表。如果纠正和/或纠正措施不能在15个工作日内完成，请说明理由和能够完成的时间。你公司的回复应完整并解决警告信中包含的所有违规事项。

在检查期间，FDA检查员还注意到并讨论了保持书面MDR程序的必要性，该程序为电子MDR报告提供指导。请确保你公司的“FDA不良事件报告程序”（Q202-002，版本0，日期为2003年3月20日）包含以下要求。于2014年2月13日公布的eMDR最终规则要求制造商和进口商向FDA提交电子医疗器械报告（eMDR），最终规则的要求于2015年8月14日生效。如果你公司目前没有以电子方式提交报告，FDA建议你公司访问以下网站链接，以获取有关电子报告要求的其他信息：https://www.fda.gov/

最后，请注意该警告信未包括你公司违规事项的完整清单。你公司负有遵守法律和FDA法规的主体责任。检查结束时发布的本信函和检查发现事项FDA 483表中记录的具体违规事项可能表明你公司生产和质量管理体系中存在严重问题。你公司应调查并确定这些违规事项的原因，迅速采取措施纠正违规事项并重新使产品合规。

第139封 给Magellan Diagnostics, Inc. 的警告信

试验器械豁免（IDE）/上市前批准申请（PMA）

CMS # 532743

2017年10月23日

尊敬的W女士：

2017年5月10日至2017年6月29日，FDA检查员对位于马萨诸塞州North Billerica的你公司的医疗器械进行了检查。检查中认定，你公司制造LeadCare血铅检测系统、LeadCare Ⅱ血铅检测系统、LeadCare Ultra血铅检测系统以及LeadCare Plus血铅检测系统（统称为“LeadCare系统”）。根据《联邦食品、药品和化妆品法案》（以下简称《法案》）第201（h）节［21 U.S.C.§ 321（h）］，凡是用于诊断疾病或其他症状，对疾病有治愈、缓解、治疗或预防作用，或是可以影响人体结构或功能的器械，均为医疗器械。故你公司涉及检查的产品为医疗器械。

此次检查发现，你公司的LeadCare Ⅱ和 LeadCare Ultra系统根据《法案》第501（f）（1）（B）节［21 U.S.C.§ 351（f）（1）（B）］属于伪劣产品，因为你公司没有依照《法案》第515（a）节［U.S.C.§ 360e（a）］、（b）（4）的规定就应用批准获得有效的上市前批准申请（PMA）。根据《法案》第502（o）节［21 U.S.C.§ 352（o）］，LeadCare Ⅱ和LeadCare Ultra系统也被贴上了伪劣产品的贴标。因为根据《法案》第510（k）节［21 U.S.C.§ 360（k）］和21 CFR 807.81（a）（3）的要求，你公司没有通知代理机构将这些器械引入商业分销的意图，没有向FDA提供关于这些器械修改的通知或其他信息，具体如下：

（1）你公司在2005年10月6日FDA批准该器械后，对LeadCare Ⅱ系统进行了显著的贴标和设计变更。例如，作为LeadCare Ⅱ系统上市前通知［510（k）］的一部分，在器械放行时提交给FDA的建议贴标描述了处理试剂与血液样本混合后，样本立即准备好进行分析。但你公司做出了重大变更，在器械上添加了一条指示，即用户在分析运输或摇动的静脉血液样本之前，允许血液处理试剂混合物在室温下放置4小时。你公司增加了这4小时的孵育时间，以降低LeadCare Ⅱ系统低估这些静脉血样本铅值的风险。这种变更可能会严重影响器械的安全性或有效性，并且需要提交新的510（k）。你公司在将改进后的LeadCare Ⅱ系统引入商业分销之前没有将这一重大变更通知FDA，而且FDA至今也没有收到该器械的新510（k）。

（2）FDA于2013年8月20日批准了LeadCare Ultra系统后，你公司对该系统进行了显著的贴标和设计变更。例如，作为LeadCare Ultra系统510（k）的一部分，在器械放行时提交给FDA的建议贴标描述了在处理试剂与血液样本混合后，立即分析样本的准备情况。但你公司做出了重大变更，在器械贴标上增加了一条指示，即用户在分析前对血液处理试剂混合物实施至少24小时的孵育时间。你公司做出这一变更是为了降低LeadCare Ultra系统低估某些血液样本铅值的风险。这种变更可能会严重影响器械的安全性或有效性，并且需要提交新的510（k）。你公司在将改良的LeadCare Ultra系统引入商业分销之前，并未将这些重大变更通知FDA。

（b）（4）

对于需要上市前批准的器械，当PMA在代理机构面前悬而未决时，视为满足第510（k）节要求的通知［21 CFR 807.81（b）］。你公司需要提交的信息类型，以获得批准或许可的器械在网址https://www.fda.gov/有所描述。FDA将评估你公司提交的信息，并决定该产品是否可以合法销售。

FDA还注意到，在你公司的LeadCare Plus系统510（k）待定期间，你公司在建议的贴标上增加了一条指示，即用户在分析前对血液处理试剂混合物实施至少24小时的孵育时间。虽然你公司向FDA提交了反映这一变更的建议贴标，但你公司将对建议贴标所做的修改描述为“轻微更新”，并未更新510（k）的提交文件以解释这一变更的重要性。例如，你公司本应将这一重大设计变更确定为你公司在510（k）报告中审查的等效器械和LeadCare Plus器械的技术特性差异。

此次检查还发现，你公司的LeadCare系统根据《法案》第501（h）节［21 U.S.C.§ 351（h）］所指的范围为掺假，因为用于器械制造、包装、储存或安装的方法、场所或控制手段不符合质量体系法规（21 CFR 820）对于现行生产质量管理规范的要求。

FDA收到了你公司2017年7月21日的回复。你公司的总裁兼首席执行官Amy M. Winslow针对FDA检查员出具的FDA483表（检查发现问题清单）的回复。FDA确认，回复中指出（b）（4），你公司目前的质量保证/风险评定管理将是（b）（4），并且（b）（4）将为你公司人员提供全面的质量体系培训。FDA收到你公司2017年9月21日的额外回复，并将评估此回复以及针对此信所述违规事项提供的任何其他书面材料。

FDA进一步处理你公司在2017年7月21日对以下每一项违规事项的回复（如适用）。这些违规事项包括但不限于以下内容：

1．设计确认未能确保器械符合21 CFR 820.30（g）中规定的用户需求和预期用途。例如：

a．在批准时，LeadCare Ⅱ和LeadCare Ultra系统的贴标允许在彻底混合血液/治疗试剂混合物，并在室温下储存48小时或冷藏储存7天后，立即对全血样本进行分析。在批准时，LeadCare Plus系统的贴标允许血液/治疗试剂混合物在室温下储存24～48小时后分析静脉全血样本，如果冷藏储存，则可长达3天。但你公司没有提供任何文件，证明你公司原始确认研究在这些实际使用条件下进行了测试，并且这些研究支持你公司在贴标中所作的血液/治疗试剂混合物稳定性声明。

b．你公司意识到在处理试剂中，培养不到24小时的样本可能出现错误的低或高的测试结果后，于2013年9月发布了LeadCare Ultra系统用于商业分销。例如，你公司对检查期间提供的治疗试剂的稳定性研究，题为“治疗试剂中的血液稳定性研究方案，VP#113，第1部分”，日期为2013年9月5日，结论是“随着样本/治疗试剂孵育时间的增加，［铅］信号增加的可重复性趋势”以及“假低点或假高点”的可能性；以及你公司关于治疗试剂的稳定性研究，题为“血液和治疗试剂稳定性研究，VP#113，第2部分”，日期为2013年9月10日，说明“样本/处理试剂制备（b）（4）。”

c．在你公司稳定性研究中获得的一些结果未达到Magellan诊断设计控制文件（日期为2013年9月10日，题为“血液和治疗试剂稳定性研究，VP#113，第2部分，版本1”）中记录的原始验收标准后，发布了LeadCare Ultra系统，以供商业销售，即（b）（4）。该研究的最终报告建议扩大研究方案中的接受标准并通过数据（b）（4）。

d．2014年11月24日，你公司向客户发出通知函，要求客户将血液处理试剂混合物至少孵育24小时以防止低估LeadCare Ultra系统中血液样本的铅浓度。2016年11月4日，你公司向客户发送了一封通知函，指示客户对可能与血液采集管橡胶塞接触至少4小时的样本进行静脉血液/治疗试剂混合物孵育，以防止低估LeadCare Ⅱ系统中血液样本的铅浓度。你公司未能确认LeadCare Ultra（24小时）和LeadCare Ⅱ（4小时）的最低培养时间的有效性。如2014年10月28日的投诉用例#00112233和2015年9月9日的投诉用例#00119771所述，这些最短孵育期也无法满足某些医疗保健提供者对其患者的即时分析需求。

FDA审查了你公司的回复，认为回复不充分。你公司回复称，你公司已启动纠正行动计划CAR-1223和CAR-1229，并已进行研究，以验证血液/治疗试剂混合物的24小时孵育是有效的缓解措施，以防止低估某些血液样本中的铅浓度。但你公司回复确认，这些研究没有很好的记录。你公司回复进一步指出，为了重新建立静脉血作为可接受的样本类型，你公司正在努力完成记录并进一步的确认，你公司将评估其现有设计确认研究，以确定是否有失败，以确保器械符合规定的用户需求和预期用途不同于FDA 483表中所确定的。此外，2017日历年年底你公司回复指出（b）（4）。你公司回复还指出（b）（4）将在2018年1月前为你公司员工提供培训，包括确认方案培训。但你公司还没有为你公司的纠正行动提供支持性文件，包括支持你公司进行充分确认的文件。

2．未能按照21 CFR 820.30（g）的要求进行设计确认，包括完整和充分的风险分析。

具体为，你公司风险分析程序，SOP159，版本04，要求根据生产后信息更新产品风险分析。但你公司未能更新、识别和/或充分评估LeadCare Ultra、LeadCare Ⅱ和LeadCare Plus系统的错误低结果给患者带来的风险。例如：

a．在2013年5月31日发布的题为“风险分析——铅护理”（版本10）的LeadCare Ultra风险分析并未将假阴性或假低结果列为潜在危害或风险。此外，本风险分析未根据你公司2013年9月5日题为“治疗用血液中试剂稳定性研究方案，VP#113，第1部分”的研究进行更新，其结论是，随着样本/治疗试剂孵育时间的增加，铅信号增加的趋势是可重复的，这会产生假低或假高的结果；2013年9月10日的“血液和治疗试剂稳定性研究，VP#113，第2部分”，也发现铅信号随着孵育时间的增加而增加。此外，你公司于2014年8月意识到客户投诉LeadCare Ultra系统结果不符后，本LeadCare Ultra风险分析没有更新。

b．LeadCare Ⅱ风险分析，题为风险分析Lead Care Ⅱ，版本6，日期为2005年9月8日，包括“错误结果，错误低”的风险。但该风险分析没有根据客户投诉错误低结果的情况进行更新，以反映静脉血样的伤害可能性。

c．风险管理计划，LeadCare Plus血铅检测系统，版本5，日期为2014年9月18日，确定了“（b）（4）”的危害，严重度分类为（b）（4）［定义为“［f］疾病或（b）（4）”］，概率为（b）（4）［定义为“（b）（4）”］。该危害未根据生产后信息进行更新。

FDA审查了你公司的回复，认为回复不充分。你公司回复表明，你公司已启动纠正行动CAR-1224，并且你公司将独立创建全面的失效模式和效应分析（FMEA）模板，用于评估LeadCare系统系列的风险，以确保每个器械的风险分析包括所有共享的失效模式。此外，你公司回复指出，你公司将重新评估LeadCare系统风险评定文件的所有要素，并对其进行修订，以消除任何已确定的差距。但你公司回复不包括对LeadCare Ultra、LeadCare Ⅱ和LeadCare Plus系统的风险分析的更新，包括根据风险分析程序（SOP 159，版本04）进行的更新，该程序要求根据生产后信息更新产品风险分析。此外，你公司还没有为你公司的纠正行动提供支持性文件。

3．未能按照21 CFR 820.198（a）的要求建立和保持程序，确保由正式指定部门接收、评审和评估投诉。具体如下：

a．你公司尚未建立足够的程序来定义你公司的产品支持员工如何统一评估信息，以确定其是否代表投诉或非投诉客户互动。例如，你公司的投诉程序SOP#107，版本09和21 CFR 820.3（b）将投诉定义为“任何书面、电子或口头通信，声称器械在发布后的标识、质量、耐用性、可靠性、安全性、有效性或性能存在缺陷”。然而支持请求用例#00103942涉及描述处理试剂中颗粒物的客户，支持请求用例#00122401涉及描述在LeadCare Plus上获得的结果和使用其他分析仪获得的结果的变化的客户。你公司将这些通信确认为“支持请求/服务台”用例类型，未提供你公司将其评估为投诉的文件，也未评估其是否代表必须根据21 CFR 803作为医疗器械报告（MDR）向FDA报告的事件。

b．投诉用例#00114483和#00126813是描述使用LeadCare Ultra系统或LeadCare Ⅱ系统获得的结果与使用其他方法获得的结果相比较低的投诉实例。客户投诉用例#s 00110311、00117184和00120173是描述使用某个LeadCare系统对同一样本获得的测试结果不一致的投诉示例。你公司的投诉程序，SOP#107，版本09，要求任何与错误结果有关的投诉必须立即进行审查，以便MDR报告。但这5起投诉的用例文件中的“投诉MDR表”部分是空白的，你公司没有提供文件说明如何根据你公司的投诉程序对这些投诉进行评估，以确定是否需要MDR。

c．你公司尚未建立程序，规定员工如何将最初归类为客户支持请求的用例统一输入你公司的电子（b）（4）系统，并对其进行统一评估，以确保信息准确地处理到（b）（4）中，如果支持请求用例随后被确定构成可能需要调查的投诉。例如，在检查期间，你公司的质量保证和法规事务总监解释说，你公司无法确定如何在（b）（4）系统中将客户支持请求转换为客户投诉。

d. 你公司没有遵循客户投诉程序，SOP#107，版本 9，关于以下三项投诉，在收到投诉后（b）（4）天内仍未受理，且无书面理由：投诉用例编号：00124439（开放122天）、00127556（开放109天）和00124108（开放195天）。

FDA审查了你公司的回复，认为回复不充分。你公司回复称，你公司已启动纠正行动计划CAR-1225，并且你公司将在2017年10月前对2015年7月以来记录的所有投诉进行回顾性审查，包括归类为支持请求/服务台用例类型的投诉。但你公司没有提供文件证明上述示例中提到的所有投诉的评估和/或调查已经完成。此外，你公司回复指出，你公司（b）（4），（b）（4）和（b）（4）文件管理系统旨在确定何时需要进行CAPA和投诉调查。若这些更新已完成，请提供此过程更新的支持文档。

4. 未能按照21 CFR 820.100（a）的要求建立纠正和预防措施程序。

具体为，你公司在CAR关闭前没有充分实施纠正和预防措施程序，即SOP 128，版本6，该程序要求有效性验证，定义为“确定措施实现预期目标并证明有效的文件化过程”。例如，CAR 108被打开，以调查LeadCare Ultra系统中铅浓度读数的低估情况。作为纠正行动的一部分，你公司于2014年11月24日向客户发出了一份通知，指示其将血液处理试剂混合物孵育至少24小时。你公司收到客户投诉，记录在投诉用例#00116937（未使用24小时孵育期的客户报告LeadCare Ultra偏低结果）和客户通知后的#00132411（使用24小时孵育期的客户报告LeadCare Ultra偏低结果），然而，没有核实行动是否有效，CAR于2017年3月21日被关闭。

FDA审查了你公司的回复，认为回复不充分。你公司回复称，你公司已启动纠正行动计划CAR-1226，并将在2018年第一季度之前，对2015年7月至今所有已结束的CAPA进行回顾性审查，以确保每个CAPA有效，并包括验证有效性的客观证据。你公司回复还指出，作为补救措施的一部分，你公司将重新评估CAPA的发布方式。此外，你公司回复指出，在你公司（b）（4）之后，详细的综合优先行动计划将确定需要补救的活动和文件的目标完成日期。但你公司没有为你公司的纠正行动提供支持性文件。

5. 未能按照21 CFR 820.30（i）的要求建立设计变更实施前的识别、文件编制、确认或适当的验证、审查和批准程序。

具体为，你公司的工程变更令程序SOP#123（版本01）未得到遵守，也未确保你公司实施的设计变更发生适当的确认/验证，以在LeadCare Ⅱ、LeadCare Ultra和LeadCare Plus系统的测试程序中增加最短的孵育时间，并添加变更这些器械的贴标。例如：

a. LeadCare Ⅱ

- 你公司于2016年11月17日签发了工程变更令（ECO）#7060，修改了LeadCare Ⅱ的贴标，将其包含4小时的孵育时间。但你公司的文件表明，变更不需要对产品或过程进行确认/验证，也没有说明是否需要更新风险管理文件，尽管变更被你公司归类为（b）（4）变更，你公司的ECO定义为“影响设计、生产，或对产品形式、适合性或功能的评估。”
- 在ECO#7060，123-05表格，“监管决定”，版本00，第2页，你公司在“决定摘要”一节中记录了变更被归类为（b）（4），要求在实施变更之前提交给FDA，并指示“根据需要填写510（k）通知和技术文件”。但你公司没有按照程序中的说明操作，并在表格123-05中注明“这是一份医疗观察（MDR）文件。”

b. LeadCare Ultra

- 你公司于2015年8月4日开设了ECO#6968，对LeadCare Ultra贴标进行修订，其中包括允许患者血液样本和治疗试剂混合物在分析前放置24小时的说明。但你公司的文件表明，变更不需要对产品或过程进行确认/验证，也没有说明是否需要对风险管理进行更新，尽管变更被归类为（b）（4）变更，你公司ECO将其定义为“对形式、适合度、功能有重大影响，或产品的监管状态“可能影响产品性能”。此外，ECO#6968也参考了确认报告157，但你公司的管理层在检查期间声明，参考的确认研究被取消，并且不同的确认研究是纠正后的确认研究。

- 在ECO#6968表123-05“监管决定”（版本00）中，你公司将变更确定为（b）（4），尽管在表123-04“工程变更单变更分类”中将其归类为（b）（4）。此外，在ECO#6968表123-05中，你公司对第三节B-贴标变更问题5回复“是”，对第三节D-IVD材料变更问题3回复“是”。根据这些回复，表123-05指示变更的监管决定为“（b）（4）”，其中说明变更需要在实施前提交。但（b）（4）记录在表格上，而不是（b）（4）上。（b）（4）只要求保留更新的文件/理由，而不要求提交新的监管文件。

c. LeadCare Plus

- 你公司于2015年5月5日开设了ECO#6944，以修改LeadCare Plus贴标，将24小时孵育时间包括在内。但你公司记录的变更不需要对产品或过程进行确认/验证。此外，ECO#6944也参考了确认报告157，但如上所述，你公司管理层在检查期间声明，本确认研究已被取消。
- 在ECO#6944，123-04表，“变更分类”版本00中，你公司将变更分类为（b）（4）变更，该变更“不会对产品的设计、生产或形式、适用性、功能和监管状态的评估产生重大影响”，你公司的“治疗用血试剂稳定性研究第1部分-090513报告”，涉及一项研究，该研究旨在评估在某些血液样本/治疗用试剂混合物上获得的信号，该血液样本/治疗用试剂混合物使用LeadCare Ultra传感器在室温下储存一段时间，声明“变更指令以包含孵育时间需要重新向FDA提交数据。”

FDA审查了你公司的回复，认为回复不充分。FDA确认你公司提供了更新的ECO 6944和6968，其中包括对题为“LeadCare Ultra/Plus（b）（4）（孵育时间）回顾性总结报告”的参考。你公司回复还指出，你公司已经启动了纠正行动计划CAR-1223，并且与你公司ECO程序中确定的（b）（4）项变更相关的定义，这些变更涉及变更对设计、生产或产品形式、适用性或功能的潜在影响，不能充分识别可能影响产品的批准、稳定性或确认研究的变更。此外，你公司回复指出，支持生态系统的监管决策清单没有充分说明在确定对现有510（k）的影响和上市前提交的必要性时应考虑的所有变更因素。你公司回复还指出，你公司将完成（b）（4）和全面培训，包括变更控制培训，将由（b）（4）提供请随时向FDA办公室报告你公司ECO（b）（4）的最新情况，并为你公司的纠正行动提供支持性文件。

6．未能按照21 CFR 820.90（a）建立不合格品控制程序。

例如，不合格材料程序，SOP 113，版本2，将“按原样使用”定义为（b）（4）。你公司决定用初始平均值分配“按原样使用”的控制措施，该赋值在你公司变更了批号1507N（于2015年9月24日开放的不合格品记录NCP ID#1175）和批号1511N（于2015年12月29日开放的不合格品记录NCP ID#1193）LeadCare Ⅱ Lead Control Level 1平均值分配后，将导致该范围的下限低于LeadCare Ⅱ的测试范围，但未证明控制措施经验证可接受使用。这些不合格品记录中确定的批次后来成为71例客户投诉的对象，这些投诉涉及由于控制超出范围而无法使用其分析仪的客户。

FDA审查了你公司的回复，认为回复不充分。你公司回复指出，你公司已经启动了纠正行动计划CAR-1231和（b）（4），以及你公司材料审查委员会用来评价不合格实例的表格和流程。此外，你公司回复指出（b）（4）要评估这些用途对受影响产品的影响。但在你公司回复中没有提供任何证明文件证明你公司已经对上述示例中包含的批号1507N和1511N以及相关投诉进行回顾性评价。你公司也没有为你公司的其他纠正行动提供支持文件。

FDA的检查还显示，你公司的器械根据《法案》第502（t）（2）节［21 U.S.C.§ 352（t）（2）］的定义为假冒伪劣产品，因为你公司未能或拒绝提供《法案》第519节（21 U.S.C.§ 360i）和21 CFR 803 - 医疗器械报告中要求的器械相关材料或信息。重大违规事项包括但不限于以下内容：

1．未能按照21 CFR 803.50（a）（2）的要求在收到信息的30个日历日内向FDA提交MDA，信息表明你公司销售的器械发生失效，且如果失效再次发生，你公司销售的器械或类似器械可能导致或促成死亡或严重伤害。例如：

a．2017年1月12日，你公司发现客户投诉（用例#00132411），客户报告LeadCare Ultra系统提供的结果与使用其他测试方法获得的结果相比偏低。2017年2月13日，用例#0132411档案中的评论得出结论，客户的投诉得到确认。FDA尚未收到此事件的MDR。

b．你公司提交了MDR#1218996-2015-00001，FDA于2015年4月6日收到。本MDR声明，2014年8月13日，你公司收到投诉（用例#00110598和00110639），表明你公司的两名客户在对LeadCare Ultra系统重复测试时获得了更高的结果。此外，MDR#1218996-2015-00001表示，你公司于2014年10月23日收到投诉（用例#00112168），表明另一位客户发现了LeadCare Ultra系统和另一台血铅分析仪的结果之间的差异。你公司未能在规定的30个日历日内针对使用你公司LeadCare Ultra系统进行测试后，涉及测试结果不一致的每个MDR可报告事件提交单独的MDR，你公司通过投诉用例#00110639、00110598和00112168了解到了这些事件。

FDA审查了你公司于2017年7月21日做出的回复，认为回复不充分。尽管你公司启动了纠正行动计划CAR-1230，其中包括回顾性审查，以确定过去未向FDA报告的MDR可报告事件的任何实例，但该机构尚未收到投诉用例# 00112168、00110639和00132411。此外，你公司没有为你公司回复中描述的纠正行动提供支持性文件。

2．未能按照21 CFR 803.17的要求充分制定、维护和实施书面MDR程序。

a．你公司的程序，不良事件程序，“SOP 108，版本4，日期2016年3月29日”，没有建立内部系统，以便按照21 CFR 803.17（a）（3）的要求及时传输完整的医疗器械报告。具体为，未解决以下问题：

- 该程序不包括根据21 CFR 803.12（a）和21 CFR 803.20以电子方式提交MDR的过程。有关电子医疗器械报告（eMDR）最终规则的信息，于2014年2月14日在《联邦公报》上公布，eMDR设置过程可在FDA网站上找到：https://www.fda.gov/。
- 你公司将如何提交每个事件的所有合理已知信息。具体为，3500A的哪些部分需要填写、以包括公司拥有的所有信息，以及你公司可以通过联系用户机构、进口商或其他初始报告人或通过对器械的分析、测试或其他评估获得的任何信息。

b．此外，该程序并未说明你公司将如何满足21 CFR 803.17（b）要求的文件和记录保存要求，包括确保获取有助于FDA及时跟进和检查的信息的系统要求。

FDA的检查还发现，你公司的LeadCare Ultra系统和Lead Care Ⅱ系统根据《法案》第502（t）（2）节［21 U.S.C.§ 352（t）（2）］的规定属于伪劣产品，因为你公司未能或拒绝提供《法案》第519节（U.S.C.§ 360i）和21 CFR 806部分-医疗器械；纠正措施和移除报告要求的有关器械的材料或信息。重大违规事项包括但不限于以下内容：

你公司未能按照21 CFR 806.10的要求，在采取纠正或移除措施后的10个工作日内，向FDA提交一份书面报告，说明为降低器械对健康造成的风险或补救器械导致的违规事项（可能对健康造成风险）而对器械进行的纠正或移除。例如：

a．2014年11月24日，你公司发出“致客户的通知”信函，指示客户将血液处理试剂混合物孵育至少24小时，以防止低估LeadCare Ultra系统血液样本的铅浓度。你公司未在发起此项行动后10个工作日内提交纠正或移除措施报告。

b．2016年11月4日，你公司向客户发送了一封“通知”信函，指示客户对LeadCare Ⅱ系统静脉血液样本的血液处理试剂混合物进行4小时的孵育，以防止潜在低估这些血液样本中铅含量。你公司未在发起此项行动后10个工作日内提交纠正或移除措施报告。

c．你公司在以下日期向之前投诉过LeadCare Ⅱ 1级和2级铅控超出范围的客户发送了一份“修正值分配温度修正”工作表：2016年3月11日（试剂盒批号1507N和1508N）；2016年5月20日（试剂盒批号1510N）；2016年6月26日（试剂盒批号1511M、1511N和1512N）。你公司未在发起此项行动后10个工作日内提交纠正或移除措施报告。

目前无法确定你公司回复是否充分。FDA确认你公司已就上述行为提交纠正和移除措施报告。但你公司回复指出，你公司将对自2015年7月以来收到、进行或产生的投诉、服务请求/服务台报告、CAPA和调查进行回顾性审查，并将在2017年12月前提交21 CFR 806要求的任何相关纠正和移除措施的补充报告。此外，你公司回复称，你公司将在2017年8月前利用（b）（4）提供关于质量体系法规和相关法规的全面培训，包括关于21 CFR 7和21 CFR 806要求的培训。请提供你公司纠正行动的证明文件。

此外，FDA建议你公司更新其程序以体现21 CFR 806“医疗器械”、更正和删除报告以及21 CFR 7“召回政策”所提供的指导，以确保向FDA提供所有所需信息或适当记录。

你公司应尽快采取措施纠正此信函中所涉及的违规事项。如若未能及时纠正这些违规事项将导致FDA采取法律措施且不会事先通知。这些措施包括但不限于：查封、禁令、民事罚款。此外，联邦机构可能会被告知关于器械的警告信，因此他们在授予合同时可能会考虑这些信息。另外，由于存在相关的质量体系法规偏差，除非这些违规事项得到纠正，否则Ⅲ类医疗器械上市前审批申请不会通过。在与有关器械相关的违规事项没有完成纠正前，出口证明申请将不予批准。

请于收到此信函的15个工作日内，将你公司已经采取的具体整改措施，以及你公司准备如何防止这些违规事项或类似行为再次发生的计划，书面回复本办公室。回复中应包括你公司已经采取的纠正措施和/或能系统性解决问题的纠正行动相关文档。如果你公司需要一段时间来实施这些纠正和/或纠正措施，请提供具体实施的时间表。如果在15个工作日内不能完成纠正，请说明理由和能够完成的时间。你公司的回复应完整并解决警告信中包含的所有违规事项。

最后，请注意该警告信并未完全包括你公司违规事项的完整清单。你公司负有遵守法律和FDA法规的主体责任。检查结束时发布的本信函和检查发现事项FDA 483表中记录的具体违规事项可能表明你公司生产和质量管理体系中存在严重问题。你公司应调查并确定这些违规事项的原因，迅速采取措施纠正违规事项并重新使产品合规。

第140封　给UVLRX Therapeutics Inc. 的警告信

试验器械豁免（IDE）/上市前批准申请（PMA）

CMS # 533314

2017年9月25日

尊敬的S先生：

本警告信旨在告知你公司，FDA检查员于2017年3月27日至2017年4月4日在对你公司进行检查期间观察到你公司的违规状况。实施此项检查以判定临床研究"使用UVL_0001多色发光二极管系统将低剂量光直接传递到周围血管内导管：一项安全性和可行性研究"的申办者是否依从于相关联邦法规。根据《联邦食品、药品和化妆品法案》(以下简称《法案》) 第201（h）节［21 U.S.C.§ 321（h）］的定义，UVLRX Station属于医疗器械，因为其预期用于诊断疾病或其他病症，治愈、缓解、治疗或预防疾病，或可影响人体结构和功能。本信函要求你公司立即采取纠正行动，以解决所述违规问题并讨论你公司于2017年4月25日对上述违规问题做出的书面回复。

项目中实施的检查旨在确保试验用器械豁免、上市前批准申请和上市前批准申请中包含的数据和信息是科学有效且准确的。该程序的另一目的是保证人类受试者在科学研究期间免受危险或风险。

FDA对地区办公室编制的检查报告的审评时发现严重违反21 CFR 812部分（试验用器械豁免）的规定，其中涉及《联邦食品、药品和化妆品法案》第520（g）节［21 U.S.C.§ 360j（g）］规定的要求。在检查结束时，FDA检查员向你公司提交了FDA 483表（检查发现问题清单），并与你公司讨论了该表中列出的观察结果。关于FDA 483表所述偏差、你公司的书面回复以及FDA随后对检查报告的审评的讨论如下：

1．未能获得机构审查委员会对调查的批准［21 CFR 812.2（b）（1）（ii）］

作为申办者，你公司负责获得IRB对研究的批准，向IRB提交简要的解释说明，以说明为什么医疗器械不属于重大风险器械并可以保持该批准。对于多项研究，你公司未能获得方案批准，增加入组人数和临床研究者的数量。此类违规的具体表现包括但不限于以下内容：

a．针对研究"（b）（4）"和"（b）（4）"，未获得批准。

b．在2016年2月25日，IRB仅批准了方案（b）（4）所述的入组1000名受试者。但是，入组了约3063名受试者。

c．有至少10名临床研究者（CI）未获得批准按照方案UVL_0001实施研究，但此类研究者接收了试验用器械并将其用于治疗受试者。未经批准的研究者包括但不限于以下人员：

未经批准的研究者已发货／已接收	器械数量
（b）（4）	（b）（4）
（b）（4）	（b）（4）
（b）（4）	（b）（4）
（b）（4）	（b）（4）
（b）（4）	（b）（4）
（b）（4）	（b）（4）
（b）（4）	（b）（4）

d. 在开始对（b）（4）的研究之前，有多名临床研究者未获得IRB批准。

你公司未能获得IRB批准，严重违反了你公司作为申办者的责任。未经IRB批准，不能保证适当保护受试者的权利和利益。其中包括验证知情同意书（IC）是否适当，以及受试者是否全面了解研究目的、规程、风险和受益。

2. 未能遵守关于监查研究的812.46要求［21 CFR 812.2（b）（1）（iv）］

作为申办者，你公司有责任确保对研究进行适当的监测，无论研究属于重大风险（SR）还是非重大风险（NSR）。你公司未能监测研究或保持文档记录，因此，试验用产品被运送给未经批准且不具备资格的研究者、受试者人数超过了批准的1000名受试者数量，并且未能提供文档记录来证明为临床研究者提供了适当实施研究所需的培训和信息。此类研究已被纳入方案（b）（4）。此类违规的具体表现包括但不限于以下内容：

a. 没有关于你公司研究活动监测的文档记录。

b. 你公司员工将试验用器械发送给不具备资格的研究者。示例包括但不限于：

-（b）（4），未经批准的研究者参加（b）（4），治疗了16名受试者。

- 有2件医疗器械被运送至临床试验机构（b）（4）；其中1件于2014年10月23日被运送至（b）（4），另1件于2016年8月8日被运送至（b）（4），两者均为不具备资格的临床研究者。

- 在IRB对该临床试验机构予以行政关闭后，有医疗器械被运送给参与（b）（4）的约5名研究者。

- 在2016年8月2日将4件医疗器械运送至医生办公室之后，没有提供文档记录证明（b）（4）所列医生是具备资格的临床研究者。

- 至少有1件医疗器械被运送给（b）（4）的医生，而针对试验用器械涉及的任何研究，该医生未被列为具备资格的研究者。

c. 你公司员工未能提供文档记录来证明临床研究者已完成关于医疗器械的培训。

监测不足可能会导致受试者处于风险之中：医疗器械及其性能可能存在缺陷；发生可能影响受试者安全的不良事件；以及可能影响受试者安全性和数据完整性的方案偏离。还必须进行申办者监测，以确认仅向具备资格的研究者发货并由其用于适当入组研究的受试者。如果不具备资格的人员将该医疗器械用于未参与研究的患者，则可能会增加患者伤害风险。

3. 未能保留812.140（b）（4）和（5）规定的记录［21 CFR 812.2（b）（1）（v）］

作为申办者，你公司应负责保留完整且准确的记录。你公司未能保留器械不良作用记录以及FDA要求的其他任何信息（例如：医疗器械使用和处置记录）。此类违规的具体表现包括但不限于以下内容：

a. 没有关于预期或非预期的器械不良作用的文件／记录。

b. 未能保留医疗器械处置的完整记录，此类记录中应说明研究者或其他人返还给申办者、维修和处置的任何医疗器械的批号或代码标记，并应报告任何处置方法的原因。

由于未能保留与你公司临床研究相关的完整、准确、最新的记录，可能会影响到研究受试者的安全和利益以及研究数据。

4. 未能按照812.5的要求给医疗器械加贴标签［21 CFR 812.2（b）（1）（i）］

作为申办者，你公司负责给试验用器械加贴标签，其中包括：制造商、包装商或经销商的名称和营业地，并在适当情况下声明如下："注意：临床试验器械由联邦（或美国）法律限制用于临床试验用途。"在将医疗器械运送至临床试验机构之前，你公司未能使用适当的医疗器械标签以纳入试验用器械注意声明。

缺少适当的警告标签可能会妨碍研究设备的正确使用和不良事件的正确追踪。此外，适当的标签有助于确保具备资格的研究者将试验用器械正确用于研究入组的受试者。

除了上述违规之外，检查还发现你公司没有任何文档记录可用于证明，参与医疗器械研究的每位研究者依照第50部分的规定获得其治疗的每位受试者的知情同意书并将其记录在案，但有文档记录证明依照21 CFR 56.109（c）获得IRB豁免的情况除外。此项要求来自于21 CFR 812.2（b）（1）（Ⅲ）。为了达到对非重大风险器械的简化要求，申办者必须确保参与研究的每位研究者获得其治疗的每位受试者的知情同意书。在获取知情同意时，必须为每名受试者提供基本要素和适当的额外要素。应使用IRB批准的书面知情同意书来编制知情同意书，并在获取知情同意时由受试者或受试者的合法授权代表签字并注明日期。

你公司的总体回复已承认上述违规行为，但也指出此类问题是先前的CRO（Ryan Maloney）的不当管理所致。但是，作为申办者，你公司应负责对临床研究进行总体监督管理。因此，你公司的回复理由不充分。你公司的回复指出，已对人员进行了变更和培训。此外，已经编制了标准操作规程（SOP）草案，并且你公司已采取了纠正行动，包括确保已收回未加贴注意标签之前发货的试验用器械。虽然你公司提供了培训完成的日期列表和完成培训的人员列表，但是你公司的回复中并未提供相关SOP的最终副本（及其实施日期）。你公司还指出，已聘用了新的IRB项目经理来监督所有IRB方案活动，并建立培训模块以确保研究者遵守适当的规程。你公司尚未提供关于如何填写此类表格的说明指导。因此，你公司的回复是不完整的。请提供以下信息：

- 所有新的和修订后的SOP（最终版本）的文档记录。
- 证明你公司中参与临床试验的所有研究人员均已接受关于所有新创建的和修改的SOP的适当培训的文档记录。
- 预防行动计划，以证明你公司将如何确保接收并记录所有预期和非预期的器械不良作用。
- 一项预防计划，以确保在未来进行研究时，将充分监测并记录医疗器械的所有发货和处置。
- 一项预防行动计划，以确保在未来进行研究时，所有参与研究者都将依照第50部分要求获取知情同意并予以记录在案，但依照21 CFR 56.109（c）获得IRB豁免的情况除外。此外，确保知情同意文件中将包含所有必需的基本要素。
- 证明所有临床研究人员均已接受上述预防行动计划的充分培训的文档记录。
- 关于你公司计划解决将提供给负责所有试验用器械标签的人员的标签和培训问题的文档记录。
- 关于实施纠正行动、SOP定稿和后续行动的时间表。

上述违规行为并未涵盖你公司的临床研究中可能存在的所有问题。作为研究申办者，你公司有责任确保依从于《法案》和相关法规。

在收到本信函后的15个工作日内，请提供关于你公司已采取或将要采取的其他纠正和预防行动的文档记录，以纠正此类违规行为并避免你公司作为研究申办者的当前或未来的研究中再次发生类似的违规行为。你公司提交的所有纠正行动方案必须包括每项待完成行动的预计完成日期及监测你公司纠正行动有效性的方案。若你公司未答复本信函并采取适当的纠正行动，FDA可能会不再经通知即采取监管行动。

第141封　给ELITech Group B.V.的警告信

生产质量管理规范/质量体系法规/医疗器械/伪劣

CMS # 534429

2017年9月20日

尊敬的G先生：

在2017年3月27日至2017年3月30日期间，美国食品和药品管理局（FDA）的检查员对你公司（位于荷兰Spankeren）进行了检查，确定你公司生产Selectra Pro S、Selectra Pro M和Viva Junior 分析仪器械。根据《联邦食品、药品和化妆品法案》（以下简称《法案》）第201（h）节［21 U.S.C.§ 321（h）］，凡是用于诊断疾病或其他症状，对疾病有治愈、缓解、治疗或预防作用，或是可以影响人体结构或功能的器械，均为医疗器械。故你公司涉及检查的产品为医疗器械。

该检查发现这些器械是掺假的，按照《法案》第501（h）节［21 U.S.C.§ 351（h）］的规定，因为用于制造、包装、储存或安装的方法或设备或控制不符合21 CFR 820部分的质量体系法规对现行生产质量管理规范的要求。2017年4月19日，FDA收到你公司常务董事Maurice A.S.V.E Verdaasdonk先生的回复，即针对FDA检查员在FDA 483表（检查发现问题清单）上记录的观察项的回复。针对每一项违规行为，FDA对该回应做出如下回复。这些违规行为包括但不限于下列各项：

1．未能按照21 CFR 820.100的要求，充分建立和维护纠正和预防措施（CAPA）的程序，以及未能充分记录CAPA结果。例如：

a）你公司的CAPA程序P73 V08.0“CAPA程序”（已审核多个版本）不包括延迟CAPA的说明。此外，你公司的程序不包括传播给受影响的个人CAPA信息的要求。

b）在审核你公司的CAPA时，发现了一些缺陷，例如，CAPA #239于2016年4月1日启动，这是与你公司产品投诉趋势相关的外部审核不合格项。除了与器械导致死亡相关的问题，该趋势没有考虑其他（潜在的）问题，而且根据服务行动的输出，没有证据表明你公司的最高管理层已经意识到投诉趋势。由于你公司没有预算，因此你公司的CAPA被推迟到2016年11月4日。对于是否可以采取临时纠正措施来缓解这一问题，也没有存档的调查和/或评估。你公司的CAPA记录显示该CAPA在2016年11月4日关闭；然而，你公司的管理层代表表示，实际上CAPA处于延迟阶段，已于2016年12月22日重新启动，且仍然处于未关闭状态。

你公司于2017年4月19日的回复是不充分的。你公司提供了一份纠正计划草案（甘特图）概述了任务，并声明将大约每月一次对观察项提供详细的回复以及支持文件。但是，到目前为止，还没有收到任何回复或文件。你公司的回复应包括实施纠正和纠正措施的描述和证据来处理这些观察项，这些措施必须考虑系统问题。

2．未能按照21 CFR 820.198的要求，充分建立和维护接收、审查和评估投诉的程序。例如：

a）你公司的投诉程序P67“投诉处理”（已审核多个版本）不包括以下要求：

- 记录收到的口头投诉；
- 制造商未对投诉进行调查时，应保留记录，包括未进行调查的原因和决定不进行调查的责任人姓名；
- 调查记录应包括：器械名称；收到投诉的日期；使用的唯一器械标识符（UDI），以及使用的其他器械标识符和控制编号；投诉人的姓名、地址和电话；投诉的性质及详情；调查的日期和结果；采取的纠正措施；以及对投诉人的答复。

b）对投诉文件的审查表明，你公司没有对投诉进行调查。例如：2016年11月9日关于ProM样品注射器上有锈迹的投诉#3861，2016年12月28日关于ProM分析仪上（b）（4）和电源接头烧坏的投诉#3913，2015年9月4日和2015年9月9日关于Viva Junior 分析仪泄漏单元的投诉#3475和#3480；2014年9月25日关于ProS分析仪的投诉#3208和#3209；以及2014年9月16日关于ProS分析仪的投诉均未被调查。

c）管理层代表解释说，你公司的美国合作机构不会向你公司沟通投诉信息，除非他们无法解决此问题。然而，你公司的SOP要求美国合作机构在5个工作日内将任何与仪器相关的投诉通知到你公司。你公司没有遵守自己的质量协议，该协议规定你公司有投诉处理存档的职责，并要求你公司的美国合作机构向你公司报告所有与仪器相关的投诉。

你公司于2017年4月19日的回复是不充分的。你公司提供了一份纠正计划草案（甘特图）概述了任务，并声明将大约每月一次对观察项提供详细的回复以及支持文件。但是，到目前为止，还没有收到任何回复或文件。你公司的回复应包括实施纠正和纠正措施的描述和证据来处理这些观察项，这些措施必须考虑系统问题。

3．当某个过程的结果不能被后续检验和测试完全验证时，该程序未按照21 CFR 820.75（a）的要求对该过程进行充分的确认和批准。

例如，你公司没有验证2010年安装的水系统，该系统生产用于临床分析仪（如ProM、ProS等）最终产品测试、试剂生产、解决方案系统生产和其他功能测试的纯净水。

你公司于2017年4月19日的回复是不充分的。你公司提供了一份纠正计划草案（甘特图）概述了任务，并声明将大约每月一次对观察项提供详细的回复以及支持文件。但是，到目前为止，还没有收到任何回复或文件。你公司的回复应包括实施纠正和纠正措施的描述和证据来处理这些观察项，这些措施必须考虑系统问题。

4．未充分建立和维护程序，以确保所有购买或其他接收的产品和服务符合21 CFR 820.50规定的要求。例如：

a）你公司的采购控制程序，P41，“供应商分类”（已审核多个版本）不包括供应商必须满足的质量要求，以确保他们能够按照要求交付产品。此外，你公司的程序不包括如何进行外部审核的要求，也不包括你公司如何跟踪超过供应商评级分析（1%的阈值）的供应商，包括评估退货零件的数量。在审查你公司2015~2016年的季度供应商评级时，发现很多供应商的退货数量超过10个，并超过了1%的阈值，除一家公司外，你公司没有对这些供应商进行任何跟踪。

b）你公司未对你公司的供应商（b）（4）（PCBA板）的质量做出要求。（b）（4）用于临床分析仪的（b）（4），以维护（b）（4）。唯一可用的文件是报价文件和供应商资质卡。本次检查中注意到（b）（4）是2016年中被更换最多的部件（共17个）。根据2014年1月以来的记录，有22起投诉与故障的（b）（4）板有关。

你公司于2017年4月19日的回复是不充分的。你公司提供了一份纠正计划草案（甘特图）概述了任务，并声明将大约每月一次对观察项提供详细的回复以及支持文件。但是，到目前为止，还没有收到任何回复或文件。你公司的回复应包括实施纠正和纠正措施的描述和证据来处理这些观察项，这些措施必须考虑系统问题。

5．未充分建立和维护进货验收程序，未进行充分检验或测试以验证符合21 CFR 820.80（b）要求的规格。

例如，你公司没有对临床分析仪中使用的印刷电路板（PCB）进行足够的进货验收，以确保它们符合要求。具体为，你公司对PCB的进货验收行动包括：仓库员工检查箱子损坏情况，清点数量，并将采购订单与送货单进行对比。PCB供应商为你公司检测PCB；然而，在验收期间，你公司没有从供应商处收到任何文件（分析证书或测试结果）来表明进行过测试，且在任一生产阶段，你公司都没有对PCB进行检查或测试，以确保符合规范要求，除了在（b）（4）上进行的功能测试外。例如以下PCB装运：2016年12月16日收到（b）（4）

货物；2017年1月10日收到（b）（4）货物；在2017年1月30日收到系统板货物，都是基于箱损检查、数量统计、采购订单与送货单的对比而进行验收，没有检查、审查任何测试结果或进行任何测试以验证是否符合规范。

你公司于2017年4月19日的回复是不充分的。你公司提供了一份纠正计划草案（甘特图）概述了任务，并声明将大约每月一次对观察项提供详细的回复以及支持文件。但是，到目前为止，还没有收到任何回复或文件。你公司的回复应包括实施纠正和纠正措施的描述和证据来处理这些观察项，这些措施必须考虑系统问题。

6．未能按照21 CFR 820.170（a）的要求，充分建立和维护安装和检验说明的程序，适当时包括测试程序。

例如，你公司没有遵循自己的程序，P65，“器械的安装和鉴定”（已审核多个版本），该程序规定服务人员（经销商）在安装自动分析仪后（如Pro M、Pro S等）应填写并返回已完成的安装和鉴定报告。自2011年以来，由你公司美国合作机构安装的（b）（4）（Pro M和Pro S）中，只有（b）（4）的安装和鉴定报告被返回。你公司的系统支持经理确认，安装在美国市场的这些器械的安装/鉴定报告并不完全返回。

你公司于2017年4月19日的回复是不充分的。你公司提供了一份纠正计划草案（甘特图）概述了任务，并声明将大约每月一次对观察项提供详细的回复以及支持文件。但是，到目前为止，还没有收到任何回复或文件。你公司的回复应包括实施纠正和纠正措施的描述和证据来处理这些观察项，这些措施必须考虑系统问题。

7．未能按照21 CFR 820.22的要求充分建立和维护质量审核程序。

例如，你公司的内部质量审核程序，P715“内部质量审核”（已审核多个版本）并不充分，因为该程序允许使用你公司的客户在现场进行审核的记录，代替你公司在进行的内部审核的记录。在审查你公司2012～2016年的内部审核计划时注意到，你公司没有对计划中提到的所有领域进行内部审核，而是将在此期间进行的外部审核视为对这些领域的“内部审核”。具体来说，你公司的2014年审核计划包括以下程序：P66维修和保修零件处理程序和P67投诉处理程序由你公司的客户（b）（4）审核。此外，在2016年，P81过程中使用的软件的软件验证由（b）（4）审核。然而，你公司的程序并没有解释如何用客户审核代替内部审核，以确保外部客户审核的重点是质量体系是否符合既定的质量体系要求。

你公司于2017年4月19日的回复是不充分的。你公司提供了一份纠正计划草案（甘特图）概述了任务，并声明将大约每月一次对观察项提供详细的回复以及支持文件。但是，到目前为止，还没有收到任何回复或文件。你公司的回复应包括实施纠正和纠正措施的描述和证据来处理这些观察项，这些措施必须考虑系统问题。

FDA的检查还发现，你公司的Selectra Pro S、Selectra Pro M和Viva Junior 分析仪器械按照《法案》第502（t）（2）节［21 U.S.C.§ 352（t）（2）］有错误的品牌标识，因为你公司未能或拒绝提供器械的材料或信息，且《法案》第519节（21 U.S.C.§ 360i），以及21 CFR 803部分-医疗器械报告所要求的器械的材料或信息。重大违规行为包括但不限于下列各项：

未能按照21 CFR 803.17的要求充分开发和维护书面MDR程序。在审核你公司的MDR程序，名称为事件报告和产品召回工作说明（文件编号：W711-03，版本：V04.0，生效日期：2017年3月23日）后，发现了以下问题：

1．W711-03，版本：V04.0，没有建立及时传送完整医疗器械报告的内部系统。具体为，下列问题没有得到解决：

a．你公司应根据2014年2月14日在《联邦公报》上公布的《电子医疗器械报告最终规则》（eMDR）调整你公司的MDR程序，包括电子提交MDR的程序。另外，如果你公司还没有创建 eMDR 账户来电子提交MDR，你公司应该尽快建立。

2．W711-03，版本：V04.0，没有建立内部系统，以便及时有效地识别、沟通和评估可能符合MDR要求

的事件。例如：

a. 你公司的程序包括在21 CFR 803.3中术语“MDR报告事件”的定义。你公司的程序省略了21 CFR 803.3中“意识到”“严重伤害”“故障”和“造成或促成”术语的定义，以及21 CFR 803.20（c）（1）中“合理建议”术语的定义。将这些术语的定义排除在程序之外可能会导致你公司在评估可能符合21 CFR 803.50（a）规定的报告标准的投诉时做出错误的报告决定。

3．W711-03，版本：V04.0，没有建立内部系统，提供标准化的审查流程，以确定事件何时符合本部分的报告标准。例如：

a. 没有关于对每一事件进行全面调查和评估事件原因的说明。

b. 你公司的书面程序没有说明向FDA报告事件的决策者。

c. 没有说明你公司将如何评估事件信息，以及时作出MDR报告的决定。

4．W711-03，版本：V04.0，没有说明你公司将如何处理文件和记录保存要求，包括：

a. 不良事件相关信息的文档以MDR事件文件的形式保存。

b. 评估确定事件是否报告的信息。

c. 用于确定与器械相关的死亡、严重伤害或故障应报告或不应报告的商议和决策过程的文件。

d. 确保便于FDA及时跟踪和检查信息的系统。

你公司在2017年4月19日的回复是否充分，目前还无法确定。虽然你公司的答复表明已经计划纠正，且正在进行中，或者甚至已经完成，而且从技术角度看，你公司的陈述似乎是充分的，但你公司并没有包括纠正项目计划中所列行动的所有文件或证据（参考2017年4月17日的甘特QMS 纠正计划-20170419）。你公司的回复应包括实施纠正和纠正措施的描述和证据来处理这些观察项，这些措施必须考虑系统问题。

FDA检查还发现，你公司的Selectra Pro S、Selectra Pro M和Viva Junior 分析仪器械有错误的品牌标识，根据《法案》第502（t）（2）节［21 U.S.C.§ 352（t）（2）］，因为你公司未能或拒绝提供器械的材料或信息，且《法案》第519节（21 U.S.C.§ 360i），以及21 CFR 806-医疗器械和纠正与移除报告所要求的器械的材料或信息。重大违规行为包括但不限于下列各项：

1．未能按照21 CFR 806.10的要求，在启动纠正或移除后的10个工作日内提交任何报告。

例如，你公司未能向FDA报告以下纠正或移除：①2012年3月22日启动的涉及3359-048 REV7电源更换的现场纠正；②2016年2月1日启动对带有条形码读取器的V–Twin分析仪进行软件更新（V1.2.5）的现场纠正。

你公司于2017年4月19日的回复是不充分的。你公司提供了一份补救计划草案（甘特图）概述了任务，并声明将大约每月一次对观察项提供详细的回复以及支持文件。但是，到目前为止，还没有收到任何回复或文件。你公司的回复应包括实施纠正和纠正措施的描述和证据来处理这些观察项，这些措施必须考虑系统问题。

美国联邦机构可能会被告知有关器械的警告信，以便他们在授予合同时考虑这些信息。此外，在违规行为得到纠正之前，与质量体系规定合理偏差相关的Ⅲ类器械的上市前批准申请将不予批准。

请在收到本信函之日起15个工作日内，将你公司为纠正上述违规行为所采取的具体措施书面通知本办公室，并说明你公司计划如何防止此类违规行为或类似违规行为再次发生。包括你公司已经采取的纠正和/或纠正措施（必须解决系统问题）的文档。如果你公司计划采取的纠正措施将推迟执行，请提供执行这些行动的时间表。如果不能在15个工作日内完成纠正，请说明延迟的原因和这些行动完成的时间。请提供非英文文件的翻译，以便FDA审核。FDA将通知你公司的回复是否充分，以及是否需要重新检查你公司的现场，以验证是否做出了适当的纠正和/或纠正措施。

最后，你公司应了解本信函并不是针对你公司现场的所有违规行为清单。你公司有责任确保遵守由FDA管理的适用法律和法规。信本函和在检查结束时发布的FDA 483表中指出的具体违规行为可能是你公司生产和质量管理体系出现严重问题的表现。你公司应调查和确定违规行为的原因，并迅速采取行动来纠正违规行为，以使产品符合规定。

第142封　给Alber GmbH的警告信

生产质量管理规范/质量体系法规/医疗器械/伪劣/标识不当

CMS # 532755

2017年9月15日

尊敬的R先生：

美国食品药品管理局（FDA）于2017年5月8日至2017年5月11日，对你公司位于德国AlbstadtBeden-Wurttemberg的医疗器械进行了检查。检查期间，FDA检查员已确认你公司为电动轮椅附加装置，包括Twion power Push-Rim动力驱动系统的生产制造商。根据《联邦食品、药品和化妆品法案》（以下简称《法案》）第201（h）节［21 U.S.C.§ 321（h）］，凡是用于诊断疾病或其他症状，对疾病有治愈、缓解、治疗或预防作用，或是可以影响人体结构或功能的器械，均为医疗器械。故你公司涉及检查的产品为医疗器械。

本次检查表明，这些医疗器械的生产、包装、储存或安装中使用的方法、设施或控制不符合21 CFR 820的cGMP要求，根据《法案》第501（h）节［21 U.S.C.§ 351（h）］的规定，属于伪劣产品。

2017年5月29日，FDA收到你公司针对FDA 483表（检查发现问题清单）的回复。FDA针对回复，处理如下。这些违规行为包括但不限于以下内容：

1．未能按照21 CFR 820.30（i）的要求，在实施设计变更之前，建立并维护识别、记录、确认或验证（如适用）、审查和批准设计变更的规程。

例如：文件ID：3260，设计变更（修订版26.0.1，日期为2017年3月17日）表明，过程目标是确保设计变更通过工程变更控制（ECN）过程进行“识别、记录、确认或验证、审查和批准实施”；但是，用于控制Twion Power附加装置巡航模式的智能手机应用程序的软件变更未通过此过程进行控制。

此外，测试363-测试名称：滚筒（正转/反转）和跌落测试（与ECN 16-00052相关的测试）构成了ISO 7176-8:1998静态强度、冲击强度和疲劳强度的要求和测试方法-第10.4部分-两个滚筒测试和10.5-跌落测试的“规范性参考文件”。测试报告表明测试了（b）（4）。没有文件证明在本次设计变更期间按照标准完成了测试。

这是在既往检查中出现过的违规事项。

FDA审查了你公司于2017年5月29日做出的答复，认为答复不充分。你公司启动了CAPA#27736以解决该问题。你公司表示将分析设计变更规程对智能手机应用程序和医疗器械开发的适用性，以便将其整合到一个规程中，并计划对新规程进行培训。未提供新规程或任何培训记录以证明这些纠正措施已完成。你公司表示将对新设计变更规程进行有效性检查；但是，你公司未提出任何相关计划，以对其他设计变更进行回顾性分析，从而确定是否存在未适当控制设计变更的其他情况。

关于确认测试方法，你公司阐明没有按照ISO 7176-8:1998，（b）（4），在一个方向上执行200000个周期。你公司指出，之所以这样做是因为每个轮子都可以从轮椅的左侧切换到右侧，因此一个轮子向前运行，一个轮子向后运行，涉及齿轮箱。你公司启动了CAPA#27740，并声明根据ECN 16-00052对设计变更进行确认，你公司严格按照ISO 7176-8进行双滚筒测试。

你公司还指出将修改文件ID:3260，设计变更；但是，未描述计划进行的修订。你公司声明，将对类似的增加/修改测试方法进行审查，并在必要时对变更后声明标准进行复检。未提供这些纠正措施已完成的证据，以供审查。

2．未能按照21 CFR 820.198（a）的要求建立并维护接收、审查和评价投诉的规程。

例如：审查了23个投诉中的7个，Twion power附加装置的已关闭投诉不包括投诉调查或未开展调查的原因记录。

例如：投诉#25584,“客户称车轮持续移动，他意外撞墙。无损伤”；但是，未调查轮子持续移动的原因。投诉表明根本原因是用户错误，随后关闭投诉。

目前无法确定你公司2017年5月29日答复是否充分。你公司启动了CAPA#27748，并声明预期分析和修订投诉管理规程ID 10764和任何其他相关规程；但是，未描述计划进行的修订。你公司的答复表明你公司计划分析投诉处理与销售部之间的对接，以确保充分执行所有必要的调查活动。此外，你公司表示将分析最近三年美国销售部处理的产品投诉，并生成CAPA，如有需要，采取额外措施。未提供证明这些措施已完成的证据。

3．未能按照21 CFR 820.30（g）的要求建立并维护器械设计确认规程。

例如：标题为《twion MOBILITY PLUS PAKET》的Twion用户手册（即用户手册的第3节）指出，“只要开始速度至少为1km/h，恒速操纵器则会保持该速度”。但是，根据twion M24确认报告中ID3.98［文件ID VA17-00366 VA 17-00379（b）（4）］，最低测试速度为（b）（4）。无文件表明你公司测试了该装置，以确保twion恒速操纵器能够达到用户手册中记录的1km/h最低速度。

FDA已审查你公司于2017年5月29日做出的答复，认为其不够充分。你公司表明，最低速度（1km/h）代表恒速操纵器模式开始运行时的临界速度，也代表维持恒速操纵器模式的最低速度。此外，你公司声明（b）（4）为1km/h。尽管两种速度均经过验证，但你公司声明仅记录了（b）（4）的首次确认。

你公司启动了CAPA#277746以解决该问题。你公司表示计划修订设计确认规程（文件ID 10806）；但是，未描述计划进行的修订。未提供证据证明这些措施已完成，也未提供你公司纠正措施有效性验证的证据。

关于twion M24确认报告［文件-ID VA17-00366 VA 17-00379（b）（4）］，你公司声明从风险角度来看，（b）（4）1km/h版本。2017年7月19日与你公司召开电话会议期间，你公司声明将以1km/h的速度重复测试，并将在更新后的设计确认报告中记录确认活动；但未提供本文件供审查。此外，由于你公司没有评价其他设计确认以确定是否存在其他不充分或未记录的确认活动，因此你公司的答复不充分。

4．未能按照21 CFR 820.100（a）的要求建立并维护实施纠正和预防措施的规程。

例如：你公司的CAPA规程（文件ID:12515，CAPA，修订版：1.0.1，日期：2017年4月12日）声明“通常通过有效性检查关闭CAPA。例如：QM允许提前关闭实施——如果理由明确表明措施明显纠正了不合格问题。”但是，审查包含纠正或纠正措施的7项CAPA中有3项缺乏有效性检查，无法验证纠正/预防措施是否有效且不会对成品器械产生不良影响。

此外，（b）（4）用于CAPA#25305测试确认；但是，没有记录证明使用（b）（4）进行分析的适当性。

FDA已审查你公司2017年5月29日的回复，认为其不够充分。你公司启动了CAPA#27741以解决该问题。你公司表示，将修订现行CAPA规程，以明确在关闭CAPA前，应在相关CAPA中记录有效性检查。你公司还表示，将审查过去三年的CAPA，并将在适当情况下添加有效性检查文件。未提供证明这些措施已完成的证据。

你公司已说明在CAPA（b）（4）中执行的软件变更已在开发过程中得到适当验证与确认，并说明使用（b）（4）确认软件变更的有效转移；但是，未提供证明使用（b）（4）适当性的书面依据。

你公司启动了CAPA#27744，并指出将修订当前CAPA规程以及你公司的统计技术规程（ID 11718），以要求记录所用的适用统计样本量；但是，未提供修订后规程供审查。此外，你公司指出将对过去三年的CAPA进行审查，并将在适当时添加样本量选择依据；但是，你公司未指明将对这些CAPA进行充分有效性检查。未提供证明这些措施已完成的证据。

鉴于违反《法案》的严重性，由于存在伪劣产品，根据《法案》第801（a）节［21 U.S.C.§ 381（a）］，拒绝你公司生产的Twion Power Push-Rim动力驱动系统上市。因此，FDA采取“直接产品扣押”，拒绝这些器械进入美国，直到这些违规行为得到纠正。为解除对器械的扣押，你公司应按下述方式对本警告信做出书面答复，并纠正本信函中描述的违规行为。FDA将通知有关你公司的答复是否充分，以及是否需要重新检查你公司工厂，以验证是否已采取适当的纠正和/或纠正措施。

此外，联邦机构会得知关于器械的警告信，以便在签订合同时考虑上述信息。如果FDA确定你公司违反了质量体系法规，且这些违规行为与Ⅲ类器械的上市前批准申请有关联，则在纠正这些违规行为之前，将不会批准此类器械。

请在收到本信函之日起15个工作日内将你公司为纠正上述违规行为所采取的具体步骤书面通知本办公室，并说明你公司计划如何防止此类违规行为或类似违规行为再次发生。包括你公司已经采取的纠正措施（必须解决系统问题）的文件材料。如果你公司计划采取的纠正措施将逐渐开展，请提供实施这些活动的时间表。如果无法在15个工作日内完成纠正，请说明延迟的原因以及完成这些活动的时间。非英文文件请提供英文译本，以方便FDA审查。

最后，请注意本信函未完全包括你公司全部违规行为。你公司有责任遵守FDA所有的法律和法规。本信函和检查结束时签发的检查结果FDA 483表中记录的具体违规行为可能表明你公司制造和质量管理体系中存在严重问题。你公司应查明违规原因并及时采取纠正措施，确保产品合规。

第143封 给Dynavision International LLC. 的警告信

试验器械豁免（IDE）/上市前批准申请（PMA）

CMS # 525321

2017年9月5日

尊敬的J先生：

美国食品药品管理局（FDA）于2017年4月18日至26日，对你公司位于West Chester, Ohio的医疗器械进行了检查，检查期间，FDA检查员已确认你公司为Dynavision D2产品（一种注意力任务表现记录器）的生产制造商，制定其技术要求并处理其投诉。根据《联邦食品、药品和化妆品法案》（以下简称《法案》）第201（h）节［21 U.S.C.§ 321（h）］，凡是用于诊断疾病或其他症状，对疾病有治愈、缓解、治疗或预防作用，或是可以影响人体结构或功能的器械，均为医疗器械。故你公司涉及检查的产品为医疗器械。

FDA已审查你公司目前的网站（www.dynavisioninternational.com/），如下列示例所示，并认定Dynavision D2器械根据《法案》第501（f）（1）（B）节［21 U.S.C.§ 351（f）（1）（B）］的规定，属于伪劣产品，因为你公司未针对所述和所上市器械，获得《法案》第515（a）节［21 U.S.C.§ 360e（a）］规定的经批准的上市前批准申请（PMA），或者《法案》第520（g）节［21 U.S.C.§ 360j（g）］规定的经批准的试验器械豁免（IDE）申请。Dynavision D2器械根据《法案》第502（o）节［21 U.S.C.§ 352（o）］属于贴错标签产品，因为你公司在未按照《法案》第510（k）节［21 U.S.C.§ 360（k）］和21 CFR 807.81（a）（3）（ii）的要求向FDA提交新上市前通知的情况下，将此器械引入或交付以供州际贸易，用于商业分销此器械，并对其预期用途做出重大变更或修改。

具体为，之前的型号Dynavision 2000根据K911938获得上市准许，其使用适用范围声明为"测量反应时间"。你公司对此器械的推广提供了证据，以证明此器械用于根据本510（k）未得到准许的许多适用范围，这构成对其预期用途的重大变更或修改，对此你公司缺乏准许或批准。测量反应时间以外的任何治疗或康复声明和/或任何诊断声称均构成新预期用途，要求在销售此器械用于该等声称之前提交510（k）。其中包括任何与脑卒中相关的康复要求。例如：

治疗要求涉及：

- 脑卒中
  - 认知障碍，包括注意力缺陷
  - 身体障碍，包括偏瘫或轻偏瘫以及肌肉疼痛
  - 心理社会因素，包括焦虑和抑郁
  - 视力障碍，包括半侧空间忽视和同侧偏盲
- 创伤性脑损伤（TBI）
- 视觉运动和其他神经认知状况
- 帕金森病
  - 身体障碍，包括休息性震颤
  - 步态障碍
  - 心理社会因素，包括抑郁风险增加

○视觉损害

○认知障碍，包括执行功能、记忆和注意力缺陷

- 驾驶员康复
- 防跌倒

超出已获批的测量反应时间外的其他适用范围声明：

- 脑震荡管理的神经认知评价

○包括与“回到运动”决策相关的推荐临床解读

对于需要上市前许可的器械，PMA等待机构处理时，《法案》第510（k）节［21 U.S.C.§ 360（k）］要求的通知视为已得到满足［21 CFR§ 807.81（b）］。你公司为获得器械的批准或准许而需要提交的信息类型在以下网址上有描述：url。FDA将评价你公司提交的信息，并决定产品是否可合法上市。

FDA办公室要求你公司立即停止导致Dynavision D2器械成为贴错标签产品或伪劣产品的活动，例如用于上述用途的器械的商业分销。

本次检查表明，这些医疗器械的生产、包装、储存或安装中使用的方法、设施或控制不符合21 CFR 820的cGMP要求，根据《法案》第501（h）节［21 U.S.C.§ 351（h）］的规定，属于伪劣产品。2017年5月13日，FDA收到客户服务经理Dennis Roark针对2017年4月26日出具的FDA 483 表（检查发现问题清单）的回复。FDA针对回复，处理如下。这些违规事项包括但不限于以下内容：

1．未能按照21 CFR 820.50的要求建立和维护相关程序，确保所有采购或以其他方式接收的产品和服务符合指定要求。

具体为，无书面采购控制程序；未为你公司的供应商制定任何要求，包括质量要求；尚未评价你公司的供应商。例如，你公司尚未制定要求或评价与你公司签订合同生产Dynavision D2器械的单位；你公司尚未制定要求或评价做出Dynavision D2器械软件变更的软件合同工程师。

2017年5月13日的回复不充分。你公司的回复称，将在2017年7月1日前制定书面采购控制程序。但并未说明制定技术规范，包括针对你公司的供应商的质量技术规范，尤其是你公司的合同生产商和软件合同工程师。

2．未能按照21 CFR 820.30（a）（1）的要求充分建立和维护器械设计的控制程序，确保满足特定设计要求。

具体为，你公司承担设计控制责任，并于2011年7月开始对Dynavision D2器械做出设计变更。2013年5月24日的“设计控制”DYN-OP-设计控制-01不充分，特别是：

a．未能按照21 CFR 820.30（j）的要求，制定和维护Dynavision D2器械的设计历史文档（DHF）。具体为，DHF不完整，因为缺少针对当前Dynavision D2设计的记录在案的输入、验证或确认。

b．未能按照21 CFR 820.30的要求，对Dynavision D2器械进行风险分析。

c．未能按照21 CFR 820.30（i）的要求，在实施设计变更前，制定并维护设计变更的合适识别、记录、确认或（如合适）验证、审查和批准程序。

具体为，尚未实施2013年5月24日的“计算机软件的确认和控制”程序#DYN-OP-VDC-01，而且你公司自2011年以来对Dynavision D2所做的软件修订未经过确认。

目前无法评估2017年5月13日你公司的回复。你公司的回复称，将与一名顾问签订合同，由其负责建立合适的DHF；创建符合ISO-14971的DFMEA和正式风险分析；并创建正式软件确认过程，包括受控文件，以充分跟踪所有软件版本以及实施日期。你公司的回复称，这些纠正措施将在2017年7月1日前完成。

你公司应立即采取措施纠正本信函所述的违规行为。如若未能及时纠正这些违规行为，可能导致FDA在没有进一步通知的情况下启动监管措施。监管措施包括但不限于没收、禁令和民事罚款。此外，联邦机构会得知关于器械的警告信，以便在签订合同时考虑上述信息。如果FDA确定你公司违反了质量体系法规，且这些违规行为与Ⅲ类器械的上市前批准申请有关联，则在纠正这些违规行为之前，将不会批准此类器

械。同时，如果FDA确定你公司的器械不符合《法案》的要求，则不会批准出口证明（Certificates to Foreign Governments，CFG）的申请。

请在收到本信函之日起15个工作日内将你公司为纠正上述违规行为所采取的具体步骤书面通知本办公室，并说明你公司计划如何防止此类违规行为或类似违规行为再次发生。包括你公司已经采取的纠正措施（必须解决系统问题）的文件材料。如果你公司计划采取的纠正措施将逐渐开展，请提供实施这些活动的时间表。如果无法在15个工作日内完成纠正，请说明延迟的原因以及完成这些活动的时间。你公司的回复应全面，并解决此警告信中所包括的所有违规行为。

最后，请注意本信函未完全包括你公司全部违规行为。你公司有责任遵守FDA所有的法律和法规。本信函和检查结束时签发的检查结果FDA 483表中记录的具体违规行为可能表明你公司制造和质量管理体系中存在严重问题。你公司应查明违规原因并及时采取纠正措施，确保产品合规。

第 144 封　给 SyncThink，Inc. 的警告信

试验器械豁免（IDE）/ 上市前批准申请（PMA）

CMS # 498523

2017年7月31日

尊敬的S先生：

美国食品药品管理局（FDA）已经了解到，你公司在未获得上市许可或批准的情况下在美国上市销售EYE-SYNC器械，根据《联邦食品、药品和化妆品法案》（以下简称《法案》）第201（h）节［21 U.S.C.§ 321（h）］，凡是用于诊断疾病或其他症状，对疾病有治愈、缓解、治疗或预防作用，或是可以影响人体结构或功能的器械，均为医疗器械。故你公司涉及检查的产品为医疗器械。

FDA检查你公司网站（www.syncthink.com）发现，由于你公司未获得《法案》第515（a）节［21 U.S.C.§ 360e（a）］规定的有效上市前批准申请（PMA），且未获得《法案》第520（g）节［21 U.S.C.§ 360j（g）］规定的试验用器械豁免申请批准，因此按照《法案》第501（f）（1）（B）节［21 U.S.C.§ 351（f）（1）（B）］针对所述和市售器械的规定，你公司制造的EYE-SYNC器械为伪劣产品。按照《法案》第502（o）节［21 U.S.C.§ 352（o）］的规定，EYE-SYNC器械也属于贴错标签的医疗器械，因为在将预期用途已发生重大变更或修改的医疗器械投放市场或进入州际贸易进行上市销售之前，你公司未能按照《法案》第510（k）节［21 U.S.C.§ 360（k）］和21 CFR 807.81（a）（3）（ii）要求向FDA提交新的上市前通告。

具体为，EYE-SYNC器械已获得许可（K152915），可作为处方器械用于下列适应证：记录、查看和分析眼球运动，以支持识别人类受试者的视觉追踪障碍。但是，你公司的医疗器械宣传提供了证据表明该医疗器械预期用于脑震荡和头部创伤的认知评估 / 测试（包括受伤的运动员和军人），这构成了对其预期用途的重大变更或修改，而你公司尚未就此获得许可或批准。摘自你公司网站的示例包括但不限于以下内容：

- “在诊所或受伤时：高级认知评估。”
- “移动评估技术的未来：SyncThink的EYE-SYNC®克服了传统认知测试的局限性，为初始筛查和恢复监测提供了易于使用、快速、客观的工具。”
- “移动、精确评估头部受力后的视觉注意力：EYE-SYNC®使用高性能、尖端的眼动追踪技术来监控手持式虚拟现实环境中的眼动。如果在发生现场事故后大脑不同步，则Sync Think®的技术将在不到一分钟的时间内告知您。”
- “筛查和恢复：EYE-SYNC®可帮助您在诊所进行现场筛查和评估，及时恢复生活或工作。”
- “EYE-SYNC®速度快。在现场的评估认知状态时，每一秒都很重要。EYE-SYNC®的核心技术所需的时间少于等待医疗人员注册所需的时间。”
- “EYE-SYNC®是可靠的。SyncThink®已在10000多名军人和运动员中进行了指标测试，并证明测试-重新测试可靠性大于0.8，远超过其他认知测试。”
- “在诊所或受伤时：认知评估工具所需时间冗长、不准确或无法移动。EYE-SYNC®提供了从运动场到战场都可以使用的世界一流的临床工具。在临床环境中使用相同的工具集进行随访，以确定活动恢复评价。”
- “教练和训练员需要快速做出现场决策，否则可能会使运动员受到伤害。EYE-SYNC®是一种可移动的客观评估工具，可用于在受伤后提供清晰的信息。”
- “EYE-SYNC®是一项功能评估，可为战场上的指挥官提供实时信息。可在危及生命之前发现并治疗

损伤。”

- “Stanford Sports Medicine目前使用EYE-SYNC®技术对运动员进行脑震荡筛查，并决定其是否可恢复比赛。”

对于需要获得上市前批准的医疗器械，在等待PMA获得批准时，《法案》第510（k）节［21 U.S.C.§ 360（k）］要求的通告可被视为满足要求［21 CFR 807.81（b）］。为了获得所述医疗器械的批准和许可，你公司需要提交的信息类型可参见网址http://www.fda.gov/MedicalDevices/DeviceRegulationandGuidance/HowtoMarketYourDevice/default.htm。FDA评价你公司提交的信息后，将评定你公司产品是否可合法上市。

FDA要求你公司立即停止可能导致EYE-SYNC器械属于贴错标签或伪劣产品的活动（例如：上市销售医疗器械用于上述用途）。

你公司应立即采取措施，纠正本信函所述的违规行为。如若未能及时纠正这些违规行为，可能导致FDA在没有进一步通知的情况下启动监管措施。监管措施包括但不限于没收、禁令和民事罚款。

请在收到本信函之日起15个工作日内将你公司为纠正上述违规行为所采取的具体步骤书面通知本办公室，并说明你公司计划如何防止此类违规行为或类似违规行为再次发生。包括你公司已经采取的纠正措施（必须解决系统问题）的文件材料。如果你公司计划采取的纠正措施将逐渐开展，请提供实施这些活动的时间表。如果无法在15个工作日内完成纠正，请说明延迟的原因以及完成这些活动的时间。你公司的回复应全面，并解决此警告信中所包括的所有违规行为。

最后，请注意本信函未完全包括你公司全部违规行为。你公司有责任遵守FDA所有的法律和法规。

第145封 给Whitehall/Div of Acorn Engineering Co. 的警告信

生产质量管理规范/质量体系法规/医疗器械/伪劣

CMS # 525297

2017年7月12日

尊敬的M先生:

美国食品药品管理局（FDA）于2017年3月6日至2017年3月23日，对位于City of Industry, California的你公司的医疗器械进行了检查。检查期间，FDA检查员已确认你公司为漩涡浸泡式水疗仪和干热治疗仪的生产制造商。根据《联邦食品、药品及化妆品法案》（以下简称《法案》）第201（h）节［21 U.S.C.§ 321（h）］，凡是用于诊断疾病或其他症状，对疾病有治愈、缓解、治疗或预防作用，或是可以影响人体结构或功能的器械，均为医疗器械。故你公司涉及检查的产品为医疗器械。

本次检查表明，这些医疗器械的生产、包装、储存或安装中使用的方法、设施或控制不符合21 CFR 820的cGMP要求，根据《法案》第501（h）节［21 U.S.C.§ 351（h）］的规定，属于伪劣产品。

FDA已于2017年4月13日收到你公司针对2017年3月23日出具的FDA 483表（检查发现问题清单）的回复。FDA针对回复，处理如下。

你公司的违规行为包括但不限于以下内容，具体如下：

1．未能按照21 CFR 820.198的要求指定相关部门负责接收、调查、评价和处理顾客投诉，并保持相关记录。

如你公司的投诉处理程序，QMP-20（修订版B和C）、QMP-82-09（修订版A），从2014年12月23日开始生效，直到检查结束，并未要求对所有投诉进行评估，以确定它们是否属于根据21 CFR 803需要向FDA报告的事件。此外，这些程序未要求保留投诉检查的日期和结果、不进行检查的原因以及负责作出不检查决定的文件，以及对投诉人的答复等记录。

FDA审查了你公司Young先生2017年4月13日的回复，发现该回复不充分。他提供了更新的《投诉处理程序》（QMP-20，Rev. D，日期为2017年3月23日），但更新的程序仍然没有解决上述问题。

2．未能按照21 CFR 820.198（c）的要求，对产品的故障进行调查和原因分析，采取预防和纠正措施以确保产品满足技术规范。

如以下关于产品故障的投诉未进行调查和原因分析，或者调查和原因分析文件未被保存。以下只是部分投诉清单：

案例1：产品干热治疗仪，该装置未能正常加热工作，经过修复，使用几个月后，该器械再次不能工作。一名技术人员去客户那里对其进行维修，维修后维持了一周，设备再次失效。产品进行了更换。投诉文件显示，有故障的产品已于2017年1月13日送到研发实验室进行评估。你公司未对故障的调查研究和原因分析进行记录。

案例2：产品水疗仪，客户投诉电机响声越来越小，并开始有烧焦的味道。企业发送一个新的产品给该客户。投诉文件显示，有故障的产品已于2017年2月7日送到研发实验室进行评估。你公司未对故障的调查研究和原因分析进行记录。

案例3：产品水疗仪，客户投诉电机失灵，要求换货。有故障的产品被带回进行测试和评估。你公司未对故障的调查研究和原因分析进行记录。

案例4：产品水疗仪，客户投诉一个涡轮机存在缺陷，你公司发送一个替换涡轮给该客户。你公司没有记录任何关于涡轮机失效根本原因的检查。

案例5：产品夹板盘治疗仪，客户投诉其温度上升到沸点以上，你公司没有记录任何关于该器械失效根本原因的检查。

另有6个案例涉及水疗仪，当产品使用时电网中的GFCI漏电保护发生了跳闸。你公司未对这些器械失效进行原因分析。

FDA审查了你公司Young先生于2017年4月13日的回复，发现该回复不充分。他提供了更新的《投诉处理程序》（QMP-20，修订版D，日期为2017年3月23日），但该回复没有说明是否会对客户投诉进行回顾性审查，也没有采取纠正措施确保将来的投诉会被及时调查研究。

3．未能按照21 CFR 820.30（j）的要求建立设计过程文件。

例如，你公司未建立热疗仪、Little Champ水疗仪、石蜡浴盆等产品的设计过程文档。

FDA审查了你公司Young先生于2017年4月13日的回复，发现该回复不充分。他表示，你公司已针对此发现事项发布了一份正式的内部CAPA文件，并正在“将所有相关文件收集到一个安全且易于获取和检索的位置”，该工作于2017年5月29日前完成。但未提供进一步信息。

4．未能按照21 CFR 820.30（i）的要求建立设计变更程序。

如2016年7月，你公司对你公司的水疗仪产品中使用的涡轮机进行了设计变更，包括不同的部件和组件变更（例如，新设计的电机、电机盖组件、电机基座、支架和保险丝），你公司未能提供设计变更在实施前经过审查和批准的证明文件。

FDA审查了你公司Young先生2017年4月13日的回复，发现该回复不充分。虽然你公司为此过程启动了一个正式的CAPA，但是回复没包括CAPA的具体内容。他表示，目前正在对你公司的程序进行充分性审查，并将对其进行修订，以完全符合FDA的要求。该回复没有明确你公司是否按照21 CFR 820.30（i）的要求执行。

5．未能按照21 CFR 820.30（h）的要求建立设计转换程序。

例如，你公司的水疗仪中使用的涡轮机的设计变更没有正确地转化为生产工艺文件。正在使用的生产作业指导书已经废弃了。

FDA审查了你公司Young先生2017年4月13日的回复，发现该回复不充分。他引用了此信中更正第（4）项时所引用的CAPA，但没附上此CAPA。该回复没有明确设计变更是否会被正确地转化为生产工艺文件。

6．未能按照21 CFR 820.181的要求提供产品的主记录。

例如，你公司的漩涡浴医疗器械系统的技术文件中未包含生产工艺流程和技术规格书、质量保证程序和规范中的可接受标准以及在质量保证过程中使用到的仪器等内容。此外，你公司管理层表示，你公司没有为热疗干热医疗器械保留医疗器械主记录。

FDA审查了你公司Young先生2017年4月13日的回复，发现该回复不完整。在该回复中，他引用了此信中更正第（3）项时所引用的CAPA，但没附上此CAPA。该回复称，你公司正在努力收集所有相关文件，并将其放入内部网络中一个安全且易于获取和检索的位置。其规定完成日期为2017年6月28日。但未提供进一步信息。

7．未能按照21 CFR 820.75（a）的要求进行充分的工艺验证，按已建立的验证方案进行的检查和测试结果不能支持验证结论。

例如，你公司未对制造水疗不锈钢浴缸的自动和手工焊接工艺过程进行验证确认。

FDA审查了你公司Young先生2017年4月13日的回复，发现该回复不完整。他表示，你公司将对这些过程进行正式确认，完成日期为2017年5月29日。但未提供进一步信息。

8．未能按照21 CFR 820.184的要求保存产品的批生产记录。

例如，你公司没有保存热疗仪产品的批生产记录。

FDA审查了你公司Young先生2017年4月13日的回复。针对2017年3月23日的FDA 483表中你公司水疗仪产品的批生产记录中的缺陷采取的纠正措施是充分的。但在热疗仪产品上的答复是不充分的，因为你公司没有提及任何纠正措施，以确保你公司的热疗仪产品的批生产记录得以维护。

9．负有执行责任的管理层没有按照21 CFR 820.20（c）的要求，在规定的时间间隔内对质量体系的适宜

性和有效性进行定期评审。

例如，你公司的程序（QM-04《管理审查》，修订版B）要求你公司每年至少进行一次管理审查。你公司未在2014年和2015年进行管理评审。

FDA审查了你公司Young先生2017年4月13日的回复，发现该回复不充分。他提到质量管理体系是讨论的重点（b）（4），且2014年或2015年没有进行正式的管理审查。他没有提及是否在2017年进行管理审查。

10．未能按照21 CFR 820.25（b）的要求充分建立培训程序和满足培训需求。

例如，你公司的质量经理在2016年对你公司的质量体系进行了内部检查。你公司没有保存培训记录，如是否进行过与医疗器械相关的FDA法规（包含21 CFR 820、803和806）培训的内容。

你公司的回复没有对这一检查发现事项展开说明。

FDA的检查还显示，根据《法案》第502（t）（2）节［21 U.S.C.§ 352（t）（2）］，你公司的浸入水浴产品存在标识错误，你公司未能提供《法案》第519节（21 U.S.C.§ 360i）和21 CFR 803“不良事件报告”所要求的器械相关材料或信息。显著偏离项包括但不限于以下内容：

1．未能按照21 CFR 803.17制定、维护和实施MDR程序。

例如：在检查你公司的过程中，你公司管理层承认你公司没有制定MDR程序，并且你公司不了解FDA法规。

FDA审查了你公司Young先生2017年4月13日的回复，发现该回复不充分。你公司于2017年3月17日开发并提交了一份名为“不良事件报告（FDA）”的MDR程序（SOP-QC-08，修订版A）。审查你公司的MDR程序后，发现存在以下问题：SOP-QC-08，修订版A没有建立可以及时进行传递完整的医疗器械不良事件报告的内部系统。具体为，未涉及以下内容：

a．该程序不包含参考使用强制性3500A或同等电子文件提交MDR应报告事件的参考。

b．尽管该程序纳入对5天报告的引用，但并未分别指定工作日。

c．你公司如何提交各个事件的所有合理获悉的信息。具体为，3500A中的哪些部分需要填写，以纳入你公司掌握的所有信息，以及在你公司内部进行合理跟进后获得的任何信息。

你公司应根据2014年2月14日发布在《联邦公报》上的电子版不良事件报告（eMDR）最终规则，相应调整MDR程序，以纳入MDR电子递交的流程。此外，你公司应建立一个eMDR账户，以便以电子方式提交MDR。有关eMDR的最终规则和eMDR安装过程的信息，请访问FDA网站：url。

2．按照21 CFR 803.50（a）（2）的要求，你公司未能在不晚于30天内上报，即在你公司从任何来源收到或获悉的信息合理地表明你公司销售的医疗器械失效，并且如果失效再次发生，该医疗器械或其销售的类似医疗器械可能导致或促成死亡或严重伤害之后未能及时上报。

例如，投诉（b）（4）表明你公司的医疗器械失效（即装置冒烟），导致水温达到200°F。你公司没有为此事件提交MDR。

FDA审查了你公司Young先生2017年4月13日的回复，发现该回复不充分。你公司未对提及的投诉提交MDR，且回复指出计划在2017年5月1日前完成追溯收集所有关于潜在MDR应报告投诉的相关数据。

你公司应立即采取措施纠正本信函所述的违规行为。如若未能及时纠正这些违规行为，可能导致FDA在没有进一步通知的情况下启动监管措施。监管措施包括但不限于没收、禁令和民事罚款。此外，联邦机构会得知关于器械的警告信，以便在签订合同时考虑上述信息。如果FDA确定你公司违反了质量体系法规，且这些违规行为与Ⅲ类器械的上市前批准申请有关联，则在纠正这些违规行为之前，将不会批准此类器械。同时，如果FDA确定你公司的器械不符合《法案》的要求，则不会批准出口证明（Certificates to Foreign Governments，CFG）的申请。

请在收到本信函之日起15个工作日内将你公司为纠正上述违规行为所采取的具体步骤书面通知本办公室，并说明你公司计划如何防止此类违规行为或类似违规行为再次发生。包括你公司已经采取的纠正措施（必须解决系统问题）的文件材料。如果你公司计划采取的纠正措施将逐渐开展，请提供实施这些活动的时间表。如果无法在15个工作日内完成纠正，请说明延迟的原因以及完成这些活动的时间。你公司的回复应全面，并解决此警告信中所包括的所有违规行为。

第146封　给National Biological Corp.的警告信

生产质量管理规范/质量体系法规/医疗器械/伪劣

CMS # 523732

2017年7月11日

尊敬的O先生：

美国食品药品管理局（FDA）于2017年3月6日至20日，对你公司位于23700 Mercantile Road, Beachwood, OH 44122的医疗器械进行了检查，检查期间，FDA检查员已确认你公司为用于治疗皮肤病的紫外线光疗系统的生产制造商。根据《联邦食品、药品和化妆品法案》（以下简称《法案》）第201（h）节［21 U.S.C.§ 321（h）］，凡是用于诊断疾病或其他症状，对疾病有治愈、缓解、治疗或预防作用，或是可以影响人体结构或功能的器械，均为医疗器械。故你公司涉及检查的产品为医疗器械。本次检查表明，这些医疗器械的生产、包装、储存或安装中使用的方法、设施或控制不符合21 CFR 820的cGMP要求，根据《法案》第501（h）节［21 U.S.C.§ 351（h）］的规定，属于伪劣产品。

2018年6月11日，FDA收到你公司针对FDA 483表（检查发现问题清单）的回复。FDA针对回复，处理如下。

违规事项包括但不限于以下内容：

1．未能按照21 CFR 820.75（a）的要求当过程结果不能为其后的检验和试验充分验证时，过程应予以确认。具体来说，

a）两台（b）（4）波纹压力机、五台（b）（4）压力敷贴器以及用于制造光疗器械的（b）（4）压接机未经确认。

b）用于制造Dermalume 2x光疗器械的胶合/固化过程未经确认。

你公司的回复无法得到评估。你公司的回复包括新的确认程序、方案模板和确认主计划。你公司的计划指出，压接过程和胶合固化过程将在2017年6月30日前确认；所有其他需要确认的过程将在2017年6月30日前识别；所有其他已识别为需要确认的过程的基于风险的时间表将在2017年8月30日前制定完成；所有确认将在2018年4月30日前完成。请提供此类纠正措施的最新情况。

2．未能按照21 CFR 820.90的要求建立和维护相关程序，用于应对不合格品的鉴别、记录、评估、分离和处置。

a）具体为，你公司的不合格材料/产品程序QI-831（2017年2月27日，005版）和QI-831（2016年10月20日，004版）无法确保所有不合格品均接受评估，也无法确定是否需要进行检查。

- 废弃、退回给供应商或“让步接受”的不合格材料和产品未进行评估而无法确定是否有必要进行检查。你公司2016年的NCR日志中列出了总共500个使用这三种处置方式之一的不合格品，但未对其进行评估而无法确定是否有必要进行检查。

b）2016年NCM日志中列出总共14个不合格品未进行初步或最终处置。

你公司的回复不充分。你公司的回复称，由于在所有情况下你公司的不合格程序均未要求评估从而无法确定是否有必要进行检查，所以作为CAPA 17-03一部分进行的检查表明该程序存在不足。你公司正在修订程序并回顾性审查所有2017年的NCM，补救相应的检查事项。对4个月记录进行审查不够充分，通常需要对

2年记录进行回顾性审查。请你公司提供仅审查4个月记录的理由。

3．未能按照21 CFR 820.198（b）的要求，建立和维护用于确保对所有投诉进行审查和评估以确定是否有必要进行检查的程序。

具体为，你公司的客户投诉程序QI-853（2016年5月19日，修订版001），仅为投诉分配投诉失效代码但不进行评估而无法确定是否有必要进行检查，即如果器械失效，不会进行评估和检查。

当时无法对你公司的回复在进行评估。你公司的回复称，你公司将对2016年和2017年投诉失效代码进行回顾性审查以确定是否需要检查。如果需要，将开始检查并采取纠正措施。该审查将于2017年6月1日前完成。请提供有关此纠正措施的最新信息。

4．未能按照21 CFR 820.100（a）的要求建立和维护用于分析过程、作业操作、让步、质量检查、维修记录、投诉、退回产品和其他质量问题来源的程序；也未采用适当的统计方法检测重复出现的质量问题。

具体为，投诉评估分配投诉代码但未进行数据分析。你公司的数据分析程序QI-841（000版）于2017年2月27日获得批准但尚未实施。

你公司的回复不充分。你公司的回复称，你公司将对2016年和2017年投诉失效代码进行回顾性审查以确定是否有必要进行检查，但并未说明你公司将在何时实施数据分析程序。

5．未能按照21 CFR 820.30（g）的要求进行完整的风险分析。

具体为，你公司的风险分析文件尚未能从光疗器械上市后数据中识别出潜在的危害。

例如，投诉14107提到你公司的Handisol Ⅱ光疗器械割伤了客户的手，投诉14426报告Dermalite治疗器械上的外部计时器显示小时和分钟而不是分钟和秒钟。此类危害、锐边和不适当计时器读数未在用于管理此类器械风险的系统危害分析工作表PD-301（00版）中列出。

无法及时对你公司的回复进行评估。你公司的回复提供的文件显示，FDA 483表中识别的危害已添加到适当的风险分析中。你公司也称，作为CAPA 17-05—部分进行的检查确定你公司的风险分析程序存在不足。你公司声称将修订此程序并识别风险管理文件中需要审查的上市后数据的内部和外部来源。你公司也声称将对过去12个月的投诉进行审查。请提供仅审查12个月投诉以识别风险文件中未列出潜在危害的理由。同时提供此纠正措施实施的最新情况。

6．未能按照21 CFR 820.50的要求建立和维护相关程序，确保所有采购或以其他方式接收的产品和服务符合指定要求。

具体为，你公司的采购和供应商要求程序QI-741（2016年3月11日，004版）存在以下不足：

a）未按照21 CFR 820.50的要求在你公司的采购控制程序中列出顾问和承包商（测试服务实验室）并进行评估；也未制定质量等方面的要求。

b）未按照21 CFR 820.50（a）的要求针对你公司的高风险部件供应商制定质量要求或进行评估。针对在多个供应商处对零部件制造过程进行确认的过程，未制定要求或进行评估。例如，零部件在供应商处经历注射成型、阳极氧化和粉末涂装等过程，你公司未要求对此类过程进行确认，并且你公司的评估也不包括过程确认。

c）按照21 CFR 820.50（a）（2）的要求，尚未根据评估结果对产品的控制类型和程度进行充分定义。具体为，你公司的“采购和供应商要求”过程未描述任何性能指标的要求，也未描述与供应商相关的评级系统。

d）按照21 CFR 820.50（a）（3）的要求，你公司所使用的顾问、测试服务和现成组件未列入你公司承认的供应商名单中。

无法及时对你公司的回复进行评估。你公司的回复表明已启动纠正和预防措施（CAPA）17-06、17-07和17-08来调查这些违规事项。你公司正在修改程序；审查所有供应商的要求；重新评估关键供应商；修订供应商的监控和评级程序。你公司回复称所有纠正措施将于2018年1月30日前完成。请提供这些纠正措施实施的最新情况。

7．未能按照21 CFR 820.90（b）（2）的要求，在器械历史记录中记录返工和重新评估活动。尤其：6个不合格报告中有3个记录了过程中不符合项的返工记录不能链接到器械历史记录。

无法及时对你公司的回复进行评估。你公司的回复称根据CAPA 17-09进行的调查已确定未能对返工进行适当记录。正在修订不合格品程序和器械历史记录程序。纠正措施必须在2017年6月30日前完成。请提供这些纠正措施实施的最新情况。

8．未能按照21 CFR 820.72（a）的要求建立和维护相关程序，确保设备得到常规校准、检查、检验和维护。

具体为，DUSA光疗器械的焊料套管组件上使用的热风枪尚未经过校准。未列入校准日志，也没有校准记录。

无法及时对你公司的回复进行评估。你公司的回复称，将对热风枪进行校准，且将于2017年5月1日之前完成影响评估。你公司同时指出将于2017年9月1日之前验证所有工具和设备是否已校准。请提供此类纠正措施实施的最新情况。

FDA的检查还显示，根据《法案》第502（t）（2）节［21 U.S.C.§ 352（t）（2）］，你公司的Ⅱ UVB-138光疗仪存在贴错标签的情况，因为你公司未能或拒绝提供《法案》第519节（21 U.S.C.§ 360i）和21 CFR 806“医疗器械；纠正和移除报告”所要求的器械相关材料或信息。重大违规事项包括但不限于以下内容：

未能按照21 CFR 806.10的要求，在启动这些纠正或市场召回后的10个工作日内提交报告。例如：你公司于2017年1月17日下达了召回UVB-138光疗器械的工作指令，原因是灯接线错误，应使用钥匙来打开，而不是定时器。与该器械问题相关的潜在危险是紫外线的过度暴露，这可能导致皮肤灼伤。你公司未能按照21 CFR 806的要求向FDA提交医疗器械市场召回的书面报告。

FDA已审查并确定你公司的行动，已符合2类召回的定义（召回编号Z-1683-2017），该定义也符合21 CFR 806.2（k）中规定的返修和市场召回报告。因此，应按照21 CFR 806.10的要求，你公司的医疗器械市场召回行动应向FDA报告，以纠正该器械可能对健康构成风险的违规事项。

你公司在FDA检查期间于2017年3月13日向FDA提交了返修和市场召回报告。你公司于2017年4月6日对FDA 483表做出的回复未提及为防止违规事项再次发生所采取的行动。

此外，器械和辐射健康中心（CDRH）建议你公司更新返修和市场召回程序，以符合21 CFR 806-医疗器械返修和市场召回报告的要求，并根据21 CFR 806.2（k）中对风险的定义，进行风险评估，以支持有关未来医疗器械返修或市场召回报告的决定。你公司当前的程序错误地使用了不良事件报告（MDR）标准来确定是否需要返修或市场召回报告。

你公司应立即采取措施纠正本信函所述的违规行为。如若未能及时纠正这些违规行为，可能导致FDA在没有进一步通知的情况下启动监管措施。监管措施包括但不限于没收、禁令和民事罚款。此外，联邦机构会得知关于器械的警告信，以便在签订合同时考虑上述信息。如果FDA确定你公司违反了质量体系法规，且这些违规行为与Ⅲ类器械的上市前批准申请有关联，则在纠正这些违规行为之前，将不会批准此类器械。同时，如果FDA确定你公司的器械不符合《法案》的要求，则不会批准出口证明（Certificates to Foreign Governments，CFG）的申请。

请在收到本信函之日起15个工作日内将你公司为纠正上述违规行为所采取的具体步骤书面通知本办公室，并说明你公司计划如何防止此类违规行为或类似违规行为再次发生。包括你公司已经采取的纠正措施（必须解决系统问题）的文件材料。如果你公司计划采取的纠正措施将逐渐开展，请提供实施这些活动的时间表。如果无法在15个工作日内完成纠正，请说明延迟的原因以及完成这些活动的时间。你公司的回复应全面，并解决此警告信中所包括的所有违规行为。

最后，请注意本信函未完全包括你公司全部违规行为。你公司有责任遵守FDA所有的法律和法规。本信函和检查结束时签发的检查结果FDA 483表中记录的具体违规行为可能表明你公司制造和质量管理体系中存在严重问题。你公司应查明违规原因并及时采取纠正措施，确保产品合规。

第147封　给Vidco, Inc. 的警告信

生产质量管理规范/质量体系法规/医疗器械/伪劣/标识不当

CMS # 516295

2017年5月5日

尊敬的G先生：

美国食品药品管理局（FDA）于2017年1月3日至2017年1月12日对你公司位于Beaverton, Oregon的医疗器械进行了检查。检查期间，FDA检查员已确认你公司为制造患者监测器械，包括NetViewer MDP2040-0100器械的生产制造商。根据《联邦食品、药品和化妆品法案》（以下简称《法案》）第201（h）节［21 U.S.C.§ 321（h）］，凡是用于诊断疾病或其他症状，对疾病有治愈、缓解、治疗或预防作用，或是可以影响人体结构或功能的器械，均为医疗器械。故你公司涉及检查的产品为医疗器械。

本次检查表明，这些医疗器械的生产、包装、储存或安装中使用的方法、设施或控制不符合21 CFR 820的cGMP要求，根据《法案》第501（h）节［21 U.S.C.§ 351（h）］的规定，属于伪劣产品。违规事项包括但不限于以下内容：

1．没有制定和维护关于确认器械设计的程序，以确保器械符合21 CFR 820.30（g）要求的确定用户需求和预期用途。

例如，在FDA审查NetViewer MDP2040-0100器械的七个变更通知（CN）期间，发现了以下情况：

a．关于四个变更通知，你公司没有确保设计确认记录的用户需求和预期用途达到要求。

i．你公司于2016年7月8日批准了CN 517，其中包括增加一个提供声音警报的内部扬声器，并更新了软件以包括内部音量调节。虽然你公司为预期操作者确定了可用性技术规范，如听力损伤的操作者和环境中的背景噪音，但你公司于2016年6月9日进行的确认测试中没有记录内部扬声器音频输出水平的评价以确保设计符合制定的可用性技术规范。

ii．你公司于2016年2月2日批准了CN 537，其中包括解决器械进入连续陷阱条件的软件变更。更新的软件是作为现场纠正措施提供给客户的；但你公司没有记录软件变更的确认结果。随后，你公司收到了关于你公司作为现场纠正措施提供的更新软件的其他问题的投诉。

iii．你公司于2016年2月15日修订了CN 537并批准了该变更，其中包括额外的软件变更，以解决你公司收到的关于作为现场纠正措施提供的更新软件的投诉。你公司于2016年4月12日进一步修订了CN 537并批准了该变更。你公司没有记录这两份修订后的变更通知的软件变更确认结果。

b．对于修订后的三份变更通知CN 517、CN 527和CN 527，你公司没有确认记录中使用的器械为首批生产单元或其等效器械。此外，你公司的质量手册规定了使用原型器械进行设计确认。21 CFR 820.30（g）要求使用首批生产单元、批次或其等效物进行设计确认。

c．关于2016年7月8日批准的变更通知CN 517，你公司的确认测试文件没有包括对软件零部件号PGM358R15、PGM359和PGM361进行测试的日期。

d．关于2016年7月8日批准的变更通知CN 517，其中包括增加一个提供声音警报的内部扬声器，你公司没有更新风险分析以识别和提供声音警报的内部扬声器失效相关的风险。你公司的MDP2000系列风险管理计划确定了在产品设计期间和整个使用期内更新风险分析。

目前还不能确定你公司的答复是否充分。你公司的回复声称，你公司将制定确保对新产品和现有产品的设计变更进行验证并确认新程序和设计控制程序；但是，你公司的回复没有详细说明你公司计划如何验证这

些程序的有效性，以确保可以防止已指出的违规事项再次发生。你公司的回复声称，你公司将对雇员进行有关新程序的培训，但回复没有详细说明将如何确保这个培训的有效性。

你公司的回复声称，你公司将记录内部扬声器的技术规范，并对这些技术规范进行验证。你公司的回复还声称，你公司将与（b）（4）用户一起对内部扬声器的输出进行确认，且该确认将由你公司的QA/RA顾问批准。你公司的回复没有说明用户是否符合听力损失百分比达（b）（4）的可用性技术规范，也没有提供关于是否用有效的统计技术创建了与（b）（4）用户一起测试器械的确认计划的信息。此外，你公司的回复没有提供2017年6月确认完成之前你公司要采取的临时措施。

你公司的回复声称，你公司将对你公司的器械所作的软件变更进行验证；但你公司的回复并没有解释你公司是否也将对这些变更进行确认。此外，你公司的回复没有提供2017年7月验证完成之前你公司要采取的临时措施。你公司的回复声称，现在你公司将只使用生产等效器械进行确认和验证。FDA承认这似乎充分；但你公司的回复没有说明你公司会确保实施纠正措施及如何验证其是有效的。你公司的回复声称，你公司将更新你公司的风险分析以反映声音警报的危险和危害，并对雇员进行关于风险评估的再培训；但你公司的回复没有说明你公司将如何确保这些纠正措施有效和预防违规事项再次发生。

由于你公司的纠正措施还在进行中，FDA不能对你公司的回复的充分性进行全面评估。

2．未能按照21 CFR 820.30（f）的要求建立并维护用以验证器械设计的程序，从而确认设计输出满足设计输入的要求。

例如，在FDA审查NetViewer MDP2040-0100器械的七个变更通知（CN）的过程中，发现其中两个CN没有记录输出符合设计目标的验证：

a．关于2016年7月8日批准的变更通知CN 517，你公司确定了包括“（b）（4）合规性”在内的设计目标；但你公司没有记录更新后的硬件和软件符合这个目标。

b．关于2015年9月4日批准的变更通知CN 527，你公司确定了软件（b）（4）的设计目标，以提供“（b）（4）”；但你公司没有记录更新后的软件符合这个目标。

目前还不能确定你公司的答复是否充分。你公司的回复声称，你公司将执行关于（b）（4）合规性和软件变更的验证和确认；但你公司的回复没有提供2017年6月确认完成之前你公司将采取的临时措施。你公司的回复重申了要创建新的验证和确认程序；但没有提供你公司计划如何验证这个程序的有效性的详情以确保可以防止已指出的违规事项再次发生。由于你公司的纠正措施还在进行中，FDA不能对你公司的回复的充分性进行全面评估。

3．未能按照21 CFR 820.30（c）的要求制定和维护用以确保与器械有关的设计要求是适当的和阐述器械预期用途（包括用户和患者的需求）的程序。

例如，关于2016年7月8日批准的变更通知CN 517，你公司没有记录增加到NetViewer MDP2040-0100器械的内部扬声器的性能要求。可用性技术规范列出了声音警报级别的频率和声压级的空白技术规范。

目前还不能确定你公司的答复是否充分。你公司的回复声称，你公司将记录关于器械的可用性技术规范、审查制造商的技术规范和适用的行业标准以确保包括了所有适用的性能要求，与（b）（4）用户一起进行确认，并验证设计输出是否符合输入。你公司的回复说明这些纠正措施将于2017年6月完成；但你公司的回复没有提供为了减缓这些违规事项你公司要采取的临时措施。你公司的回复重申要创建新的设计控制程序和验证与确认程序；但没有提供你公司计划如何验证这些程序的有效性以防止已指出的违规事项再次发生的详情。由于你公司的纠正措施还在进行中，FDA不能对你公司的回复的充分性进行全面评估。

4．未能按照21 CFR 820.100（a）的要求建立和维护用以实施纠正和预防措施（CAPA）的程序。

例如，你公司未能验证或者确认相应纠正和预防措施以确保此类措施有效且并未对成品器械产生负面影响。从2014年1月1日开始你公司执行的21个CAPA中的5个（24%）没有记录采取的措施是经过有效的验证或确认。

a．CA-01于2014年12月2日启动，旨在解决未记录的纠正措施，没有跟进验证CAPA的实施，也没有跟进验证纠正措施的有效性。

b．CA-015于2015年8月23日启动，旨在解决文件控制和文件管理实践。

c．CA-002于2014年12月11日启动，旨在解决包括缺少员工执行任务和维护质量体系的资格证明文件的不符合项。

d．CA-010于2015年5月14日启动，旨在解决维护过时版本的文件和维修记录上的修正液问题。

e．CA-011于2015年5月14日启动，旨在解决温度计的校准和超出允差条件的文件程序。

目前还不能确定你公司的答复是否充分。你公司的回复声称，你公司将有一个要求在关闭CAPA之前验证有效性的独立CAPA程序。但你公司的回复没有说明你公司计划如何验证CAPA有效性的详细情况以确保防止已指出的违规事项再次发生。你公司的回复说明你公司将对迄今为止的所有CAPA进行审核以确保有效性；但你公司的回复没有说明你公司是否会审查根据独立的程序创建的新的CAPA，以确保新的CAPA不会在验证有效性之前被关闭或在执行已批准的纠正措施之前被关闭。你公司的回复没有说明你公司是否将对雇员进行关于新程序的培训，以及你公司将如何验证培训的有效性。你公司在回复中承诺验证之前已关闭的五项CAPA的有效性。但你公司的回复并未提供任何关于你公司将如何确定CAPA有效性的计划或详细信息。由于你公司的纠正措施还在进行中，FDA不能对你公司的回复的充分性进行全面评估。

5．未能按照21 CFR 820.198（a）的要求建立和维护用以由正式指定单位接收、审查和评估投诉事项的程序。

例如，对于检查期间审查的13起投诉中，有3起并未记录以评估该事件是否应作为不良事件报告（MDR）进行报告。这三起投诉案例ID 204、ID 322 和ID 353分别于2014年9月16日、2016年9月6日和2016年10月6日结案。直至2017年1月5日，你公司才对这些投诉案例进行不良事件报告的评估。

FDA审查了你公司的答复，认为其并不充分。你公司的回复称已更新不良事件报告程序；但你公司的回复并未包括可供FDA审查的程序。你公司的回复没有说明你公司计划如何验证程序有效性的详细情况以确保防止已指出的违规事项再次发生。你公司的回复称将对所有员工进行MDR培训；但你公司并未附上如何确保培训有效性的详细信息。FDA承认你公司的回复声称，将审查这三起投诉案例以确定是否应报告，并在必要时进行报告。

6．未能按照21 CFR 820.181的要求维护器械主记录（DMR）。例如：

a．你公司的NetViewer MDP2040-0100器械DMR（自2016年6月3日至2017年1月9日有效）未包括或引用用于制造该器械的技术规范、程序和标签，包括：内部扬声器部件的技术规范、图纸FMP 0000283-前视图和图纸FMP 0000269-后视图的更新版本、2016年7月8日发布的软件PGM358R15、MDP 2040-0100构建程序的更新版本，以及操作手册的更新版本。

b．你公司的NetViewer MDP2040-0100器械DMR（自2016年3月17日起至2016年6月3日有效）未包括或引用2016年3月11日发布的软件PGM355R8。

目前还不能确定你公司的答复是否充分。你公司的回复称已更新DMR并参考了附件；但你公司并未在回复中提供附件。FDA无法验证DMR是否已更新。你公司的回复称QA/RA顾问将检查所有DMR以确保包括最新技术规范、图纸、软件和手册；但你公司并未提供实施该项措施的时间表。你公司的回复还声称正在更新工程变更通知以提示批准人记录DMR是否需更新，并根据需要进行更新。目前尚不清楚你公司是否将更新相关程序或质量手册以反映该变更，以及你公司将如何确定该变更是否可以有效防止未来再次发生违规事项。

不良事件报告（MDR）

FDA的检查还显示，根据《法案》第502（t）（2）节［21 U.S.C.§ 352（t）（2）］，远程患者监测系统器械存在贴错标签的情况，因为你公司未能或拒绝提供《法案》第519节（21 U.S.C.§ 360i）和21 CFR 803“不良事件报告”所要求的器械相关材料或信息。显著偏离项包括但不限于以下内容：

7．按照21 CFR 803.50（a）（2）的要求，你公司未能在不晚于30个日历日内上报，即在你公司从任何来源收到或获悉的信息合理地表明你公司销售的医疗器械失效，并且如果失效再次发生，该医疗器械或其销售

的类似医疗器械可能导致或促成死亡或严重伤害之后未能及时上报。

例如：投诉案例ID 145描述了使用远程患者监控系统NetViewer MDP2040-0100导致的患者死亡事件。辅助扬声器未接入监控系统，工作人员也未听到警报。你公司已于2013年10月3日获悉该事件。然而，截至2017年5月1日，你公司尚未向FDA报告该事件。

目前还不能确定你公司2017年2月1日的答复是否充分。你公司的回复声称将实施电子不良事件报告，一旦确定事件需报告，则将向FDA提交投诉案例ID 145的不良事件报告。虽然你公司已在2017年4月26日建立一个有效的ESG生产账户，但截至2017年5月1日，你公司仍未提交投诉案例（ID 145）的死亡报告。

8．未能按照21 CFR 803.50（a）（2）的要求，在收到或获悉信息（可合理推断你公司销售的器械出现故障，如故障再次发生，则其销售的该器械或类似器械有可能会导致或造成死亡或重伤）后30个日历日内向FDA提交报告。

例如：投诉案例ID 209（你公司获悉日期为2015年6月22日）和投诉案例ID 295（你公司获悉日期为2015年7月16日）描述了涉及你公司的远程患者监控系统NetViewer MDP2040-0100在器械启动时锁定，并且仅可通过重启电源进行重新启动的事件。你公司在收到和调查这些投诉案例的基础上启动了CAPA，并启动召回Z-0582-2016。2015年12月1日，FDA分别收到投诉案例ID 209和295所对应的MDR 3020646-2015-00001和3020646-2015-00002。FDA收到故障报告的时间已超过30个日历日的要求。

目前还不能确定你公司2017年2月1日的答复是否充分。你公司声称其不良事件报告程序已经修订，采用表格以确定是否需要不良事件报告。所有Vidco员工均将接受该过程、程序和表格的培训。但是，你公司并未在回复FDA时提供已实施的证据。若无该等文件，则FDA无法对其充分性进行评估。

9．未能按照21 CFR 803.17的要求制定、维护和实施书面MDR程序。

例如：在审查了你公司题为“不良事件报告US – MDR RMF-××X”修订版1的MDR程序（未标注日期）后，FDA注意到以下问题：

a．无证据表明“美国医疗器械不良事件报告—MDR RMF-××X”版本1已实施。你公司的MDR程序未标明生效日期。

b．本程序并未建立内部体系用于及时有效地识别、沟通和评估可能需要符合MDR要求的事件。例如：

i．该程序省略了21 CFR 803.20（c）（1）中“合理建议”一词的定义。程序不包括该术语的定义可能会导致你公司在评估可能符合21 CFR 803.50（a）规定的报告标准的投诉时做出不正确的应报告事件决定。

ii．“获悉”一词的定义与21 CFR 803.3中所述不符，且不会让你公司正确的将投诉案例识别为应报告事件。

c．该程序未建立用于提供标准审查流程的内部体系，从而确定事件在何种情况下符合本部分规定的报告标准。例如：

i．没有对每个事件进行全面调查并评估事件原因的指示。

ii．没有说明你公司如何评估有关事件，以便及时作出不良事件报告应报告事件决定的信息。

iii．与补救措施豁免（RAE）通知相关的错误信息，可能导致在确定事件达到报告标准时出现错误。你公司需修订不良事件报告程序第8.4节，明确补救措施豁免是一项要求，而非一项通知。你公司须根据21 CFR 803.19（b）请求豁免。

d．本程序没有建立用于及时传送完整不良事件报告的内部系统。具体为，未涉及以下内容：

i．你公司必须提交补充报告或后续报告的情况以及对此类报告的要求。

e．本程序并未说明你公司将如何处理文件，也未说明记录保存要求，包括：

i．确保获取有助于FDA及时跟进和检查的信息的系统。

目前还不能确定你公司2017年2月1日的答复是否充分。你公司声称其MDR程序已经修订，采用表格以确定是否需要MDR报告。所有Vidco员工均须接受该流程、程序和表格的培训。然而你公司在回复时并未向FDA提供已实施的证据。若无该等文件，则FDA无法对其充分性进行评估。

纠正和移除

FDA的检查还显示，根据《法案》第502（t）（2）节［21 U.S.C.§ 352（t）（2）］，你公司的远程患者监测器械存在贴错标签的问题，因为你公司未能或拒绝提供《法案》第519节（21 U.S.C.§ 360i）和21 CFR 806“医疗器械；纠正和移除报告”所要求的器械相关材料或信息。重大违规事项包括但不限于以下内容：

10．未能按照21 CFR 806.10的要求，提交纠正或移除器械的报告，以降低器械对健康造成的风险。

例如：2015年6月，你公司收到客户投诉称一台患者监测仪被锁定且重启电源是唯一的重启方法。2015年7月，你公司获悉另一名拥有16台器械的客户称，首次安装的器械死机，须关闭电源方可解决。其死机原因与第一位顾客投诉器械被锁定的原因相同。你公司于2015年7月18日向第二位客户运送一台带有修正后只读监测仪的租借器械，可防止持续出现问题如锁定。你公司于2015年8月7日联系第二位客户，通过安装临时缓解软件更新所有16台器械。直至2015年11月，FDA才接到纠正通知。

你公司的行为已经由FDA审查并确定满足二级召回要求（召回编号：Z-0582-2016），且根据21 CFR 806.2（k）（2）的规定，也达到了21 CFR 806的报告阈值。因此，你公司应向FDA报告此前采取的行动，已经按照21 CFR 806.10（a）（2）的要求纠正或移除器械，降低器械对健康造成的风险。目前还不能确定你公司的答复是否充分。你公司的回复声称将对所有员工进行召回程序和CDRH学习培训模块的培训。但你公司并未在回复中表明将如何确保培训的有效性，以及如何防止将来再次发生此类问题。

你公司应立即采取措施纠正本信函所述的违规行为。如若未能及时纠正这些违规行为，可能导致FDA在没有进一步通知的情况下启动监管措施。监管措施包括但不限于没收、禁令和民事罚款。此外，联邦机构会得知关于器械的警告信，以便在签订合同时考虑上述信息。如果FDA确定你公司违反了质量体系法规，且这些违规行为与Ⅲ类器械的上市前批准申请有关联，则在纠正这些违规行为之前，将不会批准此类器械。同时，如果FDA确定你公司的器械不符合《法案》的要求，则不会批准出口证明（Certificates to Foreign Governments，CFG）的申请。

请在收到本信函之日起15个工作日内将你公司为纠正上述违规行为所采取的具体步骤书面通知本办公室，并说明你公司计划如何防止此类违规行为或类似违规行为再次发生。包括你公司已经采取的纠正措施（必须解决系统问题）的文件材料。如果你公司计划采取的纠正措施将逐渐开展，请提供实施这些活动的时间表。如果无法在15个工作日内完成纠正，请说明延迟的原因以及完成这些活动的时间。你公司的回复应全面，并解决此警告信中所包括的所有违规行为。

最后，请注意本信函未完全包括你公司全部违规行为。你公司有责任遵守FDA所有的法律和法规。本信函和检查结束时签发的检查结果FDA 483表中记录的具体违规行为可能表明你公司制造和质量管理体系中存在严重问题。你公司应查明违规原因并及时采取纠正措施，确保产品合规。

第148封　给Unetixs Vascular Inc.的警告信

生产质量管理规范/质量体系法规/医疗器械/伪劣

CMS # 523178

2017年4月25日

尊敬的J先生:

美国食品药品管理局（FDA）于2017年3月6日至29日对你公司位于125 Commerce Park Road, North Kingstown, RI的医疗器械进行了检查。检查期间，FDA检查员已确认你公司为血管诊断超声系统（如MultiLab Series Ⅱ）的生产制造商。根据《联邦食品、药品和化妆品法案》（以下简称《法案》）第201（h）[21 U.S.C.§ 321（h）]，凡是用于诊断疾病或其他症状，对疾病有治愈、缓解、治疗或预防作用，或是可以影响人体结构或功能的器械，均为医疗器械。故你公司涉及检查的产品为医疗器械。本次检查表明，这些医疗器械的生产、包装、储存或安装中使用的方法、设施或控制不符合21 CFR 820的cGMP要求，根据《法案》第501（h）节[21 U.S.C.§ 351（h）]的规定，属于伪劣产品。

你公司存在重大违规行为，具体如下：

1．未能按照21 CFR 820.198（a）的要求建立和维护由正式指定单位接收、审查和评估投诉事项的程序。例如:

- 在检查过程中，FDA发现，自2015年1月至2017年2月收到的1453起投诉案例仍未结案，尚未进行调查。你公司的投诉程序“QSP 12 - 服务活动”要求对你公司的所有投诉进行分析。

2．未能按照21 CFR 820.198（c）的要求评审、评价和调查涉及器械、标签或包装可能达不到其技术规范要求的任何投诉。例如:

- 在检查期间审查的17份投诉记录中，有17份投诉记录（B4595、B4515、B5024、B4185、B4607、B4602、B5046、B5103、B5164、B4892、B4765、B4605、B4742、B4821、B4687、B3027和B4312）表明你公司未记录投诉的性质和细节，包括患者是否受到伤害。

3．未能按照21 CFR 820.100（a）的要求建立和维护实施纠正和预防措施的程序。例如:

你公司未分析2015年以来收到的1453份投诉案例中的任何一起案例，未能确定不合格产品或其他质量问题的任何现有或潜在原因。

4．未能按照21 CFR 820.100（b）的要求记录纠正和预防措施活动。例如:

- 自2015年以来，你公司已发布12份纠正措施和/或预防措施报告。已在检查期间审查其中7份报告：PA1044、PA1045、CA1349、CA1348、CA1350、CA1353和CA1351。这7份报告均缺少必要记录，例如工艺分析或工作操作，未能确定质量问题的潜在原因。

5．未能按照21 CFR 820.70（b）的要求针对技术规范、方法、工艺或者程序变更建立和维护程序。这些变更应予以核实，在执行前按照21 CFR 820.75的要求进行适当验证，并且应记录这些活动。例如:

- 检查期间6份工程变更记录（ECR）已审查4份：ECR0104、ECR0087、ECR0112和ECR0063。这些记录中不包括所需验证活动的记录。

6．未能按照21 CFR 820.80（a）的要求建立和维护验收活动适用的程序，活动包括检查、测试或其他验证活动。例如:

审查你公司的设施执行的验收测试后，结果表明存在以下不一致之处：

- 已在检查过程中审查3个部件的材料检查报告：（b）（4）。这些报告未包括所需功能/机械配合、尺寸和外观检查测试结果。虽然缺少信息，但仍验收这些部件。

你公司应立即采取措施纠正本信函所述的违规行为。如若未能及时纠正这些违规行为，可能导致FDA在没有进一步通知的情况下启动监管措施。监管措施包括但不限于没收、禁令和民事罚款。此外，联邦机构会得知关于器械的警告信，以便在签订合同时考虑上述信息。如果FDA确定你公司违反了质量体系法规，且这些违规行为与Ⅲ类器械的上市前批准申请有关联，则在纠正这些违规行为之前，将不会批准此类器械。同时，如果FDA确定你公司的器械不符合《法案》的要求，则不会批准出口证明（Certificates to Foreign Governments，CFG）的申请。

请在收到本信函之日起15个工作日内将你公司为纠正上述违规行为所采取的具体步骤书面通知本办公室，并说明你公司计划如何防止此类违规行为或类似违规行为再次发生。包括你公司已经采取的纠正措施（必须解决系统问题）的文件材料。如果你公司计划采取的纠正措施将逐渐开展，请提供实施这些活动的时间表。如果无法在15个工作日内完成纠正，请说明延迟的原因以及完成这些活动的时间。你公司的回复应全面，并解决此警告信中所包括的所有违规行为。

最后，请注意本信函未完全包括你公司全部违规行为。你公司有责任遵守FDA所有的法律和法规。本信函和检查结束时签发的检查结果FDA 483表中记录的具体违规行为可能表明你公司制造和质量管理体系中存在严重问题。你公司应查明违规原因并及时采取纠正措施，确保产品合规。

第149封　给Lonza Walkersville, Inc. 的警告信

生产质量管理规范/质量体系法规/医疗器械/伪劣

CMS # 520239

2017年4月21日

尊敬的P先生：

美国食品药品管理局（FDA）于2017年1月18日至2017年2月6日对你公司位于8830 Biggs Ford Road, Walkersville, MD的医疗器械进行了检查。检查期间，FDA检查员已确认你公司为包括（b）(4）在内的Ⅱ类医疗器械的生产制造商。根据《联邦食品、药品和化妆品法案》（以下简称《法案》）第201（h）节［21 U.S.C.§ 321（h）］，凡是用于诊断疾病或其他症状，对疾病有治愈、缓解、治疗或预防作用，或是可以影响人体结构或功能的器械，均为医疗器械。故你公司涉及检查的产品为医疗器械。本次检查表明，这些医疗器械的生产、包装、储存或安装中使用的方法、设施或控制不符合21 CFR 820的cGMP要求，根据《法案》第501（h）节［21 U.S.C.§ 351（h）］的规定，属于伪劣产品。你公司可通过FDA主页的链接www.fda.gov找到《法案》和FDA法规。

2017年2月28日，FDA收到你公司针对2017年2月6日FDA检查员出具的FDA 483表（检查发现问题清单）的回复。FDA针对回复，处理如下。

违规事项包括但不限于以下内容：

1．按照21 CFR 820.75（a）的要求工艺验证无法得到高度保证，且无法根据既定程序予以审批，同时其工艺结果无法由后续检查和测试充分验证。

具体为，你公司尚未充分建立程序“Lonza Walkersville主验证计划”，文件编号：(b）(4)，版本8.0。该程序涵盖清洁验证、洁净间合格评定和HEPA过滤器合格评定。例如：

A．你公司使用（b）(4）来对（b）(4）液体培养基产品进行无菌填充，但却未对“（b）(4）”，文件编号（b）(4)，2007年4月进行充分验证。特别是：

- 没有针对活生物体的预定标准限度或执行监测。
- 此项验证的采样不充足。(b）(4）的正常生产需要在ISO 5洁净间的每个（b）(4）上使用（b）(4)。在该验证中的每一轮测试仅从（b）(4）中选取一个（b）(4)。
- 此项验证的采样不充足。在检查你公司如何清洁（b）(4）时，一名主管陈述了（b）(4)。
- 由于没有涵盖（b）(4）的清洁，该验证不充分。你公司在收到两起有关确认（b）(4）产品无菌性不合格的投诉后，于2017年1月5日进行了一次环境抽样调查。(b）(4）是（b）(4)，且你公司的初步结果显示在（b）(4）中发现泛菌。两起确认投诉相关批次的退回产品样品经分离也出现泛菌。
- 由于清洁验证中未包含（b）(4)，因此未建立足够的预防性保养（PM）程序来清洁和监测（b）(4)。(b）(4）当前的PM系统仅要求清洁液体或培养基残留物的（b）(4)。该PM未要求进行监测来确定清洁是否有效。

B．你公司使用（b）(4）来批量配制液体培养基产品，但是未充分执行验证“（b）(4)”，研究日期：2000年3月。特别是：

- 没有针对活生物体的预定标准限度或执行监测。

- 选取（b）(4)。（b）(4）样品按要求应该是（b）(4)，但却没有针对（b）(4）样品的预定标准限度。根据你公司管理人员的口头陈述，目前（b）(4）样品的技术规范为（b）(4)。但是，2000年3月的“（b）(4)”记录了以下漂洗样品不符合技术规范：
- 第1轮，样品2，（b）(4）–（b）(4)；TOC = 6.80 PPM
- 第2轮，样品23，（b）(4）–（b）(4)；TOC = 11.3 PPM
- 第2轮，样品24，（b）(4）–（b）(4)；TOC = 0.656 PPM
- 第3轮，样品23，（b）(4）–（b）(4)；TOC = 4.27 PPM

C．你公司的主验证程序中未对洁净间的合格评定提出任何要求。该程序应针对你公司将如何遵循ISO 14644标准和质量体系提出相应要求。这些要求包括但不限于在运行状态下进行可存活和不可存活生物体的采样、证明单向气流，以及建立关键工艺参数（例如，HEPA空气过滤器流速），以此证明你公司对洁净间进行了充分的控制。

D．将（b）(4）液体培养基产品填充到培养基填充室（b）(4）的填充区（b）(4）中；但是，你公司的合格评定“根据ISO标准14644-1对培养基填充室（b）(4）和周围区域（b）(4）室进行的合格评定”，验证ID#（b）(4)，修订版#1”未得到充分执行。

- 未充分确定如HEPA过滤器空气流速之类的关键工艺参数。合格评定并不会确定HEPA过滤器的空气流速技术规范来充分控制工艺。
- 没有证据表明能通过烟雾研究获得单向气流。
- 仅在静止状态下执行总颗粒空气监测，但未在运行状态下进行监测。
- 未对活生物体颗粒进行监测。
- FDA已经审查了你公司于2017年2月28日针对此违规事项做出的答复，并认定目前无法确定答复的充分性。FDA承认你公司在答复中列出的纠正措施，包括制定单独的清洁主验证计划，并创建包含执行静态和动态烟雾研究的说明和标准限度的验证方案。此外“主验证计划”将予以修订，用以涵盖预定的标准限度、活生物体监测、适当的采样地点、填充工艺的恶劣情况清洁以及合格评定和合格再评定要求，对你公司如何遵守ISO 14644和你公司的质量体系进行规范。

2．按照21 CFR 820.70（a）的要求，你公司未能通过开发、实施、控制和监控生产工艺来确保器械符合其技术规范。如果生产工艺导致偏离器械技术规范，制造商应建立并维护工艺控制程序，描述为确保符合技术规范必需的任何工艺控制。例如：

你公司的程序“无菌工艺模拟程序：（b）(4)”，文件编号（b）(4)，版本8未充分确立。特别是：

A．无菌工艺模拟（APS）期间执行非常规且需要评估的活动时进行的干预措施尚无定义。

B．在APS期间执行和批准的干预措施未写入程序中；因此，除非操作员查看以前的APS，否则操作员不知在常规生产期间可以执行哪些干预措施。

C．在（b）(4）的正常生产过程中使用了（b）(4)，每个（b）(4）都有自己的（b）(4）且无菌产品在（b）(4）之后经过。2016年进行的一次APS演示了一项干预措施，将（b）(4）换成（b）(4)；但是，目前尚不清楚在这次演示中这些（b）(4）的更换原因是否与生产中遇到的潜在机械问题相同。有几个生产批次的问题是这项干预措施无法解决的。以下批次的问题是这项干预措施无法解决的，并与已确认的无菌性不合格投诉有关：

- （b）(4）批次（b）(4)，在（b）(4）上生产，涉及（b）(4）的使用和（b）(4）的填充时间。
- （b）(4）批次（b）(4)，在（b）(4）上生产，涉及（b）(4）的使用和（b）(4）的填充时间。

你公司2016年7月的APS指出填充的持续时间为（b）(4)，而2016年10月的APS包含一个（b）(4）的总填充。（b）(4）批次（b）(4）和（b）(4）的填充时间超过了这两个时长。此外，你公司的程序“无菌工艺模拟程序：（b）(4)”，文件编号（b）(4)，第8版规定，每个操作员在洁净间中的单次停留（没有离开和重新穿上净化服）时间不得超过6个小时。你公司2016年7月或2016年10月的APS中对操作员可以在洁净间中单次停留（没有离开和重新穿上净化服）最多6个小时的要求没有进行任何研究验证。APS并未研究人员可以在填充区域停留的最长时间，并且你公司没有监控或记录人员在洁净间中停留的时间。

D．此程序没有要求将生产过程中的干预措施记录在器械历史记录中，因此无法根据信息来确定生产过程中进行的干预措施是否与APS期间进行的干预措施类似。没有文件就为何这些批次的（b）（4）进行说明，但是你公司的管理人员表示这很可能是潜在的机械问题引起的。2016年的APS中没有记录是否由于潜在的机械问题而更换了（b）（4）。

FDA对你公司于2017年2月28日针对此违规事项进行的答复已进行审核，结果认为该答复不完全充分。FDA承认你公司在答复中列出的纠正措施，包括对APS程序的修订以涵盖模拟干预措施的要求、基于工艺历史的其他干预措施，该程序将明确定义已批准的常规干预措施、非常规干预措施的构成内容以及在无菌工艺模拟中非常规干预措施影响评估的步骤。但是，你公司的答复对人员可以在填充区域停留的最长时间并未解决。此外，你公司答复的附件“（b）（4）”中的4没有考虑所有超出或从未充分建立的干预措施。

3．未能按照21 CFR 820.100（a）的要求建立并维护实施纠正和预防措施（CAPA）程序。

具体为，你公司未充分建立“纠正和预防措施程序”，文件编号：（b）（4），版本11.0。例如：

以下CAPA的纠正措施不足：

A．2016年2月5日启动CAPA#（b）（4），原因在于（b）（4）液体培养基产品生产所在洁净间（b）（4）的（b）（4）填充区域发现一些问题。CAPA表明，操作员与填充区之间的间隔不足。如果这些产品可以在你公司工厂的其他洁净室生产，或者停止生产，则CAPA将关闭以进行观察。

B．2015年6月10日启动CAPA Pr#（b）（4），因为用于建立（b）（4）无菌屏障的热封机尚未得到充分验证。热封机是手动的，由于除时间外其他参数均不可控制，因此无法验证。另外，未进行足够的测试来证明密封完整性符合要求。你公司意识到这些问题并研究了其他热封机，但未停止生产（b）（4）液体培养基产品，并且尚未找到解决方案。

FDA已经审核了你公司于2017年2月28日针对此违规事项的答复，认为其不完全充分。FDA承认你公司在答复中列出的纠正措施，包括更新CAPA程序进而涵盖对关闭CAPA构成支持的客观证据相关要求。此外，所有医疗器械CAPA均应进行有效性检查、对关闭的CAPA进行回顾性审查且你公司将确认该程序要求的风险评分适当。FDA也承认你公司于2017年1月停止生产液体培养基产品并将在实现纠正措施后再恢复生产。你公司还提到已经确定了可以验证的另一种封口机。但是，你公司的答复中提到：“在CAPA（b）（4）关闭时有支持其继续填充的理由。具体为，在CAPA关闭之前的一年该工艺的APS一直很成功，没有出现无菌性故障且环境监测表明该设施处于可控状态。”FDA认为，如果你公司要获得充分的理由继续填充，应该在操作期间在ISO 5填充区域的填充点进行充分的环境监测，并在每轮验证过程中进行足够的人员监测。

4．未能按照21 CFR 820.75（c）的要求充分建立环境条件控制程序。

具体为，你公司未充分建立程序“（b）（4）”，文件编号（b）（4），版本10.0。它要求（b）（4）。取样必须在操作人员实际更衣时进行，或者根据ISO标准14644-2的风险评估，由洁净室监控程序确定。你公司没有进行洁净间风险评估。

FDA已经审查了你公司于2017年2月28日针对此违规事项做出的答复，目前无法确定答复的充分性。FDA承认你公司在答复中列出的纠正措施，包括对培养基洁净间进行洁净间风险评估并形成文件，且你公司将根据风险评估结果修改你公司与该违规事项有关的两个程序。

FDA还注意到你公司未能根据USP <71>或等效的方法测试众多产品批次的无菌性，而是使用一种缺少批次代表性样本且灵敏度不足的无菌测试来代替。FDA承认你公司提出未来会根据USP <71>来测试成品无菌性的承诺。但是，应该指出的是，仅通过无菌测试不足以支持产品放行，除非制造操作的设计足以可靠且可重复地确保批次的无菌性。

你公司应立即采取措施纠正本信函所述的违规行为。如若未能及时纠正这些违规行为，可能导致FDA在没有进一步通知的情况下启动监管措施。监管措施包括但不限于没收、禁令和民事罚款。此外，联邦机构会得知关于器械的警告信，以便在签订合同时考虑上述信息。

请在收到本信函之日起15个工作日内，将你公司为纠正上述违规行为所采取的具体步骤书面通知本办公室，并说明你公司计划如何防止此类违规行为或类似违规行为再次发生。包括你公司已经采取的纠正措施（必须解决系统问题）的文件材料。如果你公司计划采取的纠正措施将逐渐开展，请提供实施这些活动的时间表。如果无法在15个工作日内完成纠正，请说明延迟的原因以及完成这些活动的时间。你公司的回复应全面，并解决此警告信中所包括的所有违规行为。

第150封 给Criticare Technologies Inc.的警告信

生产质量管理规范/质量体系法规/医疗器械/伪劣

CMS # 523101

2017年4月21日

尊敬的J先生：

美国食品药品管理局（FDA）于2017年3月6日至3月29日，对你公司位于125 Commerce Park Road, North Kingstown, RI的医疗器械进行了检查。检查期间，FDA检查员已确认你公司为患者生命体征监护仪（产品包括eQuality和nGenuity系统）的制造商。根据《联邦食品、药品和化妆品法案》（以下简称《法案》）第201（h）节［21 U.S.C.§ 321（h）］，凡是用于诊断疾病或其他症状，对疾病有治愈、缓解、治疗或预防作用，或是可以影响人体结构或功能的器械，均为医疗器械。

本次检查表明，这些医疗器械的生产、包装、储存或安装中使用的方法、设施或控制不符合21 CFR 820的cGMP要求，根据《法案》第501（h）节［21 U.S.C.§ 351（h）］的规定，属于伪劣产品。

你公司存在重大违规行为，具体如下：

1．未能按照21 CFR 820.198（a）的要求建立并保持由正式指定的部门接收、评审和评估投诉的程序。例如：

检查中，FDA发现你公司于2016年1月至2017年2月收到1385起投诉但仍未关闭且尚未进行调查。你公司的投诉程序CTI212—服务活动要求分析客户的投诉。

2．未能按照21 CFR 820.198（c）的要求审查、评估和调查涉及器械、标签或包装可能达不到其技术规范要求的任何投诉。例如：

- 在检查期间审核的6份投诉记录（CT1409、CT1439、CT1450、CT1460、CT1475和CT1480）均表明你公司并未记录所需的投诉信息，包括投诉的性质和详细信息以及患者是否受到伤害。

3．未能按照21 CFR 820.100（a）的要求建立和保持实施纠正和预防措施的程序。例如：

你公司未分析自2016年1月以来接收的尚未关闭的1385起投诉，以识别出不合格产品或其他质量问题已存在的或潜在的原因。

- 在校准服务提供商报告其“发现故障”之后，你公司未能调查和确定评估“（b）（4），ID # C5003”的影响所需要采取的任何措施。在常规器械验收活动中使用此流量计来校准Criticare患者监护仪的（b）（4）调整。
- 在检查过程中，FDA发现你公司尚未采取任何措施来解决唯一的CAPA（CTI CA1000，2016年8月1日启动）。

4．未能按照21 CFR 820.90（a）的要求建立和保持相关程序，用于控制不符合规定要求的产品，并处理不合格品的鉴别、记录、评估、隔离和处置。例如：

- 在检查过程中，FDA发现由于与（b）（4）组件相关的投诉增加，你公司开始对（b）（4）组件进行过程测试。并解释说，如果（b）（4）组件未能通过过程测试，它将被送回组装工序进行返工。你公司没有针对这些不合格情况开展任何不合格产品报告（NCR），也未记录过程测试结果、相关的返工记录或返工后的测试结果。

- Criticare nGenuity S/N（b）（4）未通过成品检测的（b）（4）测试，你公司未按照程序要求启动不合格产品报告（NCR）。

5．未能按照21 CFR 820.50（a）的要求建立和保持相关程序，以确保收到的所有产品满足规定的要求。

例如，你公司没有根据满足规定要求（包括质量要求）的能力来评价或选择潜在的供应商。你公司没有和任何供应商（包括合同制造商）签订任何质量协议或合同。

6．未能按照21 CFR 820.80（a）的要求建立和保持验收活动的程序，验收活动包括检验、试验或其他验证活动。

例如，审查你公司开展的验收测试后，结果表明存在以下不一致之处：

- 审查（b）（4）测试的全部7份材料检查报告。7份报告中均没有所需的功能/机械配合、尺寸和外观检查测试结果。
- 你公司缺少Criticare nGenuity（b）（4）（组件）的过程测试和检查的程序。
- 你公司无法找到并提供以下收到和验收的材料的合同制造商的合格证明：（b）（4）和（b）（4）。

你公司应立即采取措施纠正本信函所述的违规行为。如若未能及时纠正这些违规行为，可能导致FDA在没有进一步通知的情况下启动监管措施。监管措施包括但不限于没收、禁令和民事罚款。此外，联邦机构会得知关于器械的警告信，以便在签订合同时考虑上述信息。如果FDA确定你公司违反了质量体系法规，且这些违规行为与Ⅲ类器械的上市前批准申请有关联，则在纠正这些违规行为之前，将不会批准此类器械。同时，在纠正这些违规行为之前，出口证明（Certificates to Foreign Governments，CFG）的申请不会被批准。

请在收到本信函之日起15个工作日内将你公司为纠正上述违规行为所采取的具体步骤书面通知本办公室，并说明你公司计划如何防止此类违规行为或类似违规行为再次发生。包括你公司已经采取的纠正措施（必须解决系统问题）的文件材料。如果你公司计划采取的纠正措施将逐渐开展，请提供实施这些活动的时间表。如果无法在15个工作日内完成纠正，请说明延迟的原因以及完成这些活动的时间。你公司的回复应全面，并解决此警告信中所包括的所有违规行为。

最后，请注意本信函未完全包括你公司全部违规行为。你公司有责任遵守FDA所有的法律和法规。本信函和检查结束时签发的检查结果FDA 483表中记录的具体违规行为可能表明你公司制造和质量管理体系中存在严重问题。你公司应查明违规原因并及时采取纠正措施，确保产品合规。

第151封　给Abbott（St Jude Medical Inc.）的警告信

生产质量管理规范/质量体系法规/生产/包装/储存/安装/伪劣

CMS # 519686

2017年4月12日

尊敬的R先生：

美国食品药品管理局（FDA）于2017年2月7日至2月17日，对你公司位于加利福尼亚州西尔马（Sylmar）的工厂进行了检查。检查期间，FDA检查员已确认你公司生产Fortify、Unify、Assura（包括Quadra）植入式心脏复律除颤器和心脏再同步治疗除颤器，以及Merlin@home 监护仪。根据《联邦食品、药品和化妆品法案》（以下简称《法案》）第201（h）节［21 U.S.C.§ 321（h）］，这些产品因预期用于诊断疾病或其他症状，对疾病有治愈、缓解、治疗或预防作用，或是可以影响人体结构或功能的器械，故属于医疗器械。

本次检查表明，这些医疗器械的生产、包装、储存或安装中使用的方法、设施或控制不符合21 CFR 820的cGMP要求，根据《法案》第501（h）节［21 U.S.C.§ 351（h）］的规定，属于伪劣产品。

2017年3月13日，FDA收到你公司运营副总裁Vishnu Charan针对FDA检查员出具的FDA 483表（检查发现问题清单）的回复。FDA针对回复，处理如下：

1．未能按照21 CFR 820.100（a）的要求建立和保持实施纠正和预防措施的程序。例如：

a．FDA审查了你公司在2011年至2014年间编制的42份产品分析报告。这些报告显示，在某些情况下，当你公司供应商的分析提供证据表明锂簇搭桥电池过早耗尽电量时，你公司多次得出结论，Greatbatch QHR2850电池过早耗尽的原因“无法确定”。你公司随后将其归类为“未确认”的锂电搭桥。你公司的《纠正和预防措施（CAPA）程序》（b）（4），修订版AA第2.0节规定，纠正和预防措施的水平应与不合格品的重要性和风险相一致。此外，第5.0节规定，不合格品的风险评估基于三个因素：严重程度、概率和可检测性。基于你公司的风险评估建立在“已确认”情况的基础上，而不考虑“未确认”情况缺失的可能性，你公司低估了危险情况的发生。这使得CAPA # 13-017“M2850电池中的锂簇短路”延迟到2013年12月18日才启动；直到2016年10月你公司一直在分销含有该电池的器械。

目前还不能确定你公司的回复是否充分。你公司提供了几项纠正事项、纠正措施和系统性纠正措施的总结和实施日期。然而，在你公司的回复中，未能提供你公司纠正事项、纠正措施和系统性纠正措施的实施证据。

b. 你公司的SJM纠正和预防措施（CAPA）SOP（b）（4）、修订版D，以及SJM纠正和预防措施WI（b）（4）、修订版C的第5节定义了你公司的CAPA流程以及与你公司的CAPA流程中执行的活动相关的支持程序和表格。此外，你公司的SJM纠正和预防措施WI（b）（4）、修订版C中的图2描述了在开始执行CAPA文件后进行的CAPA风险评估和解决过程。你公司在评估2016年8月25日的第三方报告时，未能遵循CAPA程序。因为在批准该问题的CAPA（CAPA#17012，CRM产品网络安全，日期：2017年2月7日）要求之前，你公司发布了更新后的风险评估及其相应的纠正措施Merlin@home网络安全风险评估（b）（4），修订版G, Merlin@home EX2000 V.8.2.2（试行版发布日期：2016年12月7日，完整版发布日期：2017年1月9日）。你公司在CAPA系统之外进行了一项风险评估和纠正措施。你公司未确认所有必要的纠正和预防措施均已完成，包括根据CAPA程序的要求进行全面的根本原因调查和确定纠正措施并防止潜在的网络安全漏洞再次发生。此外，你公司未确认纠正措施的验证或确认活动是否完成，无法确保纠正措施有效且不会对已完成的器械造成不良影响。

FDA审查了你公司的回复，认为其不充分。你公司提供了几项纠正事项和纠正措施的总结和实施日期。然而，在你公司的回复中，没有考虑系统性纠正措施和必要的信息，未将你公司纠正事项、纠正措施和系统性纠正措施的实施证据包括在内。

c．根据公司程序《质量管理评审SOP（b）（4），修订版R》第5.3节的要求，你公司的管理评审和医疗咨询委员会未收到有电池过早耗尽相关问题的完整信息。在2014年11月11日和11月12日，提供了两个单独的报告供管理层和MAB审查有关电池过早耗尽的问题。向你公司的MAB提交的报告包括由“确认”的锂簇引起电池过早耗尽发生的概率。尽管你公司供应商提供了关于锂电搭桥导致电池过早耗尽的证据，但该报告并未包括“未确认”情况可能出现短路的信息。这导致危险情况发生的可能性被严重低估。此外，两份报告均表示，没有与锂团簇形成直接相关的严重伤害或死亡。然而，与这一问题有关的第一例死亡案例发生在（b）（6）（MDR#2938836-2014-13599）。你公司于2014年8月27日完成了与本次死亡相关的返厂器械分析。分析得出结论，尽管供应商提供了锂电搭桥的证据，但“无法确定”电池过早耗尽的原因。在管理层或MAB评审的报告中也没有披露这一死亡案例。

FDA审查了你公司的回复，认为其不充分。你公司提供了几项纠正事项和纠正措施的摘要和实施日期。然而，在你公司的回复中，没有考虑系统性纠正措施和必要的信息，未将你公司纠正事项、纠正措施和系统性纠正措施的实施证据包括在内。

2．未能按照21 CFR 820.90（a）的要求，建立和保持相关程序以确保对不合格产品的控制。

例如：2016年10月11日，因电池过早耗尽，你公司发起召回公司的Fortify、Unify和Assura植入式心脏复律除颤器（ICDs）和心脏再同步治疗除颤器（CRT-Ds）。随后，本次召回的10部植入式心脏除颤器（ICDs）从你公司的配送中心转运至圣犹达美国地区代表处。在2016年10月14日至26日期间，又有在本次召回范围内的，由圣犹达美国地区代表处管理的7部ICDs被植入患者体内。

目前还不能确定你公司的回复是否充分。你公司提供了几项纠正事项、纠正措施和系统性纠正措施的摘要和实施日期。然而，在你公司的回复中，未能提供你公司纠正事项、纠正措施和系统性纠正措施的实施证据。

3．未能确保通过设计验证使设计输出满足设计输入的要求，不符合21 CFR 820.30（f）的要求。

例如：你公司有一项设计输入，（b）（4），“远程监控器械应只打开授权接口的网络端口”，这在Merlin@home EX2000（b）（4）软件系统需求规范（b）（4）文件中有记录。该设计输出项在你公司的Merlin@home软件需求规范上传文档（b）（4）中得以落实。

在你公司的设计验证活动中，该项设计输出未得到充分验证。根据你公司的测试程序，（b）（4），最终配置测试程序（b）（4）和最终配置测试程序文件（b）（4），测试网络端口通过授权的接口打开进行了部分验证。你公司的测试程序没有要求进行完全验证，以确保网络端口不会使用未经授权的接口打开。

目前还不能确定你公司的回复是否充分。你公司提供了几项纠正事项、纠正措施和系统性纠正措施的摘要和实施日期。然而，在你公司的回复中，你公司未能提供你公司纠正事项、纠正措施和系统性纠正措施的实施证据。

4．未能确保在适用时将风险分析纳入设计验证中，不符合21 CFR 820.30（g）的要求。例如：

a．你公司未能将公司委托的第三方评估（日期2014年4月2日）的结果准确纳入公司更新后的高压和外围设备网络安全风险评估。具体如下：

i．你公司更新后的网络安全风险评估，（b）（4），网络安全风险评估，（b）（4），修订版A，2015年4月2日，以及Merlin@home 产品安全风险评估，（b）（4），修订版B，2014年5月21日，未能将第三方报告的调查结果准确纳入其安全风险评级，导致你公司的缓解后风险估计是可接受的，而根据报告，一些风险并没有得到充分控制。

ii．同一份报告指出，硬编码的通用解锁码对你公司的高压设备而言是一种潜在的危害。你公司2012年

11月2日发布的《全球风险管理程序》SOP（b）(4)、修订版T第5.3.3节和2016年11月8日发布的修订版X第5.1.3节，要求你公司评估风险控制措施是否引入了新的危险，或先前确定的危险情况是否受到影响。你公司将硬编码的通用解锁码确定为紧急通信的一种风险控制措施。但是，你公司未能将此风险控制识别为一种危害。因此，在高压设备的设计中，你公司未能正确估计和评估与硬编码通用锁码相关的风险。

目前还不能确定你公司的回复是否充分。你公司提供了几项纠正事项、纠正措施和系统性纠正措施的摘要和实施日期。然而，在你公司的回复中，未能提供你公司纠正事项、纠正措施和系统性纠正措施的实施证据。

b. 你公司的《全球风险管理程序》SOP（b）(4)修订版T第5.1节概述了你公司的风险管理政策，该政策规定"风险管理应纳入所有产品生命周期阶段，以此确保尽早识别并及时缓解可能影响患者安全的风险。"你公司于2011年9月12日完成了（b）(4)退回产品分析记录，该记录是针对2011年7月1日植入的一部因电池过早耗尽而退回的器械。这项分析提供了锂离子团簇形成的证据。然而，你公司未能通过其风险管理流程，确定锂团簇为一种危险情况以及导致电池过早耗尽的潜在原因。该流程用于Unify、Fortify、Assura，以及Quadra ICDs和CRT-Ds中使用的电池。

FDA审查了你公司的回复，认为其不充分。在你公司的回复中，你公司未能提供纠正事项和纠正措施实施情况的说明和证据，也没有包括对系统性纠正措施的考量。

你公司应立即采取措施纠正本信函所述的违规行为。如若未能及时纠正这些违规行为，可能导致FDA在没有进一步通知的情况下启动监管措施。监管措施包括但不限于没收、禁令和民事罚款。此外，联邦机构会得知关于器械的警告信，以便在签订合同时考虑上述信息。如果FDA确定你公司违反了质量体系法规，且这些违规行为与Ⅲ类器械的上市前批准申请有关联，则在纠正这些违规行为之前，将不会批准此类器械。同时，如果FDA确定你公司的器械不符合《法案》的要求，则不会批准出口证明（Certificates to Foreign Governments，CFG）的申请。

请在收到本信函之日起15个工作日内将你公司为纠正上述违规行为所采取的具体步骤书面通知本办公室，并说明你公司计划如何防止此类违规行为或类似违规行为再次发生。包括你公司已经采取的纠正措施（必须解决系统问题）的文件材料。如果你公司计划采取的纠正措施将逐渐开展，请提供实施这些活动的时间表。如果无法在15个工作日内完成纠正，请说明延迟的原因以及完成这些活动的时间。你公司的回复应全面，并解决此警告信中所包括的所有违规行为。

最后，请注意本信函未完全包括你公司全部违规行为。你公司有责任遵守FDA所有的法律和法规。本信函和检查结束时签发的检查结果FDA 483表中记录的具体违规行为可能表明你公司制造和质量管理体系中存在严重问题。你公司应查明违规原因并及时采取纠正措施，确保产品合规。

第152封　给 Denttio, Inc. 的警告信

生产质量管理规范/质量体系法规/医疗器械/伪劣

CMS # 508595

2017年2月23日

尊敬的H先生：

美国食品药品管理局（FDA）于2016年8月16至19日，对位于Los Angeles, California的你公司进行了检查。检查期间，FDA检查员已确认你公司为数字X射线传感器和口内显微镜/摄像机的生产制造商。根据《联邦食品、药品和化妆品法案》（以下简称《法案》）第201（h）节［21 U.S.C.§ 321（h）］，凡是用于诊断疾病或其他症状，对疾病有治愈、缓解、治疗或预防作用，或是可以影响人体结构或功能的器械，均为医疗器械。故你公司涉及检查的产品为医疗器械。

本次检查表明，这些医疗器械的生产、包装、储存或安装中使用的方法、设施或控制不符合21 CFR 820的cGMP要求，根据《法案》第501（h）节［21 U.S.C.§ 351（h）］的规定，属于伪劣产品。

FDA已于2016年8月30日收到你公司针对FDA检查员在2016年8月19日出具的FDA 483表（检查发现问题清单）的回复。FDA对回复的审查发现，你公司表示缺少正式的标准操作程序和文件。你公司表示将于2016年8月召开管理评审会议。你公司还提供了“完工进度计划”。然而，FDA认为该回复不具实质性，因为你公司并未提供详细的或已记录在案的证据来解决检查中发现的违规事项。

注明的违规事项包括但不限于以下内容：

1．未能按照21 CFR 820.198（a）的要求建立由正式指定单位接收、审查和评估投诉事项的程序。

例如，并未对使用你公司的数字X射线传感器进行X线检查的所有19份投诉记录进行不良事件报告评估，且未包含开展调查或不开展调查的理由。

2．未能按照21 CFR 820.100（a）的要求建立纠正和预防措施的程序。

例如，审查的所有3项CAPA记录均未记录调查信息。2项CAPA记录均报告为已结束，但未包括纠正措施的验证或确认。

3．未能按照21 CFR 820.30（j）的要求建立设计历史文档。

例如，你公司尚未建立Tio-H数字X射线传感器系统的设计历史文档（DHF）。

4．未能按照21 CFR 820.30（g）的要求执行器械软件验证和风险分析。

例如，你公司并未证明与Tio-H数字X射线传感器一起使用的成像软件已得到验证的记录。你公司并未证据证明你公司已执行风险分析，以识别使用Tio-H数字X射线传感器系统的潜在危险和控制措施的记录。

5．未能按照21 CFR 820.181的要求保存器械主记录。

例如，你公司尚未为Tio-H数字X射线传感器系统实施器械主记录。

6．未能按照21 CFR 820.80的要求制定成品器械和来料验收程序。

例如，审查的11项器械历史记录（DHR）均未包括最终验收活动的文件、数据和文件的审查、发布授权签名以及注明日期的授权书。此外，引入的传感器需要经过一些测试，但未制定具体执行测试的程序。

7．未能按照21 CFR 820.184的要求建立器械历史记录程序。

例如，11项DHR均缺乏用于每个生产单位的主要识别标签和标识。

8．未能充分建立程序以确保按照21 CFR 820.72（a）的要求对设备进行例行校准、检查、检验和维护。

例如，你公司利用（b）（4）对你的数字X射线传感器进行功能测试。但是，你公司尚未建立准确度和

精密度的具体说明和限制。

9．拥有行政职责的管理层未能按照21 CFR 820.20（c）的要求审查质量体系的适用性和有效性。

例如，你公司的管理评审程序要求在3月份进行年度评审。但是，你公司在2015年、2016年并未召开评审会议。自工厂于2011年建立以来，仅于2014年举行了一次管理评审会议。

10．未能按照21 CFR 820.22的要求执行质量审核。

例如，你公司的内部质量审核程序要求每年根据质量体系内部检查计划进行质量审核。然而，你公司并未制定2015年和2016年的检查计划，且自2011年公司成立以来，也未进行质量检查。

11．未能按照21 CFR 820.25（b）的要求充分建立培训程序并识别培训需求。

例如，你公司的（b）（4）要求确定培训需求，要求员工具备完成其工作所需的知识和技能。你公司并无证明已识别培训需求，且已进行培训的记录。

12．未能按照21 CFR 820.40（a）的要求建立文件控制程序。

例如，检查期间提供的所有30个程序均未经过审查和批准。

FDA的检查还显示，根据《法案》第502（t）（2）节［21 U.S.C§ 352（t）（2）］，此类器械存在贴错标签的情况，因为你公司未能或拒绝提供《法案》第519节（21 U.S.C§ 360i）和 21 CFR 803“不良事件报告”所要求的或据此提供的器械相关材料或信息。重大违规事项包括但不限于以下内容：

未能按照21 CFR 803.17的要求建立MDR程序。例如，你公司未能制定、维护和实施书面的不良事件报告（MDR）程序。

本信中所列的违规事项并非你公司中存在的全部的违规事项。你公司应负责调查和确定上述所识别违规事项的原因，并防止其再次发生及其他违规事项的发生。你公司有责任确保遵守联邦法律和FDA法规的所有要求。你公司应立即采取行动，纠正本信所述的违规事项。

请于收到此信函的15个工作日内，将你公司已经采取的纠正措施的具体步骤书面回复本办公室。回复中应包括对防止这些违规事项发生所采取的每一步骤的解释和支持性文档复印件。如果纠正措施不能在15个工作日内完成，请说明延迟理由和能够完成的时间。

第153封 给Rapid Release Technologies的警告信

试验器械豁免（IDE）/上市前批准申请（PMA）

CMS # 507144
2017年1月17日

尊敬的S博士：

美国食品药品管理局（FDA）于2016年5月17日至2016年5月25日，对位于Santa Ana, California的你公司进行了检查。检查期间，FDA检查员已确认你公司为RRT PRO2的生产制造商。根据《联邦食品、药品和化妆品法案》（以下简称《法案》）第201（h）节［21 U.S.C.§ 321（h）］，凡是用于诊断疾病或其他症状，对疾病有治愈、缓解、治疗或预防作用，或是可以影响人体结构或功能的器械，均为医疗器械。故你公司涉及检查的产品为医疗器械。

FDA已审查了RRT PRO2用户手册以及你公司的网站rapidreleasetech.com和www.rapidreleasecenters.com，根据《法案》第501（h）节［21 U.S.C.§ 351（h）］的规定，属于伪劣产品，因为按照《法案》第515（a）节［21 U.S.C.§ 360e（a）］，你公司没有获得上市前批准申请（PMA），或是根据《法案》的第520（g）节［21 U.S.C.§ 360j（g）］，没有获得上述器械的试验器械豁免（IDE）申请批准。

根据《法案》第502（o）节［21 U.S.C.§ 352（o）］，RRT PRO2标签错误，因为你公司为了将该器械引进或交付到州际贸易进行商业销售，其预期用途不同于合法销售的器械类型21 CFR 890.5975（治疗性振动器-产品代码IRO）和21 CFR 890.5740（动力式热敷垫-产品代码IRT）的预期用途，没有按照《法案》的第510（k）节［21 U.S.C.§ 360（k）］和21 CFR 807.81（a）（3）（ii）的要求提交上市前告知。

Rapid Release Technologies提交的FDA注册和上市审查资料表明，RRT PRO2被列入21 CFR 890.5975（治疗性振动器）之下。根据21 CFR 890.5975（治疗性振动器）分类的器械免于上市前告知，除非它们超过21 CFR 890.9（a）中的豁免限制。FDA还发现，RRT PRO2含有加热元件。资料表明根据21 CFR 890. 5740（动力式热敷垫）分类的器械也免于上市前告知，除非它们超过21 CFR 890.9（a）中的豁免限制。

有证据表明，RRT PRO2的预期用途不同于根据21 CFR 890.5975（治疗性振动器）和21 CFR 890.5740（动力式热敷垫）分类的合法销售器械。通用治疗性振动器预期用于如放松肌肉和减轻轻微疼痛，通用动力式热敷垫预期用于医疗目的，为体表提供干热疗法，并能在使用过程中保持高温。然而，你公司正在将RRT PRO2营销用于不同的预期用途，即用于释放软组织、放松肌肉僵直（例如，由于疼痛或害怕运动而导致同步收缩的肌肉的保护性反应）、痉挛和抽筋、增加循环、与瘢痕组织有关的宣传，机械影响筋膜增加运动、头痛、神经或关节疼痛、焦虑、消化功能失调、纤维肌痛、失眠和缺氧。实例包括：

- “……释放软组织相关条件下的压力，影响肌肉、神经、肌腱、韧带和筋膜。”
- “它产生高频压缩波，其频率与瘢痕组织粘连产生共振，同时触发强直振动反射，以放松肌肉僵直、痉挛和抽筋。”
- “RRT预期用于增加血液循环、缓解肌肉痉挛和抽筋……”
- “……对瘢痕组织粘连的影响……”和“……分解粘连……”
- “……增加筋膜中的透明质酸压力、放松运动……”
- “对以下问题有帮助：焦虑、消化功能失调、纤维肌痛、头痛、与压力有关的失眠、肌筋膜疼痛综合征、感觉异常和神经痛、软组织拉伤或损伤、运动损伤和颞下颌关节疼痛。”

- “甚至可以缓解最慢性的疼痛。”
- “踝关节损伤可能包括扭伤、拉伤和骨折。脚踝疼痛和损伤不应是你职业生涯或积极生活的终结。Rapid Release Technology就是在考虑到这种伤害的情况下产生的……”
- 跟腱损伤不应该是你职业生涯或积极生活的终结。Rapid Release Technology就是在考虑到这种损伤的情况下产生的，它已经席卷了医学界。
- “The Rapid Release Pro2可快速轻松地融化瘢痕组织，去除腕管、手、手腕和前臂的粘连。”

由于有证据表明RRT PRO2的预期用途不同于根据21 CFR 890.5975（治疗性振动器）和21 CFR 890.5740（动力式热敷垫）分类的合法销售器械，因此它超过21 CFR 890.9（a）中所述的限制，而且没有获得上市前通知。

对于需要上市前批准的器械，当还未被FDA批准时，按《法案》第510（k）节［21 U.S.C.§ 360（k）］的要求被视为满足批准条件。你公司为了获得关于器械的批准或许可需要提交的信息种类在网址url中有说明。FDA将评价你公司提交的信息，并决定产品是否可合法上市。

FDA办公室要求你公司立即停止导致RRT PRO2标签错误或成为伪劣产品的活动，例如上述用途的器械商业销售。

你公司应尽快采取措施纠正此信函中所涉及的违规事项。如未能及时纠正这些违规事项将导致FDA 采取法律措施且不会事先通知。这些措施包括但不限于：没收、禁令、民事罚款。联邦机构在授予合同时可能会考虑此警告信。

请于收到此信函的15个工作日内，将你公司已经采取的具体纠正措施，以及你公司准备如何防止这些违规事项或类似行为再次发生的计划，书面回复本办公室。回复中应包括你公司已经采取的纠正和/或能系统性解决问题的纠正措施的相关文档。如果你公司需要一段时间来实施这些纠正和/或纠正措施，请提供具体实施的时间表。如果纠正和/或纠正措施不能在15个工作日内完成，请说明理由和能够完成的时间。你公司的回复应完整并解决警告信中包含的所有违规事项。

最后，请注意本信函未完全包括你公司全部违规行为。你公司有责任遵守法律和FDA法规。

第154封 给Zyno Medical, LLC.的警告信

生产质量管理规范/质量体系法规/医疗器械/伪劣

CMS # 507058

2016年12月5日

尊敬的L博士:

2016年8月3日至11日，FDA检查员对位于177 Pine Street, Natick, MA的你公司的医疗器械业务的检查中认定，你公司是输液泵的技术规范制订者和生产制造商。根据《联邦食品、药品和化妆品法案》（以下简称《法案》）第201（h）节［21 U.S.C.§ 321（h）］，凡是用于诊断疾病或其他症状，对疾病有治愈、缓解、治疗或预防作用，或是可以影响人体结构或功能的器械，均为医疗器械。故你公司涉及检查的产品为医疗器械。

本次检查表明，这些医疗器械的生产、包装、储存或安装中使用的方法、设施或控制不符合21 CFR 820质量体系法规（以下简称QSR/21 CFR 820）对现行生产质量管理规范（以下简称cGMP）的要求，根据《法案》第501（h）节［21 U.S.C.§ 351（h）］的规定，属于伪劣产品。

FDA已收到你公司分别于2016年8月30日和2016年11月22日针对2016年8月11日FDA检查员出具给你公司的FDA 483表（检查发现问题清单）的回复。FDA对你公司回复充分性的意见如下。你公司的重大违规事项如下：

1．未能按照21 CFR 820.198（a）的要求建立和保持由正式指定单位接收、评审和评价投诉的程序。例如:

- 至少（b）（4）在2016年1月8日和2016年7月19日期间收到的电话和电子邮件符合你公司自己的程序所定义的投诉；但他们未通过你公司的投诉处理系统进行处理。此外，FDA还审查了（b）（4）未作为投诉处理的退货授权（RMA）报告。

你公司的回复不足以解决上述违规事项。FDA承认你公司将更新你公司的程序并重新培训你公司的员工。FDA需要在再次检查期间验证你公司修改后的程序是否得到有效实施。

2．未能按照21 CFR 820.100（a）（1）的要求对过程、操作工序、让步接收、质量审核报告、质量记录、服务记录、投诉、返回产品和质量信息的其他来源进行分析，以识别不合格品或其他质量问题的已存在的和潜在的原因。例如:

- 你公司于2016年7月13日启用CAPA 2016-1，以解决（b）（4）描述流量不准确的客户投诉。该CAPA不包括至少（b）（4）来自你公司确认流量失效的同一时间段的投诉。因此，你公司提议的纠正和预防措施不会有效地解决使用你公司泵所观察到的流量不准确问题。

你公司的回复并未解决上述问题。FDA承认你公司对2012年以来所有开放的CAPA进行了回顾性审查。你公司应该向FDA提供你公司的回顾性审查摘要，以及为补救上述违规事项而采取的任何必要纠正措施的描述。FDA需要在再次检查期间验证你公司的CAPA系统是否符合要求。

3．未能建立和维护验证器械设计的程序，以确保器械符合规定的用户需求和预期用途，且应包括根据21 CFR 820.30（g）的要求，在实际或模拟使用条件下对生产装置进行的测试。例如:

- 你公司的输液泵旨在提供肠道外补液、血液和血液制品的准确输送；但你公司的泵系统仅使用（b）（4）

进行了测试。你公司尚未证明你公司的泵在不同黏度的液体中可保持特定的流动特性。

- 此外，你公司尚未在电池电源配置中测试输液泵Z-800WF。你公司的说明书指定该泵可在内部可充电电池作为电源时操作，从而在转移患者时或电力故障时能够继续输注。

你公司的回复表明你公司已针对上述违规事项进行了额外研究。FDA建议你公司对你公司的设计控制程序进行彻底审查，以验证你公司的所有器械均满足其所有预期用途。FDA将需要在再次检查期间验证你公司的设计控制操作是否符合要求。

4．未能按照21 CFR 820.90（a）的要求建立和维护相关程序，用于控制不符合指定要求的产品，并用于应对不合格品的识别、文件形成、评价、隔离和处置。例如：

- 当（b）（4）Z-800F注射泵在测试站（b）（4）测试时的流量超出了你公司的技术规范时，你公司未在2015年7月30日出具一份不合格报告（NCR）。
- 你公司的NCR（日期为2015年8月12日）已证明，从你公司的合同制造商处收到的（b）（4）Z-800F和（b）（4）Z-800输液泵安装了错误的软件。对这些装置进行的返工未记录在案。

你公司的回复不足以解决上述违规事项。FDA承认你公司将更新程序，重新培训你公司的员工，并对先前NCR活动进行回顾性审查。作为对警告信的回复，你公司应向FDA提供回顾性审查摘要，以及作为审查结果而采取的任何必要纠正措施的描述。FDA需要在再次检查期间验证你公司修改后的程序是否得到有效实施。

5．未能按照21 CFR 820.80（a）的要求建立和保持验收活动适用的程序，活动包括检查、试验或其他验证活动。

例如，在审查由你公司的设施执行的验收测试后，结果表明存在以下不一致之处：

- 你公司的Z-800输液泵的说明书建议在1～2年后更换电池，然而，你公司的维修和保养工作说明表明，如果泵的使用年限小于（b）（4）年，则无需更换电池。
- 新泵的流量精度测试包括（b）（4）分钟的总测试时间，但返回使用的泵的流量精度测试仅包括（b）（4）分钟的总测试时间。
- Z-800测试和校准工作说明不包括验证当前软件版本是否安装从你公司的合同制造商处收到的器械的说明。

你公司的回复不足以解决上述违规事项。例如，你公司现在指出电池应在（b）（4）年内更换，但并未描述支持这一新技术规范的数据。作为对警告信的回复，你公司应描述用于更改你公司的任何器械技术规范的控制措施。FDA需要在复检期间验证，验收活动是否符合规定。

6．未能保存足够的器械历史记录（DHR）来证明，器械的制造是否符合21 CFR 820.184要求的器械主记录。

例如，你公司保存的DHR既无标签，也未提及每台生产器械的主要识别标签，包括软件版本。

你公司的回复似乎足以解决上述违规事项。

FDA的检查还显示，根据《法案》第502（t）（2）节［21 U.S.C.§ 352（t）（2）］，输注泵存在标识错误的情况，因为你公司未能或拒绝提供《法案》第519节（21 U.S.C.§ 360i）和21 CFR 803-“不良事件报告（MDR）”所要求的或据此提供器械相关材料或信息。显著偏离项包括但不限于以下内容：

根据21 CFR 803.50（a）（2）的要求，你公司未能在不晚于30个日历日内上报，即在你公司从任何来源收到或获悉的信息合理地表明你公司销售的医疗器械失效，并且如果失效再次发生，该医疗器械或其销售的类似医疗器械可能导致或促成死亡或严重伤害之后未能及时上报。

例如：投诉#2016-035、2015-001、2014-174、2016-082、2015-112、2016-075均提及你公司的Ⅳ泵发生故障（即，管路中存在空气）。FDA认为，管路中存在空气属于该器械的故障，如果再次发生这一故障，则很可能导致死亡或严重伤害。对于投诉#2016-035，你公司于2016年5月16日得知该事件。但未向FDA提交报告。对于投诉#2016-082、2015-112，你公司表示已向FDA提交了提及事件的MDR（MDR号分别为

3006575795-2016-00002、3006575795-2015-00003）。但FDA尚未收到这些报告。对于投诉#2015-001、2014-174，在你公司得知提及事件后30个日历日后，收到向FDA提交的MDR（MDR号分别为3006575795-2015-00001、3006575795-2015-00002）。

投诉#2016V-002提及你公司器械的故障，为此，你公司发起了召回。无任何投诉信息合理表明，投诉提及的故障可能不会导致或造成死亡或严重伤害。你公司于2016年5月11日得知该事件。你公司本应提交提及事件的MDR。

你公司应立即采取措施纠正本信函所述的违规行为。如若未能及时纠正这些违规行为，可能导致FDA在没有进一步通知的情况下启动监管措施。监管措施包括但不限于没收、禁令和民事罚款。此外，联邦机构会得知关于器械的警告信，以便在签订合同时考虑上述信息。如果FDA确定你公司违反了质量体系法规，且这些违规行为与Ⅲ类器械的上市前批准申请有关联，则在纠正这些违规行为之前，将不会批准此类器械。在与器械相关的违规事项没有完成纠正前，外国政府出口证明的申请将不予批准。

请于收到此信函的15个工作日内，将你公司已经采取的具体纠正措施，以及你公司准备如何防止这些违规事项或类似行为再次发生的计划，书面回复本办公室。回复中应包括你公司已经采取的纠正措施（必须解决系统问题）的文件材料。如果你公司需要一段时间来实施这些纠正和/或纠正措施，请提供具体实施的时间表。如果纠正和/或纠正措施不能在15个工作日内完成，请说明理由和能够完成的时间。你公司的回复应全面，并解决此警告信中所包括的所有违规行为。

最后，请注意本信函未完全包括你公司全部违规行为。你公司有责任遵守FDA所有的法律和法规。本信函和检查结束时签发的检查结果FDA 483表中记录的具体违规行为可能表明你公司制造和质量管理体系中存在严重问题。你公司应查明违规原因并及时采取纠正措施，确保产品合规。

第155封　给Valeant Pharmacueticals International的警告信

生产质量管理规范/质量体系法规/医疗器械/伪劣

CMS # 509544

2016年11月3日

尊敬的P先生：

2016年8月23日至2016年9月1日，FDA检查官对位于纽约州罗彻斯特市（Rochester）你公司的检查中认定，你公司是一家专业开发和经销小粒径气溶胶发生器（SPAG-2）[一种用于施用病毒唑（利巴韦林）气溶胶的喷雾器气动流动系统]，以及OrOraPharma ONSET混合笔（一种用于将两种溶液混合在一起的高精度混合和分配器械）的生产制造商，根据《联邦食品、药品及化妆品法案》（以下简称《法案》）第201（h）节[21 U.S.C. § 321（h）]，凡事用于诊断疾病或其他症状，对疾病有治愈、缓解、治疗或预防作用，或是可以影响人体结构或功能的器械，均为医疗器械。故你公司涉及检查的产品为医疗器械。

FDA已收到你公司于2016年9月21日针对FDA检查员开具的FDA 483表（检查发现问题清单）的回复，该表是在FDA检查结束时发给你公司的。以下是FDA对于你公司与各违规事项相关回复的回应。这些违规事项包括但不限于以下内容：

质量体系违规事项

本次检查表明，这些医疗器械的生产、包装、储存或安装中使用的方法、设施或控制不符合21 CFR 820质量体系法规（以下简称QSR/21 CFR 820）对现行生产质量管理规范（以下简称cGMP）的要求，根据《法案》第501（h）节[21 U.S.C. § 351（h）]的规定，属于伪劣产品。这些违规事项包括但不限于以下内容：

1. 未能按照21 CFR 820.30（g）的要求建立和保持器械的设计确认程序。具体如下：

a）SPAG-2的设计确认活动没有记录在设计历史文档（DHF）中。你公司声明，产品的临床测试（确认）是在你公司收购产品之前作为初始器械设计的一部分进行的，但是，没有此类确认测试的文件和/或其他文件用来支持为什么此设计验证在产品的DHF或设计文件中不再相关或不再需要。

b）设计确认并非针对执行设计变更而进行，该设计变更会影响“ONSET 混合笔”使用寿命的标签。你公司现在产品标签上规定，该产品在使用18个月后必须进行更换。本说明是基于经外部机构评估的给药机制组件数据的审查。你公司没有确认这个使用性时间框架是否适合你公司特定的ONSET混合笔产品。

FDA审查了你公司的答复，认为其并不充分。FDA已收到你公司的回复，你公司表示将修订设计控制的标准操作程序（SOP）为新标准操作程序（NSOP）4.1.4、4.1.5、4.1.6，以纳入DHF和DMR核对表，用于审查已收购或转让的遗留产品，以确保符合21 CFR第820.30和当前的Valeant设计控制要求。同时FDA在此确认，你公司计划修订26.1.1-NREF-4（转让后设计变更指南），以要求就设计控制要求的适用性进行书面论证和证明，因为其与历史支持验证和确认的充分性相关。最后，FDA在此确认，你公司计划将设计控制应用于SPAG 2、ONSET 混合笔和所有其他Valeant Rochester，NY的器械中，其中Valeant是该规范的开发者/所有者。然而，这些纠正仍在进行中，FDA需要在下次检查中评估是否成功培训和实施了这一程序。

2. 未能按照21 CFR 820.30（i）的要求，在设计变更实施前建立和保持设计更改的识别、形成文件、确认或适当的验证、评审以及在实施前批准的程序。

具体为，ONSET混合笔产品已进行过设计变更；然而，设计变更程序并不能保证该产品曾进行过设计确认活动。例如，ONSET混合笔的质量变更请求307426错误地规定，对于给予产品18个月货架有效期的设计变更，不需要进行设计确认。

FDA审查了你公司的答复，认为其并不充分。FDA已收到你公司的回复，尽管Valeant认为这是一个关于QCR 307426的个别事件，但Valeant将通过对2015年至2016年9月22日期间Valeant Rochester，NY医疗器械QCR进行回顾性审查来确认该初步结论，据此验证设计变更问题已得到正确解答，并将采取适当的措施。FDA也已确认你公司关于纠正设计控制程序的承诺；然而，这些纠正仍在进行中，FDA需要在下次检查中评估是否成功培训和实施了这一程序。

3．未能按照21 CFR 820.100（a）的要求建立和维护实施纠正和预防措施的程序。具体如下：

a）围绕ONSET混合笔市场纠正行动的纠正及预防措施不完整，因为它们没有说明或记录其行为如何影响库存中的现有产品。2016年1月26日启动的ONSET混合笔市场纠正行动要求用户停止使用已使用超过18个月的器械，及在使用18个月后对笔进行更换的决定。在市场纠正行动启动之后，库存中的多个额外批次产品在没有此告知书的情况下发送给客户。所分配的批次包括（b）(4)，共4,237个单元。此外，关于ONSET混合笔的调查活动最终得出规定18个月使用期限的决定是不充分的，因为它们缺乏用户关于如何定义开始日期（即第0天）的理解和记录信息，因此他们无法在规定的18个月使用期限结束时进行适当的更换。

b）纠正和清除程序、关键措施委员会（对关键事件进行评审和处理的一个程序）和与纠正及预防措施/行动相关的健康危害评估都缺乏对起始召回日期的定义程序，该程序确保FDA在适当的时间框架内得到通知。此外，程序未定义何时需要进行健康危害评估，以及确定风险需要评估的内容。

FDA审查了你公司的答复，认为其部分充分。对于发现事项3a，FDA承认你公司重新评估了与你公司的ONSET混合笔市场纠正行动相关的行为，包括你公司扩大了措施的范围，以及上述对批次的记录，因此为承销人提供了受影响器械的纠正措施信息。FDA还承认你公司承诺的以下纠正措施：为承销人定义18个月的使用期限，进一步定义你公司的CAC程序，然后根据该程序对所有的现有CAC和召回进行回顾性评估。然而，所承诺的措施仍在进行之中，后续检查中仍需对其进行评估。对于违规事项3b，FDA承认你公司对现有召回、健康危害分析和关键措施委员会程序进行的承诺纠正和改进；然而，FDA需要在下一次检查中评估这些程序变更是否成功培训和实施情况。

4．未能按照21 CFR 820.90（a）的要求，建立和维护不符合规定要求的产品控制程序。

具体为，不符合项调查活动并不总是能够完整地记录下来，以证明对潜在受影响材料实施适当控制以及根据程序进行隔离或处置。例如，为SPAG-2启动的NC 521798缺乏完整的问题记录文件，且批次控制措施文件不完整。另外一个SPAG-2批次（b）(4)作为你公司关键措施委员会（对关键事件进行评审和处理的一个程序）的一部分而受到影响，而且没有文件说明你公司按照不符合项程序对该批次进行了处理。NC508502针对SPAG-2有文件记录的初始风险评估评级而发起；然而，关于与风险评级相关的审查内容，该记录缺少参考。

FDA审查了你公司的答复，认为其并不充分。FDA承认你公司打算对员工进行SOP培训，以处理不符合项和相关的纠正及预防措施，对罗切斯特工厂的不符合项文件进行回顾性审查，并制定/修订工作指导书。FDA还承认，你公司将对NC 521798进行更新以完成问题记录，包括如何识别问题、控制调查的范围、控制措施/行动以及添加受影响的材料。然而，这些更正仍在进行中，无法评估反应是否充分。

5．未能建立和保持适当的组织结构，以确保器械的设计和生产符合CFR 21 820.20（b）的要求。

具体为，组织结构未确保所收购的产品已充分整合至你公司的质量管理体系中。在你公司的质量管理体系下进行的回顾和授权工作，也不能保证它们在批准之前进行了必要的活动。例如，在设计控制、生产和过程控制以及纠正和预防措施（CAPA）控制下，SPAG-2和ONSET 混合笔产品尚未充分整合至你公司的质量管理系统（QMS）。上述与设计确认、纠正及预防措施以及不合格产品评估、处置和批准相关的违规事项可以证明这一点。

FDA审查了你公司的答复，认为其并不充分。FDA承认，你公司将制定一份标准操作程序详细说明如何将收购的产品/公司整合至你公司的质量管理体系，并声明该标准操作程序将包括制定收购的变更计划，包括与跨职能部门的高级管理层进行阶段检查，以便为变更管理流程提供输入。FDA承认，你公司关于如何管理集成采购产品的SOP将回溯应用于Valeant收购的产品，Valeant Rochester目前是规范的开发者/所有者。FDA承认，你公司将对《变更管理指令26.1-NDIR》进行修改，为收购产品提供详细的变更计划，并定义两个功能：为变更过程提供输入的功能和必须经质量领导批准的差异评估的功能。然而，这些程序上的变更至今尚未实施，对采购产品的回顾性检查也尚未完成。故无法评估你公司回复的充分性。

你公司应尽快采取措施纠正此信中所涉及的违规事项。如未能及时纠正这些违规行为，可能导致FDA在没有进一步通知的情况下启动监管措施。这些措施包括但不限于：没收、禁令和民事罚款。此外，联邦机构会得知关于器械的警告信，以便在授予合同时可能会考虑上述信息。如果FDA确定你公司违反了质量体系法规，且这些违规行为与Ⅲ类器械的上市前批准申请有关联，则在纠正这些违规行为之前，将不会批准此类器械。在与有关器械相关的违规事项没有完成纠正前，外国政府出口证明的申请将不予批准。

请在收到本信函之日起15个工作日内将你公司为纠正上述违规行为所采取的具体整改措施书面通知本办公室，并说明你公司计划如何防止此类违规行为或类似行为再次发生。回复中应包括你公司已经采取的纠正措施（必须解决系统性问题）的文件材料。如果你公司计划采取的纠正措施将逐渐开展，请提供实施这些活动的时间表。如果无法在15个工作日内完成，请说明延迟的原因以及完成这些活动的时间。你公司的回复应全面并解决此警告信中包含的所有违规行为。

最后，请注意本信函未完全包括你公司全部违规行为。你公司有责任遵守FDA所有的法律和法规。本信函和检查结束时签发的检查结果FDA 483表中记录的具体违规行为可能表明你公司制造和质量管理体系中存在严重问题。你公司应查明违规原因并及时采取纠正措施，确保产品合规。

第156封　给Bellus Medical的警告信

试验器械豁免（IDE）/上市前批准申请（PMA）

CMS # 495955

2016年9月13日

尊敬的P先生：

2016年3月21日至3月23日，FDA检查员对位于德克萨斯州达拉斯（Dallas, Texas）的你公司的检查中认定，你公司上市并销售的SkinPen Ⅱ器械（也称为SkinPen）属于医疗器械。根据《联邦食品、药品和化妆品法案》（以下简称《法案》）第201（h）节［21 U.S.C.§ 321（h）］，凡是用于诊断疾病或其他症状，对疾病有治愈、缓解、治疗或预防作用，或是可以影响人体结构或功能的器械，均为医疗器械。

此次检查发现该医疗器械根据《法案》第501（f）（1）（B）节属于伪劣产品，因为你公司没有获得《法案》第515（a）节［21 U.S.C.§ 360e（A）］规定的上市前批准申请（PMA），也没有获得《法案》第520（g）节［21 U.S.C.§ 360j（g）］规定的试验器械豁免（IDE）申请。根据《法案》第502（o）节［21 U.S.C.§ 352（o）］，SkinPen Ⅱ标识错误，因为你公司未按照《法案》第510（k）节［21 U.S.C.§ 360（k）］的要求，通知专门机构，你公司有意将该器械引入商业分销。对于需要上市前批准的器械，当PMA在该机构待决时，应将视为已满足《法案》第510（k）节［21 U.S.C.§ 360（k）］要求的通知［21 CFR 807.81（b）］。请访问以下网址了解你公司需要提交哪些信息才能获得器械的批准或许可：url。FDA将评价你公司提交的信息，并决定你公司的产品是否可以合法上市。

具体为，FDA已检查SkinPen Ⅱ的产品标签，包括你公司的网站以及宣传册，其均表明SkinPen Ⅱ是一种自动化、非外科手术的微针技术器械，专供获得许可的医疗保健从业人员或由从业人员指导的个人使用。这种器械是一种微针装置，旨在通过向皮肤输送数千个微损伤，从而启动身体伤口愈合过程，最终改善面部和身体上细纹、皱纹和瘢痕。

例如，FDA检查产品标签时发现针对该器械的描述如下：

根据使用说明，SkinPen Ⅱ是一种自动化、非外科手术的微针技术器械，专供持照医疗从业人员或从业人员指导的个人使用。该器械包括一个仅供一次性使用的无菌微针针筒和生物鞘。该器械是一种微针装置，旨在改善面部和身体上的细纹、皱纹和瘢痕。SkinPen可提供数千个微损伤，从而启动身体的伤口愈合过程。该器械能用微针刺入皮肤2.0mm的深度。微针筒包含12个医用级32号针头（url）。可变深度和无绳设计提供了足够的多功能性，可以改变身体的许多部位，包括面部、颈部、胸部、手臂、手、腿、腹部和背部。

根据FDA对上述检查期间收集的文件的检查，包括FDA对你公司网站的检查，SkinPen Ⅱ似乎由一枚针戳组成，该针戳由一个马达控制，以便在操作者移动SkinPen Ⅱ穿过皮肤表面时，对皮肤进行多个深度可控的垂直穿透。

一般来说，根据21 CFR 878.4820（皮肤磨削刷，电动）分类的器械无须提供上市前批准申请。这种类型的通用器械具有磨损基底，即刷子、锉刀和毛刺，用于通过剪切力磨损及去除皮肤层。与510（k）免动力磨皮刷不同，SkinPen Ⅱ是一种微针装置，旨在通过使用一排针头在皮肤上造成许多小的穿刺伤口，以此实现其临床效果，因此可呈现不同的安全性和有效性问题。

由于针头长度、穿透深度和器械速度的安全范围未知，FDA担心针头可能会损伤血管和神经。FDA也担心SkinPen Ⅱ器械的可重复使用部分可能引起感染及交叉污染。由于SkinPen Ⅱ采用了与21 CFR 878.4820中的器械不同的基础科学技术，故其超出了21 CFR 878.9（b）中描述的限制，必须提供上市前批准申请。

此外，根据《法案》第502（a）节［21 U.S.C.§ 352（a）］，SkinPen Ⅱ标识错误，因为根据21 CFR 807.97，该器械的标签，即你公司网站上的促销材料，含有误导性陈述，因为此类陈述造成这样一种印象，即由于提交的上市前申请获得批准，器械便获得了官方批准。具体来说，你公司网站上的一段推荐视频称，SkinPen Ⅱ已获FDA批准。但FDA并未批准SkinPen Ⅱ。

FDA要求你的公司立即停止导致SkinPen Ⅱ标识错误和/或成为伪劣产品的活动，例如上述用途器械的商业销售。

你公司应立即采取措施纠正本信函所述的违规行为。如若未能及时纠正这些违规行为，可能导致FDA在没有进一步通知的情况下启动监管措施。监管措施包括但不限于没收、禁令和民事罚款。此外，联邦机构会得知关于器械的警告信，以便在签订合同时考虑上述信息。

请于收到此信函的15个工作日内，将你公司已经采取的具体纠正措施，以及你公司准备如何防止这些违规事项或类似行为再次发生的计划，书面回复本办公室。回复中应包括你公司已经采取的纠正措施（必须解决系统问题）的文件材料。如果你公司计划采取的纠正措施将逐渐开展，请提供实施这些活动的时间表。如果无法在15个工作日内完成纠正，请说明延迟的原因以及完成这些活动的时间。你公司的回复应全面，并解决此警告信中所包括的所有违规行为。

最后，请注意本信函未完全包括你公司全部违规行为。你公司有责任遵守FDA所有的法律和法规。本信函和检查结束时签发的检查结果FDA 483表中记录的具体违规行为可能表明你公司制造和质量管理体系中存在严重问题。你公司应查明违规原因并及时采取纠正措施，确保产品合规。

第157封　给INCYTO CO., Ltd. 的警告信

生产质量管理规范/质量体系法规/医疗器械/伪劣/标识不当

CMS # 497916

2016年9月8日

尊敬的C先生：

2016年3月28日至2016年3月31日在对你公司（位于韩国忠清南道）进行检查期间，美国食品药品管理局（FDA）检查员确定你公司生产多种Ⅰ类医疗器械，Incyto C-Chip一次性血细胞计数器。根据《联邦食品、药品和化妆品法案》（以下简称《法案》）第201（h）节［21 U.S.C.§ 321（h）］，凡是用于诊断疾病或其他症状，对疾病有治愈、缓解、治疗或预防作用，或是可以影响人体结构或功能的器械，均为医疗器械。故你公司涉及检查的产品为医疗器械。

本次检查表明，这些医疗器械的生产、包装、储存或安装中使用的方法、设施或控制不符合21 CFR 820质量体系法规（以下简称QSR/21 CFR 820）对现行生产质量管理规范（以下简称cGMP）的要求，根据《法案》第501（h）节［21 U.S.C.§ 351（h）］的规定，属于伪劣产品。

2016年4月20日，FDA收到你公司针对FDA检查员出具的FDA 483表（检查发现问题清单）（已发送至你公司）的回复。FDA在下文中针对记录的每项违规行为的回复给出了答复。这些违规行为包括但不限于以下内容：

1．未能按照21 CFR 820.100（a）的要求建立并保持实施纠正和预防措施的程序。

例如：在检查过程中，对4项CAPA进行了评审，发现其中缺少所进行的调查和有效性检查的详细信息，具体为：

（1）CAPA C5-9，日期2015年6月24日，与液体注射失败有关，其中未包含调查详情、信息发送给受影响人员的证据以及生效日期。

（2）CAPA C5-8，日期2015年6月24日，与C-Chip器械表面缺陷有关，其中未包含调查详情和生效日期。

（3）CAPA C4-11，日期为2014年6月12日，与设备未进行确认或验证有关，其中未包含调查详情或已按要求完成有效性检查的证据。

（4）CAPA C5-01，日期2015年5月24日，与C-Chip包装不一致有关，其中未包含有效性计划。

FDA对你公司的回复进行了评审，认为回复不充分。你公司未提供完成纠正措施的证据，也未提供对检查期间评审的CAPA（C5-9、C5-8、C4-11和C5-01）的必要修订。你公司需要提供的CAPA修订包括缺失的调查详情以及对各CAPA要求的相关有效性检查、计划、日期和措施。纠正措施需包括对CAPA C5-9和C5-8进行修订的证据，因为这些文件缺少调查详情和要求的有效性检查。但是，你公司未提供修订程序的证据，即未包括对CAPA要求的修订。修订后的程序应包括调查详情、有效性检查和日期，还应包括质量产品确认和验证活动。此外，修订后的CAPA中没有包括通知参与调查的相关生产人员的证据。你公司也未提供执行系统性纠正措施的计划或证据（包括回顾性审查所有CAPA，以确保CAPA按要求完成）。

2．未能按照21 CFR 820.198（a）（3）的要求确保对所有的投诉进行评价，确定投诉是否属于21 CFR 803"医疗器械报告"所述需要向FDA报告的事件。

例如：你公司未对 5 起 Incyto C-Chip 投诉进行评价来判定 MDR 可报告性。你公司确认 Incyto 未对投诉进行 MDR 判定。5 起投诉具体为：CP15-01（日期 2015 年 5 月 22 日）、CP13-05（日期 2013 年 10 月 23 日）、CP13-04（日期 2013 年 3 月 14 日）、CP12-02（日期 2012 年 4 月 2 日）和 CP11-01（日期 2011 年 5 月 17 日），未对上述投诉进行评价判定其是否为质量手册 QM-01 第 7.2.2（c）部分所述的 MDR 可报告事件。

FDA对你公司的回复进行了评审，认为回复不充分。你公司表示，作为纠正措施的一部分，修订了质量手册 QM-01 第 7.2.2（c）部分中的程序和客户投诉处理 SOP OP-710。其中包括评价 MDR 可报告性事件以及完善客户投诉报告 F710-02，以便插入相关评价项目。但是，你公司未提供 OP-710 和表 F710-02 中概述的修订内容（英文翻译）的证据。对于在 QM-01 第 7.2.2（c）节、OP-710 和表格 F710-02 中概述的纠正措施，你公司未提供确认其有效性和实施情况的证据。你公司也未提供证据证明已就 QM-01，7.2.2（c）、OP-170 和表 F710-02 的修订内容对相关人员进行培训。此外，你公司未提供全面回顾性审查投诉以确保按要求对投诉进行 MDR 可报告性评价的证据，5 起投诉分别为 CP15-01（日期 2015 年 5 月 22 日）、CP13-05（日期 2013 年 10 月 23 日）、CP13-04（日期 2013 年 3 月 14 日）、CP12-02（日期 2012 年 4 月 2 日）和 CP11-01（日期 2011 年 5 月 17 日）。

3．未能按照 21 CFR 820.40（b）的要求由执行初始评审和批准的同一职能部门或组织的人员进行评审和批准变更（除非另行指定），且未能及时将批准的变更传达给相关人员。

例如，你公司没有根据质量手册 QM-01 版本 3.0。第 4.2.3（i）部分的要求向受影响人员传达文件变更的书面证据。具体为医疗器械报告程序 OP-811，MDR，版本 01 的文件变更未传达给受影响人员。你公司口头确认没有对受文件变更影响的员工进行培训或教育。

FDA对你公司的回复进行了评审，认为回复不充分。作为纠正措施的一部分，你公司未提供证据证明已就质量管理手册 QM-01 版本 3.0 中概述的文件控制的修订内容对所有员工进行了培训。程序 OP-601 “人力资源培训和教育报告”的修订内容中包括与概述文件控制的质量管理体系中发生的任何重大变更有关的条款，需要针对变更对员工进行培训。SOP OP-601 概述了将根据修订后的质量管理手册 QM-01 版本 3.0 中概述的文件控制要求对所有工作人员培训文件修订内容。但是，对于在医疗器械程序 OP-801，版本 1.0 中修订的内容，你公司既未提供修订文件，也没有提供员工培训证明。此外，你公司未提供对文件程序的所有变更进行回顾性评审，以确保根据 SOP QM-01 版本 3.0、OP-601 和 OP-801 修订内容的文件控制要求进行文件变更，确保符合法规要求的计划或证据。

4．未能按照 21 CFR 820.250（b）的要求应建立和保持程序，确保抽样方法适合其预期的用途，并确保当发生变化时，对抽样方案进行重新评审。具体如下：

（1）为进行 C-Chip 最终质量控制测试/检查所选择的样本量并非基于有效的统计原理。无论批量大小，用于最终测试/检查的样本（5 个或 10 个）数量不足。C-Chip 批量范围为 5000 ~ 10000 个。

（2）2015 年 8 月对 C-Chip 包装系统进行的工艺验证中包括的样本量不具有统计学有效性。你公司一次运行生产 500 个 C-Chip，选择了 10 个用于气囊测试和密封强度测试。

FDA对你公司的回复进行了评审，认为回复不充分。你公司表示将根据 KS Q ISO-2859（2010）进行取样并记录样本量以确认 C-Chip 的最终包装检查/核对和工艺验证。你公司还根据 KS Q ISO-2859（2010）在医疗器械主文档（DMR）中翻译了最终检验试验的通过/未通过标准的修订内容，其中概述了抽样标准。但是，你公司未提供基于抽样量变更进行了工艺验证的证据。而且，你公司也未提供证据证明已对相关人员就修订后的程序进行了培训。此外，你公司未提供计划或文件证明对所有产品的 DMR 和最终验收活动进行全面回顾性评审，以确保所有的 DMR 和最终验收活动的结果反映最终检查报告中用于确认的抽样方法修订符合法规要求。你公司未提供证据证明已根据修订后的基于统计学的抽样计划按照要求完成了 C-Chip 的最终质量控制测试/检查。

5．未能按照 21 CFR 820.22 的要求建立质量审计程序并进行此类审计，以确保质量体系符合既定的质量体系要求，并确定质量体系的有效性。

例如：你公司的内部审计 SOP（OP-802，内部审计，版本 1.0，日期 2011 年 4 月 4 日）中没有包括审计标准且你公司对于这一点也进行了确认。15 号证据的最后一页包括 SOP OP-802 从第一页开始的译文（以提供给检查员），其中确认了该程序未提及审计标准，因为其在进行审计之前已写入审计计划。该程序中没有包括要求 Incyto 进行包含 21 CFR 820 的内部审计。

FDA对你公司的回复进行了评审，认为回复不充分。你公司提供了修订后的审计程序 OP-802，内部审计，版本 1.0 的文件，其中概述了内部审计标准，包括表格 F802-2 中的内部审计检查表。你公司也提到了内部审计标准程序将根据现行法规定期更新。但是，你公司未提供证据证明将根据质量体系（QS）法规的要求制定内部审计标准，并且将根据要求进行内部审计，以确保你公司的质量体系符合 QS 法规。并且你公司也未提供文件证明对员工培训了内部审计程序 OP-802，版本 1.0 的修订内容。此外，你公司未提供证据证明考虑了系统性纠正措施，包括对所有质量体系程序进行回顾性评审，以确保其符合 QS 法规。

6．未能按照 21 CFR 820.184 的要求建立和保持程序，确保对应于每一批次或单件的器械历史记录的保持，以证实器械是按照器械主记录（DMR）和本部分（21 CFR 820）要求制造的。

例如，你公司未保持Incyto C-Chip 器械的医疗器械历史记录（DHR）。具体为，你公司没有描述要求的 DHR 程序，程序包括但不限于作为 DHR 组成部分的记录，以及包括用于各生产单元的主要标识标签和贴签的要求。在 C-Chip 器械 DHR 中，未正确识别用于每个生产单元的主要标识标签。你公司确认在批准 C-Chip 批次之前，质量保证部（QA）评审的唯一记录是最终检查报告表，其中不包括生产日期和主要标识标签。5项 DHR 记录中不存在 DHR 程序，包括记录编号 5124A233、5333A233、5228B233、4464B233 和 5386B233。提供的 DHR 记录中没有包括用于各生产单元的主要标识标签的副本。

FDA对你公司的回复进行了评审，认为回复不充分。你公司已对识别和可追溯性 SOP-OP-709 中的 DHR 部分按照要求进行了修订，作为对此缺陷的纠正。你公司还将 OP-709 中概述的修订内容作为生产中 DHR 过程的一部分。但是你公司提到将根据修订后的 SOP OP-709 对 DHR 过程的修订内容进行审计，但未提供证据证明如何实施或进行。你公司未提供证据证明记录控制 OP-402 程序的修订中明确概述了将作为 DHR 一部分的文件。你公司也未提供证据证明已对生产人员进行了有关修订后程序 OP-709 和 OP-402 的培训。此外，你公司未提供计划或文件证明对所有产品的 DHR 进行全面回顾性评审，以确保按照程序 OP-402 和 OP-709 的要求记录 DHR，进而符合法规要求。

联邦机构会得知关于器械的警告信，以便在签订合同时考虑上述信息。此外，如果FDA确定你公司违反了质量体系法规，且这些违规行为与Ⅲ类器械的上市前批准申请有关联，则在纠正这些违规行为之前，将不会批准此类器械。

请在收到本信函之日起15个工作日内，以书面形式通知本办公室你公司就纠正上述违规行为而采取的具体措施，并说明你公司计划如何预防这些违规行为或类似违规行为再次发生。包括你公司已采取的纠正和/或纠正措施（必须解决系统性问题）的文件。若你公司计划采取的纠正措施将在未来一段时间内进行，则提供这些活动具体实施的时间表。若无法在 15 个工作日内完成纠正，则说明延迟的原因以及这些行动的完成时间。请提供非英文文件的翻译，以便评审。对于你公司的回复是否充分，以及是否需要重新检查你公司的工厂确认是否已采取适当的纠正和/或纠正措施，将另行通知。

最后应悉知，请注意本信函未完全包括你公司全部违规行为。你公司有责任遵守FDA所有的法律和法规。本信函和检查结束时签发的检查结果FDA 483表中记录的具体违规行为可能表明你公司制造和质量管理体系中存在严重问题。你公司应查明违规原因并及时采取纠正措施，确保产品合规。

第158封　给HMD Biomedical Inc. 的警告信

生产质量管理规范/质量体系法规/医疗器械/伪劣

CMS # 499698

2016年8月31日

尊敬的H博士：

2016年3月28日至2016年3月31日，美国食品药品管理局（FDA）对你公司位于中国台湾新竹县305的公司进行了检查。通过检查，FDA检查员确定你公司为GoodLife AC 300-305自我血糖监测仪（SMBG）生产制造商。根据《联邦食品、药品和化妆品法案》（以下简称《法案》）第201（h）节［21 U.S.C.§ 321（h）］，凡是用于诊断疾病或其他症状，对疾病有治愈、缓解、治疗或预防作用，或是可以影响人体结构或功能的器械，均为医疗器械。故你公司涉及检查的产品为医疗器械。

本次检查表明，这些医疗器械的生产、包装、储存或安装中使用的方法、设施或控制不符合21 CFR 820质量体系法规（以下简称QSR/21 CFR 820）的现行生产质量管理规范（以下简称cGMP）的要求，根据《法案》第501（h）节［21 U.S.C.§ 351（h）］的规定，属于伪劣产品。

2016年4月20日，FDA收到了你公司针对FDA检查员向你公司出具的FDA 483表（检查发现问题清单）所述的检查结果的回复。FDA针对回复，处理如下，违规事项包括但不仅限于以下内容：

1．未能按照21 CFR 820.30（g）的要求建立和保持器械设计控制程序。

例如，GoodLife™ AC-300 SMBG器械的设计软件验证测试报告（2011年7月13日第1.3版）中有6列（编号为1至6）用于评估6个仪表，但只有2个仪表（编号3和4）标记有“合格”的测试结果。该报告没有包括在设计软件验证期间只测试仪表3和仪表4的书面合理理由。

此答复是不够充分的。你公司表示，仅测试6个仪表中2个（仪表3和仪表4）的原因是：“至少软件验证考虑了生产线的差异。如果每个仪表在进行固件烧录时出现问题或电子部件有缺陷，则都会存在风险。如果FDA仅使用一个仪表，在软件验证后得到不合格结果时，FDA无法确定问题的根本原因是否为固件。FDA可以根据两个不同仪表的统一结果判断‘合格’或‘不合格’。”你公司确定了以下纠正行动：

a．你公司计划在2016年4月25日前在软件验证测试方案中增加至少使用两个仪表的新要求。你公司提供了一份题为“软件验证测试报告第9节”的文件。

b．你公司还表示，将在2016年7月25日前的三个月对该行动进行跟踪，以确保已实施纠正行动。

由于你公司未提供经修订和批准的软件验证测试方案，因此该答复并不充分。你公司未提供已实施经修订的验证测试方案的证据或文件记录。此外，你公司也没有提供关于新方案的员工培训记录。另外，你公司也没有提供仅将两个仪表列入软件验证的科学理由，也没有解释偏离验证方案的情况（例如，仅测试两个仪表）并将该情况记录在测试报告中。此外，你公司未提供完整的软件确认测试报告，以解决 GoodLife ™ AC-300SMBG 器械设计软件确认测试报告（版本1.3，日期：2011年7月13日）的缺陷。此外，你公司也没有提供对以前的器械设计验证进行回顾性审查的文件记录，以证明符合21 CFR 820.30（g）的要求，及根据回顾性审查的结果提供视为必要的补充纠正行动。

2．未能按照21 CFR 820.70（a）的要求建立、实施、控制并监视生产过程，以确保器械符合其规范。制造过程结果若可能产生对器械规范的偏离，制造商应建立和保持过程控制程序，描述必须对过程进行的控

制，确保符合法规。

例如，你公司的血糖试纸生产区配备了（b）（4）机器，用于（b）（4）血糖试纸或（b）（4）试纸，其具有（b）（4）。该等机器的（b）（4）需设置为（b）（4），而其中一个则需设置为速度的（b）（4）。但是，没有在HMD的生产记录、WI和SOP上发现监测这些常数（b）（4）的文件。

FDA审查了你公司的答复，并确定该答复还不够充分。你公司提供了一个处理观察结果的时间表。具体为：

a．2016年4月22日前，你公司提供了（b）（4）机器的经修订表格“MF-W-03-07设备FAI检查表”。

b．此外，在答复函中，你公司表示，2016年4月22日前将在每个（b）（4）机器上标记可接受的（b）（4）范围，你公司表示已执行此项工作。你公司提供了（b）（4）机器上标记的（b）（4）的图像（附件5-2）。

该答复还不够充分，因为你公司没有提供任何证明实施了（b）（4）和（b）（4）机器指南的文件。具体而言，你公司未提供完整的MF-W-03-07记录及每日（b）（4）和MF-W-03-07表列出的已审查和签字的其他工艺条件（清洁度、深度等）。此外，你公司也没有提供更新的程序证明采取了纠正行动，以确保负责的人员知道他们必须将（b）（4）机器（b）（4）标记的位置，并为质量体系目的记录其他设置（深度）。此外，你公司也没有提供对程序进行回顾性审查的文件记录，也没有提供为所有器械生产监测和控制工艺参数及部件和器械特性的证据，确保符合21 CFR 820.70（a）（2）的要求。

3．未能按照21 CFR 820.70（c）的要求，建立和保持程序，若有理由预期环境条件会对产品质量产生不利影响时，充分控制这些条件。

例如，FDA观察到，你公司没有检查其温、湿度监测系统的警报器，以核实其触发温度和/或湿度偏移（根据器械验收标准，偏离器械温度和相对湿度范围的读数）的可闻警报的功能，作为生产现场环境控制的一部分［例如，血糖试纸条生产，如（b）（4）和（b）（4）］。

该答复还不够充分。你公司提供了一个处理观察结果的时间表。具体为：

a．你公司表示将在2016年4月15日之前修改设备维护记录表-表MF-P-01-01。你公司提供了文件MF-P-01-01，用于监控和记录报警系统的设置，以及用于制造产品的不同房间（（b）（4））和设备（（b）（4））的温度（附件7-1）。

b．此外，你公司提供了一份2016年4月18日填写完成的MF-P-01-01文件，作为当天完成检查的证据（附件7-2）。

c．纠正时间表还指出，你公司从2016年4月18日开始每六个月将例行核实一次警报器。

该答复不充分，因为你公司没有提供用于监控和记录报警系统设置以及用于制造产品的不同房间（（b）（4））温度的新程序的文件。此外，你公司没有提供培训记录，证明员工接受了相关培训，以便未来执行和记录检查。你公司没有提供对过去维护记录（包括来自PC日志的转录本）进行回顾性审查的证明文件，以确定在制造过程中是否维持了环境控制以及是否需要采取进一步的纠正行动。此外，你公司没有对类似的环境控制系统进行回顾性审查，以确定是否符合21 CFR 820.70（c）的要求。

联邦机构会得知关于器械的警告信，以便在签订合同时考虑上述信息。此外，如果FDA确定你公司违反了质量体系法规，且这些违规行为与Ⅲ类器械的上市前批准申请有关联，则在纠正这些违规行为之前，将不会批准此类器械。

请在收到本信函之日起15个工作日内，以书面形式将你公司为纠正上述违规行为而采取的具体步骤告知本办公室，并解释说明你公司计划如何避免违规行为或类似违规行为再次发生。其中包括你公司已实施的纠正和/或纠正措施（必须解决系统问题）的文档记录。如果你公司将要实施的纠正和/或纠正措施，请附上实施此类活动的时间表。如果无法在15个工作日内完成纠正，则应说明延迟原因和将要完成此类活动的时间。请提供非英文文件的英文译文，以便于FDA进行审查。FDA将告知你公司的答复是否充分，以及是否需要重新检查你公司场所以核实是否已实施适当的纠正措施。

最后，你公司应该知悉，本信函并未包含你公司工厂存在的所有违规行为。你公司应负责确保遵守FDA规定的相关法律法规。本信函和检查结束时发放的FDA 483表（检查发现问题清单）中注明的具体违规行为可能表明你公司的生产和质量管理体系中存在严重问题。你公司应调查并确定违规行为的原因，及时采取纠正措施，确保产品合规。

第159封　给Simpro的警告信

生产质量管理规范/质量体系法规/医疗器械/伪劣

CMS # 506504

2016年8月17日

尊敬的H先生：

在2016年6月17日至2016年7月7日对位于Irving, Texas的你公司进行检查期间，美国食品药品管理局（FDA）的检查员确定你公司生产（例如，初始进口和分销）非侵入式血压监护仪、指尖脉搏血氧计和便携式胎儿多普勒仪。根据《联邦食品、药品和化妆品法案》（以下简称《法案》）第201（h）节［21 U.S.C.§ 321（h）］，凡是用于诊断疾病或其他症状，对疾病有治愈、缓解、治疗或预防作用，或是可以影响人体结构或功能的器械，均为医疗器械。故你公司涉及检查的产品为医疗器械。

本次检查表明，这些医疗器械的生产、包装、储存或安装中使用的方法、设施或控制不符合21 CFR 820质量体系法规（以下简称QSR/21 CFR 820）的现行生产质量管理规范（以下简称cGMP）的要求，根据《法案》第501（h）节［21 U.S.C.§ 351（h）］的规定，属于伪劣产品。FDA于2016年7月15日收到了你公司针对FDA检查员开具的FDA 483表（检查发现问题清单）的回复。FDA在下文中予以答复。这些违规事项包括但不限于以下内容：

1．未能按照21 CFR 820.100（a）的要求，建立和保持实施纠正和预防措施的程序。

具体为，对于你公司初始进口和分销的器械，尚未制定纠正和预防措施的程序。

FDA已审查你公司的答复，并得出结论认为此答复不充分。虽然你公司承诺开发故障和退货产品的流程和程序，但是你公司的答复并未传达此程序如何与21 CFR 820.100中的要求保持一致。你公司的答复并不能证明，已经开发出一种方法来审查与退回产品相关的情况，以确定是否需要进行CAPA调查。

2．未能按照21 CFR 820.198（a）的要求，建立和保持由正式指定的部门接收、评审和评价投诉的程序。

具体为，对于你公司初始进口和分销的器械，尚未制定由正式指定部门接收、审查和评估投诉的程序。

FDA已审查你公司的答复，并得出结论认为此答复不充分。虽然你公司已承诺制定正式书面投诉表，但尚未承诺制定由正式指定部门接收、审查和评估投诉的程序。此外，尚未提供有关你公司计划制定和实施正式书面投诉表的日期。你公司的答复并不能证明，已经开发出一种方法来审查与先前收到的投诉相关的情况，以确定是否需要进行投诉调查。

FDA的检查发现，根据《法案》第502（t）（2）节［21 U.S.C.§ 352（t）（2）］，你公司初始进口和分销的器械标识错误，因为你公司未能或拒绝提供《法案》第519节（21 U.S.C.§ 360i）和21 CFR 803-医疗器械报告中规定的有关器械的材料或信息。重大违规事项包括但不限于以下内容：

未能按照21 CFR 803.17的要求，开发、维护和实施书面医疗器械报告（MDR）程序。

具体为，对于你公司初始进口和分销的器械，你公司没有任何书面的MDR程序。

FDA已审查你公司的答复，并得出结论认为此答复不充分。虽然你公司承诺开发MDR程序，但尚未提供有关你公司计划制定和实施此程序的日期或时间表。此外，你公司没有提供任何证据，表明已经审查了公司收到的任何投诉，以确定这些投诉是否应作为MDR向FDA报告。

可能需要进行后续检查，以确保你公司采取的纠正行动和/或纠正措施合理。

你公司应立即采取措施纠正本信函所述的违规行为。如若未能及时纠正这些违规行为，可能导致FDA在没有进一步通知的情况下启动监管措施。监管措施包括但不限于没收、禁令和民事罚款。此外，联邦机构会得知关于器械的警告信，以便在签订合同时考虑上述信息。如果FDA确定你公司违反了质量体系法规，且这些违规行为与Ⅲ类器械的上市前批准申请有关联，则在纠正这些违规行为之前，将不会批准此类器械。

此外，在浏览了你公司的网站www.naturespiritproduct.com之后，FDA注意到你公司声明，带有扬声器和背光LCD显示屏的便携式胎儿多普勒仪"已获FDA批准"。例如因为已经获得上市前通知提交的许可，"已获FDA批准"之类的声明会让人产生器械已获得正式批准的印象，根据《法案》第502（a）节［21 U.S.C. 352（a）］规定，可能导致该器械标识错误，因为根据21 CFR 807.97，该器械的标签，即你公司网站（www.naturespiritproduct.com）上的宣传材料，可能包含误导性陈述。如果该器械在上市前批准申请提交过程中已获得FDA的正式批准，FDA要求你公司在回函中提供此证明。但是，如果FDA确定该器械与1976年5月28日之前或之后通过510（k）上市前通知提交程序引入商业销售的器械基本相同，而且不需要经过FDA正式批准；则建议从器械标签，包括你公司的网站上删除"已获FDA批准"声明。

最后，对你公司的网站www.naturespiritproduct.com进行审查后，FDA还发现，虽然你公司将血氧计（例如，NatureSpirit Model300C11指尖脉搏血氧计）等产品列为FDA 2类医疗器械，产品代码LXE，21 CFR 884.2660（参见：url），并在相关清单中包含这些血氧计的510（k）（例如K070731），但在销售时却将其作为"……非医疗器械"产品。在你公司对这封信的回函中，请提供理由，说明在你公司网站上，将这些已列为FDA 2类医疗器械的血氧计器械作为不被视为医疗器械的产品进行销售的原因。

请在收到本信函之日起15个工作日内将你公司为纠正上述违规行为所采取的具体步骤书面通知本办公室，并说明你公司计划如何防止此类违规行为或类似违规行为再次发生。包括你公司已经采取的纠正措施（必须解决系统问题）的文件材料。如果你公司计划采取的纠正措施将逐渐开展，请提供实施这些活动的时间表。如果无法在15个工作日内完成纠正，请说明延迟的原因以及完成这些活动的时间。你公司的回复应全面，并解决此警告信中所包括的所有违规行为。

最后，请注意本信函未完全包括你公司全部违规行为。你公司有责任遵守FDA所有的法律和法规。本信函和检查结束时签发的检查结果FDA 483表中记录的具体违规行为可能表明你公司制造和质量管理体系中存在严重问题。你公司应查明违规原因并及时采取纠正措施，确保产品合规。

第160封　给Tosoh Bioscience Inc. 的警告信

生产质量管理规范/质量体系法规/医疗器械/伪劣

尊敬的Y先生：

2016年5月16日至6月28日对位于3600 Gantz Road, Grove City, OHon的你公司进行检查期间，美国食品药品管理局（FDA）的检查员确定，你公司是用于测量血红蛋白的高效液相色谱仪（HPLC）、用于治疗疾病的自动免疫分析仪（AIA）以及实验室溶液、试剂和试验杯试剂的初始进口商、投诉处理机构和再包装商/再标识商。你公司还生产用于HPLC器械的溶血和清洗溶液。根据《联邦食品、药品和化妆品法案》（以下简称《法案》）第201（h）节［21 U.S.C.§ 321（h）］，凡是用于诊断疾病或其他症状，对疾病有治愈、缓解、治疗或预防作用，或是可以影响人体结构或功能的器械，均为医疗器械。故你公司涉及检查的产品为医疗器械。

本次检查表明，这些医疗器械的生产、包装、储存或安装中使用的方法、设施或控制不符合21 CFR 820质量体系法规（以下简称QSR/21 CFR 820）的现行生产质量管理规范（以下简称cGMP）的要求，根据《法案》第501（h）节［21 U.S.C.§ 351（h）］的规定，属于伪劣产品。

FDA于2016年7月15日收到你公司质量保证/法规经理Susan Koss针对FDA检查员出具给你公司的FDA 483表（检查发现问题清单）的回复。FDA在下文对提及的各项违规事项予以答复。这些违规事项包括但不限于以下内容：

1．未能按照21 CFR 820.198（c）的要求，对任何涉及器械、标记或包装可能达不到其规范要求时，应进行评审、评价和调查。

具体为，你公司的“投诉处理”程序（修订版12.0，日期为2014年11月19日）和“（b）（4）文件TSG”程序（修订版11.0，日期为2014年12月12日）不能确保所有投诉均经过评审、评价和调查。例如：

a）FDA检查员审查了超过15份票务报告（非常规服务报告），记录了AIA和HPLC分析仪的可能故障。根据投诉处理程序第6.0节的要求，你公司的（b）（4）数据库中的“投诉”部分尚未完成，并且未启动调查表10-QAG-015-2。例如：票号862-02-000256（日期为2015年9月2日）指出，G8分析仪安装了错误的软件版本；票号001-00050034（日期为2015年8月4日）指出，客户正在“获取错误消息，而338为通信错误”，并更换了ASM板。未进行任何调查。

b）根据你公司程序的规定，保修期内收到的关于分析仪上的服务电话不视为投诉，也不会进行投诉调查。例如，日期为2016年4月8日的票务报告001-00-055919声明，在2016年1月20日前后安装的G8分析仪，客户“在运行Pt样本时遇到低压错误”。你公司的服务代表记录，他已更换分析仪上有故障的SV3阀。根据投诉处理程序第6.0节的要求，你公司的（b）（4）数据库中的“投诉”部分尚未完成，并且未启动调查表10-QAG-015-2。

你公司的答复不充分。你公司的答复声明正在修改程序，但并未说明对票务报告进行回顾性审查以确定哪些报告应记录为投诉，评估这些投诉并在必要时进行故障调查。

2．未能按照21 CFR 820.100（a）（1）的要求，对过程、操作工序、让步接收、质量审核报告、质量记

录、服务记录、投诉、返回产品和质量信息的其他来源进行分析，以识别不合格品或其他质量问题的已存在的和潜在原因。

例如，你公司的“（b）（4）文件TSG”程序（修订版11.0，日期为2014年12月12日）、“趋势程序”10-QAG-019-0（修订版9.0，日期为2016年12月13日）和“纠正行动、纠正措施、预防措施”程序10-QAG-010-0（修订版8.0，日期为2013年3月21日）在以下方面不充分：

a）你公司尚未实施上述步骤，因为你公司没有针对发现的趋势启动纠正措施申请表，该趋势表明AIA-900捡拾臂或捡拾臂上的电机超过了你公司≤2%的故障率公差极限。

b）未对所有质量数据来源进行分析。具体如下：

i）未分析在溶血和清洗溶液的制造过程中发现的不合格产品（即泄漏的瓶子），以确定不合格产品和其他质量问题的现有和潜在原因。

ii）未对作为“保修”而打开的服务和投诉票务报告进行分析，以确定不合格产品和其他质量问题的现有和潜在原因。

iii）未对“消耗性”产品（例如，针、杯子和分析仪附件套件）的投诉进行分析，以确定不合格产品和其他质量问题的现有和潜在原因。

c）你公司尚未确定要用于检测重复出现的质量问题的适当统计方法。具体如下：

i）你公司的“趋势程序”仅适用于已安装100个或更多装置的器械。例如，由于分配的装置数量少于100个，未对AIA 1800分析仪收到的服务和投诉进行分析，以确定不合格产品的现有和潜在原因。

ii）输入到（b）（4）数据库的区域/类别/问题部分的信息不是标准化信息，并且“类型”输入有遗漏，因此无法准确计算每个部分的故障率。因此，你公司无法按照“趋势程序”中的说明，确定超出启动CAPA阈值的每个部分的故障率。

你公司的答复内容不充分。你公司的答复声明你公司正在修改程序，但并未对所有数据源进行回顾性分析，以确定是否应采取纠正措施和预防措施，并对不合格产品和其他质量问题的现有和潜在原因启动调查。

3．未能按照21 CFR 820.100（4）的要求，验证或确认纠正和预防措施，确保措施有效并对成品器械无不利影响。

这次无法评估你公司的答复。你公司的答复声明，将在2016年8月30日之前修改你公司的CAR表格模板并审查CAR #20015-005。请提供有关你公司的纠正措施的更新情况。

4．未能制定和维护程序，以确保所有购买或以其他方式收到的产品和服务均符合21 CFR 820.50中所述的指定要求。具体如下：

a）你公司的“供应商质量体系审查和现场检查”程序05-SCM-003-0（修订版7.0，时间为2015年8月21日）未描述你公司对三个供应商风险级别的要求（高、中和低），包括质量要求。

b）你公司的2016年供应商审核未确保对供应商进行充分的评估和监督。在FDA检查员审查的11家供应商中，Tosoh已收到关于其中2家的投诉。你公司在2016年对这2个供应商的审查显示“没有投诉记录”。

你公司的答复内容不充分。你公司的答复声明将修改你公司的程序。但没有说明要重新评估你公司的供应商以确保它们满足所有指定要求。

5．未能制定和保持用于设备调整、清洁和其他维护的日程计划，以确保满足21 CFR 820.70（g）（1）中所述的制造规范。

具体为，你公司的“设备预防性维护”时间表07-SRG-005，修订版4并未实施，原因如下：

a）时间表规定，对于用于净化制造溶血和洗涤溶液用水的（b）（4）水，“在1年内或压力过高时更换滤筒并对碗/头进行消毒”。你公司的程序未指定压力限制，但（b）（4）说明手册指出，应“在4号碗中安装膜滤筒，并且与3号之间的压差超过10psi”时更换滤筒。HW-389-JU和HW-380-JU批次的器械历史记录均显示有20psi的压差。尚未更换滤筒。

b）时间表规定，主仓库冰箱要“每季度检查一次（TSMD日志）”。2015年仅完成3份“步入式冷却器/

冷冻箱”表格，2016年没有检查表格/记录。

这次无法评估你公司的答复。你公司声明要修改程序，以引用正在使用的（b）（4）系统的适当文件；并将审查你公司的冰箱维护程序，确保PM在2016年8月30日之前完成。请提供有关你公司的纠正措施的更新情况。

6．未能按照21 CFR 820.22的要求，建立和维护质量检查程序并进行此类检查，以确保质量体系符合既定的质量体系要求，并确定质量体系的有效性。

具体为，你公司的“质量体系检查和检查员培训”程序02-QAG-006-0（修订版7，日期为2015年7月17日），未涉及对缺陷事项的重新检查，并且你公司的法规事务和质量保证经理表示未执行该重新检查。

你公司的答复内容不充分。你公司的答复声明，你公司将修改检查程序以包含重新检查，但是它没有涉及审核以前的检查，以确定是否需要完成对缺陷事项的重新检查并执行和记录这些重新检查的问题。

你公司应立即采取措施纠正本信函所述的违规行为。如若未能及时纠正这些违规行为，可能导致FDA在没有进一步通知的情况下启动监管措施。监管措施包括但不限于没收、禁令和民事罚款。此外，联邦机构会得知关于器械的警告信，以便在签订合同时考虑上述信息。如果FDA确定你公司违反了质量体系法规，且这些违规行为与Ⅲ类器械的上市前批准申请有关联，则在纠正这些违规行为之前，将不会批准此类器械。将不会通过外国政府出口证明申请，直到与受试器械相关的违规事项被纠正。

FDA要求你公司按以下时间表向本办公室提交一份由外部专家顾问出具的证明材料，证明根据器械质量体系法规（21 CFR 820）的要求，对你公司的制造和质量保证体系进行了相关审计。你公司还应提交一份顾问报告的副本，并由企业首席执行官证明他/她已审查顾问报告，且你公司已开始或完成报告中要求的所有纠正措施。审计和纠正的首次证明材料、更新审计和纠正的后续证明材料（如需要），应在以下日期之前提交至本办公室：

- 首次证明材料及相关材料，由顾问和企业提供 –2017年2月1日。
- 后续证明材料–2018年2月1日。

此外，请联系合规官以安排监管会议，讨论检查期间发现的缺陷以及你公司的纠正措施计划。

请在收到本信函之日起15个工作日内将你公司为纠正上述违规行为所采取的具体步骤书面通知本办公室，并说明你公司计划如何防止此类违规行为或类似违规行为再次发生。包括你公司已经采取的纠正措施（必须解决系统问题）的文件材料。如果你公司计划采取的纠正措施将逐渐开展，请提供实施这些活动的时间表。如果无法在15个工作日内完成纠正，请说明延迟的原因以及完成这些活动的时间。

最后，请注意本信函未完全包括你公司全部违规行为。你公司有责任遵守FDA所有的法律和法规。本信函和检查结束时签发的检查结果FDA 483表中记录的具体违规行为可能表明你公司制造和质量管理体系中存在严重问题。你公司应查明违规原因并及时采取纠正措施，确保产品合规。

第161封　给Savaria Concord Lifts, Inc. 的警告信

生产质量管理规范/质量体系法规/医疗器械/伪劣/标识不当

CMS # 498435

2016年8月3日

尊敬的B先生：

2016年2月15日至2016年2月18日，对你公司（地址：2 Walker Drive, Brampton, Ontario, Canada）进行检查期间，美国食品药品管理局（FDA）的检查员确定你公司生产Omega斜挂式升降平台、垂直无障碍电梯和无障碍车厢。根据《联邦食品、药品和化妆品法案》（以下简称《法案》）第201（h）节［21 U.S.C.§ 321（h）］，凡是用于诊断疾病或其他症状，对疾病有治愈、缓解、治疗或预防作用，或是可以影响人体结构或功能的器械，均为医疗器械。故你公司涉及检查的产品为医疗器械。

本次检查表明，这些医疗器械的生产、包装、储存或安装中使用的方法、设施或控制不符合21 CFR 820质量体系法规（以下简称QSR/21 CFR 820）的现行生产质量管理规范（以下简称cGMP）的要求，根据《法案》第501（h）节［21 U.S.C.§ 351（h）］的规定，属于伪劣产品。

关于FDA检查员在FDA 483表（检查发现问题清单）中记录的检查结果（该表已发送至你公司），FDA于2016年3月8日收到了你公司欧洲业务副总裁Robert Berthiaume的答复。关于你公司所做的答复，针对每项违规行为，FDA作出如下处理。这些违规行为包括但不限于以下内容：

1．未能按照21 CFR 820.100的要求建立并维护实施纠正和预防措施的程序。例如：

a．你公司的纠正和预防措施规程（QP 09，修订版0）不包括以下要求：

i．分析质量数据以确定不合格产品或其他质量问题的现有和潜在原因，必要时使用适当的统计方法。

ii．验证或确认纠正和预防措施，以确保其有效且不会对成品器械产生不良影响。

iii．实施与记录方法和规程变更，以纠正和预防发现的质量问题。

iv．确保将与质量问题和不合格产品有关的信息传达给直接负责确保该产品质量或预防该等问题的人员。

v．提交所发现质量问题的相关信息以及纠正和预防措施，供管理层审查。

b．未记录CAPA Ql 445和Ql 578的调查或纠正和预防措施。关闭了这些CAPA，但未验证或确认措施，以确保这些措施有效且不会对成品器械产生不良影响。

FDA审查了你公司的答复，认为答复不充分。你公司的答复称这是一个小组任务规程，将在2016年9月之前讨论并实施。但是，答复不包括解决21 CFR 820.100缺失要素的具体纠正措施。你公司没有对已关闭的CAPA 和同期质量数据进行回顾性审查，以确定是否应该开放新的 CAPA，或对已关闭的 CAPA 进行回顾性审查，以确定它们是否被验证或确认为有效。

2．未能按照21 CFR 820.198（a）的要求充分建立和保持由正式指定的部门接收、评审和评价投诉的程序。例如：

a．你公司的规程不包括确保在收到口头投诉后予以记录的要求。

b．你公司指出，因人为失误并非所有口头投诉均记录在案。

c．检查期间审查的你公司2015财年的4起投诉（单号37671、37481、38368和38263）不包括MDR判定。

FDA审查了你公司的答复，认为答复不充分。你公司的答复未涉及修订投诉规程，以确保所有口头投诉均在收到后予以记录。此外，你公司的答复并未说明你公司是否计划回顾性审查投诉，以确保对收到的投诉进行MDR应报告性评价。你公司还应说明为解决这些问题而采取的纠正措施和有效性验证。

3．未审查、评价和调查涉及器械、标签或包装可能不符合其任何规范的投诉，除非已按照21 CFR 820.198（c）的要求，对类似投诉进行了此类调查，且无需进行其他调查。

例如，你公司的投诉处理规程SAV-T-OP17和SAV-T-OP16要求对质量问题进行审查和调查。但是，你公司未对以下投诉进行调查：

a．日期为2015年10月19日的37671号通知单中写道，对于Multi-lift型无障碍升降平台，“客户在使用装置时，发现滚轮裂成两半”。未针对该质量问题进行调查。

b．日期为2015年10月21日的37481号通知单中写道，对于Multi-lift型无障碍升降平台，“寻求弹簧铰链的质保更换；两个铰链均无张力”。未针对该质量问题进行调查。

c．日期为2015年12月15日的38368号通知单中写道，对于Multi-lift型无障碍升降平台，“随着负载升高，顶部轴承发热，有时电梯中途停止，而发动机继续运行；螺母正在旋转”。未针对该质量问题进行调查。

d．日期为2015年12月7日的38263号通知单中写道，对于Multi-lift型无障碍升降平台，“下降门锁定太快；门不能重新上锁；门只能打开2至3并在此摆动”。未针对该质量问题进行调查。

FDA审查了你公司的答复，认为答复不充分。你公司的答复未涉及你公司是否计划回顾性审查投诉以确保对投诉进行调查。你公司应说明为解决这些问题而采取的纠正措施和有效性验证。

4．未能确保当作为生产或质量体系的一部分使用计算机或自动数据处理系统时，根据21 CFR 820.70（i）的要求，制造商应按照既定的方案对计算机软件的预期用途进行确认。

例如：你公司的（b）（4）软件未确认其预期用途。该软件用于记录和跟踪产品设计和设计变更项目，以及质量相关活动，如投诉、纠正和预防措施以及不符合项。

FDA审查了你公司的答复，认为答复不充分。你公司的答复称，将审查对（b）（4）过程和形式、技术支持数据库、（b）（4）和新（b）（4）系统的审查，以确保符合21 CFR 11和21 CFR 820的要求。但是，其并未描述未经确认的软件系统是否会导致错误以及与这些错误相关的风险。你公司应完成并提交回顾性审查的结果、经审查后计划的纠正措施详情和有效性验证。

5．未能按照21 CFR 820.90（a）的要求建立并保持程序，以控制不符合规定要求的产品。

例如：你公司的不合格项规程SAV-T-OP18和SAV-T-OP19规定记录不符合项的方法应符合不符合项报告（NCR）。但是，你公司指出在最终验收测试期间，未针对以下观察到的不符合项生成NCR：

a．（b）（4），日期为2016年1月18日，针对Multi-lift型无障碍升降平台声明“（b）（4）”。未针对该不符合项启动NCR。

b．（b）（4），日期为2016年1月26日，针对Multi-lift型无障碍升降平台声明“（b）（4）”。未针对该不符合项启动NCR。

FDA审查了你公司的答复，认为答复不充分。你公司的答复未涉及你公司是否计划回顾性审查不符合项文件，以确保启动并讨论NCR（如适当）。你公司应说明为解决这些问题而采取的纠正措施和有效性验证。

6．未能按照21 CFR 820.90（b）（1）的要求建立并保持程序，以确定评审职责和不合格品的处置授权。

例如：你公司的不符合项规程SAV-T-OP18和SAV-T-OP19不要求记录不合格产品的处置。此外，你公司指出，未记录“（b）（4）”不合格组件的处置。

FDA审查了你公司的答复，认为答复不充分。你公司的答复未涉及修订其不符合项规程，以确保记录不合格产品的处置情况。此外，你公司没有说明你公司是否计划进行回顾性审查，以确定是否正确记录、隔离、处置了不合格产品，以及是否需要采取纠正措施。你公司应说明为解决这些问题而采取的纠正措施和有效性验证。

7．未能按照21 CFR 820.90（b）（2）的要求建立和保持返工程序，包括对不合格品返工后的再次试验和

再次评价，以确保产品满足现今经批准的规范。

例如：你公司的不符合项规程SAV-T-OP18和SAV-T-OP19不要求返工和重新评价活动和结果（包括确定返工对产品的任何不良影响）记录在器械历史记录（DHR）中。此外，返工后，在Multi-lift型无障碍升降平台（b）（4）的DHR中没有记录与不合格产品的返工、重新测试和重新评价相关的活动。

FDA审查了你公司的答复，认为答复不充分。你公司的答复未涉及修订不符合项规程，以确保返工、重新测试和重新评价活动和结果记录在DHR中。此外，你公司的答复未指明你公司是否计划回顾性审查不符合项文件，以确保在DHR中记录返工、重新测试和重新评价活动和结果。你公司应说明为解决这些问题而采取的纠正措施和有效性验证。

FDA经检查还发现，根据《法案》第502（t）（2）节［21 U.S.C.§ 352（t）（2）］，你公司的轮椅电梯属于"伪标"产品，因为你公司未能或拒绝提供《法案》第519节（21 U.S.C.§ 360i）和21 CFR 803-医疗器械报告（MDR）所要求的与器械相关的材料或信息。

重大违规行为包括但不限于以下内容：

8．未能按照21 CFR 803.50（a）（2）的要求在收到信息的30个日历日内向FDA提交报告，信息表明你公司销售的器械发生故障，且如果故障再次发生，你公司销售的器械或类似器械可能导致或促成死亡或严重伤害。

例如：你公司于2014年2月18日针对你公司的Omega斜挂式升降平台故障发起了器械现场纠正措施。你公司未说明如果故障再次发生，你公司器械现场纠正通知中提及的故障是否可能导致或促成死亡或严重伤害。你公司应就触发现场纠正的事件提交一份MDR。

9．未能按照21 CFR 803.17的要求充分制定、维护和实施书面MDR规程。

例如：你公司提供了以下标题的MDR规程："医疗器械报告规程"SAV-T-OP15，修订版01，发布日期2016年2月1日，生效日期2016年2月1日。在审查你公司的MDR规程后，注意到以下内容：

a．SAV-T-OP15，修订版01未建立对可能符合MDR要求的事件进行及时有效识别、沟通和评价的内部系统。例如：根据21 CFR 803部分，你公司目前尚无应报告事件的定义。从21 CFR 803.3中排除术语"知悉""引起或促成""故障""MDR应报告事件"和"严重损伤"的定义，以及在803.20（c）（1）中发现的术语"合理表明"的定义可能导致你公司在评价符合21 CFR 803.50（a）规定的报告标准的投诉时做出错误的应报告性决定。

b．SAV-T-OP15，修订版01没有建立规定标准化审查程序的内部系统，以确定事件何时符合本部分规定的报告标准。例如：

i．未提供对每起事件进行完整调查和评价事件原因的说明。

ii．书面规程未规定由谁决定向FDA报告事件。

iii．没有说明你公司将如何评价关于事件的信息，以便及时做出MDR应报告性决定。

10．SAV-T-OP15，修订版01未建立可及时传输完整医疗器械报告的内部系统。

具体为，未解决以下问题：

a．你公司应提交补充报告或跟踪报告、5天报告的情况以及此类报告的要求。

b．本规程未提及使用强制性3500A或电子等价物提交MDR应报告事件。

c．你公司将如何提交每个事件的所有合理已知信息。具体为，需要填写3500A的哪些部分，以纳入公司掌握的所有信息以及公司内部合理跟踪后获得的任何信息。

d．尽管该规程提及30天报告，但并未分别规定日历日和工作日。

11．SAV-T-OP15，修订版01未描述你公司将如何解决记录和记录保存要求，包括：

a．不良事件相关信息的记录作为MDR事件文件保存。

b．用于确定事件是否应报告的评价信息。

c．记录用于确定器械相关死亡、严重损伤或故障是否需要报告的审议和决策过程。

d．系统应确保获得信息，以便FDA及时跟踪检查。

目前无法确定你公司答复是否充分。尽管你公司表示计划在6个月内解决当前MDR规程的问题，但你公司未在答复中提供修订后的MDR规程。没有提供相关文件，FDA无法确定你公司的答复是否充分。

如你公司要讨论上述MDR相关问题，请发送电子邮件至：ReportabilityReviewTeam@fda.hhs.gov联系应报告性审查团队。

FDA经检查还发现，根据《法案》第502（t）（2）节［21 U.S.C.§ 352（t）（2）］，你公司的Omega斜挂式升降平台属于“伪标”产品，因为你公司未能或拒绝提供《法案》第519节（21 U.S.C.§ 360i）和21 CFR 806-医疗器械要求提供有关该装置的材料或信息；纠正和移除报告。重大违规行为包括但不限于以下内容：

12．未能按照21 CFR 806.10的要求，提交医疗器械纠正或移除报告，以降低健康风险或纠正由器械引起的违反《法案》之处，这可能会对健康造成风险。

例如，你公司因投诉于2014年2月发起了针对Omega斜挂式升降平台的纠正措施。纠正的目的是消除上部推车与主托架分离的可能性。你公司对这些器械进行了纠正；但是，在发起纠正后的10个工作日内未向FDA提交任何报告。

FDA审查了你公司的答复，认为答复不充分。你公司表示，计划根据技术数据库的报告对每个客户问题进行系统分析，以便在6个月内报告某些标准触发的缺陷或事故，包括风险和故障分析。但是，你公司未提供这些纠正措施的证据。此外，你公司未向FDA报告2014年2月的Omega斜挂式升降平台纠正或移除情况。

你公司应更新规程，以符合21 CFR 806-医疗器械的要求，纠正和移除报告以及21 CFR 7-召回政策提供的指南，以确保提供或记录了所有要求的信息。此外，你公司应参考CDRH召回分类，以评价未来的纠正和移除市场措施，从而保持健康危害评价的一致性以及报告要求的合规性。你公司应按照21 CFR 806.20中的健康风险定义进行健康风险评定，以支持未来医疗器械纠正或移除的报告决策。

美国联邦机构会得知关于器械的警告信，以便在签订合同时考虑上述信息。此外，如果FDA确定你公司违反了质量体系法规，且这些违规行为与Ⅲ类器械的上市前批准申请有关联，则在纠正这些违规行为之前，将不会批准此类器械。

请在收到本信函之日起15个工作日内书面通知本办公室，有关你公司为纠正上述违规行为而采取的具体措施，包括说明你公司计划如何防止此类违规行为或类似违规行为再次发生。记录你公司已采取的纠正措施（系统性问题必须解决）。如果你公司计划采取的纠正措施将逐渐开展，请提供实施这些活动的时间表。如果无法在15个工作日内完成纠正，请说明延迟的原因以及完成这些活动的时间。非英文文件请提供英文译本，以方便FDA审查。FDA将通知你公司有关答复是否充分，以及是否需要重新检查你公司工厂，以验证是否已采取适当的纠正措施。

最后，请注意本信函未完全包括你公司全部违规行为。你公司有责任确保遵守FDA下适用法律和法规。检查结束时发布的本信函和检查结果FDA 483表中记录的具体违规行为可能表明你公司生产和质量管理体系中存在严重问题。你公司应查明违规原因并及时采取纠正措施，确保产品合规。

第162封　给Spiegelberg Gmbh & Co. KG的警告信

生产质量管理规范/质量体系法规/医疗器械/伪劣/标识不当

CMS # 495642

2016年8月3日

尊敬的S先生：

2016年2月1日至2016年2月4日，美国食品药品管理局（FDA）的检查员对你公司（位于德国汉堡）进行了检查，确定你公司生产颅内压监测仪，包括颅内压监测仪HMO 29.1、颅内压监测仪HOM 29.2、ICP 3PS引流针和ICP引流针3PN。根据《联邦食品、药品和化妆品法案》（以下简称《法案》）第201（h）节［21 U.S.C.§ 321（h）］，凡是用于诊断疾病或其他症状，对疾病有治愈、缓解、治疗或预防作用，或是可以影响人体结构或功能的器械，均为医疗器械。故你公司涉及检查的产品为医疗器械。

本次检查表明，这些医疗器械的生产、包装、储存或安装中使用的方法、设施或控制不符合21 CFR 820质量体系法规（以下简称QSR/21 CFR 820）的现行生产质量管理规范（以下简称cGMP）要求，根据《法案》第501（h）节［21 U.S.C.§ 351（h）］的规定，属于伪劣产品。FDA收到了你公司Frank Sodha先生于2016年2月19日以及Heige Jurchen于2016年3月18日针对FDA发至你公司的FDA 483表（检查发现问题清单）的回复。FDA对你公司关于所涉每项违规项的答复作出如下处理。这些违规项包括但不限于以下内容：

1．未能按照21 CFR 820.30（g）的规定建立并保持程序，以确认医疗器械的设计。

例如：你公司未能适当确认颅内压监测仪29.1和颅内压监测仪HMO 29.2的设计。你公司未将决定不实施确认活动的依据记录在案。

FDA审核了你公司发来的答复，经评定认为其所含内容并不充分。回复表明你公司预计将完成对颅内压监测仪HOM 29.1和颅内压监测仪HMO 29.2的设计确认。但是，你公司的回复不包括对其他设计变更或项目的审评（以判定是否经过适当确认）。

2．未能按照21 CFR 820.90（b）（1）的规定建立并保持程序，以确定评审职责和不合格品的处置授权。

例如：通过审评ICP 3PS引流针的医疗器械历史记录发现，对7件引流针样本进行了目视检查，并对1件引流针进行了功能测试。引流针的功能测试不合格。你公司未记录不合格引流针的处置情况。

此次评估评定你公司发来的答复内容并不充分。你公司的回复表明将建立新的规程。但是，你公司未提供该规程供审评。

3．未能按照21 CFR 820.100（a）的规定建立和保持实施纠正和预防措施的程序。

例如：通过审评错误指南规程（b）（4）发现，未能适当定义并纳入下列要求：

a．在必要情况下，使用适当的统计方法分析质量数据，以识别不合格产品或其他质量问题的现有和潜在原因；

b．分发与质量问题和不合格产品相关的信息；

c．提交相关信息，以便进行管理审评。

FDA审核了你公司发来的答复，经评定认为其所含内容并不充分。回复表明你公司将审评内部数据库，以了解是否需要进一步开放CAPA。但是，回复中未纳入新的规程。此外，你公司未指明是否会审评既往CAPA是否适当，并在必要情况下予以补救。

4．在生产或质量体系中使用计算机或自动数据处理系统时，未能确保制造商按照21 CFR 820.70（i）的规定，根据既定的方案确认计算机软件的预期用途。

例如：你公司使用（b）(4)。

FDA审核了你公司发来的答复，经评定认为其所含内容并不充分。回复表明你公司将遵守《在医疗器械中使用现成软件的指南》（b）(4)的指导，并在必要的情况下进行确认。但是，你公司未提供足够的详细信息来描述其纠正行动，以供评估。

5．未能按照21 CFR 820.90（a）的规定要求建立和保持产品控制程序。

例如：在颅内压监测仪的过程中或最终功能测试不合格时，将立即对其进行维修和重新测试。你公司未保留已识别的不合格之处的记录，以及实际失败的测试或检查结果的记录。

此次评估评定你公司发来的答复内容并不充分。回复表明你公司将修订规程并对内部数据进行回顾性审评，以查找不合格之处。但你公司未提供审评规程。

FDA检查还发现，由于你公司未提供或拒绝提供《法案》第519节（21 U.S.C.§ 360i）和21 CFR 803部分-医疗器械报告规定的器械材料或信息，因此按照《法案》第502（t）(2)节［21 U.S.C.§ 352（t）(2)］的规定，你公司制造的颅内压监测仪标识错误。严重偏离包括但不限于以下内容：

6．未能按照21 CFR 803.50（a）(2)的要求，在从任何来源收到或以其他方式了解信息（合理表明其上市销售的医疗器械发生了故障，并且如果再次发生故障，你公司上市销售的该医疗器械或同类医疗器械可能会导致或造成死亡或严重伤害）之后的30个日历日内向FDA报告信息。

按照《法案》第518节或第519（g）节［21 U.S.C.§ 360（h）和360（i）(g)］的规定，如果制造商采取或将要采取行动，则故障是可报告的（对于医疗器械或其他类似医疗器械的故障）。

例如：在2009年12月29日的客户通知函中指出，由于器械故障，因而召回了ICP引流针3PN和ICP引流针3PS。未能在30个日历日的时限内将MDR报告提交给FDA。

7．未能按照21 CFR 803.17的规定适当开发、维护和实施书面MDR程序。

例如：对“处理指令064”（版本07）进行了审评，并且FDA判定认为文件未包含信息指明是按照21 CFR 803.17的要求创建的MDR规程。

FDA审核了你公司于2016年3月8日发来的答复，经评定认为其所含内容并不充分。你公司提交了修订后的MDR规程，标题为（b）(4)“上报至FDA的MDR”版本1，生效日期为2016年3月3日。审评发现（b）(4)（版本1）未建立内部系统，无法及时发送完整的医疗器械报告。具体为，未解决你公司必须提交补充或后续报告并遵守此类报告要求的情况。

规程包括关于向FDA提交MDR的参考说明，提交地址如下：FDA, CDRH，不良事件报告，P.O. Box 3002，Rockville, MD 20847-3002。请注意，自2015年8月14日起，应以电子方式提交MDR，不接受纸质版本的提交，但FDA明确规定的特殊情况除外。如需了解关于电子报告的更多信息，请参见eM DR网站和eM DR指南文件。

此外，你公司应调整其MDR规程，以纳入依照2014年2月14日在《联邦公报》上发布的《医疗器械电子报告（eMDR）最终规则》以电子方式提交MDR的流程。关于eMDR最终规则的信息，请参见FDA网站：http://www.fda.gov/MedicalDevices/DeviceRegulationandGuidance/PostmarketRequirements/ReportingAdverseEvents/eMDR%E2%80%93ElectronicMedicalDeviceReporting/default.htm。

FDA检查还发现，由于你公司未提供或拒绝提供《法案》第519节（21 U.S.C.§ 360i）和21 CFR 806-纠正和撤出市场报告规定的器械材料或信息，因此按照《法案》第502（t）(2)节［21 U.S.C.§ 352（t）(2)］的规定，你公司的颅内压监测仪标识错误。严重违规项包括但不限于以下内容：

8．未能按照21 CFR 806.10的规定向FDA提交书面报告，说明已纠正或下架医疗器械，以降低医疗器械造成的健康风险。

例如，你公司已于2009年12月至2010年1月实施了对ICP引流针3PN和ICP引流针3PS的现场纠正与撤回，其原因是有投诉表示引流针气袋收缩，导致虚假的颅内压高读数（较低测量范围为0～20mmHg）。然后修改了气袋生产规程（b）（4）。已向客户发函告知问题并指示客户退回受影响的医疗器械。你公司未按照21 CFR 806.10的要求向FDA提交关于纠正与下架的书面报告。

FDA审核了你公司于2016年2月19日发来的答复，经评定认为其所含内容并不充分。你公司指出，他们“认为这一信息应由Aesculap Inc.负责传达，而Aesculap Inc.决定不这样做”。截至4月4日，你公司尚未向FDA提交纠正或撤回报告。

FDA还发现，由于你公司未获得《法案》第515（a）节［21 U.S.C.§ 360e（a）］规定的有效上市前批准（PMA），且未获得《法案》第520（g）节［21 U.S.C.§ 360j（g）］规定的试验用器械豁免申请批准，因此按照《法案》第501（f）（1）（B）节［21 U.S.C.§ 351（f）（1）（B）］的规定，你公司制造的ICP监测仪HOM 29.2存在造假现象。依照《法案》第502（o）节［21 U.S.C.§ 352（o）］的规定，该器械也属于标识错误的医疗器械，因为在设计、材料、化学组成、能源或生产工艺已发生重大变更或修改的医疗器械投放市场或进入州际贸易进行上市销售之前，你公司未能按照《法案》第510（k）节［21 U.S.C.§ 360（k）］和21 CFR 807.81（a）（3）（i）要求向FDA提交新的上市前通告。

具体为，你公司修改了颅内压监测仪HOM 29.1（已许可，K003759），除了交流电源之外还纳入了可充电电池。从交流电源转换为电池电源属于能源类型变更。此外，这一变更通常属于重新设计的一部分，以提供可以在与初始医疗器械不同的环境条件下使用的便携式医疗器械。因此，该变更需要新的510（k）。

若需获得上市前批准的器械正在等待代理机构批准PMA，即认为其符合第510（k）节规定的通知要求。FDA评价你公司提交的信息后，将评定你公司产品是否可合法上市。［21 CFR 807.81（b）］你公司为了取得该设备的批准或许可而需要提交的信息类型在互联网（http://www.fda.gov/MedicaiDevices/DeviceRegulationandGuidance/HowtoMarketYourDevice/default.htm）上有描述。

按照《法案》第801（a）节［21 U.S.C.§ 381（a）］的规定，你公司制造的ICP监测仪HOM 29.2存在造假现象，鉴于此类违规性质的严重性，FDA决定拒绝批准你公司器械上市。因此，FDA正采取措施禁止此类器械在美国境内上市，即所谓的“自动扣押”，直至违规项得到解决。为了解除器械的扣押状态，你公司应按如下所述提供针对本警告信的书面答复，并纠正本信函所列违规项。FDA将通知你公司有关答复内容是否充分，以及是否需再检查你公司机构以验证你公司是否已采取适当的纠正措施。

联邦机构会得知关于器械的警告信，以便在签订合同时考虑上述信息。此外，如果FDA确定你公司违反了质量体系法规，且这些违规行为与Ⅲ类器械的上市前批准申请有关联，则在纠正这些违规行为之前，将不会批准此类器械。

请于收到本信函后的15个工作日内书面告知本办公室你公司针对上述违规行为采取的纠正措施，并阐明为避免这些违规项或类似违规项再次发生制定的预防方案。提供你公司已经采取的纠正措施（必须解决系统问题）的文件材料。若你公司拟定的纠正措施分阶段进行，请提供实施这些活动的时间表。若无法在15个工作日内完成这些纠正，请说明延迟原因及这些活动的完成日期。请提供非英文文件的翻译，以便于FDA进行审查。FDA将通知你公司有关答复内容是否充分，以及是否需再检查你公司机构以验证你公司是否已采取适当的纠正措施。

最后，请注意本信函未完全包括你公司全部违规行为。你公司有责任遵守FDA所有的法律和法规。本信函和检查结束时签发的检查结果FDA 483表中记录的具体违规行为可能表明你公司制造和质量管理体系中存在严重问题。你公司应查明违规原因并及时采取纠正措施，确保产品合规。

第163封　给Oscor, Inc. 的警告信

生产质量管理规范/质量体系法规/医疗器械/伪劣

CMS # 496385

2016年6月13日

尊敬的O先生：

美国食品药品管理局（FDA）于2016年2月29日至3月17日，对位于Palm Harbor, Florida的你公司的医疗器械进行了检查。检查期间，FDA检查员已确认你公司为导管导引器（如Adelante® Magnum）和肥胖症神经调节器（如Maestro®可充电系统）的生产制造商。根据《联邦食品、药品和化妆品法案》（以下简称《法案》）第201（h）节［21 U.S.C.§ 321（h）］，凡是用于诊断疾病或其他症状，对疾病有治愈、缓解、治疗或预防作用，或是可以影响人体结构或功能的器械，均为医疗器械。故你公司涉及检查的产品为医疗器械。

本次检查表明，这些医疗器械的生产、包装、储存或安装中使用的方法、设施或控制不符合21 CFR 820质量体系法规对现行生产质量管理规范的要求，根据《法案》第501（h）节［21 U.S.C.§ 351（h）］的规定，属于伪劣产品。

FDA检查员向你公司发布了FDA 483表（检查发现问题清单），2016年4月6日FDA收到了你公司质量总监Dorit Segal针对上述 FDA 483表的回复。FDA针对回复进行了如下处理。2016年5月27日FDA也收到了你公司针对FDA 483表的回复，FDA将会评价该回复以及回复本信函的其他书面材料。

你公司存在的违规事项包括但不限于以下内容：

1．未能按照21 CFR 820.70（a）的要求建立、实施、控制并监视生产过程，以确保器械符合其技术规范。

a）你公司所使用的Maestro®可充电系统EO灭菌程序单批次放行单不能保证本器械满足无菌要求。仅有足够多的产品来构成单次灭菌负载且无需进行全面确认时，单批次放行单可被用于产品的灭菌程序放行，且必须通过规定检验数据证明无菌保证等级（SAL）。你公司的程序控制记录，无法证明上述信息。相应记录未能确定和记录：已在制造或灭菌程序的适宜阶段选择生物负载、产品无菌性、EO残留和细菌内毒素试验所需的样本数量，以便确保满足你公司“EnteroMedics 单灭菌批次放行”程序（EM-49-003X-E-01，获批于2015年5月21日 – 参考ISO 11135：2014 附录E“单批次放行”）要求。具体如下：

i）你公司的程序要求在你公司的制造工单（MO）上确定和记录单批次放行试验选择的样本。灭菌批次（b）(4）记录（包括灭菌负载图和序列号验证记录和相关MO的CR-01988、CR-01989、CR-01990、CR-01991和CR-01992）并未区分哪些样本已进行（b）(4）或（b）(4）周期暴露（以便进行试验选择）。你公司向FDA检查员确认，你公司并未保留任何描述在单批次放行周期中已灭菌的器械序列号的控制记录。

ii）向FDA检查员提供的文件记录：已根据你公司的程序从MO的CR-01992（3个前部导线）和CR-01994（3个后部导线）选择EO灭菌批次（b）(4）的产品生物负载样本，作为单批次放行试验的一部分。然而，灭菌批次（b）(4）的程序控制记录并未将MO CR-01994中的产品列为灭菌批次中的EO处理项。此外，灭菌批次的程序控制记录并未描述和/或证明：根据MO CR-01994制造的产品样本可代表灭菌批次（b）(4）单批次放行所用的生物负载。

iii）你公司的程序控制记录描述了多个批次，即MO的CR-01988、CR-01989、CR-01990、CR-01991和CR-01992，并根据灭菌批次（b）(4）进行EO处理。向FDA检查员提供的文件记录：为单批次放行

试验所选的产品样本并不包含MO的CR-01990和CR-1991中的产品样本。并未抽取单批次放行代表灭菌批次的所有产品，即使已指定单批次放行试验的灭菌批次文件产品样本程序控制记录。

FDA已审查你公司的回复，认为其不够充分。FDA认为医疗器械的EO灭菌程序构成严重的风险。你公司的回复表明，OEM直接执行和记录Maestro®可充电系统的EO灭菌程序，并会修改相应程序和生产记录。然而，回复并未包含相应文件。此外，你公司的回复并未涉及你公司向FDA检查员提供的文件中没有批准人的签字或批准日期的原因。

b）在灭菌的真空试验阶段，Maestro®可充电系统灭菌批次（b）（4）和（b）（4）的部分周期（b）（4）程序控制记录并未证明满足工作温度规范要求。已在（b）（4）中确定Oscor验证文件#RST-001-09-00中的工作温度规范［设定点（b）（4）］。你公司的灭菌报告列出了从灭菌批次#（b）（4）的（b）（4）至灭菌批次#（b）（4）的（b）（4），真空试验阶段的工作温度超出技术规范要求。

FDA已审查你公司的回复，认为其不够充分。你公司的回复表示，已将工作温度参数修改为环境温度。表1——灭菌技术规范（Oscor 确认 #RST-001-09-00）声称，灭菌柜试验期间的（b）（4）工作温度（即真空、高压和低压）须确保暴露周期内的正常灭菌柜功能。目前，还不清楚通过将工作温度参数更改为环境温度是否可以解决超出规范要求的问题。例如，你公司的回复并未定义环境温度。（b）（4）之间通常考虑较大的环境温度范围。即使在（b）（4）的上限，灭菌批次的工作温度仍会超出规范范围。

c）程序控制记录并未准确描述Adelante®Magnum器械的（b）（4）程序。例如，你公司的“制造订单”“制造订单取货单”和（b）（4）（批次C8-05441和批次C8-05444）均根据程序（b）（4）制造（4D-48-043X-E-01，于2015年10月20日获批）。你公司程序的第6节规定，须将Adelante® Magnum器械的（b）（4）过程用作（b）（4）过程（用于手动控制），但是你公司的制造记录着通过（b）（4）过程执行喷涂过程。此外，没有过程控制记录描述微粒测试中所用Adelante®Magnum器械（批次EN-14304、EN-14305和EN-14306）的（b）（4）过程（根据方案#C13747-1进行测试）。

FDA已审查你公司的回复，认为其不够充分。你公司的回复包含经更新的（b）（4）。涵盖规定型号/产品的当前程序修订版中并未涉及你公司的回复内容；因此，FDA无法评判你公司的回复的适宜性。此外，你公司的回复并不包括用于制造Adelante® Magnum试样、记录所采用（b）（4）喷涂过程的经修订工单。

2．未能按照21 CFR 820.75（a）的要求对结果不能为其后的检验和试验充分验证的过程按已确定的程序予以确认。例如：

a）你公司的Maestro®可充电系统前部导线和后部导线生产工艺的过程确认文件并未确定设备工作参数，不能确保相应过程可以持续制造出符合本规范要求的产品。具体为，你公司未能确认或建立前部导线和后部导线电极所用硅胶注塑成型过程的充分检查或试验。你公司履行了对导线进行100%检查的指示，并为器械放行，以便向客户销售该器械。你公司的100%检查不足以证明合规性，因为客户投诉表明，在前部和后部导线的电极上发现硅胶残留/残余物，与使用Maestro®可充电系统导致的高阻抗不合格治疗损失有关。

FDA已审查你公司的回复，认为其不够充分。你公司并未提供可确定硅胶注塑成型过程、去残胶过程和注射过程的设备工作参数的支持性文件。此外，FDA还不清楚你公司将会如何确认去残胶过程和检查过程。你公司的回复表明，这些过程是（b）（4）过程。因此，须由经验证的人员来操作这些过程。你公司并未提供相应证据证明操作检查过程和去残胶过程的人员经过验证。FDA认为注塑成型过程是一种必须通过确认，且可以验证用于支持确认活动的工艺参数的过程。请提供一份文件描述你公司如何确定何时一个过程必须被验证或确认（即注塑成型、去残胶和检查）。

b）你公司并未确认Adelante® Magnum器械的（b）（4）过程中所用的UV固化过程。你公司的该程序（4D-48-043X-E-01，获批于2015年10月20日）规定了器械的（b）（4）固化时间，但并未规定完全固化所需固化时间所对应的适宜UV强度。规定的该（b）（4）固化时间不涵盖整个UV固化过程确认活动的执行，包括确定最大和最小暴露时间和相关UV强度。此外，你公司的程序中和最终检查程序（4D-51-036X-01，获批于2015年4月19日）包括目视检查杂质、变色或片状表面，并规定涂层表面应平整和光亮，涂层应均匀分布。

该程序缺少适宜的物理属性规范和测试（即黏着力、硬度、厚度、摩擦系数），不能证明（b）(4）器械符合固化质量要求。

FDA已审查你公司的回复，认为其不够充分。回复表明，你公司是按照（b）(4）灯泡制造规范进行更换，而不是按照Adelante® Magnum UV固化过程需要的UV强度进行更换。回复中还表明，Adelante® Magnum喷涂过程中使用的UV灯泡符合制造商的灯泡寿命规范要求，灯泡寿命规范与强度相关，并展示在灯泡寿命内稳定的强度。尽管这样可能会解决（b）(4）规定固化时间的UV强度问题，但是你公司未能在回复中包含灯泡寿命与灯泡寿命内UV强度之间的关系。此外，回复并未在验证完全固化质量时包含确定的固化物理属性规范（即黏着力、硬度、厚度、摩擦系数）。

3．未能按照21 CFR 820.70（c）的要求建立和保持程序，以在有理由预期环境条件会对产品质量产生不利影响时充分控制这些环境条件。例如：

未能制定和维护用于适宜控制环境条件的程序，而环境条件可能会对产品质量产生负面影响［21 CFR 820.70（c）］。例如，你公司并未监控执行Adelante® Magnum器械（b）(4）程序的洁净室内（b）(4）的环境条件（即温度和湿度条件）。

FDA已审查你公司的回复，认为其不够充分。你公司的回复表明，将会修改程序并使用生产环境监控记录，但回复并未包含此类文件。

你公司应立即采取措施纠正本信函所述的违规行为。如若未能及时纠正这些违规行为，可能导致FDA在没有进一步通知的情况下启动监管措施。监管措施包括但不限于没收、禁令和民事罚款。此外，联邦机构会得知关于器械的警告信，以便在签订合同时考虑上述信息。此外，如果FDA确定你公司违反了质量体系法规，且这些违规行为与Ⅲ类器械的上市前批准申请有关联，则在纠正这些违规行为之前，将不会批准此类器械。同时，如果FDA确定你公司的器械不符合《法案》的要求，则不会批准出口证明（Certificates to Foreign Governments，CFG）的申请。

请在收到本信函之日起15个工作日内将你公司为纠正上述违规行为所采取的具体步骤书面通知本办公室，并说明你公司计划如何防止此类违规行为或类似违规行为再次发生。包括你公司已经采取的纠正措施（必须解决系统问题）的文件材料。如果你公司计划采取的纠正措施将逐渐开展，请提供实施这些活动的时间表。如果无法在15个工作日内完成纠正，请说明延迟的原因以及完成这些活动的时间。你公司的回复应全面，并解决此警告信中所包括的所有违规行为。

最后，请注意本信函未完全包括你公司全部违规行为。你公司有责任遵守FDA所有的法律和法规。本信函和检查结束时签发的检查结果FDA 483表中记录的具体违规行为可能表明你公司制造和质量管理体系中存在严重问题。你公司应查明违规原因并及时采取纠正措施，确保产品合规。

第164封 给General Medical Company的警告信

生产质量管理规范/质量体系法规/医疗器械/伪劣

CMS # 487225

2016年6月2日

尊敬的G先生：

美国食品药品管理局（FDA）于2015年10月21日至10月30日，对位于Santa Clarita, California的你公司的医疗器械进行了检查。检查期间，FDA检查员已确认你公司为一种使用直流电、预期用途是控制腋下以及手部和脚部多汗症的反向离子透入器械的生产制造和销售商，该器械的具体名称是Drionic手足器械和Drionic腋下器械。根据《联邦食品、药品和化妆品法案》（以下简称《法案》）第201（h）节［21 U.S.C.§ 321（h）］，凡是用于诊断疾病或其他症状，对疾病有治愈、缓解、治疗或预防作用，或是可以影响人体结构或功能的器械，均为医疗器械。故你公司涉及检查的产品为医疗器械。

本次检查表明，这些医疗器械的生产、包装、储存或安装中使用的方法、设施或控制不符合21 CFR 820质量体系法规对现行生产质量管理规范的要求，根据《法案》第501（h）节［21 U.S.C.§ 351（h）］的规定，属于伪劣产品。

2015年11月7日，FDA收到你公司针对FDA 483表（检查发现问题清单）的回复。FDA针对回复，处理如下。

你公司存在重大违规行为，具体如下；

1．未能按照21 CFR 820.198（a）的要求建立和保持由正式指定的部门接收、评审和评价投诉的程序，其中口头投诉在收到时要形成文件，并按21 CFR 803部分的要来对投诉进行评价，以确定投诉是否已构成向FDA报告的事件。

具体为，通过审查136份从2013年10月1日至检查结束的投诉，发现并未评价以下两个投诉，以便确定这些投诉是否为必须根据21 CFR 803向FDA汇报的事件：

- 投诉16486（2013年10月1日），表示："客户要求退款。经历了长时间的皮疹。被问及她是否感觉良好时，她说是的。她的皮肤病医生正在对她进行治疗。"
- 投诉229920（2015年4月29日），表示："客户的爸爸×××退回了该器械。声称该器械导致他女儿的手被烧伤。我公司提议支付所有紧急医疗护理费用或医疗费用×××"

此外，你公司向FDA检查员表示：你公司未能保留口头投诉记录。

2．未能按照21 CFR 820.198（b）的要求评审和评价所有投诉，以确定是否必须进行调查。

具体为，在调查期间你公司并未评价审查的136份投诉中的任何一份投诉，以便确定是否需要调查。似乎并未对任何一份投诉进行调查，且你公司并未保留未做调查的原因以及做出不予调查决定的负责人姓名的记录。

3．未能按照21 CFR 820.198（c）的要求在必要时对涉及器械可能达不到其技术规范要求的投诉进行评审、评价和调查。

具体为，并未评价和调查以下器械故障：

- 2015年10月19日的一份未编号投诉，表明：一个器械的电池接头损坏，在维修之后当天送还客户。

- 2015年10月6日的一份投诉（编号24737），表明：电池接头损坏，在维修之后当天送还客户。
- 2015年8月24日的一份投诉（编号22803），表明：电池接头损坏，在维修之后送还客户。
- 2015年5月19日的一份投诉（编号22575），表明：电池座脱落。免费为客户更换了整个器械。

此外，以下投诉描述了被客户退回的器械。并未进行相应调查，不能确定器械是否未符合技术规范要求：

- 2015年10月14日的投诉AMZ-8930633。投诉文件中表示："客户退货，要求退款。器械并未对她发挥作用。该器械被翻新，并被放入仓库。"
- 2015年9月21日的投诉24330。投诉文件中表示："客户退货，要求退款。几乎没用，但是需要翻新。"
- 2015年8月13日的投诉22580。投诉文件中表示："客户无理由退货。"
- 2015年7月3日的投诉23082。投诉文件中表示："客户无理由退货。"

FDA已审查你公司的回复，认为其不够充分，因为你公司并未在投诉处理过程中完成纠正所述缺陷所需的必要纠正措施。FDA确认你公司声明打算完成全面的纠正和预防措施程序和编制一个正式和更清晰连贯的投诉处理程序（包括各个患者的MDR评价程序）。你公司还声明你公司打算回顾审查自2013年FDA检查以来仍开放的所有投诉，以便确定是否有趋势，并在确定有趋势的情况下执行纠正措施。

4．未能按照21 CFR 820.100（a）的要求建立和保持实施纠正和预防措施（CAPA）的程序。

例如，你公司并未制定和维护纠正和预防措施程序，这包括以下要求：分析质量数据来源（包括退回产品）、确定不合格产品现有和潜在来源或其他质量问题。例如，通过检查发现：你公司的CAPA文件记录了与客户没有意识到器械预防措施相关的事件；然而，你公司并未确定预防或纠正此类事件再次发生所需的措施 。例如，你公司文件中包含以下信息：

- 2015年3月9日的投诉#22285表示："退货客户"（并未描述器械类型）发现金属植入物禁忌证。
- 2015年5月8日的投诉#23327表示：客户有两个禁忌证，即心房颤动和金属植入物。你公司向FDA调查员提供了相应记录，表明你公司允许退回他们的Drionic手部/足部器械。
- 2015年6月1日的投诉#AMZ7161826表示："客户由于禁忌证退货。她的手腕中有金属植入物。"你公司向FDA调查员提供了相应记录，表明你公司允许退回他们的Drionic手部/足部器械。
- 2015年6月15日的投诉#23641表示："客户有金属植入物。退货且并未使用。"你公司向FDA调查员提供了相应记录，表明你公司允许退回他们的Drionic手部/足部器械。

你公司并未分析这些投诉或确定任何纠正和预防措施，以便确保你公司的客户知晓与你公司器械使用相关的禁忌证。

FDA已审查你公司2015年11月17日的回复，认为其不够充分，因为你公司并未完成纠正相应缺陷所需的必要纠正措施。FDA确认你公司的声明：打算完成全面的纠正和预防措施过程的程序和回顾审查自2013年FDA检查以来仍开放的所有投诉，以便确定是否有趋势；审查不合格材料、服务和质量审核趋势和根据你公司新程序执行纠正措施。

5．未能按照21 CFR 820.181的要求保持器械主记录。

具体为，你公司并未保留器械规范如包括适宜图纸、组件规范、生产工艺规范如设备规范、生产方法和过程、生产环境规范、质量保证程序和规范如验收标准、包装和标签说明。

FDA已审查你公司2015年11月17日的回复，因为你公司并未提供支持性文件,FDA无法评价这部分内容。具体为，你公司表示你公司打算根据21 CFR 820.181为该产品编制器械主记录，但是并未提供相应措施的执行情况的证明。

6．未能按照21 CFR 820.75（a）的要求对结果不能为其后的检验和试验充分验证的过程按已确定的程序以高度的把握予以确认。

例如，你公司未能确认与（b）（4）相关、被用于（b）（4）Drionic腋下器械的（b）（4）过程。你公司同样未能确认用于（b）（4）印刷电路板组件和缺陷/拒绝的医疗器械中所用印刷电路板维修的（b）（4）

过程。

7．未能按照21 CFR 820.75（c）的要求在发生变更或工艺过程偏差时对过程进行评审和评价，适当时进行再确认。

具体为，在（b）(4）和（b）(4）从你公司位于Los Angeles, CA的生产场地迁至Pasadena, CA生产场地时，你公司未能在2011年进行确认/再确认。此时，你公司并未充分地再确认（b）(4）和（b）(4）过程，包括安装验证和运行验证是否符合预定的技术规范要求。

FDA已审查你公司2015年11月17日的回复，因为你公司并未提供支持性文件,FDA无法评价这部分内容。你公司表示计划启动解决该缺陷的纠正措施并回顾审查你公司的生产线，以便确定哪些生产线需要过程确认和哪些设备需要执行IQ和OQ，但是并未进一步提供这些纠正措施的执行情况的证明。

8．未能按照21 CFR 820.80（a）的要求建立和保持验收活动的程序。

例如，你公司并未保留证明已在销售之前对在2015年10月检查期间所制造器械进行接收、处理或最终验收活动的记录，包括器械通过最终试验的文件。

FDA已审查你公司2015年11月17日的回复，因为你公司并未提供支持性文件，FDA无法评价这部分的内容。你公司表示你公司打算采取解决该缺陷的纠正措施，并且你公司聘用了一个外部顾问来协助你公司制定适宜的验收活动、程序和工作说明，但是并未进一步提供这些纠正措施的执行情况的证明。

9．未能按照21 CFR 820.184的要求建立和保持器械历史记录，以证实器械是按照器械主记录制造的。

例如，你公司的器械历史记录并未包含制造日期、制造数量、批准销售的数量、主要标识标签和各个生产单元所用的标签、唯一器械标识符、通用产品代码或其他器械标识和所用控制编号。此外，由于并未保留你公司的器械主记录（如项目5中所述），你公司的器械历史记录并未包含用于证明你公司的器械根据器械主记录制造的验收记录。

FDA已审查你公司2015年11月17日的回复，认为其不够充分。你公司表示你公司打算启动解决该缺陷的纠正措施，并且你公司聘用了一个外部顾问来协助你公司编制器械历史记录，但是并未进一步提供这些纠正措施的执行情况的证明。

10．未能按照21 CFR 820.200（a）的要求建立和保持进行服务和验证服务满足规定要求的程序和说明书。

例如，你公司没有用于进行服务、维修或翻新Drionic器械的程序或工作说明。你公司并未保留所需维修的类型以及已执行的器械维修、服务和翻新措施的文件。

FDA已审查你公司2015年11月17日的回复，因为你公司并未提供支持性文件，FDA无法评价这部分的内容。你公司表示你公司计划由你公司的顾问协助你公司审查服务程序，但是并未进一步提供这些纠正措施的执行情况的证明。

11．未能按照21 CFR 820.20（c）的要求确保负有行政职责的管理层按规定的时间间隔和足够的频次评审质量体系的适宜性和有效性。

具体为，你公司的管理评审程序规定：具有管理权限的管理层将会至少每年进行一次管理评审，且将会在质量审核的60天内完成。然而，你公司表示你公司未能在2013年、2014年和2015年进行管理评审。

FDA已审查你公司2015年11月17日的回复，因为你公司并未提供支持性文件，FDA无法评价这部分的内容。你公司表示你公司计划在2016年1月进行正式的管理审查，但是并未进一步提供这些纠正措施的执行情况的证明。

12．未能按照21 CFR 820.22的要求根据已建立的程序进行质量审核，以确保质量体系符合已建立的质量体系要求，并确定质量体系的有效性。

具体为，你公司的质量审核程序规定：在一年的最后三个月内，需要每年进行一次检查。然而，你公司未能在2013年、2014年和2015年进行质量审核。

FDA已审查你公司2015年11月17日的回复，因为你公司并未提供支持性文件，FDA无法评价这部分的内容。你公司表示你公司计划在2016年2月进行第三方检查，但是并未进一步提供这些纠正措施的执行情况的证明。

FDA的检查同样表明你公司按照许可协议制造并在无健康护理提供商处方的情况下向你公司客户销售的Drionic手部/足部和Drionic腋下多汗症器械，根据《法案》第501（f）（1）（B）节［21 U.S.C.§ 351（f）（1）（B）］的规定，属于伪劣产品，因为你公司没有根据《法案》第515（a）节［21 U.S.C.§ 360e（a）］的规定取得上市前批准申请（PMA）或《法案》第520（g）节［21 U.S.C.§ 360j（g）］的规定取得研究性器械豁免申请。

这些器械按《法案》第502（o）节［21 U.S.C.§ 352（o）］中规定为贴错标签，因为你公司并未根据《法案》第510（k）节［21 U.S.C.§ 360（k）］向机构通知将会销售这些器械。对于需要上市前批准的器械，根据21 CFR 807.81（a）（3）（i）机构即将获得PMA时，则视为满足《法案》第510（k）节［21 U.S.C.§ 360（k）］规定的通知要求。

你公司获得器械审批或批准所需提交的这类信息已被记录在以下网址url内。FDA将会评价你公司提交的信息，并决定该产品是否可以依法上市。

此外，你公司Drionic手部/足部和Drionic腋下多汗症器械的标签不符合《法案》第502（f）（1）节［21 U.S.C.§ 352（f）（1）］的规定，因为这些器械的标签未能展示适宜的使用说明。你公司获批Drionic手部/足部和Drionic腋下多汗症器械K831320是按处方销售的医疗器械；因此，它们必须符合21 CRF 801.109中规定的要求。这些要求包括但不仅限于："仅向专业实践过程中的医师出售或依照该类医师的处方或其他指令出售"［21 CFR 801.109（a）（2）］；且Drionic手部/足部和Drionic腋下多汗症器械的标签必须标有以下声明："注意：根据21 CFR 801.109（b）（1），联邦法律限制____销售或授意购买本器械，或使用或授意使用本器械；须在空格部分填写"医师""牙医""兽医"或由该人员依照从业所在州的法律获得的其他任何医师描述性名称"。然而，这些器械被置于你公司的网站（www.drionic.com）上销售，并不要求职业医师的处方或其他授意。此外，这些器械的标签未能标有上述警示说明。

你公司应立即采取措施纠正本信函所述的违规行为。如若未能及时纠正这些违规行为，可能导致FDA在没有进一步通知的情况下启动监管措施。监管措施包括但不限于没收、禁令和民事罚款。此外，联邦机构会得知关于器械的警告信，以便在签订合同时考虑上述信息。如果FDA确定你公司违反了质量体系法规，且这些违规行为与Ⅲ类器械的上市前批准申请有关联，则在纠正这些违规行为之前，将不会批准此类器械。同时，如果FDA确定你公司的器械不符合《法案》的要求，则不会批准出口证明（Certificates to Foreign Governments，CFG）的申请。

FDA还发现，你公司腋下TM器械K853635是21 CRF 801.109规定的按处方销售的医疗器械。因此，如果你公司选择制造和销售该腋下TM器械，则必须根据其他所有适用法律和法规的要求在健康医师的授意下销售该器械。

请在收到本信函之日起15个工作日内将你公司为纠正上述违规行为所采取的具体步骤书面通知本办公室，并说明你公司计划如何防止此类违规行为或类似违规行为再次发生。包括你公司已经采取的纠正措施（必须解决系统问题）的文件材料。如果你公司计划采取的纠正措施将逐渐开展，请提供实施这些活动的时间表。如果无法在15个工作日内完成纠正，请说明延迟的原因以及完成这些活动的时间。你公司的回复应全面，并解决此警告信中所包括的所有违规行为。

最后，请注意本信函未完全包括你公司全部违规行为。你公司有责任遵守FDA所有的法律和法规。本信函和检查结束时签发的检查结果FDA 483表中记录的具体违规行为可能表明你公司制造和质量管理体系中存在严重问题。你公司应查明违规原因并及时采取纠正措施，确保产品合规。

第165封　给86 Harriet Ave Corporation DBA General Devices的警告信

生产质量管理规范/质量体系法规/医疗器械/伪劣

CMS # 475178

2016年6月1日

尊敬的B先生：

美国食品药品管理局（FDA）于2015年6月2日至6月11日，对位于Ridgefield, New Jersey的你公司的医疗器械进行了检查。检查期间，FDA检查员已确认你公司为Carepoint EMS 工作站/GEMS Series 4000、EIM lOS Prep-Check、EIM-107-20A Prep-Check Plus、Rosetta-Lt和Rosetta-Rx的生产制造商。根据《联邦食品、药品和化妆品法案》（以下简称《法案》）第201（h）节［21 U.S.C.§ 321（h）］，凡是用于诊断疾病或其他症状，对疾病有治愈、缓解、治疗或预防作用，或是可以影响人体结构或功能的器械，均为医疗器械。故你公司涉及检查的产品为医疗器械。

本次检查表明，这些医疗器械的生产、包装、储存或安装中使用的方法、设施或控制不符合21 CFR 820质量体系法规对现行生产质量管理规范的要求，根据《法案》第501（h）节［21 U.S.C.§ 351（h）］的规定，属于伪劣产品。

2015年6月29日，FDA收到你公司运营总监James Nejmeh先生针对2015年6月11日出具的FDA 483表（检查发现问题清单）的书面回复，又于2015年9月11日收到你公司总裁兼首席执行官Curt M. Bashford先生的书面回复。FDA针对回复，处理如下。

你公司存在的违规事项包括但不限于以下内容：

1．未能按照21 CFR 820.100（a）的要求建立和保持实施纠正和预防措施的程序。例如：

A. 一份名为“通用器械CAPA政策”的未署名SOP（生效日期：2013年2月17日）未要求分析各种质量数据来源，以便确定不合格产品或重复出现质量问题的现有和潜在原因。SOP未要求对以下方面的CAPA根本原因进行调查：①根据CAPA之前审查的已知问题；②故障的“采购行业标准的下架组件”；③“正常磨损或老化相关”不合格产品；④因用户滥用或损坏导致的不合格产品。

B. 在2013年3月4日至2015年6月2日之间的公司服务记录表明：至少（b）（4）17英寸和19英寸Carepoint EMS 工作站监视器或触屏监视器故障并被发送至供应商以便更换。目前，根本原因确定的供应商CAPA调查还未启动。未确定根本原因的服务记录示例包括但不仅限于以下内容：

- #1532（日期2015年5月15日）：不显示屏幕。
- #1619（日期2015年5月15日）：屏幕点亮几秒钟，然后变黑。
- #1608（日期2015年5月26日）：在安装期间，监视器并未打开。

FDA已审查你公司的回复，认为其不够充分。FDA确认你公司在2015年6月29日的初始回复表明：你公司将会对公司质量体系进行内部检查并采取纠正措施，并预计将在“自收到书面报告”的90天内完成这些纠正措施。在你公司后续回复（2015年11月11日）中，你公司描述了用于解决FDA 483表中各个观察事项的纠正措施的执行情况。然而，回复并未提供任何证明你公司已纠正相应缺陷的支持性文件。

2．未能按照21 CFR 820.30（i）的要求建立设计变更程序。例如：

A. 名为“变更通知系统”（日期：1994年8月16日）的未署名SOP未要求在执行之前验证或确认设计

变更。

B．缺少来自客户现场的以下Carepoint.exe版本获批（用于解决问题）所需的软件验证文件，包括但不仅限于以下内容：

- #10089（日期：2014年5月21日）：器械持续发出ECG报警，但是ECG并未出现在屏幕上。
- #9169（日期：2013年12月11日）：12 导联ECG出现之后，器械继续发出音响报警。
- #8429（日期：2013年5月21日）：器械持续发出12 导联ECG音响报警，但是在用户选择查看 12导联ECG之后，12 导联ECG并未出现在屏幕上。

C．问题单# 9808（日期：2014年4月2日）表示，iPad与Carepoint EMS 工作站（序列号0464）之间的音频并未正常工作。器械的（b）（4）程序已被升级至版本1.01.26，以便解决该问题。缺少（b）（4）获批所需的软件确认文件。

FDA已审查你公司的回复，认为其不够充分。FDA确认你公司于2015年6月29日的首次回复表示：你公司将会对公司的质量体系进行内部检查和执行纠正措施，并计划在“自收到书面报告”的90天内完成这些纠正措施。在你公司的后续回复（日期：2015年9月11日）中，你公司描述了为解决FDA 483表中的观察事项所采取的纠正措施的执行情况。然而，回复并未提供任何证明你公司已纠正相应缺陷的支持性文件。

FDA的检查同样发现，你公司未能符合21 CFR 803.17中规定的书面医疗器械报告（MDR）程序的编制、维护和实施要求。重大违规事项包括但不限于以下内容：

3．未能按照21 CFR 803.17（a）（1）的要求建立内部系统，用于及时和有效识别、沟通和评价可能构成提交MDR要求的事件。例如：

A．名为“通用器械医疗器械报告（MDR）政策”（日期：1998年2月25日和2014年2月27日）的SOP未要求建立用于及时和有效识别、沟通和评价可能符合MDR要求的事件的内部系统。

B．缺少以下投诉和/或MDR可报告性服务记录的评价文件：

- 问题单# 11821（日期：2015年5月5日）和服务记录# 1618（日期：2015年6月2日）表明：Carepoint EMS 工作站（序列号0180）的无线电冻结，由于硬盘驱动器损坏不允许主叫方挂断。
- 问题单# 11503（日期：2015年3月5日）和服务记录# 1587（日期：2015年3月5日）表明：Carepoint EMS 工作站（序列号0465）由于印刷电路板（DSP板）故障无法启动。
- 问题单# 10089（日期：2014年5月21日）表明：Carepoint EMS 工作站（序列号0381）持续报警已收到ECG，但是ECG并未出现在屏幕上。

FDA已审查你公司的回复，认为其不够充分。FDA确认你公司于2015年6月29日的首次回复表示：你公司将会对公司的质量体系进行内部检查和执行纠正措施，并计划在“自收到书面报告”的90天内完成这些纠正措施。在你公司的后续回复（日期：2015年9月11日）中，你公司描述了为解决FDA 483表中的观察事项所采取的纠正措施的执行情况。然而，回复并未提供任何证明你公司已纠正相应缺陷的支持性文件。

你公司应立即采取措施纠正本信函所述的违规行为。如若未能及时纠正这些违规行为，可能导致FDA在没有进一步通知的情况下启动监管措施。监管措施包括但不限于没收、禁令和民事罚款。

请在收到本信函之日起15个工作日内将你公司为纠正上述违规行为所采取的具体步骤书面通知本办公室，并说明你公司计划如何防止此类违规行为或类似违规行为再次发生。包括你公司已经采取的纠正措施（必须解决系统问题）的文件材料。如果你公司计划采取的纠正措施将逐渐开展，请提供实施这些活动的时间表。如果无法在15个工作日内完成纠正，请说明延迟的原因以及完成这些活动的时间。你公司的回复应全面，并解决此警告信中所包括的所有违规行为。

最后，请注意本信函未完全包括你公司全部违规行为。你公司有责任遵守FDA所有的法律和法规。本信函和检查结束时签发的检查结果FDA 483表中记录的具体违规行为可能表明你公司制造和质量管理体系中存在严重问题。你公司应查明违规原因并及时采取纠正措施，确保产品合规。

第166封　给Helica Instruments, Ltd. 的警告信

生产质量管理规范/质量体系法规/医疗器械/伪劣/标识不当

CMS # 491658

2016年5月13日

尊敬的H先生：

美国食品药品管理局（FDA）于2015年11月9日至2015年11月11日，对你公司位于英国爱丁堡的医疗器械进行了检查。检查期间，FDA检查员已确认你公司为电外科切割和凝固器械和配件的生产制造商。根据《联邦食品、药品和化妆品法案》（以下简称《法案》）第201（h）节［21 U.S.C.§ 321（h）］，凡是用于诊断疾病或其他症状，对疾病有治愈、缓解、治疗或预防作用，或是可以影响人体结构或功能的器械，均为医疗器械。故你公司涉及检查的产品为医疗器械。

本次检查表明，这些医疗器械的生产、包装、储存或安装中使用的方法、设施或控制不符合21 CFR 820的cGMP要求，根据《法案》第501（h）节［21 U.S.C.§ 351（h）］的规定，属于伪劣产品。2015年11月25日，FDA收到了你公司针对FDA 483表（检查发现问题清单）的回复。FDA针对回复，处理如下。此类违规行为包括但不限于下述各项：

1．未能按照21 CFR 820.90（a）的要求建立和维护适当的程序来控制不符合规定要求的产品。例如：

a．你公司的不合格产品程序没有充分说明：

i．不合格产品的标识、记录、评估、隔离和处置；

ii．不合规项评估，包括确定对不合规项负责的人员或组织进行调查和通知的必要性；

iii．审查与处置流程；

iv．记录不合格产品的处置文件；

v．记录返工和重新评估活动，包括确定返工对产品是否有任何不利影响；

vi．在器械历史记录（DHR）中记录返工和重新评估活动；

vii．确保不合格产品的返工程序包括对返工后的不合格产品重新检测和评估，以确保产品符合现行批准的规范；

viii．记录返工和重新评估活动文件，包括确定返工是否会对DHR中的产品产生任何不利影响。

b．你公司未充分评估和记录与下列不合格产品报告（NCR）有关的处置、调查和返工活动：NCR 205、NCR 209、NCR 210、NCR 217和NCR 219。

FDA审查你公司的答复后，认为其不充分。你公司声明会修改不合格产品程序，以符合21 CFR 820.90的要求。但是，该答复并没有评估和记录与已发现的不合规项相关的处置、调查和返工活动。此外，你公司的答复也没有说明是否会审查其他不合格产品报告，以确定执行了经修订的不合格产品程序之后是否妥善处理了不合格产品。

2．未能按照21 CFR 820.198（a）的要求保存投诉文件，并建立和维护由正式指定单位接收、审查和评估投诉的程序。

FDA审查你公司的答复后，认为其不充分。你公司的答复表明，会在2016年6月30日前制定一项由正式指定单位接收、审查和评估投诉的程序，作为总体纠正措施计划的一部分。但是，你公司的答复并未包括对

以前的NCR的评估，以确定是否存在与投诉或MDR事件有关的NCR。

3．未能按照21 CFR 820.30（i）的要求，在设计变更实施前，制定和维护识别、记录、确认或验证（如适用）、审查和批准程序。

例如，你公司没有制定书面设计变更程序。

FDA审查你公司的答复后，认为其不充分。你公司的答复表明，会在2016年6月30日前制定一项设计变更程序，作为总体纠正措施计划的一部分。但是，你公司尚未开展风险分析，以确定缺少设计变更的识别、记录、确认或验证、审查和批准对已上市产品的影响。

4．未按照21 CFR 820.30（h）的要求制定和维护程序，以确保器械设计正确转化为生产质量标准。

例如，你公司没有设计转让的书面程序。

FDA审查你公司的答复后，认为其不充分。你公司的答复表明，会在2016年6月30日前制定设计转让程序，作为总体纠正措施计划的一部分。但是，你公司的答复未包括对过去的设计转让活动进行风险分析，以确定该等活动是否正确执行，并采取纠正措施（如适用）。

5．未能按照21 CFR 820.30（g）的要求制定和维护适当的设计确认程序，以确保器械符合规定的用户需求和预期用途，并应包括在实际或模拟使用条件下对生产单位进行检测。例如：

a．你公司的“设计和研发规划”程序并不能确保：

i．对最初生产单位，批次、亚批次或同等物进行确认；

ii．在实际或模拟使用条件下对生产单位进行检测；

iii．设计确认包括风险分析；

iv．设计验证结果（包括设计、方法、日期和执行确认的人员）应记录在设计历史文档（DHF）中。

b．验证方案和相关报告（包括Helica TC、LT探针和LTC探针的支持性检测结果和原始数据）没有记录在相关的技术文件或DHF中，并且你公司也无法找到。

c．Helica TC和LTC探针的电磁兼容性（EMC）检测未记录在DHF中，并且你公司也无法找到。

d．Helica TC包装确认方案和支持性检测结果没有记录在DHF中，并且你公司也无法找到。

e．未充分记录用于支持已灭菌包装LT和LTC探针两年有效期标签声明的保质期测试。技术文件中所包含的唯一文件是由合同灭菌商提供的，日期为2006年10月2日的LT探针的EP无菌检测证书。未对LTC探针进行有效期检测。

FDA审查你公司的答复后，认为其不充分。你公司的答复表明，会修改“设计和研发规划”程序，以符合21 CFR 820.30（g）的要求。你公司表示会制定新的包装确认方案，并对Helica TC、LT探针和LTC探针进行EMC检测。将会审查并记录对LT和LTC探针的有效期检测。另外，你公司会在DHF中保存Helica TC和探针的确认方案和相关报告，包括检测结果和原始数据。

但是，你公司的答复并没有表明会评估先前的设计，以确定之前经销的器械是否会造成未缓解的风险，以及是否有必要采取措施缓解该等风险。

6．未能按照21 CFR 820.30（f）的要求制定和维护验证器械设计的适当程序，以确认设计输出满足设计输入要求。例如：

a．你公司的“设计和研发规划”程序并不能确保设计验证结果（包括设计、方法、日期和执行验证的人员）记录在DHF中。

b．设计验证方案和报告（包括针对Helica TC、LT探针和LTC探针的设计、方法、日期和执行验证的人员，包括支持性检测数据）未记录在相关技术文件（DHF）中，并且你公司也无法找到。

FDA审查你公司的答复后，认为其不充分。你公司的答复表明，会制定设计验证程序。将会审查“设计和研发规划”程序，以确保设计验证结果（包括设计、方法、日期和执行验证的人员）记录在DHF中。

但是，你公司的答复未包括对之前经销的器械进行风险分析，以及由于缺少设计验证而需要采取的措施。

7．未能按照21 CFR 820.30（e）的要求制定和维护适当的程序，以确保在器械设计开发的适当阶段规划并对设计结果进行正式的有记录审查。例如：

a．你公司的“设计和研发规划”程序未充分解决以下问题：

i．在器械设计开发的适当阶段规划并对设计结果进行正式的有记录审查；

ii．每次设计审查的参与者包括与接受审查的设计阶段有关的所有职能部门的代表、对接受审查的设计阶段不负直接责任的人员，以及需要的专家；

iii．设计审查的结果（包括设计、日期和执行审查的人员）记录在DHF中。

b．设计审查结果（包括Helica TC、LT探针和LTC探针的设计、日期和执行审查的人员）没有记录在相关技术文件或DHF中，并且你公司也无法找到。

FDA审查你公司的答复后，认为其不充分。你公司的答复表明，会制定一项设计审查程序。将会对你公司的“设计和研发规划”程序进行审查，以确保其符合21 CFR 820.30（e）的要求。

此外，你公司的答复表明，你公司正在寻找一个替代的主要供应商来制造Helica TC和探针。作为供应商变更的一部分，你公司计划对产品进行全面的设计审查和升级。你公司会纳入纠正措施，并将生成的数据和结果记录在DHF中。

但是，你公司的答复并未包括对在设计审查之前经销的器械进行风险分析，以及需采取的纠正措施（如适用）。

8．未能按照21 CFR 820.30（c）的要求制定和维护程序，以确保与器械有关的设计要求适当并满足器械的预期用途，包括使用者和患者的需求。例如：

a．你公司的“设计和研发规划”程序并不能确保：

i．与器械有关的设计要求适当并满足器械的预期用途，包括使用者和患者的需求；

ii．该程序包括处理不完整、不明确或相互冲突要求的机制；

iii．输入要求由指定人员审查和批准，包括日期和人员签名；

iv．相关记录保存在相关设计历史文档中。

b．设计要求的确定和相关活动（包括Helica TC、LT探针和LTC探针的设计输入审批）没有记录在相关技术文件（DHF）中，并且你公司也无法找到。

FDA审查你公司的答复后，认为其不充分。你公司的答复表明，会制定一项设计输入程序，对你公司的“设计和研发规划”程序进行审查，以确保其符合21 CFR 820.30（c）的要求。

但是，你公司的答复未包括对之前经销的器械进行风险分析，以及由于缺少设计输入而需要采取的措施。

9．未能按照21 CFR 820.80（d）的要求制定和维护成品器械验收程序，以确保每个生产运行、批次或亚批次的成品装置符合验收标准。

例如，你公司没有成品器械验收和放行的书面程序。

FDA审查你公司的答复后，认为其不充分。你公司的答复表明，会在2016年6月30日前制定成品设备验收程序，作为总体纠正措施计划的一部分。但是，你公司的答复未包括与已经销产品相关的风险分析，以确定缺少成品器械验收活动所产生的潜在风险或为此需采取的措施。

10．未能按照21 CFR 820.50的要求制定和维护适当的程序，以确保所有购买或以其他方式收到的产品和服务符合指定要求。例如：

a．你公司的采购程序并不能确保：

i．制定和维护供应商、承包商和顾问必须满足的要求；

ii．根据潜在供应商、承包商和顾问满足指定要求的能力，对其进行评估和遴选；

iii．记录对潜在供应商、承包商和顾问的评估；

iv．确定对产品、服务、供应商、承包商和顾问实施的控制的类型和范围；

v. 建立并维护合格的供应商、承包商和顾问的记录；

vi. 创建、维护和批准明确描述或参考采购或以其他方式收到的产品和服务的指定要求的采购数据；

vii. 在可能的情况下，记录供应商、承包商和顾问同意将所提供产品或服务的变更通知制造商的协议。

b. 经核准供应商名单未包括你公司目前使用的下列供应商、服务供应商和顾问：

i.（b）(4）

ii.（b）(4）

iii.（b）(4）

iv.（b）(4）

FDA审查你公司的答复后，认为其不充分。你公司的答复表明，会根据21 CFR 820.50建立采购控制程序，并在适当情况下更新经核准供应商名单（如适用）。但是，你公司的答复未包括对之前收到的产品记录进行评估，以确定是否由于缺乏供应商控制而导致接受不合格产品。

11. 未能按照21 CFR 820.100（a）的要求，制定和维护实施纠正和预防措施的适当程序。

例如，程序“纠正措施”(b)(4）和“预防措施”(b)(4）未涉及以下事项：

a. 分析质量数据来源，以确定不合格产品的现有和潜在原因，或在必要时采用相关统计方法分析其他质量问题，以发现重复出现的质量问题；

b. 验证或确认纠正和预防措施，以确保此类措施不会对成品器械产生不利影响。

FDA审查你公司的答复后，认为其不充分。你公司的答复表明，会审查和修订“纠正措施”和“预防措施”程序，以纠正列出的违规行为。但是，你公司的答复未包括审查现有CAPA记录的计划，以确定是否存在未经验证或确认的措施，以及确定解决此类情况所需采取的措施。

FDA经检查还发现，根据《法案》第502（t）(2）节［21 U.S.C.§ 352（t）(2）］的规定，你公司的电外科切割和凝固器械和配件标识有误，原因在于你公司未能或拒绝提供《法案》第519节（21 U.S.C.§ 360i）和21 CFR 803-“医疗器械报告”规定的有关该等器械的材料或信息。重大违规行为包括但不限于以下内容：

12. 未能按照21 CFR 803.17的要求制定、维护和实施书面MDR程序。

例如，标题为“医疗器械警戒系统”(b)(4）的文件未明确其为根据21 CFR 803.17的要求创建的MDR程序的信息。

目前尚不能确定你公司的答复是否充分。你公司提供了一项行动计划以纠正FDA发现的缺陷。如果你公司不提供实施证据（包括你公司MDR程序的副本），FDA无法确定你公司的答复是否充分。

FDA经检查还发现，根据《法案》第501（f）(1）(B）节［21 U.S.C.§ 351（f）(1）(B）］的规定，你公司的Helica热凝器为伪劣产品，原因在于你公司没有根据《法案》第515（a）节［21 U.S.C.§ 360e（a）］的规定获得批准的上市前批准申请（PMA)，也没有根据《法案》第520（g）节［21 U.S.C.§ 360j（g）］的规定获得批准的研究器械豁免（IDE）申请。根据《法案》第502（o）节［21 U.S.C.§ 352（o）］的规定，Helica热凝器标识有误，因为你公司没有通知FDA拟对该器械进行商业销售，即你公司没有按照《法案》第510（k）节［21 U.S.C.§ 360（k）］与21 CFR 807.81（a）(3）(ii）的要求向FDA提供有关该器械新增预期用途的通知或其他信息。

具体为，Helica热凝器根据510（k）(编号：K972267）获得许可，其适应证如下：“用于所有软组织手术（腹腔镜、内窥镜和开放式）的氦气电外科凝固器”。但是，你公司推广Helica热凝器提供的证据表明，该器械用于治疗子宫内膜异位症，这是对器械预期用途做出的重大变更或修改，而对此，你公司并未获得批准或许可。例如，你公司网站（http://www.helica.co.uk/helica-gynaecology.html）解释了Helica热凝器如何用于治疗子宫内膜异位症，包括：

- Helica热凝器“可在进行腹腔镜手术的同时对子宫内膜异位症进行治疗。”
- “Helica TC通过使用名为电灼术的方法消除子宫内膜异位症。”
- “Helica TC可使妇科专家十分准确地治疗子宫内膜异位症，并且在接近生殖器官工作时，降低导致未来受孕出现问题的风险。”

- “Helica TC可在进行腹腔镜手术时方便使用，并且对大多数患有子宫内膜异位症者，可缓解疼痛并增加妊娠机会。”

治疗子宫内膜异位症的适应证不在Helica热凝器的许可适应证范围内，并且构成对器械预期用途的重大变更或修改。此外，在审查K972267的过程中，你公司提交了治疗子宫内膜异位症的适应证。该适应证未包括在Helica热凝器的许可范围内，因为你公司没有提供足够数据支持你公司510（k）提交文件内的相关具体声明。

对于需要获得上市前批准的器械，在PMA等待FDA审批时，《法案》第510（k）节［21 U.S.C.§ 360（k）］要求的通知视为已满足［详见21 CFR 807.81（b）］。FDA将评估你公司提交的信息，并决定你公司产品是否可合法上市。

FDA要求你公司立即停止致使Helica热凝器成为标识不当或者伪劣产品的活动（例如，以上述用途进行器械的商业经销）。

此外，联邦机构会得知关于器械的警告信，以便在签订合同时考虑上述信息。如果FDA确定你公司违反了质量体系法规，且这些违规行为与Ⅲ类器械的上市前批准申请有关联，则在纠正这些违规行为之前，将不会批准此类器械。请在收到本信函之日起15个工作日内将你公司为纠正上述违规行为所采取的具体步骤书面通知本办公室，并说明你公司计划如何防止此类违规行为或类似违规行为再次发生。包括你公司已经采取的纠正措施（必须解决系统问题）的文件材料。如果你公司计划采取的纠正措施将逐渐开展，请提供实施这些活动的时间表。如果无法在15个工作日内完成纠正，请说明延迟的原因以及完成这些活动的时间。你公司的回复应全面，并解决此警告信中所包括的所有违规行为。

最后，请注意本信函未完全包括你公司全部违规行为。你公司有责任遵守FDA所有的法律和法规。本信函和检查结束时签发的检查结果FDA 483表中记录的具体违规行为可能表明你公司制造和质量管理体系中存在严重问题。你公司应查明违规原因并及时采取纠正措施，确保产品合规。

第167封　给F.P. Rubinstein Y Cia SRL的警告信

生产质量管理规范/质量体系法规/医疗器械/伪劣

CMS # 491271

2016年5月6日

尊敬的R先生：

美国食品药品管理局（FDA）于2015年12月14日至2015年12月17日，对你公司位于阿根廷科尔多瓦（Cordoba）场所的医疗器械进行了检查。检查期间，FDA检查员已确认你公司为激光供电外科器械的生产制造商。根据《联邦食品、药品和化妆品法案》（以下简称《法案》）第201（h）节［21 U.S.C.§ 321（h）］，凡是用于诊断疾病或其他症状，对疾病有治愈、缓解、治疗或预防作用，或是可以影响人体结构或功能的器械，均为医疗器械。故你公司涉及检查的产品为医疗器械。

本次检查表明，这些医疗器械的生产、包装、储存或安装中使用的方法、设施或控制不符合21 CFR 820的cGMP要求，根据《法案》第501（h）节［21 U.S.C.§ 351（h）］的规定，属于伪劣产品。此类违规行为包括但不限于下述各项：

1．未能按照21 CFR 820.30（a）的要求制定和维护纠正和预防措施的实施程序。例如：

a．为解决（b）（4）缺少确认记录而进行的CAPA（b）（4）不完整。你公司在未对（b）（4）进行验证的情况下关闭了本CAPA。

b．由于（b）（4）而启动了CAPA（b）（4）。一项纠正是更新了（b）（4）。但是，你公司尚未确认（b）（4）变更。

该缺陷与2014年10月17日结束检查时发现的缺陷相同。

2．未能按照21 CFR 820.198（a）的要求由正式指定单位接收、审查和评估投诉的程序。例如：

a．与因电路板故障引起的高压输出而灼伤患者有关的投诉案件001-00003023和001-00003542未包括充分的投诉调查。具体为，你公司（b）（4）电路板故障。但是，没有对电路板故障的潜在原因进行调查。

b．调查员抽查的8宗投诉均未包括MDR评估。

c．有4宗投诉没有投诉人的电话号码或有关投诉的描述。

该缺陷与2014年10月17日结束检查时发现的缺陷相同。

3．未能按照21 CFR 820.30（g）的要求制定和维护确认器械设计的程序。例如：

a．你公司未进行软件确认（b）（4）。该等程序用于Starlight激光产品系列。

b．（b）（4）的软件确认不充分，原因在于（b）（4）。当超过最大电压（6V）或实际电压高于与操作者选择的强度相关的参考电压时，会出现此消息。

4．未能按照21 CFR 820.30（f）的要求制定和维护验证器械设计的程序。例如：

a．辐射发射的验证检测未确认设计输出满足设计输入。根据IEC 60601-1-2: 2007进行的Starlight激光供电外科器械的辐射发射验证检测未通过。

b．没有对包装进行验证检测，以确保Starlight激光器能够承受运输过程中遇到的外力。在客户收到产品后，收到的与印刷电路板故障相关的多宗投诉与运输损坏相关。

5．未能按照21 CFR 820.75（a）的规定，确保在无法通过后续检验和试验充分验证过程结果的情况下，

以高度保证的方式对过程进行验证，并根据既定程序进行批准。

例如，你公司没有工艺验证程序。此外，你公司尚未确认需返工时使用的此类所需部件的（b）（4）的流程。

6．未能按照21 CFR 820.70（i）的要求，在计算机或自动化数据处理系统用作生产或质量体系的一部分时，根据既定方案确认计算机软件的预期用途。

例如，你公司尚未确认质量体系中使用的下列软件：

a．（b）（4），用于处理投诉；

b．（b）（4），用于你公司销售人员处理投诉；

c．（b）（4），用于数据分析。

7．未能按照21 CFR 820.70（c）的要求制定和维护程序，以合理控制预计会对产品质量产生不利影响的环境条件。

例如，操作人员没有穿戴（b）（4）。

8．未能按照21 CFR 820.50的要求制定和维护程序，以确保所有购买或以其他方式收到的产品和服务符合规定的要求。例如：

a．你公司没有记录供应商、顾问或承包商的资质。

b．你公司的经核准供应商名单未包括用于软件开发和内部审计的三个承包商／顾问。

c．经核准供应商名单缺少版本号、日期和签名。

9．未能按照21 CFR 820.72（a）的要求，确保所有检验、测量和检测设备（包括机械、自动化或电子检验和检测设备）适合其预期用途并能够产生有效结果。

例如，你公司的程序要求每年对测量设备进行校准。但是，你公司无法提供两台测量设备（b）（4）的校准记录。

该缺陷与2014年10月17日结束检查时发现的缺陷相同。

10．未能按照21 CFR 820.20（c）的要求，根据既定程序，按指定的时间间隔和足够的频率审查质量体系的适用性和有效性，以确保质量体系满足21 CFR 820的要求以及制造商既定的质量方针和目标。

例如，负有执行职责的管理层没有出席2015年的管理评审会议。

11．未能按照21 CFR 820.184的要求维护器械历史文档（DHR）。

例如，Starlight激光驱动外科器械的DHR未表明该器械是根据器械主记录制造的：

a．（b）（4）电路板检测的文件包括质量结果（b）（4）。该缺陷影响（b）（4）DHR的总量，包括（b）（4）。

b．DHR未包括主要标识标签。

该缺陷与2014年10月17日结束检查时发现的缺陷相同。

此外，FDA还发现了你公司未遵守《法案》第C子章——“电子产品辐射控制”、21 CFR 1000-1005中的要求以及21 CFR 1010、1040.10和1040.11中的性能标准有关的不合格项。该等不合规项包括但不限于下述各项：

12．未能按照21 CFR 1040.10（c）的要求对激光产品进行分类。

例如，Starlight标签指明产品为Ⅲ类，但这是按照UNE-EN60601-2-57 2012进行的分类。你公司的技术总监表示该分类为Ⅳ类。没有关于你公司如何确定将该产品归为Ⅲ类的文件。

13．未能按照21 CFR 1040.10（g）的要求将警告标志标签贴在每个激光器上。

例如，每个Ⅳ类激光产品上所附标签没有标明相关法规规定的“危险”标志，并且在相关法规规定的位置上也没有标明“激光辐射——避免眼睛或皮肤接触到直接或散射辐射”的字样，而且在相关法规规定的位置上也没有标明“Ⅳ类激光产品”字样。

14．未能按照21 CFR 1002.13的要求每年提交年度报告。

例如，你公司没有提交2013~2014年或2014~2015年的年度报告。

15．未能按照21 CFR 1002.10的要求在美国销售前提交Starlight皮肤科激光器的产品报告。

例如，你公司未提交Starlight激光器的产品报告，但已开始销售。

鉴于你公司严重违反了《法案》规定，根据《法案》第801（a）节［21 U.S.C.§ 381（a）］的规定，由于你公司制造的激光供电外科器械等器械为伪劣产品，所以被拒入境。因此，FDA正在采取措施，以拒绝此类医疗器械进入美国（称为“自动扣留”），直到此类违规行为得到纠正。为了解除医疗器械的扣留状态，你公司应按下列说明对本“警告信”做出书面答复，并对其中所述的违规行为予以纠正。FDA会告知你公司的答复是否充分，以及是否需要重新检查你公司的场所，以验证是否已实施相关纠正行动和／或纠正措施。

此外，联邦机构会得知关于器械的警告信，以便在签订合同时考虑上述信息。如果FDA确定你公司违反了质量体系法规，且这些违规行为与Ⅲ类器械的上市前批准申请有关联，则在纠正这些违规行为之前，将不会批准此类器械。同时，如果FDA确定你公司的器械不符合《法案》的要求，则不会批准出口证明（Certificates to Foreign Governments，CFG）的申请。

请在收到本信函之日起15个工作日内将你公司为纠正上述违规行为所采取的具体步骤书面通知本办公室，并说明你公司计划如何防止此类违规行为或类似违规行为再次发生。包括你公司已经采取的纠正措施（必须解决系统问题）的文件材料。如果你公司计划采取的纠正措施将逐渐开展，请提供实施这些活动的时间表。如果无法在15个工作日内完成纠正，请说明延迟的原因以及完成这些活动的时间。你公司的回复应全面，并解决此警告信中所包括的所有违规行为。

第168封　给Eclipse Aesthetics LLC. 的警告信

试验器械豁免（IDE）/上市前批准申请（PMA）

CMS # 486062

2016年3月28日

尊敬的O先生：

美国食品药品管理局（FDA）于2015年8月5日至2015年8月13日对位于Farmers Branch, Texas的你公司进行了检查。检查期间，FDA检查员已确认：您公司为Eclipse MicroPen Elite的生产制造商。根据《联邦食品、药品和化妆品法案》（以下简称《法案》）第201（h）节［21 U.S.C.§ 321（h）］，凡是用于诊断疾病或其他症状，对疾病有治愈、缓解、治疗或预防作用，或是可以影响人体结构或功能的器械，均为医疗器械。故你公司涉及检查的产品为医疗器械。

本次检查表明，这些医疗器械的生产、包装、储存或安装中使用的方法、设施或控制不符合21 CFR 820的cGMP要求，根据《法案》第501（h）节［21 U.S.C.§ 351（h）］的规定，属于伪劣产品。因为你公司并未获得《法案》第515（a）节中规定的有效上市前批准申请（PMA）或《法案》第520（g）节［21 U.S.C.§ 360j（g）］中规定的试验器械豁免（IDE）申请。根据《法案》第502（o）节［21 U.S.C.§ 352（o）］，Eclipse MicroPen Elite也被打错了产品标签，因为你公司并未根据《法案》第510（k）节［21 U.S.C.§ 360（k）］向机构通报打算销售该器械。

具体为，FDA已审查Eclipse MicroPen Elite的产品标签，包括你公司的网站（www.eclipseaesthetics.com）、手册和宣传册：Eclipse MicroPen Elite系统可以通过形成皮肤微小伤口来引发新胶原蛋白合成，从而实现受控胶原蛋白诱导疗法，用于改善中度至重度皱纹和妊娠纹等皮肤状况。

例如，FDA对产品标签进行审查，发现对该器械的描述如下：

"自动微针法（也被称作胶原蛋白诱导疗法或CIT）是美容医学的一项新创新，用于治疗细纹、痤疮、瘢痕以及改善皮肤的纹理、色调和颜色。手术期间，Eclipse MicroPen被用于在受控条件下形成皮肤微型伤口，以帮助生成胶原蛋白和弹性蛋白。皮肤的修复过程表现为表皮变厚、皱纹变浅。MicroPen Elite还可以创建微通道，使局部凝胶、面霜和精华液更有效地被吸收，增强皮肤深层的效果。"

FDA对上述检查中收集的文件进行审查（包括你公司网站），Eclipse MicroPen Elite包含由电机控制的印章式微针，以便操作员在皮肤表面移动Eclipse MicroPen Elite时垂直刺穿皮肤（深度受控）。

FDA还发现，Eclipse MicroPen Elite的标签表明，它是一个用于微晶磨皮和伤疤治疗的Ⅰ级FDA认证器械；该器械是一个根据21 CFR 878.4820分类的FDA认证的电动磨皮器械。总之，由于该器械根据21 CFR 878.4820进行分类而免除了上市前通知。此类器械一般具有刷子、锉和磨石等研磨基底，被用于通过剪切力研磨和除去皮肤层。与510（k）豁免型电动磨皮刷不同，Eclipse MicroPen Elite可以通过刺穿皮肤达到其临床疗效。

此时，针的安全长度范围、刺穿深度和器械速度未知。因此，FDA对针可能损伤血管和神经的安全隐患表示忧虑。Eclipse MicroPen Elite采用了与根据21 CFR 878.4820分类的器械不同的基础科学技术。因此，Eclipse MicroPen Elite超出了21 CFR 878.9（b）的第510（k）节中规定的豁免范围，不免除上市前通知。

对于需要获得上市前批准的器械，在获得机构的PMA之前，如果获得《法案》第510（k）节［21

U.S.C.§ 360（k）］中规定的通知，则视为符合相应要求［21 CFR 807.81（b）］。装置获批所需提交的信息类型已被记录在网站url中。FDA将会评估你公司所提交的信息，并决定你公司的产品是否可以合法销售。

FDA办事处要求你公司立即停止导致Eclipse MicroPen Elite错帖标签和/或掺假的活动，例如按照上述用途分销器械。

你公司应立即采取措施纠正本信函所述的违规行为。如若未能及时纠正这些违规行为，可能导致FDA在没有进一步通知的情况下启动监管措施。监管措施包括但不限于没收、禁令和民事罚款。此外，联邦机构会得知关于器械的警告信，以便在签订合同时考虑上述信息。

请在收到本信函之日起15个工作日内将你公司为纠正上述违规行为所采取的具体步骤书面通知本办公室，并说明你公司计划如何防止此类违规行为或类似违规行为再次发生。包括你公司已经采取的纠正措施（必须解决系统问题）的文件材料。如果你公司计划采取的纠正措施将逐渐开展，请提供实施这些活动的时间表。如果无法在15个工作日内完成纠正，请说明延迟的原因以及完成这些活动的时间。你公司的回复应全面，并解决此警告信中所包括的所有违规行为。

最后，请注意本信函未完全包括你公司全部违规行为。你公司有责任遵守FDA所有的法律和法规。本信函和检查结束时签发的检查结果FDA 483表中记录的具体违规行为可能表明你公司制造和质量管理体系中存在严重问题。你公司应查明违规原因并及时采取纠正措施，确保产品合规。

第169封 给MRI Imaging Specialist的警告信

乳腺X线摄影质量规范

CMS # 491669

2016年3月17日

尊敬的M先生：

美国食品药品管理局（FDA）检查员于2016年2月17日对你公司进行了检查。此次对你公司进行的付费检查是基于你公司在2014年7月1日14日和2015年6月17日的两次不符合MQSA检查的结果。本次检查发现，你公司进行的乳腺钼靶X线摄影仍然存在重大问题。根据1992年乳腺钼靶X线摄影质量规范（“MQSA”）（编入42 U.S.C.§ 263b），你公司必须满足乳腺钼靶X线摄影的特定要求。这些要求有助于保护女性健康，确保你公司可进行高质量的乳腺X线摄影检查。

检查发现，你公司仍有违反MQSA的行为。2016年2月19日传真给你公司的MQSA机构检查报告和文件“关于你公司MQSA检查的重要信息”中记录了这些违规行为。违规行为再次确定如下：

1级违规行为：对于现场MRI成像专家来说，主要原因：- 没有提供适时安排摘要的系统。［参见21 CFR 900.12（c）（2）］

2级违规行为：并非所有阳性乳腺X线片都输入到MRI成像专家的跟踪系统中。［参见21 CFR 900.12（f）（1）］

2级违规行为：对比度噪声比QC测试不适用于单元1、乳腺X线照射室，原因如下：- 未按要求的频率进行质量测试，未记录质量控制失败的纠正措施（在进一步检查之前）。［参见21 CFR 900.12（e）（6）］

2级违规行为：现场MRI成像专家每年未进行审核和结果分析。［参见21 CFR 900.12（f）（2）］

2级违规行为：现场MRI成像专员，并未对每个项目进行审核和结果分析。［参见21 CFR 900.12（f）（1）］

2级违规行为：现场MRI成像专员，并未对整个机构进行审核和结果分析。［参见21 CFR 900.12（f）（1）］

2级违规行为：评审工作站（监视器）质量测试不充分，主要原因：- 未按要求的频率进行质量测试。［参见21 CFR 900.12（e）（6）］

2级违规行为：核磁共振成像专员没有指定的复核（审核）医师。［参见21 CFR 900.12（f）（3）］

你公司未按照“关于MQSA检查的重要信息”文档中要求的MQSA机构检查报告进行回复。

由于这些违规问题未解决可能表明存在严重的潜在问题，这些问题可能危及该机构进行乳腺X线摄影质量，因此FDA可能会采取其他措施，包括但不限于以下措施：

- 要求该机构接受额外的乳腺X线摄影审查
- 指导性改正计划中将列入该机构
- 向该机构收取现场监控费用
- 针对每一项未能充分遵守MQSA标准或每日未能遵守MQSA标准的事件，要求你公司支付高达11000美元的民事罚款
- 要求你公司暂停或撤销FDA证书

参见42 U.S.C.§ 263b（h）-（j）和21 CFR 900.12（j）。

FDA将执行一次合规跟踪检查，确定你公司每项问题均已得到了纠正。

请在收到本信函后15个工作日内向FDA作出书面答复。你公司应针对上述结果进行答复，并包括以下内容：

1．为纠正本信函中所述的所有违规行为，你公司已采取或将采取的具体流程，包括计划实施这些措施的时间表。

2．为防止类似违规事件再次发生，你公司已采取或将采取的具体流程，包括计划实施这些措施的时间表。

3．证明妥善记录保管流程的样本记录；注意：请删除你公司提交的记录副本中的所有患者姓名。

最后，你公司应充分理解乳腺X线摄影检查要求。本信函仅包括对你公司机构最近检查发现的有关的违规行为，并不一定涉及你公司在法律下履行其他义务。你公司可以通过联系FDA［P.O.Box 6057，Columbia, MD 21045-6057（1-800-838-7715）］乳腺X线摄影质量保证计划部门，或浏览网址http://www.fda.gov/Mammography，了解FDA对有关乳腺X线摄影机构基本信息的所有要求。如果你公司对乳腺X线摄影机构要求或本信函内容有其他问题，请随时与CSO hristopher Wilcox联系，电话：912-233-5519 x1104。

第170封　给 Aussimed Ltd. 的警告信

生产质量管理规范/质量体系法规/医疗器械/伪劣

CMS # 490041

2016年3月3日

尊敬的R先生：

美国食品药品管理局（FDA）于2015年11月2日至2015年11月3日对你公司位于德国诺伊里德（Neuried）的场所进行了检查。检查期间，FDA检查员已确认你公司为生物反馈器械的生产制造商。根据《联邦食品、药品和化妆品法案》（以下简称《法案》）第201（h）节［21 U.S.C.§ 321（h）］，凡是用于诊断疾病或其他症状，对疾病有治愈、缓解、治疗或预防作用，或是可以影响人体结构或功能的器械，均为医疗器械。故你公司涉及检查的产品为医疗器械。

本次检查表明，这些医疗器械的生产、包装、储存或安装中使用的方法、设施或控制不符合21 CFR 820的cGMP要求，根据《法案》第501（h）节［21 U.S.C.§ 351（h）］的规定，属于伪劣产品。不符合21 CFR 820质量体系法规对现行生产质量管理规范的要求。2015年11月9日，FDA收到你公司针对FDA 483表（检查发现问题清单）的答复。对于所述的每一项违规行为，FDA对该答复的处理如下所述。你公司于2015年12月30日对FDA 483表作出的答复，FDA不是在FDA 483表发出后15个工作日内收到的，因此对该回复尚未予以审查。此答复将与针对本警告信中所述违规行为提供的其他书面材料一起进行审查。

此类违规行为包括但不限于下述各项：

1．未能按照21 CFR 820.30（a）的要求制定和保持器械设计的控制程序，以确保满足规定的设计要求。

例如，你公司未制定CyberScan器械的设计控制程序。

经审查，FDA认为你公司的答复不够充分。该答复未包括证明既定设计控制的文件。

2．未能按照21 CFR 820.50（a）的要求制定和保持供应商、承包方和顾问须满足的要求，包括质量要求。

例如，（b）（4）CyberScan器械。你公司未根据满足规定要求的能力，评估和选择可能的供方（b）（4）。此外，你公司可接受的供方评价未形成记录（b）（4）。

经审查，FDA认为你公司的答复不够充分。你公司的答复未包括修订后的供方控制程序和可接受供方的更新记录的摘要或英文副本。另外，你公司未表明对供方的评价，以及基于评价结果对产品、服务、供方、承包方和顾问的控制类型和范围界定。

3．未能按照21 CFR 820.100（a）的要求建立和保持实施纠正和预防措施的程序。

例如，分别于2014年6月16日、2014年7月14日和2014年7月15日进行的3项CAPA措施，你公司未对纠正措施进行验证或确认。

经审查，FDA认为你公司的答复不够充分。你公司的答复未包括对修订后CAPA/投诉处理程序的有效性实施纠正和预防措施的英文总结或副本。此外，你公司的答复未包括对之前CAPA的审核，以确保符合修订后的程序，并确保对CAPA的有效性进行验证或确认（如适用）。

4．未能按照21 CFR 820.198（a）的要求建立和保持由正式指定的部门接收、评审和评价投诉的程序。

例如，你公司的投诉处理程序“投诉+纠正措施”（第1版）未要求：

a．在收到口头投诉时形成文件；

b．调查情况记录包括投诉人的姓名、地址和电话号码。

经审查，FDA认为你公司的答复不够充分。你公司的答复不包括经修订的CAPA /投诉处理程序的英语摘要或副本，该程序要求对口头投诉和投诉调查均应记录在案。

5．未能按照21 CFR 820.184的要求建立和保持程序，确保对应于每一批次或单件的器械历史记录的保持，以证实器械是按照器械主记录（DMR）和本部分要求制造的。

例如，你公司没有制定DHR的程序。此外，DHR未包括用于11种器械的主要标识的标签和标记。

经审查，FDA认为你公司的答复不够充分。你公司的答复未包括修订后DHR程序的英文总结或副本。另外，你公司的答复未包括审查之前的DHR，以确保符合修订的程序和21 CFR 820.184的规定。

此外，联邦机构会得知关于器械的警告信，以便在签订合同时考虑上述信息。如果FDA确定你公司违反了质量体系法规，且这些违规行为与Ⅲ类器械的上市前批准申请有关联，则在纠正这些违规行为之前，将不会批准此类器械。请在收到本信函之日起15个工作日内将你公司为纠正上述违规行为所采取的具体步骤书面通知本办公室，并说明你公司计划如何防止此类违规行为或类似违规行为再次发生。包括你公司已经采取的纠正措施（必须解决系统问题）的文件材料。如果你公司计划采取的纠正措施将逐渐开展，请提供实施这些活动的时间表。如果无法在15个工作日内完成纠正，请说明延迟的原因以及完成这些活动的时间。你公司的回复应全面，并解决此警告信中所包括的所有违规行为。

最后，请注意本信函未完全包括你公司全部违规行为。你公司有责任遵守FDA所有的法律和法规。本信函和检查结束时签发的检查结果FDA 483表中记录的具体违规行为可能表明你公司制造和质量管理体系中存在严重问题。你公司应查明违规原因并及时采取纠正措施，确保产品合规。

第171封 给Repro-Med Systems, Inc. d/b/a RMS Medical Products的警告信

生产质量管理规范/质量体系法规/医疗器械/伪劣/标识不当

CMS # 478416

2016年2月26日

尊敬的S先生:

美国食品药品管理局（FDA）于2015年6月3日至2015年6月23日对你公司位于Chester, NY的医疗器械进行了检查。检查期间，FDA检查员已确认你公司为输液泵（即Freedom 60注射器输液泵和Freedom Edge注射器输液泵）和血管内给药套件的生产制造商。根据《联邦食品、药品和化妆品法案》(以下简称《法案》)第201（h）节［21 U.S.C.§ 321（h）］，凡是用于诊断疾病或其他症状，对疾病有治愈、缓解、治疗或预防作用，或是可以影响人体结构或功能的器械，均为医疗器械。故你公司涉及检查的产品为医疗器械。

FDA收到你公司针对FDA 483表（检查发现问题清单）的回复函。FDA在下方列出了你公司对于各个违规事项的相关回复。这些违规事项包括但不限于以下内容：

掺假/错贴标签违规事项

- FDA通过检查发现，Freedom 60注射器和Freedom Edge输液泵属于《法案》第501（f）(1)（B）节［21 U.S.C.§ 351（f）(1)（B）］中定义的掺假产品，你公司并未获得《法案》第515（a）节中规定的上市前批准申请（PMA）或《法案》第520（g）节［21 U.S.C.§ 360j（g）］中规定的试验器械豁免研究（IDE）。根据《法案》第502（o）节［21 U.S.C.§ 352（o）]，Freedom 60注射器和Freedom Edge输液泵的商标有误，因为你公司并未根据《法案》第510（k）节［21 U.S.C.§ 360（k）］和 21 CFR 807.81（a）(3)（i）§（ii）向机构通报你公司打算销售这些器械，并未向FDA提供关于这些设备的重大修改及其新的预期用途的其他信息。

具体为，你公司变更了Freedom 60注射器输液泵（依照K933652获批），并显著影响其安全性和有效性：

a）将压力规范范围从 13psi（最大值）更改为15psi（最大值）;

b）将流量规范范围从1 ~ 500ml / h更改为0.5 ~ 2400ml / h;

c）开发并销售不同版本的Freedom 60注射器输液泵（即Freedom Edge输液泵），该泵使用不同的注射器体积、泵送机构和操作模式。

此外，Freedom 60注射器输液泵依照K933652获批，并有以下说明：**“Freedom 60注射器输液泵用于家庭或医院环境中，推荐与Becton Dickinson 309663或Sherwood Medical 8881-560125等注射器配套使用的静脉注射液一起使用。Freedom 60注射器输液泵并非用于输送血液或血液产品。”**然而，你公司宣传该器械使用中包含一些未获批的重要改变或变更其器械预期用途的情况。具体为，宣传该器械适用于注射规定的药液［包括免疫球蛋白 G（IgG）抗生素、Desferal、止痛药、化疗药物和心脏病药物］。这些适用范围超出了获批的预期用途，因为Freedom 60注射器输液泵仅获批用于静脉输液，并未获批用于注射特定药物或血液或血液产品（例如IgG)。该器械用于不同给药途径、特定药物或药物等级会造成新的科学审查问题，因为这些变更会带来通常与获批适应证无关的新风险。

设计和预期用途方面的变更可能会影响器械的性能，并可能影响该器械的安全性和有效性。

至今，你公司还未向FDA提交与该违规事项相关的信件。

- FDA通过检查发现，RMS HigH-Flo皮下注射安全针套件属于《法案》第501（f）（1）（B）节［21 U.S.C.§ 351（f）（1）（B）］中定义的掺假产品，因为该器械是《法案》第513（f）节［21 U.S.C.§ 360c（f）］中规定的Ⅲ级器械，你公司并未获得《法案》第515（a）节［21 U.S.C.§ 360e（a）］中规定的上市前批准申请（PMA）或《法案》第520（g）节［21 U.S.C.§ 360j（g）］中规定的试验器械豁免研究（IDE）。根据《法案》第502（o）节［21 U.S.C.§ 352（o）］，该器械也存在错误标识，因为你公司并未根据《法案》第510（k）节［21 U.S.C.§ 360（k）］和21 CFR 807.81（a）（3）（ii）向FDA通报你公司准备销售该器械，并未向FDA提供有关该器械预期新用途的其他信息。具体如下：

RMS HigH-Flo皮下注射安全针套件依照K122404获批。具有以下适应证："RMS HigH-Flo皮下注射安全针套件被用于向皮下组织注射药物"。然而，你公司宣传该器械适用于皮下免疫球蛋白（SCIg）注射。具体为，你公司的宣传册中阐述了如何使用Freedom Edge注射器输液系统，包括RMS HigH-Flo皮下注射安全针套件被用于SCIg输注。K122404审查期间，SCIg注射的预期用途未被包含在获批的预期用途中，因为你公司无法提供所要求的性能数据。因此，宣传RMS HigH-Flo皮下注射安全针套件具有的该适应证不属于获批预期用途范围。该器械用于不同给药途径，会造成新的安全性和有效性问题。

至今，你公司还未向FDA提交与该违规事项相关的信件。

对于须获得上市前批准的器械，在获得FDA的PMA之前，如果收到《法案》第510（k）节［21 U.S.C.§ 360（k）］中规定的通知，则视为符合相应要求。21 CFR 807.81（b）装置获批所需提交的各种文件已被保存在网站url中。FDA将会评估你公司所提交的信息，并决定你公司的产品是否可以依法上市。

FDA要求你公司立即中止会导致上述Freedom 60和Freedom Edge注射器输液泵和RMS HigH-Flo皮下注射安全针套件的错误标识或掺假的行为，例如宣传将该器械用于上述用途。

质量体系违规事项

调查表明，Freedom 60和Freedom Edge注射器输液泵和RMS HigH-Flo皮下注射安全针套件的生产、包装、储存或安装中使用的方法、设施或控制不符合21 CFR 820的cGMP要求，根据《法案》第501（h）节［21 U.S.C.§ 351（h）］的规定，属于伪劣产品。这些违规事项包括但不限于以下内容：

1．未能按照21 CFR 820.30（f）的要求完成设计验证活动，以确保设计输出符合设计输入要求。

具体为，涉及Freedom Edge注射器输液泵及其附件（流量管和针套件）的设计验证：

A．你公司未能进行流量剖面研究或类似研究，以便通过各类与Freedom Edge注射器输液泵连接的精确流量管测试不同的流量，并验证在使用20ml 或30ml BD Luer Lok注射器时，器械输出、流量符合该泵使用说明书（IFU）中所列的设计输入要求。此外，你公司并未进行流量剖面研究或类似研究，以便确认在使用不同注射管注射免疫球蛋白或其他药液、药物或物质（具有可变黏度）时可以满足流量设计输入要求。

B．你公司未能开展充分的设计验证活动，以确保平均压力设计输出达到13.5psi（标称）至15psi（峰值）的输入要求。通过审查你公司的验证测试计划，仅可以测试两个输液泵的平均压力输出。你公司并未阐述仅测试多个生产批次中的两个泵（而非更多泵）的根本原因，且该选择似乎没有基于合理的统计取样计划。所选的两个泵并未充分验证产品重现相似、可接受压力输出的能力。

C．你公司的验证方案表明，需要确定与Freedom Edge注射器输液泵配合使用的20ml注射器的摩擦系数值。然而，并未确定与该泵配合使用的30ml注射器的摩擦系数值。

D．你公司的Freedom Edge注射器输液泵设计输入检查表表明，该泵的使用寿命被设定为4000个周期；然而，该设计输入之后被更改为1000个周期，因为1000个周期更接近于两年的模拟使用时间，以便支持产品的保修。验证试验结果并不完全支持1000个周期；因此，你公司将两年的输入归为730个周期。检查表目前仍将两年的使用寿命设计输入显示为4000个周期。你公司未能进行额外的使用寿命设计验证试验，以便验证可以满足该设计输入（4000个周期）要求；或者，你公司未能更新设计输入和输出并进行相应的验证，以便反映730个周期足以支持器械设计。

E．你公司的Freedom Edge注射器输液泵验证方案并未确定一个适宜的测试方法。例如，仅简要描述测力仪试验，但是缺乏与所用测力仪试验设备类型、试样数量、最终力输出验收标准、该项测量与泵工作压力平均值之间的关系的相关信息。

经审查，FDA认为你公司的回复不够充分。FDA确认你公司正在进行CAPA 20150625-1，以便改善设计控制程序和消除问题的根本原因；然而，并未提供该CAPA的副本及其内容以供审查。FDA确认你公司的回复函表明：你公司将会采取必要措施，纠正上述第A～E部分中缺少规定的验证活动的问题；然而，回复函中缺少必要的附件、参考资料和报告，以支持你公司采取纠正措施的有效性。

此外，回复函并不包含与系统性纠正措施相关的信息，包括对其他产品进行回顾性审查，以确保设计控制按要求记录和完成。

2．未能按照21 CFR 820.30（b）的要求确定和保留描述或参考设计和开发活动以及定义实施责任的计划。

具体为，你公司没有描述Freedom Edge注射器输液泵设计和开发活动的计划。

此外，2015设计计划程序（版本B）不完整，未描述从市场概念至设计启动的所有主要设计阶段。因此，该设计计划未能描述设计和开发活动的实施路线图，以便确保可以在设计实施之前执行、审查和记录所有设计步骤。

FDA审查了你公司的回复函，确定材料不充分。你公司指出将会制定设计计划描述Freedom Edge注射器输液泵的活动；然而，至今仍未提供该计划以供审查。你公司提供了经修改的设计程序，例如2015设计计划程序（版本C）；然而，FDA需要在下次检查期间评估该程序培训和执行情况。

此外，你公司的回复函并不包含与系统纠正措施相关的信息，这包括对其他产品进行回顾性审查，以便确保根据需要记录和完成设计控制活动。

3．未能按照21 CFR 820.72（a）的要求确定相应程序，以确保可以定期校准、检查和维护设备。

具体为，你公司的DAS校准程序8057（版本A）包含被用于测试Freedom 60注射器输液泵的传感器测试仪Omega Dyne压力传感器（b）（4）的校准说明，并未包含用于确保例行校准和维护、完成校准检测校准结果的适宜文件信息和用于纠正夹具（如果超出精度范围或准确性限值）的补救措施规定。

此外，你公司没有任何预防性维护计划或程序，或类似程序来检查和/或更换你公司可能需要维护的传感器和任何附加零件或设备。

经审查，FDA认为你公司的答复不够充分。FDA确认你公司的回复函，指出你公司将会制定校准手册和主验证计划。FDA也确认你公司将会为你公司的试验夹具制定预防性维护程序，并由校准服务供应商校准传感器。然而，这些活动迄今尚未完成，和/或未提供用于支持这些措施的文件。此外，你公司的回复函并不包含与系统纠正措施相关的信息，包括对其他产品及其设备进行回顾性审查，以便确保根据需要控制所有校准和预防性维护活动。

4．未能按照21 CFR 820.90（b）（2）的要求建立和维护返工程序，包括返工之后不合规产品的重新测试和评估，以确保产品符合当前获批规范要求。

具体为，返工和重新评估活动（包括确定返工对产品产生的负面影响）未被记录在Freedom 60注射器输液泵的器械历史记录（DHR）中。例如，在2015年3月13日对泵系列（b）（4）进行了四次测试。每次泵均被拒收。在第五次试验中，泵通过测试，但并未记录有关泵已返工和/或如何进行泵返工使其符合规范要求的证据。

经审查，FDA认为你公司的答复不够充分。FDA确认，你公司的Freedom泵性能试验（DA）（5013；版本号H）程序涉及部件的更换和重新测试；然而，相应法规要求在DHR中记录这些措施。FDA确认你公司表明会修改表05-277，以便包括一个字段，说明何时更换泵上的Negator部件零件，以及何时更换其他零件；然而，执行和评估所述纠正活动的客观证据并不存在和/或未被提供。

此外，你公司的回复函并不包含与系统纠正措施相关的信息，包括对其他产品及其DHR进行回顾性审查，以便确保根据需要记录所有返工和重新评估活动。

5．未能按照21 CFR 820.100（a）的要求确定和保留纠正措施和预防措施的实施程序。

具体为，供应商纠正措施报告（SCAR）2014-003（日期2014年9月22日）记录，你公司的PE袋（b）（4）供应商供应包装时，密封件上有褶皱。根本原因被确定为：倒回带的压力错误、操作员使用过大的拉力设置和SCAR的纠正（基于2014年9月30日的再培训）。然而，通过审查你公司的High-Flo 4-针套件（26 规格 9mm 长的针）（b）（4）材料处置日志，发现密封质量方面的持续问题，即该供应商于2014年12月2日供应的额外封条中有褶皱。你公司的SCAR并未充分验证该供应商执行的纠正措施，以确保该措施有效且不会对成品装置产生不利影响。在未要求或确保封条褶皱问题已被纠正或措施有效性的情况下，关闭了该SCAR。2014年12月2日，在发现该供应商的包装封条上再次出现该问题时，你公司并未重新评估或重新调查该SCAR。

FDA审查了你公司的回复函，确定材料不充分。你公司指出修改了纠正措施程序SOP 8034（版本G）和书面CAPA程序，但是至今仍未提供。你公司的回复函并未指出，将会采取后续纠正措施，以便解决供应商的包装问题。

6．未能按照21 CFR 820.80（a）的要求确定和保留验收程序。

具体为，你公司的管和针套件流量试验程序8001（版本L）并未包含用于指示流量的F8、F20和F500精确流量管的试验参数或验收标准。

经审查，FDA认为你公司的答复不够充分。你公司指出由于疏忽，在程序中漏掉了F8和F500管，但是并不影响产品质量，且你公司声明从未制造或销售F20管。你公司表示将会修改管和针套件流量试验程序8001，以便包括F8和F500管的验收标准；然而，因为你公司仍未完成此项修改，FDA无法评估所述的纠正行为。

MDR违规事项

FDA通过检查发现，带注射器套件和管器械的Freedom 60注射器输液泵系统（K935632输液泵）是《法案》第502（t）（2）节［21 U.S.C.§ 352（t）（2）］中规定的错误标识产品，因为你公司未能或拒绝提供《法案》第519节（21 U.S.C.§ 360i）和21 CFR 803（医疗器械报告）中规定的器械相关材料或信息。重大违规事项包括但不限于以下内容：

未能按照21 CFR 803.17的要求充分制定、维护和实施书面MDR程序。

例如，在审查你公司名为“不良事件和事故报告”的MDR程序（编号SOP 1050；版本A；日期2015年5月28日）之后，发现以下问题：

（1）SOP 1050（版本A）未建立内部系统，以便及时有效地识别、沟通和评估可能符合MDR要求的事件。例如：

a．该程序漏掉了21 CFR 803.3中“意识到”“引起或促成”的定义以及21 CFR 803.20（c）（1）中“合理建议”的定义。在程序中未包括这些术语的定义可能会导致你公司在根据21 CFR 803.50（a）评估投诉是否满足汇报标准要求时做出错误的应报告性决定。

（2）SOP 1050（版本A）未建立内部系统，规定标准化审查流程，以确定事件何时符合本部分规定的报告标准。例如：

a．程序并未规定由谁决定向FDA报告事件。

b．没有关于你公司如何评估事件信息以及时确定MDR可报告性的说明。

（3）SOP 1050（版本A）并未建立用于及时传输整个医疗器械报告的内部系统。具体为，并未涉及以下信息：

a．尽管程序包括参考30天和5天报告，但是并未规定是日历日或工作日。

b．你公司如何提交它在合理范围内获悉的各个事件所有相关信息。

（4）SOP 1050（版本A）未说明如何满足文件和记录保存要求，这包括：

a．不良事件相关信息的记录作为MDR事件文件保存。

b．用于评估和确定是否为不良事件报告的信息。

c．用于确定是否应上报器械相关死亡、重伤或功能失调事件的审议和决策程序文件。

d．确保获得有助于FDA及时跟踪和检查的信息系统。

你公司应立即采取措施纠正本信函所述的违规行为。如若未能及时纠正这些违规行为，可能导致FDA在没有进一步通知的情况下启动监管措施。监管措施包括但不限于没收、禁令和民事罚款。此外，联邦机构会得知关于器械的警告信，以便在签订合同时考虑上述信息。如果FDA确定你公司违反了质量体系法规，且这些违规行为与Ⅲ类器械的上市前批准申请有关联，则在纠正这些违规行为之前，将不会批准此类器械。

请在收到本信函之日起15个工作日内将你公司为纠正上述违规行为所采取的具体步骤书面通知本办公室，并说明你公司计划如何防止此类违规行为或类似违规行为再次发生。包括你公司已经采取的纠正措施（必须解决系统问题）的文件材料。如果你公司计划采取的纠正措施将逐渐开展，请提供实施这些活动的时间表。如果无法在15个工作日内完成纠正，请说明延迟的原因以及完成这些活动的时间。你公司的回复应全面，并解决此警告信中所包括的所有违规行为。

最后，请注意本信函未完全包括你公司全部违规行为。你公司有责任遵守FDA所有的法律和法规。本信函和检查结束时签发的检查结果FDA 483表中记录的具体违规行为可能表明你公司制造和质量管理体系中存在严重问题。你公司应查明违规原因并及时采取纠正措施，确保产品合规。

第172封 给Omega Laser Systems的警告信

生产质量管理规范/质量体系法规/医疗器械/伪劣/标识不当

CMS # 481532

2016年2月17日

尊敬的N女士:

美国食品药品管理局（FDA）于2015年9月7日至2015年9月10日期间对你公司位于英国埃塞克斯（Essex）工厂的医疗器械进行了检查。检查期间，FDA检查员已确认你公司为Omega激光系统的生产制造商。根据《联邦食品、药品和化妆品法案》（以下简称《法案》）第201（h）节［21 U.S.C.§ 321（h）］，凡是用于诊断疾病或其他症状，对疾病有治愈、缓解、治疗或预防作用，或是可以影响人体结构或功能的器械，均为医疗器械。故你公司涉及检查的产品为医疗器械。

本次检查发现，这些医疗器械的生产、包装、储存或安装中使用的方法、设施或控制不符合21 CFR 820的cGMP要求，根据《法案》第501（h）节［21 U.S.C.§ 351（h）］的规定，属于伪劣产品。

2015年11月30日，FDA未审核你公司总经理Jessica Nelson 针对FDA检查员出具的FDA 483表（检查发现问题清单）的回复，因为其接收时间已超过FDA 483表发布日期后的15个工作日。

FDA将在评价你公司针对本警告信所列违规项时提供的书面材料一同评价此答复。这些违规项包括但不限于以下内容:

1．未能按照21 CFR 820.30（a）的规定建立和维护适当的器械设计控制程序，确保满足规定的设计要求。

例如，你公司未适当记录Omega XP-Clinic激光系统，以及660nm 50mw探针及60二极管簇探针的设计方案、设计输入、设计输出、设计审核、设计验证、设计确认及相关活动。你公司未能证明这些设计控制活动已实施。

2．未能按照21 CFR 820.30（i）的规定，在设计变更实施前，建立并保持适当的程序，用于识别、记录、验证或适当的验证、审查和批准设计变更。

例如，你公司未对Omega XP激光系统、Omega XP-Clinic激光系统与Omega Excel激光系统的软件变更进行确认或证明。

3．未按照21 CFR 820.198（a）的规定，建立和维护由正式指定单位接收、审查和评估投诉的适当程序。

例如，你公司的“客户投诉程序”，PRM 03.3.2不能确保:

a．以统一、及时的方式处理投诉。

b．在收到口头投诉后进行记录。

c．评价投诉的MDR上报性。

4．未能按照21 CFR 820.72（b）的规定建立和维护适当的校准程序，包括关于准确度与精确度的具体说明和限制，及补救行动规定。例如:

a．你公司的（b）（4）未提供关于准确度与精确度的具体说明和限制，以及补救措施的规定。

b．你公司未按照（b）（4）的规定确保已校准了成品设备验收和放行活动中所用试验和测量设备，并维护了相关校准活动的（b）（4）记录。

5．未能按照21 CFR 820.90（a）的规定要求建立和维护适当的产品控制程序。

例如：你公司未能按照第2版（b）（4）的规定，充分记录对最终验收活动期间发现的不合格器械的审核、评价、调查与处置。

6．未能按照21 CFR 820.100（a）（1）的规定建立和维护实施纠正和预防措施（CAPA）的适当程序。

例如：你公司未按照内部CAPA程序第2版（b）（4）的规定，使用适当的统计方法学充分分析质量数据，以确定不合格产品或其他质量问题的现有和潜在原因。

7．未能按照21 CFR 820.200（a）的规定，为执行和验证维修服务是否符合规定要求建立和维护适当的说明与程序。例如：

a．你公司的“服务和维修程序”，（b）（4）未包括下列要求：

i．使用适当的统计方法学分析服务或维修报告。

ii．评价和考量投诉须上报至FDA事件的退货和维修报告。

b．你公司在完成服务或投诉编号（b）（4）后，未适当记录重新测试和检查数据。

8．未能按照21 CFR 820.80（b）的规定建立和维护来料产品验收程序。

例如：你公司的“来料检验和验证程序”，（b）（4）未规定针对来料产品的检查、试验或验证要求与验收标准；以及验收和拒收的记录方式。你公司的来料产品接收记录（b）（4）未记录货物的检验类型、所用样本量、检查结果与货物验收/拒收结果。

9．未能按照21 CFR 820.80（e）的规定记录21 CFR 820.80要求的验收活动。

例如：你公司未在Omega XP激光系统、Omega XP-Clinic激光系统与各种Omega激光探针的器械历史记录中记录和维护下列成品器械验收行为：

a．电气安全性测试结果报告，包括接地电阻试验、绝缘试验、漏电流试验与外壳漏电试验。

b．用于电气安全、电池校准和激光输出测量的测试设备的有效状态和标识。

FDA检查还发现，由于你公司未获得《法案》第515（a）节［21 U.S.C.§ 360e（a）］规定的有效上市前批准申请（PMA），且未获得《法案》第520（g）节［21 U.S.C.§ 360j（g）］规定的器械临床试验豁免申请批准，因此按照《法案》第501（f）（1）（B）节［21 U.S.C.§ 351（f）（1）（B）］的规定，你公司制造的Omega激光系统存在造假现象。另外，由于你公司未按照《法案》第510（k）节［21 U.S.C.§ 360（k）］的规定告知代理机构其进行商业经销器械的意图，因此按照《法案》第502（o）节［21 U.S.C.§ 352（o）］的规定，你公司器械存在商标造假现象。若需获得上市前批准的器械正在等待代理机构批准PMA，即认为其符合第510（k）节规定的通知要求［21 CFR 807.81（b）］。你公司为获得器械批准或许可而需提交的各种信息可见http://www.fda.gov/MedicaiDevices/DeviceRegulationandGuidance/HowtoMarketYourDevice/default.htm。FDA评价你公司提交的信息后，将评定你公司产品是否可合法上市销售。

具体为，Omega XP激光系统（K043353）获得批准，其预期用途为“发射红外光谱能量，以暂时缓解肩袖肌腱炎造成的疼痛”。但你公司一直在宣传Omega XP激光系统的其他预期用途，包括治疗和控制疼痛、愈合伤口、理疗、足疗、辅助戒烟及治疗皮肤病，这些预期用途在K043353的范围内。

FDA检查还发现，由于你公司未提供或拒绝提供《法案》第519节（21 U.S.C.§ 360i）和21 CFR 803-医疗器械报告（MDR）规定的信息，因此按照《法案》第502（t）（2）节［21 U.S.C.§ 352（t）（2）］的规定，你公司制造的Omega Excel/XP临床激光系统存在商标造假现象。严重违规包括但不限于以下内容：

10．未能按照21 CFR 803.17的规定建立、维护和实施书面MDR程序。

例如：你公司用作MDR程序的“管理和公司计划质量控制警戒程序”，PRM 03.3.1，第2版，未提供证明其是符合21 CFR 803.17要求的MDR程序。

按照《法案》第801（a）节［21 U.S.C.§ 381（a）］的规定，你公司制造的Omega激光系统存在造假现象，鉴于此类违规性质的严重性，FDA决定拒绝批准你公司器械上市。因此，FDA正采取措施禁止此类器械在美国境内上市，即所谓的“自动扣留”，直至违规项得到解决。为了解除器械的扣押状态，你公司应如下所述提供针对本警告信的书面答复，并纠正本信函所列违规项。FDA将通知你公司答复内容是否充分，及是否需再检查你公司机构以验证你公司是否已采取适当的纠正措施和/或纠正行动。

可能会建议联邦机构发布器械警告信，以便在考虑授予合同时将此信息纳入考量范围。另外，除非与质量体系法规的偏离项已得以纠正，否则涉及违规项的Ⅲ类器械无法通过上市前批准申请。

请在收到本信函之日起15个工作日内将你公司为纠正上述违规行为所采取的具体步骤书面通知本办公室，并说明你公司计划如何防止此类违规行为或类似违规行为再次发生。包括你公司已经采取的纠正措施（必须解决系统问题）的文件材料。如果你公司计划采取的纠正措施将逐渐开展，请提供实施这些活动的时间表。如果无法在15个工作日内完成纠正，请说明延迟的原因以及完成这些活动的时间。你公司的回复应全面，并解决此警告信中所包括的所有违规行为。

最后，请注意本信函未完全包括你公司全部违规行为。你公司有责任遵守FDA所有的法律和法规。本信函和检查结束时签发的检查结果FDA 483表中记录的具体违规行为可能表明你公司制造和质量管理体系中存在严重问题。你公司应查明违规原因并及时采取纠正措施，确保产品合规。

第173封 给Bedfont Scientific, Ltd.的警告信

生产质量管理规范/质量体系法规/医疗器械/伪劣/标识不当

CMS # 486205

2016年2月4日

尊敬的S先生：

2015年9月7日至2015年9月10日对你公司位于Maidstone, United Kingdom的医疗器械进行了检查。检查期间，FDA检查员已确认你公司为一氧化碳检测仪的生产制造商。根据《联邦食品、药品和化妆品法案》（以下简称《法案》）第201（h）节［21 U.S.C.§ 321（h）］，凡是用于诊断疾病或其他症状，对疾病有治愈、缓解、治疗或预防作用，或是可以影响人体结构或功能的器械，均为医疗器械。故你公司涉及检查的产品为医疗器械。

本次检查表明，这些医疗器械的生产、包装、储存或安装中使用的方法、设施或控制不符合21 CFR 820的cGMP要求，根据《法案》第501（h）节［21 U.S.C.§ 351（h）］的规定，属于伪劣产品。

关于FDA调查员在FDA 483表（检查发现问题清单）中记录的调查结果（该表已发送至你公司），FDA于2015年9月18日收到了你公司质量保证和法规事务部经理Louise Bateman先生的回复。FDA针对回复，处理如下。这些违规行为包括但不限于以下内容：

1．未能按照21 CFR 820.100（a）的要求建立和保持实施纠正和预防措施（CAPA）的程序。例如：

a．你公司的CAPA程序，不符合项（版本2，日期为2015年4月17日）不包括以下要求：

i．验证或确认纠正和预防措施，确保措施有效并对成品器械无不利影响；

ii．实施和记录为纠正和预防已识别的质量问题而所需要的方法和程序更改；

iii．确保将质量问题或不合格品的信息传递给直接负责产品质量保证或预防此类问题的人员。

b．CAPA通知单（b）（4）不包括对不符合项原因的调查和CAPA有效性的记录。

FDA审查你公司的回复，认为其不充分。回复中称，你公司将决定是否需要对员工进行额外培训，以及变更程序。然而，未指明何时将完成该纠正措施。此外，你公司的纠正措施计划不包括评价过去CAPA，以确定是否需要采取额外措施来解决不足之处。

2．未能按照21 CFR 820.198（a）的要求建立和保持由正式指定的部门接收、评审和评价投诉的程序。

例如：你公司的投诉处理程序不能确保评价投诉，以确定投诉是否属于21 CFR 803医疗器械报告（MDR）要求向FDA报告的事件。

FDA审查你公司的回复，认为其不充分。回复中称，将修订投诉处理规程，并针对修订后规程对相关人员进行培训。然而，未指明何时将完成该纠正措施。此外，你公司的纠正措施计划不包括评价过去投诉，以确保将MDR应报告事件上报至FDA。

3．未能按照21 CFR 820.30（g）的要求建立和保持器械的设计确认程序。

例如：你公司2014年8月5日发布的第3版设计和开发程序不包括以下要求：设计确认应在首次生产单件、批次件，或其同等物规定的操作条件下进行。设计确认的结果，包括设计内容说明、确认方法、确认日期和确认人员，应形成文件，归入设计历史文档（DHF）。此外，（b）（4）设计确认测试，（b）（4）无执行和批准该确认的个人日期标注或签名。

FDA审查你公司的回复，认为其不充分。回复中称，你公司将审查程序，纳入确认要求并实施变更控制，以获得已发布确认报告的签名。然而，未指明何时将完成该等纠正措施。此外，你公司的纠正措施计划不包括评价其他设计项目，以确保设计确认充分，并实施纠正措施以解决任何缺陷（如适用）。

4．未能按照21 CFR 820.30（i）的要求，建立和保持对设计更改的识别、形成文件、确认或（适当时）验证、评审，以及在实施前批准的程序。

例如：你公司日期为2011年8月31日的（b）（4）至V1.3不包括所有已完成设计变更的验证或确认。此外，你公司未记录在（b）（4）之前对器械进行设计变更的批准。

FDA审查你公司的回复，认为其不充分。你公司声明，所有设计变更均将根据程序完整记录。然而，未指明何时将完成该纠正措施。此外，纠正措施计划不包括评价过去设计变更，以确定缺少验证或确认是否会对已销售的器械造成任何风险。

5．未能按照21 CFR 820.50的要求建立和保持程序，确保所有采购或以其他方式收到的产品和服务满足规定的要求。例如：

a．你公司于2012年12月5日发布的第1版《供应商评价程序文件》要求对经批准供应商名单中的所有关键供应商进行（b）（4）审查。但是，仅在管理评审期间进行了（b）（4）审查。此外，在过去三年内未对供应商进行任何（b）（4）评价。

b．你公司未确定对供应商实施的控制类型和程度。你公司发起了两项纠正措施通知单（b）（4）。你公司未收到该供应商关于这些纠正措施的任何更新；但是，（b）（4）通知单纠正措施已关闭。

FDA审查你公司的回复，认为其不充分。回复中称，将根据新协议审查所有供应商。然而，未指明何时将完成该纠正措施。此外，纠正措施计划不包括评价所有供应商，以确保进货产品和服务符合其规定要求。

6．未能确保当计算机或自动信息处理系统用作生产或质量体系的一部分时，根据21 CFR 820.70（i）的要求，制造商应按已建立的规程，确认计算机软件符合其预期的使用要求。

例如：未确认用于管理各种活动（如投诉、CAPA、维修、服务、内部和外部审核以及保修服务）的软件（b）（4）。你公司自2011年1月开始使用该软件。

FDA审查你公司的回复，认为其不充分。回复中称，将创建一个方案，对内部软件系统进行确认。但未指明何时将完成该纠正措施。此外，纠正措施计划不包括评价其他软件系统，以确保其得到充分确认。

7．未能按照21 CFR 820.250（b）的要求建立和保持程序，确保抽样方法适合其预期的用途。

例如：你公司对Ⅱ类医疗器械进行最终QA检查，如（b）（4）所述。此外，你公司的（b）（4）要求（b）（4）。但是，这些抽样计划并非基于有效的统计原理。

FDA审查你公司的回复，认为其不充分。回复中称，将审查抽样计划标准，并对所选样本量实施有效统计原理。然而，未指明何时将完成这些纠正措施。此外，纠正措施计划不包括对所有抽样计划进行评价，以确保始终执行有效的统计原理。

FDA经检查还发现，根据《法案》第502（t）（2）节［21 U.S.C.§ 352（t）（2）］，你公司的一氧化碳监测仪存在贴错标签现象，因为你公司未能或拒绝提供《法案》第519节（21 U.S.C.§ 360i）和21 CFR 803-医疗器械报告（MDR）所要求的与器械相关的材料或信息。重大违规行为包括但不限于以下内容：

8．未能按照21 CFR 803.17的要求制定、维护和执行书面MDR程序。

例如：你公司的警戒程序（版本1，日期为2014年5月28日）和EU MOD警戒报告程序［（b）（4），版本1，日期为2014年4月15日］不包括MDR应报告性要求。

目前无法确定你公司回复是否充分。回复中称，将修订程序，以纳入MDR应报告性要求。但是，未提供这些纠正措施的记录以供审查。

鉴于违反《法案》的严重性，可能存在伪劣产品，根据《法案》第801（a）节［21 U.S.C.§ 381（a）］，拒绝你公司生产的一氧化碳监测仪上市。因此，FDA采取“直接产品扣押”，拒绝这些器械进入美国，直到这些违规行为得到纠正。为解除对器械的扣押，你公司应按下述方式对本警告信做出书面答复，并纠正本信函中描述的违规行为。FDA将通知你公司回复是否充分，以及是否需要重新检查你公司的工厂，以验证是否已采取适当的纠正措施。

此外，美国联邦机构可能会被告知发布器械警告信，以便在授予合同时考虑这些信息。如果FDA确定你公司违反了质量体系法规，且这些违规行为与Ⅲ类器械的上市前批准申请有关联，则在纠正这些违规行为之前，将不会批准此类器械。

请在收到本信函之日起15个工作日内将你公司为纠正上述违规行为所采取的具体步骤书面通知本办公室，并说明你公司计划如何防止此类违规行为或类似违规行为再次发生。包括你公司已经采取的纠正措施（必须解决系统问题）的文件材料。如果你公司计划采取的纠正措施将逐渐开展，请提供实施这些活动的时间表。如果无法在15个工作日内完成纠正，请说明延迟的原因以及完成这些活动的时间。你公司的回复应全面，并解决此警告信中所包括的所有违规行为。非英文文件请提供英文译本，以方便FDA审查。

最后，请注意本信函未完全包括你公司全部违规行为。你公司有责任遵守FDA所有的法律和法规。本信函和检查结束时签发的检查结果FDA 483表中记录的具体违规行为可能表明你公司制造和质量管理体系中存在严重问题。你公司应查明违规原因并及时采取纠正措施，确保产品合规。

第174封 给Eolane Vailhauques的警告信

生产质量管理规范/质量体系法规/医疗器械/伪劣

CMS # 486438

2016年2月4日

尊敬的B先生：

美国食品药品管理局（FDA）于2015年9月18日，对你公司位于Vailhauques, France的医疗器械进行了检查。检查期间，FDA检查员已确认你公司为皮肤电测量仪的生产制造商。根据《联邦食品、药品和化妆品法案》（以下简称《法案》）第201（h）节［21 U.S.C.§ 321（h）］，凡是用于诊断疾病或其他症状，对疾病有治愈、缓解、治疗或预防作用，或是可以影响人体结构或功能的器械，均为医疗器械。故你公司涉及检查的产品为医疗器械。

本次检查表明，这些医疗器械的生产、包装、储存或安装中使用的方法、设施或控制不符合21 CFR 820的cGMP要求，根据《法案》第501（h）节［21 U.S.C.§ 351（h）］的规定，属于伪劣产品。

关于FDA检查员在FDA 483表（检查发现问题清单）中记录的检查结果（该表已发送至你公司），FDA于2015年10月1日和2015年10月27日收到你公司质量部经理Pascal Pottier先生于2015年10月27日针对FDA 483表做出的回复，由于此回复未在FDA 483表发布后的15个工作日内发送，未予以审查。将评价该答复以及针对本警告信中提到的违规行为提供的任何其他书面材料。关于你公司于2015年10月1日所做的答复，针对每项违规行为，FDA给出结论如下。这些违规行为包括但不限于以下内容：

1．当过程结果不能为其后的检验和试验充分验证时，应按照21 CFR 820.75的要求，过程应以高度的把握予以确认，并按已确定的程序批准。

例如：你公司未对用于制造皮肤电反应测量器械的（b）（4）（如（b）（4））进行充分确认。此外，你公司未建立监测和控制经确认过程参数的程序。

FDA审查了你公司的回复，认为其不充分。回复中称，你公司的要求、规范和过程符合ISO/IPC-610电子组件的可接受性。然而，未提供文件，确保（b）（4）得到充分确认。具体为，未提供已获批的供用于监测和控制操作参数的方案和程序。此外，未提供综合分析文件，以证明所有生产过程均已得到充分确认，需要时，对任何已确定的缺陷采取了纠正措施。

2．未能按照21 CFR 820.100（a）的要求建立和保持实施纠正和预防措施的程序。

例如：你公司的CAPA程序，“纠正和预防措施”（b）（4）（修订版F，日期为2012年12月19日）：

a）不包括验证或确认纠正和预防措施，确保措施有效并对成品器械无不利影响的要求。

b）不包括实施和记录为纠正和预防已识别的质量问题而所需要的方法和程序更改的要求。

c）未确保将质量问题或不合格品的信息传递给直接负责产品质量保证或预防此类问题的人员。

FDA审查了你公司的回复，认为其不充分。回复包括你公司更新的CAPA程序副本。然而，该程序未解决上述缺陷。此外，未指明是否将针对更新后CAPA程序进行人员培训。你公司未提供CAPA综合分析文件，以确保充分实施CAPA。

3．未能按照21 CFR 820.70（i）的要求按已建立的规程，确认计算机软件符合其预期的使用要求。

例如：你公司没有书面文件证明确认了内部开发的（b）（4）计算机数据处理软件可用于其预期用途。

你公司自2005年以来安装并一直使用该软件记录并监测客户投诉、供应商、内部/外部审核、CAPA和内部设施缺陷的不符合项。

FDA审查了你公司的回复，认为其不充分。回复包括你公司程序“（b）（4）”的副本。回复表明软件获批使用；但是，未提供软件确认文件。回复不包括已对附加软件包进行全面分析以确保其得到充分确认的文件。未指明人员是否将接受如何操作（b）（4）的培训。

4．未能按照21 CFR 820.184的要求建立和保持程序、确保对应于每一批次或单件的器械历史记录（DHR）的保持，以证实器械是按照器械主记录（DMR）要求制造的。

例如：你公司未保留DHR中各生产产品使用的主要标识标签的副本。此外，Sudoscan（序列号6866）的DHR没有成品验收活动所用检查和/或测试设备的标识信息。

FDA审查了你公司的回复，认为其充分。你公司创建了活页夹，以维护主产品的器械标签和手脚电极标签的硬拷贝。你公司更新了最终放行表，以纳入打印、验证和记录主要标识标签黏合剂的新措施步骤，并纳入与检查和/或测试设备相关的信息。但是，未提供额外DHR综合分析的文件，以确保器械按照DMR生产。你公司未提供针对修订后最终放行表的人员培训记录。

联邦机构会得知关于器械的警告信，以便在签订合同时考虑上述信息。此外，如果FDA确定你公司违反了质量体系法规，且这些违规行为与Ⅲ类器械的上市前批准申请有关联，则在纠正这些违规行为之前，将不会批准此类器械。

请在收到本信函之日起15个工作日内将你公司为纠正上述违规行为所采取的具体步骤书面通知本办公室，并说明你公司计划如何防止此类违规行为或类似违规行为再次发生。包括你公司已经采取的纠正措施（必须解决系统问题）的文件材料。如果你公司计划采取的纠正措施将逐渐开展，请提供实施这些活动的时间表。如果无法在15个工作日内完成纠正，请说明延迟的原因以及完成这些活动的时间。你公司的回复应全面，并解决此警告信中所包括的所有违规行为。

最后，请注意本信函未完全包括你公司全部违规行为。你公司有责任遵守FDA所有的法律和法规。本信函和检查结束时签发的检查结果FDA 483表中记录的具体违规行为可能表明你公司制造和质量管理体系中存在严重问题。你公司应查明违规原因并及时采取纠正措施，确保产品合规。

第175封　给Berwickshire Electronic Manufacturing Ltd. 的警告信

生产质量管理规范/质量体系法规/医疗器械/伪劣

CMS # 486920

2016年2月4日

尊敬的T先生：

美国食品药品管理局（FDA）于2015年11月11日至2015年11月13日，对你公司位于Duns, United Kingdom的医疗器械进行了检查。检查期间，FDA检查员已确认你公司为委托生产Helica热凝器和Helica LT/LTC电极生产制造商。根据《联邦食品、药品和化妆品法案》（以下简称《法案》）第201（h）节［21 U.S.C.§ 321（h）］，凡是用于诊断疾病或其他症状，对疾病有治愈、缓解、治疗或预防作用，或是可以影响人体结构或功能的器械，均为医疗器械。故你公司涉及检查的产品为医疗器械。

本次检查表明，这些医疗器械的生产、包装、储存或安装中使用的方法、设施或控制不符合21 CFR 820的cGMP要求，根据《法案》第501（h）节［21 U.S.C.§ 351（h）］的规定，属于伪劣产品。这些违规问题包括但不限于以下内容：

1．未能按照21 CFR 820.70（a）的要求建立、实施、控制并监视生产过程，以确保器械符合其规范。

例如，你公司并未建立包含以下内容的生产和过程控制程序：

a．在生产中对过程参数以及部件和器械特性进行监视和控制。

b．对过程和过程设备的批准。

c．以形成文件的标准，或经识别和批准的代表性样件表达的工艺准则。

2．未能按照21 CFR 820.90（a）的要求建立和保持程序，以控制不符合规定要求的产品。

例如：你公司的“不合规产品控制程序”SOP（b）（4）并没有说明不合规产品的识别、记录、评价和处置。尤其是SOP（b）（4）并没有针对满足下列要求：

a．确定是否需要进行调查和通知对不合格项负有责任的个人或组织。

b．评审和处置流程。

c．不合格品的处置应形成文件。

d．返工和再评价活动应形成文件，其中包括：

i．确定返工是否对产品有任何不利影响。

ii．检测返工后产品以确保产品符合其器械历史记录中的规范。

此外，根据你公司秘书Hastie先生的说法，你公司并没有记录Helica热凝器和Helica LT/LTC电极生产操作过程中所发现的不合规事项及相关活动。

3．未能按照21 CFR 820.50的要求建立和保持程序，确保所有采购或以其他方式收到的产品和服务满足规定的要求。

例如，你公司的“采购程序”SOP（b）（4）并没提出以下要求：

a．建立并维护供应商、承包商和顾问所必须满足的相关要求包括质量要求等。

b．根据满足规定要求（包括质量要求）的能力，评价和选择可能的供方、承包方和顾问并记录评价情况。

c. 根据评价结果，确定对产品、服务、供方、承包方和顾问控制的类型和程度。

d. 建立和保持可接受的供方、承包方和顾问的记录。

e. 建立和保持清晰描述或引用采购和以其他方式收到的产品和服务的规定要求的资料，包括质量要求资料。

f. 采购文件应包括一份供方、承包方和顾问同意将其产品或服务的变更通知制造商的协议书，以使制造商能确定这些变更是否会影响成品器械的质量。

此外，你公司还没有确立（b）（4）的采购控制要求。这些供应商主要为Helica热凝器和Helica LT/LTC电极生产组件。

4. 未能按照21 CFR 820.80（b）的要求建立和保持进货产品的验收程序。

例如：你公司没有为组件（包括按照规范生产并供货的部件）制订进厂产品验收记录。此外，你公司没有相关文件记录来确保印刷电路板总成中所使用的焊接合金能够满足指定要求。

5. 未能按照21 CFR 820.80（d）的要求为成品器械的验收建立和保持程序，确保每次和每批次生产的成品器械满足验收准则。

例如，你公司的“Berwickshire 工厂电极最终检验电子生产程序”未确保：

a. 成品器械在出厂之前得到隔离或充分的控制。

b. 在器械主记录（DMR）中所要求的作业活动业已完成之前成品器械不得验放出厂。

c. 对相关数据和文件资料予以评审。

d. 由指定的人员签字授权放行且放行批准署明了日期。

此外，Helica LT/LTC电极的“出货单”表单FMG41A并没有包含可授权成品器械出厂送合同灭菌厂商处的相关责任人员的签名。

6. 未能按照21 CFR 820.72（a）的要求确保，包括机械的、自动的，或电子式的所有检验、测量和试验装置适合于其预期的目的，并能产生有效结果。

例如：你公司的“监控和测量设备的控制程序”SOP（b）（4）当中并没有包含具体的指令和准确性/精确性的限值；没有规定当准确性和精确性限值未能获得满足时的补救措施；也没有书面记录此类补救措施。此外，你公司在Helica热凝结器（b）（4）验放的最终验收测试当中所使用的设备（b）（4）已经超出校准范围。

7. 未能按照21 CFR 820.100（a）的要求建立和保持实施纠正和预防措施（CAPA）的程序。

例如，你公司的“纠正措施程序”SOP（b）（4）和“预防措施程序”SOP（b）（4）并没有提出以下要求：

a. 分析质量数据以识别不合格品或其他质量问题的已存在的和潜在原因。

b. 需要时应用适当的统计方法探查重复发生的质量问题。

c. 验证或确认纠正和预防措施，确保措施有效并对成品器械无不利影响。

此外，你公司并未开展和记录质量数据的分析。

8. 未能按照21 CFR 820.200（a）的要求建立和保持进行服务和验证服务满足规定要求的说明书和程序。

例如，你公司的“检修服务程序”SOP（b）（4）并没有提出以下要求：

a. 根据你公司CAPA的要求利用适当的统计方法来分析服务报告。

b. 记录受检修器械的名称、检修服务日期、器械检修服务人员、所开展的服务以及测试/检验数据。

c. 对于按照医疗器械报告规定（21 CFR 803）必须向FDA报告的事件，确保其对应的服务报告会自动认定为投诉事件并根据你公司的投诉处理要求予以处理。

此外，你公司未能充分分析并记录2例服务报告（Helica TC S/N 529和Helica TC S/N 523）。

9. 未能按照21 CFR 820.181的要求维护器械主记录（DMR）。

例如：你公司的DMR当中没有包含或引用Helica LT/LTC电极嵌件生产制造中所用到的（b）（4）的器械

规范位置。

根据《法案》第510节（21 U.S.C.§ 360）的规定，医疗器械制造商需要在FDA进行年度注册。2007年9月，《法案》第510节被2007 年FDA修正案（Pub. L. 110-85）所修改，要求国内和国外器械生产机构都要以电子档方式向FDA提交其年度机构注册资料和器械目录信息［《法案》第510（p）节（21 U.S.C.§ 360（p））］，提交期限为每年10月1日起至12月31日止。FDA记录表明，你公司在2016财年没有满足年度注册和器械目录登记要求。

因此，你公司所有器械还存在《法案》第502（o）节［21 U.S.C.§ 352（o）］当中所指的贴错标签现象，即没有按照《法案》第510节（21 U.S.C.§ 360）的规定进行按时注册登记的机构负责器械的生产、制备、传播、复合或加工处理，而且器械目录也没有按照《法案》第510（j）节［21 U.S.C.§ 360（j）］的要求进行登记备案。

考虑违反《法案》的后果严重性，依照《法案》第801（a）节［21 U.S.C.§ 381（a）］的规定已拒绝认可由你公司所生产的Helica热凝器和Helica LT/LTC电极，因该器械存在伪劣产品。因此，FDA现已采取措施，拒绝此类器械入境美国，即执行所谓的“无需实物检查即可扣留”措施直至此类违规行为得到纠正为止。如需解除当局对器械的扣留，你公司应按以下所述内容就本警告信提出书面回复并纠正本警告信中所述的违规现象。FDA将就你公司回复的充分性通知你公司，同时需要重新对你公司实施查验以检查确认适当的更正和/或纠正措施已经落实到位。

另外，美国联邦机构会获悉此次关于器械的警告信，因此有关部门在考虑签约事宜时也会将该信息一并考虑在内。此外，在违规现象得到整改更正之前，与质量体系规定偏差合理相关的Ⅲ类器械PMA申请将不予批复。

请在收到本信函之日起15个工作日内将你公司为纠正上述违规行为所采取的具体步骤书面通知本办公室，并说明你公司计划如何防止此类违规行为或类似违规行为再次发生。包括你公司已经采取的纠正措施（必须解决系统问题）的文件材料。如果你公司计划采取的纠正措施将逐渐开展，请提供实施这些活动的时间表。如果无法在15个工作日内完成纠正，请说明延迟的原因以及完成这些活动的时间。你公司的回复应全面，并解决此警告信中所包括的所有违规行为。请提供非英文版文件资料翻译件以便于FDA审查。

最后，请注意本信函未完全包括你公司全部违规行为。你公司有责任遵守FDA所有的法律和法规。本信函和检查结束时签发的检查结果FDA 483表中记录的具体违规行为可能表明你公司制造和质量管理体系中存在严重问题。你公司应查明违规原因并及时采取纠正措施，确保产品合规。

第 176 封　给 Shenzhen Creative Industry Co.，Ltd. 的警告信

生产质量管理规范/质量体系法规/医疗器械/伪劣

CMS # 484188

2016年1月15日

尊敬的W先生：

美国食品药品管理局（FDA）于2015年8月3日至2015年8月6日，对你公司位于中国深圳的医疗器械厂进行了检查。检查期间，FDA检查员已确认你公司为Ⅱ类病人监护仪、胎儿多普勒仪和血氧计的生产制造商。根据《联邦食品、药品和化妆品法案》（以下简称《法案》）第201（h）节［21 U.S.C.§ 321（h）］，凡是用于诊断疾病或其他症状，对疾病有治愈、缓解、治疗或预防作用，或是可以影响人体结构或功能的器械，均为医疗器械。故你公司涉及检查的产品为医疗器械。

本次检查表明，这些医疗器械的生产、包装、储存或安装中使用的方法、设施或控制不符合21 CFR 820的cGMP要求，根据《法案》第501（h）节［21 U.S.C.§ 351（h）］的规定，属于伪劣产品。

关于FDA调查员在FDA 483表（检查发现问题清单）中记录的检查结果（该表已发送至你公司），FDA于2015年8月26日和2015年9月2日收到你公司管理者代表Wangui Zhu先生的答复。关于你公司所做的答复，针对每项违规行为，FDA给出的结论如下。你公司于2015年11月11日做出的答复，由于未在FDA 483表发布后的15个工作日内发送，未予以审查。FDA将评价该答复以及针对本警告信中提到的违规行为提供的任何其他书面材料。这些违规行为包括但不限于以下内容：

1．未能按照21 CFR 820.100（a）的要求建立和保持实施纠正和预防措施的程序。

例如：

a．你公司的CAPA程序“纠正和预防措施程序”（b）（4）（审查了多个版本）不包括：

i．对服务记录、投诉、返回产品和质量信息的其他来源进行充分分析，以识别不合格品或其他质量问题的已存在的和潜在原因，需要时，应用适当的统计方法；

ii．确保充分记录CAPA活动。

b．你公司的CAPA文件（b）（4）未包含所有活动的记录，包括CAPA有效性验证。

c．你公司未对2013年至今的投诉或服务记录进行评价，以确定是否需要通过你公司的CAPA程序予以解决。

FDA审查了你公司的答复，认为其不充分。你公司修订了文件编号（b）（4）和CAPA表（b）（4），以解决上述程序缺陷，并针对这些修订后文件对人员进行了培训。但未提供已评价并纠正（b）（4）的证明。此外，你公司未讨论启动CAPA的投诉和服务记录评价标准。你公司未对所有CAPA文件进行回顾性审查，以确保其完整、有效且符合修订后的程序。

2．未能按照21 CFR 820.90（b）（1）的要求建立和保持程序，以确定评审职责和不合格产品的处置授权。

例如：

a．“不合格产品控制程序”［文件编号（b）（4），版本3.8］不包括确保记录不合格产品处置的要求。

b．没有涉及（b）（4）最终测试失败的病人监护仪的缺陷组件处置记录。

c．按照程序（b）（4）的要求，当将退回进行维修的器械带入（b）（4）测试区域时，不会将其标记为“不合格”。

FDA审查了你公司的回复，认为其不充分。你公司修订了文件（b）（4），以解决上述程序缺陷，并针对修订后程序进行了相关人员培训。此外，你公司还提供了不合格产品指定区域的照片以及标识不合格产品的标签。但未对不合格记录进行回顾性审查，以确定是否放行了不合格产品，如果发行了不合格产品，则应采取措施缓解相关风险。此外，你公司未解决（b）（4）病人监护仪最终测试失败的处置问题。

3．未能按照21 CFR 820.198（a）的要求建立和保持由正式指定的部门接收、评审和评价投诉的程序。

例如：投诉处理程序“客户相关过程控制程序”［文件编号（b）（4）（审查了多个版本）］和相关作业指导书“客户投诉处理作业指导书”［文件编号（b）（4）（审查了多个版本）］以及相关客户反馈/投诉登记表（b）（4），不包括以下要求：

a．确保对在美国境外发生但在美国有同品种医疗器械上市的器械投诉进行MDR应报告性评价。

b．记录投诉所需数据要素的说明。

FDA审查了你公司的回复，认为其不充分。你公司修订了投诉处理程序“客户相关流程控制程序”［文件编号（b）（4）］、“客户投诉登记”［文件编号（b）（4）］、“投诉信息收集表”［文件编号（b）（4）］和“客户投诉调查表”［文件编号（b）（4）］，以解决上述程序缺陷。此外，针对这些修订后程序进行了人员培训。但是，未对投诉进行回顾性审查，以确保根据修订后的投诉处理程序对其进行评价。

4．未能按照21 CFR 820.30（g）的要求建立和保持器械的设计确认程序。例如：

a．你公司设计控制程序“设计和开发控制程序”［文件编号（b）（4）］（审查了多个版本）不包括以下要求：确保设计确认结果（包括设计标识、方法、日期和确认执行人员）充分记录在设计历史文档（DHF）中。

b．你公司对Genius-15病人监护仪采用了日期为2009年3月30日的设计确认测试和设计确认报告（b）（4）和日期为2008年8月29日的（b）（4），以支持同类病人监护仪UP-7000的设计确认要求。然而：

i．未在确认报告中记录使用Genius-15病人监护仪确认UP-7000病人监护仪设计确认要求的依据。

ii．设计确认报告没有记录用于受试产品的软件版本。

iii．设计确认报告没有记录Genius-15病人监护仪设计确认测试时所用（b）（4）产品版本。

FDA审查了你公司的回复，认为其不充分。你公司修订了文件编号（b）（4），以解决上述程序缺陷，并针对修订后程序进行了人员培训。此外，还完成了（b）（4）病人监护仪的再确认测试。但是，未对其他设计文件进行回顾性审查，以确定设计确认活动是否已充分执行并记录在DHF中，并在必要时采取纠正措施。

5．未能按照21 CFR 820.30（f）的要求建立和保持器械的设计验证程序。例如：

a．设计控制程序“设计和开发控制程序”，文件编号（b）（4）（审查了多个版本），不包括以下要求：确保设计验证结果（包括设计标识、方法、日期和验证执行人员）充分记录在设计DHF中。

b．未记录病人监护仪设计项目（b）（4）的（b）（4）设计验证测试报告的设计标识。具体为，没有受试产品的记录；使用的软件版本和（b）（4）版本；以及在设计验证测试时在受试产品上使用的模块版本（b）（4）。

FDA审查了你公司的回复，认为回复不充分。你公司修改了文件编号（b）（4），以解决上述程序缺陷并修改测试记录表（b）（4）。你公司还针对这些文件进行了人员培训。你公司验证了病人监护仪UP-7000的设计。但未对设计文件进行回顾性审查，以确定是否充分记录了设计验证活动，并确定和实施任何必要的补救措施。

6．未能按照21 CFR 820.30（c）的要求建立和保持程序，以确保与器械相关的设计要求是适宜的，并且反映了包括使用者和患者需求的器械预期用途。

例如：你公司的设计控制程序“设计和开发控制程序”［文件编号（b）（4）（审查了多个版本）］，未说明如何解决不完整、不明确或冲突的要求。

FDA审查了你公司的回复，认为其不充分。你公司修订了文件编号（b）（4）和作业指导书“产品设计和开发阶段设计审查说明”［文件编号（b）（4）］，以解决上述程序缺陷。此外，还针对这些修订后文件进行了人员培训。但是，未对设计文件进行回顾性审查，以确保充分解决不完整、不明确或冲突的要求。

7．未能按照21 CFR 820.30（e）的要求建立和保持设计评审程序。例如：

a．设计控制程序“设计和开发控制程序”［文件编号（b）（4）（审查了多个版本）］，以及相关作业指导书“设计和开发阶段的设计审查说明”［文件编号（b）（4），版本1.0］不包括以下充分要求：

i．当需要持有正式书面设计评审时，定义适当的设计阶段；

ii．确保每次设计评审的参加者包括：与所评审的设计阶段有关的所有职能部门的代表，与所评审的设计阶段无直接责任的人员。

b．对病人监护仪设计项目UP-7000的设计审查会议纪要表明，设计审查未涉及设计阶段无直接责任的人员。此外，你公司未在设计审查会议期间审查文件。

FDA审查了你公司的回复，认为其不充分。你公司修改了文件编号（b）（4），以解决上述程序缺陷。此外，针对这些修订后文件进行了人员培训。但是，未对设计文件进行相应审查，以确定缺乏适当程序是否会导致设计审查不充分，并确定是否实施了适当的纠正措施。

8．未能按照21 CFR 820.120的要求建立和保持控制进行标记活动的程序。例如：

a．“标签和语言控制程序”［文件编号（b）（4），版本1.2］未包含充分要求，以确保：

i．在储存或使用前由指定人员检查标签的准确性；

ii．控制贴标和包装操作，防止标签混淆；

iii．适当记录标签放行；

iv．初级标识标签的副本保存在器械历史记录（DHR）中。

b．未在DHR中保留两份采购订单（b）（4）的初级标识标签副本。

FDA审查了你公司的回复，认为其不充分。你公司制定了“标签和包装控制程序”［文件编号（b）（4）］，以解决上述程序缺陷。此外，针对修订后程序进行了人员培训。但是，未对DHR进行回顾性审查，以确定其他标签缺陷，并在必要时确定纠正措施。

鉴于违反《法案》的严重性，根据《法案》第801（a）节［21 U.S.C.§ 381（a）］，可能存在伪劣产品，拒绝你公司生产的器械上市。因此，FDA采取“直接产品扣押”，拒绝这些器械进入美国，直到这些违规行为得到纠正。为解除对器械的扣押，你公司应按下述方式对本警告信做出书面回复，并纠正本信函中描述的违规行为。FDA将通知有关你公司回复是否充分，以及是否需要重新检查工厂，以验证是否已采取适当的纠正措施。

此外，美国联邦机构可能会被告知发布器械警告信，以便在授予合同时考虑这些信息。与质量体系法规偏离合理相关的Ⅲ类器械的上市前批准申请将在纠正违规行为后获得批准。

请在收到本信函之日起15个工作日内将你公司为纠正上述违规行为所采取的具体步骤书面通知本办公室，并说明你公司计划如何防止此类违规行为或类似违规行为再次发生。包括你公司已经采取的纠正措施（必须解决系统问题）的文件材料。如果你公司计划采取的纠正措施将逐渐开展，请提供实施这些活动的时间表。如果无法在15个工作日内完成纠正，请说明延迟的原因以及完成这些活动的时间。你公司的回复应全面，并解决此警告信中所包括的所有违规行为。非英文文件请提供英文译本，以方便FDA审查。

第177封　给Coapt LLC. 的警告信

试验器械豁免（IDE）/上市前批准申请（PMA）

CMS # 448309

2016年1月8日

尊敬的L先生：

美国食品药品管理局（FDA）获悉，你公司在美国销售Coapt完全控制模式识别系统（Coapt完全控制系统），未经市场许可或批准，违反了《联邦食品、药品和化妆品法案》（以下简称《法案》）。根据《法案》第201（h）节［21 U.S.C.§ 321（h）］，凡是用于诊断疾病或其他症状，对疾病有治愈、缓解、治疗或预防作用，或是可以影响人体结构或功能的器械，均为医疗器械。故你公司涉及检查的产品为医疗器械。

根据《法案》第501（f）（1）（B）节［21 U.S.C.§ 351（f）（1）（B）］的规定，FDA已审查你公司网址（www.coaptengineering.com）并确定Coapt完全控制系统为伪劣产品，原因在于对于所描述和销售的器械，你公司没有根据《法案》第515（a）节［21 U.S.C.§ 360e（a）］的规定获得批准的上市前批准申请（PMA），也没有根据《法案》第520（g）节［21 U.S.C.§ 360j（g）］的规定获得批准的研究器械豁免申请。根据《法案》第502（o）节［21 U.S.C.§ 352（o）］的规定，Coapt完全控制系统也标记不当，原因在于你公司没有按照《法案》第510（k）节［21 U.S.C.§ 360（k）］的要求，将器械引入州际贸易的意图通知管理局。

具体为，对你公司FDA注册和上市的审查表明，Coapt完全控制系统列在21 CFR 890.1175（电极电缆）项下。根据21 CFR 890.1175列明的器械可免于上市前通知，除非其超过21 CFR 890.9规定的豁免限制。此类通用装置“由绝缘导线束组成，该导线围绕着中心，用作医疗用途，将患者的电极连接到诊断机上”。但是，根据你公司的网站，Coapt完全控制系统引入了不同的基础科学技术，例如：

- “完全控制器：该装置配有强力的微控制器—类似于智能手机—从整个完全联扩器接收信号，并识别信号模式。之后，利用信号模式来操作假体：使之得以操控”。
- “完全联扩器：极小型单元可读取多达八个电极对，并为完全控制器设置信号条件”。
- “完全校准：安装在假肢接受腔上的按钮，可随时按下，以重新校准控制。无论是在家中还是在路上，您总能从假肢中获得最大动力”。
- “完全通信器：将该USB设备插入医师的计算机，从而无线接入COMPLETE CONTROLROOM™软件，获得可靠的设置和实践工具”。
- “Complete Controlroom：Coapt研究了行业从业者，以开发具有意义的软件接口。该简约却功能强大的用户界面使从业人员得以快速调整用户全新COMPLETE CONTROL硬件的设置，并为全体人员提供学习环境”。

由于Coapt完全控制系统使用的是不同于21 CFR 890.1175所述合法销售器械的基本科学技术，故而其超过了21 CFR 890.9（b）所述的限制，不得免除上市前通知。

FDA认为，根据21 CFR 882.1320，Coapt完全控制系统（产品代码：GXY）应被归类为皮肤电极，因为Coapt完全控制系统与根据该规范和产品代码归类的器械具有相似的预期用途和技术。皮肤电极属于Ⅱ类器械，通常需要510（k）上市前通知。

对于需要获得上市前批准的器械，在PMA等待FDA审批时，《法案》第510（k）节［21 U.S.C.§ 360（k）］要求的通知视为已满足［21 CFR 807.81（b）］。你公司为获得批准需提交的信息类型可见网址：url。

FDA将评估你公司提交的信息，并决定你公司的产品是否可合法上市。

FDA办公室要求你公司立即停止致Coapt完全控制系统标记错误或不合规的活动（例如：为上述用途进行器械的商业销售）。

你公司应立即采取行动，以纠正本信函所述违规行为。如若未能及时纠正这些违规行为，可能导致FDA在没有进一步通知的情况下启动监管措施。监管措施包括但不限于没收、禁令和民事罚款。同时，各联邦机构可能会收到关于医疗器械警告信的通知，供其在达成合同时考虑此类信息。

请在收到本信函之日起15个工作日内将你公司为纠正上述违规行为所采取的具体步骤书面通知本办公室，并说明你公司计划如何防止此类违规行为或类似违规行为再次发生。包括你公司已经采取的纠正措施（必须解决系统问题）的文件材料。如果你公司计划采取的纠正措施将逐渐开展，请提供实施这些活动的时间表。如果无法在15个工作日内完成纠正，请说明延迟的原因以及完成这些活动的时间。你公司的回复应全面，并解决此警告信中所包括的所有违规行为。

最后，请注意本信函未完全包括你公司全部违规行为。你公司有责任遵守FDA所有的法律和法规。

第178封　给Isolux, LLC. 的警告信

生产质量管理规范/质量体系法规/医疗器械/伪劣

CMS # 486738

2016年1月8日

尊敬的B先生：

美国食品药品管理局（FDA）于2015年11月4日至2015年11月6日，对你公司位于佛罗里达州那不勒斯（Naples）的医疗器械进行了检查。检查期间，FDA检查员已确认你公司为A/C电动照明仪的生产制造商。根据《联邦食品、药品和化妆品法案》（以下简称《法案》）第201（h）节［21 U.S.C.§ 321（h）］，凡是用于诊断疾病或其他症状，对疾病有治愈、缓解、治疗或预防作用，或是可以影响人体结构或功能的器械，均为医疗器械。故你公司涉及检查的产品为医疗器械。本次检查表明，这些医疗器械的生产、包装、储存或安装中使用的方法、设施或控制不符合21 CFR 820的cGMP要求，根据《法案》第501（h）节［21 U.S.C.§ 351（h）］的规定，属于伪劣产品。

此类违规行为包括但不限于下述各项：

1．未能按照21 CFR 820.100（a）的要求建立和保持实施纠正和预防措施（CAPA）的程序。

具体为，你公司于2011年3月开展了CAPA活动，涉及光纤照明的光斑均匀性和均质性，以及Isovu前照灯摄像系统的失调。此类CAPA的记录不包括与你公司调查潜在原因有关，以及与验证或确认纠正措施有关的文档。

该项持续意见来自2010年1月和2005年8月对你公司进行的检查。

2．未能按照21 CFR 820.50的要求建立和保持程序，确保所有采购或以其他方式收到的产品和服务满足规定的要求。

具体为，质量体系法规手册（质量体系法规M）第4.2条概述了采购控制。你公司在2011年并未实施上述程序，以确保你公司光纤电缆的新供应商获得充分的资格。

该项持续意见来自2010年1月和2005年8月对你公司进行的检查。

3．未能按照21 CFR 820.80（b）的要求建立和保持进货产品的验收程序。

具体为，你公司依赖于供应商的分析证书和来料产品的UL认证。此类活动无法确保上述来料产品符合你公司的产品质量标准。

4．未能按照21 CFR 820.30（i）的要求建立和保持设计更改程序。

具体为，质量体系法规M的第2条概述了你公司的设计更改程序。上述程序未包含设计变更在实施前的识别、形成文件、确认或验证、实施前批准的要求。

5．未能按照21 CFR 820.30（j）的要求建立和保持一套设计历史文档（DHF）。

具体为，你公司尚未为1180xsb氙灯冷光源设备建立DHF，以证明设计是根据获批的设计计划开发的。此外，对DHF的审查未包含设计已批准转入生产的书面证据。

针对FDA调查员在2015年11月6日发给你公司的FDA 483表（检查发现问题清单），FDA确认收到你公司于2015年12月1日就该项意见作出的回复。你公司的回复未提供充足的支持性证据，证明参考的纠正措施和计划的行动方案已得到充分实施。

你公司应立即采取措施纠正本信函所述的违规行为。如若未能及时纠正这些违规行为，可能导致FDA在没有进一步通知的情况下启动监管措施。监管措施包括但不限于没收、禁令和民事罚款。此外，联邦机构会

得知关于器械的警告信，以便在签订合同时考虑上述信息。此外，如果FDA确定你公司违反了质量体系法规，且这些违规行为与Ⅲ类器械的上市前批准申请有关联，则在纠正这些违规行为之前，将不会批准此类器械。同时，如果FDA确定你公司的器械不符合《法案》的要求，则不会批准出口证明（Certificates to Foreign Governments，CFG）的申请。

请在收到本信函之日起15个工作日内将你公司为纠正上述违规行为所采取的具体步骤书面通知本办公室，并说明你公司计划如何防止此类违规行为或类似违规行为再次发生。包括你公司已经采取的纠正措施（必须解决系统问题）的文件材料。如果你公司计划采取的纠正措施将逐渐开展，请提供实施这些活动的时间表。如果无法在15个工作日内完成纠正，请说明延迟的原因以及完成这些活动的时间。你公司的回复应全面，并解决此警告信中所包括的所有违规行为。

最后，请注意本信函未完全包括你公司全部违规行为。你公司有责任遵守FDA所有的法律和法规。本信函和检查结束时签发的检查结果FDA 483表中记录的具体违规行为可能表明你公司制造和质量管理体系中存在严重问题。你公司应查明违规原因并及时采取纠正措施，确保产品合规。

第179封　给Sorin Group Deutschland GmbH的警告信

生产质量管理规范/质量体系法规/医疗器械/伪劣

CMS # 484629

2015年12月29日

尊敬的B先生：

美国食品药品管理局（FDA）对你公司以下工厂进行了检查：

- Sorin Group Deutschland GmbH（地址：Lindberghstrasse 25，Munchen，80939，Germany）（慕尼黑工厂），日期：2015年8月24日至2015年8月27日；
- Sorin Group USA, Inc.（地址：14401 W. 65th Way, Arvada, Colorado 80004，U.S.A.）（阿瓦达工厂），日期：2015年8月24日至2015年9月1日。

在对慕尼黑工厂检查期间，FDA检查员确定你公司生产3T热交换水箱系统。根据《联邦食品、药品和化妆品法案》（以下简称《法案》）第201（h）节［21 U.S.C.§ 321（h）］，凡是用于诊断疾病或其他症状，对疾病有治愈、缓解、治疗或预防作用，或是可以影响人体结构或功能的器械，均为医疗器械。故你公司涉及检查的产品为医疗器械。

上述检查表明，这些医疗器械的生产、包装、储存或安装中使用的方法、设施或控制不符合21 CFR 820质量体系法规（以下简称QSR/21 CFR 820）的现行生产质量管理规范（以下简称cGMP）要求，根据《法案》第501（h）节［21 U.S.C.§ 351（h）］的规定，属于伪劣产品。

2015年9月15日，FDA收到你公司心肺部副总裁Thierry Dupoux先生针对FDA检查员对你公司的德国慕尼黑工厂出具的FDA 483表（检查发现问题清单）的回复。FDA针对回复，处理意见如下。违规行为包括但不限于下述各项：

1．未按照21 CFR 820.30（i）的要求建立和保持对设计更改的识别、形成文件、确认或适当时验证、评审以及在实施前批准的程序（慕尼黑工厂）。例如：

a．你公司为慕尼黑工厂创建了2012年12月11日的设计变更单（编号：8115），将该变更单纳入2011年8月2日FDA警告信的纠正措施中，以解决设计变更程序中的缺陷。变更单记录了关于变更水质设计输入的决定，以便添加新的清洁度标准、测试新输入的清洁使用说明（IFU）、更新清洁使用说明并验证新使用说明。但是：

i．变更后的设计输入并不完整，因为缺乏关于保持饮用水清洁标准如何适用于“生物膜不应在3T设备中生长”的要求的信息。此外，还缺乏水质标准的信息，用于防止装置引起水传播感染；

ii．清洁使用说明的设计变更验证不充分。在清洁使用说明中，终端用户负责对用户设施中的器械执行清洁和消毒程序。尚无文件证明你公司在实际或模拟使用条件下测试了更新版使用说明，以确保清洁使用说明的可用性。自2014年1月以来，你公司已收到非结核分枝杆菌（NTM）感染，特别是奇美拉分枝杆菌，导致患者死亡的投诉，感染原因似乎是3T装置感染分枝杆菌。你公司已对投诉作了调查，并确定用户设施未遵循清洁使用说明，可能由此导致患者感染。

b．你公司发布了与CAPA2015-03相对应的设计变更单9416、9416-01、9711和9690，并于2015年6月提交了召回申请（编号：Z-2076/2081-2015），以便在收到3T装置感染导致患者死亡的投诉后更新清洁和消毒使用说明。作为设计变更的一部分，你公司与一家实验室签订合约，对更新版使用说明中的清洁程序进行测试。测试报告（日期：2015年4月7日）描述了测试方案和结果。但是，你公司的测试报告无法证明新版清洁使用说明的验证或确认的充分性，因为：根据你公司的测试程序细菌减少了。此外，验收标准似乎与饮用水质量、控制生物膜，或装置不会造成水传播感染的设计输入不符；

i. 根据你公司的测试程序要求，测试的验收标准无法证明更新版的清洁和消毒使用说明实现了细菌的（b）（4）级（减少）。此外，验收标准似乎与饮用水质量、控制生物膜或装置不会造成水传播感染的设计输入不一致。

ii. Puristeril在美国不可用，因此你公司建议在使用说明中使用Clorox作为替代品。但是，测试报告并未证明使用说明中所述的Clorox的用量等同于Puristeril。

iii. 测试程序中使用的两种挑战性细菌（b）（4）和（b）（4）的浓度不足以证明（b）（4）级的验收标准。

iv. 确切的消毒剂稀释度尚不清楚，因为并未测量确切的用水量。水位由（b）（4）确定。测试报告未记录用于检测水位的（b）（4）的准确性验证。

v. 尚未描述取样位置、取样方法和所用机器状况如何代表发现细菌的最坏情况。

vi. 测试报告未记录使用测试（b）（4）的统计依据，以证明清洁使用说明能在现场或临床环境中始终保持3T装置内的水质要求。

vii. 尚无任何文件表明你公司通过最终用户对更新版使用说明作了可用性测试。具体为，负责对用户设施内的器械进行清洁和消毒规程的人员。

你公司的答复没有解决这一不足。FDA注意到，该不符合项此前已在2011年8月2日发往慕尼黑工厂的警告信中指出过。

2. 未能按照21 CFR 820.75（a）的要求确保当过程结果不能为其后的检验和试验充分验证时，过程应以高度的把握予以确认，并按已确定的程序批准（慕尼黑工厂）。

例如：作为纠正措施的一部分，你公司使用（b）（4）在合约制造商（b）（4）设计并实施了一项新的清洁、干燥和消毒程序。但是，新过程在生产单元实施前并未得到充分的确认或验证，在实施后也未得到监测。具体如下：

a. 你公司于2014年11月17日与一家测试公司（b）（4）签订了“有效性测试”合同，对（b）（4）消毒和干燥过程的使用开展了内部验证，以便从3T装置中消除分枝杆菌测试菌株，从而对新过程进行验证。但是，有效性测试并未充分验证或确认消毒和干燥过程，原因如下：

i. 有效性测试报告记录了对（b）（4）混合物的测试；但是，对于消毒和干燥过程（b）（4），尚无使用不同浓度的证明文件，因而测试无法准确反映（b）（4）消毒程序；

ii. 有效性测试中未使用对照组；

iii. 你公司未提供文件说明（b）（4）是否使用了（b）（4）；

iv. 你公司未提供有关细菌（b）（4）的文件。

b. 在（b）（4）消毒和干燥过程实施后，你公司对已制造器械作了进一步的监测。但是，由于缺乏记录清洁和消毒监测报告所需的以下信息，因而监测的充分性不足：

i. 3T装置细菌回收率数据；

ii. 完全生物负载的数据：消毒前装置中的需氧菌、厌氧菌、孢子、真菌和酵母。仅发现需氧嗜温性细菌；

iii. 细菌抑制或真菌抑制数据；

iv. 用于取样的（b）（4）浓度；

v. 暴露于（b）（4）的时间；

vi.（b）（4）是否在（b）（4）之后执行。

c．你公司的消毒和干燥程序及验证方案，（b）（4）清洁、消毒和干燥程序，由你公司位于合约制造商（b）（4）的慕尼黑工厂设计并实施。但是，该程序并未得到充分验证，以确保该过程对装置做到完全干燥。例如：

i．方案规定，透明的泵管（b）（4）。方案未说明干燥后的任何（b）（4）是否可接受；

ii．验证未包含消毒过程验证所需的关键技术参数。示例：

i）（b）（4）在时间0时的量（实验开始时）；

ii）提供关于选择（b）（4）干燥储存罐和管道的理由的数据；

iii）量化术语“视觉上的干燥”以及如何通过验证方法测量干燥度；

iv）（b）（4）的文件说明；

v）取样前，记录（b）（4）装置期间的温度和湿度环境条件。

FDA审查你公司的答复后确定，该答复尚不充分。你公司并未评估上述违规行为对已分销装置的潜在影响，并根据需要采取措施以降低风险。

FDA经检查还发现，根据《法案》第502（t）（2）节［21 U.S.C.§ 352（t）（2）］的规定，你公司的器械标记不当，原因在于你公司未能或拒绝提供《法案》第519节（21 U.S.C.§ 360i）和21 CFR 803部分“不良事件报告（MDR）”规定的有关此类器械的材料或信息，但不限于下述内容：

3．未能按照21 CFR 803.17的要求，适当制定、实施和保持书面MDR程序（阿瓦达工厂）。例如：

你公司的不良事件报告规程《不良事件报告的标准操作规程》，（b）（4），修订版AA，于2012年10月15日更新，存在以下缺陷：

a．该规程未制定及时有效识别、沟通和评估需遵守不良事件报告要求的事件的内部系统。例如：该规程省略了21 CFR 803.20（c）（1）中“合理建议”一词的定义。将该术语的定义排除在程序之外可能会导致你公司在评估可能符合21 CFR 803.50（a）项下报告标准的投诉时做出错误的应报告性决定。

b．该规程未确定及时发送完整不良事件报告的内部系统。具体为，该规程并未说明你公司将如何提交其合理知晓的各事件的全部信息。

c．该规程未描述其如何满足文件记录和记录保存要求，包括：

i．作为MDR事件文件保存的不良事件相关信息的文件。

ii．为确定事件是否应报告而进行评估的信息。

iii．用于确定器械相关死亡、严重伤害或故障是否应报告的审议和决策流程的文件。

iv．确保FDA获得便于及时跟进和检查所需信息的系统。

此外，FDA还注意到你公司（慕尼黑工厂）不良事件报告规程中的缺陷，（b）（4），修订版003。具体而言，不良事件报告规程缺少生效日期。

请注意，慕尼黑和阿瓦达工厂的不良事件报告程序参照以下地址向FDA提交不良事件报告：FDA，CDRH，不良事件报告，P. O. Box 3002，Rockville, MD 20847-3002。请注意，自2015年8月14日起，除非是在由FDA指示的特殊情况下，不良事件报告应以电子方式提交，提交纸质文件将不予接受。有关电子报告的更多信息，请参阅eMDR网站和eMDR指导文件。

FDA经检查还发现，根据《法案》第501（f）（1）（B）节［21 U.S.C.§ 351（f）（1）（B）］的规定，3T热交换水箱系统为伪劣产品，原因在于你公司没有根据《法案》第515（a）节［21 U.S.C.§ 360e（a）］的规定获得上市前批准申请（PMA），也没有根据《法案》第520（g）节［21 U.S.C.§ 360j（g）］的规定获得试验用器械豁免批准。根据《法案》第502（o）节［21 U.S.C.§ 352（o）］的规定，3T热交换水箱系统标识错误，原因在于你公司没有按照《法案》第510（k）节［21 U.S.C.§ 360（k）］的要求，将启动器械商业销售的意图报告监管机构。

具体而言，你公司分销了按K052601批准的3T热交换水箱系统，并修改了器械操作、维护、清洁和消毒的使用说明（版本013和014）。在版本013和014中发现的部分修改包括：添加更多的说明细节，对清洁/消毒程序的更改（例如：使用的化学品和用量），以及对程序的扩展，以包括整个电路而不仅仅是储存罐。以上是可能影响器械安全性或有效性的重大贴签变更，因此需要新的510（k），以确保对清洁/消毒方案进行了适当的测试和确认。

对于需要获得上市前批准的器械，在PMA等待FDA审批时，《法案》第510（k）节［21 U.S.C.§ 360（k）］要求的通知视为已满足［详见21 CFR 807.81（b）］。你公司为获得批准需提交的信息类型可见网址：url。

FDA将评估你公司提交的信息，并决定你公司的产品是否可合法上市。

FDA经检查还发现，根据《法案》第502（t）（2）节［21 U.S.C.§ 352（t）（2）］的规定，你公司的3T热交换水箱系统标记不当，原因在于你公司未能或拒绝提供《法案》第519节（21 U.S.C.§ 360i）和21 CFR 806部分“医疗器械；纠正和撤回报告”规定的有关此类器械的材料或信息。重大违规行为包括但不限于下述各项：

未按照21 CFR 806.10条的要求，向FDA提交为补救可能对健康造成风险的器械违反法案而发起的纠正或撤回的书面报告。例如：2011年12月20日启动了一份变更单，涉及更新装置使用说明以指示新版清洁和消毒程序的变更。随后，在使用说明中实施了该项变更，以指示水过滤器的使用，并向装置用水添加过氧化氢。已向你公司的客户发出信函，向其告知新版使用说明。信函中说明，设备说明已经更新，以确保用户能保持装置用水的清洁度，且《更新版用水清洁度说明》取代了先前的3T热交换水箱系统的《用水清洁说明》。你公司未按21 CFR 806的要求向FDA提交书面报告，说明纠正和移除的内容。

鉴于你公司严重违反了《法案》规定，根据《法案》第801（a）节［21 U.S.C.§ 381（a）］的规定，由于你公司生产的3T热交换水箱系统和其他器械为伪劣产品，所以被拒绝入境。因此，FDA正在采取措施，以拒绝此类医疗器械进入美国（称为“自动扣押”），直到此类违规行为得到纠正。为了解除医疗器械的扣押状态，你公司应按下列说明对本“警告信”作出书面答复，并对其中所述的违规行为予以纠正。FDA随后将通知你公司：你公司的回复是否充分，以及是否需要重新检查你公司的生产场所来验证是否已采取适当的纠正措施。

此外，美国各联邦机构可能会收到关于发送医疗器械“警告信”的通知，供其在签订合同时考虑此类信息。如果Ⅲ类器械与质量体系法规违规存在合理相关性，则在未纠正违规行为之前，医疗器械的上市前申请不会得到批准。

请在收到本信函之日起15个工作日内将你公司为纠正上述违规行为所采取的具体步骤书面通知本办公室，并说明你公司计划如何防止此类违规行为或类似违规行为再次发生。包括你公司已经采取的纠正措施（必须解决系统问题）的文件材料。如果你公司计划采取的纠正措施将逐渐开展，请提供实施这些活动的时间表。如果无法在15个工作日内完成纠正，请说明延迟的原因以及完成这些活动的时间。请提供非英文文件的英文译本，以便于FDA进行审查。

最后，请注意本信函未完全包括你公司全部违规行为。你公司有责任遵守FDA所有的法律和法规。本信函和检查结束时签发的检查结果FDA 483表中记录的具体违规行为可能表明你公司制造和质量管理体系中存在严重问题。你公司应查明违规原因并及时采取纠正措施，确保产品合规。

第180封　给SonicLife.com，LLC.的警告信

医疗器械/伪劣/标识不当/缺少上市前批准申请（PMA）和/或510（k）

CMS # 476151

2015年12月22日

尊敬的C先生：

2015年6月1日至2015年7月2日，美国食品药品管理局（FDA）对位于俄勒冈州胡德河（Hood River）的你公司的医疗器械进行了检查，确定你公司是Professional VC-12、Pulsation VM-10和Personal VH-11等全身振动装置的初始进口商和分销商。根据《联邦食品、药品和化妆品法案》（以下简称《法案》）第201（h）节［21 U.S.C.§ 321（h）］，凡是用于诊断疾病或其他症状，对疾病有治愈、缓解、治疗或预防作用，或是可以影响人体结构或功能的器械，均为医疗器械。故你公司涉及检查的产品为医疗器械。如下文所述，此类器械在未经许可或批准的情况下销售，违反了《法案》规定。

根据21 CFR 890.5380，尽管医用动力式运动设备属于Ⅰ类器械，不受21 CFR 807第E子部分规定的上市前通告程序的限制，但仍受21 CFR 890.9的限制。在21 CFR 890.9的相关部分中，此类限制规定了“当该设备的预期用途与在该类设备中合法销售的设备的预期用途不同时，制造商仍然必须向FDA提交上市前通告”。

此类的通用器械（例如：电动跑步机、电动自行车和电动双杠）仅用于有限的医疗目的，如重建肌肉或恢复关节运动，或用作肥胖症的辅助治疗。但是，FDA检查表明，你公司销售的Professional VC-12、Pulsation VM-10和Personal VH-11全身振动设备的治疗和/或结构/功能声称超出了动力式锻炼设备预期用途的限制。此类促销说明包括但不限于下述各项：

- “……通过刺激人类生长激素（HGH）提高肌肉耐力，改善慢抽搐肌肉纤维的性能……”
- “Sonic Life Exercise提供以下方面的改善：……引流和清除淋巴液……创伤康复……胶原蛋白产生……分泌激素，如人类生长激素（HGH）、IGF-1和睾酮……产生……激素-羟色胺和去甲肾上腺素……骨密度……”
- “……改善血液、氧气和淋巴循环，这也有助于预防代谢、肌肉骨骼（sic）和退行性疾病……”
- “……患膝骨关节炎妇女的康复……”
- “……有助于降低压力荷尔蒙皮质醇……导致自然的、无药物的疼痛管理运动系统无副作用……”
- “Sonic有氧全身振动……厌氧病（sic）原体、寄生虫或疾病无法在高氧环境中生存，包括人体的血流……”

由于你公司全身振动装置的预期用途不同于21 CFR 890.5380项下合法分销器械的预期用途，因此，此类装置超出了21 CFR 890.9所述的限制，且不免除上市前通告。

因此，根据《法案》第501（f）（1）（B）节［21 U S C § 351（f）（1）（B）］的规定，Professional VC-12、Pulsation VM-10和Personal VH-11全身振动设备为伪劣产品，原因在于你公司没有根据《法案》第515（a）节［21 U.S.C.§ 360e（a）］的规定获得批准的上市前批准申请（PMA），也没有根据《法案》第520（g）节［21 U.S.C.§ 360j（g）］的规定获得批准的研究器械豁免（IDE）申请。根据《法案》第502（o）节［21 U.S.C.§ 352（o）］的规定，该器械也标记不当，原因在于你公司没有按照《法案》第510（k）节［21

U.S.C.§ 360（k）] 的要求，将启动器械商业销售的意图通知FDA。根据21 CFR 807.81（b）的要求，对于需要获得上市前批准的器械，在PMA等待FDA审批时，第510（k）节要求的通知视为已满足要求。你公司为获得批准需提交的信息类型可见FDA网站。FDA将评估你公司提交的信息，并决定你公司的产品是否可合法上市。

你公司应立即采取措施纠正本信函所述的违规行为。如若未能及时纠正这些违规行为，可能导致FDA在没有进一步通知的情况下启动监管措施。监管措施包括但不限于没收、禁令和民事罚款。此外，联邦机构会得知关于器械的警告信，以便在签订合同时考虑上述信息。

请在收到本信函之日起15个工作日内将你公司为纠正上述违规行为所采取的具体步骤书面通知本办公室，并说明你公司计划如何防止此类违规行为或类似违规行为再次发生。包括你公司已经采取的纠正措施（必须解决系统问题）的文件材料。如果你公司计划采取的纠正措施将逐渐开展，请提供实施这些活动的时间表。如果无法在15个工作日内完成纠正，请说明延迟的原因以及完成这些活动的时间。你公司的回复应全面，并解决此警告信中所包括的所有违规行为。

最后，请注意本信函未完全包括你公司全部违规行为。你公司有责任遵守FDA所有的法律和法规。本信函中指出的具体违规行为可能表明你公司在上述器械和质量管理体系的市场营销中出现了严重问题。你公司应查明违规原因并及时采取纠正措施，确保产品合规。

第181封　给COTRONIC Technology Limited的警告信

生产质量管理规范/质量体系法规/医疗器械/伪劣

CMS # 481155

2015年12月1日

尊敬的W先生：

2015年7月13日至2015年7月16日，美国食品药品管理局（FDA）对位于中国深圳的你公司进行了检查。通过检查，FDA检查员确定你公司生产临床用电子体温计。根据《联邦食品、药品和化妆品法案》（以下简称《法案》）第201（h）节［21 U.S.C.§ 321（h）］，凡是用于诊断疾病或其他症状，对疾病有治愈、缓解、治疗或预防作用，或是可以影响人体结构或功能的器械，均为医疗器械。故你公司涉及检查的产品为医疗器械。

本次检查表明，该类医疗器械的生产、包装、储存或安装中使用的方法、设施或控制不符合21 CFR 820部分质量体系法规（以下简称QSR/21 CFR 820）的现行生产质量管理规范（以下简称cGMP）要求，根据《法案》第501（h）节［21 U.S.C.§ 351（h）］的规定，属于伪劣产品。

2015年7月24日，FDA收到你公司总经理Wai Ha Mok女士针对FDA检查员出具的FDA 483表（检查发现问题清单）的回复。FDA针对回复，处理如下。此类违规行为包括但不限于下述各项：

1．未能按照21 CFR 820.75（a）的规定确保当过程结果不能为其后的检验和试验充分验证时，过程应以高度的把握予以确认，并按已确定的程序批准。

例如：你公司尚未验证（b）（4）TM21型临床用电子体温计。

FDA审查你公司的答复后确定，该答复尚不充分。你公司的答复包括（b）（4）的操作确认数据和培训记录。但是，你公司的答复并未包含（b）（4）的安装确认（IQ）和性能确认（PQ）文件。此外，你公司的答复并未对可能需要验证的其他过程作回顾性分析。

2．未能按照21 CFR 820.100（a）的要求建立和保持实施纠正和预防措施（CAPA）的程序。

例如：你公司的（b）（4）号文件第1版《质量策略和目标规程》规定，各部门应在月度报告中提出质量目标，并在目标未实现时采取措施。但是，当超过目标限制时，你公司未就2013年至2015年未能达到以下质量目标启动CAPA：

a.（b）（4）

b.（b）（4）

c.（b）（4）

d.（b）（4）

e.（b）（4）

f.（b）（4）

g.（b）（4）

h.（b）（4）

FDA审查你公司的答复后确定，该答复尚不充分。你公司的答复称已确定超出目标限制的原因。此外，你公司的答复还说明你公司在生产过程管理、作业指导书、材料管理控制和（b）（4）包装方面进行了纠正，并提供了培训。但是，你公司的答复称，仅处理了2015年注意到的问题。你公司的答复并未说明以上纠正是否适用于2013年和2014年质量数据分析所发现的问题。

3．未能按照21 CFR 820.72（a）的要求建立和保持程序，确保装置得到常规的校准、检验、检查和维护。

例如：在制造TM02型临床用电子体温计时，下列设备未经识别/批准和维护/校准：

a．（b）（4）

b．（b）（4）

c．（b）（4）

FDA审查你公司的答复后确定，该答复尚不充分。你公司的答复包含一份设备清单，列明（b）（4）文档。但是，你公司的答复并未提及（b）（4）文档。此外，你公司的答复并未包含其他检验、测量和测试设备的分析文件，以确保所有设备都已正确地进行识别、校准、检验、检查和维护。

4．未能按照21 CFR 820.50的要求建立和保持程序，确保所有采购或以其他方式收到的产品和服务满足规定的要求。

例如：第（b）（4）号文件第1版的《供应商控制程序》不要求你公司根据其满足规定要求（包括质量要求）的能力来评估、选择潜在的供应商、承包商和顾问。具体为，你公司尚未对已核准的供应商（b）（4）制定具体要求。

FDA审查你公司的答复后确定，该答复尚不充分。你公司的答复称，已修订了文件第（b）（4）号《供应商控制程序》第1版，包括特定的ISO或QMS认证。你公司的答复称，已就修订版程序提供了培训，并为你公司的部分供应商提供了证书。但是，无记录表明你公司已对你公司所有医疗器械材料或部件的供应商进行了评估。

5．未能按照21 CFR 820.181的要求保持器械主记录（DMR）。

例如：你公司尚未建立TM21型临床用电子体温计的器械主记录。

FDA审查你公司的答复后确定，该答复尚不充分。你公司的答复包含一份TM21型临床用电子体温计的器械主记录。但你公司的答复并未对文档进行分析，以确保你公司销售的所有医疗器械都具有器械主记录。你公司的答复未包含对其记录的分析，以确定任何器械主记录的缺失是否会导致不符合项或其他质量问题。

美国联邦机构会得知关于器械的警告信，以便在签订合同时考虑上述信息。此外，如果FDA确定你公司违反了质量体系法规，且这些违规行为与Ⅲ类器械的上市前批准申请有关联，则在纠正这些违规行为之前，将不会批准此类器械。

请在收到本信函之日起15个工作日内将你公司为纠正上述违规行为所采取的具体步骤书面通知本办公室，并说明你公司计划如何防止此类违规行为或类似违规行为再次发生。包括你公司已经采取的纠正措施（必须解决系统问题）的文件材料。如果你公司计划采取的纠正措施将逐渐开展，请提供实施这些活动的时间表。如果无法在15个工作日内完成纠正，请说明延迟的原因以及完成这些活动的时间。请提供非英文文件的英文译本，以便于FDA进行审查。FDA随后将通知你公司：你公司的回复是否充分，以及是否需要重新检查你公司的生产场所来验证是否已采取适当的纠正措施。

最后，请注意本信函未完全包括你公司全部违规行为。你公司有责任遵守FDA所有的法律和法规。本信函和检查结束时签发的检查结果FDA 483表中记录的具体违规行为可能表明你公司制造和质量管理体系中存在严重问题。你公司应查明违规原因并及时采取纠正措施，确保产品合规。

第182封　给E-Care Technology Corp.的警告信

生产质量管理规范/质量体系法规/医疗器械/伪劣

CMS # 482261

2015年11月24日

尊敬的K先生：

2015年7月6日至2015年7月9日，美国食品药品管理局（FDA）对位于中国台湾省竹北市的你公司进行了检查。通过检查,FDA检查员确定你公司生产临床用电子体温计。根据《联邦食品、药品和化妆品法案》（以下简称《法案》）第201（h）节［21 U.S.C.§ 321（h）］，凡是用于诊断疾病或其他症状，对疾病有治愈、缓解、治疗或预防作用，或是可以影响人体结构或功能的器械，均为医疗器械。故你公司涉及检查的产品为医疗器械。

本次检查表明，该类医疗器械的生产、包装、储存或安装中使用的方法、设施或控制不符合21 CFR 820质量体系法规（以下简称QSR/21 CFR 820）的现行生产质量管理规范（以下简称cGMP）要求，根据《法案》第501（h）节［21 U.S.C.§ 351（h）］的规定，属于伪劣产品。此类违规行为包括但不限于下述各项：

1．未能按照21 CFR 820.100（a）的要求建立和保持实施纠正和预防措施（CAPA）的程序。例如：

a．你公司的CAPA程序未要求验证纠正措施的有效性，以确认此类措施不会对成品器械造成不利影响。此外，你公司的CAPA程序未要求指定需分析的数据源和用于分析CAPA数据的统计方法，以包括产生的不符合项。此外，你公司的CAPA程序未要求调查与产品、过程或其他质量问题有关的不合格原因。

b．在检查期间审查的三项CAPA未经验证或确认，以确认此类纠正措施有效且未对成品器械产生不利影响。

2．未能按照21 CFR 820.198（a）的要求建立和保持由正式指定的部门接收、评审和评价投诉的程序。

例如：你公司的程序未涉及评估投诉，以确定该投诉是否属于须根据21 CFR 803“不良事件报告（MDR）”向FDA报告的事件。

3．未能建立并维护返工程序，包括返工后不合格品的复验和复评，以确保产品符合21 CFR 820.90（b）（2）要求的已批准的规范。

具体为，你公司的返工程序未要求对返工活动进行记录。

4．未能按照21 CFR 820.30（c）的要求建立和保持程序，以确保与器械相关的设计要求是适宜的，并且反映了包括使用者和患者需求的器械预期用途。

例如：你公司的温度计设计历史文档未包含LCT300和LCT600温度计型号的设计输入。

5．未能按照21 CFR 820.90（a）的要求建立和保持程序，以控制不符合规定要求的产品。

例如：你公司的不合格规程要求用故障符号代码标识不合格品，表明不合格的类型。但是，当不合格的温度计被隔离进行维修时，并未保留故障符号代码。温度计在未确定不合格类型的情况下进行了维修。

6．未能按照21 CFR 820.184的要求建立和保持程序，确保对应于每一批次或单件的器械历史记录的保持，以证实器械是按照器械主记录（DMR）和21 CFR 820的要求制造的。例如：

a．你公司未制定器械历史记录规程。

b．你公司的器械历史记录未能证明器械是按器械主记录制造的，包括各生产单元使用的主要识别标签。

7．未能按照21 CFR 820.181的要求保持器械主记录。

例如：你公司尚未制定温度计的器械主记录，包括包装和贴签。

8．未能按照21 CFR 820.120的要求建立和保持控制进行标记活动的程序。

例如：你公司尚未建立贴签规程，要求在制造过程中进行贴签准确性检查、器械历史记录贴签发布文档和贴签控制，以防混淆。

FDA经检查还发现，你公司未能或拒绝提供《法案》第519节（21 U.S.C.§ 360i）和21 CFR 803部分“不良事件报告（MDR）”规定的有关此类器械的材料或信息，根据《法案》第502（t）（2）节［21 U.S.C.§ 352（t）（2）］的规定，你公司的临床用电子体温计属于标记不当。重大违规行为包括但不限于下述各项：

9．未能按照21 CFR 803.17的要求制定、保持和实施书面不良事件报告程序。

例如：你公司2014年12月4日发布的上市后监督和报警系统规程未包含不良事件报告要求。

鉴于你公司严重违反了《法案》规定，根据《法案》第801（a）节［21 U.S.C.§ 381（a）］的规定，由于你公司制造的临床用电子体温计为伪劣产品，所以被拒绝入境。因此，FDA正在采取措施，以拒绝此类医疗器械进入美国（称为“自动扣押”），直到此类违规行为得到纠正。为了解除医疗器械的扣押状态，你公司应按下列说明对本“警告信”作出书面答复，并对其中所述的违规行为予以纠正。FDA随后将通知你公司：你公司的回复是否充分，以及是否需要重新检查你公司的生产场所来验证是否已采取适当的纠正措施。

此外，美国各联邦机构会得知关于器械的警告信，以便在签订合同时考虑上述信息。如果FDA确定你公司违反了质量体系法规，且这些违规行为与Ⅲ类器械的上市前批准申请有关联，则在纠正这些违规行为之前，将不会批准此类器械。

请在收到本信函之日起15个工作日内将你公司为纠正上述违规行为所采取的具体步骤书面通知本办公室，并说明你公司计划如何防止此类违规行为或类似违规行为再次发生。包括你公司已经采取的纠正措施（必须解决系统问题）的文件材料。如果你公司计划采取的纠正措施将逐渐开展，请提供实施这些活动的时间表。如果无法在15个工作日内完成纠正，请说明延迟的原因以及完成这些活动的时间。请提供非英文文件的英文译本，以便于FDA进行审查。

最后，请注意本信函未完全包括你公司全部违规行为。你公司有责任遵守FDA所有的法律和法规。本信函和检查结束时签发的检查结果FDA 483表中记录的具体违规行为可能表明你公司制造和质量管理体系中存在严重问题。你公司应查明违规原因并及时采取纠正措施，确保产品合规。

第183封　给Dongguan Jianwei Electronics Products Co.，Ltd. 的警告信

生产质量管理规范/质量体系法规/医疗器械/伪劣

CMS # 481673

2015年11月5日

尊敬的H先生：

2015年6月29日至2015年7月2日，美国食品药品管理局（FDA）对位于中国东莞市的你公司进行了检查。通过检查，FDA检查员确定你公司生产红外耳温计、数字体温计以及直肠体温计。根据《联邦食品、药品和化妆品法案》（以下简称《法案》）第201（h）节［21 U.S.C.§ 321（h）］，凡是用于诊断疾病或其他症状，对疾病有治愈、缓解、治疗或预防作用，或是可以影响人体结构或功能的器械，均为医疗器械。故你公司涉及检查的产品为医疗器械。

本次检查表明，该类医疗器械的生产、包装、储存或安装中使用的方法、设施或控制不符合21 CFR 820质量体系法规（以下简称QSR/21 CFR 820）的现行生产质量管理规范（以下简称cGMP）要求，根据《法案》第501（h）节［21 U.S.C.§ 351（h）］的规定，属于伪劣产品。2015年8月2日，FDA收到你公司总经理Eric Huang先生针对FDA检查员出具的FDA 483表（检查发现问题清单）的回复。FDA针对回复，处理如下。此类违规行为包括但不限于下述各项：

1．未能按照21 CFR 820.75（a）的规定充分确保，当过程结果不能为其后的检验和试验充分验证时，过程应以高度的把握予以确认，并按已确定的程序批准。

例如：用于制造（b）（4）的自动化（b）（4）在用于生产之前未经验证。

FDA审查你公司的答复后确定，该答复尚不充分。虽然你公司的答复称，将对规程进行修订，但是，答复中未包含证明（b）（4）的过程验证活动的文档。请提供你公司评估其他生产工艺的文档，以确定你公司是否充分进行了过程验证，并在必要时实施补救。此外，答复未包含所采用的统计技术和测试方法的基本原理。

2．未能按照21 CFR 820.30（i）的要求建立和保持合适的对设计更改的识别、形成文件、确认或（适当时）验证、评审，以及在实施前批准的程序。

具体为，《设计变更程序》《设计变更管理程序》（b）（4）未包含设计变更的确认或验证准则。

FDA审查你公司的答复后确定，该答复尚不充分。虽然你公司的答复称，将对程序进行修订，但是，答复中并未包含确保既往设计变更得到妥善验证或确认的计划。此外，答复未包括修订版规程或培训人员执行修订版规程的计划。

3．未能按照21 CFR 820.70（i）的要求，按已建立的规程，确认计算机软件符合其预期的使用要求。

例如：（b）（4）和（b）（4）中使用的软件未经验证。

FDA审查你公司的答复后确定，该答复尚不充分。虽然你公司的答复称，将对规程进行修订，但是，答复中未包含针对（b）（4）的软件验证的文档。此外，答复未包含统计技术的基本原理和验证中使用的测试方法（b）（4）。

4．未能按照21 CFR 820.40的要求适当建立保持对21 CFR 820要求的所有文件的程序。

例如：多套程序在无文件管理人员监督和控制的情况下进行了修订，未能确保最新的修订版本是否经充

分的识别、审查。程序主清单未包含修订时未记录的其他变更。

目前尚不能确定你公司的答复是否充分。虽然你公司的答复称，将修订文件控制程序，但是，答复中并未包含相关文档，即修订版程序。

鉴于你公司严重违反了《法案》规定，根据《法案》第801（a）节［21 U.S.C.§ 381（a）］的规定，由于你公司生产的红外耳温计、数字体温计以及直肠体温计为伪劣产品，所以被拒绝入境。因此，FDA正在采取措施，以拒绝此类医疗器械进入美国（称为“自动扣押”），直到此类违规行为得到纠正。为了解除医疗器械的扣押状态，你公司应按下列说明对本警告信作出书面答复，并对其中所述的违规行为予以纠正。FDA随后将通知你公司：你公司的回复是否充分，以及是否需要重新检查你公司的生产场所来验证是否已采取适当的纠正措施。

美国联邦机构会得知关于器械的警告信，以便在签订合同时考虑上述信息。此外，如果FDA确定你公司违反了质量体系法规，且这些违规行为与Ⅲ类器械的上市前批准申请有关联，则在纠正这些违规行为之前，将不会批准此类器械。

请在收到本信函之日起15个工作日内将你公司为纠正上述违规行为所采取的具体步骤书面通知本办公室，并说明你公司计划如何防止此类违规行为或类似违规行为再次发生。包括你公司已经采取的纠正措施（必须解决系统问题）的文件材料。如果你公司计划采取的纠正措施将逐渐开展，请提供实施这些活动的时间表。如果无法在15个工作日内完成纠正，请说明延迟的原因以及完成这些活动的时间。请提供非英文文件的英文译本，以便于FDA进行审查。FDA随后将通知你公司：你公司的回复是否充分，以及是否需要重新检查你公司的生产场所来验证是否已采取适当的纠正措施。

最后，请注意本信函未完全包括你公司全部违规行为。你公司有责任遵守FDA所有的法律和法规。本信函和检查结束时签发的检查结果FDA 483表中记录的具体违规行为可能表明你公司制造和质量管理体系中存在严重问题。你公司应查明违规原因并及时采取纠正措施，确保产品合规。

第184封 给Linkwin Technology Co., Ltd. 的警告信

生产质量管理规范/质量体系法规/医疗器械/伪劣

CMS # 481537

2015年11月5日

尊敬的C先生：

2015年6月29日至2015年7月2日，美国食品药品管理局（FDA）对位于中国台湾省台中市的你公司进行了检查。通过检查，FDA检查员确定你公司生产电动升温毯（三合一背带）。根据《联邦食品、药品和化妆品法案》（以下简称《法案》）第201（h）节［21 U.S.C.§ 321（h）］，凡是用于诊断疾病或其他症状，对疾病有治愈、缓解、治疗或预防作用，或是可以影响人体结构或功能的器械，均为医疗器械。故你公司涉及检查的产品为医疗器械。

本次检查表明，该类医疗器械的生产、包装、储存或安装中使用的方法、设施或控制不符合21 CFR 820质量体系法规（以下简称QSR/21 CFR 820）的现行生产质量管理规范（以下简称cGMP）要求，根据《法案》第501（h）节［21 U.S.C.§ 351（h）］的规定，属于伪劣产品。

2015年7月8日，FDA收到你公司针对FDA检查员出具的FDA 483表（检查发现问题清单）的回复。FDA针对回复，处理如下。此类违规行为包括但不限于下述各项：

1．未能按照21 CFR 820.198（a）的要求建立由正式指定的部门接收、评审和评价投诉的适当程序。例如：

a．你公司的投诉处理程序对以下事项未作要求：

i．对投诉进行评估，以确定其是否属于须根据21 CFR 803向FDA报告的事件。

ii．待评估的投诉，以确定是否有必要进行调查，以及在未进行调查的情况下，记录不作调查的原因。

iii．对涉及器械、贴签或包装可能不符合质量标准的投诉进行调查。

b．你公司未记录对11起投诉进行的评估，以确定是否需要将其作为医疗器械不良事件提交给FDA。

FDA审查你公司的答复后确定，该答复尚不充分。答复称，你公司将修改投诉规程，以纳入21 CFR 820.198的要求。然而，答复并未具体说明如何修订该规程，也未提供实施该规程的时间表。此外，答复未包含对投诉进行回顾性评审，以确保对既往投诉作充分评估。

2．未能按照21 CFR 820.100（a）的要求适当建立和保持实施纠正和预防措施（CAPA）的程序。例如：

a．你公司的CAPA规程无需验证CAPA的有效性，以确保操作不会对成品器械造成不利影响。

b．以下CAPA未包含对CAPA有效性的验证：

i．CAPA（b）(4)，用于三合一冷热背带

ii．CAPA（b）(4)，用于质量体系

iii．CAPA（b）(4)，用于三合一冷热背带的（b）(4)

FDA审查你公司的答复后确定，该答复尚不充分。答复称，你公司将修改不合格规程，纳入有效性验证，以确保措施不会对成品器械造成不利影响。答复称，你公司将修改你公司CAPA表，以包括验证CAPA的有效性。但是，答复并未表明你公司拟修改你公司CAPA规程。此外，答复未包含对CAPA的回顾性评审，以确保既往CAPA有效且不会对成品器械产生不利影响。

3．未能按照21 CFR 820.90（b）（2）的要求建立合适的返工程序，包括对不合格品返工后的再检验和再评价，以确保产品满足已批准的规范。

例如：你公司的返工程序对以下事项未作要求：

a．返工后不合格品的复检或复评；

b．确定返工后对产品的任何不利影响；

c．在器械历史记录中记录返工活动。

FDA审查你公司的答复后确定，该答复尚不充分。你公司的答复称，将修改公司规程，以纳入21 CFR 820.90的要求。但是，你公司的答复并未具体说明以上规程将如何进行修订，也未提供实施以上规程的时间表。此外，答复也未包含对相关文件进行回顾性评审，以确保先前返工的产品符合经批准的质量标准。

4．未能按照21 CFR 820.30（a）（1）的要求建立和保持器械设计控制程序，以确保满足规定的设计要求。

例如：你公司的设计和开发程序（QPR1010）对以下事项未作要求：

a．设计输入，包括用于处理不完整的、模糊的或冲突的需求的机制；

b．设计输出，包括识别器械正常运行所必需的输出；

c．设计审评，包括对所评审的设计阶段无直接责任的人员；

d．设计验证和确认中的预定验收标准；

e．设计验证的结果应在器械历史文档中予以书面记录，包括对设计、方法、日期以及开展验证的人员进行确认；

f．确保设备设计正确地转化为生产规范的设计转换规程。

FDA审查你公司的答复后确定，该答复尚不充分。你公司的答复称，将修改公司规程，以纳入21 CFR 820.30的要求。但是，你公司的答复并未具体说明以上规程将如何进行修订，也未提供实施以上规程的时间表。

5．未能按照21 CFR 820.184的要求建立和保持程序、确保对应于每一批次或单件的器械历史记录的保持，以证实器械是按照器械主记录（DMR）和21 CFR 820的要求制造的。例如：

a．你公司尚未建立并保持器械历史记录的规程。

b．你公司未能维护器械历史记录，以证明器械是根据器械主记录制造的，包括主要标识标签和用于分发的各器械或器械批次的贴签。

FDA审查你公司的答复后确定，该答复尚不充分。你公司的答复称，将在公司（b）（4）规程中纳入器械历史记录。但是，你公司的答复并未具体说明以上规程将如何进行修订，也未提供实施以上规程的时间表。

6．未能按照21 CFR 820.22的要求建立质量审核的程序并进行审核，以确保质量体系符合已建立的质量体系要求，并确定质量体系的有效性。例如：

a．你公司的内部审核程序并未说明质量审核由与被审核事项无直接责任的人员承担。

b．你公司在2015年开展了一次质量审核，审核负责人对正在受审的领域负有直接责任。例如：一名质保专家对与（b）（4）相关的领域进行了审核，即使其负责此类领域。

c．你公司未能提供获批的2014年度审核计划，要求按照（b）（4）内部审计的要求制定并实施。

FDA审查你公司的答复后确定，该答复尚不充分。你公司的答复称，将修改公司内部质量审计规程，以包括21 CFR 820.22和21 CFR 820.25的要求。但是，你公司的答复并未具体说明以上规程将如何进行修订，也未提供实施以上规程的时间表。此外，你公司的答复未能说明，是否拟使用新规程进行新的审计，并确保审计由对受审领域无直接责任的人员进行。

联邦机构会得知关于器械的警告信，以便在签订合同时考虑上述信息。此外，如果FDA确定你公司违反了质量体系法规，且这些违规行为与Ⅲ类器械的上市前批准申请有关联，则在纠正这些违规行为之前，将不会批准此类器械。

请在收到本信函之日起15个工作日内将你公司为纠正上述违规行为所采取的具体步骤书面通知本办公室，并说明你公司计划如何防止此类违规行为或类似违规行为再次发生。包括你公司已经采取的纠正措施（必须解决系统问题）的文件材料。如果你公司计划采取的纠正措施将逐渐开展，请提供实施这些活动的时间表。如果无法在15个工作日内完成纠正，请说明延迟的原因以及完成这些活动的时间。请提供非英文文件的英文译本，以便于FDA进行审查。

最后，请注意本信函未完全包括你公司全部违规行为。你公司有责任遵守FDA所有的法律和法规。本信函和检查结束时签发的检查结果FDA 483表中记录的具体违规行为可能表明你公司制造和质量管理体系中存在严重问题。你公司应查明违规原因并及时采取纠正措施，确保产品合规。

第185封　给WalkMed Infusion, LLC. 的警告信

生产质量管理规范/质量体系法规/医疗器械/伪劣

CMS # 476038

2015年11月2日

尊敬的K先生：

2015年5月18日至6月11日，美国食品药品管理局（FDA）检查员对位于6555 S. Kenton St., Suite 304, Centennial, Colorado的你公司进行了检查，确定你公司生产医疗器械，包括电子输液泵（移动式和杆式）、储液袋和输液管路套件。根据《联邦食品、药品和化妆品法案》（以下简称《法案》）第201（h）节［21 U.S.C.§ 321（h）］，凡是用于诊断疾病或其他症状，对疾病有治愈、缓解、治疗或预防作用，或是可以影响人体或动物结构或功能的器械，均为医疗器械。故你公司涉及检查的产品为医疗器械。

在本次检查中，FDA审查了你公司按510（k）K070529生产、销售的Ⅱ类医疗器械Triton和Triton FP容积式输液泵。FDA还检查了包括拟用于Triton和Triton FP泵的输液管路套件。

本次检查表明，此类医疗器械的生产、包装、储存或安装中使用的方法、设施或控制不符合21 CFR 820质量体系法规（以下简称QSR/21 CFR 820）的现行生产质量管理规范（以下简称cGMP）要求，根据《法案》第501（h）节［21 U.S.C.§ 351（h）］的规定，属于伪劣产品。你公司可在FDA网站上找到上述规定。

2015年7月1日和2015年8月31日，FDA收到你公司针对2015年6月11日FDA检查员出具的FDA 483表（检查发现问题清单）的回复。FDA已审查了上述回复，并确定所提供的信息和所描述的纠正措施不足以解决FDA对你公司生产、销售输液泵和输液管路套件的顾虑。上述顾虑不仅包括FDA 483表上记录的问题，还包括在检查过程中与你公司讨论过的问题。2015年10月26日，FDA办事处收到你公司对FDA 483表的第三次答复。目前正在审查该答复以及任何拟议的现场纠正行动。FDA针对前两次回复，处理如下。

在你公司最近的检查中发现的违规行为包括但不限于以下内容：

1. 未能按照21 CFR 820.198（c）的要求，在必要情况下，调查涉及器械可能不符合特定质量标准的投诉。

FDA审查已确定，对于你公司器械可能未能达到质量标准的问题，你公司未能对相关的投诉作充分的调查。具体为，在2013年1月至2015年5月期间，①你公司收到关于涉及Triton和Triton FP输液泵问题的（b）（4）起投诉，在该泵中向患者注入空气或空气在线检测系统故障；②你公司收到关于在使用Triton输液管路套件期间涉及患者输液相关反应的（b）（4）起投诉。

你公司的答复不足以解决FDA的顾虑，具体表现如下：

a. 你公司称，与空气在线检测系统相关的投诉已作复评；但是，你公司没有为未能审查FDA 483表中的所有投诉提供理由。具体为，以下投诉未包含在你公司的审查中：投诉编号（b）（4）。

b. 你公司继续引用纠正措施报告（CAR）（b）（4）来解释未对所述投诉实施额外调查的原因；但是，该报告的充分性不足，因为其未将所用测试设备的充分性评估、（b）（4）设计的充分性评估以及整体测试参数的充分性评估纳入投诉调查中。特别值得注意的是，该CAR仍在使用（b）（4）测试方案（b）（4），并不能反映该器械的临床性能。

c. 未能提供因检查结果而启动的纠正措施文件的副本［包括纠正和预防措施（CAPA）（b）（4）］，因

而无法进行审查。

d．你公司的答复未包含拟如何处理（b）（4）供应商的微粒不合格项，你公司也未提供证明该问题已得到充分调查的文档。你公司也未能对问题的范围和对已上市产品的潜在影响进行回顾性评估。

e．你公司称，已对投诉处理规程（100-601）进行了更新。该记录包含一个下拉填写表，未向员工解释如何适当评估所问的问题（在所有情况下），也未指定哪些员工（接受或未接受专业培训）将在投诉处理记录中执行特定评估。例如：记录风险和严重性等级，并评估严重伤害的可能性。

2．未能按照21 CFR 820.100（a）（1）的要求充分建立纠正和预防措施（CAPA）程序，对过程、操作工序、让步接收、质量审核报告、质量记录、服务记录、投诉、返回产品和质量信息的其他来源进行分析，以识别不合格品或其他质量问题的已存在的和潜在原因。

FDA的检查确定你公司未能执行CAPA程序（文件编号：100-600，修订版D-F），因为你公司未能分析、识别不合格品的现有和潜在原因，且未能根据需要实施纠正措施。例如：在2013年1月至2015年5月期间，你公司收到关于使用Triton和Triton FP输液泵的流量过大或输液过量的（b）（4）起消费者投诉，其中一些已确认为（b）（4）。你公司已将上述投诉归为（b）（4）类，但是，你公司尚未实施纠正措施来解决此类（b）（4）。此外，你公司还未充分确定此类问题的原因。

另外，你公司使用的统计方法可能不适合检测重复出现的质量问题，因为你公司（b）（4）要解释一般投诉数据的趋势，以推断潜在的质量问题。

你公司的答复不足以解决FDA的顾虑，具体表现如下：

a．你公司称，CAPA（b）（4）是为解决该问题而启动的；但是，你公司并未提供该等文件的副本供FDA审查。

b．你公司对2014年1月至2015年6月的投诉进行了回顾性评审后，提交了另外八份不良事件报告。重新评估的（b）（4）起投诉中,（b）（4）起投诉被确定为严重程度、等级评估不正确。经审查的投诉中,（b）（4）起投诉的严重程度升至（b）（4）。你公司引用CAR（b）（4）来解决此问题，但未提供文件副本供FDA审查。你公司也未提供任何文档来支持潜在的根本原因或拟议的纠正措施，以适当地解决与你公司器械相关的（b）（4）问题。

c．你公司的答复称，将修订CAPA规程（100-600），以纳入（b）（4）的评估；但是，你公司并未提供CAPA规程的副本，也未提供完成该规程的员工培训时限。

3．未能按照21 CFR 820.90（a）的要求建立程序，以控制不符合规定要求的产品。

FDA检查已确定，你公司未能建立适当的程序来控制不符合规定要求的产品，原因在于，你公司因未能确定缺陷的根本原因，继续销售带有潜在（b）（4）的Triton FP输液泵。你公司也未能建立恰当的设备维护程序，如在成品分销前用于测试（b）（4）的出现故障的设备（b）（4）所示。

你公司的答复不足以解决FDA的顾虑，具体表现如下：

a．你公司只审查了不合格报告（b）（4），但忽略了对以下内容的评估或评论：（b）（4）。

b．你公司称，不合格报告（b）（4）是唯一未进行充分调查的不符合项，将通过不合格报告（b）（4）解决；但与其他不合格报告相关的调查似乎仍不完整。

c．你公司对不合格报告（b）（4）进行的调查不充分，因为你公司使用了（b）（4）测试方案（b）（4），并不能反映实际的临床使用性能。

d．不合格报告（b）（4）应通过与（b）（4）使用相关的CAPA（b）（4）进行处理。该CAPA未曾提供给FDA进行审查。你公司已承诺（b）（4）进行预防性维护（PM），并评估其他设备是否需要添加PM；但是，你公司未能提供完成的时间表，也未承诺进行回顾性评审，以了解该故障设备可能对仍在接收的商用产品（b）（4）造成的影响。

4．未能建立合适的器械设计确认程序。按照21 CFR 820.30（g）的要求，此类设计确认须包含风险分析。

你公司使用（b）（4）研究来进行风险分析和识别与输液过量和不足有关的潜在危害严重程度，但是，该研究并不充分，因为其没有考虑（b）（4）的预期用途。

你公司的答复不足以解决FDA的顾虑，具体表现如下：

a．你公司称，将对公司的风险分析程序作变更，但是未提供完成此类变更和员工培训的相应副本或时间表。

b．在对公司的风险评估计划进行上述程序变更，以确定是否需要向FDA提交额外的不良事件报告之后，你公司的答复未指明是否会对投诉进行另一次回顾性评审。

5．未能按照21 CFR 820.30（f）的要求制定和保持器械的设计验证程序，以确认设计输出满足设计输入要求。

FDA检查确定，你公司未证明已验证设计输出满足设计输入要求方案（文件编号：310119，修订版M）所规定的以下设计输入要求：（b）（4）。

你公司的答复不足以解决FDA的顾虑，具体表现如下：

a．你公司称，CAPA（b）（4）是为解决该问题而启动的；但是，并未提供该文件的副本供FDA审查。

b．你公司称，将进行验证和规程变更；但是，未提供文档或建议，也未提供完成此类变更的预计时限。

6．未能按照21 CFR 820.30（g）的要求制定和保持程序验证Triton FP输液泵的设备软件，以确保器械符合确定的使用者需求和预期用途，并应包括在实际或模拟使用条件下对生产单位进行检测。

在Triton FP输液泵软件版本17.09.04发布之前，FDA检查确定，验证和确认报告［文件（b）（4）］所确定的软件缺陷未得到修复，且你公司并未评估此类缺陷对输液泵的预期用途的潜在影响。

你公司的答复不足以解决FDA的顾虑，具体表现如下：你公司称该问题与（b）（4）有关。验证方案（b）（4）执行过程中发现的缺陷。所提供的文档并未证明你公司认为再验证软件属于潜在的解决方案，也未证明你公司认为再验证软件是针对已证明（b）（4）的商用产品的影响评估。

7．校准程序未能按照21 CFR 820.72（b）的要求，包括具体的指南和准确度、精密度的极限。

FDA审查已确定，你公司尚未确定（b）（4）件目前用于制造你公司成品器械的（b）（4）设备的极限或准确度和精密度。

你公司的答复不足以解决FDA的顾虑，具体表现如下：

a．你公司称，CAPA（b）（4）已启动，但是，未提供副本供FDA审查。

b．你公司称，已对生产车间使用的现有设备实施了预期措施，但未包含发现超出公差的设备清单，对于发现的设备将如何影响或潜在影响在售成品质量，也未给予评估。

FDA检查还表明，你公司的Triton FP400000输液泵没有根据《法案》第515（a）节［21 U.S.C.§ 360e（a）］的规定获得批准的上市前批准申请（PMA），也没有根据《法案》第520（g）节［21 U.S.C.§ 360j（g）］的规定获得批准的试验器械豁免（IDE）申请，根据《法案》第501（f）（1）（B）节［21 U.S.C.§ 351（f）（1）（B）］的规定，属于伪劣产品。根据《法案》第502（o）节［21 U.S.C.§ 352（o）］的规定，Triton FP 400000输液泵存在标记错误的情况，因为你公司在州际贸易中引进或交付用于商业分销的器械，其预期用途发生重大变更或修改，却未按《法案》第510（k）节［21 U.S.C.§ 360（k）］和21 CFR 807.81（a）（3）（i）的要求向FDA提交新版上市前通告。具体为，你公司已修改Triton 300000型，按K070529获得许可，在未通知FDA的情况下进行了软件和规格变更，形成Triton FP 400000型。

软件变更的示例包括：（b）（4）。

通常认为，输液泵软件的修改有可能对输液器械的安全性或有效性产生重大影响。其主要原因在于软件故障会导致输液器关闭或停止输液，导致治疗不足或治疗延迟。

你公司还对质量标准进行了变更，包括：（b）（4）。

与获批的Triton 300000型相比，质量标准变更实现了新特性/功能或修改了关键安全规范（b）（4）。

根据21 CFR 803.81（a）（3）的要求，若器械变更或修改可能会严重影响其安全性或有效性，则需新的

510（k）。

根据21 CFR 807.81（b）的要求，对于需要获得上市前批准的器械，在PMA等待FDA审批时，第510（k）节要求的通知视为已满足要求。你公司可从FDA网站获得批准需提交的信息类型。FDA将评估你公司提交的信息，并决定你公司的产品是否可合法上市。

你公司应立即采取措施纠正本信函所述的违规行为。如若未能及时纠正这些违规行为，可能导致FDA在没有进一步通知的情况下启动监管措施。监管措施包括但不限于没收、禁令和民事罚款。此外，联邦机构会得知关于器械的警告信，以便在签订合同时考虑上述信息。

此外，如果FDA确定你公司违反了质量体系法规，且这些违规行为与器械的上市前批准申请有关联，则在纠正这些违规行为之前，将不会批准此类器械。同时，在所述医疗器械相关违规行为得到纠正之前，不会批准出口证明（Certificates to Foreign Governments，CFG）的申请。

FDA还注意到，你公司最初未能或拒绝提供《法案》第519节（21 U.S.C.§ 360i）和/或21 CFR 803 - 不良事件报告所要求的器械相关材料或信息。具体为，你公司在要求的时限内［见21 CFR 803.50（a）（2）的要求］未能向FDA报告发生不良事件，即Triton泵（型号：300000）未检测到管路中的空气［投诉处理记录（b）（4），日期：2013年8月22日］。如果故障再次发生，将导致或促致死亡或重伤。由于不符合《法案》第519节和21 CFR 803中的不良事件报告要求，根据《法案》第502（t）（2）节的要求，Triton泵出现标记错误；但是，你公司已提交投诉（b）（4）的不良事件报告，FDA认为该不良事件报告满足了该项要求。因此，你公司的Triton泵不再因为该原因而出现标记错误。

请注意《eMDR最终规则》于2014年2月13日公布，要求制造商和进口商向FDA提交电子版不良事件报告（eMDR）。本最终规则的要求自2015年8月14日起生效。若你公司尚未以电子方式提交报告，建议你公司访问FDA网站，以获取有关电子版报告要求的其他信息。如果你公司希望讨论MDR应报告性标准或安排进一步的沟通，请发送电子邮件联系应报告性审查小组，邮件地址为ReportabilityReviewTeam@fda.hhs.gov。

请在收到本信函之日起15个工作日内将你公司为纠正上述违规行为所采取的具体步骤书面通知本办公室，并说明你公司计划如何防止此类违规行为或类似违规行为再次发生。包括你公司已经采取的纠正措施（必须解决系统问题）的文件材料。如果你公司计划采取的纠正措施将逐渐开展，请提供实施这些活动的时间表。如果无法在15个工作日内完成纠正，请说明延迟的原因以及完成这些活动的时间。

最后，请注意本信函未完全包括你公司全部违规行为。你公司有责任遵守FDA所有的法律和法规。本信函和检查结束时签发的检查结果FDA 483表中记录的具体违规行为可能表明你公司制造和质量管理体系中存在严重问题。你公司应查明违规原因并及时采取纠正措施，确保产品合规。

第186封　给Digitimer Ltd.的警告信

生产质量管理规范/质量体系法规/医疗器械/伪劣

CMS # 479856

2015年10月19日

尊敬的S先生：

2015年6月29日至7月2日，FDA检查员对位于Welwyn Garden City, United Kingdom的你公司检查中确认，你公司制造诱发电位刺激仪。根据《联邦食品、药品和化妆品法案》（以下简称《法案》）第201（h）节［21 U.S.C.§ 321（h）］，凡是用于诊断疾病或其他症状，对疾病有治愈、缓解、治疗或预防作用，或是可以影响人体结构或功能的器械，均为医疗器械。故你公司涉及检查的产品为医疗器械。

本次检查表明，该医疗器械的生产、包装、储存或安装中使用的方法、设施或控制不符合21 CFR 820质量体系法规（以下简称QSR/21 CFR 820）的现行生产质量管理规范（以下简称cGMP）要求，根据《法案》第501（h）节［21 U.S.C.§ 351（h）］的规定，属于伪劣产品。

2015年7月14日，FDA收到你公司针对FDA检查员出具的FDA 483表（检查发现问题清单）的回复。FDA针对回复，处理如下。这些违规事项包括但不限于以下内容：

1．未能按照21 CFR 820.90（a）的要求建立程序，以控制不符合规定要求的产品。

例如，在检查期间审查的11份器械历史记录（DHR）中有5份包含不符合规定要求的器械。尽管最终验收测试显示的数值超出了各自的可接受范围，但这些不合格项并未得到识别或评估，没有进行评估进行了分销。具体如下：

a. D185型数字式多脉冲刺激器，序列号1188,（b）（4）位置（b）（4）欧姆的主电路电阻［可接受范围：（b）（4）欧姆］

b. DS7A型数字式恒流刺激器，序列号2205、2211、2143和2150，“-ve‘1ms’脉冲宽度”为（b）（4）毫秒［可接受范围：（b）（4）毫秒］

FDA审查了你公司的回复并认定内容不够充分。你公司回复称，你公司在调查期间隔离了所有D185和DS7A型号的器械，并对所有生产型号的最后50台器械进行了检查以确定整个数字化产品线的问题程度。但你公司没有解释为何每种型号都要检查50台器械，或者如何确定这是统计有效的样本量。此外，你公司没有提供文件证明之前发布的产品符合设计规范。

2．未能按照21 CFR 820.30（i）的要求建立和保持对设计更改的识别、形成文件、确认或（适当时）验证、评审，以及在实施前批准的程序。

例如，你公司的设计变更程序（b）（4）、“工艺变更”，即需要一份工艺变更申请（ECR）表，其中包含经批准的规范、图纸和设计审查。但你公司并未填写2014年4月15日CAPA#31项下的设计变更ECR表来纠正（b）（4）包装箱中错误定位的切口。工艺变更包括将包装材料的成分从（b）（4）改为（b）（4）。你公司没有进行验证或确认以证明新包装材料和设计的有效性。

目前还不能确定你公司的回复是否充分。你公司的回复表明，你公司和包装制造商正在制定包装测试和相关测试标准并计划为所有包装创建可在DMR中相互参考的新技术文件。你公司的回复指出将开展包装确认；但未提供图纸、包装测试程序、协议或确认报告供审查。

3．未能确保按照21 CFR 820.70（c）的要求，若有理由预期环境条件会对产品质量产生不利影响时，建立和保持程序，以充分控制这些条件。

例如，与处理静电敏感器械相关的制造作业指导书（b）（4）“处理静电敏感器械”规定：“器械必须始终装在防静电容器中。”但你公司在防静电容器外存放了40块组装好的印制电路板（PCB），其中含有易受静电放电影响的部件，如（b）（4）和（b）（4）。

目前还不能确定你公司的回复是否充分。你公司的回复称已订购静电屏蔽袋用于运输和存放印制电路板组件和部件，并订购了防静电手提箱和箱子，用于在组装之前和组装期间储存和运输套件零件。但你公司的回复中没有包括新的作业指导书，该作业指导书将作为在静态安全环境中操作的指南。

4．未能按照21 CFR 820.90（b）（2）的要求建立和保持返工程序，包括对不合格品返工后的再检验和再次评价，以确保产品满足已批准的规范。

例如，你公司没有建立返工程序，包括允许的返工类型和范围以及返工后不合格产品的重新测试和重新评估以确保产品符合其批准的规范。

FDA审查了你公司的回复并认定内容不够充分。你公司的回复表明，你公司已计划创建返工程序并实施更详细的返工活动记录。但回复中没有包括为支持关于缺乏器械故障的声明而进行返工的文件。

5．未能按照21 CFR 820.181（d）的要求适当保存器械主记录（DMR）。

例如，DMR没有包含或涉及D185型数字仪多脉冲刺激器和DS7A型数字仪恒流刺激器（包括DS7AH）的封装规范位置。

目前还不能确定你公司的回复是否充分。你公司的回复称已计划按照21 CFR 820.181的要求审查所有DMR的完整性以检测类似问题并计划确认医疗器械包装的有效性。

美国联邦机构会得知关于器械的警告信，以便在签订合同时考虑上述信息。此外，如果FDA确定你公司违反了质量体系法规，且这些违规行为与Ⅲ类器械的上市前批准申请有关联，则在纠正这些违规行为之前，将不会批准此类器械。

请在收到本信函之日起15个工作日内将你公司为纠正上述违规行为所采取的具体步骤书面通知本办公室，并说明你公司计划如何防止此类违规行为或类似违规行为再次发生。包括你公司已经采取的纠正措施（必须解决系统问题）的文件材料。如果你公司计划采取的纠正措施将逐渐开展，请提供实施这些活动的时间表。如果无法在15个工作日内完成纠正，请说明延迟的原因以及完成这些活动的时间。非英文文件请提供英文译本以方便FDA审查。

最后，请注意本信函未完全包括你公司全部违规行为。你公司有责任遵守FDA所有的法律和法规。本信函和检查结束时签发的检查结果FDA 483表中记录的具体违规行为可能表明你公司制造和质量管理体系中存在严重问题。你公司应查明违规原因并及时采取纠正措施，重新确保产品合规。

第187封 给Cardionics SA的警告信

生产质量管理规范/质量体系法规/医疗器械/伪劣/标识不当

CMS # 478690

2015年10月16日

尊敬的G先生:

2015年7月27日至7月29日，FDA检查员在对位于比利时布鲁塞尔（Brussels）的你公司的检查中认定，你公司制造CarTouch便携式ECG心电图器械。根据《联邦食品、药品和化妆品法案》（以下简称《法案》）第201（h）节［21 U.S.C.§ 321（h）］，凡是用于诊断疾病或其他症状，对疾病有治愈、缓解、治疗或预防作用，或是可以影响人体结构或功能的器械，均为医疗器械。故你公司涉及检查的产品为医疗器械。

本次检查表明，该医疗器械的生产、包装、储存或安装中使用的方法、设施或控制不符合21 CFR 820质量体系法规（以下简称QSR/21 CFR 820）的现行生产质量管理规范（以下简称cGMP）要求，根据《法案》第501（h）节［21 U.S.C.§ 351（h）］的规定，属于伪劣产品。

2015年8月10日，FDA收到你公司针对FDA检查员出具的FDA 483表（检查发现问题清单）的回复。FDA针对回复，处理如下。你公司于2015年9月10日对FDA 483表的回复超过了15个工作日。将对此回复与针对本警告信中所述违规行为提供的其他书面材料一起进行评估。这些违规事项包括但不限于以下内容：

1．未能按照21 CFR 820.100（a）的要求，充分建立并保持实施纠正和预防措施（CAPA）的程序。例如:

a．你公司2011年3月14日的CAPA程序“（b）（4）”，未涉及以下内容：

i．分析质量信息的来源以确定不合规产品或其他质量问题的已存在的和潜在原因；

ii．在必要时采用适当的统计方法来探查重复发生的质量问题；

iii．验证或确认纠正和预防措施，以确保此类措施不会对成品器械产生不利影响。

b．你公司未核实或验证自2013年以来启动的11项CAPA的有效性。

FDA审查了你公司的回复并认定内容不够充分。你公司的回复没有包含对设计文件的回顾性评审以确保CAPA得到验证，或在适当情况下通过确认来确保此类操作不会对成品器械造成不利影响。

2．未能按照21 CFR 820.198（a）的要求，建立和保持由正式指定的部门接收、评审和评价投诉的程序。

例如，2011年3月14日的投诉处理程序（b）（4）不能确保：

a．对投诉进行评价以确定该投诉是否代表根据21 CFR 803不良事件报告要求向FDA报告的事件；

b．MDR可报告事件保存在投诉文件的单独部分或以其他方式明确标识；

c．投诉调查报告包括：

i．器械名称；

ii．收到投诉的日期；

iii．所用的器械标识和控制号；

iv．投诉者的姓名、地址和电话；

v．调查日期和结果；

vi．对投诉者的答复。

FDA审查了你公司的回复并认定内容不够充分。回复没有包括相应的计划来确保按照新程序对过去的投诉进行充分评价和维护。此外，回复中没有包括培训人员执行新的投诉处理程序的计划。

3．未能按照21 CFR 820.30（g）的要求，充分建立和保持器械设计控制程序。

例如，日期为2015年7月15日的设计确认程序，“（b）（4）”，不能确保：

a．设计确认是在规定的操作条件下对初始生产单元、批次或其等效物进行的；

b．设计确认需要包括在实际或模拟使用条件下测试生产单元；

c．设计确认的结果，包括设计的标识、方法、日期和执行验证的人员，记录在设计历史文档（DHF）中。

FDA审查了你公司的回复并认定内容不够充分。回复没有包括对设计文件的回顾性评审以确保所制造的器械的设计得到充分控制。

4．未能按照21 CFR 820.181的要求保存器械主记录（DMR）。

例如，CarTouch ECG的DMR没有包含或参考以下位置：

a．器械规范，包括适当的图纸、部件规范和软件规范；

b．生产过程规范，包括适当的设备规范、生产方法、生产程序，以及生产环境规范；

c．质量保证程序和规范，包括验收标准和使用的质量保证设备；

d．包装和标签规范；

e．安装、维护和服务程序及方法。

FDA审查了你公司的回复并认定内容不够充分。回复没有说明何时对DMR作业指导书进行培训。此外，回复没有包含回顾性评价来确保在缺少DMR的情况下不会导致不合规产品的放行。

5．未能按照21 CFR 820.184的要求建立并保持相应的程序，来确保对应于每批或每台机组的器械历史记录（DHR），以证实器械是按照器械主记录（DMR）和21 CFR 820的要求制造的。

例如，DHR没有包含用于每个生产单元的主要标识标签。此外，CarTouch ECG的DHR不包含用于完成器械验收的测试器械的识别信息。

FDA审查了你公司的回复并认定内容不够充分。回复没有包含人员已接受执行新程序培训的文件。

FDA检查还表明，CarTouch便携式心电图仪器械根据《法案》第502（t）（2）节［21 U.S.C.§ 352（t）（2）］的规定存在标记不当行为，因为你公司未能或拒绝提供《法案》第 519节（21 U.S.C.§ 360i）和21 CFR 803-不良事件报告中所要求的有关器械的材料或信息。重大偏差包括但不限于以下内容：

6．未能按照21 CFR 803.17的要求制定、保持和实施书面MDR程序。

例如，你公司没有MDR程序。

FDA审查了你公司的回复并认定内容不够充分。你公司于2015年8月28日发布的名为“（b）（4）”的新MDR程序并未涉及以下内容：

a．提供及时有效识别、沟通并评价可能受MDR要求影响的事件的内部系统。例如：根据21 CFR 803，你公司目前尚无应报告事件的定义。排除21 CFR 803.3中“知悉”“引起或导致”“故障”“MDR可报告事件”和“严重伤害”的定义以及“合理建议”的定义，发现于21 CFR 803.20（c）（1）可能导致你公司在评估可能符合21 CFR 803.50（a）项下报告标准的投诉时做出不正确的可报告性决定。

b．内部系统提供标准化评审流程用以确定事件何时能够满足本部分的报告标准。例如：

i．未提供对每起事件进行完整调查和评价事件原因的说明。

ii．书面程序未规定由谁来决定向FDA发出不良事件报告。

iii．没有说明你公司将如何评价关于事件的信息以便及时做出MDR应报告性决定。

c．提供及时向FDA发送完整不良事件报告的内部系统。例如，你公司必须提交补充或后续报告的情况以及此类报告的要求。

此外，该过程还包括对基准报告的引用。不再需要基准报告，FDA建议从你公司的MDR程序中移除对基准报告的所有引用。

美国联邦机构会得知关于器械的警告信，以便在签订合同时考虑上述信息。此外，如果FDA确定你公司违反了质量体系法规，且这些违规行为与Ⅲ类器械的上市前批准申请有关联，则在纠正这些违规行为之前，将不会批准此类器械。

请在收到本信函之日起15个工作日内将你公司为纠正上述违规行为所采取的具体步骤书面通知本办公室，并说明你公司计划如何防止此类违规行为或类似违规行为再次发生。包括你公司已经采取的纠正措施（必须解决系统问题）的文件材料。如果你公司计划采取的纠正措施将逐渐开展，请提供实施这些活动的时间表。如果无法在15个工作日内完成纠正，请说明延迟的原因以及完成这些活动的时间。非英文文件请提供英文译本以方便FDA审查。FDA将通知你公司有关你公司的回复是否充分，以及是否需要重新检查你公司的设施以验证是否已采取了适当的纠正措施。

最后，请注意本信函未完全包括你公司全部违规行为。你公司有责任遵守FDA所有的法律和法规。本信函和检查结束时签发的检查结果FDA 483表中记录的具体违规行为可能表明你公司制造和质量管理体系中存在严重问题。你公司应查明违规原因并及时采取纠正措施，确保产品合规。

第188封　给77 Elektronika Kft.的警告信

生产质量管理规范/质量体系法规/医疗器械/伪劣

CMS # 458367

2015年10月8日

尊敬的Z先生：

2015 年3月9日至2015 年3月12日，FDA检查员对位于匈牙利布达佩斯（Budapest）的你公司检查中认定，你公司制造Urisys 1100尿液分析仪。根据《联邦食品、药品和化妆品法案》（以下简称《法案》）第201（h）节［21 U.S.C.§ 321（h）］，凡是用于诊断疾病或其他症状，对疾病有治愈、缓解、治疗或预防作用，或是可以影响人体结构或功能的器械，均为医疗器械。故你公司涉及检查的产品为医疗器械。

本次检查表明，该医疗器械的生产、包装、储存或安装中使用的方法、设施或控制不符合21 CFR 820质量体系法规（以下简称QSR/21 CFR 820）的现行生产质量管理规范（以下简称cGMP）要求，根据《法案》第501（h）节［21 U.S.C.§ 351（h）］的规定，属于伪劣产品。

FDA已于2015 年4月2日收到你公司质量保证总监Mr.Rudolf Tolgyesi针对FDA检查员在FDA 483表（检查发现问题清单）上记载的观察事项和检查发现事项的回复。以下是FDA对于你公司与各违规事项相关回复的意见。这些违规事项包括但不限于以下内容：

1．未能按照21 CFR 820.75（a）的要求充分确保当过程结果不能为其后的检验和试验充分验证时，过程应以高度的把握予以确认，并按已确定的程序批准。

例如，你公司尚未根据既定程序确认用于制造Ⅱ类医疗器械Urisys 1100的工艺。具体如下：

a．你公司未对用于制造Urisys 1100关键部件的（b）（4）进行验证。你公司只记录了流程的“（b）（4）”。你公司的主确认计划没有包含（b）（4）。在检查过程中，质量保证总监Mr.Rudolf Tolgyesi说，你公司没有对（b）（4）过程进行确认。

b．你公司尚未确认（b）（4）用于制造Urisys 1100。你公司对（b）（4）过程的认证不充分。具体为，对（b）（4）的方案和确认报告的审查表明，你公司没有检查（b）（4）的变化。此外，你公司未提供客观证据证明其验证了（b）（4）、正确放置的部件或全部（b）（4）。协议没有确定任何验收标准或最坏情况。

FDA审查了你公司的回复并认定内容不够充分。你公司声明，尽管未进行确认（b）（4），Urisys 1100分析仪仍进行100%功能测试。你公司已采取下列纠正措施：

i．为此观察启动了CAPA 2015-037。

ii．计划修订（b）（4）认证程序以满足所有21 CFR 820要求并包括确认试验方案和实际操作过程的（b）（4）作业指导书。你公司计划在2015年5月15日前完成修订。

iii．计划在2015年9月30日前验证（b）（4）和（b）（4）。

iv．如有需要，根据修订的（b）（4）程序更新主确认计划。此外，将审查所有现有的Urisys1100工艺确认文件和检查确认文件以确定是否符合修订的（b）（4）程序并根据需要完成重新确认。你公司预计在2015年9月30日前完成此项活动。

回复不充分，因为你公司声明将在2015年9月30日前审查所有现有的工艺确认文件，但你公司并未说明是否将审查所有需要确认的生产工艺，以确保这些工艺得到适当确认。你公司未提供实施修订的证据，包括定义和记录（b）（4）的验收标准。此外，你公司没有提供选择抽样规模（b）（4）的统计依据。你公司尚未说明修订（b）（4）的作业指导书是否包括根据统计依据选择进行测试的样本量以解决这一不足点。你公司没有提供证据证明员工将接受（b）（4）修订的确认作业指导书的培训。

2．为已经确认的过程的参数进行监视和控制建立和保持程序，以确保21 CFR 820.75（b）的要求持续得到满足。

例如，你公司尚未建立监控过程参数的程序，例如（b）（4）用于制造Urisys 1100器械。你公司没有建立程序来识别要监控的数据、控制限制，或者如何审查和分析通过监控已确认过程生成的数据。在检查过程中，质量保证总监Mr.Rudolf Tolgyesi表示，你公司没有任何程序来确定需要收集和评估哪些数据以及（b）（4）的控制限值。

FDA审查了你公司的回复并认定内容不够充分。你公司声明，尽管（b）（4）未规定对已确认过程的工艺参数进行监控以确保继续满足规定的要求，你公司已对Urisys 1100的生产过程进行了验证，Urisys 1100分析仪进行了100%的功能测试并对生产过程中的不合规进行了趋势分析。你公司已采取下列纠正措施：

i．为此观察启动了CAPA 2015-036。

ii．修订（b）（4）的计划增加了对已确认过程的过程参数的监控要求。你公司计划在2015年4月30日前完成修订。

iii．计划在2015年9月30日前，根据修订后的（b）（4）程序，对（b）（4）的过程参数进行定义和记录，并在2015年10月9日前进行有效性检查。

iv．计划在2015年9月30日前按照修订版（b）（4）对所有已确认的过程进行审查并确定，记录所有已确认过程参数的监测和控制并在2015年10月9日前进行有效性检查。

回复不充分，因为你公司没有提供证据证明系统性纠正措施包括对所有过程的回顾性评审，以确保按要求对过程参数进行适当的监测和控制。你公司尚未确定（b）（4）的监护程序。此外，你公司没有提供证据证明员工接受过修订的程序的培训。

3．未能按照21 CFR 820.50的要求建立和保持程序，确保所有采购或以其他方式收到的产品和服务满足规定的要求。例如：

a．你公司没有根据供应商满足规定要求（包括质量要求）的能力来评估和选择供应商。你公司没有评估和记录用于制造Urisys 1100的LED的供应商。此外，用于选择若干供应商的调查表以及半年度评价没有包含供应商质量要求的任何领域。在检查过程中，检查员要求提供关于关键供应商选择的文件，而你公司无法提供LED供应商的文件，这是URISYS1100分析仪的关键部件。你公司的质量保证总监Mr.Rudolf Tolgyesi表示，你公司长期使用LED供应商，没有任何问题。

b．你公司没有根据评估确定对产品和供应商实施控制的类型和范围。你公司的质量保证总监Mr.Rudolf Tolgyesi表示，你公司已经知悉供应商提供的关键部件（用于Urisys 1100的电机）存在超过三年的不合规情况。你公司继续从同一供应商处收到同一部件。在生产过程中，你公司（b）（4）部件不合规。

FDA审查了你公司的回复并得出结论，你公司声明，在选择供应商时会评估供应商是否通过了ISO9001和/或ISO13485批准，如果供应商没有通过，你公司会询问质量相关问题。你公司已采取下列纠正措施：

i．本次观察的一部分启动了CAPA 2015-034，本次观察的一部分启动了CAPA 2015-035。

ii．计划在2015年4月15日前重新评估LED供应商。

iii．计划更新供应商选择程序并根据需要进行修改以满足21 CFR 820.50的要求。该活动预计完成日期为2015年5月30日。

iv．计划在2015年上半年根据修订后的程序对供应商进行评估以确定哪些供应商超出了控制限值。该活动预计完成日期为2015年7月31日。

v．计划定义控制的类型和范围，即如果供应商在半年评价中高于控制限值时应采取的措施。作业指导说明将更新以包括标准化规则。你公司预计在2015年8月31日前完成此项活动。

vi. 根据21 CFR 820.50的要求审查和修订（b）（4）的计划，包括抽样计划的适当统计技术。

vii. 计划在2015年6月5日前制定生产不合格品控制限值和质量控制。

你公司没有提供证据证明如何计划实施纠正措施以期按要求将质量要求纳入其供应商评价，并证明产品符合规定要求。你公司没有提供选择六个月时间审查供应商评价的有效理由。你公司没有提供考虑系统性纠正措施的证据，包括对所有供应商进行回顾性评审以确保满足所有规定的采购控制要求。你公司也没有提供证据证明人员接受过修订程序的培训。

4. 未能按照21 CFR 820.198（a）的要求建立和保持由正式指定的部门接收、评审和评价投诉的程序。

例如，你公司的投诉程序“投诉处理和服务”程序（b）（4）不包含在收到对产品的投诉时审查医疗器械的完整器械历史记录（DHR）。你公司（b）（4）不合规部件，例如在发布和分销之前，Urisys 1100分析仪的电动机。过程中的不合规记录在DHR上。质量保证总监Mr.Rudolf Tolgyesi表示，你公司没有审查完整的DHR以获取可能是器械故障造成的信息。

FDA审查了你公司的回复并认定内容不够充分。你公司为此次检查发现启动CAPA 2015-032。你公司已采取下列纠正措施：

i. 你公司计划在2015年4月30日前更新（b）（4）投诉处理和服务程序以增加DHR审查要求。

ii. 你公司计划自2014年1月至今审查DHR以便对收到的（b）（4）退回票据的投诉信息进行追溯调查。本活动预计完成日期为2015年9月30日。

回复不充分，因为你公司没有提供系统性纠正措施的证据，包括审查整个投诉处理子系统以确保评估所有错误来源并满足投诉处理的所有要求。此外，你公司没有提供将投诉审查从2014年1月限制到2015年4月的理由。你公司没有提供证据证明员工接受过修订程序的培训。

美国联邦机构可能会获悉发布器械警告信以便在授予合同时考虑这些信息。另外，由于存在相关的质量体系法规偏差，除非这些违规事项得到纠正，否则Ⅲ类医疗器械上市前审批申请不会通过。

请于收到此信函的15个工作日内，将你公司已经采取的具体纠正措施，以及你公司准备如何防止这些违规事项或类似行为再次发生的计划书面回复本办公室。回复中应包括你公司已经采取的纠正和/或能系统性解决问题的纠正措施相关文档。如果你公司需要一段时间来实施这些纠正和/或纠正措施，请提供相应的实施时间表。如果纠正和/或纠正措施不能在15个工作日内完成，请说明理由和能够完成的时间。非英文文件请提供英文译本以方便FDA审查。FDA将通知你公司有关你公司的回复是否充分，以及是否需要重新检查你公司的设施以验证是否已采取了适当的纠正措施。

最后，请注意本信函未完全包括你公司全部违规事项。你公司有责任遵守法律和FDA法规。信中以及检查结束时FDA 483表上所列具体的违规事项，可能表明你公司制造和质量管理体系中所存在严重问题。你公司应调查并确定这些违规事项的原因，迅速采取措施纠正违规事项并重新使产品合规。

第189封　给Panoramic Rental Corp. 的警告信

不良事件报告/标识不当

CMS # 472841

2015年10月1日

尊敬的S先生：

美国食品药品管理局（FDA）于2015年4月15日至24日对你公司位于4321 Goshen Road, Fort Wayne, Indiana的医疗器械进行了检查。检查期间，FDA检查员已确认你公司制造Panoramic PC-1000和PC-1000/Laser 1000牙科X射线产品。根据《联邦食品、药品和化妆品法案》（以下简称《法案》）第201（h）节［21 U.S.C.§ 321（h）］的规定，凡是用于诊断疾病或其他症状，对疾病有治愈、缓解、治疗或预防作用，或是可以影响人体结构或功能的器械，均为医疗器械。故你公司涉及检查的产品为医疗器械。

FDA已于2015年5月5日收到你公司副总裁Mr.Stephen T.Yaggy针对FDA 483表（检查发现问题清单）的回复。FDA针对回复，处理如下。

本次检查表明，对于医疗器械PC-1000型全景牙科X射线，你公司未能或拒绝提供《法案》第519节（21 U.S.C.§ 360i）以及21 CFR 803-不良事件报告要求的有关器械的材料或信息。根据《法案》第502（t）（2）节［21 U.S.C.§ 352（t）（2）］的规定，属于虚假标签。重大违规行为包括但不限于以下内容：

1．未能按照21 CFR 803.17的要求，为以下各项制定、维护和实施书面不良事件报告（以下简称MDR）程序。

例如，在审查了你公司名为：程序7230“客户沟通”（修订版E，生效日期：2013年2月19日）的MDR程序，注意到以下问题：

（1）第7230号程序没有建立内部系统以便及时有效地识别、沟通并评价可能符合MDR要求的事件。例如：

a．根据 21 CFR 803的规定，你公司没有对应报告事件作出定义。缺乏21 CFR 803.3中“知悉”“引起或导致”“故障”“MDR应报告事件”和“严重伤害”的定义，以及21 CFR 803.20（c）（1）中“合理建议”的定义，可能导致你公司在评估某投诉是否符合21 CFR 803.50（a）报告标准时，做出不正确的应报告性决定。

（2）第7230号程序没有建立内部制度，规定标准化审查程序以确定事件何时符合本部分规定的报告标准。例如：

a．未提供对每起事件进行完整调查和评价事件原因的指导性说明。

（3）第7230号程序没有建立及时传送完整不良事件报告的内部制度。具体为，未涉及以下信息：

a．何种情况下你公司必须提交补充报告和此类报告的要求。

b．你公司将如何提交每个事件合理知晓的所有信息。

FDA审查了你公司对这一意见的回复并认定内容不充分。回复中没有包含对标准操作程序（SOP）9700的修订，因此FDA无法评价纠正措施。回复指出，你公司将在（b）（4）中提交MDR报告，但回复中没有提供证据表明已提交了初次（b）（4）报告。（b）（4）还将完成对（b）（4）年度服务报告的审查。这属于持续的纠正，FDA此次无法评价。

要求制造商和进口商向FDA提交电子医疗器械报告（eMDR）的《eMDR最终规则》已于2014年2月13日公布，并于2015年8月14日生效。如果你公司目前没有以电子方式提交报告，FDA建议你公司访问以下网站链接以获取有关电子报告要求的其他信息：url。

如果你公司希望讨论MDR应报告性标准或安排进一步的沟通，可以通过电子邮箱ReporabilityReviewTeam@fda.hhs.gov联系应报告性审查小组。

FDA检查还显示，你公司的PC-1000和PC-1000/激光-1000器械根据《法案》第501（t）（2）节［21 U.S.C.§ 352（t）（2）］的规定存在虚假标签行为，因为你公司未能或拒绝提供《法案》第519节（21 U.S.C.360i）和21 CFR 806-医疗器械所要求的器械相关材料或信息；纠正和移除报告。你公司存在的重大违规行为包括但不限于以下内容：

未按照21 CFR 806.10的要求以书面形式向FDA报告对于降低器械对健康造成的风险所采取的纠正或移除措施，或对于器械引起的可能对健康造成风险的违规行为所采取的整改措施。

例如，你公司最初在2003年2月7日的一封信中提醒客户，目前存在可能会导致PC-1000旋转臂/机壳塌陷至器械底座上的问题。为解决这个问题而专门对PC-1000进行了设计变更。在收到现场关于PC-1000旋转臂/机壳塌陷的其他投诉后，你公司于2009年2月19日发出了第二封信。该现场通知旨在提醒客户注意PC-1000器械的问题，并提供了应用于该器械的警告标签。标签上说明："警告：如在常规操作过程中立柱迟缓或卡住或听到摩擦噪音，请立即停止使用PC-1000器械并致电Panoramic corporation服务部，电话1-800-654-2027。否则可能导致患者/操作人员受伤"。

你公司不断收到客户关于旋转臂/机壳滑移的投诉。自2009年以来，共有（b）（4）项投诉。包括最近一份日期为（b）（4）的报告，X射线机滑移并砸到患者，患者失去意识并伴有轻微瘀伤。

FDA审查了你公司对这一意见的回复并认定内容不充分。你公司的纠正措施包括修订召回标准操作程序（SOP）8513。该SOP未包含在回复中，因此无法验证纠正措施。

你公司应立即采取措施纠正本信函所述的违规行为。如若未能及时纠正这些违规行为，可能导致FDA在没有进一步通知的情况下启动监管措施。监管措施包括但不限于没收、禁令和民事罚款。此外，联邦机构会得知关于器械的警告信，以便在签订合同时考虑上述信息。

请在收到本信函之日起15个工作日内将你公司为纠正上述违规行为所采取的具体步骤书面通知本办公室，并说明你公司计划如何防止此类违规行为或类似违规行为再次发生。包括你公司已经采取的纠正措施（必须解决系统问题）的文件材料。如果你公司计划采取的纠正措施将逐渐开展，请提供实施这些活动的时间表。如果无法在15个工作日内完成纠正，请说明延迟的原因以及完成这些活动的时间。你公司的回复应全面，并解决此警告信中所包括的所有违规行为。

最后，请注意本信函未完全包括你公司全部违规行为。你公司有责任遵守FDA所有的法律和法规。本信函和检查结束时签发的检查结果FDA 483表中记录的具体违规行为可能表明你公司制造和质量管理体系中存在严重问题。你公司应查明违规原因并及时采取纠正措施，确保产品合规。

第190封 给Argo Medical Technologies Inc.的警告信

医疗器械/标识不当

CMS # 473462

2015年9月30日

尊敬的H先生:

美国食品药品管理局（FDA）于2014年6月26日批准重新分类的ReWalk器械（K131798/DEN130034）上市。同一天，FDA命令你公司根据《联邦食品、药品和化妆品法案》（以下简称《法案》）第522节（21 U.S.C.§ 360l）和21 CFR 822对ReWalk器械开展上市后监管。

FDA发布此命令（PS140001）（“522命令”），因为器械未能防止因跌倒、跌倒相关的后遗症［如创伤性脑损伤（TBI）、脊髓损伤（SCI）和骨折等］而可能导致的严重的用户伤害和/或死亡。此外，协助用户的个人也可能因潜在跌倒而受到伤害。

FDA于2014年7月31日收到你公司提出的522上市后监管（PS）研究计划概要。FDA审查了PS研究计划概要并在2014年9月29日的信中告知，你公司提交的资料缺乏完成审查所需的信息。FDA在你公司提交的材料中列出了这些不足点并要求在30天内收到完整的回复，但FDA在30天内没有收到你公司的回复。

2014年11月5日，FDA通知你公司，你公司的回复已超期。FDA随后收到你公司2014年11月6日的来信，信中附有PS研究计划（PS140001/A001）。FDA审查了PS研究计划并在2015年2月13日的回信中告知，你公司于2014年11月6日提交的材料缺乏完成审查所需的信息。FDA在你公司提交的材料中列出了这些不足点并要求在30天内做出完整的回复，但FDA在30天内没有收到你公司的回复。

2015年3月16日，FDA通过电子邮件通知，你公司对FDA 2015年2月13日警告信的回复已超期并询问你公司何时提供回复。2015年3月20日，你公司通过电子邮件回复FDA并声明将在2015年4月15日前提交回复。但FDA在2015年4月15日之前没有收到回复。

2015年4月16日，FDA再次要求更新你公司对FDA 2015年2月13日警告信的过期回复。2015年5月22日，你公司回复FDA称能够对所有问题做出回复（一项问题除外）并要求在提交正式回复之前与FDA工作人员讨论该问题。从2015年6月12日到2015年7月28日，FDA多次尝试（通过电话和电子邮件）与你公司协调要求的电话会议，试图解决未决问题。FDA还在2015年6月24日的电子邮件中通知你公司，机构认为你公司的522研究不合规。

你公司直到2015年7月29日才回复FDA关于拟议电话会议日期的请求。在2015年7月29日的电子邮件中，你公司声明你公司将在2015年8月3日前提出电话会议的日期。但2015年8月10日，你公司第一次通知FDA时提议对方法和研究计划（PS140001/A001）进行实质性修改，同时提出如果FDA对这些重大修改有任何疑问的，则你公司应与FDA面谈。

在审查了你公司2015年8月10日警告信中的提议后，FDA于2015年9月2日向你公司提供了反馈并建议你公司尽快提交一份修订的PS研究计划，解决该反馈和2015年2月13日警告信中发现的不足点。到目前为止，FDA还没有收到你公司的回复，Argo也没有提交修订的研究计划，而且在开始522命令要求的522 PS研究方面还没有取得实质性进展。

此外，如522命令所述，制造商必须在根据522命令发布之日起15个月内开始根据《法案》第522节进行监督［见《法案》第522（b）条］。你公司的PS研究计划必须在15个月的时间内获得批准，其研究必须在2015年9月28日结束。

制造商未遵守或拒绝遵守《法案》第522节（包括21 CFR 822规定的要求）的要求，违反了《法案》301（q）（1）（C）节［21 U.S.C.§ 331（q）（1）（C）］的要求。此外，如果不遵守或拒绝遵守《法案》第522节的要求，则根据《法案》502（t）（3）节［21 U.S.C.§ 352（t）（3）］的规定，器械存在虚假标签行为。

你公司存在以下问题：

- 未能提交经修订的PS研究计划，无法充分解决FDA 2014年9月29日警告信中描述的不足点以及FDA 2015年2月13日警告信中描述的不足点（见21 CFR 822.19）；
- 未能设计PS研究计划以回复522命令中确定的问题（见21 CFR 822.11）；
- 未能获得批准的PS研究计划（见21 CFR 822.20）；
- 未能在522命令发布之日起15个月内根据《法案》第522节开始监督［见《法案》第522（b）节］。

因此，你公司未遵守《法案》第522节的要求，从而违反了《法案》第301（q）（1）（C）节的禁止行为。你公司的ReWalk器械经重新分类（K131798/DEN130034）获得授权，但根据《法案》第502（t）（3）节属于虚假标签产品。

你公司应立即采取措施纠正本信函所述的违规行为。如若未能及时纠正这些违规行为，可能导致FDA在没有进一步通知的情况下启动监管措施。监管措施包括但不限于没收、禁令和民事罚款。此外，联邦机构会得知关于器械的警告信，以便在签订合同时考虑上述信息。

自收到本信函之日起15个日历日内，请提交你公司522上市后监管研究计划，该计划需要解决2014年9月29日和2015年2月13日FDA警告信中提及的不足点。此外，请以书面形式通知本办公室，你公司为纠正上述违规行为以及为防止本命令和未来研究再次发生而采取的措施。包括你公司已经采取的纠正措施的文件。如果你公司计划采取的纠正措施将逐渐开展，请说明延迟的原因以及完成这些纠正的时间表。如果无法在15个日历日内完成纠正措施，请说明延迟的原因和完成纠正的时间。

最后，你公司应理解FDA对器械的生产和销售提出了多方面的要求。本警告信仅涉及受522号命令约束的ReWalk器械的上市后监管要求，不一定涉及你公司在法律下的其他义务。

第191封　给St.Jude Medical（CardioMEMS）的警告信

生产质量管理规范/质量体系法规/医疗器械/伪劣

CMS # 480398

2015年9月30日

尊敬的S先生：

美国食品药品管理局（FDA）于2015年6月8日至26日对位于佐治亚州亚特兰大387 Technology Circle的你公司的医疗器械进行了检查，FDA检查员已确定你公司生产各种医疗器械，如CardioMems HF系统。根据《联邦食品、药品和化妆品法案》（以下简称《法案》）第201（h）节［21 U.S.C.§ 321（h）]，凡是用于诊断疾病或其他症状，对疾病有治愈、缓解、治疗或预防作用，或是可以影响人体结构或功能的器械，均为医疗器械。故你公司涉及检查的产品为医疗器械。

本次检查表明，这些医疗器械的生产、包装、储存或安装中使用的方法、设施或控制不符合21 CFR 820的现行生产质量管理规范（cGMP）的要求，根据《法案》第501（h）节［21 U.S.C.§ 351（h）］的规定，属于伪劣产品。

FDA 483表（检查发现问题清单）已在检查结束时发给你公司质量保证工程部总监Jeff H.Kim先生（随函附上副本）。FDA已收到你公司2015年7月15日和2015年8月13日关于FDA调查人员在483号文件中发现的观察结果的回复。以下是FDA对于你公司各违规事项相关回复的意见。FDA 483表发布的违规记录包括但不限于以下内容：

1．未能按照21 CFR 820.100（b）的要求充分记录纠正和预防措施（CAPA）活动和/或结果。

具体为，FDA检查确定你公司没有维护有效的CAPA系统，也没有根据你公司制定的CAPA程序（标题：纠正和预防措施，SOP-603，第12版）充分调查通过客户投诉、不合规项和其他来源发现的已知问题。在FDA检查过程中，发现以下CAPA的文件/调查存在不足点：

A. 2014年11月26日，CAPA 14-005启动，以解决医院病房器械序列号不正确的问题，此次检查尚未完成，并收到了扩展表。完成对这些事件调查的截止日期是2015年1月18日。

你公司2015年8月13日的回复信表明，CAPA 14-005的完整有效性验证和结束的目标日期为2015年9月。FDA要求你公司将这些活动的副本提交给FDA办公室进行评价。

B．2014年11月5日，CAPA 14-004启动，以解决涂层传感器中发现的缺陷，即黏附不均匀、涂层缺陷和玻璃破裂问题，应于2014年12月5日完成。但这项CAPA调查目前尚未完成。在本次检查期间，于2015年6月9日签署了CAPA延期申请。

你公司2015年8月13日的回复函表明，CAPA 14-004的完整有效性验证和结束的目标日期为2016年1月。FDA要求你公司将这些活动的副本提交给FDA办公室进行评价。

C．2014年9月25日，CAPA 14-003启动，以解决因“未能启动”而从现场返回的医院产品，其影响评估的截止日期为2014年10月24日。质量部于2014年12月18日记录并批准了该评估，但记录上没有任何正当的关于影响评估的延期理由。调查截止日期为2015年1月19日，结束日期为2015年2月5日。QA对调查的批准不完整。

你公司2015年8月13日的回复函表明，CAPA 14-003的完整纠正措施的目标日期为2015年10月30日。FDA

要求你公司将这些活动的副本提交给FDA办公室进行评价。

2．未能按照21 CFR 820.75（a）的要求，完成过程确认活动的记录和批准。

具体为，你公司制定的SOP-000110《EO灭菌确认和再鉴定程序》规定，你公司将每年对CardioMEMS HF系统灭菌过程进行再确认。最近一次再确认于2013年10月23日开展。

你公司2015年8月13日的回复信表明，你公司将在2015年第三季度完成对本次检察的纠正措施。FDA要求你公司将这些活动的副本提交给FDA办公室进行评价。

3．未能按照21 CFR 820.70（a）的要求，开发、执行、控制和监控生产过程以确保器械符合其规范。

具体为，你公司医疗器械的（b）（4）过程尚未得到充分确认。你公司于2014年11月启动CAPA以应对（b）（4）的黏附不均匀、玻璃破碎和涂层破损问题。在对你公司调查期间，你公司对（b）（4）高频传感器进行了一次合格验证研究；但没有关于加工过程中使用的既定参数的文件，也没有显示高频涂层工艺重复性的文件。

你公司2015年8月13日的回复信表明，你公司的再确认工作有望在2015年9月完成（等待作为CAPA 14-004一部分进行的根本原因调查结果）。FDA要求你公司将这些活动的副本提交给FDA办公室进行评价。

4．未能按照21 CFR 820.22的要求充分建立相应的质量审核程序。

具体为，你公司的内部审计程序SOP-101尚未得到充分实施。例如第六节规定，将按照批准的内部审计时间表每年审查供应商档案。本标准操作规程还规定，审核员将检查所有供应商文件中用于装配心力衰竭传感器和输送系统的部件。供应商于2014年4月17日签署了（b）（4）涂层高频传感器供应商的调查表和确认表F-000104B。质量体系内部审核（内部审核编号：IA-14-001）于2014年8月4日至2014年8月6日进行。但在2015年6月17日的检查期间，才完成了本供应商调查表和确认表F-000104B的质量保证审核签名和日期部分。

你公司2015年8月13日的回复函表明，你公司正在执行并完成QP-15-06质量计划。发布本程序是为了根据《供应商评价和审核程序》SOP-104的要求来识别和审查所有供应商文件的状态。你公司回复表明，这些纠正措施有望在2015年10月2日完成。FDA要求你公司将这些活动的副本提交给FDA办公室进行评价。

FDA认可你公司对本信函中未讨论的FDA 483表的意见所采取的纠正措施，这些纠正措施基本能够充分解决FDA 483表中发现的检察结果，但需要在FDA下次到你公司工厂进行检查时予以验证。

你公司应立即采取措施纠正本信函所述的违规行为。如若未能及时纠正这些违规行为，可能导致FDA在没有进一步通知的情况下启动监管措施。监管措施包括但不限于没收、禁令和民事罚款。此外，联邦机构会得知关于器械的警告信，以便在签订合同时考虑上述信息。如果FDA确定你公司违反了质量体系法规，且这些违规行为与Ⅲ类器械的上市前批准申请有关联，则在纠正这些违规行为之前，将不会批准此类器械。同时，如果FDA确定你公司的器械不符合《法案》的要求，则不会批准出口证明（Certificates to Foreign Governments，CFG）的申请。

请在收到本信函之日起15个工作日内将你公司为纠正上述违规行为所采取的具体步骤书面通知本办公室，并说明你公司计划如何防止此类违规行为或类似违规行为再次发生。包括你公司已经采取的纠正措施（必须解决系统问题）的文件材料。如果你公司计划采取的纠正措施将逐渐开展，请提供实施这些活动的时间表。如果无法在15个工作日内完成纠正，请说明延迟的原因以及完成这些活动的时间。你公司的回复应全面，并解决此警告信中所包括的所有违规行为。

最后，请注意本信函未完全包括你公司全部违规行为。你公司有责任遵守FDA所有的法律和法规。本信函和检查结束时签发的检查结果FDA 483表中记录的具体违规行为可能表明你公司制造和质量管理体系中存在严重问题。你公司应查明违规原因并及时采取纠正措施，确保产品合规。

第192封　给Genesis Biosystems, Inc. 的警告信

试验器械豁免（IDE）/上市前批准申请（PMA）/伪劣

CMS # 451146

2015年9月21日

尊敬的L先生：

美国食品药品管理局（FDA）于2014年12月8日至2014年12月16日对位于德克萨斯州Lewisville, Texas 75057的你公司的医疗器械进行了检查。检查期间，FDA检查员已确认你公司为DermaFrac微通道系统（DermaFrac系统）和Lipivage脂肪采集和转移系统（Lipivage）的生产制造和销售商。根据《联邦食品、药品和化妆品法案》（以下简称《法案》）第201（h）节［21 U.S.C.§ 321（h）］，凡是用于诊断疾病或其他症状，对疾病有治愈、缓解、治疗或预防作用，或是可以影响人体结构或功能的器械，均为医疗器械。故你公司涉及检查的产品为医疗器械。

FDA此次检查及检查期间对收集的材料的审查表明，根据《法案》第501（f）（1）（B）节［21 U.S.C.§ 351（f）（1）（B）］的规定，DermaFrac系统属于伪劣产品。因为你公司没有根据《法案》第515（a）节［21 U.S.C.§ 360e（a）］的规定获得上市前（PMA）申请批准，或根据《法案》第520（g）节［21 U.S.C.§ 360j（g）］获得试验器械豁免（IDE）申请批准。另根据《法案》第502（o）节［21 U.S.C.§ 352（o）］，DermaFrac系统还存在错贴标签行为，因为你公司未按照《法案》第510（k）节［21 U.S.C.§ 360（k）］的要求通知监管当局你公司打算将器械引入商业销售。对于需要上市前获取审批的器械，当其申请尚未在监管当局获得决议前，视作满足《法案》第510（k）节［21 U.S.C.§ 360（k）］的通告要求［21 CFR 807.81（b）］。你公司需要提交的供获得批准所需的信息类型参见url。FDA将对你公司提交的信息进行评估并决定你公司产品是否可合法销售。

具体为，FDA已经审查了DermaFrac系统，包括宣传册和讲义在内的产品标签，据以上宣传册和讲义所述，DermaFrac系统是一种专门设计的皮肤微通道系统，用于驱动局部溶液深入组织。DermaFrac系统在局部注入的同时能为真皮-表皮（DE）结合部创建微通道。

例如，FDA对DermaFrac系统产品手册（DFR-MAN-001，修订版F）第8页的审查发现了对该器械的下列描述：

DermaFrac治疗允许使用真空和微通道治疗注入专用治疗溶液，为患者提供即时和长期的治疗结果。这些专业的治疗方法能够在一小部分上皮肤表面产生数以千计的微通道，通过角质层和表皮提供的通道来吸收治疗过程中同步注入的溶液。这些方案旨在调理肌肤并优化导向皮肤和已有微通道的液流。

根据FDA在上述检查过程中对收集到的文件进行的审查，包括FDA对你公司网站的审查发现，DermaFrac系统由电机控制的针头矩阵组成，在操作员将DermaFrac系统移动到皮肤表面时能够根据多个受控深度来垂直穿透皮肤。

通常来讲，根据21 CFR 878.4820（电动磨削刷）归类的器械可免于上市前通知。这种类型的常规器械都包含带摩擦的底物，主要是刷子、锉刀和毛刺，用于通过剪切力磨损和去除皮肤层。与510（k）豁免电动磨皮刷不同，DermaFrac系统旨在通过“微通道”穿透皮肤达到临床效果，从而引出安全性和有效性的新问题。

由于针头长度、穿透深度和速度的安全范围未知，FDA担心针头可能会损伤血管和神经。由于DermaFrac系统采用的基本科学技术与21 CFR 878.4820所归类的器械不同，因此超出了21 CFR 878.9（b）中所述的限制，因此不可豁免“上市前通知”的申请。

FDA要求你公司立即停止导致DermaFrac系统错贴标签和/或伪劣的行为，例如停止上述用途器械的商业销售。检查还发现根据《法案》第501（h）节［21 U.S.C.§ 351（h）］DermaFrac系统和Lipivage系统属于伪劣产品，其制造、包装、储存和安装所用的方法、设施或控制措施不符合质量体系法规（参见21 CFR 820）对于现行生产质量管理规范的要求。FDA收到你公司2015年1月5日的回复，内容涉及在检查结束时发给你公司的FDA 483表（检查发现问题清单）上记录的FDA调查员的检查结果。以下是FDA对于你公司与各违规事项相关回复的响应。这些违规事项包括但不限于以下内容：

1．当计算机或自动数据处理系统作为生产或质量系统的一部分使用时，未按照21 CFR 820.70（i）的要求，以既定协议验证计算机软件的预期用途。

例如，你公司使用（b）（4）开发的软件（b）（4）以电子方式来记录、维护和跟踪客户投诉。但如你公司质量保证和法规监管总监（QA）在检查期间所述，软件不生成带有时间戳的审计跟踪以独立记录操作员输入的日期和时间以及创建、编辑或修改电子记录的操作。

目前还不能确定你公司的回复是否充分。你公司表示，将对软件进行评估以确定哪些数据条目应加盖时间戳，或者是否应购买独立的软件程序来替换当前系统。你公司还声明，你公司将与一位顾问合作，在软件确认后创建测试协议。但由于在你公司回复FDA 483表时纠正措施仍在进行，且员工尚未接受再培训，因此无法提供其他信息。FDA将在下一次检查中验证此纠正措施的充分性。

2．未能建立并维护相应的程序来确保每批或每台器械的器械历史记录（DHR）得到维护，无法证明器械已按照21 CFR 820.184要求的器械主记录（DMR）和相应要求完成制造。

例如，FDA的调查人员审查了你公司用于DermaFrac系统器械的DHR。你公司没有在DermaFrac系统单元背面保留序列号标签的代表性标签。

目前还不能确定你公司的回复是否充分。你公司的回复表明，你公司的标准操作程序《质量记录控制》（4040400-SOP-001）将进行修订，并将根据第034号CAPA和第1897号变更请求记录纠正。但由于在你公司回复FDA 483表时纠正措施仍在进行，且员工尚未接受再培训，因此无法提供其他信息。FDA将在下一次检查中验证此纠正措施的充分性。

你公司应尽快采取措施纠正此信函中所涉及的违规事项。如未能及时纠正这些违规事项，可能导致FDA在没有进一步通知的情况下启动监管措施。这些措施包括但不限于没收、禁令及民事罚款。此外，联邦机构可能会被告知有关器械的警告信的发布，以便其在签署合同时可以参考上述信息。在与此次主题器械有关的违规行为得到纠正之前，出口证明（Certificates to Foreign Governments，CFG）申请将不予批准。

请于收到此信函的15个工作日内，将你公司为纠正上述违规行为所采取的具体步骤书面通知本办公室，并说明你公司计划如何防止此类违规行为或类似违规行为再次发生。回复中应包括你公司已经采取的纠正和/或能系统性解决问题的纠正措施相关文档。如果你公司计划采取的纠正和/或纠正措施将逐渐开展，请提供纠正措施相应的实施时间表。如果无法在15个工作日内完成纠正，请说明延迟的原因以及完成这些活动的时间。你公司的回复应全面，并解决此警告信中所包括的所有违规事项。

此外，你公司的Lipivage产品清单将其归为Ⅰ类器械，豁免21 CFR 880.6960（冲洗注射器）规定的上市前通知申请。由于FDA对该产品所掌握的信息有限，FDA认为这是一种医疗器械，需接受生物制品评估和研究中心的监管，因此可能需要上市前审查。为确定对本产品进行适当监管，请联系细胞、组织和基因治疗监管办公室总监Dr.Patrick Riggins，电话：（240）402-8346。

此外，DermaFrac系统的标签表明该系统将与局部溶液一起使用来穿透到更深层的组织当中。产品如果符合《法案》第201（g）（1）（B）和（C）节［21 U.S.C.§ 321（g）（1）（B）和（C）］的药物定义，则无论是否属于化妆品，都必须满足《法案》和相应法规的所有适用药物规定才能合法销售。预期仅单独作为化妆品的产品不应包含任何表明其药物预期用途的声明或其他信息说明。

最后，请注意该警告信并非旨在罗列你公司所有违规事项。你公司负有遵守FDA实施的适用法律法规的主体责任。本警告信中以及检查结束时签发的FDA 483表所列具体的违规事项，可能表明你公司制造和质量管理体系中所存在严重问题。你公司应调查并确定这些违规事项的原因，并迅速采取措施纠正违规事项确保产品合规。

第193封　给Auric Enterprises, Inc. D. B. A. Diack的警告信

生产质量管理规范/质量体系法规/医疗器械/伪劣

CMS # 476106

2015年9月3日

尊敬的B先生：

美国食品药品管理局（FDA）于2015年6月15日至2015年6月17日和2015年7月30日对你公司位于Beulah, MI的医疗器械进行了检查。检查期间，FDA检查员已确认你公司为Diack灭菌监测器和VAC灭菌监测器的生产制造商。根据《联邦食品、药品和化妆品法案》（以下简称《法案》）第201（h）节［21 U.S.C.§ 321（h）］，凡是用于诊断疾病或其他症状，对疾病有治愈、缓解、治疗或预防作用，或是可以影响人体结构或功能的器械，均为医疗器械。故你公司涉及检查的产品为医疗器械。

本次检查表明，这些医疗器械的生产、包装、储存或安装中使用的方法、设施或控制不符合21 CRF 820的cGMP要求。根据《法案》第501（h）节［21 U.S.C.§ 351（h）］的规定，属于伪劣产品。2015年6月26日，FDA收到你公司针对FDA检查员出具的FDA 483表（检查发现问题清单）的回复。FDA针对回复，处理如下。违规行为包括但不限于以下内容：

质量体系法规

1．未能按照21 CFR 820.100（a）的要求建立和维护实施纠正和预防措施的程序。

例如，无可供检查员审查的纠正和预防措施程序。另外，在批次（b）(4) Diack散剂的生产前检测中，你公司发现从供应商处收到的硫黄存在质量问题。但是，你公司未记录为调查、确定根本原因以及启动纠正和预防措施所采取的措施。

2．未能按照21 CFR 820.198的要求，建立和维护由正式指定单位接收、审查和评价投诉的程序。

例如，没有可供检查员审查的用于评估投诉和设备故障以确定是否需要提交给FDA的程序。

3．未能按照21 CFR 820.70（a）的要求开发、监测和控制生产过程，以确保你公司医疗器械符合规范。

例如，你公司在2014年10月24日使用过期的硬脂酸锌和甲基红生产了一批Diack散剂。

4．未能按照21 CFR 820.30的要求建立和维护医疗器械设计控制程序，以确保符合设计规范。

例如，没有可供检查员审查的设计控制程序。

5．未能按照21 CFR 820.20（c）的要求建立管理审查程序。

具体为，没有建立进行管理评审的程序。此外，没有正式的管理评审记录。

FDA已审查你公司的回复，认为其不够充分。你公司的回复未包括纠正措施的文件或证据。

你公司应立即采取措施纠正本信函所述的违规行为。如若未能及时纠正这些违规行为，可能导致FDA在没有进一步通知的情况下启动监管措施。监管措施包括但不限于没收、禁令和民事罚款。此外，联邦机构可能会得知关于器械的警告信，以便在签订合同时考虑上述信息。如果FDA确定你公司违反了质量体系法规，且这些违规行为与Ⅲ类器械的上市前批准申请有关联，则在纠正这些违规行为之前，将不会批准此类器械。同时，如果FDA确定你公司的器械不符合《法案》的要求，则不会批准出口证明（Certificates to Foreign Governments，CFG）的申请。

请在收到本信函之日起15个工作日内将你公司为纠正上述违规行为所采取的具体措施书面通知本办公

室，并说明你公司计划如何防止此类违规行为或类似违规行为再次发生。包括你公司已经采取的纠正措施（必须解决系统问题）的文件材料。如果你公司计划采取的纠正措施将逐渐开展，请提供实施这些活动的时间表。如果无法在15个工作日内完成纠正，请说明延迟的原因以及完成这些活动的时间。你公司的回复应全面，并解决此警告信中包含的所有违规行为。

最后，请注意本信函未完全包括你公司全部违规行为。你公司有责任遵守FDA所有的法律和法规。本信函和在检查结束时签发的检查结果FDA 483表中记录的具体违规行为可能表明你公司制造和质量管理体系中存在严重问题。你公司应查明违规原因，并及时采取纠正措施，确保产品合规。

第194封 给Ortho Clinical Diagnostics GmbH的警告信

生产质量管理规范/质量体系法规/医疗器械/伪劣

CMS # 457877

2015年9月3日

尊敬的T女士：

美国食品药品管理局（FDA）于2015年2月9日至2015年2月12日对你公司位于Neckargemund, Germanyd的医疗器械进行了检查。FDA检查员已确认你公司为Ⅱ类临床化学和免疫诊断设备（如：Vitros 250、Vitros 5.1、Vitros5600、Vitros 3600、Vitros Eci和Pro Vue）翻新厂商。根据《联邦食品、药品和化妆品法案》（以下简称《法案》）第201（h）节［21 U.S.C.§ 321（h）］，凡是用于诊断疾病或其他症状，对疾病有治愈、缓解、治疗或预防作用，或是可以影响人体结构或功能的器械，均为医疗器械。故你公司涉及检查的产品为医疗器械。

本次检查表明，这些医疗器械的生产、包装、储存或安装中使用的方法、设施或控制不符合21 CFR 820的cGMP要求，根据《法案》第501（h）节［21 U.S.C.§ 351（h）］的规定，属于伪劣产品。

2015年3月4日，FDA收到WW公司质量、法律和合规部执行副总裁Jennifer Paine针对FDA检查员出具的FDA 483表（检查发现问题清单）的回复。FDA针对回复，处理如下。违规行为包括但不限于以下内容：

1．未能按照21 CFR 820.100（a）的要求建立和维护纠正和预防措施的相关程序。

例如，EMEA翻新中心（OCD-ERC）的Ortho-Clinical Diagnostics CAPA程序［（b）（4），现行修订版2和之前的修订版2］与全球Ortho-Clinical Diagnostics CAPA程序［（b）（4），修订版30，生效日期2015年01月05日］对数据审查、CAPA的产生、失效调查、CAPA的实施和有效性监测阶段进行了描述。按照程序要求，53206表中记录了CAPA记录。公司CAPA记录中记载了与有效性监控计划相关的详细信息，以及是否需要进行有效性检查（表53206规定只有纠正性CAPA才需要有效性监控）。但是，过去2年，你公司有4项CAPA（CAPA 2013 - 003、CAPA 2013 - 002、CAPA 2013 - 001和CAPA 2013 - 005）（你公司有10项CAPA记录：2013年7项，2014年3项）未能充分记录CAPA的有效性检查。具体如下：

A．启动CAPA 2013-001以解决（b）（4）问题。表53206记录的CAPA行动计划中，CAPA纠正措施［（b）（4）］已于2013年9月18日完成。CAPA报告中的“有效性监测计划”和“拟议有效性监测到期日”区域的检查结果为“不需要”，理由是有效性将通过合规性审计进行评估。不仅审核日期未记录，而且将“CAPA状态有效/无效”描述为“N/A”。此外，该表未按照（b）（4）要求记录每个时间点评估有效性监测的验收标准和证据。该CAPA于2013年9月18日获准结束，早于内部审核IA-001281（2013年11月26日至2013年11月28日进行）启动的CAPA。

B．启动CAPA 2013-002以解决（b）（4）问题。表53206记录的CAPA行动计划中，CAPA纠正措施［（b）（4）］已于2013年7月26日完成。CAPA报告中的“有效性监测计划”的检查结果为“不需要”，理由是有效性将通过内部审核进行评估。不仅未记录审核日期，而且将“CAPA状态有效/无效”描述为“N/A”。没有根据内部审核结果启动CAPA的相关文件，也未按照（b）（4）要求在表中记录每个时间点有效性监测的验收标准和证据。该CAPA于2013年7月26日获批结束，早于内部审核IA-001281（2013年11月26日至2013年11月28日进行）启动的CAPA。

C．启动CAPA 2013-005以解决各种未记录（b）（4）的测量仪器问题。表53206的CAPA行动计划中，CAPA纠正措施［（b）（4）］到期日截止到2014年2月，但未说明完成日期。实施证据表明（b）（4）于2014年2月27日生效（根据DCO-38732实施）。CAPA报告中的“有效性监测计划”的检查结果为“不需要”，理由是有效性将通过合规性校准的内部审核进行评估。没有根据内部审核结果启动CAPA的相关文件，也未按照（b）（4）要求在表中记录每个时间点有效性监测的验收标准和证据。经OCD-ERC确认，检查日期和有效性检查结果也未记录。

D．启动CAPA 2013-003以在处理控制和参考材料时处理缺乏充分的个人防护问题，以及在翻新器械的最终QC放行检测期间解决参考资料缺乏的问题。在53206表的CAPA行动计划中，CAPA纠正措施［（b）（4）］已于2013年7月26日完成。CAPA报告中的“有效性监测计划”的检查结果为“不需要”，理由是有效性将通过内部审核进行评估。无基于内部审核结果启动CAPA的相关文件，也未按照（b）（4）要求在表中记录每个时间点有效性监测的验收标准和证据。也未记录检查的日期。

FDA已审查你公司的回复，认为其不够充分。你公司表示，由于使用地方文件流程和地方语言要求，有效性检查细节缺少表CAPA 2013-003、表CAPA 2013-002、表CAPA 2013-001和表CAPA 2013-005。你公司提供了以下纠正措施：

- 更新CAPA 2013-003、CAPA 2013-002、CAPA 2013-001和CAPA 2013-005的CAPA记录详情，以包括有效性检查信息。
- 对2013年1月至2015年2月期间与有效性检查和不合格产品放行相关的CAPA进行了回顾性审查。
- 按照程序（b）（4）的要求，于2015年3月26日完成在全球电子系统中根据纸质系统处理的所有记录。
- 于2015年4月23日前完成审查（b）（4），以确定在德国OCD实施是否需要补充修改。

因为你公司没有就地方文件流程和语言要求以及改进的有效性检查文件提供任何纠正措施，所以FDA认为你公司的回复是不充分的。此外，随机抽取了CAPA 2013-005（b）（4）器械更新表中的有效性评估信息，并审查了其校准状态，但是，未按照（b）（4）的要求提供采样程序（b）（4）器械的依据。此外，因为你公司尚未提供理由说明为什么仅对（b）（4）期的CAPA记录进行回顾性分析而不是对所有CAPA记录进行分析以确保所有有效性检查详情都按要求记录，因此FDA认为你公司的回复是不充分的。你公司未提供所有CAPA的回顾性审查，以确保所有CAPA要求都按要求完成。你公司尚未提供（b）（4）中概述的全球程序的有效性文件（b）（4）的修订程序。此外，你公司也未提供任何更新程序的培训记录。

2．未能按照21 CFR 820.90（a）的要求建立和维护不符合规定要求的产品控制程序。具体如下：

A．你公司未能充分评价/调查不合格事件# 337393。储存试剂（b）（4）的冷藏库的（b）（4）的调查结果表明该器械存在缺陷。你公司的质量运营总监Janette Morris女士表示，已通过OCD全球程序、Ortho Clinical Diagnostics不合格程序、（b）（4）和OCD- ERC地方程序、EMEA翻新中心的不合格程序（b）（4）进行了不合格处理。OCD-ERC地方程序［EMEA翻新中心的不合格程序，（b）（4）］规定，调查包括识别潜在受影响产品的和不合格记录中的调查文件。但是，你公司未能在不合格记录表中记录（或提供相应的电子记录文件证据）事件# 337393：冷藏库内部潜在受影响的化学品（名称、批号、数量）的详情。检查员还询问了质量工程经理Matthew Witcome先生对可能受影响的化学物质的记录情况，得到的回复是未记录此类信息。

B．你公司未能记录不合格事件# 2013-022b产品处置的客观证据，也未能记录调查详情。用于翻新器械放行检测的化学品储存在未受监测的正常运行的冷冻箱中，随后被转移到另一冷冻箱。但是，你公司未能按照表53171中（b）（4）的要求，详细记录受影响产品的信息识别（产品代码、批号和数量）和处置实施的证据。53171表中的产品纠正/处置仅注明“（b）（4）”，处置计划也注明“（b）（4）”。你公司质量工程经理Matthew Witcome先生也表示，应该记录受不合格影响的产品的详细信息。

FDA已审查你公司的回复，并认为其不够充分。你公司提供了以下更正和纠正措施：

- 更新不合格事件# 337393和# 2013-022b，纳入更多调查细节。

- 对2013年1月至2015年2月期间的不合格事项进行回顾性审查。
- 于2015年3月26日前完成全球电子系统中所有纸质不符合项的记录。
- 审查（b）（4）（Ortho-Clinical Diagnostics不合格程序），以确定在德国OCD实施（将于2015年4月23日前完成）是否需要补充修改。

因为事件# 33793的不合格记录中的附加信息仅包含（b）（4）的相关附加信息，仍未包含储存于受影响的冷藏库中的化学品的任何更多细节，所以FDA认为你公司的回复是不充分的。事件# 2013-022b更新的不合格记录未提供储存在未监测的冷冻箱中的化学品的详情。你公司也未提供任何相关的更新电子记录的副本，这些电子记录也可能包含不合格记录的任何更新信息。你公司也未进行回顾性审查，以确定任何不合格产品是否与作为不合格事件# 337393和# 2013-022b起因的潜在不合格试剂的使用有关。此外，更新的记录表示，对车间工作人员进行了培训，包括要求（b）（4）状态设备和在使用前检查校准状态（b）（4）的要求尚未提供。另外，你公司并未表明已进行培训以对不合格产品进行充分调查，并记录潜在受影响的产品和试剂的所有信息。此外，因为你公司未提供理由说明为什么仅对（b）（4）期间不合格事件而不是对所有不合格事件进行回顾性审查，所以FDA认为你公司的回复是不充分的。你公司尚未提供关于（b）（4）有效性文件的修订程序，也未提供任何更新程序的培训记录。

3．未能按照21 CFR 820.184的要求建立和维护为确保每批次、批号或每单位的DHR得到维护，以证明器械按照DMR要求进行生产的相关程序。

例如，Vitros 5600（S/N 56000642）和Vitros 5600（S/N 56001482）的DHR中包含的翻新记录，包括放行检测结果和相关原始数据，都为手写数字，这些数字作为每个化学试验的“要求范围”记录在检测表中。维修工程师Peter Dorr先生陈述了每次检验（b）（4）要求的范围。但是，DHR并未将（b）（4）纳入要求范围。而且，在线信息显示，对于同一产品/批次，两个网站的实验室SD的平均值和估计值范围不同。由于DHR未包含对照试验数据表，因此你公司在检查期间无法提供该事项的任何相关信息。

FDA已审查你公司的回复，并认为其不够充分。你公司已提供Vitros 5600的检查表（FRM51887）和检测表（FRM53464；包含如化学名称、批号、要求范围、当前平均值和精确度、通过/未通过结果等信息），你公司表示这是德国OCD的代表性DHR文件。你公司提供了以下纠正措施：

- 你公司表示，将于2015年4月29日前对过去两年运往美国的所有仪器的DHR进行回顾性审查，并将审查剩余的DHR（结果将记录在CAPA 339564下）。
- 你公司还表示将于2015年4月23日前完成DHR、验收记录和器械主记录过程评估，以确保文件的可追溯性。
- 此外，你公司还表示，将根据2015年6月12日前完成的回顾性审查的结果实施过程改进。

你公司提供了部分德文版检查表，应该提供的是完整的英文版检查表，所以FDA认为你公司的回复是不充分的。此外，所提供的检查表和检测表存在空白区域，并非专门针对Vitros 5600（S/N 56000642）和Vitros 5600（S/N 56001482）的表格。你公司也未提供所有DHR记录的回顾性审查结果。此外，你公司尚未提供任何DHR和相关培训记录中改进文件的任何修订程序［如包括具体的试验QC信息的检查表（b）（4）］。

4．未能按照21 CFR 820.180（b）的要求，保留本部分所需记录，保留时间等同于器械的设计和预期寿命时间，且在任何情况下，从制造商放行产品供商业销售之日起，保留时间不低于2年。

例如，EMEA翻新中心经理Thomas Philippi先生表示，所有用于设置QC放行检测试剂/批次规格的现行批次控制试验数据表，包括Vitros化学系统试验表，都可以从OCD网站上在线下载。当被问及这些控制表在网站上有多长时间可供下载和使用时，质量运营总监Janette Morris女士表示，他们未保留纸质或电子副本，也不确定这些控制表可以在线使用多长时间。

FDA审查了你公司的回复，认为这是不充分的。你公司提供了以下纠正措施：

- 你公司表示，将于2015年4月29日前对过去两年运往美国的所有仪器的DHR进行回顾性审查，并将审查剩余的DHR（结果将记录在CAPA 339564下）。

● 此外，你公司还表示，将根据回顾性审查的结果于2015年6月12日前完成实施过程改进。

因为你公司尚未提供所有DHR记录的回顾性审查结果，所以FDA认为你公司的回复是不充分的。此外，你公司未提供任何修订程序，要求按照21 CFR 820的要求保留记录，保留时间等同于器械的设计和预期寿命时间，且在任何情况下，从制造商放行产品供商业销售之日起，保留时间不低于2年。

由于你公司于2015年4月15日和2015年5月11日对FDA 483表做出的回复已超出FDA 483表发布后15个工作日的时限，因此FDA未对此回复进行审查。将对以上回复与针对本警告信中所述违规事项提供的任何其他书面材料一起进行评价。

联邦机构会得知关于器械的警告信，以便在签订合同时考虑上述信息。此外，如果FDA确定你公司违反了质量体系法规，且这些违规行为与Ⅲ类器械的上市前批准申请有关联，则在纠正这些违规行为之前，将不会批准此类器械。

请在收到本信函之日起15个工作日内将你公司为纠正上述违规行为所采取的具体措施书面通知本办公室，并说明你公司计划如何防止此类违规行为或类似违规行为再次发生。包括你公司已采取的纠正措施（必须解决系统问题）的文件材料。如果你公司计划采取的纠正措施将逐渐开展，请提供实施这些活动的时间表。如果无法在15个工作日内完成纠正，请说明延迟的原因以及完成这些活动的时间。请提供非英文文件的英文译本，以方便FDA审查。

最后，请注意本信函未完全包括你公司全部违规行为。你公司有责任遵守FDA所有的法律和法规。本信函和检查结束时签发的检查结果FDA 483表中记录的具体违规行为可能表明你公司制造和质量管理体系方面存在严重问题。你公司应查明违规原因并及时采取纠正措施，确保产品合规。

第195封　给D.O.R.C. Intl. B.V. 的警告信

试验器械豁免（IDE）/上市前批准申请（PMA）

CMS # 453349

2015年9月1日

尊敬的S先生：

美国食品药品管理局（FDA）于2014年9月8日至2014年9月12日，对你公司位于荷兰Zuidland的医疗器械进行了检查。检查期间，FDA检查员已确认你公司为Associate 6000晶状体碎裂系统的生产制造商。根据《联邦食品、药品和化妆品法案》（以下简称《法案》）第201（h）节［21 U.S.C.§ 321（h）］，凡是用于诊断疾病或其他症状，对疾病有治愈、缓解、治疗或预防作用，或是可以影响人体结构或功能的器械，均为医疗器械。故你公司涉及检查的产品为医疗器械。

本次检查表明，Associate 6000晶状体碎裂系统（先前标识为Associate 2500）的生产、包装、储存或安装中使用的方法、设施或控制不符合21 CFR 820的cGMP要求，根据《法案》第501（h）节［21 U.S.C.§ 351（h）］的规定，属于伪劣产品。按照《法案》第513（f）节［21 U.S.C.§ 360c（f）］的要求，属Ⅲ类器械；按照《法案》第515（a）节［21 U.S.C.§ 360e（a）］的要求，无已批准的有效上市前批准申请（PMA），或按照《法案》第520（g）节［21 U.S.C.§ 360j（g）］，无试验用器械豁免（IDE）的批准申请。因为你公司未告知该机构，你公司打算将该器械引入商业销售，器械修改的此类通知或其他信息未按照《法案》第510（k）节［21 U.S.C.§ 360（k）］和21 CFR 807.81（a）（3）（i）的要求提交至FDA, Associate 6000晶状体碎裂系统还涉嫌《法案》第502（o）节［21 U.S.C.§ 352（o）］所指的贴错标签。

具体为，你公司已经修改了Associate 2500 Dual和袖珍系统，以K081877获得许可，修改方式为将切割速度从每分钟100~2500个周期变更为20~6000个周期、照明方式从卤素灯泡变更为LED照明、提高可交付的负压吸引水平、从GUI3.00/EPB4.00到GU15.00/EPB6.00等多个软件版本修改。因为变更可能会大大影响器械的安全性或有效性，所以器械修改需要新的510（k）。例如，切割速度的增加会导致非预期组织加热，而负压吸引水平的增加会导致负压过大，引发组织损伤风险。

对于需要上市前批准的器械，当PMA结果在本机构根据21 CFR 807.81（b）的要求待定时，《法案》第510（k）节［21 U.S.C.§ 360（k）］所要求的通知将被视为符合要求。你公司需要提交的用于获得批准或许可的信息请登录互联网址url查看。FDA将评价你公司提交的信息，并决定你公司的产品是否可以合法销售。

鉴于违反《法案》行为的严重性，《法案》第801（a）节［21 U.S.C.§ 381（a）］规定，Associate 6000晶状体碎裂系统涉嫌伪劣产品，将被拒收。因此，FDA正在采取措施，在这些违规事项得到纠正之前，拒绝这些"未经物理检查而扣留"的器械进入美国。为将这些器械从扣留列表中移除，你公司应按照如下所述对本警告信作出书面回复，并纠正本警告信中所述的违规事项。

请在收到本信函之日起15个工作日内将你公司为纠正上述违规行为所采取的具体步骤书面通知本办公室，并说明你公司计划如何防止此类违规行为或类似违规行为再次发生。包括你公司已经采取的纠正措施（必须解决系统问题）的文件材料。如果你公司计划采取的纠正措施将逐渐开展，请提供实施这些活动的时间表。如果无法在15个工作日内完成纠正，请说明延迟的原因以及完成这些活动的时间。你公司的回复应全面，并解决此警告信中所包括的所有违规行为。

最后，请注意本信函未完全包括你公司全部违规行为。你公司有责任遵守FDA所有的法律和法规。本信函和检查结束时签发的检查结果FDA 483表中记录的具体违规行为可能表明你公司制造和质量管理体系中存在严重问题。你公司应查明违规原因并及时采取纠正措施，确保产品合规。

第196封 给 Amico Beds Corporation 的警告信

生产质量管理规范/质量体系法规/医疗器械/伪劣/标识不当

CMS # 470343

2015年9月1日

尊敬的P先生：

美国食品药品管理局（FDA）于2015年3月9日至2015年3月12日，对你公司位于加拿大Richmond Hill, Ontario的医疗器械进行了检查。检查期间，FDA检查员已确认你公司为A/C供电可调节病床的生产制造商。根据《联邦食品、药品和化妆品法案》（以下简称《法案》）第201（h）节［21 U.S.C.§ 321（h）］，凡是用于诊断疾病或其他症状，对疾病有治愈、缓解、治疗或预防作用，或是可以影响人体结构或功能的器械，均为医疗器械。故你公司涉及检查的产品为医疗器械。

本次检查表明，这些医疗器械的生产、包装、储存或安装中使用的方法、设施或控制不符合21 CFR 820的cGMP要求，根据《法案》第501（h）节［21 U.S.C.§ 351（h）］的规定，属于伪劣产品。

2015年3月31日，FDA收到你公司针对FDA 483表（检查发现问题清单）的回复。FDA针对回复，处理如下。

违规事项包括但不限于以下内容：

1．未能按照21 CFR 820.30（g）的要求建立和保持器械的设计确认程序。例如：

a．程序（b）(4)，“设计控制”，未要求按照规定的操作条件，使用初始生产单元或对等产品，进行设计确认。

b．未进行设计确认研究，以证明Apollo Medsurg电动床的设计通过使用初始生产单元或对等产品解决了用户需求和在规定操作条件下器械的预期用途。

FDA审查了你公司的回复，认为这是不充分的。具体为，未进行回顾性确认。

2．未能按照21 CFR 820.100（a）的要求充分建立和保持实施纠正和预防措施的程序。

例如，程序QOP-14-01，“纠正和预防措施”（CAPA）定义了如何执行CAPA，包括调查根本原因、制定纠正措施计划以及验证/确认CAPA的有效性。5份可用的CAPA报告均未记录纠正措施的实施和/或纠正措施有效性的验证/确认。

FDA审查了你公司的回复，认为这是不充分的。你公司回复中详述的纠正措施仍未完成。此外，除了对该问题的系统性考虑，回复并未包括表明上述5项CAPA已得到纠正的信息。

3．未建立和保持程序，确保对应于每一批次或单件的器械历史记录的保持，以证明按照21 CFR 820.184的要求，器械是按照器械主记录（DMR）要求制造的。

例如，(b)(4)，“最终检查”管理最终产品检查的文件。该检查要求在放行运输的产品上贴上绿色标识，并要求放行产品的人员在最终检查表上签字并注明日期。Apollo Medsurg电动床的器械历史记录未包含以下项：绿色放行标识的应用文件和应用标识的人员签字；以及适用于产品的主要识别标签的副本。

FDA审查了你公司的回复，并认为这是不充分的。具体为，你公司并未对原始的DHR进行回顾性审查。请在必要时提供一份DHR的回顾性审查和纠正计划。

4．未能按照21 CFR 820.22的要求充分建立质量审核的程序并进行审核，以确保质量体系符合已建立的质量体系要求，并确定质量体系的有效性。

例如，（b）（4），"内部质量审核"要求审核团队成员独立于审核的领域或活动之外。它进一步表明QA人员通常审核大多数领域，而操作人员通常审核QA领域。2014年的内部审核文件只记录了QA经理为审核员，但未表明QA领域是由其他人员审核的，或者任何其他审核员参与了审核。

FDA审查了你公司的回复，认为这是不充分的。已修订程序（b）（4），以概述"内部审核矩阵"的正确用法。但是，回复未包括对先前审核信息的分析，以确保审核由独立的审核员进行。此外，你公司尚未提供实施纠正和纠正措施的文件。

FDA的检查还发现，根据《法案》第502（t）（2）节［21 U.S.C.§ 352（t）（2）］，你公司的Apollo Medsurg电动病床贴错标签，因为你公司未能或拒绝按照《法案》第519节（21 U.S.C.§ 360i）和21 CFR 803-不良事件报告要求提供关于该器械的材料或信息。重大偏离包括但不限于以下内容：

5．未能按照21 CFR 803.17的要求制定、维护和实施书面MDR程序。

例如，在审查了你公司的MDR程序"（b）（4），医疗器械补救措施"（修订版：C，未注明日期）后，发现了以下问题：

a．（b）（4），修订版C，未建立根据MDR要求，对事件进行及时有效的识别、交流和评价的内部系统。例如：

根据21 CFR 803，你公司无关于应报告事件的定义。该程序不包括21 CFR 803.3中"获悉""导致或促成""故障""MDR应报告事件"和"严重伤害"等术语定义，以及分别在21 CFR 803.50（b）和21 CFR 803.20（c）（1）中发现对"合理知悉"和"合理建议"等术语的定义，可能会导致你公司在评价可能符合21 CFR 803.50（a）报告标准的投诉时做出不正确的应报告性决定。

b．（b）（4），修订版C，未建立规定标准化审查过程的内部系统，以确定事件在何种条件下符合该部分规定的报告标准。例如：

i．未针对每起事件的全面调查和事件原因评价提供说明。

ii．如该程序如书面文件所述，并未指定向FDA报告事件的人员。

iii．尽管该程序包括对你公司如何评价事件的有关信息的说明，以使MDR具备应报告性，但是未能包括及时作出决定的说明。

c．（b）（4）未建立及时传输完整的不良事件报告的内部系统。具体为，以下问题尚未解决：

i．该程序未包含或提及如何获取或填写FDA 3500A表的说明。

ii．你公司在何种情况下必须提交最初30天、补充或后续报告以及5天报告以及此类报告的要求。

iii．你公司将如何为每起事件提交其通过合理方式了解的所有信息。

iv．该程序未包括提交MDR报告的地址：FDA, CDRH，不良事件报告，邮政信箱3002, Rockville, MD 20847-3002。

d．（b）（4）未说明你公司将如何应对文件和记录保存要求，包括：

i．作为MDR事件文档维护不良事件相关信息的文件记录。

ii．为确定事件是否应报告而评价的信息。

iii．用于确定器械相关死亡、严重伤害或故障是否应报告的审议和决策过程的文件。

iv．确保获取信息的系统，以便FDA及时跟进和检查。

目前尚无法确定你公司对发现事项 #5的回复（未注明日期）是否充分。你公司在回复中指出将开发单独的程序，已解决向FDA报告的事件的应报告性问题。但是，尚未收到该文件以供FDA审查。

2014年2月13日公布了电子不良事件报告（eMDR）最终规定，要求制造商和进口商向FDA提交eMDR。该最终规定的要求已于2015年8月14日生效。如果你公司目前尚未提交电子报告，建议访问以下网站链接，获取有关电子报告要求的补充信息：url。

联邦机构会得知关于器械的警告信，以便在签订合同时考虑上述信息。此外，如果FDA确定你公司违反了质量体系法规，且这些违规行为与Ⅲ类器械的上市前批准申请有关联，则在纠正这些违规行为之前，将不会批准此类器械。

请在收到本信函之日起15个工作日内将你公司为纠正上述违规行为所采取的具体步骤书面通知本办公室，并说明你公司计划如何防止此类违规行为或类似违规行为再次发生。包括你公司已经采取的纠正措施（必须解决系统问题）的文件材料。如果你公司计划采取的纠正措施将逐渐开展，请提供实施这些活动的时间表。如果无法在15个工作日内完成纠正，请说明延迟的原因以及完成这些活动的时间。你公司的回复应全面，并解决此警告信中所包括的所有违规行为。

最后，请注意本信函未完全包括你公司全部违规行为。你公司有责任遵守FDA所有的法律和法规。本信函和检查结束时签发的检查结果FDA 483表中记录的具体违规行为可能表明你公司制造和质量管理体系中存在严重问题。你公司应查明违规原因并及时采取纠正措施，确保产品合规。

第197封 给Ultroid Technologies, Inc.的警告信

生产质量管理规范/质量体系法规/医疗器械/伪劣

CMS # 461451

2015年8月27日

尊敬的K先生:

美国食品药品管理局（FDA）于2015年4月6日至2015年4月15日，对你公司位于Tampa, Florid的医疗器械进行了检查。检查期间，FDA检查员已确认你公司为Ultroid痔疮治疗机，包括手术包附件的生产制造商。根据《联邦食品、药品和化妆品法案》（以下简称《法案》）第201（h）节［21 U.S.C.§ 321（h）］，凡是用于诊断疾病或其他症状，对疾病有治愈、缓解、治疗或预防作用，或是可以影响人体结构或功能的器械，均为医疗器械。故你公司涉及检查的产品为医疗器械。

本次检查表明，这些医疗器械的生产、包装、储存或安装中使用的方法、设施或控制不符合21 CFR 820的cGMP要求，根据《法案》第501（h）节［21 U.S.C.§ 351（h）］的规定，属于伪劣产品。

违规事项包括但不限于以下内容:

1．未能按照21 CFR 820.100（a）（1）的要求建立和保持实施纠正和预防措施的程序，对过程、操作工序、让步接收、质量审核报告、质量记录、服务记录、抱怨、返回产品和质量信息的其他来源进行分析，以识别不合格品或其他质量问题的已存在的和潜在原因。需要时，应用适当的统计方法探查重复发生的质量问题。例如:

a）你公司的纠正措施程序P-852C修订版C，未包括对所有可能的质量数据来源进行分析的规定，以识别不合格产品或其他质量问题的现有和潜在的原因，并在必要时采用适当的统计方法检测再次发生的质量问题。

b）你公司未采用适当的统计方法记录对质量数据来源的分析，包括不合格Ultroid痔疮治疗机和手术包的产品投诉和CAPA记录，如:

i）你公司2012年2月2日至2014年2月3日期间的客户反馈/投诉日志（F-720-005-A，报告#1—#13）中记录的投诉，涉及标记为无菌的手术包探头包装上的封条损坏，以及接通和/或断开电源的按键和电线不合格;

ii）你公司2011年6月2日的客户调查表F-720-001-C中记录的投诉宣称“产品质量”可能是最低等级。

2．未能按照21 CFR 820.100（a）（3）的要求，建立和保持实施纠正和预防措施的程序，识别纠正和预防不合格品和其他质量问题再次发生所需要采取的措施。

例如，你公司纠正措施程序P-852C修订版C的第5.3节规定，“CPAR提交至评价问题和实际风险对公司和/或客户的潜在影响的调查员。基于该评价结果，在执行彻底的调查和永久性的解决方案前，可能需要采取补救措施。”此外，你公司投诉管理程序—P-821-D的第6.1.6节、第6.1.7节和第6.1.9节规定，“投诉一经记录，将完成调查。调查完成后，可能采取纠正措施。这些步骤完成后，该投诉才将视为结束。”

但是，记录在你公司的客户反馈/投诉日志—f - 720 - 005中、有关Ultroid痔疮治疗机和手术包的无菌包装封条破损/损坏与按键和电线不合格的重复发生的投诉，未充分记录纠正和防止不合格再次发生需要采取的措施的决定，如:

a）2012年2月1日的报告#1和2013年12月10日的报告#12，提及标记为无菌的手术包探头包装上的封

损坏。你公司按照CAPA #14-009文件进行的调查无法确定可能的根本原因，而且不合格似乎是随机发生的。但是，你公司选择暂时采用内部包装过程并寻找新的包装袋。

b）2012年10月25日的报告#2、2013年2月21日的报告#5、2013年4月30日的报告#6、2013年5月9日的报告#7、2013年6月25日的报告#8、2013年7月1日的报告#9、2013年4月30日的报告#10和2013年2月21日的报告#11，提及接通和/或断开电源的按键和电线不合格。你公司按照CAPA #14-008进行的调查记录了用户在连接电线时可能操作不当。但是，并不是所有报告的投诉都表明用户操作不当是导致接通和/或断开电源不合格的可能原因。

3．未能按照21 CFR 820.100（a）（4）的要求，建立和保持实施纠正和预防措施的程序，验证或确认纠正和预防措施，确保措施有效并对成品器械无不利影响。

例如，CAPA记录未按照你公司纠正措施程序P-852C修订版C第5.7节的要求，记录计划的措施的验证/确认，以确保这些措施不会对产品产生不良影响，包括：

a）于2014年5月30日启动CAPA #14-009，以处理针对手术包探头的无菌包装封条破损/损坏的投诉（如上述2a项）。

b）于2014年5月30日启动CAPA #14-008，以处理对电线连接不当以及电线正确连接后按键仍不工作的投诉（如上述2b项）。

c）于2014年3月4日启动CAPA #14-005，以处理缺乏采购控制措施的问题，包括对Ultroid痔疮治疗机和手术包的合同制造商的控制措施。

4．未能按照21 CFR 820.50的要求，充分建立和保持程序，确保所有采购或以其他方式收到的产品和服务满足规定的要求。例如：

a）你公司与合同制造商（b）（4）就Ultroid痔疮治疗机和手术包的生产签订了质量协议，具体说明见你公司的采购程序P-740G修订版G第5.2.2节。但是，于2014年7月14日签订的“监管协议”：

i）未包括灭菌处理的规定，包括但不限于对手术包中生产、加工和无菌包装的探头的环境控制和监测。你公司目前仍在出售手术包（批号100044），其（b）（4）周期（b）（4）处理（批号100043）的无菌性结果为阳性（+），且于2013年12月16日在实验室报告#F13-2027-00中向你公司进行了报告。

ii）包括第Ⅱ节第20条的规定，该规定表明，合同制造商“……应允许访问Ultroid公司员工和/或代表（含FDA）要求的任何和所有质量记录和文件，以及技术档案信息。Ultroid公司应在要求访问质量记录、文件和技术文档前的5个工作日内通知［合同制造商］。”FDA调查员于2015年4月6日、8日、9日、13日至15日访问了你公司的工厂，并要求提供你公司或你公司的合同制造商生产记录，但也未提供。

iii）包括第Ⅱ节第21条的规定，该规定表明，合同制造商“……在FDA注册状态发生任何变更时，应以书面形式通知Ultroid这些变更。”在对你公司工厂的检查期间，你公司向FDA调查员表示，你公司就其合同制造商未在FDA将其机构注册为医疗器械制造商一事并不知情。

5．未能按照21 CFR 820.30（i）的要求，建立和保持对设计更改的识别、形成文件、确认或（适当时）验证、评审，以及在实施前批准的程序。

例如，你公司实施了设计变更，但未按照你公司设计和开发程序P-730E修订版E第5.14节的要求记录验证/确认活动，该程序规定：“当设计变更发生时，项目必须在放行前通过验证和确认。”具体如下：

a）你公司向FDA调查员表示，对手术包的探头组件使用新包装袋的这一设计变更，是你公司对手术包的（b）（4）周期（b）（4）处理（批号100043）的无菌性结果为阳性（+）这一事件作出的回应，2013年12月16日的实验室报告#F13-2027-00向你公司报告了该事件。CAPA #14-005未包括验证和/或验证活动执行的证明文件。此外，针对设计变更，无设计变更表F-730-005或工程变更指令表F-730-004。

b）2013年1月28日，你公司批准了一项设计变更，项目#1001：点亮按键和底座上的连接器，并将按键与底座直接连接，以回应你公司收到的投诉。CAPA #14-008未包括验证和/或验证活动执行的证明文件。此外，项目#1001的设计变更表F-730-005A未包括验证和/或验证活动执行的证明文件。

6．未能对每一类型的器械建立和保持一套设计历史文档（DHF），以证明设计是按照21 CFR 820.30（j）的要求，根据批准的设计计划开发的。

例如，你公司无2003年或前后开发的原始Ultroid痔疮治疗机和手术包设计项目的设计历史文档。但是，你公司的设计和开发程序P-730E修订版E要求：

- 第5.9节，“记录产品的设计输出并归档在设计历史文档中。”
- 第5.11节，“记录验证……并归档在设计历史文档中。”
- 第5.12节，“记录验证活动的结果并归档在设计历史文档中。”
- 第5.13节，“设计工程师将设计评审文件归档在设计历史文档中。”
- 第5.14节，“将设计的所有变更记录在设计历史文档中。”
- 第5.15节，“设计工程师审查设计历史文档，以确保文档完整，包含所有需要的记录。”

7．未能按照21 CFR 820.22的要求建立质量审核的程序并进行审核，以确保质量体系符合已建立的质量体系要求，并确定质量体系的有效性。

例如，你公司向FDA调查员表示，自2013年5月起，你公司未按照内部审核程序P-822F修订版F规定的每年的时间间隔进行内部审核。

8．未能按照21 CFR 820.180的要求将所有记录保存在制造场所。

例如，你公司无法查找记录，如CAPA #0508.085至CAPA #0508.093的CAPA文档；但是，你公司按顺序保存了CAPA #0508.084的记录（丢失记录前的CAPA记录）和CAPA #0508.094的记录（丢失记录后的CAPA记录）。FDA调查员在检查期间提出了记录要求。从未收到CAPA记录。

FDA于2015年5月5日收到了你公司的书面回复，该回复涉及调查员在FDA 483表——即发予你公司的“检查发现问题清单”中注明的发现事项。你公司的回复未提供充分的支持证据，证明所提及的纠正措施和计划的行动方案已经实施。

FDA的检查还发现，根据《法案》第502（t）（2）节［21 U.S.C.§ 352（t）（2）］，你公司的Ultroid痔疮治疗机，包括手术包附件贴错标签，因为你公司未能或拒绝按照《法案》第519节（21 U.S.C.§ 360i）和21 CFR 803-不良事件报告要求提供关于该器械的材料或信息。重大偏离包括但不限于以下各项：

1．未能按照21 CFR 803.17（a）（2）的要求，充足地制定、维护和实施书面MDR程序。

例如：在审查了你公司的未注明日期的MDR程序—“投诉管理，P-821-D”后，发现以下问题：

你公司的程序“不良事件报告—美国FDA”第6.2节中的信息只要求向FDA报告严重伤害事件。该节未将死亡或故障识别为要求报告的事件类型。如书面文件所述，该程序未识别所有可能需要按照21 CFR 803.50（a）报告的事件。

你公司的程序包括对基线报告和年度认证的参考。由于不再要求基线报告和年度认证，FDA建议从你公司的MDR程序中删除对基线报告和年度认证的所有参考（分别参见：联邦注册公告第73卷53686号，日期2008年9月17日；第4号联邦注册公告，日期1997年3月20日：不良事件报告；年度认证；最终规定）。

目前尚无法确定你公司2015年5月5日的回复是否充分。回复未包括本警告信中所述的经修订的MDR程序和决策树的副本。由于没有这些文件，FDA无法对充分性进行评估。

2014年2月13日公布了电子不良事件报告（eMDR）最终规定，要求制造商和进口商向FDA提交eMDR。该最终定的要求已于2015年8月14日生效。如果你公司目前尚未提交电子报告，建议访问以下网站链接，获取有关电子报告要求的补充信息：url。

如果你公司希望讨论MDR应报告性标准或安排深入交流，可通过电子邮件联系应报告性审查小组，邮箱地址：ReportabilityReviewTeam@fda.hhs.gov。

此外，根据《法案》第502（o）节［21 U.S.C.§ 352（o）］，对FDA的记录的审查显示，Ultroid痔疮治疗机贴错标签，因为该器械的生产、制备、推广、复合以及加工是在未按照《法案》第510节（21 U.S.C.§ 360）进行合法注册的机构进行的，且该机构未被纳入符合《法案》第510（j）节［21 U.S.C.§ 360（j）］要求的列表中。

你公司应立即采取措施纠正本信函所述的违规行为。如若未能及时纠正这些违规行为，可能导致FDA在没有进一步通知的情况下启动监管措施。监管措施包括但不限于没收、禁令和民事罚款。此外，联邦机构会得知关于器械的警告信，以便在签订合同时考虑上述信息。如果FDA确定你公司违反了质量体系法规，且这些违规行为与Ⅲ类器械的上市前批准申请有关联，则在纠正这些违规行为之前，将不会批准此类器械。同时，如果FDA确定你公司的器械不符合《法案》的要求，则不会批准出口证明（Certificates to Foreign Governments，CFG）的申请。

请在收到本信函之日起15个工作日内将你公司为纠正上述违规行为所采取的具体步骤书面通知本办公室，并说明你公司计划如何防止此类违规行为或类似违规行为再次发生。包括你公司已经采取的纠正措施（必须解决系统问题）的文件材料。如果你公司计划采取的纠正措施将逐渐开展，请提供实施这些活动的时间表。如果无法在15个工作日内完成纠正，请说明延迟的原因以及完成这些活动的时间。你公司的回复应全面，并解决此警告信中所包括的所有违规行为。

最后，请注意本信函未完全包括你公司全部违规行为。你公司有责任遵守FDA所有的法律和法规。本信函和检查结束时签发的检查结果FDA 483表中记录的具体违规行为可能表明你公司制造和质量管理体系中存在严重问题。你公司应查明违规原因并及时采取纠正措施，确保产品合规。

第198封 给NCS Pearson的警告信

医疗器械/伪劣/标识不当/缺少上市前批准申请（PMA）和/或510（k）

CMS # 471631

2015年8月20日

尊敬的G先生：

美国食品药品管理局（FDA）获悉，你公司在未经上市许可或批准的情况下，违反《联邦食品、药品和化妆品法案》（以下简称《法案》），在美国销售Quotient ADHD系统。

根据《法案》第201（h）节［21 U.S.C.§ 321（h）］，凡是用于诊断疾病或其他症状，对疾病有治愈、缓解、治疗或预防作用，或是可以影响人体结构或功能的器械，均为医疗器械。故你公司这些产品为医疗器械。

FDA审查了你公司的网站url，根据《法案》第501（f）（1）（B）节［21 U.S.C.§ 351（f）（1）（B）］，Quotient ADHD系统属于伪劣产品，因为对于所述和销售的器械，你公司没有按照《法案》第515（a）节［21 U.S.C.§ 360e（a）］的规定获得上市前批准申请（PMA）的批准，或按照《法案》第520（g）节［21 U.S.C.§ 360j（g）］的规定获得试验用器械豁免（IDE）申请的批准。根据《法案》第502（o）节［21 U.S.C.§ 352（o）］，Quotient ADHD系统器械还贴错标签，因为你公司没有按照《法案》第510（k）节［21 U.S.C.§ 360（k）］和21 CFR 807.81（a）（3）（ii）的要求向FDA提交新的上市前通知的情况下，将这些器械引入或交付州际贸易进行商业销售。

具体来说，Quotient ADHD系统（最初称为OPTAx系统）在K020800下获得许可，其作为一种器械使用，为临床医生提供多动症、冲动性和注意力不集中的客观测量值，以辅助ADHD的临床评估。OPTAx结果只能由合格的专业人士解释。然而，你公司对该器械的推广提供了证据，证明该器械旨在测量运动和分析注意力状态的变化，监测对治疗的反应，帮助在数周而不是数月内优化治疗，并有助于出现临床适应证时确定新治疗的有效性或持续治疗的持续有效性。这将构成对其预期用途的重大变更或修改，你公司对此缺乏许可或批准。例如：

- "…监测对治疗的反应。"
- "…客观测量微运动和分析注意力状态的变化。"
- "通过后续检测帮助评估患者是否得到正确干预。"
- "…在几周内而不是几个月内优化治疗。"
- "…有助于更快实现临床有效性。"

这些适应证不在Quotient ADHD系统的许可适应证范围之内，并提供了需要FDA许可或批准的新预期用途的证据。

对于需要上市前批准的器械，当PMA结果在本机构根据21 C.F.R. 807.81（b）的要求待定时，21 U.S.C.§ 360（k）、《法案》第510（k）节所要求的通知将被视为符合要求。你公司需要提交的用于获得批准或许可的信息请登录网址url查看。FDA将评价你公司提交的信息，并决定你公司的产品是否可以合法销售。

FDA办公室要求你公司立即停止导致Quotient Attention ADHD系统贴错标签或成为伪劣产品的活动，例如上述用途的器械的商业销售。

你公司应立即采取措施纠正本信函所述的违规行为。如若未能及时纠正这些违规行为，可能导致FDA在没有进一步通知的情况下启动监管措施。监管措施包括但不限于没收、禁令和民事罚款。此外，联邦机构会

得知关于器械的警告信，以便在签订合同时考虑上述信息。

请在收到本信函之日起15个工作日内将你公司为纠正上述违规行为所采取的具体步骤书面通知本办公室，并说明你公司计划如何防止此类违规行为或类似违规行为再次发生。包括你公司已经采取的纠正措施（必须解决系统问题）的文件材料。如果你公司计划采取的纠正措施将逐渐开展，请提供实施这些活动的时间表。如果无法在15个工作日内完成纠正，请说明延迟的原因以及完成这些活动的时间。你公司的回复应全面，并解决此警告信中所包括的所有违规行为。

最后，请注意本信函未完全包括你公司全部违规行为。你公司有责任遵守FDA所有的法律和法规。

第199封　给Hoya Corporation的警告信

生产质量管理规范/质量体系法规/医疗器械/伪劣

CMS # 461447

2015年8月12日

尊敬的S先生：

美国食品药品管理局（FDA）在你公司工厂进行了以下检查：

- 2015年4月13日至4月21日检查了位于1-1-110 Tsutsujigaoka, Akishima-shi, Tokyo 196-0012，日本的Hoya Corporation（宾得公司生命科学事业部）；
- 2015年4月22日至4月24日检查了位于30-2 Okada, Aza-Shimomiyano, Tsukidate, Kurihara-shi, Miyagi, 987-2203，日本的Hoya Corporation（宾得公司生命科学事业部）Miyagi工厂；
- 2015年3月31日至2015年4月2日检查了位于3 Paragon Drive, Montvale, New Jersey 07645-1725的Pentax of America, Inc.。

检查期间，FDA检查员确定你公司为内窥镜和内窥镜附件的生产制造商。根据《联邦食品、药品和化妆品法案》（以下简称《法案》）第201（h）节［21 U.S.C.§ 321（h）］，凡是用于诊断疾病或其他症状，对疾病有治愈、缓解、治疗或预防作用，或是可以影响人体结构或功能的器械，均为医疗器械。故你公司涉及检查的产品为医疗器械。

本次检查表明，这些医疗器械的生产、包装、储存或安装中使用的方法、设施或控制不符合21 CFR 820的cGMP要求，根据《法案》第501（h）节［21 U.S.C.§ 351（h）］的规定，属于伪劣产品。

2015年5月12日、2015年5月15日和2015年6月30日，FDA分别收到你公司针对FDA 483表（检查发现问题清单）的回复。FDA针对回复，处理如下。

你公司存在重大违规行为，具体如下：

1．未能建立和维护设计确认程序，以确保器械符合规定的用户需求和预期用途，未能纳入在实际或模拟使用条件下对生产单元进行的测试，以及未能根据21 CFR 820.30（g）的要求，在器械历史文档（DHF）中记录设计确认的结果。例如：

a．使用不同型号/系列的内窥镜，进行支持当前市售ED-3670TK器械的环氧乙烷（EtO）灭菌和清洁以及高水平消毒（HLD）使用说明书（IFU）的确认研究。你公司未记录不同型号/系列内窥镜的设计确认结果有效并适用于ED-3670TK器械的原因［Akishima-shi, Tokyo］。

b．标签文件（b）（4）（修订版A）规定，可使用EtO/二氧化碳（80：20气体混合物）和EtO/二氧化碳（90：10气体混合物）对内窥镜进行灭菌。然而，你公司未使用规定的气体浓度进行确认。ED-3490TK和ED-3670TK器械的确认是用EtO/HCFC（Oxyfume 2001）（10：90气体混合物）进行的［Akishima-shi, Tokyo］。

c．你公司未能在DHF中记录与以下内容相关的方案和原始数据：

i. ED-3490TK和ED-3670TK器械的最终EtO灭菌确认报告（b）（4），实验室编号（b）（4）［Akishima-shi, Tokyo］。

ii. 未能在DHF中记录与HLD确认报告（b）（4）相关的方案和原始数据［Akishima-shi, Tokyo］。

d．用于支持ED-3490TK和ED-3670TK器械再处理的（b）（4）号确认方案未规定确认测试条件。例如，清洁方案要求使用装满含酶清洁剂的注射器冲洗抽吸通道。然而，未具体说明注射器体积和清洁剂类型

［Akishima-shi, Tokyo］。

FDA已审查你公司的回复，认为其不够充分。你公司启动了纠正和预防措施（CAPA），以解决上述设计确认的缺陷。然而，你公司回复称这些CAPA尚未完成。你公司也没有回顾性审查其他设计确认，以确保它们是充分的。

2．未能按照21 CFR 820.30（f）的要求建立和维护相应的程序来验证器械设计，以确认设计输出满足设计输入的要求，且未记录设计验证的结果。

例如，你公司没有证明ED-3490TK器械符合设计验证标准的证明文件［Akishima-shi, Tokyo］。

FDA已审查你公司的回复，认为其不够充分。你公司启动了一项CAPA，以解决上述十二指肠镜设计验证缺陷。然而，你公司回复称该CAPA尚未完成。你公司也没有回顾性审查其他设计验证，以确保它们是充分的。

3．未能按照21 CFR 820.100（a）的要求建立和维护实施纠正和预防措施的程序。例如：

a．用户观察到，你公司收到有关手动清洁和再处理后十二指肠镜通道内存在异物的投诉。你公司提交了三份MDR，分别与十二指肠镜通道中的清洁刷、支架和扩张球囊等的碎片相关，并启动了CAPA 000004。作为纠正措施的一部分，你公司更新了风险管理。文件表明，障碍物影响清洁/消毒效率，并将此认定为“危重”级别危险。你公司因此在维修或保养收到的内窥镜时使用球状探头检查工具。

然而，你公司的纠正措施未提及用户应如何处理机械障碍物。如果十二指肠镜通道内异物在手动清洁过程中没有清除，可能会脱落在患者体内。你公司未评价使用说明书（IFU）是否需要更新，以包括用户应如何处理机械障碍物的安全声明。此外，你公司未评价是否应向最终用户提供球状探头检查工具［Akishima-shi, Tokyo］。

b．CAPA QS-13-006确定了你公司软件确认程序的纠正措施，并识别了50个未经确认的软件过程。你公司于2015年4月15日结束CAPA，结论为有效；然而38个已确定的软件过程的确认尚未完成［Kurihara-shi, Miyagi］。

目前尚无法确定你公司的回复是否充分。你公司启动了一项CAPA，以解决上述缺陷。但是，你公司尚未完成其纠正措施的实施和对本发现事项的CAPA有效性验证。

4．未能确保：当某过程的结果不能通过后续检查和测试充分验证时，应高度保证按照21 CFR 820.75（a）的要求建立的程序对过程进行确认和批准。

例如，在ED-3490TK器械制造/检查中使用的尖端漏水测试方法尚未得到确认。尖端漏水测试是在将升运器盖密封到主体远端后进行的进程中测试［Kuriharashi, Miyagij］。

FDA已审查你公司的回复，认为其不够充分。你公司启动了一项CAPA以解决上述过程控制缺陷。然而，你公司回复称该CAPA尚未完成。此外，你公司未回顾性审查其他制造工艺，以确保对其进行充分确认。

FDA的检查还发现，根据《法案》第502（t）（2）节［21 U.S.C.§ 352（t）（2）］，你公司的器械贴错标签，因为你公司未能或拒绝提供《法案》第519节（21 U.S.C.§ 360i）和21 CFR 803要求的关于该器械的材料或信息-医疗器械报告（MDR）。重大违规事项包括但不限于以下内容：

5．未能按照21 CFR 803.50（a）（1）的要求，在你公司（Hoya Corporation）收到或以其他方式获悉任何来源的信息后（合理表明你公司所售器械可能造成或导致死亡或严重伤害）的30个自然日内向FDA报告。

例如，Hoya Corporation［Akishima-shi, Tokyo，日本］在你公司的十二指肠镜下进行内窥镜手术后，未能为每一例感染耐碳青霉烯类药的肠杆菌科的患者提交初始医疗器械报告（MDR）。此信息由你公司进口商PAl在MDRs#2518897-2013-00004、#2518897-2013-00005、#2518897-2013-00006以及相关补充报告中报告。此外，你公司未提交MDR#2518897-2014-00001中提及的七起事件以及MDR#2518897-2014-00002中提及的两起事件的初始MDR［Akishima-shi, Tokyo］。

6．未能按照21 CFR 803.17的要求制定、维护和实施书面MDR程序。

例如，在审查了你公司的MDR程序（医疗器械报告，WI #402-007，生效日期：2013年11月1日，修订版A）后，发现以下问题：

a．该程序未建立内部系统，以便及时有效地识别、沟通和评价可能需要符合MDR要求的事件［Montvale, New Jersey］。例如：

i．该程序未描述其他Pentax Medical地区（包括美国以外的公司）将遵循的过程，以确保Pentax of America收到所有必要的信息，从而允许Pentax of America在强制性3500A报告表上向所有缔约方提交所有必需的信息。

ii．第5节“实施”规定，“当Pentax of America收到或以其他方式获悉合理建议……的信息时，视为应报告的事件。”请注意，当代表其他Pentax地区（包括美国以外的公司）向FDA提交MDR应报告的事件时，应根据21 CFR 803.10（c）（1）的要求，在每个指定地区获悉应报告的死亡、严重伤害或故障事件之日后的30个自然日内提交MDR。

b．该程序未建立规定及时传输完整的医疗器械报告的内部系统。具体为，你公司并未说明Pentax of America必须代表制造商提交补充或后续报告的情况以及此类报告的要求［Montvale, New Jersey］。

c．你公司的MDR程序未描述Hoya Corporation在获悉MDR应报告事件时将遵循向FDA提交MDR的过程。作为一家器械制造商，Hoya Corporation负责按照21 CFR 803.50（a）和21 CFR 803.52的要求向FDA提交MDR［Akishima-shi, Tokyo］。

d．Pentax of America, Inc.（PAI）符合21 CFR 803.3对进口商的定义，并符合21 CFR 803.40和21 CFR 803.42的报告要求。Hoya Corporation应提交豁免申请，以涵盖与PAI的报告协议。请注意，Hoya Corporation负责向FDA提交初始MDR，直到获得豁免为止［Akishima-shi, Tokyo和Montvale, New Jersey］。

有关豁免请求的信息，请联系MDR政策处：MDRPolicy@fda.hhs.gov。

要求制造商和进口商向FDA提交电子医疗器械报告（eMDR）的eMDR最终规定于2014年2月13日发布。本最终规定的要求将于2015年8月14日生效。如果你公司目前尚未提交电子报告，建议访问以下网站链接，获取有关电子报告要求的补充信息：url。

如果你公司希望讨论MDR应报告的条件或安排深入交流，可通过电子邮件联系应报告性审查小组，邮箱地址：ReportabilityReviewTeam@fda.hhs.gov。

联邦机构会得知关于器械的警告信，以便在签订合同时考虑上述信息。此外，如果FDA确定你公司违反了质量体系法规，且这些违规行为与Ⅲ类器械的上市前批准申请有关联，则在纠正这些违规行为之前，将不会批准此类器械。

请在收到本信函之日起15个工作日内将你公司为纠正上述违规行为所采取的具体步骤书面通知本办公室，并说明你公司计划如何防止此类违规行为或类似违规行为再次发生。包括你公司已经采取的纠正措施（必须解决系统问题）的文件材料。如果你公司计划采取的纠正措施将逐渐开展，请提供实施这些活动的时间表。如果无法在15个工作日内完成纠正，请说明延迟的原因以及完成这些活动的时间。你公司的回复应全面，并解决此警告信中所包括的所有违规行为。

最后，请注意本信函未完全包括你公司全部违规行为。你公司有责任遵守FDA所有的法律和法规。本信函和检查结束时签发的检查结果FDA 483表中记录的具体违规行为可能表明你公司制造和质量管理体系中存在严重问题。你公司应查明违规原因并及时采取纠正措施，确保产品合规。

第200封 给Fujifilm Medical Systems U.S.A.，Inc. 的警告信

生产质量管理规范/质量体系法规/医疗器械/伪劣

CMS # 470470

2015年8月12日

尊敬的G先生：

美国食品药品管理局（FDA）于下列时间和地点对你公司的医疗器械进行了检查：

- 2015年4月23日至2015年5月1日检查了位于Kaisei-Machi, Miyanodai 798 Ashigarakami Gun, Kanagawa 258-8538，日本的Fujifilm Corporation（Miyanodai）。
- 2015年4月13日至2015年4月20日检查了位于4112 TonoHitachiomiya City, lbaraki 319-2224，日本的Fujifilm Optics Co. Ltd. Mito（Mito）。
- 2015年4月20日至2015年4月22日检查了位于700 Konaka-cho, Sano-City, Tochigi 327-0001，日本的Fujifilm Optics Co. Ltd.（Sano）。
- 2015年3月24日至2015年4月9日检查了位于10 Highpoint Drive, Wayne, New Jersey 07470，美国的Fujifilm Medical Systems U.S.A., Inc.（Wayne）。

检查期间，FDA检查员已确认你公司为内窥镜和内窥镜附件的生产制造商。根据《联邦食品、药品和化妆品法案》（以下简称《法案》）第201（h）节［21 U.S.C.§ 321（h）］，凡是用于诊断疾病或其他症状，对疾病有治愈、缓解、治疗或预防作用，或是可以影响人体结构或功能的器械，均为医疗器械。故你公司涉及检查的产品为医疗器械。

本次检查表明，这些医疗器械的生产、包装、储存或安装中使用的方法、设施或控制不符合21 CFR 820的cGMP要求，根据《法案》第501（h）节［21 U.S.C.§ 351（h）］的规定，属于伪劣产品。

2015年5月22日和2015年7月1日，FDA收到你公司针对FDA 483表（检查发现问题清单）的回复。FDA针对回复，处理如下。

你公司存在重大违规行为，具体如下：

1．未能按照21 CFR 820.30的要求建立和维护器械设计控制程序，以确保满足规定的设计要求。例如（Miyanodai）：

a．你公司2014年对ED-530XT型十二指肠镜的再处理确认不包括评价再处理对O型环的影响。你公司进行了一个完整周期的环氧乙烷（EO）灭菌运行以供确认，但未证明完整运行如何表明该过程是一致且可复现的。

b．你公司未充分验证LT-7F手动漏气检测仪（一种内窥镜附件）是否适用于对所有带通风接头的内窥镜型号进行漏气测试。

目前尚无法确定你公司的回复是否充分。你公司提供了一份纠正措施计划，将在完成新的再处理确认研究后评估结果，作为制定针对新器械或器械修改的标签和未来确认研究的输入，这些将反映在新程序中。你公司还表示，将根据新程序评估目前美国市场上内窥镜的所有现行用户手册，以确定是否需要其他确认活动（包括用户研究）。然而，你公司尚未完成这些纠正措施的实施。

2．未能按照21 CFR 820.100（a）的要求建立和维护实施纠正和预防措施的程序。例如：

a．你公司的纠正和预防措施（CAPA）程序（b）（4）不需要分析质量数据的来源（包括对退回维修的十二指肠镜中重复出现的故障而提出的投诉），以确定不合格产品或其他质量问题的现有和潜在原因。（Wayne）

b．你公司未建立判定条件，确定是否有必要采取纠正措施和在哪里采取纠正；如果你公司确定有必要采取纠正措施，你公司也未制定标准来确定此类纠正措施是否对其CAPA有效，包括但不限于（b）（4）和（b）（4）。（Miyanodai）

c．你公司未对所有保养/维修数据进行充分的审查以认定投诉。例如，你公司认为包括但不限于“（b）（4）FSA表面起泡”“（b）（4）BSA环变形”“（b）（4）FSA切口”等在内的保养/维修行动是不需要进行投诉认定或分析的日常养护。（Miyanodai）

你公司对于Wayne工厂的回复是不充分的。对于示例a，你公司提供了一份纠正措施计划，其中包括对（b）（4）进行修订，以便对所有潜在的质量来源（包括投诉和维修数据）进行不合格分析，并对投诉文件和维修工单进行回顾性审查。然而，没有迹象表明，经修订的（b）（4）将包括要求使用有效的统计方法进行质量数据分析，或回顾性审查将包括所有质量数据来源。

目前尚无法确定你公司此时对于Miyanodai工厂的回复是否充分。关于示例b，你公司表明将修订其纠正和预防措施（CAPA）（b）（4）修订版P，要求为每项CAPA制定有效性计划的验证，其中描述了验证所采取措施的有效性和验收条件的方法。关于示例c，你公司表示正在修订保养和维修过程，以更好地识别投诉信息表上的保养和维修事件。然而，你公司尚未完成这些纠正措施的实施。

3．未能按照21 CFR 820.80（b）的要求，建立和维护进货产品的验收程序，以确保其检查、检测或其他方式的验证符合规定要求。例如：

a．你公司的进货产品验收程序“医疗设备部件和子组件进货检验程序手册”（b）（4）不要求对内窥镜生产中使用的关键组件进行进货检查，以确保符合规定的质量要求。此外，该程序建立了一个供应商层级（A至E级），但不包括确保所有进货产品在一段时间内符合规定要求的机制；而且，该程序也没有规定应根据供应商的表现降低其等级的时间。（Sano）

b．你公司未按照程序（b）（4）中的（b）（4）抽样要求，为远端尖端子组件制定书面进货验收标准，或对批次#141031和#150123的远端尖端子套件进行尺寸检查。（Sano）

c．你公司未建立和维护要求对到货零部件进行检查以寻找运输损坏证据的程序。（Mito）

d．你公司尚未建立（b）（4）材料的验收程序。此（b）（4）材料由两个不同的供应商提供，用于内窥镜和ED-530XT型十二指肠镜的关键子套件。你公司没有进行收货检验或验证活动，以确认每批（b）（4）的特性（如黏度）与其过程验证中使用的（b）（4）相同。（Mito）

FDA已审查你公司的回复，认为其不够充分。关于示例a~d，你公司的回复称，将修订（b）（4）以包括识别关键组件的过程，并定义组件和材料的进货检验要求。然而，对于示例a，你公司的回复未能确保解决一些导致不能检测到来自A级供应商进货产品的潜在缺陷。此外，对于示例d，你公司的回复称，收货检验使用采购订单以确认（b）（4）的类型和数量；但是，验证（b）（4）类型的采购订单不在FDA的审查范围内。

4．未能确保：当某过程的结果不能通过后续检查和测试充分验证时，高度保证按照21 CFR 820.75（a）的要求建立的程序对过程进行确认和批准。例如，发现以下缺陷（Sano）：

a．你公司未确认十二指肠镜弯曲部分组件（b）（4）所用的完整过程参数范围。具体为，根据确认报告（b）（4），你公司确认了输出的（b）（4）操作参数；但是，你公司使用了（b）（4）的操作参数。此外，你公司未记录确认中所用样本量的统计原理。

b．你公司的环氧乙烷（EO）灭菌确认和年度再确认包括环氧乙烷/氯乙醇（ECH）的残留量测试，这是一个衡量组件对残留量敏感度的指标。但是，作为灭菌确认和年度再确认测试的一部分，在EO/ECH残留量测试期间，你公司没有隔离或确定最坏情况材料，以确定适当的解析时间（一个关键参数）。

c．你公司未进行促生长测试以验证培养基；包括用于环氧乙烷灭菌附件的生物负荷测试中的（b）(4)。

FDA已经审查了你公司的回复，并得出结论，你公司对示例a和b的回复的充分性目前尚无法确定。关于示例a，你公司提供了一个纠正措施计划，其中包括修订确认控制标准程序（b）(4)，要求基于统计学的样本量，并在确认报告中记录样本量的基本原理，对支持制造工艺的确认报告进行回顾性审查，以评估样本量是否以统计学为基础。关于示例b，你公司的回复称将修订内窥镜无菌过程确认程序（b）(4)。然而，你公司尚未完成这些纠正措施的实施。

FDA审查了你公司的回复，认为这些回复对于示例c是不够充分的。你公司称，将修订其（b）(4)灭菌确认程序（b）(4)。然而，你公司的回复未涉及培养基的促生长测试。

5．未能按照21 CFR 820.198（a）的要求建立和维护由正式指定单位接收、审查和评价投诉的程序。例如（Miyanodai）：

a．你公司未遵循其“医疗器械投诉处理程序”（b）(4)。例如，第3.1节中的投诉定义和第5.0节中的投诉信息来源包括从你公司保养/维修机构获得的维修报告中的数据。然而，以下维修报告没有作为投诉进行调查，也没有记录缺乏调查的理由：

i．报告了器械EC-530HL2（序列号NC644A336），其描述为“第12712号投诉确定日本进货检查发现棱镜分离”。

ii．报告了器械EG-530WR（序列号NG320A970），其描述为“关闭灯光控制”。

b．你公司未评价其Wayne工厂收到的ED-530XT型十二指肠镜的投诉和维修数据，包括远端帽盖失效和液体渗入，并确定失效是否归因于设计失效或制造失效。

目前尚无法确定你公司的回复是否充分。你公司提供了一项纠正措施计划，包括修订（b）(4)以评价维修记录。此外，你公司将对维修工单进行两年的回顾性审查，以确定其是否符合投诉的定义并需要CAPA。然而，你公司尚未完成这些纠正措施的实施。

6．未能按照21 CFR 820.50的要求，建立和维护确保所有采购或以其他方式接收的产品和服务符合规定要求的程序。例如（Miyanodai）：

你公司的采购控制程序（“采购控制规定”）(b)(4)未包含正确评价售后内窥镜的维修和保养的具体标准。具体为，你公司与内窥镜保养/维修厂间签订了11项质量协议，其中10项规定维修公司必须建立投诉程序。但是，你公司没有对这10家工厂进行审核，以确保其具备这些投诉程序。

目前尚无法确定你公司的回复是否充分。你公司提供了一项纠正措施计划，其中包括定义更好的供应商资格认证流程，并增加审核要求，以包括对供应商提供给Fujifilm的流程和系统的评估。你公司将修订其内窥镜系统指定供应商审查程序，以确定Miyanodai、Mito和Sano之间的采购控制职能与职责。然而，你公司尚未完成这些纠正措施的实施。

7．未能按照21 CFR 820.72（a）的要求，确保所有检查、测量和检测设备适用于其预期目的并能够产生有效结果，未能建立和维护确保设备进行常规校准、检验、检查和维护的程序。例如（Sano）：

a．你公司于2009年10月实施了生物负荷检测程序（b）(4)，2010年12月实施了EO/ECH检测程序（b）(4)。然而，这些检测程序未参考适用的标准，你公司也没有对这些检测方法进行确认。这些程序用于测试辅助器械，包括在美国销售的接受EO灭菌的外套管附件。

b．你公司按照“常规校准检查程序检查表”表（b）(4)在（b）(4)范围内校准了培养箱（b）(4)和（b）(4)。然而，你公司未对这些培养箱分别进行校准，以包含生物指示物（b）(4)。此外，你公司没有检测用于生物负荷检测的培养温度。

FDA已审查你公司的回复，认为其不够充分。你公司提供了一项纠正措施计划，包括修订（b）(4)、(b)(4)和结构与设备控制标准程序（b）(4)。此外，你公司将对生产区域的设备校准状态进行回顾性审查。然而，你公司的回复未确保对其他检测过程进行评价，以确定其是否得到了适当的确认或引用了适用的标准。

8．未能按照21 CFR 820.70（a）的要求，开发、实施、控制和监测生产过程，以确保器械符合其规格。

例如（Mito）：

你公司未能根据程序（b）（4）“（b）（4）的（b）（4）时间和温度装配手册”进行操作。在程序（b）（4）“关于（b）（4）的（b）（4）时间和温度装配手册”中，你公司使用的（b）（4）制造商的规格大于（b）（4）。然而，你公司也使用了（b）（4）的替代（b）（4）方法，该方法未记录在（b）（4）中使用。此外，你公司未记录用于各器械的（b）（4）的时间和温度参数，以及（b）（4）操作的开始和结束时间。

目前尚无法确定你公司的回复是否充分。你公司提供了一项纠正措施计划，包括修订（b）（4），将（b）（4）时间和温度同时纳入并记录在DHR中，并回顾性验证所有装配程序，识别所有操作参数。然而，你公司尚未完成这些纠正措施的实施。

FDA的检查还发现，根据《法案》第502（t）（2）节［21 U.S.C.§ 352（t）（2）］，你公司的ED530XT型十二指肠镜器械贴错标签，因为你公司未能或拒绝提供《法案》第519节（21 U.S.C.§ 360i）和21 CFR 806要求的关于该器械的材料或信息-医疗器械（纠正措施和消除措施报告）。重大违规事项包括但不限于以下内容：

9．未能按照21 CFR 806.10（a）（1）的要求向FDA以书面形式报告任何为降低器械带来的健康风险而对器械采取的纠正或消除措施。例如（Wayne）：

a．2012年3月26日收到的第12267号投诉指出，在医疗手术过程中，序列号为ND102A039的ED530XT型十二指肠镜的抽吸按钮卡在了内窥镜中，导致完成该操作的时间延迟了20分钟。2014年4月30日生效的技术服务通信（b）（4）作为一项纠正措施，通知客户在抽吸按钮被卡住的情况下需要准备装有无菌水的注射器进行ERCP程序。你公司尚未就此纠正措施向FDA提交书面报告。

b．你公司于2014年4月11日向客户发出纠正措施函后，未向FDA提交书面报告，未告知客户ED530XT型十二指肠镜与EPX-2500处理器在操作上不兼容，并且存在设备组合使用时图像显示（纵横比/分辨率）不正确的可能性。你公司提议用兼容的处理器EPX-4400升级该处理器。

目前尚无法确定你公司的回复是否充分。你公司提供了一项纠正措施计划，包括为两份现场通知均提交一份现场纠正措施报告，并修订你公司的SOP（b）（4）、SOP（b）（4）和SOP（b）（4）程序。此外，根据21 CFR 806，你公司将对现场通信和投诉以及CAPA进行回顾性审查，以确定是否对其进行了适当的应报告性评价。然而，你公司尚未完成这些纠正措施的实施。

联邦机构会得知关于器械的警告信，以便在签订合同时考虑上述信息。此外，如果FDA确定你公司违反了质量体系法规，且这些违规行为与Ⅲ类器械的上市前批准申请有关联，则在纠正这些违规行为之前，将不会批准此类器械。

请在收到本信函之日起15个工作日内将你公司为纠正上述违规行为所采取的具体步骤书面通知本办公室，并说明你公司计划如何防止此类违规行为或类似违规行为再次发生。包括你公司已经采取的纠正措施（必须解决系统问题）的文件材料。如果你公司计划采取的纠正措施将逐渐开展，请提供实施这些活动的时间表。如果无法在15个工作日内完成纠正，请说明延迟的原因以及完成这些活动的时间。你公司的回复应全面，并解决此警告信中所包括的所有违规行为。

最后，请注意本信函未完全包括你公司全部违规行为。你公司有责任遵守FDA所有的法律和法规。本信函和检查结束时签发的检查结果FDA 483表中记录的具体违规行为可能表明你公司制造和质量管理体系中存在严重问题。你公司应查明违规原因并及时采取纠正措施，确保产品合规。

第201封　给Olympus Corporation of the Americas的警告信

生产质量管理规范/质量体系法规/医疗器械/伪劣

CMS # 470191

2015年8月12日

尊敬的O先生：

美国食品药品管理局（FDA）于下列时间和地点对你公司的医疗器械进行了检查：

- 2015年4月20日至2015年4月24日，检查了位于 2951 Ishikawa-cho, Hachioji-shi, Tokyo 192-8507，日本的Olympus Medical Systems Corporation。
- 2015年4月13日至2015年4月17日，检查了位于 500 Aza MuranishiOoaza, Niidera, Monden-Machi, Aizuwakamatsu-shi, Fukushima 965-8520，日本的Aizu Olympus Co., Ltd.。
- 2015年3月25日至2015年4月1日，检查了位于3500 Corporate Parkway, Center Valley, Pennsylvania 18034，美国的Olympus Corporation of the Americas。
- 2015年3月19日至2015年4月2日，检查了位于2400 Ringwood Avenue, San Jose, California 95131，美国的Olympus Corporation of the Americas。

检查期间，FDA检查员已确认你公司为内窥镜和内窥镜附件的生产制造商。根据《联邦食品、药品和化妆品法案》（以下简称《法案》）第201（h）节［21 U.S.C.§ 321（h）］，凡是用于诊断疾病或其他症状，对疾病有治愈、缓解、治疗或预防作用，或是可以影响人体结构或功能的器械，均为医疗器械。故你公司涉及检查的产品为医疗器械。

本次检查表明，这些医疗器械的生产、包装、储存或安装中使用的方法、设施或控制不符合21 CFR 820的cGMP要求，根据《法案》第501（h）节［21 U.S.C.§ 351（h）］的规定，属于伪劣产品。

2019年11月19日，FDA收到你公司针对2019年10月29日FDA检查员出具的FDA 483表（检查发现问题清单）的回复。FDA针对回复，处理如下。

你公司存在重大违规行为，具体如下：

FDA的检查还发现，根据《法案》第502（t）（2）节［21 U.S.C.§ 352（t）（2）］，你公司的电子十二指肠镜Olympus TJF Type Q-180V贴错标签，因为你公司未能或拒绝提供《法案》第519节（21 U.S.C.§ 360i）和21 CFR 803-医疗器械报告等要求的关于该器械的材料或信息。重大偏离包括但不限于以下内容：

1．未能按照21 CFR 803.50（a）（1）的要求，在你公司收到或以其他方式获悉任何来源的信息后（合理表明你公司所售器械可能造成或导致死亡或严重伤害）的30个自然日内向FDA报告。

例如，GIR/OBV-11055投诉提到16例患者感染了铜绿假单孢菌，其中一些患者在使用你公司的器械进行内窥镜手术后导致脓肿。你公司提交了一份MDR（MDR编号8010047-2015-00218），向所有涉及此事件的患者说明原因。你公司未能提交针对在接受涉及你公司器械的内窥镜手术后感染铜绿假单孢菌而导致脓肿的患者中每起事件的初始MDR。你公司于2012年5月16日获悉这一事件。FDA在2015年收到了与该事件相关的参考MDR和所有其他MDR，但超出了30个自然日的时间范围。

FDA于2015年5月14日收到你公司医疗质量和合规部门总裁Akihiro先生和部门经理Yabe Hisao先生的回复，该回复涉及检查员在FDA 483表——即发予你公司的“检查发现问题清单”中注明的发现事项。目前尚无法确定你公司此时的回复是否充分。你公司描述了其纠正措施，然而未包括纠正措施的证明文件或证据，也没有向FDA提供执行证据。由于没有此文件，FDA无法对其充分性进行评估。

2．未能按照21 CFR 803.17（a）（3）的要求制定、维护和实施书面MDR程序。

例如，在审查了你公司的MDR程序“MDR处理”（b）（4）（识别为版本18，日期：2015年3月27日）后，发现以下问题：

a．该程序未建立用于及时传输完整的医疗器械报告的内部系统。具体为，以下问题未解决：

i．你公司将如何提交其通过合理方式了解到的每起事件的信息。

ii．该程序不包含或涉及如何获取和填写FDA 3500A表的说明。

要求制造商和进口商向FDA提交电子医疗器械报告（eMDR）的eMDR最终规定于2014年2月13日发布。本最终规定的要求将于2015年8月14日生效。如果你公司目前尚未提交电子报告，建议访问以下网站链接，获取有关电子报告要求的补充信息：url。

如果你公司希望讨论MDR应报告性条件或安排深入交流，可通过电子邮件联系应报告性审查小组，邮箱地址：ReportabilityReviewTeam@fda.hhs.gov。

美国联邦机构可能会收到相关器械的警告信，以便在签订合同时可以考虑到此信息。

请在收到本信函之日起15个工作日内将你公司为纠正上述违规行为所采取的具体步骤书面通知本办公室，并说明你公司计划如何防止此类违规行为或类似违规行为再次发生。包括你公司已经采取的纠正措施（必须解决系统问题）的文件材料。如果你公司计划采取的纠正措施将逐渐开展，请提供实施这些活动的时间表。如果无法在15个工作日内完成纠正，请说明延迟的原因以及完成这些活动的时间。你公司的回复应全面，并解决此警告信中所包括的所有违规行为。

最后，请注意本信函未完全包括你公司全部违规行为。你公司有责任遵守FDA所有的法律和法规。本信函和检查结束时签发的检查结果FDA 483表中记录的具体违规行为可能表明你公司制造和质量管理体系中存在严重问题。你公司应查明违规原因并及时采取纠正措施，确保产品合规。

第202封　给Transdermal Cap Inc.的警告信

生产质量管理规范/质量体系法规/医疗器械/伪劣

CMS # 475751

2015年8月10日

尊敬的R先生：

美国食品药品管理局（FDA）于2015年6月11日至30日，对你公司位于Cleveland, OH的医疗器械进行了检查。检查期间，FDA检查员已确认你公司为LaserCap™（激光活发帽，可促进头发生长）的生产制造商。根据《联邦食品、药品和化妆品法案》（以下简称《法案》）第201（h）节［21 U.S.C.§ 321（h）］，凡是用于诊断疾病或其他症状，对疾病有治愈、缓解、治疗或预防作用，或是可以影响人体结构或功能的器械，均为医疗器械。故你公司涉及检查的产品为医疗器械。

本次检查表明，这些医疗器械的生产、包装、储存或安装中使用的方法、设施或控制不符合21 CFR 820的cGMP要求，根据《法案》第501（h）节［21 U.S.C.§ 351（h）］的规定，属于伪劣产品。

2015年7月17日，FDA收到你公司针对2019年10月29日FDA检查员出具的FDA 483表（检查发现问题清单）的回复。FDA针对回复，处理如下。

你公司存在重大违规行为，具体如下：

1．未能按照21 CFR 820.198（a）的要求建立和维护由正式指定单位接收、审查和评价投诉的程序。

具体为，你公司的“投诉处理”程序（QMS-211修订版A，日期为2013年6月1日）尚未实施，其中：

a）2014年11月9日至2015年5月25日，共收到125起投诉，并以电子邮件和电子表格的形式进行了非正式记录。每起投诉均没有填写投诉表#211.2.A（应根据你公司的投诉处理程序填写）。

b）你公司未记录这125起投诉的以下信息：

—按照21 CFR 820.198（a）（1）的要求，设定投诉截止日期，以确保统一和及时地处理投诉。

—按照21 CFR 820.198（a）（3）的要求，对投诉进行评价，以确定投诉是否代表根据21 CFR 803要求应向FDA报告的事件。收到涉及患者反应的三起投诉（头皮“灼烧”、头发“脱落”和头部“发痒”）。

—审查和评价所有投诉，以确定是否有必要进行调查。如果不进行调查，则根据21 CFR 820.198（b）的要求，说明决定不调查的原因和负责人姓名。

—根据21 CFR 820.198（c）的要求，调查涉及器械、标签或包装不符合其任何规范的投诉。

你公司的纠正措施似乎是适当的；但是，有必要进行后续检查，以评价措施的实施情况和有效性。

2．未能按照21 CFR 820.100（a）的要求建立和维护实施纠正和预防措施的程序。

具体为，你公司“纠正和预防措施”程序（QMS-212修订版A，日期为2013年6月1日）未充分实施，其中：

a）未按照21 CFR 820.100（a）（1）的要求，对数据源进行分析，以识别不合格产品或其他质量问题的现有和潜在原因。

b）由于投诉LaserCap低压（电池）电线磨损而采取的纠正措施（更改电线配置和与外壳连接的设计）未记录在案。

c）在正常使用条件下，由于从LaserCap电源组拔出电缆而启动的纠正措施（CAPA#1，日期：2015年1

月2日）的验证、确认和有效性以及批准均未记录在案。

你公司的回复是不充分的。虽然作为管理评审的一部分，规定数据源由管理层定期审查，但你公司未提及对这些数据源进行回顾性审查，以确定是否存在尚未识别的不合格产品或其他质量问题的任何现有和潜在原因。此外，你公司未提供适用程序的副本，这些程序涉及将在每个数据源上执行的统计分析的类型。

3．未能按照21 CFR 820.90（a）的要求，建立和维护控制不符合规定要求的产品的程序。

具体为，你公司“不合格品、过程和条件的控制”程序（QMS-215修订版A，日期：2013年6月1日）尚未实施。

例如，FDA检查员对2015年2月6日、2015年2月9日和2015年2月12日收到的激光板的进货验收记录进行了审查，发现共有71块激光板不合格。这些不符合项，包括评价、调查、处置、最终评审和签字，均未按程序要求记录在不合格品/过程报告表中。

你公司提出将所有隔离产品记录在不合格报告（NCR）表上并进行培训的纠正措施似乎是适当的。完成后，请提供已填写表格的范例及培训已完成的证据。

4．未能按照21 CFR 820.30（f）的要求，记录设计验证结果（包括设计标识、方法、日期和执行验证的人员）。具体如下：

2013年6月1日的“LaserCap设计要求输入（回顾性）”文件列出了通过“基准测试”验证的10个设计输入。却没有测试日期、结果和测试执行者的证明文件。

FDA认为你公司的回复不够充分。提交的验证追溯矩阵仅涉及安全相关输入。在2013年6月1日的“LaserCap设计要求输入（回顾性）”文件中列出了许多输入，这些输入未在该矩阵中列出。例如，你公司的输入文件在第1.1节中讨论了外壳/内衬密封。你公司的回复不包括证明密封可防水的验证测试。

5．未能按照21 CFR 820.30（g）的要求建立和维护确认器械设计的程序。

具体为，你公司未针对LaserCap的设计确认研究实施“设计控制”程序（QMS-201修订版A，日期：2013年6月1日，第6.7节），其中：

a）未制定方法和验收准则。

b）研究日期未记录在案。

c）未对作为确认研究一部分的调查结果进行文件评估，以确保器械符合规定的用户需求和预期用途。调查结果显示，用户列出了“不良”特性，如“连接有时不良”和“电线太细”。没有关于这些“不良特性”的文件审查，以确定是否需要设计变更。

你公司提出的纠正措施似乎是适当的。完成后，请提供一份修订后的设计控制程序副本和培训已完成的证据。

6．未能按照21 CFR 820.30（g）的要求，维护完整的风险分析。

具体为，“风险分析”程序（QMS-217修订版A，日期为2013年6月1日）第6.6节“风险审查”尚未实施，原因是未对生产后数据进行评价，以确定是否应更新FMEA以反映未识别或变更的危险，以及是否需要修改严重度、概率和/或探测度。

例如，在2014年夏季，由于投诉而识别到的“电缆磨损和裸露的电线”新危险直到FDA预先宣布检查后于2015年6月9日才添加到FMEA中。在FDA检查期间完成对投诉的审查后，FMEA中又增加了6项关于激光失效的危险。

你公司提出的纠正措施似乎是适当的。完成后，请提供修订风险管理和管理评审程序的副本。

7．未能按照21 CFR 820.50的要求，建立和维护确保所有采购或以其他方式接收的产品和服务符合规定要求的程序。

具体为，你公司“经批准的供应商程序”（QMS-312修订版A，日期：2015年3月20日）和“供应商质量经理”程序（QMS-202修订版A，日期：2013年6月1日）尚未实施，其中：

a）在你公司批准的供应商名单上列出的9家供应商中，仅3家有“供应商评价表”（表202.2A），其中记录了供应商满足规定要求的评价与能力。对于有这些表格的3家供应商，这些表格不完整，直到2015年6月24日才获得批准。

b）未按照“供应商质量经理”程序第6.3.1节的要求，对这些供应商的表现数据进行汇编和审查。

目前无法评估你公司的回复，因为供应商评价尚未完成。

请致电（513）679-2700，分机2167与合规官Gina Brackett联系，安排一次监管会议，在你公司510（k）（K150613）许可之前讨论LaserCap器械的销售。此外，关于已经销售的用于男性的器械，请准备讨论你公司已经采取或计划采取的任何措施，因为经510（k）许可的该医疗器械仅用于女性。510（k）许可“使用说明书”表格（FDA 3881表）指出，LaserCap LC PRO和LC ELITE适用于促进患有雄激素性脱发女性的头发生长，这些女性的雄激素性脱发为Ludwig-Savin I~Ⅱ级和Fitzpatrick皮肤分型Ⅰ~Ⅳ型。

你公司应立即采取措施纠正本信函所述的违规行为。如若未能及时纠正这些违规行为，可能导致FDA在没有进一步通知的情况下启动监管措施。监管措施包括但不限于没收、禁令和民事罚款。此外，联邦机构会得知关于器械的警告信，以便在签订合同时考虑上述信息。如果FDA确定你公司违反了质量体系法规，且这些违规行为与Ⅲ类器械的上市前批准申请有关联，则在纠正这些违规行为之前，将不会批准此类器械。同时，如果FDA确定你公司的器械不符合《法案》的要求，则不会批准出口证明（Certificates to Foreign Governments，CFG）的申请。

请在收到本信函之日起15个工作日内将你公司为纠正上述违规行为所采取的具体步骤书面通知本办公室，并说明你公司计划如何防止此类违规行为或类似违规行为再次发生。包括你公司已经采取的纠正措施（必须解决系统问题）的文件材料。如果你公司计划采取的纠正措施将逐渐开展，请提供实施这些活动的时间表。如果无法在15个工作日内完成纠正，请说明延迟的原因以及完成这些活动的时间。你公司的回复应全面，并解决此警告信中所包括的所有违规行为。

最后，请注意本信函未完全包括你公司全部违规行为。你公司有责任遵守FDA所有的法律和法规。本信函和检查结束时签发的检查结果FDA 483表中记录的具体违规行为可能表明你公司制造和质量管理体系中存在严重问题。你公司应查明违规原因并及时采取纠正措施，确保产品合规。

第203封　给Cardiac Designs Inc.的警告信

生产质量管理规范/质量体系法规/医疗器械/伪劣

CMS # 476728

2015年8月7日

尊敬的M先生：

美国食品药品管理局（FDA）于2015年6月16日至2015年7月2日对你公司位于德克萨斯州圆石市（Round Rock）的医疗器械进行了检查。检查期间，FDA检查员已确认你公司为“心e宝APP”和“心e宝远程心电监测仪（心e宝监测仪）”的生产制造商。根据《联邦食品、药品和化妆品法案》（以下简称《法案》）第201（h）节［21 U.S.C.§ 321（h）］，凡是用于诊断疾病或其他症状，对疾病有治愈、缓解、治疗或预防作用，或是可以影响人体结构或功能的器械，均为医疗器械。故你公司涉及检查的产品为医疗器械。

本次检查表明，这些医疗器械的生产、包装、储存或安装中使用的方法、设施或控制不符合21 CFR 820的cGMP要求，根据《法案》第501（h）节［21 U.S.C.§ 351（h）］的规定，属于伪劣产品。

你公司存在重大违规行为，具体如下：

1．未能按照21 CFR 820.30（g）的要求制定和维护设计确认规程，以确保器械符合确定的使用者需求和预期用途，并应包括在实际或模拟使用条件下对生产单位进行检测。

你公司于2015年5月22日发布的《设计确认》规程修订版1规定，应根据测试计划对软件进行测试，并要求将该软件确认的结果保存在设计历史文档（DHF）中。你公司并无任何记录可证明“心e宝APP”软件已经过确认。

2．未能按照21 CFR 820.198的要求制定由正式指定单位接收、审查和评估投诉的规程。

a．你公司2014年8月24日的《客户要求和投诉》规程修订版2的充分性不足。目前，你公司正在使用一名承包商来接收并初步记录全部通信内容；但你公司的投诉处理规程并未解决这一问题。此外，你公司的规程未能说明如何接收、审查和核实转交自合同投诉处理公司的投诉，以开展投诉调查。

b．你公司的《客户要求和投诉》规程修订版1和2，日期分别为2013年5月22日和2014年8月24日；要求将所有投诉记录在你公司的《客户投诉报告表》中。但你公司的投诉日志显示，你公司在2014年4月4日至2015年6月15日期间至少收到87宗投诉，该等投诉并未记录在你公司的《客户投诉报告表》中。此外，尚无记录显示以上投诉已经过审查，因而无法确定是否有必要进行调查，也无法确定以上投诉是否已作评估，进而判断其是否属于21 CFR 803定义的应报告事件。

c．2014年12月16日，你公司收到投诉，指出你公司的心e宝监测仪和检测异常心脏状况的软件可能出现故障。尚无记录显示已对该投诉进行评估，以确定其是否属于21 CFR 803定义的应报告事件。此外，该投诉缺乏可证明投诉性质和细节的记录，无论是器械不符合规范，还是器械与事件的关联都没有体现。

3．未能按照21 CFR 820.100（a）的要求制定和维护纠正和预防措施的实施规程。

你公司未能遵循2013年5月22日《纠正和预防措施》规程修订版1的要求，该规程要求你公司执行并记录纠正和预防措施（CAPA）调查，并验证所采取的纠正措施是否有效。例如：

a．2013年12月30日发布的CAPA（b）(4）旨在解决一项检查发现的问题，即你公司的器械风险管理报告误将标签识别为风险缓解措施，而你公司识别的标签不符合你公司遵循的标准（（b）(4））。CAPA作出声明，将更新风险管理报告；但尚无记录表明你公司是否已对纠正的完成情况进行了核实。此外，尚未进行确认缺陷原因的调查，也无系统的纠正措施来纠正上述不合格项。

b．有第三方审计发现你公司的CAPA未能完整记录在案，此后启动了2014年10月10日的CAPA（b）（4）。CAPA作出声明，纠正措施旨在纠正存在缺陷的CAPA并提供额外培训。CAPA中并无任何记录表明已进行上述培训。此外，CAPA的状态纠正将在内部审计期间得到验证；但尚无记录显示已开展此类验证活动。此外，虽然不合格项已经发生，但该CAPA被误定为“预防措施”。此外，由于FDA调查发现你公司的纠正和预防措施未能完整记录在案，因此上述CAPA不具备效力。

FDA经检查还发现，根据《法案》第502（t）（2）节［21 U.S.C.§ 352（t）（2）］的规定，你公司的心e宝监测仪和APP贴错标签，原因在于你公司未能或拒绝提供《法案》第519节（21 U.S.C.§ 360i）和21 CFR 803“医疗器械报告”规定的有关该器械的材料或信息。重大违规行为包括但不限于下述各项：

未能按照21 CFR 803.17的要求制定、维护和实施书面医疗器械报告规程。

A．你公司于2013年5月22日发布的《医疗器械和警戒报告》规程修订版1没有建立能够及时有效确定、传达和评估可能受MDR要求约束的事件的内部系统。具体如下：

（1）没有对你公司视为21 CFR 803项下应报告事件的事件进行定义。排除21 CFR 803.3中的术语“获悉”“导致或造成”“故障”“MDR应报告事件”和“严重伤害”的定义以及21 CFR 803.50（b）和21 CFR 803.20（c）（1）中的术语“合理认识”和“合理表明”的定义，可能导致你公司在评估可能符合21 CFR 803.50（a）所述报告标准的投诉时做出不正确的应报告性决定。

B．2013年5月22日发布的《医疗器械和警戒报告》规程修订版1并未建立及时传输完整医疗器械报告的内部系统。具体为，未涉及以下内容：

（1）你公司将提交其所知的每一事件所有信息的方式。

（2）该规程未注明提交MDR报告的地址，即：FDA, CDRH，不良事件报告，P. O. Box 3002，Rockville, MD 20847-3002。

你公司的规程包含对基线报告的引用。不再需要基线报告，建议从你公司的MDR规程中删除对基线报告的所有引用（参见：73联邦注册公告53686，日期：2008年9月17日）。

《eMDR最终规则》于2014年2月13日公布，要求制造商和进口商向FDA提交电子版医疗器械报告（eMDR）。本最终规则的要求自2015年8月14日起生效。若你公司尚未以电子方式提交报告，建议你公司访问以下网站链接，以获取有关电子版报告要求的其他信息：url。

如果你公司希望讨论MDR应报告性标准或安排进一步的沟通，请发送电子邮件联系应报告性审查小组，邮件地址为ReportabilityReviewTeam@fda.hhs.gov。

你公司应立即采取措施纠正本信函所述的违规行为。如若未能及时纠正这些违规行为，可能导致FDA在没有进一步通知的情况下启动监管措施。监管措施包括但不限于没收、禁令和民事罚款。此外，联邦机构会得知关于器械的警告信，以便在签订合同时考虑上述信息。如果FDA确定你公司违反了质量体系法规，且这些违规行为与Ⅲ类器械的上市前批准申请有关联，则在纠正这些违规行为之前，将不会批准此类器械。同时，如果FDA确定你公司的器械不符合《法案》的要求，则不会批准出口证明（Certificates to Foreign Governments，CFG）的申请。

此外，FDA检查发现你公司未能建立相关体系来确保所有购买或以其他方式收到的产品和服务符合21 CFR 820.50规定的要求。例如：

a．你公司聘用合同投诉处理公司接收有关你公司心e宝监测仪和APP的投诉。你公司的合同投诉处理公司收到了约1147份客户信函，而有关合同投诉处理公司是否正确接收和筛选了此类信函，你公司未能进行审查或核实。你公司应负责确定你公司对合同服务商的控制类型和范围。这应当包括你公司将进行的验证和审查水平，以确认服务商是否符合质量要求。此外，该供应商未包含在你公司的经核准供应商名单中。

b．你公司与一家合同制造商签约，开展设计确认和验证测试，并制造你公司的心e宝监测仪。检查期间，你公司与合同制造商均未能提供设计确认测试。对于你公司与合同制造商签订合同需要履行的活动，你公司有责任确保合同制造商充分履行并记录此类活动。

作为你公司对本信函答复的一部分，请注明你公司的采购控制规程的完整描述，以及你公司计划如何纠正缺陷以确保供应商满足质量要求的详细信息。

请在收到本信函之日起15个工作日内将你公司为纠正上述违规行为所采取的具体步骤书面通知本办公室，并说明你公司计划如何防止此类违规行为或类似违规行为再次发生。包括你公司已经采取的纠正措施（必须解决系统问题）的文件材料。如果你公司计划采取的纠正措施将逐渐开展，请提供实施这些活动的时间表。如果无法在15个工作日内完成纠正，请说明延迟的原因以及完成这些活动的时间。你公司的回复应全面，并解决此警告信中所包括的所有违规行为。

最后，请注意本信函未完全包括你公司全部违规行为。你公司有责任遵守FDA所有的法律和法规。本信函和检查结束时签发的检查结果FDA 483表中记录的具体违规行为可能表明你公司制造和质量管理体系中存在严重问题。你公司应查明违规原因并及时采取纠正措施，确保产品合规。

第204封 给APK Technology Co.，Ltd.的警告信

生产质量管理规范/质量体系法规/医疗器械/伪劣

CMS # 460945

2015年8月6日

尊敬的R先生：

美国食品药品管理局（FDA）于2015年1月26日至2015年2月3日，对你公司位于中国广东省深圳市的医疗器械进行了检查。检查期间，FDA检查员已确认你公司为血压袖套和血氧计的生产制造商。根据《联邦食品、药品和化妆品法案》（以下简称《法案》）第201（h）节［21 U.S.C.§ 321（h）］，凡是用于诊断疾病或其他症状，对疾病有治愈、缓解、治疗或预防作用，或是可以影响人体结构或功能的器械，均为医疗器械。故你公司涉及检查的产品为医疗器械。

本次检查表明，这些医疗器械的生产、包装、储存或安装中使用的方法、设施或控制不符合21 CFR 820的cGMP要求，根据《法案》第501（h）节［21 U.S.C.§ 351（h）］的规定，属于伪劣产品。

2015年2月16日，FDA收到你公司针对2015年2月3日FDA检查员出具的FDA 483表（检查发现问题清单）的回复。你公司于2015年3月11日对FDA 483表作出的答复尚未予以审查，原因是该答复不是在FDA 483表发出后15个工作日内收到的。将对此答复与针对本警告信中所述违规行为提供的任何其他书面材料一起进行评估。FDA针对回复，处理如下。

你公司存在重大违规行为，具体如下：

1．未能按照21 CFR 820.75（a）的规定确保，在无法通过后续检验和检测全面验证某一流程结果的情况下，对该流程进行有高度保证的确认并根据既定规程予以批准。

例如，用于制造血氧计部件的（b）（4）过程，其验证活动未记录在案。

目前尚不能确定你公司的答复是否充分。你公司更新了过程验证规程和表格，包括进行安装鉴定、操作鉴定和性能鉴定的要求。你公司表示，将在2015年4月15日前对人员进行培训，对《主确认计划》中的所有过程进行确认，并出具确认报告。但是，你公司的答复并没有包含该等纠正措施的文件。

2．未能按照21 CFR 820.30（j）的要求建立并维护各类器械的设计历史文档（DHF）。

例如，自2007年以来，你公司在美国分销的108种血氧计中，有91种型号无DHF。此外，自2008年以来，你公司在美国分销的血压袖套中，有42种型号无DHF。

目前尚不能确定你公司的答复是否充分。你公司更新了《设计和开发管理规程》，允许对多个型号使用同份DHF。你公司建立了命名为《系列分类规则》的新规程，以证明产品模型对于产品系列的适宜性。你公司表示，在2015年6月1日前发行特定于产品系列的DHF。但是，你公司的答复并没有包含该等纠正措施的文件。

3．未能按照21 CFR 820.70（g）的要求确保制造过程中使用的所有设备都符合规定的要求，同时确保其设计、构造、放置和安装可便于进行维护、调整、清洁和使用。

例如，你公司声明，无文件可证明用于血氧计制造的（b）（4）机器安装是否正确。

目前尚不能确定你公司的答复是否充分。你公司更新了《过程确认规程》，要求对《主确认计划》中列出的器械进行安装鉴定和运行鉴定。你公司表示，于2015年4月15日前开展培训并出具安装鉴定报告。但是，

你公司的答复并没有包含该等纠正措施的文件。

4．未能按照21 CFR 820.80（e）的要求记录验收活动。

例如，你公司未能记录在制品和成品的电气测试结果，以确保血氧计符合验收标准。

FDA审查你公司的答复后确定，该答复尚不充分。你公司更新了《生产管理规程》和《不合格项控制规程》，要求提供电气测试文档。你公司更新了《每日检验报告》，仅记录（b）（4）过程。但是，你公司未对其他产品的在制品和成品验收活动进行回顾性审查，以确保放行的产品符合规定的标准。

5．未能建立并维护返工规程，包括返工后不合格品的复验和复评，以确保产品符合21 CFR 820.90（b）（2）要求的当前获批规范。

例如，你公司未按照自身规程和作业指导书的要求，记录成品放行的复验结果。

FDA审查你公司的答复后确定，该答复尚不充分。你公司更新了规程和作业指导书，要求评估并确定潜在的不利影响。但是，你公司并未分析与未记录复验结果的返工产品的分销相关的风险，以证明返工产品是否符合成品放行规范。

6．未能按照21 CFR 820.72（b）的要求建立并维护校准规程，包括准确度和精密度的具体方向和限制。

例如，你公司的《校准管理规程》要求进行（b）（4）校准。然而，在用于开展在制品和成品（b）（4）的（b）（4）和用于血氧计成品测试的（b）（4）的校准日期之间，校准记录显示大于（b）（4）。

FDA审查你公司的答复后确定，该答复尚不充分。你公司声明，将制定校准计划，同时，自校准到期日起，在器械低于（b）（4）时设置警报。你公司表示，于2015年4月15日前发布校准计划并开展培训。但你公司未对校准数据作回顾性分析，以确定是否有超出校准范围的产品测试器械导致了不合格品放行的风险。

此外，联邦机构会得知关于器械的警告信，以便在签订合同时考虑上述信息。如果FDA确定你公司违反了质量体系法规，且这些违规行为与Ⅲ类器械的上市前批准申请有关联，则在纠正这些违规行为之前，将不会批准此类器械。

请在收到本信函之日起15个工作日内将你公司为纠正上述违规行为所采取的具体步骤书面通知本办公室，并说明你公司计划如何防止此类违规行为或类似违规行为再次发生。包括你公司已经采取的纠正措施（必须解决系统问题）的文件材料。如果你公司计划采取的纠正措施将逐渐开展，请提供实施这些活动的时间表。如果无法在15个工作日内完成纠正，请说明延迟的原因以及完成这些活动的时间。你公司的回复应全面，并解决此警告信中所包括的所有违规行为。

最后，请注意本信函未完全包括你公司全部违规行为。你公司有责任遵守FDA所有的法律和法规。本信函和检查结束时签发的检查结果FDA 483表中记录的具体违规行为可能表明你公司制造和质量管理体系中存在严重问题。你公司应查明违规原因并及时采取纠正措施，确保产品合规。

第205封　给MWT Materials, Inc.的警告信

生产质量管理规范/质量体系法规/医疗器械/伪劣

CMS # 469826

2015年8月6日

尊敬的K先生：

美国食品药品管理局（FDA）于2015年4月22日至2015年4月28日对你公司位于新泽西州帕塞伊克（Passaic）的医疗器械进行了检查。检查期间，FDA检查员已确认你公司为射频屏蔽Accusorb MRI器械［如覆盖毯和身体部位屏蔽罩，用于磁共振成像（MRI）］的生产制造商。根据《联邦食品、药品和化妆品法案》（以下简称《法案》）第201（h）节［21 U.S.C.§ 321（h）］，凡是用于诊断疾病或其他症状，对疾病有治愈、缓解、治疗或预防作用，或是可以影响人体结构或功能的器械，均为医疗器械。故你公司涉及检查的产品为医疗器械。

本次检查表明，这些医疗器械的生产、包装、储存或安装中使用的方法、设施或控制不符合21 CFR 820的cGMP要求，根据《法案》第501（h）节［21 U.S.C.§ 351（h）］的规定，属于伪劣产品。

2015年4月30日，FDA收到你公司针对2015年4月28日FDA检查员出具的FDA 483表（检查发现问题清单）的回复。FDA针对回复，处理如下。

你公司存在重大违规行为，具体如下：

1．未能按照21 CFR 820.198（a）的要求制定由正式指定单位接收、审查和评估投诉的规程。

例如，你公司未建立投诉处理的相关规程。

FDA审查你公司的答复后确定，该答复尚不充分。你公司的答复未能提供任何投诉处理规程。规程应至少包含以下要求：确保及时处理所有投诉；口头投诉在收到时应记录在案；对投诉进行评估，以确定该投诉是否代表21 CFR 803“医疗器械报告”要求向FDA报告的事件。

2．未能按照21 CFR 820.30（j）的要求建立设计历史文档。

例如，你公司尚未建立Accusorb MRI器械的设计历史文档。

FDA审查你公司的答复后确定，该答复尚不充分。你公司的答复未能为你公司各器械提供设计历史文档（DHF）。你公司的设计历史文档必须包含或涉及相关记录，此类记录对于证实按照批准的设计方案和本部分要求来开展设计而言是必要的。此外，你公司向FDA检查员声明，在过去6年中，未曾对器械的设计变更做过记录。设计变更应记录在DHF中，或参考相关记录的位置。

3．未能按照21 CFR 820.181的要求充分维护器械主记录（DMR）。

例如，你公司尚未维护完整的器械主记录，包含或提及你公司所制造各器械的位置规范、生产工艺规范、质保规程以及包装和标签规范。

FDA审查你公司的答复后确定，该答复尚不充分。你公司的答复没有为各器械提供完整的器械主记录。各制造商应确保根据21 CFR 820.40“文件控制”编制并批准各器械主记录。

FDA经检查还发现，根据《法案》第502（t）（2）节［21 U.S.C.§ 352（t）（2）］的规定，你公司的Accusorb MRI器械贴错标签，原因在于你公司未能或拒绝提供《法案》第519节（21 U.S.C.§ 360i）和21 CFR 803“医疗器械报告”规定的有关该等器械的材料或信息。重大违规行为包括但不限于下述各项：

4．未能按照21 CFR 803.17的要求制定书面医疗器械报告（MDR）规程。

例如，你公司未制定、维护或实施书面医疗器械报告规程，以确保死亡和重伤报告在要求的时间范围内报告给机构，并作充分调查。

FDA审查你公司的答复后确定，该答复尚不充分。你公司的答复未能提供医疗器械报告规程，以便为及时有效地识别、沟通和评估可能受医疗器械报告要求约束的事件提供内部系统。规程还应规定标准化的审查过程或程序，以确定事件达到标准的时间，从而向FDA报告并及时传递完整的医疗器械报告。

《eMDR最终规则》于2014年2月13日公布，要求制造商和进口商向FDA提交电子版医疗器械报告（eMDR）。本最终规则的要求自2015年8月14日起生效。若你公司尚未以电子方式提交报告，建议你公司访问以下网站链接，以获取有关电子版报告要求的其他信息：url。

如果你公司希望讨论MDR应报告性标准或安排进一步的沟通，请发送电子邮件联系应报告性审查小组，邮件地址为ReportabilityReviewTeam@fda.hhs.gov。

FDA经检查还发现，根据《法案》第502（t）（2）节［21 U.S.C.§ 352（t）（2）］的规定，你公司用于MRI的射频屏蔽／吸收毯和身体部位屏蔽罩贴错标签，原因在于你公司未能或拒绝提供《法案》第519节（21 U.S.C.§ 360i）和21 CFR 806“医疗器械；纠正和移除报告”规定的有关该等器械的材料或信息。重大违规行为包括但不限于下述各项：

5．按照21 CFR 806.10（a）（1）的要求，未能在10天内向FDA报告已开展的纠正或移除情况，从而减少器械对健康带来的风险。

例如，你公司于2014年10月6日发布了一份文件，其中建议用户对Accusorb MRI产品的安全性和使用说明作重大变更。此类变更包括但不限于：将患者与Accusorb MRI覆盖毯的MRI（黑色）侧之间1cm的空间要求改为2cm。你公司未曾让监管机构知悉已发布的现场纠正情况。

FDA审查你公司的答复后确定，该答复尚不充分。你公司已联系当地FDA地区办事处报告纠正或移除情况，该地区办事处已确认收到你公司的召回信息。

FDA经检查还发现，根据《法案》第501（f）（1）（B）节［21 U.S.C.§ 351（f）（1）（B）］的规定，你公司用于MRI的射频屏蔽／吸收毯和身体部位屏蔽罩为伪劣产品，原因在于你公司没有根据《法案》第515（a）节［21 U.S.C.§ 360e（a）］的规定获得批准的上市前批准申请（PMA），也没有根据《法案》第520（g）节［21 U.S.C.§ 360j（g）］的规定获得批准的研究器械豁免申请。根据《法案》第502（o）节［21 U.S.C.§ 352（o）］的规定，该器械也贴错标签，原因在于你公司没有按照《法案》第510（k）节［21 U.S.C.§ 360（k）］的要求，将启动器械商业销售的意图通知FDA。对于需要获得上市前批准的器械，在PMA等待管理局审批时，第510（k）条要求的通知视为已满足要求［21 CFR 807.81（b）］。你公司为获得批准需提交的信息类型可见网址：url。FDA将评估你公司提交的信息，并决定你公司的产品是否可合法上市。

你公司的答复指出，在510（k）被批准之前，你公司不会出售或上市此类产品，但你公司的答复并未说明如何对已上市的器械进行纠正，也未说明拟定何时提交510（k）。

根据《法案》第510节（21 U.S.C.§ 360），医疗器械制造商必须每年向FDA登记。2007年9月，《法案》第510节经2007年《食品和药品管理局修正案法》（公法110-85）修订，要求国内外器械企业在每年的10月1日至12月31日期间，通过电子方式向FDA提交其年度机构注册和器械上市信息［《法案》第510（p）节，21 U.S.C.§ 360（p）］。FDA记录表明，你公司未满足2015财年的年度注册和上市要求。

因此，根据《法案》第502（o）节［21 U.S.C.§ 352（o）］的定义，你公司的所有器械都存在贴错标签的情况，原因是在未根据《法案》第510节（21 U.S.C.§ 360）正式注册的机构中，FDA重制、制备、传播、复合或加工的器械未列入《法案》第510（j）节［21 U.S.C.§ 360（j）］要求的清单中。

你公司应立即采取措施纠正本信函所述的违规行为。如若未能及时纠正这些违规行为，可能导致FDA在没有进一步通知的情况下启动监管措施。监管措施包括但不限于没收、禁令和民事罚款。此外，联邦机构会得知关于器械的警告信，以便在签订合同时考虑上述信息。如果FDA确定你公司违反了质量体系法规，且这些违规行为与Ⅲ类器械的上市前批准申请有关联，则在纠正这些违规行为之前，将不会批准此类器械。同时，如果FDA确定你公司的器械不符合《法案》的要求，则不会批准出口证明（Certificates to Foreign Governments，CFG）的申请。

请在收到本信函之日起15个工作日内将你公司为纠正上述违规行为所采取的具体步骤书面通知本办公室，并说明你公司计划如何防止此类违规行为或类似违规行为再次发生。包括你公司已经采取的纠正措施（必须解决系统问题）的文件材料。如果你公司计划采取的纠正措施将逐渐开展，请提供实施这些活动的时间表。如果无法在15个工作日内完成纠正，请说明延迟的原因以及完成这些活动的时间。你公司的回复应全面，并解决此警告信中所包括的所有违规行为。

最后，请注意本信函未完全包括你公司全部违规行为。你公司有责任遵守FDA所有的法律和法规。本信函和检查结束时签发的检查结果FDA 483表中记录的具体违规行为可能表明你公司制造和质量管理体系中存在严重问题。你公司应查明违规原因并及时采取纠正措施，确保产品合规。

第206封 给Royal Case Co., Inc.的警告信

生产质量管理规范/质量体系法规/医疗器械/伪劣

CMS # 474644

2015年7月30日

尊敬的P先生：

美国食品药品管理局（FDA）于2015年6月29日至2015年7月1日，对你公司位于德克萨斯州谢尔曼（Sherman）的医疗器械进行了检查。检查期间，FDA检查员确认你公司为皮肤电极衣物的生产制造商。根据《联邦食品、药品和化妆品法案》（以下简称《法案》）第201（h）节［21 U.S.C.§ 321（h）］，凡是用于诊断疾病或其他症状，对疾病有治愈、缓解、治疗或预防作用，或是可以影响人体结构或功能的器械，均为医疗器械。故你公司涉及检查的产品为医疗器械。

本次检查表明，这些医疗器械的生产、包装、储存或安装中使用的方法、设施或控制不符合21 CFR 820的cGMP要求，根据《法案》第501（h）节［21 U.S.C.§ 351（h）］的规定，属于伪劣产品。

2015年7月15日，FDA收到你公司针对2019年10月29日FDA检查员出具的FDA 483表（检查发现问题清单）的回复。FDA针对回复，处理如下。

你公司存在重大违规行为，具体如下：

未能按照21 CFR 820.198（a）的要求制定和维护由正式指定单位接收、审查和评估投诉的规程。

具体为，对于你公司最初进口的皮肤电极衣物器械，尚未建立由正式指定单位接收、审查和评估投诉的规程。

FDA审查你公司的答复后确定，该答复尚不充分。你公司的答复中无任何信息表明你公司将建立投诉处理规程。

FDA经检查还发现，根据《法案》第502（t）（2）节［21 U.S.C.§ 352（t）（2）］的规定，你公司最初进口的皮肤电极衣物器械贴错标签，原因在于你公司未能或拒绝提供《法案》第519节（21 U.S.C.§ 360i）和21 CFR 803"医疗器械报告"规定的有关该等器械的材料或信息。重大违规行为包括但不限于下述各项：

未能按照21 CFR 803.17的规定建立、维护并实施书面医疗器械报告（MDR）规程。

具体为，对于你公司最初进口的皮肤电极衣物器械，你公司无任何书面医疗器械报告规程。

FDA审查你公司的答复后确定，该答复尚不充分。你公司的答复中无任何信息表明你公司将建立医疗器械报告规程。

由此可能需要进行后续检查，以确保纠正和/或纠正措施实施的充分性。

你公司应立即采取措施纠正本信函所述的违规行为。如若未能及时纠正这些违规行为，可能导致FDA在没有进一步通知的情况下启动监管措施。监管措施包括但不限于没收、禁令和民事罚款。此外，联邦机构会得知关于器械的警告信，以便在签订合同时考虑上述信息。

请在收到本信函之日起15个工作日内将你公司为纠正上述违规行为所采取的具体步骤书面通知本办公室，并说明你公司计划如何防止此类违规行为或类似违规行为再次发生。包括你公司已经采取的纠正措施（必须解决系统问题）的文件材料。如果你公司计划采取的纠正措施将逐渐开展，请提供实施这些活动的时间表。如果无法在15个工作日内完成纠正，请说明延迟的原因以及完成这些活动的时间。你公司的回复应全

面，并解决此警告信中所包括的所有违规行为。

最后，请注意本信函未完全包括你公司全部违规行为。你公司有责任遵守FDA所有的法律和法规。本信函和检查结束时签发的检查结果FDA 483表中记录的具体违规行为可能表明你公司制造和质量管理体系中存在严重问题。你公司应查明违规原因并及时采取纠正措施，确保产品合规。

第207封 给Cane S.p.A.的警告信

生产质量管理规范/质量体系法规/医疗器械/伪劣

CMS # 453171

2015年7月29日

尊敬的M先生:

美国食品药品管理局（FDA）于2015年2月16日至2015年2月19日对你公司位于意大利里沃利都灵（Rivoli-Turino）的医疗器械进行了检查。检查期间，FDA检查员确认你公司为输液泵和输液泵附件的生产制造商。根据《联邦食品、药品和化妆品法案》（以下简称《法案》）第201（h）节［21 U.S.C.§ 321（h）]，凡是用于诊断疾病或其他症状，对疾病有治愈、缓解、治疗或预防作用，或是可以影响人体结构或功能的器械，均为医疗器械。故你公司涉及检查的产品为医疗器械。

本次检查表明，这些医疗器械的生产、包装、储存或安装中使用的方法、设施或控制不符合21 CFR 820的cGMP要求，根据《法案》第501（h）节［21 U.S.C.§ 351（h）］的规定，属于伪劣产品。

2015年3月10日，FDA收到你公司针对2015年2月19日FDA检查员出具的FDA 483表（检查发现问题清单）的回复。FDA针对回复，处理如下。

你公司存在重大违规行为，具体如下：

1．未能按照21 CFR 820.30（g）的要求制定和维护验证器械设计的规程。

例如，对于使用（b）(4）软件编写的用于控制输液泵的软件，你公司缺乏执行代码测试的规程或协议。你公司未能记录测试结果，包括在代码测试过程中发现的软件缺陷列表，因为此类缺陷未在发现时记录，也未在将来的代码修订中作出说明，由此可能导致无法解释的器械故障。此外，多台泵的维修似乎与固件更新失败有关。

FDA审查你公司的答复后确定，该答复尚不充分。你公司正在根据FDA的指导文件，编写并实施新的软件验证规程。但是，答复中未曾提供软件验证规程，也未就你公司输液泵软件的回顾性审查展开讨论。

2．未能按照21 CFR 820.198（a）的要求制定和维护由正式指定单位接收、审查和评估投诉的适当规程。例如:

a．2013年和2014年，你公司确定原发性免疫缺陷（PID）泵共维修501次。在检查期间审查的30份维修和保养报告记录中，确认有26份报告所涉维修构成投诉。以上维修包括活塞操作错误和声音警报故障，尚无投诉调查或MDR报告评估的证据。

b．尚无文档表明，就2013年和2014年收到的32起输液泵投诉，对MDR报告进行了评估。

FDA审查你公司的答复后确定，该答复尚不充分。你公司描述了一套额外的投诉规程，“（b）(4）”，其中包括现场投诉。你公司声明，将修订规程以确保将维修作投诉处理，并要求对MDR报告和调查的必要性进行评估。但是，答复中未提供更新版规程，也未讨论对先前维修进行的回顾性审查，以确定此类维修是否代表投诉，同时对先前MDR可报告性投诉的回顾性审查也未作讨论。

3．未能按照21 CFR 820.100（a）的要求制定和维护实施纠正和预防措施的适当规程。

例如，你公司的CAPA规程未描述如何使用适当的统计方法评估所有质量数据来源，以识别现有和潜在的不合格品或其他质量问题。2013年和2014年，未作维修和保养数据分析。

FDA审查你公司的答复后确定，该答复尚不充分。你公司正在更新CAPA规程。但是，答复中未提供CAPA规程，也未讨论对维修数据进行的追溯分析，以确保可能需要启动CAPA的趋势不存在。

4．未能按照21 CFR 820.22的要求制定和维护实施质量审计的适当规程。

例如，你公司的质量审计规程要求审计员必须独立。你公司的质量审计规程第3.4条，内部审计，规程（b）（4）修订版5，声明“［（b）（4）］”。但是：

a．2014年，负责监督设备的质量经理对“测量、检查和测试设备”领域进行了审计。

b．2013年和2014年，质量经理助理对“电子设计控制”进行了审计。质量经理助理在其责任领域开展了一次审计。

c．2013年和2014年，质量经理助理对“电子设计控制”领域进行了审计。此人未经过充分的培训或不具备充分背景，无法对固件确认或验证情况进行审查。

FDA审查你公司的答复后确定，该答复尚不充分。你公司声明，将任命一名经过培训的审计员实施在未来对受审领域不负直接责任的审计。然而，答复中并未讨论对独立审计员的其他内部审计记录作回顾性审查。最后，你公司的答复中未提供或讨论最新的质量审计规程。

鉴于你公司严重违反了《法案》规定，根据《法案》第801（a）节［21 U.S.C.§ 381（a）］的规定，由于你公司制造的输液泵器械为伪劣产品，所以被拒绝入境。因此，FDA正在采取措施，以拒绝此类医疗器械进入美国（称为“自动扣留”），直到此类违规行为得到纠正。为了解除医疗器械的扣留状态，你公司应按下列说明对本“警告信”作出书面答复，并对其中所述的违规行为予以纠正。FDA将告知你公司的答复是否充分，以及是否需要重新检查你公司场所以核实是否已实施适当的纠正和／或纠正行动。

此外，联邦机构会得知关于器械的警告信，以便在签订合同时考虑上述信息。如果FDA确定你公司违反了质量体系法规，且这些违规行为与Ⅲ类器械的上市前批准申请有关联，则在纠正这些违规行为之前，将不会批准此类器械。

请在收到本信函之日起15个工作日内将你公司为纠正上述违规行为所采取的具体步骤书面通知本办公室，并说明你公司计划如何防止此类违规行为或类似违规行为再次发生。包括你公司已经采取的纠正措施（必须解决系统问题）的文件材料。如果你公司计划采取的纠正措施将逐渐开展，请提供实施这些活动的时间表。如果无法在15个工作日内完成纠正，请说明延迟的原因以及完成这些活动的时间。你公司的回复应全面，并解决此警告信中所包括的所有违规行为。

最后，请注意本信函未完全包括你公司全部违规行为。你公司有责任遵守FDA所有的法律和法规。本信函和检查结束时签发的检查结果FDA 483表中记录的具体违规行为可能表明你公司制造和质量管理体系中存在严重问题。你公司应查明违规原因并及时采取纠正措施，确保产品合规。

第208封　给Beijing KES Biology Technology Co.，Ltd. 的警告信

生产质量管理规范/质量体系法规/医疗器械/伪劣/标识不当

CMS # 456991

2015年7月23日

尊敬的J先生：

美国食品药品管理局（FDA）于2015年3月16日至2015年3月20日对你公司位于中国北京市的医疗器械进行了检查。检查期间，FDA检查员已确认你公司为强脉冲光治疗仪（IPL）的生产制造商。根据《联邦食品、药品和化妆品法案》（以下简称《法案》）第201（h）节［21 U.S.C.§ 321（h）］，凡是用于诊断疾病或其他症状，对疾病有治愈、缓解、治疗或预防作用，或是可以影响人体结构或功能的器械，均为医疗器械。故你公司涉及检查的产品为医疗器械。

本次检查表明，这些医疗器械的生产、包装、储存或安装中使用的方法、设施或控制不符合21 CFR 820的cGMP要求，根据《法案》第501（h）节［21 U.S.C.§ 351（h）］的规定，属于伪劣产品。

2015年4月2日，FDA收到你公司针对2015年3月20日FDA检查员出具的FDA 483表（检查发现问题清单）的回复。FDA针对回复，处理如下。

你公司存在重大违规行为，具体如下：

1．未能按照21 CFR 820.80（d）的要求制定和维护成品器械验收规程，以确保每一生产批次、批或亚批的成品器械均符合验收标准。具体如下：

a.（b）(4）自2014年1月1日起制造的MED-210器械的发射能量密度超过成品设定能量密度的（b）(4)。

b．你公司的成品器械测试规程（b）(4），修订版C/0，未充分描述MED-210器械的成品器械验收测试。例如：

i.（b）(4）规定脉冲间隔测试应在“（b）(4)”处进行。该规程并未规定器械应按照你公司的操作规程在（b）(4）处进行测试。

ii.（b）(4）声明：“成品能量检测”测试涉及（b）(4)。该规程不提供以上计算的说明。

iii.（b）(4）声明：冷却系统测试要求在（b）(4）处运行（b）(4）后测量器械温度。该规程未声明该测试中可能影响器械温度的其他器械设置，如脉冲宽度和脉冲数。

iv．第（b）(4）号表单包含用于输出间隔测试和光斑大小测试的字段。(b）(4）或MED-210器械的其他测试规程未对上述两项测试进行说明。

FDA审查你公司的答复后确定，该答复尚不充分。你公司的答复声称，在规程中增加了MED-210器械能量密度测试的计算公式。你公司声明，修订了产品发布（b）(4)，以添加日期。但是，尚不清楚你公司将如何执行答复中描述的新增监测。此外，你公司的答复并未声明，你公司计划如何描述MED-210（b）(4）器械的检验项目和方法。

2．未能按照21 CFR 820.30（f）的要求制定和维护验证器械设计的规程。具体如下：

a．所有IPL器械（包括MED-210）的设计输出文件规定，器械的输出能量密度应在（b）(4）之间可调。但是，对于设计验证，仅测试了（b）(4）之间的能量密度。

b．设计输出文档列出了（b）(4）不同的光斑大小配置：(b）(4)。但是，对于设计验证，你公司仅测

量了MED-210器械中使用的（b）（4）均匀性，（b）（4）光斑大小未进行测试。

c．设计输出文档声明，MED-210器械可与（b）（4）不同波长滤光片一起使用：（b）（4）。在设计验证过程中，仅测试了（b）（4），以确保其过滤了正确波长的光。（b）（4）滤光片未得到验证。

d．设计输出文档规定，MED-210器械的脉冲数设置应在（b）（4）之间可调。在设计验证期间，仅测试脉冲数（b）（4）；未测试脉冲数（b）（4）。

e．设计输出文档规定，MED-210器械的脉冲数设置应在（b）（4）之间可调。在设计验证期间，仅测试（b）（4）之间的脉冲宽度；未测试（b）（4）的脉冲宽度。

f．设计输出文档规定，MED-210器械的脉冲间隔设置应在（b）（4）之间可调。在设计验证期间，仅测试（b）（4）之间的脉冲间隔；未测试（b）（4）的脉冲间隔。

FDA审查你公司的答复后确定，该答复尚不充分。你公司的答复声称，已完成能量密度、光斑大小和波长参数的测试。你公司的答复未包含测试脉冲大小、脉冲数和脉冲间隔的数据。同时，不清楚你公司将如何加强对设计验证的监测。此外，你公司未对所有器械的设计验证作回顾性审查，以确保设计输出满足设计输入要求。

3．未能按照21 CFR 820.90（b）（1）的要求制定和维护确定不合格产品审查职责和处置权限的规程。

具体为，你公司的不合格品控制规程（b）（4），修订版B/0，要求在生产过程中发现不合格品时，按（b）（4）进行处理。然而，（b）（4）审查指定的（b）（4）表格栏，对于电气安全不合格的器械，记录为“不适用”，不合格品未经（b）（4）部门审查，即进行返工处理。

FDA审查你公司的答复后确定，该答复尚不充分。你公司的答复声称，（b）（4）已确定不合格品的原始原因，提出了纠正措施，并正在验证纠正措施活动。但是，目前尚不清楚你公司采取的措施将如何解决绕过（b）（4）审查的问题。此外，你公司的答复未包含回顾性审查，以评估（b）（4）审查是否在不合格品审查中进行。

FDA经检查还发现，根据《法案》第502（t）（2）节［21 U.S.C.§ 352（t）（2）］的规定，你公司强脉冲光治疗仪贴错标签，原因在于你公司未能或拒绝提供《法案》第519节（21 U.S.C.§ 360i）和21 CFR 803“医疗器械报告”规定的有关该等器械的材料或信息。重大偏离包括但不限于下述各项：

4．未能按照21 CFR 803.17的要求制定、维护和实施书面医疗器械报告规程。

例如：在检查期间，你公司承认其不知晓医疗器械报告法规。

FDA审查你公司的答复后确定，该答复尚不充分。你公司提供了医疗器械报告规程的副本，标题为“（b）（4）”［又称（b）（4）］，发行号：01，日期：2015年3月26日。审查了你公司的医疗器械报告规程后，发现了下列问题：

a．（b）（4）（发行号：01）未制定及时有效识别、通知和评估需遵守医疗器械报告要求的事件的内部系统。例如，该规程省略了21 CFR 803.3中的术语“获悉”和“导致或造成”的定义。此外，该规程中包含的术语“MDR应报告事件”的定义与21 CFR 803.3中的术语定义不一致。若包含的定义与21 CFR 803.3中的定义不一致，或者排除了21 CFR 803.3中的定义，则可能导致你公司在评估可能符合21 CFR 803.50（a）中报告标准的投诉时作出不正确的可报告性决定。

b．（b）（4）（发行号：01）未制定内部系统，提供标准化审查流程，以确定事件何时满足本部分项下的报告标准。例如：

i．没有关于对每个事件进行全面调查及评估事件发生原因的说明。

ii．没有关于你公司如何评估事件信息，以便及时作出医疗器械报告应报告性决定的说明。

c．（b）（4）（发行号：01）未制定及时发送完整医疗器械报告的内部系统。具体为，未涉及以下内容：

i．你公司必须提交初始报告、补充报告或后续报告的情况。

ii．你公司将提交其所知的每一事件所有信息的方式。

你公司的规程包含对基线报告的引用。不再需要基线报告，建议从你公司的MDR规程中删除对基线报告的所有引用（参见：73联邦注册公告53686，日期：2008年9月17日）。

《eMDR最终规则》于2014年2月13日公布，要求制造商和进口商向FDA提交电子版医疗器械报告（eMDR）。本最终规则的要求自2015年8月14日起生效。若你公司尚未以电子方式提交报告，建议你公司访问以下网站链接，以获取有关电子版报告要求的其他信息：url。

如果你公司希望讨论MDR应报告性标准或安排进一步的沟通，请发送电子邮件联系应报告性审查小组，邮件地址为ReportabilityReviewTeam@fda.hhs.gov。

此外，联邦机构会得知关于器械的警告信，以便在签订合同时考虑上述信息。如果FDA确定你公司违反了质量体系法规，且这些违规行为与Ⅲ类器械的上市前批准申请有关联，则在纠正这些违规行为之前，将不会批准此类器械。

请在收到本信函之日起15个工作日内将你公司为纠正上述违规行为所采取的具体步骤书面通知本办公室，并说明你公司计划如何防止此类违规行为或类似违规行为再次发生。包括你公司已经采取的纠正措施（必须解决系统问题）的文件材料。如果你公司计划采取的纠正措施将逐渐开展，请提供实施这些活动的时间表。如果无法在15个工作日内完成纠正，请说明延迟的原因以及完成这些活动的时间。你公司的回复应全面，并解决此警告信中所包括的所有违规行为。

最后，请注意本信函未完全包括你公司全部违规行为。你公司有责任遵守FDA所有的法律和法规。本信函和检查结束时签发的检查结果FDA 483表中记录的具体违规行为可能表明你公司制造和质量管理体系中存在严重问题。你公司应查明违规原因并及时采取纠正措施，确保产品合规。

第209封 给AG Industries LLC.的警告信

医疗器械/伪劣/质量体系法规

CMS # 469782

2015年7月12日

尊敬的A先生：

2015年3月26日至4月13日，来自美国食品药品管理局（FDA）的检查员对你公司位于3637 Scarlet Oak Blvd., St. Louis, Missouri处的场所进行了检查。在该次检查中，FDA检查员记录了与21 CFR 820“医疗器械质量体系法规”存在的重大偏差。你公司产品属于《联邦食品、药品和化妆品法案》（以下简称《法案》）第201（h）节［21 U.S.C. 321（h）］所定义的医疗器械。检查发现你公司产品不符合21 CFR 820部分质量体系法规（以下简称QSR/21 CFR 820）的现行生产质量管理规范（以下简称cGMP）要求，根据《法案》第501（h）节［21 U.S.C.§ 351（h）］的规定，属于伪劣产品。您可在FDA主页（www.FDA.gov）上找到《法案》及其实施条例的链接。

《法案》第501（h）节规定，“若某器械的生产、包装、储存或安装所使用的方法或设施不符合《法案》第520（f）（1）节规定的适用要求或第520（f）（2）节规定的适用条件，则认定该器械为伪劣产品”。具体为，你公司对医疗器械质量体系法规的偏离包括但不限于下述各项：

1．未能按照21 CFR 820.198（d）的要求，及时审查、评估并调查代表需向FDA报告事件的投诉。

具体为，你公司未能完成医疗器械报告（MDR）审查，并且未向FDA提交至少一份严重投诉的医疗器械报告。截至2015年3月27日，你公司未能按照21 CFR 820.198（d）的要求完成医疗器械报告审查，并且未向FDA提交关于2014年4月17日收到的投诉编号为4402的医疗器械报告，该投诉称使用你公司的微型雾化器引起了儿童触电事故。

除21 CFR 820.198中的医疗器械法规外，你公司自有的标准操作规程QP8.2-3（产品退货／客户投诉）还要求作出MDR决定，以评估投诉是否属于可报告事件。即使你公司的名称出现在产品上，且你公司已获悉投诉，你公司仍未作医疗器械报告审查，而似乎只是将投诉信息传递给了供应商，而未跟进供应商。

你公司对2015年4月24日CAPA15012所述意见的书面回复并不充分，因为你公司在医疗器械报告审查中得出的结论仍认为该事件不会危及生命，且你公司的审查表明不存在已知的严重伤害事件，但你公司确已知悉涉事儿童的手在触电后开始发黑，并已经过全身蔓延至另一条手臂。你公司的回复称“但是，AG将向FDA报告该事件”，结合结论表明你公司正在向FDA报告该事件，尽管你公司的结论认为该事件并不符合可报告事件的定义。

你公司对该项意见的回复表明，客户投诉规程并不充分，且缺乏培训，这是潜在的原因，但你公司的回复并无任何证据表明客户投诉规程已得到修订，也不存在为相关人员提供额外培训的文档。此外，你公司未能遵守21 CFR 820.198（d）的规定，这一情况可能涉及规程的不充分和员工培训的不足，也可能涉及管理监督的低效。你公司的回复并未说明QA/QR经理将继续与相关人员审查投诉的期限。有效的管理监督应持续进行。最后，你公司将CAPA15012判定为“次要”似乎欠妥，特别是考虑到微型雾化器投诉的严重性。

2．根据21 CFR 820.75（a）的规定，未能按照既定规程对无法通过后续检查和检测来全面验证的某一过程进行充分验证。你公司未能充分验证各类器械，也未充分验证在新树脂中添加再生材料来制造塑料部件的

过程。具体如下：

A．你公司未能充分验证以下器械：

a．AG设备编号（b）（4），序列号（b）（4），型号（b）（4），安装于2010年10月

i．安装鉴定（IQ）未经AG工业代表批准

ii．未作运行鉴定（OQ）

iii．验证计划（性能鉴定或PQ）仅包括生产的（b）（4）批次，不足以证明生产线的可再现性，以及生产批次的（b）（4）样品。此外，生产线验证的PQ文档不完整。

b．AG设备编号（b）（4），序列号（b）（4），型号（b）（4），安装于2010年10月

i．安装鉴定（IQ）未经AG工业代表批准

ii．未作运行鉴定（OQ）

iii．验证计划（性能鉴定或PQ）仅包括生产的（b）（4）批次，不足以证明生产线的可再现性，以及生产批次的（b）（4）样品。此外，生产线验证的PQ文档不完整。

c．AG设备编号（b）（4），序列号（b）（4），型号（b）（4），安装于2012年9月

i．安装鉴定（IQ）未经AG工业代表批准

ii．未作运行鉴定（OQ）

iii．验证计划（性能鉴定或PQ）仅包括生产的（b）（4）批次，不足以证明生产线的可再现性。此外，当样品计划标准操作规程要求在该规模的生产批次中取样（b）（4）单位时，样本量仅设置为从单个（b）（4）单位的生产批次中取样的（b）（4）单位。

d．（b）（4），安装于2013年9月

i．安装鉴定（IQ）未经AG工业代表批准

ii．未作运行鉴定（OQ）

iii．验证计划（性能鉴定或PQ）仅包括生产的（b）（4）批次，不足以证明生产线的可再现性。此外，当样品计划标准操作规程要求在该规模的生产批次中取样（b）（4）单位时，样本量仅设置为从单个（b）（4）单位的生产批次中取样的（b）（4）单位。

iv．在2014年7月29日收到（b）（4）过滤器缺陷的投诉后，对（b）（4）上的焊工进行了调整并随后进行了验证。验证所用的（b）（4）件是从生产的（b）（4）单位批次中取样的。根据SOP取样计划WI8.76规程（包括验证），所需样品数量为（b）（4）。对于验证样本量的减少，缺乏记录在案的理由说明。此外，来自焊接时间高低侧（b）（4）样品中的11份未通过法兰厚度测量测试。验证并非没有通过，而是更改了零件的规格和公差，以匹配测量测试结果。

B．你公司在制造医疗器械用塑料零件时，未对添加重新研磨成新鲜树脂的塑料废料的过程进行验证。此外，你公司对用于医疗器械制造的废弃（再磨）塑料的返工未作出规定。

你公司对CAPA 15014中2.a的回复不充分，因为你公司未能签署IQ、未能进行OQ、未能遵循适当的取样计划以及未能记录生产测试运行数据的根本原因在于“对员工的监督”。你公司将以上重大不符合项的根本原因仅归结为员工疏忽。管理层应审查文档，以确保审查IQ、开展OQ、遵循相关取样计划，并准确记录所有生产运行数据。

你公司回复还称，缺乏规程和取样计划方面的培训也可能导致上述问题；但你公司的回复未包含任何已开展培训的文档。

你公司的回复未提及2.b，仅称管理层认为重新研磨塑料对最终产品无影响，且允许的重新研磨百分比将得到验证。管理层信任的文档未提供。验证计划未提供。

你公司的回复也未能通过修订技术要求和公差来解决接受过滤器法兰厚度验证失败数据的问题，以便生产的所有产品都可接受。此外，你公司的回复称不会对成品器械造成影响。过程验证旨在显示过程的可再现性，即使你公司进行了100%的检验，过程验证也可能具有必要性，更何况你公司并未进行检验。你公司认

为对成品器械无影响的结论似乎未将投诉考虑在内，例如：2014年7月29日收到的投诉4467，该投诉退回（b）（4）有缺陷的过滤器（存在裂缝、密封受损及泄漏测试未通过）。

同样地，由于缺乏验证，你公司将CAPA15014判定为“次要”似乎欠妥。

3．未能按照21 CFR 820.80（d）的要求充分建立成品器械验收规程。

具体为，对医疗器械AG7178（过滤器）批次（b）（4）的器械历史记录（DHR）进行审查，仅发现（b）（4）进行了医疗器械产品质量检查，尽管此类器械检查需要按照器械历史记录中清单7.6.14规定的取样计划进行。检查表要求采用AQL取样方法，组装器械的AQL水平（b）（4）。对于AQL水平（b）（4）的下降，缺乏记录在案的理由说明。此外，即便此类AQL下降的取样正在进行，也无任何文档记录。

你公司对CAPA 15015所述意见的回复并不充分，因为尽管你公司承认质量规程QP8.4-2未作充分编写，但你公司的根本原因仍是员工疏忽，未能遵循既定的取样计划和质量体系。你公司的回复未能解决缺乏有效管理监督的问题。你公司的再次回复称不会对成品造成影响。过程验证不充分（见上文2.），更重要的是要对成品作充分的检验和测试。

你公司的回复称，质量规程QP8.4-2将作更新，以真实反映当前实践。你公司当前的实践并不充分，2015年4月13日致你公司的FDA 483表（检查发现问题清单）所述意见正是据此提出。

同样地，对于成品器械验收规程，你公司将CAPA15015判定为“次要”似乎欠妥。

该项不符合项在2010年既已提出。

4．未能按照21 CFR 820.80（b）的要求充分建立来样产品验收规程。例如：

a．零件AG7178的器械主记录（DMR）拥有关于过滤器直径和深度的规范，但DMR中未添加规范或取样计划。对于用于制造AG7178过滤器的（b）（4）批次的过滤垫，验收数据表显示（b）（4）批次的过滤垫的尺寸超出了（b）（4）批次过滤垫的尺寸。验收文件缺乏检验结果或验收标准的记录。在使用（b）（4）批次过滤垫的生产运行期间，约（b）（4）%的过滤垫被操作员拒绝，而在器械历史记录中未作任何备注。

b．CAPA1029于2010年12月31日发布，以解决FDA于2010年11月11日发布的FDA 483意见，即“未能充分建立进货验收规程”。截至2015年3月27日，CAPA1029仍处于启动状态。

你公司对CAPA15016所述意见的回复并不充分，因为你公司所述的根本原因是质量规程QP7.4-2（进货检验）未反映你公司当前的实践。你公司的纠正措施之一是更新质量规程QP7.4-2，以真实反映你公司的实践。同样地，你公司当前的实践并不充分，2015年4月13日致你公司的FDA 483表（检查发现问题清单）所述意见正是据此提出。

你公司的回复未提及4.b。

该项意见在2010年既已提出。

5．未能按照21 CFR 820.198（a）的要求，妥善维护投诉文件。

a．投诉4467于2014年7月29日收到，要求退回（b）（4）过滤器，检查是否存在裂纹、密封不良和泄漏测试未通过等情况。截至2015年4月7日，客户投诉表的第2步至第5步未能圆满完成。以上步骤包括接收退货产品、投诉调查和确定所需的纠正措施。虽然CAPA14068是为解决该起投诉而发起的，但根本原因被确定为焊接不充分，调查未能确定退货中的批号，也未说明在提出投诉前，成品质量调查报告（91370DHR）为何没有报告故障。

b．投诉4402于2014年4月17日收到，原因是微型雾化器致使一名儿童触电。截至2015年3月27日，客户投诉表的第2步至第5步未能圆满完成。以上步骤包括接收退货产品、投诉调查和确定所需的纠正措施。

c．自2013年1月1日以来，你公司共收到约119起客户投诉，其中约有15起投诉仍未解决。最早于2013年8月13日接收的投诉仍未解决。

你公司对CAPA15019中所述意见的回复并不充分，因为你公司的回复指出，缺乏培训和不充分的QP8.2-3（客户投诉和退货）规程是不合格的根本原因，但未谈及有效管理监督的缺乏。你公司的回复也未解决你公司对客户投诉表缺乏跟进的问题，投诉表的各个步骤都未能执行。此外，也不清楚你公司客户投诉规程中所谓的“及时”究竟是指多久。你公司在回复中得出结论，认为不会对材料或成品器械造成影响；但你公司尚未对所有未解决投诉展开评估。

同样地，由于未能充分维护投诉文件，你公司便将CAPA15019判定为“次要”似乎欠妥。

6．未能按照21 CFR 820.90（b）（1）的要求适当制定确定不合格品审查职责和处置权限的程序。

具体为，你公司缺乏相关文档，如《不合格项报告》（NCR），用于证明不合格零件／产品已经过审查和处置。你公司的标准操作规程QP8.3-1（不合格品控制）在第7.3条中规定，识别出的任何不合格项都应记录在NCR中，并用“拒绝（REJECT）”标签进行识别。相反的是，你公司或是进行返工（塑料）或是弃用（纸）不合格品，而未对拒绝产品展开调查。

你公司对CAPA15017所述意见的回复并不充分，因为根本原因被判定为员工因疏忽未能遵守质量规程QP8.3-1（不合格品的控制），以及质控检查员因疏忽而未能执行该规程。你公司的回复未谈及有效管理监督的缺乏，以确保员工遵守规程，且质控检查员执行规程。你公司的回复还称，纠正措施旨在更新规程，以真实反映当前的实践。你公司当前的实践并不充分，该项意见也是据此提出。法规要求对不合格进行审查，同时处置不合格材料或器械，并加以记录。你公司的规程应作更新以符合规范；而后，该规程应得到遵守。

同样地，由于未能充分建立定义审查责任及不合格品处置权限的规程，你公司将CAPA15017判定为“次要”似乎欠妥。

7．未能按照21 CFR 820.72（a）的要求建立规程，以确保器械进行定期校准、检验、检查和维护。

具体为，（b）（4）注塑机已安装在你公司的场所处。AG设备编号（b）（4）。自设备安装之日起，上述三件设备的维护日志未包含任何校准活动或仪器检查。

若你公司计划新制订的规程和日志已经完成并得到落实，则你公司对CAPA15018中该项意见的回复可能是充分的。

你公司应立即采取措施纠正本信函所述的违规行为。如若未能及时纠正这些违规行为，可能导致FDA在没有进一步通知的情况下启动监管措施。监管措施包括但不限于没收、禁令和民事罚款。同时，各联邦机构可能会收到关于医疗器械警告信的通知，供其在达成合同时考虑此类信息。

请在收到本信函之日起15个工作日内将你公司为纠正上述违规行为所采取的具体步骤书面通知本办公室，并说明你公司计划如何防止此类违规行为或类似违规行为再次发生。包括你公司已经采取的纠正措施（必须解决系统问题）的文件材料。如果你公司计划采取的纠正措施将逐渐开展，请提供实施这些活动的时间表。如果无法在15个工作日内完成纠正，请说明延迟的原因以及完成这些活动的时间。你公司的回复应全面，并解决此警告信中所包括的所有违规行为。

最后，请注意本信函未完全包括你公司全部违规行为。你公司有责任遵守FDA所有的法律和法规。本信函和检查结束时签发的检查结果FDA 483表中记录的具体违规行为可能表明你公司制造和质量管理体系中存在严重问题。你公司应查明违规原因并及时采取纠正措施，确保产品合规。

第210封 给EUROMI S. A.的警告信

生产质量管理规范/质量体系法规/医疗器械/伪劣

CMS # 456931

2015年6月22日

尊敬的D先生：

美国食品药品管理局（FDA）于2015年1月12日至2015年1月15日对你公司位于比利时韦尔维耶（Verviers）的场所进行了检查。检查期间，FDA检查员确定你公司为EVA Sp电动手术吸引器的生产制造商。根据《联邦食品、药品和化妆品法案》（以下简称《法案》）第201（h）节［21 U.S.C.§ 321（h）］的规定，凡是用于诊断疾病或其他症状，对疾病有治愈、缓解、治疗或预防作用，或是可以影响人体结构或功能的器械，均为医疗器械。故你公司涉及的产品为医疗器械。

本次检查表明，这些医疗器械的生产、包装、储存或安装中使用的方法、设施或控制不符合21 CFR 820质量体系法规（以下简称QSR/21 CFR 820）的现行生产质量管理规范（以下简称cGMP）要求，根据《法案》第501（h）节［21 U.S.C.§ 351（h）］的规定，属于伪劣产品。

FDA尚未审核你公司于2015年4月29日对FDA 483表（检查发现问题清单）作出的回复，因该回复不是在FDA 483表发出后15个工作日内作出的。将对此回复与针对本警告信中所述违规行为提供的任何其他书面材料一起进行评估。此类违规行为包括但不限于下述各项：

你公司存在以下违规行为：

1．未能按照21 CFR 820.50的要求制定和维护规程，以确保所有购买或以其他方式收到的产品和服务符合指定要求。

例如：你公司的合同灭菌器（b）（4）尚未对配合EVA Sp6电动手术吸引器使用的一次性导管的灭菌情况进行验证。

2．未能按照21 CFR 820.198（a）的要求制定和维护由正式指定单位接收、审查和评估投诉的规程。例如：

a．你公司的规程“（b）（4）”未包含相关要求，以确保：

i．统一且及时地处理投诉；

ii．收到口头投诉后进行记录；

iii．投诉调查记录包括器械名称，收到投诉的日期，任何器械标识，投诉人的姓名、地址和电话，调查日期和结果以及对投诉人的任何回复；

iv．如果没有进行调查，生产商则会保留一份记录，其中包括未进行调查的原因以及负责作出不进行调查决定的人员姓名；

v．对投诉作MDR应报告性评估。

b．反映出现套管尖端断裂并存留在患者体内事件的投诉文件105和132未对MDR应报告性作调查和评估。

3．未能按照21 CFR 820.100（a）的要求制定和维护实施纠正和预防措施的操作规程。例如：

a．你公司的“纠正措施／预防措施”规程未包含以下要求：

i．在必要时分析质量数据，以通过相关统计方法确定不合格品或其他质量问题的现有和潜在原因；

ii．验证或确认纠正和预防措施，以确保该等措施有效且不会对成品器械产生不利影响。

b．投诉编号为105和132的CAPA文件中，关于套管破裂和患者体内残留的碎片，未确定纠正或预防措施。

c．不合格项编号为108的CAPA文件（针对2.0mm和2.5mm渗透套管上的弯曲问题）未确定测试器械的批记录，也未确定用于壁厚评估的测试（b）（4）的统计原理。此外，你公司未能确认或验证纠正措施是否有效。

4．未能按照21 CFR 820.30（g）的要求制定和维护验证器械设计的规程。例如：

a．你公司的“概念和开发”规程未包含以下要求，以确保：

i．器械符合界定的用户需求和预期用途，并应包括在实际或模拟使用条件下对生产单元进行的测试。

ii．在执行验证活动之前，应制定验收标准。

b．EVA-Sp6电动手术吸引器设计项目的“（b）（4）”中未记录设计验证测试中使用的模型、设计验证测试方法和验收标准。

5．未能按照21 CFR 820.90（a）的要求建立并保持规程，以对不符合要求的产品进行控制。

例如：你公司的“纠正措施／预防措施”规程对处理不合格品的标识、归档、评价、隔离和处置均未作要求，也无返工要求。具体为，对于不合格项（b）（4）中描述的不合格套管，未记录受影响器械的标识、调查和处置。

6．未能按照21 CFR 820.72（a）的要求确保所有检验、测量和检测设备（包括机械、自动化或电子检验和检测设备）适合其预期用途并能够产生有效结果。例如：

a．你公司的校准规程（b）（4）对所有适用的检验、测量和试验器械是否能够产生有效的结果未作要求。

b．用于测试PCB板的（b）（4）和用于测试套管流量的测试仪包含未经校准或检查的测量装置，以确保测试设备能够产生有效结果。

7．未能按照21 CFR 820.30（f）的要求制定和维护验证器械设计的规程。

例如：在Sp6设计项目的测试中：

a．原型中安装的软件版本和（b）（4）版本的标识在电磁兼容性（EMC）和ISO 60601测试中未作充分标识。

b．验证测试所用的原型缺乏可用的生产记录。

c．你公司对原型进行的内部测试缺乏可用的设计验证测试结果。

8．未能按照21 CFR 820.30（e）的要求制定和维护规程，以确保在器械设计开发的适当阶段规划并对设计结果进行正式的有记录审查。例如：

a．你公司的规程“（b）（4）”未包含相关要求，以确保：

i．每次设计审查的参与者包括与被审查设计阶段有关的所有职能部门的代表；

ii．不负责审查设计阶段的个人以及所需的任何专家；

iii．设计审查结果记录在设计历史文档中。

b．此外，缺乏与EVA Sp6设计项目有关的参与者文档或设计审查的设计记录标识。

9．未能按照21 CFR 820.40的要求建立并维护管控符合21 CFR 820的所有文件的规程。

例如：“（b）（4）”对所有过时文件是否及时从各使用点删除或以其他方式防止非预期使用，以及文档是否包含批准日期和签名，均未作要求。具体如下：

a．已打印规程的过时版本，但未将其确定为过时；

b．按规程要求，责任人和总监对“（b）（4）”的批准未记录在案。

10．未能按照21 CFR 820.120的要求制定和维护规程，以控制贴签活动。例如：

a．你公司的贴签控制规程未包含相关要求，以确保：

i．贴签在储存或使用前已由指定人员检查其准确性；

ii．贴签的发布已记录在案；

iii. 对贴签／包装操作进行控制，以防贴签混淆。

b. EVA Sp6 1402217、EVA Sp1 1403306和套管14ADHA423的批历史记录未包含主要标识贴签或贴签审批。

11. 未能按照21 CFR 820.22的要求制定质量审核规程并开展审计，以确保质量体系符合既定质量体系要求以及确定质量体系的有效性。

例如：你公司的质量审核规程未包含以下要求：

a. 确定待审核的质量体系领域；

b. 确保审核员独立于被审核领域。

FDA检查还表明，根据《法案》第502（t）（2）节［21 U.S.C.§ 352（t）（2）］的规定，你公司的EVA Sp电动手术吸引器标记不当，原因在于你公司未能或拒绝提供《法案》第519节（21 U.S.C.§ 360i）和21 CFR 803有关"医疗器械报告"规定的上述器械的相关资料或信息。检查发现的重大偏离包括但不限于以下各项：

12. 未能按照21 CFR 803.17的要求，制定、维护和实施适合的书面医疗器械报告规程。

例如，在审查了你公司的医疗器械报告规程［标题"（b）（4）"］后，参考：副本（1）（b）（4），日期2014年2月19日，注意到以下问题：

a.（b）（4）未制定及时有效识别、通知和评估需遵守医疗器械报告要求的事件的内部系统。例如，没有对你公司视为21 CFR 803项下应报告事件的事件进行定义。排除21 CFR 803.3中"获悉""导致或造成""故障""MDR应报告事件"和"严重伤害"等术语的定义以及21 CFR 803.3中"合理表明"术语的定义，可能导致你公司在评估可能符合21 CFR 803.50（a）所述报告标准的投诉时做出不正确的应报告性决定。

b.（b）（4）未制定及时发送完整医疗器械报告的内部系统。具体为，未涉及以下内容：

i. 本规程未包含或未参考如何获取并填写FDA 3500A表的说明。

ii. 你公司须提交补充报告的情况及该等报告要求。

iii. 你公司将提交其所知的每一事件所有信息的方式。

iv. 该规程未注明提交MDR报告的地址，即：FDA, CDRH，不良事件报告部门，P.O. Box 3002, Rockville, MD 20847-3002。

c.（b）（4）未描述你公司如何满足文件记录和记录保存要求，包括：

i. 作为MDR事件文件保存的不良事件相关信息的文件。

ii. 为确定事件是否应报告而进行评估的信息。

iii. 用于确定器械相关死亡、严重伤害或故障是否应报告的审议和决策流程的文件。

iv. 确保FDA获得便于及时跟进和检查所需信息的系统。

《eMDR最终规则》于2014年2月13日公布，要求制造商和进口商向FDA提交电子版医疗器械报告（eMDR），自2015年8月14日起生效。若你公司尚未以电子方式提交报告，建议你公司访问FDA官网，获取有关电子版报告要求的其他信息。

如果你公司希望讨论MDR应报告性标准或安排进一步的沟通，请发送电子邮件联系应报告性审查小组，邮件地址为ReportabilityReviewTeam@fda.hhs.gov。

鉴于你公司严重违反了《法案》相关要求，根据《法案》第801（a）节［21 U.S.C.§ 381（a）］的规定，你公司生产的EVA Sp电动手术吸引器为伪劣产品，拒绝进入美国境内。因此，FDA正在采取措施，以拒绝此类医疗器械进入美国（称为"无需检验即予扣留"），直到此类违规行为得到纠正。为了解除医疗器械的扣留状态，你公司应按下列说明对本警告信作出书面回复，并对其中所述的违规行为予以纠正。FDA随后将通知你公司的回复是否充分，以及是否需要重新检查你公司的生产场所来验证是否已采取适当的纠正行动和／或纠正措施。

此外，美国各联邦机构可能会收到关于发送医疗器械警告信的通知，供其在达成合同时考虑此类信息。如果Ⅲ类器械与质量体系法规违规存在合理相关性，则在未纠正违规行为之前，医疗器械的上市前批准申请不会得到批准。

请在收到本信函之日起15个工作日内将你公司为纠正上述违规行为所采取的具体步骤书面通知本办公室，并说明你公司计划如何防止此类违规行为或类似违规行为再次发生。包括你公司已经采取的纠正措施（必须解决系统问题）的文件材料。如果你公司计划采取的纠正措施将逐渐开展，请提供实施这些活动的时间表。如果无法在15个工作日内完成纠正，请说明延迟的原因以及完成这些活动的时间。你公司的回复应全面，并解决此警告信中所包括的所有违规行为。如提供的文件语言为非英语，请提供英文译本，以便于FDA进行审查。

最后，请注意本信函未完全包括你公司全部违规行为。你公司有责任遵守FDA所有的法律和法规。本信函和检查结束时签发的检查结果FDA 483表中记录的具体违规行为可能表明你公司制造和质量管理体系中存在严重问题。你公司应查明违规原因并及时采取纠正措施，确保产品合规。

第211封　给Insulet Corporation的警告信

现行生产质量管理规范/质量体系法规/医疗器械/伪劣

CMS # 460940

2015年6月5日

尊敬的S先生：

2015年3月11日至27日，美国食品药品管理局（FDA）检查员对位于600 Technology Park Drive Billerica, MA的你公司进行检查，确定你公司是OmniPod胰岛素泵的制造商。根据《联邦食品、药品和化妆品法案》（以下简称《法案》）第201（h）节［21 U.S.C.§ 321（h）］的规定，凡是用于诊断疾病或其他症状，对疾病有治愈、缓解、治疗或预防作用，或是可以影响人体结构或功能的器械，均为医疗器械。故你公司涉及检查的产品为医疗器械。

本次检查表明，这些医疗器械的生产、包装、储存或安装中使用的方法、设施或控制不符合21 CFR 820质量体系法规（以下简称QSR/21 CFR 820）的现行生产质量管理规范（以下简称cGMP）要求，根据《法案》第501（h）节［21 U.S.C.§ 351（h）］的规定，属于伪劣产品。

2015年4月16日，FDA收到你公司首席运营官W.Patrick Ryan对FDA 483表（检查发现问题清单）的回复，即2015年3月27日发送给你公司的检查结果表。FDA审核了你公司的回复后，认为仍不够充分。对于所述的违规行为，FDA对你公司回复的处理如下所述。你公司存在的违规行为包括但不限于下列内容：

1．未能按照21 CFR 820.90（a）的要求建立并执行不合格产品控制规程。

具体为，你公司放行了5批未通过放行测试的EROS OmniPod，尽管所有批次均低于你公司质量保证部门的最终验收标准，但均判定为合格并予以放行。涉及批次如下：

批号	验收标准OQL	实际批次OQL
L40425	（b）（4）	81.5%
L40426	（b）（4）	69.8%
L40427	（b）（4）	74.6%
L40428	（b）（4）	81.0%
L40429	（b）（4）	82.5%

FDA已审核了你公司于2015年4月16日的回复，但该回复不够充分。根据你公司提供的文档，确定了另外3个仍在有效期内的批次，尽管这些批次不符合最终验收标准，但仍通过验收并得已放行。FDA承认你公司启动了CAPA-051，以解决该问题。在对警告信的回复中，请提供纠正措施的说明和完成后的验证。FDA还了解到，你公司已修订验收规程，以防不符合放行验收标准的批次被放行。请提供文档证明上述纠正措施的有效性，例如：员工已接受修订版标准操作规程的培训，且规程正得到正确的遵守。

你公司应立即采取措施纠正本信函所述的违规行为。如若未能及时纠正这些违规行为，可能导致FDA在没有进一步通知的情况下启动监管措施。监管措施包括但不限于没收、禁令和民事罚款。此外，联邦机构会得知关于器械的警告信，以便在签订合同时考虑上述信息。如果FDA确定你公司违反了质量体系法规，且这些违规行为与Ⅲ类器械的上市前批准申请有关联，则在纠正这些违规行为之前，将不会批准此类器

械。同时，如果FDA确定你公司的器械不符合《法案》的要求，则不会批准出口证明（Certificates to Foreign Governments，CFG）的申请。

请在收到本信函之日起15个工作日内将你公司为纠正上述违规行为所采取的具体步骤书面通知本办公室，并说明你公司计划如何防止此类违规行为或类似违规行为再次发生。包括你公司已经采取的纠正措施（必须解决系统问题）的文件材料。如果你公司计划采取的纠正措施将逐渐开展，请提供实施这些活动的时间表。如果无法在15个工作日内完成纠正，请说明延迟的原因以及完成这些活动的时间。你公司的回复应全面，并解决此警告信中所包括的所有违规行为。

最后，请注意本信函未完全包括你公司全部违规行为。你公司有责任遵守FDA所有的法律和法规。本信函和检查结束时签发的检查结果FDA 483表中记录的具体违规行为可能表明你公司制造和质量管理体系中存在严重问题。你公司应查明违规原因并及时采取纠正措施，确保产品合规。

第212封　给Thorn Ford Dental Laboratory LLC. 的警告信

医疗器械/伪劣/标识不当/缺少上市前批准（PMA）和/或510（k）

CMS # 453120

2015年6月2日

尊敬的F先生：

2015年2月5日至2015年2月25日，美国食品药品管理局（FDA）检查员对你公司位于华盛顿博斯韦尔（Bothell）的工厂进行了检查，FDA检查员确认你公司为TAP®3 TL和Elite TL阻鼾／阻塞性睡眠呼吸暂停装置以及Silent Partner阻鼾／阻塞性睡眠呼吸暂停装置的生产制造商。根据《联邦食品、药品和化妆品法案》（以下简称《法案》）第201（h）节［21 U.S.C.§ 321（h）］的规定，凡是用于诊断疾病或其他症状，对疾病有治愈、缓解、治疗或预防作用，或是可以影响人体结构或功能的器械，均为医疗器械。故你公司涉及检查的产品为医疗器械。

本次检查表明，这些医疗器械的生产、包装、储存或安装中使用的方法、设施或控制不符合21 CFR 820质量体系法规（以下简称QSR/21 CFR 820）的现行生产质量管理规范（以下简称cGMP）要求，根据《法案》第501（h）节［21 U.S.C.§ 351（h）］的规定，属于伪劣产品。

FDA收到了你公司于2015年3月5日发送的针对FDA检查员发出的FDA 483表（检查发现问题清单）中列明的缺陷作出的回复。对于所述的每一项违规行为，FDA对该回复的处理如下所述。你公司存在的违规行为包括但不限于下述各项：

质量体系法规

1．未能按照21 CFR 820.100（a）的要求制定和维护纠正和预防措施的实施规程。

例如：未能提供任何纠正和预防措施规程供检查员审查。你公司表示尚未制定纠正和预防措施规程。

FDA审核你公司的回复后，认为该回复尚不充分。你公司的回复包含了Silent Partner器械历史记录和性能摘要策略，以及TAP 3TL和TAP Elite器械历史记录和性能摘要策略，二者都描述了你公司的纠正措施和预防措施规程。尚不清楚你公司如何确定（b）（4）或在（b）（4）个月内出现更多类似性质的投诉是检测重复出现的质量问题的适当统计方法，如21 CFR 820.100（a）（1）所述。纠正措施和预防措施规程未能描述验证或确认纠正措施和预防措施的规程，如21 CFR 820.100（a）（4）所述。纠正措施和预防措施规程未包含分析投诉以外的质量数据来源，如21 CFR 820.100（a）（1）所述。纠正措施和预防措施规程未说明是否提供有关已识别质量问题以及纠正措施和预防措施的信息进行管理审查，如21 CFR 820.100（a）（7）所述。

2．未能按照21 CFR 820.198（a）的要求制定和维护由正式指定单位接收、审查和评估投诉的规程。

例如：未能提供投诉处理规程以供检查员审查。你公司表示尚未制定投诉处理规程。投诉文档也未包含对投诉的文件化评估。

FDA审核你公司的回复后，认为该回复尚不充分。你公司声明，将在2015年3月16日前制定新的质量管理体系策略。你公司的回复包含对QMS主策略文档的补充草案、TAP器械历史记录日志、Silent Partner器械历史记录日志、Silent Partner事件日志、TAP 3TL和Elite Partner事件日志以及产品投诉／纠正措施日志。你公司的回复还包含了Silent Partner器械历史记录和性能摘要策略，以及TAP 3TL和TAP Elite器械历史记录和性能摘要策略。此类文件未能正式指定一家负责接收、审查和评估投诉的单位，如21 CFR 820.198（a）所述。尚不清楚投诉对所有退回工作的适用性，以及完成《事件日志》和《产品投诉/纠正措施日志》的时间。

3．未能按照21 CFR 820.50的要求制定和维护规程，以确保所有购买或以其他方式收到的产品和服务符合指定要求。例如：

a．你公司未按21 CFR 820.50（a）（1）的要求，根据供应商、承包商和顾问满足规定要求（包括质量要求）的能力，维护评估和选择供应商、承包商和顾问的文档。

b．你公司未执行采购文件，其中可能包含供应商、承包商和顾问同意通知制造商产品或服务变更的协议，以便制造商根据21 CFR 820.50（b）的要求确定变更是否会影响成品器械的质量。

FDA审查你公司的回复后确定，该回复尚不充分。你公司的回复称，在回复提交给FDA审查时，未采取任何措施纠正上述违规行为，也未说明在采取纠正措施期间是否会采取临时措施。你公司的回复未指明纠正措施的拟议时间表。

4．未能按照21 CFR 820.80（d）的要求制定和维护成品器械验收规程，以确保每一生产批次、批或亚批的成品器械均符合验收标准。

例如：TAP®3日志表和Silent Partner日志表未包含：

a．个人授权器械放行的日期和签名。

b．制造技术和/或制造规程中确定的验收活动。

你公司未能提供涉及成品器械验收的规程以供检查员审查。你公司表示尚未制定成品器械验收规程。

FDA审核你公司的回复后，认为该回复尚不充分。你公司的回复包含TAP器械历史记录日志和Silent Partner器械历史记录日志；但不清楚此类日志中的质控标准列表是否代表已完成的器械验收标准。你公司的回复包含了Silent Partner器械历史记录和性能摘要策略，以及TAP 3TL和TAP Elite器械历史记录和性能摘要策略，二者都描述了器械历史记录日志。尚不清楚上述文件是否代表成品器械验收规程。

5．未能按照21 CFR 820.90（a）的要求建立并保持规程，以对不符合要求的产品进行控制。

例如，未能提供不合格品控制和处置的规程以供检查员审查。你公司表示尚未制定不合格品控制和处置规程。

FDA审核你公司的回复后，认为该回复尚不充分。你公司的回复包含对质量管理体系主策略文件的补充草案，并声明将在2015年3月底前新制表格。你公司的回复未说明在采取纠正措施期间，是否会采取临时措施。你公司的规程草案未涉及21 CFR 820.90（a）所述的不合格品的评估、隔离和处置。如21 CFR 820.90（a）所述，须对不合格项进行评估，并记录评估和任何结果调查。

6．未能按照21 CFR 820.22的要求制定质量审核规程并开展该审核工作，以确保质量体系符合既定质量体系要求以及确定质量体系的有效性。

例如，未能提供质量审核规程以供检查员审查。你公司表示未制定质量审计规程，也未开展过质量审核。

FDA审核你公司的回复后，认为该回复尚不充分。你公司的回复称，在回复提交给FDA审查时，未采取任何措施以纠正上述违规行为，并拟定在2015年5月创建并实施质量审计。你公司的回复未说明在采取纠正措施期间，是否会采取临时措施。

7．未能按照21 CFR 820.40的要求制定和维护控制所有文件的程序。

例如，未能提供文件控制规程供检查员审查。你公司表示尚未制定文件控制规程。

FDA审核你公司的回复后，认为该回复尚不充分。你公司的回复参照了检查期间提供的书面策略，但未指明此策略的标题。

医疗器械报告（MDR）

FDA检查还发现，根据《法案》第502（t）（2）节［21 U.S.C.§ 352（t）（2）］的规定，你公司的TAP®3 TL和Elite TL以及Silent Partner阻鼾/阻塞性睡眠呼吸暂停装置标识不当，原因在于你公司未能或拒绝提供

《法案》第519节（21 U.S.C.§ 360i）和21 CFR 803“医疗器械报告”规定的有关该等器械的材料或信息。你公司存在的重大违规行为包括但不限于下述各项：

8．未能按照21 CFR 803.17的规定建立、维护并实施书面医疗器械报告（MDR）规程。

例如，未能提供医疗器械报告规程以供检查员审查。你公司表示尚未制定书面医疗器械报告规程。

FDA审查你公司的回复后，认为该回复尚不充分。你公司的回复包含对质量管理体系主策略文件的补充草案，该草案不涉及电子版医疗器械报告的提交。文件未涉及标准化审查过程或规程，以确定事件符合报告标准的时间，如21 CFR 803.17（a）（2）所述。你公司的回复未说明在采取纠正措施期间，是否会采取临时措施。

《eMDR最终规则》于2014年2月13日公布，要求制造商和进口商向FDA提交电子版医疗器械报告（eMDR），自2015年8月14日起生效。若你公司尚未以电子方式提交报告，建议你公司访问FDA官网，获取有关电子版报告要求的其他信息。如果你公司希望讨论MDR应报告性标准或安排进一步的沟通，请致电301-796-6670或发送邮件至MDRPolicy@fda.hhs.gov联系MDR政策部。

510（k）上市前通告

FDA经检查还发现，根据《法案》第501（f）（1）（B）节［21 U.S.C.§ 351（f）（1）（B）］的规定，你公司基于许可协议生产且分销给你公司顾客的Elite TL阻鼾／阻塞性睡眠呼吸暂停装置为伪劣产品，原因在于你公司没有根据《法案》第515（a）节［21 U.S.C.§ 360j（g）］的规定获得批准的上市前批准申请（PMA），也没有根据《法案》第520（g）节［21 U.S.C.§ 360j（g）］的规定获得批准的研究器械豁免申请。

根据《法案》第502（o）节［21 U.S.C.§ 350（o）］的规定，该器械也标记不当，原因在于你公司没有按照《法案》第510（k）节［21 U.S.C.§ 360（k）］的要求，将启动器械商业销售的意图通知FDA。对于需要获得上市前批准的器械，在PMA等待FDA审批时，《法案》第510（k）节［21 U.S.C.§ 360（k）］要求的通知视为已满足［详见21 CFR 807.81（b）］。你公司可通过FDA网站获得更多需提交的信息。FDA将评估你公司提交的信息，并决定你公司的产品是否可合法上市。

你公司应立即采取措施纠正本信函所述的违规行为。如若未能及时纠正这些违规行为，可能导致FDA在没有进一步通知的情况下启动监管措施。监管措施包括但不限于没收、禁令和民事罚款。此外，联邦机构会得知关于器械的警告信，以便在签订合同时考虑上述信息。如果FDA确定你公司违反了质量体系法规，且这些违规行为与Ⅲ类器械的上市前批准申请有关联，则在纠正这些违规行为之前，将不会批准此类器械。同时，如果FDA确定你公司的器械不符合《法案》的要求，则不会批准出口证明（Certificates to Foreign Governments，CFG）的申请。

请在收到本信函之日起15个工作日内将你公司为纠正上述违规行为所采取的具体步骤书面通知本办公室，并说明你公司计划如何防止此类违规行为或类似违规行为再次发生。包括你公司已经采取的纠正措施（必须解决系统问题）的文件材料。如果你公司计划采取的纠正措施将逐渐开展，请提供实施这些活动的时间表。如果无法在15个工作日内完成纠正，请说明延迟的原因以及完成这些活动的时间。你公司的回复应全面，并解决此警告信中所包括的所有违规行为。

最后，请注意本信函未完全包括你公司全部违规行为。你公司有责任遵守FDA所有的法律和法规。本信函和检查结束时签发的检查结果FDA 483表中记录的具体违规行为可能表明你公司制造和质量管理体系中存在严重问题。你公司应查明违规原因并及时采取纠正措施，确保产品合规。

第213封　给Ondamed GmbH的警告信

医疗器械/伪劣/标识不当

CMS # 444520

2015年6月1日

尊敬的B女士：

美国食品药品管理局（FDA）获悉，你公司在美国销售Ondamed系统，该产品未经上市许可或批准，此行为违反了《联邦食品、药品和化妆品法案》(以下简称《法案》)。

根据《法案》第201（h）节［21 U.S.C.§ 321（h）］的规定，凡是用于诊断疾病或其他症状，对疾病有治愈、缓解、治疗或预防作用，或是可以影响人体结构或功能的器械，均为医疗器械。故你公司涉及检查的产品为医疗器械。

如下文所述，该器械在未经许可或批准的情况下销售，违反了《法案》。FDA记录显示你公司以前（b）（4）。

1.（b）(4）

2.（b）(4）

FDA注意到，作为你公司（b）(4）FDA向你公司提供的信息的一部分，根据21 CFR 882.5050，Ondamed系统不属于生物反馈器械。

你公司现已注册成立，并将Ondamed系统列为21 CFR 882.5050下的生物反馈器械。此外，FDA已审查了你公司网站（www.ondamed.net/us），并确定你公司继续将Ondamed系统作为生物反馈器械进行销售。示例包括但不限于以下内容：

- “ONDAMED，生物反馈系统。”
- “ONDAMED生物反馈疗法以独特方式触摸桡动脉脉冲，同时给患者的身体带来包括听觉和视觉信号在内的微弱刺激。”
- “ONDAMED：生物反馈刺激有助于减轻 / 解决压力及压力相关的健康障碍。”

Ondamed系统不适用21 CFR 882.5050项下生物反馈器械分类规则。如21 CFR 882.5050所定义，“［a］生物反馈器械是一种提供与一名或多名患者生理参数（例如：大脑α波活动、肌肉活动、皮肤温度等）状态相对应的视觉或听觉信号的仪器，以便患者能够自如掌控这些生理参数”。Ondamed系统缺乏生物反馈器械所必需的监测功能；无任何设计特征或功能，使之能够测量、记录或监测患者的生理参数，以便患者能够自如掌控这些生理参数。

此外，根据21 CFR 882.5050（生物反馈器械）分类的器械可免于上市前通知，除非其超过21 CFR 882.9规定的豁免限制。但是，有证据表明，Ondamed系统的预期用途不同于那些根据21 CFR 882.5050（生物反馈器械）分类而合法销售的器械。此类通用器械预期用于放松训练、肌肉再教育和处方使用。但是，你公司正在为不同的预期用途销售Ondamed系统，包括但不限于治疗或治愈多发性硬化症、乳腺癌、失明、莱姆病、骨质疏松症和戒烟。

由于有证据表明，Ondamed系统的预期用途不同于根据21 CFR 882.5050分类而合法销售的器械，因此其超过了21 CFR 882.9中所述的限制，且不得免除上市前通知。

因此，根据《法案》第501（f）(1）(B）节［21 U.S.C.§ 351（f）(1）(B）］的规定，FDA确定Ondamed系统为伪劣产品，原因在于对于所描述和销售的器械，你公司没有根据《法案》第515（a）节［21

U.S.C.§ 360e（a）]的规定获得批准的上市前批准申请（PMA），也没有根据《法案》第520（g）节［21 U.S.C.§ 360j（g）]的规定获得批准的研究器械豁免申请。根据《法案》第502（o）节［21 U.S.C.§ 352（o）]的规定，Ondamed系统标记错误，因为对于上述讨论的预期用途，你公司没有按照《法案》第510（k）节［21 U.S.C.§ 360（k）]的要求，将启动器械商业销售的意图通知FDA。

对于需要获得上市前批准的器械，在PMA等待FDA审批时，《法案》第510（k）节［21 U.S.C.§ 360（k）]要求的通知视为已满足。你公司可通过FDA网站查看更多 21 CFR 807.81（b）所述的获得批准需提交的信息。FDA将评估你公司提交的信息，并决定你公司的产品是否可合法上市。

FDA办公室要求你公司立即停止致Ondamed系统标记错误或不合规的活动（例如：为上述用途进行器械的商业分销）。

请在收到本信函之日起15个工作日内将你公司为纠正上述违规行为所采取的具体步骤书面通知本办公室，并说明你公司计划如何防止此类违规行为或类似违规行为再次发生。包括你公司已经采取的纠正措施（必须解决系统问题）的文件材料。如果你公司计划采取的纠正措施将逐渐开展，请提供实施这些活动的时间表。如果无法在15个工作日内完成纠正，请说明延迟的原因以及完成这些活动的时间。你公司的回复应全面，并解决此警告信中所包括的所有违规行为。

最后，请注意本信函未完全包括你公司全部违规行为。你公司有责任遵守FDA所有的法律和法规。

第214封 给Colon Care Products of PA, LLC. 的警告信

医疗器械/伪劣/标识不当

CMS # 460342

2015年5月28日

尊敬的E女士：

美国食品药品管理局（FDA）获悉，你公司未经市场许可或批准在美国销售一种开放式系统结肠水疗器械（Grace），违反了《联邦食品、药品和化妆品法案》（以下简称《法案》）。

根据《法案》第201（h）节［21 U.S.C.§ 321（h）］，凡是用于诊断疾病或其他症状，对疾病有治愈、缓解、治疗或预防作用，或是可以影响人体结构或功能的器械，均为医疗器械。

FDA审查过你公司网站上的视频，并确定结肠水疗法器械营销宣传为大众健康和医疗。例如，视频提到了你公司的开放系统结肠水疗装置（Grace）几种治疗方法中的一种，在这种疗法中，人们可以看到以下医疗条件的改善：

- 清除与粪便废物有关的"自身毒素"
- 牛皮癣
- 红斑狼疮
- 多发性硬化症
- 慢性肠道假梗阻
- 先天性神经异常
- 卵巢癌
- 寄生虫感染

FDA的审查还发现，你公司在美国销售上述产品前并未获得许可或批准，属于违法行为。由于你公司没有根据《法案》第515（a）节［21 U.S.C.§ 360e（a）］，获得上市前批准（PMA）申请批准，或根据《法案》第520（g）节［21 U.S.C.§ 360j（g）］获得试验器械豁免申请批准，根据《法案》第501（f）（1）（B）节［21 U.S.C.§ 351（f）（1）（B）］，上述产品属于伪劣产品。此外，依据《法案》第502（o）节［21 U.S.C.§ 352（o）］，该器械所贴标签为虚假标签，因为你公司并没有依据《法案》第510（k）节［21 U.S.C.§ 360（k）］和21 CFR的要求告知FDA上述产品意图在美国进行商业销售。根据21 CFR 807.81（b），对于需要上市前批准的器械，在器械处于正在等待FDA批准的状态时，《法案》第510（k）节所要求的通告要求可视作被满足。你可以在url.网站上找到获得器械批准或许可所需要的相关信息。FDA将评估你公司提交的信息，并决定你公司产品是否可以合法销售。

你公司应立即采取措施纠正本信函所述的违规行为。如若未能及时纠正这些违规行为，可能导致FDA在没有进一步通知的情况下启动监管措施。监管措施包括但不限于没收、禁令和民事罚款。此外，联邦机构会得知关于器械的警告信，以便在签订合同时考虑上述信息。

请在收到本信函之日起15个工作日内将你公司为纠正上述违规行为所采取的具体步骤书面通知本办公室，并说明你公司计划如何防止此类违规行为或类似违规行为再次发生。包括你公司已经采取的纠正措施（必须解决系统问题）的文件材料。如果你公司计划采取的纠正措施将逐渐开展，请提供实施这些活动的时

间表。如果无法在15个工作日内完成纠正，请说明延迟的原因以及完成这些活动的时间。你公司的回复应全面，并解决此警告信中所包括的所有违规行为。

最后，请注意本信函未完全包括你公司全部违规行为。你公司有责任遵守FDA所有的法律和法规。

第215封　给Nephros, Inc.的警告信

生产质量管理规范/质量体系法规/医疗器械/伪劣

CMS # 449134

2015年5月27日

尊敬的H先生：

2014年10月8日至10月24日，FDA检查员在对你公司位于新泽西州River Edge的工厂的审查中认定，你公司生产的医疗器械包括但不限于：双级超滤器（DSU）；单级超滤器（SSU）；OLpur H2H血液透析过滤系统和OLpur Mid-Dilution系列海诺滤系统。根据《联邦食品、药品和化妆品法案》（以下简称《法案》）第201（h）节［21 U.S.C.§ 321（h）］，凡是用于诊断疾病或其他症状，对疾病有治愈、缓解、治疗或预防作用，或是可以影响人体结构或功能的器械，均为医疗器械。

本次检查表明，这些医疗器械的生产、包装、储存或安装中使用的方法、设施或控制不符合21 CFR 820的cGMP要求，根据《法案》第501（h）节［21 U.S.C.§ 351（h）］的规定，属于伪劣产品。

FDA已于2014年11月13日和12月11日收到你公司的书面回复，以及收到你公司研发副总裁 Greg Collins先生于2015年1月9日和2015年1月22日针对FDA检查员在2014年10月24日发给你公司的FDA 483表（检查发现问题清单）的回复，FDA 483表上记载了观察事项以及开出的检查发现事项。以下是FDA对于你公司各违规事项相关回复的回应。这些违规事项包括但不限于以下内容：

1．未能按照21 CFR 820.50（a）（1）的要求对潜在供应商的评估形成文件。

例如，你公司根据与所提供的服务和/或产品相关的指定供应商类型来评估潜在供应商。审查员在审核你公司的供应商名单时，发现并不是所有的供应商都完成了调查问卷和/或质量协议，其中供应商应告知你公司产品和/或服务的变更。对供应商的质量监督将确保你公司了解可能影响成品器械质量的变化。未得到充分评价的经常合作的供应商包括成品器械的灭菌供应商以及透析器和透析仪器的供应商。

此外，还应指出的是，在上次对你公司的审查中已经发现了采购控制方面的缺陷。

FDA审查了你公司的答复，认为不够充分。FDA了解到你公司在2014年6月9日启动了CAPA 13-014，在2014年10月27日启动了CAPA 14-030，其中你公司对已批准的供应商名单进行了缩减，仅反映那些实际参与你公司医疗器械生产的供应商。你公司还修订了日期为2015年8月1日的SOP 7.4《采购和监控/供应商监控控制》，以便更明确地定义供应商类型。你公司明确表示你公司的合同制造商是责任方，因为他承包了你公司医疗器械的灭菌活动，然而，你公司从批准的供应商名单中剔除了该灭菌供应商。请注意，作为医疗器械的所有者和510（k）持有人，你公司负责监督所有的生产操作，因此，对你公司销售和分销的医疗器械的质量和安全负有监管责任。

2．未能按照21 CFR 820.198（e）的规定，在投诉调查记录内包含所需信息。

例如，你公司在2014年1月23日发布的SOP 8.2.1《客户反馈、投诉处理与监控》第9.5节中规定，初始调查应记录在客户投诉表中，根据投诉的性质，必须包括：对退回产品或库存保留样品的评估；内部器械历史记录的审核；航运记录的审核；检讨投诉趋势；风险控制的检讨和/或产品标签的审查。你公司的投诉调查是不充分的，因为它们缺乏关键信息，以下客户投诉证明了这一点，包括但不限于以下内容：

a）#2014.01.01：投诉涉及在线双级超滤机（DSU），该超滤机的后过滤机有细菌和内毒素计数。调查没有包括标签评审、库存分析和趋势分析。

b）#2014.03.04：投诉涉及在线单级超滤机（SSU），该超滤机的滤嘴出现泄漏。调查没有包括标签评审、

库存分析和趋势分析。

c）#2014.08.04：投诉使用OLpur H2H血液透析过滤模块替代过滤器，该模块未通过完整性测试。调查没有包括DHR审核、库存分析和趋势分析。

还应指出，在以前对你公司的检查中也发现了在处理投诉方面的缺陷。

FDA审查了你公司的答复，得出的结论是，目前还不能确定你公司的答复是否充分。你公司的回复中提到，你公司在2014年10月26日启动了CAPA 14-020，并在2014年10月27日启动了CAPA 14-029，目的是为了改进投诉处理流程。你公司还修订了日期为2014年11月11日的SOP 8.2.1《客户反馈、投诉处理与监控》，以及客户反馈/投诉表格F-8.2，要求投诉表格中不得有未填写的部分或空白部分。此外，你公司在回复中表示，你公司对2013年和2014年的所有投诉进行了回顾性审查，以确保表格均已完整。你公司的回复包括已审阅的投诉编号，但未包括实际的客户投诉文件，以便提供支持证据证明你公司的投诉文件已更新。FDA将在下次检查期间，在核实所有投诉文件/调查包含关键信息的基础上，对修改后的程序进行审查，并确保其落地实施。

FDA还注意到你公司不符合《法案》第502（t）（2）节［21 U.S.C.§ 352（t）（2）］的规定，即存在与21 CFR 803部分的《不良事件报告（MDR）》相关的缺陷。这些不符合项包括但不限于以下内容：

1．未能在你公司的报告中包括下列信息（如你公司所知或合理所知），如21 CFR 803.50（b）所述。这类信息一般符合FDA 3500A表的格式："事件日期"（表3500A，3B块），符合21 CFR 803.52（b）（3）的要求。

具体为，你公司向FDA提交了33份不良事件报告（MDR），但在FDA 3500A表B3块中并没有标明"事件发生日期"。此外，你公司在相关的FDA3500A表H11块中没有包括"更正数据"，也没有解释为什么没有提供所需的信息以及获取这些信息所采取的步骤。

FDA确认你公司在2014年11月13日的回复中指出，你公司在2014年11月12日向器械与放射健康中心的MDR政策部门提交了33份补充的药物不良反应程序报告。然而，你公司在2014年12月11日的回复是不够的。你公司提交了一份修订的MDR程序，标题为"US-MDR, EU-MVR, Canada-MPR，咨询通知和召回"，SOP 806，修订版 B，日期为2014年12月4日。虽然修订的程序包括填写FDA 3500A表的说明，但还需要解决以下其他问题：

（1）"US-MDR, EU-MVR, Canada-MPR，咨询通知和召回"，SOP 806没有建立及时有效的识别、沟通和评估符合MDR要求的事件的内部系统。例如：

a．本程序省略了21 CFR 803.20（c）（1）中"合理建议"一词的定义。将该术语的定义排除在程序之外可能会导致你公司在评估符合21 CFR 803.50（a）规定的报告标准的投诉时做出错误的报告决定。

（2）"US-MDR, EU-MVR, Canada-MPR，咨询通知和召回"，SOP 806，没有建立及时传输完整医疗器械报告的内部系统。

具体为，以下问题没有得到解决：

a．本程序不包括提交MDR报告的如下地址：FDA、CDRH、医疗器械报告、P.O. Box 3002、Rockville、MD 20847-3002。

（3）"US-MDR, EU-MVR, Canada-MPR，咨询通知和召回"，SOP 806，并没有描述你公司将如何处理文件和记录保存要求，包括：

a．作为MDR文件保存的不良事件相关信息的文档。

b．为确定某一事件是否应报告而评估的信息。

c．用于确定与器械相关的死亡、严重伤害或故障是否需要报告的审议和决策过程的文件。

2014年2月13日《电子不良事件报告的最终规则》发布，要求制造商和进口商应向FDA提交电子不良事件报告（eMDR）。本最终规则将于2015年8月14日生效。若你公司当前未提供电子报告，FDA建议你公司从以下网页链接中获取更多电子报告的信息：url。

若你公司希望讨论不良事件上报规则或想安排进一步沟通，可以通过ReportabilityReviewTeam@fda.hhs.

gov邮件联系可报告性审核小组。

你公司应立即采取措施纠正本信函所述的违规行为。如若未能及时纠正这些违规行为，可能导致FDA在没有进一步通知的情况下启动监管措施。监管措施包括但不限于没收、禁令和民事罚款。此外，联邦机构会得知关于器械的警告信，以便在签订合同时考虑上述信息。如果FDA确定你公司违反了质量体系法规，且这些违规行为与Ⅲ类器械的上市前批准申请有关联，则在纠正这些违规行为之前，将不会批准此类器械。同时，如果FDA确定你公司的器械不符合《法案》的要求，则不会批准出口证明（Certificates to Foreign Governments，CFG）的申请。

请在收到本信函之日起15个工作日内将你公司为纠正上述违规行为所采取的具体步骤书面通知本办公室，并说明你公司计划如何防止此类违规行为或类似违规行为再次发生。包括你公司已经采取的纠正措施（必须解决系统问题）的文件材料。如果你公司计划采取的纠正措施将逐渐开展，请提供实施这些活动的时间表。如果无法在15个工作日内完成纠正，请说明延迟的原因以及完成这些活动的时间。你公司的回复应全面，并解决此警告信中所包括的所有违规行为。

最后，请注意本信函未完全包括你公司全部违规行为。你公司有责任遵守FDA所有的法律和法规。本信函和检查结束时签发的检查结果FDA 483表中记录的具体违规行为可能表明你公司制造和质量管理体系中存在严重问题。你公司应查明违规原因并及时采取纠正措施，确保产品合规。

第216封　给Smith & Nephew, Inc.的警告信

生产质量管理规范/质量体系法规/医疗器械/伪劣

CMS # 457814

2015年4月30日

尊敬的F先生：

美国食品药品管理局（FDA）于2015年3月4日至26日，对于你公司位于安多弗民兵路150号的医疗器械进行了检查。检查期间，FDA检查员已确定你公司为关节镜和妇科设备的生产制造商，产品包括TRUCLEAR ULTRA往复式粉碎器 4.0。根据《联邦食品、药品和化妆品法案》（以下简称《法案》）第201（h）节［21 U.S.C.§ 321（h）］，凡是用于诊断疾病或其他症状，对疾病有治愈、缓解、治疗或预防作用，或是可以影响人体结构或功能的器械，均为医疗器械。故你公司涉及检查的产品为医疗器械。

本次检查表明，这些医疗器械的生产、包装、储存或安装中使用的方法、设施或控制不符合21 CFR 820的cGMP要求，根据《法案》第501（h）节［21 U.S.C.§ 351（h）］的规定，属于伪劣产品。

2015年4月16日，FDA收到你公司质量法规部的高级副总裁Gerard D. Porreca针对2015年3月26日FDA检查员出具的FDA 483表（检查发现问题清单）的回复。FDA针对回复，处理如下。

你公司存在重大违规行为，具体如下：

1．未能按照21 CFR 820.100（a）（4）的要求，验证或确认纠正和预防措施，确保措施有效并对成品器械无不利影响。

例如，在检查期间，对8份纠正措施报告进行了审核，发现并没有包含足够的信息以确保纠正措施的完成和验证是有效的。具体如下：

- 2012年9月12日开具了用于处理关于TRUCLEAR ULTRA往复式分割器的可视化丢失的投诉CAR 12-0014。CAPA的调查表明有一个部件是不合格的，特别是尺寸过小的弹头室。你公司于2012年8月29日制定了一项产品库存计划，并对现有库存进行了返工，更换了尺寸过小的弹头室。纠正措施包括增加生产中使用的弹状液腔的取样，直到2013年10月对弹状液腔的尺寸进行了修订。这些产品的健康危害评估（HHA）于2013年1月20日最终确定，该CAR于2013年7月29日关闭。
- 关闭的CAR不包括有效性验证，你公司继续收到关于你公司的TRUCLEAR ULTRA往复式粉碎器 4.0的可视化缺失和尺寸过小的弹状室的投诉。
- 你公司于2012年9月和10月发布了（b）（4）批产品返工。这些产品是在2013年1月20日最终确定HHA之前分发的，这违反了你公司自己的程序（即产品冻结/暂停文档# 1400105），该文档表明，在移除产品保持冻结之前，包括HHA的评估应该是完整的。
- 2013年9月17日，开具了CAPA MMP 13-0003以解决IFU中“不可吸收缝线”一词在双固定螺钉系统中的错误翻译。正确的术语是“可吸收缝线”。CAPA指出，在2014年3月左右，其他设备的IFU也发现了额外的翻译错误。在2015年3月4日的检查时，这个CAPA仍然是开放的，没有任何文件表明所有的翻译错误已经被纠正。
- 2013年12月2日开具了CAPA MMP 13-0004用以解决现场海狸叶片设备破损投诉率上升的问题。CAPA确定了在2014年3月或之前应完成的三项具体措施，这将缓解这一问题。在2015年3月4日的检

查时，这个CAPA仍然是开放的，没有任何文件表明要求的措施已经完成或被认为是有效的。

- 2013年4月10日开具了CAR A13-0006用以解决大量已超过90天的投诉调查。CAPA确定了许多有具体完成日期的整改措施。在2015年3月4日的检查时，这个CAPA仍然是未完成的，没有任何文件表明所有的整改措施已经完成或被认为是有效的。

FDA从你公司2015年4月16日的回复中了解到，你公司已经暂停了TRUCLEAR Ultra往复式粉碎器 4.0的发货，同时你公司还在进一步调查与该设备相关的问题。FDA也了解到你公司正在完成另一项关于CAR 12-0014投诉的健康风险评估（HRA），该评估将于2015年5月29日前完成。一旦这些评估完成，请尽快通知FDA相关结果。

你公司的回复是不充分的，因为你公司没有提供完整的整改文件。FDA理解你公司正在对你公司的CAPA系统进行系统性的改进，并希望在2016年1月前验证修订后的有效性。针对这封警告信，你公司应向FDA提供这些活动的最新情况，包括确认由一名独立的质量经理来监督这一修订后的体系。

2．未能按照21 CFR 820.90（a）的要求，建立不合格品控制程序，每个制造商应建立和保持程序，以控制不符合规定要求的产品。程序应涉及不合格品的识别、文件形成、评价、隔离和处置。不合格品的评价应包括确定是否需要进行调查和通知对不合格负有责任的个人或组织。评价和任何调查应形成文件。

例如，在2012年8月28日，你公司证实，TRUCLEAR Ultra Reciprocating Morcellators没有进行确认研究，以证实（b）（4）环氧乙烷（EtO）灭菌周期对器械没有影响。然而，你公司放行了在NCMR 11-0189和NCMR 11-0190下返工的Reciprocating Morcellators，但没有评估（b）（4）EtO灭菌循环对这些返工器械的影响。

你公司的回复是不充分的，因为你公司没有提供纠正的完整文件。FDA了解到你公司正在对返工产品的不合格材料报告进行回顾性审查。你公司应该在评审完成时向FDA提供评审的总结，包括需要采取的纠正措施来回复本警告信。

3．未能按照21 CFR 820.30（f）的要求，每个制造商应建立和保持器械的设计验证程序。设计验证应确认设计输出满足设计输入要求。设计验证的结果，包括设计内容说明、验证的方法、验证日期和参加验证的人员，应形成文件，归入设计历史文档（DHF）。

例如，TRUCLEAR Ultra Reciprocating Morcellators的设计验证是在2012年器械变更后进行的，包括对外管的材料进行了更改。最终的测试报告于2012年7月27日获得批准，尽管宫腔镜刀片（b）（4）（b）（4）测试（b）（4）失败的结果已经得到确认（b）（4）。你公司的回复表明，此验证被认为是“现有产品的延伸部分”，不受设计控制程序 文件号 # 1420006，版本. N的约束。

你公司的回复是不充分的，因为你公司没有提供纠正的完整文件。FDA了解你公司将对所有当前已上市的“生产线延伸”产品进行回顾性设计评审，以确保设计输出得到合适地确认。FDA也注意到你公司在回复FDA 483表的缺陷项#1时，已暂停了TRUCLEAR ULTRA Reciprocating Morcellator 4.0。

针对这封警告信，当设计评审完成后请向FDA提供一份总结，包括需要采取的任何纠正措施。

4．未能按照21 CFR 820.22的要求每个制造商应建立质量审核的程序并进行审核，以确保质量体系符合已建立的质量体系要求，并确定质量体系的有效性。质量审核应由与被审核事项无直接责任的人员承担。必要时，应采取包括对缺陷项的再审核在内的一项或多项纠正措施。每次质量审核以及再审核（如发生）的结果应形成报告，此类报告应由对被审核事项负有责任的管理层进行评审。质量审核和再审核的日期和结果应形成文件。

FDA注意到（b）（4）程序要求的内审项目# 1420018（包含CAPA和设计控制）在2014年第三季度和第四季度未进行。直到2015年3月5日才记录未进行内审的理由。FDA也确认了（b）（4）2013年第4季度和（b）（4）在2014年第二季度的内审是由与审核区域有直接责任的人来进行审核的。这与你公司自己的程序违背。

FDA了解你公司已聘请（b）（4）名员工协助您的审核，并对Smith & Nephew, Andover, MA至少4个区域进行重新审核。FDA也了解，外部专家将评估这些审核的有效性。这些纠正措施似乎足以解决违规问题。回复这个警告信时，请通知FDA何时可以完成这些措施。

你公司应立即采取措施纠正本信函所述的违规行为。如若未能及时纠正这些违规行为，可能导致FDA在没有进一步通知的情况下启动监管措施。监管措施包括但不限于没收、禁令和民事罚款。此外，联邦机构会得知关于器械的警告信，以便在签订合同时考虑上述信息。如果FDA确定你公司违反了质量体系法规，且这些违规行为与Ⅲ类器械的上市前批准申请有关联，则在纠正这些违规行为之前，将不会批准此类器械。同时，如果FDA确定你公司的器械不符合《法案》的要求，则不会批准出口证明（Certificates to Foreign Governments，CFG）的申请。

请在收到本信函之日起15个工作日内将你公司为纠正上述违规行为所采取的具体步骤书面通知本办公室，并说明你公司计划如何防止此类违规行为或类似违规行为再次发生。包括你公司已经采取的纠正措施（必须解决系统问题）的文件材料。如果你公司计划采取的纠正措施将逐渐开展，请提供实施这些活动的时间表。如果无法在15个工作日内完成纠正，请说明延迟的原因以及完成这些活动的时间。你公司的回复应全面，并解决此警告信中包含的所有违规行为。

最后，请注意本信函未完全包括你公司全部违规行为。你公司有责任遵守FDA所有的法律和法规。本信函和检查结束时签发的检查结果FDA 483表中记录的具体的违规行为可能表明你公司制造和质量管理体系中存在严重问题。你公司应查明违规原因并及时采取纠正措施，确保产品合规。

第217封 给Gottfried Medical, Inc. 的警告信

生产质量管理规范/质量体系法规/医疗器械/伪劣

CMS # 456882

2015年4月27日

尊敬的G先生：

美国食品药品管理局（FDA）于2015年3月9日至24日，对你公司位于托莱多，俄亥俄州的医疗器械进行了检查。检查期间，FDA检查员已确认你公司为防血液淤积的医疗支持袜的生产制造商。根据《联邦食品、药品和化妆品法案》（以下简称《法案》）第201（h）节［21 U.S.C.§ 321（h）］，凡是用于诊断疾病或其他症状，对疾病有治愈、缓解、治疗或预防作用，或是可以影响人体结构或功能的器械，均为医疗器械。故你公司涉及检查的产品为医疗器械。

本次检查表明，这些医疗器械的生产、包装、储存或安装中使用的方法、设施或控制不符合21 CFR 820的cGMP要求，根据《法案》第501（h）节［21 U.S.C.§ 351（h）］的规定，属于伪劣产品。

2015年3月27日，FDA收到你公司CEO Brian M Genide，针对FDA 483表（检查发现问题清单）的回复。FDA对于回复，处理如下。这些违规事项包括但不限于以下内容：

1．未能按照21 CFR 820.100（a）的要求，每个制造商应建立和保持实施纠正和预防措施的程序。

例如，你公司关于纠正和预防措施的程序《纠正和预防措施程序》（PCPA-00，日期2010年10月5日）和“测量和分析”程序（MA-00，日期2010年10月5日），在以下方面是不充分的：

a）你公司的程序没有标明：

（1）启动一个纠正和预防措施要与不符合的重要性和风险相关。

（2）验证和确认纠正和预防措施，以确保这些措施是有效的，不会对成品器械产生不利影响。

（3）实施和记录纠正和预防发现的质量问题所需的方法和程序的变化。

b）没有使用适当的统计方法分析数据来源，例如投诉、保修退回和维修/调整。

例如，你公司的运营总监每季度记录一次在此时间段内的调整、维修和保修退货数量，但没有进行任何分析。

2．未能按照21 CFR 820.198（a）的要求，每个制造商应保持投诉文档。每个制造商应建立和保持由正式指定的部门接收、评审和评价投诉的程序。

例如，你公司的《客户问询和投诉程序》CIC -00，日期2010年10月5日，在以下方面不充分：

a）不保证所有被认为与设备的识别、质量、耐用性、可靠性、安全性、有效性或性能有关的缺陷的沟通都被认定为投诉。对过去两年用于记录“客户反馈”的数据库进行搜索后发现，由于拉链破损、裁缝师错误和其他制造错误而被退回的医疗库存没有被记录、评估和/或调查为投诉。

b）你公司的程序没有更新以反映2011年的变化，即将所有投诉记录在电子系统的表格中，也不是按照你公司投诉程序第6.3条的要求记录在“产品查询/投诉表格”复印件中。此外，在这个电子系统中没有关于如何输入数据的程序。

c）你公司的投诉程序的第6.18节要求对每个投诉进行评估，以确定它是否代表需要记录在文件803部分“医疗设备报告（MDR）”下的事件。你公司没有执行程序中的这部分内容，因为MDR的判定没有记录。

3．没有建立和维护程序来控制不符合规定要求的产品；对于返工，应包括返工后对不合格产品的重新测试和重新评价，以确保产品符合21 CFR 820.90（a）和（b）要求的当前批准的规格。

具体为，你公司没有执行你公司的“不合格品控制”程序，CNC-00，日期为2010年10月5日，因为过程中不合格没有被记录、评估和调查。例如：

在检查过程中，FDA检查员目睹了你公司一名员工执行最后的质量检验，将医用袜子上的缝线压平。员工说她应该把袜子寄回缝纫处更正，但是为了节省时间，她完成了更正。没有完成不符合报告，也没有记录返工。

你公司的CEO和运营总监通知FDA调查员，医疗袜偶尔大约一个月被“重新制作”两次。返工的一个例子是“染色过程中的服装收缩”。这些不合格和返工没有记录在案。

4．未能建立和维护程序，以确保所有购买或以其他方式接收的产品和服务符合21 CFR 820.50的要求。

具体为，你公司的《订购和接收生产物料》程序，文件号：ORPM-00，日期2010年10月5日是不充分的，原因如下：

a）没有解决建立供应商、承包商和顾问必须满足的要求，包括质量要求。

b）未涉及供应商评估、承包商和顾问是否有能力满足规定的要求，包括质量要求。你公司没有记录你公司任何供应商的评估，包括你公司的织物供应商、纱线供应商和螺纹供应商。这些供应商没有书面的评估资料。

c）没有根据评估结果定义对产品、服务、供应商、承包商和顾问实施控制的类型和程度。

d）没有规定，在可能的情况下，供应商、承包商和顾问同意通知制造商产品或服务的变更，因此制造商可以确定这些变更是否会影响成品设备的质量。你公司与任何供应商均未签订书面协议。

5．未能按照21 CFR 820.30（i）的要求，每个制造商应建立和保持对设计更改的识别、形成文件、确认或（适当时）验证、评审，以及在实施前批准的程序。

例如，“Chaps”说明书上的一个便利贴写着“不再需要F魔术贴长度”，这是唯一的更改文档，可用来接收已经装上魔术贴的松紧带。此设计变更未按照日期为2010年10月5日的“变更控制”程序CC-00的要求通过你公司的正式变更控制。

6．未能建立和维护程序以确保每个批、批次或单元的DHR得到维护，来证明器械是按照21 CFR 820.184要求的每个制造商应保持器械历史记录（DHR）。每个制造商应建立和保持程序、确保对应于每一批次或单件的器械历史记录的保持，以证实器械是按照器械主记录（DMR）和本部分要求制造的。

具体为，你公司的医疗袜没有书面的DHR程序。

7．未能按照21 CFR 820.22中每个制造商应建立质量审核的程序并进行审核，以确保质量体系符合已建立的质量体系要求，并确定质量体系的有效性。质量审核应由与被审核事项无直接责任的人员承担。必要时，应采取包括对缺陷项的再审核在内的一项或多项纠正措施。每次质量审核以及再审核（如发生）的结果应形成报告，此类报告应由对被审核事项负有责任的管理层进行评审。质量审核和再审核的日期和结果应形成文件。

例如，你公司的运营总监在2014年审核了你公司的投诉处理系统，她负责确定“客户反馈”是否是投诉。

8．未建立程序来确保负责管理的管理层按规定的时间间隔并以足够的频率审核质量体系的适宜性和有效性，以确保质量体系满足21 CFR 820的要求和根据21 CFR 820.20（c）的要求，制造商建立的质量方针和质量目标。

具体为，你公司的《管理评审》程序MR-00，日期2010年10月5日。规定管理评审会议每年举行一次。根据你公司的CEO所述，你公司在过去的4年里没有进行过管理评审。

9．未能建立和维护程序来控制21 CFR 820.40要求的所有文件。

具体为，你公司《记录控制》程序CR-00，日期为2010年10月5日，不需要将批准文件（包括批准文件的个人的签字和日期）记录在案，你公司的质量体系程序都没有批准签字。

10．未能按照21 CFR 820.25（b）的要求每个制造商应建立确定培训需求的程序，并确保所有员工接受培训，以胜任其指定的职责。培训应形成文件。

具体为，你公司的《培训程序》程序，TP-00，日期2010年10月5日，没有被实施，因为你公司的任何员工都没有培训文件。

FDA的检查还发现，你公司的器械被贴错标贴，根据《法案》第502（t）（2）节，由于你公司未能或拒绝提供《法案》第519节和21 CFR 803-医疗器械报告（MDR）所要求的该器械的材料或信息。重大违规事项包括但不限于以下内容：

未能按照21 CFR 803.17的要求制定、维护和实施书面MDR程序。例如，你公司的《医疗器械报告》程序MDR-00，日期为2010年10月5日中没有建立符合21 CFR 803.17要求的流程。目前FDA无法确定你公司的回复是否恰当。你公司的回复表明你公司已经雇用了更多的员工来帮助FDA要求的合规工作。你公司声明你公司将修订纠正和预防措施、投诉、采购控制和MDR程序。回复也声明你公司将采用适当的统计方法，以确保对所有可能的数据来源进行评价；将创建一个不符合记录；将与供应商达成协议；聘用额外人员以便由与被审核职能无关的人员进行审核；将记录管理评审；识别并记录设计变更；将确保所有文件受控；并将建立一个程序来确定培训需求，确保人员得到培训，并将培训记录在案。你公司声明“希望在2015年余下的几个月中取得相当大的进展，并希望在2016年3月之前纠正所有的缺陷之处”，请为列出的每项违规提供一个详细的纠正措施的时间表。

你公司应立即采取措施纠正本信函所述的违规行为。如若未能及时纠正这些违规行为，可能导致FDA在没有进一步通知的情况下启动监管措施。监管措施包括但不限于没收、禁令和民事罚款。此外，联邦机构会得知关于器械的警告信，以便在签订合同时考虑上述信息。如果FDA确定你公司违反了质量体系法规，且这些违规行为与Ⅲ类器械的上市前批准申请有关联，则在纠正这些违规行为之前，将不会批准此类器械。同时，如果FDA确定你公司的器械不符合《法案》的要求，则不会批准出口证明（Certificates to Foreign Governments，CFG）的申请。

请在收到本信函之日起15个工作日内将你公司为纠正上述违规行为所采取的具体步骤书面通知本办公室，并说明你公司计划如何防止此类违规行为或类似违规行为再次发生。包括你公司已经采取的纠正措施（必须解决系统问题）的文件材料。如果你公司计划采取的纠正措施将逐渐开展，请提供实施这些活动的时间表。如果无法在15个工作日内完成纠正，请说明延迟的原因以及完成这些活动的时间。你公司的回复应全面，并解决此警告信中所包括的所有违规行为。

最后，请注意本信函未完全包括你公司全部违规行为。你公司有责任遵守FDA所有的法律和法规。本信函和检查结束时签发的检查结果FDA 483表中记录的具体违规行为可能表明你公司制造和质量管理体系中存在严重问题。你公司应查明违规原因并及时采取纠正措施，确保产品合规。

第218封　给Madison Polymeric Engineering的警告信

生产质量管理规范/质量体系法规/医疗器械/伪劣

CMS # 456082
2015年4月22日

尊敬的M先生：

美国食品药品管理局（FDA）于2015年3月10日至23日，对你公司位于965Main Street, Branford，CT的医疗器械进行了检查。检查期间，FDA检查员已确认你公司为麦迪逊高分子工程为1类和2类医用泡沫和清洁剂的生产制造商，也是赛格纳斯医疗有限责任公司EP-4第一步清洁剂袋的合同生产制造商。根据《联邦食品、药品和化妆品法案》（以下简称《法案》）第201（h）节［21 U.S.C.§ 321（h）］，凡是用于诊断疾病或其他症状，对疾病有治愈、缓解、治疗或预防作用，或是可以影响人体结构或功能的器械，均为医疗器械。故你公司涉及检查的产品为医疗器械。

本次检查表明，这些医疗器械的生产、包装、储存或安装中使用的方法、设施或控制不符合21 CFR 820的cGMP要求，根据《法案》第501（h）节［21 U.S.C.§ 351（h）］的规定，属于伪劣产品。

2015年4月2日，FDA收到你公司针对FDA 483表（检查发现问题清单）的回复。FDA针对回复，处理如下。

这些违规事项包括但不限于下列各项：

1．未能按照21 CFR 820.70（e）的要求每个制造商应建立和保持程序，以防设备或产品被有理由预期会对产品质量产生不利影响的物质污染。

具体为，作为EP-4第一步床旁预清洁组件的水没有使用说明。例如，发现（b）（4）滤水器安装不正确。此外，你公司的管理层无法确认所审核到的过滤器是何时安装的，或关于更换此类过滤器的时间表。

你公司对这一发现的回复是不充分的。你公司的回复未包含你公司在安装新过滤系统前，采取临时措施防止污染的证据。

2．未能按照21 CFR 820.100（a）（3）的要求，识别纠正和防止不合格品和其他质量问题再次发生所需要采取的措施。

具体为，你公司在2015年2月24日被告知EP-4 First Step床边预清洁套件可能受到污染后，没有采取纠正措施。例如，你公司没有执行与2015年2月通知相关的任何装运、产品隔离或其他行动。你公司对这一发现的回复是不充分的。你公司的回复没有包括在得知事件后采取的纠正措施的证据。

3．未能确保所有在制造过程中使用的设备符合规定的要求，并按照21 CFR 820.70（g）（1）的要求每个制造商应建立和保持设备的调整、清洁和其他维护日程计划，以确保满足制造规范。包括从事维护活动的人员和日期等维护活动应形成文件。

具体为，没有建立用于生产EP-4第一步床旁预清洁工具包的半自动灌装机的维护或清洁程序（b）（4）。在检查过程中，一名员工表示喷嘴、连接环、联轴器和软管没有清洗。此外，没有维护（b）（4）在线滤水器的程序，也没有更换滤水器的时间表。经过该过滤器处理的水将为作为EP-4第一步床边预清洁工具包的组分。

你公司对这一发现项的回复是不充分的。你公司的回复中没有包含关于维护和清洁的新程序和培训的证据。

你公司应立即采取措施纠正本信函所述的违规行为。如若未能及时纠正这些违规行为，可能导致FDA在没有进一步通知的情况下启动监管措施。监管措施包括但不限于没收、禁令和民事罚款。此外，联邦机构会得知关于器械的警告信，以便在签订合同时考虑上述信息。如果FDA确定你公司违反了质量体系法规，且这些违规行为与Ⅲ类器械的上市前批准申请有关联，则在纠正这些违规行为之前，将不会批准此类器械。同时，如果FDA确定你公司的器械不符合《法案》的要求，则不会批准出口证明（Certificates to Foreign Governments，CFG）的申请。

请在收到本信函之日起15个工作日内将你公司为纠正上述违规行为所采取的具体步骤书面通知本办公室，并说明你公司计划如何防止此类违规行为或类似违规行为再次发生。包括你公司已经采取的纠正措施（必须解决系统问题）的文件材料。如果你公司计划采取的纠正措施将逐渐开展，请提供实施这些活动的时间表。如果无法在15个工作日内完成纠正，请说明延迟的原因以及完成这些活动的时间。你公司的回复应全面，并解决此警告信中所包括的所有违规行为。

最后，请注意本信函未完全包括你公司全部违规行为。你公司有责任遵守FDA所有的法律和法规。本信函和检查结束时签发的检查结果FDA 483表中记录的具体违规行为可能表明你公司制造和质量管理体系中存在严重问题。你公司应查明违规原因并及时采取纠正措施，确保产品合规。

第219封 给Tem Innovations GmbH的警告信

生产质量管理规范/质量体系法规/医疗器械/伪劣

CMS # 447892

2015年4月21日

尊敬的E博士：

美国食品药品管理局（FDA）于2014年10月20日至2014年10月22日，对你公司位于德国慕尼黑的医疗器械进行了检查。检查期间，FDA检查员已确认你公司为各种Ⅱ类医疗设备的生产制造商，包括ROTEM delta全血止血系统，采用血栓弹性测量法进行体外凝血研究。根据《联邦食品、药品和化妆品法案》（以下简称《法案》）第201（h）节［21 U.S.C.§ 321（h）］，凡是用于诊断疾病或其他症状，对疾病有治愈、缓解、治疗或预防作用，或是可以影响人体结构或功能的器械，均为医疗器械。故你公司涉及检查的产品为医疗器械。

本次检查表明，这些医疗器械的生产、包装、储存或安装中使用的方法、设施或控制不符合21 CFR 820的cGMP要求，根据《法案》第501（h）节［21 U.S.C.§ 351（h）］的规定，属于伪劣产品。

2014年11月3日，FDA收到你公司CEO, Dr. Thomas Ebinger针对FDA 483表（检查发现问题清单）的回复。FDA针对回复，处理如下。这些违规事项包括但不限于以下内容。

1．未能按照21 CFR 820.90（a）的要求，每个制造商应建立和保持程序，以控制不符合规定要求的产品。程序应涉及不合格品的识别、文件形成、评价、隔离和处置。不合格品的评价应包括确定是否需要进行调查和通知对不合格负有责任的个人或组织。评价和任何调查应形成文件。

例如：你公司收到日期为2014年5月14日的不合格报告（NCR）# 14-04893，内容是关于不合格的控制稀释剂单元，编号为lot # 41819801。不合格报告已提交作进一步调查和纠正行动。NCR表格上的复选框表示产品“不被接受”，必须处理或返工。然而，没有关于不合格产品如何处置/隔离的指示，也没有确定纠正和纠正措施。你公司继续销售这些不合格的产品，特别是在2014年9月15日意识到Rotrol P稀释剂产品的不合格后，未能记录这些批次的任何再加工或纠正，将Rotrol P的稀释剂（批号# 41819801）发货（b）（4）给美国代理/分销商。

你公司的管理层解释说，他们没有对这些不合格产品进行任何主动的现场纠正。FDA注意到关于“Rotrol P（批号 # 41819801）的销售和投诉记录”有个关于（b）（4）备忘录。Tem系统决议（b）（4）Tem创新。2014年7月3日在德国风险管理会议上基于风险的评估进行了讨论，在美国有限量的资源可用（例如Rotrol P），确定了可能对客户有风险，产品可以根据客户要求更换。因此，Tem将在收到客户投诉后免费更换不合格产品。

FDA评审了你公司的回复，认定你公司的回复不充分。你公司提供了新版的标准操作程序（SOP）（b）（4）和不合格报告表单（b）（4）。新版本充分显示了部分处置和所有必要的行动，并将预防此不符合的重复发生。然而，你公司并没有提供完整的NCR，以证明NCR #14-04893中已识别的不合格缺陷的纠正。同样，你公司也没有提出对不合格产品进行全面回顾评审的计划或文件，以确保所有不合格报告都是按要求发起和完成的，不合格产品按要求进行了隔离和/或丢弃。

2．未能按照21 CFR 820.198（a）的要求，建立并维护由正式指定的单位接收、审查和评估投诉的程序。

例如：你公司的《客户投诉》SOP（b）（4），在章节（b）（4）说，你公司没有遵循或坚持本SOP的要求，因为（b）（4）被归类为第3类。

FDA评审了你公司的回复，认定你公司的回复不充分。你公司提供了新版SOP，包括改进的流程描述和投诉结束期间的职责。但是，你公司没有提供证据证明（b）（4）：列出第3类投诉作为对这一缺陷的纠正；就修订后的投诉处理程序，对有关人员进行培训；该组对所有投诉进行回顾性检讨，以确保按照修订程序的规定，及时处理投诉；它还考虑采取系统性的纠正措施，包括对处理投诉的其他程序进行回顾性审查，以确保它们符合监管要求。

3．未能按照21 CFR 820.50（a）的要求，每个制造商应建立保持供应商、承包方和顾问必须满足的要求，包括质量要求。

例如：你公司的“（b）（4）重要零部件供应商或关键供应商需要接受审计的文件（b）（4）”。你公司的（b）（4）被列为关键供应商，但你公司并不对该供应商进行审核。此外，根据供应商审核计划，在这期间没有供应商审核被执行。

FDA审查了你公司的回复，认为不够充分。你公司提供了一份更新的供应商名单/审核计划，该计划区分了不需要审核的关键部件供应商和不需要执行审核的关键部件供应商（b）（4）。没有迹象表明本SOP被修订或更新以反映上述对供应商列表/审核计划所做的更改，也没有说明参考此更新的供应商列表/审核计划以区分需要/不需要年度审核的关键部件供应商。另外，你公司没有提供证据证明它对员工进行了与更新的SOP及表格相关的培训。

4．未能按照21 CFR 820.22的要求，每个制造商应建立质量审核的程序并进行审核，以确保质量体系符合已建立的质量体系要求，并确定质量体系的有效性。

例如：你公司2013～2014年内审计划要求（b）（4）在（b）（4）之前进行内审。然而，2013～2014年内审安排文件表明，这些审核类别直到大约8个月后才进行内审（b）（4）。

FDA审查了你公司的答复，认为不够充分。你公司表明审计截止日期（审核的计划年份）电子记录在“日期”列，但审核编号也是手写在同一列，这可能被FDA调查员误读为日期，认为审核进行得太晚了。你公司提供了一份更新的2015～2016年度“审核计划，FoFP03-001-01-TS”，其中“审核编号”单独一栏，以避免“误解”。然而，你公司并没有提供证据证明其对员工进行了与更新表格相关的修订SOP培训。此外，你公司没有说明是否对所有其他需要审核的领域（b）（4）进行了回顾性审查，以确保这些领域按要求进行了审核。

联邦机构在授予合同时可能会考虑此警告信。另外，由于存在相关的质量体系法规偏差，除非这些违规事项得到纠正，否则Ⅲ类医疗器械上市前审批申请不会通过。

请在收到本信函之日起15个工作日内将你公司为纠正上述违规行为所采取的具体步骤书面通知本办公室，并说明你公司计划如何防止此类违规行为或类似违规行为再次发生。包括你公司已经采取的纠正措施（必须解决系统问题）的文件材料。如果你公司计划采取的纠正措施将逐渐开展，请提供实施这些活动的时间表。如果无法在15个工作日内完成纠正，请说明延迟的原因以及完成这些活动的时间。你公司的回复应全面，并解决此警告信中所包括的所有违规行为。

最后，请注意本信函未完全包括你公司全部违规行为。你公司有责任遵守FDA所有的法律和法规。本信函和检查结束时签发的检查结果FDA 483表中记录的具体违规行为可能表明你公司制造和质量管理体系中存在严重问题。你公司应查明违规原因并及时采取纠正措施，确保产品合规。

第220封　给 Vibracare GmbH 的警告信

生产质量管理规范/质量体系法规/医疗器械/伪劣

CMS # 450437

2015年4月17日

尊敬的P先生：

美国食品药品管理局（FDA）于2014年12月15日至2014年12月18日，对你公司位于德国不来梅（Bremen）的医疗器械进行了检查。检查期间，FDA检查员已确认你公司为电动冲击背心的生产制造商。根据《联邦食品、药品和化妆品法案》(以下简称《法案》）第201（h）节［21 U.S.C.§ 321（h）]，凡是用于诊断疾病或其他症状，对疾病有治愈、缓解、治疗或预防作用，或是可以影响人体结构或功能的器械，均为医疗器械。故你公司涉及检查的产品为医疗器械。

本次检查表明，这些医疗器械的生产、包装、储存或安装中使用的方法、设施或控制不符合21 CFR 820的cGMP要求，根据《法案》第501（h）节［21 U.S.C.§ 351（h）］的规定，属于伪劣产品。

2015年1月9日，FDA收到你公司总经理/运营总监Erwin Dreyer针对FDA 483表（检查发现问题清单）的回复。FDA针对回复，处理如下。这些违规事项包括但不限于以下内容：

1．未能按照21 CFR 820.100（a）的要求，每个制造商应建立和保持实施纠正和预防措施的程序。

例如，你公司的纠正和预防措施（CAPA）程序不需要验证或确认纠正和预防措施，以确保这些措施是有效的，不会对成品器械产生不利影响。

此外，你公司的程序不要求所有的CAPA活动及其结果都记录在案。

FDA审查了你公司的答复，认为不够充分。你公司表示将更新其CAPA程序，以确保CAPA活动的适当文件包括对行动有效性的验证或确认。然而，你公司并没有表明是否计划对类似的缺陷进行回顾性评估。

2．未能按照21 CFR 820.30（i）的要求有效建立并维护设计变更程序进行识别、记录、确认或在适当情况下进行验证、审查和批准。例如：

a．你公司的设计变更程序不要求你公司评估设计变更，以识别和执行设计控制活动，如确认、验证、评审和批准，这些都是控制设计变更所必需的。

b．对连接器电缆（b）(4）进行了设计更改，以解决无法操作或故障器械的多个投诉；但是，在实施之前，没有对设计更改进行审核或批准。

目前还不能确定你公司的答复是否充分。你公司表示，你公司将审查自510（k）许可之日以来对器械的所有设计更改，并将更新设计历史文档中的文档。你公司还表示，你公司将评审和更新供应商协议，以确保在供应商实施设计更改之前通知你公司。你公司在答复中说，你公司将在6个月内提供实施的证据。

3．未能按照21 CFR 820.30（e）的要求，每个制造商应建立和保持程序，以确保对设计结果安排正式和形成文件的评审，并在器械设计开发的适宜阶段加以实施。

例如，没有对电动冲击式背心进行设计评审。

目前还不能确定你公司的答复是否充分。你公司表示将对AffloVest设备进行正式的设计评审，并更新DHF中的文档。你公司在答复中说，你公司将在6个月内提供实施的证据。

FDA的检查还显示，你公司AffloVest设备根据《法案》第502（t）(2）节［21 U.S.C.§ 352（t）(2）］为贴错标签，因你公司无法或拒绝提供相应的材料或信息，以符合《法案》第519节（21 U.S.C.§ 360i）和21 CFR 803《医疗器械报告》的要求。重大违规事项包括但不限于以下内容：

4．未能按照21 CFR 803.17的要求开发、维护和实施书面MDR程序。

例如，在检查期间，你公司的管理层承认Oxycare/ Vibracare没有MDR程序。

目前还不能确定你公司的答复是否充分。你公司表示将在6个月内建立MDR程序。没有这份文件，FDA就不能对其充分性进行评估。请提交一份你公司的MDR程序供审查。

2014年2月13日发布的电子不良事件报告（eMDR）最终条例规定，制造商和进口商提交eMDR给FDA。本终版条例将于2015年8月14日生效。如果你公司目前未以电子方式提交报告，FDA建议你公司访问以下Web链接，以获取有关电子报告要求的更多信息：url。

如果你公司希望讨论不良事件报告可报告性标准或安排进一步的沟通，可以通过电子邮件联系可报告性审评小组ReportabilityReviewTeam@fda.hhs.gov。

美国联邦机构可能会获悉器械的警告信信息，以便他们授予合同时可以考虑这些信息。另外，违规行为得到纠正前，与质量体系法规不符合项产生合理关联的Ⅲ类器械上市前批准申请将不予批准。

请在收到本信函之日起15个工作日内将你公司为纠正上述违规行为所采取的具体步骤书面通知本办公室，并说明你公司计划如何防止此类违规行为或类似违规行为再次发生。包括你公司已经采取的纠正措施（必须解决系统问题）的文件材料。如果你公司计划采取的纠正措施将逐渐开展，请提供实施这些活动的时间表。如果无法在15个工作日内完成纠正，请说明延迟的原因以及完成这些活动的时间。你公司的回复应全面，并解决此警告信中所包括的所有违规行为。

最后，请注意本信函未完全包括你公司全部违规行为。你公司有责任遵守FDA所有的法律和法规。本信函和检查结束时签发的检查结果FDA 483表中记录的具体违规行为可能表明你公司制造和质量管理体系中存在严重问题。你公司应查明违规原因并及时采取纠正措施，确保产品合规。

第221封　给Kids Company Ltd Yugengaisha Kids的警告信

试验器械豁免（IDE）/上市前批准申请（PMA）

CMS # 452601

2015年4月15日

尊敬的T先生：

美国食品药品管理局（FDA）已经了解到，你公司未经市场许可或批准在美国销售热释能Ⅱ型和热神经兴奋剂，违反了《联邦食品、药品和化妆品法案》(以下简称《法案》)。

根据《法案》第201（h）节［21 U.S.C.§ 321（h）］，凡是用于诊断疾病或其他症状，对疾病有治愈、缓解、治疗或预防作用，或是可以影响人体结构或功能的器械，均为医疗器械。故你公司涉及检查的产品为医疗器械。

FDA已经审查过你公司的网站www.pyroenergen.com，并确定根据《法案》第501（h）节［21 U.S.C.§ 351（h）］，PYRO-Energen Ⅱ和PYRO神经刺激器属于伪劣产品，因为你公司没有按照《法案》第515（a）节［21 U.S.C.§ 360e（a）］的要求获得上市前批准申请（PMA），或按照《法案》第520（g）节［21 U.S.C.§ 360j（g）］获得试验器械豁免（IDE）的批准申请。

根据《法案》第502（o）节［21 U.S.C.§ 352（o）］，PYRO-Energen Ⅱ和PYRO神经刺激器所贴标签为虚假标签，因为你公司没有按照《法案》第510（k）节［21 U.S.C.§ 360（k）］的要求，通知FDA该器械意图在美国进行商业分销。对于需要上市前批准的器械，根据《法案》第510（k）节［21 U.S.C.§ 360（k）］，当PMA在FDA待批时，视为满足要求［21 CFR 807.81（b）］。为了获得医疗器械批准或许可，你公司需要提交的信息在网站url有描述。FDA会评估你公司提交的信息，并决定该产品是否可以合法销售。

另外，你公司的网站上有声明表明使用PYRO Energen Ⅱ是治疗以下疾病的有效方法，如：①HIV/AIDS；②癌症；③疱疹；④流行性感冒。但是，你公司尚未向FDA提交支持这些声明的证据，代理机构也不知道可能支持这些声明的任何证据。

FDA办公室要求你公司立即停止导致PYRO-Energen Ⅱ和PYRO神经刺激器贴错标贴或掺假的行为，例如该器械的商业分销。

鉴于严重违反《法案》第801（a）节［21 U.S.C.§ 381（a）］，你公司制造的器械，包括PYRO-Energen Ⅱ和PYRO神经刺激器被视为伪劣产品并拒绝入境。因此，FDA官方正采取措施，拒绝这些器械进入美国，称为“直接扣押”，直到这些违规行为得到纠正。为解除器械的扣押，你公司应提供对本警告信的书面回复，包含针对本信中违规行为所采取的措施。

请在收到本信函之日起15个工作日内将你公司为纠正上述违规行为所采取的具体步骤书面通知本办公室，并说明你公司计划如何防止此类违规行为或类似违规行为再次发生。包括你公司已经采取的纠正措施（必须解决系统问题）的文件材料。如果你公司计划采取的纠正措施将逐渐开展，请提供实施这些活动的时间表。如果无法在15个工作日内完成纠正，请说明延迟的原因以及完成这些活动的时间。你公司的回复应全面，并解决此警告信中所包括的所有违规行为。

最后，请注意本信函未完全包括你公司全部违规行为。你公司有责任遵守FDA所有的法律和法规。

第222封　给Stockert GmbH的警告信

生产质量管理规范/质量体系法规/医疗器械/伪劣/标识不当

CMS # 446574

2015年4月14日

尊敬的N先生：

美国食品药品管理局（FDA）于2014年11月10日至13日，对你公司位于德国布雷斯高弗莱堡（Freiburg Im Breisgau）的医疗器械进行了检查。检查期间，FDA检查员已确定你公司为射频（RF）智能消融系统的生产制造商。根据《联邦食品、药品和化妆品法案》（以下简称《法案》）第201（h）节［21 U.S.C.§ 321（h）］，凡是用于诊断疾病或其他症状，对疾病有治愈、缓解、治疗或预防作用，或是可以影响人体结构或功能的器械，均为医疗器械。故你公司涉及检查的产品为医疗器械。

FDA的检查显示，根据《法案》第502（t）（2）节［21 U.S.C.§ 352（t）（2）］，你公司的射频（RF）智能消融系统贴错标签，因为你公司未能或拒绝提供《法案》第519节和21 CFR 806部分《医疗器械；纠正和移除报告》。

2014年12月16日，FDA收到你公司针对FDA 483表（检查发现问题清单）的书面回复。FDA针对回复，处理如下。

这些违规事项包括但不限于以下内容：

1．未能按照21 CFR 806.10的要求提交一份医疗器械纠正或移除报告，该纠正或移除是为了减少对健康的风险，或者是为了纠正由该器械可能导致的对健康造成风险的行为。

例如：2011年9月22日，你公司于2011年9月22日启动了《纠正和预防措施（CAPA）报告481》，以回应对电磁脉冲射频发生器硬件错误的投诉增加。你公司的风险分析，风险表#29，指明当最终用户无法关闭发电机时，可能造成伤害或烧伤。你公司用一种新的元件替换了功率晶体管，以防止发电机故障（断电）。然而，这种纠正措施并没有向FDA报告。

你公司的答复没有提到这一点。

联邦机构在授予合同时可能会考虑此警告信。

请在收到本信函之日起15个工作日内将你为纠正上述违规行为所采取的具体步骤书面通知本办公室，并说明你公司计划如何防止此类违规行为或类似违规行为再次发生。包括你公司已经采取的纠正措施（必须解决系统问题）的文件材料。如果你公司计划采取的纠正措施将逐渐开展，请提供实施这些活动的时间表。如果无法在15个工作日内完成纠正，请说明延迟的原因以及完成这些活动的时间。你公司的回复应全面，并解决此警告信中所包括的所有违规行为。

此外，FDA还注意到按照21 CFR 820中现行生产质量管理规范的要求，你公司的质量体系存在缺陷。这些缺陷包括，但不限于以下内容。

2．未能按照21 CFR 820.30（g）的要求建立和维护确认器械设计的程序。

例如，在2014年2月6日，你公司使用SmartAblate系统中已有的灌溉泵生产单元进行了设计验证和确认活动，随后修改这些生产单元为新版本硬件。但是，你公司没有记录修改泵硬件活动。

3．未能按照21 CFR 820.90（b）（2）的要求建立和维护返工流程，包括返工后对不合格产品的重新测试和重新评价，以确保产品符合当前批准的规范。

例如，内部订单（b）（4），（b）（4），（b）（4），（b）（4），（b）（4），和（b）（4）显示的测试失败，需

要进行返工活动，以使器械符合规范。然而，你公司没有记录返工指导书。你公司没有评估返工是否对成品有不利影响。

4．未能按照21 CFR 820.90（b）（1）的要求，建立和维护明确不合格品评审责任和处置权限的程序。例如，你公司的不合格品流程没有：

a．描述不合格产品的评审和处置流程。

b．确保不合格产品的处置文件化。

最后，请注意本信函未完全包括你公司全部违规行为。你公司有责任遵守FDA所有的法律和法规。本信函和检查结束时签发的检查结果FDA 483表中记录的具体违规行为可能表明你公司制造和质量管理体系中存在严重问题。你公司应查明违规原因并及时采取纠正措施，确保产品合规。

第223封 给New May King Plastic Ltd.的警告信

生产质量管理规范/质量体系法规/医疗器械/伪劣

CMS # 448276

2015年4月13日

尊敬的L先生：

美国食品药品管理局（FDA）于2014年11月3日和2014年11月6日，对你公司位于中国广东深圳的一家工厂的医疗器械进行了检查。检查期间，FDA检查员已确认你公司为Ⅰ类和Ⅱ类按摩器的生产制造商。根据《联邦食品、药品和化妆品法案》（以下简称《法案》）第201（h）节［21 U.S.C.§ 321（h）］，凡是用于诊断疾病或其他症状，对疾病有治愈、缓解、治疗或预防作用，或是可以影响人体结构或功能的器械，均为医疗器械。故你公司涉及检查的产品为医疗器械。

本次检查表明，这些医疗器械的生产、包装、储存或安装中使用的方法、设施或控制不符合21 CFR 820的cGMP要求，根据《法案》第501（h）节［21 U.S.C.§ 351（h）］的规定，属于伪劣产品。

2014年11月7日，FDA收到你公司针对FDA 483表（检查发现问题清单）的回复。你公司的回复没有被评估，因为没有提供英文翻译供审核。这些违规事项包括但不限于以下内容：

1．未能按照21 CFR 820.100（a）的要求，每个制造商应建立和保持实施纠正和预防措施的程序。

例如，纠正和预防措施程序（b）（4）不包括以下要求：

a．使用适当的统计方法分析质量数据，以确定存在的和潜在的不合格产品或其他质量问题的原因。

b．验证和确认纠正和预防措施。

c．实施和记录必要的变更来纠正和预防已发现的质量问题。

2．未能按照21 CFR 820.198（a）的要求，每个制造商应保持投诉文档。每个制造商应建立和保持由正式指定的部门接收、评审和评价投诉的程序。例如：

a．你公司的“投诉处理程序（b）（4）”并没有要求需要统一及时的方式处理投诉，也不确保投诉按照21 CFR 803被评估，以确定是否要向FDA报告。

b．在审核2009年7月3日和2009年6月10日的纠正和预防措施报告中，发现你公司未记录接收的投诉。

3．未能按照21 CFR 820.30（h）的要求，每个制造商应建立和保持程序，确保器械设计正确地转化成生产规范。

例如，你公司没有设计转移程序。

4．当一个过程的结果不能被后续的检验和测试完全确认时，该过程应在高度保证的情况下进行验证，并按照21 CFR 820.75（a）的要求，按照既定的程序进行批准。

例如，你公司未能确认（b）（4）用于制造Verseo Wrap-A-Leg的塑料部件（Verseo气压按摩器）的生产过程。此外，你公司未提供用于制造Verseo Wrap-A-Leg空气按摩器塑料部件的IQ、OQ或PQ文件（b）（4）。

5．未能按照21 CFR 820.90（a）的要求，建立和维护不合格品控制程序。例如：

a．你公司的不合格品程序“失败的质量控制程序（b）（4）”没有充分规定不合格品的处置。特别地：

i.（b）（4）未规定记录“作废”产品的处置。

ii.（b）（4）未规定使用不合格品的正当理由，或“让步接受”文件，以及授权使用该文件的人的签字。

b．在生产过程中发现的可修复的不合格产品记录在每日的修复表中，无进一步的评估和分析。

6．未能按照21 CFR 820.70（b）的要求，每个制造商应建立和保持对规范、方法、过程或程序做出更改的程序。

例如，你公司的“过程变更控制程序（b）（4）”不能确保当规格、方法、工艺和流程的变更被记录和批准，证实并进行适当地确认。

7．未能按照21 CFR 820.100（b）的要求，记录本节要求的所有活动及其结果应形成的文件。

例如，你公司未能就下列事项充分记录CAPA活动：

a．（b）（4）没有充分描述和记录所采取的纠正和预防措施的细节或CAPA关闭的日期。

b．（b）（4）未充分描述调查结果、纠正措施有效性活动或CAPA关闭日期。

8．未能按照21 CFR 820.40的要求，每个制造商应建立和保持对本部分要求的所有文件控制的程序。

例如，你公司的文件控制程序（b）（4）规定了质量体系程序和记录的评审、批准和分发的要求；以及文件修订控制。然而：

a．（b）（4）程序、（b）（4）使用说明、客户投诉报告表和Verseo Wrap-A-Leg空气按摩器使用手册不受控制，因为它们缺少文件编号；批准，包括批准人签名、日期以及版本控制。

b．（b）（4）的机器作业指导书被新的教学图片覆盖并贴在现有的作业指导书处。

c．在QC检验员工作台上的玻璃顶下观察到一份非受控抽样计划的复印件，并将其用于“IQC”工位的来料和产品验收活动。

9．未能按照21 CFR 820.72（a）的要求，每个制造商应确保，包括机械的、自动的或电子式的所有检验、测量和试验装置适合于其预期的目的，并能产生有效结果。每个制造商应建立和保持程序，确保装置得到常规的校准、检验、检查和维护。程序应包括对装置搬运、防护、储存的规定，以便保持其精度和使用适宜性。这些活动应形成文件。

例如，你公司无法提供以下信息：

a．用于来料验收的（b）（4）的2012年、2013年、2014年校准记录。

b．用于（b）（4）验收的（b）（4）2012年、2013年、2014年校准记录。

c．2012年和2013年（b）（4）设备验收Verseo Wrap-A-Leg空气按摩校准记录。

d．2012年（b）（4）验收校准记录。

10．未能按照21 CFR 820.80（e）的要求，每个制造商应将本部分要求的验收活动形成文件。

例如，你公司不记录用于来料、过程中质量控制功能测试和成品设备验收活动的样本量或结果。

11．未能按照21 CFR 820.70（g）的要求，每个制造商应确保，在制造过程中使用的所有设备满足规定要求，并正确设计、制造、放置和安装，便于维护、调整、清洁和使用。

例如，你公司的“机器、设备维护和维修程序（b）（4）”要求机器和设备必须由操作员每天检查和维护。然而，回顾（b）（4）用于制造Verseo Wrap-A-Leg空气按摩器的2013年和2014年的日常维护记录，你公司在2014年大约有140天没有进行日常维护活动，在2013年大约有215天没有进行日常维护活动。

12．未能按照21 CFR 820.25（b）的要求，每个制造商应建立确定培训需求的程序，并确保所有员工接受培训，以胜任其指定的职责。培训应形成文件。例如：

a．你公司的培训程序“《人力资源管理控制》程序（b）（4）”未要求人员在培训中必须了解由于其不适当的操作而导致的器械缺陷。

b．你公司无（b）（4）操作的培训记录。

鉴于对《法案》的违反性质严重，根据《法案》第801（a）节［21 U.S.C.§ 381（a）］，你公司生产的医疗器械涉嫌伪劣产品被拒绝入境。因此，FDA正在采取措施，拒绝这些医疗器械进入美国，即所谓的“产品直接扣押”，直到这些违规事项得到纠正。为了将这些设备从拘留中移除，你公司应当对上述警告信做出书面回应，并纠正本警告信中所述的违规行为。FDA将通知有关你公司的回复是否足够，以及是否需要重新检查你公司的场地，以验证是否已经采取了适当的纠正措施。

同时，联邦机构在授予合同时可能会考虑此警告信。另外，由于存在相关的质量体系法规偏差，除非这些违规事项得到纠正，否则Ⅲ类医疗器械上市前审批申请不会通过。

请在收到本信函之日起15个工作日内将你公司为纠正上述违规行为所采取的具体步骤书面通知本办公室，并说明你公司计划如何防止此类违规行为或类似违规行为再次发生。包括你公司已经采取的纠正措施（必须解决系统问题）的文件材料。如果你公司计划采取的纠正措施将逐渐开展，请提供实施这些活动的时间表。如果无法在15个工作日内完成纠正，请说明延迟的原因以及完成这些活动的时间。你公司的回复应全面，并解决此警告信中所包括的所有违规行为。

最后，请注意本信函未完全包括你公司全部违规行为。你公司有责任遵守FDA所有的法律和法规。本信函和检查结束时签发的检查结果FDA 483表中记录的具体违规行为可能表明你公司制造和质量管理体系中存在严重问题。你公司应查明违规原因并及时采取纠正措施，确保产品合规。

第224封　给ARKRAY, Inc.的警告信

生产质量管理规范/质量体系法规/医疗器械/伪劣

CMS # 446446

2015年4月10日

尊敬的T先生：

美国食品药品管理局（FDA）于2014年10月9日至2014年10月10日，对你公司位于日本京都的工厂的医疗器械进行了检查。检查期间，FDA检查员已确定你公司为血红蛋白A1c（HbA1c）HA-8180和HA-8180V分析仪的生产制造商。根据《联邦食品、药品和化妆品法案》（以下简称《法案》）第201（h）节［21 U.S.C.§ 321（h）］，凡是用于诊断疾病或其他症状，对疾病有治愈、缓解、治疗或预防作用，或是可以影响人体结构或功能的器械，均为医疗器械。故你公司涉及检查的产品为医疗器械。

本次检查表明，这些医疗器械的生产、包装、储存或安装中使用的方法、设施或控制不符合21 CFR 820的cGMP要求，根据《法案》第501（h）节［21 U.S.C.§ 351（h）］的规定，属于伪劣产品。

2014年10月30日，FDA收到了你公司总裁兼首席执行官（Takeshi Matsuda）针对FDA 483表（检查发现问题清单）的回复。FDA针对回复，处理如下。

你公司于2014年11月28日和2015年3月31日对FDA 483表的回复未被评估，因为在FDA 483表发布后的15个工作日内并未收到此回复。将对该回复与针对本警告信中提到的违规事项所提供的任何其他书面材料一起进行评估。

违规行为包括但不限于以下内容：

1．未能按照21 CFR 820.30（e）的要求，每个制造商应建立和保持程序，以确保对设计结果安排正式和形成文件的评审，并在器械设计开发的适宜阶段加以实施。

例如，HbA1c HA-8180V分析仪设计项目中使用的设计评审程序，包括当前修订（b）（4）（版本10.0，生效日期2011年6月11日），未包含足够的要求来识别在适当阶段正式的文档设计评审需要包含人员出席要求，确保在设计的所有阶段有参与者以及独立评审员参与评审。此外，无设计评审会议纪要表明有独立评审员在设计阶段作为参与者参与评审，一些设计评审没有包括各个领域的评审代表，例如，设计评审（b）（4）。

FDA审查了你公司的答复，认为不够充分。你公司指出，21 CFR 820.30（e）中概述的大部分设计要求是在被称为（b）（4）的会议下进行的，并且由于语言困难，未能充分传达给研究者。你公司提供了以下整改措施：

修改设计评审程序，包括所有负责设计阶段的人员、不负责设计阶段的第三方和最高管理层的出席要求。订正程序在提供（b）（4）Rev. 1.0时也会澄清。对修改后的程序进行培训，确保要求得到理解。提供了（b）（4）项程序的培训记录。提供截至2014年10月31日进行的设计评审会议的会议记录。提供2014年10月30日的设计评审会议纪要。另外，你公司承诺提供11月和12月的会议记录。你公司的回复不充分，因为尽管21 CFR 820.30（e）要求中概述的设计评审要求已包括在修订（b）（4），版本1.0，你公司没有表明在检查期间审核的（b）（4）修订版10.0（生效日期2011年6月11日）文件是否也进行了修改以解决这一缺陷。此外，你公司还没有提供证据表明，考虑采取系统的纠正措施，包括对所有设计进行回顾审查，以确保设计审查按要求完成。

2．未能按照21 CFR 820.30（f）的要求，每个制造商应建立和保持器械的设计验证程序。

例如，糖化血红蛋白分析仪仪器的设计验证程序（b）（4），版本0.3，生效日期2012年3月22日，未包含

足够的要求，以确保所有必需的设计验证结果，包括识别的设计、方法、执行验证的日期和个人，充分记录在设计历史文档（DHF）中。在对HbA1c（b）的两次设计验证试验进行审核期间（4），发现了一些缺陷，包括未能充分记录结果，包括设计的标识、测试日期和进行验证测试的人员。此外，测试方法和验收标准的方案（b）(4)（批准日期：2010年2月8日）没有在再现性测试和在耐久性测试进行前批准，因为这两个项目没有方案，结果未保留。

FDA审查了你公司的答复，认为它不够充分。你公司确定了方案和报告的数据元素没有得到充分的定义且在设计过程中没有足够的评审。你公司提供了以下的纠正措施：

- 修订（b）(4）项，以阐明在DHF中需要保留哪些数据元素。此外，还将修订程序以识别哪些数据要求需要在验证开始前具体化且明确相关的审核和批准程序。
- 修订（b）(4）项，确保未参与设计的第三方对评审计划进行审核且包含借助一种途径直到计划的充分性被确定后才会执行评估。
- 创建和实施修改后程序的培训计划。
- 对过去在美国销售的所有产品以及在同一时间段内成功申请上市前通知后获得营销授权的所有产品（b）(4）的验证记录进行回顾性审查（b）(4)。

你公司在其计划中没有提供足够的细节，描述如何管理其设计验证活动中的缺陷，包括在HbA1c检查中发现的缺陷（b）(4)。对于（b）(4）项，你公司没有提供证据证明其完成了设计验证并记录了结果，包括设计的标识、测试日期和执行测试活动的个人。此外，你公司没有提供证据证明已经按照批准的方案完成了（b）(4）以及两个项目的耐久性测试（b）(4)。你公司尚未采取纠正措施或考虑进行系统性纠正，以解决方案（批准日期：2010年2月28日）批准前执行不充分的问题。此外，你公司在其答复中没有包括所有计划修订的程序和相关培训记录的复印件。

3．未能按照21 CFR 820.30（g）的要求，每个制造商应建立和保持器械的设计确认程序。

例如，作为（b）(4）设计项目的一部分，HbA1c分析仪型号HA-8180V的用户设计确认并没有按照你公司的设计确认程序（b）(4）SOP（b）(4)，（版本 0.3，生效日期：2012年3月22日）执行。未在设计历史文档中记录所有需要的数据元素，以便进行用户确认测试，包括识别被测试的设计（b）(4)。具体为，（b）(4)，批准日期：2010年3月4日，仅列出五个评估项目。该计划不包括对公司用户确认方案中所有要求的评估。部件的生产记录，包括用户执行的测试和测试结果没有在（b）(4)（批准日期：2010年3月24日）中获得。你公司的代表无法提供检查员要求的有关（b）(4）的证明文件。

FDA审查了你公司的答复，认为不够充分。你公司认定程序中没有明确定义设计验证和确认活动，没有规定数据要求（包括DHF要素），没有明确定义文件控制的规则。你公司提供了以下的纠正措施：

- 修订（b）(4)，以阐明在DHF中需要保留哪些数据元素。程序也将进行修订，以确定在确认开始之前应规定哪些数据元素，并阐明相关的评审和批准的流程。
- 创建和实施修改后程序的培训计划。
- 对与（b）(4）项下在美国发布的所有产品相关的验证记录以及在同一时间段内成功申请上市前通知后获得营销授权的所有产品进行回顾性审查（b）(4)。

你公司的回复是不充分的，因为你公司没有提供回顾性评审选择时间表（b）(4）的科学有效的理由。你公司在其计划中没有提供足够的细节，描述如何管理其设计验证活动中的缺陷，包括在HbA1c检查中发现的缺陷（b）(4)。对于（b）(4）项，你公司没有提供证据证明其完成了设计验证并记录了结果，包括设计的标识、测试日期和执行测试活动的个人。此外，你公司尚未采取纠正措施或考虑进行系统性纠正，以解决单元生产记录的不充分记录，如（b）(4）中发现的记录，批准日期：2010年3月24日。此外，你公司在其答复中没有包括所有计划修订的程序和相关培训记录的复印件。

4．未能按照21 CFR 820.30（h）的要求，每个制造商应建立和保持程序，确保器械设计正确地转化成生产规范。

例如，设计转移程序（b）（4）［你公司产品开发部门（质量）团队副总裁Kazuhiko Kuda先生提供］，设计转移程序6.11节中列出的（b）（4），生效日期2012年6月11日（多个版本变更）按照你公司的（b）（4）政策需要工厂测试。

FDA审查了你公司的答复，认为不够充分。你公司认定方案在评估活动和编写报告之前没有得到充分评审。另外，你公司指出，对制造记录存档和设计标识的要求不明确。你公司提供了以下纠正措施：

- 创建一套用于设计转移的新程序。
- 调查（b）（4）项的生产记录，并对涉及源自美国以外的相关产品的市场投诉进行回顾性审查来证实稳定的质量水平。
- 重新设计转移评估（b）（4）。
- 对（b）（4）项下在美国销售的所有产品以及在同一时间段内成功申请上市前通知后获得营销授权的所有产品的设计转移评估记录进行回顾性审查。

你公司的回复是不充分的，因为你公司没有提供回顾性评审选择时间表（b）（4）的科学有效的理由。你公司在其计划中没有提供足够的细节来说明如何管理所有产品的设计转移的缺陷。此外，你公司在其答复中没有包括所有计划修订的程序和相关培训记录的复印件。

5．未能按照21 CFR 820.72（a）的要求，每个制造商应确保，包括机械的、自动的或电子式的所有检验、测量和试验装置适合于其预期的目的，并能产生有效结果。每个制造商应建立和保持程序，确保装置得到常规的校准、检验、检查和维护。例如，（b）（4）。

FDA审查了你公司的答复，认为不够充分。你公司证实过于依赖过去校准记录的经验，缺乏对如何客观地设置校准周期的认识，过于依赖校准承包商的服务。你公司提供了以下纠正措施：

- 审核在2014年10月31日前受控测量设备的所有校准记录，并隔离和停止使用在过去12个月内未进行校准的所有设备。提供了校准设备状态（b）（4）清单。
- 在2014年10月31日前与校准承包商一起检查仪器状态并确定设备是否仍在可接受的范围内。
- 对于超出校准范围的设备，你公司将调查并识别可能受影响的数据范围，并制定纠正措施计划，并于2014年10月31日前提交FDA。
- 在所有被隔离的设备重新校准后，你公司将在2014年11月30日前为所有仪器设置最长为一年的校准期（以制造商指定的推荐校准期为准）。
- 在2014年11月30日前获得所有可追溯至国家或国际标准的受控仪器的校准证书，并与校准记录一起存档。提供了可追溯的校准证书的例子。

由于你公司未表明是否会对所有使用不符合校准要求的设备或仪器生产的器械进行检查，因此回复不够充分。你公司表示，对于超出校准范围的设备，你公司将对可能影响的数据范围进行调查和识别，制定纠正措施计划，并于2014年10月31日前提交FDA。然而，目前还不清楚这次调查是否包括以前生产的器械。此外，你公司在其回复中未包括上述所有文件的复印件，其中包括评估可能因使用不合格设备而受影响的数据的计划。

6．未能按照21 CFR 820.250（b）的要求使用抽样方案时，应以有效的统计原理为基础，并采用书面形式。制造商应建立和保持程序，确保抽样方法适合其预期的用途，并确保当发生变化时，对抽样方案进行重新评审。这些活动应形成文件。

例如，你公司未识别验证测试活动评审的有效的统计原理（b）（4）。实验室产品组的经理Tagaki先生指出，为设计验证测试、设计确认测试和设计转移测试而测试的单元数和样品数的确定没有任何有效的统计原理。

FDA审查了你公司的答复，认为不够充分。你公司确定了接受标准和有时参照的国际标准。你公司提供了以下纠正措施：

- 在2014年11月30日前基于统计和科学的方法，建立一个用于产品评估的新程序，以确定需要进行评估的产品数量和验收标准。

- 针对修改后的程序进行培训。
- 在2014年12月31日前，针对这些新程序，审核HA-8180V相关、过去在美国销售的所有产品（b）(4）和在同一时间段内上市的所有产品（b）(4）的设计验证、确认和转移的评估方案（b）(4)。如果使用的评估工具的数量和/或验收标准被发现不足，你们公司将重复测试。

你公司的回复是不充分的因为你公司没有提供回顾性评审选择时间表（b）(4）的科学有效的理由。你公司也未表明是否将完成项目的设计验证和确认（b）(4)。此外，你公司的回复中没有包括所有计划修订的程序和相关培训记录的复印件。

美国联邦机构可能会获悉有关器械的警告信，以便他们在授予合同时考虑这些信息。此外，在违规行为得到纠正之前，与质量体系规定偏差合理相关的Ⅲ类设备的上市前批准申请将不予批准。

请在收到本信函之日起15个工作日内将你公司为纠正上述违规行为所采取的具体步骤书面通知本办公室，并说明你公司计划如何防止此类违规行为或类似违规行为再次发生。包括你公司已经采取的纠正措施（必须解决系统问题）的文件材料。如果你公司计划采取的纠正措施将逐渐开展，请提供实施这些活动的时间表。如果无法在15个工作日内完成纠正，请说明延迟的原因以及完成这些活动的时间。你公司的回复应全面，并解决此警告信中所包括的所有违规行为。

最后，请注意本信函未完全包括你公司全部违规行为。你公司有责任遵守FDA所有的法律和法规。本信函和检查结束时签发的检查结果FDA 483表中记录的具体违规行为可能表明你公司制造和质量管理体系中存在严重问题。你公司应查明违规原因并及时采取纠正措施，确保产品合规。

第225封　给Natus Medical Incorporated的警告信

生产质量管理规范/质量体系法规/医疗器械/上市前批准申请（PMA）/伪劣/标识不当

CMS # 442835
2015年4月10日

尊敬的H先生：

美国食品药品管理局（FDA）于2014年8月19日至2014年9月10日，对你公司位于加州旧金山的医疗器械进行了检查。检查期间，FDA检查员已确认你公司为Natus neoBlue LED光疗产品，包括neoBLUE、neoBLUE 2（带和不带定时器）和neoBLUE 3系统的生产制造商。根据《联邦食品、药品和化妆品法案》（以下简称《法案》）第201（h）节［21 U.S.C.§ 321（h）］，该产品预期用途是诊断疾病或其他症状，对疾病有治疗、缓解、治愈或预防作用，或是可以影响人体结构或功能，属于医疗器械。

此次检查发现该医疗器械根据《法案》第501（h）节［21 U.S.C.§ 351（h）］属于伪劣产品，因为用于器械制造、包装、储存或安装的方法、场所或控制手段不符合质量体系法规（见21 CFR 820）对现行生产质量管理规范的要求。

FDA已于2014年10月1日收到你公司全球运营高级总监Glen D. Reule和质量保证与法规事务总监Stephen C. Hesler针对FDA检查员出具的FDA 483表（检查发现问题清单）的回复。FDA还收到你公司于2014年12月1日和2014年12月30日的跟进回复。FDA针对回复，处理如下：

你公司存在重大违规行为，具体如下：

1．未能按照21 CFR 820.30（f）的要求有效建立和维护设计验证程序，以验证设计输出满足设计输入要求。

例如，针对neoBLUE 2系统的工程规范，编号ES-000016版本E，要求辐照度参数在低设置下为12~15μW/（cm^2·nm），在高设置下为30~35μW/（cm^2·nm），距离灯罩12英寸。为neoBLUE 2系统制造了替换的LED板套件，零件号（p / n）001840，带有带p / n 040869的LED板，并在工程变更单（ECO）10967之后包含更高强度××的LED于2011年11月22日发布。用于替换板套件的ECO 10967展示了辐照度参数，其低值设置为（b）（4）μW/（cm^2·nm），而高值设置为（b）（4）μW/（cm^2·nm），距离灯罩12英寸，超过了工程规范ES-000016版本E中建立的辐照度参数。

FDA审查了你公司的答复，并认为这是不充分的。你公司的回复指出，根本原因是缺乏工程评审检查清单。执行此清单可以帮助你公司进行验证活动；但是，当进行验证时，它不能确保设计输出满足设计输入的要求。你公司的回复表明，使用更高强度的LED，可以通过增加光与患者之间的距离来实现相同的辐照度。但是，你公司的设计输入在高低设置下定义了辐照度参数，强度值在12英寸距离处；因此，你公司的设计输出必须在相同的12英寸距离内达到强度值。

2．未能按照21 CFR 820.30（i）的要求有效建立并维护设计变更程序进行识别、记录、确认，或在适当情况下进行验证、审查和批准。

例如，你公司要求在产品开发程序QMS-000075版本C中验证重大设计变更；但是，在实施neoBLUE 2替换LED电路板套件设计更改（包括更高强度的××LED）之前，你公司尚未制定验证计划，包括方法、测试条件和接收准则。你公司在没有建立验证计划的情况下在ECO 10967中进行了测试验证，然后在2011年11月

22日发布ECO 10967之后，通过技术公告版本A（部件号008353）向客户提供了验证测试的结果。

FDA对你公司的回复进行了审查，并认为这是不充分的，因为它没有确定可以防止设计控制故障再次发生的纠正措施。工程评审检查清单可以帮助确定重大的设计变更和适当的验证活动；但是，你公司的产品开发程序QMS-000075版本C中已经要求进行适当的验证活动，但实际没有进行。

你公司的回复也没有确定为什么没有将光强度的变化视为重大的设计更改。你公司的答复指出，由于缺少工程评审检查清单，因此ECO 10967可以作为简单的组件变更进行审核和批准，而不是需要适当的设计验证活动的重大设计变更。但是，你公司的设计变更程序QMS-000011版本B指出，质量保证/法规事务（QA / RA）和工程部门至少应负责确定设计变更是否是重大的设计变更，并且目前尚不清楚为什么QA / RA和工程部门确定此处的更改不是重大更改。

你公司的回复并未说明在没有确认计划的情况下如何进行确认测试。而且，你公司提交的确认程序草稿不充分，因为它没有描述用户需求或预期用途，也没有确定的接收准则。

3．未能按照21 CFR 820.30（j）的要求为每种类型的器械建立和维护设计历史文档（DHF）。

例如，neoBLUE 3系统的DHF不完整，因为它不包括设计评审。FDA审查了你公司的答复，并认为这是不充分的。你公司的答复表明，代替neoBLUE 3系统缺少设计评审DHF，你公司将对产品性能和安全性进行上市后回顾并形成记录。但是你公司的答复缺乏有关上市后回顾的细节，因此不能保证你公司对产品性能和安全性进行的上市后回顾足以代替设计审查。

4．未能按照21 CFR 820.100（a）的要求建立和维护实施纠正和预防措施（CAPA）的程序。

具体为，你公司于2012年3月22日启动了CAPA 000517，以解决具有更高输出替换LED板的neoBLUE 2系统所需的高度调节，以获得与使用原始LED板的neoBLUE 2系统相同的强度。你公司指定了生效日期，并于2014年1月13日关闭了CAPA 000517；但是，根据《纠正预防措施程序》（编号QMS-000086，版本C）的要求，你公司没有记录有效性验证以确保采取的措施消除了根本原因并防止不合规的再次发生。在CAPA生效日期之后，你公司继续收到有关neoBLUE 2更换板强度设置的服务电话和投诉。

FDA已经审查了你公司的回复，由于纠正措施正在进行中，因此目前无法确定你公司的回复是否充分。你公司提供了其纠正措施的描述，包括在公司的CAPA程序中添加了有效性检查计划的必需元素，对QA / RA员工进行了修订后的CAPA程序的培训，审查了已关闭和已打开的CAPA，以及执行了现场纠正措施更新技术公告，该公告提醒客户调整neoBLUE 2系统的高度，因为LED的强度更高。你公司目前正在采取现场纠正措施，以更新自2012年2月16日起为neoBLUE 2系统交付LED板套件发送给所有客户的技术公告。

5．未能按照21 CFR 820.181（a）的要求维护器械主记录（DMR），该器械主记录包括器械规范或器械规范的位置，包括适当的图纸、成分、配方、组件规格和软件规格。

例如，你公司的neoBLUE 2系统的器械主记录（DMR）不包括LED板的原理图（部件号040869，版本D），其中包含强度更高的××LED。FDA审查了你公司的答复，并认为这是不充分的。你公司为LED印刷电路板（PCB）版本D创建了原理图。你公司声明，当前工作说明要求建立原理图文档并保留，并且你公司将对所有转移光疗产品进行DMR检查。你公司的回复并未说明如何创建DMR或如何维护DMR以防止再次发生。

6．未能按照21 CFR 820.198（a）的要求，建立并维护由正式指定的单位受理、审查和评估投诉的程序。

例如，你公司未遵循其《投诉处理程序》QMS-000050，版本H，将投诉定义为“在产品发布后的任何与宣称、质量、耐用性、可靠性、安全性、有效性或性能有关的书面、电子或口头沟通”，要求使用投诉决策树评估客户沟通并记录投诉。你公司未能针对呼叫服务创建投诉记录，包括但不限于：2014年3月4日收到的SR#1-188748194，因为客户指出她无法将neoBLUE系统的强度降低到47μW以下；以及于2013年6月5日收到SR#1 -94651465，其neoBLUE 2系统的最新LED板不合格。

FDA审查了你公司的答复，并认为这是不充分的。你公司提供了其纠正措施的说明，包括修订对非投诉服务电话的监管审查，对Natus Medical Incorporated（“Natus Medical”）公司的技术服务人员进行再培训，对非投诉服务电话进行审查以及随后为新发现的投诉创建投诉记录和趋势投诉。

你公司指出，已经检查了呼叫服务日志，并且“在呼叫中搜索了关键词以筛选明显的投诉语言”；但是，你公司没有定义什么是“明显的投诉语言”，也没有定义实施此筛选的程序。此外，你公司答复中附带的演示文稿不足以用来对你公司的员工进行识别投诉的再培训。演示文稿的幻灯片12指示员工“仅附上具有适用的细节和信息的电子邮件和评论”；但是，你公司的答复并未定义什么是“适用的细节及信息”以识别应包含在投诉文件中的内容。你公司的回复也没有说明如何评估培训以确定其有效性。

FDA的检查还显示，你公司的neoBLUE 2系统（包含替换的具有更高强度××LED的LED板）根据《法案》第502（t）（2）节［21 U.S.C.§ 352（t）（2）］为贴错标签，因为你公司未能或拒绝提供《法案》第519节（21 U.S.C.§ 360i）和21 CFR 806《医疗器械；纠正和移除报告》规定提供的有关器械的材料或信息。违规包括以下内容：如果未能在启动纠正或移除医疗器械后的10个工作日内报告该可能对FDA造成健康风险的纠正行为，违反了21 CFR 806.10的规定。

例如，你公司在2011年11月22日实施了ECO 10967，它将高强度××LED集成到了neoBLUE 2系统的替代LED板上。你公司发布了三个技术公告，警告客户由于LED强度更高而要调整neoBLUE 2系统的高度。自2011年11月22日起，将版本A按照ECO 10967发送给所有客户。你公司收到有关因更换高强度LED而引起的新生儿重症监护病房（NICU）混乱的投诉，并于2012年3月22日启动了CAPA 000517。版本B于2013年2月22日根据CAPA 000517和ECO 13261发布给某些客户，而版本C于2013年9月11日根据ECO 14133发布给某些客户。你公司直到2014年11月19日才向FDA提供了一份“纠正和移除报告”，该报告被确定为2类召回。

FDA的检查还发现，根据《法案》第501（f）（1）（B）节［21 U.S.C.§ 351（f）（1）（B）］，neoBLUE 3系统已掺假，因为你公司没有根据《法案》第515（a）节［21 U.S.C.§ 360e（a）］，获得上市前批准申请（PMA），或根据《法案》第520（g）节［21 U.S.C.§ 360j（g）］获得试验器械豁免申请批准。此外，器械依据《法案》第502（o）节［21 U.S.C.§ 352（o）］是贴错标贴，因为没有依据《法案》第510（k）节［21 U.S.C.§ 360（k）］和21 CFR 807.81（a）（3）（i）的要求，向FDA提供关于该器械的通告或其他信息。根据《法案》第502（o）节［21 U.S.C.§ 352（o）］，该器械也贴错标贴，因为你公司没有告知FDA为了商业销售引入了该器械，在这种情况下，该器械的变更没有按照《法案》第510（k）节［21 U.S.C.§ 360（k）］和21 CFR 807.81（a）（3）（ii）的要求，通知FDA。

具体为，你公司已修改了根据K022196许可的neoBLUE器械。FDA批准的neoBLUE器械包含具有两种强度设置（高和低）的LED板，并包括大约750个LED。自器械批准以来，你公司已对neoBLUE 2系统进行了以下修改：更改PCB中使用的LED，使其具有比批准后的器械更高强度的LED；并用不同的电路和更少的LED修改PCB，据说可以改善器械的热量管理和可靠性。

neoBLUE器械的PCB是系统的核心和组成部分，直接影响器械的安全性和有效性。PCB负责确保传递给患者的强度保持在定义的范围内。如果PCB组件不在这些限制范围内，则患者可能会收到过多或太少的强度。此类事件将分别直接影响器械的安全性和有效性。因此，根据21 CFR 807.81（a）（3），此器械需要新的510（k）。

对于需要上市前批准的器械，当一个PMA在本机构还未批准时，需要根据《法案》第510（k）节［21 U.S.C.§ 360（k）］的要求发出通告才能被视为符合条件［21 CFR 807.81（b）］。网站url上描述了你公司需要提交才能获得公司器械的批准或许可的信息类型。FDA将评估你公司提交的信息，并决定你公司产品是否可以合法销售。

FDA办公室要求你公司立即停止诸如上述之类的活动，这些活动会导致neoBLUE器械与宣称不符或造假。

你公司应尽快采取措施纠正此信函中所涉及的违规事项。如未能及时纠正这些违规事项将导致FDA 在没有进一步通知的情况下启动监管措施。这些措施包括但不限于没收、禁令、民事罚款。联邦机构会得知关于器械的警告信，以便在签订合同时考虑上述信息。另外，如果FDA确定你公司违反了质量体系法规，且这些违规行为与Ⅲ类器械的上市前批准申请有关联，则在纠正这些违规行为之前，将不会批准此类器械。在与有关器械相关的违规事项没有完成纠正前，外国政府认证（注：类似于美国的自由销售证书FSC）申请将不予批准。

请于收到本信函之日起15个工作日内，将你公司为纠正上述违规行为所采取具体步骤书面通知本办公室，以及你公司准备如何防止这些违规事项或类似行为再次发生。回复中应包括你公司已经采取的纠正和/或能系统性解决问题的纠正措施相关文档。如果你公司需要一段时间来实施这些纠正措施，请提供具体实施的时间表。如果不能在15个工作日内完成纠正，请说明理由和能够完成的时间。你公司的回复应完整并解决警告信中包含的所有违规事项。

FDA还知道你公司在未经510（k）许可或PMA批准的情况下在美国营销和分发未批准/未经批准的neoBLUE 2系统版本。neoBLUE 2系统包括不带计时器的neoBLUE 2、带计时器的neoBLUE 2和neoBLUE 2备用LED板。该版本似乎是neoBLUE器械在K022196许可后经过更改的一个版本。

FDA已经审查了你公司在2014年12月1日的答复，并确定该答复不充分。回复表明，你公司已于2014年9月29日提交了用于NeoBLUE 2替换面板的更高辐照度输出的510（k）。FDA承认你公司已向FDA提交了510（k），但你公司已尚未确认已停止销售这些器械。此外，你公司未提供针对当前正在销售的器械的纠正措施。

最后，请注意该警告信未完全包括你公司全部违规行为。你公司有责任遵守法律和FDA法规。信中以及检查结束时签发的检查结果FDA 483表上所列具体的违规事项，可能表明你公司制造和质量管理体系中存在严重问题。你公司应调查并确定这些违规事项的原因，并及时采取措施纠正违规事项，确保产品合规。

第226封　给Thermedx LLC.的警告信

生产质量管理规范/质量体系法规/医疗器械/伪劣

CMS # 448762

2015年4月8日

尊敬的C先生：

美国食品药品管理局（FDA）于2014年11月19日至2014年12月11日，对你公司位于梭伦的医疗器械进行了检查，检查期间，FDA检查员已确认你公司为用于妇科和泌尿科的液体管理系统的生产制造商，根据《联邦食品、药品和化妆品法案》(以下简称《法案》)第201（h）节［21 U.S.C.§ 321（h）]，该产品预期用途是诊断疾病或其他症状，或用于治愈、缓解、治疗或预防疾病或可影响人体的结构或功能，属于医疗器械。

此次检查发现，该医疗器械根据《法案》第501（h）节［21 U.S.C.§ 351（h）］属于伪劣产品，因为用于器械制造、包装、储存或安装的方法、场所或控制手段不符合质量体系法规（见21 CFR 820）对于现行生产质量管理规范的要求。

你公司于2015年1月14日对FDA 483表的回复未被评估，因为在FDA 483表发布后的15个工作日内并未收到此回复。将对该回复与针对本警告信中提到的违规事项所提供的任何其他书面材料一起进行评估。

你公司存在重大违规行为，具体如下：

1．未能按照21 CFR 820.100（a）的要求，充分建立纠正和预防措施的程序。

具体为，你公司没有对发现的不符合项采取适当的纠正措施。例如：

a．你公司于2013年12月13日针对6起关于流体管理装置筒体液体不足计算错误的投诉而发起了CAPA 2013-007。同样的危害在召回Z-2555-2014中被确定为Ⅱ类召回。你公司的设计危害分析将此标识为最高严重级别“10”。然而目前为止，你公司还没有采取任何纠正措施来纠正这种潜在的安全隐患。

b．此外，自该系统发布以来，你公司已经进行了21次软件升级，其中17次未评估潜在的纠正和移除。所有这些升级软件已经对所有现场系统完成升级。这些软件升级包括修复已识别的危险，如液体不足问题，在软件升级版本“G”“L”“N”和“S”中修复，所有这些问题的严重程度都判断为“10”。

2．未能建立和维护程序，以确保每个批次或单位的设备历史记录（DHR）得到维护，以证明设备是按照设备主记录和21 CFR 820.184的要求制造的。

具体为，检查了Thermedx流体管理系统的17个设备历史记录，发现有14个设备不符合流体压力规格。根据测试程序TST-00946，版本Ⅰ，设备的压力测量应当在用于测试的内联压力表的10%以内。有6台设备不符合10%以内的规格要求，8台设备没有测试。所有14台设备均按质量要求放行。

3．没有确保，当过程的结果不能通过后续的检验和测试充分验证时，应确保该过程在高度保证的情况下进行验证，并按照21 CFR 820.75（a）要求的既定程序进行批准。

具体为，你公司最初的主验证计划（版本A，2010年9月）没有确定你公司的超声波焊接或CNC操作。修订后的计划（版本 B，2014年11月）要求对××超声波焊接工艺和（b）(4）数控加工的安装确认（IQ)、操作确认（OQ）和过程确认（PQ）活动。你公司没有执行CNC加工过程的“OQ”或“PQ”，也没有执行（b）(4）焊接中的“OQ”。此外，你公司也没有对用于制造电线/终端连接的卷曲过程进行OQ或PQ研究。

你公司对（b）(4）焊接过程（用于制造药筒）的PQ验证研究是在焊接过程中使用一组固定的变量值进行的。自验证研究以来，你公司已经5次偏离这些“固定”的值，但没有记录接受的理由或偏离过程的可能后果。根据你公司技术服务的机械工程反馈，投诉13-0067、14-0021和14-0057可能是由于焊接过程造成的。

4．未能按照21 CFR 820.50（a）（2）的要求，明确规定对供应商实施控制的类型和范围。具体如下：

a．《采购控制程序》（QSP 7.5）没有明确规定对供应商进行持续监控的准则。该程序仅规定“应通过采购和质量对经批准的供应商进行例行监测……”这些程序没有说明将如何监测供应商，多久监测一次，可接受的业绩水平，或何时采取额外控制或取消供应商的资格。此外，自2014年7月以来，有证据表明存在通过质量评审会议进行了某种程度的供应商监控（NCM评审）。

b．根据你公司的《采购控制程序》（QSP 7.5），供应商应每两年再评估一次。评价标准包括产品质量（通过不合格产品进行评价）和纠正措施响应等要素。这些重新评估并没有提供证据表明在此过程中考虑质量体系要素。例如，××的再评估表中，一个关键供应商声称“没有不合格品（NCM）”。你公司的不合格产品日志显示自上次评估以来有6例不合格品。

c．没有证据表明你公司评审或接受了关键供应商用于该生产流体管理器械部件的验证过程。例如，××提供电子控制板，该控制板经过了挑选和放置、回流焊和波峰焊等工序。

5．未能按照21 CFR 820.30（g）的要求进行完整的风险分析。

具体为，你公司对流体管理系统的风险分析未包括所有的危害或通过上市后数据识别的危害。例如，投诉编号13-0067、14-0021和14-0057是关于药筒泄漏的报告。在你公司的风险管理文件中没有识别这个风险。此外，你公司针对严重级别和发生的可能性的风险评估/可接受性判断按照1~10划分等级。你公司没有定义2、4、6、7或9的变量值。

6．未能按照21 CFR 820.30（f）的要求，通过设计验证确认设计输出满足设计输入要求。具体如下：

a．流体管理系统中加温流体的功能规格是，在15.5℃到40℃之间加温流体。你公司没有记录流体测试时的温度，这可能会影响测试结果。

b．你公司没有测试Sorbatol（在操作手册中列为兼容的液体），以确定它是否满足上面列出的温度变化要求。

c．你公司对系统噪音的要求是在速度为6英尺时小于45db。检测结果显示60~70db。

按照《法案》第502（t）（2）节［21 U.S.C.§ 352（t）（2）］的要求，FDA的检查同时表明你公司的流体管理系统P4000产品贴错标签，你公司未能或拒绝提供按照《法案》第519节（21 U.S.C.§ 360i）和21 CFR 806《医疗器械，纠正和移除报告》规定的与器械有关的信息或材料，重大违规行为包括但不限于以下内容：

未按照21 CFR 806.10的要求，在设备实施纠正或移除后的10个工作日内向FDA提交书面报告。例如，从2010年4月到2013年10月，自流体管理系统发布以来，你公司进行了21次软件升级。软件升级包括修复识别出的危害，如不正确的液体不足计算问题。在21次软件升级中，有17次没有评估可能的纠正和移除。你公司对所有的现场系统完成了软件升级。从2011年4月到2014年4月，你公司在流体管理系统上至少发布了6个软件更新，以减少或消除流体测量缺陷的可能性。你公司没有按照21 CFR 806的要求向FDA提交一份关于纠正和移除的书面报告。

你公司应尽快采取措施纠正此信函中所涉及的违规事项。如未能及时纠正这些违规事项将导致FDA 采取监管措施且不会事先通知。监管措施包括但不限于查封、禁令和民事罚款。联邦机构在授予合同时可能会考虑此警告信。另外，由于存在相关的质量体系法规偏差，除非这些违规事项得到纠正，否则Ⅲ类医疗器械上市前审批申请不会通过。在与有关器械相关的违规事项没有完成纠正前，外国政府认证（注：类似于美国的自由销售证书FSC）申请将不予批准。

请于收到本信函之日起15个工作日内，将你公司为纠正上述违规行为所采取具体步骤书面通知本办公室，以及你公司准备如何防止这些违规事项或类似行为再次发生的计划。回复中应包括你公司已经采取的纠正和/或能系统性解决问题的纠正措施相关文档。如果你公司需要一段时间来实施这些纠正预防措施，请提供具体实施的时间表。如果不能在15个工作日内完成纠正，请说明理由和能够完成的时间。你公司的回复应完整并解决警告信中包含的所有违规事项。

最后，请注意该警告信未完全包括你公司全部违规行为。你公司负有责任遵守法律和FDA法规。信中以及检查结束时签发的检查结果FDA 483表中所列具体的违规事项，可能表明你公司制造和质量管理体系中存在严重问题。你公司应查明违规事项的原因并及时采取措施纠正违规事项，确保产品合规。

第227封　给Battle Creek Equipment Co. 的警告信

生产质量管理规范/质量体系法规/医疗器械/伪劣

CMS # 455012
2015年4月3日

尊敬的U先生：

美国食品药品管理局（FDA）于2015年1月27日至2月12日，对你公司于印第安纳州弗里蒙特的医疗器械进行了检查，检查期间，FDA检查员已确认你公司制造Thermo MaxHeat产品、定制触摸加热垫和Thermophore经典加热垫。根据《联邦食品、药品和化妆品法案》（以下简称《法案》）第201（h）节［21 U.S.C.§ 321（h）］，该产品预期用途是诊断疾病或其他症状，或用于治愈、缓解、治疗或预防疾病，或可影响人体结构或功能，属于医疗器械。

此次检查发现该医疗器械根据《法案》第501（h）节［21 U.S.C.§ 351（h）］属于伪劣产品，因为用于器械制造、包装、储存或安装的方法、场所或控制手段不符合质量体系法规（见21 CFR 820）对现行生产质量管理规范的要求。

FDA于2015年2月23日收到你公司副总裁Randy Newsome先生针对FDA检查员出具的FDA 483表（检查发现问题清单）的回复，以下是FDA对于你公司与各违规事项相关回复的回应。

你公司存在重大违规行为，具体如下：

1．未能按照21 CFR 820.30（i）的要求，建立和维护关于设计变更在实施前的判定、记录、确认或验证（如适用）、审核以及批准程序。

你公司没有书面的设计变更程序。你公司无法证实为什么设计变更的验证可以替代设计确认。例如，你公司对Thermo MaxHeat和Thermo Classic加热垫进行了以下设计更改：

a．根据ECN#14-0026（生效日期2014年3月10日）的记录显示，Thermo MaxHeat产品进行了一次设计变更。本次设计变更时把“开/关”型的开关变成了“高/中/低”型开关。你公司没有对该设计变更进行确认，或在适当情况下进行验证；

b．根据ECN#13-0187（生效日期2013年11月18日）的记录显示，Thermophore Classic加热垫从使用SPT电线更改为使用更耐用的SVT电线。记录显示供应商有进行测试，但你公司无法提供测试方案或测试的原始数据来证明所执行的测试。

目前还不能确定你公司的答复是否充分。你公司表示将会创建设计过程控制程序。这只是一份措施计划，FDA目前无法评估措施的充分性。

2．未能按照21 CFR 820.100（a）的要求建立和维护实施纠正和预防措施的程序。例如：

a．你公司的纠正和预防措施程序未定义为防止不合格品再次发生所识别的纠正和预防措施实施范围需要包含已上市产品。在PIPE#13-002（工艺改进/产品优化工艺）下实施了纠正措施，在Thermophore Classic（型号055、056、077、095、096、097）加热垫产品的现有SPT电线上贴上新的警告标签；2014年3月，你公司还实施了设计变更，将SPT电线替换为SVT电线。但是，你公司继续收到有关仍在销售的旧SPT电线产品的投诉。投诉#1851和#2097是因应力消除导致的线缆断裂/烧毁。

b．《纠正和预防措施程序》规定“任何员工均可通过使用公司的工艺改进/产品优化表（PIPE）系统和供应商纠正措施申请表（SCAR）发起纠正和预防措施”。由于收到投诉，你公司实施了一项设计变更，根据ECN#14-0026（生效日期2014年3月10日）显示，对所有MaxHeat产品从使用“开/关”开关改为使用“高/中/低/关”开关。然而，这个案例没有按照你公司的程序要求发起PIPE或SCAR。

目前还不能确定你公司的答复是否充分。你公司表示将对CAPA程序进行修改。由于这只是一份措施计划，因此FDA目前无法评估措施的充分性。

3．未能按照21 CFR 820.198（a）要求建立和保持接收、评审和评估投诉的相关程序。

具体为，你公司的退货程序（生效日期2013年1月14日）和S10027《客户反馈作业指导书》（生效日期2013年5月16日）没有包括以下要求：

a．评估投诉是否需要进行调查，如果不调查，应记录无需调查的原因，以及决定不进行调查的负责人的姓名；

b．除非以前进行过调查，否则应对有关器械、标签或者包装未满足其规格的投诉进行调查；

对产品没有退回的投诉，你公司没有进行调查。检查6个需要上报不良事件的投诉时发现，因投诉涉及的产品没有被退回，你公司没有进行投诉调查。

目前还不能确定你公司的答复是否充分。你公司表示正在更新QMS退货程序（6.0版）。由于这只是一份措施计划，因此FDA目前无法评估措施的充分性。

4．未能按照21 CFR 820.90（a）的要求，充分建立和维护程序，以控制不符合规定要求的产品。

具体为，你公司对不合格品程序的规定：“×××”，但是，当进货样品不符合规格要求时，没有生成不合格物料单/报废单，也没有进行评审和评估，来判定是否需要调查。例如：

a．155型号的Thermophore MaxHeat产品12份DHR中的5份，在检验记录表S08286中针对开关的检验项（第#3054部分）（日期：2015年1月28日、2014年12月11日、2014年1月3日、2014年2月14日），发现样品不符合关键尺寸规格；

b．在日期为2014年11月21日、型号为155的Thermophore MaxHeat的DHR发现，当天生产的211个加热垫的总装测试电流范围为××至××。这个数值高于S10474“电流测试表”（生效日期2014年8月13日）中列出的“最大安培数”××。

目前还不能确定你公司的答复是否充分，你公司表示将会建立用于创建作业指导书的模板和指南。由于这只是一份措施计划，因此FDA目前无法评估措施的充分性。

5．未能按照21 CFR 820.75（a）的要求，对于结果无法通过后续的检验和测试充分验证的过程，确保其按照已建立的程序进行确认。

具体为，2014年3月27日发布的S10417过程确认作业指导书记载了进行过程确认的方法。然而，对于焊接恒温器密封件的机器××和××，其确认方案和确认过程的原始数据无法支持“S10170射频焊机设置确认测试”的确认总结。

目前还不能确定你公司的答复是否充分。你公司的回复表示将会在过程确认作业指导书中增加记录表格，并培训相关人员。由于这只是一份措施计划，因此FDA目前无法评估措施的充分性。

6．未能按照21 CFR 820.80（d）的要求，为成品器械的接收建立和维护程序，以确保每个生产批的产品符合接收标准。

具体为，你公司没有建立成品接收程序来确保每次生产的成品都符合接收标准。例如，抽查日期为2014年11月21日、型号为155的Thermophore MaxHeat的DHR发现，当天生产的××加热垫的总装测试电流范围为××到××。这高于S10474“电流测试表”（生效日期2014年8月13日）中列出的“最大安培数”××。产品已放行，发货并销售。

目前还不能确定你公司的答复是否充分。你公司表示正在开发一个新的产品接收程序。由于这只是一份措施计划，因此FDA目前无法评估措施的充分性。

7．未能按照21 CFR 820.50的要求建立和维护程序，以确保所有采购或以其他方式收到的产品和服务符

合规定的要求。

根据采购程序（生效日期2013年7月14日）要求："××"。你公司针对Thermophore Classic（型号：055、056、077、095、096、097）加热垫做了一个设计上的变更，使用了高耐用性SVT电线。为此批准了一个新的SVT电线供应商。S10075供应商评估表记录2013年11月25日你公司收到一份样品，并经管理层签字批准，但你公司无法提供任何客观证据证明样品符合规定的要求。

目前还不能确定你公司的答复是否充分。你公司表示将会拆分关于新供应商和已有供应商的评估作业指导书。由于这只是一份策划的措施计划，因此FDA目前无法评估措施的充分性。

你公司应尽快采取措施纠正此信函中所涉及的违规事项。如未能及时纠正这些违规事项将导致FDA 在没有进一步通知的情况下启动监管措施。这些措施包括但不限于：没收、禁令、民事罚款。联邦机构会得知关于器械的警告信，以便在签订合同时考虑上述信息。另外，由于存在相关的质量体系法规偏差，除非这些违规事项得到纠正，否则Ⅲ类医疗器械上市前审批申请不会通过。在与器械相关的违规事项没有完成纠正前，外国政府认证（注：类似于美国的自由销售证书FSC）申请将不予批准。

请于收到本信函之日起15个工作日内，将你公司为纠正上述违规行为所采取具体步骤书面通知本办公室，以及你公司准备如何防止这些违规事项或类似行为再次发生。回复中应包括你公司已经采取的纠正和/或能系统性解决问题的预防措施。如果你公司需要一段时间来实施这些纠正预防措施，请提供具体实施的时间表。如果纠正预防措施不能在15个工作日内完成，请说明理由和能够完成的时间。你公司的回复应完整并解决警告信中包含的所有违规事项。

最后，请注意该警告信未完全包括你公司全部违规行为。你公司有责任遵守法律和FDA法规。信中以及检查结束时签发的检查结果FDA 483表中所列具体的违规事项，可能表明你公司制造和质量管理体系中存在严重问题。你公司应调查并确定这些违规事项的原因，并及时采取措施纠正违规事项，确保产品合规。

第228封 给William C. Domb, DMD的警告信

试验器械豁免（IDE）/上市前批准申请（PMA）

CMS # 446535

2015年3月24日

尊敬的D博士：

美国食品药品管理局（FDA）于2014年9月18日至2014年10月16日期间对你公司的临床试验机构进行了检查。根据《联邦食品、药品和化妆品法案》（以下简称《法案》）第201（h）节［21 U.S.C.§ 321（h）］的规定，凡是用于诊断疾病或其他症状，对疾病有治愈、缓解、治疗或预防作用，或是可以影响人体结构或功能的器械，均属于医疗器械。故你公司涉及检查的产品臭氧发生器属于医疗器械。本警告信旨在告知你公司来自洛杉矶地区办公室的检查员所观察到的不良情况。本警告信同时要求你公司应尽快采取措施纠正此信中所列违规事项，并讨论了你公司于2014年10月28日提交的关于违规事项的书面回复。

本次检查针对项目旨在确保试验器械豁免（IDE）请求、上市前批准申请和上市前通知申请［510（k）］中包含的数据和信息是科学有效和准确的。该项目的另一个目标是确保人体受试者在科学试验过程中免受不应有的危险或风险。

FDA对地区办事处编写的检查报告进行了审查，发现你公司严重违反了21 CFR 812-试验器械豁免和21 CFR 50-保护人体受试者的规定，该规定涉及《法案》第520（g）节规定的要求。在检查结束时，FDA检查员向你公司提交了一份FDA 483表（检查发现事项表），并与您讨论了表中列出的发现事项。FDA 483表、你公司的书面回复以及FDA对检查报告的后续审查中所标注的违规事项如下所述：

1．在允许受试者参与重大风险器械的试验之前，未向FDA提交IDE申请并获得FDA和机构审查委员会的批准。［21 CFR 812.20（a）（1）、812.42和812.110（a）］

在允许受试者参与具有重大风险的临床试验前，发起方必须向FDA提交一份IDE申请，获得FDA批准，同时需要获得伦理审查委员会（IRB）的批准。你公司未能遵守这些规定，在没有获得FDA批准IDE的情况下，启动了16个临床站点，并治疗了3名受试者。

FDA已经确定通过IDE手段来评价臭氧发生器，因为这些器械是21 CFR 812.3（m）下的重大风险器械，它们对受试者的健康和安全构成严重风险。这些风险包括但不限于肺组织的损害并发呼吸系统损害、口腔内软组织和黏膜的损害以及明显的眼睛刺激或更严重的眼睛损伤（如果有明显的臭氧气体泄漏）。因此，你公司在受试者注册前未能获得FDA对IDE的批准，导致受试者面临与试验器械和试验相关程序有关的风险增加。

虽然你公司在回复中声明你公司已经终止了试验，但是仅仅这样做是不够的。你公司没有提到针对问题的纠正措施，具体包括未来的重大风险医疗器械试验应获得FDA对IDE的审查和批准，以及IRB的审查和批准。有关IDE规则的更多信息，请参阅网址url。

2．未能准备充分的试验计划。［21 CFR 812.25（b-e）和812.40］

作为发起方，你公司有责任确保试验计划包含21 CFR 812.25规定的所有要素。然而，你公司未能遵守这些要求，因为你公司的试验计划不包括以下内容：

- 一份书面方案，用于描述所使用的方法，并对方案进行分析，以证明试验是科学合理的。具体为，

你公司的试验计划没有包括试验终点、统计假设或统计分析计划。

- 试验给受试者增加的所有风险的描述和分析，以及将这些风险最小化的措施。具体为，你公司的调查计划没有包括风险分析或降低受试者风险的计划。
- 器械的每个重要组件、成分、性能和工作原理的描述，以及在试验过程中器械的每个预期变更。具体为，你公司的调查计划没有包括用于试验的臭氧发生器的型号描述，以及可管理的臭氧最大容量参数。
- 发起方监督试验的书面程序。具体为，你公司的调查计划没有包括发起方用于监控数据安全的程序规定。

在你公司的回复中，你公司声明相关伦理审查委员会（IRB）将确保未来的方案包含器械的充分信息。然而，是试验发起方而不是审查委员会（IRB）有责任确保试验计划是适当的。你公司的回复没有描述你公司将如何确保未来试验的计划是充分的。请描述你公司打算为未来试验准备充分的试验计划所需采取的措施。这些措施可包括修订标准作业程序或培训工作人员。你公司的回复应该包括你公司采取的所有措施的相关文档。

3．未能选择具备教育和经验资质的试验人员，以及无法获得与参与试验的人员的相关协议。［21 CFR 812.43（a）和812.43（c）］

作为发起方，你公司有责任选择具备教育和经验资质的合规试验人员，并从每位参与的临床试验人员处获得一份已签署的协议。你公司未能遵守这些要求，未遵守的例子包括但不限于以下几点：

- 你公司未能确保所有试验人员都具备参与试验的资质。具体为，你公司允许一位足病医生作为试验人员参与你公司的试验，他的经验和接受的培训是治疗与脚、踝关节和腿部相关的疾病，但你公司的试验仅限于试验设备的牙科和口腔应用。此外，你公司没有建立确定试验人员参与试验的资质标准。
- 在你公司的试验中，你公司也未能从所有16名临床试验人员处获得试验协议、财务披露信息和简历。

获得已签署的试验人员协议并确保所有参与试验人员都具有足够的资质，有助于确认他们能够安全地执行试验程序并理解试验的要求。这些协议还有助于防止参与试验的人员在临床试验之外使用产品，避免不受控制或不受监督地使用试验器械对他人造成伤害。

在你公司的回复中，你公司声明将在未来的试验中为试验人员制定选择标准，并且伦理审查委员会（IRB）将确保试验人员签署试验人员协议。该回复是不充分的，因为该回复将发起方的责任推卸给伦理审查委员会（IRB），并且缺乏足够的细节来确保选择合格的试验人员。发起方的责任包括确保监控和获得试验人员的协议以及每位试验人员的财务披露信息，以及确保试验人员报告不良反应并遵循试验方案（见21 CFR 812 C部分）。

请提供更详细的解释，解释你公司作为发起方计划采取的措施以选择合格的试验人员并获得签署的试验人员协议，以及实施措施的时间表。你公司的回复应包含这些措施的文档，如修订后的标准操作程序、被培训的人员名单以及培训日期。

4．未能确保根据21 CFR 50获得知情同意书。［21 CFR 812.100、21 CFR 50.20和21 CFR 50.25］

临床试验人员负责在受试者参与临床试验之前，与受试者签署经伦理审查委员会（IRB）批准的知情同意书并记录在案。在签署知情同意书时，必须向每个受试者告知基于21 CFR 50.25规定的基本要素和适当的附加要素。知情同意中必须包含的基本要素如下：

- 试验涉及研究的声明，研究目的的解释和受试者参与的预期持续时间，要遵循的程序的描述，以及任何实验性程序的识别。
- 对受试者的任何合理可预见的风险或不适的描述。
- 从试验中可以合理预期的对受试者或他人的任何益处的描述。
- 披露适当的替代治疗程序或疗程（若有），这可能对受试者有利。
- 一份描述识别受试者的记录的保密程度（若有）的声明，并指出FDA可能会检查这些记录的可能性。

- 对于涉及超过最小风险的试验，解释是否有补偿，以及如果发生伤害，是否提供医疗措施，如果有，包括哪些内容，或在哪里可以获得进一步的信息。
- 解释应与谁联系以获得有关试验和试验受试者权利的相关问题的答案，以及在试验相关的损害发生时应与谁联系。
- 声明参与是自愿的，受试者有权拒绝参与且不产生罚金或利益损失，受试者有权随时停止参与，且不产生罚金或利益损失。

你公司未能遵守FDA关于知情同意的相关规定，因为知情同意书没有按照21 CFR 50.25（a）的要求，充分说明上述所有8个基本要素。这些文件已经被用作你公司的临床站点登记的三个受试者的知情同意过程。

知情同意文件中遗漏的内容包括参与试验的风险和利益、受试者的保密程度、受试者的经济负担、重要的联系信息以及受试者自愿参与的声明等重要信息。试验对象被要求在试验登记前获得这些信息。由于没有使用一个完整的知情同意文件正确地获得受试者的知情同意，你公司未能为你公司的受试者提供足够的机会来考虑是否参与试验，因此，没有充分保护受试者的权益和安全。

有效的知情同意过程确保试验受试者清楚地了解参与试验的风险，有足够的机会考虑是否参与试验，并在决定参与时做出知情的决定。

在你公司的回复中，你公司声明将确保伦理审查委员会（IRB）只批准包含所需要素的知情同意文件。该回答是不充分的，因为没有认识到，作为临床试验者，你公司有责任确保获得符合21 CFR 50的知情同意。

请解释你公司作为临床试验者计划采取的措施，以确保在未来的试验中，知情同意书将根据21 CFR 50的规定获得并形成文件，以及实施措施的时间表。你公司的回复应提供这些措施的文件，如修订后的标准操作程序和员工培训的记录、培训的日期。

5．未能确保对试验进行适当的监测。［21 CFR 812.40和812.43］

作为发起方，你公司有责任确保对试验进行适当的监控，但你公司未能遵守这个要求。具体为，没有任何文件表明自试验开始以来，开展了监视活动。

适当的监视有助于确保受试者的安全、权利和福利得到保护，并确保数据的完整性和准确性。监视应是一个持续进行的项目，其频率必须确保试验是根据试验计划、FDA法规和FDA或伦理审查委员会（IRB）要求的批准条件进行的。需要进行监视，以便审查记录、源文件和研究程序，以确定不良事件和方案偏差的存在和适当的文件记录。

在你公司的回复中，你公司声明伦理审查委员会（IRB）将选择监督员以确保临床试验者的执行符合性。该回复是不充分的，因为它没有认识到发起者有责任确保对试验进行适当的监视，也没有提供你公司作为发起者打算采取的纠正措施和预防措施。

请提供一份你公司作为发起者计划采取的措施清单，以确保对未来的试验进行适当监视，并提供实施措施的时间表。你公司的回复应提供这些措施的文件，如修订后的标准操作程序和员工培训的记录、培训的日期。

上述违规事项并不是针对你公司的临床试验可能存在的所有问题。作为发起方和临床试验者，你公司有责任确保遵守《法案》和适用的法规。

请在收到本信函之日起15个工作日内将你公司为纠正上述违规行为所采取的具体步骤书面通知本办公室，并说明你公司计划如何防止此类违规行为或类似违规行为再次发生。包括你公司已经采取的纠正措施（必须解决系统问题）的文件材料。如果你公司计划采取的纠正措施将逐渐开展，请提供实施这些活动的时间表。如果无法在15个工作日内完成纠正，请说明延迟的原因以及完成这些活动的时间。你公司的回复应全面，并解决此警告信中所包括的所有违规行为。如未能回复本警告信并采取适当的纠正措施，将导致FDA采取法律措施且不会事先通知。

第229封　给Taicang Sheng Jia Medical Equipment Science & Technology Co. 的警告信

生产质量管理规范/质量体系法规/医疗器械/伪劣/标识不当

CMS # 447470

2015 年3月10日

尊敬的B先生：

美国食品药品管理局（FDA）于2014年11月10日至2014年11月12 日对位于江苏省太仓市太仓盛嘉医疗器械科技有限公司的推床进行了检查。根据《联邦食品、药品和化妆品法案》（以下简称《法案》）第201（h）节［21 U.S.C.§ 321（h）］的规定，凡是用于诊断疾病或其他症状，对疾病有治愈、缓解、治疗或预防作用，或是可以影响人体结构或功能的器械，均属于医疗器械。故你公司涉及检查的产品属于医疗器械。

此次检查发现该医疗器械根据《法案》第502（t）节，属于错误标识的疑似伪劣产品，因为你公司无法或拒绝提供相应的材料或信息，以证明符合《法案》第519节（21 U.S.C.§ 360i）和21 CFR 803（医疗器械报告）的要求，这些违规事项包括但不限于以下内容：

1．未能按照21 CFR 803.17的要求制定、保持并实施书面的医疗器械报告（MDR）程序。

例如，你公司没有书面的MDR 程序文件。

联邦机构在授予合同时可能会考虑此警告信。

请于收到此信函的15个工作日内，将你公司已经采取的具体纠正措施，以及你公司准备如何防止这些违规事项或类似行为再次发生的计划，书面回复本办公室。回复中应包括你公司已经采取的纠正和/或能系统性解决问题的纠正措施相关文档。

如果你公司需要一段时间来实施这些纠正和/或纠正措施，请提供具体实施的时间表。如果纠正和/或纠正措施不能在15个工作日内完成，请说明延迟的理由和能够完成的时间。请提供非英文文档的翻译稿，以方便FDA进行审阅。

此外，FDA检查员还发现有不符合《法案》第501（h）节要求的情形，因为你公司不符合质量体系法规（见21 CFR 820）对于现行生产质量管理规范（GMP）的要求，这些不符合项包含但不限于以下内容：

2．未能按照21 CFR 820.100 的要求，记录纠正预防活动及其结果。

例如，你公司的纠正和预防措施控制（CAPA）程序规定，应对解决不合格品问题的人员进行培训。然而，CAPA（报告编号：#13-06-18-01），虽涉及不合格，但记录并未表明这些人员已经接受过培训。

3．未能按照21 CFR 820.50（a）（3）的要求建立和保持合格供应商、承包商和顾问的记录。

例如，你公司批准的供应商清单中未包含液压泵的国外供应商。

4．未能按照21 CFR 820.198（d）的要求，参考803《不良事件报告》，对必须向FDA报告不良事件的投诉进行快速的评审、评价和调查。

例如，你公司的投诉处理程序未包含对投诉进行不良事件报告评价的要求（按照21 CFR 803）。

5．未能按照21 CFR 820.75（b）（2）的要求，在过程确认中，对监视和控制方法、过程参数、确认日期、过程确认活动的人员、所使用的主要设备等进行记录。

例如，你公司没有记录焊接过程确认的文档。

6．未能按照21 CFR 820.30（g）的要求，在设计历史文档（DHF）中记录设计确认的识别、方法、日期和完成确认的人员。

例如，推床××的（DHF）文档中未记录用于设计确认的原始数据和方案。

最后，请注意本信函未完全包括你公司全部违规行为。你公司有责任遵守FDA所有的法律和法规。本信函和检查结束时签发的检查结果FDA 483表中记录的具体违规行为可能表明你公司制造和质量管理体系中存在严重问题。你公司应查明违规原因并及时采取纠正措施，确保产品合规。

第230封　给Doro，Inc. 的警告信

生产质量管理规范/质量体系法规/医疗器械/伪劣

CMS # 446370

2015年3月9日

尊敬的G先生：

美国食品药品管理局（FDA）于2014年11月10日至2014年11月13日，对你公司Doro, Inc位于加拿大渥太华的推床医疗器械进行了检查。你公司制造的推床产品，根据《联邦食品、药品和化妆品法案》（以下简称《法案》）第201（h）节［21 U.S.C.§ 321（h）］的规定，凡是用于诊断疾病或其他症状，对疾病有治愈、缓解、治疗或预防作用，或是可以影响人体结构或功能的器械，均属于医疗器械。故你公司涉及检查的产品均为医疗器械。

此次检查发现该医疗器械根据《法案》第501（h）节［21 U.S.C.§ 351（h）］的定义属于伪劣产品。因用于器械制造、包装、储存或安装使用的方法、场所或控制手段不符合质量体系法规（见21 CFR 820）对于现行生产质量管理规范（GMP）的要求。

FDA已经收到你公司于2014年12月2日针对FDA检查员出具的FDA 483表（检查发现问题清单）的回复。FDA针对每一项被记录的违规事项的答复如下。这些违规事项包括但不限于以下内容：

1．未能按照21 CFR 820.100（a）的要求，建立和保持纠正和预防措施（CAPA）的程序。

例如，你公司的CAPA程序不包括以下要求：

a．分析现有和潜在的不合格产品或其他质量问题的质量数据来源；

b．验证或确认纠正和预防措施，以确保这种措施是有效的并且不会对生产设备产生不利影响；

c．确保与质量问题有关的信息传达给直接负责保证产品质量的人员；

d．提交已识别出的质量问题的相关信息，以及纠正和预防措施，供管理层评审；

e．记录纠正措施，包括纠正活动和纠正结果。

FDA审查了你公司的答复，认为不够充分。你公司修改了其CAPA程序。然而，修订的程序不包括对潜在不合格来源的质量数据来源的分析要求。另外，你公司没有提供针对修订程序的培训记录。

2．未能按照21 CFR 820.30（a）的要求，建立和保持器械设计控制程序，以确保满足规定的设计要求。例如：

a．你公司尚未建立设计控制程序。

b．你公司的设计历史文档不包含以下记录：

i. 经审查或批准的设计输入；

ii. 经审查或批准的设计输出；

iii. 经记录、审查或批准的设计验证活动；

iv. 经过记录、审查或批准的设计确认活动；

v. 设计评审记录。

FDA审查了你公司的答复且认为是不够充分。你公司的设计控制程序不包括设计和开发规划以及解决不完整、不明确或冲突的设计输入要求的方法。

3．未能按照21 CFR 820.198（a）的要求，建立和维护程序以正式指定部门用于接收、审查和评估投诉。

例如，你公司的投诉处理程序不包括对投诉的接收、审查、评估和调查的要求。

FDA审查了你公司的答复，认为不够充分。你公司修改了其投诉处理程序。然而，修订的程序不包括：

a．记录器械是否不符合技术要求的要求，以及器械与所报告的事件或不良事件之间的关系；

b．记录任何特定标识符信息的要求。

另外，你公司未提供修改程序的人员培训记录。你公司表示已完成对投诉的回顾审查。然而，你公司未提供此审查的摘要。

4．未能按照21 CFR 820.50的要求，建立和保持程序以确保已购买的产品或以其他方式接收的产品和服务符合技术要求的要求。例如：

a．你公司的《采购控制程序》不包括根据采购产品供应商满足特定要求的能力评估需求的要求，该程序也没有包含记录此评估的要求。

b．你公司没有针对推床的定制组件的××供应商的供应商评估记录。

FDA审查了你公司的答复，认为不够充分。你公司修订了其供应商控制程序。然而，修订的程序没有：

a．包括评估供应商质量要求的要求；

b．包括基于评估结果，确定产品、服务、供应商、承包商和顾问的控制的类型和程度；

c．提供一种持续评估供应商的方法，并在供应商不符合质量要求时将其从批准供应商名单中删除的能力。

5．未能按照21 CFR 820.90（a）的要求，建立和保持控制不合格的产品的控制程序。

例如：

a．你公司的不合格程序没有要求对不合格产品进行识别、评估和调查，也没有要求在设计历史文档（DHR）中记录返工活动。

b．你公司没有不合格产品或返工活动的记录。

FDA审查了你公司的答复，认为不够充分。你公司修改了不合格程序。然而，本程序并未在DHR中记录如何返工。另外，你公司没有评估是否由于缺乏适当的程序而导致不合格产品的放行。

6．未能按照21 CFR 820.181的要求维护器械主文档（DMR）。

例如，你公司的推床的DMR维护不充分。

FDA审查了你公司的答复，认为不够充分。例如，你公司推床的DMR不包括以下内容，或未提及以下内容：

a．器械规格，包括适当的图纸、组成和组件规格；

b．生产工艺规范，包括相应的器械规范、生产方式、生产程序和生产环境规范；

c．质量保证程序和规范，包括验收标准和使用质量保证设备；

d．包装和标签规范，包括使用的方法和过程；

e．安装、维护和维修程序和方法。

7．未能按照21 CFR 820.72（a）的要求建立和维护程序，以确保对设备进行例行校准、检验、检查和维护。例如：

a．你公司的校准程序规定，商用设备无需校准，“特殊设备”在每次作业之前都要进行校准。但是，该程序未定义商用设备或如何对特殊设备进行校准。

b．在检查过程中，你公司告知FDA检查员，××用于半成品和成品器械的测试，适用于你公司的产品。然而，这些工具在检查之前已投入使用，直到2014年11月13日才进行校准。

FDA审查了你公司的答复，认为不够充分。你公司修改了校准程序。然而，修订的程序缺少以下内容：

a．保持对设备的操作、保存和存储的准确性和适用性，并记录这些活动；

b．当不满足准确性和精度限制时，评估是否对器械质量产生不利影响的程序，并记录这些活动；

c．用于检验、测量和测试设备的校准标准，需追溯到国家或国际标准。

FDA的检查还发现，你公司的推床的标签错误，根据《法案》第502（t）（2）节，由于你公司未能或拒绝提供《法案》第519节和21 CFR 803-不良事件报告（MDR）所要求的该器械的材料或信息。重大违规事项包括但不限于以下内容：

8．未能按照21 CFR 803.17的要求制定、维护和实施书面MDR程序。

例如，你公司没有书面的MDR流程。

FDA审查了你公司的答复，认为不够充分。你公司未提供MDR程序。

2014年2月13日发布的电子不良事件报告（eMDR）最终条例规定，制造商和进口商应提交eMDR给FDA。本条例于2015年8月14日生效。如果你公司目前未以电子方式提交报告，FDA建议你公司访问以下Web链接，以获取有关电子报告要求的更多信息：url。

如果你公司希望讨论不良事件报告可报告性标准或安排进一步的沟通，可以通过电子邮件联系可报告性审评小组。

鉴于违规事项的严重性，你公司生产的设备根据《法案》第801（a）节［21 U.S.C.§ 381（a）］，将会被拒绝入境，因为它属于假冒器械的范畴。因此，FDA正在采取措施，拒绝这些器械进入美国，即“未经检查不得放行”，直到这些违规事项得到纠正。如需将这些器械解除扣押，你公司应按以下说明对本警告信做出书面答复，并纠正此信中所述的违规事项。FDA将通知你有关你公司的回复是否充分以及是否需要重新检查你公司的场所，以验证是否已采取适当的纠正和/或纠正措施。

联邦机构在授予合同时可能会考虑此警告信。另外，由于存在相关的质量体系法规问题，除非这些违规事项得到纠正，否则Ⅲ类医疗器械上市前批准申请不会通过。

请在收到本信函之日起15个工作日内将你公司为纠正上述违规行为所采取的具体步骤书面通知本办公室，并说明你公司计划如何防止此类违规行为或类似违规行为再次发生。包括你公司已经采取的纠正措施（必须解决系统问题）的文件材料。如果你公司计划采取的纠正措施将逐渐开展，请提供实施这些活动的时间表。如果无法在15个工作日内完成纠正，请说明延迟的原因以及完成这些活动的时间。你公司的回复应全面，并解决此警告信中所包括的所有违规行为。

最后，请注意本信函未完全包括你公司全部违规行为。你公司有责任遵守FDA所有的法律和法规。本信函和检查结束时签发的检查结果FDA 483表中记录的具体违规行为可能表明你公司制造和质量管理体系中存在严重问题。你公司应查明违规原因并及时采取纠正措施，确保产品合规。

第231封　给Vivek K. Reddy, MD的警告信

试验器械豁免（临场试验者）

CMS # 487115

2015年3月4日

尊敬的R博士：

美国食品药品管理局（FDA）于2015年11月9日至2015年12月8日期间，对你公司的临床试验机构进行现场检查。本次检查是为了确定在你公司作为临床试验者参与的重大风险临床研究项目-“Solitaire FR用于血栓切除术作为急性缺血性脑卒中的主要血管内治疗”中［试验器械豁免申请（IDE），编号 G120142 DEN150024］的相关活动和程序是否符合适用的联邦法规。Solitaire FR是根据《联邦食品、药品和化妆品法案》（以下简称《法案》）第201（h）节［21 U.S.C.§ 321（h）］所定义的医疗器械，预期用途是诊断疾病或其他症状，或用于治疗、缓解、治愈或预防疾病，或可影响人体结构或功能，根据《法案》第201（h）节［21 U.S.C.§ 321（h）］的规定，均属于医疗器械。

本信函要求你公司立即采取纠正措施，处理所述违规事项，并讨论你公司于2015年12月28日对所述违规事项的书面回复。

本次检查是在一项计划下进行的，该计划旨在确保试验器械豁免（IDE）申请、上市前批准申请和上市前通知提交510（k）中所包含的数据和信息是科学有效和准确的。该计划的另一个目标是确保人体受试者在科学试验过程中免受不应有的危险或风险。

FDA对地区办公室准备的检查报告进行了审查，发现严重违反了21 CFR 812部分—试验器械豁免的规定，该规定涉及《法案》第520（g）节［21 U.S.C.§ 360j（g）］规定的要求。在检查结束时，FDA检查员向你公司提交了一份FDA 483表（检查发现问题清单），并与你公司讨论了表中列出的发现事项。FDA 483表、你公司的书面回复以及FDA对检验报告的后续审核中所标注的偏差讨论如下：

1．未能确保按照试验计划进行试验。［21 CFR 812.100］

作为临床试验者（CI），你公司有责任确保试验是根据试验计划和适用的FDA法规进行的。你公司没有按照方案进行试验，以下举例说明了你公司的方案存在的不合规：

a．对于受试者103002和103008，在使用Solitaire装置进行血栓切除术后，你公司的工作人员使用Neuron Max鞘进行颈内颈动脉再通术，通过非标准扩张导管减少颈动脉狭窄。在不使用颈动脉狭窄血管成形术的情况下进行的。Neuron Max鞘仅用于将介入装置引入外周血管、冠状血管和神经血管系统。然而，对于受试者103002，其多次穿过颈内颈动脉狭窄区域，同时将用于在颈动脉血管成形术和支架植入期间容纳和移除栓塞材料的栓塞保护装置放置在狭窄区域的远端。这种非标准的血管成形术使这些受试者面临严重的医疗并发症的高风险，如脑栓塞、动脉夹层、脑卒中和死亡。

b．受试者103007的90天评估不是由对此治疗不知情的独立评估者完成的。

c．受试者103042和103038的中风程度未经研究人员认定。

d．以下严重不良事件在首次获悉事件后24小时内未向发起方报告：

受试者	严重不良事件	发病	获悉	报告日期
103012	颅内出血	××	××	2014年1月21日
103030	附壁血栓和心肌梗死	××	××	2014年7月1日
103036	出血性转化	××	××	2014年7月23日
103026	出血性转变	××	××	2014年8月13日

*病程记录、影像报告及其他医疗记录上的正确日期。

e．受试者103008经历了“进展型脑梗死”，但从未向发起方报告为不良事件。根据试验方案正确报告不良事件，对于确保受试者的安全和获益非常重要。上述事件应及时报告，因为它们是严重的、危及生命的情况，可能为与试验器械有关的问题。

你公司的回复是不充分的，因为它没有提供适当的纠正措施。在提到纠正措施的情况下，你公司的回复缺少支持文档来证明这些措施的实施，如新创建的过程和培训记录，以包括培训内容、受训人员姓名和培训日期。此外，你公司的回复不包括证明机构审查委员会已收到这些方案偏差通知的文件。

2．未能保存准确、完整和最新的记录以证明知情同意和病例历史记录。［21 CFR 812.140（a）（3）（i）及21 CFR 812.140（a）（3）（ii）］

作为临床试验者，你公司有责任妥善获取且记录知情同意书。保存准确、完整和最新的受试者记录，记录包括受试者注明签署日期的签名同意书，以及受试者的病例史和与试验器械的接触情况。你公司还负责维护准确、完整和最近的受试者记录，包括已签署和注明日期的同意书，以及受试者的病例历史记录和与器械的接触情况。未能履行这些职责的例子包括但不限于以下几点：

a．受试者103003的知情同意文件上的日期和时间由你公司的一名工作人员填写，而非法律授权代表（LAR）。受试者再次同意，但同意日期为1913年10月22日，表格没有任何其他研究人员见证或签署。

b．没有文献表明，有资格的研究人员确定受试者103026和103008在随机选择之前是合格的。受试者103026的医学影像显示在随机选择之前可能存在颈动脉剥离和闭塞，而受试者103008的影像显示颈动脉狭窄。你公司的行为增加了这些受试者因现有脑血管疾病而出现严重并发症和死亡的风险。合格的研究人员应在你公司的监督下记录并确认所有受试者均符合研究的纳入/排除标准，以便安全地纳入研究。

你公司的回复承认了上述不足之处，并包括了最新的获得知情同意的标准操作程序（SOP）。此外，你公司进行了知情同意标准操作程序的再培训，但你公司没有将培训人员的姓名和培训开展的时间包含在内。此外，你公司还创建了一个包含/排除表，供研究人员在登记受试者时使用。然而，你公司的回复不包括此表单，也没有包括任何相关的SOP以提供关于此新流程的说明。除此之外，你公司的回复中没有说明机构审查委员会已经收到了这些问题的通知。因此，由于缺乏文件和预防计划，你公司的回复是不够的，无法防止再次违反相关规定。

上述违规事项并不是针对你公司的临床试验可能存在的所有问题。作为临床试验者，你公司有责任确保遵守《法案》和适用的法规。

FDA相信与你公司召开电话会议讨论FDA 483表和你公司已经实施或计划实施的纠正措施是有必要的。FDA还想讨论并澄清在试验中被删除的不良事件。请在收到这封信后的2周内与CDR Tamika Allen联系，并告知会议的日期和时间。

请于收到此信函的15个工作日内，将你公司作为临床试验者，准备如何纠正这些违规事项，以及防止类似行为在现有或将来的试验中再次发生，已经采取或即将采取的措施文档，以书面回复本办公室。不回复本信函及未采取适当的纠正措施可能会导致FDA采取法律措施且不会事先通知。此外，FDA可以根据21 CFR 812.119的规定对你公司启动资格取消程序。

你公司可在FDA的《临床审查委员会和临床试验者指南》中找到帮助你公司了解职责和计划纠正措施的信息，这些信息可以在url链接中找到。任何提交的纠正措施计划必须包括每项要完成的措施的预计完成日期和监控纠正措施有效性的计划。

第232封　给Tiller MIND BODY, Inc.的警告信

医疗器械/伪劣/标识不当/缺少上市前批准申请（PMA）和/或510（k）

CMS # 439175

2015年2月25日

尊敬的T女士：

美国食品药品管理局（FDA）于2014年6月23日至2014年6月26日期间对你公司位于圣安东尼奥的现场进行了检查。你公司生产LIBBE结肠水疗冲洗系统（LIBBE系统）产品，根据《联邦食品、药品和化妆品法案》(以下简称《法案》）第201（h）节［21 U.S.C.§ 321（h）］的规定，凡是用于诊断疾病或其他症状，对疾病有治愈、缓解、治疗或预防作用，或是可以影响人体结构或功能的器械，均属于医疗器械。故你公司涉及检查的产品均为医疗器械。

FDA已经审查了检查证据，包括你公司的网站、操作手册和推广材料，并根据《法案》第501（f）(1)(B）节［21 U.S.C.§ 351（f）(1)(B）］的要求，确定LIBBE系统属于假冒器械。因为你公司没有获得《法案》第515（a）节［21 U.S.C.§ 360 e（a）］要求的上市前批准申请（PMA），或者《法案》第520（g）节要求的试验器械豁免请求（IDE）。LIBBE系统产品同样也错误标记，根据《法案》第502（o）节［21 U.S.C.§ 352（o）］，你公司为了州际贸易的商业销售，引入或者交付了预期用途进行重大变更或修订的器械，该器械的变更没有按照《法案》第510（k）节［21 U.S.C.§ 360（k）］和21 CFR 807.81（a）(3)(ii）的要求，向FDA递交上市前通知。

具体为，LIBBE系统在K941279下被批准，并具有以下适应证：用于医疗用途时需要清洗结肠，如在放射学或内镜检查之前。根据21 CFR 876.5220（结肠冲洗系统）的要求，当器械预期用于医疗用途时需要结肠清洗，例如在进行放射或内镜检查前，应分类为Ⅱ类器械进行管理［见21 CFR 876.5220（b）(1)］。然而，根据21 CFR 876.5220的要求，当器械的预期用途包括其他使用场景，如普通人常规结肠清洗时，则该器械被分类为Ⅲ类器械进行管理，并且需要上市前批准［见21 CFR 876.5220（b）(2)］。你公司对该器械的推广，作为证据表明该器械是用于普通人和其他非医疗用途，这构成了对其预期用途的重大变更或修改，而你公司对此没有获得批准。例如，包括LIBBE系统的声明：

- 是一个恢复性的过程；
- 改善客户/患者的水合状态……并在细胞水平上清洁组织，清除毒素；
- 诱导结肠肌壁的放松和收缩，促进生理菌群；
- 可适用于排便困难的儿童；
- 可用于解决肠自身的伸缩，常见于婴儿；
- 可用于治疗儿童嗜铬细胞瘤引起的便秘。

对于需要上市前批准的器械，PMA尚未批准，需要根据《法案》第510（k）节［21 U.S.C.§ 360（k）］的要求发出通告才能被视为符合条件［21 CFR 807.81（b）］。为了获得批准或许可，你公司需要提交的信息在网站url有描述。FDA将评估你公司提交的信息，并决定你公司的产品是否可以合法销售。

根据《法案》第502（a）节［21 U.S.C.§ 352（a）］的要求，LIBBE系统也存在错误标识。该器械的标签，即你公司网站上的促销材料，包含有21 CFR 807.97所述的误导性声明，因为这样的声明会给人“上市

前通知申请获批，器械已被正式批准”的印象。具体为，你公司的网站上说：“在治疗每种疾病时，都必须考虑结肠。使用FDA批准的安全结肠水疗法是最好的开始”。你公司的网站上还声明LIBBE系统组件，包括结肠喷嘴，都是“FDA批准的”。LIBBE系统并未获得FDA批准，只是根据《法案》第513（i）（1）（A）节［21 U.S.C.§ 360c（i）（1）（A）］，被认定为实质等同。

此外，你公司的宣传材料包括使用LIBBE系统的声明：①促进健康；②有一个既放松又有效的恢复性过程；③改善患者的水合状态，促进蠕动和改善弛缓性肠病；④消除泻药的需要，并为钡灌肠检查提供一个更全面的结肠清洗过程。但是，你公司还没有向FDA提交任何支持这种说法的证据，FDA也不知道任何可能支持这种说法的证据。FDA也很关心结肠清洗在以下场景使用的相关问题：①排便困难儿童的使用；②在小儿肠套叠治疗中的应用；②用于控制儿童嗜铬细胞瘤的症状。基于对胃肠病学文献的回顾，这些声明可能引起严重的安全问题。

此次检查发现LIBBE系统根据《法案》第501（h）节［21 U.S.C.§ 351（h）］属于伪劣产品，因为用于器械制造、包装、储存或安装的方法、场所或控制手段不符合质量体系法规（见21 CFR 820）对于现行生产质量管理规范（GMP）的要求。FDA于2014年7月11日收到你公司针对FDA的调查员出具的FDA 483表（检查发现问题清单）的回复，在检查结束时发给你公司的问题清单中,FDA针对每一项违规事项做出如下答复。这些违规事项包括但不限于下列各项：

1．未能按照21 CFR 820.198（a）的要求，维护投诉文件，建立和维护由正式指定单位受理、审查和评估投诉的程序。

例如，对你公司的投诉处理程序“投诉处理及部件退货检测”（QA - SOP-0017，版本6，日期为2014年6月10日，版本5，日期为2011年2月1日）的审查发现，以下内容未包含在标准操作程序（SOP）中：

A．要求口头投诉在收到时记录在案［见21 CFR 820.198（A）（2）］。具体为，你公司于2013年1月11日收到的投诉，随后于2013年1月21日作为不良事件报告给FDA，但直到2013年2月11日（即收到投诉的一个月后）才被记录为投诉13-005。

B．要求对所有投诉进行审查和评估，以确定是否有必要进行调查［见21 CFR 820.198（b）］。具体为，QA-SOP-0017第4.1.5节（版本6）只规定，涉及死亡、伤害（任何类型）、安全危害和/或器械未能满足其性能参数的投诉应予以调查。

FDA审查了你公司的答复，认为不够充分。你公司尚未更新或提供符合21 CFR 820.198要求的投诉处理程序。同样你公司也没有提供任何信息来证明该程序将如何确保员工在收到投诉后立即记录在案。此外，你公司没有提供任何证据证明审查了相关文档，确保需要作为不良事件报告的问题都被适当地记录为投诉。

2．未能按照21 CFR 820.100（a）的要求建立和维护实施纠正和预防措施的程序。

例如，CAPA-13-0003的启动是因为一位未经培训的临床医学家在一位患者身上使用了LIBBE结肠灌洗系统，你公司对此CAPA的记录不包括为验证纠正措施的有效性而采取的行动的描述和文档（证据）。相反，你公司的CAPA记录只说明纠正措施得到了验证。

FDA审查了你公司的答复，认为不够充分。你公司表示，培训将在未经培训的治疗师使用LIBBE系统的设施中进行。然而，你公司并没有提供有关措施的信息（例如，培训、信息邮件提醒），以确保今后不会发生此类问题。

FDA办公室要求你公司立即停止导致LIBBE系统错贴标贴或掺假的活动，例如上述用途的商业销售。

可能需要进行后续检查，以确保你公司的纠正和/或纠正措施是适当的。

你公司应尽快采取措施纠正此信函中所涉及的违规事项。如未能及时纠正这些违规事项将导致FDA 采取法律措施且不会事先通知。这些措施包括但不限于：没收、禁令、民事罚款。此外，联邦机构在授予合同时可能会考虑此警告信。

请在收到本信函之日起15个工作日内将你公司为纠正上述违规行为所采取的具体步骤书面通知本办公室，并说明你公司计划如何防止此类违规行为或类似违规行为再次发生。包括你公司已经采取的纠正措施

（必须解决系统问题）的文件材料。如果你公司计划采取的纠正措施将逐渐开展，请提供实施这些活动的时间表。如果无法在15个工作日内完成纠正，请说明延迟的原因以及完成这些活动的时间。你公司的回复应全面，并解决此警告信中所包括的所有违规行为。

最后，请注意本信函未完全包括你公司全部违规行为。你公司有责任遵守FDA所有的法律和法规。本信函和检查结束时签发的检查结果FDA 483表中记录的具体违规行为可能表明你公司制造和质量管理体系中存在严重问题。你公司应查明违规原因并及时采取纠正措施，确保产品合规。

第233封　给XZeal Technologies, Inc.的警告信

生产质量管理规范/质量体系法规/医疗器械/伪劣

CMS # 444014

2015年2月20日

尊敬的T先生：

美国食品药品管理局（FDA）于2014年9月17日至2014年9月18日，对你公司位于佛罗里达州Kissimmee的医疗器械进行了检查。检查期间，FDA检查员已确认你公司为xZeal牙科X光机Z70的生产制造商。根据《联邦食品、药品和化妆品法案》（以下简称《法案》）第201（h）节［21 U.S.C.§ 321（h）］，凡是用于诊断疾病或其他症状，对疾病有治愈、缓解、治疗或预防作用，或是可以影响人体结构或功能的器械，均为医疗器械。故你公司涉及检查的产品为医疗器械。

本次检查表明，这些医疗器械的生产、包装、储存或安装中使用的方法、设施或控制不符合21 CFR 820的cGMP要求，根据《法案》第501（h）节［21 U.S.C.§ 351（h）］的规定，属于伪劣产品。

2014年10月4日和7日，FDA收到你公司针对FDA 483表（检查发现问题清单）的回复。FDA针对回复，处理如下。这些违规事项包括但不限于以下内容：

1．未能按照21 CFR 820.30（g）的要求建立和保持器械的设计确认程序。例如：

a．你公司的确认程序，产品概念和开发，PR0-04.01，Ver. 00，并不能确保在规定的操作条件下对初始生产单元、批次或其等价物进行测试，而测试是在实际或模拟使用条件下进行的。具体为，代表实际潜在用户的个人没有被选中执行确认协议概念和开发、设计验证、项目Z70、Ver. 00和HPR-历史产品注册表（Ver. 01）下的测试，该注册表记录了xZeal牙科X光机Z70设计的初始评估。

目前还不能确定你公司的答复是否充分。2014年10月7日的回复包括完成了xZeal牙科X光机Z70的追溯性设计确认，该设计确认是根据2014年10月6日的“外部设计确认和［sic］确认协议”报告的。该文件未定义初始生产单元、批次或批或其执行活动的等价物的操作条件。为确保设备符合定义的用户需求和预期用途，所记录的活动并不特定于单元测试是在实际或模拟使用条件下进行的。此外，也没有证据表明这种一次性的、记录在案的活动是xZeal牙科X光机Z70的完整设计确认研究的代表。

b．你公司尚未建立和保持支持第4.6节—产品设计确认—关于设备嵌入式软件的软件确认的概念和开发，PR0-04.01，版本00的文档。具体为，你公司向FDA的调查人员声明，你公司不对该软件负责，因为你公司不生产该软件。你公司还向FDA检查员表示，你公司不知道你公司的中国供应商对该软件进行了哪些确认活动（如果有）。

此外，你公司的风险分析报告-软件（版本00，技术文件），没有充分提示软件控制xZeal牙科X光机Z70作为一个中等风险的用户和病人。例如，报告对于问题“软件设备潜在的设计缺陷导致错误的诊断或延迟交付的适当的医疗护理，可能会导致中度伤害吗？”和“设备控制的软件交付的潜在有害能量，可能导致死亡或严重伤害（如放射治疗系统、除颤器和消融发电机）吗？”给出了“不”的回答。

你公司2014年10月7日的回复中提到了xZeal牙科X光机Z70的装配操作检查或功能（黑盒）测试。xZeal牙科X光机Z70软件的充分软件确认需要的不仅是功能测试，包括但不限于软件的描述（即标题、厂商、版本级别、发布日期等）、控制终端用户的能力、可靠性功能、软件版本的维护和控制，以及足够的软件危害

分析。

2．未能按照21 CFR 820.100（a）的要求建立和保持实施纠正和预防措施的程序。例如：

a．你公司的程序，纠正预防和改进措施，PR0-12.01，00版本，在第4a和4.6节，第1阶段中，检测重复出现的质量问题时，不需要适当的统计方法

b．你公司的程序，纠正预防和改进措施，PR0-12.01，00版本，没有建立和保持验证纠正和预防措施的要求，以确保这些措施是有效的，不会对成品设备产生不利影响。具体为，该程序在第4.6节第8阶段中规定，“新的RIA［改进行动报告］应在该行动未得到实施和/或无效时开放。”

你公司2014年10月7日的答复似乎是部分适当的。虽然修订了程序，纠正、预防和改进措施，PR0-12.01，02版本，包括要求，但没有提供证据证明在实施新程序之前对新程序进行了培训。

3．未能按照21 CFR 820.198（a）的要求保持投诉文档，并建立和保持由正式指定的部门接收、评审和评价投诉的程序。

例如，你公司的程序文件，售后服务，PRO-16，01版本中，未按21 CFR 820.198（a）（2）记录收到的口头投诉，并评估是否将投诉代表一个需要在21 CFR 803医疗器械报告。具体为，你公司向FDA检查员声明，自对你公司的设施进行检查之日起，你公司收到并记录的所有投诉（投诉编号0001-0004）均涉及设备臂（即：壁挂式安装错误，安装错误）和管头损坏（即：电气短路/熔断），由你公司按照你公司的程序进行处理，售后服务，PRO-16.01，00版本。本程序不包含21 CFR 820.198要求的处理投诉的规定。此外，这四项投诉都没有包含关于MDR可移植性的评估文件。此外，你公司向FDA检查员表示，你公司已经收到了一些投诉，你公司提到这些投诉很容易通过电话得到纠正。然而，你公司没有记录这些投诉。

目前还不能确定你公司的答复是否适当。你公司2014年10月7日的回复包括更新的投诉程序、客户的索赔、PRO-15.04版本02和售后、PRO-16.01版本01。更新后的售后程序仍将继续使用，且不包含处理投诉所需的元素，如FDA 483表中最初引用的那样。此外，程序第4.2条规定，“安装后，技术人员必须填写《安装证书》，作为设备安装、正常工作和获得批准的登记。”此外，程序第4.3节规定，“除技术支持登记报告涉及死亡、严重损害或安全风险的情况外，所有登记都应分析是否需要采取纠正措施。”在这些情况下，本报告应被视为投诉，并应按照PRO 15.04《客户投诉处理程序》和PRO 16.04《营销和召回程序》进行调查。这表明只有涉及死亡或重伤的事件才使用客户的索赔程序进行处理。此外，你公司没有提供证据证明新程序的培训是在新程序实施之前进行的。

4．未能按照21 CFR 820.70（c）的要求，若有理由预期环境条件会对产品质量产生不利影响时，应建立和保持程序，以充分控制这些条件。

例如，你公司的程序，“清洁，卫生，服装和污染控制”，PRO-08.02，Ver. 00，不包含控制静电放电（ESD）的条款。具体为，印刷电路板（PCB）通常你公司以ESD防护包装接收，但从其防护包装中取出，安装到xZeal牙科X光机Z70控制面板中，而未在制造区域对ESD进行额外控制。

目前还不能确定你公司的答复是否适当。你公司2014年10月7日的回复包括更新的环境控制程序，“清洁，卫生，服装和污染控制”，PRO-08.02，Ver. 01和作业指导书，“组装，测试和包装”，Wl-02.03，Ver. 02。虽然程序和作业指导书涉及印刷电路板的ESD控制，如接地装置的使用（如工人的手腕带、垫子），但它们并没有涉及其他方面的控制，如制造设备、测试设备和直接制造区域的通信设备的使用。例如，作业指导书确定了用于生产xZeal牙科X光机Z70的XZ17-variac 0至250V电气变压器等测试设备。另外，你公司没有提供证据证明新程序和作业指导书的培训是在新程序和作业指导书实施之前进行的。

5．尽管未在 FDA 483 表中列出，但合规部的进一步审查显示未能按照21 CFR 820.22的要求建立质量审核的程序并进行审核，以确保质量体系符合已建立的质量体系要求，并确定质量体系的有效性。

例如，你公司向FDA检查员确认，你公司未能按照你公司的质量审核程序《内部审核程序》（internal hearing, PR0-02.01，Ver. 00）中规定的时间间隔进行内部审核。

6．未能按照21 CFR 820.40的要求建立和保持控制的程序。

例如，你公司没有完全执行你公司用于控制质量体系程序修订的程序，“文件控制”，PRO-05.01，Ver. 00的所有规定。具体为，你公司向FDA检查员声明，你公司无法确定你公司质量体系程序的批准/实施日期，包括但不限于“文件控制”，PRO-05.01，Ver. 00；“产品概念与开发”，PR0-04.01，Ver. 00；“纠正、预防和改进措施”，PR0-12.01，Ver. 00；“售后”，PRO-16.01，Ver. 00；“客户索赔”，PRO-15.04，00；“清洁、卫生、服装和污染控制”，PRO-08.02，Ver. 00；“内部听觉”，PR0-02.01，Ver. 00，你公司正在使用。然而，你公司的《文件控制程序》规定，“在每份文件的标题中应包含批准和修订的日期，在底板中应包含关键分析的制造商名称和（批准）负责人的名称及其各自的名称”。此外，你公司的文件控制程序规定：“主清单标识文件的当前版本、相同文件的批准日期以及对每份文件（实物副本）分发的控制。”但是，你向FDA检查员确认，你公司没有这样的清单。

目前还不能确定你公司的答复是否适当。你公司2014年10月7日的回复包括两个额外控制文件，内部文件的“MUD-Master List”和“DOC-document Distribution control”。你公司还提供了更新的程序，“文件控制”，PR0-05.01版本。但是，你司的回复只提供了文件控制程序的第1页，所以无法确定更新后的文件控制程序中是否引用了MUD和DOC文件。此外，你公司没有提供证据证明新程序的培训是在新程序实施之前进行的。

FDA的检查还发现，Z70诊断牙科X光设备未能遵守《法案》第502（t）（2）节的规定。你公司未能提供材料或信息以遵守《法案》第519节，21 CFR 803-医疗器械上报。重大偏差包括但不限于以下内容：

未能按照21 CFR 803.17的要求制定、维护和实施书面MDR程序。例如，你公司的程序标题为“系统质量程序-营销和召回”，PRO-16.04，Ver. 00，未注明日期，不符合21 CFR 803.17的要求。

FDA审查了你公司2014年10月7日的回复，认为不够充分。你公司提供了一份MDR程序，标题为“系统质量程序-MDR-强制报告”，PRO-16.06，Ver. 00，日期为2014年1月10日。在审查了你公司2000年4月16日的MDR程序后，注意到以下问题：

1）PRO-16.06，Ver. 00，没有建立及时有效的识别、沟通和评估符合MDR要求的事件的内部系统。例如：

a）本程序省略了“导致或促成”和“MDR报告事件”等术语的定义。在评估符合21 CFR 803.50（a）规定的报告标准的投诉时，将这些术语的定义排除在程序之外可能会导致你公司做出错误的报告决定。

2）PRO-16.06，Ver. 00，没有建立内部系统，以提供标准化的评审过程，以确定事件何时符合本部分的报告标准。例如：

a）没有关于对每一事件进行全面调查和评估事件原因的指示。

3）PRO-16.06，Ver. 00，没有建立及时传输完整医疗设备报告的内部系统。具体为，下列问题没有得到解决：

a）该程序不包括或参考如何填写FDA 3500A表的说明。

b）你公司必须按照21 CFR 803.56的要求提交补充报告或后续报告的情况。

c）你公司将如何提交对每一活动合理了解的所有信息。

d）程序不包括提交MDR报告的地址：FDA, CDRH，不良事件报告，P. O. Box 3002，Rockville, MD 20847-3002.

4）PRO-16.06，Ver. 00，没有描述你公司将如何处理文件和记录保存要求，包括：

a）以MDR事件文件形式保存的不良事件相关信息的文件。

b）为确定事件是否应报告而评估的信息。

c）用于确定与设备相关的死亡、重伤或故障是否应报告或不应报告的审议和决策过程的文件。

d）确保获得信息的系统，以便FDA及时跟进和检查。

你公司的程序包括对基线报告和年度认证的参考。基线报告和年度认证不再必需，FDA建议所有基线报告和年度认证的引用从你公司的MDR中删除（分别见2008年9月17日：73联邦注册通知53686，以及第四项通知、1997年3月20日联邦登记：医疗器械报告；年度认证；最后规则）。

2014年2月13日，要求制造商和进口商向FDA提交电子医疗设备报告（eMDR）的eMDR最终规则发布。本最终规则的要求将于2015年8月14日生效。如果你公司目前没有以电子方式提交报告，FDA建议你公司访问以下Web链接以获取关于电子报告要求的更多信息：url。

如果你公司希望讨论MDR可移植性标准或安排进一步的沟通，可以通过电子邮件ReportabilityReviewTeam@fda.hhs.gov联系上报审查小组。

xZeal牙科X光机Z70除了是一种“医疗器械”外，还是一种“电子产品”，符合美国《电子产品辐射控制法案》C分章的要求，符合21 CFR 1000-1005的要求，符合21 CFR 1010、1020.30和1020.31的适用性能标准。你公司没有遵守有关报告和记录保存的规定。重大偏差包括但不限于以下内容：

7．未能按照21 CFR 1002.10的要求，在产品进入商业之前提交产品报告。

例如，在X70牙科X光设备（壁挂式和移动式）进入市场之前，你公司没有提交一份产品报告。

2014年10月20日的答复不够充分。你公司的答复表明，在检查后立即提交了产品报告，但没有说明你公司今后将如何处理产品报告。

8．未能按照1002.1表1的规定及21 CFR 1002.13的要求提交年度报告。

例如，你公司尚未提交X70牙科X光设备（壁挂式和移动式）的年度报告，该报告应于9月1日到期，并应涵盖12个月期间，截止报告到期日期之前的6月30日。

2014年10月20日的答复不够充分。你公司的答复表明，在检查后立即提交了年度报告，但没有说明你公司今后将如何处理年度报告。

《法案》第538（a）节，第五章C小节——电子产品辐射控制（该法案），禁止任何制造商认证或将不符合标准的诊断性X射线产品引入商业。本节还禁止任何制造商未能建立和保持所需的记录或提交所需的报告。

你公司应立即采取措施纠正本信函所述的违规行为。如若未能及时纠正这些违规行为，可能导致FDA在没有进一步通知的情况下启动监管措施。监管措施包括但不限于没收、禁令和民事罚款。此外，联邦机构会得知关于器械的警告信，以便在签订合同时考虑上述信息。如果FDA确定你公司违反了质量体系法规，且这些违规行为与Ⅲ类器械的上市前批准申请有关联，则在纠正这些违规行为之前，将不会批准此类器械。同时，如果FDA确定你公司的器械不符合《法案》的要求，则不会批准出口证明（Certificates to Foreign Governments，CFG）的申请。

请在收到本信函之日起15个工作日内将你公司为纠正上述违规行为所采取的具体步骤书面通知本办公室，并说明你公司计划如何防止此类违规行为或类似违规行为再次发生。包括你公司已经采取的纠正措施（必须解决系统问题）的文件材料。如果你公司计划采取的纠正措施将逐渐开展，请提供实施这些活动的时间表。如果无法在15个工作日内完成纠正，请说明延迟的原因以及完成这些活动的时间。你公司的回复应全面，并解决此警告信中所包括的所有违规行为。

最后，请注意本信函未完全包括你公司全部违规行为。你公司有责任遵守FDA所有的法律和法规。本信函和检查结束时签发的检查结果FDA 483表中记录的具体违规行为可能表明你公司制造和质量管理体系中存在严重问题。你公司应查明违规原因并及时采取纠正措施，确保产品合规。

第234封　给Flextronics Electronics Technology（Suzhou）Co.，Ltd. 的警告信

生产质量管理规范/质量体系法规/医疗器械/伪劣

CMS # 445443

2015年2月19日

尊敬的M先生：

美国食品药品管理局（FDA）于2014年10月13日对你公司位于中国苏州的伟创力电子科技有限公司的医疗器械进行了检查。检查期间，FDA检查员已确认你公司为患者心律失常监测器的生产制造商。根据《联邦食品、药品和化妆品法案》（以下简称《法案》）第201（h）节［21 U.S.C.§ 321（h）］，凡是用于诊断疾病或其他症状，对疾病有治愈、缓解、治疗或预防作用，或是可以影响人体结构或功能的器械，均为医疗器械。故你公司涉及检查的产品为医疗器械。

本次检查表明，这些医疗器械的生产、包装、储存或安装中使用的方法、设施或控制不符合21 CFR 820的cGMP要求，根据《法案》第501（h）节［21 U.S.C.§ 351（h）］的规定，属于伪劣产品。

2014年10月30日，FDA收到你公司总经理Chen Xianyan女士针对FDA 483表（检查发现问题清单）的回复。FDA针对回复，处理如下。这些违规行为包括但不限于下列各项：

1．未能按照21 CFR 820.75（a）的要求，当过程结果不能为其后的检验和试验充分验证时，过程应以高度的把握予以确认，并按已确定的程序批准。例如：

a．你公司的“过程验证程序（医疗）”要求（b）（4）运行以进行过程验证（PQ）。然而，你公司没有执行其新的（b）（4），序列号VC- 20119的PQ。

b．（b）（4）的两个安装确认/操作确认（IQ/OQ）协议和报告不包含足够的文档。例如：

i. OQ报告没有指明用以量度（b）（4）项检控的（b）（4）项运作的（b）（4）项或与其有关的（b）（4）项运作的（b）（4）项。

ii. OQ报告不包含用于验证的（b）（4）或相关（b）（4）的校准状态的任何指示。

iii. 你公司没有指定在（b）（4）运行过程中用于验证（b）（4）的设备。

iv. 在（b）（4）运行期间没有记录以下数据：（b）（4）运行。

目前还不能确定你公司的答复是否适当。你公司声明将修订其程序、过程验证模板表单，并对实施前已批准的程序、协议和模板进行验证。然而，你公司并没有实施这些纠正措施或进行有效性检查。

2．未能按照21 CFR 820.250（b）的要求建立和保持程序，确保抽样方法适合其预期的用途，并确保当发生变化时，对抽样方案进行重新评审。例如：

a．你公司的进厂部件（b）（4）的抽样计划在“一般/QA操作工作”中要求（b）（4）无论总批次数量如何，都要进行测试。

b．你公司的“过程验证程序（医学）”和“统计过程控制程序”对OQ和PQ/PV期间运行的单元数没有足够的要求，也没有提及在测试期间使用的有效的统计原理。

c．文件#（b）（4）和“（b）（4）的IQ OQ报告”在（b）（4）设置OQ时运行。协议或报告中没有记录对三种模型中每一种进行测试的有效统计原理。此外，对于你公司决定运行和测试OQ运行的总数（b）（4），没有记录在案的统计理由。

FDA审查了你公司的回复，认为其不够充分，因为投诉分析不足以确定是否有任何潜在的风险，这个抽样计划需要其他纠正措施。此外，你公司声明已停止使用（b）（4）机器；它将修订其程序，为检测和样本大小提供统计依据、执行培训、验证其纠正措施的有效性。然而，你公司并没有实施这些纠正措施或进行有效性检查。

3．未能按照21 CFR 820.198（a）的要求，保持投诉文档并建立和保持由正式指定的部门接收、评审和评价投诉的程序。

例如，你公司的“客户投诉程序（医疗）”要求记录具体信息，包括客户（投诉方）的姓名和联系信息、第一次通知的日期，并确保调查的日期和结果记录在调查记录中。

然而，（b）（4）被审查的投诉文件未能包括所有必需的数据元素，包括投诉人的正确姓名、地址和电话号码；调查的日期和结果，以及所有对投诉人的答复。此外，在其中一项投诉中，没有准确记录收到投诉的日期，而在（b）（4）项（b）（4）投诉中，并没有记录所有纠正措施，包括对受影响单位的纠正。

FDA审查了你公司的答复，认为不够充分。你公司表示，审查和修订了以前的投诉文件；但是，没有说明审查的范围。你公司尚未提供证据证明你公司对文件不足的投诉进行了回顾性审查，以确定缺少的信息是否影响了投诉调查，以及调查结果是否需要采取纠正措施。

4．未能按照21 CFR 820.100（a）的要求建立和保持实施纠正和预防措施（CAPA）的程序。

例如，你公司的“纠正措施程序（医疗）”和“预防措施程序（医疗）”不包括足够的要求，以确保所有的CAPA活动都有文件记录。例如：

a．CAR#（b）（4）不包括对使用不合格部件生产的部件的调查的充分文件。

b．CAR#（b）（4）和PA号：（b）（4）纠正措施包括对所有操作人员和检验员的再培训，或对所涉及的不合格品进行返工。影响的调查不包括足够的文档内部单位，之前的投诉与失效模式相同，不合格的房子相同的失效模式，评估设备的历史记录受影响的单位，涉及的运营商，所有运营商的身份执行包装/检查功能。此外，CAR不包含实现的文档

c．CAR#（b）（4）：纠正措施更改泡沫包装插入件的验证测试没有充分的文件记录。在进行测试之前，你公司没有批准验收标准和测试方法的协议，也没有测试结果的文档。

FDA审查了你公司的答复，认为不够充分。你公司尚未实施这些纠正措施。此外，你公司并没有声明将完成对CAPA文件的回顾审查，以弥补文件的不足。

5．未能按照21 CFR 820.90（b）（1）的要求，建立和保持程序，以确定评审职责和不合格品的处置授权。

例如，你公司的“不合格材料程序（医疗）”并不确保不合格产品的处置形成文件，包括不合格品的使用理由和批准使用的个人签字。

FDA审查了你公司的回复，得出的结论是回复不够充分，因为你公司没有对不合格产品报告进行回顾审查，以确定是否在没有正当理由的情况下分发了不合格产品。

美国联邦机构可能会被告知有关设备的警告信，以便他们在授予合同时考虑这些信息。此外，在违规行为得到纠正之前，与质量体系规定偏差合理相关的Ⅲ类设备的上市前批准申请将不予批准。

请在收到本信函之日起15个工作日内将你公司为纠正上述违规行为所采取的具体步骤书面通知本办公室，并说明你公司计划如何防止此类违规行为或类似违规行为再次发生。包括你公司已经采取的纠正措施（必须解决系统问题）的文件材料。如果你公司计划采取的纠正措施将逐渐开展，请提供实施这些活动的时间表。如果无法在15个工作日内完成纠正，请说明延迟的原因以及完成这些活动的时间。你公司的回复应全面，并解决此警告信中所包括的所有违规行为。

最后，请注意本信函未完全包括你公司全部违规行为。你公司有责任遵守FDA所有的法律和法规。本信函和检查结束时签发的检查结果FDA 483表中记录的具体违规行为可能表明你公司制造和质量管理体系中存在严重问题。你公司应查明违规原因并及时采取纠正措施，确保产品合规。

第235封 给Inovo, Inc.的警告信

生产质量管理规范/质量体系法规/医疗器械/伪劣

CMS # 451133

2015年2月19日

尊敬的K先生：

美国食品药品管理局（FDA）于2014年11月17日至19日对你公司位于Lehigh Acres的医疗器械进行了检查。检查期间，FDA检查员已确认你公司为AccuPulse模型6505氧气保存器、Bonsai速度氧气保存器、Evolution氧气保存器、Evolution with Motion氧气保存器、SmartDose氧气保存器、Smart Does Mini氧气保存器、Oxymizer一次性氧气保存器，以及氧气控制器的生产制造商。根据《联邦食品、药品和化妆品法案》（以下简称《法案》）第201（h）节［21 U.S.C.§ 321（h）］，凡是用于诊断疾病或其他症状，对疾病有治愈、缓解、治疗或预防作用，或是可以影响人体结构或功能的器械，均为医疗器械。故你公司涉及检查的产品为医疗器械。

本次检查表明，这些医疗器械的生产、包装、储存或安装中使用的方法、设施或控制不符合21 CFR 820的cGMP要求，根据《法案》第501（h）节［21 U.S.C.§ 351（h）］的规定，属于伪劣产品。

2014年11月26日和2015年1月12日，FDA收到你公司质量总监Michael T. Dildine针对2014年11月19日FDA检查员出具的FDA 483表（检查发现问题清单）的回复。FDA针对回复，处理如下。这些违反行为包括但不限于下列各项：

1．未能按照21 CFR 820.100（a）的要求，充分建立和保持实施纠正和预防措施（CAPA）的程序。具体如下：

a．你公司尚未确定最可能的潜在原因，也未针对有关Evolution、SmartDose和Part 6505气动Qxygen的投诉采取适当的纠正措施，这些投诉会导致脉冲故障，导致设备无法为患者提供规定的氧气量，导致低氧血症；

b．你公司的CAPA流程IQP-014 Rev B（日期为2014年9月26日）不要求对每个CAPA进行验证，也不要求对成品设备产生不利影响；

c．你公司在2008年8月16日的《不合格材料报告》IFC-047 # 17043中记录了吸入开关的进口货物没有通过敏感性测试。你公司的供应商报告说他们的手工操作造成了太多的变化，并同意使用气动压力机。你公司未能对该措施的有效性进行充分的验证并确定其不会对成品设备产生不利影响。

FDA审查了你公司的答复，认为不够充分。

a）尽管你公司对投诉数据的审查似乎表明需要进行进一步的故障调查，但你公司的答复不包括及时、可能充分的纠正和预防措施的支持性文件。

b）你公司似乎已经适当地修改了你公司的程序，但没有列入执行这一程序的证明文件。

c）你公司的回应不包括发起CAPA # 21176的证据。

2．未能按照21 CFR 820.70（c）的要求，若有理由预期环境条件会对产品质量产生不利影响时，制造商应建立和保持程序，以充分控制这些条件。

例如，你公司没有不执行静电减排程序的书面理由。

FDA审查了你公司的答复，认为不够充分。你公司可能并没有开始任何静电放电操作，只是起草了书面文件。你公司的回答包括一个工作环境过程和一个工作指导过程，它们没有明确地相互引用。此外，你公司

的计划不包括对员工进行培训的条款，培训内容包括尚未为你公司的三个内部制造指令创建的工作指令。

3．未能按照21 CFR 820.50的要求建立和保持程序，确保所有采购或以其他方式收到的产品和服务满足规定的要求。

具体为，你公司的供应商程序，“供应商管理：选择、授权和维护”，IQP 021，版本 D（日期为2013年12月14日），不要求供应商提供关于手工过程关键控制的书面证据，包括阳极氧化、挑选和放置、波峰焊接设备的过程验证或个人培训。

FDA审查了你公司的答复，认为不够充分。你公司似乎没有为可能重新认证供应商或实际执行这些程序制定适当的时间表或计划。

4．未能按照21 CFR 820.30（g）的要求建立和保持器械的设计确认程序。具体如下：

a．你公司的软件开发/验证：

i．不包括涉及在你公司设备中使用的软件的开发/验证的书面程序；

ii．你公司的Evolution Oxygen Conserver设备的文档不包括代码层的结构测试（使用静态代码检查器、独立的代码审查等）；

iii．2008年10月20日发布的《软件产品测试程序、数据库/软件控制IQP 030 版本A》不要求结构测试，也不包括对回归测试的适当描述。

b．你公司的OM-900系列氧气保存装置SP-206 Rev D（日期为2013年2月27日）的风险分析程序和风险/危害分析不包括：

i．与腐蚀和缓解措施（如阳极氧化）相关的风险/危害；

ii．造成脉冲不足的风险原因，例如有缺陷的吸入开关、压电阀和印刷电路板，以及它们各自的缓解措施。

c．现有的临床研究文献：

i．不包括900M模型的书面协议或患者的基线饱和水平；

ii．不包括患者的基线饱和度水平或设备设置。

FDA审查了你公司的答复，认为这些答复不够充分。

a）与此缺陷的临界性相比，对你公司的软件程序的修订和增加的测试要求的启动似乎不及时。

b）尽管你公司已经列出了所引用的原因和故障模式，但全面的审查可能有助于发现进一步的缺陷。

c）为这篇引文提供的信息似乎是充分的。

5．未能按照21 CFR 820.198（a）的要求，保持投诉文档，并建立和保持由正式指定的部门接收、评审和评价投诉的程序。

具体为，你公司的投诉处理程序，后市场/分析/警戒程序IQP-008 版本 B（日期：04/29/14）没有：

a．确保投诉调查记录（如有需要）包括所需资料。

例如，你公司未能在10起与OM-900 Evolution（6）、SmartDose（2）和Model 6505/Accupulse（2）设备相关的投诉中记录以下内容：

i．投诉的足够细节或性质，包括故障发生的环境；

ii．造成病人出现不良反应；

iii．是否需要进一步的医疗干预。

b．定义投诉调查的及时性，直到主题设备被归还给你公司。

目前还不能确定你公司的回复是否充分。你公司的回复不包括已实现所引用的过程的支持文档。

你公司应立即采取措施纠正本信函所述的违规行为。如若未能及时纠正这些违规行为，可能导致FDA在没有进一步通知的情况下启动监管措施。监管措施包括但不限于没收、禁令和民事罚款。此外，联邦机构会得知关于器械的警告信，以便在签订合同时考虑上述信息。如果FDA确定你公司违反了质量体系法规，且这些违规行为与Ⅲ类器械的上市前批准申请有关联，则在纠正这些违规行为之前，将不会批准此类器

械。同时，如果FDA确定你公司的器械不符合《法案》的要求，则不会批准出口证明（Certificates to Foreign Governments，CFG）的申请。

请在收到本信函之日起15个工作日内将你公司为纠正上述违规行为所采取的具体步骤书面通知本办公室，并说明你公司计划如何防止此类违规行为或类似违规行为再次发生。包括你公司已经采取的纠正措施（必须解决系统问题）的文件材料。如果你公司计划采取的纠正措施将逐渐开展，请提供实施这些活动的时间表。如果无法在15个工作日内完成纠正，请说明延迟的原因以及完成这些活动的时间。你公司的回复应全面，并解决此警告信中所包括的所有违规行为。

最后，请注意本信函未完全包括你公司全部违规行为。你公司有责任遵守FDA所有的法律和法规。本信函和检查结束时签发的检查结果FDA 483表中记录的具体违规行为可能表明你公司制造和质量管理体系中存在严重问题。你公司应查明违规原因并及时采取纠正措施，确保产品合规。

第236封　给Craftmatic Industries, Inc.的警告信

生产质量管理规范/质量体系法规/医疗器械/伪劣

CMS # 449874

2015年2月17日

尊敬的K先生：

美国食品药品管理局（FDA）于2014年6月25日至8月8日对你公司位于佛罗里达州迈阿密海滩的医疗器械进行了检查。检查期间，FDA检查员已确认你公司为Craftmatic可调节家用治疗床的规格开发商。根据《联邦食品、药品和化妆品法案》（以下简称《法案》）第201（h）节［21 U.S.C.§ 321（h）］，凡是用于诊断疾病或其他症状，对疾病有治愈、缓解、治疗或预防作用，或是可以影响人体结构或功能的器械，均为医疗器械。故你公司涉及检查的产品为医疗器械。

本次检查表明，这些医疗器械的生产、包装、储存或安装中使用的方法、设施或控制不符合21 CFR 820的cGMP要求，根据《法案》第501（h）节［21 U.S.C.§ 351（h）］的规定，属于伪劣产品。作为一家规格开发商，你公司被认为是一家制造商，同样，也要遵守适用于你公司所从事的操作的质量体系法规的要求。

2014年8月25日，FDA收到你公司针对FDA 483表（检查发现问题清单）的回复。FDA针对回复，处理如下。违规行为包括但不限于以下内容：

1．未能建立保持供应商、承包方和顾问必须满足的要求，包括质量要求。你公司未能根据潜在供应商、承包商和顾问满足特定要求的能力，对其进行评价和挑选，包括21 CFR 820.50（a）要求的质量体系、文件评价。

例如，你公司未能保存合格供应商的记录。你公司的采购控制程序是在检查期间制定的，并在末次会议期间以草稿形式提供给FDA检查员。

FDA评审了你公司针对2014年8月25日FDA 483表的回复，得到回复不充分的结论。在你公司的回复中，你公司提供了一份“采购”，Rev. 1；文档编号：5.0的程序文件，仍然为草稿版本，因为它没有批准日期，参考的附件和文件也没有包含在你公司的回复中，如你公司批准的供应商清单、你公司评估供应商的自查表以及你公司供应商的评价表。因此，你公司没有提供证据证明你公司符合21 CFR 820.50的全部要求。

2．未能按照21 CFR 820.198（a）的要求，保持投诉文档，并建立和保持由正式指定的部门接收、评审和评价投诉的程序。

例如，你公司未能维持投诉处理程序。

FDA评审了你公司针对2014年8月25日FDA 483表的回复，得到回复不充分的结论。在你公司的回复中，你公司提供的程序文件“投诉处理和故障调查”，版本1，文件编号14.0，签署和注明日期为2014年8月5日，该份文件中描述你公司，尤其是质量体系经理、质量体系管理团队和运营经理，对你公司的投诉处理流程进行实施。但是，你公司的回复中没有包含任何可以指明该程序已经实施的文件，例如对所有投诉记录进行评审，以确定是否采取了适当的行动，或是否需要其他信息进行评估。除此之外，在检查期间，你公司向FDA检查员表示，你公司的投诉处理与你公司的合同分销商签订了合同，分销商负责接听投诉热线，并以电子方式记录这些投诉。然而，你公司没有提供这份合同，你公司的新草稿版程序也没有指明这家公司负有这项责任。

3．未能按照21 CFR 820.198（e）的要求，提供所需的信息的投诉调查记录。

具体为，你公司在检查期间所提供的调查记录并没有包含有关投诉的性质和详情；收到投诉的确切日期；投诉人的地址及电话；调查的日期和结果；器械的识别号/控制号，所采取的纠正措施；以及与投诉人的通信等这些所需的信息。例如，你公司处理关于保险索赔的投诉。下列客户保险索赔清单包括的器械故障调查没有包含21 CFR 820.198（e）要求的一个或多个要素：

索赔时间：	声称的问题：
2013年10月22日	底部分离，顾客摔落
2011年2月2日	火灾造成的财产损失
2011年1月16日	火灾造成的财产损失
2010年12月14日	火灾和死亡
2010年8月10日	火灾造成的财产损失
2009年5月15日	火灾造成的财产损失

FDA评审了你公司针对2014年8月25日FDA 483表的回复，得到回复不充分的结论。在你公司的回复中，你公司提供的程序文件“客户投诉和故障调查”，版本1，文件编号14.0，签署和注明日期为2014年8月5日。该份文件中你公司包括可能适用于投诉调查的表格，但是，你公司的回复没有包括回顾评审所有的调查，包括在此违法行为中列出的调查，以确保你公司的调查已记录在案并得到适当处理。

4．未能按照21 CFR 820.30（a）的要求，建立和保持器械设计控制程序，以确保满足规定的设计要求。

例如，你公司未能确定、编制和实施控制设计过程的程序，包括对于你公司Craftmatic可调家用治疗床的设计输入的要求；设计输出；设计评审；设计验证/验证；设计转移；和设计变更的要求。

FDA评审了你公司针对2014年8月25日FDA 483表的回复，得到回复不充分的结论。在你公司的回复中，你公司提供的程序文件“设计评审”，版本1，文件 3.3，似乎是草稿形式，因为没有签名和批准日期。在这个程序文件中，你公司提出的设计开发和评审活动，包括适用于设计控制文档的表格；然而，你公司的回复并没有包括你公司的Craftmatic可调节家用治疗床符合了21 CFR 820.30（a）的证据，也没有包括对该器械设计文档的回顾评审。

5．未能按照21 CFR 820.100（a）的要求，建立和保持实施纠正和预防措施的程序。

例如，在检查期间，你公司没有维持CAPA文件或程序。

FDA评审了你公司针对2014年8月25日FDA 483表的回复，得到回复不充分的结论。在你公司的回复中，你公司提供了程序文件“纠正预防措施”，版本1，文档编号10.0，签署批准日期是2014年8月5日。这份程序文件没有确定将在必要时用于检测质量问题的统计方法，也没有确定验证或确认CAPA的要求，以确保此类操作是有效的，且不会对最终器械产生不利影响。此外，你公司没有提供你公司实施CAPA程序的记录，包括你公司在回复中概述的纠正措施所引发的任何相应的CAPA行动。

6．未能按照21 CFR 820.22的要求建立质量审核的程序并进行审核，以确保质量体系符合已建立的质量体系要求，并确定质量体系的有效性。

例如，在检查中，你声称你公司实施了质量体系，或保持了质量审核的程序。

FDA评审了你公司针对2014年8月25日FDA 483表的回复，得到回复不充分的结论。在你公司的回复中，你公司提供了程序文件“质量体系手册方针”，版本1，文档编号1.0，已解决这个违规。这份文件2.2章节，第10页中包含了有关如何进行审核的指示。这些指示没有说明何时对有缺陷的事项进行重新审核，以及如何将其记录在案。此外，你公司没有提供审核计划的文档，也没有提供计划何时对公司进行审核的时间表。除此之外，FDA对检查证据的审核，包括你公司向FDA的调查人员提供的资料，发现了下列违规行为：

7．未能按照21 CFR 820.181的要求，保持Craftmatic可调节家用治疗床的器械主记录。

例如，你公司没有记录或参考你公司生产器械所需的信息：

● 器械规范；

- 生产过程规范；
- 质量保证过程和规范；
- 包装和标签规范。

你公司没有特别回复这一引用，因为它没有列入发布的FDA 483表中。请在你公司回复警告信的内容中提供已完成或计划采取的纠正措施的文件。

8．未能按照21 CFR 820.184的要求，建立和保持程序、确保对应于每一批次或单件的器械历史记录的保持，以证实器械是按照器械主记录（DMR）和本部分要求制造的。

例如，你公司没有程序或文件来确定如何维护DHR，你公司在检查时确认你公司没有维护Craftmatic可调家用治疗床的DHR。

你公司没有特别回复这一引用，因为它没有列入发布的FDA 483表中。请在你公司回复警告信的内容中提供已完成或计划采取的纠正措施的文件。

按照《法案》第502（t）（2）节［21 U.S.C.§ 352（t）（2）］的要求，FDA的检查也揭示了你公司的医疗器械错贴标签。你公司未能或拒绝按照《法案》第519节（21 U.S.C.§ 360i）和21 CFR 803——医疗器械上报法规的要求提供有关该器械的材料或信息。重大的违规包括但不限于以下内容。

9．未能按照21 CFR 803.17的要求，充分开发、维护和实施书面MDR程序。

例如，在审查了公司题为："书面MDR程序，以确保消费者投诉被评估和报告给FDA"的文件后，注意到以下问题：

a）该程序没有建立内部系统，以便及时有效地识别、沟通和评估可能符合MDR要求的事件。例如：

i．根据21 CFR 803，你公司没有对认为应报告的事件做出定义。排除21 CFR 803.3中对术语的定义，"意识到""造成或贡献""故障""MDR可报告的事件""严重伤害"和在21 CFR 803.50（b）中的术语的定义"合理认知"，导致你公司在21 CFR 803.50（a）的上报标准要求下，评估投诉时可能做出不正确的上报决定。

b）该程序未建立内审系统来提供标准化的审核流程，以决定一个事件是否符合上报标准。

i．对于每一个事件执行完整的调查和评估事件发生原因，没有明确说明。

ii．该文件中没有书面写明由谁来决定上报FDA。

iii．对于你公司如何及时评估事件的信息已作出MDR上报的决定，没有明确说明。

c）该文件没有建立内部系统：

i．该文件没有包含或涉及关于如何获得和完成FDA 3500A表的说明。

ii．没有包含你公司必须提交30天报告、补充或跟进报告和5天报告的情况，以及此类报告的要求。

iii．该文件没有包含提交MDR报告的地址：FDA, CDRH，不良事件报告，P. O. Box 3002，Rockville, MD 20847-3002。

d）该文件没有描述你公司是如何处理文件和保存记录的要求，包含：

i．作为MDR事件文件的不良事件相关信息的记录；

ii．评估决定是否上报时间的信息；

iii．用于确定与器械相关的死亡、重伤或故障是否应报告或不应报告的审议和决策过程的文件；

iv．确保获得信息便于FDA及时的跟踪和检查的系统。

FDA评审了你公司针对2014年8月25日FDA 483表的回复，得到回复不充分的结论。你公司于2014年8月5日提交了修订的MDR程序"医疗器械报告S.O.P."，文件号14.2，版本1。FDA对修订的MDR程序进行了审查，仍然注意到以下问题：

a）S.O.P. 文件编号 14.2，版本1，没有建立一个及时传输完整医疗器械报告的内部系统。具体为，该程序不包括提交MDR报告的地址：FDA, CDRH，不良事件报告，P. O. Box 3002，Rockville, MD 20847-3002。

2014年2月13日，要求制造商和进口商向FDA提交电子医疗器械报告（eMDR）的eMDR最终规则发布。

该条最终规则的要求于2015年8月14日生效。如果你公司目前没有以电子方式提交报告，FDA建议你公司访问以下web链接以获取关于电子报告要求的更多信息：url。

如果你的公司希望讨论MDR上报标准或需要安排进一步的沟通，可以通过电子邮件ReportabilityReviewTeam@fda.hhs.gov联系上报审查小组。

在检查期间，你公司向FDA检查员解释，你公司正在将你公司的510（k）出租给其他公司，让其他的公司生产自己公司标签的可调节治疗床。这种做法不被FDA认可，应该停止。请注意，你公司所描述的租赁协议不同于公司与经销商或私人标签商签订的合同。

510（k）可以购买、出售或转让。一个510（k）持有者不能租赁或许可一个510（k）允许的器械给多个公司。因此，FDA禁止两家公司在单一的510（k）许可下生产相同的器械。如果510（k）持有者希望授予被许可方生产器械的权利，但也希望继续自己的生产活动，FDA的政策是要求被许可方需获得新的510（k）许可。510（k）的许可是基于一个特定的器械；因此，在转移协议中描述的器械必须与510（k）许可中描述的器械相匹配是非常重要的。

在与同意停止生产转让器械的许可方签订的任何转让协议中，也应提及排除性。新的持有者应该在其510（k）文件中保存有关510（k）的所有权转让的信息，包括发生的任何合法交易。新持有者还应该根据21 CFR 807列出器械，而前所有者应该删除其器械清单。

每一个21 CFR 807.85（b）中的，第一次以自己名义将器械投放商业分销的经销商和一个以自己名义投放的再包装商，如果不改变任何标签或以其他方式影响器械，则该器械应免除本部分的上市前通知要求：①在1976年5月28日之前进行商业分销的器械；②由他人申请的上市前通知。

你公司应立即采取措施纠正本信函所述的违规行为。如若未能及时纠正这些违规行为，可能导致FDA在没有进一步通知的情况下启动监管措施。监管措施包括但不限于没收、禁令和民事罚款。此外，联邦机构会得知关于器械的警告信，以便在签订合同时考虑上述信息。如果FDA确定你公司违反了质量体系法规，且这些违规行为与Ⅲ类器械的上市前批准申请有关联，则在纠正这些违规行为之前，将不会批准此类器械。同时，如果FDA确定你公司的器械不符合《法案》的要求，则不会批准出口证明（Certificates to Foreign Governments，CFG）的申请。

请在收到本信函之日起15个工作日内将你公司为纠正上述违规行为所采取的具体步骤书面通知本办公室，并说明你公司计划如何防止此类违规行为或类似违规行为再次发生。包括你公司已经采取的纠正措施（必须解决系统问题）的文件材料。如果你公司计划采取的纠正措施将逐渐开展，请提供实施这些活动的时间表。如果无法在15个工作日内完成纠正，请说明延迟的原因以及完成这些活动的时间。你公司的回复应全面，并解决此警告信中所包括的所有违规行为。

最后，请注意本信函未完全包括你公司全部违规行为。你公司有责任遵守FDA所有的法律和法规。本信函和检查结束时签发的检查结果FDA 483表中记录的具体违规行为可能表明你公司制造和质量管理体系中存在严重问题。你公司应查明违规原因并及时采取纠正措施，确保产品合规。

第237封 给Cenorin, LLC. 的警告信

医疗器械/纠正和移除报告/标识不当/伪劣

CMS # 434408

2015年2月12日

尊敬的R先生:

美国食品药品管理局（FDA）于2014年4月9日至5月2日，对你公司位于6324 South 199th Place, Suite 107, Kent, Washington的医疗器械进行了检查。检查期间，FDA检查员已确认你公司为医疗器械清洁和高水平消毒（HLD）清洗/巴氏杀菌系统610型器械的生产制造商。根据《联邦食品、药品和化妆品法案》（以下简称《法案》）第201（h）节［21 U.S.C.§ 321（h）］，凡是用于诊断疾病或其他症状，对疾病有治愈、缓解、治疗或预防作用，或是可以影响人体结构或功能的器械，均为医疗器械。故你公司涉及检查的产品为医疗器械。

本次检查表明，这些医疗器械的生产、包装、储存或安装中使用的方法、设施或控制不符合21 CFR 820的cGMP要求，根据《法案》第502（t）（2）节［21 U.S.C.§ 352（t）（2）］的规定，属于伪劣产品。因为根据21 CFR 806,《法案》第519节［21 U.S.C.§ 360（i）］的医疗器械纠正和移除报告的要求，你公司没有或拒绝提供材料和关于器械的信息。重要的违规包括但不限于以下内容：

1. 未能按照21 CFR 806.10的要求提交一份书面报告，说明为减少器械对健康造成的风险而对器械进行的纠正或移除，或对该器械可能对健康造成风险的违规行为进行补救。

例如，你公司通知客户，以解决与医疗器械清洗和HLD清洗机/巴氏灭菌器系统610型器械相关的两种故障模式。具体为，2013年1月24日，你公司向客户发出信函，要求他们启动日常程序，确保温度控制系统正常工作。2013年12月23日，你公司发布了第二封客户通知函，通知你公司的客户可能存在温度传感器读数错误和未能进行巴氏消毒的情况。这封信还通知客户，可以升级以缓解温度传感器的问题。2014年4月24日，你公司向客户发出了一封通知函，通知客户可能出现的清洁液泵故障，可能导致你公司的医疗器械清洗和HLD清洗机/巴氏灭菌器系统610型器械未能达到所需的碎片减少水平。这封信为客户提供了两种选择，以帮助降低系统在清洗过程中没有注入适量清洗液的潜在风险。

你公司没有通知FDA医疗器械的纠正或移除，也没有提供21 CFR 806.10要求的信息。你公司采取的措施已经通过了FDA的审查，并确定符合Ⅱ类召回的定义，也符合21 CFR 806报告中规定的健康风险阈值，在21 CFR 806.10中有详细说明。因此，你公司的行为应该报告给FDA。

FDA已经审阅了你公司在2014年5月21日对FDA 483表的回复，即在检查结束时发给你公司的检查发现问题清单。你公司没有在此回复中包含你公司已采取的或计划采取的任何措施，以防止再次发生此类违规。

FDA检查也显示根据《法案》第501（f）（1）（B）节［21 U.S.C.§ 351（f）（1）（B）］，你公司的医疗器械清洗和HLD垫圈/巴氏消毒器系统模型610器械是伪劣产品，因为你公司没有依据《法案》第515（a）节［21 U.S.C.§ 360e（a）］获得上市前的批准申请（PMA），或根据《法案》第520（g）节［21 U.S.C.§ 360j（g）］的要求获得研究器械豁免IDE批准。根据《法案》第502（o）节［21 U.S.C.§ 352（o）］的要求，你公司的医疗器械清洁和HLD垫圈/巴氏消毒器系统模型610器械错贴标签，因为你公司没有通知代理商打算把这个器械投入商业销售，因次没有向FDA提供关于器械修改的通知或其他信息，根据《法案》第510（k）节［21 U.S.C.§ 360（k）］，和21 CFR 807.81（a）（3）（i）的要求，要求在器械上市前提交变更或修改的通知，这些变更或修改可能会严重影响器械的安全性或有效性。具体为，你公司已经对你公司的医疗器械清洗和

HLD清洗/巴氏杀菌系统610型器械进行了如下改进，在K810311的要求下进行了清洗，如下：

（1）你公司发现医疗器械清洗和HLD洗衣机/巴氏灭菌器系统610型器械中的温度传感器/控制系统可能提供错误的温度读数，并启动和完成了CAPA的根本原因分析。结果，用户被告知一个推荐的日常程序，以确保温度控制系统正常工作，然后在系统中升级软件，之后如果有这种类型的温度错误，会自动提醒用户。

（2）你公司通过投诉发现，该系统存在在清洗周期中没有注入适当数量的清洗液和没有达到所需的碎片减少水平的潜在风险。为了解决这个问题，你公司重新设计了清洗液系统。

对于需要上市前批准的器械，如21 CFR 807.81（b）中所述，当一项PMA在本机构未完成时，根据《法案》第510（k）节［21 U.S.C.§ 360（k）］所要求的通知即视为已满足。你公司需要提交信息，以获得批准或许可你公司的器械在互联网上描述。FDA将评估你公司提交的信息，并决定你公司的产品是否可以合法销售。

你公司应立即采取措施纠正本信函所述的违规行为。如若未能及时纠正这些违规行为，可能导致FDA在没有进一步通知的情况下启动监管措施。监管措施包括但不限于没收、禁令和民事罚款。此外，联邦机构会得知关于器械的警告信，以便在签订合同时考虑上述信息。

请在收到本信函之日起15个工作日内将你公司为纠正上述违规行为所采取的具体步骤书面通知本办公室，并说明你公司计划如何防止此类违规行为或类似违规行为再次发生。包括你公司已经采取的纠正措施（必须解决系统问题）的文件材料。如果你公司计划采取的纠正措施将逐渐开展，请提供实施这些活动的时间表。如果无法在15个工作日内完成纠正，请说明延迟的原因以及完成这些活动的时间。你公司的回复应全面，并解决此警告信中所包括的所有违规行为。

最后，请注意本信函未完全包括你公司全部违规行为。你公司有责任遵守FDA所有的法律和法规。本信函和检查结束时签发的检查结果FDA 483表中记录的具体违规行为可能表明你公司制造和质量管理体系中存在严重问题。你公司应查明违规原因并及时采取纠正措施，确保产品合规。

第238封 给Somatex Medical Technologies GmbH的警告信

生产质量管理规范/质量体系法规/医疗器械/伪劣

CMS # 444474

2015年1月29日

尊敬的K先生：

美国食品药品管理局（FDA）于2014年10月13日至11月16日，对你公司位于Rheinstrasse 7 d, Teltow, Germany的医疗器械进行了检查。检查期间，FDA检查员已确认你公司为用于Mammotome和活检系统的TUMARK Flex的生产制造商。根据《联邦食品、药品和化妆品法案》（以下简称《法案》）第201（h）节［21 U.S.C.§ 321（h）］，凡是用于诊断疾病或其他症状，对疾病有治愈、缓解、治疗或预防作用，或是可以影响人体结构或功能的器械，均为医疗器械。故你公司涉及检查的产品为医疗器械。

本次检查表明，这些医疗器械的生产、包装、储存或安装中使用的方法、设施或控制不符合21 CFR 820的cGMP要求，根据《法案》第501（h）节［21 U.S.C.§ 351（h）］的规定，属于伪劣产品。

2014年11月4日，FDA收到你公司质量经理Christopher Hansche针对FDA 483表（检查发现问题清单）的回复。FDA针对回复，处理如下。这些违规行为包括但不限于以下内容：

1．未能按照21 CFR 820.100（a）的要求建立和保持实施纠正和预防措施的程序。

例如，你公司2014年10月6日颁布的《纠正和预防措施（CAPA）程序（b）（4）修正案02》没有规定以下内容：

a．包括分析质量数据来源的需求，以识别不合格产品或其他质量问题的存在的和潜在的原因。

b．定义适当的统计方法，用于必要时发现反复出现的质量问题。

c．包括验证或确认纠正和预防措施的要求，以确保这些措施不会对器械成品产生不利影响。

d．确保与质量问题或不合格产品相关的信息传达给直接负责保证该产品质量或预防该问题的人员。

FDA审核了你公司的答复，认为是不够充分的。你公司修改了CAPA程序。然而，你公司并没有对质量数据和CAPA报告进行回顾性审核，以确保符合修订后的CAPA程序。

2．未能按照21 CFR 820.30（g）的要求建立和保持器械的设计确认程序。例如：

a．你公司2005年4月20日的设计确认程序（b）（4），用于the Tum ark Flex for Mammotome IIG的确认，没有：

i．声明将在规定的操作条件下，对初始生产单元、批次或等同物进行设计确认。

ii．说明设计确认将包括在实际或模拟使用条件下对生产单元的测试。

iii．建立确认接收标准。

b．你公司对Tumark Flex设备的设计确认并不是在初始生产单元和实际模拟条件下进行的。此外，你公司还没有建立Tumark Flex设备的确认接收标准。

FDA审核了你公司的答复，认为是不够充分的。你公司计划修改设计确认程序，并对修改后的程序进行人员培训。然而，你公司并没有对所有器械的设计确认记录进行回顾性审核，以确保设计确认是按照修订后的程序进行的。

3．未能按照21 CFR 820.50的要求建立和保持程序，确保所有采购或以其他方式收到的产品和服务满足

规定的要求。

例如，你公司的供应商审核程序要求供应商至少每三年审核一次，如果发现质量问题，则每两年审核一次。然而，你公司至少有三年没有对Tumark Flex设备的主要组件供应商进行审核。

FDA审核了你公司的答复，认为是不够充分的。你公司对缺失的供应商审核进行了差异分析，对进行了人员培训，完成了关键供应商的审核。然而，你公司并没有说明审核所涵盖的内容。你公司没有提供证据，如审核日程或审核完成日期，以确保审核的执行。

4．未能按照21 CFR 820.250（b）的要求建立和保持程序，确保抽样方法适合其预期的用途，并确保当发生变化时，对抽样方案进行重新评审。例如：

a．你公司没有为进货原材料样本大小建立有效的统计学原理。

b．你公司的Tumark Flex生产说明书要求（b）（4）。然而，这个样本量并不是基于有效的统计原理建立的。

FDA审查了你公司的答复，认为是不够充分的。你公司计划修改其程序，以满足ISO 2859《按属性检查的抽样程序》的要求。但是，你公司没有提供修改后的程序。此外，你公司没有对验收记录进行回顾性审核，以确定抽样计划是否合适，并在适当时采取纠正措施。

5．未能按照21 CFR 820.22的要求建立质量审核的程序并进行审核，以确保质量体系符合已建立的质量体系要求，并确定质量体系的有效性。

例如，你公司的内部质量审核程序没有：

a．确保进行质量审核的人员对被审核的事项没有直接责任。

b．确定质量体系规定需要被进行审核的人员审核。

FDA审查了你公司的答复，认为是不够充分的。你公司修改了内部质量审核程序。但是你公司没有提供修改后的程序和修改后程序的人员培训记录。你公司没有对质量审核进行回顾，以确保审核是按照修改后的程序进行的。

根据《法案》第502（t）（2）节［21 U.S.C.§ 352（t）（2）］，FDA的检查也表明你公司的器械错贴标签，因为你公司未能或拒绝按照《法案》第519节（21 U.S.C.§ 360i）和21 CFR 803——医疗器械报告（MDR）的要求提供器械相关的材料和信息。重大违规行为包括但不限于以下行为：

6．未能按照21 CFR 803.17的要求制定、维护和实施书面MDR程序。

例如，你公司2014年10月10日发布的MDR报告医疗器械报告（b）（4）没有：

a．建立内部系统，及时有效地识别、沟通和评估可能符合MDR要求的事件。例如，在评估可能符合21 CFR 803.50（a）规定的报告标准的投诉时，你公司没有考虑21 CFR 803.中可上报事件的定义。21 CFR 803.3的“MDR可报告的事件”“严重伤害”和“合理建议”可能导致你公司做出不正确的上报决定。

b．建立内部制度，规定一个标准化的评审过程，以确定事件何时符合21 CFR 803.17规定的报告标准。例如：

i．对每件事件进行全面调查和评估事件原因未进行说明。

ii．对于你公司将如何评估一个事件的信息，以便及时做出MDR上报的决定，没有说明。

c．建立内部系统，以及时传达完整的医疗器械报告。具体为，你公司的程序并没有解决你公司必须提交补充报告或后续报告的情况以及此类报告的要求。

d．描述你的公司将如何处理文件和记录保存的要求，包括：

i．不良事件相关信息的文档以MDR事件的形式保存。

ii．为确定事件是否可报告而评估的信息。

iii．用于确定与器械相关的死亡、重伤或故障是否应报告或不应报告的审议和决策过程的文件。

iv．确保能获取信息的系统，便于FDA能及时跟踪和检查。

FDA审核了你公司的答复，认为是不够充分的。你公司修改了MDR程序。然而，你公司修订的程序遗漏了21 CFR 803.20（c）（1）中“合理建议”一词的定义。

2014年2月13日，要求制造商和进口商向FDA提交电子医疗器械报告（eMDR）的eMDR最终规则发布。本最终规则的要求将于2015年8月14日生效。如果你公司目前没有以电子方式提交报告，FDA鼓励你公司访问以下web链接以获取有关电子报告要求的更多信息：url。

如果你公司希望讨论MDR上报标准或安排进一步的沟通，可以通过电子邮件联系上报审查小组ReportabilityReviewTeam@fda.hhs.gov。

鉴于违反《法案》的严重性质，你公司生产的器械，包括TUMARK Flex for Mammotome and biopsy system，根据《法案》第801（a）节，21 U.S.C.§ 381（a）的规定，被拒绝进入美国，因为它们被认为是伪劣产品。因此，FDA正在采取措施，拒绝这些器械进入美国，即所谓的“未经检查的拘留”，直到这些违规行为得到纠正。为了将这些器械从滞留中移出，你公司应按照以下所述对这封警告信作出书面答复，并纠正这封警告信中所述的违规行为。FDA将通知您有关你公司的回复是否足够，以及是否需要重新检查你公司的设施，以验证是否已经做出了适当的纠正。

此外，联邦机构会得知关于器械的警告信，以便在签订合同时考虑上述信息。如果FDA确定你公司违反了质量体系法规，且这些违规行为与Ⅲ类器械的上市前批准申请有关联，则在纠正这些违规行为之前，将不会批准此类器械。

请在收到本信函之日起15个工作日内将你公司为纠正上述违规行为所采取的具体步骤书面通知本办公室，并说明你公司计划如何防止此类违规行为或类似违规行为再次发生。包括你公司已经采取的纠正措施（必须解决系统问题）的文件材料。如果你公司计划采取的纠正措施将逐渐开展，请提供实施这些活动的时间表。如果无法在15个工作日内完成纠正和/或纠正措施，请说明延迟的原因以及完成这些活动的时间。你公司的回复应全面，并解决此警告信中所包括的所有违规行为。

最后，请注意本信函未完全包括你公司全部违规行为。你公司有责任遵守FDA所有的法律和法规。本信函和检查结束时签发的检查结果FDA 483表中记录的具体违规行为可能表明你公司制造和质量管理体系中存在严重问题。你公司应查明违规原因并及时采取纠正措施，确保产品合规。

第239封　给F.P. Rubinstein Y Cia SRL的警告信

生产质量管理规范/质量体系法规/医疗器械/伪劣

CMS # 445870
2015年1月29日

尊敬的T先生：

美国食品药品管理局（FDA）于2014年10月6日至10月14日，对你公司位于阿根廷科尔多瓦David Luque 519号的医疗器械进行了检查。检查期间，FDA检查员已确认你公司为磨皮、脱毛、激光及超声脱皮产品的生产制造商。根据《联邦食品、药品和化妆品法案》（以下简称《法案》）第201（h）节［21 U.S.C.§ 321（h）］，凡是用于诊断疾病或其他症状，对疾病有治愈、缓解、治疗或预防作用，或是可以影响人体结构或功能的器械，均为医疗器械。故你公司涉及检查的产品为医疗器械。

本次检查表明，这些医疗器械的生产、包装、储存或安装中使用的方法、设施或控制不符合21 CFR 820的cGMP要求，根据《法案》第501（h）节［21 U.S.C.§ 351（h）］的规定，属于伪劣产品。

2014年11月7日，FDA收到你公司针对FDA 483表（检查发现问题清单）的回复。FDA针对回复，处理如下。这些违规事项包含但不限于以下内容：

1．未能按照21 CFR 820.30（e）的要求，建立和保持程序，以确保对设计结果安排正式和形成文件的评审，并在器械设计开发的适宜阶段加以实施。每次设计评审的结果，包括设计内容说明、评审日期和参加评审的人员，应形成文件，归入设计历史文档（DHF）。例如：

a．你公司无设计评审程序。

b．你公司对于RC Six Power Basic高频皮肤提升器没有进行设计评审，或评审未记录到DHF中。

FDA认为你公司的回复并不充分，你公司未能提供实施纠正措施的证据。另外，你公司并未进行设计文件的回顾，以确保设计评审确实已充分实施。

2．未能按照21 CFR 820.90（a）的要求，建立和保持程序，以控制不符合规定要求的产品。

例如，你公司的不合格品控制程序PG 02，Rev. 2，要求对质量问题进行分析，以确保找出产生不合格的真正或潜在原因。但是，你公司的9个不合格报告中并未按文件要求实施评估。

你公司针对此问题的回复并不充分。你公司计划将调查计划形成适当的文件要求，但是并没有说明会新建或升版哪份文件来落实这个操作。你公司并没有明确如何来确定此整改计划的有效性。另外，你公司并没有对其他不合格报告进行回顾，以确保所有不合格都按照程序要求进行评估和控制。

3．未能按照21 CFR 820.198（a）的要求，保持投诉文档，并建立和保持由正式指定的部门接收、评审和评价投诉的程序。

例如，你公司并未按照投诉处置程序PG 03，Rev. 0的要求来处理投诉。具体如下：

a．你公司没有对投诉进行评估，以确定是否需要根据 21 CFR 803（医疗器械报告）的要求进行上报。

b．你公司没有对编号为（b）（4）和（b）（4）的两个投诉进行评估和调查。

c．你公司在系统中未能记录编号为（b）（4）的投诉。

d．你公司没有对记录在word文件上的9个投诉赋予唯一编号，此外，9个投诉中有2个缺少联系人信息。

目前不能判定你公司的回复是否充分，你公司未能提供针对此观察项实施了整改措施的证据。

4．未能按照21 CFR 820.30（i）的要求，建立和保持对设计更改的识别、形成文件、确认或（适当时）验证、评审，以及在实施前批准的程序。例如：

a．你公司的设计变更程序（b）（4）要求设计变更需记录到编号为（b）（4）的表格中。然而，你公司对于RC Six Power高频皮肤提升器的设计变更未进行记录便直接实施。

b．你公司对于设计变更（b）（4）的记录不完全。具体为，（b）（4）章节在存档过程中有缺失，并且此设计变更未经签字批准便已实施。

FDA认为你公司的回复并不充分。你公司并未对设计文件进行回顾性评审，以确保所有的设计变更都按要求充分实施。

5．未能按照21 CFR 820.80（d）的要求，为成品器械的验收建立和保持程序，确保每次和每批次生产的成品器械满足验收准则。

例如，对于编号为03的批记录 HS6100（序列号1008），未签字便已放行。然而HS6100的装运在2013年3月10日便已完成，表明你公司将未批准放行的产品发给客户。

FDA认为你公司的回复并不充分。你公司对产品接收程序PE 06.02进行升版，但并未提供升版后的文件。并且未能说明修改后的程序是如何确保产品接收程序充分建立的。

6．未能按照21 CFR 820.100（b）的要求，记录所有的CAPA及其处理结果。

例如，你公司的CAPA 报告不完整。具体如下：

a．编号为NCAI3 13-3的CAPA未完成“纠正和预防措施”“实施”“确认”“影响”及“解决效果”。

b．编号为NCAI6 13-3，NCAI5 13-3，NCAI8 13-3 和140501 的CAPA未填写“影响”及“解决效果”。

c．编号为 NCAI1 13-3，NCAI2 13-3，NCAI3 13-3，NCAI5 13-3，NCAI6 13-3，NCAI8 13-3和140501的CAPA没有签名表示其已完成或关闭。

FDA认为你公司的回复并不充分。你公司计划升版相应文件，但是没有说明具体的文件名称。并且你公司未能提供任何升版后的文件。

7．未能按照21 CFR 820.72（a）的要求建立和保持程序，确保装置得到常规的校准、检验、检查和维护。

例如，你公司的校准程序（b）（4）中要求进行设备年度校准，校准列表PL06.02.001中列出了所有需要进行校准的设备，所有设备上次校准日期为2013年7月4日。根据要求，下次校准时间应该在2014年7月之前，但设备未能按照要求进行校准。

FDA认为你公司的回复并不充分。你公司的纠正措施计划并不能确定设备校准的要求能够被很好地执行。针对此观察项，你公司未能提供任何升版后的文件，也未能对经由未校准设备生产出的产品进行风险评估。

8．未能按照21 CFR 820.40（a）的要求指定人员，对所有编制好的文件在发布前评审其适宜性和进行批准，以满足本部分法规要求。

例如，你公司对（b）（4）的作业指导书，在下发之前未经过评审及批准签字。然而，正在使用这些指导书。

FDA认为你公司的回复不充分。你公司没有指出你公司是否有计划对质量体系文件进行回顾，以确保在文件生效前均经过审核批准，且未能提供纠正措施的实施证据。

考虑到违规的性质，根据《法案》第801（a）节［21 U.S.C.§ 381（a）］，你公司生产的脱皮、脱毛、射频皮肤提升和超声脱皮设备由于被判定为伪劣产品，将被禁止。FDA会采取措施，拒绝这些产品进入美国，即“不检验扣押”，直到所有的违规被改正。为了免除扣押，你公司应该按如下要求对此警告信进行回复，并改正此信中描述的所有违规行为。FDA会告知你公司的回复是否充分，并告知是否需要对你公司的工厂进行再次审核，以确定所有的整改均已实施。

此外，联邦机构会得知关于器械的警告信，以便在签订合同时考虑上述信息。如果FDA确定你公司违反了质量体系法规，且这些违规行为与Ⅲ类器械的上市前批准申请有关联，则在纠正这些违规行为之前，将不会批准此类器械。

请在收到本信函之日起15个工作日内将你公司为纠正上述违规行为所采取的具体步骤书面通知本办公室，并说明你公司计划如何防止此类违规行为或类似违规行为再次发生。包括你公司已经采取的纠正措施（必须解决系统问题）的文件材料。如果你公司计划采取的纠正措施将逐渐开展，请提供实施这些活动的时间表。如果无法在15个工作日内完成纠正，请说明延迟的原因以及完成这些活动的时间。你公司的回复应全面，并解决此警告信中所包括的所有违规行为。

最后，请注意本信函未完全包括你公司全部违规行为。你公司有责任遵守FDA所有的法律和法规。本信函和检查结束时签发的检查结果FDA 483表中记录的具体违规行为可能表明你公司制造和质量管理体系中存在严重问题。你公司应查明违规原因并及时采取纠正措施，确保产品合规。

第240封　给GVS Filter Technology UK Ltd.的警告信

生产质量管理规范/质量体系法规/医疗器械/伪劣

CMS # 445394

2015年1月23日

尊敬的P先生：

美国食品药品管理局（FDA）于2014年7月21日至7月24日，对你公司位于英国兰开夏郡（Lancashire）的医疗器械进行了检查。检查期间，FDA检查员已确认你公司为Ⅱ类空气过滤器和肺活量剂产品的生产制造商。根据《联邦食品、药品和化妆品法案》（以下简称《法案》）第201（h）节［21 U.S.C.§ 321（h）］，凡是用于诊断疾病或其他症状，对疾病有治愈、缓解、治疗或预防作用，或是可以影响人体结构或功能的器械，均为医疗器械。故你公司涉及检查的产品为医疗器械。

本次检查表明，这些医疗器械的生产、包装、储存或安装中使用的方法、设施或控制不符合21 CFR 820的cGMP要求，根据《法案》第501（h）节［21 U.S.C.§ 351（h）］的规定，属于伪劣产品。

2014年8月14日，FDA收到你公司针对FDA 483表（检查发现问题清单）的回复。FDA针对回复，处理如下。这些违规事项包含但不限于以下内容：

1．未能按照21 CFR 820.100（a）的要求建立和保持实施纠正和预防措施（CAPA）的程序。

例如，你公司的CAPA程序没有包括以下几个方面的要求：

A．分析特定的质量数据，以判断是否存在，或可能存在导致不合格或其他质量问题的风险。

B．对纠正和预防措施进行验证或确认，确保措施有效并且不会影响到最终产品。

FDA认为你公司的回复并不充分。你公司提供了升版的不合格报告，并且加亮了报告中对于纠正措施的验证和确认，也升版了CAPA程序，增加了对于质量数据分析的要求。但是，升版的程序中没有涵盖对于纠正和预防措施的有效性评价，以及需要保存哪些记录。并且，没有对已有的CAPA进行回顾，以确保所有的有效性评价都已经执行并存档。

2．未能按照21 CFR 820.100（b）的要求记录完整的CAPA活动。

例如，两个由客户投诉引起的CAPA，以及三个由于不合格报告的8D分析引发的CAPA，并没有记录验证和确认的过程，以确保纠正和预防措施是有效的，并且没有影响到最终的产品。

FDA认为你公司的回复并不充分。你公司提供了升版的不合格品报告，并且加亮了报告中对于纠正措施的验证和确认，并提供了对于升版文件的培训记录。但是没有证据表明你公司对于所有CAPA进行了回顾，以确保所有的有效性验证都被完整记录。

3．未能按照21 CFR 820.198的要求保持投诉文档，并建立和保持由正式指定的部门接收、评审和评价投诉的程序。

例如，你公司的投诉控制程序缺少以下要求：

a．当投诉不需要进行调查时，应记录不需要调查的原因，并且记录处理此投诉的人员。

b．对于投诉的事件，需要评估是否按照21 CFR 803的要求上报FDA。

c．记录收到投诉的时间。

d．记录投诉调查的时间和结果。

FDA认为你公司的回复并不充分。你公司升版了投诉处置程序，增加了记录不需要调查的决定，以及判定是否需要上报MDR。但是升版的文件缺少记录收到投诉，以及投诉调查的时间。并且，没有证据表明你公司对投诉进行了回顾，确认是否有投诉需要上报MDR的情况。

4．未能按照21 CFR 820.198（e）的要求对投诉调查进行记录和保存。

例如，有两个投诉的调查日期和结果没有被记录。

FDA认为你公司的回复并不充分，你公司升版了投诉程序及相关的记录表，确保投诉被记录。然而，没有证据表明你公司对所有的投诉记录进行了回顾，来确保每个投诉的记录都被完整保存。

5．未能按照21 CFR 820.75（a）的要求，当过程结果不能为其后的检验和试验充分验证时，过程应以高度的把握予以确认，并按已确定的程序批准。

例如，在NaCl效力过程确认报告（b）（4）中：

a．原始记录表明（b）（4）样本筛选测试没有达到99.97%的要求。然而所有的结果记录为“通过”，并没有进行偏差分析。

b．根据21 CFR 820.250 的要求，（b）（4）中描述了对于NaCl效能的样本测试计划，但是并没有建立确认的统计学依据，也没有识别过程确认中产品特性的接受标准。

FDA认为你公司的回复并不充分。你公司提供了升版的过程确认报告，添加了三个人的审阅签字。但是，没有对于不合格结果在报告中体现为通过做出解释。没有对建立过程确认方案中使用的统计技术做出解释。

6．未能按照21 CFR 820.90（b）（2）的要求，返工和再次评价活动，包括确定返工是否对产品有任何不利影响，应形成文件，归入器械历史记录（DHR）。

例如，你公司的不合格控制程序“质量控制（b）（4）”中说明“（b）（4）”，然而在相关的不合格报告中，没有记录返工的活动在哪里实施。

FDA认为你公司的回复并不充分。你公司提供了升版的“（b）（4）材料控制Rev. 19”程序，包含对于生产中退回品和缺陷的处置措施，但是没有提供修正过的不合格报告。同时，没有证据表明你公司对于所有的不合格报告中的返工做了记录回顾。

7．未能按照21 CFR 820.90（b）（1）的要求建立和保持程序，以确定评审职责和不合格品的处置授权。不合格品的处置应形成文件。例如：

a．你公司的不合格品控制程序“质量控制，（b）（4）”没有描述对于不合格品的处置要求。程序中也没有要求对不合格品的判别和批准适用做记录。

b．五个不合格品报告都没有适当的记录对不合格产品的处置。相关的报告中显示有对应数量的不合格品被作废或正常使用。

FDA认为你公司的回复并不充分。你公司升版了不合格控制程序，“（b）（4）材料控制Rev.（b）（4）”添加了处置措施。但是回复中没有对于不合格记录的修订。且没有证据表明你公司对其他的不合格记录进行了审阅，保证程序生效前的操作符合要求。

8．未能按照21 CFR 820.30（g）的要求建立和保持器械的设计确认程序，设计确认应确保器械符合规定的使用者需要和预期用途。

例如，你公司的设计控制程序没有包含审计验证需要进行模拟使用或临床试验以确保符合用户使用需求的要求。

FDA认为你公司的回复并不充分。你公司升版了设计控制程序，添加了设计验证的要求。但是并没有添加对于模拟使用或临床的要求，来保证设计符合用户使用需求。

9．未能按照21 CFR 820.50（b）的要求建立采购程序，可能时，采购文件应包括一份供方、承包方和顾问同意将其产品或服务的变更通知制造商的协议书，以使制造商能确定这些变更是否会影响成品器械的质量。

例如，在“2007年10月1日发出的供应商问卷”中并没有包含于供应商的协议或合同表明供应商需要做变更告知。

FDA认为你公司的回复并不充分。你公司提供了升版的“（b）（4）供应商协议 Rev.（b）（4）”，添加了供应商变更告知的要求，但没有证据表明你公司对已有的供应商进行了评审，重新签订升版的协议。

10．未能按照21 CFR 820.80（e）的要求记录最终验收活动。例如：

a．对3000/11多片式平顶过滤器，包括100%泄漏试验、压降试验、效率试验的测试需求没有记录放行测试。

b．批记录（b）（4）中没有记录降压测试操作及其结果。

c．批记录（b）（4）中未能按照要求确保每小时按适当的间隔进行并记录扭矩测试。

FDA认为你公司的回复不充分。你公司提供了带有测试记录的新的批记录（b）（4），还有3000/11平顶过滤器相关的完整的测试文档，但是未能提供修订的版本。并且未能提供升版的程序及培训记录。并且你公司未能提供证据表明对批记录进行回顾，来确保所有需要的测试都进行，或对未通过的测试进行风险分析，并记录所有活动。

11．未能按照21 CFR 820.250（b）的要求建立和保持程序，确保抽样方法适合其预期的用途，并确保当发生变化时，对抽样方案进行重新评审。

例如，你公司的抽样计划程序描述了如何通过测试（b）（4）个样本来验证新工具，没有支持的统计原理。

FDA认为你公司的回复并不充分。你公司提供了“（b）（4），统计技术，Rev 0”。然而，该程序似乎涉及与监视和检查相关的统计技术，而不是过程验证。此外，你公司没有提供使用（b）（4）和（b）（4）作为所述流程验证的一部分的统计依据，也没有提供对用于其他验证工作的抽样计划进行回顾性审查的证据。

12．未能按照21 CFR 820.22的要求建立质量审核的程序并进行审核。

例如，你公司的质量审核程序要求质量代表按计划开展内审，并且确保内审由培训过的人员开展。然而2013年的内审中显示31个审核员中有16名未能按照计划开展审核，2012年，28名审核员中8名没有按计划开展审核。

你公司对此发现项的回复较为充分。你公司提供了升版后的质量审核程序，说明了质量审核的频率，以及如何实施和记录。同时，你公司提供了升版程序的培训记录，2014年最新的内审计划及内审完成记录。

考虑到违规的性质，根据《法案》第801（a）节［21 U.S.C.§ 381（a）］，你公司生产的医疗器械由于被判定为伪劣产品，将被禁止。FDA会采取措施，拒绝这些产品进入美国，也就是“不检验扣押”，直到所有的违规被改正。为了免除扣押，你公司应当按如下要求对此警告信进行回复，并改正此信中描述的所有违规行为。FDA会告知有关你公司的回复是否充分，并告知是否需要对于你公司的工厂进行再次审核，以确定所有的整改均已实施。

此外，联邦机构会得知关于器械的警告信，以便在签订合同时考虑上述信息。如果FDA确定你公司违反了质量体系法规，且这些违规行为与Ⅲ类器械的上市前批准申请有关联，则在纠正这些违规行为之前，将不会批准此类器械。

请在收到本信函之日起15个工作日内将你公司为纠正上述违规行为所采取的具体步骤书面通知本办公室，并说明你公司计划如何防止此类违规行为或类似违规行为再次发生。包括你公司已经采取的纠正措施（必须解决系统问题）的文件材料。如果你公司计划采取的纠正措施将逐渐开展，请提供实施这些活动的时间表。如果无法在15个工作日内完成纠正，请说明延迟的原因以及完成这些活动的时间。你公司的回复应全面，并解决此警告信中所包括的所有违规行为。

最后，请注意本信函未完全包括你公司全部违规行为。你公司有责任遵守FDA所有的法律和法规。本信函和检查结束时签发的检查结果FDA 483表中记录的具体违规行为可能表明你公司制造和质量管理体系中存在严重问题。你公司应查明违规原因并及时采取纠正措施，确保产品合规。

第241封　给Nanosphere, Inc. 的警告信

生产质量管理规范/质量体系法规/医疗器械/伪劣

CMS # 430264

2015年1月21日

尊敬的M先生：

美国食品药品管理局（FDA）于2014年3月26日至4月4日，对你公司位于伊利诺斯州诺斯布鲁克商业大街4088号的医疗器械进行了检查。检查期间，FDA检查员已确认你公司为体外诊断分析（Ⅱ类医疗设备），包括Verigene®处理器SP系统和墨盒的生产制造商。根据《联邦食品、药品和化妆品法案》(以下简称《法案》）第201（h）节［21 U.S.C.§ 321（h）］，凡是用于诊断疾病或其他症状，对疾病有治愈、缓解、治疗或预防作用，或是可以影响人体结构或功能的器械，均为医疗器械。故你公司涉及检查的产品为医疗器械。

本次检查表明，这些医疗器械的生产、包装、储存或安装中使用的方法、设施或控制不符合21 CFR 820的cGMP要求，根据《法案》第501（h）节［21 U.S.C.§ 351（h）］的规定，属于伪劣产品。

2014年4月24日、5月30日、6月30日、7月31日和9月30日，FDA收到你公司针对FDA 483表（检查发现问题清单）的回复。FDA针对回复，处理如下。这些违规事项包含但不限于以下内容：

1．未能按照21 CFR 820.100（a）（1）的要求，对过程、操作工序、让步接收、质量审核报告、质量记录、服务记录、投诉、返回产品和质量信息的其他来源进行分析，以识别不合格品或其他质量问题的已存在的和潜在原因。

具体为，你公司2013年实施的CAPA程序 QASOP-032，“CAPA 过程”，对于引发CAPA的调查描述不充分，没有说明审核结果作为CAPA来源的依据。例如：

a．QASOP-032 声称内审或外审作为数据来源，需要进行分析判断不良趋势，从而决定是否需要开启CAPA，同时，QASOP-032 声称CAPA任何时候都可以开启，但是如果不合格发生的严重程度和频率足够高，需要在质量评审委员会（QRB）的两次例会之间立即进行调查，应咨询CAPA协调者和QRB主席，并将状态在下一次QRB会议中更新。程序中没有定义需要立即开启CAPA的情况。因此，在2013年11月13日的一次外部审核中，审核员提出两个“最大风险”和“最高频率”的问题并没有立即启动CAPA。关于外审发现项引发的CAPA 14-003 和14-013直到2014年2月才开启。

b．QASOP-032声称QRB需要至少每月例会来对质量数据进行评估，然而，你公司在2013年11月22日、2013年12月20日和2013年12月20日、2014年1月31日共举行了四次QRB例会，审核发现均未被记录并提上会议。你公司意识到在2013年11月13日的一次外审中提出对于风险的程度和频率进行评估的问题需要开启CAPA，但直到2013年1月31日的QRB会议上才讨论此问题，2014年2月CAPA才启动。

FDA认为你公司对于a和b的答复不充分。你公司的答复并没有能解决QASOP-032的问题，没有具体说明在什么情况下需要立即启动CAPA。另外，你公司的回复指出QASOP-015，“内部质量审核”被升版，说明应该何时、对内审的何种结果、如何进行分析，升版的文件中说明关于CAPA的启动参考CAPA程序，但CAPA程序中并没有提供如何分析评估审核发现项。

2．未能按照21 CFR 820.100（a）（4）的要求验证或确认纠正和预防措施，确保措施有效并对成品器械无不利影响。

具体为，用于解决萃取头泄漏测试导致的低产量问题的CAPA 13-001没有证据显示完成了有效性评价。有效性评价计划中包括通过泄露测试记录评审来评估更换新热封图层对于产量的影响。CAPA13-001在2013年9月18日完成。

FDA认为你公司的回复并不充分，虽然你公司的回复指出缺少的有效性评价文件被重新建立，但是你公司并没有对其他的CAPA进行评审，也没有采取措施预防此问题再次发生。

3．未能按照21 CFR 820.30（i）的要求建立和保持对设计更改的识别、形成文件、确认或（适当时）验证、评审，以及在实施前批准的程序。

具体为，你公司的变更控制流程，包括QASOP-002，“变更控制”并没有要求对变更进行相关的培训。如变更请求CR13-212，记录了（b）(4）抽样计划的变更，但没有对QC人员进行培训。

FDA认为你公司的回复并不充分，你公司更新了QASOP-002，包含了7月31日回复的新流程的副本，升版的流程仍未包含培训的要求。

4．未能按照21 CFR 820.50（a）的要求建立保持供应商、承包方和顾问必须满足的要求，包括质量要求。

例如，你公司的程序QASOP-010，“供应商管理和采购控制”有如下问题：

a．五个供应商的供应商评估表（QASOP-010附表Ⅱ）未完成便已经签字，其中“供应商质量审核（如需要）”一栏未填写。

b．QASOP-010缺少质量审核要素的细节。如程序要求对部分供应商进行质量审核，但是并没有说明需要审核的条件，也没有其他具体说明。

c．QASOP-010在2.3中提到“临时供应商”“供应商状态”，2.4中提到“供应商监控”；但程序中没有说明什么情况下供应商被归类为临时供应商。

d．QASOP-010在2.3中提到，“供应商状态”，采购维持有效供应商清单，然而，2014年3月28日，FDA检查员查看了合格供应商清单，其中包含了两个从2009年6月起便未使用的供应商。

FDA查看了你公司的说明及升版的QASOP-010；然而此程序的充分性和有效性将在下一次FDA审核过程中被关注。此外，你公司的回复提到，所有的供应商都已经按照升版的程序文件进行了重新评审，并附了9月30日的一份备忘录表明评审完成，然而你公司提供的回复中没有提供相关原始记录。

5．未能按照21 CFR 820.25（b）的要求建立确定培训需求的程序，并确保所有员工接受培训，以胜任其指定的职责。

具体为，QASOP-004，“人员培训”3.3.3.中说明对团队和个人培训需要保存培训记录表，但相关要求并未遵守。例如：

a．2014年2月28日，一名组装Verigene®处理器SPs 的员工，其最近的培训记录日期为2012年10月22日，IMWKI-025的培训记录中没有日期和培训人员签名。

b．QASOP-004，版本7，要求团队培训记录中有一列“效果评价”，但审核过程中发现以下问题：

i．2014年3月中的数日关于“Verigene SP Small Tray Filling Procedure”进行的培训没有效果评价的日期和人员签名。

ii．2014年3月21日完成的实验室安全培训，文件编号（b）(4)，有（b）(4）问题。

FDA认为你公司对于a和b的纠正措施，及升版的培训程序QASOP-004的有效性不能判定，需要在FDA的跟进审核中现场判断。

更正及移除规定：

FDA的审核发现，你公司的器械没有符合《法案》第502（t）(2）节［21 U.S.C. 353（t）(2)］的要求，你公司对于纠正或移除的操作是否需要上报FDA未能按照21 CFR 806.20（b）(4）的要求进行评价和记录，如客户反馈“没有Tip加载”和高压失效等。Nanosphere通过NCR13-144来调查这些问题，在2013年10月，你公司告知客户可能需要一个Tip Holder集成，2013年10月10日的事件调查委员会的会议记录中指出，“除了过程问题之外，没有任何迹象表明这导致了任何其他问题，也无需对过程问题进行上报。因这不是安全问题”会议记录未陈述不上报的理由，也无指定人员审查和评价签字。

你公司应立即采取措施纠正本信函所述的违规行为。如若未能及时纠正这些违规行为，可能导致FDA在没有进一步通知的情况下启动监管措施。监管措施包括但不限于没收、禁令和民事罚款。此外，联邦机构会得知关于器械的警告信，以便在签订合同时考虑上述信息。

请在收到本信函之日起15个工作日内将你公司为纠正上述违规行为所采取的具体步骤书面通知本办公室，并说明你公司计划如何防止此类违规行为或类似违规行为再次发生。包括你公司已经采取的纠正措施（必须解决系统问题）的文件材料。如果你公司计划采取的纠正措施将逐渐开展，请提供实施这些活动的时间表。如果无法在15个工作日内完成纠正，请说明延迟的原因以及完成这些活动的时间。你公司的回复应全面，并解决此警告信中所包括的所有违规行为。

最后，请注意本信函未完全包括你公司全部违规行为。你公司有责任遵守FDA所有的法律和法规。本信函和检查结束时签发的检查结果FDA 483表中记录的具体违规行为可能表明你公司制造和质量管理体系中存在严重问题。你公司应查明违规原因并及时采取纠正措施，确保产品合规。

第242封　给Criticare Systems（Malaysia）Sdn. Bhd. 的警告信

生产质量管理规范/质量体系法规/医疗器械/伪劣

CMS # 445485

2015年1月15日

尊敬的J先生：

美国食品药品管理局（FDA）于2014年9月15日至9月19日，对你公司位于马来西亚柔佛（Johor）的医疗器械进行了检查。检查期间，FDA检查员已确认你公司为自动体外除颤器（AED）的生产制造商。根据《联邦食品、药品和化妆品法案》（以下简称《法案》）第201（h）节［21 U.S.C.§ 321（h）］，凡是用于诊断疾病或其他症状，对疾病有治愈、缓解、治疗或预防作用，或是可以影响人体结构或功能的器械，均为医疗器械。故你公司涉及检查的产品为医疗器械。

本次检查表明，这些医疗器械的生产、包装、储存或安装中使用的方法、设施或控制不符合21 CFR 820的cGMP要求，根据《法案》第501（h）节［21 U.S.C.§ 351（h）］的规定，属于伪劣产品。

FDA在收到了2014年10月31日你公司针对FDA检查员出具的FDA 483表（检查发现问题清单）的回复，你公司2014年11月28日回复的内容没有被审阅，因为超过了15日的期限，会对11月28日的回复和其他关于此警告信提供的材料一起进行评估，以下是FDA的回应，这些违规事项包含但不限于以下内容：

1．未能按照21 CFR 820.100（a）的要求建立和保持实施纠正和预防措施的程序。

例如，你公司的CAPA程序CSMSOP8.5-2.1，Rev. D.要求对纠正措施的有效性进行评价，但是你公司并没有针对VCAR-CSI-Oct13-001和VCAR-CSI-Dec13-001的纠正措施进行审核。

FDA认为你公司的回复并不充分。你公司没有能够说明如何保证人员能够按照CAPA流程操作。并且你公司的回复没有说明你公司是否计划对CAPA报告进行回顾，保证已有的CAPA措施都按照要求执行。

2．未能按照21 CFR 820.198（a）的要求保持投诉文档，并建立和保持由正式指定的部门接收、评审和评价投诉的程序。

例如，你公司的投诉控制程序CSMSOP 8.5.1-2 Rev. A.和CSMOP 7.2.3-1 Rev. D.，没有包含以下内容：

i．对于由于器械、商标、包装等引起的投诉，在必要时需要调查是否符合标准要求。

ii．需要记录投诉接收和调查的时间及内容。

FDA认为你公司的回复并不充分。你公司的程序中没有加入存档的要求，并且你公司没有计划对所有的投诉历史文件进行回顾，保证已有的投诉都经过评估或调查。

3．未能按照21 CFR 820.198（e）的要求进行调查时，调查记录应由正式指定的部门保存。例如：

a．你公司对于客户反馈（b）（4）没有进行调查，也没有在CAR中记录不需要调查的原因。

b．你公司没有记录以下投诉的调查结果：

i．AED扬声器模组绝缘子安装不正确；

ii．用于G3 AED单元的电池线束放置不正确；

iii．G5 AED机组内部不明白色粉末；

iv．G5 AED机组防篡改贴纸的遗漏和撕裂；

v．在G5 AED单元上，一个电极夹短于另一个电极夹。

FDA认为你公司的回复并不充分，你公司没有补充缺少的调查记录，也没有说明是否有计划对所有的投诉进行回顾，以保证所有的调查记录都被完整保存。

4．未能按照21 CFR 820.70（b）的要求建立和保持对规范、方法、过程或程序做出更改的程序。例如：

a．你公司的工艺变更程序CSMSOP 7.5.1-2，Rev. D.，没有要求在工艺变更实施前对其进行适当的验证和确认。

b．你公司的工艺变更（PCRs），PCR-CSC-514-003，PCRCSC-513-002和PCR-CSC-113-001-D，没有进行验证和确认，也没有解释为什么不需要进行变更的验证和确认。

FDA认为你公司的回复并不充分。你公司没有提供升版的工艺变更程序和对应的人员培训记录。你公司没有补充的验证和确认过程。同时你公司没有说明是否计划进行所有的变更回顾，以保证所有的变更都为有控制的实施。最后，你公司没有评估变更控制是否会导致不合格品的产生。

5．没有按照21 CFR 820.100（b）的要求对纠正和预防措施的所有活动及其结果形成文件。

例如，你公司没有记录下面的CAPA活动：

a．CAPA报告CAR-CSI-June12-001的验证和确认活动，包括G3 AED单元的重复序列号；

b．供应商纠正措施报告的有效性检查（b）（4）Nov13-002日（4），涉及在G5 AED设备上使用不正确的LED颜色；

c．供应商纠正措施报告，与针对G5 AED单元的NVI指标的CAPA报告（b）（4）Apr13-005相关。

FDA认为你公司的回复并不充分。你公司没有说明如何保证所有人员都能够按照CAPA流程执行。同时你公司没有说明是否有计划对所有CAPA进行回顾，保证CAPA活动都能够完整记录。

6．未能按照21 CFR 820.50的要求建立和保持程序，确保所有采购或以其他方式收到的产品和服务满足规定的要求。例如：

a．你公司的供应商控制程序CSMSOP 7.4.1-1，Rev. F.，缺少以下内容：

i．根据评估结果，确定对所接收的产品、服务、供应商、承包商和顾问实施的控制类型和范围；

ii．规定需要进行的供应商审核的频率和类型；

iii．确保在你公司之前的审计中发现的缺陷或意见得到验证。根据你公司代表的说法，如果后续审计不包括先前审计的相同意见，则认为缺陷已得到解决。然而，此验证步骤不包括在你公司的程序中。

b．你公司没有任何文件表明，在你公司对下列事项进行的后续审核中已处理了以前的问题：

i．你公司2013年对（b）（4）的审核，主要有以下三点：进货检查记录缺失、一年的培训缺失、没有最终数量核算；

ii．你公司2012年的审计报告（b）（4）中指出，材料中应该有接收验收章。

FDA认为你公司的回复并不充分。你公司没有升版程序，也没有表明是否会进行回顾来确保进行有效的供应商管理。

7．未能按照21 CFR 820.25（b）的要求建立确定培训需求的程序，并确保所有员工接受培训，以胜任其指定的职责。

例如，你公司没能保存人员培训记录。具体为，你公司缺少对操作指南的培训记录。

目前不能判定你公司回复的充分性。你公司声明你公司查看了培训记录和操作指南，升版了所有员工的培训记录，但是并没有提供相应整改措施的证据。

考虑到违规的性质，根据《法案》第801（a）节［21 U.S.C.§ 381（a）］的规定，你公司生产的医疗器械由于被判定为伪劣产品，将被禁止。FDA会采取措施，拒绝这些产品进入美国，即“不检验扣押”，直到所有的违规被改正。为了免除扣押，你公司应按如下要求对此警告信进行回复，并改正此信中描述的所有违规行为。FDA会告知有关你公司的回复是否充分，并告知是否需要对你公司的工厂进行再次审核，以确定所有的纠正措施均已实施。

此外，联邦机构会得知关于器械的警告信，以便在签订合同时考虑上述信息。如果FDA确定你公司违反了质量体系法规，且这些违规行为与Ⅲ类器械的上市前批准申请有关联，则在纠正这些违规行为之前，将不会批准此类器械。

请在收到本信函之日起15个工作日内将你公司为纠正上述违规行为所采取的具体步骤书面通知本办公室，并说明你公司计划如何防止此类违规行为或类似违规行为再次发生。包括你公司已经采取的纠正措施（必须解决系统问题）的文件材料。如果你公司计划采取的纠正措施将逐渐开展，请提供实施这些活动的时间表。如果无法在15个工作日内完成纠正，请说明延迟的原因以及完成这些活动的时间。你公司的回复应全面，并解决此警告信中所包括的所有违规行为。

最后，请注意本信函未完全包括你公司全部违规行为。你公司有责任遵守FDA所有的法律和法规。本信函和检查结束时签发的检查结果FDA 483表中记录的具体违规行为可能表明你公司制造和质量管理体系中存在严重问题。你公司应查明违规原因并及时采取纠正措施，确保产品合规。

第243封　给Combo AG的警告信

生产质量管理规范/质量体系法规/医疗器械/伪劣

CMS # 443070

2015年1月12日

尊敬的G先生：

美国食品药品管理局（FDA）于2014年9月8日至9月11日，对你公司位于瑞士的朗格多夫（Langerdorf）和洛米斯维尔的医疗器械进行了检查。检查期间，FDA检查员已确认你公司为具有生物反馈机制的Giger医疗装置和生物反馈装置的生产制造商。根据《联邦食品、药品和化妆品法案》（以下简称《法案》）第201（h）节［21 U.S.C.§ 321（h）］，凡是用于诊断疾病或其他症状，对疾病有治愈、缓解、治疗或预防作用，或是可以影响人体结构或功能的器械，均为医疗器械。故你公司涉及检查的产品为医疗器械。

本次检查表明，这些医疗器械的生产、包装、储存或安装中使用的方法、设施或控制不符合21 CFR 820的cGMP要求，根据《法案》第501（h）节［21 U.S.C.§ 351（h）］的规定，属于伪劣产品。

2014年9月25日，FDA收到你公司针对FDA 483表（检查发现问题清单）的回复。FDA针对回复，处理如下。这些违规事项包含但不限于以下内容：

1．未能按照21 CFR 820.30（a）的要求建立和保持器械设计控制程序，以确保满足规定的设计要求。

例如，没有设计控制程序来对设计过程进行管理。你公司的设计文件也不完整，缺少设计计划、设计评审和设计变更的内容。

FDA认为你公司的回复并不充分，你公司没有补充设计文件的缺失，也没有提供证据表明你公司按照程序实施了设计控制。

2．未能按照21 CFR 820.198（a）的要求保持投诉文档，并建立和保持由正式指定的部门接收、评审和评价投诉的程序。

例如，没有关于投诉管理的程序文件。针对一个软件问题的客户投诉，也没有展开调差。

FDA认为你公司的回复并不充分，你公司没有补充投诉的控制文件的缺失，也没有提供证据表明你公司更新并实施了投诉处置程序。

3．未能按照21 CFR 820.100（a）的要求建立和保持实施纠正和预防措施的程序。

例如，没有CAPA控制程序文件来规定如何实施CAPA。对于针对客户投诉展开的软件变更活动也没有进行记录。

FDA认为你公司的回复并不充分，你公司没有针对软件变更的问题建立CAPA，也没有记录调查及其他采取的措施。同时你公司没有提供更新的CAPA程序，及其有效实施的证据。

4．未能按照21 CFR 820.50的要求建立和保持程序，确保所有采购或以其他方式收到的产品和服务满足规定的要求。

例如，没有采购控制程序或供应商管理规定。

FDA认为你公司的回复并不充分。你公司没有表明你公司计划对现有供应商进行评估，以确保其满足要求。你公司也没有计划对现有供应商信息及采购的产品进行回顾保证其满足要求，并被充分管控。同时，你公司没有提供新的采购控制程序及其有效实施的证据。

5．未能按照21 CFR 820.80（b）的要求建立和保持进货产品的验收程序。

例如，没有采购产品或材料的接收程序。

FDA认为你公司的回复并不充分，你公司的回复中没有改正这项缺陷。

6．未能按照21 CFR 820.90（a）的要求建立和保持程序，以控制不符合规定要求的产品。

例如，没有建立不合格品控制程序。

FDA认为你公司的回复并不充分，你公司的回复中没有改正这项缺陷。

7．未能按照21 CFR 820.40的要求建立和保持对本部分要求的所有文件控制的程序。

例如，没有文件控制程序表明如何控制质量体系相关的文件，计算机配置检查表和芯片编程作业指导书为非受控文件。

FDA认为你公司的回复并不充分，你公司没有表明计划如何进行生产过程中的文件控制，也没有提供升版的文件控制程序及其实施的证据。

8．未能按照21 CFR 820.22的要求建立质量审核的程序并进行审核，以确保质量体系符合已建立的质量体系要求，并确定质量体系的有效性。

例如，没有内审管理程序，并且没有组织过内审。

FDA认为你公司的回复并不充分，你公司没有声明计划内审的时间，也没有提供新的内审程序及其实施的证据。

9．未能按照21 CFR 820.20（c）的要求，负有行政职责的管理层未按已建立程序所规定的时间间隔和足够的频次，评审质量体系的适宜性和有效性，以确保质量体系满足本部分的要求和制造商已建立的质量方针和质量目标。

例如，没有建立管理评审程序。

FDA认为你公司的回复并不充分，你公司没有提供计划组织管理评审的时间，也没有提供新的管理评审程序及其实施的证据。

10．未能按照21 CFR 820.25（b）的要求建立确定培训需求的程序，并确保所有员工接受培训，以胜任其指定的职责。

例如，没有培训程序。

无法判断你公司回复的充分性，直到你公司提供了实施培训程序的证据。

FDA的审核过程中依据《法案》第502（t）（2）节［21 U.S.C.§ 352（t）（2）］查看了你公司生物反馈Giger医疗设备，按照《法案》第519节（21 U.S.C.§ 360i）和21 CFR 803-医疗器械报告（MDR）所要求的器械，你公司没有详细说明或拒绝提供有关该器械的材料或信息，重大违规行为包括但不限于以下内容：

11．未能按照21 CFR 803.17的要求建立并实施MDR程序。

例如，没有不良事件上报程序。

无能判断你公司回复的充分性，直到你公司提供了MDR程序实施的证据。

考虑到违规的性质，根据《法案》第801（a）节［21 U.S.C.§ 381（a）］，你公司生产的医疗器械由于被判定为伪劣产品，将被禁止。FDA会采取措施，拒绝这些产品进入美国，也就是“不检验扣押”，直到所有的违规被改正。为了免除扣押，你公司应当按如下要求对此警告信进行回复，并改正此信中描述的所有违规行为。FDA会告知你公司的回复是否充分，并告知是否需要对于你公司的工厂进行再次审核，以确定所有的整改均已实施。

此外，联邦机构会得知关于器械的警告信，以便在签订合同时考虑上述信息。如果FDA确定你公司违反了质量体系法规，且这些违规行为与Ⅲ类器械的上市前批准申请有关联，则在纠正这些违规行为之前，将不会批准此类器械。

请在收到本信函之日起15个工作日内将你公司为纠正上述违规行为所采取的具体步骤书面通知本办公室，并说明你公司计划如何防止此类违规行为或类似违规行为再次发生。包括你公司已经采取的纠正措施（必须解决系统问题）的文件材料。如果你公司计划采取的纠正措施将逐渐开展，请提供实施这些活动的时间表。如果无法在15个工作日内完成纠正，请说明延迟的原因以及完成这些活动的时间。你公司的回复应全

面，并解决此警告信中所包括的所有违规行为。

最后，请注意本信函未完全包括你公司全部违规行为。你公司有责任遵守FDA所有的法律和法规。本信函和检查结束时签发的检查结果FDA 483表中记录的具体违规行为可能表明你公司制造和质量管理体系中存在严重问题。你公司应查明违规原因并及时采取纠正措施，确保产品合规。

第244封　给Conkin Surgical Instruments Ltd. 的警告信

生产质量管理规范/质量体系法规/医疗器械/伪劣

CMS # 443059

2015年1月12日

尊敬的V博士：

美国食品药品管理局（FDA）于2014年9月8日至2014年9月11日，对你公司位于加拿大安大略省多伦多市的医疗器械进行了检查。检查期间，FDA检查员已确认你公司为Valtchev Uterine Mobilizer的生产制造商。根据《联邦食品、药品和化妆品法案》（以下简称《法案》）第201（h）节［21 U.S.C.§ 321（h）］，凡是用于诊断疾病或其他症状，对疾病有治愈、缓解、治疗或预防作用，或是可以影响人体结构或功能的器械，均为医疗器械。故你公司涉及检查的产品为医疗器械。

本次检查表明，这些医疗器械的生产、包装、储存或安装中使用的方法、设施或控制不符合21 CFR 820的cGMP要求，根据《法案》第501（h）节［21 U.S.C.§ 351（h）］的规定，属于伪劣产品。

2014年10月3日，FDA收到你公司针对FDA 483表（检查发现问题清单）的回复。FDA针对回复，处理如下。这些违规事项包括但不限于以下内容：

1．未能按照21 CFR 820. 100（a）的要求建立和保持实施纠正和预防措施的程序。

例如，你公司的纠正和预防措施（CAPA）程序不包括分析质量数据以识别不合格产品或其他质量问题的现有和潜在原因，以及验证和确认纠正和预防措施的要求。

2．未能按照21 CFR 820.100（b）的要求记录纠正和预防措施活动及其结果。

例如，对于日期为2008年8月12日、2013年1月11日和2014年4月10日的不合格报告，其CAPA调查和CAPA有效性验证没有得到充分记录。

3．未能按照21 CFR 820.198（a）的要求，保持投诉文档，并建立和保持由正式指定的部门接收、评审和评价投诉的程序。

例如，你公司的投诉处理程序不能确保以统一、及时的方式处理投诉。同时，你公司的程序无法确保会对任何涉及器械、标签或包装可能无法满足其任何技术规范的投诉进行审查、评估和调查，除非已经针对类似的投诉进行了调查且其他调查是不必要的。此外，你公司没有考虑将由客户退回的Valtchev Uterine Mobilizer的非计划维修作为投诉。

4．未能按照21 CFR 820.30（i）的要求，建立和保持对设计更改的识别、形成文件、确认或（适当时）验证、评审，以及在实施前批准的程序。

例如，根据你公司的程序，你公司未能记录对Valtchev Uterine Mobilizer的设计变更。

5．未能按照21 CFR 820.80（b）的要求，建立和保持进货产品的验收程序。

例如，你公司进货产品的接收程序未描述接收标准或测试程序。

6．未能按照21 CFR 820.80（d）的要求，为成品器械的验收建立和保持程序，确保每次和每批次生产的成品器械满足验收准则。

例如，你公司的文件“成品检验清单”表明，泄漏测试被作为最终接收和放行活动的一部分来实施；然而，没有相应的书面测试程序。

7．未能按照21 CFR 820.80（e）的要求，记录接收活动。

例如，三个采购订单的物料接收记录未记录检验样本大小、检验类型和检验结果。此外，未记录Valtchev Uterine Mobilizer6的空格键的进货检验。

8．未能按照21 CFR 820.120的要求，建立和保持控制进行标记活动的程序。

例如，你公司的标签程序未包含确保标签在存储或使用之前已经被指定的个人检查其准确性的要求以及记录标签放行的要求。

FDA审核了你公司的答复，并得出结论认为这是不充分的。你公司通过提供根本原因分析来解决列出的所有违规行为；然而，你公司的答复中没有包括解决直接原因的纠正记录，或解决系统性问题的纠正措施记录。FDA的检查还发现，根据《法案》第502（t）（2）节［21 U.S.C.§ 352（t）（2）］，Valtchev Uterine Mobilizer贴错标签，因为你公司未能或拒绝提供《法案》第519节（21 U.S.C.§ 360i）和21 CFR 803部分–不良事件报告（MDR）中要求的有关器械的材料或信息。这些违规包括但不限于以下内容：

9．未能按照21 CFR 803.17的要求开发、维护和实施书面的MDR程序。

例如，你公司的程序未建立可提供以下内容的内部系统：

a．可能受MDR要求约束的事件的及时和有效的识别、沟通和评估；

b．确定事件何时符合21 CFR 803的报告标准的标准化审核流程；

c．完整的MDR的及时传输或描述你公司将如何解决文档和记录保存的要求。

目前无法确定你公司回复的充分性。你公司的回复未包括MDR程序的副本。为了确定充分性，FDA必须收到你公司的MDR程序的副本以供审查。

电子不良事件报告（eMDR）最终规则要求制造商和进口商向FDA提交eMDR，并已于2014年2月13日发布。此最终规则的要求将于2015年8月14日生效。如果你公司当前未提交电子形式的报告，FDA建议你公司访问以下web链接，以获取有关电子报告要求的更多信息：url。

如果你公司希望讨论MDR可报告性标准或安排进一步的沟通，则可以通过电子邮件ReportabilityReviewTeam@fda.hhs.gov与可报告性审核小组联系。

鉴于违反《法案》的性质严重，根据《法案》第801（a）节［21 U.S.C.§ 381（a）］，你公司生产的Valtchev Uterine Mobilizer将被拒绝入境，因为它们可能是伪劣的。因此，FDA正采取措施拒绝这些器械进入美国，被称为“直接扣押”，直到这些违规事项被纠正为止。为了将器械从扣押中移出，你公司应按照以下说明对本警告信做出书面回复，并纠正此信中描述的违规事项。FDA将会通知你：有关你公司的回复是否充分，以及需重新检查你公司的场所以验证是否已采取适当的纠正措施。

此外，联邦机构会得知关于器械的警告信，以便在签订合同时考虑上述信息。如果FDA确定你公司违反了质量体系法规，且这些违规行为与Ⅲ类器械的上市前批准申请有关联，则在纠正这些违规行为之前，将不会批准此类器械。

请在收到本信函之日起15个工作日内将你公司为纠正上述违规行为所采取的具体步骤书面通知本办公室，并说明你公司计划如何防止此类违规行为或类似违规行为再次发生。包括你公司已经采取的纠正措施（必须解决系统问题）的文件材料。如果你公司计划采取的纠正措施将逐渐开展，请提供实施这些活动的时间表。如果无法在15个工作日内完成纠正，请说明延迟的原因以及完成这些活动的时间。你公司的回复应全面，并解决此警告信中所包括的所有违规行为。

最后，请注意本信函未完全包括你公司全部违规行为。你公司有责任遵守FDA所有的法律和法规。本信函和检查结束时签发的检查结果FDA 483表中记录的具体违规行为可能表明你公司制造和质量管理体系中存在严重问题。你公司应查明违规原因并及时采取纠正措施，确保产品合规。

第245封　给Kaiya Medical（dba Care Medical-Foshan）的警告信

生产质量管理规范/质量体系法规/医疗器械/伪劣

CMS # 440104

2015年1月12日

尊敬的W先生：

美国食品药品管理局（FDA）于2014年7月21日至2014年7月24日，对你公司位于中国广东省的医疗器械进行了检查。检查期间，FDA检查员已确认你公司为雾化器的生产制造商。根据《联邦食品、药品和化妆品法案》（以下简称《法案》）第201（h）节［21 U.S.C.§ 321（h）］，凡是用于诊断疾病或其他症状，对疾病有治愈、缓解、治疗或预防作用，或是可以影响人体结构或功能的器械，均为医疗器械。故你公司涉及检查的产品为医疗器械。

本次检查表明，这些医疗器械的生产、包装、储存或安装中使用的方法、设施或控制不符合21 CFR 820的cGMP要求，根据《法案》第501（h）节［21 U.S.C.§ 351（h）］的规定，属于伪劣产品。

这些违规事项包括但不限于以下内容：

1．未能按照21 CFR 820.198的要求，当任何投诉涉及器械、标记或包装可能达不到其规范要求时，应进行评审、评价和调查，除非已对类似的投诉进行了调查，没有必要再做另一次调查。例如：

a．FDA的检查人员指出，没有对有关器械故障的单个投诉进行调查，也没有记录没有进行调查的原因。

b．投诉文件缺少日期、调查结果、已采取的纠正措施以及对投诉人的答复。

2．未能按照21 CFR 820.30（j）的要求，对每一类型的器械建立和保持一套设计历史文档（DHF）。

例如，你公司的KYWH2001型雾化器设计输入文档不包含当雾化器压缩机与附带的诸如VOC、臭氧和气溶胶等附件性能作为集成系统运行时，雾化器压缩机的功能性性能要求。你公司的顾问将这些集成的系统性能要求作为验证和确认活动的一部分进行了解决（如你公司的K101552提交中所述），但从未添加到设计输入文档中。

3．未能按照21 CFR 820.30（i）的要求，建立和保持对设计更改的识别、形成文件、确认或（适当时）验证、评审，以及在实施前批准的程序。

例如，你公司设计控制程序（b）（4）的设计变更部分并没有明确要求在必要时对变更进行验证和确认。

4．未能按照21 CFR 820.70（b）的要求，建立和保持对规范、方法、过程或程序做出更改的程序。

例如，你公司制定了适用于KYWH2004雾化器完成测试的接收标准，包括要求电流消耗小于或等于（b）（4）安培（A）的要求。但是，FDA检查员观察到，对KYWH2004压缩机进行了测试，并通过（b）（4）A到（b）（4）A的电流消耗来放行，该电流超过了既定的极限。你公司表示，对于115伏系统，正确的限制应为（b）（4）A，且你公司的文件中包含错误的接收标准。

5．未能按照21 CFR 820.22的要求建立质量审核的程序并进行审核，以确保质量体系符合已建立的质量体系要求，并确定质量体系的有效性。

例如，你公司的内部审核标准缺乏与质量体系法规、不良事件报告（MDR）法规、纠正和移除法规以及其他适用的FDA法规要求相符的要求。

FDA的检查还发现，根据《法案》第502（t）（2）节［21 U.S.C.§ 352（t）（2）］，你公司器械贴错标签，因为你公司未能或拒绝提供《法案》第519节（21 U.S.C.§ 360i）和21 CFR 803部分–不良事件报告（MDR）中要求的有关器械的材料或信息。重大违规包括但不限于以下内容：

6．未能按照21 CFR 803.17的要求开发、维护和实施书面MDR程序。

例如，在检查时，你公司没有书面的MDR程序。

鉴于违反《法案》的性质严重，根据《法案》第801（a）节［21 U.S.C.§ 381（a）］，你公司生产的雾化器将被拒绝入境，因为它们可能是伪劣的。因此，FDA正采取措施拒绝这些器械进入美国，被称为“直接扣押”，直到这些违规事项被纠正为止。为了将器械从扣押中移出，你公司应按照以下说明对本警告信做出书面回复，并纠正此信中描述的违规事项。FDA将通知你有关你公司的回复是否充分，以及需重新检查你公司的场所以验证是否已采取适当的纠正措施。

此外，联邦机构会得知关于器械的警告信，以便在签订合同时考虑上述信息。如果FDA确定你公司违反了质量体系法规，且这些违规行为与Ⅲ类器械的上市前批准申请有关联，则在纠正这些违规行为之前，将不会批准此类器械。

请在收到本信函之日起15个工作日内将你公司为纠正上述违规行为所采取的具体步骤书面通知本办公室，并说明你公司计划如何防止此类违规行为或类似违规行为再次发生。包括你公司已经采取的纠正措施（必须解决系统问题）的文件材料。如果你公司计划采取的纠正措施将逐渐开展，请提供实施这些活动的时间表。如果无法在15个工作日内完成纠正，请说明延迟的原因以及完成这些活动的时间。你公司的回复应全面，并解决此警告信中所包括的所有违规行为。

最后，请注意本信函未完全包括你公司全部违规行为。你公司有责任遵守FDA所有的法律和法规。本信函和检查结束时签发的检查结果FDA 483表中记录的具体违规行为可能表明你公司制造和质量管理体系中存在严重问题。你公司应查明违规原因并及时采取纠正措施，确保产品合规。

第246封　给Caliber Imaging & Diagnostics, Inc. 的警告信

试验器械豁免（IDE）/上市前批准申请（PMA）

CMS # 431658

2015年1月8日

尊敬的H先生：

美国食品药品管理局（FDA）了解到，你公司在未经市场许可或批准的情况下在美国销售Vivascope 1500，Vivascope 1500 Multilaser和Vivascope 3000，违反《联邦食品、药品和化妆品法案》（以下简称《法案》）的规定。

根据《法案》第201（h）节［21 U.S.C.§ 321（h）］，凡是用于诊断疾病或其他症状，对疾病有治愈、缓解、治疗或预防作用，或是可以影响人体结构或功能的器械，均为医疗器械。故你公司涉及检查的产品为医疗器械。

本次检查表明，这些医疗器械的生产、包装、储存或安装中使用的方法、设施或控制不符合21 CFR 820的cGMP要求，根据《法案》第501（h）节［21 U.S.C.§ 351（h）］的规定，属于伪劣产品。

2014年11月7日和12月16日，FDA收到你公司针对FDA 483表（检查发现问题清单）的回复。FDA针对回复，处理如下。检查期间发现的违规事项包括但不限于以下内容：

Vivascope 1500

FDA已经审查了你公司的网站（www.caliberid.com），并确定根据《法案》第501（f）（1）（B）节［21 U.S.C.§ 351（f）（1）（B）］，Vivascope 1500属于伪劣产品。因为你公司的上述销售产品没有根据《法案》第515（a）节［21 U.S.C.§ 360e（a）］，获得批准的上市前批准申请（PMA），或根据《法案》第520（g）节［21 U.S.C.§ 360j（g）］，获得批准的试验器械豁免（IDE）申请。

根据《法案》第502（o）节［21 U.S.C.§ 352（o）］，Vivascope 1500 也贴错了标签，因为你公司在未根据《法案》第510（k）节［21 U.S.C.§ 360（k）］和21 CFR 807.81（a）（3）（ii）的规定，向FDA提交新的上市前通知的情况下，对器械的预期用途进行了重大变更或修改，并将其引入或交付给州际贸易进行商业分销。具体为，在K080788下许可了Vivascope 1500，并具有以下指示：

Vivascope系统旨在获取、存储、检索、显示和转移体内暴露的未染色上皮和支持性基质中的组织图像，包括血液、胶原蛋白和色素，供医师检查以帮助形成临床判断。

但是，你公司对Vivascope 1500器械的推广提供了证据，表明该器械旨在诊断皮肤癌并监测皮肤癌治疗的治疗结果，这对其预期用途进行重大变更或修改，而你公司对此缺乏许可或批准。你公司网站上的示例包括：

- “以高灵敏度和特异性诊断皮肤癌”
- “将良性病变与需要手术的病变区分开来”
- “监测非侵入式治疗的治疗结果”
- “VivaScope 1500……已成为全球许多皮肤癌中心诊断黑素瘤、基底细胞癌和鳞状细胞癌的组成部分……”
- “它还用于评估愈合过程以及监测皮肤癌治疗和药物的治疗效果。”

Vivascope 1500的推广是用于皮肤癌、高危和常见疾病的诊断以及监测皮肤癌治疗和药物的治疗结果，已超出了器械明确的适应证，对器械的预期用途构成重大变更或修改，因为该器械表明仅用于组织的体内成像，由医师审查以帮助形成临床判断，而不是诊断皮肤癌或监测皮肤癌治疗的治疗结果。

Vivascope 1500 Multilaser

FDA已经审查了你公司的网站（www.caliberid.com），并了解到你公司正在将Vivascope 1500 Multilaser用于以下预期用途："VivaScope 1500 Multilaser对暴露的未染色上皮和支持基质的体内形态进行成像，帮助协助形成临床判断。Vivascope 1500 Multilaser并不是诊断的主要手段。"另外，该网站声称该器械具有广泛的应用，包括：

- "确定治疗方案的效力"
- "评估真皮-表皮连接结构和色素密度"
- "量化皮肤层的变化并测量单个细胞的大小"
- "评估胶原蛋白结构的变化"
- "评估透皮给药系统"

根据FDA对Vivascope 1500 Multilaser的预期用途声明（包括上述应用）的审查，Vivascope 1500 Multilaser符合《法案》对医疗器械的定义。《法案》要求未经豁免的器械制造商在将其产品出售之前，必须先获得FDA的市场许可或产品许可。

查阅FDA的记录后发现，你公司未获得营销许可或批准销售Vivascope 1500 Multilaser，这是违反法律的。具体为，根据《法案》第501（f）（1）（B）节［21 U.S.C.§ 351（f）（1）（B）］，Vivascope 1500 Multilaseris属于伪劣产品。因为你公司的上述销售产品没有根据《法案》第515（a）节［21 U.S.C.§ 360e（a）］，获得批准的上市前批准申请（PMA），或根据《法案》第520（g）节［21 U.S.C.§ 360j（g）］，获得批准的试验器械豁免（IDE）申请。根据《法案》第502（o）节［21 U.S.C.§ 352（o）］，Vivascope 1500 也贴错了标签，因为你公司未根据《法案》第510（k）节［21 U.S.C.§ 360（k）］的规定，将器械引入商业销售的意图通知FDA。

Vivascope 3000

FDA已经审查了你公司的网站（www.caliberid.com），并确定根据《法案》第501（f）（1）（B）节［21 U.S.C.§ 351（f）（1）（B）］，Vivascope 3000属于伪劣产品。因为你公司的上述销售产品没有根据《法案》第515（a）节［21 U.S.C.§ 360e（a）］，获得批准的上市前批准申请（PMA），或根据《法案》第520（g）节［21 U.S.C.§ 360j（g）］，获得批准的试验器械豁免（IDE）申请。

根据《法案》第502（o）节［21 U.S.C.§ 352（o）］，Vivascope 3000 也贴错了标签，因为你公司在未根据《法案》第510（k）节［21 U.S.C.§ 360（k）］和21 CFR 807.81（a）（3）（ii）的规定，向FDA提交新的上市前通知的情况下，对器械的预期用途进行了重大变更或修改，并将其引入或交付给州际贸易进行商业分销。具体为，在K080788下许可了Vivascope 3000，并具有以下指示：

Vivascope系统旨在获取、存储、检索、显示和转移体内暴露的未染色上皮和支持性基质中的组织图像，包括血液、胶原蛋白和色素，供医师检查以帮助形成临床判断。

但是，你公司对Vivascope3000器械的推广提供了证据，表明该器械旨在诊断皮肤癌并监测皮肤癌治疗的治疗结果，这对其预期用途进行重大变更或修改，而你公司对此缺乏许可或批准。你公司网站上的示例包括：

- "以高灵敏度和特异性诊断皮肤癌，尤其是鼻子，眼睛和耳朵后面的皮肤癌"
- "Vivascope 3000……是许多皮肤病诊所和医疗机构不可或缺的诊断皮肤癌和疾病的组成部分……"
- "将良性病变与需要手术的病变区分开来"
- "在术前描述皮肤肿瘤边缘"
- "治疗监测"

Vivascope 3000的推广是用于皮肤癌、高危和常见疾病的诊断以及监测皮肤癌治疗和药物的治疗结果，已超出了器械明确的适应证，对器械的预期用途构成重大变更或修改。

对于需要获得上市前批准的器械，如果PMA尚待FDA处理，《法案》第510（k）节［21 U.S.C.§ 360（k）］，要求的通知被视为已满足［参见21 CFR 807.81（b）］。你公司为了获得器械批准或许可而需要提交的信息类型在url网址中进行了描述。FDA是否还想将它们转达给ODE或OIR来讨论IDE和/或许可或批准所需的数据？FDA将评估你公司提交的信息，并决定该产品是否可以合法销售。FDA还注意到，根据《法案》第510节（21 U.S.C.§ 360），医疗器械制造商必须每年向FDA注册。2007年9月，《法案》第510节通过食品药品管理局修正案（P. L.110-85）被进行了修订，要求国内外器械企业每年10月1日至12月31日通过电子方式向FDA提交其年度企业注册和器械列市信息。［《法案》第510（p）节，（21 U.S.C.§ 360（p））］你公司2014财年似乎未满足年度注册和列市要求。例如，你公司似乎未更新其注册信息以反映公司名称从"Lucid, Inc."变为"Caliber Imaging and Diagnostics, Inc."所作的变更。根据21 CFR 807.22（b）（2）的要求并按照21 CFR 807.25（b）进行更改的30天内，未能按照21 CFR 807.22（b）（3）的要求列出Vivascope 1500 Multilaser。因此，根据《法案》第502（o）节［21 U.S.C.§ 352（o）］，你公司的器械也可能贴错了商标。因为这些器械在企业中的制造、制备、传播、复合或加工未根据《法案》第510节（21 U.S.C.§ 360），被正确注册。此外，Vivascope 1500 Multilaser似乎也被贴错了商标，因为它未能按照《法案》第510（j）节［21 U.S.C.§ 360（j）］的要求在FDA列市。

FDA办公室要求你公司立即停止导致Vivascope 1500、Vivascope 1500 Multilaser和Vivascope 3000商标贴错或掺假的活动，例如上述用途的器械的商业销售。

你公司应立即采取措施纠正本信函所述的违规行为。如若未能及时纠正这些违规行为，可能导致FDA在没有进一步通知的情况下启动监管措施。监管措施包括但不限于没收、禁令和民事罚款。此外，联邦机构会得知关于器械的警告信，以便在签订合同时考虑上述信息。

请在收到本信函之日起15个工作日内将你公司为纠正上述违规行为所采取的具体步骤书面通知本办公室，并说明你公司计划如何防止此类违规行为或类似违规行为再次发生。包括你公司已经采取的纠正措施（必须解决系统问题）的文件材料。如果你公司计划采取的纠正措施将逐渐开展，请提供实施这些活动的时间表。如果无法在15个工作日内完成纠正，请说明延迟的原因以及完成这些活动的时间。你公司的回复应全面，并解决此警告信中所包括的所有违规行为。

最后，请注意本信函未完全包括你公司全部违规行为。你公司有责任遵守FDA所有的法律和法规。

第247封　给 Praxair Inc. 的警告信

生产质量管理规范/质量体系法规/医疗器械/伪劣

CMS # 440786

2015年1月7日

尊敬的A先生:

美国食品药品管理局（FDA）于2014年7月29日至2014年8月8日，对你公司位于纽约州托纳旺达（Tonawanda）的医疗器械进行了检查。检查期间，FDA检查员已确认你公司为医疗器械技术规范开发商，部分开发了各种“旨在以特定的流量向患者提供氧气的气体流量调节器”。根据《联邦食品、药品和化妆品法案》（以下简称《法案》）第201（h）节［21 U.S.C.§ 321（h）］，凡是用于诊断疾病或其他症状，对疾病有治愈、缓解、治疗或预防作用，或是可以影响人体结构或功能的器械，均为医疗器械。故你公司涉及检查的产品为医疗器械。

本次检查表明，这些医疗器械的生产、包装、储存或安装中使用的方法、设施或控制不符合21 CFR 820的cGMP要求，根据《法案》第501（h）节［21 U.S.C.§ 351（h）］的规定，属于伪劣产品。

2014年8月29日，FDA收到你公司针对FDA 483表（检查发现问题清单）的回复。FDA针对回复，处理如下。这些违规事项包括但不限于以下内容：

1．未能按照21 CFR 820.198的要求，保持投诉文档并建立和保持由正式指定的部门接收、评审和评价投诉的程序。

具体为，使用你公司的（b）（4）来调节氧气流量时高压医用级氧气瓶被报告发生泄漏有关的投诉文件，没有包含器械标识和控制编号、调查结果或对投诉人的答复。此外，尚未执行你公司名为（b）（4）的程序来确保进行完整的投诉调查。例如，你公司没有将投诉信息转发给你公司（b）（4）的供应商以确保进行充分的调查。

你公司对此观察项的回复不够充分。在2014年8月29日的回复中，你公司表示将修改投诉程序以解决此违规事项。迄今为止尚未提供修订的书面投诉程序。此外，你公司的回复并未解决对上述投诉的纠正。

2．未能按照21 CFR 820.100（a）的要求，建立和保持实施纠正和预防措施的程序。

具体为，尚未建立针对器械［即（b）（4）和你公司的质量数据］的纠正和预防措施的书面程序，包括但不限于分析和处理：审核报告，服务报告，产品退货，投诉趋势分析和不合格趋势分析；此外，你公司的程序（b）（4）不要求验证或确认纠正和预防措施，以确保所采取的任何措施均不会对制成品产生不利影响。

你公司对此观察项的回复不够充分。在2014年8月29日的回复中，你公司表示将修改CAPA程序以解决此违规事项。迄今为止尚未提供修订的CAPA书面程序。

3．未能按照21 CFR 820.50的要求建立和保持程序，确保所有采购或以其他方式收到的产品和服务满足规定的要求。

例如，你公司未与其供应商（b）（4）达成协议，该协议要求他们将产品或服务的变更通知你公司。具体为，你公司的供应商（b）（4）已对你公司的（b）（4）进行了变更，如（b）（4）之类的图纸中所引用的，但是你公司的管理层事先未审查或批准这些变更的实施。

你公司对此观察项的回复不够充分。在2014年8月29日的回复中，你公司表示将编写新的程序来解决此违规事项。迄今为止尚未提供任何程序。此外，你公司在2014年8月29日和2014年9月24日的答复中未包含支持你的供应商对（b）（4）进行变更时已经通过你公司审核并且可以接受的证据。

违反MDR

FDA的检查还发现，根据《法案》第502（t）（2）节［21 U.S.C.§ 352（t）（2）］，这些器械贴错标签，因为你公司未能或拒绝提供《法案》第519节（21 U.S.C.§ 360i）和21 CFR 803部分–不良事件报告（MDR）中要求的有关器械的材料或信息。这些重大偏差包括但不限于以下内容：

4．在你公司收到或以其他方式知晓合理表明你公司销售的器械发生故障以及该器械或你公司的类似器械如果再次发生故障，则可能会导致死亡或重伤的信息之后的30个日历日内未根据21 CFR 803.50（a）（2）的要求向FDA提交报告。例如：

a．（b）（4）和（b）（4）的MDR所包含的信息合理地表明你公司的器械发生故障，从而引起闪燃，其中O形圈可能是造成这种情况的因素。如果故障再次发生，则引发火灾的故障很可能导致或导致应报告的死亡或重伤。你公司未在要求的30个日历日内提交这些的故障事件的MDR。

b．你公司标题为（b）（4）的文件中包含的信息描述了以下事件："从卡车卸下氧气瓶时，氧气瓶破裂，并起火。卡车司机的助手的左臂烧伤。助手在医院接受了急救。"（b）（4）中包含的信息表明，O形圈可能是导致故障的潜在因素。导致火灾的故障是可报告的事件。你公司未提交此故障事件的MDR。

FDA审核了你公司日期为2014年8月29日的回复，并得出结论认为该回复不充分。你公司指出，将提交修订的MDR程序来解决报告问题。FDA尚未收到修订程序的副本。此外，FDA还没有收到上述故障事件的MDR。

5．未能按照21 CFR 803.17（a）的要求充分开发、维护和实施书面的MDR程序。

例如，在审查了你公司的MDR程序后，注意到（b）（4）以下问题：

a．（b）（4）节未建立内部系统，无法及时有效地识别、沟通和评估可能受MDR约束的事件。例如：

i．没有根据21 CFR 803的要求，定义你公司认为应报告的事件。从21 CFR 803.3中排除了术语"获悉""原因或贡献""故障""可报告MDR事件"和"严重伤害"，以及21 CFR 803.20（c）（1）中"合理暗示"一词的定义，可能会导致你公司在评估符合21 CFR 803.50（a）规定的报告标准的投诉时做出不正确的可报告性决定。

b．（b）（4）节未建立内部系统，该系统提供标准化的审核流程来确定事件何时满足本部分所述的报告标准。例如：

i．没有说明你公司将如何评估有关事件的信息，以便及时确定MDR可报告性。

c．（b）（4）节未建立内部系统，无法及时传输完整的不良事件报告。具体为，以下内容未解决：

i．该程序不包括或未参考有关如何获取和填写FDA 3500A表的说明。

ii．你的公司在什么情况下必须提交初次或30天报告，补充或后续报告以及5天报告，以及此类报告的要求。

iii．该程序不包括提交MDR报告的地址：FDA, CDRH，不良事件报告，P.O Box 3002，Rockville, MD 20847-3002。

FDA无法确认你公司2014年8月29日提交的回复的充分性。该回复表明你公司正在修改MDR程序以解决报告问题。FDA尚未收到修订程序的副本。

要求制造商和进口商向FDA提交电子不良事件报告（eMDR）的eMDR最终规则于2014年2月13日发布。此最终规则的要求将于2015年8月14日生效。如果你公司当前未提交电子方式的报告，FDA建议你访问以下web链接，以获取有关电子报告要求的其他信息：url。

如果你公司希望讨论MDR可报告性标准或安排进一步的交流，则可以通过电子邮件ReportabilityReviewTeam@fda.hhs.gov与可报告性审核小组联系。

你公司应立即采取措施纠正本信函所述的违规行为。如若未能及时纠正这些违规行为，可能导致FDA在没有进一步通知的情况下启动监管措施。监管措施包括但不限于没收、禁令和民事罚款。此外，联邦机构会得知关于器械的警告信，以便在签订合同时考虑上述信息。如果FDA确定你公司违反了质量体系法规，且这些违规行为与Ⅲ类器械的上市前批准申请有关联，则在纠正这些违规行为之前，将不会批准此类器械。同时，如果FDA确定你公司的器械不符合《法案》的要求，则不会批准出口证明（Certificates to Foreign Governments，CFG）的申请。

请在收到本信函之日起15个工作日内将你公司为纠正上述违规行为所采取的具体步骤书面通知本办公室，并说明你公司计划如何防止此类违规行为或类似违规行为再次发生。包括你公司已经采取的纠正措施（必须解决系统问题）的文件材料。如果你公司计划采取的纠正措施将逐渐开展，请提供实施这些活动的时间表。如果无法在15个工作日内完成纠正，请说明延迟的原因以及完成这些活动的时间。你公司的回复应全面，并解决此警告信中所包括的所有违规行为。

最后，请注意本信函未完全包括你公司全部违规行为。你公司有责任遵守FDA所有的法律和法规。本信函和检查结束时签发的检查结果FDA 483表中记录的具体违规行为可能表明你公司制造和质量管理体系中存在严重问题。你公司应查明违规原因并及时采取纠正措施，确保产品合规。

第三部分

体外诊断试剂

FDA

第248封 给Polymer Technology Systems, Inc. 的警告信

生产质量管理规范/质量体系法规/医疗器械/伪劣

CMS # 576934

2019年7月31日

尊敬的H先生：

美国食品药品管理局（FDA）于2019年1月28日至2019年2月15日，对你公司（d/b/a：PTS Diagnostics）位于7736 Zionsville Rd, Indianapolis, IN 46268的医疗器械进行了检查。检查期间，FDA检查员确定你公司是体外诊断医疗器械的制造商，专为糖尿病（葡萄糖）、心脏病（总胆固醇）、肾功能（肌酐）和其他慢性疾病的现场即时体外诊断和管理设计。根据《联邦食品、药品和化妆品法案》（以下简称《法案》）第201（h）节［21 U.S.C.§ 321（h）］，凡是用于诊断疾病或其他症状，对疾病有治愈、缓解、治疗或预防作用，或是可以影响人体结构或功能的器械，均为医疗器械。故你公司涉及检查的产品为医疗器械。

本次检查表明，这些医疗器械的生产、包装、储存或安装中使用的方法、设施或控制不符合21 CFR 820质量体系法规（以下简称QSR/21 CFR 820）的现行生产质量管理规范（以下简称cGMP）要求，根据《法案》第501（h）节［21 U.S.C.§ 351（h）］的规定，属于伪劣产品。FDA检查员将观察记录标注于FDA 483表（检查发现问题清单）上，并于2019年2月15日将FDA 483表发送至你公司。FDA已收到你公司质量和法规事务处高级总监Heidi Strunk先生于2019年3月8日和2019年5月7日发出的回复。FDA在下文就每一项记录的违规行为做出回复。这些违规行为包括但不限于以下内容：

1．未能按照21 CFR 820.70（a）的要求，开发、执行、控制和监测生产过程，以确保器械符合其规范。特别是：

你公司尚未确定混合速度定量，以确保在成膜（b）(4）期间保持均质的溶液。例如，FDA检查员观察到（b）(4）[（b）(4）溶液］被（b）(4）不同种类的（b）(4）混合。这些（b）(4）具有不同的速度设置（(b）(4））。

FDA目前无法确定你公司的回复是否充分。你公司回复声称，将在当前生产说明中添加膜（b）(4）的说明，即膜（b）(4）的FM 7.5154清单，该说明将释义什么是适当的（b）(4）外观，以及其视觉上可验证的属性。本文档的当前版本在步骤15中声明“……（b）(4）”。但是，你公司没有提供证据，证明对（b）(4）流程进行目视检查，是可以由不同操作员进行的标准化属性。你公司的回复中没有提及是否打算为（b）(4）不同型号的（b）(4），确定合适的速度设置。在你公司的书面回复中，应包括证据，说明你公司将计划如何证明在不同类型（b）(4）中什么是合适的（b）(4），以及如何目视验证该属性。当数据可用时，还请提供你公司完成的19003和19004的CAPA调查结果，包括证明证据。

2．未能按照21 CFR 820.75（a）的要求，对结果无法通过后续检查和测试得到完全验证的过程进行充分验证。特别是：

a）你公司未提供特定信息，包括所使用的批次、所使用的批号、带材数量、如何制造/测量有缺陷的带材或在你公司的（b）(4）测试带材装配过程中执行验证活动时测试最坏情况的具体信息，该过程用于使用分层膜和由（b）(4）组成的（b）(4）组件，组装多个测试带材。下列文档中记录了此验证：“GLP编号4379的验收测试”（文件编号V909；版本1.0；日期：2009年6月1日）和“4379的验证总结报告”（文件编号

V910；版本1.0；日期：2009年6月15日）。

b）你公司使用（b）（4）进行血液分离材料的（b）（4）验证和干燥工艺验证，如“工艺器械验证-（b）（4）”所证明的那样，该验证用于验证（b）（4）分离材料。

c）检查期间，FDA观察到前后干燥（b）（4）上的（b）（4）传感器用于检查浸渍网片的温度。你公司的化学产品负责人声称，如检测到温度低于（b）（4）℉，传感器就会发出声音。该员工无法提供数据显示温度与膜干度的相关性，以支持使用这一（b）（4）传感器。

FDA目前无法确定你公司的回复是否充分。你公司的回复表明，目前已经对（b）（4）器械上生产的所有批次产品进行了目视检查。你公司未能解释如何对纵向超过（b）（4）的带材位移进行目视检查。此外，你公司未提及是否正在评估其他测试带材组装机（b）（4）的有效性。在你公司的书面回复中，应提供有关在（b）（4）的验证中使用的特定数据文档（批次编号，如何测算可衡量的属性等），或可以证明（b）（4）结果的证据，可以证明温度与膜干燥度的相关性的数据。当数据可用时，还请提供你公司完成的19003和19004的CAPA调查结果，包括证明证据。

3．未能按照21 CFR 820.30（i）的要求，在设计变更实施前验证或酌情验证设计变更。特别是：

你公司于2017年开始了对Cardio Chek®Plus案例的设计更改，其中包括对电池门盖、电池室的修改，以及在CCPlus案例更新设计评审文件（17-CN-0178-PC；日期：2017年5月2日）中记录的电池室丝带的添加。还创建了ECN（2016年4月，16-CN-0147-SC），以减少由于设计变更而引起的“电池反向插入/过热”的发生。ECN在电池室中添加一条额外的丝带，有助于电池的拆卸。你公司提供了CardioChek®Plus电池带组件验证/确认计划（PD-N10138-008，V17018，2017年9月28日批准）和测试摘要报告（PD-N10138-600SR, V17018，2017年11月6日生效）。这两份文件均未证明已实施的设计变更可有效减少电池反向插入的发生，也没有证据表明设计变更的不利影响有所减少。

你公司的回复是不充分的，因为你公司没有提供理由说明为什么根据CAPA19011进行的评估在2017年1月1日之前仅针对ECN银行进行。在你公司的书面回复中，当数据可用时，请提供已完成的、针对19005的CAPA调查的结果，包括证明证据。

4．未能按照21 CFR 820.50的要求建立并维护规程，以确保所有采购或收到的产品和服务符合规定要求。特别是：

因为新供应商无法保持先前在图纸上列出的公差，你公司批准了对图纸DR-600272的变更，其中删除了（b）（4）处的（b）（4）公差，以便新供应商（（b）（4））能够获得批准。但是，你公司的程序“供应商评价流程”，WI-7.4100，第9版，2017年5月30日生效，在第1.0节中规定，“供应商的选择是基于其满足要求的能力。”供应商分类排名表（FM 7.4121，批准日期：2016年6月10日，更新日期：2018年5月2日）并未记录此供应商能够满足该部分的公差要求。你公司未能提供有关供应商满足所述公差能力的文件。此外，你公司未能提供支持删除（b）（4）公差的理由和/或测试。

你公司的回复是不充分的，因为你公司未说明供应商（b）（4）在提供CardioChek®Plus Base组件方面的当前状况，是否进行了评估，以确定供应商是否可以满足（b）（4）公差，以及是否已记录了供应商无法满足公差的理由。当数据可用时，还请提供你公司完成的针对19007的CAPA调查的结果，包括支持证据。

5．未能按照21 CFR 820.100（a）的要求建立并维护实施纠正和预防措施的规程。特别是：

a）在你公司纠正和预防措施程序的第3部分3.2节（QSP 850纠正和预防措施）中，指出“（b）（4）……”你公司没有调查不合格的原因，包括在与供应商进行eGlu批次（b）（4）的进货检查/测试期间，与供应商确定调查和纠正措施的结果，直到FDA检查员要求提供有关不符合项的其他信息。此外，你公司在供应商完成调查之日前六个月，在供应商更新器械规范之前，关闭了不合格报告。

b）在你公司纠正和预防措施程序中第3.2部分第3节，即QSP 850纠正和预防措施中，指出，“……（b）（4）。”在检查中，FDA发现七项CAPA调查超出了你公司规定的日期，其中一项CAPA延期超过了49天。

你公司的回复不够充分，因为它没有提及你公司是否针对供应商的决定采取了任何进一步的行动，（b）

（4），他们调查了对其他批次的潜在影响，这些批次是在批次（b）（4）之前提供给你公司的。当数据可用时，还请提供你公司完成的针对19002的CAPA调查的结果，包括支持证据。

FDA的检查还发现，根据《法案》的第501（f）（1）（B）节［21 U.S.C.§ 351（f）（1）（B）］，PTS Detect Cotinine System是掺假的。根据《法案》的第515（a）节［21 U.S.C.§ 360e（a）］的规定，你公司未通过有效的上市前批准申请（PMA）。根据《法案》第502（o）节［21 U.S.C.§ 352（o）］，该器械也出现了虚假标记，因为你公司未按照FDA第510（k）节的要求将该器械引入商业分销的意图通知FDA［21 U.S.C.§ 360（k）］。

具体为，PTS Detect Cotinine System受21 CFR 862.3220的监管。受此分类监管的器械不受上市前通知要求的限制，但受21 CFR 862.9中豁免的限制。PTS Detect Cotinine System旨在测量毛细管或全血中的尼古丁代谢物，这与同一产品类别中任何合法销售的器械的预期用途均不同。目前，FDA仅授权Cotinine测试来测量或检测尿液中的尼古丁或其代谢产物。因此，适用21 CFR 862.9（a）是因为该器械的预期用途与合法销售的器械的预期用途不同。此外，还适用21 CFR 862.9（c）（9），因为PTS Detect Cotinine System适用于近距离患者测试。因此，《法案》第510（k）节规定，PTS Detect Cotinine System不受豁免。

你公司在2019年3月8日至5月7日的回复中未解决此缺陷。

对于需要获得上市前批准申请的器械，如果PMA在FDA之前待审，则认为第510（k）节要求的通知已得到满足［21 CFR 807.81（b）］。为获得器械批准或许可，需要提交的信息种类在互联网上进行了描述，网址为：url。FDA将评估你公司提交的信息，并决定该产品是否可以合法销售。

此外，FDA的检查发现，根据《法案》第502（t）（2）节［21 U.S.C.§ 352（t）（2）］，你公司的器械出现了虚假标记，在此方面，你公司未能按照《法案》第519节（21 U.S.C.§ 360i）和21 CFR 803部分-医疗器械报告的要求，提供相关器械的材料和信息。重大偏差包括但不限于以下内容：

1．未能按照21 CFR 803.50（a）（2）的要求，在你公司以任意形式知悉事件后的30个日历天内，向FDA提交报告，这合理地表明，你公司销售的器械出现了故障，如果故障再次发生，则该器械或市场上的类似器械可能引发或导致死亡或重伤。

例如，编号为#00026998的投诉中所包含的信息，描述了你公司的Cadio Chek分析仪的故障，造成医院的塑料桌布熔化，原因是Cadio Chek分析仪的电池过热。在富氧环境中，如果材料故障再次发生，则引发材料熔化的故障可能会增加火灾的可能性，从而导致死亡或重伤。因此，FDA已经确定，这些信息合理地表明，该引用的故障是一个MDR可报告事件。你公司于2018年12月4日获悉该事件，未能提交与引用投诉相对应的故障医疗器械报告（MDR）。

目前无法确定你公司于2019年5月7日的回复是否充分。你公司回复称，在2019年3月29日前完成了为期两年的回顾性审查，并提交了38份MDR。FDA承认FDA收到38份MDR，包括引用不良事件的故障MDR，编号为#1836135-2019-00032。你公司的回复概述了其对投诉处理和MDR程序所做的更改；然而，这些程序并未在回复中提及。根据21 CFR 820.198的要求，你公司应评估每个投诉，以确定其是否为21 CFR 803部分定义的FDA可报告事件。你公司表示，将使用诸如“温”“热”“爆炸电池”和“烟”之类的关键字来确定投诉是否为可报告事件。尽管添加这些关键字可能有助于将来识别可能导致死亡或重伤的类似故障，但尚不明确你公司将如何评估所有投诉的可报告性。

2．未按照21 CFR 803.17的要求，充分开发、维护和实施书面MDR程序。

例如，在审查了你公司的标题为“FM 8.2133-何时向FDA提交医疗设器械报告”的MDR程序（修订版0，日期：2018 年6月11日）后，发现了以下缺陷：

a．该程序未能按照21 CFR 803.17（a）（1）的要求，建立内部系统，以便及时有效地识别、沟通和评估可能受MDR要求约束的事件。例如，该程序包括21 CFR 803.3中术语“意识到”和“故障”的定义。该程序省略了21 CFR 803.3部分“严重伤害”“造成或促成”和“MDR可报告事件”的定义，以及803.20（c）（1）中“合理建议”的定义。将这些术语的定义排除在程序之外，可能会导致你公司在评估可能符合21 CFR

803.50（a）报告标准的投诉时，做出不正确的可报告性决定。

b．该程序未能按照21 CFR 803.17（a）（3）的要求建立内部系统，以便及时发送完整的医疗器械报告。具体为，未解决以下问题：

i．关于如何填写FDA 3500A表的说明。

ii．根据2014年2月14日发布在《联邦纪事》（Federal Register）上的电子医疗器械报告（eMDR）最终规则，该程序未包括以电子方式提交MDR的流程。有关eMDR最终规则和eMDR设置过程的信息，请访问FDA网站：url。

iii．该程序并未说明你公司将如何提交每一事件的所有合理已知信息。具体为，FDA 3500A表中哪些部分需要填写，以纳入你公司已知的所有信息，以及你公司内部合理跟进后获得的所有信息。

c．该程序未说明你公司将如何满足21 CFR 803.17（b）的文件要求和记录保存要求，包括：

i．不良事件相关信息的记录作为MDR事件文件保存。

ii．用于确定事件是否应报告的评价信息。

iii．用于确定已知死亡、重伤或故障事件是否可报告的审议文件和决策过程文件。

iv．确保获得信息的系统，便于FDA及时跟进和检查。

经FDA进一步检查发现，根据《法案》502（t）（2）节［21 U.S.C.352（t）（2）］中的规定，你公司的PTS面板条上出现了虚假标记，因为你公司未能或拒绝按照《法案》第519节（21 U.S.C.360i）和21 CFR 806-更正和删除报告中要求，提供器械相关材料或信息。根据21 CFR 806.10的要求，重大偏差包括但不限于在开始进行此类更正或删除后的10个工作日内提交任何报告。

具体为，你公司未能就其对PTS面板条所做的更正向FDA提交书面报告。你公司在发现试纸未达到分析仪的预期功能后，发布了《客户公告》（CB 19-002，修订版0，2019年1月）。与该产品问题相关的严重不良健康后果的可能性很小。因此，你公司应该已向FDA提交了更正或删除报告。

目前无法确定你公司2019年5月7日的回复是否充分。FDA已于2019年3月25日收到针对上述行动的更正或删除报告。你公司似乎没有对更正和删除进行回顾性审查，以确定是否按照21 CFR 806的要求，向FDA报告其他更正和删除。你公司回复了工程变更通知程序的大纲变更，但并未提供这些程序。根据21 CFR 806的要求，你公司应说明为降低健康风险或纠正可能对健康构成风险、违反《法案》的行为而进行的任何更正或删除。目前尚不能明确大纲变更将如何确保向FDA报告所有的、需报告的更正或删除。

你公司应立即采取措施纠正本信函所述的违规行为。如若未能及时纠正这些违规行为，可能导致FDA在没有进一步通知的情况下启动监管措施。监管措施包括但不限于没收、禁令和民事罚款。此外，联邦机构会得知关于器械的警告信，以便在签订合同时考虑上述信息。而且，在违规行为未得到纠正之前，将不予批准与质量体系监管违规行为合理相关的Ⅲ类器械上市前批准申请。在与主题器械有关的违规行为未得到纠正之前，不得向外国政府提出申请证明书。

请在收到本信函之日起15个工作日内将你公司为纠正上述违规行为所采取的具体步骤书面通知本办公室，并说明你公司计划如何防止此类违规行为或类似违规行为再次发生。包括你公司已经采取的纠正措施（必须解决系统问题）的文件材料。如果你公司计划采取的纠正措施将逐渐开展，请提供实施这些活动的时间表。如果无法在15个工作日内完成纠正，请说明延迟的原因以及完成这些活动的时间。你公司的回复应全面，并解决此警告信中所包括的所有违规行为。

最后，请注意本信函未完全包括你公司全部违规行为。你公司有责任遵守FDA所有的法律和法规。本信函和检查结束时签发的检查结果FDA 483表中记录的具体违规行为可能表明你公司制造和质量管理体系中存在严重问题。你公司应查明违规原因并及时采取纠正措施，确保产品合规。

第249封　给 Abaxis Inc. 的警告信

试验器械豁免（IDE）/上市前批准申请（PMA）

CMS # 558421

2019年4月12日

尊敬的S先生：

美国食品药品管理局（FDA）于2018年4月9日至25日，对位于 Union City, CA的你公司的医疗器械进行了检查。检查发现，你公司生产和销售Ⅰ类和Ⅱ类体外诊断试剂，包括Piccolo Xpress化学分析仪和相关rotor panels/assays。根据《联邦食品、药品和化妆品法案》（以下简称《法案》）第201（h）节［21 U.S.C.§ 321（h）］，凡是用于诊断疾病或其他症状，对疾病有治愈、缓解、治疗或预防作用，或是可以影响人体结构或功能的器械，均为医疗器械。故你公司涉及检查的产品为医疗器械。

根据《法案》第501（f）（1）（B）节［21 U.S.C.§ 351（f）（1）（B）］的规定，与Piccolo Xpress化学分析仪一起使用的Piccolo Potassium assay是掺假的，因为根据《法案》第513（f）节［21 U.S.C.360c（f）］的规定，它是一种Ⅲ类医疗器械，但是未按照《法案》第515（a）节［21 U.S.C.§ 360e（a）］的规定，通过上市前批准申请（PMA），或根据《法案》第520（g）节［21 U.S.C.§ 360j（g）］的规定，通过试验器械豁免（IDM）申请。根据《法案》第502（o）节［21 U.S.C.§ 352（o）］的定义，你公司的器械出现了虚假标记，因为这些器械未根据《法案》第510（k）节［21 U.S.C.360（k）］和21 CFR第 807.81（a）（3）（i）部分的要求，向FDA提供有关器械修改的通知或其他信息。对于需要进行上市前审批的器械，当PMA在代理商之前待审时，视为满足第510（k）节要求的通知。根据21 CFR 807.81（b）的要求，为通过器械批准或许可，你公司需提交此类信息，可访问互联网进行查找：url。

具体为，你公司所做的更改影响了钾含量的测定校准规范，并最终改变了器械的性能，如客户投诉所示。校准设定值的变化引发了新的安全性和有效性问题，因为错误的低钾结果可能导致严重的不良后果，如治疗延迟或不治疗高钾血症；因此，这一变化需要进行新的上市前审批［510（k）］。此外，校准设定点的有意变更，就其性质而言，是对器械性能规范的变更，根据21 CFR 807.81（a）（3）（i）的要求，你公司并未评估这些变更是否会对器械的安全性或有效性产生重大影响，且需要进行新的510（k）。

FDA审查了你公司2018年5月14日、2018年6月15日、2018年7月20日、2018年9月7日和2018年10月31日的回复，以及（b）（4）关于Piccolo Xpress化学分析仪使用的Piccolo钾含量测定的回复，并得出结论，如前所述，需要新的510（k）。

请在收到本信函之日起15个工作日内将你公司为纠正上述违规行为所采取的具体步骤书面通知本办公室，并说明你公司计划如何防止此类违规行为或类似违规行为再次发生。包括你公司已经采取的纠正措施（必须解决系统问题）的文件材料。如果你公司计划采取的纠正措施将逐渐开展，请提供实施这些活动的时间表。如果无法在15个工作日内完成纠正，请说明延迟的原因以及完成这些活动的时间。

根据《法案》第501（h）节［21 U.S.C.§ 351（h）］的规定，FDA已注意到你公司的质量体系中的缺陷不符合21 CFR 820质量体系法规的现行生产质量管理规范要求。这些不合格包括但不限于以下内容：

1）未能按照21 CFR 820.30（j）的要求建立设计变更程序。例如：

A. 你公司在2013年10月对钾含量校准进行了更改，未建立预先批准的验收标准，也无进行风险评价的证据。

FDA审查了你公司2018年5月14日、2018年6月15日、2018年7月20日、2018年9月7日和2018年10月31日的回复，认为这些回复不充分，因为你公司没有评估上述修改是否会严重影响器械的安全性或有效性。

最后，请注意本信函非你公司工厂全部违规行为清单。你公司有责任确保遵守FDA管理的适用法律和法规。本信函和检查结束时发布的检查结果FDA 483中记录的具体违规行为可能表明你公司制造和质量管理体系中存在严重问题。你公司应调查并确定违规的原因，并立即采取措施纠正违规使产品合规。

第250封 给Boule Medical AB的警告信

生产质量管理规范/质量体系法规/医疗器械/伪劣

CMS # 559614

2018年10月2日

尊敬的D先生：

2018 年 5 月 7 日至 2018 年 5 月 11 日，在对你公司（位于瑞典斯德哥尔摩）进行检查期间，美国食品药品管理局（FDA）检查员确定你公司生产包括 Medonic M 系列血液分析仪在内的各种Ⅱ类医疗器械。根据《联邦食品、药品和化妆品法案》（以下简称《法案》）第201（h）节［21 U.S.C.§ 321（h）］，凡是用于诊断疾病或其他症状，对疾病有治愈、缓解、治疗或预防作用，或是可以影响人体结构或功能的器械，均为医疗器械。故你公司涉及检查的产品为医疗器械。

本次检查表明，这些医疗器械的生产、包装、储存或安装中使用的方法、设施或控制不符合21 CFR 820质量体系法规（以下简称QSR/21 CFR 820）的现行生产质量管理规范（以下简称cGMP）要求，根据《法案》第501（h）节［21 U.S.C.§ 351（h）］的规定，属于伪劣产品。

2018 年 5 月 31 日，FDA收到你公司质量/法规部（Clinical Diagnostic Solutions, Inc.）高级副总裁 Deborah A. Herrera 女士的初步回复（2018 年 7 月 5 日第一次状态更新，2018 年 8 月 9 日第二次状态更新），其中包括对FDA检查员在 FDA 483表“检查发现问题清单”（已发送至你公司）中记录的观察结果的回复。FDA在下文中针对记录的每项违规行为的回复给出了意见。这些违规行为包括但不限于以下内容：

1．未能按照 21 CFR 820.100（a）的要求建立并维护实施纠正和预防措施（CAPA）的完善程序。

例如，在检查期间，共选择了从 2016 年 1 月至 2018 年 4 月的 15 项 CAPA（与 Medonic M 系列血液分析仪和类似产品有关）进行评审。对 CAPA 的评审表明，无书面证据表明你公司已针对以下 CAPA 实施了计划的纠正/预防措施：26095-1、27514-2、27515-2 和 28283-1。

你公司的管理人员确认并声称你公司无书面证据表明他们已针对上述 CAPA 实施了拟定的纠正/预防措施。

FDA对你公司的回复进行了评审，认为回复不充分。你公司提供了修订程序、“投诉和 CAPA 会议”，28798，版本 1（瑞典语版本：(b)(4)）和“纠正和预防措施”，28799，版本 1（瑞典语版本 (b)(4)），其中包括确保 CAPA 记录为现行版的要求，包括 CAPA 进度和实施拟定的纠正/预防措施的书面证据。你公司还更新了截至 2018 年 6 月 19 日的“未关闭”CAPA（检查期间评审的）的进度。由于程序修订，CAPA 未关闭时将在 CAPA 记录中根据其各自进度进行更新。CAPA 关闭表示措施已完成。已确认检查过程中评审的已关闭的 CAPA，纠正措施已实施（若适用）。尽管你公司声称观察结果 1 相关的所有行动项目均已完成，并在你公司于 2018 年 7 月 5 日做出的回复中提交给了 FDA，但未提供证据证明已为员工培训了更新/修订程序，并且你公司未提供执行系统性纠正措施的计划或证据（包括回顾性审查所有 CAPA，以确保 CAPA 按要求完成）。你公司应提供证明已正式记录这些活动的证据，其中包括考虑对其 CAPA 系统中的文件进行系统纠正和回顾性审查。

2．未能按照 21 CFR 820.198（a）的要求建立和维护完善的程序，以接收、评审和评估正式指定单位的投诉。

例如，检查期间选择了 2016 年 1 月至 2018 年 4 月的美国服务报告/投诉（与 Medonic M 系列血液分析仪和类似产品有关）进行评审。美国服务报告/投诉评审表明，没有在必要时对涉及器械/标签/包装可能不符合其任何质量标准的服务报告/投诉进行调查。例如，服务报告：（b）（4），WBC 背景超出范围 - 更换 WBC 室；（b）（4），Hgb 错误 - 更换从动泵、钳制阀管道、泵节流器和（b）（4），病人 HGB 和 RBC 高 - 更换自动加载器组件。你公司的美国服务报告均未接受调查（来确定组件失效的原因）；相反，器械组件全部进行了维修/更换。

你公司的管理人员声明，因为这些美国服务报告符合投诉定义，所以归为投诉；但这些服务报告均未进入你公司的投诉处理系统，并且 Clinical Diagnostic Solutions（CDS）每月向 Boule Medical AB 发送一份美国服务日志，用于数据分析。

FDA对你公司的回复进行了评审，认为回复不充分。你公司提供了修订的 Boule 投诉程序，28800，版本 1（瑞典语版本：（b）（4）），其中包括 Boule Medical 投诉处理部门如何评审、评估和调查美国服务报告/投诉的说明。你公司还表示对 2016 年 1 月至 2018 年 4 月期间的美国服务报告/投诉的回顾性评审（回顾）预计将在 2018 年 12 月 31 日之前完成。但是，你公司未提供证据证明已就修订的 Boule 投诉程序对相关人员进行了培训。除了对 2016 年 1 月至 2018 年 4 月期间的美国服务报告/投诉进行回顾性评审（预计于 2018 年 12 月 31 日之前完成），你公司还需要提供证据证明已就修订（批准和更新）的 Boule 投诉程序对相关人员进行了培训，该程序应明确概述及时处理投诉的程序，并确保对 MDR 投诉进行充分的评估。

3．未能按照 21 CFR 820.50 的要求建立并维护完善的程序，以确保以购买方式及其他方式获得的产品和服务都能符合规定的要求。

例如，你公司的《供应商评价程序》（文件（b）（4））不完善，因为该程序未要求根据潜在的供应商和承包商符合规定要求（包括质量要求）的能力对其进行评价。你公司未要求以下对供应商/生产商进行模塑、挤出和粉化工艺验证（生产用于 Medonic M 系列血液分析仪的泵座和 MPA 塑料微量移液管）:（b）（4）（（b）（4）的合同制造商）和（b）（4）（泵座的生产商）。

你公司的管理人员声称，你公司的现行做法是根据潜在的供应商和承包商填写的自我声明表来对其进行评价。你公司的管理人员也声称未对潜在供应商和承包商符合规定要求（包括质量要求）的能力进行评价。

FDA对你公司的回复进行了评审，认为回复不充分。你公司：①提供更新的供应商评估程序，29006，版本 1（瑞典语版本：（b）（4）），其中包括质量和法规要求的评价，作为供应商资格认证和监控过程的一部分。该程序还应包括供应商提供此类要求的证据，并作为供应商文件的一部分予以维护；②制定附加质量和法规要求表格，29292，版本 1（瑞典语版本：（b）（4）），以便按供应商逐个详细说明此类要求，包括提供的产品或服务以及对要求的确认和记录；③修订供应商评价/供应商跟踪表，（b）（4）（瑞典语版本（b）（4）），以包括附加质量和法规要求，作为评价过程的一部分；④澄清供应商与（b）（4）的关系，说明其在微量移液管生产和贴标中的作用；⑤完成供应商评价，包括确认（b）（4）符合规定的质量和监管要求；⑥修订（b）（4）的供应商评价，说明其作为分销商的作用及其与（b）（4）的关系。你公司还表示，为确定质量和法规要求而对关键组件的所有关键供应商进行的评审预计于 2018 年 12 月 31 日之前完成。但是，你公司未提供证据证明进行了回顾性评审，以了解是否所有（当前）供应商均符合要求。你公司也未提供证据证明就更新/修订的供应商评估程序、附加质量和法规要求表以及供应商评价/供应商跟踪表对相关人员进行了通知和/或培训。你公司应提供此信息。

4．未能按照 21 CFR 820.184 的要求制定和保存相关程序，以确保每个生产批次、每个包装批次或每个单元的医疗器械历史记录（DHR）得到保存，用于证明器械生产符合医疗器械主文档（DMR）。

例如，你公司的管理层声称公司没有书面 DHR 程序。2017 年 4 月至 2018 年 4 月（与 Medonic M 系列血液分析仪相关）的（b）（4）DHR 评审表明，所有 DHR 中均未包含或涉及子组件的位置，且（b）（4）DHR 中有 4 份未包含或涉及主要标识标签的位置和每个生产单元使用的标签。此外，子组件的生产记录未通过任何特定批号识别，因此无法将 DHR 与子组件进行链接。一些已评审的 DHR 也丢失了所需的 UDI 标签。

FDA对你公司的回复进行了评审，认为回复不充分。你公司表示已制定DHR程序和计划，其中详述了符合 DHR 程序且满足医疗器械主文档（DMR）要求所需的生产文件的修订。根据该计划，将确定实施措施和日期，预计为 2018 年 9 月 7 日。你公司对 2016 年 9 月至 2018 年 5 月 11 日期间产生的 DHR 的仪器（第 1 组和第 2 组）包装部分进行了回顾。DHR 中也不包含（b）（4）仪器回顾。已编写附加说明，为不带 UDI 标签的仪器准备 UDI 标签。你公司提供了两种失效模式下补救活动的 UDI 回顾总结完成情况。你公司表示，（b）（4）组（客户账户）预计在 2018 年 12 月 31 日前完成，DHR 实施计划预计在 2018 年 9 月 7 日前完成。但是，你公司未提供证据证明对员工就新 DHR 程序进行了培训。此外，尚不清楚你公司是否对所有产品的 DHR 进行了全面的回顾性评审，以确保按照程序的要求记录 DHR，进而符合法规要求。你公司应提供此信息。

5．未能按照 21 CFR 820.70（a）的要求建立并维护能够描述所有必要过程控制程序，以确保其符合规范。

例如，2018 年 5 月 9 日，发现许多子组件和最终组装装置储存在生产车间，未进行适当记录。此外，没有文件说明 Medonic M 系列血液分析仪的子组件和最终组件的状态（即完成的步骤与剩余步骤）。例如：子组件［后板组件（（b）（4）装置）- 零件编号 1091466；侧板底座模块（（b）（4）装置）- 零件编号 1091482］和最终组装装置［Medonic M 系列（（b）（4）装置）；Swelab Alfa（（b）（4）装置）］。

你公司的管理人员声称，子组件的生产记录未与子组件一同保存；子组件的生产记录未通过任何特定批号识别，并且一旦记录与子组件分开，则无法匹配生产记录与子组件。你公司的管理人员也声称：最终组件的生产记录未与最终组装装置一同保存；组装装置的生产记录未通过任何特定序列号进行识别。在装置进行 QC 检测时为其分配序列号，且一旦记录与组装装置分开，则无法匹配生产记录与组装装置。

FDA对你公司的回复进行了评审，认为回复不充分。你公司提供了修订的库存管理程序，（b）（4）（瑞典语版本：（b）（4））通过 QC 检测时分配给最终组件的序列号明确仓库中的货物状态和说明每台仪器的标识和验收状态，然后包装出运。你公司对生产、QC、QA 和服务部门进行了物料标识和状态的培训，并提供了培训记录。你公司表示：①研发部门物料标识和状态的培训预计在 2018 年 8 月 30 日前完成；②识别采购组件、子组件、最终组件和成品器械验收状态预计在 2018 年 9 月 7 日前完成。但是，你公司未提供实施纠正措施的证据，包括需要相关程序确保按照要求记录的所有器械的回顾性评审。你公司也未提供证据证明已就修订的“库存管理程序”对相关工作人员进行了通知或培训。你公司应提供此信息。

6．未能按照 21 CFR 820.184 的要求制定和保存相关程序，以确保每个生产批次、每个包装批次或每个单元的医疗器械历史记录（DHR）得到保存，用于证明器械生产符合 DMR。

例如，你公司的（b）（4）系列基本程序、文件（b）（4）不完整，因为组装说明共需要（b）（4）个步骤来完成 Medonic M 系列装置的组装。例如：操作（b）（4）组件；操作编号（b）（4）组件；操作编号（b）（4）组件。但是没要求技术人员在生产记录中记录生产步骤/操作（表明已执行）。例如：S/N 46340、S/N 29702 和 S/N 30004 的生产指令和领料单。

你公司的管理人员声称：技术人员按照工作说明组装装置；每个技术员负责同时组装三个装置；未记录任何生产过程/组装（总计（b）（4）/操作）以证明其已执行，需要修订记录生产步骤/操作的程序/表格。

FDA对你公司的回复进行了评审，认为回复不充分。你公司提供了更新的生产方法，将作为仪器 DHR 的一部分。你公司表示，为实施结合生产方法和组装日志的变更，将更新 42 份文件，预定完成日期为 2018 年 9 月 7 日。然而，你公司未提供证据证明已就更新的生产方法对相关人员进行通知或培训，也未提供所有产品 DHR（与生产工艺流程/组装相关）的全面回顾性评审计划或文件，以确保按照程序的要求记录 DHR，进而符合法规要求。你公司应提供此信息。

检查中还发现，根据《法案》第 502（t）（2）节［21 U.S.C.§ 352（t）（2）］，你公司的 Medonic M 系列血液分析仪为违标产品，因为你公司未能或拒绝按照《法案》第 519 节（21 U.S.C.§ 360i）和 21 CFR 803 部分 - 医疗器械报告的要求提供与器械相关的材料或信息。重大偏差包括但不限于以下内容：

未能按照 21 CFR 803.17 的要求充分制定、维护和实施书面 MDR 程序。

例如，在检查期间，你公司提供了标题为“IVD 产品事故报告程序（b）（4）”的 MDR 程序的英文版本，生效日期：2018 年 5 月 4 日。在评审英文翻译的 MDR 程序后，发现了以下缺陷：

（1）该程序未按照 21 CFR 803.17（a）（1）的要求建立对可能符合 MDR 要求的事件进行及时有效识别、沟通和评价的内部系统。例如，根据 21 CFR 803，你公司将什么视为应报告事件，目前尚无定义。从 21 CFR 803.3 中排除术语“引起或影响”“MDR 可报告事件”和“严重损伤”的定义以及 803.20（c）（1）中发现的术语“合理建议”的定义，可能导致你公司在评价可能符合 21 CFR 803.50（a）规定的报告标准的投诉时做出错误的可报告性决定。

（2）你公司的程序未按照 21 CFR 803.17（a）（2）的要求建立标准评审流程的内部系统，用于确定事件何时符合本部分的报告标准。例如：

a. 未提供对各事件进行完整调查并评价事件原因的说明。

b. 你公司书面程序中未规定由谁决定向 FDA 报告事件。

（3）你公司程序未按照 21 CFR 803.17（a）（3）的要求建立能够及时传送完整医疗器械报告的内部系统。具体为，未解决以下问题：

a. 你公司必须提交报告的情况（初始 30 天，补充或后续行动5 天）和此类报告的要求。

b. 根据 2014 年 2 月 14 日发布在联邦公报上的电子医疗器械报告（eMDR）最终规则，你公司程序中不包括以电子方式提交 MDR 的程序。有关 eMDR 的最终规则和 eMDR 设置过程的信息，可访问 FDA 网站：http://www.fda.gov/MedicalDevices/DeviceRegulationandGuidance/PostmarketRequirements/ReportingAdverseEvents/eMDR%E2%80%93ElectronicMedicalDeviceReporting/default.htm

c. 你公司将如何针对每个事件提交合理知晓的所有信息。具体为，需要填写FDA 3500A表的哪些部分，以包括你公司掌握的所有信息以及在公司内部合理跟进后获得的任何信息。

（4）根据 21 CFR 803.17（b）的要求，你公司的程序中未描述公司将如何处理文件和记录保存要求，包括：

a. 记录不良事件相关信息，保存为 MDR 事件文件；

b. 用于确定事件是否可报告的评价信息；

c. 记录用于确定器械相关死亡、严重损伤或故障是否需要报告的讨论和决策过程；

d. 确保获取信息的系统，以便 FDA 及时跟进和检查。

此外，该程序包括基线报告的参考资料。不再需要基线报告，建议从你公司的 MDR 程序中删除基线报告的所有参考资料（参阅 2008 年 9 月 17 日发布的 73 号联邦公报通知 53686）。

FDA对你公司的回复进行了评审，认为回复不充分。你公司提供了标题为“医疗器械报告程序”的更新 MDR 程序，方针编号 QP 2.53，版本 L。根据书面记录，更新的 MDR 程序符合 21 CFR 803.17 的要求。但是，你公司尚未提供实施更新审查程序的证据，因为该公司计划对其收到的用于可报告性目的的投诉进行 2 年回顾性评审。另外，你公司提供了标题为“IVD 产品事故报告程序（b）（4）”的已实施 MDR 程序的英文版本，生效日期：2018 年 6 月 25 日，并声称正在进行 2 年的回顾性评审，预计完成日期为 2018 年 10 月 31 日。最后，你公司表示将进行 2 年的回顾，以评估是否有任何投诉需要存档 MDR，并编写审查的投诉和 MDR 决定的总结。

若你公司希望讨论上述记录的 MDR 相关问题，可通过电子邮件 ReportabilityReviewTeam@fda.hhs.gov 联系报告评审团队。

可能会告知美国联邦机构发布有关器械的警告信，以便其在签订合同时考虑该信息。此外，对于与质量体系法规偏离合理相关的 Ⅲ 类器械的上市前批准申请，只有在纠正违规行为后才可批准。

请在收到本信函之日起15个工作日内将你公司为纠正上述违规行为所采取的具体步骤书面通知本办公室，并说明你公司计划如何防止此类违规行为或类似违规行为再次发生。包括你公司已经采取的纠正措施

（必须解决系统问题）的文件材料。如果你公司计划采取的纠正措施将逐渐开展，请提供实施这些活动的时间表。如果无法在15个工作日内完成纠正，请说明延迟的原因以及完成这些活动的时间。你公司的回复应全面，并解决此警告信中所包括的所有违规行为。

最后，请注意本信函未完全包括你公司全部违规行为。你公司有责任遵守FDA所有的法律和法规。本信函和检查结束时签发的检查结果FDA 483表中记录的具体违规行为可能表明你公司制造和质量管理体系中存在严重问题。你公司应查明违规原因并及时采取纠正措施，确保产品合规。

第251封　给Health-Chem Diagnostics, LLC. 的警告信

试验器械豁免（IDE）/上市前批准申请（PMA）

CMS # 526232

2017年12月7日

尊敬的A先生：

美国食品药品管理局（FDA）于2017年1月2日至2017年2月3日，对位于佛罗里达州帕诺滩的你公司进行检查，检查确认，你公司制造包括但不限于妊娠和Zika病毒试剂体外诊断试剂。根据《联邦食品、药品和化妆品法案》(以下简称《法案》）第201（h）节［21 U.S.C.§ 321（h）]，凡是用于诊断疾病或其他症状，对疾病有治愈、缓解、治疗或预防作用，或是可以影响人体结构或功能的器械，均为医疗器械。故你公司涉及检查的产品为医疗器械。

此次检查发现，该医疗器械根据《法案》第501（f）(1)(B）节［21 U.S.C.§ 351（f）(1)(B)］的规定，你公司寨卡病毒抗体一步检测和寨卡病毒IgG/IgM抗体一步检测属于伪劣产品，因为你公司没有根据《法案》第515（a）节［21 U.S.C.§ 360e（a）］的规定进行上市前批准申请（PMA），或根据《法案》第520（g）节［21 U.S.C.§ 360j（g）］的规定进行试验器械豁免批准申请。根据《法案》第564节（21 U.S.C.§ 360bbb-3）的规定，这些器械没有批准的PMA或有效的紧急使用授权。根据《法案》第502（o）节［21 U.S.C.§ 352（o）]，这些器械也被认为属于伪劣产品，因为你公司没有按照《法案》第510（k）节［21 U.S.C.§ 360（k）］的要求，通知代理人将其器械引入商业分销的意图。对于需要上市前批准的器械，当PMA在代理机构面前悬而未决时，需要满足第510（k）节的要求［21 CFR 807.81（b）]。

你公司应尽快采取措施纠正此信函中所涉及的违规事项。如若未能及时纠正这些违规事项将导致FDA采取法律措施且不会事先通知。这些措施包括但不限于：查封、禁令、民事罚款。此外，联邦机构可能会被告知关于设备的警告信，以便他们在授予合同时可能会考虑这些信息。另外，由于存在相关的质量体系法规偏差，除非这些违规事项得到纠正，否则Ⅲ类医疗器械上市前审批申请不会通过。在与器械相关的违规事项没有完成纠正前，不允许开具出口销售证明。

请于收到此信函的15个工作日内，将你公司已经采取的具体整改措施以及你公司准备如何防止这些违规事项或类似行为再次发生的计划，书面回复本办公室。回复中应包括你公司已经采取的纠正措施和/或能系统性解决问题的纠正行动的相关文档。如果你公司需要一段时间来实施这些纠正和/或纠正措施，请提供具体实施的时间表。如果纠正和/或纠正措施不能在15个工作日内完成，请说明理由和能够完成的时间。

最后，请注意本信函未完全包括你公司全部违规行为。你公司负有遵守法律和FDA法规的主体责任。本信函和检查结束时签发的检查发现事项FDA 483表中记录的具体违规事项可能表明你公司生产和质量管理体系中存在严重问题。你公司应调查并确定这些违规事项的原因，迅速采取措施纠正违规事项并重新使产品合规。

第252封 给Euro Diagnostica AB的警告信

生产质量管理规范/质量体系法规/医疗器械/伪劣

CMS # 524316

2017年9月20日

尊敬的T女士：

美国食品药品管理局（FDA）于2017年1月16日至2017年1月19日，对你公司（位于瑞典Malmo, Skane）的医疗器械进行了检查。检查期间，FDA检查员已确认你公司为包括Euro-Diagnostica CCPoint在内的多种Ⅱ类体外诊断（IVD）器械的生产制造商。根据《联邦食品、药品和化妆品法案》（以下简称《法案》）第201（h）节［21 U.S.C.§ 321（h）］，凡是用于诊断疾病或其他症状，对疾病有治愈、缓解、治疗或预防作用，或是可以影响人体结构或功能的器械，均为医疗器械。故你公司涉及检查的产品为医疗器械。本次检查表明，这些医疗器械的生产、包装、储存或安装中使用的方法、设施或控制不符合21 CFR 820的cGMP要求，根据《法案》第501（h）节［21 U.S.C.§ 351（h）］的规定，属于伪劣产品。

2017年2月7日，FDA 收到你公司首席执行官Elsa Beth Trautner 出具的针对FDA 483表（检查发现问题清单）的回复，并于2017年3月31日收到你公司质量总监 Hanne Harbo Hanson 的回复。FDA还于2017年6月20日和2017年8月31日收到了进一步回复，将对这些回复与为本警告信提到的违规行提供的其他书面材料一起进行评估。FDA针对2017年2月7日和2017年3月31日回复，处理如下。

这些违规行为包括但不限于下列各项：

1．未能按照21 CFR 820.198（a）的要求建立和维护由正式指定的部门接收、审查和评估投诉的程序。

具体为，你公司文件编号为M-01-0001-10，标题为“投诉处理”，“从2016年5月20日起有效”的程序（先前版本已查看）没有按照21 CFR 820.198（a）的要求充分建立，以确保及时处理投诉，并对所有投诉进行医疗器械上报性的充分评估。

此外，抽样审查了10个投诉，发现在进行调查时，并非所有所需的数据元素都按21 CFR 820.198（a）的要求记录在文件中，包括调查的日期和结果，以及对投诉人的任何回复。

FDA审查了你公司针对FDA 483表的回复，得出的结论是回复并不充分。你公司于2017年3月提供了编号为CAPA 2017-03的纠正和预防措施（CAPA）计划，该计划描述了该投诉；对该投诉的调查；以及为解决投诉而采取的纠正或预防措施。此外，在CAPA 2017-03中，你公司记录了关于讨论FDA审核结果的会议记录。

你公司的回复并不充分，因为你公司没有提供证据证明已经建立了及时处理投诉的程序，以确保对医疗器械投诉的上报性进行充分评估［参见21 CFR 820.198（a）］。证明有及时处理投诉并得到管理层批准的程序对于确保迅速解决产品安全问题（最终会影响患者的安全）十分必要。此外，概述所需的调查结果文件或对投诉人回复的程序是必要的，以确保投诉人和你公司都能彻底处理和接受投诉。因此，你公司应提供一份经批准和更新的投诉处理程序表，其中清楚地列出及时彻底处理投诉的程序。

2．未能按照21 CFR 820.100（b）的要求记录所有纠正和预防措施活动及其结果。

具体为，所有活动的结果都没有在CAPA 2015-12中记录，包括与调查这批调查中的载玻片的供应商的通信。

FDA审查了你公司针对FDA 483表的回复，认为其不够充分。在针对FDA 483表的回复中，你公司提供了一份纠正和预防措施（CAPA）计划（附件2017-02），概述了你公司针对观察项6提出并实施纠正措施的计划。此外，你公司在“CAPA 2017-02附件7”中提供了更新过的指导和程序文件，该文件编号为“A-01-0057-09E”，供内部使用，以指导今后的CAPA工作。另外，你公司提供了一份名为“纠正和预防措施”的内部表格，文件编号为“A-22-0094-04E”，用于记录CAPA。

你公司的答复并不充分，因为你公司没有提供证据证明其已按照21 CFR 820.100（b）的要求，正式记录了与2015-12 CAPA相关的活动。同时，你公司也没有提供证据证明已经进行了回顾审查，以确定与上述CAPA相关的以往活动是否有充分的文件记录。对于CAPA中的各项活动进行充分的文档记录是十分必要的，这能够证明你公司已经彻底调查了触发CAPA的原有问题并找到了解决CAPA的方案。你公司应提供证据证明已经正式记录了这些活动，这些活动包括在你公司CAPA系统中考虑对文件进行的系统纠正和回顾审查。

3．没有建立和维护程序，以确保在器械设计开发的适当阶段，按照21 CFR 820.30（e）的要求，计划并执行对设计结果评审的正式的文档化。

具体为，你公司标题为“设计控制指导”的文件，文件编号为“U-01-0011- 00”（以及其他审核过的版本），并没有充分建立程序，以确保所有的设计评审会议记录都包含在CCPoint“（b）（4）”的设计历史文档（DHF）中。也没有制订程序来确保与正在评审的阶段设计无责任的人员在场。

FDA审查了你公司针对FDA 483表的回复，认为其不够充分。你公司提供了CAPA内部报告“CAPA 2017-06 1（2）”，该报告概述了你公司应对FDA 483表中观察项4的计划。本CAPA中包括你公司现有的题为“设计控制指导”的文件（文件编号“U-01-0011-00”）副本，其概述了你公司审查设计控制的程序。你公司提供了2009年7月21日的会议记录，会议内容是讨论你公司CCPoint产品的质量控制和设计评审问题。你公司已提供一份2015年9月14日的风险管理报告A-22-0134-06，包括一份上市后监督报告，该报告包括销售产品的表格、CCPoint产品销售数量以及针对CCPoint的投诉数量。上市后监督报告中指出没有需要控制的额外风险。你公司还提供了2013年的设计控制方面的培训材料。此外，你公司还提供了更新过的“设计控制指导”文件，文件编号“U-01-0011-10”，以及一份包括独立评审人签名框的设计评审表。此外，你公司还提供了一份你公司进行设计控制培训的主题大纲和有参与者姓名和签名培训日志。

你公司的答复并不充分，因为你公司没有在CCPoint“（b）（4）”的DHF中提供足够的设计评审会议记录文件。同时，你公司尚未识别参与CCPoint产品的各个设计阶段的独立审评人。此外，没有证据表明已经采取了系统纠正措施，以确定是否你公司的其他器械的设计评审包括独立的审评人。设计评审会议记录的适当文档是必要的，以确保设计变更和更新得到合适的控制，应让所有承当责任的利益相关者都参与进来，以确保在将来设计变更出现问题时有完整的记录可参考。此外，不对项目负责的个人需要确保遵守正确的程序和政策，以确保产品安全和保护器械用户的健康。因此，你公司应提供设计变更会议的正式会议记录，并识别出在CCPoint“（b）（4）”的设计变更中不承担责任的个人。此外，你公司还应该执行系统纠正行动，以确保你公司其他产品的设计更改有恰当的记录，并确定是否有非责任人员参与了设计更改会议并参与决策。

4．没有建立和维护验证器械设计的程序；以确认设计输出满足设计输入要求；并按照21 CFR 820.30（f）的要求，在DHF中记录设计验证的结果，包括设计的标识、方法、日期和执行验证的人员。

具体为，你公司的文件“设计控制说明”、文件编号“U-01-0011- 00”（以及其他审核过的版本）没有充分建立，以确保所有CCPoint设计验证结果都包括在DHF中，包括对设计、方法、日期、测试结果，以及“（b）（4）”的测试人员。DHF中没有CCPoint与现有的（b）（4）之间的相关性实验的测试结果。

FDA审查了你公司针对FDA 483表的回复，认为其不够充分。你公司提供的文件编号为“A-22-094-03”，“CAPA 编号：2017-07”，其指出了你公司设计控制说明中的缺陷，并概述了你公司应对这些缺陷的计划。“CAPA 编号：2017-07”还包括你公司的设计控制说明、测试验证报告模板和设计输入/设计输出/设计验证表。

你公司的答复并不充分，因为你公司没有提供CCPoint与现有（b）（4）之间的相关测试结果。此外，你公司没有提供经管理层或其他负责人批准的最新文件控制说明，以明确说明所有设计验证信息和结果（即

DHF包括设计、方法、日期、测试结果的识别）均包括在DHF中。需要设计验证结果的记录，以确保你公司确认设计更改没有显著地改变分析性能（即精密度、检出限、线性、干扰等）。因此，你公司应提供DHF，证明你公司进行了相关测试并确认了结果。此外，你公司应提供证据，证明已采取了系统纠正措施，以确保对你公司的其他产品（进行了设计更改）进行了相关测试，并由负责人员进行了确认。

5．未能按照21 CFR 820.22的要求建立质量审核程序并进行此类审核，以确保质量体系符合已建立的质量体系要求，并确定质量体系的有效性。例如，没有在规定的时间间隔内进行质量审核，以确定质量体系活动和结果是否符合质量体系程序。

具体为，你公司的内部审核文件，文件编号为“A-01-0059-14”，从2016年9月30日起生效（和已审核的先前版本），在附录1中定义了审核频率，要求ISO 13485和FDA 21 CFR第801、803、806和820部分的规定必须每年进行审核。但是，注意到，将被审核的16个领域中有8个没有按照程序在一年的时间内审核。例如，2015年3月12日至2016年9月30日，不合格品处理的审核有18个月没有审核。

FDA审查了你公司针对FDA 483表的回复，认为其不够充分。你公司提供的文件“CAPA 编号：2017-08”，文件编号“A-22-0094-03”，确定了审核执行频率失误和审核文档编制错误的根本原因。CAPA还概述了你公司的纠正措施计划。此外，“CAPA 编号：2017-08”包含执行审核的更新协议，文件编号“A-01-0059-15”。另外，你公司于2017年2月21日提供了名为“CAPA2017-08已完成”的文件，其中包括与EIR观察项相关的培训课程的参与者名单。

你公司的答复并不充分，因为你公司没有提供你公司质量管理体系的审核文件。审核文件对于确保公司的质量体系是最新的，并足以保持产品的性能、质量和安全是很重要的。因此，你公司应提供你公司质量体系和相关法规的审核文件。

FDA检查还发现，抗体、抗环瓜氨酸肽（CCP）在《法案》第502（t）（2）节［21 U.S.C.§ 352（t）（2）］项下有错误标识，并且你公司未能或拒绝提供《法案》第519节（21 U.S.C.§ 360i），以及21 CFR 803部分-医疗器械报告所要求的设备的材料或信息。重大偏差包括但不限于以下内容：

未能按照21 CFR 803.17的要求充分开发、维护和执行成文的MDR程序。

例如：在审核你公司的MDR程序“针对美国市场的医疗器械报告”（文件编号：A-01-0169-01，生效日期：2016年5月31日）后，发现了以下问题：

1．A-01-0169-01 没有建立内部系统，以便及时有效地识别、沟通和评估可能符合MDR要求的事件。例如：

a．该程序省略了21 CFR 803.3中“意识到”和“造成或促成”两词的定义，以及21 CFR 803.20（c）（1）中“合理建议”一词的定义。将这些术语的定义排除在程序之外可能会导致你公司在评估符合21 CFR 803.50（a）规定的上报标准的投诉时做出错误的报告决定。

b．书面程序将其他法规监管或主管部门的要求与21 CFR 803的要求混合，将导致符合21 CFR 803规定的应上报要求的不良事件不完整、不充分甚至不被报告。

2．A-01-0169-01 没有建立内部系统，以提供标准化的检查流程，以确定事件符合本部分的上报标准。例如：

a．没有关于对每一事件进行全面调查和原因评估的指导文件。

b．没有你公司将如何评估事件信息，以及时作出MDR上报的决定的指导文件。

3．A-01-0169-01 没有建立及时传送完整MDR的内部系统。具体为，下列问题没有得到充分解决：

a．你公司必须在哪些情况下提交30天内的首次报告、补充报告或后续报告、5天内的报告以及报告的要求。

b．该程序没有包括必须使用强制性报告表FDA 3500A或同等电子表提交MDR报告事件的参考文件。

c．根据2014年2月14日在《联邦公报》上公布的《电子医疗器械报告（eMDR）最终规则》以电子方式提交MDR的程序。所有纸质及传真提交的FDA 3500A表参考文件都应该从你公司的MDR程序中移除。

关于eMDR的最终规则和eMDR设置程序的信息可在FDA网站上找到：http://www.fda.gov/MedicalDevices/DeviceRegulationandGuidance/PostmarketRequirements/ReportingAdverseEvents/eMDR%E2%80%93ElectronicMedicalDeviceReporting/default.htm。

d. 你公司将如何提交其合理了解的每一事件的所有信息。具体为，FDA 3500A表的哪些部分需要填写，以包含你公司掌握的所有信息，以及所有你公司进行了合理的后续跟进后才获得的信息。

你公司于2017年2月7日、2017年2月28日和2017年3月31日作出的回复是否充分，目前还无法确定。你公司的回复包括针对上述观察项的纠正行动计划，列出了完成修改MDR程序的批准日期。你公司在每个回复中都附上了“2017-10-31”的行动完成日期。该文件尚未收到以供审查。

你公司的程序包括基线报告参考文件（FDA 3417）。基线报告已经不再被FDA要求，FDA建议从你公司的MDR程序中移除所有基线报告的参考文件（参见2008年9月17日的73联邦公报53686）。

另外你公司的程序（4.4节，信息）包括参考“MDR一般援助电话号码：（301）796 - 6670 用于安排将医疗器械报告传真给FDA，并协助填写报告表格，以及接收需要5天内上报的需采取补救措施的事件的报告”和“5天报告事件电话/传真报告。”FDA的MDR报告可报告性一般查询电话：（301）796-6670 可用于协助一般可报告性指导；但是，它不用于根据FDA要求协助准备和发送传真/副本。FDA建议你公司从MDR程序中移除所有有关安排将MDR报告传真给FDA的一般援助电话号码。按照上面的说明，按照电子方式提交MDR。

FDA检查还发现，你公司的FANA 200检测试剂盒在《法案》第502（t）（2）节［21 U.S.C.§ 352（t）（2）］项下有贴错标签，并且你公司未能或拒绝提供《法案》第519节（21 U.S.C.§ 360i），以及21 CFR 806部分-医疗器械和纠正与移除报告所要求的设备的材料或信息。重大违规事项包括但不限于下列各项：

未按照21 CFR 806.10的要求，在开始纠正或移除后的10个工作日内提交任何报告。具体为，没有文件证明不向FDA报告纠正行动的理由，其中涉及批次SS2009的产品代码FANA200检测试剂盒增加的假阳性检测结果。

你公司2015年7月13日收到客户投诉C2426，2015年9月2日收到客户投诉C-2445，这与阳性结果比例增加有关。你公司进行了调查。尽管违背你公司的标准操作程序（SOP），并且较高的假阳性结果被证实，你公司于2015年9月21日决定不进行召回。根据你公司的质量审查委员会（QRB）决定，你公司基于客户关系问题，应告知受影响的客户。在寄给客户的信函中，你公司提出更换试剂盒。然而，QRB仍然确定这些批次没有患者安全风险，不需要召回受影响的批次。你公司没有向FDA报告此行动。

FDA审查了你公司针对FDA 483表的回复，得出的结论是回复不充分。你公司承认并同意这一观察项。你公司提供的文件“CAPA 编号：2017-05”，概述了你公司应对观察项3的行动计划。然而，该行动计划不包括报告纠正和移除行动。你公司还表示，将更新召回程序以反映上报要求。但是，你公司没有提供相关证据证明。

此外，FDA建议你公司更新程序以符合21 CFR 806-医疗器械的要求；纠正和移除行动报告，以及21 CFR 7-召回政策的指导要求，从而确保提供所有必要的信息。CDRH建议你公司参考CDRH的召回分类来评估未来的纠正和移除行动，从而保持你公司的健康危害评估的一致性和上报要求的一致性。FDA进一步建议你公司根据21 CFR 806.2（k）中健康风险的定义进行健康风险评估，以支持未来医疗器械纠正或移除行动的报告决策。

联邦机构会得知关于器械的警告信，以便在签订合同时考虑上述信息。此外，如果FDA确定你公司违反了质量体系法规，且这些违规行为与Ⅲ类器械的上市前批准申请有关联，则在纠正这些违规行为之前，将不会批准此类器械。

请在收到本信函之日起15个工作日内将你公司为纠正上述违规行为所采取的具体步骤书面通知本办公室，并说明你公司计划如何防止此类违规行为或类似违规行为再次发生。包括你公司已经采取的纠正措施（必须解决系统问题）的文件材料。如果你公司计划采取的纠正措施将逐渐开展，请提供实施这些活动的时

间表。如果无法在15个工作日内完成纠正，请说明延迟的原因以及完成这些活动的时间。请提供非英文文件的翻译，以便FDA审核。FDA将通知你公司的回复是否充分，以及是否需要重新检查你公司的现场，以验证是否做出了适当的纠正。

最后，请注意本信函未完全包括你公司全部违规行为。你公司有责任遵守FDA所有的法律和法规。本信函和检查结束时签发的检查结果FDA 483表中记录的具体违规行为可能表明你公司制造和质量管理体系中存在严重问题。你公司应查明违规原因并及时采取纠正措施，确保产品合规。

第253封　给DRG Instruments GmbH的警告信

生产质量管理规范/质量体系法规/医疗器械/伪劣

CMS # 522669

2017年9月19日

尊敬的S先生：

美国食品药品管理局（FDA）于2016年10月24日至2016年10月28日，对你公司（位于德国马尔堡）的医疗器械进行了检查，检查期间，FDA检查员已确认你公司为17-α-羟基黄体酮ELISA、唾液皮质醇ELISA、雌二醇ELISA、唾液睾酮ELISA和睾酮ELISA的生产制造商。根据《联邦食品、药品和化妆品法案》（以下简称《法案》）第201（h）节［21 U.S.C.§ 321（h）］，凡是用于诊断疾病或其他症状，对疾病有治愈、缓解、治疗或预防作用，或是可以影响人体结构或功能的器械，均为医疗器械。故你公司涉及检查的产品为医疗器械。

本次检查表明，这些医疗器械的生产、包装、储存或安装中使用的方法、设施或控制不符合21 CFR 820的cGMP要求，根据《法案》第501（h）节［21 U.S.C.§ 351（h）］的规定，属于伪劣产品。2017年1月16日，FDA收到了你公司出具的针对FDA 483表（检查发现问题清单）的回复，FDA针对回复，处理如下。这些违规行为包括但不限于以下内容：

1．未能按照21 CFR 820.70（a）的要求建立并维护能够描述所有必要过程控制的过程控制程序，以确保在制造过程中可能出现与设备规范不符的情况时符合规范。

例如，审查ELISA微孔板（b）（4）的医疗器械历史记录（DHR）表明，（b）（4）微孔板由于QC检测失败通过更换（b）（4）抗体进行返工。然而，尚未建立用于储存抗体瓶和制备微孔板（b）（4）抗体溶液的书面程序。DHR不包含参考文件（b）（4）抗体，你公司无法提供用于微孔板生产的抗体溶液制备的任何书面程序，以解决重复微孔板QC检测失败的问题。此外，对于来料雌二醇抗体储存，雌二醇（b）（4）的（b）（4）表示要求在–20°C温度条件下储存抗体。你公司无法提供储存（b）（4）抗体瓶的任何书面程序。你公司也无法提供关于部分（b）（4）抗体瓶（b）（4）使用次数（b）（4）的任何信息，并表示尚未进行冻融研究。此外，你公司指出，来料抗体（液体）是等分的且为（b）（4）批量生产。对放行的雌二醇ELISA微孔板批次列表的审查显示，（b）（4）（例如（b）（4））使用了不同体积（b）（4）的抗体。

经审查，FDA认为上述两个问题的回复不够充分。你公司提供了各种附件和CAPA文件，但未提供附信或对FDA 483表中列出的每项观察结果进行逐条回复；因此，无法明确确定对该项目的回复。对于微孔板（b）（4），标题为“aa-9_1015，工作说明-来料抗体的质量控制检查，版本2”的文件似乎不包含用于解决重复微孔板QC检测失败的抗体（b）（4）生产制备程序。你公司应提供明确的文件，包括对上述生产和过程控制缺陷进行纠正和纠正措施的描述和证据。此外，回复必须考虑与缺陷相关的系统性质量体系问题（例如，其他生产工艺或产品），并描述如何识别和解决这些问题。

2．未能按照21 CFR 820.100（a）的要求（i）确定纠正和防止再次出现不合格产品和其他质量问题所需的措施；（ii）验证或确认纠正和预防措施，以确保该措施有效且不会对成品器械造成不利影响；（Ⅲ）实施和记录对纠正和预防发现质量问题所需的方法和程序的变更；和（iv）确保将与质量问题或不合格产品有关的信息发送给直接负责确保该等产品的质量或预防该等问题的人员。

例如，CAPA报告编号2016-16表明使用唾液雌二醇ELISA（目录号：SLV4188，批号68K056）导致许多病人结果偏低的生产错误，是由于标准矩阵设计变更后未能更新生产程序或标准矩阵所致。尽管你公司在CAPA报告中确定了问题的原因，但并未确定未能传达批准的生产变更所需采取的纠正措施，也未制定程序来确认该措施的有效性。你公司未能提供任何及时向生产员工传达批准的生产变更的书面程序。未建立文件变更控制体系。

FDA已审查你公司的回复，认为其不够充分。你公司提供了各种附件和CAPA文件，但未提供附信或对FDA 483表 中列出的每项观察结果进行逐条回复；因此，无法明确确定对该项目的回复。虽然标题为“va-422，文件控制”的文件似乎规定了可能启动文件变更的情况；“aa-6220_EN，文件培训证明”规定“将以2周的频率通知相关员工新文件或修改文件”，但是，上述纠正和预防措施不包含820.100（a）（4）要求的确认拟定措施有效性的程序。你公司应提供明确的文件，其中包括实施纠正和纠正措施的描述和证据，以证明已制定程序来确保纠正和预防措施的有效性。此外，回复必须考虑其CAPA子系统中与上述缺陷相关的系统性质量体系问题（例如，其他CAPA），并描述如何识别和解决这些问题。

3．未能按照21 CFR 820.25（b）的要求制定用于确定培训需求的程序，并确保所有人员都已接受相关培训，能够充分履行所分配的职责。

例如，对于最新版本的书面程序，缺少员工培训记录（例如，va-831，不合格产品和投诉控制，版本11，日期2016年9月21日）。

FDA已审查你公司的回复，认为其不够充分。你公司提供了各种附件和CAPA文件，但未提供附信或对FDA 483表中列出的每项观察结果进行逐条回复；因此，无法明确确定对该项目的回复。文件“aa-6220_EN，文件培训证明”不包括新文件培训以外的培训需求。此外，也未指定确保所有人员都已接受充分培训以履行所分配职责的程序。你公司应提供明确的文件，其中包括对上述特定缺陷实施纠正和纠正措施的描述和证据。此外，回复必须考虑与缺陷相关的系统性质量体系问题（例如，其他培训），并描述如何识别和解决这些问题。

检查中还发现，根据《法案》第502（t）（2）节［21 U.S.C.§ 352（t）（2）］，你公司的唾液雌二醇ELISA器械为贴错标签，因为你公司未能或拒绝按照《法案》第519节（21 U.S.C.§ 360i）和21 CFR 806-“医疗器械；纠正和移除报告”的要求提供与器械相关的材料或信息。重大违规行为包括但不限于以下内容：

未按照21 CFR 806.10的要求提交“纠正或移除”报告，以补救器械造成的可能引起健康风险的违反《法案》的行为。例如：投诉编号2016-41表明，使用唾液雌二醇ELISA（目录号SLV4188，批号68K056）的许多病人的检测结果较低，且试剂盒标准品0和标准品1之间没有隔离。2016年7月14日，你公司通知了总部和经销商DRG International Inc.，并要求DRG International Inc.建议客户不要使用该批次产品。你公司产品召回SOP文件“aa-8322”标题“FDA产品召回”中说明，“召回可以由DRG-International Inc. 或DRG Instruments GmbH主动发起或由FDA发起。”但是，你公司未能提供任何关于DRG International是否已向FDA报告现场纠正措施的信息。

FDA已审查你公司的回复，认为其不够充分。CAPA编号20中表明你公司将“1.修订向FDA报告的相关文件（aa-832；aa-8322；aa-8323）；2.报告投诉编号2016-41 - 唾液雌二醇ELISA；［和］3.培训修订后的文件。”但是你公司没有报告纠正或移除，也没有提供更新文件的证据。你公司应根据21 CFR 806 - “医疗器械；纠正和移除报告”以及21 CFR 7 - “召回政策”的要求更新程序，以确保提供要求的所有信息。还应根据21 CFR 806.2（j）中的健康风险定义进行健康风险评估，以支持未来医疗器械纠正或移除的报告决策。

FDA的检查还发现，根据《法案》第501（f）（1）（B）节［21 U.S.C.§ 351（f）（1）（B）］，唾液皮质醇ELISA为伪劣产品，因为你公司尚未根据《法案》第515（a）节［21 U.S.C.§ 360e（a）］，获得上市前批准申请（PMA）的有效批准，或根据《法案》第520（g）节［21 U.S.C.§ 360j（g）］，获得试验用器械豁免的批准申请。根据《法案》第502（o）节［21 U.S.C.§ 352（o）］，该器械也为违标产品，因为你公司并未按照《法案》第510（k）节［21 U.S.C.§ 360（k）］的要求通知FDA你公司将该器械引入商业分销的意图。

具体为，你公司未能按照21 CFR 807.81（a）（3）（i）的要求就你公司唾液皮质醇ELISA可能显著影响器械安全性或有效性的重大变更向FDA提交上市前通告申请。你公司使用了（b）（4）。这些变更可能会显著影响该器械的安全性和有效性，因为此类器械通常用于皮质醇水平高于 30 ng/ml 的人群。

对于需要获得上市前批准的器械，当向 FDA 提交 PMA 申请时，即视为应满足第 510（k）部分要求的通知［21 CFR 807.81（b）］。为获得器械批准或许可，你公司需要提交的信息类型见以下网站 http://www.fda.gov/MedicalDevices/DeviceRegulationandGuidance/HowtoMarketYourDevice/default.htm。FDA 将评估你公司提交的信息，并决定该产品是否可以合法销售。

根据《法案》第 801（a）节［21 U.S.C.§ 381（a）］，鉴于违反法案的严重性，你公司生产的唾液皮质醇 ELISA 存在伪劣产品的可能，因此可能被拒收。因此，FDA 正在采取措施拒绝这些器械进入美国，即“不经检查扣留”，直到这些违规行为得到纠正。你公司应按下述方式对本警告信做出书面回复，并纠正本信函中描述的违规行为，以解除对器械的扣留。对于你公司的回复是否充分，以及是否需要重新检查你公司的工厂确认是否已采取适当的纠正和/或纠正措施，将另行通知。

此外，联邦机构会得知关于器械的警告信，以便在签订合同时考虑上述信息。如果FDA确定你公司违反了质量体系法规，且这些违规行为与Ⅲ类器械的上市前批准申请有关联，则在纠正这些违规行为之前，将不会批准此类器械。请在收到本信函之日起15个工作日内将你公司为纠正上述违规行为所采取的具体步骤书面通知本办公室，并说明你公司计划如何防止此类违规行为或类似违规行为再次发生。包括你公司已经采取的纠正措施（必须解决系统问题）的文件材料。如果你公司计划采取的纠正措施将逐渐开展，请提供实施这些活动的时间表。如果无法在15个工作日内完成纠正，请说明延迟的原因以及完成这些活动的时间。请提供非英语文件的翻译，以便评审。

最后，请注意本信函未完全包括你公司全部违规行为。你公司有责任遵守FDA所有的法律和法规。本信函和检查结束时签发的检查结果FDA 483表中记录的具体违规行为可能表明你公司制造和质量管理体系中存在严重问题。你公司应查明违规原因并及时采取纠正措施，确保产品合规。

第254封　给BroadMaster Biotech Corp. 的警告信

生产质量管理规范/质量体系法规/医疗器械/伪劣/标识不当

CMS # 507107

2016年10月4日

尊敬的L先生：

2016年5月2日至2016年5月5日，美国食品药品管理局（FDA）检查员对位于中国台湾省中坜市的你公司BroadMaster Biotech Corp.（以下简称BMB）进行检查，确认你公司为BMB-EA001A血糖仪（无说话功能），BMB-EA001S血糖仪（带说话功能）和BMB-BA006A血糖试纸的生产制造商。根据《联邦食品、药品和化妆品法案》（以下简称《法案》）第201（h）节［21 U.S.C.§ 321（h）］，凡是用于诊断疾病或其他症状，对疾病有治愈、缓解、治疗或预防作用，或是可以影响人体结构或功能的器械，均为医疗器械。故你公司涉及检查的产品为医疗器械。

本次检查表明，这些医疗器械的生产、包装、储存或安装中使用的方法、设施或控制不符合21 CFR 820质量体系法规（以下简称QSR/21 CFR 820）的现行生产质量管理规范（以下简称cGMP）要求，根据《法案》第501（h）节［21 U.S.C.§ 351（h）］的规定，属于伪劣产品。

FDA于2016年5月19日收到你公司的回复，该回复涉及FDA检查员在FDA 483表——即发予你公司的《检查发现问题清单》中注明的缺陷。FDA就指出的每一项违规行为，将回复相应地列在下面。违规行为包括但不限于以下内容：

1．未能按照21 CFR 820.198（a）（1）的要求，由正式指定的部门接收、评审和评价投诉的程序。

例如，你公司没有以统一的方式处理和评价所有投诉。具体为，你公司已经指出，你公司的经销商××将基于特定问题代码的投诉转发给你公司。但是，这些投诉只包含分发服务器收到的关于设备的所有投诉的一个子集，因为分发服务器只发送包含问题代码#6、8、9、11、12、22和36的投诉。对2016年1月至2016年4月收到的所有投诉××的电子表格进行审查后发现，在233个单独的投诉条目中，有86个（86）是关于发布代码的，而你公司并没有对这些代码进行常规审查和评估。在这86条投诉条目中，有8条提到了“高”血糖读数。你公司已经指出，意外的“高”血糖读数是一个问题，因为如果读数是错误的，病人可能会在不需要的时候注射胰岛素，这可能导致用药过量和潜在的器官衰竭。

FDA审查了你公司的回复，并认为这是不充分的。你公司已承认处理客户投诉的方法欠妥。为了解决这一问题，你公司提供了以下纠正措施，并承诺在拟议的措施获得机构批准后20天内执行这些纠正：

a）将指南转发给其经销商和其授权的客户服务单位，确保他们都充分意识到收集和转发所有产品相关投诉给BMB的正确程序。

b）修改客户投诉协议，以包括经销商的季度记录。

c）向代理商提供修改后的2016 Q1客户投诉报告。

你公司的回复是不充分的，因为：

a）BMB拟发送给经销商的推荐指南未提供审查。

b）BMB没有提供BMB和××之间的修订协议，概述每个公司的具体职责，并表明BMB有足够的投诉处理流程，允许对所有投诉进行统一审查。

c）BMB没有提供修订的投诉程序，以确保所有的投诉，无论问题代码是什么，都能得到一致和及时的审查。

d）BMB没有提供2016年之前收到的投诉的回顾性审查结果，这些投诉的问题代码BMB没有例行审查和评估，包括问题代码#2、13、14、15、18、21、23、24和34。这些投诉应按照21 CFR 820.198（a）~（g）的所有要求进行评价。你公司应提供这次回顾性审查的结果，并确定针对这次审查结果采取的纠正措施。

2．未能按照21 CFR 820.198（a）（3）的要求，对投诉进行评价，以确定所描述的投诉是否已构成向FDA报告的事件。

例如，你公司没有以一致和及时的方式处理和评价所有投诉，以确定投诉是否代表需要作为医疗设备报告（MDR）提交给FDA的事件。具体为，你公司指出经销商××每季度将所有投诉的子集转发给BMB。季度审查投诉子集将不能使你的公司完全满足21 CFR 803对MDR报告的要求，包括在公司意识到应报告事件之日起5天和30天内提交报告的要求。你公司报告说没有MDR。

FDA审查了你公司的回复，并认为这是不充分的。你公司已承认处理客户投诉的方法欠妥。为了解决这一问题，你公司提供了以下纠正措施，并承诺在拟议的措施获得机构批准后20天内执行这些纠正：

a）将指南转发给其经销商和其授权的客户服务单位，确保他们都充分意识到收集和转发所有产品相关投诉给BMB的正确程序。

b）修改客户投诉协议，以包括经销商的季度记录。

c）向代理商提供修改后的2016 Q1客户投诉报告。

你公司的回复是不充分的，因为：

a）你公司拟发送给经销商的推荐指南未提供审查。因此，FDA无法确定代表MDR报告事件的投诉是否得到充分处理。

b）此外，你公司没有提供BMB和××之间的修订协议，以明确责任，并允许对代表MDR应报告事件的投诉进行充分管理。

c）尽管你公司声明将在检查期间执行向机构报告MDR的方案，但你公司2016年5月19日的回复中没有提供修订程序。

d）你公司尚未提供针对2016年之前收到的投诉进行MDR可报告性评估的回顾性审查结果；同时，你公司没有对问题代码例行审查和评估，包括问题代码#2、13、14、15、18、21、23、24和34。应该对这些投诉进行MDR可报告性评估。你公司应提供这次回顾性审查的结果，并确定针对这次审查结果采取的纠正措施。

3．未能按照21 CFR 820.30（f）的要求，建立和维护器械设计验证程序。

例如，你公司尚未建立足够的程序来确认设计输出符合设计输入的要求，也没有充分地记录用于验证器械设计的方法。具体为，在审查BA006A葡萄糖检测试纸的设计历史文档时，你公司提供了设计验证文档××和××，其中说明了为建立倡导者redic-code +血糖监测系统的操作、存储温度和湿度条件而进行的测试。但是，设计验证文档没有说明用于验证器械特性的统计技术（如操作和储存条件）。在讨论你公司的“××”方案时，你公司无法解释用于检测的样本量背后的统计原理，或执行方案中使用的试纸批次数量是否足以支持试纸的保质期。就××测试方案而言，缺乏带有验收标准的预定方案，因此不清楚任何给定的测试是否通过或失败。你公司提到你公司的方案××“统计技术和分析控制程序”，其中规定统计应用于控制产品质量，但不包括本次检测的统计方法或抽样计划。

FDA审查了你公司的回复，并认为这是不充分的。你公司声明如下：

a）已对××统计技术和分析控制程序进行了修订，将“器械特性验证”纳入“第2节范围”。

b）已对其“设计和开发控制程序”××进行了修订，将“用于验证产品规格的数量必须遵循抽样原则进行统计分析。验证过程还必须遵循××统计技术和分析控制程序。”纳入第4.3节。

c）补充××结果已在附件中提出，作为对观测中所指出的不足之处的临时补充。

d）拟议的××已在附件“××”中进行。建议获得FDA批准后，预计完成时间为××。

e）拟议的××已在附件“××”中进行。这是一项实时的研究，因此建议获得FDA批准后，预计完成时间为××。

你公司的回复是不充分的，因为：

a）你公司未提供修订的设计和开发控制程序××或其统计技术和分析控制程序××。因此，无法确定这些文件是否涵盖了足够的程序，包括用于设计验证的统计技术。

b）对于补充××方案和相关结果、拟议××方案或拟议××方案，没有提供样本量或统计技术的依据。由于没有提供理由来支持选择样本量或验收，目前仍不清楚你公司的样本量是否足够完成这些验证，或为这些方案选择的验收标准是否足以支持该公司的存储保质期或使用稳定性要求。

c）你公司使用过时的标准××来定义来料检验中使用的样本量，在审查过程中讨论过，但未被提及。此外，你公司的回复中还提到了其他过时的标准，如××，该标准已于2011年被撤销。

d）一旦建立了有效的统计技术和抽样计划，以验证试纸的储存保质期或使用稳定性，你公司应确定是否需要对未使用适当的设计验证方法进行评估的已发布产品进行回顾性审查。你公司应提供这次回顾性审查的结果，并确定针对这次审查结果采取的纠正措施。

e）你公司尚未提供对其他设计验证（和确认）活动的系统评价结果，这些验证活动的程序中尚未建立有效的统计技术和适当的抽样计划。你公司应提供此次系统评价的结果，包括所评价的设计验证（和确认）活动的清单，以及针对本次评价结果采取的纠正措施。

4．未能确保：当某过程的结果不能通过后续检查和测试完全确认时，应高度确保按照21 CFR 820.75（a）要求对过程进行确认，并根据既定程序进行批准。

例如，××说明了用于××制造最终××的过程。但是，你公司尚未确认××。具体如下：

当要求记录时，如方案和测试报告，可能支持××中说明的过程确认，你声明你公司没有这些记录。你提到程序“××”是用来证明××过程是经过确认的。但是，审查程序并未说明××过程的全部合格性。

××声明××通过本审查的可储存至××。当被问及你公司如何验证××在使用前可储存××，特别是××是否有预定方法、接收标准和统计上有效的抽样计划时，你表示BMB没有此类信息来支持××的存储。

此外，FDA检查员要求提供关于××中所述的××步骤的资料。你公司声明，之所以采用这些××步骤，是因为××，他们希望清除潜在的生物污染和灰尘污染。但是，你公司声明从未分析过××。

FDA审查了你公司的回复，并认为这是不充分的。针对这一发现，你公司提供了“××确认计划”，说明了××的过程步骤和确认/验证步骤。你公司承诺在建议的措施获得代理处批准后40天内执行这些纠正。

此回复是不充分的，因为：

a）你公司提供了××过程确认计划的摘录，但未提供其具有适当的文件控制编号、生效日期和批准签名的过程确认计划和资格验证方案。

b）你公司尚未提供在此过程中如何使用设备确认的信息。此外，你公司也未提供如何确认××等每个工艺参数的信息，包括最差情况和最优条件的评估。

c）你公司提供了一份抽样方案，但没有说明选择抽样方案的办法。

d）你公司没有在拟议的计划中提供足够的信息来解释你公司如何确认××在使用前可用于存储××。

e）拟议计划说明了初步审查中发现的××。但是，除了指示确认××是××外，并没有说明什么是××，××的影响，或如何确定××是充分的。

f）你公司尚未提供对其他过程的系统审查结果，这些结果无法通过后续的审查和测试得到充分验证，以确定这些过程是否得到充分验证。你公司应提供此次系统评价的结果，包括评价过程的清单，以及针对本次评价结果采取的纠正措施。

5．未能按照21 CFR 820.70（c）的要求，建立和维护程序，以充分控制可能对产品质量产生不利影响的环境条件。

例如，你公司没有充分维护文件以确保持续满足特定的环境要求。具体为，你公司关于“冰箱和冷冻机温度监控”的方案××规定，××温度验证××，在××完成。这些器械用于存储有存储温度要求的原材料，并用于制造葡萄糖试纸的××。对温度记录的审查显示，××在2015年11月或2016年1月都没有完成××，而且，××在2016年1月也没有完成××。你公司无法对遗漏的测量数据做出解释。

FDA审查了你公司的回复，并认为这是不充分的。你公司提供了以下资料：

a）BMB已于2016年5月12日完成了必要的温度监控方案培训课程，以确保相关人员得到充分的××培训。

b）BMB已声明计划购买××设备以确保××记录。BMB打算在FDA接受后订购××设备。

你公司的回复是不充分的，因为：

a）你公司尚未提供关于××设备或方案的安装或使用说明。你公司需要提供①××使用新设备的过程确认，②与该过程相关的任何新程序和表格，以及③新过程的培训记录。

b）你公司尚未提供对其他环境控制措施进行系统审查的结果，以确定这些控制措施是否得到了充分的监控和记录。你公司应提供已审查的环境控制系统清单，以及针对审查结果采取的纠正措施。

6．未能按照21 CFR 820.25（b）的要求，确保所有员工接受培训，以胜任其指定的职责。

例如，你公司的员工未进行必要的工作培训。具体为，FDA对完成设备编号××的月度温度日志的人员的培训记录进行审查，发现操作员没有接受××作业指导书的成文的培训。2015年11月至2016年1月期间，××设备××在生产葡萄糖试纸期间的温度日志没有按照要求完成。

FDA审查了你公司的回复，并认为这是不充分的。你公司提供了以下资料：

a）BMB已于2016年5月12日完成了必要的温度监控方案培训课程，以确保相关人员得到充分的××培训。

b）BMB已声明计划购买××设备以确保××记录。BMB打算在FDA接受后订购××设备。

你公司的回复是不充分的，因为：

a）你公司尚未提供2016年5月12日的培训记录。

b）你公司尚未提供关于××设备或方案的安装或使用说明。你公司需要提供①××使用新设备的确认，②与该过程相关的任何新程序和表格，以及③新过程的培训记录。

c）你公司没有对所有人员的培训记录进行系统审查，确保所有员工都接受了充分的培训，以完成他们所负责的任务，并形成培训记录。你公司应提供本系统审查的结果，包括针对审查结果而采取的纠正措施的清单。

联邦机构会得知关于器械的警告信，以便在签订合同时考虑上述信息。此外，如果FDA确定你公司违反了质量体系法规，且这些违规行为与Ⅲ类器械的上市前批准申请有关联，则在纠正这些违规行为之前，将不会批准此类器械。向外国政府提出的出口证明的申请，在与申报器械相关的违规行为得到纠正之前将不予批准。

请在收到本信函之日起15个工作日内将你公司为纠正上述违规行为所采取的具体步骤书面通知本办公室，并说明你公司计划如何防止此类违规行为或类似违规行为再次发生。包括你公司已经采取的纠正措施（必须解决系统问题）的文件材料。如果你公司计划采取的纠正措施将逐渐开展，请提供实施这些活动的时间表。如果无法在15个工作日内完成纠正，请说明延迟的原因以及完成这些活动的时间。请提供非英文文件的翻译文本，以便FDA审查。FDA将通知你公司回复是否充分，以及是否需要重新审查你公司的设施，以验证是否已采取了适当的纠正措施。

最后，请注意本信函未完全包括你公司全部违规行为。你公司有责任遵守FDA所有的法律和法规。本信函和检查结束时签发的检查结果FDA 483表中记录的具体违规行为可能表明你公司制造和质量管理体系中存在严重问题。你公司应查明违规原因并及时采取纠正措施，确保产品合规。

第255封　给Qiagen Sciences LLC.的警告信

生产质量管理规范/质量体系法规/医疗器械/伪劣

CMS # 490174

2016年5月16日

尊敬的S先生：

美国食品药品管理局（FDA）于2016年1月19日至2016年2月5日，对位于马里兰州日耳曼敦的你公司的医疗器械进行了检查。检查期间，FDA检查员已确认你公司为QuantiFERON®-TBGold（QFT®）检测试剂盒的生产制造商。根据《联邦食品、药品和化妆品法案》（以下简称《法案》）第201（h）节［21 U.S.C.§ 321（h）］，凡是用于诊断疾病或其他症状，对疾病有治愈、缓解、治疗或预防作用，或是可以影响人体结构或功能的器械，均为医疗器械。故你公司涉及检查的产品为医疗器械。

2016年2月26日和2016年4月8日，FDA分别收到你公司针对2016年2月5日FDA检察员出具的FDA 483表（检查发现问题清单）的回复。FDA针对回复，处理如下。

你公司存在的违规事项包括但不限于以下内容：

质量体系违规事项

本次检查表明，这些医疗器械的生产、包装、储存或安装中使用的方法、设施或控制不符合21 CFR 820质量体系法规中现行生产质量管理规范要求，根据《法案》第501（h）节［21 U.S.C.§ 351（h）］的规定，属于伪劣产品。

1．未能按照21 CFR 820.100（a）的要求建立和保持实施纠正和预防措施（CAPA）的程序。由于纠正措施和/或验证不充分，一些CAPA无效。例如：

i．由于多次投诉假阳率偏高，已采取了多项CAPA，并于2013年4月提出TB和Nil采血管（b）（4）的内毒素的技术规范要求。但是该纠正措施无效，因为合同制造商无法符合新的规范，且并无内毒素外加研究以确定Nil管的内毒素污染量会导致假阴性结果。此外，由于实施了内毒素规范变更，因此未经过程确认就制造了TB Antigen和Nil管，并予以放行。

ii．由于在两批Nil采血管中发现内毒素污染，这可能导致潜在的假阴性结果，因此实施CAPA 2014-14。尽管在批次出厂检验中遭遇多次失败，但两个批次的一部分都已放行，所以该CAPA无效。

FDA已审查你公司的回复，并得出结论认为这些回复不充分。你公司的回复指出，将进行一项研究以适当制定内毒素规范，并根据你公司评价结果进行其他验证。此外，你公司承诺终止部分批次的放行。但是，FDA注意到，你公司回复中包含的确认文件并未直接指明内毒素水平，也没有提供证据证明当前过程已得到适当确认。

2．未能按照21 CFR 820.50（a）的要求建立供应商和承包方必须满足的要求。

具体为，你公司的合同制造商并未针对QuantiFERON采血管：（b）（4）的破坏性最终出厂检验进行过程确认。

此外，你公司QuantiFERON采血管的合同制造商必须符合的书面质量要求并不包含内毒素。

FDA已审查你公司的回复，并得出结论认为这些回复不充分。你公司的回复指出，你公司已经开始与合同制造商就管生产工艺进行协同评价，其中包括过程确认研究。但是，你公司的回复并未表明与合同制造商有任何更新的质量要求，以确保符合适当的内毒素水平。在你公司对这封信的回复中，请与你公司的合同制造商签订一份包含内毒素水平的更新协议。

3．未能按照21 CFR 820.30（i）的要求建立设计变更程序。

具体为，并未针对TB抗原和Nil采血管的设计输出变更进行设计变更。

QuantiFERON TB抗原和Nil采血管的内毒素污染的设计输出已更改（b）(4)，但是二者均未进行设计变更，规范变更也未得到充分验证。此外，进行设计验证以确定内毒素污染是否会导致TB 抗原管产生假阳性，但缺少具有预定验收标准的验证协议。最后，没有对Nil采血管进行验证。

FDA已审查你公司的回复，这些回复可能充分。将需要进行后续检查，以验证你公司是否适当遵循设计和开发程序（GLO-SOP-32-01-001）。

4．未能按照21 CFR 820.30（d）的要求建立设计输出程序。

具体为，Mitogen、Nil和TB 抗原采血管的设计输出未充分制定其所有设计输出。例如：

i．没有定义或验证可能导致假阴性的Nil采血管中可接受量的内毒素污染的设计输出。

ii．没有定义丝裂原试管（b）(4)的设计输出。

Ⅲ．没有定义这些管的物理/功能方面（b）(4)的设计输出。

iv．没有定义管（b）(4)量的设计输出。

v．(b）(4)的管成分值并未记录在设计输出文件中。

FDA已审查你公司的回复，认为其可能已充分整改。后续FDA需要进行检查以确认你公司是否已适当地建立回复中所述的可追溯性矩阵（DHF-QFT-3G-TRM-001）。

5．未能按照21 CFR 820.198（c）的要求在必要时对涉及器械达不到其规范要求的投诉进行评价和调查。

具体为，没有在必要时对高阳性或结果不一致的投诉进行适当的评价和调查。在2014年和2015年，大约(b）(4)涉及QuantiFERON-TB Gold采血管的投诉。仅获得了这些投诉中的12个投诉的管批次信息，并且这些投诉中只有两个针对（b）(4)进行了保留测试。

FDA已审查你公司的回复，认为其不够充分。你公司的回复指出，一旦发现不良趋势，便会展开调查。但是，你公司2016年2月回复中包含的处理和调查投诉程序（GLO-SOP-47-01-001，修订版007）并未定义不良趋势。在你公司对这封信的回复中，请包括含该信息的更新后投诉程序。此外，对于任何引用的投诉，你公司都没有提及是否有可用于测试的保留样本，或者是否能够从客户处获得退回样本。在你公司对这封信的回复中，请包括对保留样本或退回样本进行的任何测试的结果。

6．未能按照21 CFR 820.250（b）的要求使用抽样方案时以有效的统计原理为基础，并采用书面形式。

具体为，以下过程确认没有基于有效的统计原理的抽样计划：

i．每次运行均使用（b）(4)对进行Mitogen管效力试验进行确认。Mitogen采血管的生产批次通常介于(b）(4)管之间。

ii．QuantiFERON-TB Gold Antigen管验证重复性测试了TB antigen采血管（b）(4)。对（b）(4)进行(b）(4)。使用针对每个受试品的（b）(4)试管运行执行（b）(4)。典型的采血批次介于（b）(4)之间。

FDA已审查你公司的回复，认为其可能已充分整改。后续FDA需要进行检查以确认已适当制定你公司回复中所述的修订后抽样计划。

医疗器械报告违规事项

本次检查还表明，根据《法案》第502（t）(2）节［21 U.S.C.§ 352（t）(2）］，你公司的QuantiFERON-TB® Gold检测试剂盒贴错标签，因为你公司未能或拒绝提供《法案》第519节（21 U.S.C.§ 360i）和21 CFR 803“医疗器械报告”规定的此类器械的相关资料或信息。此类违规事项包括但不仅限于以下内容：

7．未能按照21 CFR 803.50（a）(2）的要求在30个日内向FDA报告你公司收到或意识到的上市器械不良事件，这些事件合理表明上市器械发生故障，并且上市器械或同类器械再次发生故障，很可能导致或引起死亡或严重伤害。

根据审查用证据，投诉编号#（b）(4）中的信息；以及投诉案例（b）(4）中的信息描述了你公司器械所发生的故障事件。投诉中提及的故障与日本召回及召回编号Z-0888-2013和Z-0889-2013有关。应在30个日历日的时间段内提交涉及事件的故障MDR。

FDA已审查你公司2016年2月26日的回复，认为其已充分整改。FDA 2016年2月2日接收到（b）（4）。FDA 2016年2月3日接收到（b）（4）。你公司修改了程序GLOSOP-4 7-01-002“撤回和更正”，其中包括一条指令，审查与召回有关的所有投诉，以确定MDR是否可报告。此外，Germa10town负责实施召回的人员接受了新程序方面的培训。

8．未能按照21 CFR 803.17的要求编制、维护和实施书面医疗器械报告（MDR）程序。

例如：在审查了你公司题为“医疗器械报告”的MDR程序（NA-SOP-47-010，修订版9，生效日期：2015年9月9日）后，注意到以下问题：

a．NA-SOP-47-010未建立内部体系，以提供及时有效的识别、沟通和评价可能符合MDR要求的事件。例如：

i．术语“导致或引起”的定义与21 CFR 803.3中的术语定义不一致，无法使你公司正确地确定投诉为可报告事件。

b．NA-SOP-47-010未建立内部体系，以提供及时传输完整的医疗器械报告。具体来说，未解决以下内容：

i．你公司必须提交补充或跟进报告的情况以及此类报告的要求。

ii．你公司如何提交各事件合理已知的所有信息。具体为，需要完成FDA 3500A的哪些部分，才能包括你公司掌握的所有信息以及由于你公司进行合理跟进而获得的任何信息。

你公司程序包括对基线报告的引用。不再需要基线报告，FDA建议删除你公司MDR程序中所有对基线报告的引用（请参见：73 Federal Register Notice 53686，日期：2008年9月17日）。

你公司应调整其MDR程序，以包括根据2014年2月14日在联邦公报上发布的电子医疗器械报告（eMDR）最终规则以电子方式提交MDR的过程。此外，你公司将需要建立一个eMDR账户，以便以电子方式提交MDR。有关eMDR最终规则和eMDR设置过程的信息见FDA网站，网址如下：url。

纠正和撤回违规事项

本次检查还表明，根据《法案》第502（t）（2）节［21 U.S.C.§ 352（t）（2）］，你公司的QuantiFERON-TB Gold（QFT）检测试剂盒贴错标签，因为你公司未能或拒绝提供《法案》第519节（21 U.S.C.§ 360i）和21 CFR 806“医疗器械纠正和撤回报告”规定的此类器械的相关资料或信息。此类严重违规事项包括但不仅限于以下内容：

9．未能按照21 CFR 806.10的要求，向FDA提交旨在降低器械对健康造成风险或旨在补救该器械引起的违反《法案》的行为（该行为可能对健康造成风险）的器械纠正或撤回书面报告。例如：

a．2013年，在投诉阳性率高于正常水平后，你公司召回了日本的TB antigen管（批号A1210004）、Nil管（批号Al210008）和mitogen管（批号Al210006）。你公司记录表明，TB值升高是由管中的内毒素引起的。内毒素水平范围为（b）（4），其中一些超出制造商的规范。你公司未向FDA提交纠正或撤回报告。

b．2014年，退回了日本TB3G ELISA（批次059452521）（b）（4）的投诉。你公司将问题归因于（b）（4）。这些器械经过重新加工，然后在美国销售。你公司未向FDA提交纠正或撤回报告。

FDA已审查你公司的两个回复，认为其不够充分。你公司应注意，在美国制造的所有产品均受21 CFR 806的约束。截至2016年4月13日，尚未见你公司针对这两种医疗器械撤回向FDA提交纠正或撤回报告的记录。

你公司应立即采取措施纠正本信函所述的违规行为。如若未能及时纠正这些违规行为，可能导致FDA在没有进一步通知的情况下启动监管措施。监管措施包括但不限于没收、禁令和民事罚款。此外，联邦机构会得知关于器械的警告信，以便在签订合同时考虑上述信息

请在收到本信函之日起15个工作日内将你公司为纠正上述违规行为所采取的具体步骤书面通知本办公

室，并说明你公司计划如何防止此类违规行为或类似违规行为再次发生。包括你公司已经采取的纠正措施（必须解决系统问题）的文件材料。如果你公司计划采取的纠正措施将逐渐开展，请提供实施这些活动的时间表。如果无法在15个工作日内完成纠正，请说明延迟的原因以及完成这些活动的时间。你公司的回复应全面，并解决此警告信中所包括的所有违规行为。

最后，请注意本信函未完全包括你公司全部违规行为。你公司有责任遵守FDA所有的法律和法规。本信函和检查结束时签发的检查结果FDA 483表中记录的具体违规行为可能表明你公司制造和质量管理体系中存在严重问题。你公司应查明违规原因并及时采取纠正措施，确保产品合规。

第256封 给Lusys Laboratories, Inc. 的警告信

生产质量管理规范/质量体系法规/医疗器械/伪劣

2015年9月30日

尊敬的L先生：

2015年1月26日至2015年2月19日以及2015年5月12日至5月15日，FDA检查员在对位于加州圣地亚哥的你公司的检查中认定，你公司是体外诊断试剂盒的制造商。具体为，你公司制造的检测试剂盒包括但不限于用于定性检测丙型肝炎病毒、乙型肝炎病毒、乙型肝炎“e”抗原、乙型肝炎“s”抗体、人体免疫缺陷病毒、Ⅰ型和Ⅱ型抗体、全血/血清/血浆中前列腺特异性抗原和埃博拉病毒的定性检测（埃博拉病毒VP/GP-IgX一步法检测试剂盒、埃博拉病毒GP-VP-IgS型一步法检测试剂盒、埃博拉病毒抗原鼻腔一步法检测试剂盒）。根据《联邦食品、药品和化妆品法案》（以下简称《法案》）第201（h）节［21 U.S.C.§ 321（h）］的规定，凡是用于诊断疾病或其他症状，对疾病有治愈、缓解、治疗或预防作用，或是可以影响人体结构或功能的器械，均属于医疗器械。故你公司涉及检查的产品均为医疗器械。

本次检查发现，你公司生产的血清/血浆/全血HCV一步法检测试剂盒、血清/血浆HBV五合一一步法检测试剂盒、血清/血浆乙型肝炎HBsAg一步法检测试剂盒、HIV（分离的）全血/血浆三线一步法HIV抗体检测试剂盒和EQ-PSA一步法全血/血清/血浆检测试剂盒等出口产品的生产、包装、储存或安装中使用的方法、设施或控制不符合21 CFR 820的cGMP要求，根据《法案》第501（h）节［21 U.S.C.§ 351（h）］的规定，属于伪劣产品。符合21 CFR 820的cGMP要求即是满足《法案》第802（f）（1）节［21 U.S.C.§ 382（f）（1）］合法出口此类器械的要求。

2015年3月3日，FDA收到你公司针对FDA检查员在2015年2月19日给你公司出具的FDA 483表（检查发现问题清单）的回复。以下是FDA对于你公司各违规事项相关回复的意见。违规事项包括但不限于以下内容：

1．未能按照21 CFR 820.100（a）的要求建立并保持实施纠正和预防措施的程序。例如：

你公司尚未建立纠正和预防措施（CAPA）程序，这个程序即用适当的统计方法分析质量数据以识别出不合规产品或其他质量问题的现有和潜在原因。

你公司没有建立以下程序：

- 调查不合规的原因；
- 识别纠正并防止不合规产品再次出现或其他质量问题再次发生所需的措施；
- 核实并验证纠正和预防措施；
- 实施并记录纠正和预防已识别的质量问题所需的变更；
- 传达与质量问题和不合规有关的信息；
- 提交相关资料供管理评审。

当FDA检查员要求提供你公司实施纠正和预防措施的程序时，你公司没有提供任何文件。

FDA已审查你公司2015年3月3日提交的回复，认为其不够充分。你公司回复称：“将起草一份详实的纠正和预防措施（CAPA）程序以确保对所有质量事件进行彻底调查并制定适当的风险控制计划以防止不合规再次发生”。然而，你公司没有提交任何文件或提供建立并维护CAPA程序的证据。此外，你公司没有提供

实施纠正措施的证据，包括对所有不合规产品或调查其不合规IVD器械的程序进行回顾性审查以确保按要求记录在案。此外，没有提供一个能确定针对此次检查的纠正措施的日期。

2．当过程的结果不能通过随后的检查和试验充分验证时，未能充分确保该过程按照21 CFR 820.75（a）的要求以高度的保证进行确认，并根据既定程序获得批准。例如：

a）你公司尚未建立过程确认程序；

b）你公司尚未充分建立与装配过程相关的过程确认，包括准备（b）（4）或对体外诊断试进行包装；

c）你公司无法提供材料证明（b）（4）牌喷雾器可以在体外诊断测试膜上持续分配足量的产品；

d）你公司在手工装配操作过程中，没有对可能的污染提出质疑的书面记录。例如，FDA检查员观察到一名员工组装HBV试剂盒（Lot（b）（4））的过程中徒手触摸涂层膜。

FDA检查员要求你公司提供体外诊断试剂的装配，到（b）（4）和器械包装的所有过程确认。然而，你公司没有提供这些过程确认。

你公司的作业程序 - 过程控制QSP06（A版，发布日期2005年7月15日）在第4.2.1节中规定在执行验证活动之前首先起草、审查和签署确认方案。确认涉及工艺或器械的安装、操作和/或性能。在实施任何关键步骤或控制参数之前，应根据方案进行确认并由相关部门和QC/QA签字。随后，需对确认过程进行书面记录。

此外，你公司还未对用于喷洒（b）（4）到膜片上的（b）（4）牌喷雾器进行合格验证。你公司于2005年7月15日发布的《过程控制程序》QSP06 A版第4.7.1节规定，所有器械必须在生产过程中初次使用前、器械修理或器械移动后进行验证。

FDA对你公司于2015年3月3日提交的回复进行了审查，认为其不够充分。你公司的回复是：你公司“将按照预先批准的协议进行追溯性过程确认以确保生产过程中所有步骤都能通过后续的检查和测试得到充分验证”，“将对所有从事生产操作的员工进行适当的着装和个人防护用品（PPE）要求的培训。此外，所列生产器材将经过合格验证以确保其性能的可重复性和精确性”。然而，你公司没有提交任何关于建立和维持IVD器械（包括HCV、HBV、HIV I/Ⅱ和PSA器械）的确认计划或过程确认程序的文件。你公司也没有提供实施纠正措施的证据，包括对所有需要过程确认或过程确认程序进行回顾性审查，以确保这些审查都按要求记录在案。此外，你公司也没有提供完成纠正这一问题的日期。

3．未能建立并维护控制器械设计的程序以确保满足21 CFR 820.30（a）规定的设计要求。例如：

你公司无法提供任何设计控制程序，也未进行稳定性研究来支持已完成的体外诊断试验的有效期，包括HIV抗体血液/血清血浆检测的HIV（分离的）三线一步法检测试剂盒、一步法HAV–IgG/IgM血清/血浆检测试剂盒、HBV五合一一步法血清/血浆检测试剂盒、HbsAg一步法乙型肝炎病毒血清/血浆检测试剂盒、一步法丙型肝炎病毒血清/血浆/血液检测试剂盒。当检查员要求你公司提供所生产的Ⅱ类和Ⅲ类器械的设计控制程序时，你公司没有提供任何文件，这些器械包括HIV抗体血液/血清血浆检测的HIV（分离）三线一步检测试剂盒、一步法HAV-IgG/IgM血清/血浆检测试剂盒、HBV五合一一步法血清/血浆检测试剂盒，或HbsAg一步法乙型肝炎病毒血清/血浆检测试剂盒，一步法丙型肝炎病毒血清/血浆/血液检测试剂盒。

此外，你公司还向FDA检查员表示，你公司生产的所有产品都有18个月的保质期。FDA检查员还要求你公司提供稳定性研究来支持这一声明，但你公司没有提供相关文件。

FDA经审查认为，你公司2015年3月3日提交的回复不充分。你公司回复称，“将起草一份详实的设计控制程序以确保符合21 CFR 820.30的要求”。此外，你公司声明，已对产品进行了加速稳定性研究并正在将数据正式纳入技术规范文件以进一步支持产品的有效期声明。然而，你公司没有提交任何文件或证据来证明你公司已经为制造和销售的体外诊断产品（如HIV Ⅰ/Ⅱ、HAV、HBV和HCV检测试剂盒）建立并维持相应的设计控制程序。此外，你公司没有提供实施纠正措施的证据，包括对所有需要设计控制的器械进行回顾性审查以确保按要求记录在案。

此外，你公司没有根据检查员的要求就任何Ⅱ类或Ⅲ类IVD产品的设计和开发活动提供任何设计计划或程序，这些IVD产品包括：

a）HIV（分离的）三线一步法HIV抗体全血/血清血浆检测试剂盒，HCV体外诊断试剂盒；

b）一步法HCV血清/血浆/全血检测试剂盒；

c）HBsAg一步法乙型肝炎病毒血清/血浆检测试剂盒；

d）HBV五合一一步法血清/血浆检测试剂盒；

e）一步式HAV IgG/IgM血清/血浆检测试剂盒。

FDA经审查认为，你公司2015年3月3日提交的回复不充分。你公司回复称，你公司将结合产品追溯性过程确认为正在制造的器械（如HIV Ⅰ/Ⅱ、HCV、HBV和HAV）制定设计计划。然而，你公司没有提交任何文件或提供证据证明已经为上述例子中所列IVD器械的设计和开发活动制定并保持相应的设计计划或程序。此外，你公司没有提供实施纠正措施的证据，包括对所有需要设计计划或设计和开发活动程序的器械进行回顾性审查来确保按要求记录在案。此外也没有提供完成这一纠正措施的日期。

4．未能按照21 CFR 820.198（a）的要求建立并保持由正式指定部门接收、审查和评价投诉的程序。例如：

a）你公司没有建立程序来确保对投诉进行评价，以确定该投诉是否属于医疗器械不良事件报告中要求向FDA报告的事件。具体为，2014年9月3日收到的编号为（b）(4）的关于HCG Combo Dipstick的投诉，产品批号为SEF087846，问题描述为："c线和t线显示不明显"和"流动缓慢"。未见相关评价确定该事件是否属于需报告的MDR；投诉记录表没有记录该评价，而且你公司的投诉处理程序，投诉和技术咨询QSP 11（修订版A）没有要求开展此项评价。

b）你公司尚未记录并评估从客户处收到的所有投诉。例如，一位客户（b）(4）针对2014年9月15日的采购订单（b）(4）提出投诉："请检查HIV的质量……我有很多客户对结果感到愤怒……请［小心］。"你公司却没有记录或评价此项投诉。

c）你公司没有按照QSP 11程序在客户投诉日志、技术查询日志或投诉和技术查询表上记录投诉。你公司只有一项书面投诉，其编号为（b）(4)，于2014年9月3日收到。此投诉记录在"产品投诉表"中，而QSP 11程序中则未提及或引用；因此，你公司没有遵循自己的程序规定。

FDA经过审查，认为你公司于2015年3月3日提交的回复不充分。你公司回复称，你方将修订标准操作程序QSP11"投诉和技术咨询"以进一步明确责任并确保相关人员对投诉进行审查，包括质量部门。然而，你公司并未提交任何文件或提供证据证明你公司为IVD器械（如HIV Ⅰ/Ⅱ、HCV、HBV和HAV）投诉的接收、审查和评价建立并保持投诉文件或程序。此外，你公司没有提供实施纠正措施的证据，包括对所有器械投诉的回顾性审查，也没有提供接收、审查和评价IVD器械投诉的程序来确保按要求将这些投诉记录在案。此外，没有提供完成这一纠正措施的日期。

5．未能按照21 CFR 820.50的要求建立并保持相应的程序来确保所有采购或收到的产品和服务符合规定要求。例如：

你公司没有按照SOP QSP04"采购控制"（修订版A）的要求记录或实施对供应商的评价，也没有提供该程序的发布日期。

具体为，该程序在第4.2.1节中规定，在发布采购数据之前对所有货物和服务供应商（包括承包商、分包商和顾问）进行评价。评价可能非常简单，如让潜在的供应商填写供应商评价表。本程序第4.2.4节规定，潜在的供应商的评价应记录在案并作为质量记录的一部分予以保存。

FDA已要求你公司为所生产的IVD器械（包括HIV Ⅰ/Ⅱ、HBV和HCV器械）提供供应商评价表。你公司声明尚未将此表用于任何供应商。

本程序第4.3.2节指出，在适用的情况下，产品技术规范和质量要求等文件应在采购订单上注明或随附。采购数据还应规定，供应商应同意［通知］Lusys Laboratories, Inc.产品和/或服务条款的任何变更以便Lusys可以确定变更是否［影响］成品。

当检查员询问时，你公司表明没有记录从供应商处收到的产品的技术规范和/或质量要求，也没有与任何供应商签订任何采购协议。

FDA经过审查，认为你公司2015年3月3日提交的回复不充分。你公司回复表示，“将起草一份正式的供应商资格审查程序以确保所有材料和服务符合Lusys质量技术规范”。但你公司没有提交任何文件或提供建立并保持确保所有购买或以其他方式收到的产品和服务符合IVD产品的特定要求的程序的证据，这些IVD产品包括HIV Ⅰ/Ⅱ、HBV和HCV试剂盒。你公司也没有提供实施纠正措施的证据，包括对采购控制程序的回顾性审查以确保产品技术规范和/或质量要求已按要求记录在案。此外，也没有提供完成纠正措施的日期。

6．未能建立并保持相应的成品验收程序来确保每个生产运行、批次或批次成品符合21 CFR 820.80（d）要求的验收标准。例如：

你公司尚未建立并保持一套成品验收程序以确保每批成品符合验收标准。此外，你公司未能确保在完成器械主记录要求的活动（包括验收活动）、完成相关数据和文件审查并注明授权日期之前，成品器械不会被发布并分销。

具体为，你公司是通过使用流程表来记录最终的验收活动。

生产订单号7823——HCV，批号AUI227823和HAV IgM，批号AUI777823，2014年8月12日进行的质量控制检测的流程表没有清楚地记录所执行的验收活动和检测结果。这些检测于2014年8月15日在州际贸易中发布。

你公司的程序 - 验收活动-收货，在制品和成品，QSP01（修订版A，发布日期2005年7月15日）在第4.4.1节中声明，制造成品的放行技术规范包含在“在制品（子组件）和成品”的放行标准操作规程当中。FDA检查员已提出要查看此放行标准操作规程文件，但由于你公司尚未制定本质量控制发布标准操作程序，因此无法提供该文件。

FDA经审查认为，你公司2015年3月3日提交的回复不够充分。你公司声明你公司“将进一步制定适当的产品放行规范并保持在所有适用的数据都经过质量部门的审查和批准之前，所有产品均处于隔离状态”。但你公司没有提交任何文件，也没有提供证据证明你公司为生产的IVD产品（包括HIV Ⅰ/Ⅱ、HBV、HAV和HCV试剂盒）建立和保持成品验收程序。你公司也没有提供实施纠正措施的证据，包括对所有需要成品验收或程序的产品进行回顾性审查来确保按要求记录在案。此外，没有提供完成纠正措施的日期。

7．未能按照21 CFR 820.70（c）的要求建立并保持程序来充分控制可能会对产品质量产生不利影响的环境条件。例如：

你公司没有建立并保持程序来充分控制可能对产品质量产生不利影响的环境条件，如湿度。此外，你公司尚未建立并保持相应的程序来防止器材或产品被对产品质量产生不利影响的物质污染。

你公司于2005年7月15日发布的过程控制程序QSP06（修订版A）第4.3.1节规定，如果环境条件的变化可能对产品产生不利影响，则应建立和监测适当的环境控制措施，即湿度和温度控制、环境清洁和维护。你公司尚未建立并保持控制环境条件（如湿度）的程序。

你公司声明将湿度设定为（b）(4)，因为高湿度会对产品［如幽门螺杆菌（粪便）、hCG和HBV试剂盒］产生影响。你公司唯一的环境控制由位于干燥室内的三台除湿机组成，所有IVD试剂盒都是在干燥的室内组装和包装的。

FDA经审查，认为你公司2015年3月3日提交的回复不够充分。你公司回复称“将建立适当的控制水平以确保环境适合制造，并进行适当记录。将起草程序以确保加工器材的适当维护和清洁已完成，并在制造区内进行适当的整理活动以防止交叉污染。此外，还将起草规定的生产线清理程序以确保质量部门在生产运行期间验证所有单独的材料组分”。但你公司没有提交任何文件或提供证据证明你公司建立并保持了IVD产品［包括幽门螺杆菌（粪便）、hCG和HBV检测试剂盒］的生产和过程控制程序。你公司也没有提供实施纠正措施的证据，包括对所有需要环境控制或程序的产品进行回顾性审查来确保按要求记录在案。此外，没有提供完成纠正措施的日期。

8．未能按照21 CFR 820.70（e）的要求，建立并维护相应的程序来充分防止器材或产品被可能对产品质量产生不利影响的物质污染。例如：

FDA检查员观察到你公司员工徒手处理涂层膜并将其包装在包装室桌子上的塑料盒中。检查员已要求你公司提供清洁程序，说明如何在不同产品的包装过程之间清洁桌子，但你公司没有提供。

FDA经过审查，认为你公司2015年3月3日提交的回复不够充分。你公司回复称“所有从事生产操作的员工都将接受有关正确着装和个人防护装备（PPE）要求的再培训”。但你公司没有提交任何文件或提供建立和保持IVD产品［包括幽门螺杆菌（粪便）、hCG和HBV试剂盒］的生产和过程控制程序的证据。你公司也没有提供实施纠正措施的证据，包括对所有需要污染控制或程序的产品进行回顾性审查确保按要求记录在案。此外，也没有提供完成纠正措施的日期。

9．未能按照21 CFR 820.181的要求保存器械主记录（DMR）。例如：

你公司声明产品采用实验室笔记本上记录的数据来生产制造。你公司没有保存器械主记录，包括或涉及以下器械的技术规范、生产工艺规范、质量保证程序和规范以及包装和标签规范的位置：

a）HIV（分离的）三线一步检测法检测HIV抗体全血/血清血浆试剂盒，HCV体外诊断试剂盒；

b）一步法HCV血清/血浆/全血检测试剂盒；

c）HBsAg一步法乙型肝炎血清/血浆检测试剂盒；

d）HBV五合一一步法血清/血浆检测试剂盒。

FDA检查员询问了和你公司所有产品相关的DMR。你公司称这些记录在Dr.Lu（总裁/首席执行官）保存的实验室笔记本上。FDA检查员要求查看实验室的笔记本，而你公司没有提供实验室笔记本上的数据。

FDA经审查认为，你公司2015年3月3日提交的回复不够充分。你公司回复称，“结合产品进行追溯过程确认的计划，将为所列产品建立主器械记录”。但你公司没有提交任何文件或提供证据证明已为IVD产品建立并保持DMR。你公司也没有提供实施纠正措施的证据，包括对所有需要DMR或程序的器械进行回顾性审查以确保按要求记录在案。此外，也没有提供完成纠正措施的日期。

10．未能建立并保持适当的组织架构以确保产品的设计和生产符合21 CFR 820.20（b）的要求。例如：

你公司没有提供适当的资源结构，包括为管理、工作执行、内部质量审核和其他评估活动指派训练有素的人员。具体为，你公司没有专门负责监督质量体系的人员。

FDA检查员要求你公司说明有关职责和权限、资源和管理层代表的组织架构。你公司提供的“Lusys Laboratories, Inc.组织结构图”解释如下（b）（4）。

FDA经审查认为，你公司2015年3月3日提交的回复不够充分。你公司方回复称“将建立正式的组织架构以明确界定角色和责任。将设立明确界定的独立质量部门以确保以合规的方式执行生产过程。此外，还将起草一份正式的培训程序，概述执行包括内部质量审计在内的各项任务所需的培训和经验。”但你公司没有提交任何文件或提供建立并保持组织架构的证据来确保IVD产品的设计和生产符合本部分的要求。你公司也没有提供实施纠正措施的证据，包括对组织结构或程序的回顾性审查以确保其按要求记录在案。此外，也没有提供完成纠正措施的日期。

11．管理层未能按照既定程序以规定的时间间隔和足够的频率对质量体系的适用性进行审查以确保质量体系满足21 CFR 820.20（c）的要求。例如：

你公司未召开或记录任何定期管理评审会议。你公司2005年7月15日发布的管理评审程序，QSP01，“管理评审程序”（修订版A版），要求（b）（4）管理评审。

具体为，QSP01第4.1节规定应定期进行管理评审，至少应对（b）（4）进行评审；第4.4节规定管理评审会议作为质量记录的一部分进行记录以支持质量体系，且需要记录出席情况和会议记录。此外，第4.4节还规定，每个管理者负责在其职责范围内作出趋势报告或评估标准，至少（b）（4）在管理评审会议期间，应提交此类趋势报告或评估标准并用于评估质量体系的总体有效性。

FDA检查员要求你公司提供文件证明所生产的医疗器械已经进行了质量体系的管理评审。你公司无法提供任何文件并声明未对你公司的任何医疗器械产品进行任何包括趋势报告或分析在内的审查。

FDA经审查认为，你公司2015年3月3日提交的回复不够充分。你公司回复称“将修订所列程序以进一步明确管理评审职责”。但你公司没有提交任何文件或提供建立并保持程序以审查质量体系对其生产的任何体外诊断器械的适用性和有效性的证据。你公司也没有提供实施纠正措施的证据，包括对管理评审程序的回顾性评审以确保评审按要求记录在案。此外，没有提供完成纠正措施的日期。

12．未能按照21 CFR 820.22的要求，建立质量审核程序并进行此类审核以确保质量体系符合已建立的质量体系要求以及确定质量体系的有效性。例如：

应FDA检查员要求，你公司没有提供进行质量审核的程序。你公司声明未进行内部或第三方质量审核。

FDA经审查认为，你公司2015年3月3日提交的回复不够充分。你公司回复称“将起草如何进行内部质量审计的程序框架”。但你公司没有提交任何文件或提供为生产的所有体外诊断器械建立并保持质量审核程序的证据。你公司也没有提供实施纠正措施的证据，包括对所有需要质量审核程序的器械进行回顾性审查以确保按要求记录在案。此外，没有提供完成纠正措施的日期。

13．未能按照21 CFR 820.40的要求建立并保持控制的所有文件的程序。例如：

a）你公司2005年7月15日发布的文件控制程序QSP03（修订版A版）规定，一级和二级文件至少需要三人审核；三级文件需要两人批准签字。审查和批准过程均应记录在案，但程序文件并未规定每一级的含义。

b）FDA检查员发现你公司使用了以下文件，但这些文件在你公司文件控制过程中未见批准：

产品投诉表（用于记录投诉）；

流程表（用于记录质量控制活动）。

这些文件与提供给检查员审核的任何标准操作程序均不相关，也没有证据表明有任何一份文件通过了QSP03中的文件控制程序。

FDA经过审查，认为你公司2015年3月3日提交的回复不够充分。你公司回复称“将对整个文件控制程序进行修订以进一步定义职位和责任，确保符合21 CFR 820.40”。但你公司没有提交任何文件，也没有提供为所生产的任何体外诊断器械建立和保持文件控制程序的证据。你公司也没有提供实施纠正措施的证据，包括对文件控制程序的回顾性审查以确保文件得到批准并按要求提供适当的签名和日期。此外，没有提供完成纠正措施的日期。

FDA检查员还发现你公司生产并销售的体外诊断器械，如埃博拉病毒 VP/GP-IgX一步法检测试剂盒、埃博拉病毒 GP-VP-IgS一步法检测试剂盒、埃博拉病毒抗原鼻腔一步法检测试剂盒、一步法HCV血清/血浆/全血检测试剂盒、HBV五合一一步法血清/血浆检测试剂盒、HBsAg乙型肝炎一步法血清/血浆检测试剂盒、HIV（分离的）三线一步法HIV抗体血清/血浆检测试剂盒、EQ-PSA一步法全血/血清/血浆检测试剂盒、弓形虫一步法血清/血浆IgG检测试剂盒、弓形虫一步法血清/血浆IgM检测试剂盒、幽门螺杆菌IgG-ELISA试剂盒（96次）、幽门螺杆菌抗原（粪便）一步法幽门螺杆菌检测试剂盒、梅毒一步法检测试剂盒、沙眼衣原体IgG-ELISA试剂盒（96次）、一步法提取衣原体试剂盒、登革热一步法IgG/IgM和NS1组合测试-二合一试剂盒、登革热病毒NS-1抗原一步法快速检测试剂盒、锥虫病 IgG/IgM疾病一步法快速检测试剂盒、一步法HAV IgG/IgM血清/血浆检测试剂盒和TORCH（Toxo/CMV/Rubella/HSV1/HSV2）五合一血清/血浆检测试剂盒，根据《法案》第501（f）（1）（B）节［21 U.S.C.§ 351（f）（1）（B）］，属于伪劣产品，因为你公司没有任何依据《法案》第515（a）节［21 U.S.C.§ 360e（a）］获得上市前批准申请（PMA）的获批，或根据《法案》第520（g）节［21 U.S.C.§ 360j（g）］获得试验器械豁免批准。就埃博拉病毒试剂盒而言，你公司没有依据《法案》第564节（21 U.S.C.§ 360bbb-3）获批的PMA或紧急使用授权。根据《法案》第502（o）节［21 U.S.C.§ 352（o）］，这些试剂盒也属于标签虚假产品，因为你公司没有按照《法案》第510（k）节［21 U.S.C.§ 360（k）］的要求通知代理商将这些产品引入商业销售的意图。对于需要上市前批准的器械产品，当PMA在监管当局处待批准前，视为满足第510（k）节要求的通知［21 CFR 807.81（b）］。你公司为获得批准需要提交的信息类型参见url。FDA将对你公司提交的信息进行评估并决定该产品是否可以合法销售。

你公司应尽快采取措施纠正本信函中所涉及的违规行为。如未能及时纠正这些违规行为，可能导致FDA在没有进一步通知的情况下启动监管措施。这些措施包括但不限于：没收、禁令、民事罚款。此外，联邦机构会得知关于器械的警告信，以便在签订合同时考虑上述信息。如果FDA确定你公司违反了质量体系法规，且这些违规行为与Ⅲ类器械的上市前批准申请有关联，则在纠正这些违规行为之前，将不会批准此类器械。同时，在违规行为未得到纠正之前，FDA不会批准相关器械的出口证明（Certificates to Foreign Governments，CFG）申请。

请在收到本信函之日起15个工作日内将你公司为纠正上述违规行为所采取的具体步骤书面通知本办公室，并说明你公司计划如何防止此类违规行为或类似违规行为再次发生。包括你公司已经采取的纠正措施（必须解决系统问题）的文件材料。如果你公司计划采取的纠正措施将逐渐开展，请提供实施这些活动的时间表。如果无法在15个工作日内完成纠正，请说明延迟的原因以及完成这些活动的时间。你公司的回复应全面，并解决此警告信中所包括的所有违规行为。

最后，请注意本信函未完全包括你公司全部违规行为。你公司有责任遵守FDA所有的法律和法规。本信函和检查结束时签发的检查结果FDA 483表中记录的具体违规行为可能表明你公司制造和质量管理体系中存在严重问题。你公司应查明违规原因并及时采取纠正措施，确保产品合规。

第257封　给Bio-Rad Laboratories GmbH的警告信

生产质量管理规范/质量体系法规/医疗器械/伪劣

CMS # 457793

2015年9月3日

尊敬的G女士：

美国食品药品管理局（FDA）于2015年1月19日至2015年1月22日，对你公司位于德国Munchen的医疗器械进行了检查。检查期间，FDA检查员已确认你公司为血红蛋白毛细管收集系统（HCCS）、ALA/PBG试剂盒和Porphyrin试剂盒的生产制造商。根据《联邦食品、药品和化妆品法案》（以下简称《法案》）第201（h）节［21 U.S.C.§ 321（h）］，凡是用于诊断疾病或其他症状，对疾病有治愈、缓解、治疗或预防作用，或是可以影响人体结构或功能的器械，均为医疗器械。故你公司涉及检查的产品为医疗器械。

本次检查表明，这些医疗器械的生产、包装、储存或安装中使用的方法、设施或控制不符合21 CFR § 820的cGMP要求，根据《法案》第501（h）节［21 U.S.C.§ 351（h）］的规定，属于伪劣产品。

2015年2月12日FDA收到你公司QA/RA经理Susanne Karg针对2015年2月12日FDA检查员出具的FDA 483表（检查发现问题清单）的回复。FDA针对回复，处理如下。

违规事项包括但不限于以下内容：

1．未能按照21 CFR 820.100（a）的要求建立和保持实施纠正和预防措施（CAPA）的程序。

当FDA检查员要求提供你公司的CAPA程序时，你公司提供了纠正和预防措施管理欧洲程序参考：ESO/QA/007版本2，应用日期：2014年4月11日。审查该程序发现，该程序没有要求对确保不会对器械产生不良影响的措施进行验证/确认，也没要求使用适当的统计方法分析不合格的来源。此外，对你公司提供的偏离报告的纠正措施列表的审查表明，你公司并未按照公司CAPA程序和CAPA行动计划表F-QA-21_Rev.0的要求完成CAPA表。例如，不合格报告（NCR）Nr. 840-66由你公司开启，以解决在使用ALA/PBG试剂盒使用说明时，QC实验室的一名人员如何因为员工包装错误而混淆步骤，开启了NCR编号840-74。对NCR表Nr.840-66和Nr. 840-74的审查表明，并未记录或验证所有纠正和预防措施。当被问到你公司是否已经验证了纠正和预防措施的有效性时，质量保证和法规事务部经理Karg女士表示你公司未对是否实施预防措施进行跟踪，你公司确实每年两次审查了过程和产品缺陷，但关于这两项记录无任何说明。

FDA审查了你公司的回复，并认为这是不充分的。你公司表示，合并CAPA和不合格报告（NCR）程序有时不明确何时启动CAPA，并同意该程序没有提供统计分析使用的明确指导，也没提供其他能够指导何时可能有必要采取CAPA的数据分析。为了解决这一缺陷，你公司提供了于2015年5月18日前完成的如下措施：

（1）开启目前为开启状态的CAPA编号551，且你公司将于2015年5月18日向FDA提供更新版。在此CAPA中，你公司提供了管理纠正和预防措施的工作说明。

（2）除欧洲CAPA管理过程ESO/QA/007外，你公司还制定了地方CAPA工作说明和模板，包括以下内容：

a．CAPA启动的统计方法和来源；

b．调查，以了解因素和根本原因、结果和日期；

c．识别纠正和改进采取的措施；

d．验证/确认活动的说明，以确保变更不会对产品或过程产生不良影响；

e．已识别的措施的实施；

f．根据需要传输有关所采取措施的信息；

g．有效性检查。

（3）修订后的程序将不合格要求从CAPA过程中分离；创建了新的CAPA和NCR模板；并使用修订后的NCR模板编写了一个示例。

（4）审查去年启动的所有CAPA，以评价记录是否符合CAPA的要求，并将上述CAPA转移到新模板。

（5）使用经修订的程序和模板培训负责NCR和CAPA过程的人员。

因为你公司并未说明是否对NCR表Nr.840-66和Nr.840-74进行了评价和纠正，以验证你公司采取的纠正和预防措施是否充分完成并记录，所以FDA认为你公司的回复不充分。另外，你公司并未提供NCR Nr.840-66和编号840-74经修订的CAPA模板。你公司提供了NCR810-7经修订的NCR表，作为新的NCR模板的示例。你公司表示将完成对所有启动的CAPA的回顾性审查（b）（4），但你公司未提供仅选择（b）（4）的审查时间表的有效的理由。你公司还提供了一个经修订的程序，将不合格要求从CAPA过程中分离；但是，未提供训练记录。

2．按照21 CFR 820.198（e）的要求，当按本节进行调查时，调查记录未由按本节（a）段规定的正式指定的部门保存。

具体为，审查你公司提供的投诉列表后发现，国际客户投诉报告（ICCR）Nr. 03/13：Porphyrin试剂盒（目录Nr. 1875001）控制值读数过低，并且批次（b）（4）未包含你公司进行的调查所需的所有元素。例如，通过QC检查进行控制调查；但是，并未记录QC放行检测。技术支持专家Kurt（NMI）Pawlitschko先生表示，有人于2013年1月13日进行了QC检查，并表示如果在QC放行检测中发现任何异常，都将进行记录。未记录调查的日期。包含培训和后续更换试剂盒的纠正行为没有被记录。未记录你公司对投诉的回复。

你公司于2015年2月12日做出的回复是不充分的。你公司表示使用四种不同的程序管理ICCR活动，投诉记录文件储存在两者中，（b）（4）。你公司承认其系统在投诉记录审查方面可能比较混乱。为了解决这些缺陷，你公司提供了如下措施，完成时间不迟于2015年3月16日：

（1）启动CAPA编号550以调查和纠正该缺陷，且你公司将于2015年5月18日向FDA提供最新进展。在该CAPA中，你公司提供了对ICCR Nr. 03/13投诉的回顾性审查。回顾性审查包含审查日期、调查和后续投诉跟踪。该次审查还包括检查期间识别的两起针对非美国产品的类似投诉：ICCR Nr. 42/14和ICCR Nr. 41/14。

（2）修订了地方生产投诉调查程序和模板，以确保与当前国际Bio-Rad监管程序（IBR-001）-医疗器械和IVD产品投诉调查的管理警戒活动和国际客户投诉相一致，并减少表格/模板间的信息冗余。提供了ICCR工作说明AA-QC-19.05-04修订版4的程序。

（3）提供一个使用经修订的程序和模板对ICCR 41/14投诉的完整调查示例。此外，你公司提供了在更新的ICCR调查模板上进行的ICCR Nr. 42/14 和ICCR 03/13的回顾性审查。

（4）你公司正在审查去年收到的所有投诉记录，以确保生产调查活动和结论得到执行，并纳入官方投诉记录（数据库和地方投诉记录）。将在新模板中纠正或重新进行记录。

（5）你公司表示将完成对投诉管理程序的全面审查，以确保符合21 CFR 803的要求。

（6）将重新培训投诉活动的现场负责人员。

（7）在对所有三起投诉的回顾性审查中，你公司指出，这些投诉不符合基于高风险或统计相关性的CAPA要求。

因为ICCR 03/13调查的回顾性审查表明存在“Porphyrin试剂盒（离心柱法）和Lypocheck定量尿液质控品（高质控品）等产品问题”，所以认为你公司的回复是不充分的。你公司在ICCR 03/13的回顾性审查中错误地记录了投诉。你公司未提供理由说明为什么（b）（4）回顾性审查是一个充足的时间范围。你公司也未提供证据证明员工已经接受了这些新程序的培训。

3．未能按照21 CFR 820.30（g）的要求建立和保持器械的设计确认程序。

具体为，于2008年12月2日对标题为“（b）（4）”修订版1.0的HCCS项目的设计确认临床研究审查表明，原始数据和检测结果是在2009年2月记录的，（b）（4）是在运往美国进行人体试验前进行的。Bio-Rad公司的Stadlbauer先生和Dauner先生都无法解释为什么你公司没有等待（b）（4）的QC。试剂盒的标识未记录在方案中，原始数据也未记录在DHF摘要中。此外，该研究中使用的试剂盒的标签也未记录在DHF中。你公司管理层同意未遵循内部程序，研究使用的原型不是根据内部程序开发的。你公司管理层被告知，所有需要的设计确认数据必须保存在DHF中，包括进行检测的试剂盒、方法、日期和人员的标识。

你公司于2015年2月12日做出的回复是不充分的。你公司表示针对（b）（4），你公司提供了以下措施，不迟于2015年5月4日完成，并表示将于2015年5月18日向FDA提供最新进展。你公司提供了以下纠正措施：

（1）开启了CAPA编号549用于调查，并将于2015年5月18日向FDA提供最新进展。CAPA 549包含生产部门中负责HCCS试剂生产和质量控制的人员的回顾性声明，产品包括采购订单、一份TSCA证书和色谱图。

（2）经修订的产品开发和设计变更程序（VA-4.01），并包含以下附加内容：

a．确认研究中使用的产品的具体要求。

b．设计确认文件的要求，以包括研究中使用的产品的产品标识。

此外，你公司提供了一份备忘录，其中记录了美国人体试验中使用的原型的配方中的材料和检测结果，显示了可接受的功能特性。你公司提供了2008年5月15日的批号（b）（4）及Bio-Rad采购订单，但是，由于没有提供英文译本，无法进行评估。你公司提供了2008年5月16日的色谱图，没有作为检测批的批号Z9999-00001的相关识别号。另外，你公司尚未提供更新的程序——产品开发和设计变更。你公司也未提供培训记录，表示员工已经接受了这些新程序的培训。

4．未能按照21 CFR 820.30（f）的要求建立和保持器械的设计确认程序。

Stadlbauer先生和Evan先生表示，你公司的设计验证程序（包括设计控制程序）未获批，并提供了多个版本的该程序——产品开发和设计变更VA-4.01、现行版本和（b）（4）中使用的版本。在检查过程中，审查了与（b）（4）相关的4个验证试验方案。于2015年1月14日修订了3个方案，以纳入接收标准。检测前，所有4个方案均未获批；原始数据和结果是在方案获批前生成的，生成结果的操作员未在色谱图中标识。检测前所有方案均未获批，且检测前也未定义验收标准。

你公司于2015年2月12日做出的回复是不充分的。你公司表示，慕尼黑团队内部的操作是，制定文档前，方案和验收标准已在团队内部讨论过。为了解决这些缺陷，你公司提供了以下措施，不迟于2015年5月4日完成。你公司提供了：

（1）调查你公司的纠正措施和预防措施（CAPA）编号548，且你公司将于2015年5月18日向FDA提供最新信息。CAPA 548包含对DHF的回顾性审查，并提供了设计开发和设计变更程序的验证。

（2）经修订的产品开发和设计变更程序（VA-4.01），并包含以下附加内容：

a．每次设计验证的要求和职责。

b．检测方案和验收标准的制定和批准的具体要求。

c．样本量和证明的具体要求。

d．设计验证要求文件，包括进行检测的人员、日期和使用的方法。

（3）建档一份备忘录，明确批准设计验证方案的明显时间轴，包括：

a．用于检测的样品的附加可追溯性信息。

b．方案说明，包括方法、验收标准、所需数据、执行测试的人员和日期。

尽管你公司表示，方案是在研究开始前由美国团队成员审查和批准的，但是方案是在研究结束后签署的，基于此点，FDA认为你公司的回复是不充分的。你公司并未提供所有已批准、修订的程序的副本；与新过程和程序相关的培训记录；以及实施新程序的证据。

5．未能按照21 CFR 820.30（c）的要求建立和保持程序，以确保与器械相关的设计要求是适宜的，并且反映了包括使用者和患者需求的器械预期用途（包括用户和患者需求）。

在检查期间，Stadlbauer先生提供了2009年3月4日的HCCS设计输入规范文件（修订版# 1.0）的副本。设计输入方案直到2009年6月5日才获批，签署日期为2009年1月/2月。你公司表示，输入规范的版本实际是输出规范。你公司提供了尚在起草阶段的现行设计控制程序。HCCS项目期间的该程序的版本确实要求设计输入报告，但是无经过指定人员审查和批准的设计输入要求。

你公司于2015年2月12日做出的回复是不充分的。你公司表示，在正式设计过程开始之前，必须建立初始设计输入并得到签字批准，且HCCS项目应该有上述要求。为了解决这些缺陷，你公司提供了以下措施，不迟于2015年5月9日完成。你公司提供了：

（1）要对编号546的纠正和预防措施（CAPA）进行调查，并将于2015年5月18日向FDA提交最新进展。

（2）经修订的产品开发和设计变更程序（VA-4.01），以确保纳入以下要素：

a．一个定义阶段的过程，包括在合适的间期提供状态、技术和业务评估以及文件。

b．阶段文件记录和批准的要求和职责。

c．设计历史文档以及文件批准和版本控制的要求。

（3）产品开发和设计变更程序（VA 4.01）包括以下设计输入要求：

a．在设计过程开始之前，建立和批准输入，包括用户要求和预期用途。

b．对不完整、模糊或冲突的要求的审查过程。

c．由确定的人员签字批准并注明日期。

（4）建档一份备忘录，描述初始设计输入充分性。

你公司的答复不够充分，因为你公司并未提供经批准和修订的产品开发和设计变更程序的副本；程序相关的培训记录；以及新程序实施的证据。

6．未能按照21 CFR 820.30（e）的要求建立和保持程序，以确保对设计结果安排正式和形成文件的评审，并在器械设计开发的适宜阶段加以实施。

具体为，当前批准的产品开发和设计变更版本8（日期：2013年6月28日）表明应该召开设计评审会议。方案并未规定召开设计评审会议的时间及出席的要求。你公司无法提供证据证明HCCS项目的设计评审会议已召开。你公司最近创建了HCCS项目的DHF列表，包含研发会议的会议记录。你公司管理层确实表示，于2008年5月召开了HCCS项目启动会议；但是，会议的召开并未记录在DHF中。此外，设计移交会议的唯一证据是于2009年6月19日的启动阶段审查表上发现的。日期为2009年3月9日并于2009年6月4日签字批准的启动计划文件表修订版1.0，同日获得510（k）许可，允许HCCS在美国销售。启动计划确实包括HCCS系统的营销策略，但不包括新试剂和试剂盒的生产和设计移交责任、工作说明和标签。

你公司于2015年2月12日做出的回复是不充分的。你公司表示，程序和相关文件不包括人员及其责任，且文件未整理在DHF中。为了解决这些缺陷，你公司提供了以下措施，最晚于2015年5月9日完成。

（1）对编号547纠正和预防措施（CAPA）调查，将于2015年5月18日向FDA提交最新进展。CAPA 547包含对DHF的回顾性审查和对设计开发和设计变更程序的验证。

（2）经修订的产品开发和设计变更程序（VA-4.01），并包含以下附加内容：

a．在每个开发阶段定义设计评审。

b．每次设计评审的要求和职责。

c．对审查的设计阶段不负责的独立审查员的要求。

d．设计评审要求文件，包括设计、日期和参与人员的标识。

（3）建档备忘录，总结针对HCCS项目进行的设计评审。

因为你公司未按照FDA的要求在新程序中纳入另一名独立审查员，并表示将在新的SOP中加入该审查员，所以FDA认为你公司的回复是不充分的。此外，你公司无法将慕尼黑和美国团队讨论过的状态和技术因素的电话会议记录纳入DHF中。你公司并未提供经批准的产品开发和设计变更程序的副本；与程序有关的培训记录；以及新程序实施的证据。

7. 未能按照21 CFR 820.20（c）的要求管理相关执行责任，从而按已建立程序所规定的时间间隔和足够的频次，评审质量体系的适宜性和有效性，以确保质量体系满足本部分的要求和制造商已建立的质量方针和质量目标。

具体为，程序管理评审欧洲程序参考：ESO/QA/004（版本1，生效日期：2012年1月25日）规定，管理评审会议应每年召开两次。第一次评审会议允许管理层审查输入以制定行动计划，第二次评审会议将作为计划和审查计划进展情况的后续会议。对会议记录的审查表明，2013年只召开了一次管理层会议，工厂两位最主要的负责人（总经理和区域经理）未出席会议。

你公司于2015年2月12日做出的回复是不充分的。你公司表示，该程序提供了一般的出席要求和频率，但未定义每个组织的具体角色或职责。为了解决这些缺陷，你公司提供了如下措施，最晚于2015年2月27日完成：

（1）调查编号552的纠正和预防措施（CAPA），将于2015年5月18日向FDA提交最新进展。CAPA 552包含对2013年和2014年管理层会议的回顾性审查，其中包括缺席评审会议人员缺席的原因。

（2）修订的欧洲程序，以向地方组织提供明确的要求。

（3）为提供适用于地方组织的附加具体规定制定的地方程序，详情如下：

a．明确哪些管理层必须出席每次会议。

b．详细说明允许代表或代理人参加会议的规则。

c．明确会议频率和召开会议的类型。

（4）提交最近2项管理评审记录进行评估后的文档备忘录。

因为你公司未提供所有经批准和修订的程序的副本；与新过程和程序相关的培训记录；以及实施新程序的证据，所以FDA认为你公司的回复是不充分的。

联邦机构会得知关于器械的警告信，以便在签订合同时考虑上述信息。此外，如果FDA确定你公司违反了质量体系法规，且这些违规行为与Ⅲ类器械的上市前批准申请有关联，则在纠正这些违规行为之前，将不会批准此类器械。

请在收到本信函之日起15个工作日内将你公司为纠正上述违规行为所采取的具体步骤书面通知本办公室，并说明你公司计划如何防止此类违规行为或类似违规行为再次发生。包括你公司已经采取的纠正措施（必须解决系统问题）的文件材料。如果你公司计划采取的纠正措施将逐渐开展，请提供实施这些活动的时间表。如果无法在15个工作日内完成纠正，请说明延迟的原因以及完成这些活动的时间。你公司的回复应全面，并解决此警告信中所包括的所有违规行为。请提供非英文文件的英文译本，以方便FDA审查。FDA将通知您有关你公司的回复是否充分，以及是否需要重新检查你公司的设施，以验证是否已采取了适当的纠正措施。

最后，请注意本信函未完全包括你公司全部违规行为。你公司有责任遵守FDA所有的法律和法规。本信函和检查结束时签发的检查结果FDA 483表中记录的具体违规行为可能表明你公司制造和质量管理体系中存在严重问题。你公司应查明违规原因并及时采取纠正措施，确保产品合规。

第258封　给Cellestis Inc.的警告信

生产质量管理规范/质量体系法规/医疗器械/伪劣

CMS # 458031

2015年8月26日

尊敬的L先生：

美国食品药品管理局（FDA）于2015年3月17日至2015年3月25日，对你公司位于Santa Clarita, California的医疗器械进行了检查。检查期间，FDA检查员已确认你公司为QuantiFERON®-TB Gold（QFT®）试验器械的生产制造商。根据《联邦食品、药品和化妆品法案》（以下简称《法案》）第201（h）节［21 U.S.C.§ 321（h）］，凡是用于诊断疾病或其他症状，对疾病有治愈、缓解、治疗或预防作用，或是可以影响人体结构或功能的器械，均为医疗器械。故你公司涉及检查的产品为医疗器械。

本次检查表明，这些医疗器械的生产、包装、储存或安装中使用的方法、设施或控制不符合21 CFR 820的cGMP要求，根据《法案》第501（h）节［21 U.S.C.§ 351（h）］的规定，属于伪劣产品。

2015年4月14日，FDA收到你公司Cellestis MDx/TB项目管理和移植物副总裁Mark Boyle先生针对FDA 483表（检查发现问题清单）的回复。FDA针对回复，处理如下。

违规事项包括但不限于以下内容：

1．未能按照21 CFR 820.198（a）的要求，建立和保持由正式指定的部门接收、评审和评价投诉的程序。

例如，你公司于2015年4月8日向机构提交了6份不良事件报告，其中提到QuantiFERON®-TB Gold（QFT®）试验器械在满足有效性和性能规范方面的缺陷。你公司未按照21 CFR 820.198规定的要求处理这些器械缺陷。提到的这些不良事件报告为：3003964343-2013-0001、3003964343-2013-0002、3003964343-2013-0003、3003964343-2013-0004、3003964343-2013-0005和3003964343-2013-0006。FDA审查了Cellestis的回复，并认为这是不充分的。你公司回复称，将修订Qiagen和Cellestis之间的质量协议，正在修改程序，并将对这些新程序进行培训。FDA无法验证这些活动是否已发生。此外，回复中提到，公司将以投诉的形式在主题事件中记录；但是，FDA无法验证这一点，也无法评价这些事件是如何处理的。并且FDA无法验证是否所有投诉或器械故障都已审查，以作出适当的MDR决定。

FDA的检查还发现，根据《法案》第502（t）（2）节［21 U.S.C.§ 352（t）（2）］，你公司的QuantiFERON®-TB Gold（QFT®）试验器械贴错标签，因为你公司未能或拒绝按照《法案》第519节（21 U.S.C.§ 360i）和21 CFR 803部分-不良事件报告要求提供关于该器械的材料或信息。重大偏离包括但不限于以下内容：

2．未能按照21 CFR 803.17的要求充分制定、维护和实施书面MDR程序。

例如：FDA查看了你公司于2013年3月1日发布的MDR程序"忠告性通知"SOP 033修订版15，发现以下问题：

a）SOP 33修订版15未建立及时有效地鉴别、沟通和评价可能需要符合MDR要求的事件的内部系统。例如：

i）根据21 CFR 803，你公司无关于应报告事件的定义。该程序不包括21 CFR 803.3中"获悉""导致或促成""故障""MDR应报告事件"和"严重伤害"等术语定义，以及在21 CFR 803.20（c）（1）发现的对"合理建议"术语的定义，可能会导致你公司在评价可能符合21 CFR 803.50（a）中报告标准的投诉时做出不正确的应报告性决定。

ii）附录1“忠告性通知决策树”未提及识别和评价在美国以外发生的可能需要向FDA报告的事件的过程。如果事件发生在国外，根据MDR法规，如果事件涉及的器械与美国境内已许可或批准上市的器械相同或相似，则该事件可能是应报告的。如果不考虑发生在美国以外的事件，可能应报告的MDR也许不会按照21 CFR 803.50和21 CFR 803.53的要求，在MDR决策和提交给FDA时进行鉴别和评价。

b）SOP 33修订版15未建立规定标准化审查过程的内部系统，以确定事件在什么条件下符合该部分规定的报告标准。例如：

i）未针对每起事件的全面调查和事件原因评价进行说明。

c）SOP 33修订版15未说明你公司将如何应对文件记录和记录保存要求，包括：

i）作为MDR事件文档维护的不良事件相关信息的文件记录。

ii）为确定事件是否应报告而评价的信息。

iii）用于确定器械相关死亡、严重伤害或故障是否应报告的审议和决策过程的文件。

iv）确保获取信息的系统，以便FDA及时跟进和检查。

FDA审查了你公司2015年4月14日的回复，并认为这是不充分的。你公司提交了修订后的SOP 033“忠告性通知”（版本14）文件的第6.1节，标题为“FDA（不良事件报告）”。基于提交的信息，1（a）（i）和1（c）i ~ iv）中提到的以上问题仍然存在。

3．未能按照21 CFR 803.50（a）（2）的要求，在你公司收到或以其他方式获悉任何来源的信息后30个日历日内向FDA提交报告，这些信息合理表明你公司销售的器械出现故障，且如果故障再次发生，你公司销售的该器械或类似器械可能造成或导致死亡或严重伤害。

例如：MDR 3003964343-2013-00002提及了你公司的器械（召回编号为Z-0888-2013和Z-0889-2013）的一起故障事件。你公司于2013年3月4日获悉该事件。FDA于2013年4月9日收到提及的MDR，超出了30个日历日的时间范围。

FDA审查了你公司2015年4月14日的回复，并认为该回复似乎是充分的。FDA收到了提及事件的MDR（3003964343-2013-00002）。另外，你公司正在修改其MDR程序。

4．未能按照21 CFR 803.50（b）中的描述在你公司的报告中包含你公司已知或通过合理方式了解到的信息。

具体为，根据21 CFR 803.52（e）（4）的要求，在FDA 3500A表的G4栏中应包括“制造商接收日期”。

例如：你公司就上述第2项事件提交了MDR 3003964343-2013-00002。然而，你公司未在FDA 3500A表的G4栏中注明“制造商接收日期”。你公司于2013年3月4日获悉该事件。

FDA审查了你公司2015年4月14日的回复，并认为这是不充分的。你公司应提交一份关于MDR 3003964343-2013-00002的补充报告，其中包括提交初始MDR时未填写的FDA 3500A表的G4栏中的信息。

2014年2月13日公布了eMDR最终规定，要求制造商和进口商向FDA提交电子不良事件报告（eMDR）。本最终规定的要求将于2015年8月14日生效。如果你公司目前没有以电子方式提交报告，FDA建议你公司您访问以下网站链接，以获取有关电子报告要求的其他信息：url。

如果你公司希望讨论MDR应报告性标准或安排深入交流，可通过电子邮件联系应报告性审查小组，邮箱地址：ReportabilityReviewTeam@fda.hhs.gov.

FDA的检查还发现，根据《法案》第502（t）（2）节［21 U.S.C.§ 352（t）（2）］，你公司的QuantiFERON®-TB Gold（QFT®）试验器械贴错标签，因为你公司未能或拒绝按照《法案》第519节（21 U.S.C.§ 360i）和21 CFR 803-不良事件报告要求提供关于该器械的材料或信息。重大违规事项包括但不限于以下内容：

5．未能按照21 CFR 806.20的要求，记录无需报告的纠正措施和消除措施。

例如，2012年9月至2013年6月，与先前销售的（b）（4）管中使用的（b）（4）相比，QuantiFERON®-TBGold（QFT®）试验器械的（b）（4）管配方（阳性对照）中使用的（b）（4）浓度较低，导致用户出现比预期更高的（b）（4）不确定结果比率。在2013年9月23日，你公司通知QFT检测用户，2013年使用（b）（4）

新批次制造的大量（b）（4）管可能会产生更多的不确定结果。你公司更换了207775支（b）（4）管，这些管销售给报告由于（b）（4）而导致（b）（4）不确定结果的比率高于预期的用户。

根据21 CFR 806.2（j）（2），你公司的措施已由FDA审查并确定满足Ⅲ类召回的要求，该要求低于21 CFR 806报告的阈值。因此，根据21 CFR 806.10（b）的要求，你公司的措施应记录在案，并说明不报告的理由。

你公司2015年4月14日对FDA 483表的回复似乎不够充分。你公司的回复称"将对CAPA 2013-11进行修订，以制定相关的纠正措施活动和记录，并记录不撤回产品的理由。预计完成日期：2015年5月15日。"然而，你公司未根据21 CFR 806.20的要求，提供不报告纠正措施或消除措施的理由。

你公司应立即采取措施纠正本信函所述的违规行为。如若未能及时纠正这些违规行为，可能导致FDA在没有进一步通知的情况下启动监管措施。监管措施包括但不限于没收、禁令和民事罚款。此外，联邦机构会得知关于器械的警告信，以便在签订合同时考虑上述信息。如果FDA确定你公司违反了质量体系法规，且这些违规行为与Ⅲ类器械的上市前批准申请有关联，则在纠正这些违规行为之前，将不会批准此类器械。同时，如果FDA确定你公司的器械不符合《法案》的要求，则不会批准出口证明（Certificates to Foreign Governments，CFG）的申请。

请在收到本信函之日起15个工作日内将你公司为纠正上述违规行为所采取的具体步骤书面通知本办公室，并说明你公司计划如何防止此类违规行为或类似违规行为再次发生。包括你公司已经采取的纠正措施（必须解决系统问题）的文件材料。如果你公司计划采取的纠正措施将逐渐开展，请提供实施这些活动的时间表。如果无法在15个工作日内完成纠正，请说明延迟的原因以及完成这些活动的时间。你公司的回复应全面，并解决此警告信中所包括的所有违规行为。

最后，请注意本信函未完全包括你公司全部违规行为。你公司有责任遵守FDA所有的法律和法规。本信函和检查结束时签发的检查结果FDA 483表中记录的具体违规行为可能表明你公司制造和质量管理体系中存在严重问题。你公司应查明违规原因并及时采取纠正措施，确保产品合规。

第259封　给Rapid Diagnostics, Division Of Mp Biomedicals, LLC. 的警告信

试验器械豁免（IDE）/上市前批准申请（PMA）

CMS # 460425

2015年8月24日

尊敬的P先生：

美国食品药品管理局（FDA）于2015年2月19日至2015年3月2日，对你公司位于Burlingame, California的医疗器械进行了检查。检查期间，FDA检查员已确认你公司为体外诊断器械（包括OneStep肌红蛋白快速检测卡）的生产制造商。根据《联邦食品、药品和化妆品法案》（以下简称《法案》）第201（h）节［21 U.S.C.§ 321（h）］，凡是用于诊断疾病或其他症状，对疾病有治愈、缓解、治疗或预防作用，或是可以影响人体结构或功能的器械，均为医疗器械。故你公司涉及检查的产品为医疗器械。

根据《法案》第501（f）（1）（B）节［21 U.S.C.§ 351（f）（1）（B）］的规定，OneStep肌红蛋白快速检测卡器械属于伪劣产品，因为对于所述和销售的器械，你公司没有按照《法案》第515（a）节［21 U.S.C.§ 360e（a）］的规定获得上市前申请（PMA）的批准，或按照《法案》第520（g）节［21 U.S.C.§ 360j（g）］的规定获得试验器械豁免（IDE）申请的批准。根据《法案》第502（o）节［21 U.S.C.§ 352（o）］，OneStep肌红蛋白快速检测卡贴错标签，因为你公司没有告知机构打算将该器械引入商业销售，理由是未按照《法案》第510（k）节［21 U.S.C.§ 360（k）］和21 CFR 807.81（a）（3）（ii）的要求向FDA提供关于该器械新的预期用途的通知或其他信息。对于需要上市前批准的器械，当PMA结果在本机构根据21 CFR 807.81（b）的要求待定时，《法案》第510（k）节［21 U.S.C.§ 360（k）］所要求的通知将被视为符合要求。你公司需要提交的用于获得批准或许可的信息请登录网址url查看。FDA将评价你公司提交的信息，并决定你公司的产品是否可以合法销售。

此外，根据《法案》第510节（21 U.S.C.§ 360），医疗器械制造商必须每年在FDA注册。2007年9月，美国食品药品监督管理局修正案（2007）（Pub.L. 110-85）修订了《法案》第510节，要求国内外器械企业从每年的10月1日开始到每年的12月31日结束期间，通过电子方式向FDA提交其年度企业注册和器械清单信息［《法案》第510（p）节（21 U.S.C.§ 360（p））］。FDA的记录表明，你公司未完成2015财年的年度注册和列表要求。具体为，你公司未列出在你公司内制造、制备、推广、复合或加工的器械，包括OneStep肌红蛋白快速检测卡、血清肌钙蛋白I/全血快速检测卡、粪便隐血检测卡和PSA快速检测试剂盒。因此，你公司目前未列出的所有器械涉及《法案》第502（o）节［21 U.S.C.§ 352（o）］所指的贴错标签，因为这些器械均在未根据《法案》第510节（21 U.S.C.§ 360）正式注册的企业制造、制备、推广、复合或处理，并且这些器械未按照《法案》第510（j）节［21 U.S.C.§ 360（j）］要求列入表中。

你公司应立即采取措施纠正本信函所述的违规行为。如若未能及时纠正这些违规行为，可能导致FDA在没有进一步通知的情况下启动监管措施。监管措施包括但不限于没收、禁令和民事罚款。此外，联邦机构会得知关于器械的警告信，以便在签订合同时考虑上述信息。

请在收到本信函之日起15个工作日内将你公司为纠正上述违规行为所采取的具体步骤书面通知本办公室，并说明你公司计划如何防止此类违规行为或类似违规行为再次发生。包括你公司已经采取的纠正措施（必须解决系统问题）的文件材料。如果你公司计划采取的纠正措施将逐渐开展，请提供实施这些活动的时

间表。如果无法在15个工作日内完成纠正，请说明延迟的原因以及完成这些活动的时间。你公司的回复应全面，并解决此警告信中所包括的所有违规行为。

最后，请注意本信函未完全包括你公司全部违规行为。你公司有责任遵守FDA所有的法律和法规。本信函和检查结束时签发的检查结果FDA 483表中记录的具体违规行为可能表明你公司制造和质量管理体系中存在严重问题。你公司应查明违规原因并及时采取纠正措施，确保产品合规。

第260封 给Cepheid Ab的警告信

生产质量管理规范/质量体系法规/医疗器械/伪劣

CMS # 470862

2015年7月23日

尊敬的H女士：

美国食品药品管理局（FDA）于2015年3月30日至2015年3月31日对你公司位于瑞典索尔纳的医疗器械进行了检查。检查期间，FDA检查员已确认你公司为Xpert® Norovirus的生产制造商。根据《联邦食品、药品和化妆品法案》（以下简称《法案》）第201（h）节［21 U.S.C.§ 321（h）］，凡是用于诊断疾病或其他症状，对疾病有治愈、缓解、治疗或预防作用，或是可以影响人体结构或功能的器械，均为医疗器械。故你公司涉及检查的产品为医疗器械。

本次检查表明，这些医疗器械的生产、包装、储存或安装中使用的方法、设施或控制不符合21 CFR 820的cGMP要求，根据《法案》第501（h）节［21 U.S.C.§ 351（h）］的规定，属于伪劣产品。

2015年4月17日，FDA收到你公司针对2015年3月31日FDA检查员出具的FDA 483表（检查发现问题清单）的回复。FDA针对回复，处理如下。

你公司存在重大违规行为，具体如下：

1．未能按照21 CFR 820.30（i）的要求制定和维护设计变更实施前的变更确定、记录、确认或验证（如适用）、审查和批准规程。

例如：

a）你公司在Xpert® Norovirus设计项目实施前，未定义或建立用于识别、记录、验证或适时核实、审查和批准生产前设计变更的规程。公司高级研发总监Per Grufman博士和公司监管合规与质量体系部门全球副总裁Judith Howard女士表示，生产前设计变更规程未作定义。

b）应检查员的请求，公司监管合规与质量体系部门全球副总裁Judith Howard女士声明，公司2014年10月21日的规程（b）（4）修订版R《商业生产变更控制》针对采购或商业发布的部件，规定了实施设计变更的任何规程，但在实施生产后设计变更之前，何时验证此类变更并未定义相关规程。

FDA审查你公司的答复后确定，该答复尚不充分。①你公司未曾提供（b）（4）中确定的有关纠正措施实施的文档或证据，包括用于解决已确定缺陷的修订版设计控制规程。②你公司未曾在现场对Xpert® Norovirus和其他产品的设计变更进行回顾性审查，以确保设计变更对缺陷实施纠正措施前，得到识别、记录、验证或适时核实、审查和批准。③你公司未曾提供证据，以证明员工已按要求接受了修订版设计变更规程的培训。④你公司未曾提供证据，以证明系统性纠正措施被视为包括对所有设计控制规程的回顾性审查，以确保所有设计控制活动均按要求完成。

2．未能按照21 CFR 820.100（a）的要求制定和维护纠正和预防措施的实施规程。

例如：

a）应检查员的请求，公司法规事务和质量保证部总监Anna-Karin Wahlström女士声明，公司的CAPA规程，（b）（4）修订版4《纠正和预防措施规程（CAPA）》未规定确认或验证CAPA的要求，以确保此类行为不会对成品器械产生不利影响。

b）应检查员的请求，公司法规事务和质量保证部总监Anna-Karin Wahlström女士声明，公司的CAPA规程（b）（4）修订版4《纠正和预防措施规程（CAPA）》不要求将与质量问题有关的信息传达给直接责任人。

FDA审查你公司的答复后确定，该答复尚不充分。你公司未曾提供文档或证据，表明实施了纠正措施，以纳入对所有CAPA的回顾性审查，进而达成以下目的：①验证或确认CAPA的有效性且未对成品器械造成不利影响；②确保向直接负责保证此类产品质量或预防此类问题的人员传达CAPA信息；以及③确保所有CAPA均按要求完成。此外，你公司未确认培训是否在更新版规程实施之前完成。

3．未能按照21 CFR 820.22的要求制定质量审计规程并开展该等审计，以确保质量体系符合既定质量体系要求以及确定质量体系的有效性。

例如：

a）应检查员的请求和确认，法规事务和质量保证部总监Anna-Karin Wahlström女士声明，你公司2015年3月11日的内部审计规程（b）（4）修订版9《内部审计规程》未包含对缺陷事项作重新审计的要求。

b）应检查员的请求和确认，法规事务和质量保证部总监Anna-Karin Wahlström女士确认，2013年、2014年和2015年的审计计划未包含管理控制和设计控制，但此类活动当时正在公司场所处进行。此外，尽管2015年3月11日的规程（b）（4）修订版9《内部审计规程》描述了年度审计计划的制定，但年度审计计划经Wahlström女士确认不属于受控文件。

FDA审查你公司的答复后确定，该答复尚不充分。你公司未提供文档或证据，表明实施了纠正措施或有效性检查，以纳入对先前审计的回顾性审查，进而确定是否需要根据修订版规程作重新审计。此外，你公司未确认培训是否在更新版规程实施之前完成。

4．未能按照21 CFR 820.50的要求制定和维护规程，以确保所有购买或以其他方式收到的产品和服务符合指定要求。

例如：

a）应检查员的请求和确认，采购与生产规划部经理Ann-Marie Bill女士声明，2013年12月27日的采购控制规程（b）（4）修订版7《供应商》仅涵盖采购部件和服务，未包含顾问必须满足的要求。

b）应检查员的请求和确认，公司副总裁兼总经理Anita HerrströmSjöberg女士声明，2013年12月27日的采购控制规程（b）（4）修订版7《供应商》并未规定从经核准供应商名单中剔除表现不佳的供应商。

FDA审查你公司的答复后确定，该答复尚不充分。你公司未提供文档或证据，表明实施了纠正措施或有效性检查，以纳入：①对全体经核准供应商进行的回顾性审查，进而确定所有先前经核准的供应商是否仍然经核准；②对全体顾问进行的回顾性审查，用于确定顾问是否满足规定的要求。此外，你公司未确认培训是否在更新版规程实施之前完成。

联邦机构会得知关于器械的警告信，以便在签订合同时考虑上述信息。此外，如果FDA确定你公司违反了质量体系法规，且这些违规行为与Ⅲ类器械的上市前批准申请有关联，则在纠正这些违规行为之前，将不会批准此类器械。

请在收到本信函之日起15个工作日内将你公司为纠正上述违规行为所采取的具体步骤书面通知本办公室，并说明你公司计划如何防止此类违规行为或类似违规行为再次发生。包括你公司已经采取的纠正措施（必须解决系统问题）的文件材料。如果你公司计划采取的纠正措施将逐渐开展，请提供实施这些活动的时间表。如果无法在15个工作日内完成纠正，请说明延迟的原因以及完成这些活动的时间。你公司的回复应全面，并解决此警告信中所包括的所有违规行为。

最后，请注意本信函未完全包括你公司全部违规行为。你公司有责任遵守FDA所有的法律和法规。本信函和检查结束时签发的检查结果FDA 483表中记录的具体违规行为可能表明你公司制造和质量管理体系中存在严重问题。你公司应查明违规原因并及时采取纠正措施，确保产品合规。

第261封 给Spartan Bioscience Inc. 的警告信

生产质量管理规范/质量体系法规/医疗器械/伪劣

CMS # 452036

2015年5月15日

尊敬的L先生：

美国食品药品管理局（FDA）正在修改2015年4月9日发给你公司的警告信。您在2015年1月12日对FDA 483表的回复是在贵工厂检查结束后15个工作日内收到的，但未包含在最初的警告信中。修改后的警告信包含对您提供的FDA 483表中所述意见的回复的审查和评估。

2014年12月15日至12月18日，一位FDA检查员在对位于渥太华的你公司检查中认定，你公司制造CYP2C19基因检测试剂盒，根据《联邦食品、药品和化妆品法案》（以下简称《法案》）第201（h）节［21 U.S.C.§ 321（h）］，凡是用于诊断疾病或其他症状，对疾病有治愈、缓解、治疗或预防作用，或是可以影响人体结构或功能的器械，均为医疗器械。

本次检查表明，这些医疗器械的生产、包装、储存或安装中使用的方法、设施或控制不符合21 CFR 820的cGMP要求，根据《法案》第501（h）节［21 U.S.C.§ 351（h）］的规定，属于伪劣产品。

FDA已于2014年1月12日收到你公司Paul Lem针对FDA检查员在FDA 483表（检查发现问题清单）上记载的观察事项以及开出的检查发现事项的回复。以下是FDA对于你公司与各违规事项相关回复的回应。这些违规事项包括但不限于以下内容：

1．未能按照21 CFR 820.100（a）的要求建立和维护实施纠正和预防措施的程序。

例如，你公司在RXCYP2C19的设计过程中确定了纠正措施，以解决在2012年8月的重复性研究中出现的问题。你公司的报告指出，故障是由于（b）（4）（根本原因报告- frx系统误报，文件号 01001966，Rev 05）。与（b）（4）有关的纠正措施之一是限制器械和人员在试剂和（b）（4）之间移动（第14页，共16页，第01001966号文件，修订版05）。但是，没有文件记录是否创建或修订了一个程序来包含纠正措施，或者确保纠正措施是如何实施的。此外，你公司于2013年11月29日实施了纠正和预防措施（CAPA）131129002（于2014年1月29日关闭），以解决（b）（4）在试剂生产区域发现并记录的（b）（4）的故障。记录的纠正措施是不允许人员或器械从（b）（4）移至试剂生产洁净室。但是，没有文件记录是否创建或修订了一个程序来包含纠正措施，或者确保纠正措施是如何实施的。

FDA审查了你公司的答复，认为不够充分。你公司提供CAPA141222001来记录对这一观察结果的调查。你公司声明原来的CAPA131129003没有正确识别污染源。你公司声明污染的来源不是器械的移动，而是试剂的移动。你公司声明，由于对CAPA的重新评估，对试剂进行了限位，但在生产过程中没有明确的定义。你公司声明，提议的改善计划将所有与设备、试剂、耗材、产品和人员有关的移动控制全部记录在一份集中文件中。此外，你公司还声明，所有生产人员都需要接受更新文件的培训，并进行年度再培训。你公司声明将为所有Spartan员工和新员工开设一个培训课程。你公司声明将更新17份文件，包括进一步的设施间移动控制说明。你公司声明一旦改善计划得到批准，将进行环境和（b）（4）QC监控。持续三个月的环境监察及（b）（4）品质检验如果合格，将会关闭CAPA，或如发现违规情况，会开展新的CAPA。然而，你公司没有提供证据证明更新的文件中包含了这一变化，包括详细说明试剂限制的规定，以最大限度地减少污染，也没有提供有关新程序的员工培训记录。你公司没有提供理由说明为什么持续3个月的环境监测和（b）（4）质量控制是足够的。你公司尚未提供任何文件表明已完成所有CAPA记录的回顾审查，以确定是否已按要求完成所有CAPA。

2．未能按照21 CFR 820.70（a）的要求建立和维护过程控制程序，该程序描述任何必要的过程控制，以确保在制造过程中可能出现与器械规格有偏差的情况下符合规格要求。例如：

a.（b）（4）外部控制（b）（4）批号为0912304831-089814的生产记录表明，（b）（4）和（b）（4）的数量是由于最初未能遵循（b）（4）的程序（Doc ID: 01001742，修订版19）而产生的。具体为，第12页9.4.4节表明员工在程序（b）（4）中提供的表格中记录（b）（4）稀释的浓度。然而，Olig（Doc No. 01005069、Rev 10）和（b）（4）制造记录的原始计算值表明没有按照第14页Doc 01001742、Rev 19、第9.4.4和9.5.1节中所示的为达到制造数量而进行的计算的纠正或偏差。此外，（b）（4）（Doc No 01001838，日期2014年1月28日）并没有描述（b）（4）的批量调整的生产流程。

b.（b）（4）批号0914205031-0870814的生产在通过第五次测试之前，4次不合格［Doc No. 01005102_EPC_QC_08（1）. xlsm Rev 8］.但4次不合格没有做任何改善，只是按照诊断副总裁Chris Harder先生的要求进行了重复测试。

FDA审查了你公司的答复，认为不够充分。你公司提供了CAPA141219001文件，以记录对批号09123049831-089814和批号0914205031-0870814的调查。你公司提供了（b）（4）批次0912304831-089814的生产记录，表明了生产（b）（4）的正确数量是如何确定的。你公司对（b）（4）项的生产记录进行了说明，指出了为达到编号01001724的文件所规定的数量而进行的更正，第19号修订版在检验过程中并没有立即提供，尽管在编号为01001742的文件第12页第9.4.4节中已经提供了第19号修订版。你公司进一步声明，这些检验次数是按照FRX外部控制程序（b）（4）中规定的不合格次数的程序获得的，第9.1.6条规定了“（b）（4）”。你公司还澄清了批号0914205031-0870814产品的观察记录中的信息。你公司声明（b）（4）批号为0914205031-0870814，测试重复3次，第4次测试通过，测试结果与描述不符。你公司声明允许多次复验的原因是（b）（4）。你公司确定多次重复的根本原因是可变规格结果和（b）（4）。你公司建议的改善措施是改变（b）（4）。此外，你公司的计划包括改变规格制定的过程，以减少（b）（4）的风险，而不是同时改变（b）（4）。你公司声明此更改将得到验证。你公司声明将对员工进行新程序的培训，培训将形成文件。你公司声明，01001838号文件将会更新，以澄清任何质量检验不合格必须通过不符合报告（NCR）过程记录。你公司声明将对NCR进行监控，并通过CAPA流程处理失效模式的趋势，以确保不再发生事故。你公司声明，所有员工将接受NCR流程的再培训，培训将形成文件。文件01001838也将更新，要求在批次记录中保持清晰的记录，以表明质量检验结果是如何得到的；具体为，记录该批是一次性检测通过或者是NCR之后的再次通过。你公司声明所有行动将在2015年3月得到验证。此外，你公司声明，在实施这些纠正和纠正措施后，（b）（4）质量控制过程将在下一批（b）（4）批次中进行监控。然而，你公司并没有提供更新的程序和明确的说明，说明允许多少次重复或何时应重新配制和重新测试的过程。你公司没有提供证据证明实施了这项整改，包括重新计算外部控制的数量（b）（4），根据提供的程序使用适当的计算。你公司没有提供证据证明（b）（4）按照程序重新启动程序后的重复检验已经实施了纠正。你公司没有提供理由说明为什么监测（b）（4）批的过程是足够的。另外，你公司没有提供证据证明所有的批次记录都进行了回顾检查，以确保充分的程序得到遵循，并形成文件，以解决QC产品中的问题。你公司也没有提供证据证明员工接受过新流程和程序的培训。

3．未能建立和维护程序，以确保每个批次或单元的器械历史记录（DHR）得到维护，以证明器械是按照不良事件报告（DMR）和21 CFR 820的要求（按照21 CFR 820.184的要求）制造的。

具体为，用于制造Spartan RX CYP2C19平台（b）（4）和（b）（4）的DHR包括Spartan（b）（4）上观察到的故障。没有发现不符合项，产品是根据技术决定发布的。此外，用于制造Spartan RX CYP2C19平台的DHR不包括产品标签的表示。

FDA审查了你公司的答复，认为不够充分。你公司提供CAPA141222003以记录对某技术决定产品放行观察的调查。你公司声明，有5份文件是用以下表述确定的，包括：“请咨询工程部门，以便采取纠正措施。”“你公司声明，这些文件将被修改，以便技术人员或文件用户在测试失败时启动NCR。”你公司提供了CAPA141222004来记录关于器械没有按照器械主文档进行生产的调查。你公司指出，这一缺陷的根本原因是在增加新的QC测试时未能更新文档。你公司表示，新的指标是在2013年12月作为单独的分析工具添加的。你公司声明，旧的衡量标准过时了，但在文档中没有过时。你公司表示，它将对这种失效模式的其他实例进行审查，使用旧的衡量指标，启动更改订单和ECO，以消除校准软件中过时的部分，验证和验证更改，并对生产人员进行新程序培训。你公司声明，其不理解保留产品标签与器械历史记录标识是必需的，因此制造过程（b）(4）不要求产品标签与DHR一起存储。你公司声明将更新程序（b）(4)，要求将产品标签的副本保存在DHR中。然而，你公司并没有提供证据证明这5份文件中包含了以下表述：“咨询工程部门以寻求纠正措施”。已更新，包括用户何时启动NCR的指示。你公司也没有提供培训记录，表明员工已经接受了这些新文件和程序的培训。你公司没有提供证据证明这个失效模式的其他实例的排查，启动变更单和 ECO 以消除校准软件中的过时区域、变更的验证和验证以及对制造人员进行新程序培训已经实施。你公司没有提供证据表明对Spartan（b）(4）和DHR中记录的所有不符合项开具了不合格报告，并对所有单元/批次记录进行了回顾审查，以确定是否充分维护了所有批次记录，以证明器械是按照DMR要求制造的。你公司没有提供证据证明Spartan RX CYP2C19平台的标签已按要求包含在DHR中。你公司也没有表示对所有器械的所有DHR进行了回顾性审查，以确保包括主要的标签。

4．未能按照21 CFR 820.22的要求建立质量审核程序并进行此类审核，以确保质量体系符合已建立的质量体系要求，并确定质量体系的有效性。

具体为，你公司的内部审核程序（Doc No. 01001178 Rev. 05）不包括审核计划，以确保以何种频率对质量体系的所有覆盖范围进行审核。对质量体系的审核显示，质量管理体系的审核是在2013年进行的，而不是在2014年。

FDA审查了你公司的答复，得出的结论是答复不够充分，因为它没有解决这一意见。

联邦机构会得知关于器械的警告信，以便在签订合同时考虑上述信息。此外，如果FDA确定你公司违反了质量体系法规，且这些违规行为与Ⅲ类器械的上市前批准申请有关联，则在纠正这些违规行为之前，将不会批准此类器械。

请在收到本信函之日起15个工作日内将你公司为纠正上述违规行为所采取的具体步骤书面通知本办公室，并说明你公司计划如何防止此类违规行为或类似违规行为再次发生。包括你公司已经采取的纠正措施（必须解决系统问题）的文件材料。如果你公司计划采取的纠正措施将逐渐开展，请提供实施这些活动的时间表。如果无法在15个工作日内完成纠正，请说明延迟的原因以及完成这些活动的时间。请提供非英文文件的翻译，以便FDA审核。FDA将通知有关你公司的回复是否充分，以及是否需要重新检查你公司，以验证是否采取了适当的纠正措施。

最后，请注意本信函未完全包括你公司全部违规行为。你公司有责任遵守FDA所有的法律和法规。本信函和检查结束时签发的检查结果FDA 483表中记录的具体违规行为可能表明你公司制造和质量管理体系中存在严重问题。你公司应查明违规原因并及时采取纠正措施，确保产品合规。

第262封　给Bio Lab-St. Joseph Corp的警告信

生产质量管理规范/质量体系法规/医疗器械/伪劣

CMS # 415993

2015年3月18日

尊敬的V先生：

美国食品药品管理局（FDA）在2014年8月6日至2014年8月27日对位于P.R. Bayamon的你公司进行了现场检查。你公司生产用于体外诊断测试的微生物培养基，这些产品预期用途是诊断疾病或其他症状，或用于治疗、缓解、治愈或预防疾病，或可影响人体结构或功能，根据《联邦食品、药品和化妆品法案》（以下简称《法案》）第201（h）条［21 U.S.C.§ 321（h）］的规定，均属于医疗器械。

此次检查发现，该医疗器械根据《法案》第501（h）节属于伪劣产品，因为用于器械制造、包装、储存或安装的方法、场所或控制手段不符合质量体系法规（见21 CFR 820）对现行生产质量管理规范（cGMP）的要求。

2014年9月16日，FDA收到你公司总经理David Velazquez Camarena先生针对FDA 483表（检查发现问题清单）上记载的观察事项以及开出的检查发现事项的回复。以下是FDA对于你公司与各违规事项相关回复的回应。这些违规事项包括但不限于以下内容：

1．未能按照21 CFR 820.100（a）的要求建立和维护实施纠正和预防措施（CAPA）的程序。

例如，《文件编号：××，CAPA》第××节所列出的投诉、不合格调查和审核作为CAPA生成过程中唯一需要考虑的质量数据源。该文件缺乏对所有适用的质量数据源（如退回产品）进行分析以确定不合格原因的要求，也缺乏提供重要的纠正/预防措施信息以供管理人员评审。

你公司2014年9月16日的回复是不充分的，你公司拟修订《文件编号××，CAPA》程序，要求对所有质量数据进行分析，并要求提供重要的纠正/预防措施信息以供管理人员进行评审。然而，你公司未能提供一份拟修订程序的副本以证明其包括质量数据，同时，也无法证明其包含必要的质量数据以及重要的纠正/预防措施信息以供管理人员评审。同时，你公司没有提供证据证明员工接受了修改程序的培训。此外，没有考虑系统的纠正措施，包括对所有的CAPA进行回顾审查，以确保所有适用的质量数据源都被考虑用于发现重复出现的质量问题，并确保所有的CAPA在需要时得到实施和审查。

2．对于结果无法通过后续的检验和测试进行充分验证的过程，你公司未能根据21 CFR 820.75（a）的要求，确保其按照已建立的程序进行确认。例如：

a）你公司未能高度保证以及提供书面证据证明××能在符合规格的情况下提供产出有效的无菌培养基。你公司的生产主管××和所有者兼总经理××先生指出，××是制作培养基过程中最关键的步骤。进行××时使用××，序列号××，缺乏支持该过程充分性的书面证据，如下：

i．性能确认方案《××，S/N ××》，注明××。相反，你公司执行并记录在本确认方案××中。性能确认方案表中××没有记录，以证明××模型××、S/N ××获得充分的且预期的结果。

ii．××的性能确认方案和××的最终总结报告，均未能详细说明和记录××的类型和××的相应批号。性能确认方案没有说明为了证明灭菌过程的可重复性而运行的灭菌周期，而本方案的表××只记录了××结果。

b）未能按照检查员的要求，提供证明××不损害产品无菌性的书面证据，具体如下：

i. 公司目前使用的用于确认××型号塑料袋性的确认和安装方案《××》方案缺少批准人的签字和签字日期。你公司的生产主管××女士指出，该文件草稿将由该公司的新顾问在执行之前加以核查。

ii. 公司的生产主管××女士和所有者兼总经理××先生无法按照检查员的要求，提供完整的确认活动和结果的文档，以验证培养基袋××已按照批准的程序进行了充分确认。另外，程序《××》，缺少对培养基袋密封的检查和测试的具体说明。××女士向检查员说明，密封过程的确认尚未完成。

你公司2014年9月16日的回复是不充分的。你公司承认××项的确认尚未完全完成，预计将在2015年1月前解决。你公司还打算修改《文件编号××》程序，增加对培养基袋密封检查和测试的具体说明。

然而，你公司未能提供证据证明其完成相关的确认，也未能说明计划如何根据批准的方案完成其确认。你公司也未能提供会考虑采取系统性纠正措施的证据，包括审查和评估所有其他需要确认的制造过程，这些过程可能有类似的缺陷，以确保过程按照所需的批准程序进行确认。最后，没有证据表明员工在你公司接受了关于修订程序的培训或计划进行有关修订程序的培训。

3．未能建立和维护程序，以确保所有购买或以其他方式接收的产品和服务符合21 CFR 820.50的要求。

例如，你公司未建立程序来确保从供应商收到的产品和服务满足其预期用途。对供应商、承包商和顾问方必须满足的要求没有定义和记录。检查员要求你公司提供已制定书面程序，确定你公司对供应商（采购控制）的控制类型和范围，以评估供应商提供可接受产品的能力，但你公司仍然未建立此类程序。你公司的所有者和总经理××先生证实，该公司没有执行程序（如之前承诺的那样）来确保从供应商和服务处收到的产品符合规定的要求。

你公司2014年9月16日的回复是不充分的。你公司尚未建立采购控制程序，并将在2015年2月前制定该程序。但你公司没有提供证据证明员工接受了新程序的相关培训，也没有证据表明该公司已考虑系统性纠正措施，包括对所有文件的回顾审查，以确保按要求建立质量体系程序，以及有证据证明你公司的供应商满足你公司采购控制程序中对你公司购买的产品和服务的规定要求。

4．未能按照21 CFR 820.80（b）的要求建立和维护进货检验程序以及接收或拒收程序。

例如，根据你公司的生产主管××女士提供的《文件编号：××》要求部门技术人员确保他们符合你公司的质量标准。该程序第××节要求通过以下检查对产品进行评估，具体包括：根据采购和装运单据核实收到的产品的数量和类型；温度、批号、保质期、外包装和内包装情况，以及约定要求（包括外包装必须封闭，不得有任何污渍；内包装必须封闭，不得有任何穿孔或撕裂）。然而，你公司没有记录这些进货检验的结果，因此无法确定用于生产和包装的原材料是否满足要求。应检查员的要求查看进货目视检查结果的文件，你公司生产主管××女士答复进货检查结果没有记录。检查员检查了收货日志（培养基和补充品的接收日志）和商品的接收日志，这些日志包括2014年4月18日到2014年8月18日接收的一般商品、培养基以及其他物品，同样说明你公司没有继续按照你公司的程序要求记录进货检验结果。

你公司2014年9月16日的回复是不充分的。你公司声明按照《文件编号：××,” Recibo de Mercancia 》程序的要求，开始记录来料外观检查的结果。然而，你公司未能提供该程序的修订版，在程序中记录来料接收活动的结果。你公司也未能提供证据表明，员工被培训如何按照修订程序的要求有效地进行外观检查和充分记录这些活动，并且无法证明你公司对2014年4月18日到2014年8月18日收到的一般商品、培养基以及补充品的验收活动已完成。此外，没有证据表明你公司已采取系统性纠正措施，包括对验收活动进行回顾性检查，以确保这些活动按要求完成并形成记录。

5．当按照21 CFR 820.198（e）的要求进行调查时，未能按照的本节提及的要求保存调查记录。

例如，你公司的投诉处理程序《文件编号：××，客户的要求》规定，任何客户投诉都将被调查。该程序明确如果投诉是在产品制造日期10天后收到的，则将污染归结于消费者对产品的错误处理。然而，关于客户使用的处理和存储条件的细节，没有被视为调查的内容，同时也缺乏针对时间（十天）的验证、确认以及必要的挑战措施。没有这些信息，你公司就无法充分确定可能发生污染的原因，从而无法确定有效的纠正措施。你公司的生产主管××女士指出，新版本的程序××仍需修订，以包括完整调查的文件记录要求，而该程序尚未得到你公司的批准。

你公司2014年9月16日的回复是不充分的。你公司表示，即使收到的投诉超过了规定的10天要求，也将开始对涉及器械可能不符合要求的投诉进行调查。你公司还表示，投诉程序将在2014年11月之前修改。然而，你公司未能指出在什么版本计划加入修订的内容，未能提供证据证明考虑采取系统性纠正措施，包括所有投诉的回顾性检查，以确保投诉调查包括细节处理和储存条件，以确保纠正措施维持充分和调查记录。最后，你公司没有提供证据证明对员工进行了修改后的程序培训，以弥补这一缺陷。

6．未能按照21 CFR 827.70（c）的要求，建立和保持充分控制环境条件的程序，这些环境条件可能对产品质量产生不利影响。

例如，不能保证现有的控制措施足以防止你公司加工区域内的活微生物及尘埃的存在，无法防止任何潜在的培养基污染。具体如下：

a）××常用于对相关区域及空气的消毒。你公司的程序和文件要求在关键步骤之前对大肠杆菌或金黄色葡萄球菌进行检测。监测记录中显示检查活动记录不充分，因为这些记录没有包括接触时间以及用于确保检测充分。你公司的生产主管××女士说，该公司总是使用××，但没有记录这些信息。

b）规定生产和包装区域清洁和消毒作业的程序《文件编号××》存在以下问题：

对清洁和消毒程序××及相应记录的审查表明，你公司没有执行该程序，因为你公司已开始使用其他的洗涤剂和消毒剂（为程序××中未经批准的洗涤剂和消毒剂）。

你公司2014年9月16日的回复是不充分的。你公司答复需要重新评估紫外线灯和洗涤剂的使用过程。但是，你公司没有说明如何处理××的检查活动的记录不充分的问题。你公司也未能提供证据，证明员工已接受适当的文件程序再培训，并提供××监控记录，以表明正在执行适当的文件。你公司未能提供一份新制定的换装区域清洁卫生的标准作业程序，并且没有证据证明员工已经接受了这些程序的培训。你公司也未能提供考虑采取系统性纠正措施的证据，包括对其他环境控制活动的回顾检查，以确保这些活动执行法规和公司程序的要求。

7．未能按照21 CFR 820.22的要求建立质量审核程序并进行审核，以确保质量体系符合所建立的质量体系要求，并确定质量体系的有效性。例如：

内审的程序《文件编号，Auditorias Internas》没有按照法规的要求，定义必要时，对不符合项进行再审核的要求。

你公司2014年9月16日的回复是不充分的。你公司拟修订文件已增加再审核的要求。你公司计划在2015年1月前完成此次修订，然后，未能提供一份修订后的程序副本作为措施执行的证据。此外，没有提供证据表明将对员工开展修订后程序的培训。你公司没有提供证据证明考虑采取系统纠正措施，包括对公司质量体系的回顾性检查，以确保在需要时进行再审核。

8．未能按照21 CFR 820.25（b）的要求，建立识别培训需求的程序，并确保所有人员都经过培训，以充分履行其分配的职责。例如：

a）你公司缺乏书面证据表明，你公司的员工，包括总经理和生产主管，已经按照你公司的程序文件《文件编号：××》的要求接受过生产质量管理规范（GMP）的正式培训，以适应你公司的具体任务和生产医疗器械的要求。你公司的程序要求员工接受×× GMP培训。你公司未能按照检查员的要求，提供记录证明生产人员接受了质量管理体系培训。你公司的生产主管和所有者兼总经理表示，GMP培训尚未完成。

b）你公司未能按照检查员的要求，提供记录证明负责无菌培养基密封袋检验的人员接受了培训，以发现影响包装密封完整性的所有可能缺陷。

你公司2014年9月16日的回复是不充分的。你公司声明，主管、总经理和一般员工已经完成了质量体系法规和ANSI的培训。你公司还计划对员工提供包装密封有效性评估过程的具体指导和再培训。然而，你公司未能提供质量体系法规和ANSI培训完成的相关证据，也未能提供关于如何以及何时计划建立和实施程序来定义可能影响包装密封完整性的缺陷。最后，没有证据表明你公司考虑了系统纠正措施，包括对所有培训记录进行回顾审查，以确保员工按要求接受培训。

FDA的检查还发现，根据《法案》第501（f）（1）（B）节［21 U.S.C.§ 351（f）（1）（B）］，Muller Hinton 琼脂、Mueller Hinton 血液和 Thayer-Martin 琼脂掺假，因为你公司没有根据《法案》第515（a）节［21 U.S.C.§ 360e（a）］的要求，获得上市前批准申请（PMA），或根据《法案》第520（g）节［21 U.S.C.§ 360j（g）］获得试验器械豁免申请批准。此外，器械依据《法案》第502（o）节［21 U.S.C.§ 352（o）］为贴错标贴，因为没有依据《法案》第510（k）节［21 U.S.C.§ 360（k）］的要求，通知FDA引入该器械进行商业销售，也没有依据《法案》第510（j）节［21 U.S.C.§ 360（j）］的要求。对于需要上市前批准的器械，当一个PMA在本机构还未批准时，需要根据《法案》第510（k）节［21 U.S.C.§ 360（k）］的要求发出通告才能被视为符合条件［21 CFR 807.81（b）］。网址url上描述了你公司需要提交才能获得器械的批准或许可的信息类型。FDA将评估你公司提交的信息，并决定你公司产品是否可以合法销售。

你公司应尽快采取措施纠正此信函中所涉及的违规事项。如未能及时纠正这些违规事项将导致FDA 采取法律措施且不会事先通知。这些措施包括但不限于：没收、禁令、民事罚款。联邦机构在授予合同时可能会考虑此警告信。另外，由于存在相关的质量体系法规偏差，除非这些违规事项得到纠正，否则Ⅲ类医疗器械上市前审批申请不会通过。在与器械相关的违规事项没有完成纠正前，外国政府认证（注：类似于美国的自由销售证书FSC）申请将不予批准。

FDA要求你公司尽快安排与圣胡安地区办公室的面对面会议，讨论本信函中提到的正在发生和持续发生的违规事项。此外，FDA要求你公司按照以下时间表向本办公室提交一份由外部专家顾问出具的证明，证明他/她已经根据质量体系法规（21 CFR 820）的要求对你公司的生产和质量保证体系进行了检查。你公司还应提交顾问报告的副本，以及相关证明，证明你公司的首席执行官（如果不是你自己）已经审阅了顾问报告的证据，并且你公司已经启动或完成了报告中要求的所有纠正。初次检查的证明、随后的跟进检查证明以及纠正证明（如有需要）应在下列日期之前提交：

- 顾问的初次检查：2015年6月30日
- 后续检查：2015年12月31日。在2015年12月31日报告完成后，连续两年在年底前提交年度报告。

请在收到本信函之日起15个工作日内将你公司为纠正上述违规行为所采取的具体步骤书面通知本办公室，并说明你公司计划如何防止此类违规行为或类似违规行为再次发生。包括你公司已经采取的纠正措施（必须解决系统问题）的文件材料。如果你公司计划采取的纠正措施将逐渐开展，请提供实施这些活动的时间表。如果无法在15个工作日内完成纠正，请说明延迟的原因以及完成这些活动的时间。你公司的回复应全面，并解决此警告信中所包括的所有违规行为。

最后，请注意本信函未完全包括你公司全部违规行为。你公司有责任遵守FDA所有的法律和法规。本信函和检查结束时签发的检查结果FDA 483表中记录的具体违规行为可能表明你公司制造和质量管理体系中存在严重问题。你公司应查明违规原因并及时采取纠正措施，确保产品合规。

第263封　给Zizion Group LLC.的警告信

医疗器械/伪劣/标识不当/缺少上市前批准和/或510（k）

CMS # 448416

2015年3月12日

尊敬的B先生：

美国食品药品管理局（FDA）审查了你公司的网站http://yesprpkit.com。你公司的网站上声明，你公司的Yes PRP Kit是一个给医务人员使用的"简易和准确的PRP-Kit"。随信附上相关的互联网网页副本，以供参考。根据《联邦食品、药品和化妆品法案》(以下简称《法案》)第201（h）节［21 U.S.C.§ 321（h）］的规定，凡是用于诊断疾病或其他症状，对疾病有治愈、缓解、治疗或预防作用，或是可以影响人体结构或功能的器械，均属于医疗器械。你公司生产的Yes PRP Kit属于医疗器械，原因是它的预期用途为对疾病有治愈、缓解、治疗或预防作用。你公司的网站将该设备描述为抽血，富集血细胞制备再给药的试剂盒，用于治疗多种疾病。你公司的器械有一项预期用途与510（k）上市前通告里的已批准的PRP器械的预期用途类似。该法规要求医疗器械制造商在产品销售之前，必须获得FDA对其产品上市批准或许可。这有助于保护公众健康，确保医疗器械是安全和有效的，或与其他已在美国合法销售的器械是实质等同的。

FDA对数据库的审查表明，你公司尚未获得这些器械在美国的上市前批准或许可，也未获得这些器械的上市前批准的试验豁免。然而，上述的互联网网站向美国的买家提供了Yes PRP Kit购买方式，例如，美国包含在购买人页面的"下拉"框中，允许在美国国内装运产品的订单。FDA还注意到，你公司在产品描述中包含了FDA的标志（链接到用非常小的字母表示的"进展中"），这会误导读者得出结论，认为你公司的产品在美国是合法销售的。因为你公司没有获得FDA的批准或许可，在美国销售这些产品是违法的。

这些器械根据《法案》第501（f）（1）（B）节属于伪劣产品，因为没有依据《法案》第 515（a）节在上市前批准中获得申请批准，或者依据《法案》第520（g）节获得试验器械豁免申请批准。此外，器械依据《法案》第502（o）节属于错误标识，因为没有依据《法案》第 510（k）节要求向FDA提供关于该器械的通告或其他信息。

请在收到本信函之日起15个工作日内将你公司为纠正上述违规行为所采取的具体步骤书面通知本办公室，并说明你公司计划如何防止此类违规行为或类似违规行为再次发生。包括你公司已经采取的纠正措施（必须解决系统问题）的文件材料。如果你公司计划采取的纠正措施将逐渐开展，请提供实施这些活动的时间表。如果无法在15个工作日内完成纠正，请说明延迟的原因以及完成这些活动的时间。你公司的回复应全面，并解决此警告信中所包括的所有违规行为。

如未能及时纠正这些违规事项将导致FDA 采取法律措施且不会事先通知。这些措施包括但不限于：没收、禁令、民事罚款。联邦机构在授予合同时可能会考虑此警告信。

第264封　给Winter Goals的警告信

生产质量管理规范/质量体系法规/医疗器械/伪劣/标识不当

CMS # 422768
2015年3月5日

尊敬的D女士：

美国食品药品管理局（FDA）于2014年1月24日和2014年2月12日，对你公司位于亚利桑那州卡顿伍德的现场进行了检查。你公司生产能量检测盒，又名癌症替代治疗检测盒，也叫肌力检测盒（运动生物学）（以下简称为“检测盒”）。根据《联邦食品、药品和化妆品法案》（以下简称《法案》）第201（h）节［21 U.S.C.§ 321（h）］的规定，凡是用于诊断疾病或其他症状，对疾病有治愈、缓解、治疗或预防作用，或是可以影响人体身体结构或功能的器械，均属于医疗器械。此外，FDA对你公司的网站进行了审查，并确定检测盒的销售违反了《法案》的规定。

这些违规行为包括但不限于以下内容：

此次检查发现，该医疗器械根据《法案》第501（f）（1）（b）节属于伪劣产品，因为你公司没有根据《法案》第515（a）节的要求获得上市前批准申请（PMA），或者根据《法案》第520（g）节获得批准的研究产品豁免申请。

根据《法案》第502（o）节的要求，你公司的产品含有错误标识，因为你公司没有告知FDA这个器械已经商业销售，以及没有按照《法案》第502（k）节以及21 CFR 807.81（a）（3）（i）的要求，向FDA提供关于产品的变更通知或其他信息。按照《法案》第502（o）节的要求，你公司的产品属于错误标识，同时因为器械在没有按照《法案》第510节的要求进行注册的企业生产、制备、传送、混合或加工；也不在《法案》第510（j）节要求的清单中；也未按照《法案》第510（k）节的要求，向FDA提供该产品的通知或其他信息。

你公司需要提交可以使你公司网站上展示的产品获得批准或许可的信息资料。FDA将对你公司提交的信息进行评估，并决定该产品是否可以合法销售。

FDA收到了你公司2014年2月18日的邮件回复，认定你公司的回复不充分。你公司没有经批准的PMA/IDE或510（k）。

请注意该警告信未完全包括你公司全部违规事项。你公司有责任遵守法律和FDA法规。你公司应尽快采取措施纠正此信函中所涉及的违规事项。如未能及时纠正这些违规事项将导致FDA 采取法律措施且不会事先通知。这些措施包括但不限于：没收、禁令、民事罚款。

请在收到本信函之日起15个工作日内将你公司为纠正上述违规行为所采取的具体步骤书面通知本办公室，并说明你公司计划如何防止此类违规行为或类似违规行为再次发生。包括你公司已经采取的纠正措施（必须解决系统问题）的文件材料。如果你公司计划采取的纠正措施将逐渐开展，请提供实施这些活动的时间表。如果无法在15个工作日内完成纠正，请说明延迟的原因以及完成这些活动的时间。你公司的回复应全面，并解决此警告信中所包括的所有违规行为。

第265封　给 Arkray Factory, Inc. 的警告信

生产质量管理规范/质量体系法规/医疗器械/伪劣/标识不当

CMS # 446565

2015年3月4日

尊敬的H先生：

美国食品药品管理局（FDA）于2014年10月6日至10月8日对你公司位于日本滋贺县的进行了现场检查。你公司生产Ⅱ类计数血糖监测仪、临床HbA1c分析仪及尿液分析试剂条/分析系统。根据《联邦食品、药品和化妆品法案》（以下简称《法案》）第201（h）节［21 U.S.C.§ 321（h）］的规定，凡是用于诊断疾病或其他症状，对疾病有治愈、缓解、治疗或预防作用，或是可以影响人体结构或功能的器械，均属于医疗器械。故你公司涉及检查的产品均为医疗器械。

此次检查发现，该医疗器械根据《法案》第501（h）节属于伪劣产品，因为用于器械制造、包装、储存或安装的方法、场所或控制手段不符合质量体系法规（见21 CFR 820）对于现行生产质量管理规范（GMP）的要求。

FDA已于2014年10月30日收到你公司总裁兼CEO针对FDA检查员在FDA 483表（检查发现问题清单）上记载的观察项以及开出的检查发现项的回复。以下是FDA对于你们公司各违规事项相关回复的回应。这些违规事项包括但不限于以下内容：

1．未能按照21 CFR 820.100（b）的要求，对21 CFR 820.100规定的所有活动及其结果进行记录。

例如，××及其相关CAPA报告未按你公司的CAPA程序（《纠正措施及预防措施程序》文件编号：××）记录所有调查活动。你公司质量保证总监解释，在未关闭的CAPA调查中，你公司执行了血糖监测仪的××测试。而检查员要求查看××的读数时发现现场检查中使用的××未被记录，且你公司未对所有××的原因进行调查。另外，检查中你公司未确认血糖监测仪××的原因，也未明确任何纠正措施。

FDA审查了你公司的回复，并认定该回复不充分。你公司提供了修订后的《纠正措施和预防措施程序》，文件编号：××，版本：6，生效日期2014年10月27日。该文件表明CAPA委员会必须评估纠正和/或预防措施计划及有效性检查计划的验收和确认，并确定纠正和/或预防措施计划的可接受性。你公司表示相关人员已接受新修订程序文件的培训，并提供日期为2014年10月27日的教育和培训实施记录。然而，你公司未提供证据证明，已实施的纠正措施包含对所有CAPA记录进行了回顾性评审，能确保所有调查均已得到充分记录，且纠正和纠正措施未对这些器械产生不良影响。你公司未提供证据，证明已对所识别的××缺陷项进行充分记录。另外，你公司未有描述或证据表明，实施缺陷项纠正时记录了××过程中所获得的结果，且对××进行修复以反馈该结果。而且，你公司亦未能提供证据，证明ReliOn 血糖监测仪××读数问题的原因和纠正措施已被确定。也未有证据证明，你公司已考虑采取系统性的纠正措施，对所有CAPA进行回顾性评审，确保CAPA的完整性。

2．未能按照21 CFR 820.90（b）（2）的要求，建立和维护返工程序，以及对不合格产品返工后的再测试和再评估程序，以确保产品符合当前受控规格。

例如，审核2份涉及返工的器械历史记录（DHR）时发现，返工和接收活动未完全记录在DHR中。具体如下：

a．审核你公司的《不合格品处理程序》（文件编号××，版本为1.2，生效日期2014年10月2日）及其上一版本（版本：1.1，生效日期2011年10月3日）时发现，第52页的返工章节中于2013年7月30日记录了××内容。但DHR未保留原始测试不合格的数据，仅记录2013年7月31日的最终测试结果。××上记录了××的不合格，对2013年7月31日执行××的措施进行了记录，然而，××的初始不合格结果未在测试记录中保留。

b．你公司质量保证管理部代表授权和质量保证部总监、企业质量部副总监解释称，你公司2013年4月23日开出不符合记录××，记录了××发现的问题。但返工未按要求在DHR中作详细记录。

FDA审查了你公司的回复，并认定其不充分。你公司提供了××，说明了解决不合格××产品的返工流程，定义了所回收的不合格样品的处理流程或返工的测试/检验目的。你公司表示，所有相关人员和部门都接受了新版流程文件的培训，并提供了相应的培训记录。你公司还提供了修订后的××和器械产品的DHR模版，确保返工的背景信息、确认的返工数量得到记录，返工过程的××得到检查。你公司声称，所有相关部门人员都对修订后的流程和DHR模版进行了培训，并提供了已达到××效果的培训记录。你公司表示自从新流程实施以来，还没有发生过返工；所以，过去的返工就××。你公司提供了上述第1点提及的××附件2-2-4首页，还提供了附件2-1-4-1 ××文件，作为纠正上述第2点提及的缺陷项的证据。但是，你公司未能提供实施纠正的描述和证据，以证明你公司在不合格产品评估的程序文件中增加了对不合格产品返工后的再测试和再评估的要求。另外，未提供证据证明已对所有DHR进行回顾性评审，确保所有返工和再评估活动均已完整、充分地按要求进行记录。

3．未能按照21 CFR 820.198（e）的要求，由21 CFR 820.198（a）中指定的部门执行21 CFR 820.198所要求的调查时，保留调查记录。

例如，《投诉处理程序》（文件编号××，版本12.1，生效日期2014年10月1日）中涉及调查结果部分，未要求记录调查日期。此次检查抽取的10个投诉样例均未记录21 CFR 820.198（e）要求的多个信息。具体如下：

关于××的#M5010162投诉中，未将准确的报告日期记录在对应邮件中所附的原始投诉表上。你公司安全管理部质量组经理提供的邮件中可见投诉实际接收日期为2013年3月8日，但投诉表上记录的是2013年3月9日。××中详列了投诉表格中有多个问题需要得到解答；然而，实际的投诉表格中这些问题被删掉了。

某个澳大利亚的医院投诉记录，在××发生后，HbA1c分析仪将测试结果错误记录为其他患者的记录。该投诉记录中包含一份不良事件报告评估表，表示这台仪器或类似的仪器被销售到了美国，此信息是错误的。此份不良事件报告评估树表明，该事件未报告给美国，理由是认为它不会对健康带来非合理性风险。你公司声称，该不良事件报告评估是不正确的，它本应记录该仪器未被销售至美国。另外，××所要求的调查日期、调查结果及流程文件指定的附件，均无相关记录，而仅附上了多封调查活动相关的邮件。

编号为#s M5100355、R5110050、M5110297、R5100349、M5100308、M5100311、M5100505、M5100449、M5100504及R5100255的投诉均缺少必要的信息，如投诉调查日期、投诉联系信息、调查结果及日期。

我们审查了你公司的答复，认为不充分。由于FDA 483表未将其列为观察项，因此该回复未涉及该缺陷中概述的项目。

4．未能按照21 CFR 820.120的要求建立和维护程序以控制贴标签活动。

例如，你公司的标签程序文件《标签控制程序》（编号××，版本A，生效日期2011年10月25日）未提出充分要求以保证：①DHR中恰当地记录标签的放行；②贴标和包装环节受控，防止标签混用；③血细胞监测仪DHR对包含主要识别信息的标签样本进行留样；具体为，《标签控制程序》中D-作业指导书（编号××，版本A，生效日期2011年10月25日）章节未提出要求，确保标签的审核和批准应在DHR中有记录，并由检查和批准标签的人员签名。该作业指导书也未提出防止混用的要求，如对已用的、报废的、在DHR中留样的标签进行计数；亦无对账过程来确保所有不合格标签和打印的标签都已记账。另外，只有一份××样本。无任何主要识别信息标签被实际贴标，DHR中也没有包含仪器随附的使用说明书。

FDA审查了你公司的回复，并认定其不充分。你公司提供了修订后的《标签控制程序（仪器）》（编号××，版本B，生效日期2014年10月27日）。该程序描述了用于确保DHR中适当说明和记录标签的过程。具体为，××规定了需要检查细节并批准标签发布说明的责任方；也进一步说明了出现不合格标签时使用序列号标签，以及在DHR中保存标签的流程。该程序还提供了在DHR中保留第一个和最后一个血糖监测设备标签的具体说明。程序文件的××部分提供了控制已用的标签数量的方法，包括记录初始发放、重新发放、已使用及不合格标签的数量。你公司声称，自文件修订后，你公司已经执行了不合格处理流程，保证修订后的标签发放指引表××被正确使用。然而，你公司未能提供实施纠正及纠正措施的证据，证明主要识别信息标签和已用的标签在DHR中有记录；也无证据证明对所有主要识别信息标签及所有批次的产品标签完成了回顾性评审，保证上述信息均按要求记录在DHR中；也无证据证明员工接受了修订版文件的培训。另外，你公司未提供证据，证明已考虑采取系统性纠正措施，对所有DHR进行回顾性评审，保证所有信息均按要求进行记录。

5．未能按照21 CFR 820.72（b）的要求建立校准程序，以规定具体的精度和准确度限值和操作指南。

具体为，你公司的《校准程序》（编号××，版本1.0，生效日期2014年10月1日）未对××厂内校准的可接受范围提出充分的要求。你公司的质量保证总监确认，你公司的校准流程并未识别厂内校准检查的可接受范围。

FDA审查了你公司的回复，并认定其不充分。你公司提供了修订后的《校准程序》（编号××，版本2.0，生效日期2014年10月27日）。文件包含了××，说明了需要校准的测量设备应定义可接受范围的要求。流程中也包含了对校准点数量、有效期及一级校准（外校）或二级校准（内校）的要求。××规定了处理校准不合格时所采用的流程。你公司声称已经修改了校准记录模版，增加填写可接受范围的内容。你公司提供附件××，作为修改后校准记录表的使用证据。你公司表示对应部门的人员已接受新版文件的培训，并提供教育及培训实施记录表（日期2014年10月27日）作为证据。你公司提供××并称已对之前不清楚校准可接受范围的测量设备的××校准记录进行了回顾性评审，检查它们是否符合修订后文件中标明的可接受范围。你公司称，审核了过去的测量设备的××校准记录后发现，这些设备都符合修订后文件规定的标准。然而，你们未提供证据证明已针对所有校准记录实施回顾性审核的纠正措施，保证所有设备符合规定的可接受范围。

6．未能按照21 CFR 820.22的要求建立质量审核程序并实施审核，保证质量体系符合所建立的质量体系要求，确定质量体系的有效性。

具体为，你公司的《内部体系审核程序》（编号××，检查了多个版本）未提出充分要求，以保证内审能覆盖所有适用的FDA法规。另外，关于内审频次的英日翻译存在不对应，英文版本要求内审应实施至少××次，而日文版本要求内审应实施××次。审核2012及2013两个财政年度的内审计划后发现，在××年的范围内进行了××次审核；对设计开发部的审核执行了××次，而对服务部的审核是××次。

FDA审查了你公司的回复，并认定其不充分。你公司提供了修订后的《内部质量审核程序》（编号××，版本5.0）。作为本次检查发现的缺陷项纠正措施，修订后的程序在××章节清晰地定义了实施内审的××时间范围。另外，××章节让内审员参考标题为“××”的表格，该表格包含所有适用的法规及需要符合要求的部门。你公司还提供了修订后的内审计划（××，版本5）及内审报告（××）的模板，识别了哪个部门需要符合哪些要求。你公司声称已清晰地定义内审间隔，并很容易在修订后的总计划中查到。你公司表示所有内部质量审核员及内部质量审核控制部门的人员均接受了新版程序的培训，并提供××作为培训证据。然而，你公司未提供按新版审核程序要求执行内审的证据。另外，你公司未提供证据证明已经对此缺陷项实施了纠正措施，对程序文件进行回顾性审核，确保文件都符合法规的要求。

FDA审查了你公司的回复，因该观察项未被解决，FDA认定回复不充分。

FDA检查还发现根据《法案》第502（t）（2）节［21 U.S.C.§ 352（t）（2）］，血糖测试系统贴错标签，原因是根据《法案》第519节（21 U.S.C.§ 360i）及21 CFR 803-不良事件报告规定的相关器械，你公司未能或拒绝提供物料或信息。主要的违规行为包括但不限于以下内容：

未能按照21 CFR 803.17的要求充分建立、维护和执行书面不良事件报告（MDR）程序。例如，审查你公司的不良事件报告程序《美国不良事件报告程序》（版本：新版，日期2013年5月30日）后，发现以下问题仍然存在：

a. 程序文件未建立内部系统，及时有效地识别、沟通和评估按要求可能属于不良事件的事件。例如：

- 你公司未按21 CFR Part 803要求定义需考虑上报的事件。不定义21 CFR 803.3中规定的“意识到”“导致或造成”“故障”“应报告事件”“严重伤害”及21 CFR 803.20（c）（1）中规定的“合理地建议”等术语，可能导致你公司在评估可能符合21 CFR 803.50（a）上报标准的投诉时作出错误的决定。

b. 程序文件未建议内部系统，通过标准的评估过程确定一个事件是否符合本部分所规定的上报标准。例如：

（1）未规定对每个事件实施完整的调查并评估其根本原因。

（2）现有文件未指定由谁决定将事件上报至FDA。

（3）未规定你公司如何评估事件信息并及时确定是否需要上报不良事件。

c. 程序文件未建立内部系统，及时上传完整的不良事件报告。具体为，未规定：

- 如何获取FDA 3500A表。

d. 程序文件未规定你公司文件归档及记录保存的要求，文件未包括：

（1）作为不良事件文档形式进行维护的不良事件相关的信息文件。

（2）确认事件是否应上报所评估过的信息。

（3）确认器械相关的死亡、严重伤害或故障需要或不需要上报的考虑及决定过程的信息文件。

（4）协助FDA及时跟踪和检查时所需获得信息的系统。

你公司2014年10月30日的回复是否充分，现在还不能确定。你公司提供了修订后的不良事件报告程序（《不良事件报告程序》，编号××，版本1.0，日期2014年10月22日）。审查修订版的不良事件报告程序（编号××，版本1.0）后，发现以下内容：

a. 程序文件未建立内部系统，及时有效地识别、沟通和评估按要求可能属于不良事件的事件。例如：

- 文件省略了21 CFR 803.20（c）（1）中规定的“合理建议”。未在文件里定义该术语可能导致你公司在评估可能符合21 CFR 803.50（a）上报标准的投诉时作出错误的决定。

b. 程序文件未建议内部系统，通过标准的评估过程确定一个事件是否符合本部分所规定的上报标准。例如：

- 未规定对每个事件实施完整的调查并评估其根本原因。

c. 程序文件未建立内部系统，及时上传完整的不良事件报告。具体为，未规定：

- 如何获取FDA 3500A表。

d. 程序文件未规定你公司文件归档及记录保存的要求，文件包括：

- 作为不良事件文档形式进行维护的不良事件相关的信息文件。
- 确认事件是否应上报所评估过的信息。
- 确认器械相关的死亡、严重伤害或故障需要或不需要上报的考虑及决定过程的信息文件。
- 协助FDA及时跟踪和检查时所需获得信息的系统。

2014年2月13日《电子不良事件报告（eMDR）的最终规则》发布，要求制造商和进口商应向FDA提交电子不良事件报告。本最终规则将于2015年8月14日生效。若你公司当前未提供电子报告，FDA建议你公司从以下网页链接中获取更多电子报告的要求信息：url。

若你公司希望讨论不良事件上报规则或想安排进一步沟通，可以通过ReportabilityReviewTeam@fda.hhs.gov邮件联系可报告性审核小组。

联邦机构在授予合同时可能会考虑此警告信。另外，由于存在相关的质量体系法规偏差，除非这些违规事项得到纠正，否则Ⅲ类医疗器械上市前审批申请不会通过。

请于收到此信的15个工作日内，将你公司已经采取的具体整改措施，以及你公司准备如何防止这些违规事项或类似行为再次发生的计划，书面回复本办公室。回复中应包括你公司已经采取的纠正和/或能系统性解决问题的纠正措施相关文档。

请在收到本信函之日起15个工作日内将你公司为纠正上述违规行为所采取的具体步骤书面通知本办公室，并说明你公司计划如何防止此类违规行为或类似违规行为再次发生。包括你公司已经采取的纠正措施（必须解决系统问题）的文件材料。如果你公司计划采取的纠正措施将逐渐开展，请提供实施这些活动的时间表。如果无法在15个工作日内完成纠正，请说明延迟的原因以及完成这些活动的时间。你公司的回复应全面，并解决此警告信中所包括的所有违规行为。

最后，请注意本信函未完全包括你公司全部违规行为。你公司有责任遵守FDA所有的法律和法规。本信函和检查结束时签发的检查结果FDA 483表中记录的具体违规行为可能表明你公司制造和质量管理体系中存在严重问题。你公司应查明违规原因并及时采取纠正措施，确保产品合规。

第266封　给Nanentek Factory的警告信

生产质量管理规范/质量体系法规/医疗器械/伪劣

CMS # 446343

2015年3月2日

尊敬的P先生:

美国食品药品管理局（FDA）于2014年9月1日至9月5日期间对位于韩国的你公司进行现场检查。你公司制造FREND仪器、诊断试剂盒和细胞计数装置。根据《联邦食品、药品和化妆品法案》（以下简称《法案》）第201（h）节［21 U.S.C.§ 321（h）］的规定，凡是用于诊断疾病或其他症状，对疾病有治愈、缓解、治疗或预防作用，或是可以影响人体结构或功能的器械，均属于医疗器械。故你公司涉及检查的产品均为医疗器械。

此次检查发现，该医疗器械根据《法案》第501（h）节属于伪劣产品，因为用于器械制造、包装、储存或安装的方法、场所或控制手段不符合质量体系法规（见21 CFR 820）对于现行生产质量管理规范（GMP）的要求。这些违规事项包括但不限于以下内容:

1．未能按照21 CFR 820.100（a）的要求，建立和保持实施纠正和预防措施（CAPA）的程序。

例如，你公司没有记录纠正措施和调查活动。具体为，CAPA-C-14-06-016没有记录纠正措施信息，该文件用于解决ADAM-rWBC的电机驱动故障。CAPA-14-06-016则是在接到投诉CCR-AD060414-001时被开启的。

2．未能按照21 CFR 820.90（a）的要求，建立和保持以控制不符合规定要求产品的程序。

例如，你公司在2014年8月22日发现并提交了过期的C芯片血细胞计数仪（2014年6月8日到期），但没有对不合格品进行追踪，也没有进行评估，以确定是否需要对该血细胞计数仪进行调查。

3．未能按21 CFR 820.250（a）的要求，建立和维护识别有效统计技术的程序，这些统计技术用于建立、控制和验证过程能力和产品特性的可接受性。

例如，为验证生产过程更改而生产的产品数量并不是基于有效的统计数据。在审查FREND PSA产品生产过程变更的过程中，检查员要求审查你公司的程序，以确定有效的统计工具，用于验证目的的适当样本量。

联邦机构在授予合同时可能会考虑此警告信。另外，由于存在相关的质量体系法规偏差，除非这些违规事项得到纠正，否则Ⅲ类医疗器械上市前审批申请不会通过。

请在收到本信函之日起15个工作日内将你公司为纠正上述违规行为所采取的具体步骤书面通知本办公室，并说明你公司计划如何防止此类违规行为或类似违规行为再次发生。包括你公司已经采取的纠正措施（必须解决系统问题）的文件材料。如果你公司计划采取的纠正措施将逐渐开展，请提供实施这些活动的时间表。如果无法在15个工作日内完成纠正，请说明延迟的原因以及完成这些活动的时间。你公司的回复应全面，并解决此警告信中所包括的所有违规行为。

最后，请注意本信函未完全包括你公司全部违规行为。你公司有责任遵守FDA所有的法律和法规。本信函和检查结束时签发的检查结果FDA 483表中记录的具体违规行为可能表明你公司制造和质量管理体系中存在严重问题。你公司应查明违规原因并及时采取纠正措施，确保产品合规。

第267封　给Verichem Laboratories, Inc. 的警告信

生产质量管理规范/质量体系法规/医疗器械/伪劣

CMS # 446069

2015年2月4日

尊敬的D先生：

美国食品药品管理局（FDA）于2014年10月14日至11月14日，对你公司位于Rovidence, Rhode Island的医疗器械进行了检查。检查期间，FDA检查员已确认你公司为用于体外诊断（IVD）的临床化学参考材料：校准品（Ⅱ类器械）和校准品验证物（Ⅰ类器械）的生产制造商。根据《联邦食品、药品和化妆品法案》（以下简称《法案》）第201（h）节［21 U.S.C.§ 321（h）］，凡是用于诊断疾病或其他症状，对疾病有治愈、缓解、治疗或预防作用，或是可以影响人体结构或功能的器械，均为医疗器械。故你公司涉及检查的产品为医疗器械。

本次检查表明，这些医疗器械的生产、包装、储存或安装中使用的方法、设施或控制不符合21 CFR 820的cGMP要求，根据《法案》第501（h）节［21 U.S.C.§ 351（h）］的规定，属于伪劣产品。

2014年12月8日，FDA收到你公司Anthony DiMonte总裁针对FDA 483表（检查发现问题清单）的回复。FDA针对回复，处理如下。违规行为包括但不限于以下行为：

1．未能按照21 CFR 820.30（g）的要求建立和保持器械的设计确认程序。例如：

- 未能验证BR2胆红素校准品（清单#9459），其中包括从（b）（4）到（b）（4）原始材料的变更。
- 未能对BR2胆红素校准品进行稳定性测试（清单#9459，其有效期为15个月）。
- 当5ml琥珀瓶的盖帽设计（列表4050）由螺纹帽变为卷曲帽，未能对所有影响的产品进行稳定性测试和性能验证（至少有其他14个产品）。此外，你公司收到的2012年5月10日的投诉CG010显示雅氨乙醇控制大量生产卷曲帽导致氨水平升高。你的调查报告说你公司意识到盖帽变化的浸出问题。
- 用于胆红素标准试剂盒（清单# 9450）的稳定性测试是不够的，因为从每5个活性水平中检测1瓶没有统计学意义。

FDA已经审核了你公司的答复，认为是不充分的。请提供文件以验证何时完成了CAPA。需要进行后续检查，以确保纠正是适当的。

2．未能按照21 CFR 820.18的要求保持器械主记录（DMR）。例如：

- 用于胆红素产品和JAS氨/乙醇产品的小瓶（清单#4050和#4075）和塞子（清单#4700和#4701）的规范，没有说明每种产品的材料组成。
- AS乙醇标准品100mg/dl（清单#9662）和胆红素标准水平E（清单#9455）的Rev A和Rev B有2种不同的规范修订。
  - ○Rev A有日期为2005年7月21日和2009年10月16日的版本。2009版包含了2005版没有包含的化学成分。
  - ○Rev B有日期为2006年3月2日和2006年6月3日的版本。2006年的文件包括了2011年版本中没有包括的两种化学成分。2011版包含4种2006版不包含的化学成分。
  - ○Rev D有日期为2011年1月17日和2009年12月10日的版本，它们包含不同的包装组件（小瓶、塞子和瓶盖）。

FDA已经审查了你公司的答复，认为它是不充分的。请提供文件以验证何时完成了CAPA。需要进行后续检查，以确保纠正是适当的。

3．未能按照21 CFR 820.40的要求建立和保持对本部分要求的所有文件控制的程序。例如：

- 胆红素校准品的2012年设计输入计划、设计输出计划和设计评审直到2014年10月才形成文件，此时该产品已经设计了两年多了。
- 直到2014年10月30日，胆红素中端标准试剂盒（清单#9575）从螺纹到卷曲帽的变更都没有写工程变更请求。实际变更在2011年1月17日生效。

FDA已经审查了你公司的答复，认为它是不充足的。请提供文档以验证何时完成了CAPA。需要进行后续检查，以确保纠正是适当的。

4．未能按照21 CFR 820.70（g）的要求，确保在制造过程中使用的所有设备满足规定要求，并正确设计、制造、放置和安装，便于维护、调整、清洁和使用。例如：

- 2013年10月安装的去离子水系统没有得到充分的安装和维护。DI水用于所有体外诊断产品（标准品和校准品验证物），也用于清洗玻璃器皿、管道和冲洗试管。
  - ○DI水系统上有管道交叉连接，可能导致系统污染。
  - ○（b）（4）测试不是从所有的使用点进行的。
  - ○回顾（b）（4）从10月13日到现在的测试结果，发现在2014年3月5日收集的样品是在超过最高温度规范的温度下培养的。

FDA已经审查了你公司的答复，认为它是不充足的。请提供文档以验证何时完成了CAPA。需要进行后续检查，以确保纠正是适当的。

5．未能按照21 CFR 820.22的要求，建立质量审核的程序并进行审核，以确保质量体系符合已建立的质量体系要求，并确定质量体系的有效性。例如：

- 内部审核程序QOP-82-02没有包括对质量体系所有部分的审核；纠正和预防措施（CAPA）和投诉处理没有经过审核。
- 在过去的5年中，年度内部质量审核是由质量保证主管进行的，他负责很多被审核的领域。

FDA已经审查了你公司的答复，认为是不充分的。请提供文件以验证何时完成了CAPA。FDA承认你公司已与一家外部公司签订了质量体系审核合同。接下来会对你公司进行后续检查，以确保纠正是适当的。

6．未能按照21 CFR 820.184的要求保持器械历史记录（DHR）。

例如，12月8日发布的用于BR2胆红素校准品的380瓶中（清单#9459批次K320201），至少有15瓶的处置没有记录在DHR中。

FDA已经审核了你公司的答复，认为它是不充分的。请提供文件以验证何时完成了CAPA。接下来会对你公司进行后续检查，以确保纠正是适当的。

7．未能按照21 CFR 820.80（b）的要求，建立和保持进货产品的验收程序。例如：

- 在进货检验时，每批仅测量一个血清瓶（清单#4050）是没有统计学依据的，因为螺纹重叠长度对防止胆红素氧污染有重要意义。2012年至2014年接收的批次大小从791瓶到6000瓶不等。
- 你公司的两个原材料接收或原材料包装测试参数的书面SOP都没有列举进货检验的数量。
- 如果5个规格中的任何一瓶未能满足原材料包装测试参数，则另一瓶被测试；没有记录失败的测试。

FDA已经审核了你公司的答复，认为它是不充分的。请提供文件以验证何时完成了CAPA。接下来会对你公司进行后续检查，以确保纠正是适当的。

8．未能按照21 CFR 820.198的要求保持投诉文档。例如：

- 负责评估和调查所有投诉的质量保证主管，没有审核技术电话日志。
- 技术电话日志中至少有3个潜在的投诉没有导致调查或任何后续行动。
  - ○2014年1月29日的电话报告尿素氮回收率低。

○2011年8月15日的电话报告氨铁标准，一级失效。

○2011年6月28日的电话报告清单# 9450，批号G302406中有一个泄漏/碎瓶。

FDA已经审核了你公司的答复，认为它是不充分的。请提供文件以验证何时完成了CAPA。接下来会对你公司进行后续检查，以确保纠正是适当的。

9．未能按照21 CFR 820.150（b）的要求建立和保持描述授权储存区和库房收发物件方法的程序。例如：

- 从样品保存冰箱中取出的产品的流程没有遵守处理保留样品的SOP#139中的要求，没有文件表明从2011年7月28日到2014年1月1日期间使用或丢弃从冰箱中取出的产品。
- SOP#106处理和处置额外的过期散装产品不包括在产品储存区域清单中的保留样品。

FDA已经审核了你公司的答复，认为它是不充分的。请提供文件以验证何时完成了CAPA。接下来会对你公司进行后续检查，以确保纠正是适当的。

你公司应立即采取措施纠正本信函所述的违规行为。如若未能及时纠正这些违规行为，可能导致FDA在没有进一步通知的情况下启动监管措施。监管措施包括但不限于没收、禁令和民事罚款。此外，联邦机构会得知关于器械的警告信，以便在签订合同时考虑上述信息。如果FDA确定你公司违反了质量体系法规，且这些违规行为与Ⅲ类器械的上市前批准申请有关联，则在纠正这些违规行为之前，将不会批准此类器械。同时，如果FDA确定你公司的器械不符合《法案》的要求，则不会批准出口证明（Certificates to Foreign Governments，CFG）的申请。

FDA要求你公司按照以下时间表向本办公室提交一份由外部专家顾问出具的证明，证明他/她已经根据器械QS法规（21 CFR 820）的要求对你公司的生产和质量保证体系进行了审核。

你公司还应提交顾问报告的副本，并由你公司的首席执行官（如果不是你自己）证明他或她已经审阅了顾问报告，并且你公司已经开始或完成了报告中要求的所有纠正。审核和纠正的初步认证及随后的更新的审核和纠正的认证（如有需要）应在下列日期之前提交本办公室：

- 由顾问和机构提供的初始认证 –2015年7月30日。
- 随后的认证 –2016年7月30日和2017年7月30日。

请在收到本信函之日起15个工作日内将你公司为纠正上述违规行为所采取的具体步骤书面通知本办公室，并说明你公司计划如何防止此类违规行为或类似违规行为再次发生。包括你公司已经采取的纠正措施（必须解决系统问题）的文件材料。如果你公司计划采取的纠正措施将逐渐开展，请提供实施这些活动的时间表。如果无法在15个工作日内完成纠正，请说明延迟的原因以及完成这些活动的时间。你公司的回复应全面，并解决此警告信中所包括的所有违规行为。

最后，请注意本信函未完全包括你公司全部违规行为。你公司有责任遵守FDA所有的法律和法规。本信函和检查结束时签发的检查结果FDA 483表中记录的具体违规行为可能表明你公司制造和质量管理体系中存在严重问题。你公司应查明违规原因并及时采取纠正措施，确保产品合规。

第四部分

其他医疗器械

第268封　给Zeller Power Products, LLC.的警告信

生产质量管理规范/质量体系法规/医疗器械/伪劣

CMS # 570909

2019年5月9日

尊敬的A先生:

美国食品药品管理局（FDA）于2019年11月6日至10日，对位于6585 Arville Street, Suite A, Las Vegas, NV的你公司的医疗器械进行了检查。在检查期间，FDA检查员已确定你公司为医疗器械制造商（即规范制定者和合规文件编制者），主要生产Ⅲ类自动体外除颤器（AED）电池，用于替代原始器械制造商（OEM）电池，该电池在Cardiac Science Power Heart AED G3自动体外除颤器中使用。根据《联邦食品、药品和化妆品法案》(以下简称《法案》）第201（h）节［21 U.S.C.§ 321（h）］，凡是用于诊断疾病或其他症状，对疾病有治愈、缓解、治疗或预防作用，或是可以影响人体结构或功能的器械，均为医疗器械。故你公司涉及检查的产品为医疗器械。

与质量体系管理规定和条例有关的意见

本次检查表明，这些医疗器械的生产、包装、储存或安装中使用的方法、设施或控制不符合21 CFR 820质量体系法规（以下简称QSR/21 CFR 820）的现行生产质量管理规范（以下简称cGMP）要求，根据《法案》第501（h）节［21 U.S.C.§ 351（h）］的规定，属于伪劣产品。FDA于2018年12月12日收到你公司针对2018年11月9日发给你公司的FDA 483表（检查发现问题清单）的回复。针对每一条标注的不符合项，FDA对你公司的回复处理如下。这些违规行为包括但不限于以下内容:

1．未能按照21 CFR 820.30（g）的要求，确认设计。例如:

a．你公司无法提供文件证明设计验证，如自动体外除颤器电池（部件号ZP9146Y）的器械规格所指示，从制造之日起，该电池的保质期是五年，自安装之日起，四年性能保证，电池遭受的冲击次数最多为（b）（4）次。检查期间，你公司的管理代表提供了一份Zeller Power Products自动体外除颤器电池的产品信息表，并提出Austin先生最有可能从Cardiac Science的OEM电池规格中获取统计数据。FDA检查员解释说，Zeller Power产品生产的电池不是Cardiac Science产品，因此必须确认Zeller的设计和规格。

b．此外，你公司的管理代表表示，每个电池附带的印刷电路板（PCB）上安装的软件尚未经过确认。该软件是为使电池与Cardiac Science除颤器兼容而编制，且在生产过程中进行编程，以告知除颤器该电池尚未使用且可以使用。你公司代表称该软件尚未经过确认。

FDA审核了你公司的回复，并认为此回复不充分。Zeller电池是根据OEM的规格制造的，且该产品是（b）（4）的结果。但是，尚未验证该器械是否符合OEM规范或已定义的用户需求和预期用途。此外，你公司回复称，你公司已建立五年保质期和OEM的电池自放电率之间的关联，但是尚不明确是否已验证和/或确认电池的保质期。

作为对本警告信的回复，你公司应根据21 CFR 820中的要求，制定计划，确保Zeller AED电池已进行设计和确认。你公司未能提供任何测试结果，用以验证预估的保质期，性能保证期或根据器械规格，达到（b）（4）次电击的典型电击次数。根据21 CFR 820.30（g）的要求，进行风险分析和记录，无法保证设计确认的结果。另外，你公司还应提供证据证明，已经进行了软件测试，并证明电池中的软件符合定义的规格。

这是FDA先前在2016年1月20日至22日进行的检查的重复观察。

2．未能按照21 CFR 820.30（a）的要求，建立设计控制程序。例如：

你公司的管理代表称尚未建立设计控制程序。你公司无法提供自动体外除颤器电池（部件号ZP9146Y）的设计计划、设计输入、设计验证、设计审查和风险分析的文档。检查过程中，你公司提供了与器械组件和成品器械规格相关的记录，以供审查。然而，这些记录没有确定的文件，包括器械计划、创建器械输入、设计计划输入和输出、设计的验证和/或确认、每个主要项目步骤后的设计评审以及器械设计的风险分析。

FDA审核了你公司的回复，并认为此回复不充分。你公司称，已实施了设计、开发和（b）（4）程序（BSP-04）。引用了主记录（DMR）的使用，其中包括物料清单、工作说明、图纸和规范要求。根据对你公司程序的审查，发现你公司没有充分定义和记录所有的设计控制要求。此外，器械正常运行所必需的设计输出，未能根据设计输入的要求进行定义和记录。你公司没有提供任何用于开发输入的信息来源，以供FDA审查。针对此警告信，FDA要求你公司更新程序，包括描述或参考设计和开发活动，并定义实施责任的设计计划的要求。

这是FDA先前在2016年1月20日至22日进行的检查的重复观察。

3．未能按照21 CFR 820.198（a）的要求，建立接收、审查和评价投诉的程序，该程序由正式指定的单位制定。例如：

a．你公司未建立投诉处理程序，且收到投诉记录后，未进行MDR评价，已明确是否向FDA报告。

b．检查期间，你公司代表表示，除非需要进行调查，你公司将处理所有投诉，投诉调查将移交至（b）（4），以明确采取适当纠正措施的根本原因。FDA检查员审查了你公司收到的投诉示例（例如，在安装电池时除纤颤器不工作），并得知这类投诉大部分是Austin先生通过电话解决的，其中包括指导如何正确安装电池。未能按照21 CFR 820.198（b）的要求，记录这些投诉活动，以确定其是否需要进一步调查。

c．此外，FDA检查员审查了你公司的退货申请（RGA）表格，由客户退回使用ZellerAED电池，如：电池电线断开、电池故障、电池未校准。这些RGA未被记录为投诉事件，也未纳入向FDA报告的不良事件评价。

FDA审核了你公司的回复，并认为此回复不充分。你公司回复称，已建立医疗器械客户投诉程序（BSP-18），用于影响所有医疗器械的不满和投诉。该程序引用了MDR程序（BSP-19）的使用，以便在投诉MDR事件时使用。但是，针对本警告信，FDA要求你公司提供证据证明，已经通过使用客户投诉表进行了回顾性审查，以确认收到、审查和评价了投诉，确定是否有必要进行调查，以及判断该投诉是否是可报告事件。无文件可以证明你公司的退货材料授权（RMA）跟踪服务已经建立，用以评估其最终根本原因，并明确已验证的负面趋势。

这是FDA先前在2016年1月20日至22日进行的检查的重复观察。

4．未能按照21 CFR 820.80（a）的要求，建立验收活动程序。例如：

a．你公司未建立验收程序，以验证你公司从合同供应商处收到的成品器械是否符合规定要求。

b．检查期间，你公司称，除了检查数量、装运单据和外部包装外，没有对Zeller Power Products自动体外除颤器电池执行任何程序或活动。在向客户发售之前，你公司尚未收到任何生产记录或合格证书，用以验证所制造的器械是否符合规定要求。

FDA审查了你公司的回复，认为其不充分。你公司称，质量控制程序（BSP-10）是为了检验产品是否符合规定的要求而制定的。但尚未明确是否提供了合格证书作为证据，证明将根据你公司的验收标准，记录验收或拒收的决定。你公司的回复中不包括最终检查电压测试日志和用于记录产品是否符合规定要求的表格。针对本警告信，FDA要求你公司提供参考表格，以验证接收验收活动和最终检验。

5．未能按照21 CFR 820.90（a）的要求，建立产品控制程序，控制不符合规定要求的产品。例如：

你公司未建立不合格材料和产品的处理程序。当发现不合格材料或产品时，必须建立并遵循不合格材料程序。

FDA在2018年9月11日的总结会议上口头讨论了这一观察结果，但未纳入在FDA 483表中。然而，根据进一步审查和检查期间获取的信息，已确定该观察结果是重要的，并在警告信中注明，以确保其符合21 CFR 820.90（a）的要求。

6．未能按照21 CFR 820.100（a）的要求，建立纠正和预防措施程序。例如：

你公司未建立程序，实施纠正和预防措施。如果发现不合格品和其他质量问题，必须建立并遵循CAPA程序。

FDA审查了你公司的回复，认为其不充分。你公司称，你公司的持续改进程序（BSP-14）概述了记录纠正和预防措施的过程。但是，并未纳入纠正措施申请（CAR）表，用以验证所有CAPA活动都已记录在案。此外，根据你公司的回复信（日期2018年11月28日），没有培训记录文件，证明员工参加了了解CAPA流程的在线课程。作为对本警告信的回复，FDA要求你公司提供纠正措施申请表的示例，以证明该流程已被记录在案，且本节下的所有活动及其结果均已实施。

这是FDA先前在2016年1月20日至22日进行的检查的重复观察。

与其他规定有关的意见

除了是AED电池（部件号ZP9146Y）的制造商外，根据21 CFR 801.3的定义，你公司还是器械的“贴牌商”。检查发现，根据《法案》第502（c）节［21 U.S.C.§ 352（c）］的定义，你公司的器械出现了虚假标记，原因是你公司未按《法案》要求或授权，在器械标签上标注信息。根据《法案》第502（t）（2）节［21 U.S.C.§ 352（t）（2）］的定义，你公司的器械出现了虚假标记，原因是你公司未能根据《法案》的第519节（21 U.S.C.§ 360i）的要求，提供器械所需的材料或信息。此外，根据《法案》第301（q）（1）（B）节［21 U.S.C.§ 331（q）（1）（B）］，这属于违禁行为，因为你公司未能根据《法案》第519节（21 U.S.C.§ 360i）的要求，提供任何通知或其他材料或信息。

这些违规行为包括但不限于以下内容：

7．未能按照根据21 CFR 801.20（a）的要求，确保每台医疗器械的标签都带有符合21 CFR 801 Subpart B和21 CFR Part 830要求的医疗器械唯一标识（UDI）。例如：

自动体外除颤器电池（部件号ZP9146Y）的标签不包含UDI。2014年9月24日之后制造并贴有标签的Ⅲ类医疗器械都必须带有UDI，除非有例外或替代的规定。21 CFR 801 B和21 CFR 830的要求中，无例外或替代的规定，适用于2014年9月24日之后制造并贴上标签的自动体外除颤器电池（部件编号ZP9146Y）。

FDA已经审查了你公司2018年11月28日的回复，目前不能确定其是否充分。回复称，你公司已经建立并实施了一个标识和可追溯性程序（BSP-08）。你公司声称，从（b）（4）获得了一个UDI，并且正在打印应用含所有器械UDI的标签。你公司回复中还表明，将在2018年12月31日前更新BSP-08，以纳入UDI要求。

到目前为止，你公司尚未提供任何额外的更新。针对本函，请提供以下文件执行情况的证据：验证标识和可追溯性控制的记录、修订的标签副本（以验证其是否满足要求）、培训记录、更新的SOP（BSP-08），其中包括开发和分配器械UDI的要求、打印所有含器械UDI标签的要求、标签验证程序和记录保存。没有这些信息，FDA无法对你公司的回复是否充分作出评估。

8．未能按照21 CFR 830.300（a）的要求，向全球唯一器械识别号数据库（GUDID）提供所需信息。例如：

根据21 CFR 830.300（a）的规定，2014年9月24日或之前，要求带有UDI的器械标签制造商向FDA的GUDID提交与这些器械相关的具体数据。你公司未能按照21 CFR 830.300（a）的规定，提交带有UDI所需的每种版本或型号的信息，以符合21 CFR 830 E的要求。

FDA审查你公司2018年11月28日的回复，并认为此回复不充分。你公司回复称，公司正在申请进入FDA的GUDID（新账户申请表的副本附在回复中）。目前为止，未将有关AED电池（部件号ZP9146Y）的记录提交给GUDID。

医疗器械注册与上市

通过对FDA注册和上市数据库的审查，发现你公司已在2019年注册为制造商，而非根据其当前的业务类型进行注册。你公司已作为你公司的器械（AED电池）的规范开发人员合规文件编制者，接受检查。你公司被视为该器械的制造商。Zeller Power Products公司已正确注册为制造商。但是，你公司使用AED电池进行的制造活动，意味着你公司既是规范开发机构又是合规文件编制机构。

你公司称，所有的制造活动都是在位于21 Bank Street, Wallace, ID 83873的办公室进行的。FDA检查员检查了你公司在内华达州，拉斯维加斯工厂保存的检查记录。您表示您可以在办公室通过电话回答任何与检查有关的问题。FDA的审查表明，Wallace, ID 尚未在FDA注册。器械与放射健康中心（CDRH）进行的同时审查决定，Zeller Power Products, LLC还应将位于21 Bank Street的Wallace, ID 83873 注册为规范制定者和合规文件编制机构，因为该企业负责设计、客户沟通、投诉处理、器械的销售和运输。

AED上市前批准（PMA）的最后指令

器械与放射健康中心表示，最后指令已于2015年2月3日发布，该器械获得上市前批准（PMA）。AED最后指令要求为AED电池提交PMA。Zeller Power Products可以在2020年2月3日前，在没有PMA的情况下，继续销售和分销你公司的器械。如果你公司提交了PMA，则可以继续销售器械，直到发布了无法批准或拒绝的决定为止；如果PMA得到审批，则可以继续销售。目前，Zeller Power Products仍在最后指令的时间范围之内，因为AED配件最后指令的截止日期是2020年2月2日。

你公司应立即采取措施纠正本函所述的违规行为。如若未能及时纠正这些违规行为，可能导致FDA在没有进一步通知的情况下启动监管措施。监管措施包括但不限于没收、禁令和民事罚款。此外，联邦机构会得知关于器械的警告信，以便在签订合同时考虑上述信息。此外，如果FDA确定您违反了质量体系法规，且这些违规行为与Ⅲ类器械的上市前批准申请有关联，则在纠正这些违规行为之前，将不会批准此类器械。在与相关品种有关的违规行为得到纠正之前，不会批准出口证明。请在收到本信函之日起15个工作日内将你公司为纠正上述违规行为所采取的具体步骤书面通知本办公室，并说明你公司计划如何防止此类违规行为或类似违规行为再次发生。包括你公司已经采取的纠正和/或纠正措施（必须解决系统问题）的文件材料。如果你公司的计划纠正和/或纠正措施将逐渐开展，请提供实施这些活动的时间表。如果无法在15个工作日内完成纠正和/或纠正措施，请说明延迟的原因以及完成这些活动的时间。你公司的回复应全面，并解决此警告信中所包括的所有违规行为。

贵公司的回复应通过电子邮件发送至: 美国食品和药物管理局，第3部/西部ORADevices3FirmResponse@fda.hhs.gov医疗器械和放射卫生操作办公室请在回复时确认您对CMS案例 #570909的答复。如果您对这封信的内容有任何疑问，请联系合规官Charles J.Chacko电话214-253-4939，或通过电子邮件发送至charles.chacko@fda.hhs.gov。

最后，请注意本信函未完全包括你公司全部违规行为。你公司有责任遵守FDA所有的法律和法规。本信函和检查结束时签发的检查结果FDA 483表中记录的具体违规行为可能表明你公司制造和质量管理体系中存在严重问题。你公司应查明违规原因并及时采取纠正措施，确保产品合规。

第269封　给Rechargeable Power Energy North America LLC. 的警告信

生产质量管理规范/质量体系法规/医疗器械/伪劣

CMS # 570911

2019年5月9日

尊敬的G女士：

美国食品药品管理局（FDA）于2018年11月5日至9日，对位于在Las Vegas, Nevada的你公司的医疗器械进行了检查。检查期间，FDA检查员确定你公司是Ⅲ类自动体外除颤器（AED）电池的医疗器械制造商（即合同制造商），旨在替换（b）（4）中使用的原始器械制造商（OEM）电池，该电池用于自动体外除颤器。根据《联邦食品、药品和化妆品法案》（以下简称《法案》）第201（h）节［21 U.S.C.§ 321（h）］，凡是用于诊断疾病或其他症状，对疾病有治愈、缓解、治疗或预防作用，或是可以影响人体结构或功能的器械，均为医疗器械。故你公司涉及检查的产品为医疗器械。

与质量体系管理规定和条例有关的意见

本次检查表明，这些医疗器械的生产、包装、储存或安装中使用的方法、设施或控制不符合21 CFR 820质量体系法规（以下简称QSR/21 CFR 820）的现行生产质量管理规范（以下简称cGMP）要求，根据《法案》第501（h）节［21 U.S.C.§ 351（h）］的规定，属于伪劣产品。FDA于2018年12月14日收到你公司针对2018年11月9日发给你公司的FDA 483表（检查发现问题清单）的回复。针对每一条标注的不符合项，FDA对你公司的回复处理如下。这些违规行为包括但不限于以下内容：

1．未能按照21 CFR 820.75（a）的要求，高度肯定地进行验证，该过程的结果无法通过后续检查和测试来充分验证。

检查期间，FDA观察到，在自动体外除颤器（AED）电池上使用的电池测试和校准器械均未经过验证，无法证明其结果对于每一个经过测试和校准的电池都是可重复的。例如：

a．你公司无法证明用于（b）（4）自动体外除颤器电池（部件编号（b）（4））的成品功能测试的过程已通过确认。

b．另外，你公司的运营经理表示，测试器械会将结果发送至计算机，且计算机会在客户安装除颤器的过程中，校准每个电池，将其读取为新的未使用电池，尚未得到验证。你公司制定了验证程序（SOP 11, Rev.1），但是尚未执行此程序，用以验证生产器械。

FDA审核了你公司的回复，并认为此回复不充分。你公司表示将进行一次独立审查，并将执行（b）（4）测试，以确认电池的保质期。拟议的纠正措施不能解决观察到的问题，拟议的时间表也是不可接受的。FDA同意应通过适当的设计测试来验证你公司电池的保质期；这确实表明，根据21 CFR 820.75的要求，你公司的电池测试过程是有效的。针对此警告信，你公司应提供计划，以确保生产器械（电池测试和校准器械）正在接受适当的器械和软件验证。FDA 发布了一条最终指令：自动化体外除颤器系统的上市前批准要求的生效日期；2015年2月3日再版，这是一种量身定制的方法，能够帮助制造商确保AED的质量和可靠性［AED系统由AED器械、电池、电极板和适配器（如适用）组成］。

这是FDA先前在2016年1月20日至22日进行的检查的重复观察。

2．未能按照21 CFR 820.198（a）的要求，建立接收、审查和评价投诉的程序，该程序由正式指定的单

位制定。例如：

a．你公司尚未建立投诉处理程序，收到的投诉记录未进行MDR评价，以明确是否向FDA报告。

b．检查期间，你公司的运营经理表示你公司的客户（（b）（4））处理所有投诉，除非需要进行调查，否则你公司会对其进行评价以确定根本原因。此外，你公司收到的投诉大多通过电话解决，通过电话指示客户如何正确地将电池安装到器械中。此外，FDA检查员还审查了客户退回（b）（4）电池的退货授权（RGA）表，发现诸如电池电线断开、电池故障、电池未校准等问题。这些RGA未被记录为投诉事件，也未纳入向FDA报告的不良事件评估。

FDA审查了你公司的回复，认为回复不充分。你公司声称，投诉由你公司和客户（（b）（4））共同处理，同时执行一个客户满意度程序。尚未明确你公司是否按照21 CFR 820.198的要求，对投诉文件进行维护。如果需要采取纠正措施，或者客户对产品和/或服务的相关问题表示疑虑，你公司将通过电子邮件或电话的形式，向客户提出解决问题的方法。针对本警告信，你公司应保证已建立投诉处理程序，由正式指定的单位接收、审查和评价投诉，并对投诉进行评价，以便向FDA报告MDR。如有可能，你公司应根据追溯审查提供证据，证明已实施纠正措施，以确保其符合本部分的要求。

这是FDA先前在2016年1月20日至22日进行的检查的重复观察。

3．未能按照21 CFR 820.184的要求，建立器械历史记录程序。例如：

a．你公司尚未建立程序来确保每批或每台器械的器械历史记录（DHR）均得到维护，以证明器械是根据器械主记录（DMR）制造的。

b．你公司的生产记录没有记录生产的每个步骤，以证明器械是按照器械主记录（DMR）中的既定规范制造的。

c．检查期间，你公司的运营经理指出，大约生产了（b）（4）AED电池（b）（4）。因此，在产品发售之前，没有使用的部件和成品测试结果的记录，以证明器械满足既定要求。

FDA审核了你公司的回复，并认为此回复不充分。你公司表示，将实施一个检查和测试要求的程序，其中包括器械历史记录的使用。你公司引用了检查/测试清单的使用情况，来明确DHR要求。无法保证DHR程序的建立，可以证明器械的制造符合DMR和21 CFR 820.184的要求。针对本警告信，FDA要求你公司对生产的产品进行回顾性审查，以确定是否有其他批次的DHR存在缺陷。请提供你公司所生产产品的DHR示例。

4．未能按照21 CFR 820.50的要求，建立程序，保障所有购买或以其他方式获取的产品和服务符合规定。例如：

a．你公司没有建立供应商评估和批准程序，包括供应商应满足的要求，供应商应通知你公司材料和服务变更的情况。

b．对用于生产AED电池的印刷电路板（PCB）和PCB组件的供应商的评价没有记录在案。

FDA审核了你公司的回复，并认为此回复不充分。你公司提供了有关采购订单要求、记录保存和采购评审的信息。并表示会定期查看采购订单日志中的差异、趋势等。质量保证经理将审核采购过程。但是，目前还不清楚你公司是如何确定供应商是合格的，以及对供应商的评价是否基于他们满足质量要求的能力。此外，您的回复中并未涉及你公司如何定义对供应商实施控制的类型和范围，以及供应商将如何通知你公司任何关于产品或服务变动的信息。

这是FDA先前在2016年1月20日至22日进行的检查的重复观察。

5．未能按照21 CFR 820.80（b）的要求，建立验收活动的程序。例如：

a．你公司尚未建立接收验收程序，以验证进货产品是否经过检验、测试或其他方式验证其符合规定要求。

b．检查期间，你公司的运营经理声称，在生产中，所有收到的材料都经过了测试。FDA检查员解释说，你公司必须有来料验收程序以描述你公司的实践，必须有文件证明，对材料进行过测试。

FDA在2018年11月9日的总结会议上口头讨论了这一观察结果，但未纳入在FDA 483表中。然而，根据进一步审查和检查期间获取的信息，已确定该观察结果是重要的，并在警告信中注明，以确保其符合21 CFR 820.80（b）的要求。

6．未能按照21 CFR 820.100（a）的要求，建立纠正和预防措施程序。例如：

你公司未建立程序，实施纠正和预防措施（CAPA）。如果发现不合格品和其他质量问题，必须建立并遵循CAPA程序。

FDA审核了你公司的回复，并认为此回复不充分。你公司提供了有关CAPA要求的信息，以检测重复出现的质量问题。但是，一旦对不合格品进行了调查并确定了纠正措施，则你公司的程序将无法确定验证和/或证明CAPA的要求，以确保此类措施有效且不会对成品器械产生不利影响。针对本警告信，FDA要求你公司修改程序，使其符合21 CFR 820.100的CAPA要求。如有可能，你公司应根据回顾性审查，提供证据证明，该问题已进行纠正。

这是FDA先前在2016年1月20日至22日进行的检查的重复观察。

7．未能按照21 CFR 820.22的要求，建立质量审核程序。例如：

你公司尚未建立对公司质量体系进行内部审核和记录的程序。你公司未进行过任何内部质量审核。

FDA审核了你公司的回复，并认为此回复不充分。你公司声称，已制定了内部审核程序，用于实施和记录内部质量审核。针对此警告信，你公司应提供证据证明，质量审核检查表或审核计划尚未制定，并明确公司将何时进行计划审核、将对哪些过程或领域进行审核，以确保质量体系符合质量体系法规要求。

在之前的FDA检查中（2016年1月20日至22日），注意到你公司未能进行与公司经营相关的质量审核。

8．未能按照21 CFR 820.20（c）的要求，建立管理评审程序。例如：

你公司尚未建立程序，以实施和记录管理评审会议。在2018年管理层审查会议中，没有记录所涉及的议程项目。

FDA审核了你公司的回复，并认为此回复不充分。你公司提供了管理层的QMS承诺程序，以实施和记录管理评审会议。但是，回复中未包括已举行或计划于2019年举行的管理会议的任何记录。针对本警告信，FDA要求你公司提供时间表，说明你公司计划何时召开管理层会议，并确保所涵盖的议程项目满足质量体系要求。

在之前的FDA检查中（2016年1月20日至22日），注意到你公司未能进行与公司经营相关的质量审核。

有关医疗器械报告规定和条例的观察项

FDA的检查还发现，根据《法案》第502（t）（2）节［21 U.S.C.§ 352（t）（2）］的规定，你公司的Ⅲ类自动体外除颤器（AED）电池出现了虚假标记，因为你公司未能或拒绝按照《法案》第519节（21 U.S.C.360i）和 21 CFR 803-医疗器械报告中要求，提供器械相关材料或信息。重大违规行为包括但不限于以下内容：

1．未能按照21 CFR 803.17的要求，制定和实施书面MDR程序。例如：

你公司未建立处理重伤或死亡报告，以及向FDA报告医疗器械报告（MDR）等事件的程序。

检查期间，没有审查过需要提交的MDR书面投诉文件。

FDA审核了你公司的回复，并认为此回复不充分。你公司声称已建立MDR程序，并提供了有关生产和过程控制要求的信息。但是，你公司没有解释或引用开发、维护和实施MDR的需求。此外，尚不明确你公司是否对所有投诉进行评价，以确定其是FDA在第803部分中要求报告的事件。针对本警告信，你公司应提供证明文件，以确定实施了书面的MDR程序，并对投诉进行了MDR评价。

该项为FDA先前于2016年1月20日至22日进行的检查的重复观察。

医疗器械注册与上市

对你公司2018年和2019年器械注册和列示的审查显示，你公司尚未对所持有的在售器械进行注册和列示，你公司是器械制造商（即合同制造商）。你公司的器械为Ⅲ类自动体外除颤器（AED）电池，在（b）（4）项下释义。

根据《法案》第510节（21 U.S.C.§ 360）要求，医疗器械制造商必须每年向FDA注册。2007年9月，《法案》第510节由2007年食品药品管理局修正案（P.L.110-85）进行了修订，要求国内外器械企业，在每年10月1日至12月31日期间内，通过电子方式向FDA提交其年度企业注册和器械清单信息［《法案》第510（p）节，（21 U.S.C.§ 360（p））］。FDA记录表明，你公司不满足2019财年的年度器械清单要求。

因此，根据《法案》第502（o）节［21 U.S.C.§ 352（o）］的定义，你公司的器械出现了虚假标记，因为这些器械未根据《法案》第510节（21 U.S.C.§ 360）的要求，在正式注册的机构中制造、准备、传播、复合或加工，且未列入《法案》第510（j）节［21 U.S.C.§ 360（j）］要求的列示清单中。

你公司应立即采取措施纠正本函所述的违规行为。如若未能及时纠正这些违规行为，可能导致FDA在没有进一步通知的情况下启动监管措施。监管措施包括但不限于没收、禁令和民事罚款。此外，联邦机构会得知关于器械的警告信，以便在签订合同时考虑上述信息。此外，如果FDA确定您违反了质量体系法规，且这些违规行为与Ⅲ类器械的上市前批准申请有关联，则在纠正这些违规行为之前，将不会批准此类器械。在与相关品种有关的违规行为得到纠正之前，不会批准出口证明。请在收到本信函之日起15个工作日内将你公司为纠正上述违规行为所采取的具体步骤书面通知本办公室，并说明你公司计划如何防止此类违规行为或类似违规行为再次发生。包括你公司已经采取的纠正和/或纠正措施（必须解决系统问题）的文件材料。如果你公司的计划纠正和/或纠正措施将逐渐开展，请提供实施这些活动的时间表。如果无法在15个工作日内完成纠正和/或纠正措施，请说明延迟的原因以及完成这些活动的时间。你公司的回复应全面，并解决此警告信中所包括的所有违规行为。

贵公司的回复应通过电子邮件发送至: 美国食品和药物管理局，第3部/西区，医疗器械和放射卫生操作办公室，ORADevices3FirmResponse@fda.hhs.gov。回复时请用CMS案例 #570911确认您的回复。如果您对这封信的内容有任何疑问，请联系合规官Charles J.Chacko电话214-253-4939，或通过电子邮件发送至charles.chacko@fda.hhs.gov。

最后，请注意本信函未完全包括你公司全部违规行为。你公司有责任遵守FDA所有的法律和法规。本信函和检查结束时签发的检查结果FDA 483表中记录的具体违规行为可能表明你公司制造和质量管理体系中存在严重问题。你公司应查明违规原因并及时采取纠正措施，确保产品合规。

第270封 给Circulatory Technology, Inc. 的警告信

生产质量管理规范/质量体系法规/医疗器械/伪劣

CMS # 572970

2019年1月28日

尊敬的T先生:

美国食品药品管理局（FDA）于2018年8月22日至2018年9月26日在 21 Singworth Street, Oyster Bay, NY对你公司的医疗器械进行了检查。检查期间，FDA检查员确定，你公司是Better Bladder 和 Bigger Better Bladder医疗器械的规范开发商。根据《联邦食品、药品和化妆品法案》（以下简称《法案》）第201（h）节，[21 U.S.C.§ 321（h）]，凡是用于诊断疾病或其他症状，对疾病有治愈、缓解、治疗或预防作用，或是可以影响人体结构或功能的器械，均为医疗器械。故你公司涉及检查的产品为医疗器械。

本次检查表明，这些医疗器械的生产、包装、储存或安装中使用的方法、设施或控制不符合21 CFR 820质量体系法规（以下简称QSR/21 CFR 820）的现行生产质量管理规范（以下简称cGMP）要求，根据《法案》第501（h）节 [21 U.S.C.§ 351（h）] 的规定，属于伪劣产品。

FDA于2018年10月22日收到了你公司针对2018年9月26日发给你公司的FDA 483表（检查发现问题清单）的回复。FDA在下文就每一项记录的违规行为做出回复。这些违规行为包括但不限于以下内容:

1．当制造操作中发生变更或过程偏差时，未按照21 CFR 820.75（c）的要求，执行并记录再验证活动。

2018年2月，你公司在Better Bladder系列产品的合同制造商处，进行了一项制造过程变更。具体为，你公司在“（b）（4）”中添加了一个附加步骤。但未对该过程进行重新确认，以确保其不会对器械造成不利影响。

FDA已经审查了你公司的回复，认为其不充分。你公司回复称，该过程可以通过对每个器械进行无损泄漏测试，用以验证，且该测试足以替代重新确认程序。请注意，泄漏测试仅对泄漏情况进行测试；但不能保证附加的步骤不会以其他方式对器械产生不利影响。此外，据你公司的回复称，自生产过程变更以来，未收到投诉，说明这一变更是成功的。然而，投诉减少的情况并不能代替重新确认程序。针对本警告信，你公司应当提供过程变更已成功确认的证据。

2．未能按照21 CFR 820.30（a）的要求，建立和维护程序，以控制器械设计符合要求。

检查期间，FDA发现你公司未将器械制造的最新变更作为你公司设计控制程序的一部分，供以审查（见上述2018年2月的变更）。请注意，你公司需要确保与你公司器械有关的设计要求适当，并解决器械的预期用途，包括用户和患者的需求。根据21 CFR 820.30中所述的设计控制要求，讨论了进行设计审查的必要性，以及维护包含或引用所有必要记录的设计历史文档的必要性，以证明该设计是按照批准的设计计划进行的。最近一次在2017年11月，于FDA办公室举行的监管会议上讨论了这些设计缺陷。

FDA已经审查了你公司的回复，认为其不充分。你公司称附加的过程步骤不是设计变更，因此未修改设计文档。请注意，设计验证的目的和方法与过程验证不同。针对本警告信，你公司应提供相关文件，证明当前在售的所有器械的设计，均为根据经批准的设计计划制定的，并符合 21 CFR 820.30的所有要求。

3．未能按照21 CFR 820.198（a）（3）的要求，对投诉进行评估，根据21 CFR 803-“医疗器械报告”，以确定该投诉是否需要向FDA报告。

你公司收到至少（b）（4）投诉，称在患者手术过程中，你公司的器械出现了故障。这些投诉记录未能包含足够的信息，以确定这些事件是否是可报告的事件。

你公司的回复没有解决此违规问题。针对本警告信，根据21 CFR 820.198的要求，你公司应当描述你公司当前采取的具体步骤，以确保未来所有的投诉均可记录在案，并纳入所有必需信息。

4．未能按照21 CFR 820.100（b）的要求，记录所有需要的纠正和预防措施。

检查期间，FDA观察到至少4个CAPA启动，以解决现有的关于器械泄漏和/或器械尾管分离的投诉；见CAPA（b）（4）（日期：2017年8月23日）、CAPA（b）（4）（日期：2017年9月18日）、CAPA（b）（4）（日期：2017年10月6日）和CAPA（b）（4）（日期：2018年1月31日）。对这些CAPA进行审查，结果表明，其并不完整，也不总是提及已经报告的类似故障的后续投诉。

CAPA系统的目的是收集和分析信息，以判断和调查现有的和潜在的产品和质量问题，并采取适当、有效的措施，防止问题再次发生的综合纠正和预防措施。正确记录这些活动，对于有效处理产品和质量问题、防止其再次发生、防止或尽量减少器械故障至关重要。此外，必须及时有效地处理故障调查和行动。产品投诉、产品召回以及其他质量指标有关的问题，会加剧问题对临床情况的影响。

FDA已经审查了你公司的回复，认为其不充分。作为对本警告信的回复，你公司应当提供证据，证明你公司将执行有效和可持续的CAPA系统。

你公司应立即采取措施纠正本信函所述的违规行为。如若未能及时纠正这些违规行为，可能导致FDA在没有进一步通知的情况下启动监管措施。监管措施包括但不限于没收、禁令和民事罚款。此外，联邦机构会得知关于器械的警告信，以便在签订合同时考虑上述信息。而且，在违规行为未得到纠正之前，将不予批准与质量体系监管违规行为合理相关的Ⅲ类器械上市前批准申请。在与主题器械有关的违规行为未得到纠正之前，不得向外国政府提出申请证明书。

FDA要求你公司按以下时间表向本办公室提交一份由外部专家顾问出具的证明，证明他/她根据器械质量体系条例（21 CFR 820）的要求，对你公司的制造和质量保证体系进行相关的审计。你公司还应提交一份顾问报告的副本，并由企业首席执行官（如不是您本人）证明他/她已审查顾问报告，且你公司已开始或完成报告中要求的所有纠正措施。审计和纠正的初步认证、更新审计和纠正的后续认证（如有需要），应在以下日期之前提交至本办公室：

- 顾问和企业的初始认证– 2019年7月29日。
- 后续验证– 2020年7月29日和2021年7月29日

请在收到本信函之日起15个工作日内将你公司为纠正上述违规行为所采取的具体步骤书面通知本办公室，并说明你公司计划如何防止此类违规行为或类似违规行为再次发生。包括你公司已经采取的纠正措施（必须解决系统问题）的文件材料。如果你公司计划采取的纠正措施将逐渐开展，请提供实施这些活动的时间表。如果无法在15个工作日内完成纠正，请说明延迟的原因以及完成这些活动的时间。你公司的回复应全面，并解决此警告信中所包括的所有违规行为。

最后，请注意本信函未完全包括你公司全部违规行为。你公司有责任遵守FDA所有的法律和法规。本信函和检查结束时签发的检查结果FDA 483表中记录的具体违规行为可能表明你公司制造和质量管理体系中存在严重问题。你公司应查明违规原因并及时采取纠正措施，确保产品合规。

第271封　给RADLogics, Inc.的警告信

生产质量管理规范/质量体系法规/医疗器械/PMA/伪劣/标识不当

CMS # 515599

2018年4月5日

尊敬的B先生：

美国食品药品管理局（FDA）获悉你公司RADLogics, Inc.（以下简称“RADLogics”）正在销售AlphaPoint成像软件（以下简称“AlphaPoint”）。此放射图像分析软件应用程序，在美国没有得到营销许可或批准，违反了《联邦食品、药品和化妆品法案》（以下简称《法案》）。

根据《法案》第201（h）节［21 U.S.C.§ 321节（h）］，本产品是一种医疗器械，因为它旨在用于诊断疾病或其他症状，对疾病有治愈、缓解、治疗或预防作用，或是可以影响人体结构或功能。

FDA检查了你公司的网站（www.radlogics.com）以及你公司于2017年11月21日发布于YouTube的视频，题为“RADLogics with and without Demo 11 21 17”（https://www.youtube.com/watch? v=gF8BJSsMdeM）。根据此次检查，FDA已确定AlphaPoint违反了《法案》第501（f）（1）（B）节［21 U.S.C.§ 351（f）（1）（B）］，因为你公司没有获得生效的上市前批准（PMA），依据《法案》第515（a）节［21 U.S.C.§ 360 e（a）］；也未根据《法案》第520（g）节［21 U.S.C.§ 360 j（g）］，为此上市产品申请被批准的试验器械豁免（IDE）。

AlphaPoint也未能遵守《法案》第502（o）节［21 U.S.C§ 352（o）］，由于你公司在此设备有重大变化或修改使用目的之时，为其商业供应引入或提供了州际贸易，而没有根据《法案》第510（k）节［21 U.S.C.§ 360（k）］和21 CFR 807.81（a）（3）（ii）提交一个新的PMA。

具体为，AlphaPoint根据K120161可适用于以下适应证：

AlphaPoint软件是一个允许检查、分析和交换CT胸部图像的设备。它旨在与CT胸部影像一起使用，以帮助医疗专业人员进行图像分析，而并非作为首要的分析方式。该软件提供了Hounsfield数值分析，以表现各种物质（如空气、肺、软组织、脂肪、水、渗出液、血液、肌肉和骨骼）。用户可以检查、验证和纠正系统的结果，并生成结果报告。

该许可将AlphaPoint描述为一个电子平台，具有基本的图像处理功能，可以显示放射学图像供医生检查和分析。然而，你公司目前对该设备的推广远远超出了许可的范围，并提供了AlphaPoint因可提供计算机辅助检测（CADe）放射图像异常而被投放至市场的证据。

你公司网站上的阐述表明，AlphaPoint软件提供CADe功能，利用机器学习算法自动检测和标记医学图像上的异常，包括肺结节、气胸和胸腔积液。你公司的网站上表明AlphaPoint软件能够作为一个“虚拟的医师”正常运行，因为它自动执行的初始审查放射图像和生成一个报告清单和描述的异常检测到图像中，减轻医师的检查图像识别异常的任务。这种阐述的例子包括：

对每个病例的详细、准确的调查结果可以在几分钟内获得。当回顾一个案例的时候，初步的结果已经在屏幕上显示出来了。不必把大部分时间花在检测和特征描述上，可以专注于诊断和完成报告的关键任务。

“RADLogics虚拟医师就像一个顶级医师，为检查准备详细的检测和表征结果。”

“RADLogics虚拟医师不受人类的影响，最大程度降低错误和矛盾的机会。例如，如果临床医师没有注意到在扫描中使用了造影剂，这不会影响结果的准确性。RADLogics虚拟医师无论是否使用对比媒体，独立分析图像和识别。该软件还扫描每个扫描模块中的所有疾病状态。以胸部CT为例，即使相关医师要求放射科医师检查肋骨骨折，如果存在肺结节，软件也会识别出来。”

此外，2017年11月21日，你公司在YouTube上发布了一段演示AlphaPoint CADe功能的视频。这段3分7秒的视频名为“RADLogics with and without Demo 11 21 17”，展示了“阅读胸部CT”和“使用RADLogics机器学习虚拟医师”的区别。视频突出显示了AlphaPoint软件在1：49、1：53和1：57自动标记和测量的结节，并指出AlphaPoint的自动检测能力比人类放射科医师更强，因为它会在2：28识别出一个“额外的结节！”。视频最后总结道，AlphaPoint的自动检测能力可以使放射科医师阅读医学图像的速度比没有这种软件时快3分钟，并指出“没有RADLogics的阅读”需要12分钟30秒，而“有RADLogics的阅读”仅需要9分钟30秒。

上述声明提供的证据表明，您已经对你公司的设备的预期用途进行了重大更改或修改［见21 CFR 807.81（a）（3）（ii）］，需要重新提交上市前报告。FDA也注意到如果你公司的设备与已获批的设备有不同的技术特点，且与已获批的设备就安全性和有效性会提出不同的问题（如显著改变材料、设计、能源，或设备的其他特性）［参见21 U.S.C.§ 360 c（f）（1），21 U.S.C.§ 360 c（i）（1）执行条例，见21 CFR 807.100］，你公司的设备可能不会在本质上相当于一个在当前分类下21 CFR 884.2980（a）中的合法销售设备（已获批）。

你公司关于AlphaPoint的CADe能力的声明没有得到K120161原始报告的支持。你公司没有向FDA提供任何证据来支持AlphaPoint的CADe功能的安全性和有效性，FDA目前也没有任何文献支持RADLogics关于AlphaPoint的CADe功能的声明。目前缺乏证据证明AlphaPoint的自动检测和特征化功能的安全性和有效性，这引起了公共卫生方面的关注。具体为，该设备的风险宣传是低敏感性和特异性（即该装置有未知的假阳性和假阴性率）。例如假阴性，对患者的风险是肺结节可能未被发现或未经治疗，这可能增加肺癌的晚期诊断的风险。对于假阳性，病人有可能被送去进行不必要的活检和/或其他外科手术。活检和肺手术都有严重并发症的风险。你公司的网站声称AlphaPoint软件可以检测/描述的其他疾病（如心脏肥大、气胸、胸腔积液、纵隔增大、胸膜空气和胸膜液体）也存在类似的风险。你公司的宣传材料进一步提高了这些公共健康问题，因为他们将AlphaPoint投入市场作为医生的替代品，可以提供放射学图像的初始审查并提供自动检测和表征的异常，使医生只检查软件的结果，并提供诊断。这些新的风险是严重的，并没有得到有效的缓解，因为AlphaPoint软件未被批准以供计算机辅助检测的预期用途。

在2016年4月14日举行的电话会议期间，在与FDA的后续沟通中，你公司表示，您认为AlphaPoint软件没有按照你公司的网站和上面提到的YouTube视频声明的营销用途而被投放入市场。另外，在电话会议期间，你公司同意有必要申请一个新的510（k），（b）（4）。

在2016年4月14日的电话会议之后，你公司撤下了讨论AlphaPoint软件的CADe功能的网站、软件演示和营销视频。然而，您已经重新激活了你公司的网站（包括上述描述和内容），更新了你公司的YouTube营销视频，并发布了日期为2017年11月21日的新闻稿（http://www.prweb.com/releases/2017/11/prweb14937168.htm），其中包括针对AlphaPoint自动诊断功能的描述；例如：

RADLogics公司的首席执行官兼联合创始人Moshe Becker说：“这个解决方案提供了一种计算能力，就像住院医生在传统上为学术医疗中心的放射学家准备初步的调查结果一样。”

这些资料是你公司继续将修改后的AlphaPoint在未获得FDA要求的上市前许可或批准时即用于新用途的证据（如CADe能力），这违反了《法案》规定。

FDA要求你公司立即停止导致AlphaPoint软件品牌错误或掺假的活动，例如用于上述用途的设备的商业发放。

你公司应立即采取措施纠正此信函中提到的违规行为。对于需要上市前批准的设备，当PMA在本机构未获批准时，《法案》第510（k）节［21 U.S.C.§ 360（k）］所要求的通知即视为满足［21 CFR 807.81（b）］。你公司为了获得设备的批准或许可需要提交的信息见http://www.fda.gov/MedicalDevices/DeviceRegulationandGuidance/HowtoMarketYourDevice/default.htm。FDA将评估你公司提交的信息，并决定该产品是否可以合法销售。如果不能及时纠正这些违规行为，FDA可能会在没有进一步通知的情况下采取监管措施。这些措施包括但不限于没收、禁令和民事罚款。此外，联邦机构可能会被告知关于设备的警告信，以便他们在授予合同时可以考虑这些信息。

请在收到本信函之日起15个工作日内将你公司为纠正上述违规行为所采取的具体步骤书面通知本办公室，并说明你公司计划如何防止此类违规行为或类似违规行为再次发生。包括你公司已经采取的纠正措施（必须解决系统问题）的文件材料。如果你公司计划采取的纠正措施将逐渐开展，请提供实施这些活动的时间表。如果无法在15个工作日内完成纠正，请说明延迟的原因以及完成这些活动的时间。你公司的回复应全面，并解决此警告信中所包括的所有违规行为。如果你公司不认为AlphaPoint软件违反了《法案》（如本文所述），请包括您的推理和任何支持信息，供FDA考虑。你公司的回复应该是全面的，并解决包括在本警告信内的所有违规条目。

最后，你公司应该了解此警告信并未包括你公司全部违规行为。你公司有责任遵守FDA所有的法律和法规。

第272封　给BioModeling Solutions, Inc. 的警告信

生产质量管理规范/质量体系法规/医疗器械/伪劣

MARCS-CMS # 540821

2018年1月12日

尊敬的S博士:

美国食品药品管理局（FDA）于2017年8月21日至2017年9月11日，对你公司位于俄勒冈州比弗顿的医疗器械进行了检查。检查期间，FDA检查员已确认你公司为治疗夜间打鼾及阻塞性睡眠呼吸暂停（OSA）的Ⅰ类和Ⅱ类医疗器械的生产制造和销售商。根据《联邦食品、药品和化妆品法案》(以下简称《法案》）第201（h）节［21 U.S.C.§ 321（h）]，凡是用于诊断疾病或其他症状，对疾病有治愈、缓解、治疗或预防作用，或是可以影响人体结构或功能的器械，均为医疗器械。故你公司涉及检查的产品为医疗器械。

本次检查表明，这些医疗器械的生产、包装、储存或安装中使用的方法、设施或控制不符合21 CFR 820的cGMP要求，根据《法案》第501（h）节［21 U.S.C.§ 351（h）］的规定，属于伪劣产品。

FDA没有收到你公司针对FDA检查员在2017年9月11日日出具的FDA 483表（检查发现问题清单）的回复。这些违规事项包括但不限于以下内容：

1．未能按照21 CFR 820.30（a）的要求建立设计控制程序。

具体为，你公司在2015年2月至2015年10月期间启动了mRNA设备设计的变更。你公司没有记录设计变更的验证或确认。在检查过程中，你公司被发现缺乏设计控制程序。你公司提供了日期为2017年9月11日的程序（b）(4)820.30的副本。但由于检查后没有对这一观察作出书面回复,FDA无法评估程序执行的充分性。

2．未能按照21 CFR 820.100（a）的要求建立和保持纠正与预防措施（CAPA）程序。

具体为，你公司在mRNA设备的设计中确定了纠正行动变更，以增加其强度防止断裂。在检查期间，你公司被发现缺乏CAPA程序。你公司提供了日期为2017年9月11日的程序（b）(4）820.100的副本。但由于检查后没有对这一观察作出书面回复，FDA无法评估程序执行的充分性。

3．未能按照21 CFR 820.198（a）的要求建立和保持由正式指定的部门接收、评审和评价投诉的程序。

具体为，FDA回顾了一份日期为2017年4月4日的投诉，描述了用DNA装置咀嚼时的酸痛。在检查期间，你公司被发现缺乏处理投诉的程序。你公司提供了日期为2017年9月11日的程序（b）(4）820.198的副本。但由于检查后没有对这一观察作出书面回复，FDA无法评估程序执行的充分性。

4．未能按照21 CFR 820.40的要求建立文件控制程序。

具体为，你公司缺乏文件控制的书面程序。你公司提供给牙科实验室用于制造你公司的DNA和mRNA装置的教学文件（b）(4）未经审查和批准。

5．未能按照21 CFR 820.25（b）的要求建立确定培训需求的程序。

具体为，你公司缺乏书面培训程序。

FDA的检查还显示，该设备在《法案》第502（t）(2）节［21 U.S.C.§ 352（t）(2］的含义范围内被标错了品牌，因为你公司未能或拒绝提供《法案》第519节（21 U.S.C.§ 360i）和21 CFR 803-医疗器械报告（MOR）要求的有关设备的材料或信息监管。

这些违规事项包括但不限于以下内容：

未能按照21 CFR 803.17的要求制定和维护内部系统的书面MOR程序。

具体为，你公司没有为内部系统开发或维护书面MOR程序，以便及时有效地识别、沟通和评估可能受MOR要求约束的事件。

此外，FDA还回顾了你公司日间夜间矫治器（DNA）和下颌复位夜间矫治器（mRNA）设备。FDA已经确定了与这些设备相关的几个问题，但不限于：宣传和广告声明；适用范围和设备修改；510（k）；以及注册/上市。FDA想与你公司见面讨论这些问题。请于2018年1月19日之前通过电话949-608-2918或发送电子邮件至raymond.brullo@fda.hhs.gov联系合规官Dr. Raymond W.Brullo，安排本次会议。

你公司应立即采取措施纠正本信函所述的违规行为。如若未能及时纠正这些违规行为，可能导致FDA在没有进一步通知的情况下启动监管措施。监管措施包括但不限于没收、禁令和民事罚款。此外，联邦机构会得知关于器械的警告信，以便在签订合同时考虑上述信息。

请在收到本信函之日起15个工作日内将你公司为纠正上述违规行为所采取的具体步骤书面通知本办公室，并说明你公司计划如何防止此类违规行为或类似违规行为再次发生。包括你公司已经采取的纠正措施（必须解决系统问题）的文件材料。如果你公司计划采取的纠正措施将逐渐开展，请提供实施这些活动的时间表。如果无法在15个工作日内完成纠正，请说明延迟的原因以及完成这些活动的时间。

第273封　给Opternative Inc.的警告信

试验器械豁免（IDE）/上市前批准申请（PMA）

CMS # 532477

2017年10月30日

尊敬的D先生：

美国食品药品管理局（FDA）已经了解到，你公司在未获得上市许可或批准的情况下在美国上市销售Opternative在线眼部检查手机医疗应用程序，这一行为违反了《联邦食品、药品和化妆品法案》（以下简称《法案》）的规定。

按照《法案》第201（h）节［21 U.S.C.§ 321（h）］的规定，凡是用于诊断疾病或其他症状，对疾病有治愈、缓解、治疗或预防作用，或是可以影响人体结构或功能的器械，均为医疗器械。故你公司涉及检查的产品为医疗器械。

FDA检查你公司网站发现，由于你公司未获得《法案》第515（a）节［21 U.S.C.§ 360e（a）］规定的有效上市前批准申请（PMA），且未获得《法案》第520（g）节［21 U.S.C.§ 360j（g）］规定的试验器械豁免申请批准，因此按照《法案》第501（f）（1）（B）节［21 U.S.C.§ 351（f）（1）（B）］的规定，你公司制造的Opternative在线眼部检查手机医疗应用程序存在造假现象。依照《法案》第502（o）节［21 U.S.C.§ 352（o）］的规定，Opternative在线眼部检查手机医疗应用程序也属于贴错标签的医疗器械，因为你公司未能按照《法案》第510（k）节［21 U.S.C.§ 360（k）］的要求，将其上市销售医疗器械的意图告知FDA。对于需要获得上市前批准的医疗器械，在等待PMA获得批准时，按照《法案》第510（k）节［21 U.S.C.§ 360（k）］要求可被视为满足要求［21 CFR 807.81（b）］。

2016年6月15日，在FDA召开的一次会议上，合规办公室和器械评价办公室已告知你公司，必须提交Opternative在线眼部检查手机医疗应用程序的上市前申报，以便FDA对其安全性和有效性进行评价。

对于需要获得上市前批准的医疗器械，在等待PMA获得批准时，《法案》第510（k）节［21 U.S.C.§ 360（k）］要求的通告可被视为满足要求［21 CFR 807.81（b）］。为了获得所述医疗器械的批准和许可，你公司需要提交的信息类型可参见https://www.fda.gov。FDA评价你公司提交的信息后，将评定你公司产品是否可合法上市。

FDA要求你公司立即停止可能导致Opternative在线眼部检查手机医疗应用程序属于贴错标签或造假产品的活动（例如：通过你公司的在线网站对该医疗器械进行上市销售）。

你公司应尽快采取措施，解决本信函中列出的违规项。若你公司未及时纠正上述这些违规项，FDA可能不再通知即采取监管措施。这些措施包括但不限于扣押、禁令和民事罚款。可能还会建议联邦机构发布器械警告信，以便在考虑授予合同时将此信息纳入考量范围。

请于收到本信函后的15个工作日内书面告知本办事处，你公司针对上述违规项采取的纠正措施，并阐明为避免这些违规项或类似违规项再次发生制定的预防方案。其中包括你公司已实施的纠正和/或纠正措施（必须解决系统问题）的文档记录。若你公司拟定的纠正措施和/或纠正行动分阶段进行，请提供实施这些活动的时间表。若无法在15个工作日内完成这些纠正措施和/或纠正行动，请说明延迟原因及这些活动的完成日期。你公司的答复内容应足够全面，可解决本警告信列出的所有违规项。

最后，应知悉，本信函未列出你公司的全部违规行为。你公司应负责确保遵守FDA规定的相关法律法规。

第274封　给Pelvic Therapies, Inc. 的警告信

试验器械豁免（IDE）/上市前批准申请（PMA）/伪劣

CMS # 518409

2017年10月17日

尊敬的J女士：

美国食品药品管理局（FDA）了解到位于加州卡尔斯巴德的你公司在美国经营销售Essential TheraWand、Premium TheraWand、PelviWand-LA和PelviWand-V产品而未曾取得上市许可或批准，已违反《联邦食品、药品和化妆品法案》（以下简称《法案》）的规定。

根据《法案》第201（h）节［21 U.S.C.§ 321（h）］，凡是用于诊断疾病或其他症状，对疾病有治愈、缓解、治疗或预防作用，或是可以影响人体结构或功能的器械，均为医疗器械。故你公司涉及检查的产品为医疗器械。

FDA已经审查了你公司网站www.thera-wand.com、www.pelviciontherapies.com和亚马逊网站www.amazon.com/s/ref=nb_sb_noss_1 ? url=search-alias%3Daps&field-keywords=therawand上的声明和材料，依照《法案》第501（f）（1）（B）节［21 U.S.C.§ 351（f）（1）（B）］的规定，确定Essential TheraWand、Premium TheraWand、PelviWand-LA和PelviWand-V器械属掺假产品，因为你公司没有根据《法案》第515（a）节［21 U.S.C.§ 360e（a）］或《法案》第520（g）节［21 U.S.C.§ 360j（g）］试验器械豁免（IDE）审批申请的规定取得试验器械豁免的批准。根据《法案》第502（o）节［21 U.S.C.§ 352（o）］的规定，这些器械产品还属于假冒伪劣产品，因为你公司没有按照法《法案》第510（k）节［21 U.S.C.§ 360（k）］的要求通知代理机构将器械引入商业销售的意图。

具体为，你公司正在网站www.pelvicturapies.com和www.amazon.com/s/ref=nb_sb_noss_1?url=search-alias%3Daps&field-keywords=therawand上销售PelviWand LA和PelviWand-V用于以下的预期用途，包括：

- 盆底肌肉功能障碍（即活动性疼痛、缩短、触发点）
- 阴道痉挛
- 肠易激综合征、慢性便秘、克罗恩病
- 阴道口紧闭
- 性和直肠疼痛
- 自然衰老与绝经早期阴道萎缩
- 脊柱、骶髂关节和髋关节问题
- 子宫内膜异位症、子宫肌瘤、卵巢囊肿
- 非细菌性前列腺炎与慢性盆腔疼痛综合征
- 泌尿系统疾病，如间质性膀胱炎

此外，你公司还在www.thera-wand.com上销售Premium TheraWand和Essential TheraWand，其预期用途包括：

- 外科手术后瘢痕组织有时会夹住神经并引起疼痛的治疗
- 子宫内膜异位症、子宫肌瘤、卵巢囊肿

- 泌尿系统疾病，如间质性膀胱炎
- 自然衰老与绝经早期阴道萎缩
- 虐待造成盆底创伤
- 肠易激综合征、慢性便秘、克罗恩病

你公司所销售的Essential TheraWand、Premium TheraWand、PelviWand-LA和PelviWand-V 器械的预期用途未经FDA评价，需要在上市前提交资料，以评价器械的安全性和有效性。这些器械用于上述指定用途可能会增加患者受伤的风险。

2016年10月20日，器械和放射卫生中心向你公司发送了一封FDA信函，要求你公司向FDA提供Essential TheraWand和Premium TheraWand的许可证号，或者，如果你公司认为无需要取得Essential TheraWand和Premium TheraWand的FDA许可证，请为FDA提供这一决定的依据。虽然你公司最初回复了FDA的信函，但你公司对于后续的联系并未予以任何回复。此外,2016年12月9日，洛杉矶地区办事处试图对你公司进行“有因”检查，但被拒绝入内。

对于需要上市前批准的器械，当PMA已提交管理局21 CFR 807.81（b）等待审批时，根据《法案》第510（k）节［21 U.S.C.§ 360（k）］的通知可认定满足要求。你公司需要提交哪些信息才能获得器械的批准或许可，请访问以下网址：https://www.fda.gov/。FDA将对你公司提交的信息进行评价并决定你公司产品是否可合法销售。

此外，根据《法案》第510（k）节［21 U.S.C.§ 360（k）］的规定，医疗器械制造商必须每年向FDA注册。2007年9月,《法案》第510节根据2007年食品和药品管理局修正法案（Pub.L.110-85）修订，要求国内外器械企业在每年10月1日至12月31日通过电子方式向FDA提交其年度机构注册和器械上市信息［《法案》第510（p）节（21 U.S.C.§ 360（p））］。FDA的记录显示你公司未满足2017财年的年度注册和上市要求。

因此，根据《法案》第502（o）节［21 U.S.C.§ 352（o）］的定义，你公司的所有器械均属于假冒伪劣产品，因为这些器械生产、准备、复制、复合或加工的机构没有依照《法案》第510节（21 U.S.C.§ 360）予以登记注册，也没有列入《法案》第510（j）节［21 U.S.C.§ 360（j）］的登记名录内。

FDA办公室要求你公司立即停止Essential TheraWand、Premium TheraWand、PelviWand-LA和PelviWand-V假冒伪劣或掺假活动，例如上述用途的器械的商业销售。你公司应尽快采取措施纠正此信中所涉及的违规事项。如若未能及时纠正这些违规事项将导致FDA采取法律措施且不会事先通知。这些措施包括但不限于：查封、禁令、民事罚款。此外，联邦机构可能会被告知关于器械的警告信，因此他们在授予合同时可能会考虑这些信息。

请于收到此信函的15个工作日内，将你公司已经采取的具体整改措施，以及你公司准备如何防止这些违规事项或类似行为再次发生的计划回复FDA。回复中应包括你公司已经采取的纠正措施和/或能系统性解决问题的纠正行动相关文档。如果你公司需要一段时间来实施这些纠正措施，请提供具体实施的时间表。如果纠正不能在15个工作日内完成，请说明理由和能够完成的时间。你公司的回复应完整并解决警告信中包含的所有违规事项。

最后，请注意本警告信并未包括你公司全部违规事项。你公司有责任遵守法律和FDA法规。检查结束时发布的本信函和检查发现事项FDA 483表中记录的具体违规事项可能表明你公司生产和质量管理体系中存在严重问题。你公司应调查并确定这些违规事项的原因，迅速采取措施纠正违规事项并重新使产品合规。

第 275 封　给 Entellus Medical 的警告信

试验器械豁免（IDE）/上市前批准申请（PMA）

CMS # 511495

2017年4月6日

尊敬的W先生：

美国食品药品管理局（FDA）于2016年9月6日至2016年9月27日对你公司进行检查中发现了不良情况。本次检查的目的是确定在重大风险临床研究“儿科用XprESS多窦扩张系统和通路辅助确认工具”［依据试验器械豁免（IDE）G140080］中，作为主办方的你公司活动和程序是否符合适用的联邦法规。XprESS多窦扩张系统和通路辅助确认工具符合《联邦食品、药品和化妆品法案》（以下简称《法案》）第201（h）节［21 U.S.C.§ 321（h）］中对医疗器械的定义，即用于诊断疾病或其他病情，或用于治愈、缓解、治疗或预防疾病，或用于影响人体的结构或功能，故属于医疗器械。本信还要求你公司立即采取纠正措施，解决所发现的违规事项，并讨论你公司于2016年10月12日对已知的违规行为的书面回复。

为确保IDE申请、上市前批准申请（PMA）和上市前通知［510（k）］提交文件中包含的数据和信息科学有效且准确，FDA设计了一项计划，并根据计划执行了本次检查。该计划的另一个目标是确保受试者在科学研究过程中免遭过度危害或风险。

FDA审查了地区办事处编制的检查报告，结果显示，你公司严重违反了21 CFR 812-试验器械豁免制度和21 CFR 50-保护人体受试者的规定，这涉及《法案》第520（g）节［21 U.S.C.§ 360j（g）］规定的要求。在检查结束时，FDA 检查员出具了FDA 483表（检查发现问题清单），并与你公司讨论了表中列出的观察结果。以下是FDA 483 表中注明的偏离你公司的书面回复以及FDA随后对检查报告的审查：

1．对未遵守已签署协议或研究计划以及IRB批准的试验方案的研究者，你公司未能予以纠正，使其合规［21 CFR 812.46（a）］。

作为申办者，你公司有责任确保遵从已签署的协议、研究计划、FDA法规和IRB的批准条件［21 CFR 812.46（a）］。这种失职实例包括但不限于以下内容：

在多个临床研究中心，Entellus Medical临床人员在出现方案偏离的手术过程中均在场，其中包括在12岁以下儿童的额窦和蝶窦上使用试验器械。FDA批准的方案和IRB批准的知情同意书规定，12岁以下儿童仅可接受上颌窦治疗。然而，在33名儿童受试者中，有18名接受了额窦和蝶窦球囊鼻窦治疗。

一名临床研究者实施了11项计划内的方案偏离，另一名临床研究者实施了6项计划内的方案偏离，第三名临床研究者实施了1项计划内的方案偏离。在对儿科受试者进行治疗之前，尽管你公司要求对以上偏离进行批准，但FDA在2014年5月13日与ODE的电话会议上拒绝了你公司针对2～12岁组的受试者提供额窦和蝶窦治疗的要求。此外，FDA于2015年6月25日通知你公司，偏离产生的数据将不能支持2～12岁儿童治疗蝶窦和额窦的未来上市申请。FDA十分担忧由于解剖生理发育尚不成熟或不完全，2～12岁儿童可能存在更高的受伤风险。

但是，你公司的员工仍然无法确保研究者的合规性，在收到这些通信后，依旧对儿科受试者进行方案外的治疗。此外，以下个例并没有向FDA进行报告（更多信息见引文2）。个例包括但不限于以下内容：

研究中心编号#	受试者#	受试者年龄（岁）	治疗日期	鼻窦治疗部位	备注
(b)(4)	(b)(4)	5	(b)(4)	右额窦和右蝶窦	仅报告了右额窦
(b)(4)	(b)(4)	7	(b)(4)	双侧额窦	
(b)(4)	(b)(4)	6	(b)(4)	右蝶窦	
(b)(4)	(b)(4)	8	(b)(4)	手术中加入了右额窦	
(b)(4)	(b)(4)	3	(b)(4)	双侧蝶窦	
(b)(4)	(b)(4)	2	(b)(4)	手术中加入了双侧蝶窦	

由于你公司未确保研究者的合规性，导致12岁以下儿童额窦和蝶窦接受了方案外治疗。这种方案外的使用可能导致这些儿童出现严重的医疗并发症，包括脑脊液漏、颅内并发症和脑膜炎。

FDA认为儿童属于易受伤害的人群，因为违反受试者保护的可能性更大，并且受试者安全风险更高。由于未能确保研究者的合规性，你公司没有充分地保护儿童受试者的获益、权利和安全。

2．在实施试验方案变更前，未获得补充申请的批准和IRB批准［21 CFR 812.35（a）］。

在实施试验方案变更之前，申办者需要获得补充申请的批准和IRB批准［21 CFR 812（a）（1）］。你公司未获得FDA批准，不得在12岁以下的受试者中使用XprESS 多窦扩张系统和通路辅助确认工具在额窦和蝶窦部位进行治疗。

你公司的IDE申请“儿科用XprESS多窦扩张系统和通路辅助确认工具”于2014年5月30日有条件地通过FDA批准，可用于治疗2～12岁儿童上颌窦。在批准中提到的条件之一规定：

“FDA认为，这一分层是合适的，只要限制为12岁及以下受试者仅可接受上颌窦手术。12岁及以下儿童受试者额窦和蝶窦的大小和可及性决定（如果使用本产品）会对该人群带来更高的伤害风险。请在你公司方案中进行此项修改。”

2014年5月13日ODE做出批准，但此前其口头拒绝了你公司关于治疗2～12岁儿童额窦和蝶窦的请求。在收到ODE批准后，你公司于2014年6月19日作出回复，声明：

“根据贵署要求，我公司修改了研究计划摘要（第5页）和第3.1节研究人群（第9页），具体如下：

- 2～12岁患者的治疗将仅限于上颌窦部位。
- 根据研究者的医学判断和患者的解剖结构，12岁以上至21岁的患者将接受上颌骨、蝶窦和/或额窦的治疗。

根据数次备案记录，你公司曾被告知FDA对于在2～12岁的儿童患者中使用该器械治疗额窦和蝶窦位置的安全性表示担忧，并未予以批准。有记录表明，你公司知道并鼓励临床研究者进行“计划内的方案偏离”，多次在这一人群中进行额窦和蝶窦部位的治疗。你公司有意在三个临床研究中心进行了方案外治疗。监测报告还详细说明了器械的使用情况，称之为“计划内的方案偏差”。

重申一下，本研究共纳入50名受试者，其中33名受试者年龄在12岁以下。在这33名受试者中，18名在2015年2月13日至2015年6月30日期间接受了额窦和/或蝶窦治疗。研究计划变更在实施之前，并未获得IRB批准。你公司没有提交补充申请，也没有获得FDA 和IRB对研究计划中这一变更的批准。

3．你公司未能及时将有关研究的重要新信息向执行审查的IRB和FDA报告［21 CFR 812.40］。

作为申办者，你公司有责任确保使所有执行审查的IRB和FDA及时获悉有关研究的重要新信息（21 CFR 812.40）。你公司没有告知FDA和IRB此项重大方案偏离。方案偏离的个例包括（但不限于）下列项目：

研究中心编号#	受试者#	受试者的年龄	治疗日期	方案外鼻窦治疗部位	在年度报告中进行了报告
(b)(4)	(b)(4)	3	(b)(4)	左&右蝶窦	是
(b)(4)	(b)(4)	8	(b)(4)	双侧额窦 & 左蝶窦	是
(b)(4)	(b)(4)	6	(b)(4)	左蝶窦	是

续表

研究中心编号#	受试者#	受试者的年龄	治疗日期	方案外鼻窦治疗部位	在年度报告中进行了报告
(b)(4)	(b)(4)	7	(b)(4)	双侧额窦	是
(b)(4)	(b)(4)	5	(b)(4)	右额窦和右蝶窦	是，但只报告了额窦
(b)(4)	(b)(4)	3	(b)(4)	双侧蝶窦	在年度报告提交以后发生
(b)(4)	(b)(4)	2	(b)(4)	在手术中加入了双侧蝶窦	在年度报告提交以后，以及2015年6月25日FDA的信函之后发生

具体为，上述方案偏离发生在2015年2月13日至2015年6月30日之间。直到2015年6月1日，你公司才通过提交2015年5月29日的年度报告，让FDA知道了这些方案的偏差。此外，直到2016年9月21日FDA进行检查后，该方案的偏差才被报告给IRB。这些偏差是显著的，因为它们给儿科受试者带来了额外的严重风险，应该及时报告给FDA和IRB。

你公司的失职让研究受试者面临更大的伤害风险。由于没有告知IRB有关研究方案变更的最新和重要的信息，也未获得FDA对这些重要新变更的批准，这项研究缺乏必要的人体受试者保护措施和监管，以确保将这些方案偏离所带来的额外风险降到最低，来保护研究参与者的权利和获益。

4．你公司在开始进行研究或部分研究之前，未获得IRB和FDA对申请或补充申请的批准［21 CFR 812.42］。

在IRB和FDA均批准与研究或部分研究有关的申请或补充申请之前，申办者不得开始研究或部分研究。在对2～12岁额窦和蝶窦儿童患者进行研究之前，你公司未能提交补充申请。FDA之前曾在备案的多个情况中指出，对于这一患者人群的额窦和蝶窦治疗存在安全问题。

你公司未能获得FDA和IRB的批准，使研究受试者面临更大的伤害风险。由于未获得以上批准，这项研究缺乏必要的人体受试者保护措施和监管监督，以确保这些方案偏离所带来的额外风险降到最低，来保护研究参与者的权利和获益。

FDA已经审查了你公司对2016年10月12日FDA 483表的回复，你公司在该回复中针对这些发现事项提供了纠正和预防措施。

你公司的回复确认了下述事项：

- 研究中发生了18例方案偏离，偏离情况为对12岁以下的儿童受试者进行了上颌窦以外的鼻窦治疗；
- 你公司不认为此类方案偏离应该报告给IRB，并且FDA应批准此项方案变更；
- 你公司没有意识到此类方案偏离可能影响受试者的安全；
- 你公司没有确保临床研究者严格遵守研究方案。

在你公司的回复中，还提供了在研究期间用于通知相应IRB方案偏离的信函副本。你公司在回复中指出，你公司向接受方案外治疗的受试者父母/监护人提供了IRB批准的知情同意书，以及IRB未批准的医院同意书。最后，你公司表示其父母/监护人知道受试者将接受额窦和蝶窦的治疗。

在审查了你公司于2016年10月12日的回复后，FDA认为该回复不充分。你公司没有考虑FDA所说的安全问题，也没有遵从你公司在2014年6月19日的回复中作出的声明，即2～12岁的患者只能接受上颌窦的治疗。在你公司获悉FDA担心存在安全隐患后，研究仍纳入了两名12岁以下的受试者并对其进行了额窦和蝶窦的治疗。此外，在你公司的回复中提到的两份知情同意书内，均未提到因方案偏离而导致的治疗改变所带来的额外风险。父母/监护人对额外治疗的了解和认可应得到确认，并以签署的知情同意书的形式进行存档，其中应包括对脑脊液泄漏、颅内并发症和脑膜炎等风险的描述。

请提供IRB批准的信函，通知接受额窦和蝶窦治疗的12岁以下受试者的父母/监护人，受试者必须按照FDA批准的方案和IRB批准的知情同意书接受治疗。与额窦和蝶窦治疗相关的风险并不包括在IRB批准的知情同意书中。通知父母/监护人的信函应包括这些风险。

上述违规事项并未完全包括你公司临床研究可能存在的问题。作为研究申办者，你公司有责任确保遵从《法案》和适用法规的要求。

在收到本信函后15个工作日内，请提供文档说明你公司正在编写和分发信函的相关工作。信函中应向接受额窦和蝶窦治疗的12岁以下受试者的父母/监护人说明，受试者并未按照FDA批准的方案和IRB批准的知情同意书进行治疗。你公司应通过此举纠正本信函中的违规事项，并作为研究申办者，避免在当前或未来研究中再次发生类似违规行为。所有提交的纠正措施计划均应包括完成各项措施所预期的结束日期，以及监控纠正措施有效性的计划。如未能回复本信并采取适当的纠正措施，可能会导致FDA采取监管措施，届时将不再另行通知。

第276封　给Hebei Pukang Medical Instruments Co.，Ltd. 的警告信

生产质量管理规范/质量体系法规/医疗器械/伪劣

CMS # 518493

2017年3月29日

尊敬的S先生：

2017年1月9日至1月12日，美国食品药品管理局（FDA）的检查员对你公司（位于中国河北省保定市）进行了检查，确定你公司生产的产品包括电动病床、医用担架车、手动病床、器械柜托盘、手术台及附件。按照《联邦食品、药品和化妆品法案》（以下简称《法案》）第201（h）节［21 U.S.C.§ 321（h）］的规定，此类产品的预期用途是用于诊断、治愈、缓解、治疗或预防疾病或其他症状，或者可影响人体的结构或功能，因而属于医疗器械。此类违规行为包括但不仅限于以下内容：

经检查发现，按照《法案》第501（h）节［21 U.S.C.§ 351（h）］的规定，此类器械属于不合格产品，其生产、包装、贮存或安装中使用的方法、设施或控制不符合21 CFR 820规定的现行用于生产质量管理规范要求。

1．未能按照21 CFR 820.30（a）的要求为确保满足指定设计要求制定和保持器械设计的控制程序。

例如，你公司没有设计控制程序文件。你公司生产的电动病床（包括DA-21、B-45、DA-9、DA-1和B-48型），不受任何设计控制过程的影响。

2．未能按照21 CFR 820.100（a）的要求制定和保持纠正和预防措施的程序。

例如，你公司未制定纠正和预防措施的程序。

3．未能按照21 CFR 820.75（a）的要求确保在无法通过后续检查和检测来全面验证某一过程的结果时，过程应得到高级别的验证保证，并按照21 CFR 820.75（a）的既定程序进行批准。

例如，你公司未确认电动病床床架的（b）（4）。其中包括（b）（4）。

4．未能按照21 CFR 820.184的要求建立和保持程序来确保保留每个批次、批或单位的器械历史记录（DHR），以证明医疗器械的生产符合器械主记录（DMR）和本部分的要求。

例如，你公司未保留电动病床的DHR，其中包括五功能电动病床（DA-2-1）、多功能产床（B-45）、五功能电动病床（DA-9）、五功能电动病床（DA-1）和妇科电动产床（B-48）。

5．未能按照21 CFR 820.198（a）的要求保留投诉文件以及建立并保持程序，以便由正式指定单位负责接收、审评并评价投诉。

例如，你公司的投诉处理程序（文件#ZJ06）不要求对投诉进行评估，以确定是否应将其作为医疗器械报告（MDR）归档。此外，你公司未遵循其评估和调查投诉的程序。在2014年至2015年的26例涉及产品缺陷的投诉中，有24例未按照你公司的投诉处理程序ZJ06的要求进行评价和调查。

6．负有执行责任的管理层未根据21 CFR 820.20（c）要求按照既定程序，按指定的时间间隔和频率审查质量体系的适用性和有效性，以确保质量体系满足本部分的要求以及制定的质量方针和目标。

例如，你公司未制定管理评审程序或进行管理评审。

7．未能建立并保持质量审核程序并实施此类审核，以确保质量体系符合已建立的质量体系要求，并确定质量体系的有效性。按照21 CFR 820.22的要求，质量审核应由与被审核事项无直接责任的人员承担。

例如，你公司未制定质量审核程序或进行质量审核。

FDA的检查还发现，按照《法案》第502（t）（2）节［21 U.S.C§ 352（t）（2）］的规定，你公司的电动病床、医用担架车、手动病床、器械柜托盘、手术台及附件被贴错标签，你公司未能或拒绝提供《法案》第519节（21 U.S.C.§ 360i）和21 CFR 803医疗器械报告中规定的关于该医疗器械的资料或信息。重大违规行为包括但不仅限于以下内容：

8．未能按照21 CFR 803.17的要求制定、维护和实施医疗器械报告（MDR）程序。

例如，你公司没有制定MDR程序。

鉴于违反《法案》的严重性质，你公司生产的医疗器械（包括电动病床、医用担架车、手动病床、器械柜托盘、手术台及附件）属于不合格产品，按照《法案》第801（a）节［21 U.S.C.§ 381（a）］规定不予批准进入市场。因此，FDA正在采取措施，以拒绝此类医疗器械进入美国（称之为“自动扣留”），直到此类违法行为得到纠正。为了解除医疗器械的扣留状态，你公司应按下列说明对本警告信做出书面回复，并对警告信中所述违规行为予以纠正。FDA随后将通知你公司：你公司的回复是否充分，以及是否需要重新检查你公司的生产场所来验证已采取适当的纠正措施。

联邦机构会得知关于器械的警告信，以便在签订合同时考虑上述信息。此外，如果FDA确定你公司违反了质量体系法规，且这些违规行为与Ⅲ类器械的上市前批准申请有关联，则在纠正这些违规行为之前，将不会批准此类器械。

请在收到本信函之日起15个工作日内将你公司为纠正上述违规行为所采取的具体步骤书面通知本办公室，并说明你公司计划如何防止此类违规行为或类似违规行为再次发生。包括你公司已经采取的纠正措施（必须解决系统问题）的文件材料。如果你公司计划采取的纠正措施将逐渐开展，请提供实施这些活动的时间表。如果无法在15个工作日内完成纠正，请说明延迟的原因以及完成这些活动的时间。请提供非英文文件的英文译文，以便于FDA进行审查。

最后，请注意本信函未完全包括你公司全部违规行为。你公司有责任遵守FDA所有的法律和法规。本信函和检查结束时签发的检查结果FDA 483表中记录的具体违规行为可能表明你公司制造和质量管理体系中存在严重问题。你公司应查明违规原因并及时采取纠正措施，确保产品合规。

第277封　给Thermogram Assessment Services的警告信

试验器械豁免（IDE）/上市前批准申请（PMA）

CMS # 505591

2016年11月10日

尊敬的J先生：

美国食品药品管理局（FDA）获悉，你公司Thermogram Assessment Services（TAS）未获得市场许可或批准，即在美国销售TAS图像分析软件，包括空间热成像（STI）、集成热成像系统和红外（IR）相机［FLIR Systems, Inc. 325型号和655型号（以下统称为“TAS热成像系统”）］，违反了《联邦食品、药品和化妆品法案》（以下简称《法案》）。

根据《法案》第201（h）节［21 U.S.C.§ 321（h）］，凡是用于诊断疾病或其他症状，对疾病有治愈、缓解、治疗或预防作用，或是可以影响人体结构或功能的器械，均为医疗器械。故你公司涉及检查的产品为医疗器械。

FDA已审查了你公司的网站（http://breamthermography.info/、www.thermeval.com、http://www.breamthermoghyevaluation.com/和www.thermogragessmentservices.com）、你公司2015年9月1日针对2015年7月22日FDA信函的回复，以及你公司2015年11月8日向FDA发送的关于TAS热成像系统营销的电子邮件。

根据本次审查，FDA已确定TAS热成像系统为《法案》第501（h）节［21 U.S.C.§ 321（h）］所指的伪劣产品，因为你公司没有根据《法案》第515（a）节［21 U.S.C.§ 360e（a）］的规定获得批准的上市前批准申请（PMA），也没有根据《法案》第520（g）节［21 U.S.C.§ 360j（g）］的规定获得上述销售器械的试验器械豁免批准。根据《法案》第502（o）节［21 U.S.C.§ 352（o）］的规定，TAS热成像系统也标识错误，因为你公司没有按照《法案》第510（k）节［21 U.S.C.§ 352 360（k）］的要求，将启动器械商业销售的意图报告监管机构。对于需要获得上市前批准的器械，《法案》第510（k）节［21 U.S.C.§ 第352 360（k）］要求的通知在PMA等待管理局获批时视为已满足［详见21 CFR 807.81（b）］。

在与FDA的沟通中，你公司似乎认为，因为FDA已批准该器械，所以可以在市场上销售TAS热成像系统。例如，你公司在2015年9月1日给FDA的信中表示，“［你公司］网站上提供的设备、系统和软件是由FLIR Commercial Systems Inc.提供的代理产品，并已获得FDA的上市批准。”在你公司2015年11月8日发送给FDA的电子邮件中，你公司提出了类似的看法，指出IR相机的510（k）编号为K033967。

尽管FDA批准了这些IR相机（用于特定预期用途），但对TAS热成像系统某一部分提供许可并非是允许TAS热成像系统上市。此外，在预定用途上进行重大变更或修改后，销售这些红外相机将不属于目前的许可范围。这些热成像相机是根据21 CFR 884.2980（a）（“用于乳腺癌检测或其他用途的辅助诊断筛查的热成像系统”）规管的Ⅰ类器械，经FDA（K033967）批准，可用于下列预定用途：“Flir器械用作其他临床诊断程序的辅助设备，用于诊断、量化和筛查皮肤表面温度变化的差异。它可以可视化、记录温度模式和变化。”市售这些器械作唯一诊断筛查之用（例如，声明在结果为阴性时，可在不进行任何其他测试的情况下使用这些器械）将构成器械预期用途的重大变更或修改［详见21 CFR 807.81（a）（3）（ii）］，并且需要获得上市前批准［详见21 CFR 884.2980（b）］。

关于各种器械监管途径和为上市前申请准备相关信息的一般信息可在互联网上查阅，网址为：http://

www.fda.gov/MedicalDevices/ DeviceRegulationandGuidance/HowtoMarketYourDevice/default.htm。FDA将评估你公司提交的信息，并决定你公司产品是否可合法上市。

以下供你参考，FDA注意到，用于乳腺癌检测或其他用途的辅助诊断筛查的热成像系统（可能包括信号分析和显示设备及附件）已归类为21 CFR 884.2980（a）项下的Ⅰ类器械，并且在上市前需要获得上市前许可［510（k）］。单独用于乳腺癌检测或其他用途的诊断筛查的热成像系统已归类为21 CFR 884.2980（b）项下的Ⅲ类设备，并且需要在上市前获得PMA批准。FDA还注意到，即使你公司的器械仅用于乳腺癌检测或其他用途的辅助筛查，但是，如果你公司的器械与已上市同类器械具有不同的技术特征，这些特征提出了与已上市同类器械不同的安全性和有效性问题。例如，器械材料、设计、能源或其他特征发生重大变更［详见《法案》第513（f）（1）节（21 U.S.C.§ 360c（f）（1））、《法案》第513（i）（1）节（21 U.S.C.§ 360c（i）（1））］，则该器械可能与目前归类为21 CFR 884.2980（a）项下的合法上市器械实质上不等效。

FDA办公室要求你公司立即停止致使TAS热成像系统标记不当或不合规的活动（例如，为上述用途进行器械的商业分销）。

你公司应立即采取措施纠正本信函所述的违规行为。如若未能及时纠正这些违规行为，可能导致FDA在没有进一步通知的情况下启动监管措施。监管措施包括但不限于没收、禁令和民事罚款。此外，联邦机构会得知关于器械的警告信，以便在签订合同时考虑上述信息。

请在收到本信函之日起15个工作日内将你公司为纠正上述违规行为所采取的具体步骤书面通知本办公室，并说明你公司计划如何防止此类违规行为或类似违规行为再次发生。包括你公司已经采取的纠正措施（必须解决系统问题）的文件材料。如果你公司将要实施计划的纠正，请附上实施此类活动的时间表。如果无法在30个工作日内完成纠正，则应说明延迟原因和将要完成此类活动的时间。你公司的回复应全面，并解决此警告信中所包括的所有违规行为。

第278封　给Medical Specialties of California的警告信

试验器械豁免（IDE）/上市前批准申请（PMA）

CMS # 495212

2016年8月15日

尊敬的F先生：

美国食品药品管理局（FDA）了解到，你公司未经营销许可或批准在美国销售Penguin Cold Capin，违反了《联邦食品、药品和化妆品法案》(以下简称《法案》)。

根据《法案》第201（h）节［21 U.S.C.§ 321（h）］，凡是用于诊断疾病或其他症状，对疾病有治愈、缓解、治疗或预防作用，或是可以影响人体结构或功能的器械，均为医疗器械。故该产品为医疗器械。

FDA检查了你公司网站（www.penguincoldcaps.com）上的信息，并确定为了减少在化疗治疗脱发的频率和严重程度的Penguin Cold Capin违反了《法案》501（f）（1）（B）节［21 U.S.C.§ 351（f）（1）（B）］，因为你公司没有依照《法案》第515（a）节［21 U.S.C.§ 360 e（a）］为该产品申请一个获批的上市前批准（PMA）；或根据《法案》第520（g）节［21 U.S.C.§ 360j（g）］，为该产品申请试验器械豁免（IDE）。Penguin Cold Capin同样违反了《法案》第502（o）节［21 U.S.C.§ 352（o）］，因为根据《法案》第510（k）节［21 U.S.C.§ 360（k）］的要求，你公司没有通知代理机构有关你公司打算将该设备引入商业销售。对于需要上市前批准的设备，当PMA未获得批准时，《法案》第510（k）节［21 U.S.C.§ 360（k）］所要求的通知即视为满足［21 C.F.R. 807.81（b）］。为该医疗器械获得批准或许可所需要提交的信息，详见网站（http://www.fda.gov/MedicalDevices/DeviceRegulationandGuidance/HowtoMarketYourDevice/default.htm）上的描述。FDA将评估你公司提交的信息，并决定你公司的产品是否可以合法销售。

FDA要求你公司立即停止致使Penguin Cold Capin错误声明和掺伪的活动，例如，该医疗器械声称上述用途的商业分销。

请在收到本信函之日起15个工作日内，将你公司为纠正上述违规行为采取的具体措施书面通知本办公室，并说明你公司计划如何防止此类违规行为或类似违规行为再次发生。包括你公司已经采取的纠正措施（必须解决系统问题）的文档。如果你公司计划采取的纠正措施将逐渐开展，请提供实施这些活动的时间表。如果纠正不能在15个工作日内完成，请说明延迟的原因和这些活动完成的时间。你公司的回复应全面，并解决此警告信中所包括的所有违规行为。

最后，请注意本信函未完全包括你公司全部违规行为。你公司有责任遵守FDA所有的法律和法规。

第279封 给Regional Radiology的警告信

乳腺X线摄影质量标准

CMS # 500634

2016年7月11日

尊敬的R先生：

美国食品药品管理局（FDA）于2016年3月31日委派新泽西州代表对你公司进行了现场检查，检查发现你公司使用乳腺X线摄影的行为存在严重问题。根据1992年乳腺X线摄影质量标准法案规定（“MQSA”；42 U.S.C.§ 263b），你公司机构设施必须满足实施乳腺X线摄影特殊技术规范要求。上述技术规范要求将通过确保你公司安全合规的使用乳腺X线摄影，以利于保护女性健康。

上述检查发现，你公司存在不符合MQSA要求的违规事项。这些违规事项已被记录在MQSA设施检查报告和《关于你公司MQSA检查重要信息》文件中，其中《关于你公司MQSA检查重要信息》文件已于2016年4月6日邮寄给你公司，MQSA设施检查报告已于2016年5月20日传真给你公司首席技术专家（b）（6）。现将这些违规事项再次陈述如下：

第1级：未提供至少四周的乳腺X线摄影室设备（b）（4）的体模QC记录。[见21 CFR 900.12（e）（2）&（d）（2）]

第2级：开展再评审工作站（监视器）QC试验工作不充分，未按规定的频率进行上述试验。[见21 CFR 900.12（e）（6）&（d）（2）]

第2级：开展乳腺 X 线摄影室设备（b）（4）对比度噪声比（CNR）QC试验工作不充分，未按规定的频率进行上述试验。[见 21 CFR 900.12（e）（6）&（d）（2）]

第2级：开展乳腺 X 线摄影室部件（b）（4）信噪比（SNR）QC试验工作不充分，未按规定的频率进行上述试验。[见21 CFR 900.12（e）（6）&（d）（2）]

第2级：最近14个月内未对乳腺 X 线摄影室的X射线设备（b）（4）开展医师使用检查。[见21 CFR 900.12（e）（9）（i）&（d）（2）]

第3级：开展AIMS Diagnostics检验机构重复分析QC工作不充分，有30天内的纠正措施未记录。[见21 CFR 900.12（e）（6）&（d）（2）]

2016年5月23日，新泽西州环境保护厅（NJDEP）收到了你公司对于MQSA设施检查报告的回复。2016年5月31日，FDA从NJDEP收到你公司的回复。你公司的回复称医师曾经对设备（b）（4）开展了使用检查，但该设备当时未能通过包括体模、AOP、SNR和CNR项目在内的多项试验。他向你公司通报需要进行设备维护活动，他将在维护工作结束之后返回并继续完成上述使用检查。现场检查员发现上述维护活动一直没有完成，但你公司仍然在继续对患者进行X线摄影检查。因此，乳腺 X 线摄影质量监管处（DMQS）决定对2015年1月至今的设备（b）（4）病例全面进行一次附加乳腺 X 线摄影检查（AMR）。

鉴于上述违规事项持续不能消除的情况可能说明你公司使用的乳腺 X 线摄影设施存在严重的质量降低的潜在问题，FDA可能会采取其他措施，包括但不限于以下内容：

- 需要对你公司接受一次附加乳腺 X 线摄影检查
- 对你公司按规定计划的开展纠正活动

- 支付你公司现场监测费用
- 需要你公司向在你公司接受过乳腺 X 线摄影检查的患者及其主治医师通报上述缺陷、因这些缺陷可能导致的潜在危害、适宜的补救措施以及其他相关信息
- 对你公司因未能每次或每天总体符合MQSA标准要求寻求最高达$11 000的民事罚款
- 寻求暂停或吊销你公司的FDA许可证书
- 寻求法院禁止使用你公司的设施设备

见42 U.S.C.§ 263b（h）~（j）和 21 CFR 900.12（j）。

FDA可能需要对你公司开展合规性跟踪检查，以确定所有违规问题已被纠正。

你公司应在收到本信函之日起15个工作日内书面回复FDA。你公司的回复应解决上述发现项，并包括：

（1）你公司已采取或将会采取的专门措施，以纠正本信函中列出的所有违规事项，包括实施这些活动的时间表；

（2）你公司已采取或将会采取的专门措施，以防止类似违规事项的再次发生，包括实施这些活动的时间表；

（3）可反映保持程序的适宜记录的样本记录。

最后，你公司应当了解有大量关于乳腺 X 线摄影的质量管理要求。本信函仅涉及与你公司近期检查相关的违规事项，并不完全反映法律规定的你公司的其他义务。你公司可以通过联系食品药品管理局乳腺X 线摄影质量保证项目（P.O. Box 6057，Columbia, MD 21045-6057；1-800-838-7715）或通过官网http://www.fda.gov/Mammography获得FDA对于乳腺X 线摄影的全部法规要求。

第280封　给Mooncup Ltd.的警告信

生产质量管理规范/质量体系法规/医疗器械/伪劣

CMS＃495541

2016年5月27日

尊敬的H女士：

美国食品药品管理局（FDA）于2016年1月25日至2016年1月27日，对位于英国布莱顿的你公司进行了检查。检查期间，FDA检查员已确认你公司为月经杯的生产制造商。根据《联邦食品、药品和化妆品法案》（以下简称《法案》）第201（h）节［21 U.S.C.§ 321（h）］，凡是用于诊断疾病或其他症状，对疾病有治愈、缓解、治疗或预防作用，或是可以影响人体结构或功能的器械，均为医疗器械。故你公司涉及检查的产品为医疗器械。

本次检查表明，这些医疗器械的生产、包装、储存或安装中使用的方法、设施或控制不符合21 CFR 820质量体系法规中生产质量管理规范要求，根据《法案》第501（h）节［21 U.S.C.§ 351（h）］的规定，属于伪劣产品。

2016年2月12日，FDA收到你公司针对FDA 483表（检查发现问题清单）的回复。FDA针对回复，处理如下。

由于你公司于2016年3月3日和2016年3月31日的回复已超过FDA 483表发布后15个工作日，因此FDA未对上述回复进行审查。将对上述回复与针对本警告信中所述违规事项提供的其他书面材料一并评价。你公司存在的违规事项包括但不限于以下内容：

1．未能按照21 CFR 820.30（a）的要求建立和保持器械设计控制程序，以确保满足规定的设计要求。

例如，你公司在2002年设计和开发MCUK月经杯时无设计控制程序。此外，你公司未保存MCUK月经杯的设计历史文档（DHF），该文件包含或引用了必要记录，证明设计是按照21 CFR 820.30 所述要求开发的。你公司未定义设计输入和输出；未实施设计评审和设计验证活动；没有确认清洁过程以确保使用说明书（IFU）中描述的清洁方法是充分的；在实施之前没有验证/确认设计变更。

FDA已审查你公司的回复，认为其不够充分。你公司表示将于2016年5月31日前建立设计控制程序，2016年6月30日前进行培训，并于2016年7月29日前按照新的设计控制程序建立MCUK月经杯的DHF。虽然你公司表示，在新的设计控制程序完全成文和实施之前，不会进行设计相关的活动，但不清楚你公司是否计划根据新的设计控制要求评价MCUK月经杯的现有设计。

本次检查还表明，根据《法案》第502（t）（2）节［21 U.S.C.§ 352（t）（2）］，你公司的月经杯贴错标签，因为你公司未能或拒绝提供《法案》第519节（21 U.S.C.§ 360i）和21 CFR 803要求的关于该器械的材料或信息-医疗器械报告（MDR）。违规行为包括但不限于以下内容：

2．未能按照21 CFR 803.50（a）（1）的要求在30个日内向FDA报告你公司收到或意识到的上市器械不良事件，这些事件合理表明上市器械可能已经导致或引起严重伤害。例如：

a. 2013年5月5日签署的510（k)IUD/01号文件的投诉文件中的信息描述了一名患者的宫内节育器（IUD）在月经杯器械取出后出现脱位，并且患者发生异位妊娠和输卵管破裂，需要手术治疗；

b．2013年4月11日签署的510（k）TSS/01号文件的投诉文件中的信息描述了一名患者发生中毒性休克综合征（TSS）且金黄色葡萄球菌检测呈阳性，患者需要撤回宫内节育器并接受18天抗生素治疗。

这些严重损伤事件是在使用你公司的器械时发生的，应在获悉此类事件后30个日历日内报告给FDA。

FDA已审查你公司的回复，认为其不够充分。你公司没有提供证据表明已将这些事件作为MDR报告给FDA。

3．你公司提供了一份修订版MDR程序，标题为“医疗器械报告和纠正撤回程序”××，日期为2016年2

月10日。审查你公司的修订版MDR程序后，发现了以下问题：

a．你公司未能建立内部系统，用于及时、有效识别、沟通和评价可能构成提交MDR要求的事件。例如：

i．本程序遗漏了21 CFR 803.3中“获悉”“导致或促成”和“故障”的定义，以及21 CFR 803.20（c）（1）中“合理建议”的定义。未将这些术语的定义纳入程序中可能会导致你公司在评价可能符合21 CFR 803.50（a）中报告标准的投诉时做出不正确的可报告性决定。

ii．该程序未提及在美国境外发生的事件的鉴别和评价过程，因为这些事件有可能是FDA可报告事件。如果事件发生在国外，根据MDR法规，如果事件涉及的器械与美国境内已许可或批准上市的器械相同或相似，则该事件可能是可报告的。如果不考虑发生在美国境外的事件，可报告的MDR可能不会按照21 CFR 803.50和21 CFR 803.53的要求，在MDR决策和提交给FDA时进行鉴别和评价。

b．你公司的MDR程序未建立内部系统，规定标准化审查过程，以确定事件在什么条件下符合该部分规定的报告标准。例如，未针对每个事件的全面调查和事件原因评价提供说明。

c．你公司的MDR程序未建立内部系统，以及时传输完整的MDR。具体为，你公司未说明必须提交补充或后续报告的情况以及此类报告的要求。

d．你公司的MDR程序未说明你公司将如何规定文件和记录保存要求，包括：

i．作为MDR事件文件维护的不良事件相关信息的文件记录。

ii．确定事件是否可报告而评价的信息。

iii．用于确定器械相关死亡、严重损伤或故障是否可报告的审议和决策过程的文件。

iv．确保获取信息的系统，以便FDA及时跟进和检查。

你公司应根据2014年2月14日《联邦公报》上发布的电子医疗器械报告（eMDR）的最终规定，相应调整MDR程序，包括以电子方式提交MDR的流程。此外，你公司将需要创建eMDR账户，以便以电子方式提交MDR。有关eMDR的最终规定和eMDR设置流程的信息，请访问FDA网站：http://www.fda.gov/medicaldevices/deviceregulationandguidance/postmarketrequirements/reportingadverseevents/emdr%e2%80%93electronicmedicaldevicereporting/default.htm。

如果你公司希望讨论MDR可报告性标准或安排进一步的沟通，可通过电子邮件联系可报告性审查小组，电子邮箱：ReportabilityRevieweam@fda.hhs.gov。

鉴于你公司违规问题的严重性，根据该《法案》第801（a）节［21 U.S.C.§ 381（a）］，你公司生产的包括月经杯在内的医疗器械属于伪劣产品，禁止进入美国境内。在你公司违规行为得到纠正之前，FDA正对你公司医疗器械产品采取“未经物理检查而扣留”的措施，禁止这些的产品进入美国。为了解除以上禁止令，你公司应按照对本警告信要求作出书面回复，并纠正本警告信中所述的违规行为。FDA将通知有关你公司回复是否充分，以及是否需要重新检查你公司的设施，以验证是否已采取适当的纠正措施。

同时，联邦机构会得知关于器械的警告信，以便在签订合同时考虑上述信息。此外，如果FDA确定你公司违反了质量体系法规，且这些违规行为与Ⅲ类器械的上市前批准申请有关联，则在纠正这些违规行为之前，将不会批准此类器械。

请在收到本信函之日起15个工作日内将你公司为纠正上述违规行为所采取的具体步骤书面通知本办公室，并说明你公司计划如何防止此类违规行为或类似违规行为再次发生。包括你公司已经采取的纠正措施（必须解决系统问题）的文件材料。如果你公司计划采取的纠正措施将逐渐开展，请提供实施这些活动的时间表。如果无法在15个工作日内完成纠正，请说明延迟的原因以及完成这些活动的时间。请提供非英文文件的英文译本，以方便FDA审查。

最后，请注意本信函未完全包括你公司全部违规行为。你公司有责任遵守FDA所有的法律和法规。本信函和检查结束时签发的检查结果FDA 483表中记录的具体违规行为可能表明你公司制造和质量管理体系中存在严重问题。你公司应查明违规原因并及时采取纠正措施，确保产品合规。

第281封　给Elite Massagers，LLC.的警告信

生产质量管理规范/质量体系法规/医疗器械/伪劣

CMS # 470283

2015年12月11日

尊敬的G先生：

2015年3月25日至2015年4月14日，美国食品药品管理局（FDA）检查员对位于德克萨斯州理查森的你公司进行了检查，确定你公司制造Elite Mono按摩器、Elite Multi按摩器、Elite Multi-Pro按摩器、Elite按摩鞋、Elite按摩腰带、Elite热敷包、Elite后腰热敷包、Elite肩部热敷包、Elite组合热敷包和Elite加热背带。根据《联邦食品、药品和化妆品法案》（以下简称《法案》）第201（h）节［21 U.S.C.§ 321（h）］，凡是用于诊断疾病或其他症状，对疾病有治愈、缓解、治疗或预防作用，或是可以影响人体结构或功能的器械，均为医疗器械。故你公司涉及检查的产品为医疗器械。

未经批准的器械

在FDA检查你公司设备期间，你公司特别指定K121719为Elite按摩器产品适用的510（k）许可。

（1）FDA已审查510（k）文件，确定对于所描述和销售的器械，你公司没有根据《法案》第515（a）节［21 U.S.C.§ 360e（a）］的规定获得批准的上市前批准申请（PMA），也没有根据《法案》第520（g）节［21 U.S.C.§ 360j（g）］的规定获得批准的试验器械豁免申请，根据《法案》第501（f）（1）（B）节［21 U.S.C.§ 351（f）（1）（B）］的规定，确定你公司的Elite Massager Multi-Pro为伪劣产品。你公司在州际贸易中引进或交付用于商业分销的器械，其预期用途发生重大变更或修改，却未按《法案》第510（k）节［21 U.S.C.§ 360（k）］和21 CFR 807.81（a）（3）（ii）要求向管理局提交新版上市前通告，根据《法案》第502（o）节［21 U.S.C.§ 352（o）］的规定，该器械存在标记错误。

具体为，你公司已通过将"按摩模式"增至八种，按K121719获得许可，对Elite Multi-Pro按摩器进行了修改。按K121719许可的器械仅有"六种操作模式"。操作模式数量的变化构成对器械预期用途的重大变更或修改，而你公司缺乏对应的许可和批准。

（2）你公司还销售配件，特别是Elite按摩腰带和Elite按摩鞋，此类配件将与Elite按摩器搭配使用。在对FDA记录进行审查后发现，你公司在开始销售上述配件之前未获得市场批准或许可，这属于违法行为。此外，你公司的Elite按摩腰带和Elite按摩鞋不在K121719涵盖范围内。因此，根据《法案》第501（f）（1）（B）节［21 U.S.C.§ 351（f）（1）（B）］的规定，你公司的Elite按摩腰带和Elite按摩鞋为伪劣产品，原因在于你公司没有根据《法案》第515（a）节［21 U.S.C.§ 360e（a）］的规定获得批准的上市前批准申请（PMA），也没有根据《法案》第520（g）节［21 U.S.C.§ 360j（g）］的规定获得批准的试验器械豁免（IDE）申请。根据《法案》第502（o）节［21 U.S.C.§ 352（o）］的规定，该器械也标记不当，原因在于你公司没有按照《法案》第510（k）节［21 U.S.C.§ 360（k）］的要求，将启动器械商业销售的意图通知FDA。

根据21 CFR 882.1320"皮肤电极"的规定，Elite按摩鞋和Elite按摩腰带似乎属于产品代码GXY。皮肤电极是直接应用于患者皮肤，用于记录生理信号（例如：脑电图）或应用电刺激。

（3）2015年11月4日，FDA检查了一批进口的Elite Mono按摩器和Elite Multi按摩器，地址为1820 S. McDonald Street, McKinney, Texas，并于2015年11月20日扣押了这批货物。FDA对这批货物的检验表明，

Elite Multi Mono按摩器和Elite Multi按摩器附有穴位图。根据《法案》第501（f）(1)（B）节［21 U.S.C.§ 351（f）(1)（B）］的规定，Elite Mono按摩器和Elite Multi按摩器为伪劣产品，原因在于对于所描述和销售的器械，你公司没有根据《法案》第515（a）节［21 U.S.C.§ 360e（a）］的规定获得批准的上市前批准申请（PMA），也没有根据《法案》第520（g）节［21 U.S.C.§ 360j（g）］的规定获得批准的试验器械豁免（IDE）申请。根据《法案》第502（o）节［21 U.S.C.§ 352（o）］的规定，Elite Mono按摩器和Elite Multi按摩器存在标记错误的情况，因为你公司在州际贸易中引进或交付用于商业分销的器械，其预期用途发生重大变更或修改，却未按《法案》第510（k）节［21 U.S.C.§ 360（k）］和21 CFR 807.81（a）(3)（ii）的要求向FDA提交新版上市前通告。

具体为，Elite Mono按摩器和Elite Multi按摩器按K121719受许，有以下适应证：

经皮神经电刺激器（TENS）：

“用于暂时缓解因运动或正常家务活动而引起的肩、腰、背、颈、上肢（手臂）、下肢（腿部）肌肉酸痛”。

动力式肌肉刺激器（PMS）：

“旨在刺激健康的肌肉，以改善和促进肌肉的表现”。

但是，你公司对上述装置的推广提供了证据，证明其用途包括但不限于以下情况：

“26 - 四白穴：各种眼病、头痛、头晕、面瘫”；

“38 - 神门穴：心痛、烦躁、失眠失忆、癫痫”；

“50 - 外关穴：偏瘫、腮腺炎、耳聋、耳鸣、落枕”；

“64 - 至阳穴：肝炎、胆囊炎、胃痛、肋间神经痛”。

上述声明构成对器械预期用途的重大变更或修改，你公司对此缺乏许可或批准。器械评估办公室（ODE）并不知晓任何受许等同器械采用了TENS和PMS技术，且适用于穴位图中列出的疾病和条件。

你公司在2015年5月5日答复称，将不再在你公司器械中包含穴位图；但FDA在2015年11月对一批Elite Mono按摩器和Elite Multi按摩器进行检查时发现，此类设备仍附带了穴位图。

最后，你公司称，Elite Mono按摩器、Elite Multi按摩器和Elite Multi Pro按摩器通过TENS和PMS技术提供按摩服务。FDA并未发现任何使用电刺激进行按摩的已批准等同器械。相反，合法销售的治疗性按摩器通过滚动、抽吸和机械振动机制提供按摩服务。K121719未获得按摩适应证的许可，因此上述装置的销售也不在510（k）许可的范围内。

（4）FDA还确定，根据《法案》第501（f）(1)（B）节［21 U.S.C.§ 351（f）(1)（B）］，你公司的Elite热敷包、Elite后腰热敷包、Elite肩部热敷包、Elite组合热敷包和Elite加热背带（“热敷包”）为伪劣产品，原因在于对于所描述和销售的器械，你公司没有根据《法案》第515（a）节［21 U.S.C.§ 360e（a）］的规定获得批准的上市前批准申请（PMA），也没有根据《法案》第520（g）节［21 U.S.C.§ 360j（g）］的规定获得批准的试验器械豁免申请。根据《法案》第502（o）节［21 U.S.C.§ 352（o）］，Elite热敷包、Elite后腰热敷包、Elite肩部热敷包、Elite组合热敷包和Elite加热背带还存在标记错误的情况，原因在于你公司将此类装置引入或交付州际贸易以供商业分销，故而根据《法案》第510（k）节［21 U.S.C.§ 360（k）］，其预期用途不同于21 CFR 890.5710（热敷包装或一次性包装）所述的通用器械类型中合法销售器械的预期用途，无需向FDA提交上市前通告。

你公司将上述装置作为热敷包进行销售和分销。根据21 CFR 890.5710分类的器械，即一次性热敷或冷敷包，除非超过21 CFR 890.9（a）中的豁免限制，否则免于上市前通告。然而，Elite后腰热敷包、Elite肩部热敷包、Elite组合热敷包和Elite加热背带的销售用途不同于21 CFR 890.5710条下分类的合法销售器械，即一次性热敷或冷敷包装。此类通用器械“用于医疗目的，包含密封的塑料袋，其中含有化学物质，一旦激活，可为体表提供热疗或冷疗”。但是，你公司正在销售Elite后腰热敷包、Elite肩部热敷包、Elite组合热敷包和Elite加热背带，用于不同的预期用途，包括但不限于肌痛、纤维肌痛和收缩性滑囊炎，但不包括豁免限制。

例如：2015年12月2日，你公司网站（www.eliteheat-usa.com）声明，热敷包提供：缓解肌肉痉挛、僵硬、肌肉痛、肌痛、纤维肌痛、收缩性滑囊炎和关节炎。由于你公司针对Elite后腰热敷包、Elite肩部热敷包、Elite组合热敷包和Elite加热背带在市场上的预期用途不同于根据21 CFR 890.5710分类的合法销售器械，因此以上装置超出了21 CFR 890.9（a）中所述的限制，不得免除上市前通告。

此外，2015年12月2日，你公司网站（eliteheat-usa.com）的“常见问题解答”（FAQ）部分指出，“每个缓解包的温度将达到华氏130度（54.4℃）”。而适用法规21 CFR 890.5710中用于类似适应证（即止痛）的其他装置不超过41.5℃。

对于需要获得上市前批准的器械，在PMA等待FDA审批时，《法案》第510（k）节［21 U.S.C.§ 360（k）］要求的通知视为已满足［21 CFR 807.81（b）］。你公司为获得批准需提交的信息类型可见FDA网站。FDA将评估你公司提交的信息，并决定你公司的产品是否可合法上市。

不良事件报告

FDA经检查还发现，根据《法案》第502（t）（2）节［21 U.S.C.§ 352（t）（2）］的规定，你公司的Elite Mono、Multi和Multi-Pro按摩器标记不当，原因在于你公司未能或拒绝提供《法案》第519节［21 U.S.C.§ 360i］和21 CFR 803“不良事件报告（MDR）”规定的有关此类器械的材料或信息。重大偏离包括但不限于以下内容：

未按照21 CFR 803.17的要求，适当制定、维护和实施书面不良事件报告规程。你公司命名为《不良事件报告投诉规程》的不良事件报告规程包含在你公司修订于2014年4月《Elite按摩器投诉手册》文件的第6页（共8页），在对其进行审查后发现以下问题：

1．根据21 CFR 803.17（a）（1）的要求，该文件未制定及时有效识别、沟通和评估需遵守不良事件报告要求的事件的内部系统。例如：

a）没有对你公司视为21 CFR 803部分项下应报告事件的事件进行定义。你公司的规程未包含21 CFR 803.3中对术语“获悉”“导致或造成”“故障”“MDR应报告事件”和“严重伤害”的定义，以及21 CFR 803.20（c）（1）中对术语“合理表明”的定义。缺失的定义可能会导致你公司在评估可能符合21 CFR 803.50（a）项下报告标准的投诉时做出不正确的应报告性决定。

2．你公司的不良事件报告程序没有建立能够按照21 CFR 803.17（a）（2）的要求提供标准化审查过程的内部系统，以确定某一事件何时符合本部分项下的报告标准。例如：

a）没有关于对每个事件进行全面调查及评估事件发生原因的说明。

b）该书面规程没有具体说明负责作出向FDA报告事件的决定的人员。该规程涉及管理层的职责，但未说明由谁决定报告MDR。

3．该规程未建立内部系统，以便按照21 CFR 803.17（a）（3）的要求“及时报送完整的不良事件报告”。具体为，未涉及以下内容：

a）该规程未包含或参考如何获得FDA 3500A表以及如何填写FDA 3500A表的说明，详见21 CFR 803.11和21 CFR 803.12。

b）你公司须提交补充报告［如21 CFR 803.10（c）（3）所述］和“5天报告”［如21 CFR 803.10（c）（2）所述］的情况，以及此类报告的要求内容。

c）尽管该规程包括对不良事件的 30 天报告的引用，但并未按照21 CFR 803.10（c）（1）的要求规定须在你公司意识到应报告的死亡、重伤或故障之日后的30个自然日内提交此类报告。

监督和生物测定办公室（OSB）审查了你公司2015年5月4日的答复，认为答复不充分。

1．命名为《Elite按摩仪投诉手册（修订版2）》的不良事件报告规程是2014年4月《Elite按摩仪投诉手册》的更新版本，仍然未能按照21 CFR 803.17（a）（1）的要求建立内部系统，以“及时有效地识别、沟通并评估可能受不良事件报告要求约束的事件”。例如：

a）你公司的不良事件报告规程没有根据21 CFR 803对应报告事件进行定义。例如：你公司的规程未包含21 CFR 803.3中对术语“获悉”“导致或造成”“故障”“MDR应报告事件”和“严重伤害”的定义，以及21 CFR 803.20（c）（1）中对术语“合理表明”的定义。缺失的定义可能会导致你公司在评估可能符合21 CFR 803.50（a）项下报告标准的投诉时做出不正确的应报告性决定。

2．命名为《Elite按摩仪投诉手册（修订版2）》的不良事件报告规程也未建立内部系统，以便“及时传输完整的不良事件报告”，如21 CFR 803.17（a）（3）的要求。具体为，未涉及以下内容：

a）该规程未包含或参考如何获得FDA 3500A表以及如何填写FDA 3500A表的说明，详见21 CFR 803.11和21 CFR 803.12。

b）你公司须提交补充报告［如21 CFR 803.10（c）（3）所述］以及此类报告的要求内容。

c）尽管该规程提及了30天的不良事件报告，但并未按照21 CFR 803.10（c）（1）的要求规定须在你公司意识到应报告的死亡、重伤或故障之日后的30个自然日内提交此类报告。

《电子不良事件报告（eMDR）最终规则》于2014年2月13日公布，要求制造商和进口商向FDA提交eMDR。本最终规则的要求自2015年8月14日起生效。若你公司尚未以电子方式提交报告，建议你公司访问FDA网站，以获取有关电子版报告要求的其他信息。

如果你公司希望讨论MDR应报告性标准或安排进一步的沟通，请发送电子邮件联系应报告性审查小组，邮件地址为ReportabilityReviewTeam@fda.hhs.gov。

质量体系

本次检查表明，此类医疗器械的生产、包装、储存或安装中使用的方法、设施或控制不符合21 CFR 820质量体系法规（以下简称QSR/21 CFR 820）的现行生产质量管理规范（以下简称cGMP）要求，根据《法案》第501（h）节［21 U.S.C.§ 351（h）］的规定，属于伪劣产品。违规行为包括但不限于下述各项：

1．未能按照21 CFR 820.80（a）的要求制定和维护验收活动规程。

具体为，你公司2014年修订的《Elite按摩仪验收和质量控制规程手册》未包含你公司开展的验收活动的完整规程。例如：

a．你公司2014年修订的《Elite按摩仪验收和质量控制规程手册》指出，应打开受检装置以确保装置正常运行，并参考手册第6页。该页提供了对测试装置的有限步骤。该规程未提供进行测试的充分说明，也未提供足够的验收标准来确定装置是否通过测试。此外，你公司没有按照21 CFR 820.250（b）要求证明用于验收测试的抽样规模是基于有效的统计原理的书面证明。

b．你公司没有为你公司Elite热敷包建立任何验收规程，也没有为此类产品执行《Elite按摩仪验收和质量控制规程手册》。

FDA已经审查了你公司2015年5月4日的答复，并确定答复不充分。具体为，你公司的答复称，合同制造商将进行其答复附件C中确定的测试。你公司进一步称，将使用你公司答复附件D中确定的《AQL取样表》来确定此次测试的取样量。但是，你公司未确定将要使用的检验级别或验收质量级别。该信息对于正确使用此类取样计划至关重要。此外，虽然对合同制造商的制造和验收活动作了适当监督，但此类活动不符合你公司的验收活动规定要求。具体为，你公司的验收活动应确保你公司收到的装置符合质量标准，并应作为对合同制造商设备性能的检查。你公司的验收活动应包含验证已开展测试的规程，以及结果验证的某个级别。此外，所提供的记录未包含你公司将在验收活动中使用的验收标准，同时会令你公司难以验证结果的充分性。

2．未能按照21 CFR 820.198的要求制定和维护由正式指定单位接收、审查和评估投诉的规程。例如：

a．你公司于2014年4月修订的《Elite按摩仪投诉手册》未按照21 CFR 820.198（a）的要求，规定进行投诉调查的统一规程。

b．FDA检查发现你公司收到了两起投诉，且未按照21 CFR 820.198（e）的要求作书面调查，以确定投诉的性质和细节，包括原因如下：

i．2014年4月8日的投诉指出，一台Elite Multi装置致用户触电，用户随后将该装置退回。尽管已向客户发送了更换件，但无确定故障原因的调查记录。

ii. 2014年12月24日的投诉显示，一台Elite Multi Pro的屏幕仍处于冻结状态。虽然你公司确认了故障，但无确定故障原因的调查记录。

FDA已审查了你公司2015年5月4日的答复，其中包括你公司的《Elite按摩仪投诉处理手册》修订版2。该答复不充分，因为你公司的修订版规程未能确定如何开展投诉调查。你公司应考虑如何将故障告知器械合同制造商，并确定当器械发生故障时应进行何种类型的调查活动。此外，你公司的答复未说明如何补救上述具体投诉。

3. 未能按照21 CFR 820.50的要求建立和保持程序，确保所有采购或以其他方式收到的产品和服务满足规定的要求。例如：

a. 你公司是Elite按摩仪的初始进口商之一，签订有相关制造合同。你公司缺乏相关规程来控制供应商评估、定义待执行控制的类型和范围，或维护可接受供应商的记录。

b. 你公司是Elite热敷包的初始进口商之一，签订有相关制造合同。你公司缺乏相关规程来控制供应商评估、定义待执行控制的类型和范围，或维护可接受供应商的记录。

FDA已经审查了你公司2015年5月4日的答复，并确定答复不充分。虽然你公司的答复承诺提供新版规程，但新版规程并未包含在答复中，因此FDA目前无法对其进行审查。请在给本信函的书面答复中随附修订版采购控制规程。

你公司应立即采取措施纠正本信函所述的违规行为。如若未能及时纠正这些违规行为，可能导致FDA在没有进一步通知的情况下启动监管措施。监管措施包括但不限于没收、禁令和民事罚款。此外，联邦机构会得知关于器械的警告信，以便在签订合同时考虑上述信息。如果FDA确定你公司违反了质量体系法规，且这些违规行为与Ⅲ类器械的上市前批准申请有关联，则在纠正这些违规行为之前，将不会批准此类器械。在所述医疗器械相关违规行为得到纠正之前，FDA不会批准出口证明（Certificates to Foreign Governments，CFG）的申请。

此外，FDA提醒你公司，作为不受21 CFR 820质量体系要求豁免的医疗器械的初始进口商，你公司须对所有不受豁免的器械实施纠正和预防措施（CAPA）规程。此项要求适用于你公司的Elite热敷包以及Elite按摩仪。检查期间，你公司的管理层声明，不将CAPA规程应用于你公司的Elite热敷包产品。

FDA要求你公司在15日内联系本办公室，安排与地区合规人员会面的日期和时间，讨论上述偏差和永久性纠正措施，以显著提高合规水平。若你公司无法及时与FDA会面，请说明延迟的原因及最近可出席此次会议的日期。

最后，请注意本信函未完全包括你公司全部违规行为。你公司有责任遵守FDA所有的法律和法规。本信函和检查结束时签发的检查结果FDA 483表中记录的具体违规行为可能表明你公司制造和质量管理体系中存在严重问题。你公司应查明违规原因并及时采取纠正措施，确保产品合规。

第282封 给A1 Engineering的警告信

生产质量管理规范/质量体系法规/医疗器械/伪劣

CMS # 457666

2015年11月19日

尊敬的P先生：

2015年3月2日至2015年3月18日，美国食品药品管理局（FDA）对位于加利福利亚州库卡蒙加牧场市的你公司进行了检查。通过检查，FDA检查员确定你公司生产并销售Neurotris SX系列设备和Neurotris PICO Toner微电流美容仪。根据《联邦食品、药品和化妆品法案》（以下简称《法案》）第201（h）节［21 U.S.C.§ 321（h）］，凡是用于诊断疾病或其他症状，对疾病有治愈、缓解、治疗或预防作用，或是可以影响人体结构或功能的器械，均为医疗器械。故你公司涉及检查的产品为医疗器械。

本次检查表明，这些医疗器械的生产、包装、储存或安装中使用的方法、设施或控制不符合21 CFR 820质量体系法规（以下简称QSR/21 CFR 820）的现行生产质量管理规范（以下简称cGMP）要求，根据《法案》第501（h）节［21 U.S.C.§ 351（h）］的规定，属于伪劣产品。

迄今为止，FDA未收到你公司针对FDA检查员向你公司出具的FDA 483表（检查发现问题清单）的回复。违规行为包括但不限于下述各项：

1．未能按照21 CFR 820.181的要求保持器械主记录。

例如：你公司尚未为Neurtis SX系列设备创建器械主记录。

2．未能按照21 CFR 820.184的要求建立和保持器械历史记录。

例如：你公司未保持对定义器械历史记录内容的程序。此外，你公司在检查期间提供的作为SX系列设备的器械历史记录的文档未包含各生产单元使用的主要标识标签，也未包含完整的验收记录。

3．未能按照21 CFR 820.50的要求建立和保持程序，确保所有采购或以其他方式收到的产品和服务满足规定的要求。

例如：你公司未保留已批准的程序，来记录生产过程中的在制品或验收活动的要求。

4．未能按照21 CFR 820.50（a）（1）的要求，根据是否能满足规定要求的能力评估潜在供应商，并形成文件。

例如：你公司未提供你公司任何零部件供应商的评估记录。

5．未能按照21 CFR 820.198（a）的要求保持投诉文件。

例如：负责调查投诉的员工未使用公司投诉调查SOP（b）（4）中引用的投诉调查表来记录调查活动。你公司还向检查员称，你公司文件复验与检查清单上的投诉有关，在维护时不会纳入投诉文件。

6．未能制定并维护设备的调整、清洁和其他维护计划表，也未能按照21 CFR 820.70（g）（1）的要求记录维护活动。

例如：你公司缺乏Fluke数字万用表、Simpson模拟VOM、Owon示波器和Sorenson数字电源的校准记录。

7．未能按照21 CFR 820.20（e）的要求建立质量体系程序和指导书。

例如：你公司的管理层未在质量手册（b）（4）、投诉调查（b）（4）或纠正和预防措施体系（b）（4）上签字或注明日期。此外，你公司无法提供其质量手册中列出的下列规程的副本：器械主记录（b）（4）；供应商评估和监控（b）（4）；生产工作单和历史记录（b）（4）；产品标识和可追溯性（b）（4）；贴签和包装（b）（4）；过程中检验（b）（4）；最终验收（b）（4）；以及测量和监控设备（b）（4）。

此外，FDA还审查了2015年3月检查期间从你公司收集的Neurois SX系列设备和PICO Toner微电流美容仪的标签和营销材料。根据该次审查，对于所描述和销售的器械，你公司没有根据《法案》第515（a）节［21 U.S.C.§ 360e（a）］的规定获得批准的上市前批准申请（PMA），也没有根据《法案》第520（g）节［21 U.S.C.§ 360j（g）］的规定获得批准的试验器械豁免申请，按照《法案》第501（f）（1）（B）节［21 U.S.C.§ 351（f）（1）（B）］的规定，FDA确定Neurois SX系列设备和PICO Toner微电流美容仪为伪劣产品。

根据《法案》第502（o）节［21 U.S.C.§ 352（o）］，Neurotris SX系列设备和PICO Toner微电流美容仪还存在标记错误的情况，原因在于你公司将此类器械引入或交付州际贸易以供商业分销，故而根据《法案》第510（k）节［21 U.S.C.§ 360（k）］，其预期用途不同于21 CFR 890.5660（治疗用按摩器）所述的通用器械类型中合法销售器械的预期用途，无需向FDA提交上市前通告。

你公司已注册为制造商，并将你公司器械列为21 CFR 890.5660下的电动治疗用按摩器。根据21 CFR 890.5660（治疗用按摩器）分类的器械可免于上市前通告，除非其超过21 CFR 890.9（a）规定的豁免限制。但是，有证据表明，Neurotris SX系列设备和PICO Toner微电流美容仪的预期用途不同于那些根据21 CFR 890.5660（治疗用按摩器）分类而合法销售的器械。此类的通用器械用于医疗目的，例如：减轻轻微的肌肉疼痛。但是，你公司正在按不同的预期用途销售上述器械，包括但不限于：减少皱纹、面部提拉、紧致颈部、增加ATP产生量、增加胶原蛋白和弹性蛋白、改善循环、紧致皮肤、减少脂肪团、加强生物过程、水解甘油三酯、改善晒伤皮肤和皮肤色素沉着、离子导入、减脂、肌肉建设和塑形。例如：

你公司的Neurtis塑面和塑身系统手册声明如下：

- 关于SX系列塑面系统，手册指出，“可见的功效有：
  - 减少皱纹
  - 塑形
  - 紧致
  - 面部提拉
  - 紧致颈部
  - 增加ATP产生量
  - 增加胶原蛋白
  - 增加弹性蛋白
  - 改善皮肤纹理
  - 改善循环”。
- 关于SX系列塑身系统，你公司的手册指出，“效果立竿见影，成果日积月累：
  - 体型尺寸减小
  - 减脂
  - 肌肉塑形
  - 紧致皮肤
  - 提拉下垂区域
  - 减少脂肪团
  - 增强生物过程”。
- “SX-50微电流塑身系统有5大预设程序，利用超高清晰度信号刺激甘油三酯水解，同时增加肌肉张力”。
- “增设了一份强化肌肉锻炼的附加方案，使SX-101成为极限身体系统。所见结果：极限肌肉锻炼、紧致皮肤、肌肉塑形、体型尺寸减小、减少脂肪和脂肪团、提拉下垂区域并增强生物过程”。
- “SX-3800具有用于1级塑脸和塑身的输出附件。预期效果包括：改善面部和颈部肌肉张力、提拉下巴和眉毛、减少乃至消除细纹和皱纹、改善面部循环、淋巴引流、产品渗透和改善晒伤皮肤和皮肤色素沉着”。

- 关于Neurtis PICO Toner微电流美容仪，你公司的手册称“效果立竿见影，成果日积月累：
  - ○刺激胶原蛋白和弹性蛋白产生
  - ○改善循环和淋巴引流
  - ○减少细纹和皱纹
  - ○紧致毛孔和下垂的肌肤
  - ○提高整体色调
  - ○面部提拉”。
- 你公司的手册中客户推荐部分称，“不再头痛，不再有鼻窦问题，不再有下颌疼痛。视力变好了。笑容重现，甚至治愈了过去手术造成的神经损伤”！
- 手册中的“客户治疗结果”部分称，“使用这种放松疗法，可减少拉伸痕迹、脂肪团、瘢痕和凹陷的出现。在紧致皮肤、提拉下垂区域、肌肉塑形、水合作用和皮肤整体外观方面的效果显而易见。通过体型尺寸和穿衣码数看出减重效果。有效治疗孕后问题”！

由于有证据表明，Neurotris SX系列设备和PICO Toner微电流美容仪的预期用途不同于根据21 CFR 890.5660分类而合法销售的器械，因此其超过了21 CFR 890.9（a）中所述的限制，且不得免除上市前通告。

对于需要获得上市前批准的器械，在PMA等待FDA审批时，《法案》第510（k）节［21 U.S.C.§ 360（k）］要求的通知视为已满足［21 CFR 807.81（b）］。获得器械批准需提交的信息，可查阅FDA网站。FDA将评估你公司提交的信息，并决定你公司的产品是否可合法上市。

FDA办公室要求你公司立即停止致Neurotris SX系列设备和PICO Toner微电流美容仪标记错误或不合规的活动。

你公司应立即采取措施纠正本信函所述的违规行为。如若未能及时纠正这些违规行为，可能导致FDA在没有进一步通知的情况下启动监管措施。监管措施包括但不限于没收、禁令和民事罚款。此外，联邦机构会得知关于器械的警告信，以便在签订合同时考虑上述信息。如果FDA确定你公司违反了质量体系法规，且这些违规行为与Ⅲ类器械的上市前批准申请有关联，则在纠正这些违规行为之前，将不会批准此类器械。同时，如果FDA确定你公司的器械不符合《法案》的要求，则不会批准出口证明（Certificates to Foreign Governments，CFG）的申请。由此需要进行后续检查，以确保纠正和/或纠正措施的充分性。

请在收到本信函之日起15个工作日内将你公司为纠正上述违规行为所采取的具体步骤书面通知本办公室，并说明你公司计划如何防止此类违规行为或类似违规行为再次发生。包括你公司已经采取的纠正措施（必须解决系统问题）的文件材料。如果你公司计划采取的纠正措施将逐渐开展，请提供实施这些活动的时间表。如果无法在15个工作日内完成纠正，请说明延迟的原因以及完成这些活动的时间。你公司的回复应全面，并解决此警告信中所包括的所有违规行为。

最后，请注意本信函未完全包括你公司全部违规行为。你公司有责任遵守FDA所有的法律和法规。本信函和检查结束时签发的检查结果FDA 483表中记录的具体违规行为可能表明你公司制造和质量管理体系中存在严重问题。你公司应查明违规原因并及时采取纠正措施，确保产品合规。

第283封　给Texas Biostetic Instruments的警告信

生产质量管理规范/质量体系法规/医疗器械/PMA/伪劣

CMS # 452796

2015年10月28日

尊敬的T先生：

2014年10月28日至2014年11月18日，美国食品药品管理局（FDA）检查员在对位于德州科利维尔的你公司的检查中认定，你公司进口/第一经销Bio Lipo Light-emitting Diode（LED）器械、Biostetic Jet Peel光动治疗（PDT）器械、Biostetic 2100微电流器械以及TBI-BIO-Light Tower LED焕肤系统。根据《联邦食品、药品和化妆品法案》（以下简称《法案》）第201（h）节［21 U.S.C.§ 321（h）］，凡是用于诊断疾病或其他症状，对疾病有治愈、缓解、治疗或预防作用，或是可以影响人体结构或功能的器械，均为医疗器械。故你公司涉及检查的产品为医疗器械。

未批准的器械

Bio Lipo LED器械

FDA检查发现，你公司的Bio Lipo LED器械没有根据《法案》第515（a）节［21 U.S.C.§ 360e（a）］的规定取得上市前批准申请（PMA）的批准，也没有按照《法案》第520（g）节［21 U.S.C.§ 360j（g）］的规定取得试验器械豁免（IDE）的申请批准，依照《法案》第501（f）（1）（B）节［21 U.S.C.§ 351（f）（1）（B）］的规定属伪劣产品。而且，你公司的Bio Lipo LED器械没有依照《法案》第510（k）节［21 U.S.C.§ 360（k）］的规定就该器械的商业销售意图通知管理局，依照《法案》第502（o）节［21 U.S.C.§ 352（o）］的规定，属于标记不当产品。

在检查过程中，FDA得知你公司正在将Bio-Lip LED器械作为“非运动测量器械”进行销售。根据21 CFR 890.5370归类的非运动测量器械可豁免上市前批准申请，除非已超过21 CFR 890.9的豁免限制。这种类型的通用器械“用于医疗目的，如重建肌肉或恢复关节运动，或用作肥胖症的辅助治疗。例如俯卧的踏板车板、双杠、机械跑步机、运动台和手动推动的运动自行车。”

但Bio Lipo LED器械使用的基本科学原理不同于根据21 CFR 890.5370归类的合法销售器械。该器械的操作手册指出，该器械是用于无创性的体型保健并向人体组织发射LED能量以分解和清除体内脂肪并释放脂肪细胞的细胞内容物。你公司的Bio Lipo LED操作手册还规定了以下内容：

- “LED刺激分解并去除体脂……”
- “超亮激光如LED技术已证实可专门释放脂肪细胞中的细胞内容物……”

与合法销售的非测量运动器械不同，Bio-Lipo-LED器械是典型的固定式运动器械，满足机械技术的最低标准，如机械跑步机或手动运动自行车，主要使用不同的基本科学原理LED技术来达到预期目的。有证据表明，Bio-Lipo LED器械使用了不同的基本科学原理，因此超出了21 CFR 890.9（b）所述的限制并且不豁免上市前通知申请。

Biostetic Jet Peel PDT器械（Biostetic Jet Peel）

FDA检查发现，你公司的Biostetic Jet Peel器械没有根据《法案》第515（a）节［21 U.S.C.§ 360e（a）］的规定取得PMA的申请批准，也没有按照《法案》第520（g）节［21 U.S.C.§ 360j（g）］的规定取得IDE的申请批准，依照《法案》第501（f）（1）（B）节［21 U.S.C.§ 351（f）（1）（B）］的规定，属伪劣产品。你公司的Biostetic Jet Peel器械未能根据《法案》第510（k）节［21 U.S.C.§ 360（k）］的规定就该器械投入商业销售的预期意图通知管理局，依照《法案》第502（o）节［21 U.S.C.§ 352（o）］的规定，还属于标记不当产品。

在检查过程中，FDA获悉你公司正在将Biostetic Jet Peel作为“日常活动辅助器械”进行销售。根据21 CFR 890.5050归类的器械即日常活动辅助器械可豁免上市前通告申请，除非已超出21 CFR 890.9的豁免限制。这种类型的通用器械是“用于医疗目的的改良适配器或器具（例如，敷料、梳洗、娱乐活动、转移、饮食或自制辅助器械），用于帮助患者执行特定功能。”

但Biostetic Jet Peel采用的基本科学原理与 21 CFR 890.5050中归类的合法销售器械不同。例如你公司的Biostetic Jet Peel操作手册规定如下：

- “……利用加压氧气将液体制剂（生理盐水）加速到超音速，对皮肤产生去角质作用。”
- “液体制剂由不同的维生素和补充剂混合而成……”
- “高速……剥去皮肤表层……”
- “仪器利用624nm脉冲产生的功率光［光动力疗法（PDT）］。”

与合法销售的日常活动辅助器械（这种器械是经过改造的适配器或器具，技术范围上包括医用马桶座到指甲钳和牙刷等）不同的是，Biostetic Jet Peel采用了不同的基本科学原理即加压氧来让“不同维生素和补充剂”的液体制剂加速到超音速和PDT以达到预期目的。由于有证据表明，Biostetic Jet Peel采用了不同的基本科学原理，因此超出了21 CFR 890.9（b）中所述的限制，不能豁免上市前通知申请。

你公司也在销售Biostetic Jet Peel，其预期用途与21 CFR 890.5050下合法销售器械的预期用途不同。例如你公司的操作手册提出了以下要求：

- “祛痘”；
- “除皱”；
- “皮肤再生：去除色素和雀斑……”；
- “促进头发再生”；
- “去除瘢痕”。

合法销售的这类通用器械是为了“帮助患者执行特定功能的医疗目的”；但Biostetic Jet Peel的用途超出了预期目的，例如痤疮、皱纹、色素和雀斑、瘢痕去除以及促进头发再生。根据本法规，没有合法销售的器械具有类似于Biostetic Jet Peel的用途。由于有证据表明，Biostetic Jet Peel的用途不同于根据21 CFR 890.5050归类的合法销售器械，因此已超出了21 CFR 890.9（a）中所述的限制，不能豁免上市前通知。

Biostetic 2100 微电流器械

FDA检查发现，你公司的Biostetic微电流器械没有根据《法案》第515（a）节［21 U.S.C.§ 360e（a）］的规定取得PMA的申请批准，也没有按照《法案》第520（g）节［21 U.S.C.§ 360j（g）］的规定取得IDE的申请批准，依照《法案》第501（f）（1）（B）节［21 U.S.C.§ 351（f）（1）（B）］的规定属伪劣产品。你公司的Biostetic微电流器械未能根据《法案》第510（k）节［21 U.S.C.§ 360（k）］的规定就该器械投入商业销售的预期意图通知管理局，依照《法案》第502（o）节［21 U.S.C.§ 352（o）］的规定，还属于标记不当产品。

在检查过程中，FDA得知你公司正在将Biostetic微电流器械作为“日常活动辅助器械”进行销售。根据21 CFR 890.5050，日常活动辅助器械归类的器械可豁免上市前通知申请，除非已超出21 CFR 890.9的豁免限制。这类通用器械是“用于医疗目的的改良适配器或器具（例如，敷料、梳洗、娱乐活动、转移、饮食或自制辅助器械），可帮助患者执行特定功能。”

但与根据21 CFR 890.5050归类的合法销售的器械相比，Biostetic Micro-Current使用了不同的基本科学原理。例如，你公司的Biostetic Micro-Current用户手册表明，该器械使用：

- “弹性蛋白输注疗法”；
- “12个不同的面部强度等级”；

- “20种不同的身体强度水平”；
- “一套生物强化弹性蛋白输注疗法”；
- “一例专用MCR传导凝胶”。

与合法销售的日常活动辅助器械（这些器械是经过改良的适配器或器具，技术范围上包含医用马桶座到指甲钳和牙刷等）不同的是，Biostetic 微电流器械采用了不同的基本科学原理即经皮神经电刺激技术。有证据表明，生物圈微电流采用了不同的基本科学原理，因此已超出21 CFR 890.9（b）所述的限制而不得豁免上市前通知申请。

FDA还注意到电流中还使用了“凝胶”。但目前对所用凝胶的描述尚不清楚。你公司应提供更多有关凝胶用途的详细信息。具体为，你公司应该描述这种凝胶是仅仅作为（b）(4）使用，还是作为（b）(4）使用。

TBI-Bio-Light Tower

FDA检查发现，你公司的TBI Light Tower没有根据《法案》第515（a）节［21 U.S.C.§ 360e（a）］的规定取得PMA的申请批准，也没有按照《法案》第520（g）节［21 U.S.C.§ 360j（g）］的规定取得IDE的申请批准，依照《法案》第501（f）(1）(B）节［21 U.S.C.§ 351（f）(1）(B）］的规定，属于伪劣产品。你公司的TBI Light Tower未能根据《法案》第510（k）节［21 U.S.C.§ 360（k）］的规定将该器械预期进行商业销售通知管理局。依照《法案》第502（o）节［21 U.S.C.§ 352（o）］的规定，还属于标记不当产品。

在检查过程中，FDA了解到你公司将TBI Light Tower作为“非测量运动器械”出售。根据21 CFR 890.5370归类的器械即非测量运动器械可豁免上市通知申请，除非已超出21 CFR 890.9的豁免限制。

该类通用器械“用于医疗目的，如重建肌肉或恢复关节运动，或用作肥胖症的辅助治疗。例如，俯卧的踏板车板、双杠、机械跑步机、运动台和手动推动的运动自行车。”

但有证据表明，TBI-Bio-Light Tower用于不同于21 CFR 890.5370下的合法销售器械的用途。例如你公司的TBI-BIO Light Tower用户说明中指出，该器械旨在执行以下操作：

- “LED光疗”；
- “尽量减少细纹、皱纹的出现……”；
- “减少导致褐斑的黑色素”；
- “增加循环和水分”；
- “恢复皮肤的天然胶原蛋白生产”。

与合法销售的非测量运动器械（这种器械通常是固定式运动器械，具有最低的机械技术，如机械跑步机或手动运动自行车）不同的是，TBI Light Tower采用了不同的基本科学原理即LED照明技术。有证据表明，TBI Light Tower的用途不同于根据21 CFR 890.5370归类的合法销售器械，因此已超出了21 CFR 890.9（a）中所述的限制并且不免除上市前通知。此外，使用LED灯与21 CFR 890.5370下归类的其他器械存在基本科学原理差异。有证据表明，TBI Light Tower使用的基本科学原理不同于根据21 CFR 890.5370归类的合法销售器械，因此超出了21 CFR 890.9（b）中所述的限制而不得豁免上市前通知申请。

对于需要上市前批准的器械，当PMA仍等待监管当局批准时可视为满足第510（k）的通知要求［21 CFR 807.81（b）］。你公司需要提交的信息类型参见FDA网站，从中可了解如何取得器械的批准或许可。FDA将评估你公司提交的每种产品信息并决定这些产品是否可以合法销售。

FDA办公室要求你公司立即停止致BIO Lipo LED器械、Biostetic Jet Peel PDT、Biostetic微电流器械和TBI Light Tower（如上述用途器械的商业销售）的标记不当或掺假行为。

你公司应立即采取措施纠正本信函所述的违规行为。如若未能及时纠正这些违规行为，可能导致FDA在没有进一步通知的情况下启动监管措施。监管措施包括但不限于没收、禁令和民事罚款。

此外，联邦机构会得知关于器械的警告信，以便在签订合同时考虑上述信息。

质量体系

此外，FDA还注意到与《法案》第501（h）节［21 U.S.C.§ 351（h）］有关的不合规项，即你公司质量体系中存在与质量体系（QS）条例中规定的cGMP要求有关的不足点。履行医疗器械初始销售商/进口商职能的实体按21 CFR 820.3（o）的规定归为医疗器械制造商，因此受21 CFR 820质量体系（QS）规定的约束。2014年11月18日，FDA收到你公司针对出具的FDA 483表（检查发现问题清单）的回复。FDA针对回复，处理如下。这些不合规项包括但不限于以下内容：

1．未能按照21 CFR 820.100（a）的要求建立和保持实施纠正和预防措施的程序。

例如，你公司2014年11月5日发布的纠正和预防措施程序“产品标识和可追溯性，SOP-1208-IR”未包含以下内容：

A．对过程、操作工序、让步接收、质量审核报告、质量记录、服务记录、投诉、返回产品和质量信息的其他来源进行分析，以识别不合格品或其他质量问题的已存在的和潜在原因。需要时，应用适当的统计方法探查重复发生的质量问题［21 CFR 820.100（a）（1）］。

B．调查与产品、过程以及质量体系相关的不合格原因的要求［21 CFR 820.100（A）（2）］。

C．识别纠正和预防不合格品和其他质量问题再次发生所需要采取的措施的要求［21 CFR 820.100（A）（3）］。

D．验证或确认纠正和预防措施，确保措施有效并对成品器械无不利影响的要求［21 CFR 820.100（A）（4）］。

E．实施和记录为纠正和预防已识别的质量问题而所需要的方法和程序更改的要求［21 CFR 820.100（A）（5）］。

F．确保将质量问题或不合格品的信息传递给直接负责产品质量保证或预防此类问题的人员的要求［21 CFR 820.100（A）（6）］。

G．将已识别的有关质量问题以及纠正和预防措施的信息提交管理评审的要求［21 CFR 820.100（A）（7）］。

FDA审查了你公司2014年11月18日的回复并认定内容尚不充分。你公司提供了更新的程序，标题为“纠正和预防措施，SOP-1208-IR，002版，2014年11月24日生效”。虽然更新的程序列出了21 CFR 820.100的要求要素，但并未说明如何实施，也未提供更多的细节。例如，没有说明如何验证或确认纠正措施以确保措施有效［21 CFR 820.100（a）（4）要求的要素］。对于更新程序第2.1节中所述的“实际和潜在的产品及质量问题”，也没有说明如何识别。因此，按照21 CFR 820.100的要求，你公司更新的程序没有建立并维护纠正和预防措施的实施程序。

2．未能按照21 CFR 820.198（a）的要求保持投诉文件，建立和保持由正式指定的部门接收、评审和评价投诉的程序。

例如，日期为2014年9月16日的001TBI投诉记录没有包含任何证据证明对该投诉进行了评估以确定其是否代表根据21 CFR 803，不良事件报告（MDR）要求向FDA报告的事件。

FDA审查了你公司2014年11月18日的回复并认定内容尚不充分。在你公司的回复中，你公司声明将提供更多有关调查和事件的详细信息，并规定你公司内部的哪位工作人员将做出MDR提交决定，以此纠正报告监督。但在回复中没有提供任何信息说明如何将提出的纠措施纳入你公司的投诉处理程序。此外，未提供投诉001TBI的最新投诉记录来证明现在有信息和/或文件来证明该投诉已得到评价以提交MDR。

可能需要进行后续检查以确保纠正和/或纠正措施的充分性。

请在收到本信函之日起15个工作日内将你公司为纠正上述违规行为所采取的具体步骤书面通知本办公室，并说明你公司计划如何防止此类违规行为或类似违规行为再次发生。包括你公司已经采取的纠正措施（必须解决系统问题）的文件材料。如果你公司计划采取的纠正措施将逐渐开展，请提供实施这些活动的时间表。如果无法在15个工作日内完成纠正，请说明延迟的原因以及完成这些活动的时间。你公司的回复应全面，并解决此警告信中所包括的所有违规行为。

最后，请注意本信函未完全包括你公司全部违规行为。你公司有责任遵守FDA所有的法律和法规。本信函和检查结束时签发的检查结果FDA 483表中记录的具体违规行为可能表明你公司制造和质量管理体系中存在严重问题。你公司应查明违规原因并及时采取纠正措施，重新确保产品合规。

第284封　给Merge Healthcare, Inc.的警告信

生产质量管理规范/质量体系法规/医疗器械/伪劣

CMS # 480372

2015年9月30日

尊敬的D先生：

美国食品药品管理局（FDA）于2015年6月3日至7月27日对位于900 Walnut Ridge Drive, Hartland, Wisconsin的你公司的检查中认定，你公司编写的用于临床患者数据管理的软件，包括但不限于医学图像和心脏插管手术期间用于记录患者生命体征监测记录的数据模块（PDM）的医学影像管理与传输系统（PACS）。根据《联邦食品、药品和化妆品法案》(以下简称《法案》）第201（h）节［21 U.S.C.§ 321（h）］的规定，这些产品预期用途是诊断疾病或其他症状，或用于治疗、缓解、治愈或预防疾病，或可影响人体结构或功能，属于医疗器械。

FDA已于2015年8月12日收到你公司针对FDA 483表（检查发现问题清单）的回复，以下部分的内容为FDA对此回复的讨论和评估。检查中发现的违规行为包括但不限于以下内容：

质量体系

此次检查发现，根据《法案》第501（h）节［21 U.S.C.§ 351（h）]，这些医疗器械属于伪劣产品，其制造、包装、储存或安装所用的方法或所用的设施或控制并不符合21 CFR 820质量体系法规的现行生产质量管理规范的要求。

1．未能审查和评估涉及器械和标签可能不符合21 CFR 820.198（c）要求的相关投诉。例如：

A．SF Case #01182363

B．SF Case #01360153

C．SF Case #01410717

D．SF Case #01257221

E．SF Case #01435382

FDA已经审阅了你公司2015年8月12日提交的回复。FDA确认你公司已更新投诉处理程序。但你公司的回复还不够充分，因为没有提供最新的程序供审查。此外，你公司没有承诺对质量数据源进行回顾性审查以确定其他投诉是否未被相应地记录在投诉处理系统中。

2．未能按照21 CFR 820.198（a）的要求建立由正式指定部门接收、审查和评价投诉的程序。

具体为，SOP QS-26（版本7.0，标题为“投诉处理”）未能明确或分配责任给任何正式指定的部门以确保以统一和及时的方式接收、审查并评价投诉以纠正缺陷并防止任何投诉以及所有已报告的投诉再次发生。

FDA经过审查，认为你公司2015年8月12日提交的回复不够充分，因为你公司没有提供最新的程序供审查，包括将指定的投诉处理部门（DCHU）进行整合的变更。此外，你公司没有提供实施新程序和/或培训的时间表，包括你公司的DCHU。

3．未能按照21 CFR 820.30（g）的要求充分建立相应的设计确认程序。

具体为，QS-57532（版本2.0，“WI客户确认过程”）允许尚未完全完成设计确认的产品包括软件确认等，在“限制可用范围”的基础上提供给终端用户用于临床患者，以便在完成设计确认活动之前收集额外的反

馈。此外，Merge HEMO V10.0作为公司设计确认计划的一部分，以“限制可用范围”版本给到（b）（4）终端用户以供心脏导管插入术程序实验室临床使用，然而，这些产品尚未得到充分确认。此外，HEMO-6830号文件（版本1.0，“客户确认计划合并HEMO 10.0”）描述了在“预发布/限制可用范围”版本期间在两个终端用户机构执行的客户确认过程，其中指出该软件将被用于“作业环境”即供患者使用。

FDA已经审阅了你公司2015年8月12日提交的回复。FDA确认你公司已对设计确认程序进行更新。但你公司的回复还不够充分，因为你公司没有提供最新的程序供审查，也没有提供实施新设计确认过程的时间框架。FDA也不清楚你公司取消“限制可用性”版本是否会影响其他正在进行的设计项目，包括在完成设计确认之前终端用户是否正在使用你公司的器械。

4．未能按照21 CFR 820.30（e）的要求在设计历史文档中记录设计审查结果，包括日期。

具体为，QS-2044（版本1.0，“WI设计评审”）描述了进行设计评审的过程和要求。没有按照作业指导说明或公司产品开发可交付成果表（PDDF）（QS-1359，版本4.0和5.0）中的设计计划的要求，对合并血液动力学（HEMO）V10.0设计项目进行设计评审和/或记录。PDDF分为两个版本，一个用于V10.0限制可用范围器械的设计传输，另一个用于V10.0通用器械的设计传输。两份PDDF记录都要求在“建设阶段”进行设计审查。你公司对HEMO-6628（第1版）和HEMO-6628（第2版）号文件进行了文件设计审查；但这些记录没有明确进行设计审查的日期，也没有按照作业指导说明的要求明确设计审查的结果。没有文件化的设计审查记录表明Merge HEMO V10.0的“限制可用范围”或“通用”版本已转移到作业环境。此外，WI设计评审第5.3节要求设计发生变更需进行“（b）（4）评审”。在Merge HEMO V10.0的“限制可用范围”和“通用”版本发布之后，提出了不少于（b）（4）个设计变更请求。但在设计变更实施或转入作业环境后，没有任何进行设计评审的记录。

FDA已经审阅了你公司2015年8月12日的回复。FDA确认你公司已对设计评审程序进行更新。但你公司的回复还不够充分，因为没有提供最新的程序供审查。此外，你公司没有制定审查已完成设计项目的计划来识别在没有文件记录的设计评审的情况下实施的任何设计变更；你公司评审应包括确保由于设计变更而导致的任何问题已得到适当解决并且设计变更已得到验证和/或确认。

5．未能按照21 CFR 820.90（a）的要求，充分建立程序来控制不符合规定要求的产品。

具体为，SOP QS-2024（版本6.0，“不合规产品或器材”）未要求经销商或不合规材料供应商进行任何书面评估和/或调查。该程序也没有要求在DHR中记录对产品组件或成品进行的任何返工。NCMR#QS-73259将（b）（4）电路板（部件号（b）（4））识别为不合规（b）（4）。不合规电路板退回供应商，重新加工并退回制造商，在那里重新检查、验收并返回仓库。没有文件要求供应商对不合规电路板进行调查。此外，重新加工的电路板可以通过序列号唯一识别；但重新加工的电路板被用于制造合并血流动力学器械，却没有在相应的DHR中记录序列号。

FDA已经审阅了你公司2015年8月12日的回复。FDA确认你公司已对不合规产品和器材程序进行更新的承诺。但你公司的回复还不够充分，因为没有提供最新的程序供审查。此外，你公司表示已公布员工培训安排；但你公司没有提供培训记录来证明确定负责记录重新加工的员工已按照更新的程序重新接受培训。

纠正和撤回

FDA的检查还发现，按照《法案》第502（t）（2）节［21 U.S.C.§ 352（t）（2）］的规定，你公司的配备Massimo PHASEIN End Tidal CO_2（$EtCO_2$）模块的Merge Hemo 9.10、9.20.0、9.20.1、9.20.2、9.30、9.40.0、9.40.1、9.40.2存在虚假标签的违规行为，因为你公司未能按照《法案》第519节（21 U.S.C.§ 360i）和21 CFR 806–医疗器械：纠正和撤回报告的要求提供或拒绝提供有关器械的材料或信息。重大违规行为包括但不限于以下内容：

6．未能按照21 CFR 806.10的要求提交书面报告，指出为减少器械对人类健康造成的风险而对器械进行的纠正或撤回，或纠正器械的可能会对人类健康造成威胁的违规问题。

具体为，两份召回通知（2015年1月21日和2015年4月16日签署）已发送到你公司的安装数据库，包括配备Phasein $EtCO_2$模块的Merge Hemo器械，其中解释了如果用户拔下Phasein $EtCO_2$模块并重新插入患者数据模块，客户端PC可以“冻结”或记录多个有创血压读数的短记录模块。故障模式会对收集有创血压测量值产生不利影响，这些测量值是计算血流储备分数（FFR）所需，据报告至少导致8例患者在手术台上因“重新启动”引起治疗延迟（导致所有患者生命体征监测和记录暂时丢失），或者由于临床医师由于无法获得准确可靠的有创血压读数而选择停止治疗使得患者无法接受任何治疗。

你公司未将医疗器械的纠正或撤回通知FDA，也未提供21 CFR 806.10要求的信息。你公司的行为按FDA审查确定符合Ⅱ类器械召回的定义，这也符合21 CFR 806.10中规定的21 CFR 806部分报告的健康风险阈值。因此，你公司的行为应该向FDA报告。

FDA已经审阅了你公司2015年8月12日的回复。FDA确认你公司已更新医疗器械事故报告和现场纠正措施程序。但你公司的回复还不够充分，因为你公司没有提供最新的程序，特别是你公司计划如何解决产品对人类健康造成的风险和向机构报告纠正或撤回。此外，你公司还没有提供回顾性审查的时间和/或结果来确定是否需要向机构报告额外的纠正和撤回。

你公司应立即采取措施纠正本信函所述的违规行为。如若未能及时纠正这些违规行为，可能导致FDA在没有进一步通知的情况下启动监管措施。监管措施包括但不限于没收、禁令和民事罚款。此外，联邦机构会得知关于器械的警告信，以便在签订合同时考虑上述信息。

请在收到本信函之日起15个工作日内将你公司为纠正上述违规行为所采取的具体步骤书面通知本办公室，并说明你公司计划如何防止此类违规行为或类似违规行为再次发生。包括你公司已经采取的纠正措施（必须解决系统问题）的文件材料。如果你公司计划采取的纠正措施将逐渐开展，请提供实施这些活动的时间表。如果无法在15个工作日内完成纠正，请说明延迟的原因以及完成这些活动的时间。你公司的回复应全面，并解决此警告信中所包括的所有违规行为。

最后，请注意本信函未完全包括你公司全部违规行为。你公司有责任遵守FDA所有的法律和法规。本信函和检查结束时签发的检查结果FDA 483表中记录的具体违规行为可能表明你公司制造和质量管理体系中存在严重问题。你公司应查明违规原因并及时采取纠正措施，确保产品合规。

第285封 给St. Joseph Mercy Oakland Instiutional Review Board的警告信

机构审查委员会（IRB）/试验器械豁免（IDE）

CMS # 470506

2015年9月15日

尊敬的W先生：

本警告信旨在通知你，美国食品药品管理局（FDA）Detroit District办公室检查员于2015年4月8日至2015年4月21日期间对你公司国际评审委员会（IRB）开展检查时，发现的不良情况。FDA曾于2013年8月1日就2013年4月17日至2013年4月22日检查期间发现的不良情况向你公司IRB发出警告信。本次跟踪检查旨在确定你公司IRB是否符合适用的联邦法规。审查医疗器械和药物临床研究的IRB必须符合21 CFR 56-机构审查委员会、21 CFR 50-人类受试者保护、21 CFR 812-器械的试验器械豁免的适用规定，和/或21 CFR 312-药物的研究性新药申请。本信函还要求你公司立即采取纠正措施，解决所列举的违规行为，并讨论你公司IRB于2015年5月5日对所述违规行为的书面回复。

这项检查依计划进行；计划旨在确保提交给FDA的申请或申报资料中所包含的数据和信息是科学有效且准确的。该计划的另一个目的是确保受试者在科学研究过程中免遭不当的危害或风险。

FDA对地区办公室编制的检查报告进行了审查，发现了若干违反21 CFR 56——机构审查委员会的违规事项，其中涉及违反《联邦食品、药品和化妆品法案》(以下简称《法案》) 第520（g）节［21 U.S.C.§ 360j（g）］规定的要求。在检查结束时，FDA检查员提交了FDA 483表（检查发现问题清单），并与IRB主席（b）（4）讨论了表中列出的检查结果。IRB于2015年5月5日的书面回复，FDA随后对检验报告的审查中指出的偏差讨论如下：

1. 未能对研究开展至少每年一次的持续审查。［21 CFR 56.109（f）］

内部审查委员会负责按照适当的风险程度对本条例所涵盖的研究进行持续审查，但每年不得少于一次。你公司IRB未能至少每年对研究进行一次持续审查。这种失效的例子包括但不限于以下内容：

a. 你公司IRB在2015年4月14日到期日之前未批准研究（b）（4）。一位FDA检查员参加了你公司IRB 2015年4月13日的会议并确认IRB成员没有审查该研究。此外，会议记录显示这项研究没有得到讨论。但IRB发布了一份延续这项研究的批准函。

之后，2015年4月21日，IRB向FDA检查员提交了会议纪要草案。次日根据记忆记录的会议记录草案表明，该研究在8：09时进行了审查，8名成员在2015年4月13日的IRB会议上投票。会议纪要草案与FDA检查员的检查意见和IRB会议期间记录的会议记录相反。

b. 你公司IRB于2012年10月8日批准了研究（b）（4）［也称为（b）（4）］的续期。但IRB直到2013年10月14日才对这项研究进行下一次持续审查。

该不符合项是2013年FDA上一次检查中发现的重复违规事项。

如果你公司未能至少每年进行一次持续审查，则会延迟或阻止IRB考虑研究或研究相关事件的任何变化。需要持续审查以确保在研究期间采取适当的人体受试者保护措施。

此外，在2015年4月13日会议期间编制的会议记录与会议后一天编制的会议记录之间的差异，使人们对董事会文件惯例的有效性和可靠性以及IRB委员会会议上进行的活动的会议记录产生疑问。

你公司IRB的回复称，IRB将把续签的时间间隔缩短到11个月，并在每项研究批准期到期前至少两个月向主要研究者发送信函。回复还指出，IRB打算购买或租赁电子IRB机构管理系统以协助管理续期的时限。

你公司IRB的回复被认为不够充分，因为缺乏充分的细节来确保IRB会持续开展至少每年一次的审查研究。回复也没有解释为研究（b）（4）采取的纠正措施或为避免今后再次发生此类违法行为而采取的预防措施。你公司IRB在2013年的警告信回复中表示，IRB将使用IRB软件程序来及时协助监控和进行持续审查。但在检查期间，IRB成员指出，医院管理层没有为这项采购划拨资金。

在对本警告信回复时请详细说明IRB已采取或计划采取的行动以确保IRB每年至少进行一次持续审查。回复应提供为研究（b）（4）所采取措施的文件以及为确保当前IRB标准操作程序（SOP）的准确性而采取的措施。请提供IRB已实施或计划在预期完成日期实施的新的或修订的标准操作程序的副本。回复还应提供文件，说明对现行标准操作程序的再培训、对新标准操作程序或修订标准操作程序的培训以及你公司员工所接受的任何其他培训。请列明受训人员名单及受训日期。

2．未能编制并保管好充分的内部评级活动文件，包括内部评级会议记录，该记录应足够详细以显示会议上采取的行动和对这些行动的投票。［21 CFR 56.115（a）（2）］

IRB需要编制和维护IRB活动的充分文件，包括但不限于IRB会议记录。会议记录应足够详细以显示出席会议的情况；IRB采取的行动；对这些行动的投票；要求更改或不批准研究的依据；以及对有争议问题的讨论及其解决的书面摘要。

你公司IRB未能编制并维护充分的文档。具体为，你公司IRB委员会在2014年6月9日的会议上的投票记录并不完整。会议记录显示有16名成员出席了会议。但“动议/建议”一节只记录了最多14名在会议上投票和/或弃权的成员。

你公司IRB必须保持IRB会议活动的准确记录，这将有助于确保你公司IRB对研究的审查是按照FDA的规定进行的，研究对象的权利、安全和获益受到保护。你公司IRB在2014年6月9日会议的投票记录中发现的不一致令人怀疑每个成员的投票记录是否正确。

你公司IRB的回复指出，IRB将在详细模板上记录所有投票并记录所有参与者及其成员身份。回复还指出，内部审查委员会将确认在内部审查委员会会议记录中列入对核准/否决某一议程项目的理由的说明并使用录音器械协助记录。

你公司IRB内部评级机构的回复还不够充分，因为缺乏足够的细节来确保IRB在召开的会议上准备和维护内部评级机构活动的充分文件。

在对本警告信回复时请详细说明IRB已采取或计划采取行动来确保IRB充分准备并保持IRB会议活动的文件。回复应提供所采取措施的文件，以确保目前的机构审查委员会名册和标准操作程序是准确的。请提供IRB已实施或计划在预期完成日期实施的新的或修订的标准操作规程的副本。回复还应提供文件说明对现行标准操作程序的再培训、对新标准操作程序或修订标准操作程序的培训以及你公司员工所接受的任何其他培训。请列明受训人员名单及受训日期。

3．未能充分准备和维护IRB活动的文件，包括IRB成员名单。［21 CFR 56.115（a）（5）］

IRB必须准备并维护一份IRB成员名单，名单上的成员包括姓名、获得的学位、代表资格、工作或每个成员与机构之间的其他关系。

你公司IRB未能准备并维护IRB成员的准确名单。具体为，你公司2014年3月10日和2014年4月14日的IRB会议纪要将（b）（4）列为内部评级委员会成员并显示她参与了IRB委员会活动的投票。但你公司IRB名册直到2014年4月16日才将（b）（4）列为IRB成员。

这种未能充分准备并维护相应IRB活动文件（包括IRB成员名单）的行为是FDA上次2013年检查中所发现的重复违规行为。

在回复此警告信时，请详细说明你公司IRB委员会已采取或计划采取的行动来确保IRB委员会保持其委员会成员的准确名单。回复应提供所采取措施的文件，以确保目前的IRB名册和标准操作程序是准确的。请提供IRB已实施或计划在预期完成日期实施的新的或修订的标准操作程序的副本。回复还应提供文件说明对现行标准操作程序的再培训、对新标准操作程序或修订标准操作程序的培训以及你公司员工所接受的任何其他培训。请列明受训人员名单及受训日期。

上述违规事项不能完整代表你公司IRB可能存在的所有问题。你公司IRB有责任确保遵守《法案》和适用法规。

FDA认为有必要与你公司召开一次监管会议，讨论FDA 483表中发现的问题、重复问题以及你公司已经实施或计划实施的纠正措施。请在收到本信函后2周内使用本信函末尾的联系信息与Veronica J.Calvin取得联系并提供此电话的拟议日期和时间。

在收到本信函后15个工作日内，请提供你公司已采取或将采取的纠正和预防措施的文件以纠正这些违规事项，并提供一份防止类似违规行为再次发生的计划，以监测你公司纠正措施的有效性。如不回复本信函并采取适当的纠正措施，FDA有可能在没有进一步通知的情况下，启动监管措施。

第286封　给Lazzaro，Marc，MD的警告信

试验器械豁免（临床研究员）

CMS # 458657

2015年7月9日

尊敬的L博士：

美国食品药品管理局（FDA）于2015年2月24日至2015年3月23日对你公司的临床机构进行了检查。本警告信旨在通知您检查期间观察到的不良情况。本次检查旨在确定您作为临床研究员（CI）参与重大风险临床研究（b）(4)、试验器械豁免（IDE）(b)（4）的活动和规程是否符合适用的联邦法规。该检查扩展至IDE（b）(4)，标题为“（b）(4)”。根据《联邦食品、药品和化妆品法案》(以下简称《法案》)第201（h）节［21 U.S.C.§ 321（h）］的定义，(b)（4）和（b）(4）属于医疗器械，因为这些器械用于诊断、治疗、缓解或预防疾病或可影响人体结构或功能。本信函要求你公司立即采取纠正措施，解决所述违规行为，并讨论你公司2015年4月10日对已通知违规行为的书面答复。

执行该检查旨在确保IDE申请、上市前批准申请和上市前通知提交资料中所载的数据和信息是科学有效且准确的。该等检查行动的另一个目标是确保人类受试者在科学研究过程中不会遭受不应有的危害或风险。

通过FDA对地区办公室编写的检查报告的审查，发现你公司严重违反21 CFR 812“试验用器械豁免”和21 CFR 50“保护人类受试者”的规定，其涉及《法案》第520（g）节［21 U.S.C.§ 360j（g）］载明的要求。检查结束时，FDA检查员提交了一份FDA 483表（检查发现问题清单）供您查看，并与您讨论了表中列出的检查结果。对FDA 483表中所述的偏离、您的书面答复以及FDA随后对检查报告所作的审查，说明如下：

1．未能按照签署的协议、调查计划、适用的FDA法规以及机构审查委员会（IRB）或FDA［21 CFR 812.110（b）］规定的任何批准条件开展调查。

临床研究员负责确保根据调查计划和适用的FDA法规进行研究。你公司未能遵循排除标准。举例如下：

a．参加（b）(4）项研究的受试者在IRB审核后符合排除标准，例如：

1)（b）(4）研究方案第3.4.2条（第9/25/12版）规定排除患有多发性脑动脉瘤或硬膜外动脉瘤的受试者。至少1名受试者（006）在植入前评估时被确定患有该疾病，之后却被错误入组。

2)（b）(4）研究方案第2.3条和病例报告表2描述了排除标准，包括一份改良兰金评分。受试者009和010的改良兰金评分大于或等于1，但随后却被入组。

根据研究方案，与研究相关的风险包括但不限于脑／颅内出血、动脉瘤破裂、紧急神经外科手术和死亡。你公司纳入的符合排除标准的受试者可能增加了发生上述及其他研究相关并发症的风险。

在您的答复中，您同意该意见，并愿意就该违规行为承担责任。您还承认，未曾确保研究人员（次级调查员和其他工作人员）对该方案有明确的了解。作为一名CI，您的责任是确保研究按照书面方案执行。

同样地，在您的答复中，您解释说，拟进行早期内部审查、持续审查、员工培训和CI职责审查。您的答复不够充分，因为答复中未能提供以上预防措施的文档。请提供相关文档，说明你公司关于早期内部和持续审查规程，以及员工培训、培训名单和日期。此外，请提供你公司在进行患者研究方面接受的培训列表，包括内容和完成日期。

2．未能确保根据21 CFR 50获得知情同意。（21 CFR 812.100、21 CFR 50.20、21 CFR 50.25以及21 CFR 50.27）

检查员负责使用机构审查委员会（IRB）批准的同意书从受试者处获得并记录知情同意书，之后才可让受试者参与临床研究。你公司未能确保从受试者处获得知情同意书，并按联邦法规记录同意书。未遵守的示例包括但不限于以下内容：

a．在（b）（4）研究中，受试者（编号（b）（6））签署了一份错版的知情同意书（2012年9月10日）。临床研究员的签名被剪切并粘贴到2013年5月13日版本的文件上。

b．在（b）（4）研究中，受试者006于2013年7月22日签署了知情同意书。研究协调员在文件上剪切并粘贴了一份Lazzaro博士的签名副本，并于2013年7月29日将其发送给主办方。

c．在（b）（4）研究中，在（b）（4）时，因受试者003脑卒中而实行紧急干预。该受试者无法签名，由神经科护士为其签署知情同意书。该受试者去世于（b）（6）。2013年2月22日，在该受试者去世后，其丈夫和一名临床副研究员签署了同意书。

有效的知情同意过程可确保受试者清楚地了解参与研究方案的风险、充分考虑是否参与研究，并在决定参与时作出知情决定。临床研究员负责确保受试者在入组前已了解此类风险。受试者对此类风险是否接受必须通过签署的知情同意文件进行记录，并清楚列出此类风险。

您答复称，未对该项意见提出异议，且愿对违规行为承担责任，包括承认未对研究给予足够的监督。此外，您也承认对临床实践和研究活动之间的缺口缺乏了解。作为一名CI，您有责任确保在整个研究过程中获取知情同意并进行审查。

作为纠正措施的一部分，您声明，拟对同意书文件作频繁且详细的审查，并对研究人员作细致审查和复查，以确保及时完成CI签名。此外，您还声明，拟在将来参与主办方和研究人员之间的所有沟通，并为工作人员提供培训。您的答复并不充分，因为未能解释实施并记录上述纠正措施的方式。

请提供你公司的计划文件，以确保你公司与主办方及你公司与工作人员之间的有效沟通。同时，请及时提供你公司拟签署知情同意书的文档和日期。此外，向工作人员提供任何培训的文档，以确保定期对同意书文件作充分审计。对于涉知情同意过程的全体人员，请包含其人员培训的内容、学员姓名和日期。

3．对于各名受试者的病例史和器械接触，未能维护准确、完整和最新的记录［21 CFR 812.140（a）（3）］。

临床研究员需维护受试者记录，并确保其准确性和完整性。此项要求包含既往病史、受试者进入调查时的情况、调查过程中的情况以及所有诊断测试结果的记录。你公司未能满足此项要求，因为你公司网站上与研究相关的记录和文件不完整且不充分。例如：

a．在（b）（4）研究中，受试者006的手术日期为（b）（4）。植入前《病例报告表》（CRF）直到近6个月后才完成（2013年12月20日），且无可用的源文件来支持此类数据。工作人员使用在（b）（4）（手术后9天）采样的实验室值作为两个月的随访实验室。

b．（b）（4）受试者001的12个月随访的电子CRF与源CRF不匹配。

c．受试者005的（b）（4）研究《病例报告表》在手术两年后血块类型为空白。

缺失的数据包括病例史、检测结果、临床评估和随访等重要临床信息。需要此类信息以确保受试者接受了必要的研究规程，且未出现可能与器械相关的医疗并发症。准确、完整且最新的研究记录也有助于确保从你公司网站收集的数据的有效性。未能维护与调查有关的准确、完整且最新记录，可能会损害数据的有效性，致使出现受试者管理方面的错误，进而可能造成严重的健康后果。

您答复称，拟对研究文件作一次深入的早期审查，与研究人员沟通并替换研究人员。该答复不够充分，因为答复中未能提供以上纠正措施的文档。请提供上述文档，包括任何培训记录或经修订的规程，证明你公司已实施纠正和预防措施。

此外，检查过程中发现的许多偏差，如上述偏差，均未向IRB报告。具体为，对方案的持续审查未包含任何方案偏离的文档。您答复称，拟每周与工作人员会面，并维护一份用于跟踪事件的电子表格。该答复不够充分，因为答复中未能提供以上纠正措施的文档。请提供你公司拟采取或已采取措施的时间表、跟踪电子表格的副本和针对培训人员的计划，包括议程、学员姓名和日期。

上述违规行为未包含你公司的临床研究所存在的所有问题。作为一名临床研究员，您有责任确保遵守《法案》和相关法规。

在收到本信函的15个工作日内，请提供你公司已采取或将采取的纠正和预防措施的文档，以纠正上述违规行为，并防止身为临床研究员的您在当前或未来研究中再次出现类似违规行为。不回复本信函且不采取适当的纠正措施将导致FDA采取监管行动，且无需另行发出通知。此外，FDA可根据21 CFR 812.119对你公司提起取消资格的诉讼。

您可在《FDA机构审查委员会和临床研究员信息表指南》中找到帮助你公司理解职责并规划纠正措施的信息，网址为：url。任何提交的纠正措施计划都应包括每项要完成的行动的预计完成日期，以及监测你公司纠正措施是否有效的计划。

第287封 给Zhejiang Biomet Medical Products Co. Ltd. 的警告信

生产质量管理规范/质量体系法规/医疗器械/伪劣

CMS # 455952

2015年6月3日

尊敬的W女士：

2015年1月19日至2015年1月22日，美国食品药品管理局（FDA）对你公司位于中国浙江省金华市的工厂进行了检查。通过检查，FDA检查员确定你公司生产用于膝关节假体系统的外科手术工具。根据《法案》第201（h）节［21 U.S.C.§ 321（h）］的规定，凡是用于诊断疾病或其他症状，对疾病有治愈、缓解、治疗或预防作用，或是可以影响人体结构或功能的器械，均为医疗器械。故你公司涉及检查的产品为医疗器械。

本次检查表明，这些医疗器械的生产、包装、储存或安装中使用的方法、设施或控制不符合21 CFR 820质量体系法规（以下简称QSR/21 CFR 820）的现行生产质量管理规范（以下简称cGMP）要求，根据《法案》第501（h）节［21 U.S.C.§ 351（h）］的规定，属于伪劣产品。

FDA收到了你公司监管合规与质量保证总监Tamara Yuan女士于2015年2月12日对FDA检查员发给你公司的FDA 483表（检查发现问题清单）的回复。对于所述的每一项违规行为，FDA对该回复的处理如下所述。你公司存在的违规行为包括但不限于下述各项：

1．未能按照21 CFR 820.100（a）（3）的要求确定纠正并防止不合格品和其他质量问题再次发生的措施，具体如下：

例如：你公司启动了投诉#CMP-0055046，以调查在2010年11月至2013年3月期间，“连接器”（零件号14-441043-01和14-44105-00）并进行最终包装和分销的方式为何没有达到（b）（4）的最低要求抗拉强度。你公司的公司监管合规总监表示，你公司收到约45起有关该器械尖端断裂的投诉。你公司发起了CAPA CA-01097，其根因为“（b）（4）”，导致（b）（4）要求未转入（b）（4）。但是，你公司在设计转换过程中未审查其他产品是否符合设计规范。此外，就如何防止由于扭转过载导致的尖端断裂，你公司未作研究。

目前尚不能确定你公司的回复是否充分。你公司进行了调查，并修改了相关规程。此外，你公司还启动了CAPA CA-01898，对《纠正和预防（措施）规程》进行评估，以确保不合格品由你公司的设计机构进行识别和处理。但是，在你公司对其他产品开展回顾性审查以确定器械设计已正确转为生产规范之前，无法确定你公司的回复是否充分。

2．未能按照21 CFR 820.75（b）的要求制定和维护程序，以监测和控制经确认的过程参数，确保继续满足指定要求。

例如：你公司未建立监测确认过程的规程，如（b）（4）。你公司未建立相关规程，以识别待监控数据、过程控制限制，或对监控已确认过程所生成的数据进行审查和分析。

目前尚不能确定你公司的回复是否充分。你公司已审查并修订了文件，以确定确认要求。此外，你公司还启动了CAPA CA-01899，以规定过程参数监测要求，确定如何审查并分析从已验证过程的监测中生成的数据，并评估其他过程，确保监测、审查和分析的充分性。但是，在你公司对已确认过程开展回顾性审查以确保不合格品未被分销之前，无法确定你公司的回复是否充分。

3．未能按照21 CFR 820.90的要求建立并执行不合格产品控制规程。例如：

a．你公司第（b）（4）号SOP文件《不合格品控制规程》规定："在最终检验过程中，当发现批量产品因外观、毛刺或像差等原因出现轻微不合格时，可直接退回生产过程"。你公司的RC/QA总监表示，上述退回的产品不视为返工，也不作记录。

b．不合格项未得到充分的分析或调查。三个不合格项无法确定是否需要进行评价，或通知负责不合格项的人员或组织。

目前尚不能确定你公司的回复是否充分。你公司已审查并更新了作为CAPA CA-01900一部分的相关规程。在你公司对产品作风险分析以评估返工的影响之前，无法确定你公司的回复是否充分。

4．未能按照21 CFR 820.70（a）的要求控制和监测生产流程，以确保器械符合质量标准。

例如：你公司的（b）（4）记录显示你公司未能更换清洗液，也未记录每次轮班后清洗液的变更。

目前尚不能确定你公司的回复是否充分。你公司确定了7份未记录解决方案变更的工单。你公司还发现，文件中未包含解决方案变更的工单编号。CAPA CA-0191已启动，以修改变更记录和作业指导书，并在作业指导书中增加每班由第二人监测解决方案变更的要求。此外，还将审查需变更解决方案的其他过程，以确定是否存在适当的控制和监测措施。在本文档提交审查前，无法确定你公司的回复是否充分。

5．未能按照21 CFR 820.250（b）的要求，基于有效的统计原理制定抽样计划。

例如：你公司对仪器的过程中检验，如（b）（4）所述，"对于其他尺寸，（b）（4）检验时，产品数量（b）（4）应检验时数量（b）（4）"。取样计划未基于有效的统计原理。

目前尚不能确定你公司的回复是否充分。你公司对"（b）（4）"进行了调整。CAPA CA-01902已启动，以审查（b）（4），从而基于有效的统计原理确定过程中检验的取样计划。在你公司对用于其他在制品和成品检验的取样计划进行系统审查，以确定其是否基于有效的统计原理之前，无法确定你公司的回复是否充分。此外，你公司应进行回顾性审查，以确定不合格品是否因取样计划不充分而被放行。

联邦机构会得知关于器械的警告信，以便在签订合同时考虑上述信息。此外，如果FDA确定你公司违反了质量体系法规，且这些违规行为与Ⅲ类器械的上市前批准申请有关联，则在纠正这些违规行为之前，将不会批准此类器械。

请在收到本信函之日起15个工作日内将你公司为纠正上述违规行为所采取的具体步骤书面通知本办公室，并说明你公司计划如何防止此类违规行为或类似违规行为再次发生。包括你公司已经采取的纠正措施（必须解决系统问题）的文件材料。如果你公司计划采取的纠正措施将逐渐开展，请提供实施这些活动的时间表。如果无法在15个工作日内完成纠正，请说明延迟的原因以及完成这些活动的时间。你公司的回复应全面，并解决此警告信中所包括的所有违规行为。如果你公司回复的文件语言为非英语，请提供其英文译本，以便于FDA进行审查。FDA将告知你公司的回复是否充分，以及是否需要重新检查你公司场所以核实确已采取适当的纠正措施。

最后，请注意本信函未完全包括你公司全部违规行为。你公司有责任遵守FDA所有的法律和法规。本信函和检查结束时签发的检查结果FDA 483表中记录的具体违规行为可能表明你公司制造和质量管理体系中存在严重问题。你公司应查明违规原因并及时采取纠正措施，确保产品合规。

第288封 给RICARIMPEX SAS CO.的警告信

生产质量管理规范/质量体系法规/医疗器械/伪劣

尊敬的L女士：

2015年1月12日至1月15日，一位FDA检查员在对位于法国Eysine的你公司的检查中认定，你公司生产医用水蛭，根据《联邦食品、药品和化妆品法案》（以下简称《法案》）第201（h）节［21 U.S.C.§ 321（h）］，凡是用于诊断疾病或其他症状，对疾病有治愈、缓解、治疗或预防作用，或是可以影响人体结构或功能的器械，均为医疗器械。

本次检查表明，这些医疗器械的生产、包装、储存或安装中使用的方法、设施或控制不符合21 CFR 820的cGMP要求，根据《法案》第501（h）节［21 U.S.C.§ 351（h）］的规定，属于伪劣产品。

FDA已于2015年2月5日收到你公司针对FDA检查员在FDA 483表（检查发现问题清单）上记载的观察事项以及开出的检查发现事项的回复。以下是FDA对于你公司与各违规事项相关回复的回应。这些违规事项包括但不限于以下内容：

你公司2015年4月24日对FDA 483表的回复未被审核，因为未在FDA 483表发布后的15个工作日内收到该表格。将对该回复与针对本警告信中提到的违规行为所提供的任何其他书面材料一起进行评估。这些违反行为包括但不限于下列各项：

1．未能按照21 CFR 820.70（e）的要求建立和维护程序，以防止器械或产品受到可能对产品质量产生不利影响的物质的污染。

例如，你公司没有建立程序来确保生产过程中使用的井水系统的质量，也没有验证井水系统的预期用途。对你公司2013年和2014年的年度水质分析发现了铜绿假单胞菌和大肠埃希菌（*E.coli*）的存在。

FDA审查了你公司的答复，认为不够充分。你公司提供了一项纠正计划，以更新水质规格，定义水质控制，建立监测程序，并重新设计水处理系统（如果需要）。水样于2015年1月22日送至实验室，以检查你公司水系统的不同部分是否有细菌污染。然而，截至你公司2015年2月5日回复时，你公司仍没有进行风险分析，以确定2013年和2014年水样中确认的处理水中存在的大肠杆菌和铜绿假单胞菌对水蛭的潜在影响。

2．未能按照21 CFR 820.100的要求建立和维护实施纠正和预防措施的程序。

例如，你公司未能针对2014年开展的两项纠正和预防措施（CAPA）确定纠正和预防不合格产品和其他质量问题再次发生所需的措施。

a．CAPA“2014 1p”显示，你公司的水蛭供应商在养殖过程中使用了抗生素，导致大量水蛭受伤。然而，你公司并没有采取纠正措施来解决采购控制的缺失，并确保水蛭供应商不会在养殖过程中使用抗生素。

b．审核发现纠正和预防措施在没有验证有效性和完成所有相关活动的情况下结束了。针对这一发现，开启了纠正措施“2014 1 i”；然而，纠正措施在没有任何有效性验证的情况下结束了。

FDA审查了你公司的答复，认为不够充分。你公司提供了“2014年1p”和“2014年1i”纠正措施的更新记录，以及新程序的修订的CAPA程序、作业指导书、表格和培训记录。另外三个开放式的CAPA是使用新程序进行评估的，你公司正在对2013年至2014年的CAPA进行回顾性评估。

然而，作业指导书和/或修订的CAPA程序未能规定如何检测重复出现的质量问题以及如何确定风险级别。此外，纠正措施“2014 1p”的记录不包括你公司在提交2015年2月5日回复之前进行的抗生素检测结果。

3．未能建立和维护程序，以确保所有购买或以其他方式接收的产品和服务符合21 CFR 820.50的规定要求。

例如，审查供应商协议时发现你公司未能规定水蛭和喂养水蛭的血液的质量要求，包括但不限于以下内容：

a．验收规范，如动物的类型和细菌的存在。

b．交付你公司之前水蛭的饲养、处理和处理要求，包括使用抗生素。

FDA审查了你公司的答复，认为不够充分。你公司声明，已通过口头和/或电子邮件向每个供应商通报了采购的水蛭和血液的规格。你公司提供采购文件；然而，并不是所有的章节都翻译成英文以供审核。此外，在2015年2月5日的回复中，没有提供与血液供应商和一家水蛭供应商的质量协议。

4．未能按照21 CFR 820.80（b）的要求建立和维护进货验收程序。

例如，从一个供应商处收到的每个批次都包含（b）（4）条水蛭。你公司每批抽样（b）（4）只水蛭，然而，没有统计学上的原理来支持这个样本量。

FDA审查了你公司的答复，认为不够充分。你公司表示正在研究多种标准，以确定适当的抽样计划。你公司表示将修改验收和抽样程序及相关表格，并进行人员培训。然而，没有讨论之前的大量水蛭的取样不足的潜在风险。

此次检查发现该医疗器械根据《法案》第502（t）节，贴错标签疑似伪劣产品，因你公司无法或拒绝提供相应的材料或信息，以证明符合《法案》第519节（21 U.S.C.§ 360i）和21 CFR 803医疗器械报告的要求。

5．未能在你公司收到或获悉信息后30日内向FDA报告，根据21 CFR 803.50（a）（1）的要求，表明其销售的器械可能导致或造成了死亡或严重伤害。例如：

a．你公司于2012年5月31日获悉，你公司的器械可能导致或导致患者感染，需要进行医疗干预以避免对身体结构造成永久性损害。

b．你公司于2012年5月21日获悉，你公司的器械可能导致或导致患者感染，因此需要进行医疗干预，以避免对身体结构造成永久性损害。你公司的进口商向FDA提交了一份相关事件的MDR。

根据FDA所获得的信息，你公司并没有要求获得豁免，允许其进口商代表其提交涉及药用水蛭事件的MDR。作为上述事件中所涉及的器械的制造商，如果你公司发现了与其药用水蛭相关的报告事件，则有责任向FDA提交MDR。

FDA审阅了你公司2015年2月5日的回复，FDA认为无法确定其充分性，如下：

a．你公司在法国发生的事件向FDA提交了一份MDR：3009106257-2015-00001。FDA于2015年2月6日收到报告。然而，你公司并没有就你公司进口商在MDR # 2419564-2012-00001中报告的事件提交MDR。

b．你公司在2015年2月5日的回复中包含了MDR程序。通过对你公司MDR程序“PR 23医疗器械报告（版本为0）”的评审，注意到下列问题：

i．你公司的MDR程序没有建立及时有效的识别、沟通和评估符合MDR要求的事件的内部体系。例如：

- 本程序不包括21 CFR 803.3中“MDR报告事件”一词的定义。将该术语的定义排除在程序之外可能会导致你公司在评估符合21 CFR 803.50（a）规定的报告标准的投诉时做出错误的报告决定。
- 术语“变得有意识”的定义与21 CFR 803.3中的术语定义不一致。

ii．你公司的MDR程序没有建立内部体系，以提供一个标准化的审核过程，以确定事件何时符合本部分的报告标准。例如，没有关于对每个事件进行全面调查和评估事件原因的说明。

2014年2月13日《电子不良事件报告的最终规则》发布，要求制造商和进口商应向FDA提交电子不良事件报告（eMDR）。本最终规则将于2015年8月14日生效。若你公司当前未提供电子报告，FDA建议你公司从以下网页链接中获取更多电子报告的要求信息。网址：url。

若你公司希望讨论不良事件上报规则或想安排进一步沟通，可以通过ReportabilityReviewTeam@fda.hhs.gov邮件联系可报告性审核小组。

联邦机构会得知关于器械的警告信，以便在签订合同时考虑上述信息。此外，如果FDA确定你公司违反了质量体系法规，且这些违规行为与Ⅲ类器械的上市前批准申请有关联，则在纠正这些违规行为之前，将不会批准此类器械。

请在收到本信函之日起15个工作日内将你公司为纠正上述违规行为所采取的具体步骤书面通知本办公室，并说明你公司计划如何防止此类违规行为或类似违规行为再次发生。包括你公司已经采取的纠正措施（必须解决系统问题）的文件材料。如果你公司计划采取的纠正措施将逐渐开展，请提供实施这些活动的时间表。如果无法在15个工作日内完成纠正，请说明延迟的原因以及完成这些活动的时间。请提供非英文文件的翻译，以便FDA审核。FDA将通知你公司的回复是否充分，以及是否需要重新检查你公司，以验证是否采取了适当的纠正措施。

最后，请注意本信函未完全包括你公司全部违规行为。你公司有责任遵守FDA所有的法律和法规。本信函和检查结束时签发的检查结果FDA 483表中记录的具体违规行为可能表明你公司制造和质量管理体系中存在严重问题。你公司应查明违规原因并及时采取纠正措施，确保产品合规。

第289封　给Soft Computer Consultants, Inc. 的警告信

生产质量管理规范/质量体系法规/医疗器械/伪劣

CMS # 452788

2015年4月30日

尊敬的H先生：

2015年1月5日至1月15日，一位FDA检查员在对位于佛罗里达州克利尔沃特的你公司的检查中认定，你公司制造Ⅰ/Ⅱ类软件系统，根据《联邦食品、药品和化妆品法案》（以下简称《法案》）第201（h）节［21 U.S.C.§ 321（h）］，凡是用于诊断疾病或其他症状，对疾病有治愈、缓解、治疗或预防作用，或是可以影响人体结构或功能的器械，均为医疗器械。

本次检查表明，这些医疗器械的生产、包装、储存或安装中使用的方法、设施或控制不符合21 CFR 820的cGMP要求，根据《法案》第501（h）节［21 U.S.C.§ 351（h）］的规定，属于伪劣产品。

这些违规事项包括但不限于以下内容：

1．未能按照21 CFR 820.100（a）的要求充分建立纠正和预防措施（CAPA）程序。具体如下：

A．产品变更控制（PCC）是处理软件编码缺陷的纠正和预防措施，但并不包括调查与产品、过程和质量体系有关的所有不符合的原因，及确定纠正和防止不合格产品和其他质量问题再次发生所需的措施。例如：

i．日期为2014年4月25日的PCC-54168是用于调查（b）（4）中的软件缺陷的CAPA，以便客户使用结果报告接口将结果发送到（b）（4）或（b）（4）系统。缺陷是接口没有发送异常标志以供参考实验室测试结果。这将影响表示结果不正常的信号。看护者依赖的是异常信号而不是结果，这可能会导致看护者得出错误的结论。PCC-54168分析认定软件编码错误是导致这个问题的主要原因。你公司还发现你公司的软件和其他软件之间的软件接口没有经过完整的测试。由于故障模式的严重性，创建了一个强制的软件即时修复。强制即时修复导致了修正和删除（1058332-10/13/2014-002-C）。这个PCC不包括以下内容：

a．用于确定由于缺乏软件接口测试而制造的其他软件产品是否具有类似的故障模式的分析。

b．为验证此纠正措施而创建的软件测试不包括在（b）（4）测试库中，但这是你公司（b）（4）测试程序SOP TST_P005所要求的，以允许这些测试用于未来软件变更时。

ii．日期为2013年12月31日的PCC-52730的CAPA是用于调查（b）（4）版本（b）（4）中与（b）（4）版本（b）（4）一起使用时的软件缺陷。问题是，当产生一个隔离时，没有覆盖代码，下游系统中的隔离信息可能是不完整的或丢失的。因此，有可能延迟或遗漏患者的治疗更新。你公司认为一个软件错误是造成这个问题的主要原因。你公司还发现（b）（4）系统和（b）（4）系统之间的软件接口没有经过充分的测试，从而识别了软件缺陷。由于故障模式的严重性，创建了一个强制的软件即时修复。强制即时修复导致了修正和删除（1058332-10/13/2014-001-C）。这个PCC不包括以下内容：

a．以确定其他软件产品是否由于缺乏对软件接口的测试而具有类似的故障模式的分析

B．你公司没有对所有质量数据来源进行分析，以确定存在的和重复出现的质量问题。例如：

i．根据你公司客户投诉-医疗器械趋势分析程序SOP G01S1150版本5.1，要求你公司对投诉数据进行趋势分析（b）（4），并在质量体系管理评审会议上向执行管理层报告。你公司自2012年12月31日起就没有进行

过这些趋势分析活动。2013年和2014年的四份（b）（4）趋势分析报告尚未生成。

ii. 2012年1月3日至2012年12月31日的投诉日期范围的趋势分析报告是在2014年12月15日或前后创建的。截至2015年1月15日（约2年后）检查结束时，仍未完全审查和批准，并未在质量体系管理评审会议上提交执行管理层。

iii. 你公司没有分析产品变更控制（PCC）任务，以识别存在的和重复出现的质量问题。PCC是你公司用于执行纠正和预防措施活动的一种CAPA。

C. 你公司于2014年11月26日（与（b）（6）有关）对1058332-11/28/2014-C进行了现场改正。显示你公司还没有验证各自的即时修复程序可以分发给所有受影响的客户。

2. 未能充分建立程序，以确保所有购买或以其他方式接收的产品和服务符合21 CFR 820.50规定的要求。具体如下：

A. 质量设计承包商合同（（b）（4）和（b）（4））执行设计软件不包括设计承包商同意通知你公司产品代码或服务的变化这一项条款，这样你公司可以决定变更是否可能会影响产品的质量。

B. 根据负责对承包商（b）（4）和（b）（4）进行供应商审核的行政副总裁和遗传及解剖病理学副总裁（AP）的说法，工厂的供应商审核将进行（b）（4）。供应商审计分为两类：行政审核和技术审核。行政审核包括审查质量合同，核实员工的培训和经验是否适用于相应的合同设施。技术审核包括对设计项目的审核，对设计控制要求的遵守情况，以及对标准操作程序的遵守情况。对所提供文件的审查确定了下列各点：

i. 没有书面证据表明（b）（4）合同方在2012年和2013年进行了技术类供应商审核。2014年9月对（b）（4）合同方进行的技术类供应商审核未按你公司实施的外部质量审核程序SOP AUD_P003的要求进行审核或批准。

ii. 对于2012年、2013年或2014年的（b）（4）合同设施的任何技术供应商的审核，没有SOP规定相应的质量审核计划。

C. 下列供应商审核没有得到及时的审核，也没有由被认定为审核员的监管分析师进行：

类型	供应商	审核日期	审核评审日期
行政	（b）（4）	2012年7~8月	2014年4月24日
行政	（b）（4）	2012年9~10月	2014年4月24日
技术	（b）（4）	2012年6~8月**	2014年3月20日
技术	（b）（4）	2012年9~12月	2014年3月20日
行政	（b）（4）	2012年6~9月	2014年4月25日

**没有文件证明在2013年进行了技术审核。

D. 根据你公司执行的外部质量审核程序SOP AUD_P003，审核主题结果表和供应商审核结果将根据你公司的执行管理质量体系审核程序SOP1112，在预定的管理评审会议上提交给管理层评审。这些活动并没有在（b）（4）及（b）（4）项设施的供应商审核中进行。

3. 未能按照21 CFR 820.30（i）的要求建立和维护设计变更程序。具体如下：

A. 你公司和（b）（4）和（b）（4）承包商所做的软件变更，并没有经过你公司的评估，以确认设计变更符合其预期用途，并符合你公司的所有要求，包括所有验证和确认活动。例如：

i. 用于纠正（b）（6）部分设计缺陷的即时修复程序已于2014年10月12日左右提交给FDA。软件更改是由（b）（4）承包商做出的。

ii. 用于纠正（b）（6）的设计缺陷的即时修复，这些缺陷是在2014年11月4日左右提交给FDA的纠正和删除的一部分。软件更改的一部分是由（b）（4）承包商完成的。

iii. 用于纠正（b）（6）的设计缺陷的即时修复，这些缺陷是在2014年2月17日左右提交给FDA的纠正和删除的一部分。软件更改是你公司做的。

B．用户需求（设计输入）不是由你公司或任何你公司的合同组织所要求的，任何软件自定义脚本的创建都可以作为软件即时修复（对客户进行的软件修正）的一部分。当客户或你公司无法等待你公司生产的任何产品的正常修补程序时，热修复被用作紧急或高级的更改。

例如，用于识别（b）(6）的设计缺陷的即时修复实用程序不包括即时修复实用程序1.18021.1的用户需求（设计输入）文档。这个针对（b）(4）软件的热修复实用程序用于识别客户数据库中的缺陷记录，并且是在2014年11月12日左右提交给FDA的纠正和删除的一部分。你公司的即时修复流程SOP G01D072不包含任何对自定义脚本的设计输入进行文档说明的要求。

4．未能按照21 CFR 820.30（e）的要求建立和维护设计评审程序。具体如下：

没有证据表明，用于识别客户数据库中软件包（b）(4）缺陷记录的即时修复实用程序1.18021.1的发布说明得到了审核和批准。根据G04S1082发布通知处理工作流程的5.2d部分，产品专家或其指定人员需要在上线（发布）之前对发布通知进行评审，并将其置于发布状态。这个即时修复工具是12月11日提交给FDA的更正和删除的一部分。发布说明提供给客户或你公司的人员，用于所有软件更改。

5．未建立质量审核程序并进行此类审核以确保质量体系符合已建立的质量体系要求，并按21 CFR 820.22的要求确定质量体系的有效性。具体如下：

A．你公司为实施内部审核程序AUD_P001和审核批准程序AUD_P002所做的准备不包括如何实施审核的具体信息。例如，程序没有规定需要评审哪些记录，需要评审的记录数量，以及验收或不合格的标准。

B．执行质量审核的员工在进行质量审核之前，没有接受过审核批准程序AUD_002的最新版的培训。该程序的2.0版于2013年4月11日生效。有（b）(4）进行质量审核的员工在进行质量审核之前没有接受过2.0版程序的培训，也没有接受过FDA检查之后的培训。其中一名质量审核员还没有接受过任何培训。

6．未能建立和维护程序，以确保器械按照21 CFR 820.20（b）的要求进行设计和生产。具体为，没有分配足够和适当的资源来执行你公司质量体系所要求的与质量相关的职能。例如；

A．根据你公司的SOP G01S1150版本5.1，要求你公司对投诉数据进行趋势分析（b）(4)，并在质量体系管理评审会议上向执行管理层报告。你公司自2012年12月31日起就没有进行过这些趋势分析活动。2013年和2014年的四份（b）(4）趋势分析报告尚未生成。

B．(b）(4）设计承包商的技术供应商审核没有在2012年和2013年进行。(b）(4）设计承包商的技术供应商审核没有在2013年进行。

FDA于2015年2月3日、2015年2月16日和2015年3月2日收到了你公司CEO Gilbert Hakim针对FDA 483表中的调查人员观察结果的回复，该表格是发给你公司的。你公司的答复没有提供充分的证据证明所引用的更正和计划的行动方针已经执行。

你公司应立即采取措施纠正本信函所述的违规行为。如若未能及时纠正这些违规行为，可能导致FDA在没有进一步通知的情况下启动监管措施。监管措施包括但不限于没收、禁令和民事罚款。此外，联邦机构会得知关于器械的警告信，以便在签订合同时考虑上述信息。如果FDA确定你公司违反了质量体系法规，且这些违规行为与Ⅲ类器械的上市前批准申请有关联，则在纠正这些违规行为之前，将不会批准此类器械。同时，如果FDA确定你公司的器械不符合《法案》的要求，则不会批准出口证明（Certificates to Foreign Governments，CFG）的申请。

请在收到本信函之日起15个工作日内将你公司为纠正上述违规行为所采取的具体步骤书面通知本办公室，并说明你公司计划如何防止此类违规行为或类似违规行为再次发生。包括你公司已经采取的纠正措施（必须解决系统问题）的文件材料。如果你公司计划采取的纠正措施将逐渐开展，请提供实施这些活动的时间表。如果无法在15个工作日内完成纠正，请说明延迟的原因以及完成这些活动的时间。你公司的回复应全

面，并解决此警告信中所包括的所有违规行为。

最后，请注意本信函未完全包括你公司全部违规行为。你公司有责任遵守FDA所有的法律和法规。本信函和检查结束时签发的检查结果FDA 483表中记录的具体违规行为可能表明你公司制造和质量管理体系中存在严重问题。你公司应查明违规原因并及时采取纠正措施，确保产品合规。

第290封 给Anybattery，Inc. 的警告信

生产质量管理规范/质量体系法规/医疗器械/伪劣

CMS # 447357

2015年4月29日

尊敬的S先生：

美国食品药品管理局（FDA）于2014年10月21日至2014年11月17日，对你公司位于明尼苏达州罗斯蒙特市160街西2605号116单元Anybattery, Inc的医疗器械进行了检查。检查期间，FDA检查员已确认你公司为替换电池的生产制造商。根据《联邦食品、药品和化妆品法案》（以下简称《法案》）第201（h）节［21 U.S.C.§ 321（h）］，凡是用于诊断疾病或其他症状，对疾病有治愈，缓解，治疗或预防作用，或是可以影响身体结构或功能的器械，均为医疗器械。故你公司涉及检查的产品为医疗器械。

本次检查表明，这些医疗器械的生产、包装、储存或安装中使用的方法、设施或控制不符合21 CFR 820的cGMP要求，根据《法案》第501（h）节［21 U.S.C.§ 351（h）］的规定，属于伪劣产品。

这些违规事项包括但不限于以下内容：

1．未能按照21 CFR 820.100（a）的要求建立纠正和预防措施（CAPA）程序。

具体为，没有建立分析、调查和识别需要纠正和预防的不合格品和由工艺分析、操作流程、质量审核报告、质量记录、投诉、退货品引起的其他质量问题再次发生。此外，没有保存这些CAPA的输入记录。

2．未能按照21 CFR 820.198（a）的要求，每个制造商应保持投诉文档。每个制造商应建立和保持由正式指定的部门接收、评审和评价投诉的程序。具体如下：

a．审核了14个产品退货授权书/订购单，下列退货授权书/订购单并无记录退货理由，亦未作出评估，以确定退货授权书是否符合投诉的正式定义。

i．RGA #23001，日期2011年1月7日，部件号 #7711

ii．RGA #23100，日期2011年4月5日，部件号#7170-3

iii．RGA #24223，日期2013年1月22日，部件号#7208

iv．RGA #25068，日期2013年12月17日，部件号#4043

v．RGA #25203，日期2014年3月7日，部件号#7210

vi．RGA #25358，日期2014年5月21日，部件号#7946

b．未保留为上述RGA（未评估以确定RGA是否投诉）调查的数据，如电池分析的结果。例如，RGA #25203的订单表明，退回的电池（零件号7210）通过了电池分析仪测试，并已送回客户。未记录这些电池分析仪测试结果。

c．检查期间无法找到与以下RGA相关的文件

i．RGA #23135，日期2011年5月11日，零件号#7022（RGA记录表明，客户收到的电池保险丝断了）

ii．RGA #23221，日期2011年7月21日，零件号#4551（RGA 记录表明客户要求修理坏了的接头）

iii．RGA #23570，日期2011年10月5日，零件号#7022（RGA 记录表明客户声称电池没有运行时间）

iv．RGA #23656，日期2011年12月13日，零件号#7170-2

v．RGA #23733，日期2012年2月16日，零件号#7946

vi．RGA #23959，日期2012年7月24日，零件号#7170-2

vii．RGA #24633，日期2013年3月8日，零件号#7170-4

viii. RGA #24963，日期2013年10月9日，零件号#7170-3

3．未能按照21 CFR 820.30要求建立设计控制程序（a）。

具体为，没有建立程序来控制组合的替换电池的设计，以确保满足规定的设计要求。此外，没有为部件和组合的替换电池定义规范（不包括最低电压和电池化学成分），也没有设计控制活动，如设计输入、输出、验证、确认或变更的文件。例如，关于组合电池#7064没有文件来定义电池单元（不包括最低电压和电池化学成分）、线束，或用于组装替换电池管道的规范，也没有进行设计验证或确认活动。

4．未能按照21 CFR 820.50的要求每个制造商应建立和保持程序，确保所有采购或以其他方式收到的产品和服务满足规定的要求。

具体为，没有程序来定义电池生产操作的组件（如电池、线束和电线）供应商或成品给Anybattery公司贴标的供应商需满足的要求。此外，没有任何文件表明供应商是根据他们满足特定要求的能力来评估和选择的。

5．未能建立符合21 CFR 820.80（d）要求的成品器械验收程序。每个制造商应为成品器械的验收建立和保持程序，确保每次和每批次生产的成品器械满足验收准则。成品器械在放行前应隔离，或处于其他充分的受控状态。

具体为，工程图纸描述了每个组合电池的组装过程，并定义了最终的测试要求，但确保每个电池生产批次满足验收标准的最终测试的结果没有记录。

6．未能按照21 CFR 820.80（b）的要求建立进货验收活动程序。每个制造商应建立和保持进货产品的验收程序。进货产品应进行检验、试验或以其他方式验证，以符合规定的要求。验收或拒收应形成文件。

具体为，电池组装操作的物料（如电池、线束和电线）或成品给Anybattery重新贴签的物料，没有建立验收程序。此外，也无来料的接收记录。例如：

a. 电池装配零件号#7946，批号 0504121，由电池零件号6257-2f的电池单元组成。对于批号为0504121的电池，没有进货检验流程或验收活动记录。

b. 零件号#4713-7的电池是一个成品电池，供货给Anybattery, Inc，由其重新贴标签。Anybattery公司批号为1031143的产品，没有进货检验程序或验收文件。

7．未能按照21 CFR 820.184的要求每个制造商应保持器械历史记录（DHR）。每个制造商应建立和保持程序、确保对应于每一批次或单件的器械历史记录的保持，以证实器械是按照器械主记录（DMR）和本部分要求制造的。

具体为，没有建立任何程序来确保每个组装电池批次的器械历史记录得到维护，以证明设备是根据器械主记录制造的。订单记录了电池发货时会将数量、部件号、批号一起发送给客户。例如，客户编号（b）（4）的订单，日期为2013年4月6日，标识为（b）（4）电池，零件号#7946和批号0504121，于2013年4月6日发送给客户。然而，批号为0504121的电池没有DHR来记录每个生产单元的可追溯性、生产日期、生产数量、发放数量、验收记录和使用的标签。

8．未能按照21 CFR 820.90（a）的要求每个制造商应建立和保持程序，以控制不符合规定要求的产品。程序应涉及不合格品的识别、文件形成、评价、隔离和处置。不合格品的评价应包括确定是否需要进行调查和通知对不合格负有责任的个人或组织。评价和任何调查应形成文件。

9．未能按照21 CFR 820.20（c）的要求，负有行政职责的管理层应按已建立程序所规定的时间间隔和足够的频次，评审质量体系的适宜性和有效性，以确保质量体系满足本部分的要求和制造商已建立的质量方针和质量目标。质量体系评审的日期和结果应形成文件。

具体为，没有制定进行管理评审的程序。此外，在过去三年内没有正式的管理评审记录。

10．未能按照21 CFR 820.22的要求，每个制造商应建立质量审核的程序并进行审核，以确保质量体系符合已建立的质量体系要求，并确定质量体系的有效性。质量审核应由与被审核事项无直接责任的人员承担。必要时，应采取包括对缺陷项的再审核在内的一项或多项纠正措施。每次质量审核以及再审核（如发生）的

结果应形成报告，此类报告应由对被审核事项负有责任的管理层进行评审。质量审核和再审核的日期和结果应形成文件。

具体为，没有建立进行管理评审的程序。此外，没有文件表明在过去三年内进行了正式的管理审核。

11．未能按照21 CFR 820.72（a）的要求，每个制造商应确保，包括机械的、自动的或电子式的所有检验、测量和试验装置适合于其预期的目的，并能产生有效结果。每个制造商应建立和保持程序，确保装置得到常规的校准、检验、检查和维护。程序应包括对装置搬运、防护、储存的规定，以便保持其精度和使用适宜性。这些活动应形成文件。

具体为，没有针对生产中更换电池测试的设备和对完工替换电池检测和贴标的设备。建立程序或校准频次。此外，还没有对该设备进行校准。例如，用于测试电池电压和建立最终电池验收的电压表和电池分析仪单元没有经过校准，以确保设备适合其预期的用途，并且能够产生有效的结果。

FDA的检查同时表明按照《法案》第502（t）（2）节［21 U.S.C.§ 352（t）（2）］要求，你公司的替换电池产品贴错标签，你公司未能或拒绝提供按照《法案》第519节（21 U.S.C.§ 360i）和21 CFR 803医疗器械报告规定的与器械有关的信息或材料，重大违规行为包括但不限于未能按照21 CFR 803.17的要求开发、维护和实施书面的MDR程序。例如，在检查期间，你公司承认没有MDR程序。

FDA审查了你公司2014年12月12日的回复，认为它不够充分。你们的回顾包含了MDR程序，名为《ANYBATTERY 公司MDR程序》，未标日期。在审查你公司的MDR程序后，提出以下问题：

- 程序文件未建立内部系统，及时有效地识别、沟通和评估按要求可能属于不良事件的事件。例如：
  - ○“MDR可报告事件”一词的定义与21 CFR 803.3中的术语定义不一致，可能无法使你公司正确识别投诉为可报告事件。
  - ○未按照21 CFR 803的要求定义需考虑上报的事件。不定义21 CFR 803.3中规定的“意识到”“导致或造成”“故障”“严重伤害”及21 CFR 803.20（c）（1）中规定的“合理地建议”等术语，可能导致你公司在评估符合21 CFR 803.50（a）上报标准的投诉时作出错误的决定。
- 程序文件未建立内部系统，通过标准的评估过程确定一个事件是否符合本部分所规定的上报标准。例如：
  - ○未规定对每个事件实施完整的调查并评估其根本原因。
  - ○现有文件未指定由谁决定将事件上报至FDA。
  - ○未规定你公司如何评估事件信息并及时确定是否需要上报不良事件。
- 程序文件未建立内部系统，及时上传完整的不良事件报告。具体为，未规定：
  - ○如何获取FDA 3500A表。
  - ○你公司必须提交补充报告或后续报告的情况以及对此类报告的要求。
  - ○你公司将如何为每个事件提交合理已知的所有信息。
  - ○该程序不包括提交MDR报告的地址：FDA，CDRH，MDR，P.O. Box 3002，Rockville，MD 20847-3002。
- 程序文件未规定你公司文件归档及记录保存的要求，文件包括：
  - ○确认器械相关的死亡、严重伤害或故障需要或不需要上报的考虑及决定过程的信息文件。
  - ○确保获得信息的系统，以便FDA及时跟踪和检查。

你公司的程序包含了参考基准报告和年度认证。而现在已不再需要基准报告和年度认证，并且FDA建议MDR程序中删除所有对基准报告和年度证书的引用（分别参见：2008年9月17日的联邦公报第53686号公告；以及联邦的第四个公告；1997年3月20日的注册通知：医疗器械报告；年度认证；最终规则）。

2014年2月13日发布的电子不良事件报告（eMDR）最终条例规定，制造商和进口商提交eMDR给FDA。本终版条例将于2015年8月14日生效。如果你公司目前未以电子方式提交报告，FDA建议你访问以下Web链接，以获取有关电子报告要求的更多信息：url。

如果你公司希望讨论不良事件报告可报告性标准或安排进一步的沟通，可以通过电子邮件联系可报告性审评小组ReportabilityReviewTeam@fda.hhs.gov。

FDA的检查还发现《法案》第502（o）节［21 U.S.C.§ 352（o）］，替换电池属于贴错标贴，因为你公司没有按照《法案》第510（k）节告知FDA为了商业销售引入了该器械，对于需要上市前批准的器械，在获得PMA之前需要通知FDA。网站url上描述了获得公司器械的批准或许可你公司需要提交的信息类型。

本机构的立场是，替换电池应与其预期支持的设备处于同一法规下。因此，你公司需要确定其电池所支持的确切医疗设备，搜索FDA 510（k）数据库中的Ⅱ类医疗设备（url），并提交相应的替换电池上市前申请。FDA将评估你公司提交的信息，并决定你公司产品是否可以合法销售。

对于Ⅲ类器械，如起搏器和植入式输液泵，你公司在接收到PMA批准前不能将你公司的替换电池投放市场。你公司需要联系Ⅲ类器械的PMA持有人，PMA持有人将必须提交一个更换电池的补充PMA。

此外，在上述检查开始时，你公司并没有注册为医疗器械制造商；但是，你公司在审核期间注册了。FDA注意到你公司不符合器械列项要求，因为你公司只列出了产品代码MOQ，21 CFR 878.4820，手术器械发动和配件/附件。还有另外两个可充电替代电池的产品代码。MOX是用于Ⅱ类设备的可充电电池，MOY是用于Ⅲ类设备的可充电电池的产品代码。你公司必须更新清单以准确反映你公司的当前业务

你公司应立即采取措施纠正本信函所述的违规行为。如若未能及时纠正这些违规行为，可能导致FDA在没有进一步通知的情况下启动监管措施。监管措施包括但不限于没收、禁令和民事罚款。此外，联邦机构会得知关于器械的警告信，以便在签订合同时考虑上述信息。如果FDA确定你公司违反了质量体系法规，且这些违规行为与Ⅲ类器械的上市前批准申请有关联，则在纠正这些违规行为之前，将不会批准此类器械。同时，如果FDA确定你公司的器械不符合《法案》的要求，则不会批准出口证明（Certificates to Foreign Governments，CFG）的申请。

请在收到本信函之日起15个工作日内将你公司为纠正上述违规行为所采取的具体步骤书面通知本办公室，并说明你公司计划如何防止此类违规行为或类似违规行为再次发生。包括你公司已经采取的纠正措施（必须解决系统问题）的文件材料。如果你公司计划采取的纠正措施将逐渐开展，请提供实施这些活动的时间表。如果无法在15个工作日内完成纠正，请说明延迟的原因以及完成这些活动的时间。你公司的回复应全面，并解决此警告信中所包括的所有违规行为。

最后，请注意本信函未完全包括你公司全部违规行为。你公司有责任遵守FDA所有的法律和法规。本信函和检查结束时签发的检查结果FDA 483表中记录的具体违规行为可能表明你公司制造和质量管理体系中存在严重问题。你公司应查明违规原因并及时采取纠正措施，确保产品合规。

第291封　给Quality Electrodynamics LLC. 的警告信

生产质量管理规范/质量体系法规/医疗器械/伪劣

CMS # 455248

2015年4月10日

尊敬的F博士：

美国食品药品管理局（FDA）于2015年2月10日至2015年3月9日，对于你公司位于俄亥俄州梅菲尔德的医疗器械进行了检查，FDA检查员已确认你公司制造连接头部/颈部、肩膀、膝盖、手腕和身体的线圈产品，它们是用来结合核磁共振成像（MRI）扫描仪获得诊断医学影像的产品。根据《联邦食品、药品和化妆品法案》（以下简称《法案》）第201（h）节［21 U.S.C.§ 321（h）］，该产品预期用途是诊断疾病或其他症状，或用于治愈、缓解、治疗或预防疾病，或可影响人体的结构和功能，属于医疗器械。故你公司涉及检查的产品为医疗器械。

此次检查发现，该医疗器械根据《法案》第501（h）节［21 U.S.C.§ 351（h）］属于伪劣产品，因为用于器械制造、包装、储存或安装的方法、场所或控制手段不符合质量体系法规（见21 CFR 820）对于现行生产质量管理规范的要求。

FDA已于2015年3月26日收到你公司针对FDA检查员在FDA 483表（检查发现问题清单）上记载的观察事项的回复。FDA针对回复，处理如下：

你公司存在重大违规行为，具体如下：

1．未能按照21 CFR 820. 198（a）的要求，建立和保持适当的程序，以确保由指定的部门负责接收、评审、和评价投诉。

具体为，退回维修的MRI线圈没有被评估，以确定它们是否符合投诉的定义。在维修数据库中对前2年的数据，用“人工制品/手工艺品”“烧伤和发热”关键词进行搜索，发现了10例烧伤报告和28例发热报告，没有作为投诉进行记录、评估和/或调查。

你公司2015年3月26日的回复是不充分的。尽管你公司的回复中提到已经修改了SOP030《顾客投诉程序》，添加更多的关键词去触发退回产品的投诉，但它并没有涉及对你公司的维修进行回顾评审，以确定是否任何维修都是因为投诉，并对这些投诉进行评估和/或调查。

2．未能按照21 CFR 820.90（b）（2）的要求，在器械历史记录中记录返工和再评价活动，包括确定对产品产生的不良影响。

具体为，在使用SMT（表面贴装技术）制造过程中，对印刷电路板（MRI线圈的零件）进行的返工和再评价活动没有文档记录。

你公司2015年3月26日的回复现在无法评估。你公司的回复中提到已经修改MP050《SMT生产线-使用指引》，要求所有的返工和再评价活动都要记录在器械历史记录中。另外，你公司提到修改MP014《DDM零件生产》，此程序要求所有的返工和再评价活动都要记录在器械历史记录中，相关的培训正在进行，还将进行有效的检查。请提供这些纠正措施的最新情况。

3．未能按照21 CFR 820.100（a）的要求，建立和保持适当的程序，以实施纠正和预防措施。具体如下：

a．你公司的程序SOP019《纠正预防措施》版本16 以下几点没有执行：

1）在SMT（表面贴装技术）过程确认期间，因为焊锡不合格，对印刷线路板设计修改的工程变更通知，没有作为纠正措施进行管理。

2）在SMT（表面贴装技术）生产过程中，印刷线路板出现的不合格，如漏零件、锡珠、零件移位/掉落、焊接不良，没有作为质量数据的来源，并进行分析以识别现存的和潜在的造成不合格产品的原因。

b．你公司的程序SOP019《纠正预防措施》版本16没有定义与不合格的重要性和风险相适应的纠正和预防措施。例如：2014年1月完成的SMT（表面贴装技术）过程确认，识别了倾斜的电感器和印刷线路板（MRI线圈的零件）的零件桥接有关的设计问题，但到目前为止，没有采取任何的纠正措施来解决这些不合格问题。

你公司2015年3月26日的回复是不充分的。尽管你公司的回复中提到已经修改了程序和表单，包括确认和验证活动所引起的CAPA启动。你公司的回复没有涉及开展一种评估不合格的风险机制，以确定是否应该采取纠正措施。对于在SMT确认期间识别出的倾斜的电感器与零件桥接问题，你公司的回复也不涉及是否启动纠正措施。

4．未能按照21 CFR 820.50的要求，建立和保持供应商、承包商和顾问必须满足的要求，其中包括质量要求。

具体为，对部件供应商的过程确认没有要求。例如，对供应商用于制造印刷线路板和电气组件的氧化层、金属化和蚀刻的过程确认没有要求。

你公司2015年3月26日的回复现在无法评估。你公司的回复中提到已经修改MP017《供应商资格和监控》，此程序要求对供应商进行评估，以确定其过程需要确认。另外，你公司已经执行了差距分析和确定了哪些供应商需要过程确认。这些供应商已经被添加到供应商审核计划中，并将评估供应商是否需要过程确认。请告知FDA这些审核的进展。

5．未能按照21 CFR 820.75（a）的要求，记录确认活动。

具体为，回流炉作为SMT（表面贴装技术）生产线的一部分，它的参数设置（温度和线速）在确认期间，是否为最佳参数没有文档记录。因此，目前运行的回流炉参数设置是未知的。

你公司2015年3月26日的回复现在无法评估。你公司的回复中提到已经采用变更控制对176个回流炉配置进行设置，并修改 SOP021《过程和软件的确认》，相关的培训正在进行。你公司还与SMT（表面贴装技术）专家合作，以帮助监控SMT生产线的过程能力和控制。另外，你公司已经订购了新的过程监控设备。请提供这些纠正措施的最新进展。

6．未能按照21 CFR 820.70（a）的要求，对生产过程进行控制，以确保器械符合其规范。

具体为，对于你公司生产的不同的医疗器械，2014年7月以前完成的14个PFMEA（过程失效模式及影响分析）中所包含的每个过程，未定义可接受的RPN（风险等级）水平。因此，尚不清楚这些过程中是否包含需要进一步降低风险级别的不可接受的RPN水平。

你公司2015年3月26日的回复现在无法评估。你公司的回复中提到所有的14个PFMEA已经按照新的风险标准进行更新，所有的RPN水平已计算。一些RPN水平在调查范围内，正在评估是否有进一步降低风险级别的可能。请提供这些纠正措施的更新情况。

7．未能按照21 CFR 820.30（g）的要求，制定完整的风险分析。

具体为，由于Toshiba主体阵列线圈的柔性板线路断裂，此时进行了设计更改，但你公司的FMEA（失效模式及影响分析）的风险分析，没有进行更新。你公司没有依照SOP011《变更控制》版本.31要求执行，即所有设计变更需要评审产品的风险管理文件，以确定变更是否导致新风险或新失效模式，即之前没有识别的，或不精准估计的，或控制的。这个要求没有执行，且已识别的失效模式没有列入FMEA。

你公司2015年3月26日的回复现在无法评估。你公司的回复中提到修改SOP011《变更控制》，包含关于如何更新风险文档，以响应变更的更具体的说明。另外，对所有现有的FMEA进行了差距分析，一些RPN水平在调查范围内。正在对这些项目进行评估，以便进一步降低风险级别。请提供这些纠正措施的最新情况。

你公司应该立即采取措施纠正此信函中提到的违规事项。如果未能及时纠正这些违规事项，将导致FDA采取法律措施且不会事先通知。这些措施包括但不限于没收、禁令、民事罚款。此外，联邦机构在授予合同时可能会考虑此警告信。另外，由于存在相关的质量体系法规偏差，除非这次违规事项得到纠正，否则Ⅲ类医疗器械上市前审批申请将不会通过。在与有关器械相关的违规事项没有完成纠正前，外国政府认证申请将不予批准。

请于收到本信函之日起15个工作日内，将你公司为纠正上述违规行为所采取的具体步骤书面通知本办公室，以及你公司计划如何防止这些违规事项或类似行为再次发生，回复中应包括你公司已经采取的纠正措施的文件材料。如果你公司需要一段时间来实施这些纠正措施，请提供具体实施的时间表。如果无法在15个工作日内完成纠正，请说明理由和能够完成的时间。

最后，请注意该警告信未完全包括你公司全部违规行为。你公司有责任遵守法律和FDA法规。信中以及检查结束时签发的检查结果FDA 483表上所列具体的违规事项，可能表明你公司制造和质量管理体系中存在严重问题。你公司应查明违规事项的原因并及时采取措施纠正，以确保产品合规。

第292封　给TreyMed, Inc. 的警告信

生产质量管理规范/质量体系法规/医疗器械/伪劣

CMS # 448102

2015年1月9日

尊敬的R先生：

美国食品药品管理局（FDA）于2014年10月7日至10月21日，对你公司位于威斯康星州苏塞克斯市的医疗器械进行了检查。检查期间，FDA检查员已确认你公司制造一种Ⅱ类医疗器械，作为“（b）（4）传感器”和“（b）（4）传感器”在市场上销售。根据《联邦食品、药品和化妆品法案》（以下简称《法案》）第201（h）节［21 U.S.C.§ 321（h）］，凡是用于诊断疾病或其他症状，对疾病有治愈、缓解、治疗或预防作用，或是可以影响人体结构或功能的器械，均为医疗器械。故你公司涉及检查的产品为医疗器械。

本次检查表明，这些医疗器械的生产、包装、储存或安装中使用的方法、设施或控制不符合21 CFR 820的cGMP要求，根据《法案》第501（h）节［21 U.S.C.§ 351（h）］的规定，属于伪劣产品。

2014年11月7日和12月16日，FDA收到你公司针对FDA 483表（检查发现问题清单）的回复。FDA针对回复，处理如下。检查期间发现的违规事项包括但不限于以下内容：

1．未能按照21 CFR 820.90（a）的要求，建立和保持程序，以控制不符合规定要求的产品。例如：

A．你公司未能遵循你公司的书面程序“不合格材料SOP”，文件编号200-0007，因为在检查过程中审核的5个“不合格材料报告”（NMR）中有5个无法确定是否需要进行调查（步骤（b）（4）），并且也缺少不合格材料的处置权限（步骤（b）（4））。

B．NMR 140416A（日期为2014年4月14日）指示要对因（b）（4）被拒绝的（b）（4）成人气道适配器（批号CO-01）进行“返工”。然而，没有关于返工说明的书面证据，也没有证据支持对不合格的气道适配器进行“返工”处理。最终处置状态未知。

C．“接收检验和测试SOP”，文件编号200-0006，步骤（b）（4）指出：“拒收的货物应按照‘不合格材料SOP’进行处理。”然而，成人气道适配器的批号CP-02，零件号（b）（4）已于2014年2月26日进行了（b）（4）的测试，并且最初的条目表明（b）（4）零件测试失败被拒绝。2014年3月3日，条目被进行了修改，以表明没有任何拒绝，并且该批次可以接受。你公司未能针对最初的测试失败启动NMR，并且在“样品检验数据”记录中的条目表明“（b）（4）可以使用……”。这些适配器已被放行用于生产。

此外，对成人气道适配器，批号CP-03（零件编号（b）（4））的进货检验，在2014年4月11日被接收。然而，该批次（日期为2014年4月10日）的“样品检验数据”记录中，首个（b）（4）样品的（b）（4）条目测试结果为“失败”，该批的状态为“接受”。没有证据表明你公司针对这些测试失败启动了NMR。此外，你公司缺乏接受不合格适配器的书面依据。这些适配器已被放行用于生产。

2．未能按照21 CFR 820.184的要求保持器械历史记录（DHR），建立和保持程序，确保对应于每一批次或单件的器械历史记录的保持，以证实器械是按照器械主记录（DMR）和本部分要求制造的。

具体为，你公司未遵循你公司的书面程序“车间订单SOP”，文件编号200-0017，该程序定义了分配唯一批号或批次号以及将生产历史信息累积形成器械历史记录的方法。以下示例是在DHR审核期间发现的缺陷：

A．你公司的程序需要“产线设置/清场（LSC）”表格，该表格可以表明所有相关图纸、物料清单（BOM）、工作指导以及此类装配中使用的任何特殊说明。（b）（4）传感器或（b）（4）传感器制造订单

（MO）2091、2041、2039、1981 / 2015、1730和1387的文档中没有此记录。

B．批次E0614（制造日期2014年5月14日）和E0814（制造日期2014年8月21日）的BOM标识了气道适配器，（b）（4）的修订版本为1。但是，2014年1月21日的修订版本2在生产时已经生效。

C．批次E0814的BOM标识了共6个BOM中有3个BOM遵循了装配工作指导（310-0038-5）的修订版本5；制造于2014年9月15日、2014年9月12日和2014年9月20日开始。但是，直到2014年9月24日，修订版本5才被批准/生效。

D．批次U13381（MO 1730）的已签署BOM标识了生产（b）（4）传感器所遵循的工作指导310-0090，修订版0和包装指导310-0094，修订版0。但是，对DHR的审查显示，遵循了未经批准的工作指导（310-0089）和包装指导（310-0093）。产品已被批准、放行并于2013年9月25日发货。

E．已签署的物料列出了批次U13381制造的数量为（b）（4）。但是，有（b）（4）的（b）（4）测试结果。其他（b）（4）器械的安排是未知的。

F．在检查期间检查的BOM中制造和记录的数量不一致。实际的器械生产和分销的数量是未知的。

G．程序的步骤（b）（4）指出，当所有任务完成时，制造部和质量保证部都将进行审核，以放行成品。但是，在完成针对2039和2041的制造订单的审核之前，成品已被放行。

3．未能按照21 CFR 820.181的要求对器械主记录（DMR）进行充分维护。

具体为，你公司维护两个单独的器械主记录：一个用于（b）（4）传感器，一个用于（b）（4）传感器。但是，当前（b）（4）DMR中包含的BOM无法识别气道适配器和带有扩展器的9英寸管路的图纸的正确版本。此外，DMR均未包含或引用质量保证程序和技术规范，包括验收标准和所使用的质量保证设备。

4．未能按照21 CFR 820.80（b）的要求，充分建立和保持进货产品的验收程序。

具体为，你公司未遵循你公司的书面程序“进货检验和测试SOP”，文件编号200-0006。该程序的步骤（b）（4）要求使用图纸或技术规范的最新版本进行进货检验。但是，在2014年2月24日、2014年2月26日和2014年4月11日，你公司使用修订版1的（b）（4）零件图纸，来对成人气道适配器（CP-01，CP-02和CP-03）进行进货检验。在进行这些进货检验时，有效的图纸修订版本为于2014年1月21日生效的修订版2。此修订版包括对（b）（4）的一个变更。此外，根据你公司内部的“样品检验数据”记录，在2013年7月31日，你公司按照（b）（4）的一个不正确的技术规范标准对（b）（4）传感器（Lot CO-02）上使用的三重管进行了进货检验。三重管的图纸（621-0021，修订版1）将长度指定为（b）（4）。

5．未能按照21 CFR 820.100（a）的要求，充分建立和保持实施纠正和预防措施的程序。

具体为，你公司的程序缺少验证或确认纠正和预防措施，以确保该措施有效且不会对成品器械产生不利影响的要求。

FDA已审核了你公司在2014年11月7日和12月16日作出的回复。你公司已识别出了额外培训的需求，并致力于通过第三方生产质量管理规范顾问提供此类培训。此外，你公司已承诺与第三方生产质量管理规范顾问一起完成对2014年执行的不合格材料报告和2014年完成的CAPA的回顾性审查。你公司还承诺查看“不合格材料SOP”、器械历史记录文档、器械主记录、进货和客户放行规范以及纠正/预防措施程序，以确定需要改进的地方。FDA将需要进行后续检查，以评估所报告的纠正措施的充分性。

你公司应立即采取措施纠正本信函所述的违规行为。如若未能及时纠正这些违规行为，可能导致FDA在没有进一步通知的情况下启动监管措施。监管措施包括但不限于没收、禁令和民事罚款。此外，联邦机构会得知关于器械的警告信，以便在签订合同时考虑上述信息。如果FDA确定你公司违反了质量体系法规，且这些违规行为与Ⅲ类器械的上市前批准申请有关联，则在纠正这些违规行为之前，将不会批准此类器械。同时，如果FDA确定你公司的器械不符合《法案》的要求，则不会批准出口证明（Certificates to Foreign Governments，CFG）的申请。

请在收到本信函之日起15个工作日内将你公司为纠正上述违规行为所采取的具体步骤书面通知本办公室，并说明你公司计划如何防止此类违规行为或类似违规行为再次发生。包括你公司已经采取的纠正措施

（必须解决系统问题）的文件材料。如果你公司计划采取的纠正措施将逐渐开展，请提供实施这些活动的时间表。如果无法在15个工作日内完成纠正，请说明延迟的原因以及完成这些活动的时间。你公司的回复应全面，并解决此警告信中所包括的所有违规行为。

最后，请注意本信函未完全包括你公司全部违规行为。你公司有责任遵守FDA所有的法律和法规。本信函和检查结束时签发的检查结果FDA 483表中记录的具体违规行为可能表明你公司制造和质量管理体系中存在严重问题。你公司应查明违规原因并及时采取纠正措施，确保产品合规。

专业术语及缩略语英汉对照表

英文	中文
adverse event	不良事件
adulterate	掺假/伪劣产品
assess	评估
bioburden	生物负荷
clean room	洁净间
complaint	投诉
complaint handling procedure	投诉处理程序
consultant	顾问
contractor	合同商
correction action	纠正措施
correction	纠正
corrective and preventive action	纠正和预防措施
current good manufacturing practice	（现行）生产质量管理规范（cGMP）
degree of assurance	保障等级
design control procedure	设计控制程序
device master record	器械主记录
DHF，Design History File	设计历史文档
discrepancy	缺陷
distribute	发送/分发/分销
failure	失效
Federal Food, Drug, and Cosmetic Act	联邦食品、药品和化妆品法案
finding	发现问题
finished device	成品器械
Form FDA 483	FDA 483表
identify	识别
injunction	禁令
inspection/audit	检查
inspectional observation	检查发现问题
inspection report	现场检查报告
intended use	预期用途
investigator	检查员
List of Inspectional Observations	检查发现问题清单
manufacturing area	生产区域

manufacturing processe	生产工艺/制造过程
Medical Device Reporting (MDR)	不良事件报告
misbranded	标签/标识不当
non-conformity	不符合项
office of compliance	合规办公室
personnel	人员
procedure	程序
process	过程
process validation	过程确认
quality system regulation	质量体系法规
re-evaluation	再评价
regulatory action	监管行动
re-inspection	再次检查
reportable event	应报告事件
seizure	没收
SOP	标准操作规程
specification	技术规范
systemic review	系统审查
temperature reading	温度读取
the criteria for reporting	报告标准
Title 21, Code of Federal Regulations	21 CFR
validation	确认
validation protocol (VP)	确认方案
verification	验证
vigilance	警戒
violation	违规事项/行为
warning letter	警告信
your firm’s	你公司